有机化学

（第七版）

天津大学有机化学教研室 编
赵温涛 王光伟 马宁 聂晶 黄跟平

中国教育出版传媒集团
高等教育出版社 · 北京

内容提要

本书是在保留前六版注重基础、强化应用和反映学科最新成果等特色的基础上，结合近年的教学实践修订而成的。全书共 20 章，除个别章节外，章节次序与第六版基本保持一致，仍采用脂肪族和芳香族混合编写体系。与第六版比较，本版做了以下修订：每一章节都明确了教学目标，并通过强化知识点之间的联系帮助学生把握学习的重点；增加了习题的数量，并扩大了习题的覆盖范围，同时引入了更多综合性和高阶的习题，以满足不同层次学生的学习需求。

本书可作为高等学校化学、应用化学、材料化学、药学、化学工程与工艺、制药工程，以及材料类、生命科学类等专业的有机化学课程教材，也可供其他相关专业选用和社会读者阅读。

图书在版编目（CIP）数据

有机化学 / 赵温涛等编．-- 7 版．-- 北京：高等教育出版社，2024. 12.（2025. 1重印）

ISBN 978-7-04-063684-0

Ⅰ. O62

中国国家版本馆 CIP 数据核字第 2024ME3486 号

YOUJI HUAXUE

策划编辑 翟 怡　　责任编辑 翟 怡　　封面设计 李树龙　　版式设计 马 云

责任绘图 马天驰　　责任校对 高 歌　　责任印制 张益豪

出版发行 高等教育出版社

社　　址 北京市西城区德外大街4号

邮政编码 100120

印　　刷 唐山嘉德印刷有限公司

开　　本 787mm × 1092mm 1/16

印　　张 39

字　　数 890 千字

购书热线 010-58581118

咨询电话 400-810-0598

网　　址 http://www.hep.edu.cn

http://www.hep.com.cn

网上订购 http://www.hepmall.com.cn

http://www.hepmall.com

http://www.hepmall.cn

版　　次 1982 年 3 月第 1 版

2024 年 12 月第 7 版

印　　次 2025 年 1 月第 2 次印刷

定　　价 75.00 元

物 料 号 63684-00

第七版前言

自2019年本书第六版出版以来，以教材为基础的天津大学有机化学在线课程获评国家级一流本科课程，教材参与的教改项目也荣获了国家级教学成果奖二等奖，这些都标志着我们的教材建设取得了显著进步。同期，教研室还组织教材编写团队完成国外优秀教材 *Klein's Organic Chemistry* 的翻译工作，并于2021年出版。在此过程中，教材编写团队对教学内容与方法的理解和掌握得到了进一步的强化和提升。

党的二十大提出了"加快建设教育强国、科技强国、人才强国"的战略目标。为响应这一号召，我们致力于提升教学质量，并对教材建设提出了更高的标准。在本书修订过程中，我们遵循了如下原则：

(1) 传承与创新相结合：注重教材的传承，保持原有编排体系的优点与特色，同时注入新的教育理念，以适应时代的发展。

(2) 以学生为中心的教学方法：调整教材内容，使之更加符合以学生为中心的教学模式。每一章节都明确了教学目标，帮助学生把握学习的重点，并通过强化知识点之间的联系，构建清晰的知识框架。

(3) 习题的丰富与拓展：为了加强学生对基础知识的掌握，我们增加了习题的数量，并扩大了习题的覆盖范围。同时，引入了更多综合性和高阶的习题，以满足不同层次学生的学习需求，并服务于教学评价体系的改革。

(4) 融入思政元素：在案例分析中，注重体现唯物史观，强调学科思维方法的重要性，避免仅仅停留在知识的传授上。我们的目标是将知识转化为智慧，让学生在学习过程中能够体会到思政教育的内涵。例如，Wilkinson推断二茂铁结构的过程，体现了科学探索与育人的有机结合。

在本次教材修订中，我们不仅对使用过程中发现的问题进行了仔细的修正，还对教材内容的布局进行了局部调整。例如，在第十一章，我们对内容的呈现顺序进行了优化：首先介绍羰基与格氏试剂的反应，随后再探讨羰基与水、醇、胺等化合物的反应。这样的编排顺序，从基础的连串反应逐步过渡到更复杂的串联反应，旨在引导学生由浅入深地掌握知识点，从而更有效地促进理解和学习。我们相信，这种结构上的调整将有效地提升教材的教学效果，帮助学生构建扎实的知识基础。

本书修订工作的具体分工如下：第一至四章由赵温涛完成，第五、六、八章由马宁完成，第七、九、十章由聂晶完成，第十一至十四章由王光伟完成，第十五、十七章由李珅完成，第十六章、第十八至二十章由黄跟平完成。全书由赵温涛、王光伟统稿和定稿。

编者长期受益于张文勤教授的亲切关怀、辛勤培养和谆谆教导。本书在天津大学有机化学教研室各位编者的共同努力下完成。在编写过程中，高等教育出版社的编辑对本书的修订给予了大力支持与帮助。在此一并致以衷心感谢！

限于编者水平,书中错误或不妥之处在所难免,敬请兄弟院校同行教师和广大读者批评指正。

编　者

2024年9月于天津大学北洋园校区

第六版前言

本书第五版自2014年出版以来，影响日益扩大，以教材为基础的MOOC教学也在积极推进中。百年大计，教育先行。2015年，国家提出了“中国制造2025”“互联网+”等规划，教育部也先后提出“以本为本”，发展“新工科”等要求，以适应新时期人才培养要求。另外，中国化学会发布了《有机化合物命名原则2017》，对有机化合物命名规则进行了调整。

应这些改革变化所提出的新要求，我们着手对第五版教材进行了修订。修订中，注重教材的延续性，保持了第五版注重基础、侧重应用、瞻望前沿等特色，对教材的局部编排及使用过程中发现的问题，进行了更正和修订。本次修订侧重于调整有机化合物命名的相关内容及知识拓展两个方面。

首先，根据《有机化合物命名原则2017》对第五版中的相关内容进行了修订。2017版的命名原则在形式上符合中文构词的习惯，易于中英文转换，便于国际交流，较好地满足了有机化学发展及该领域国际交流的需要。为方便学生理解和学习有机化合物的命名规则，本书采用两种方式，一种是在介绍化合物命名时，给出化合物的中英文名称进行对照；另一种是命名时，尽量使用取代基的系统命名，如异丙基一般使用1-甲基乙基命名。对于常见取代基的常用俗名，通常只在表述时使用。除此以外，一些化合物和中间体的母体名称也发生了明显的变化，如“𨦡盐”和“卤鎓”等已不再使用，在教材中改用“氧正离子”和“卤正离子”表示。有机化合物命名的调整，贯穿于教材的各个部分。

在教材内容的安排上，着眼于“新工科”对学科交叉融合的要求，注重理工结合；同时注重教材的“立体化”建设。例如，采用烯烃的二聚、烷烃对烯烃的加成等反应介绍异辛烷的制备；在碳正离子部分，以丁烷为例介绍热裂解的反应原理。考虑到教材的篇幅，更多的内容以数字资源的形式呈现，读者可通过扫描书中相应位置的二维码获取。数字资源主要包括化合物，介绍典型及重要有机化合物性质、制备与应用等；静电势图，给出典型化合物的静电势图，便于学生判断化合物中电子及电荷的分布趋势；人物，介绍对有机化学理论、反应等有重要贡献的科学家及其贡献；解析，对教学中的概念、方法等难点和疑点给出进一步的解释；拓展，从知识的深度或广度（应用）等加以介绍。

本书第一至四章、第十七章由赵温涛完成，第五、六、八章由马宁完成，第七、九、十、十五章由郑艳完成，第十一至十四章由王光伟完成，第十六章、第十八至二十章由黄跟平完成。全书由赵温涛、王光伟统稿和定稿。

编者长期受益于张文勤教授的亲切关怀、辛勤培养和谆谆教导。本书在天津大学有机化学教研室各位编者的共同努力下完成。在编写过程中，高等教育出版社的付春江、翟怡、曹瑛编辑对本书的修订给予了大力支持与帮助。本书编者在此对高鸿宾教授、张文勤教授和所有关心、支持本书修订工作的各位老师、同学一并致以衷心感谢！

限于编者水平，书中错误或不妥之处在所难免，敬请兄弟院校有关教师和广大读者批评指正。

编　者

2019年2月于天津大学北洋园校区

第五版前言

本书是国家级精品课程“有机化学”的配套教材。其第四版是普通高等教育“十五”国家级规划教材,亦是高等教育出版社“高等教育百门精品课程教材建设计划”精品项目(一类)的研究成果。

本书保持了第四版注重基础、侧重应用、瞻望前沿等特色,同时融合了天津大学有机化学教研室全体教师和兄弟院校教师近年来积累的教学经验和体会,许多内容是在研讨和反复推敲后定稿的。在教材体系与章节安排上仍采用脂肪族和芳香族混合编写体系,与第四版基本一致。但在具体内容和选材上有所调整: ① 进一步加强基础,以反应机理为主线组织教材内容,将反应机理、取代基效应与相关反应一并讨论(如将影响烯烃、自由基和碳正离子稳定性的超共轭效应提前到烯烃加成反应部分),分散了难点、优化了内容、理顺了次序,更利于读者从反应本质上认识、理解和学习有机化学;② 对教材内容进行科学合理的取舍,更利于精简学时、夯实基础、瞻望前沿,删减了过时的或与教学目的关联度相对较小的内容(如微波辐射有机合成、对映体拆分、紫外光谱、质谱、Lucas 试剂等),对重复内容进行了归并(如精简了亲核取代和消除反应影响因素的讨论,以及季铵碱 Hofmann 消除规则的理论解释,将季铵盐、冠醚等相转移催化剂内容合并,将硝基化合物并入硝化反应和胺的制法,将腈并入羧酸衍生物等),充实了一些代表典型机理的基础反应的介绍(如烷烃卤化反应、金属鎓离子、Diels-Alder 反应、Baeyer-Villiger 反应、缩合反应、糖类异构化和差向异构等反应及机理),在结合应用的同时,与时俱进,介绍了绿色化学与有机化学学术研究的新成就(如 Heck 反应、石墨烯、碳酸二甲酯的应用、环氧丙烷的工业合成、有机磷手性配体及不对称合成、烯烃复分解反应、人类基因组计划等);③ 通过反复讨论查证,教材内容更加精准、描述解释更到位、见解更独到。

书中的小字号部分为引申内容或较新的知识。

本书第五版第一至四章、第十七章由张文勤完成,第五、六、八章由马宁完成,第七、九、十、十五章由郑艳完成,第十一至十四章由齐欣、赵温涛、郑艳完成,第十六章、第十八至二十章由赵温涛完成。全书由张文勤、郑艳统稿和定稿。

编者长期受益于高鸿宾教授的亲切关怀、辛勤培养和谆谆指导。本书初稿是在天津大学有机化学教研室的共同努力下完成的;清华大学李艳梅教授和安阳师范学院秦丙昌教授认真审阅了书稿,两位教授提出了许多宝贵的修改意见;高等教育出版社的付春江和曹瑛编辑对本书的修订给予了大力支持和帮助。本书编者在此对高鸿宾教授和所有关心和支持本教材修订的老师、同学一并致以衷心感谢!

限于编者水平,书中错误或不妥之处在所难免,敬请兄弟院校有关教师和广大读者批评指正。

编　者

2013 年 12 月于天津大学

第一版前言

本书是根据1980年5月教育部在上海召开的高等学校工科化学教材编审委员会扩大会议审订的《高等工业学校有机化学教学大纲(草案)》编写而成,供高等工业学校化工类各专业作教材使用。

我们是按官能团体系,采用脂肪族和芳香族分编的系统并基本上依照大纲所列内容的次序编写的。脂肪族和芳香族分编系统同混合编写的系统各有优缺点。根据我们多年教学的体会,我们认为在工科基础有机化学采用分编的系统,对教学比较有利。因为可以避免基本原理和规律比较集中而反应又偏重在另一些章节的现象。使难点分散,便于学习。基本反应不太集中也有利于记忆。在分编系统中,芳香族化合物不至于被削弱。本书的脂环化合物移至脂肪族化合物后面讨论,就是为了使环已烷的构象和分子轨道对称守恒等理论问题不集中在前面,使难点分散。关于共振论的内容,比大纲所列稍多些,增加的也都是基本概念和应用。大纲中最后有星号(不计学时数)的三章,本书保留碳水化合物一章。氨基酸、蛋白质、核酸一章分别把氨基酸、蛋白质放在脂肪族含氮化合物,核酸放在杂环化合物一章内讨论。元素有机化合物分在有关章节内。

因限于规定的教学时数,所列内容是根据工科有机化学的要求而选择基本内容编写的。这样就难于满足化工类各不同专业的需要,各校可根据不同情况自行适当增删。

本书附有习题答案,仅供参考。

书中所用名词和术语以科学出版社出版的《英汉化学化工词汇》再版本和有关的几本补编为主要依据。正在拟议中的修改将待正式公布后再校订。

本书由天津大学恽魁宏(主编)、任贵忠、高鸿宾、孙学瑾、胡曦岚执笔。初稿经华东化工学院徐寿昌教授等初审,并经高等学校工科化学教材编审委员会有机化学编审小组扩大会议审查,提出了许多宝贵意见。参加审稿的单位有华东化工学院、北京化工学院、浙江大学、大连工学院、华南工学院、成都科技大学、华东石油学院、山东化工学院、山东纺织工学院。编者谨向徐寿昌教授和参加审稿的全体同志致以衷心的谢意。

在本书编写过程中,天津大学吴兆麟同志担任了大部分绘图工作,特此表示感谢。

限于编者的水平,错误和不妥之处一定还有不少,敬希各校有关教师和读者予以批评指正。

编　者

1982年9月于天津大学

目　录

第六章 立体化学

第七章 卤代烃

第十一章 醛、酮和醌……353

第十二章 羧酸……401

第十三章 羧酸衍生物……423

第一章 绪论

前导知识: 学习本章之前需要复习以下知识点

有机常见原子名称与元素符号
常见原子的化合价、电负性、价层电子数与电子构型
分子式的写法
化合物中的化学键的类型
Lewis 结构式的写法与形式电荷
共价键的价键理论

本章导读: 学习本章内容需要掌握以下知识点

认识有机化合物和有机化学
有机化合物结构及表示方法
有机化合物骨架与官能团的类型
共价键的形成与属性
共价键的断裂与有机反应的发生
分子极性键、诱导极性、诱导效应, 确定分子间作用力
酸碱理论

后续相关: 与本章相关的后续知识点

分子的构象 (2.4 节)
共振论 (4.4 节)
自由基取代反应 (2.6.1 节)
单分子亲核取代反应 (S_N1) 机理 (7.6.2 节)
质子传递反应 (9.5.1 节, 9.6.1 节, 10.5.1 节, 10.5.2 节, 14.1.1 节)

1.1　有机化合物和有机化学

有机化合物在组成上都含有碳元素,如乙醇、乙酸和蔗糖等,因此有机化合物被定义为含碳化合物。当然,一些具有典型无机化合物性质的含碳化合物,如二氧化碳、碳酸盐和金属氰化物(如氰化钠)等,一般不列入有机化合物讨论。通常,有机化合物都含有碳和氢两种元素,从结构上考虑,可将碳氢化合物看成有机化合物的母体,而将其他有机化合物看成碳氢化合物分子中的氢原子被其他原子或基团取代后得到的衍生物,因此有机化合物也可定义为碳氢化合物及其衍生物。所以,有机化学是研究碳氢化合物及其衍生物的化学。

有机化合物与人们的衣、食、住、行等日常生活密切相关。食物的主要成分脂肪、蛋白质和糖类是三大类重要的有机化合物;天然气和石油的主要成分是有机化合物;塑料、合成橡胶和合成纤维是有机化合物;纸张、棉花、羊毛和蚕丝的主要成分是有机化合物;各种药物、香料、染料、油漆及化妆品的主要成分也是有机化合物。可以说,有机化合物是人们日常生活中一刻也离不开的物质。

有机化学是研究有机化合物的组成、结构、性质及其变化规律的科学,是化学的重要分支。它是有机化学工业的理论基础,与经济建设和国防建设密切相关,不论是化学工业、能源工业、材料工业,还是电子工业、国防工业,其发展都离不开有机化学。如今,生物学在微观上已发展到分子生物学、遗传工程学的水平,而作为生命现象物质基础的蛋白质和核酸就是有机化合物。有机化学的研究对揭示蛋白质和核酸结构的奥秘,探索生命现象的本质也具有重要意义。

1.2　有机化合物的特性

有机化合物和无机化合物虽然没有严格的界线,但有机化学能够成为一门独立的学科,除了因为有机化合物数量众多和用途广泛外,更因其与无机化合物在结构和性质上有着明显的差别。

组成有机化合物的最基本原子是碳原子,碳原子与碳原子之间,以及碳原子与其他原子之间能够形成稳定的共价键,可以通过单键、双键、三键连接成链状或环状化合物;同时,分子组成相同,原子的连接次序不同或分子构型不同也会形成不同的化合物,即异构现象普遍,这使得有机化合物的数量非常庞大。

有机化合物和无机化合物相比,性质上也存在明显差异。有机化合物一般可以燃烧,而绝大多数无机化合物不易燃烧;有机化合物的熔点较低,一般不超过 400 ℃,而无机化合物通常熔点较高,难以熔化;有机化合物大多难溶于水,易溶于有机溶剂,而无机化合物则相反;有机化合物的反应速率一般较小,通常需要加热或加催化剂促进反应,而且副反应较多,而多数无机化合物的反应可在瞬间完成且产物单一。当然这些并不是绝对的。例如,四氯化碳不但不易燃烧,而且可用作灭火剂;蔗糖和乙醇极易溶于水;三硝基甲苯 (TNT)

在引爆时分解速率很快，能以爆炸方式进行。但这些特性仅属于极少数有机化合物，其一般特性仍如上所述。有机化合物的性质由其内在因素——结构——决定。

1.3　分子结构和结构式

分子是由组成的原子按照一定的键合顺序和空间排列关系结合为整体的，这种键合顺序和空间排列关系称为分子结构。有机化合物的确定不仅取决于其组成原子的种类和数目，更取决于分子结构。例如，乙醇和二甲醚组成相同，分子式都是 C_2H_6O，但分子结构不同，因而物理和化学性质各异，是两种不同的化合物。这种分子式相同，结构不同的化合物称为同分异构体。

$$\begin{array}{ccccccc} & H & & H & & & \\ & | & & | & & & \\ H- & C & - & C & -O-H \\ & | & & | & & & \\ & H & & H & & & \end{array} \qquad \begin{array}{ccccccc} & H & & & H & & \\ & | & & & | & & \\ H- & C & -O- & & C & -H \\ & | & & & | & & \\ & H & & & H & & \end{array}$$

乙醇　　　　二甲醚

在以后的学习中将看到，可以根据化合物的分子结构预测其性质，也可以根据化合物的性质推测其分子结构。

分子结构通常用结构式表示。结构式是分子结构的化学表示式。一般使用的结构式有短线式（如前面乙醇和二甲醚的表示式）、缩简式和键线式，如表 1-1 所示。短线式书写烦琐，一般只在说明反应规律或机理时才使用。对于开链化合物，习惯用缩简式表示；环状化合物通常用键线式表示；如果结构中同时含有碳链和碳环，一般采用缩简式和键线式相结合的结构式，如表 1-1 中的乙基环己烷和苯甲醇。

需要指出，书写键线式时，用短线表示化学键，拐角和线端表示碳原子，除氢原子外，与碳链相连的其他原子（如 O, N, S 等）或基团需用元素符号或缩写符号写出，如表 1-1 中的正丙醇和丁酸。

表 1-1　一般使用的结构式

化合物	缩简式	键线式	缩简式-键线式
正戊烷	$CH_3CH_2CH_2CH_2CH_3$ 或 $CH_3(CH_2)_3CH_3$		
丁-1-烯	$CH_3CH_2CH{=}CH_2$		
正丙醇	$CH_3CH_2CH_2OH$ 或 $CH_3(CH_2)_2OH$	OH	
丁-2-酮	$CH_3CH_2\underset{\overset{\|}{O}}{C}CH_3$	O	
丁酸	$CH_3CH_2CH_2COOH$ 或 $CH_3(CH_2)_2COOH$	O, OH	

续表

化合物	缩简式	键线式	缩简式-键线式
乙基环己烷	$CH_2—CH_2$ H_2C　　$CH—CH_2CH_3$ $CH_2—CH_2$		—CH_2CH_3
苯	CH═CH HC　　CH CH—CH		
苯甲醇	CH═CH　　OH HC　　C—CH_2 CH—CH	OH	—CH_2OH

分子结构通常包括组成分子的原子彼此之间的连接顺序(即分子的构造),以及各原子在空间的相对位置(即分子的构型和构象),故上面所书写的表示分子结构的化学式,严格讲应该称为构造式。

1.4　共价键

在有机化合物分子中,主要的、典型的化学键是共价键。分子中原子以共价键结合是有机化合物分子基本的、共同的结构特征,认知和熟悉共价键,是研究和掌握有机化合物结构与性质之间关系的关键。

1.4.1　共价键的形成

人物:
Lewis G N

共价键的概念由 Lewis G N 于 1916 年提出。共价即电子对共用(或称电子配对)。Lewis 指出,氢原子形成氢分子时,两个氢原子各提供一个电子,通过共用一对电子键合。电子对共用使氢分子中两个氢原子都具有类似氦原子的稳定电子构型。

$$H\cdot + \cdot H \longrightarrow H:H \qquad \text{或写成} \qquad H—H$$

氢原子　　氢分子(Ⅰ)　　　　(Ⅱ)

式(Ⅰ)称为 Lewis 电子结构式,或 Lewis 点式。式(Ⅱ)为短线式,其中的短线表示一对成键电子。二者都是常用的表示分子内原子成键的式子。

碳原子具有四个价电子,可分别与四个氢原子形成四个共价键,构成甲烷分子。

$$\cdot\dot{\underset{\cdot}{C}}\cdot \; + \; 4H\cdot \longrightarrow H:\overset{H}{\underset{H}{\overset{\cdot\cdot}{\underset{\cdot\cdot}{C}}}}:H \qquad \text{或写成} \qquad H—\overset{H}{\underset{H}{\overset{|}{\underset{|}{C}}}}—H$$

碳原子　　氢原子　　甲烷分子

通过共用电子对,甲烷分子中的碳原子具有类似氖原子的稳定八电子构型(通称八隅体,八隅规则)。上述共用一对电子形成的键称为单键,若共用两对或三对电子则分别构成双键或三键。例如,乙烯(C_2H_4)的Lewis结构中包含一个碳碳双键,其中每一个碳原子具有完整的八隅体;乙炔(C_2H_2)的Lewis结构中包含一个碳碳三键,碳原子同样满足八隅规则。

H:C::C:H(两端各连两个H)　或写成　$H_2C=CH_2$　　H:C⋮⋮C:H　或写成　H—C≡C—H

乙烯　　　　　　　　　　　　乙炔

二氧化碳的Lewis电子结构式表示如下:

:Ö::C::Ö:　或写成　:Ö=C=Ö:
(Ⅲ)

式(Ⅲ)使用短线表示成键电子对,使用两个点表示未共用电子对,被称为Lewis结构式。

Lewis的共用电子对形成共价键的概念,解释了分子中电子存在形式,仍被人们使用,但对共价键形成的本质并未予以说明。直到将量子力学引入化学中,建立和发展了量子化学,才对共价键的形成有了理性认识。根据量子力学对分子体系Schrödinger方程不同的近似处理,共价键形成的理论解释有多种方法,其中常用的有价键理论和分子轨道理论。

(1) 价键理论　共价键是成键原子的原子轨道(从电子云的概念讲也可以说是电子云)相互重叠的结果。两个原子轨道中自旋相反的两个电子,在轨道重叠区域内为两个原子所共有,共用电子对对成键两原子核的吸引作用,减小了两原子核之间的排斥力,因而降低了体系的能量而成键。例如,氢分子的形成如图1-1所示。

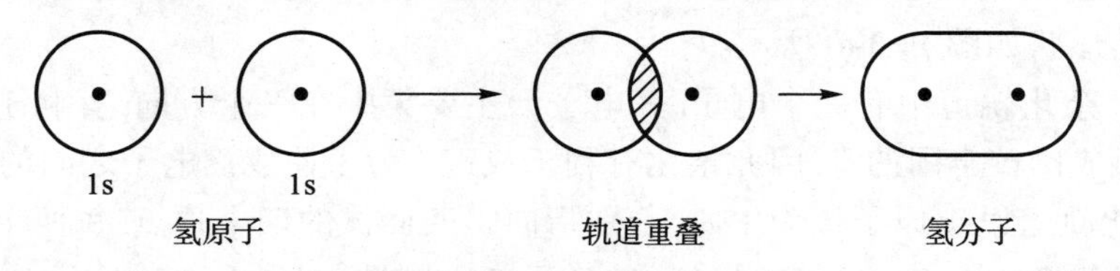

图1-1　氢原子的s轨道重叠形成氢分子

由于除s轨道外,其他成键的原子轨道均非球形对称,所以共价键具有明显的方向性。另外,成键电子必须是自旋相反的未成对电子,才能相互接近而结合成键。电子一旦配对,就不能再与第三个电子配对,这是共价键的饱和性,故价键理论亦称电子配对法。

根据价键理论的观点,成键电子处于成键原子之间,是定域的。在价键理论的基础上,后来又相继提出了轨道杂化理论和共振论(见第四章4.4节),它们是价键理论的延伸和发展。

如前所述,原子之间可以通过共用两个自旋相反的电子成键。碳原子价电子层电子构型是$2s^22p_x^12p_y^12p_z^0$,只有两个未成对电子,表观是二价的,只能生成两个共价键。然而,在有机化合物中所观察到的碳原子一般是四价的。为什么碳原子不是二价的而是四价的?1931年,Pauling L等提出了轨道杂化理论,不仅对碳原子的四价做出了合理解释,而且

还解释了有机化合物和无机化合物的许多其他问题，如甲烷、乙烯和乙炔的分子结构等。Pauling 因对有机化合物结构理论的贡献获得 1954 年诺贝尔化学奖。

轨道杂化理论认为，虽然孤立的碳原子的最外层电子构型是 $2s^22p_x^12p_y^12p_z^0$，但在成键时，首先吸收能量，2s 轨道中的一个电子跃迁到空的 $2p_z$ 轨道中，形成 $2s^12p_x^12p_y^12p_z^1$（激发态），然后外层能量相近的 2s 轨道和 2p 轨道进行杂化（叠加重组），组成能量相等的几个新轨道，称为杂化轨道。杂化轨道的数目和参与杂化的原子轨道的数目相同，每个杂化轨道中有一个未成对电子，故能与含有未成对电子的轨道成键。

碳原子的 s-p 轨道杂化一般有三种可能的类型：2s 轨道和全部三个 2p 轨道杂化，称为 sp^3 杂化；2s 轨道和两个 2p 轨道杂化，称为 sp^2 杂化；2s 轨道和一个 2p 轨道杂化，称为 sp 杂化。下面分别进行讨论。

(a) sp^3 杂化。在 sp^3 杂化中，碳原子首先吸收能量，2s 轨道中的一个电子跃迁到空的 $2p_z$ 轨道中，然后 2s 轨道和三个 2p 轨道进行杂化，形成四个能量相等的杂化轨道，称为 sp^3 杂化轨道，如图 1-2 所示。

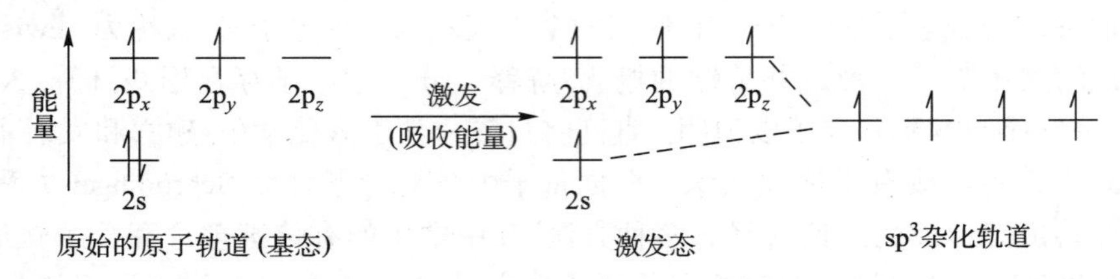

图 1-2　碳原子的 sp^3 杂化

每个 sp^3 杂化轨道中都有一个未成对电子，故碳原子是四价的。sp^3 杂化轨道的能量稍高于 2s 轨道，而稍低于 2p 轨道。每一个 sp^3 杂化轨道含有 1/4 的 s 轨道成分和 3/4 的 p 轨道成分，其形状如图 1-3(a) 所示。

每个 sp^3 杂化轨道中有一个电子，其电子云主要集中在一个方向，有利于与其他原子轨道重叠，形成比较牢固的键，因此杂化有利于成键。为了使成键电子之间的排斥力最小，四个 sp^3 杂化轨道以碳原子核为中心，分别指向正四面体的四个顶点，每两个轨道对称轴之间的夹角（键角）为 109.5°，使 sp^3 杂化轨道具有方向性，如图 1-3(b) 所示。

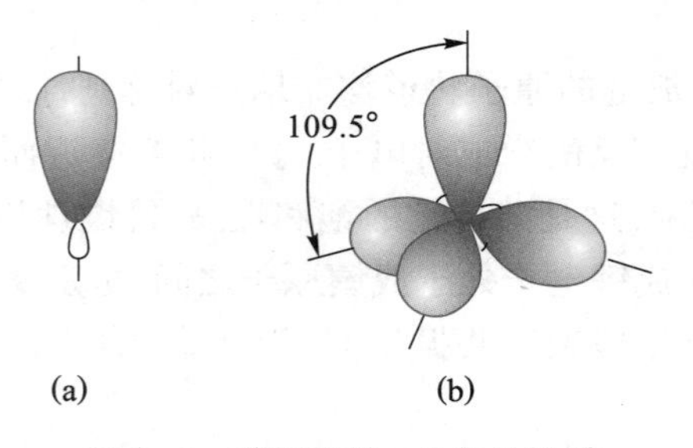

图 1-3　碳原子的 sp^3 杂化轨道

具有 sp^3 杂化轨道的碳原子称为 sp^3 杂化碳原子，烷烃分子中的碳原子均为 sp^3 杂化碳原子。

(b) sp^2 杂化。在 sp^2 杂化中，碳原子用 2s 轨道和两个 2p 轨道（如 $2p_x$ 和 $2p_y$）进行杂化，

组成三个能量相等的杂化轨道，称为 sp^2 杂化轨道，碳原子还保留了 $2p_z$ 轨道未参与杂化，如图 1-4 所示。

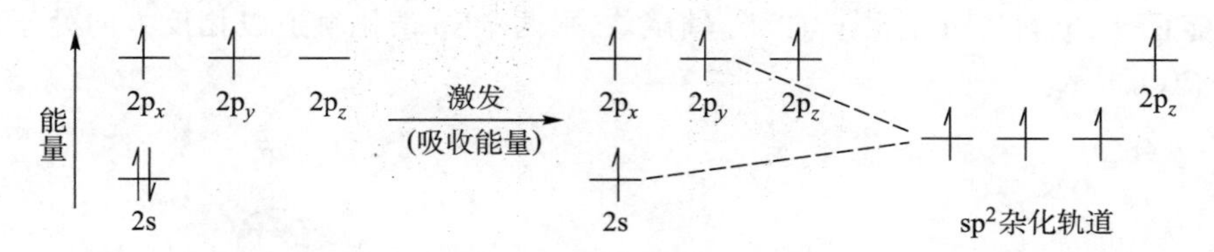

图 1-4 碳原子的 sp^2 杂化

三个 sp^2 杂化轨道和未参与杂化的一个 2p 轨道中各有一个未成对电子，因此碳原子仍表现为四价。三个 sp^2 杂化轨道的能量，同样稍高于 2s 轨道而稍低于 2p 轨道。每个 sp^2 杂化轨道包含 1/3 的 s 轨道成分和 2/3 的 p 轨道成分，其形状与 sp^3 杂化轨道相似，但比 sp^3 杂化轨道略“胖”，如图 1-5(a) 所示。

三个等价的 sp^2 杂化轨道对称地分布在碳原子的周围，且处于同一平面上，对称轴之间的夹角为 120°，如图 1-5(b) 所示。碳原子余下的一个未参与杂化的 p 轨道，其对称轴垂直于 sp^2 杂化轨道对称轴所在的平面，如图 1-5(c) 所示。

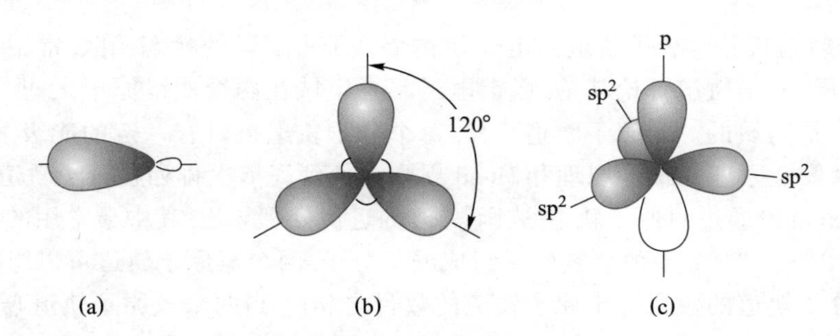

图 1-5 碳原子的 sp^2 杂化轨道与 sp^2 杂化碳原子

具有 sp^2 轨道杂化的碳原子称为 sp^2 杂化碳原子，双键两端的碳原子大多是 sp^2 杂化碳原子。

(c) sp 杂化。在 sp 杂化中，2s 轨道和一个 2p 轨道进行杂化形成两个能量相等的杂化轨道，称为 sp 杂化轨道，如图 1-6 所示。

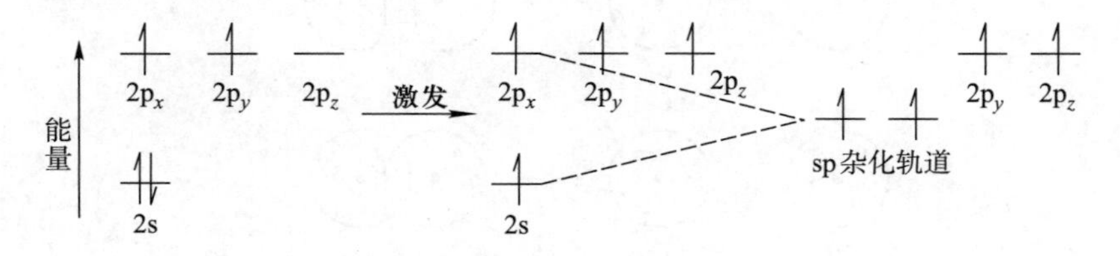

图 1-6 碳原子的 sp 杂化

两个 sp 杂化轨道和两个未参与杂化的 2p 轨道中，各有一个未成对电子，碳原子也表现为四价。sp 杂化轨道的能量介于 2s 轨道和 2p 轨道之间。每个 sp 杂化轨道包含 1/2 的 s 轨道成分和 1/2 的 p 轨道成分，其形状比 sp^2 杂化轨道“胖”一些，如图 1-7(a) 所示。两个

sp 杂化轨道的对称轴呈 180° 夹角，其在空间分布的几何形状是直线形的，如图 1-7(b) 所示。两个未参与杂化的 2p 轨道的对称轴相互垂直，且都垂直于 sp 杂化轨道所在的直线。如果规定两个 2p 轨道分别沿 y 轴和 z 轴定位，则两个 sp 杂化轨道以相反方向处于 x 轴上，如图 1-7(c) 所示。

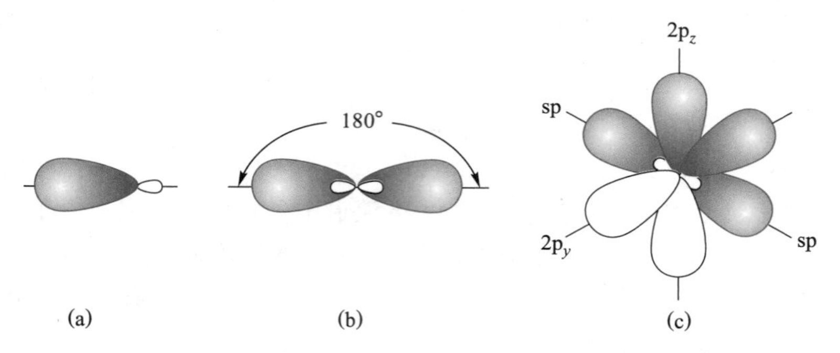

图 1-7 碳原子的 sp 杂化轨道与 sp 杂化碳原子

具有 sp 轨道杂化的碳原子称为 sp 杂化碳原子，三键两端的碳原子一般是 sp 杂化碳原子。

(2) 分子轨道理论 分子轨道是电子在整个分子中运动的状态函数，常用 ψ 表示。与价键理论不同，分子轨道理论认为，成键电子不再定域在两个成键原子之间，而是在整个分子内运动，是离域的。同原子轨道一样，每个分子轨道也具有一定的能级，分子中的电子，根据能量最低原理、Pauli 原理和 Hund 规则由低到高依次排列在分子轨道中。

分子轨道可以通过对原子轨道(波函数 φ) 的近似处理导出，其中最常用的方法是原子轨道线性组合法。例如，由两个氢原子组成的氢分子，两个氢原子轨道可以组合成两个氢分子轨道 (分子轨道的数目等于原子轨道的数目之和)。当两个氢原子轨道 (分别用 φ_1 和 φ_2 表示) 的波函数符号相同 (相当于波的相位相同) 时，相互叠加，得到比原子轨道能量低的成键轨道，用 ψ 表示；当两个氢原子轨道波函数符号相反 (相当于波的相位相反) 时，相互抵消，得到比原子轨道能量还高的反键轨道，用 ψ^* 表示，两原子核之间有一节面，在节面上电子出现的概率密度 (或说电子云密度) 为零，如图 1-8 所示。

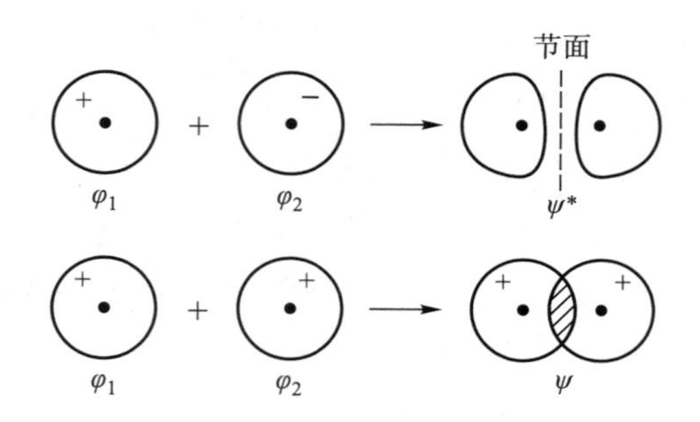

图 1-8 氢分子轨道的形成示意图

在基态时，两个自旋相反的电子首先占据成键轨道，反键轨道是空闲状态，如图 1-9 所示。

分子轨道理论认为，电子从原子轨道进入分子的成键轨道，形成化学键，使体系的能量降低，形成稳定分子。

原子轨道组成分子轨道必须满足一定条件: ① 只有能级相同或相近的原子轨道才能有效地组合成分子轨道; ② 原子轨道相互重叠程度越大，形成的键越稳定; ③ 只有对称性相同（即相位相同，或说对称性匹配）的原子轨道才能组合成分子轨道。如 s 轨道与 p_x 轨道可以沿 x 轴方向重叠成键，如图 1-10(a) 所示；而 s 轨道与 p_y 轨道在 x 轴方向，由于上、下相位相反，重叠部分相互抵消，因此不能有效地组成分子轨道，如图 1-10(b) 所示。

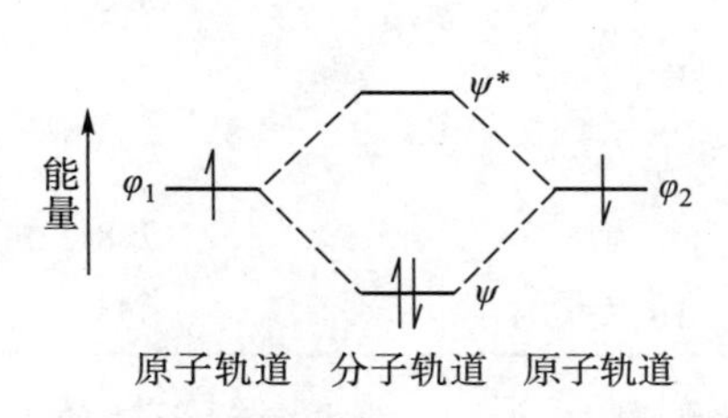

图 1-9 氢原子形成氢分子的轨道能级图

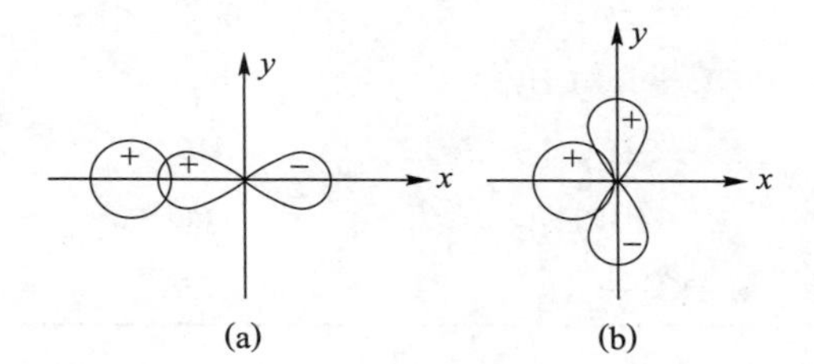

图 1-10 原子轨道的重叠与对称性

目前对共价键的描述，常用的是以上两种理论。价键理论是从"形成共价键的电子只处于形成共价键的两原子之间"的定域观点出发的，而分子轨道理论则是以"形成共价键的电子是分布在整个分子之中"的离域观点为基础的。虽然离域的描述更为确切，但定域描述比较直观形象，易于理解，因此现在仍较多使用价键理论，而分子轨道理论通常用来描述离域体系（见第四章 4.2 节和第五章 5.2 节）。

1.4.2 共价键的属性

在有机化学中，经常用到的键参数有键长、键能、键角和键的极性（偶极矩），这些物理量可用来表征共价键的性质，它们可利用近代物理方法测定。

(1) 键长 成键原子的原子核之间的平均距离，称为键长。因为共价键受其他键的影响，同一种化学键在不同分子中时或者在同一种分子内不同位置时，其键长也不完全相同。一些常见共价键的键长如表 1-2 所示。

表 1-2 一些常见共价键的键长

共价键	键长/nm	共价键	键长/nm
C—C	0.154	C—N	0.147
C—H	0.109	C—O	0.143
C—F	0.139	C—I	0.212
C—Cl	0.177	C═C	0.134
C—Br	0.191	C≡C	0.120

拓展：键能与解离能

(2) 键能 形成共价键的过程中体系释放出的能量，或共价键均裂过程中体系所吸收的能量，称为键能。**键能反映了共价键的强度，是决定一个反应能否进行的基本参数。**通常键能越大，则键越牢固。不同分子中的同一种化学键或者同一种分子内不同位置的化学键，其键能也不尽相同。一些常见分子中共价键的解离能如表 1-3 所示。

表 1-3　一些常见分子中共价键的解离能

共价键	解离能/($kJ \cdot mol^{-1}$)	共价键	解离能/($kJ \cdot mol^{-1}$)
$H_3C—CH_3$	377	$H_3C—NH_2$	360
$H_3C—CH═CH_2$	426	$H_3C—F$	460
$H—CH_3$	439	$H_3C—Cl$	350
$H—CH_2CH_3$	420	$H_3C—Br$	294
$H—CH(CH_3)_2$	410	$H_3C—I$	240
$H—C(CH_3)_3$	400	$H_2C═CH_2$	728
$HO—CH_3$	385	$HC≡CH$	954

(3) 键角　二价以上的原子在与其他原子成键时，键与键之间的夹角称为键角。例如：

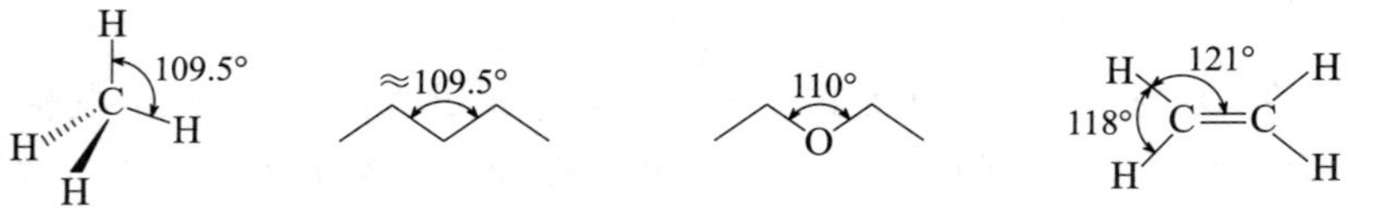

109.5°　≈109.5°　110°　121°　118°

甲烷　戊烷　乙醚　乙烯

键角反映了分子的空间结构，键角的大小与成键中心原子的杂化形式有关，也随着分子结构不同而改变，因为分子中各原子或基团是相互影响的。

(4) 键的极性和诱导效应　由处于相同化学环境中的两个原子形成的共价键，电子云对称地分布在两个成键原子之间，这种共价键没有极性，称为非极性共价键，如 H—H 键、乙烷中的 C—C 键、丁烷中的 C2—C3 键等。而不同原子形成的共价键，由于成键原子吸引电子的能力不同，即电负性不同，使电负性较大的原子一端电子云密度较大，呈现部分负电荷（一般用 $\delta-$ 表示），而另一端则电子云密度较小，呈现部分正电荷（一般用 $\delta+$ 表示），这种键具有极性，称为极性共价键，如 H—Cl 键、甲烷中的 H—C 键、氯乙烷中的 C—Cl 键等。

键的极性是以偶极矩 (μ) 来度量的，偶极矩是电荷量与正、负电荷中心之间距离的乘积 ($\mu = q \cdot d$)，单位为 $C \cdot m$（库 [仑]·米）。偶极矩是矢量，具有方向性，一般用 $\mapsto$ 箭头表示由正端指向负端。例如：

$$\overset{\delta+}{H}—\overset{\delta-}{Cl} \qquad \underset{\longmapsto}{H—Cl} \qquad \mu = 3.57 \times 10^{-30}\ C \cdot m$$

构成简单共价键的两个原子，电负性差值越大，键的极性越强。**电负性反映了原子吸引电子能力的相对强弱，它决定了化学键的极性和电子的相对位置，是判断反应类型和反应机理的基本参数。**有机化学中一些较常见元素的电负性值列于表 1-4 中。

表 1-4 有机化学中一些较常见元素的电负性值

H						
2.1						
Li	Be	B	C*	N	O	F
1.0	1.5	2.0	2.5	3.0	3.5	4.0
Na	Mg	Al	Si	P	S	Cl
0.9	1.2	1.5	1.8	2.1	2.5	3.0
K	Ca					Br
0.8	1.0					2.8
						I
						2.6

* 不同杂化状态下的碳原子电负性不同, sp^3 杂化碳原子电负性为 2.5, sp^2 和 sp 杂化碳原子电负性分别为 2.7 和 3.3。

在双原子分子中,键的偶极矩即是分子的偶极矩。但多原子分子的偶极矩,则是整个分子中各个共价键偶极矩的矢量和。例如:

$\mu = 0$　　　$\mu = 3.28 \times 10^{-30}$ C · m　　　$\mu = 6.47 \times 10^{-30}$ C · m

偶极矩为零的分子是非极性分子;反之,偶极矩不等于零的分子是极性分子。偶极矩越大,分子的极性越强。

在多原子分子中,当两个直接相连原子的电负性不同时,由于电负性较大的原子更能吸引电子,不仅两原子之间的电子云偏向电负性较大的原子(用 ⟶ 表示电子云的"偏移"),使电负性较大的原子带有部分负电荷(用 $\delta-$ 表示),与之相连的电负性较小的原子则带有部分正电荷(用 $\delta+$ 表示),而且这种影响会通过分子内的键传递,影响分子内其他原子。但这种影响随着分子链的增长而迅速减弱。例如,在 1-氯丁烷分子中:

$$\underset{4}{CH_3}-\overset{\delta\delta\delta+}{\underset{3}{CH_2}}\rightarrow\overset{\delta\delta+}{\underset{2}{CH_2}}\rightarrow\overset{\delta+}{\underset{1}{CH_2}}\rightarrow\overset{\delta-}{Cl}$$

由于氯原子的电负性比碳原子大, Cl—C1 之间的电子云密度偏向氯原子,氯原子带有部分负电荷($\delta-$), C1 带有部分正电荷($\delta+$);由于 C1 带有部分正电荷,它吸引电子的结果, C1—C2 之间的电子云也产生一定"偏移",导致 C2 上也带有较少的正电荷($\delta\delta+$),同样依次影响的结果, C3 上也带有更少正电荷($\delta\delta\delta+$)。像 1-氯丁烷这样,因分子内成键原子的电负性不同,而引起分子中电子云密度分布不平均,且这种影响可沿分子链以静电诱导的方式传递下去,这种分子内原子间相互影响的电子效应,称为诱导效应(inductive effect),常用 I 表示。电负性大的原子或基团的诱导作用使分子体系其余部分的电子云密度降低,称其具有吸电子诱导效应,用 $-I$ 表示;而电负性小的原子或基团的诱导作用使分子体系其余部分的电子云密度升高,称其具有给电子诱导效应,用 $+I$ 表示。

1.4.3　共价键的断裂和有机反应的类型

(1) 共价键的断裂方式　化学反应是旧键断裂、新键生成的过程。根据共价键断裂方式可以把有机反应分为不同的类型。

如果共价键断裂时,成键的一对电子平均分给两个成键的原子或基团,这种断裂方式称为均裂。均裂产生的含有未成对电子的原子或基团,称为自由基:

$$\mathrm{R:L} \xrightarrow{\text{均裂}} \mathrm{R\cdot + L\cdot}$$

如果共价键在断裂时,成键的一对电子完全为成键原子中的一个原子或基团所占有,这种断裂方式称为异裂,中性分子异裂形成正、负离子。酸、碱或极性溶剂有利于共价键的异裂。当成键两原子之一是碳原子时,异裂既可生成碳正离子,也可生成碳负离子:

$$-\overset{|}{\underset{|}{C}}{}^{+} + \mathrm{L:^{-}} \xleftarrow{\text{异裂}} -\overset{|}{\underset{|}{C}}:\mathrm{L} \xrightarrow{\text{异裂}} -\overset{|}{\underset{|}{C}}:^{-} + \mathrm{L^{+}}$$

碳正离子　　　　　　碳负离子

(2) 有机反应的类型　自由基、碳正离子、碳负离子都是在反应过程中生成且存在时间短的活性中间体。在有机化学反应中,根据共价键的断裂方式不同,将反应分为自由基反应和离子型反应两大类。通过共价键均裂生成自由基活性中间体而进行的反应,属于自由基反应;通过共价键异裂而进行的反应,属于离子型反应。

另外,还有一类反应不同于以上两类反应,反应过程中旧键的断裂和新键的生成同时进行,经过环状过渡态且无活性中间体生成,这类反应称为周环反应。

(3) 有机反应的表示　在有机反应的书写中,使用单箭头“ ⟶ ”表示反应的进行,将反应原料写在箭头的左侧,反应产物写在箭头的右侧,催化剂及反应条件等写在箭头的上面或下面。有机反应往往不注重反应配平,着重化合物在反应前后的变化。例如:

$$\mathrm{CH_3{-}C_6H_4{-}H} + \mathrm{CH_3{-}\overset{O}{\overset{\|}{C}}{-}O{-}\overset{O}{\overset{\|}{C}}{-}CH_3} \xrightarrow{AlCl_3} \xrightarrow{H_3O^+} \mathrm{CH_3{-}C_6H_4{-}\overset{O}{\overset{\|}{C}}{-}CH_3} + \mathrm{CH_3{-}\overset{O}{\overset{\|}{C}}{-}OH}$$

在有机反应的表示中,为突出反应中主要原料或底物的变化,将次要原料、催化剂、反应条件写在箭头的上面或下面,在箭头右侧只写出主要产物,忽略次要产物。在这类表示方法中,应注意区分原料与催化剂。例如,上述反应也可表示为

$$\mathrm{CH_3{-}C_6H_5} \xrightarrow[AlCl_3]{Ac_2O} \xrightarrow{H_3O^+} \mathrm{CH_3{-}C_6H_4{-}\overset{O}{\overset{\|}{C}}{-}CH_3}$$

(4) 有机反应机理的表示　在有机化学反应机理的书写中,常用弯箭头表示电子的移动。使用弯箭头表示一对电子的移动,用鱼钩弯箭头表示一个电子的移动。弯箭头一般为弧形,有时也可为“S”形。例如:

弯箭头表示一对电子的移动
箭头始于电子的来源
箭头指向电子移动的终点
鱼钩弯箭头表示一个电子的移动

使用弯箭头表示电子移动，指出了反应中化学键或原子上的电子在反应前后的电子排列所发生的变化。使用这种方法，可形象地表示反应过程，避免写出不合理的反应机理。例如，在氨与氯化氢的反应中，两个箭头分别表示氨分子中氮原子上的孤对电子移动到氮原子与氢原子之间形成氮氢键，铵离子中氮原子带正电荷；同时，氯氢键发生断裂，成键电子转移至氯离子，氯离子带负电荷。反应前后，电子总数保持不变。

$$\ddot{N}H_3 + H-\ddot{Cl}: \longrightarrow H-\overset{H}{\underset{H}{N^+}}-H + :\ddot{Cl}:^-$$

在离子型反应机理中，电子的移动一般是由电子云密度高的位置流向电子云密度低的位置，使用弯箭头表示上述过程可被称为“电子推动 (electron pushing)”“箭头推动 (arrow pushing)”或者“电子移动 (electron flow)”。电子云密度高的位置被称为电子源 (electron source)，它可以是杂原子上的孤对电子，π 键中的电子，也可以是高张力的 σ 键或极性较高的金属有机试剂。电子源富含电子，具有碱性和亲核性，可作为配体。例如：

电子源⇨ H₂O ⟶ H^+ ⇦电子空穴　　$CH_2=CH_2$ ⟶ H^+　　BH_4^- ⟶ H^+

电子云密度低的位置往往被称为电子空穴 (electron sink)，一般是带正电荷或带空轨道的位置，以及极性键中带部分正电荷的位置。例如：

$$:N\equiv C:^- + (CH_3)_2C=O\ (\delta+ \text{ C}, \delta- \text{ O}) \longrightarrow (CH_3)_2C(O^-)C\equiv N$$

在使用弯箭头表示有机反应机理的过程中，电子由电子源流向电子空穴，在整个流动过程中，各弯箭头的方向应保持一致，避免两个弯箭头相向而行的情况。同时，要注意检查电子源的电子云密度应高于其他位置，并核对每个原子与八隅体及正常价态的符合程度。

1.5 分子间相互作用力

分子之间能够相互吸引甚至缔合，这种作用力称为分子间作用力。分子间作用力有多种，它们对化合物的物理性质、化学性质和生物学性质等具有重要影响。这里只对最常见的偶极-偶极相互作用、色散力和氢键做一些简单介绍，以便后续各章的学习。

1.5.1 偶极-偶极相互作用

偶极-偶极相互作用是极性分子间最普遍的一种相互作用，即一个极性分子带部分正电荷的一端与另一分子带部分负电荷的一端之间的吸引作用。例如，氯化氢分子是一个极性分子，电负性较大的氯原子吸引电子的结果，氯原子带部分负电荷，是负端，氢原子带部分正电荷，是正端。一个氯化氢分子的正端与另一个氯化氢分子的负端相互吸引：

$$\overset{\delta+}{H}-\overset{\delta-}{Cl}\cdots\cdots\overset{\delta+}{H}-\overset{\delta-}{Cl}$$

$$\underset{\delta-}{Cl}-\underset{\delta+}{H}\cdots\cdots\underset{\delta-}{Cl}-\underset{\delta+}{H}$$

这种相互作用即为偶极-偶极相互作用。

在许多有机化合物中，这种偶极-偶极相互作用都是存在的。例如，羰基化合物醛和酮，由于羰基（$>C=O$）官能团中氧原子的电负性较大，氧原子带部分负电荷，羰基碳原子带部分正电荷，整个分子形成偶极子，发生偶极-偶极相互作用：

$$R_2C^{\delta+}=O^{\delta-}\quad\cdots\quad O^{\delta-}=C^{\delta+}R_2$$

因偶极-偶极相互作用，使极性分子之间的作用力强于相对分子质量相同或相近的非极性分子之间的作用力，具有较高的沸点。例如，丙酮（相对分子质量 58）的沸点（56 ℃）比丁烷（相对分子质量 58）的沸点（−0.5 ℃）高。

1.5.2　色散力

统计地看，非极性分子的电子云均匀分布在整个分子中。由于电子的运动，瞬间仍会出现电子云分布不均匀的情况，这样在分子中就产生了瞬间偶极，这种瞬间偶极又将诱导邻近分子产生诱导偶极。瞬间偶极和诱导偶极之间相反电荷的区域彼此吸引，使两分子之间产生吸引作用，这种分子间作用力称为色散力，它是一种很弱的但是普遍存在的分子间作用力。例如，烷烃随着分子的增大，电子数增多，分子间相互作用的色散力强度增加，沸点依次升高。除烷烃外，其他有机化合物分子之间也存在着色散力。

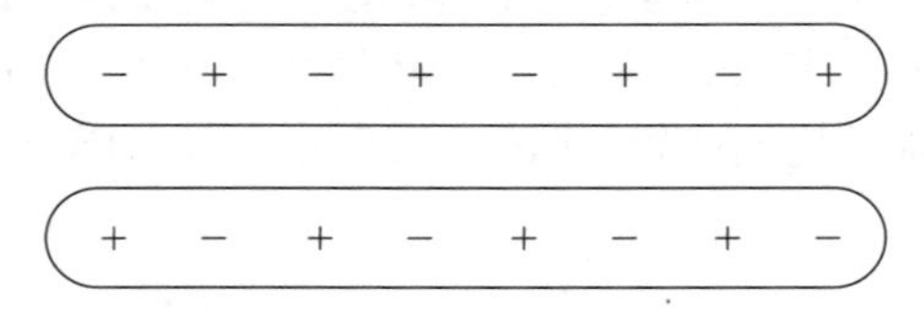

1.5.3　氢键

氢键也是一种分子之间的强偶极-偶极相互作用，能生成氢键的分子在结构上通常具有一定特点。当氢原子与电负性很大且半径较小的原子（如 N, O, F 等）相连时，电子云明显偏向电负性较大的原子，使氢原子变成近乎"裸露"的质子，此时若与另一个电负性很强的原子相遇，则发生强的静电吸引作用，使氢原子在两个电负性很强的原子之间形成桥梁，这样形成的键，称为氢键（氢键通常用虚线表示）。例如，两个甲醇分子之间可以形成氢键：

$$H_3C-O-H\cdots O(H)-CH_3$$

氢键虽然是一种很强的偶极-偶极相互作用，但比一般共价键弱得多，与共价键相比，其键长较长，键能较小，较容易断裂。例如，甲酸二聚体中存在O—H···O键，其中O—H键键长0.104 nm，氢键(H···O)键长0.163 nm；氢键的键能为29.5 kJ·mol^{-1}，比O—H键的平均键能(464.4 kJ·mol^{-1})低得多。

氢键存在于液体、晶体和溶液等各种状态中，许多化合物的物理和化学性质，以及一些化合物(如蛋白质和核酸等)的立体结构均与氢键有关。例如，醇分子之间能通过形成氢键而缔合，故其沸点比相对分子质量相近的但不能形成氢键的化合物高得多。例如，甲醇的相对分子质量为32，沸点为65 ℃，而乙烷的相对分子质量为30，但沸点却为 −88.6 ℃。又如，甲烷微溶于水，但甲醇因能与水形成分子间氢键而可与水互溶。

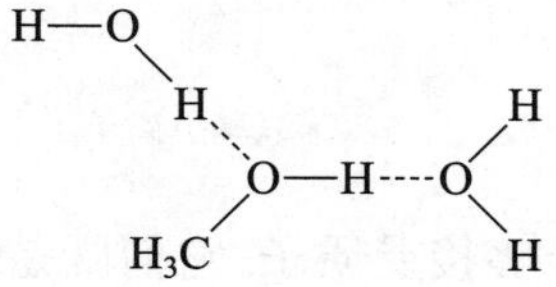

综上所述，偶极-偶极相互作用、色散力和氢键均属于分子间作用力，但强弱不同，其强度大小的一般顺序为，氢键 >> 偶极-偶极相互作用 > 色散力。

1.6　酸碱的概念

随着化学学科的发展，酸碱的含义和范围在不断扩大和发展，它不仅可用来考察和判断一般无机化合物和有关配合物的反应，同样也可用来考察和判断有机化合物的许多反应。现将有机化学中常用的两种酸碱理论和硬软酸碱原理概括如下。

1.6.1　Brönsted 酸碱理论

根据Brönsted的定义，能够提供(给出)质子的分子或离子是酸，能够接受质子的分子或离子是碱。例如，氨和水的反应，水失去质子是酸，氨接受质子是碱。

人物：Brönsted J N

$$\underset{\text{酸}}{H_2O} + \underset{\text{碱}}{:NH_3} \rightleftharpoons \underset{\text{碱}}{HO\ddot{:}^-} + \underset{\text{酸}}{NH_4^+}$$

反应是可逆的，其中HO^-还可接受质子，故它是碱，而NH_4^+可以给出质子，故它是酸。

在反应中，有些化合物能够给出质子，此时它们是酸。这些化合物通常含有与电负性较大原子(如O，N等原子)相连的氢原子。例如：

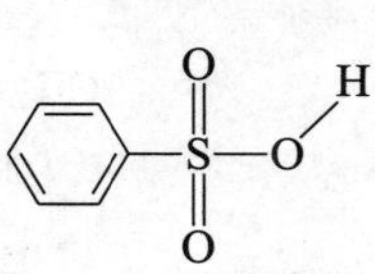

苯磺酸 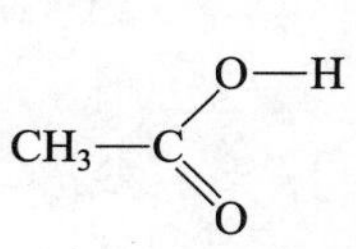　　乙酸 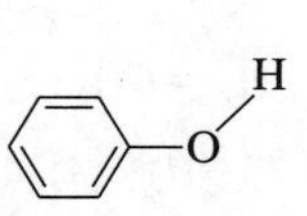　　苯酚 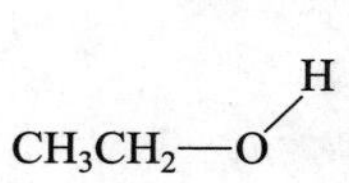　　乙醇

$CH_3—C(=O)—NH_2$　　$CH_3—NH_2$

乙酰胺　　甲胺

有些化合物能够接受质子,此时它们是碱。这些化合物通常是含有O,N等原子的分子或带负电荷的离子。例如:

$H_3C—O—CH_3$　　$H—O—CH_3$　　$CH_3—NH_2$　　$C_6H_5—O^-$　　$CH_3—O^-$　　$CH_3—\bar{N}H$

甲醚　　甲醇　　甲胺　　苯氧基负离子　　甲氧基负离子　　甲氨基负离子

有些化合物既能够给出质子又能够接受质子,它们既是酸又是碱,如上面的乙酸、苯酚、乙醇、乙酰胺和甲胺等。

按照Brönsted的定义,一个分子是否显酸性,主要取决于与氢原子相连原子的电负性。通过水与氨的反应可以看出,酸(H_2O)给出质子后生成碱(HO^-),这种碱称为该酸(H_2O)的共轭碱;碱(NH_3)接受质子后生成酸(NH_4^+),这种酸称为该碱(NH_3)的共轭酸。在水和氨的平衡反应中,H_2O和HO^-是一对共轭酸碱,NH_4^+和NH_3是一对共轭酸碱。酸的强度取决于它给出质子的倾向,容易给出质子者是强酸,反之则是弱酸。碱的强度则取决于它接受质子的倾向,容易接受质子者是强碱,反之则是弱碱。

强酸容易给出质子,给出质子后所生成的共轭碱则不易再与质子结合,因此强酸(如H_2SO_4)的共轭碱(HSO_4^-)是弱碱;相反,弱酸(如CH_3OH)的共轭碱是强碱(CH_3O^-)。同理,强碱(如HO^-)容易与质子结合,而其共轭酸(H_2O)则不易给出质子,因此,强碱的共轭酸是弱酸;反之,弱碱(如I^-)的共轭酸(HI)是强酸。

化合物的酸碱强度因介质不同而异,其强度是相对的。一般以水为溶剂,即以H_2O和H_3O^+为标准的共轭酸碱。其相对强度通常用K_a或pK_a($pK_a = -\lg K_a$)表示。K_a值越大或pK_a值越小,表示酸性越强。碱的强度通常用K_b或pK_b($pK_b = -\lg K_b$)表示。但任何一对共轭酸碱通常用K_a或pK_a表示即可。酸的K_a值越小或pK_a值越大,其共轭碱的碱性越强。一些常见化合物的pK_a值列于表1-5中。

表1-5　一些常见化合物的pK_a值*

化合物名称	酸	pK_a	共轭碱
乙烷	CH_3CH_3	51	$^-CH_2CH_3$
甲烷	CH_4	48	$^-CH_3$
乙烯	$CH_2{=}CH_2$	44	$^-CH{=}CH_2$
氨	NH_3	38	$^-NH_2$
氢气	H_2	35	H^-
乙炔	$CH{\equiv}CH$	25	$CH{\equiv}C^-$
丙酮	CH_3COCH_3	19.2	$^-CH_2COCH_3$

续表

化合物名称	酸	pK_a	共轭碱
叔丁醇	$(CH_3)_3COH$	18	$(CH_3)_3CO^-$
乙醇	CH_3CH_2OH	15.9	$CH_3CH_2O^-$
水	H_2O	15.7	^-OH
甲铵离子	$CH_3NH_3^+$	10.64	CH_3NH_2
碳酸氢根离子	HCO_3^-	10.33	CO_3^{2-}
苯酚	C_6H_5OH	9.95	$C_6H_5O^-$
铵离子	NH_4^+	9.24	NH_3
乙酰丙酮	$CH_3COCH_2COCH_3$	9.0	$(CH_3COCHCOCH_3)^-$
硫化氢	H_2S	7.04	HS^-
碳酸	H_2CO_3	6.36	HCO_3^-
乙酸	CH_3COOH	4.76	CH_3COO^-
苯铵离子	$C_6H_5NH_3^+$	4.63	$C_6H_5NH_2$
苯甲酸	C_6H_5COOH	4.19	$C_6H_5COO^-$
甲酸	$HCOOH$	3.75	$HCOO^-$
氢氟酸	HF	3.2	F^-
氯乙酸	$ClCH_2COOH$	2.86	$ClCH_2COO^-$
三氟乙酸	CF_3COOH	0.18	CF_3COO^-
磷酸	H_3PO_4	2.1	$H_2PO_4^-$
硝酸	HNO_3	−1.4	NO_3^-
水合质子	H_3O^+	−1.74	H_2O
甲醇合质子	$CH_3O^+H_2$	−2.5	CH_3OH
丙酮合质子	$(CH_3)_2C{=}O^+H$	−3.8	$(CH_3)_2C{=}O$
苯磺酸	$C_6H_5SO_3H$	−6.5	$C_6H_5SO_3^-$
盐酸	HCl	−7	Cl^-
氢溴酸	HBr	−8	Br^-
硫酸	H_2SO_4	−9	HSO_4^-
氢碘酸	HI	−9	I^-
六氟锑酸	$HSbF_6$	< -12	$(SbF_6)^-$

* 分子中含有不止一种 H 时, 彩色的 “H” 显较强的酸性。

1.6.2 Lewis 酸碱理论

根据 Lewis 的定义, 能够接受未共用电子对的分子或离子, 称为 Lewis 酸, 即酸是电子对的受体; 能够给出电子对的分子或离子, 称为 Lewis 碱, 即碱是电子对的供体。Lewis 酸和碱结合生成的产物, 称为酸碱络合物, 它是酸和碱共用电子对的产物。

Lewis 酸在结构上是含有带空轨道原子的分子或正离子。例如, BF_3 中的硼原子的价电子层只有六个电子, 可以接受一对电子构成八隅体, 因此 BF_3 是 Lewis 酸。又如, H^+ 的价电子层是空的, 可以接受一对电子, 故 H^+ 也是 Lewis 酸。一些含有 π 键的不饱和分子, 也可以通过 π 键极化产生"潜在"的正离子。例如, 甲醛、二氧化碳等, 它们也可被视为 Lewis 酸。Lewis 碱的结构特征是含有未共用电子对原子的分子或负离子。例如, $:NH_3$ 和 $HO:^-$ 能够提供未共用电子对, 它们是碱。甚至 H_2SO_4, HNO_3 等遇到更强的酸时也可以作为 Lewis 碱。一些常见的 Lewis 酸碱如下所示。

Lewis 酸: BF_3, $AlCl_3$, $FeCl_3$, $SnCl_4$, $ZnCl_2$, LiCl, $MgCl_2$, SO_3, $R_2C{=}O$, CO_2, $RC{\equiv}CR$, H^+, R^+, Ag^+ 和 $^+NO_2$ 等。

Lewis 碱: CO, $R_2C{=}CR_2$, H_2O, NH_3, CH_3OH, CH_3OCH_3, X^-, ^-CN, HO^-, H_2N^-, RO^-, $^-CH_3$ 和 R^- 等。

Lewis 碱与 Brönsted 碱的范围是一致的, 但 Lewis 酸的范围比 Brönsted 酸的要大得多。Brönsted 酸碱理论和 Lewis 酸碱理论在有机化学中均具有重要用途。

1.6.3 硬软酸碱原理

拓展:
硬软酸碱的前线轨道

许多化学反应可以看成 Lewis 酸碱反应, 但酸碱反应发生的难易程度, 不仅取决于酸和碱的强度, 而且还与反应物分子或离子的大小、电荷的多少及电负性等有关, 即酸碱反应是否容易进行, 还与酸碱的硬度或软度有关。"硬"和"软"反映出酸碱授受电子的难易。根据酸碱授受电子的能力和可极化程度的大小, Pearson R G 把 Lewis 酸碱分成硬、软两种类型。

硬酸: 接受体的体积小, 带正电荷多, 价电子层里没有未共用电子对, 其可极化程度低, 电负性大。

软酸: 接受体的体积大, 带正电荷少, 价电子层里有未共用电子对 (p 或 d), 其可极化程度高, 电负性小。

硬碱: 给予体的原子电负性大, 可极化程度低, 不易被氧化, 对价电子束缚得紧。

软碱: 给予体的原子电负性小, 可极化程度高, 易被氧化, 对价电子束缚得松。

"硬""软"是用来描述酸的可极化度、碱束缚电子的能力的, 但这种性质的界线很难划分, 因此将酸碱又分为三类: 硬、软和交界, 交界介于硬、软之间。一些硬软酸碱如表 1-6 所示。

表 1-6 一些硬软酸碱

酸碱	硬	交界	软
酸	H^+, Li^+, Na^+, K^+, Mg^{2+}, Ca^{2+}, Al^{3+}, Cr^{3+}, Fe^{3+}, BF_3, $AlCl_3$, SO_3, $RC{\equiv}O^+$, CO_2	Fe^{2+}, Cu^{2+}, Zn^{2+}, $B(CH_3)_3$, $Al(CH_3)_3$, SO_2, $R_2C{=}O$, $C_6H_5^+$	R^+, Cu^+, Ag^+, Hg^{2+}, B_2H_6, RS^+, Br_2, I_2, CH_2 (单线态卡宾)
碱	RO^-, ^-OH, F^-, Cl^-, AcO^-, PO_4^{3-}, SO_4^{2-}, ClO_4^-, NO_3^-, ROH, R_2O, H_2O, RCOOH	$PhNH_2$, C_5H_5N, NH_3, RNH_2, N_2H_4, N_3^-, Br^-, NO_2^-, SO_3^{2-}	RSH, R_2S, RS^-, HS^-, I^-, ^-SCN, ^-CN, R^-, H^-, R_3P, C_2H_4, C_6H_6

Pearson 根据酸碱的硬度或软度提出了化学反应的硬软酸碱 (hard and soft acids and bases, 简写作 HSAB) 原理 (或称软硬酸碱原理), 即硬酸优先与硬碱结合, 软酸优先与软碱结合。硬酸与硬碱或软酸与软碱能够形成稳定的化合物 (络合物), 且反应速率大; 硬酸与软碱或软酸与硬碱形成的化合物 (络合物) 比较不稳定, 且反应速率小; 交界酸碱不论是硬还是软均能反应, 所形成的化合物 (络合物) 的稳定性差别不大, 且反应速率适中。

硬软酸碱原理是根据大量实验总结出的经验规律, 它能够解释无机化学、有机化学中广泛存在的化学现象和问题。现举几例加以说明。

硬软酸碱原理能对化合物和络合物的稳定性给出较好的说明。例如, H_2SO_4 比 H_2SO_3 稳定, 是因为 H^+ 是硬酸, SO_4^{2-} 是硬碱, H_2SO_4 是硬酸-硬碱结合, 故稳定; 而 H_2SO_3 是硬酸 H^+ 与交界碱 SO_3^{2-} 形成的络合物, 稳定性差。又如, BF_3 是 Lewis 酸, 而 $C_2H_5OC_2H_5$ (乙醚) 和 $C_2H_5SC_2H_5$ (乙硫醚) 都是 Lewis 碱, 它们与 BF_3 反应分别生成络合物 $BF_3-O(C_2H_5)_2$ 和 $BF_3-S(C_2H_5)_2$, 这两种络合物的稳定性可用硬软酸碱原理进行较好的解释: BF_3 是硬酸, $C_2H_5OC_2H_5$ 是硬碱, 络合物 $BF_3-O(C_2H_5)_2$ 是硬酸-硬碱结合, 故较稳定; 而 $C_2H_5SC_2H_5$ 是软碱, 络合物 $BF_3-S(C_2H_5)_2$ 是硬酸-软碱结合, 稳定性较差, 故 $BF_3-S(C_2H_5)_2$ 不如 $BF_3-O(C_2H_5)_2$ 稳定。

硬软酸碱原理也可用来解释化合物反应活性。例如, 将乙烯通入溴中, 溴的红棕色很快消失, 反应很容易进行。烯烃与溴的反应是加成反应, 首先生成 π 络合物, 然后进一步反应生成产物。乙烯是软碱, 溴是软酸, 它们结合形成 π 络合物的过程是软酸和软碱的加合过程, 故反应很容易进行。

$$\underset{软碱}{H_2C=CH_2} + \underset{软酸}{\overset{\delta+}{Br}-\overset{\delta-}{Br}} \longrightarrow \underset{软-软}{H_2C=CH_2 \cdots Br^{\delta+}-Br^{\delta-}} \xrightarrow{-Br^-} H_2C-CH_2\ (\overset{+}{Br}) \xrightarrow{Br^-} H_2C(Br)-CH_2(Br)$$

硬软酸碱原理的贡献在于其应用涉及的面很广, 如溶解度规律、有关配体选择的规律、水溶液中的无机络合物化学、催化剂中毒、有机催化剂的选择、有机化合物亲核-亲电活性等, 因而受到广泛的重视。

硬软酸碱原理还没有统一的定量的理论使之连贯起来, 但已有一些中外化学家从酸碱的基本性质、热力学和量子力学等多方面进行了不少的定量化工作。

1.7 有机化合物的分类

有机化合物数量庞大, 而且新的有机化合物还在不断地被发现和合成。为了对其进行系统的研究, 科学的分类是非常必要的。同时, 结构理论的建立和分析仪器的发展也为科学的分类确立了基础, 提供了手段。有机化合物的结构与其性质密切相关, 因此有机化合物按其分子结构通常采取两种分类方法, 一种是按碳 (骨) 架分类, 另一种是按官能团分类。

1.7.1　按碳架分类

按碳架不同，一般可将有机化合物分为以下几类（族）。

(1) 开链化合物　分子中的碳原子连接成链状。由于脂肪类化合物具有这种结构，因此开链化合物亦称脂肪族化合物。其中，碳原子之间可以通过单键、双键或三键相连。例如：

$CH_3—CH_3$	$CH_3CH_2CH═CH_2$	$CH_3C≡CH$	CH_3CH_2OH
乙烷	丁-1-烯	丙炔	乙醇

(2) 脂环（族）化合物　分子中的碳原子连接成环状，其性质与脂肪族化合物相似。其中成环的两个相邻碳原子可以通过单键、双键或三键相连。例如：

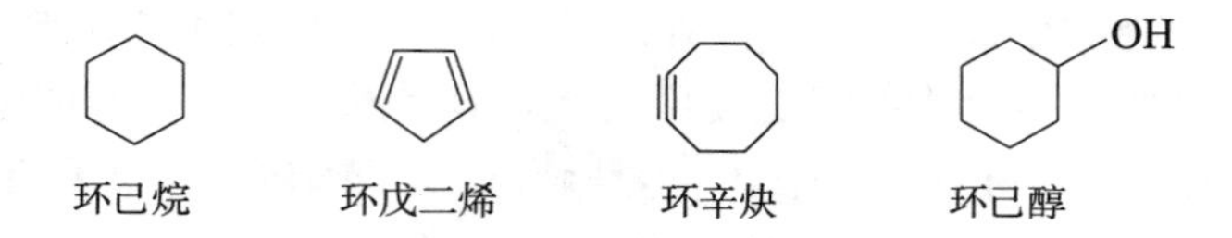

环己烷　环戊二烯　环辛炔　环己醇

(3) 芳香族化合物　分子中一般含有苯环结构，其性质不同于脂环化合物，而具有“芳香性”。例如：

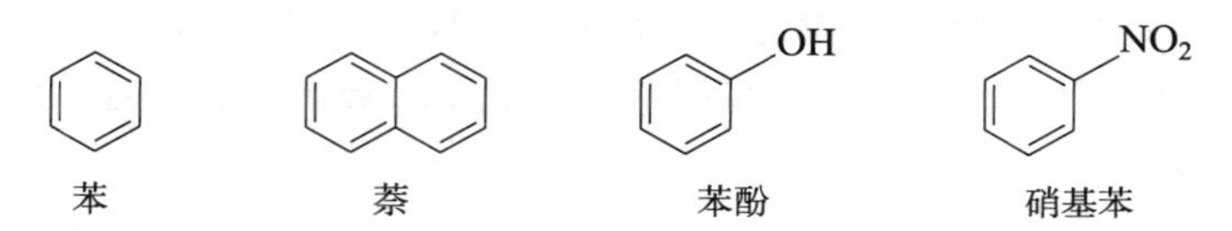

苯　萘　苯酚　硝基苯

(4) 杂环（族）化合物　分子中含有由碳原子和其他原子（通称杂原子，如 O, N, S 等）连接成环的一类化合物。例如：

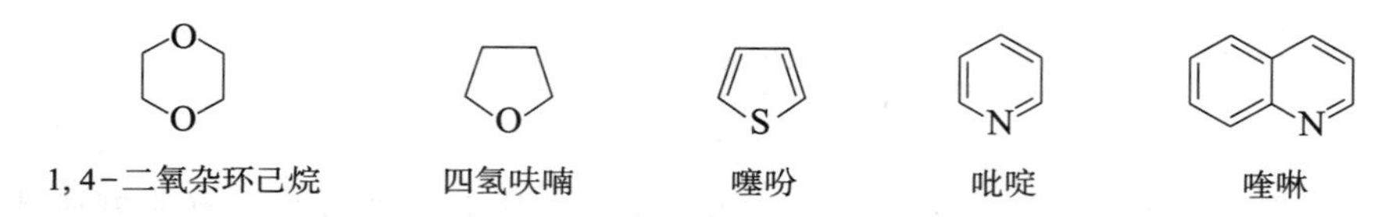

1,4-二氧杂环己烷　四氢呋喃　噻吩　吡啶　喹啉

1.7.2　按官能团分类

官能团是指分子中容易发生反应的原子或基团，它常常决定着化合物的主要性质，反映着化合物的主要特征。含有相同官能团的化合物具有相似的性质，将它们归于一类，有助于学习和研究有机化合物性质。一些常见的重要官能团如表 1-7 所示。

表 1-7　一些常见的重要官能团

化合物类别	化合物举例	官能团构造	官能团名称
硝基化合物	CH_3NO_2	$—\overset{+}{N}(=O)—O^-$	硝基
卤代烃	C_2H_5X	$—X$	卤原子

续表

化合物类别	化合物举例	官能团构造	官能团名称
烯烃	$CH_2{=}CH_2$	$>C{=}C<$	双键（烯键）
炔烃	$CH{\equiv}CH$	$-C{\equiv}C-$	三键（炔键）
胺	CH_3NH_2	$-NH_2$	氨基
醇、酚	C_2H_5OH, C_6H_5OH	$-OH$	羟基
硫醇	C_2H_5SH	$-SH$	巯基
醚	$CH_3CH_2OCH_2CH_3$	(C)—O—(C)	醚键
腈	CH_3CN	$-C{\equiv}N$	氰基
酮	CH_3COCH_3	(C)—C(=O)—(C)	(酮) 羰基
醛	CH_3CHO	(H 或 C)—C(=O)—(H)	(醛) 羰基
羧酸	CH_3COOH	—C(=O)—OH	羧基
磺酸	$C_6H_5SO_3H$	—S(=O)(=O)—OH	磺酸基

在有机化学教材中，通常把上述两种分类方法结合起来应用。例如，先按碳氢化合物母体的碳架分类，然后再按官能团分为若干类进行讨论。本书主要采用以官能团为主线混合编写的体系讨论各类有机化合物。

习题

（一）用简练的文字解释下列术语：

(1) 有机化合物　(2) 键能　(3) 极性键

(4) 官能团　(5) 构造式　(6) 异裂

(7) 诱导效应　(8) 氢键　(9) sp^2 杂化

(10) Brönsted 碱　(11) Lewis 酸　(12) 电负性

（二）请写出指定碳原子上氢的个数。

(1) 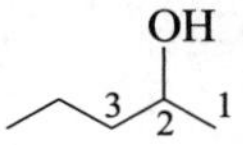 OH 3 2 1

(2) 2 4 1 3 OH

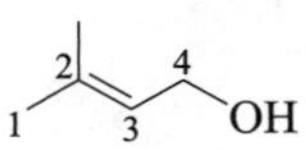

(3)　7　6　5　4　3　2　1　CO_2H

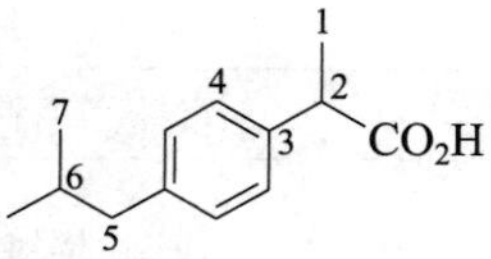

(4)　1　2　3　4　5　6　7　8

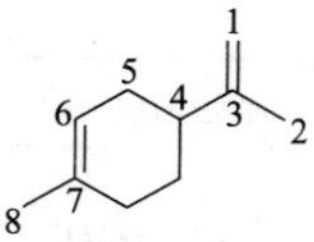

（三）使用键线式表示下列化合物。

(1) 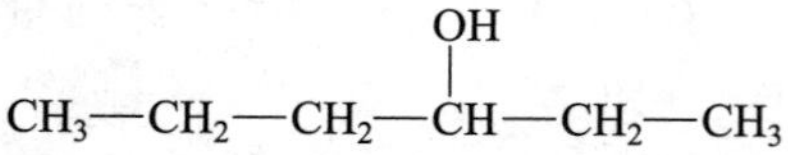 $CH_3—CH_2—CH_2—\underset{}{CH}(OH)—CH_2—CH_3$

(2) $HO—CH_2—C(=O)—CH_2—OH$

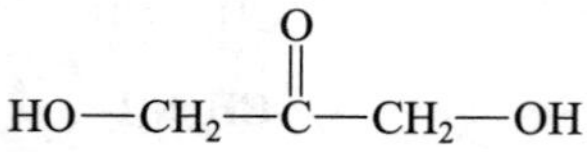

(3) $CH_3COCH_2CH_2CH_2CH_2Cl$

(4) 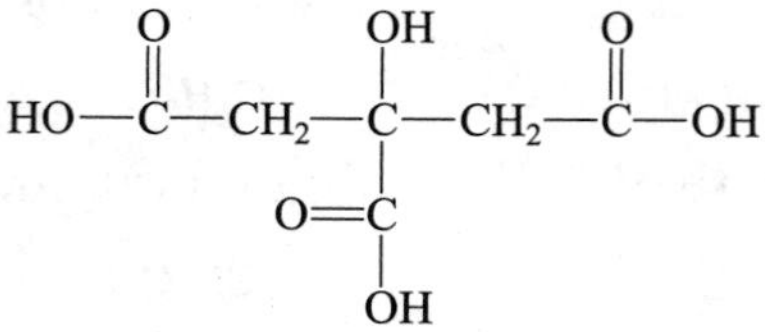 $HO—C(=O)—CH_2—C(OH)—CH_2—C(=O)—OH$，中心 C 上连 $O=C—OH$

(5) 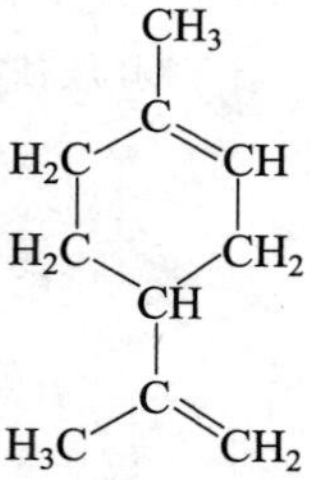 CH_3
H_2C　C　CH
H_2C　CH_2
CH
C
H_3C　CH_2

(6) 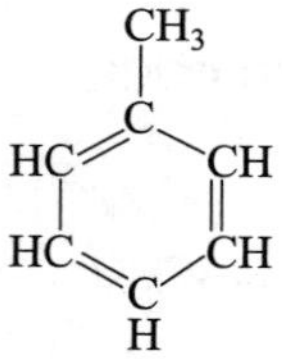 CH_3
HC　C　CH
HC　CH
C
H

（四）请将下列各式改写为缩减式。

(1) 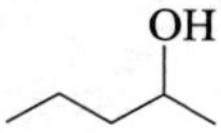　OH

(2) 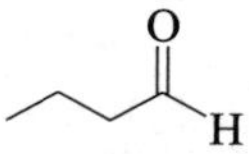　O　H

(3) 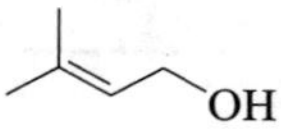　OH

(4) 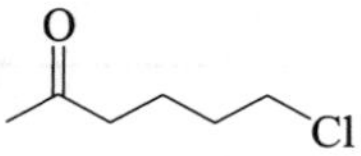　O　Cl

（五）请用键线式表示下列化合物。

(1) 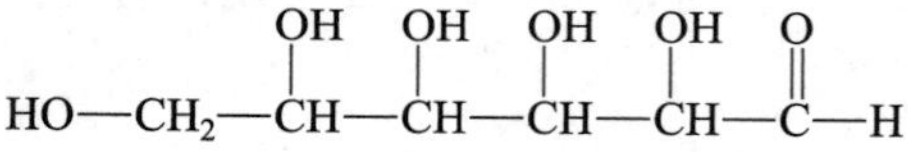 $HO—CH_2—CH(OH)—CH(OH)—CH(OH)—CH(OH)—C(=O)—H$

葡萄糖 (glucose)

(2) 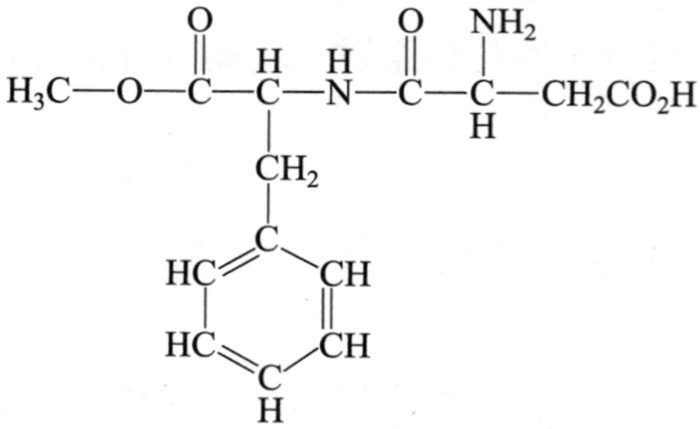 $H_3C—O—C(=O)—C(H)(CH_2)—N(H)—C(=O)—C(H)(NH_2)—CH_2CO_2H$
CH_2
C
HC　CH
HC　CH
C
H

阿斯巴甜 (aspartame) 一种甜味剂

(3) 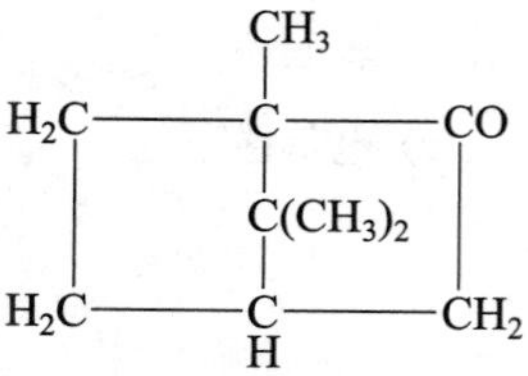 CH_3
H_2C—C—CO
$C(CH_3)_2$
H_2C—C—CH_2
H

樟脑 (camphor)

(4) 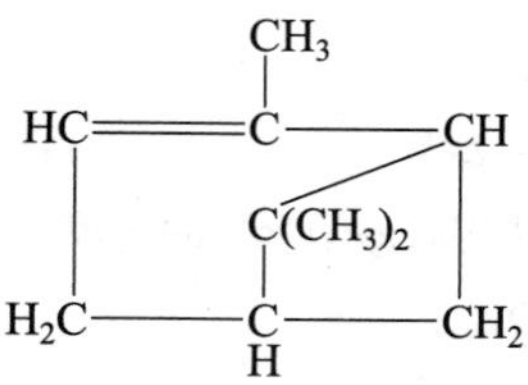 CH_3
HC═C—CH
$C(CH_3)_2$
H_2C—C—CH_2
H

蒎烯 (pinene)

（六）雌酮 (estrone) 为一种雌性激素，其构造式如下所示：

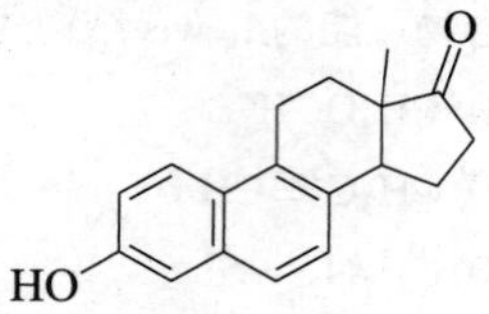

HO

试确定该化合物的不饱和度，并确定该化合物中氢原子的个数。（提示：根据不饱和度计算公式推算。）

（七）指出下列化合物中的官能团。

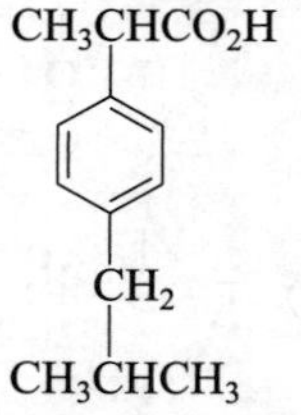

布洛芬 (ibuprofen)　　对乙酰氨基酚 (acetaminophen)

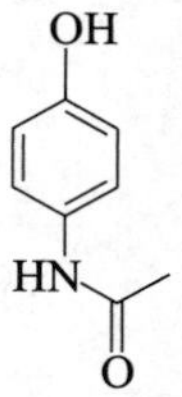

(3) 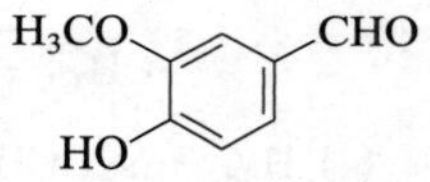 H_3CO, CHO, HO

香兰素 (vanillin)

(4) 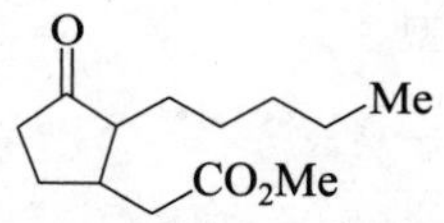 O, Me, CO_2Me

二氢茉莉酮酸甲酯 (hedione)

（八）下式给出了中性化合物的骨架，试写出完整 Lewis 结构式。

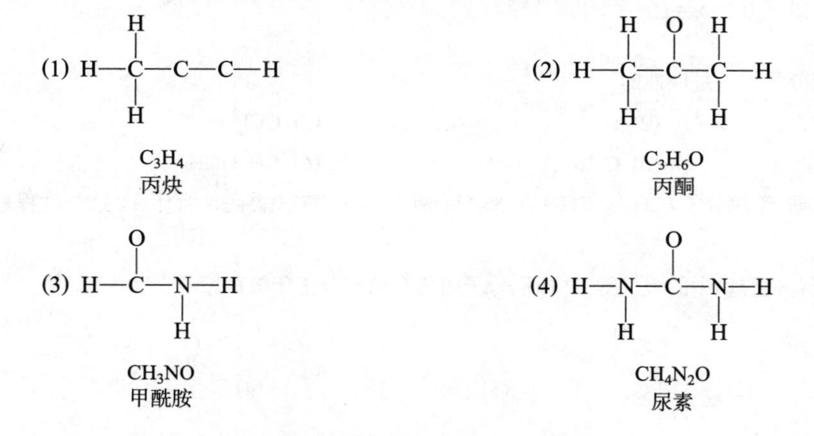

(1) C_3H_4 丙炔　(2) C_3H_6O 丙酮　(3) CH_3NO 甲酰胺　(4) CH_4N_2O 尿素

（九）化合物分子骨架如下所示，请补写完整 Lewis 结构式。

(1) 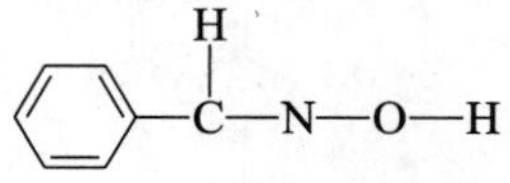 C—N—O—H　　(2) 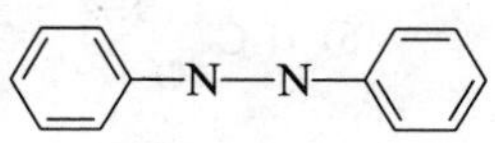 N—N

(3) 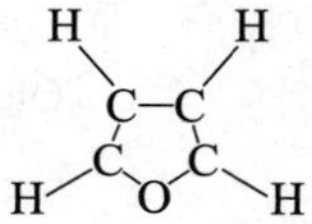 H, H, C, C, C, O, C, H, H　　(4) 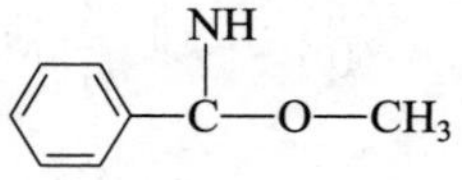 NH, C—O—CH_3

（十）下列化合物的化学键如果均为共价键，而且外层价电子都达到稳定的电子层结构，同时原子之间可以共用一对以上的电子，试写出化合物可能的 Lewis 结构式。

(1) CH_3NH_2　(2) CH_3OCH_3　(3) CH_3COOH

(4) $CH_3CH{=}CH_2$　(5) $CH_3C{\equiv}CH$　(6) CH_2O

(7) CH_3N_3　(8) CH_2N_2　(9) H_2SO_3

(10) HNO_2　(11) CO　(12) H_3PO_2

（十一）写出下列各式中的形式电荷。

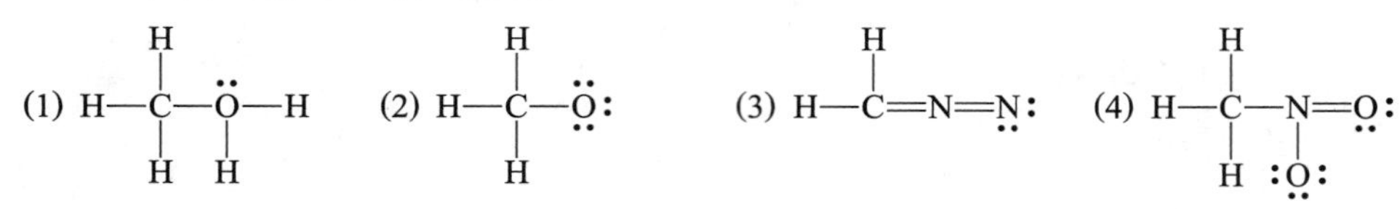

(5) 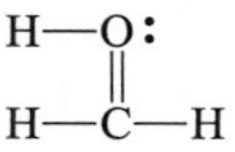 H—O: / ‖ / H—C—H　(6) 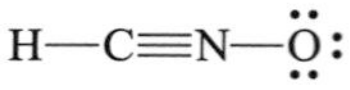 H—C≡N—Ö:　(7) 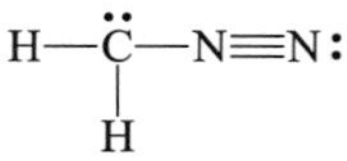 H—C̈—N≡N: (C 上连 H)　(8) 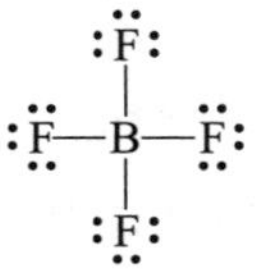 :F̤—B—F̤: (B 上下各连 :F̤:)

（十二）根据 VSEPR 规则，确定下列各式中带电荷原子的杂化形式；如具有孤对电子，请指出孤对电子所在杂化轨道类型。

(1) 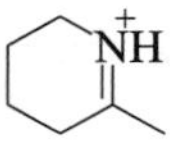　(2) 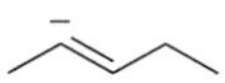　(3) 　(4) 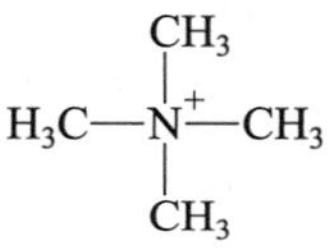 $H_3C—\overset{+}{N}(CH_3)—CH_3$（N 上另连 CH_3）

(5) 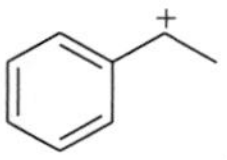　(6) 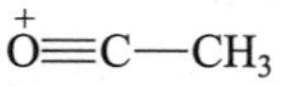 $\overset{+}{O}{\equiv}C—CH_3$

（十三）试判断下列分子哪些是极性的。

(1) HBr　(2) I_2　(3) CCl_4

(4) CH_2Cl_2　(5) CH_3OH　(6) CH_3OCH_3

（十四）根据键能数据，乙烷分子（$CH_3—CH_3$）在受热裂解时，哪种键首先断裂？为什么？这个过程是吸热的还是放热的？

（十五）试指出下列各化合物中的极性键，并标示分子内所有的部分正负电荷原子。

(1) 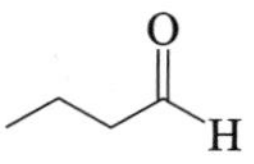　(2) 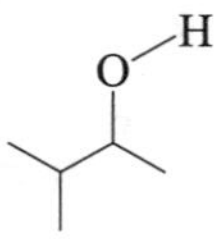　(3) 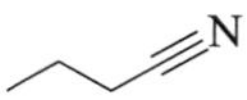　(4)

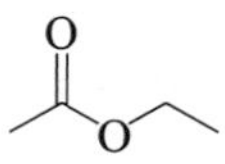

(5) 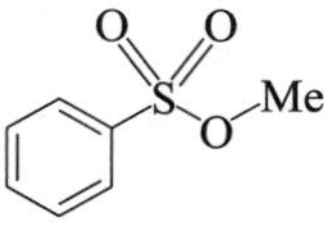　(6) 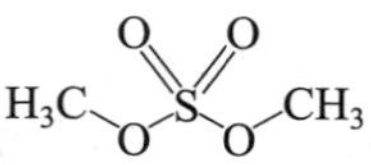 $H_3C—O—SO_2—O—CH_3$　(7) 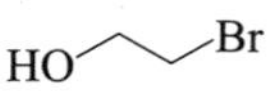 HO—CH₂CH₂—Br　(8)

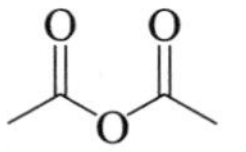

(9) 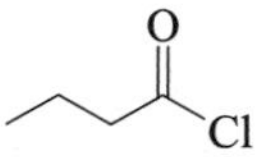　(10) 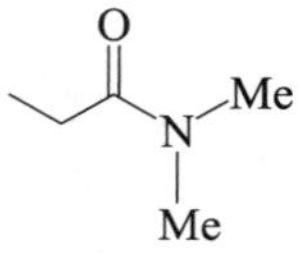　(11) 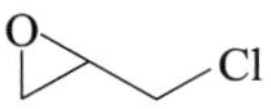　(12)

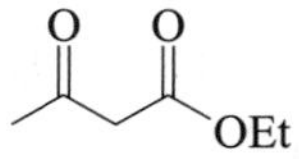

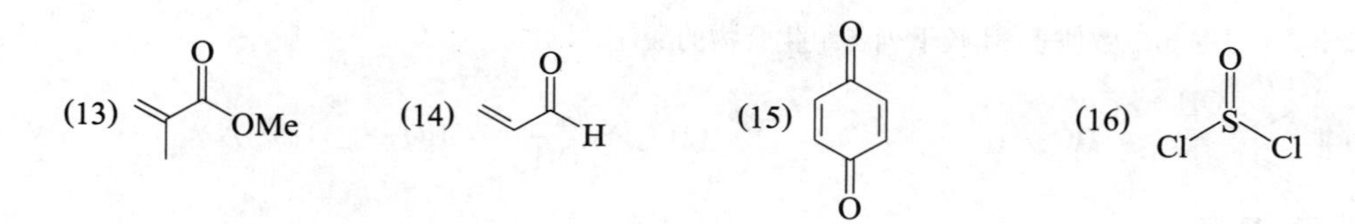

(十六) 正丁醇 ($CH_3CH_2CH_2CH_2OH$) 的沸点 (117.3 ℃) 比其同分异构体乙醚 ($CH_3CH_2OCH_2CH_3$) 的沸点 (34.5 ℃) 高得多, 但两者在水中的溶解度均约为 8 g · (100 g 水)$^{-1}$, 试解释之。

(十七) 矿物油 (相对分子质量较大的烃类混合物) 能溶于正己烷, 但不溶于甲醇或水。试解释之。

(十八) 试对下列化合物的沸点排序。

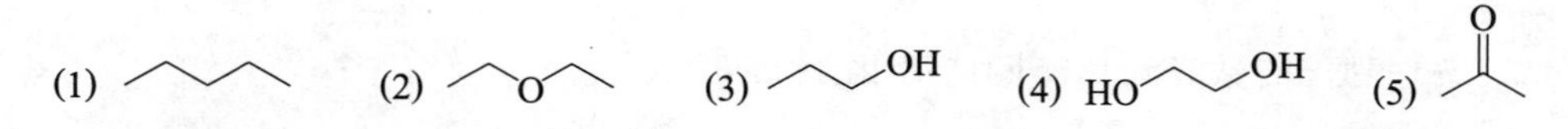

(十九) 判定下列化合物中 Brönsted 酸性位点, 并写出其共轭碱。

(1) 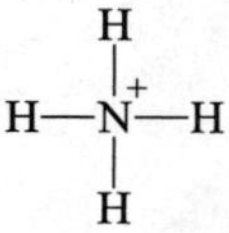 $H-\overset{+}{N}H_2-H$ (即 NH_4^+)　(2) $H-\ddot{N}H-H$　(3) $H-\ddot{O}-H$　(4) $H_3C-C(=\ddot{O})-CH_3$

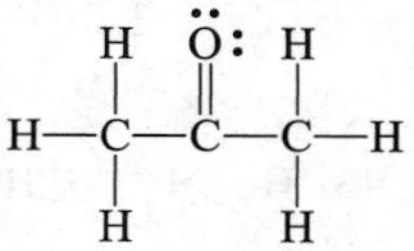

(5) 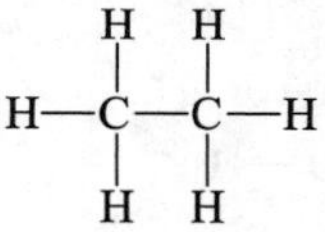 H_3C-CH_3　(6) 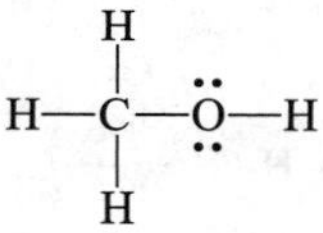 $H_3C-\ddot{O}-H$

(二十) 写出下列各式的 Lewis 结构式, 确定碱性位点, 并写出其共轭酸。

(1) 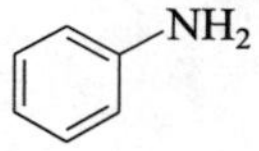 $C_6H_5NH_2$　(2) 环戊酮　(3) 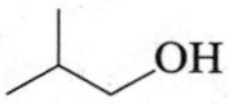 $(CH_3)_2CHCH_2OH$　(4) $H_3C-C\equiv C^-$

(5) 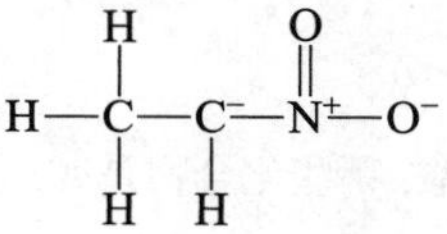 $H_3C-\overset{-}{C}H-\overset{+}{N}(=O)-O^-$　(6) 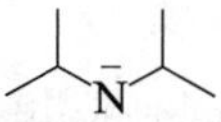 $[(CH_3)_2CH]_2\overset{-}{N}$

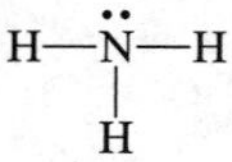

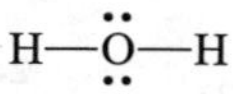

(二十一) 根据 pK_a 数值表, 试估算指定氢的 pK_a 值。

(1) 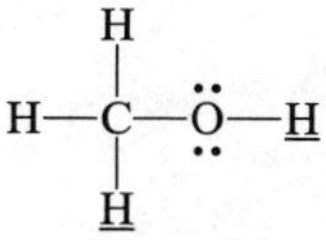 $H-CH_2(\underline{H})-\ddot{O}-\underline{H}$　(2) $CH_3CH_2C(=\ddot{O})-\ddot{O}-\underline{H}$　(3) 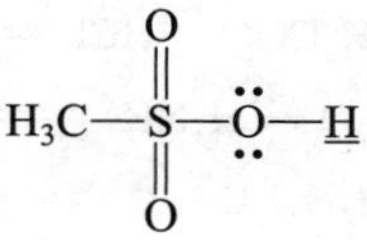 $H_3C-S(=O)_2-\ddot{O}-\underline{H}$

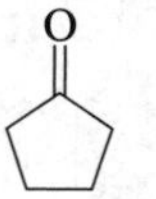

(4) $H_3C-C\equiv C-\underline{H}$　(5) 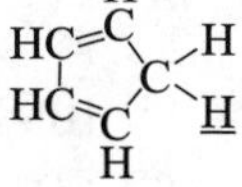 环戊二烯 ($HC{=}CH$, $HC{=}CH$, $CH\underline{H}$)　(6) 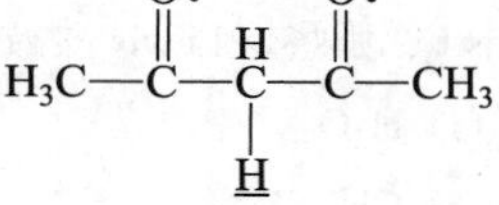 $H_3C-C(=\ddot{O})-CH(\underline{H})-C(=\ddot{O})-CH_3$

(7) 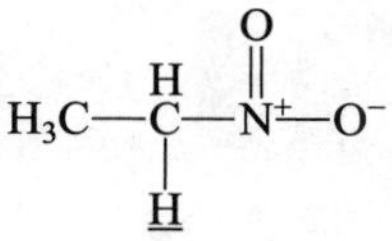 $H_3C-CH(\underline{H})-\overset{+}{N}(=O)-O^-$　(8) 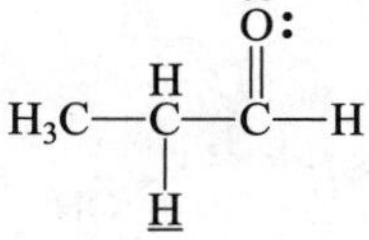 $H_3C-CH(\underline{H})-C(=\ddot{O})-H$　(9) 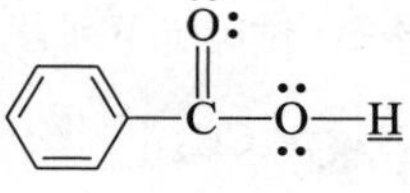 $C_6H_5-C(=\ddot{O})-\ddot{O}-\underline{H}$

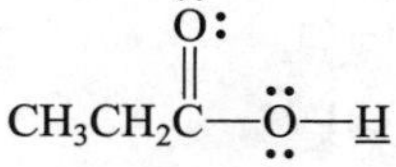

（二十二）根据 pK_a 数值表，比较下列各组化合物的酸性。

(1) $C_6H_5O\underline{H}$（苯酚）　$HO—\underline{H}$　　(2) $(CH_3)_3CO\underline{H}$　$HO—\underline{H}$

(3) $H—N(H)—\underline{H}$　$HC≡C—\underline{H}$　　(4) $H—\overset{+}{O}(H)—\underline{H}$　$\underline{H}—Cl$

(5) $C_6H_5C\underline{H}_3$（甲苯）　$H_2C=C(H)—\underline{H}$　　(6) $H_3C—C(=\overset{+}{O}\underline{H})—CH_3$　$\underline{H}—O—S(=O)_2—OH$

（二十三）根据 pK_a 数值表，比较下列各组化合物的碱性。

(1) $H_3C—C(CH_3)_2—O^-$　$H—O^-$　　(2) $CH_3CH_2CH_2—\overset{-}{C}(H)—H$　$HC≡C^-$

(3) $H—N^-—H$　$HC≡C^-$　　(4) $H—O^-$　$H_3C—C≡C^-$

(5) CH_3CH_2OH　$H_3C—N(H)—CH_3$　　(6) $H_3C—C(=O)—CH_3$　$HO—H$

（二十四）根据 pK_a 数据表，试确定下列各化合物中酸性最强的氢。

(1) 苯环上连有 $\overset{b}{H}—CH—CH_2—\overset{a}{H}$（CH 与苯环相连），苯环间位连有乙炔基 $—C≡C—\overset{d}{H}$，环上标出氢 $\overset{c}{H}$

(2) $\overset{c}{H}O$、HO 取代的苯环（环上氢 $\overset{d}{H}$）连有 $—CH(\overset{e}{H})—CH(\overset{b}{N}H_2)—C(=O)—O\overset{a}{H}$

L－多巴(L－dopa)

（二十五）下列各反应均可看成酸和碱的反应，试注明哪些化合物是酸，哪些化合物是碱，并标明是按照 Brönsted 酸碱理论还是按照 Lewis 酸碱理论分类的。

(1) $CH_3COOH+H_2O \rightleftharpoons H_3O^+ +CH_3COO^-$

(2) $CH_3COO^- +HCl \rightleftharpoons CH_3COOH+Cl^-$

(3) $H_2O+CH_3NH_2 \rightleftharpoons CH_3\overset{+}{N}H_3 + {}^-OH$

(4) $(C_2H_5)_2O+BF_3 \rightleftharpoons (C_2H_5)_2\overset{+}{O}—\overset{-}{B}F_3$

（二十六）指出下列化合物或离子哪些是 Brönsted 酸，哪些是 Lewis 酸，哪些是 Brönsted 碱，哪些是 Lewis 碱，哪些是 Lewis 酸碱络合物。

(1) H_2O　　(2) H_2SO_4　　(3) H_3O^+　　(4) $AlCl_3$

(5) $CH_3\overset{+}{N}H_3$　　(6) CH_3OCH_3　　(7) CO　　(8) HCO_3^-

（二十七）试确定下列各反应的方向

(1) $C_6H_5\overset{-}{C}H_2 + H—OH \longrightarrow C_6H_5CH_3 + \overset{-}{O}H$

(2) 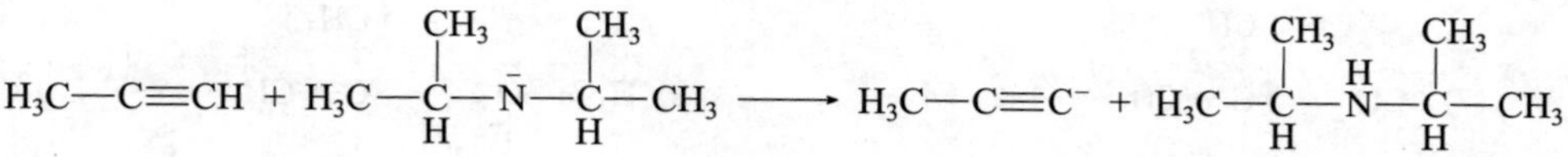 $H_3C-C\equiv CH + H_3C-\underset{H}{\overset{CH_3}{C}}-\bar{N}-\underset{H}{\overset{CH_3}{C}}-CH_3 \longrightarrow H_3C-C\equiv C^- + H_3C-\underset{H}{\overset{CH_3}{C}}-\overset{H}{N}-\underset{H}{\overset{CH_3}{C}}-CH_3$

(3) $H_3C-\overset{O}{\overset{\|}{C}}-CH_3 + H_3O^+ \longrightarrow H_3C-\overset{\overset{+}{O}H}{\overset{\|}{C}}-CH_3 + H_2O$

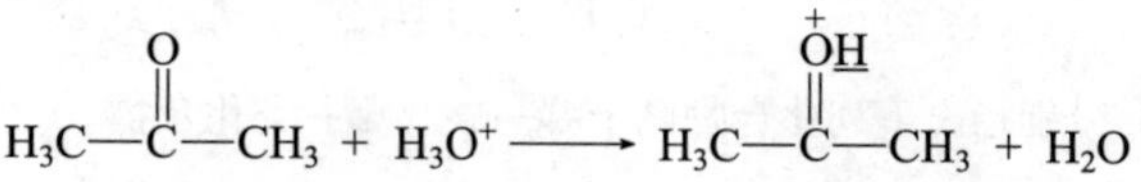

(4)  N-甲基哌啶鎓（N^+ 上连 H 和 CH_3）$+ HO^- \longrightarrow$ N-甲基哌啶 $+ H_2O$

(5) $CH_3CH_2OH + HO^- \longrightarrow CH_3CH_2O^- + H_2O$

(二十八) 完成下列各反应,并确定反应方向。

(1) $H_3C-C\equiv CH + NaNH_2 \longrightarrow$

(2) 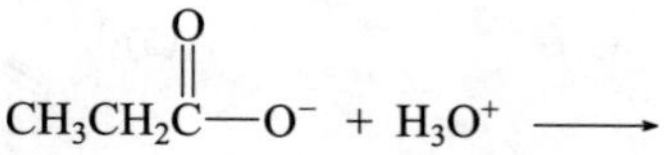 $CH_3CH_2\overset{O}{\overset{\|}{C}}-O^- + H_3O^+ \longrightarrow$

(3) 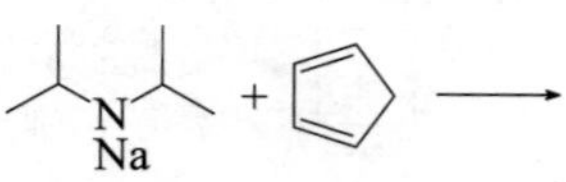 二异丙基氨基钠（$((CH_3)_2CH)_2N$—Na）$+$ 环戊二烯 $\longrightarrow$

(4) 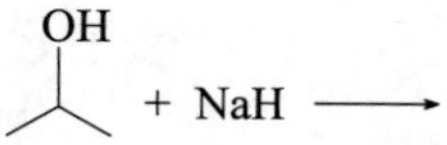 异丙醇（$(CH_3)_2CHOH$）$+ NaH \longrightarrow$

(5) $H_3C-CHO + HO^- \longrightarrow$

(6) 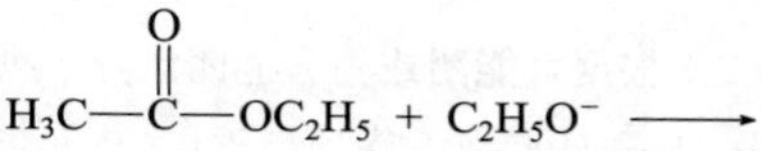 $H_3C-\overset{O}{\overset{\|}{C}}-OC_2H_5 + C_2H_5O^- \longrightarrow$

(二十九) 试确定适当的试剂,完成下列转变。

(1) $H_3C-C\equiv CH \longrightarrow H_3C-C\equiv C^-$

(2)  $H_3C-\overset{O}{\overset{\|}{C}}H \longrightarrow H_2\bar{C}-\overset{O}{\overset{\|}{C}}H$

(三十) 已知 Lewis 酸 BF_3 与 Lewis 碱 NH_3 可形成酸碱复合物:

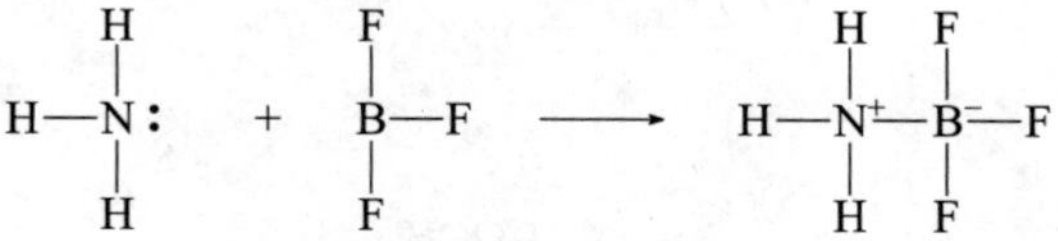

$$H-\underset{H}{\overset{H}{N}}: + \underset{F}{\overset{F}{B}}-F \longrightarrow H-\underset{H}{\overset{H}{N^+}}-\underset{F}{\overset{F}{B^-}}-F$$

请推理并完成下列各反应式:

(1) 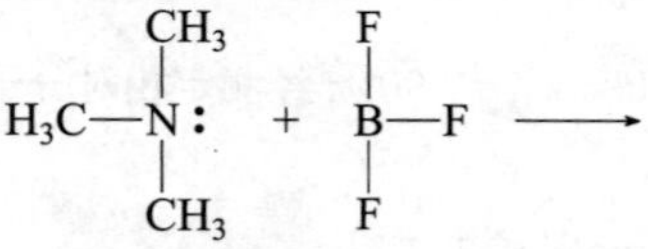 $H_3C-\underset{CH_3}{\overset{CH_3}{N}}: + \underset{F}{\overset{F}{B}}-F \longrightarrow$

(2) $H_3C-\underset{CH_3}{\ddot{O}}: + \underset{F}{\overset{F}{B}}-F \longrightarrow$

(3) $H-\ddot{\underset{\cdot\cdot}{F}}: + \underset{F}{\overset{F}{B}}-F \longrightarrow$

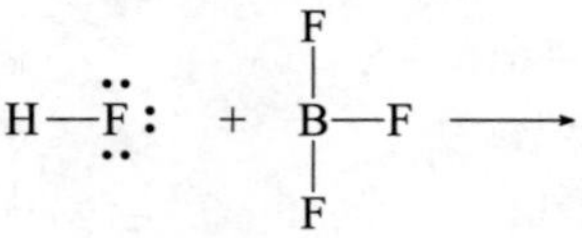

(4) 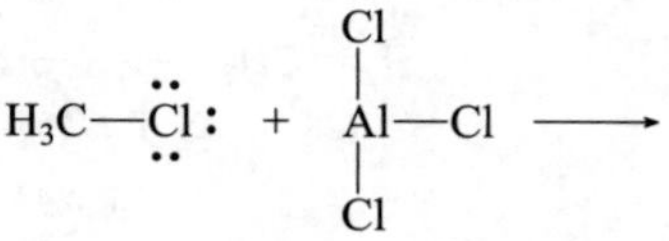 $H_3C-\ddot{\underset{\cdot\cdot}{Cl}}: + \underset{Cl}{\overset{Cl}{Al}}-Cl \longrightarrow$

(5) 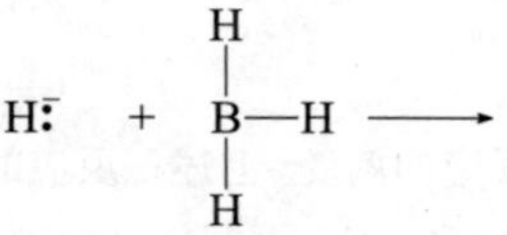 $H\colon^- + \underset{H}{\overset{H}{B}}-H \longrightarrow$

(6) 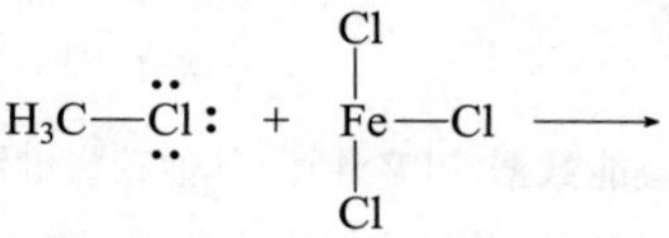 $H_3C-\ddot{\underset{\cdot\cdot}{Cl}}: + \underset{Cl}{\overset{Cl}{Fe}}-Cl \longrightarrow$

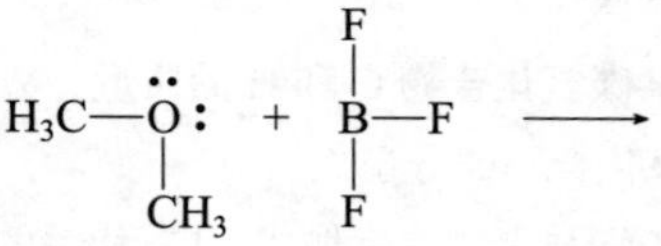

(7) $:\ddot{\underset{..}{Cl}}:^{-}$ + $(CH_3)_3C^{+}$ ⟶　　　　(8) $H_3C—\ddot{O}(CH_3):$ + $(CH_3)_3C^{+}$ ⟶

(三十一) 按照不同的碳架和官能团，分别指出下列化合物属于哪一族、哪一类化合物。

(1) $H_3C—C(CH_3)_2—C(CH_3)_2—Cl$　　(2) $H_3C—C(CH_3)_2—C(CH_3)_2—C(=O)—OH$　　(3) N—H

(4) =O　　(5) OCH_3　　(6) $C(=O)H$

(7) $H_3C—C(CH_3)_2—NH_2$　　(8) $H_3C—C(CH_3)_2—C\equiv CH$　　(9) OH

(三十二) 根据官能团或主官能团区分下列化合物时，哪些属于同一类化合物？化合物类型是什么？如按碳架区分，哪些同属一族？属于什么族？

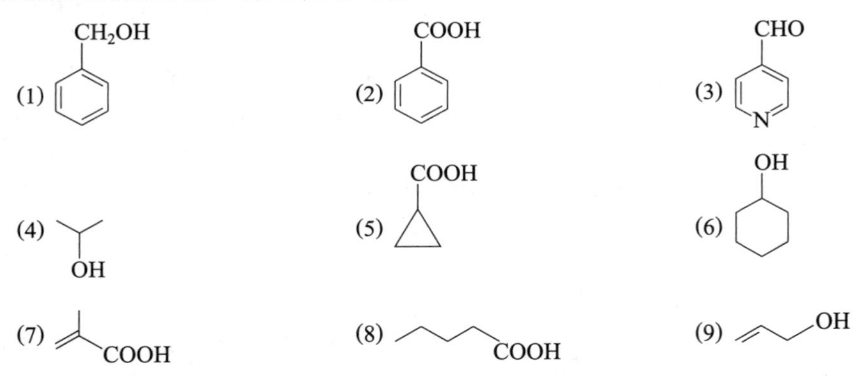

(三十三) 一种醇经元素定量分析，得知其 C 和 H 的质量分数分别为 $w_C = 70.4\%$，$w_H = 13.9\%$，试计算并写出其实验式。

(三十四) 某碳氢化合物 C 和 H 的质量分数分别为 $w_C = 92.1\%$，$w_H = 7.90\%$；经测定相对分子质量为 78.1。试写出该化合物的分子式。

(三十五) 乙烯与卤素发生加成反应，相关的键能（单位：$kJ \cdot mol^{-1}$）数据如下：

$$CH_2{=}CH_2 + X—X \longrightarrow X—CH_2—CH_2—X$$

$CH_2{=}CH_2$	X—X		X—C	C—C
728	X=F	157	465	368
	X=Cl	243	345	361
	X=Br	194	290	380
	X=I	153	220	387

根据这些键能数据，粗略计算（其他碳氢键键能假设相同）每一种反应的焓变。上述正反应的熵变都是负值，并据此推断哪些反应根本不能进行到底，温度升高对正反应（加成反应）有利还是对逆反应（消

除反应）有利。

（三十六）试根据弯箭头，写出下列反应的产物。

(1) 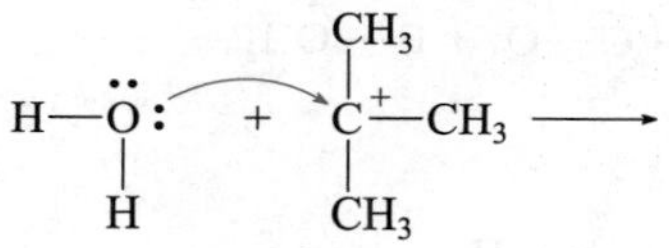

(2) 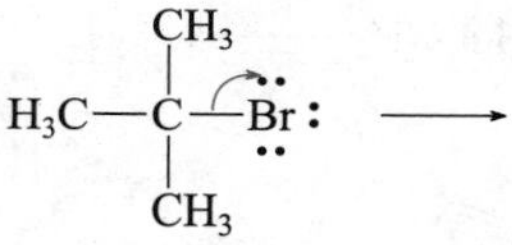

(3) 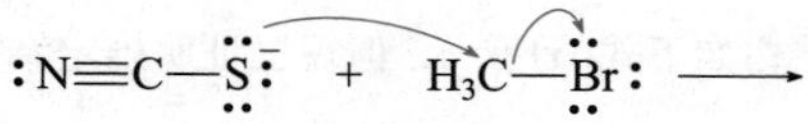

(4) 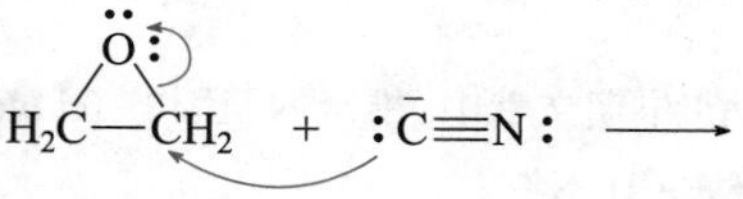

(5) 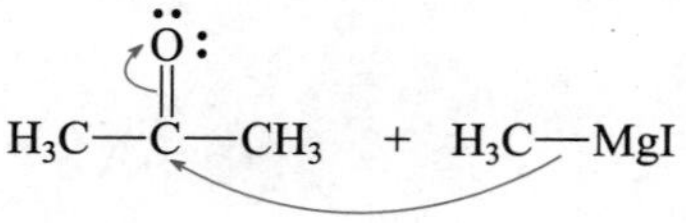

(6) 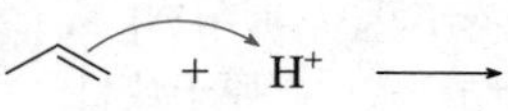

(7) 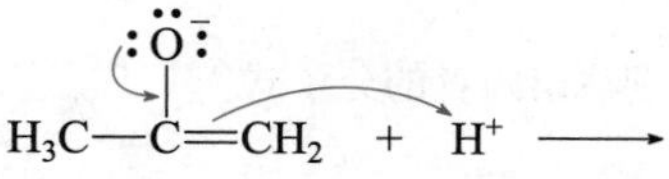

(8) 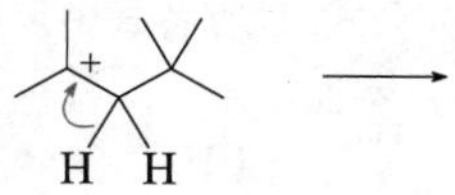

(9) 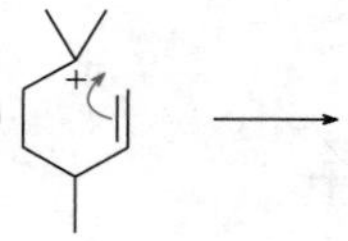

(10) 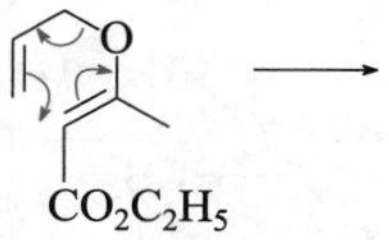

（三十七）试画出下列反应过程中的弯箭头。

(1) 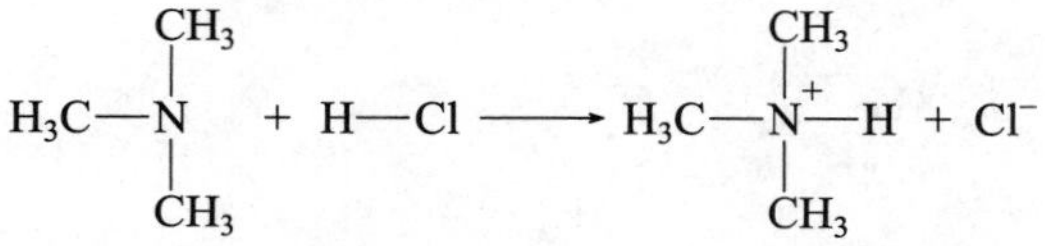

(2) 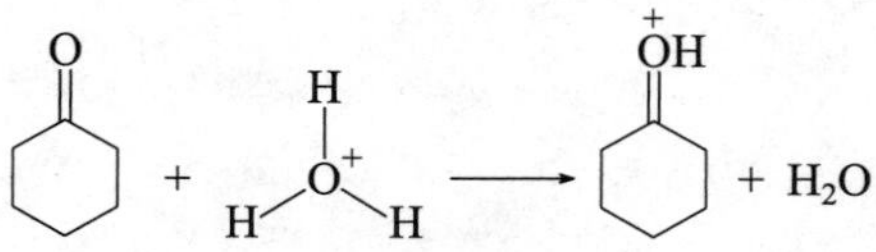

(3) 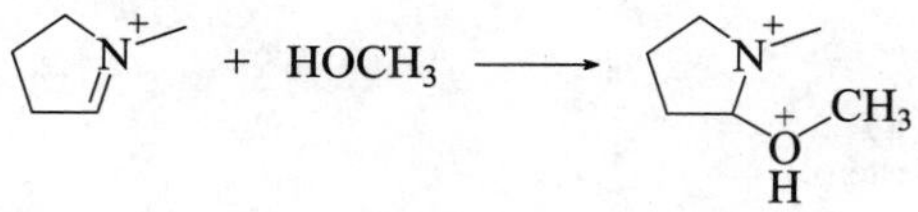

(4) $H{-}O^- + H_3C{-}Cl \longrightarrow HO{-}CH_3 + Cl^-$

(5) 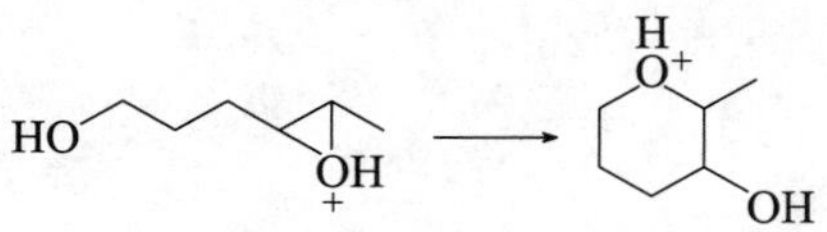

(6) 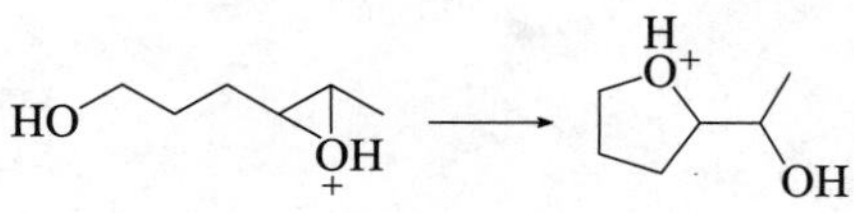

(7) 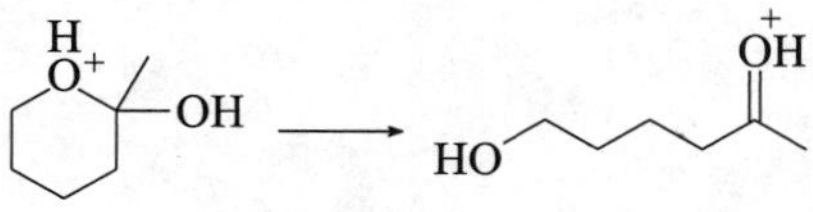

（三十八）完成下列质子转移反应，并画出弯箭头表示电子的转移。

(1) $H_3C—C≡CH + \bar{N}H_2 \longrightarrow$

(2) $CH_3CH_2C(=O)—O^- + H—\overset{+}{O}H_2 \longrightarrow$

(3) 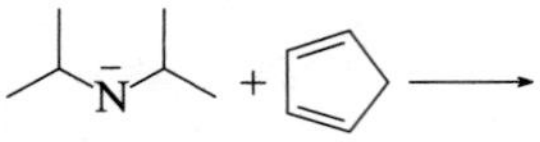 $\bar{N}$ + $\longrightarrow$

(4) 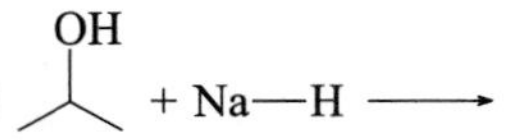 OH + $Na—H \longrightarrow$

（三十九）早期文献中，推定的胆固醇（cholesterol）结构如下式（I）所示，但现已证明推定结构式（I）与实际构造式（II）不符。

(1) 请使用键线式表示式（I）的结构；

(2) 分别确定两个结构式中碳原子数目；

(3) 分别确定两个结构式的不饱和度；

(4) 利用不饱和度计算公式，计算各式中氢原子个数；并分别写出两者的分子式。

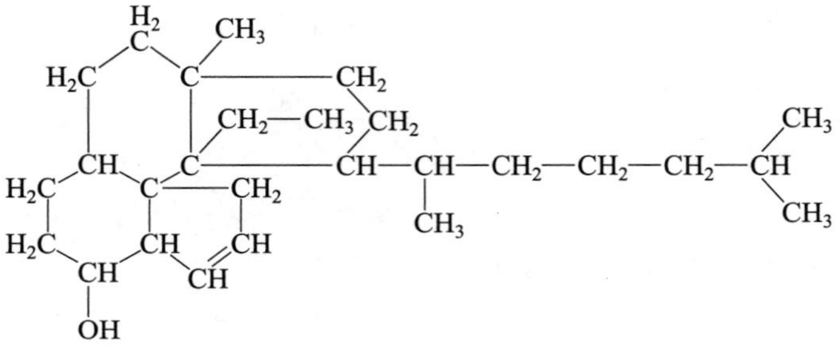

(I)

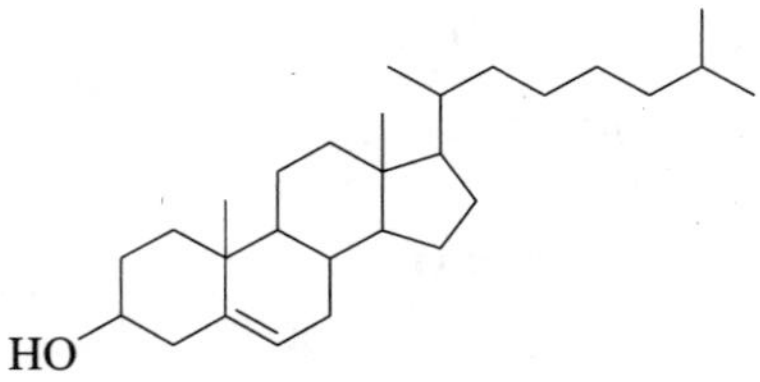

HO

(II)
cholesterol

第二章
烷烃和环烷烃

前导知识：学习本章之前需要复习以下知识点

有机分子的表示方法 (1.3 节)
杂化轨道理论 (1.4.1 节)
键能与键角 (1.4.2 节)
键的断裂方式与有机反应的类型 (1.4.3 节)

本章导读：学习本章内容需要掌握以下知识点

烷烃与环烷烃的结构及构造异构
烷烃的取代命名法命名，母体的选择、编号及名称的解读
环烷烃的分类及桥环、螺环烷烃的命名
烷烃与环烷烃的构象及其表示方法：Newman 投影式、锯架式、稳定椅型构象的画法
烷烃与卤素的自由基取代反应
自由基中间体的形成、形状、稳定性及转化形式，自由基遇单键可发生的夺卤素与夺氢反应，自由基彼此碰撞成键
链式反应由链引发、链增长与链终止三部分组成

后续相关：与本章相关的后续知识点

烯烃的自由基加成反应 (3.5.3 节)
双键 α-氢原子的反应 (3.5.4 节)
芳烃侧链的反应 (5.4.2 节)
过氧化物的生成 (10.5.6 节)
碳正离子的链式反应 (3.5.2 节)
反式与顺式消除反应 (7.7.1 节)

只含有碳和氢两种元素的有机化合物统称为碳氢化合物,简称烃。烃分子中的氢原子被其他原子或基团取代后,可以生成一系列有机化合物。因此,可以把烃看成其他有机化合物的母体,而其他多数有机化合物则可看成烃的衍生物。

烃分子中碳原子连接成链状的称为脂肪烃,连接成环状的非芳烃称为脂环烃。烃分子中的碳原子均以单键(C—C)相连者,称为饱和烃。其中,碳骨架是开链的称为烷烃,具有 C_nH_{2n+2} 的通式;碳骨架中包含环状结构的称为环烷烃,单环烷烃通式为 C_nH_{2n}。两者有相似的性质,故一并讨论。

结构相似具有同一通式,组成上相差 CH_2 及其整倍数的一系列化合物互称为同系物,CH_2 称为系差。同系物具有类似的化学性质,掌握其中某些典型化合物的性质,就可以推测其他同系物的性质,从而为学习和研究提供方便。但相对分子质量最小的同系物,由于其构造与其他同系物有较大差别,往往又表现出某些特殊性。

2.1　烷烃和环烷烃的构造异构

甲烷、乙烷、丙烷和环丙烷只有一种构造,但含有四个或四个以上碳原子的烷烃和环烷烃的构造则不止一种。例如,含有四个碳原子的烷烃(C_4H_{10})和环烷烃(C_4H_8)都各有两种异构体:

$CH_3CH_2CH_2CH_3$　　$CH_3CH(CH_3)CH_3$　　□　　甲基环丙烷

正丁烷　　2-甲基丙烷　　环丁烷　　甲基环丙烷

正丁烷和 2-甲基丙烷具有相同的分子式 C_4H_{10},但它们是不同的化合物(沸点分别为 −0.5 ℃和 −11.73 ℃)。正丁烷和 2-甲基丙烷属于同分异构体,环丁烷和甲基环丙烷也是同分异构体。这类同分异构是由分子内原子间相互键连的顺序(即构造)不同造成的。分子式相同,分子构造不同的化合物,称为构造异构体。正丁烷和 2-甲基丙烷,环丁烷和甲基环丙烷都属于同分异构体中的构造异构体。这类构造异构是由碳骨架不同引起的,故又称碳架异构。烷烃和环烷烃的构造异构均属于碳架异构。随着碳原子数的增加,构造异构体的数目显著增多,烷烃构造异构体的数目如表 2-1 所示。

表 2-1　烷烃构造异构体的数目

碳原子数	异构体数目	碳原子数	异构体数目
4	2	9	35
5	3	10	75
6	5	15	4 347
7	9	20	366 319
8	18		

环烷烃的构造异构现象与烷烃的相似，但比烷烃的复杂。例如，含有五个碳原子的环烷烃 (C_5H_{10}) 比烷烃 (C_5H_{12}) 的构造异构体多。异构现象是有机化合物数量庞大的原因之一。

烷烃 C_5H_{12} 的构造异构体：

$CH_3CH_2CH_2CH_2CH_3$	$CH_3CH_2CH(CH_3)CH_3$	$CH_3C(CH_3)_2CH_3$
戊烷	2-甲基丁烷	2,2-二甲基丙烷

环烷烃 C_5H_{10} 的构造异构体：

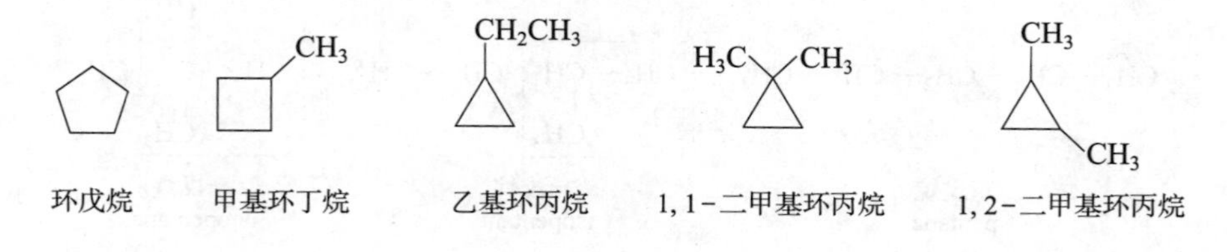

练习 2.1　写出分子式为 C_6H_{14} 的烷烃和 C_6H_{12} 的环烷烃所有构造异构体的构造式。

练习 2.2　下列化合物哪些是同一化合物？哪些是构造异构体？

(1) $CH_3C(CH_3)_2CH_2CH_3$　　(2) $CH_3CH_2CH(CH_3)CH_2CH_3$

(3) $CH_3CH(CH_3)(CH_2)_2CH_3$　　(4) $(CH_3)_2CHCH_2CH_2CH_3$

(5) $CH_3(CH_2)_2CH(CH_3)_2$　　(6) $(CH_3CH_2)_2CHCH_3$

2.2 烷烃和环烷烃的命名

2.2.1 伯、仲、叔、季碳原子和伯、仲、叔氢原子

为了方便，通常将有机分子中的不同碳原子给予不同的称谓。当分子中的某一饱和碳原子与一个、两个、三个或四个碳原子相连时，该碳原子分别称为伯、仲、叔、季碳原子，也称为一级、二级、三级、四级碳原子，常分别用 1°, 2°, 3°, 4° 表示。与伯、仲、叔碳原子相连的氢原子，分别称为伯、仲、叔氢原子。例如：

$$H-\overset{H}{\underset{H}{\overset{|}{\underset{|}{C}}}}{}^{1°}-\overset{H}{\underset{H}{\overset{|}{\underset{|}{C}}}}{}^{2°}-\overset{CH_3}{\underset{H}{\overset{|}{\underset{|}{C}}}}{}^{3°}-\overset{CH_3}{\underset{CH_3}{\overset{|}{\underset{|}{C}}}}{}^{4°}-CH_3$$

(环丙烷结构：H_3C、H 连于 3° C；CH_3、CH_3 (1°) 连于 4° C；H、H 连于 2° C)

2.2.2 烷烃的命名

有机化合物的命名比较复杂，不仅要考虑化合物分子中的原子组成及其数目，而且要反映化合物的结构。目前，常用的命名法是普通命名法和系统命名法，前者适用于结构简单的化合物，后者则适用于更普遍的情况，适用范围更广。

普通命名法亦称习惯命名法。碳原子数在十以内者，分别用甲、乙、丙、丁、戊、己、庚、辛、壬、癸（即天干，亦称十干，是传统表示次序的汉字）表示碳原子的数目，十个碳原子以上则用十一、十二……汉语数字表示。以“正”“异”“新”等前缀区别不同的构造异构体。“正”代表直链烷烃；“异”指仅在一末端具有 $(CH_3)_2CH—$ 构造而无其他支链的烷烃；“新”一般指具有 $(CH_3)_3C—$ 构造的含五六个碳原子的烷烃。例如：

$CH_3—CH_2—CH_2—CH_2—CH_3$

正戊烷
pentane

$CH_3—CH(CH_3)—CH_2—CH_3$

异戊烷
isopentane

$CH_3—C(CH_3)_2—CH_3$

新戊烷
neopentane

在英文的命名中，使用希腊词源为主的字根表示碳原子的数目，详见表 2-2。

表 2-2 一些直链烷烃的中英文名称

碳原子数	中文名称	数字字根	英文名称
1	甲烷	mono, hen	methane
2	乙烷	do, di	ethane
3	丙烷	tri	propane
4	丁烷	tetra	butane
5	戊烷	penta	pentane
6	己烷	hexa	hexane
7	庚烷	hepta	heptane
8	辛烷	octa	octane
9	壬烷	nona	nonane
10	癸烷	deca	decane
11	十一烷	undeca	undecane
12	十二烷	dodeca	dodecane
20	二十烷	icosa	icosane
21	二十一烷	henicosa	henicosane
22	二十二烷	docosa	docosane
30	三十烷	triaconta	triacontane

2.2.3 烷基与环烷基

烷烃和环烷烃分子从形式上去掉一个氢原子后，形成带游离价的结构单元，称为烷基（常用 R—表示）和环烷基，采用烷烃命名加后缀“基”的方式加以命名，在英文名称中，使用后缀-yl表示“基”。烷烃衍生物的各种取代基名中，中文天干中烷烃的“烷”字通常被省略。例如，甲烷基一般被称为甲基。根据烷烃的命名方式不同，所形成的取代基的命名主要按普通命名法和系统命名法进行。

采用普通命名法时，可以按俗名后加“基”的方式进行，英文名称则使用-yl替代烷烃母体当中的-ane，如异丙基（isopropyl）、仲丁基（*sec*-butyl）、异丁基（isobutyl）、叔丁基（*tert*-butyl）和新戊基（neopentyl）等。这些取代基的俗名中，除叔丁基外，已逐渐不再推荐使用。

烷基的命名，特别是复杂的取代基，按取代命名法进行（参见 2.2.4 节 “烷烃的系统命名法”）。命名时，可按两种方式进行。

第一种方式是以含游离价的碳原子为起点，选取取代基中最长碳链为取代基母体，并给予该原子编号 1，且编号 1 常被省略；取代基母体上的支链被认为是取代基，并赋予相应的编号。确定取代基母体的英文名称时，使用后缀-yl代替相应烷烃的-ane后缀。例如，异丁基按此方法可命名为 2-甲基丙基（2-methylpropyl）。又如，叔丁基可命名为 1, 1-二甲基乙基（1, 1-dimethylethyl）。此方法更适用于取代基的游离价键碳原子为伯碳原子的情况。

第二种方式是选取包含游离价碳原子的最长碳链为取代基母体，编号时，从碳链末端开始，并给予含游离价碳原子尽可能小的编号，命名时在后缀“基”前加上游离价所在的位次，母体上的支链作为取代基。在英文名称中，使用-yl后缀代替烷烃母体后缀-ane中的“e”，并在取代基母体与后缀之间加入编号，以“-”分隔。例如，叔丁基按此方法可命名为 2-甲基丙-2-基，英文命名为 2-methylpropan-2-yl。

考虑到命名方法与教材的延续性，在本书中使用第一种方式命名烷基。

常见的烷基有

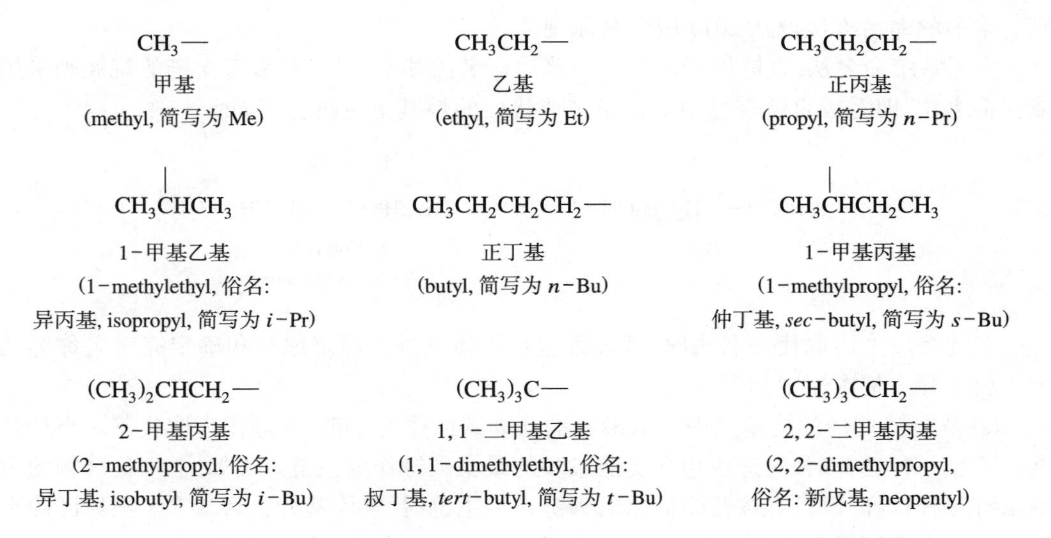

环丙基 (cyclopropyl)　　环丁基 (cyclobutyl)　　环戊基 (cyclopentyl)　　环己基 (cyclohexyl, 简写为 Cy)

失去不同数目的氢原子, 可以形成游离价数不同的取代基。脱去两个氢原子后所形成的二价游离价结构, 统称为亚基。当与母体上同一个原子以双键相连时, 称为亚基, 而与母体上一个或两个原子以两个单键相连时, 则称为叉基。亚基的英文名称构成与前述相似, 有两种构成方法。命名时, 中文在烷烃命名后加亚基、叉基表示, 英文则分别使用后缀-ylidene, -diyl 表示。例如:

CH_3—C(=)—CH_3　　1-甲基乙亚基 (1-methylethylidene)

CH_3—C(<)—CH_3　　1-甲基乙-1, 1-叉基 (1-methylethane-1, 1-diyl)

常见的亚烷基有

>CH_2 甲叉基 (methylene)

CH_2= 甲亚基 (methylidene)

>$CHCH_3$ 乙-1, 1-叉基 (ethane-1, 1-diyl)

—CH_2CH_2— 乙-1, 2-叉基 (ethane-1, 2-diyl)

—$CH_2(CH_2)_4CH_2$— 己-1, 6-叉基 (hexane-1, 6-diyl)

2.2.4　烷烃的系统命名法

系统命名法采用国际通用的 IUPAC (International Union of Pure and Applied Chemistry) 命名原则, 对有机化合物进行命名, 是被广泛使用的命名方法。在此基础之上, 中国化学会结合汉语言文字特点, 1983 年出版了《有机化学命名原则 (1980)》, 2017 年修订了命名原则。本书的命名方法遵从 2017 版命名原则。

根据系统命名法, 直链烷烃的命名与普通命名法基本一致; 对带有支链的烷烃则采用取代命名法, 即看成直链烷烃中氢原子被取代后的烷基衍生物。例如:

$CH_3CH(H)$—$CH_2CH_2CH_3$　　戊烷 pentane

$CH_3CH(CH_3)$—$CH_2CH_2CH_3$　　2-甲基戊烷 2-methylpentane

拓展: 命名的构成

支链烷烃采用取代命名法时, 其过程包括母体选择、确定编号和确定完整名称等几个主要步骤。基本原则如下:

(a) 从支链烷烃的构造式中选取最长的连续碳链作为主链, 支链作为取代基。当最长碳链不止一种选择时, 应选取包含支链最多的最长碳链作为主链。例如, 下列化合物的主链虽有三种选择, 但只有按蓝线标出的碳链作为主链时, 取代基的数目最多。根据已确定的主链所含碳原子数称为“某烷”, 化合物 (I) 的主链含七个碳原子, 称为庚烷。

(I)

(b) 将主链上的碳原子从靠近支链的一端开始依次用阿拉伯数字编号，参见 (Ⅲ) 的编号；当主链编号有几种可能时，应选择支链符合最低位次组的编号 (通称最低位次组原则)，参见 (Ⅱ) 的编号。当不同的取代基处于对称位置时，应按取代基的英文名称首字母顺序，给排列在前的取代基较小的编号，参见 (Ⅳ) 的编号。例如：

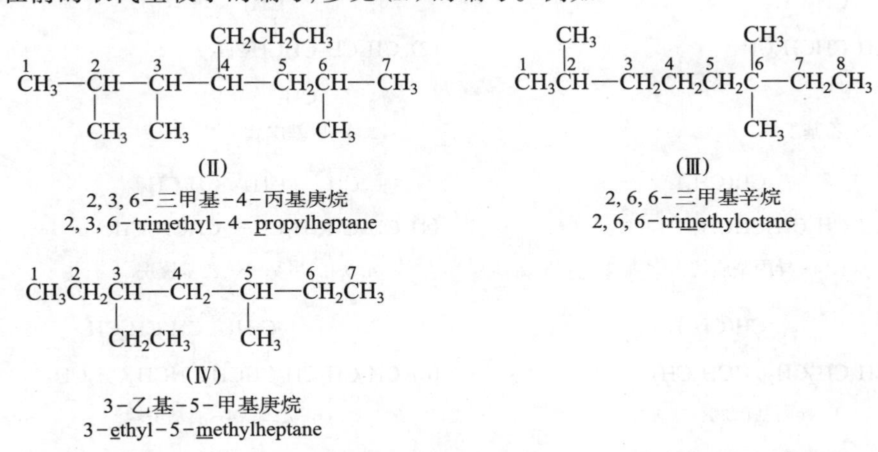

(Ⅱ)
2, 3, 6-三甲基-4-丙基庚烷
2, 3, 6-trimethyl-4-propylheptane

(Ⅲ)
2, 6, 6-三甲基辛烷
2, 6, 6-trimethyloctane

(Ⅳ)
3-乙基-5-甲基庚烷
3-ethyl-5-methylheptane

解析：最低位次组原则

(c) 命名时，将取代基的名称写在主链名称之前，用主链上碳原子的编号表示取代基所在的位次，写在取代基名称之前，两者之间用短横线 “-” 相连。当含有几个不同的取代基时，按取代基英文名称首字母顺序排列，无须考虑取代基所在的位次。当含有多个相同的取代基时，相同的取代基合并，用二、三、四等表示其数目，并逐个标明其所在位次，位次号之间用逗号 “,” 分开；英文名称中使用 di-, tri-, tetra-表示，但这些字根不参与取代基的排序；英文名称中，斜体字部分一般也不参与排序，如叔丁基 (*tert*-butyl) 从字母 b 开始排序。

当取代基的名称中含有表示位次的编号时，为与主链编号区别，把支链的全名放在括号中，括号内英文非斜体字部分首字母参与排序，包括表示取代基数目的 di-, tri-, tetra-等的首字母。括号可依次使用圆括号、方括号和大括号表示不同层次。例如：

(Ⅴ)
5-(1, 1-二甲基丙基)-2-甲基癸烷
5-(1, 1-dimethylpropyl)-2-methyldecane

$$
\begin{array}{c}
\text{CH}_3\text{—}\text{CH}_2\text{—}\text{CH}_2\text{—}\underset{\underset{\text{2}'\,\text{CH}_3}{|}}{\underset{|}{\text{CH}}}\text{(1}'\text{CH—CH}_3\text{)}\text{—}\overset{\overset{\text{CH}_2\text{—CH(CH}_3\text{)—CH}_3}{|}}{\text{CH}}\text{—CH}_2\text{—CH}_2\text{—CH}_2\text{—CH}_3
\end{array}
$$

(Ⅵ)

4-(1-甲基乙基)-5-(2-甲基丙基)壬烷

4-(1-methylethyl)-5-(2-methylpropyl)nonane

练习 2.3 下列化合物的系统命名是否正确?若有错误请予以改正。

(1) $CH_3CH(CH_2CH_3)CH_2CH_3$ 2-乙基丁烷

(2) $CH_3CH_2CH(CH_3)CH(CH_3)CH_3$ 2,3-甲基戊烷

(3) $CH_3CH_2CH_2CH(CH(CH_3)_2)CH_2CH_2CH_3$ 4-异丙基庚烷

(4) $CH_3CH(CH_3)CH_2CH(CH_3)—CH(CH_2CH_3)CH_2CH_3$ 4,6-二甲基-3-乙基庚烷

(5) $CH_3CH_2CH_2CH(CH(CH_3)_2)CH_2CH_3$ 3-异丙基己烷

(6) $CH_3CH_2CH_2CH(C_2H_5)CH_2CH(CH_2CH_2CH_3)CH_2CH_2CH_3$ 6-乙基-4-丙基壬烷

练习 2.4 命名下列各化合物:

(1) $CH_3CH(CH_3)—CH(CH_3)CH_2CH_2CH_2C(CH_3)_2CH_3$

(2) $CH_3CH(CH_3)—CH(CH_3)CH_2CH_2CH(CH_2CH(CH_3)_2)CH_2CH_3$

(3) $CH_3CH(C_2H_5)CH_2CH(CH_2CH_2CH_3)CH_2CH_3$

(4) $CH_3CH(CH_3)CH_2CH(CH_3)—C(CH_3)_2CH_2CH_2CH_2CH(CH_3)CH(CH_3)CH_3$

2.2.5 环烷烃的命名

环烷烃属于脂环烃。脂环烃根据分子中所含碳环数目的不同,分为单环、二环和多环脂环烃。例如:

单环脂环烃:

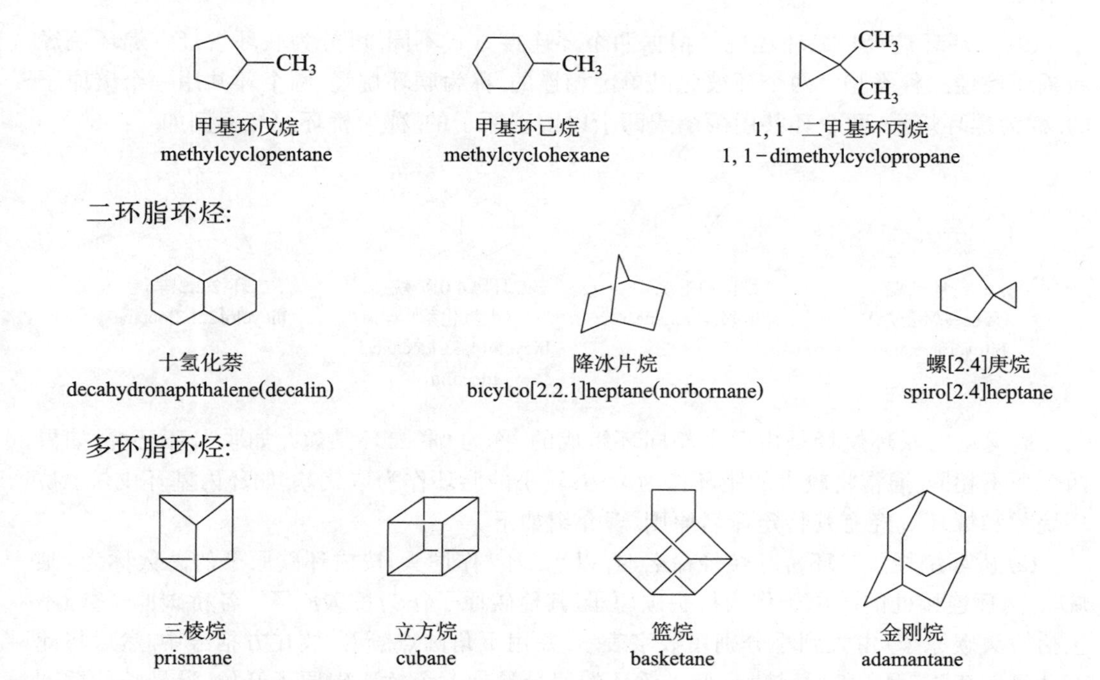

甲基环戊烷 methylcyclopentane　　甲基环己烷 methylcyclohexane　　1, 1-二甲基环丙烷 1, 1-dimethylcyclopropane

二环脂环烃:

十氢化萘 decahydronaphthalene(decalin)　　降冰片烷 bicylco[2.2.1]heptane(norbornane)　　螺[2.4]庚烷 spiro[2.4]heptane

多环脂环烃:

三棱烷 prismane　　立方烷 cubane　　篮烷 basketane　　金刚烷 adamantane

上述多环脂环烃依次分别于1973年、1964年、1966年和1941年被人工合成出来。其中,三棱烷稳定性最差,在90 ℃时半衰期为11 h,主要异构化产物为苯。

在脂环烃分子中,当碳环为饱和碳环时则为环烷烃。通常所说的环烷烃一般是指单环环烷烃。现仅将单环环烷烃和一些二环环烷烃的命名介绍如下。

(1) 单环环烷烃　单环环烷烃的命名与烷烃相似,根据成环碳原子个数称为"环某烷",英文名称则使用cyclo-作为前缀加在烷烃名称之前;将环上的支链作为取代基,其名称放在"环某烷"之前。如果环上有多个取代基时,需要对成环碳原子进行编号。编号时,应遵循最低位次组原则使取代基的编号尽可能小;如果仍有选择,应按照取代基英文名称首字母次序给靠前的取代基以较小的编号。例如:

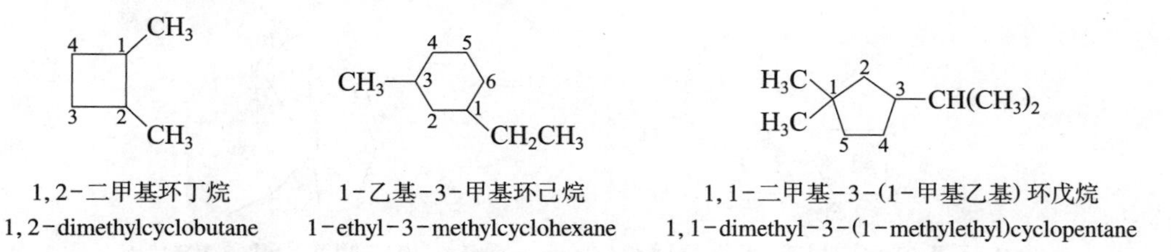

1, 2-二甲基环丁烷 1, 2-dimethylcyclobutane　　1-乙基-3-甲基环己烷 1-ethyl-3-methylcyclohexane　　1, 1-二甲基-3-(1-甲基乙基)环戊烷 1, 1-dimethyl-3-(1-methylethyl)cyclopentane

当环上的碳原子数比侧链上的碳原子数少时,或碳链连有多个环时,通常以开链烷烃为母体,环作为取代基来命名。例如:

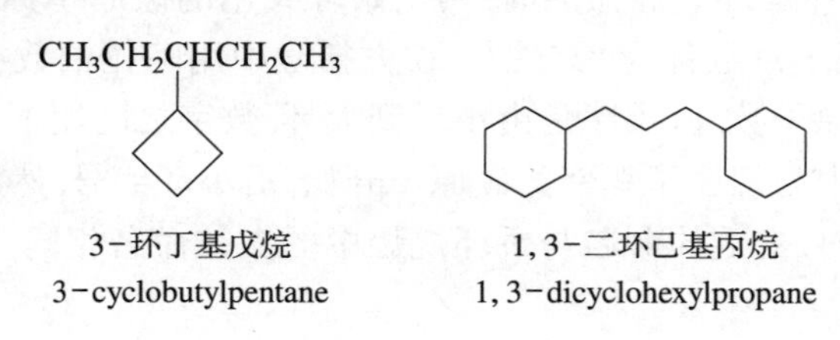

3-环丁基戊烷 3-cyclobutylpentane　　1, 3-二环己基丙烷 1, 3-dicyclohexylpropane

(2) 二环环烷烃 二环环烷烃根据两个环连接方式不同,可分为联环烷烃、螺环烷烃和桥环烷烃三种类型。两个环彼此以单键相连的,称为联环烷烃;两个环共用一个碳原子的,称为螺环烷烃;两个环共用两个或两个以上碳原子的,称为桥环烷烃。例如:

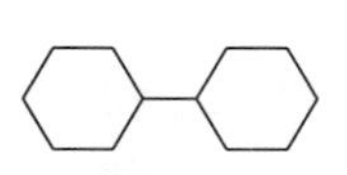

联二环己烷
(环己基环己烷)
bi(cyclohexane)

螺[4.4]壬烷
spiro[4.4]nonane

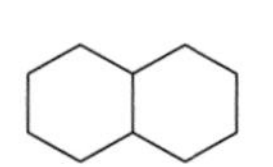

二环[4.4.0]癸烷
(十氢化萘)
bicyclo[4.4.0]decane
(decalin)

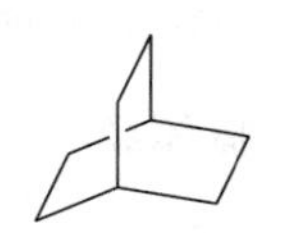

二环[2.2.2]辛烷
bicyclo[2.2.2]octane

最常见的联环烷烃是由两个相同环组成的,称为“联二环某烷”,如联二环己烷;如果两个环不相同,通常将较大的脂环作为母体,较小的脂环作为取代基,如环丙基环戊烷。桥环烷烃和螺环烷烃有其特定命名原则,现介绍如下。

(a) 桥环烷烃。二环桥环烷烃命名时,以“二环”作词头,按成环碳原子的总数称为“某烷”。两环连接处的碳原子作为桥头碳原子,其他碳原子作为桥碳原子。各桥碳原子数(不包括桥头碳原子)由大到小分别用数字表示,并用下角圆点隔开,放在方括号中,然后将此方括号放在“二环”和“某烷”之间。桥环的编号是从一个桥头碳原子开始,沿最长的桥到另一个桥头碳原子,再沿次长的桥回到开始的桥头碳原子,最短桥上的碳原子从编号小的桥头碳原子一侧开始编号。若环上连有支链时,支链作为取代基,将取代基的位次和名称放在“二环”之前即得全名。例如:

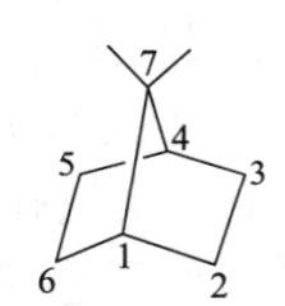

7, 7-二甲基二环[2.2.1]庚烷
7, 7-dimethylbicyclo[2.2.1]heptane

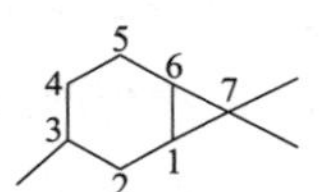

3, 7, 7-三甲基二环[4.1.0]庚烷
3, 7, 7-trimethylbicyclo[4.1.0]heptane

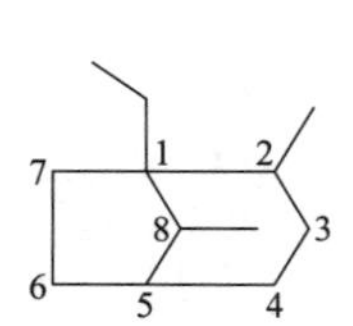

1-乙基-2, 8-二甲基二环[3.2.1]辛烷
1-ethyl-2, 8-dimethylbicyclo[3.2.1]octane

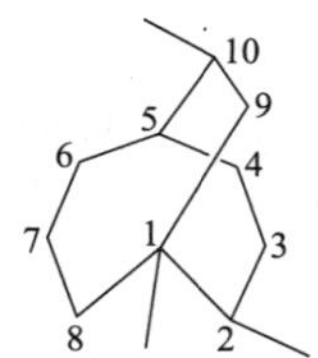

1, 2, 10-三甲基二环[3.3.2]癸烷
1, 2, 10-trimethylbicyclo[3.3.2]decane

(b) 螺环烷烃。二环螺环烷烃命名时,两个碳环共用的碳原子称为螺原子,以“螺”作为词头,按成环的碳原子总数称为“某烷”。在方括号中用阿拉伯数字分别标明除螺原子外每个碳环所含的碳原子数,但顺序是由小环到大环,数字之间用下角圆点隔开。环上编号的顺序是由较小环中与螺原子相邻的碳原子开始,沿小环编号,然后通过螺原子到较大的环。若环上有支链时,支链的命名与桥环烷烃中的支链命名相同。例如:

螺[5.5]十一烷
spiro[5.5]undecane

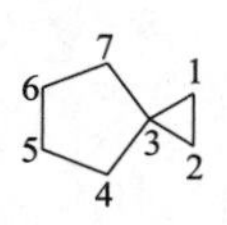

螺[2.4]庚烷
spiro[2.4]heptane

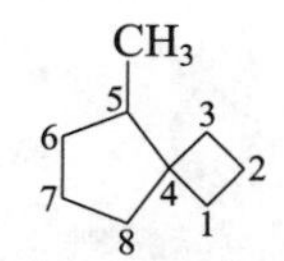

5-甲基螺[3.4]辛烷
5-methylspiro[3.4]octane

练习 2.5　命名下列各化合物:

(1)　(2)　(3)

(4)　(5)　(6)

(7)　(8)　(9)

(10)　(11)　(12)

2.3 烷烃和环烷烃的结构

2.3.1 σ 键的形成及其特性

原子轨道沿核间连线(键轴)相互重叠,形成对键轴呈圆柱形对称的轨道,称为 σ 轨道。σ 轨道上的电子称为 σ 电子。σ 轨道构成的共价键称为 σ 键。在甲烷分子中,碳原子为 sp^3 杂化,C—H σ 键由碳原子的 sp^3 杂化轨道沿对称轴与氢原子的 1s 轨道重叠而成,如图 2-1 所示。与此相似,含两个或两个以上碳原子的烷烃,其 C—H σ 键也是由碳原子的 sp^3 杂化轨道与氢原子的 1s 轨道重叠而成的。不同之处是,其 C—C σ 键由两个碳原子各以一个 sp^3 杂化轨道沿对称轴的方向重叠而成,如图 2-2 所示。

σ 键存在于所有有机分子中,且在分子中可以单独存在。由于 σ 键是在成键轨道的轴线上相互重叠而成的,故重叠程度较大,电子云集中于两原子核之间,在轨道对称轴上最密集,这就决定了 σ 键的键能较大,成键原子可沿键轴自由旋转而不被破坏。

化合物:
甲烷

由于 sp^3 杂化轨道之间的夹角为 109.5°,在碳链中 C—C—C 的键角也必然接近 109.5°,因此,碳链的立体形象,不是书写构造式时所表示的直线形,而是折线形。为了形象地表示分子的立体形状,常采用立体模型表示。常用的模型有两种: 球棒模型 (Kekulé 模型)

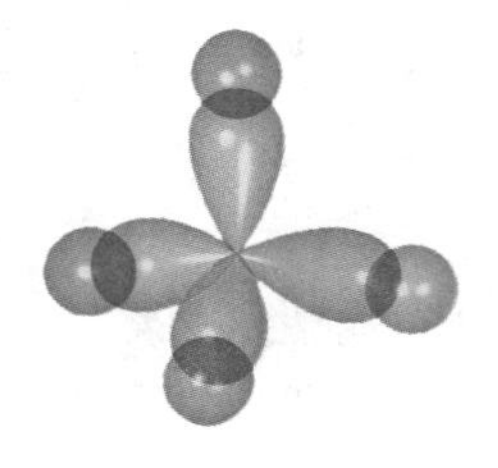

图 2-1　由 sp^3 杂化碳原子与氢原子形成的甲烷

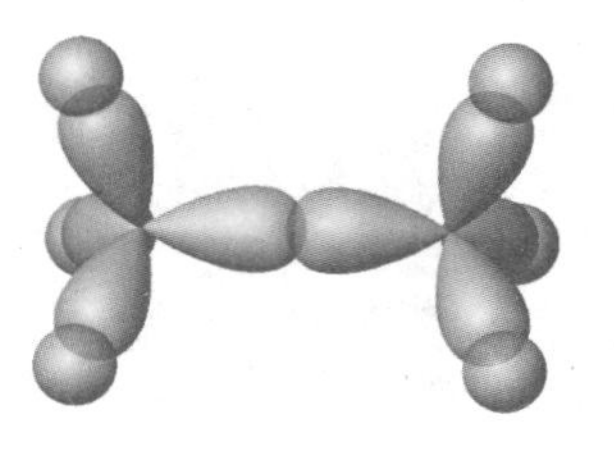

图 2-2　由两个 sp^3 杂化碳原子形成的乙烷

和比例模型 (Stuart 模型)。例如, 图 2-3 和图 2-4 分别为甲烷和丁烷的球棒模型和比例模型。

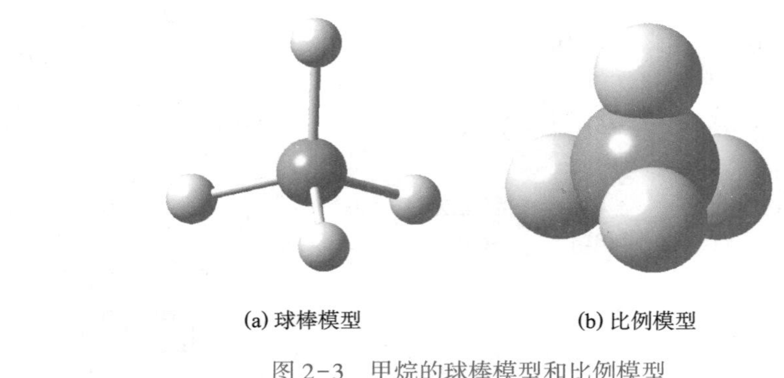

(a) 球棒模型　(b) 比例模型

图 2-3　甲烷的球棒模型和比例模型

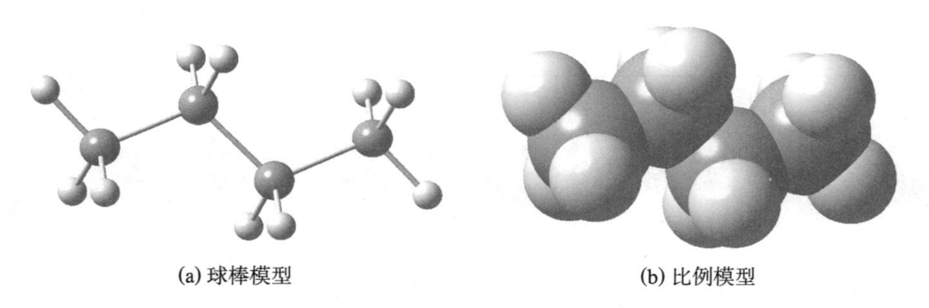

(a) 球棒模型　(b) 比例模型

图 2-4　丁烷的球棒模型和比例模型

2.3.2　环烷烃的结构与环的稳定性

与烷烃不同, 环烷烃由于环的大小不同, 其稳定性也不尽相同。这可以从燃烧热的数值比较中看出。摩尔燃烧热是指 1 mol 化合物在氧气中完全燃烧所放出的热量。它的大小反映了分子能量的高低, 是判断化合物相对稳定性的依据之一。开链烷烃的摩尔燃烧热与所含碳原子和氢原子的数量有关, 一般碳链每增加一个甲叉基 ($—CH_2—$), 其摩尔燃烧热增加 659 $kJ \cdot mol^{-1}$。环烷烃可以看作数量不等的甲叉基单元连接起来的化合物, 如果取甲叉基单元的平均燃烧热, 其燃烧热应与分子中所含甲叉基的数量呈线性关系。

$$—CH_2— + \frac{3}{2}O_2 \longrightarrow CO_2 + H_2O + \text{燃烧热}$$

然而，与开链烷烃不同，不同环烷烃中甲叉基单元的摩尔燃烧热因环的大小不同而有明显的差异。一些环烷烃的摩尔燃烧热如表 2-3 所示。

表 2-3 一些环烷烃的摩尔燃烧热

名称	成环碳原子数	摩尔燃烧热/($kJ\cdot mol^{-1}$)	—CH_2—摩尔燃烧热/($kJ\cdot mol^{-1}$)	名称	成环碳原子数	摩尔燃烧热/($kJ\cdot mol^{-1}$)	—CH_2—摩尔燃烧热/($kJ\cdot mol^{-1}$)
环丙烷	3	2 091	697	环辛烷	8	5 310	664
环丁烷	4	2 744	686	环壬烷	9	5 981	665
环戊烷	5	3 320	664	环癸烷	10	6 636	664
环己烷	6	3 952	659	环十五烷	15	9 885	659
环庚烷	7	4 637	662	开链烷烃			659

从表 2-3 中可以看出，由环丙烷到环戊烷，随着环的增大，每个甲叉基单元的摩尔燃烧热依次降低，环越小则每个甲叉基单元的摩尔燃烧热越大。这说明在小环化合物中，环越小能量越高，越不稳定。由环己烷开始，与烷烃相似，甲叉基单元的摩尔燃烧热趋于恒定。这表明环烷烃的稳定性是由其成环碳原子数决定的。其中，小环（三、四元环）与普通环（五到七元环）、中环（八到十一元环）、大环（⩾十二元环）环烷烃在结构上是存在明显差别的。

由此可知，在环烷烃分子中，环丙烷最不稳定，环丁烷次之，环戊烷比较稳定，而环己烷最稳定。价键理论认为，环丙烷不稳定是由于成环碳原子的 sp^3 杂化轨道未能形成最大限度的重叠。如在丙烷分子中，C—C—C 的键角与轨道对称轴之间的夹角（轨道夹角）为 109.5° 左右。而在环丙烷分子中，三个碳原子在同一平面上形成正三角形，碳原子之间的夹角只能是 60°。因此，环丙烷分子中两个相邻碳原子以 sp^3 杂化轨道形成 C—C σ 键时，两个轨道对称轴不能在一条直线上，而只能以弯曲的方式重叠，这样形成的 σ 键是弯曲的，称为弯曲键，如图 2-5 所示。

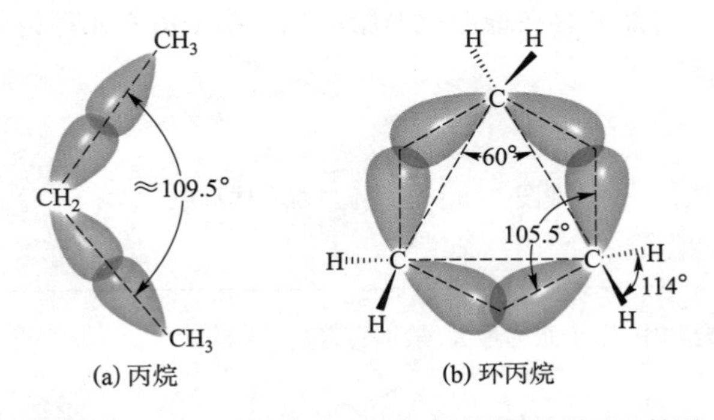

图 2-5 丙烷与环丙烷分子中碳碳键原子轨道重叠情况

根据量子力学的计算，以及波谱学和低温 X 射线衍射的电子密度图的研究，环丙烷分子中的 C—C 键是弯曲键，碳原子核之间的距离为 0.152 nm（比烷烃中的 C—C 键键长 0.154 nm 短）。在环丙烷分子中，同一碳原子中，形成 C—C 键的两个 sp^3 杂化轨道的夹角为 105.5°, 比烷烃中的 C—C—C 键键角即轨道夹角 109.5° 小, 尽管如此, 此轨道夹角与 60° 键角之间仍然存在很大差距, 即环丙烷的 C—C σ 键是弯曲的, 容易断裂而发生开环反应, 因此, 环丙烷的稳定性比丙烷差得多。把这种键角与轨道夹角不一致而产生的应力称为角张力。角张力是影响环烷烃稳定性的因素之一, 在环丙烷和环丁烷等小环化合物中尤为明显。此外, 环丙烷环外的 H—C—H 键键角为 114°, 比丙烷中相应的 H—C—H 键键角 (约 109.5°) 大。有研究认为, 在环丙烷分子中, 碳原子是不等性 sp^3 杂化, 构成 C—C σ 键的轨道具有较多的 p 轨道成分, 而且又是弯曲重叠的, 因此键不牢固而容易断裂; 而环外与氢原子成键的碳原子的杂化轨道有更多 s 轨道成分, 这一点已经被环丙烷比丙烷有更强的酸性所证实。

从环丁烷开始, 为了避免或减少相邻 C—H 键相互重叠而产生的扭转张力, 组成环的碳原子均不在同一平面上。例如, 环丁烷骨架是蝴蝶型结构; 环戊烷骨架存在两种不同结构 —— 信封型 (有四个碳原子共平面) 和扭曲型 (三个碳原子共平面)。

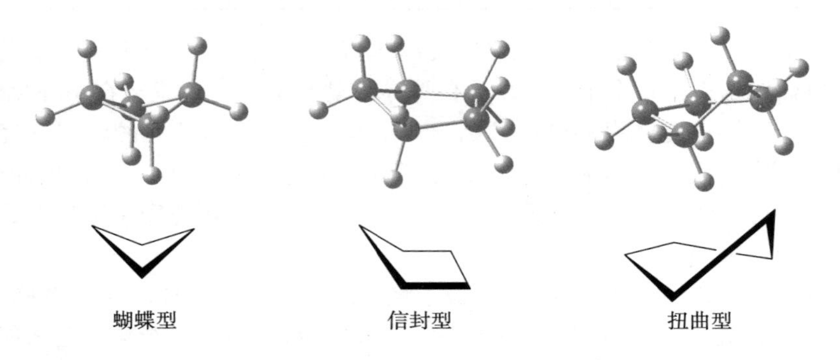

由于受几何形状的限制, 环丁烷和环戊烷仍具有一定的角张力, 但比环丙烷小。环己烷分子中的 C—C—C 键键角是正常键角 (109.5° 左右), 没有角张力。由七到十一个碳原子组成的环烷烃, 虽然保持正常的键角, 但由于环上有些氢原子距离较近而存在范德华张力, 因此也不如环己烷稳定。只有相当大的环才与环己烷一样稳定, 如环二十二烷经测定是呈锯齿形存在的, 成环的碳原子不在同一平面上, C—C—C 键键角约为 109.5°, 是无张力环, 如图 2-6 所示。在自然界存在最广泛的脂环化合物是由六元环构成的, 其次是五元环。

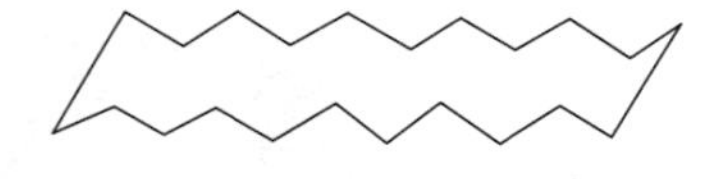

图 2-6　环二十二烷立体形象

练习 2.6　下列化合物中, 哪个张力最大, 最不稳定?

(1) 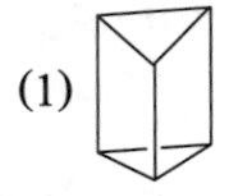　(2) 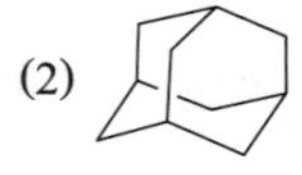　(3) 

2.4 烷烃和环烷烃的构象

分子结构包括构造、构型和构象。分子的构造是指分子内各原子间成键的顺序。而分子的构型和构象则是指具有一定构造的分子中各原子在空间的排列方式。含有两个或两个以上多价原子的有机化合物,由于围绕单键 (σ 键) 旋转而导致分子中其他原子或基团在空间排列不同,分子的这种立体形象称为构象。构象对有机化合物的性质有较重要的影响,因此,熟悉有机化合物分子的构象是必要的。而研究构象平衡中异构体的含量与能量之间的关系,以及构象对于分子的物理性质和化学性质的影响等,称为构象分析。

2.4.1 乙烷的构象

在乙烷分子中,如果使一个甲基固定,而使另一个甲基绕 C—C σ 键轴旋转,则两个甲基中氢原子的相对位置将不断改变,从而产生许多不同的空间排列方式,一种排列方式相当于一种构象。由于转动的角度可以无穷小,因此,乙烷分子可以有无穷多的构象。其中,两个碳原子上的氢原子相距最近的构象,即两个甲基相互重叠的构象,称为重叠式构象 (eclipsed conformation);另一种是两个碳原子上的氢原子相距最远的构象,即一个甲基上的氢原子处于另一个甲基上的两个氢原子正中间的构象,称为交叉式构象 (staggered conformation)。重叠式构象和交叉式构象是乙烷分子的两种典型的极限构象,如图 2-7 所示。

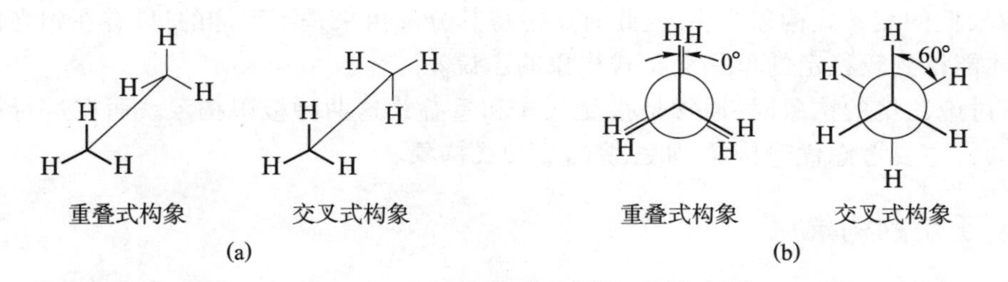

图 2-7 乙烷分子的两种典型的极限构象

像图 2-7 所示乙烷的构象表达式 (a) 和 (b) 那样,分子的构象表达式称为构象式。图 2-7(a) 是乙烷分子构象式的锯架式表示法,图 2-7(b) 是 Newman 投影式表示法。Newman 投影式是从 C—C σ 键的延长线上观察,两个碳原子在投影式中处于重叠位置,用 ⅄ 表示距离观察者较近的碳原子及其三个键,用 ⌽ 表示距离观察者较远的碳原子及其三个键,在投影式中每个碳原子上的三个键互呈 120°。

在乙烷的重叠式构象中,两个碳原子上的 C—H σ 键两两相对,C—H 键上的 σ 电子对之间距离最近,相互之间的排斥力 (扭转张力) 最大,因而能量最高,最不稳定。而在交叉式构象中,两个碳原子上的 C—H σ 键两两交错,C—H 键上的 σ 电子对之间距离最远,相互之间的排斥力 (扭转张力) 最小,因而能量最低,是最稳定的构象。在一个分子的所有构象中,能量最低即最稳定的构象,称为优势构象。优势构象在各种构象的相互转化中,出现的概率最大。

乙烷的重叠式构象和交叉式构象之间的能量差约为 12.6 $kJ\cdot mol^{-1}$，此能量差称为能垒。其他构象的能量介于两者之间，如图 2-8 所示。

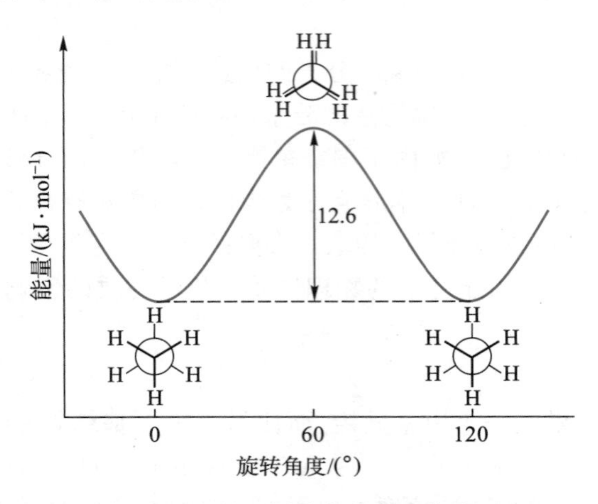

图 2-8　乙烷不同构象的能量曲线图

交叉式构象绕 C—C σ 键旋转 60° 可以转变成重叠式构象，但必须给予 12.6 $kJ\cdot mol^{-1}$ 的能量克服能垒才能实现，进一步绕 C—C σ 键旋转，又可转变成交叉式构象。由此可见，通常所说的单键可以自由旋转，也并非完全自由。在室温时，分子所具有的动能已超过此能量，已足够使 σ 键自由旋转。此时乙烷分子是无穷构象迅速转化的动态混合体系，其中以能量较低的交叉式构象为主，但此时要想将其分离出来是不可能的，只有在相当低的温度时，才能得到较稳定的单一交叉式构象的乙烷。

在讨论乙烷的构象时，通常是指交叉式和重叠式这两种极限构象。而在进行构象分析时，通常主要考虑优势构象，如乙烷的交叉式构象。

2.4.2　丁烷的构象

丁烷可以看成乙烷分子中每个碳原子上各有一个氢原子被甲基取代的化合物，其构象更为复杂，现主要讨论绕 C2 和 C3 之间的 σ 键键轴旋转所形成的六种极限构象（见图 2-9），下面给出四种能量不等的极限构象的名称。

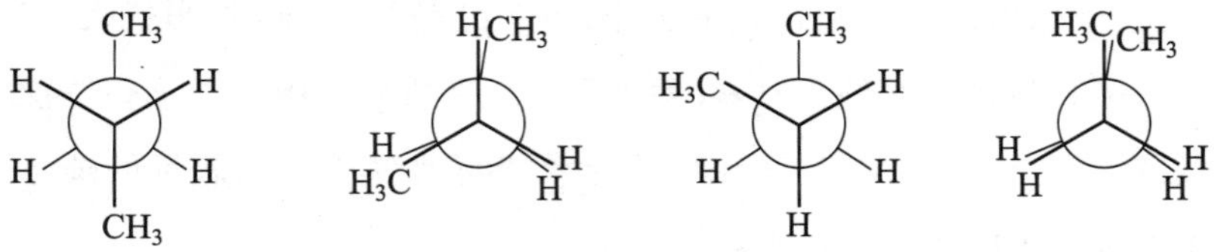

CH_3　H　H　H　H　CH_3

对位交叉式 (anti)

H　CH_3　H　H_3C　H　H

部分重叠式 (eclipsed)

CH_3　H_3C　H　H　H　H

邻位交叉式 (gauche)

H_3C　CH_3　H　H　H　H

全重叠式 (eclipsed)

当绕 C2—C3 σ 键键轴相对旋转 360° 时，正丁烷的六种极限构象与能量的关系如图 2-9 所示。

在图 2-9 中，能量最低最稳定的构象是对位交叉式构象，其 C—C σ 键电子对之间的扭转张力最小，而且两个体积较大的甲基相距最远，非键张力（非键合原子或基团之间所产生的排斥力）也最小；其次是邻位交叉式构象，能量较低；再次为部分重叠式构象，能量较高；全重叠式构象则是能量最高最不稳定的构象，因为在全重叠式构象中，不仅存在扭转张力，而且两个体积较大的甲基相距最近，非键张力也最大。但这些构象之间的能量差并不很大，它们在室温下仍可以绕 σ 键旋转而相互转化，达到动态平衡，大多以稳定的对位交叉式构象存在，其次是较稳定的邻位交叉式构象，而较不稳定的部分重叠式构象和最不稳定的全重叠式构象在平衡中的含量则很少。

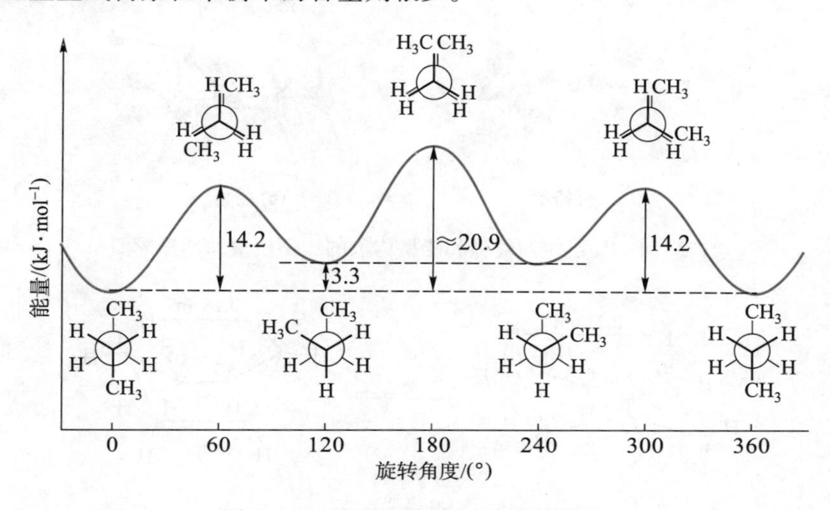

图 2-9 丁烷不同构象的能量曲线图

像烷烃分子那样，由于绕单键旋转而产生的异构体，称为构象异构体。由于构象异构体只是原子在空间的排列不同，因此与构型异构体都属于立体异构。

构型和构象有区别，异构体之间能够通过绕单键旋转快速转化的，属于构象异构，而异构体之间不能相互转化的，属于构型异构。但是，二者之间又没有截然的界线，温度降低，单键自由旋转受阻，某些构象异构体（如某些含有手性轴的联苯型化合物，见第六章 6.7.2 节）可能变成构型异构体。

2.4.3 环己烷的构象

环己烷的六个成环碳原子不共平面，C—C—C 键键角约为 109.5°，无环张力。如果用球棒模型连搭建成己烷的碳环，保持键角 109.5° 情况下，通过绕 σ 键的旋转和键角的扭动可以得到椅型和船型两种不同排列方式，如图 2-10 和图 2-11 所示。

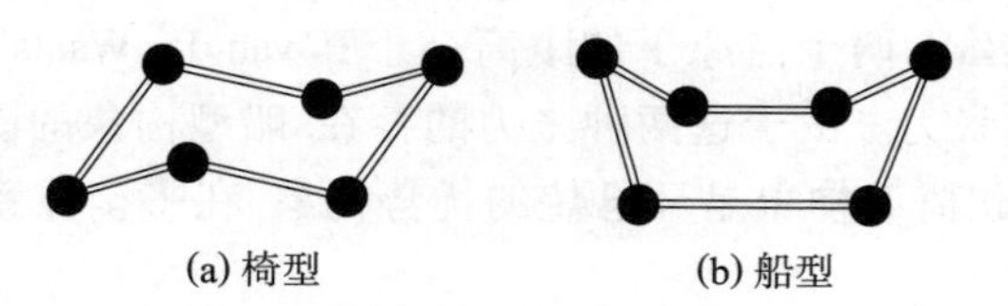

图 2-10 环己烷的椅型和船型骨架

椅型构象和船型构象是环己烷的两种极限构象。通过键角的扭动和绕 σ 键的旋转，椅型构象和船型构象可以相互转变，如图 2-12 所示。

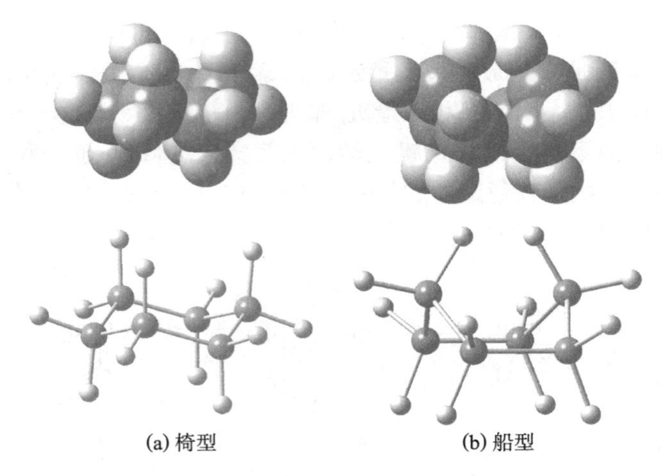

图 2-11　环己烷的椅型和船型构象的比例模型和球棒模型

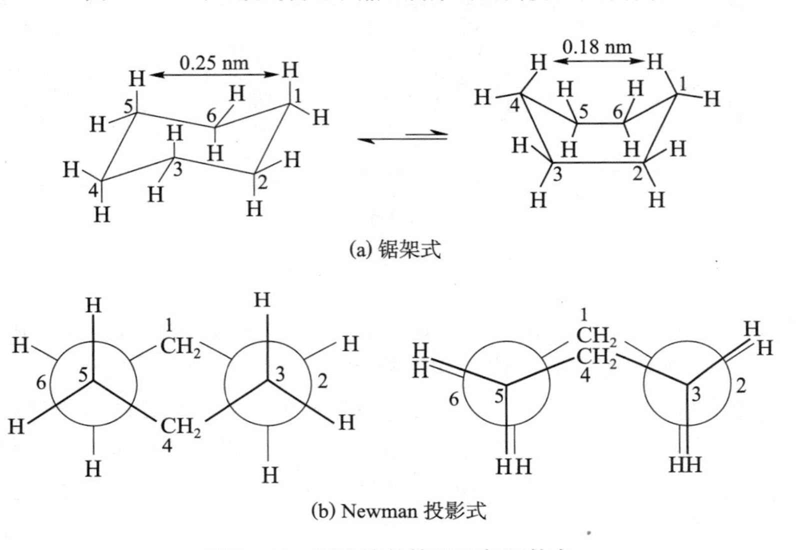

图 2-12　环己烷的椅型和船型构象

椅型构象和船型构象都保持了正常键角,不存在角张力,但从 Newman 投影式 [见图 2-12(b)] 中可以看出,椅型构象中所有相邻两个碳原子的碳氢键均处于邻位交叉式位置。而在船型构象中,C2 与 C3 之间、C5 与 C6 之间 (即船底) 的碳氢键则处于全重叠式位置,从而存在扭转张力;另外,在船型构象中 C1 和 C4 两个向内上侧伸展的碳氢键相距较近 [0.18 nm,见图 2-12(a)],两个氢原子的距离小于其 van der Waals 半径之和 (0.24 nm),因此产生排斥力,即非键张力。由于这两种张力的存在,船型构象的能量比椅型构象的能量高约 30 $kJ \cdot mol^{-1}$。因此椅型构象是环己烷的优势构象,在平衡体系中环己烷主要以椅型构象存在。

进一步考察环己烷的椅型构象,可以把环上的六个碳原子看成在 C1, C3, C5 和 C2, C4, C6 构成的两个相互平行的平面上。环己烷中的十二个碳氢键可以分为两种类型。其中,六个是垂直于这两个平面的,称为直立键或称 *a* 键 (axial bonds),三个向上,另三个向下,交替排列。另外的六个碳氢键则向外斜伸,称为平伏键或称 *e* 键 (equatorial bonds),也是三个向上斜伸，另三个向下斜伸，与平面约呈 19°。每个碳原子上均有一个 *a* 键，一个 *e* 键，如 *a* 键向上，则 *e* 键向下斜，在环中上下交替排列，如图 2-13 所示。

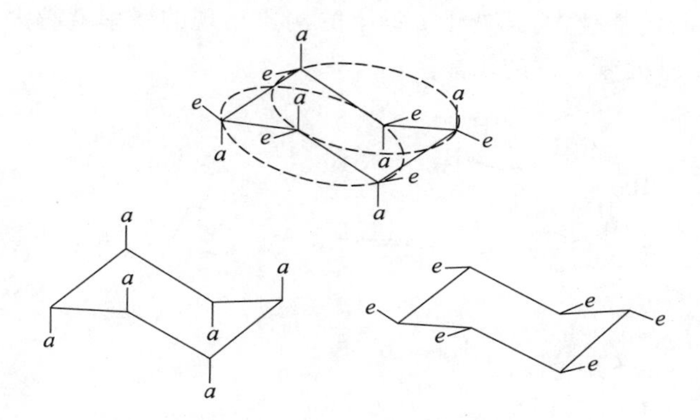

图 2-13 椅型构象的直立键和平伏键

环己烷由一种椅型构象翻转为另一种椅型构象时，原来的 *a* 键都转变为 *e* 键，原来的 *e* 键都转变成 *a* 键，如图 2-14 所示。

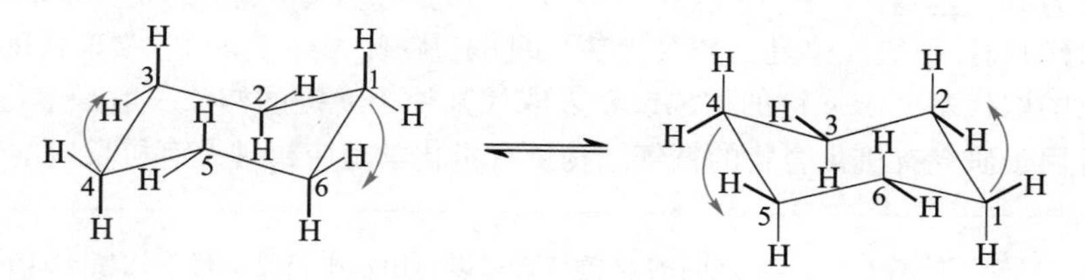

图 2-14 两种椅型构象的相互转变

2.4.4 取代环己烷的构象

单取代环己烷采取椅型构象时，取代基 R 可以处于 *e* 键上，也可以处于 *a* 键上，从而出现两种可能的构象，如图 2-15 所示。当 R 在 *a* 键时，R 与两个邻近碳原子的碳架 [图 2-15(a) 彩色的键] 处于邻位交叉式位置，即两个较大基团距离较近。这时，R 与 C3 和 C5 位 *a* 键上的氢原子 H3, H5 相距较近，因为 R 的 van der Waals 半径比氢原子大，因此，R 与 H3, H5 之间产生非键张力。结果使得 R 在 *a* 键上的构象能量较高而不稳定。当 R 处于 *e* 键时，R 与两个邻近碳原子所连的碳架 [图 2-15(b) 彩色的键] 处于对位交叉式位置，即两个较大基团距离最远。这时，处于 *e* 键上的 R 与 H3, H5 之间不存在非键张力。因此，取代

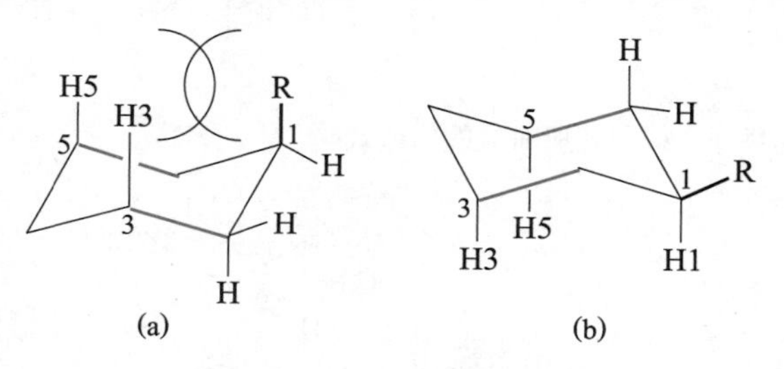

图 2-15 R 在 *a* 键或 *e* 键的不同构象

基连在 e 键上的构象是比较稳定的构象。

单取代环己烷，一般取代基倾向于连在碳环的 e 键上。例如，甲基环己烷 95% 是甲基处于 e 键的构象。取代基越大，其处于 e 键上的构象出现的概率就越大。例如，叔丁基环己烷 99.99% 是叔丁基处于 e 键的构象。

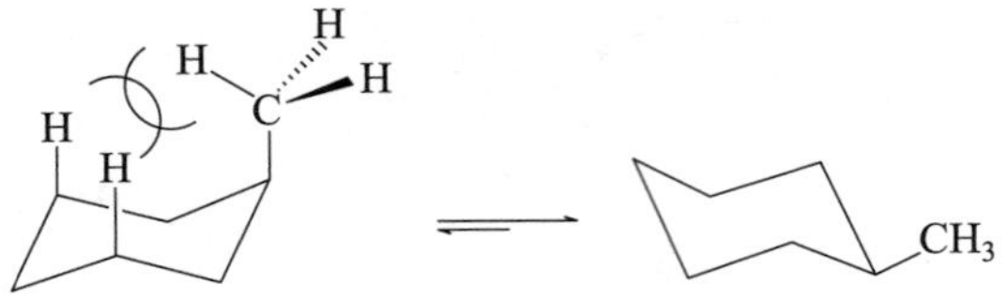

5% ⇌ 95%

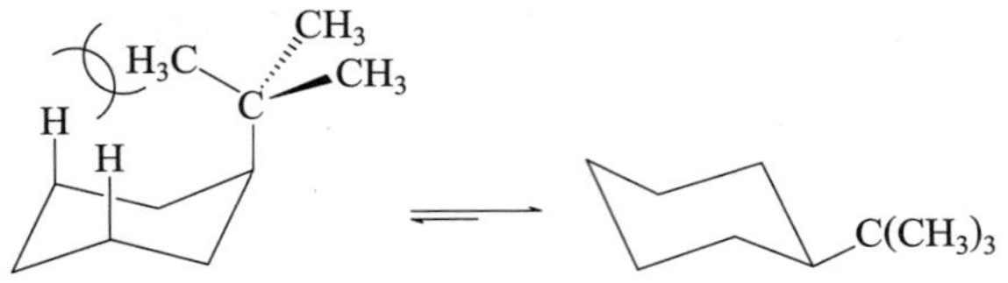

0.01% ⇌ 99.99%

这是因为取代基越大，处于 e 键和 a 键构象的势能差（构象能）越大。如果环上连有两个不同的取代基时，一般规律是大的取代基（如叔丁基）优先处于 e 键。多取代的环己烷，则是体积较大的取代基处于 e 键的构象或较多取代基处于 e 键的构象一般是最稳定的构象。这些规律可用于研究有机化合物的精细结构、有机化学反应机理及有机反应的取向等。

练习 2.7 已知丁烷沿 C2 与 C3 之间的 σ 键旋转可以写出六种典型的极限构象式，如果改为沿 C1 与 C2 之间的 σ 键旋转，可以写出几种典型的构象式？试用 Newman 投影式表示。

练习 2.8 构造和构象有何不同？判断下列各对化合物是构造异构、构象异构，还是完全相同的结构。

(1) 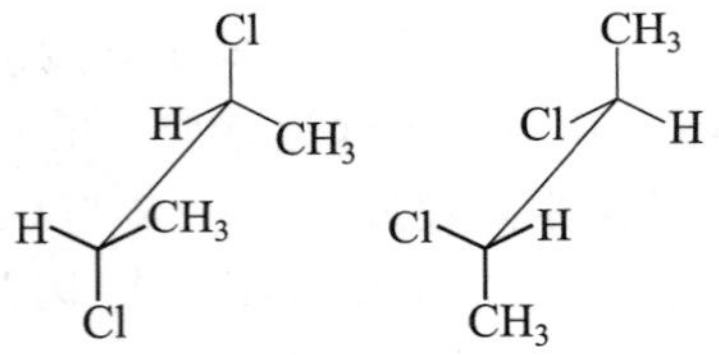 (2) 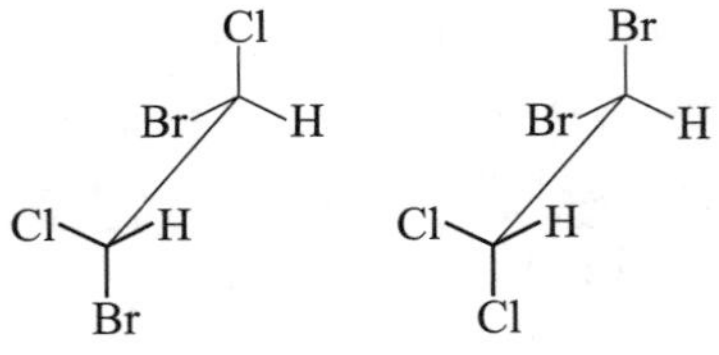 (3) 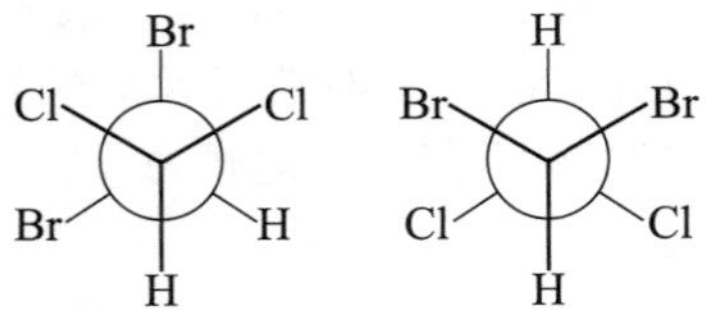 (4)

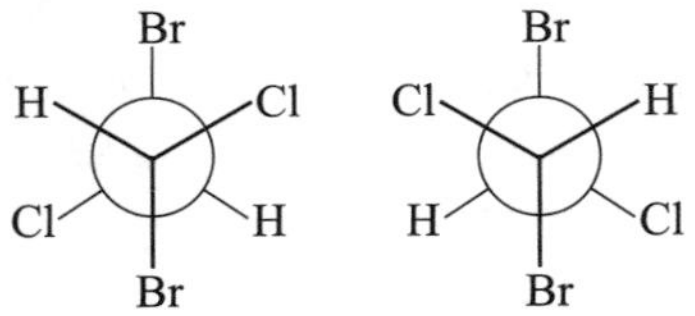

练习 2.9 写出下列每一个构象式所对应的构造式。

(1) 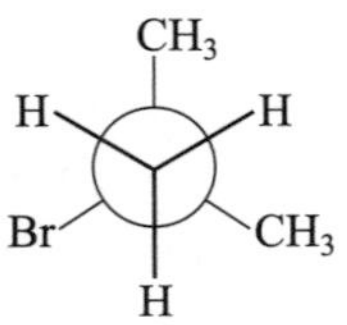 (2)

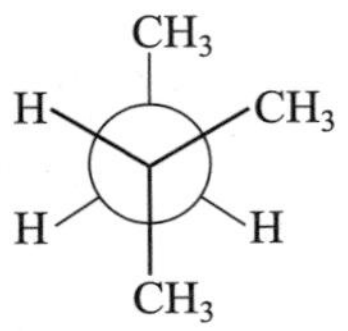

(3) CH_3, H, H, H, H, CH_2CH_3 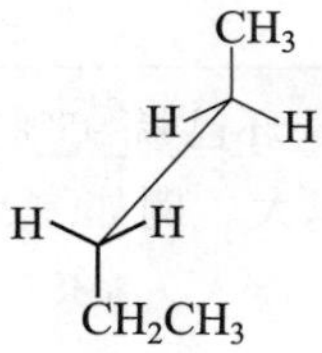　　(4) 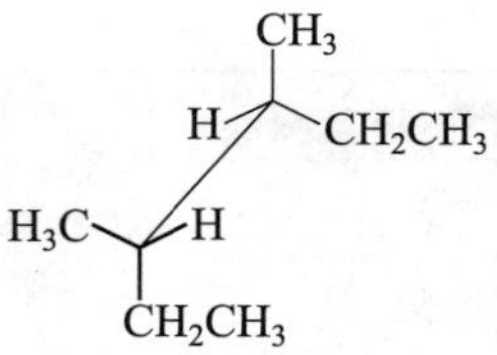 CH_3, H, CH_2CH_3, H_3C, H, CH_2CH_3

练习 2.10　写出 2,3-二甲基丁烷沿 C2—C3 σ 键旋转时能量最低和最高的构象式。

练习 2.11　写出下列环己烷衍生物最稳定的构象式。

(1) 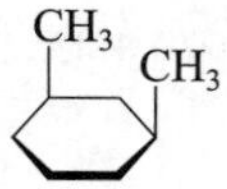 CH_3 CH_3　　(2) 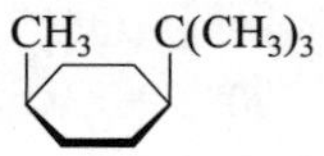 CH_3 $C(CH_3)_3$　　(3) CH_3 CH_3

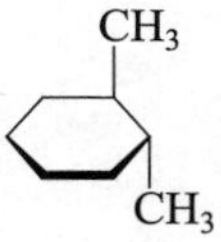

(4) 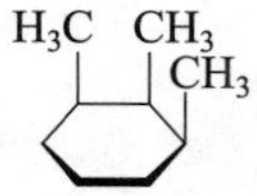 H_3C CH_3 CH_3　　(5) 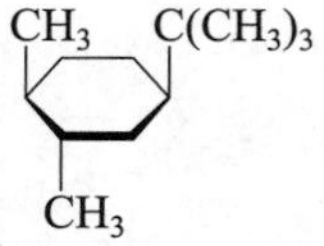 CH_3 $C(CH_3)_3$ CH_3

2.5　烷烃和环烷烃的物理性质

有机化合物的物理性质一般指它们的状态、熔点、沸点、相对密度、折射率和溶解度等。

通常单一纯净的有机化合物,其物理性质在一定条件下是固定不变的,测定得到的这些固定数值称为物理常数,它们是特定的化合物在一定条件下所固有的标志。通过物理常数的测定,通常可以鉴定有机化合物及其纯度。利用有机化合物不同的物理性质,也可以进行混合物的分离和有机化合物的纯化。

烷烃和环烷烃都是无色的,具有一定气味。它们的物理性质具有一定规律。例如,直链烷烃和无取代基的环烷烃,其熔点、沸点和相对密度随着碳原子数的增加而有规律地升高。其中,环烷烃的熔点、沸点和相对密度比相同碳原子数烷烃的高,这主要是因为环烷烃具有较大的刚性和对称性,使得分子之间的作用力变强。一些直链烷烃和环烷烃的物理常数列于表 2-4 中。

表 2-4　一些直链烷烃和环烷烃的物理常数

名称	熔点/℃	沸点/℃	相对密度 (d_4^{20})*	折射率 (n_D^{20})*
甲烷	−182.5	−161.5		
乙烷	−182.8	−88.6		
丙烷	−188	−42.1	0.584^{-42}	$1.340\,0^{-42}$
丁烷	−138.3	−0.5	0.601^{0}	$1.356\,2^{-13}$
戊烷	−130	36.1	0.626	1.357 7

续表

名称	熔点/℃	沸点/℃	相对密度 (d_4^{20})*	折射率 (n_D^{20})*
己烷	−95	68.7	0.659	1.375 0
庚烷	−91	98.4	0.684	1.387 7
辛烷	−57	125.7	0.703	1.397 6
正癸烷	−30	174.1	0.730	1.412 0
十二烷	−10	216.3	0.749	1.421 6
十六烷	18	280	0.775	1.435 0
十八烷	28	308	0.777	
二十烷	37	343	0.786	
三十烷	66	450	0.810	
环丙烷	−127.6	−32.9		
环丁烷	−80	12	0.713^{5}	1.426 0
环戊烷	−93	49.3	0.745	1.406 4
环己烷	6.5	80.8	0.779	1.426 6

* 测定温度不为 20 ℃ 时在右上角用数字表示实际测定时的温度。

一般说来，在有机化合物中，同系列化合物的物理常数随相对分子质量的增减而有规律地变化。现以烷烃为例说明如下。

2.5.1　沸点

直链烷烃的沸点 (bp) 一般随相对分子质量的增加而升高，如表 2-4 所示，这是因为沸点是与分子间的作用力 —— van der Waals 力 —— 有关的。烷烃是非极性或弱极性分子，分子间 van der Waals 力全部或主要来源于色散力。色散力的大小与分子中原子的数目和大小有关，烷烃分子中碳原子数增多，则色散力增大，因此，分子间 van der Waals 力增大，沸点随之而升高。一般在常温常压下，四个碳原子以下的直链烷烃是气体，由戊烷开始是液体，大于十七个碳原子的烷烃是固体。

在同系列中，虽然相邻两个烷烃的组成都相差一个 CH_2，但其沸点差值并不相等，低级烷烃的差值较大，随着相对分子质量的增加相邻两个烷烃的沸点差值逐渐减小。如甲烷与乙烷的沸点相差 72.9 ℃，而十一烷与十二烷的沸点只相差 20.4 ℃。从相对分子质量分析，乙烷的相对分子质量是 30，甲烷的相对分子质量是 16，虽然只相差一个 CH_2，但乙烷的相对分子质量比甲烷的大 88%。而十二烷的相对分子质量 (170) 仅比十一烷的相对分子质量 (156) 大 9%。可见虽然同样是相差一个 CH_2，但对整个分子的影响却不一样，这种影响当然也反映在它们的沸点变化上。

直链烷烃的沸点与分子中所含碳原子数的关系如图 2-16 所示。

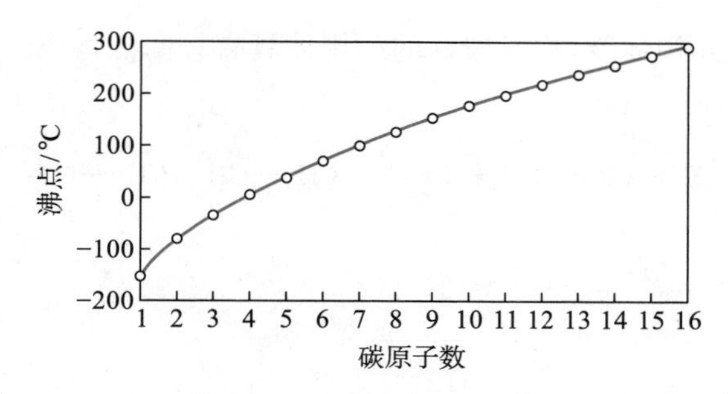

图 2-16 直链烷烃的沸点与分子中所含碳原子数的关系图

此外,在烷烃异构体中,含支链越多的烷烃,相应的沸点越低。例如,戊烷的三种异构体的沸点分别是

	$CH_3—CH_2—CH_2—CH_2—CH_3$	$CH_3—CH(CH_3)—CH_2—CH_3$	$CH_3—C(CH_3)_2—CH_3$
沸点/℃	36.1	27.9	9.5

这是因为烷烃的支链增多时,分子彼此不易充分靠近,使得分子之间相距较远,而色散力只有在很近的距离内才有效,随着距离的增加而很快地减弱,从而分子间 van der Waals 力减小,沸点相应降低。

2.5.2 熔点

烷烃熔点(mp)的变化基本上与沸点相似,直链烷烃的熔点变化也是随着相对分子质量的增减而相应增减的,如表 2-4 所示。在晶体中,分子间的作用力不仅取决于分子的大小,而且与分子的对称性有关,对称性高的烷烃在晶格中排列比较紧密,熔点相对高些。一般偶数碳链具有较高的对称性,因此,含偶数碳原子烷烃的熔点通常比含奇数碳原子烷烃的熔点升高较多,构成相应的两条熔点曲线,偶数的居上,奇数的在下,如图 2-17 所示。

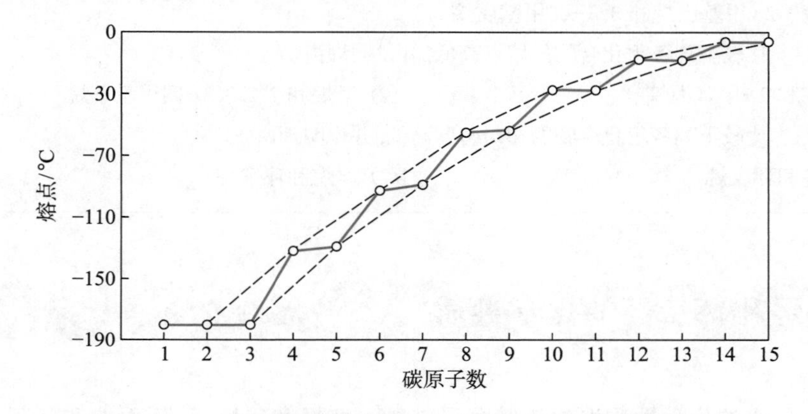

图 2-17 直链烷烃的熔点与分子中所含碳原子数的关系图

对于烷烃的不同异构体，对称性较好的异构体具有较高的熔点。例如：

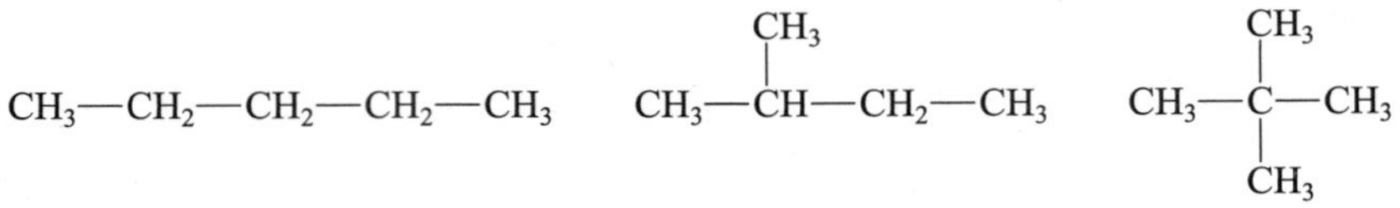

	$CH_3—CH_2—CH_2—CH_2—CH_3$	$CH_3—CH(CH_3)—CH_2—CH_3$	$CH_3—C(CH_3)_2—CH_3$
熔点/℃	−130	−160	−17

2.5.3 相对密度

烷烃的相对密度都小于 1。相对密度变化的规律也是随着相对分子质量的增加逐渐增大的，如表 2−4 所示。这也与分子间 van der Waals 力相关，分子间的作用力增大，则分子间的距离相应减小，相对密度必然增大。

2.5.4 溶解度

烷烃在水中的溶解度很小，易溶于有机溶剂。溶解度与溶质及溶剂的结构有关。结构相似的化合物，分子间作用力的性质相近，因此彼此互溶，通常称为"相似互溶"规则。例如，离子型或强极性的化合物能溶于强极性的溶剂如水中，而难溶于弱极性的溶剂如汽油中。反之，非极性或弱极性化合物烷烃则易溶于弱极性溶剂汽油中，而难溶于强极性溶剂水中。溶解度也是有机化合物重要的物理常数。

2.5.5 折射率

折射率的大小与有机化合物的结构有关。在一定波长的光源和一定的温度条件下测得的折射率，对特定的化合物是一个常数，是化合物所固有的特性。一些直链烷烃的折射率如表 2−4 所示。

练习 2.12 比较下列各组化合物的沸点高低，并说明理由。

(1) 丁烷和 2−甲基丙烷 (2) 辛烷和 2, 2, 3, 3−四甲基丁烷

(3) 庚烷、2−甲基己烷和 3, 3−二甲基戊烷

练习 2.13 比较下列各组化合物的熔点高低，并说明理由。

(1) 丁烷和 2−甲基丙烷 (2) 辛烷和 2, 2, 3, 3−四甲基丁烷

练习 2.14 比较下列各组化合物的相对密度高低，并说明理由。

(1) 戊烷和环戊烷 (2) 辛烷和环辛烷

2.6 烷烃和环烷烃的化学性质

有机化合物的化学性质取决于其分子结构。烷烃和环烷烃（环丙烷和环丁烷除外）都是以较稳定的 σ 键相连的，键能较大，而且 C—H σ 键的极性又很小，因此烷烃和环烷烃是

比较稳定的化合物，一般在常温下与强酸、强碱、强氧化剂、强还原剂都不起作用。由于它们的相对稳定性，许多烷烃和环己烷常被用作溶剂。但反应的活性是相对的，在一定条件下，烷烃和环烷烃也显示一定的反应性能。

2.6.1 自由基取代反应

化合物分子中的原子或基团被其他原子或基团所取代的反应，称为取代反应。其中，按照自由基机理进行的取代反应，称为自由基取代反应。

(1) 卤化反应　在光照、加热或催化剂的作用下，烷烃和环烷烃（小环环烷烃除外）分子中的氢原子被卤原子取代，生成烃的卤素衍生物和卤化氢。例如：

$$H_3C—CH_3 + Cl_2 \xrightarrow[78\%]{420\ ^\circ C} H_3C—CH_2—Cl + HCl$$

氯乙烷

$$\text{环己烷} + Cl_2 \xrightarrow[\text{反应精馏, 89\%～93\%}]{h\nu} \text{氯代环己烷} + HCl$$

氯代环己烷

像烷烃和环烷烃这样，分子中的氢原子被卤原子取代的反应，称为卤化反应。

在烷烃和环烷烃中，只有甲烷、乙烷等少数烷烃和无取代基的环烷烃分子中的氢原子是等同的，经卤化反应可以得到单一的一卤代衍生物，而其他烷烃和环烷烃的卤化反应容易得到混合产物。因此在工业上只有少数烷烃的一卤化反应具有实用价值。

(2) 卤化反应机理　反应机理是化学反应所经历的途径或过程，亦称反应历程。有机化合物的反应比较复杂，由反应物到产物常常不只是简单的一步反应，也不只有一种途径，因此只有了解了反应机理，才能认清反应的本质，掌握反应的规律，从而达到控制和利用反应的目的。所以反应机理的研究是有机化学理论的重要组成部分。但反应机理是根据大量的实验事实做出的理论推测，是一种假说，有些是肯定的、可靠的，有些则尚不成熟、尚未获得充分论据、尚需根据新的实验结果改进和补充，而且目前并不是所有反应都能提出明确的反应机理。

烷烃氯化的反应机理是比较清楚的。例如，甲烷的氯化，首先是在光照或高温下，氯分子吸收能量，共价键均裂而分解为两个氯原子：

$$Cl{:}Cl \xrightarrow[\text{或}\triangle]{h\nu} 2Cl\cdot \qquad ①$$

生成的氯原子带有未成对的电子，是非常活泼的，遇到甲烷可以夺取其中的氢原子而生成氯化氢和另一个带有未成对电子的甲基自由基 $CH_3\cdot$。$Cl\cdot$ 和 $CH_3\cdot$ 都带有未成对的电子，称为自由基。甲基自由基也非常活泼，可以再与氯分子作用生成一氯甲烷，同时又生成一个新的氯自由基，这样新生成的氯自由基又可以重复②、③两个基元反应。

$$Cl\cdot + H{:}CH_3 \longrightarrow HCl + CH_3\cdot \qquad ②$$

$$CH_3\cdot + Cl{:}Cl \longrightarrow CH_3Cl + Cl\cdot \qquad ③$$

上述反应的开始，是在一定能量的引发下首先产生自由基，这是一步慢步骤，是反应速率的控制步骤。而反应一经引发出自由基，很快就可以连续不断地进行下去，这样的反应一般称为连锁反应或链反应。① 为链反应的引发阶段，生成参与主反应的自由基，② 和 ③ 为链反应的增长阶段，增长阶段的反应加和与总反应相当。然而链反应并不是无限连续的，尽管自由基的浓度很低，相互之间碰撞的概率很低，但不是绝对不会发生碰撞。自由基之间一旦发生碰撞，生成中性分子，且自由基消失，链反应就终止了。例如：

$$Cl\cdot + Cl\cdot \longrightarrow Cl—Cl \qquad ④$$

$$CH_3\cdot + CH_3\cdot \longrightarrow CH_3—CH_3 \qquad ⑤$$

$$CH_3\cdot + Cl\cdot \longrightarrow CH_3—Cl \qquad ⑥$$

④、⑤ 和 ⑥ 为链终止反应。

一般来讲，链反应分为链引发、链增长和链终止三个阶段。但反应过程是比较复杂的。例如，在链增长阶段，新生成的氯原子也可以与刚生成的一氯甲烷作用而逐步生成二氯甲烷、三氯甲烷和四氯化碳等，主要生成哪种化合物则取决于反应物与试剂的比例、反应的条件和能量等诸多因素。

$$Cl\cdot + H:CH_2Cl \longrightarrow HCl + \cdot CH_2Cl$$

$$\cdot CH_2Cl + Cl:Cl \longrightarrow CH_2Cl_2 + Cl\cdot$$

$$Cl\cdot + H:CHCl_2 \longrightarrow HCl + \cdot CHCl_2$$

$$\cdot CHCl_2 + Cl:Cl \longrightarrow CHCl_3 + Cl\cdot$$

$$Cl\cdot + H:CCl_3 \longrightarrow HCl + \cdot CCl_3$$

$$\cdot CCl_3 + Cl:Cl \longrightarrow CCl_4 + Cl\cdot$$

因此，甲烷的氯化反应所得产物为四种氯甲烷的混合物，由于四者沸点不同，可以通过精馏分离。当然，根据市场需求情况，也可以控制条件使其中一种产物为主。例如，工业上在 400～450 ℃ 采用热氯化的方法，调节甲烷与氯的摩尔比为 10∶1，主要产物为一氯甲烷；甲烷与氯的摩尔比为 0.263∶1 时，主要生成四氯化碳。

拓展：反应热估算

(3) 卤化反应的取向与自由基的稳定性　除甲烷、乙烷等少数烷烃和无取代基的环烷烃外，其他烷烃和环烷烃因结构不同，氢原子所处的位置不同，卤化反应取代的位置各异，即取向不同，同时卤化反应进行的难易程度也不相同。现以丙烷的氯化反应为例来说明。由于丙烷分子中有两种不同的氢原子，其一氯代产物可能有两种：

$$CH_3—CH_2—CH_3 + Cl_2 \xrightarrow[25\ ^\circ C]{h\nu} \underset{\substack{(\text{I})\\ \text{取代伯氢, 45\%}}}{CH_3—CH_2—CH_2Cl} + \underset{\substack{(\text{II})\\ \text{取代仲氢, 55\%}}}{CH_3—\underset{\displaystyle Cl}{\underset{|}{CH}}—CH_3}$$

实验证明 (Ⅰ) 与 (Ⅱ) 产率之比为 45∶55。如果考察氢原子被取代的概率，(Ⅰ) 中被取代的是伯氢，丙烷中伯氢有六个；而 (Ⅱ) 中被取代的是仲氢，仲氢只有两个。仲氢与伯氢活性之比为

$$\frac{\text{仲氢活性}}{\text{伯氢活性}}=\frac{55/2}{45/6}\approx\frac{4}{1}$$

又如，2-甲基丙烷的一元氯化反应的实验结果为

$$\underset{\substack{}}{CH_3-\overset{\overset{\displaystyle CH_3}{|}}{CH}-CH_3} + Cl_2 \xrightarrow[25\,^\circ C]{h\nu} \underset{\text{1-氯-2-甲基丙烷, 64\%}}{CH_3-\overset{\overset{\displaystyle CH_3}{|}}{CH}-CH_2Cl} + \underset{\text{2-氯-2-甲基丙烷, 36\%}}{CH_3-\overset{\overset{\displaystyle CH_3}{|}}{\underset{\underset{\displaystyle Cl}{|}}{C}}-CH_3}$$

尽管产物 2-氯-2-甲基丙烷只占 36%，如果考虑到伯氢与叔氢的数目比为 9∶1，可以明显地看出叔氢被取代比伯氢被取代要容易得多。

$$\frac{\text{叔氢活性}}{\text{伯氢活性}}=\frac{36/1}{64/9}\approx\frac{5}{1}$$

由以上可见，在室温下光照引发的氯化反应，叔氢、仲氢、伯氢的活性之比大致为 5∶4∶1。由此可知，氢原子被卤化的次序（由易到难）为

叔氢 > 仲氢 > 伯氢

烷烃分子中不同氢原子的活性与 C—H 键的解离能有关。键的解离能越小，键均裂时吸收的能量越少，因此不同氢原子的活性与 C—H 键的强度即解离能成反比，换句话说，C—H 键的解离能越低，相应的烷基自由基就越稳定，该自由基也就越容易生成。几种常见烷烃中伯氢、仲氢、叔氢 C—H 键的解离能为

	$H-CH_3$	$H-CH_2CH_3$	$H-CH(CH_3)_2$	$H-C(CH_3)_3$
键的解离能/($kJ\cdot mol^{-1}$)	439	420	410	400

即上述烷基自由基的稳定性次序为叔丁基自由基 > 异丙基自由基 > 乙基自由基 > 甲基自由基。其他烷基自由基稳定性次序与之类似，即叔碳自由基 > 仲碳自由基 > 伯碳自由基 > 甲基自由基。这与卤化反应中叔氢、仲氢、伯氢被取代的活性次序是一致的。

关于自由基的稳定性，也可以利用超共轭效应来解释（见第三章 3.5.3 节）。

由于烷烃的卤化反应是按自由基机理进行的，即对烷烃而言，首先，C—H 键发生均裂产生烷基自由基，这一步与后续步骤即烷基自由基夺取卤原子相比，是困难的一步，是控制反应速率的慢步骤。

过渡态是由反应物到产物的中间状态，这时旧键逐渐断裂尚未完全断裂，新键逐渐形成尚未完全形成，在势能图上是反应过程中能量最高的状态，即其内能相当于势能图中能垒的顶部。反应物与过渡态之间的内能差称为活化能（$E_{\text{活化}}$），即使是放热反应，也必须提供这样的最低限度的能量 —— 活化能，反应才能进行。活化能的高低取决于过渡态的能量。由于过渡态是用来描述反应能垒的假想状态，无法进行测定。根据 Hammond 假说，在基元反应中，过渡态与反应物或产物（中间体）中能量较高的一个结构近似。而在多步骤反应中，活性中间体能量通常是较高的，即过渡态结构更类似活性中间体，因此，活化能的高低主要取决于与过渡态的能量接近的活性中间体（本反应的活性中间体为烷基自由基）

的稳定性。在反应过程中生成的自由基中间体越稳定,则相应的过渡态能量越低,所需的活化能越小,反应越容易进行。图 2-18 为丙烷溴化生成两种不同自由基的比较。

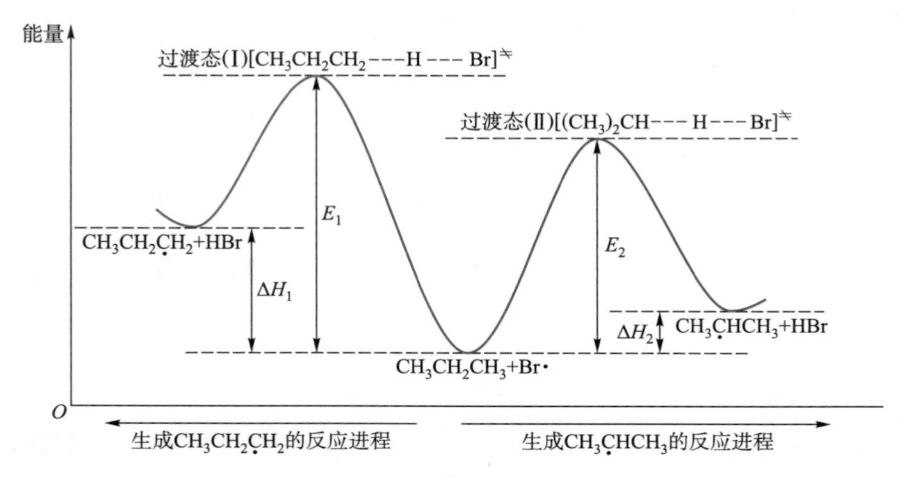

图 2-18 丙烷溴化生成两种不同自由基的反应进程中的能量曲线图

由图 2-18 可以看出,因为异丙基自由基比丙基自由基稳定,所以过渡态 (Ⅱ) 比过渡态 (Ⅰ) 能量低,所需活化能也较小,所以异丙基自由基也就容易生成,故丙烷中的仲氢比伯氢更容易被溴取代。同理,考察 2-甲基丙烷的氯化,可以得出叔丁基自由基比 2-甲基丙基自由基稳定,所以取代叔氢的活化能比取代伯氢的低,即叔氢更容易被取代。

(4) 反应活性与选择性 在烷烃和环烷烃的卤化反应中,不同卤素的活性是不同的。它们在活性上的差异可以用甲烷卤化的反应热数据来说明,如表 2-5 所示。

表 2-5 甲烷卤化的反应热

反应过程	$\Delta_r H_m/(kJ\cdot mol^{-1})$			
	F	Cl	Br	I
① $X\cdot + CH_4 \longrightarrow HX + CH_3\cdot$	−130	+4	+71	+138
② $CH_3\cdot + X_2 \longrightarrow CH_3X + X\cdot$	−297	−107	−100	−84
总反应热 ΔH_m	−427	−103	−29	+54

表 2-5 中,反应 ① 是 C—H 键断裂,H—X 键生成,而反应 ② 是 X—X 键断裂,C—X 键生成。从总的反应热看,氟化、氯化、溴化都是放热反应,较容易进行。直接氟化,反应过于剧烈,难以控制,而且大量的反应热将破坏产物,降低产率,因此氟代烷不宜直接通过氟化制备。氯化和溴化比较容易控制,适合工业生产和实验室合成。当然,溴化比氯化要难一些,主要是因为溴化时链传递的第一步,即反应 ① 吸热较多,活化能较高。因此,即使在光照下溴化,也常常需要适当加热。直接碘化时,活化能更高,而且整个反应是吸热过程,无论从动力学角度还是热力学角度讲,都不利于碘化反应的进行,因而很少采用。由此可见,卤素对烷烃进行卤化反应的相对活性顺序是 $F_2 > Cl_2 > Br_2 > I_2$。

此外,溴化反应的选择性通常比氯化反应的高。例如,丙烷在相同条件下,分别进行氯化和溴化反应,其结果如下:

$$CH_3—CH_2—CH_3 \xrightarrow{h\nu} \begin{cases} \xrightarrow{Cl_2} \underset{55\%}{CH_3—\underset{Cl}{\underset{|}{CH}}—CH_3} + \underset{45\%}{CH_3—CH_2—CH_2Cl} \\ \xrightarrow{Br_2} \underset{98\%}{CH_3—\underset{Br}{\underset{|}{CH}}—CH_3} + \underset{2\%}{CH_3—CH_2—CH_2Br} \end{cases}$$

因为溴原子活性较低,它优先夺取丙烷中键能较低的仲氢,表现出高的选择性。而氯原子活性较高,可以夺取它碰到的每一个氢原子,表现出低的选择性。其他烷烃和环烷烃的卤化反应也是如此,即卤原子的选择性顺序是 I > Br > Cl > F。

反应活性与选择性的关系,还可从烷烃卤化反应时的相对反应速率看出。卤原子的相对活性越低,反应的相对速率差别越大,选择性越高。不同卤原子夺取不同氢原子的相对反应速率(以伯氢为标准)如表 2-6 所示。

表 2-6 不同卤原子夺取不同氢原子的相对反应速率 (27 ℃)

卤原子	—CH_3 (伯氢)	>CH_2 (仲氢)	>CH— (叔氢)
F	1	1.3	1.8
Cl	1	4.4	6.7
Br	1	80	1.6×10^3
I	1	1 850	2.1×10^5

练习 2.15 甲烷氯化时观察到下列现象,试解释之。

(1) 将氯气先用光照,在黑暗中放置一段时间,再与甲烷混合,不生成甲烷氯代产物。

(2) 将氯气先用光照,立即在黑暗中与甲烷混合,生成甲烷的氯代产物。

(3) 甲烷用光照后,立即在黑暗中与氯气混合,不生成甲烷氯代产物。

练习 2.16 环己烷和氯气在光照下反应,生成氯代环己烷。试写出其反应机理。

练习 2.17 甲烷与氯气通常需要加热到 250 ℃以上才能反应,但加入少量(0.02%)四乙基铅[$Pb(C_2H_5)_4$]后,则在 140 ℃就能发生反应,试解释之,并写出反应机理。(提示: Cl—Cl 键和 C—Pb 键的解离能分别为 242 $kJ\cdot mol^{-1}$ 和 205 $kJ\cdot mol^{-1}$。)

练习 2.18 以等物质的量的甲烷和乙烷混合物进行一元氯化反应时,产物中氯甲烷与氯乙烷之比为 1∶400,试问:(1) 如何解释这样的事实?(2) 根据这样的事实,你认为 $CH_3\cdot$ 和 $CH_3CH_2\cdot$ 哪一个稳定?

练习 2.19 甲基环己烷的一溴代产物有几种构造异构体?试推测其中哪一种最多,哪一种最少。

2.6.2　氧化反应

在常温下,烷烃和环烷烃一般不与氧化剂(如高锰酸钾水溶液、臭氧、空气中的氧气等)反应。但在空气(氧气)中受热引燃后可以燃烧,燃烧时如果氧气充分则完全氧化而生成二氧化碳和水,同时放出大量热量。例如,在25 ℃时,甲烷的摩尔燃烧焓为 $-891\ \text{kJ}\cdot\text{mol}^{-1}$。

$$CH_4(g) + 2O_2(g) \longrightarrow CO_2(g) + 2H_2O(l) \qquad \Delta_cH_m^\ominus = -891\ \text{kJ}\cdot\text{mol}^{-1}$$

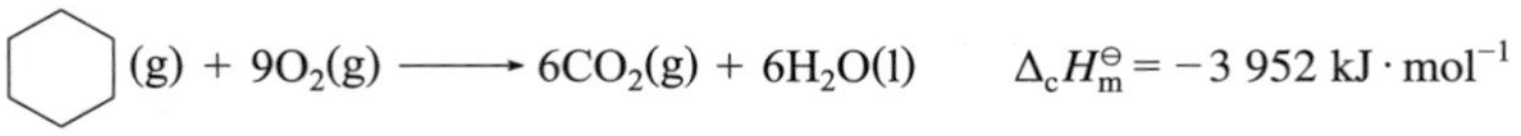

$$\text{环己烷}(g) + 9O_2(g) \longrightarrow 6CO_2(g) + 6H_2O(l) \qquad \Delta_cH_m^\ominus = -3\ 952\ \text{kJ}\cdot\text{mol}^{-1}$$

这是天然气作为能源,以及汽油和柴油(主要成分为不同结构的烷烃混合物)等作为内燃机燃料燃烧的基本原理。

如控制适当条件,在催化剂的作用下,也可以使其部分氧化得到醇、醛、酮、羧酸等一系列含氧化合物。但由于氧化过程复杂,氧化的位置各异,产物往往是复杂的混合物,作为实验室制法意义不大。然而,在工业生产中,可以控制条件使某些产物为主,或直接利用其氧化所得混合物。例如:

$$R—CH_2—CH_2—R' + O_2 \xrightarrow[107\sim110\ ^\circ C]{MnO_2} \underset{\text{羧酸}}{RCOOH} + \underset{\text{羧酸}}{R'COOH} + \text{其他羧酸}$$

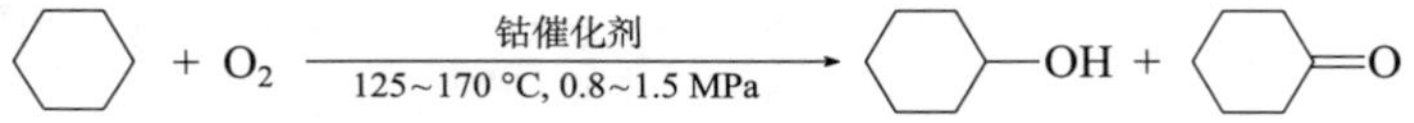

$$\text{环己烷} + O_2 \xrightarrow[125\sim170\ ^\circ C,\ 0.8\sim1.5\ MPa]{\text{钴催化剂}} \underset{\text{环己醇, 38\%}}{\text{环己基—OH}} + \underset{\text{环己酮, 57\%}}{\text{环己酮}}$$

$$\text{环十二烷} \xrightarrow[150\sim160\ ^\circ C]{\text{空气}, H_3BO_3, Co(OAc)_2} \underset{\text{环十二醇}}{\text{环十二醇}} + \underset{\text{环十二酮}}{\text{环十二酮}}$$

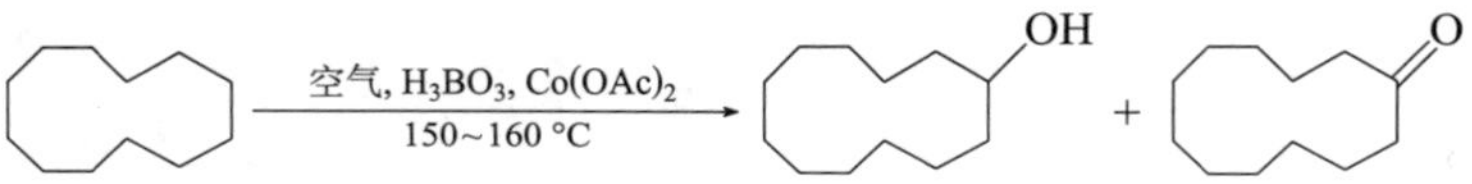

第一个反应是工业上以石蜡等高级烷烃为原料,生产高级脂肪酸(制造肥皂的原料)的方法;第二个反应是工业上生产环己酮(制造尼龙-6和尼龙-66的原料)的方法之一;第三个反应是工业上生产环十二酮(制造尼龙-12的原料)的方法之一。

2.6.3　异构化反应

化合物从一种异构体转变成另一种异构体的反应,称为异构化反应。在适当条件下,如在催化剂的作用下和/或加热等,多数烷烃和环烷烃均可发生异构化反应。例如:

$$CH_3—CH_2—CH_2—CH_3 \underset{95\sim150\ ^\circ C,\ 1\sim2\ MPa}{\overset{AlCl_3-HCl}{\rightleftharpoons}} H_3C—\underset{}{\overset{CH_3}{\overset{|}{C}H}}—CH_3$$

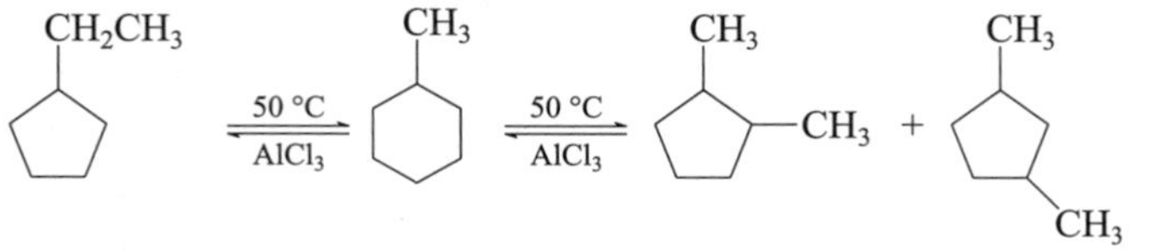

$$\text{乙基环戊烷}(CH_2CH_3) \underset{AlCl_3}{\overset{50\ ^\circ C}{\rightleftharpoons}} \text{甲基环己烷}(CH_3) \underset{AlCl_3}{\overset{50\ ^\circ C}{\rightleftharpoons}} \text{1,2-二甲基环戊烷}(CH_3, CH_3) + \text{1,3-二甲基环戊烷}(CH_3, CH_3)$$

异构化反应可逆，受热力学平衡控制。

直链烷烃异构化为带支链的烷烃，可以提高汽油的辛烷值①。环烷烃的异构化包括侧链异构、烷基位置异构和环的异构（环的扩大或缩小）。一些环烷烃经异构化和脱氢可以转变为芳烃，这是以石油为原料生产芳烃时所发生的一些反应。因此，烷烃和环烷烃的异构化反应，在石油工业中占有重要地位。

2.6.4 裂化反应

烷烃和环烷烃在没有氧气存在下进行的热分解反应叫裂化反应。裂化反应是个复杂的过程，其产物为许多化合物的混合物。而且烷烃和环烷烃分子中所含碳原子数越多，产物就越复杂，反应条件不同产物也相应不同。但从主要反应的实质上看，无非是C—C键和C—H键断裂分解的反应。由于C—C键的键能（347 kJ·mol^{-1}）小于C—H键的键能（414 kJ·mol^{-1}），一般C—C键较C—H键更容易断裂。

$$CH_3—CH_2—CH_2—CH_3 \xrightarrow{500\ ^\circ C} \begin{cases} CH_4 + C_3H_6 \\ CH_3CH_3 + C_2H_4 \\ C_4H_8 + H_2 \end{cases}$$

$$\text{(甲基环戊烷)} \xrightarrow{\triangle} \begin{cases} \text{(甲基环戊烯)} + H_2 \\ C_2H_4 + C_4H_6 + H_2 \\ C_2H_4 + C_4H_8 \\ 2C_3H_6 \end{cases}$$

烷烃的裂化主要是由较长碳链的烷烃分解为较短碳链的烷烃、烯烃和氢气，但同时也有异构化、环化（转变为脂环烃）、芳构化（转变为芳香烃）、缩合和聚合（由较小分子转变为较大分子的烃）等反应伴随发生，因此，产物就更为复杂。裂化反应是石油加工过程中的一个重要反应，通过把高沸点馏分裂化为相对分子质量小的低沸点馏分的办法，提高汽油、柴油等的产量和质量，并可从石油裂化气中得到更多相对分子质量较小的烯烃等化工原料。

环烷烃的裂化主要是发生开环分解生成小分子的不饱和烃，以及脱氢生成环烯烃和芳烃等。

拓展：裂化反应机理

裂化反应可以在不加催化剂的条件下加热裂化，称为热裂化。热裂化一般要求较高的裂化温度（500～700 ℃），而且要求一定压力。也可在催化剂（如硅酸铝）的作用下进行裂化，称为催化裂化。催化裂化要求的裂化温度较低（450～500 ℃），而且在常压下即可进行。在炼油生产中，催化裂化生产的汽油，在质量和产率方面均优于热裂化生产的汽油。

工业上为了得到更多的乙烯、丙烯、丁二烯、乙炔等基本化工原料，必须把石脑油在更高的温度下（高于700 ℃）进行深度裂化，这样的深度裂化在石油化学工业中称为裂解。裂解和裂化从有机化学上讲是同一类反应，但在石油化学工业上是有特殊意义的，裂解主

① 辛烷值是汽油抗爆性的指标。汽油的辛烷值越大，抗爆性越好，质量越高。规定异辛烷（2, 2, 4-三甲基戊烷）的辛烷值为100，正庚烷的辛烷值为0。将汽油试样与异辛烷和正庚烷的混合物进行对比，抗爆性与油品相等的混合物中所含异辛烷的百分数，即为该油品的辛烷值。

要是为了获得低级烯烃等化工原料,而不是简单地只为了提高油品的质量和产量。

2.6.5　小环环烷烃的加成反应

环丙烷和环丁烷等小环环烷烃,由于存在着环张力,容易开环进行加成反应。这是小环环烷烃的特殊反应。

(1) 加氢　在催化剂的作用下,环丙烷、环丁烷与氢气反应,开环并一边加上一个氢原子,生成开链的烷烃:

$$\triangle + H_2 \xrightarrow[80\ ^\circ C]{Ni} CH_3—CH_2—CH_3$$

$$\square + H_2 \xrightarrow[200\ ^\circ C]{Ni} CH_3—CH_2—CH_2—CH_3$$

由以上反应式不难看出,环丁烷开环加氢比环丙烷开环加氢要求更高的反应条件,说明环丁烷比环丙烷稳定。环戊烷更稳定,需要更强烈的反应条件才能开环加氢。

$$⬠ + H_2 \xrightarrow[300\ ^\circ C]{Ni} CH_3—CH_2—CH_2—CH_2—CH_3$$

环己烷及更高级的环烷烃开环加氢则更为困难。

(2) 加溴　环丙烷及其烷基衍生物不仅容易加氢,而且容易与溴加成开环。环丙烷与溴在常温即可进行加成反应,生成 1,3-二溴丙烷。

$$\triangle + Br_2 \xrightarrow[室温]{CCl_4} \underset{Br}{CH_2}—CH_2—\underset{Br}{CH_2}$$

环丁烷与溴在常温下不反应,必须加热才能开环加成。

$$\square + Br_2 \xrightarrow{\triangle} \underset{Br}{CH_2}—CH_2—CH_2—\underset{Br}{CH_2}$$

环戊烷及以上的环烷烃难以与溴进行开环加成反应,在高温下则发生自由基取代反应。

(3) 加溴化氢　环丙烷及其烷基衍生物也容易与溴化氢进行开环加成反应。

$$\triangle + HBr \xrightarrow[室温]{CCl_4} \underset{H}{CH_2}—CH_2—\underset{Br}{CH_2}$$

当烷基取代的环丙烷与溴化氢进行加成开环反应时,环的断裂发生在连接氢原子最多与连接氢原子最少的两个成环碳原子之间,氢原子加到含氢原子较多的成环碳原子上,而溴原子加到含氢原子较少的成环碳原子上。例如:

$$(H)(H_3C)C\!-\!CH_2\!-\!CH_2\ (\text{环}) + HBr \longrightarrow CH_3—\underset{Br}{CH}—CH_2—\underset{H}{CH_2}$$

$$\text{(CH}_3\text{)}_2\text{C—CH(CH}_3\text{)—CH}_2\text{ (环丙烷)} + \text{HBr} \longrightarrow \text{CH}_3\text{—C(CH}_3\text{)(Br)—CH(CH}_3\text{)—CH}_2\text{—H}$$

碘化氢也能与环丙烷进行加成开环反应。环丁烷及以上的环烷烃在常温下则难以与溴化氢进行加成开环反应。

练习 2.20　完成下列各反应式

(1) 甲基环丙烷 $\xrightarrow{\text{HI}}$　　(2) 甲基环丁烷 $\xrightarrow[\triangle]{\text{Br}_2}$

(3) 1,1-二甲基环丙烷 $\xrightarrow{\text{Br}_2}$　　(4) 三环化合物 $\xrightarrow[-60\ ^\circ\text{C}]{\text{Br}_2}$

2.7　烷烃和环烷烃的主要来源

烷烃和环烷烃主要来自石油。一般认为,石油是古代的动植物体经细菌、地热、压力及其他无机物的催化作用而生成的物质。虽然因产地不同而成分各异,但其主要成分是各种烃类(开链烷烃、环烷烃和芳烃等)的复杂混合物。由油田得到的原油通常是深褐色的黏稠液体,根据不同的需要经分馏而得到各种不同的馏分。石油的几种主要馏分的大致分馏区间如表 2-7 所示。石油中所含的烷烃是甲烷以上的直链和支链烷烃,环烷烃则是含五元环和六元环的环烷烃,如环己烷、甲基环己烷、甲基环戊烷和 1,2-二甲基环戊烷等。

静电势图:甲烷

表 2-7　石油主要馏分的大致分馏区间

馏分	组分	分馏区间
液化气	$C_2 \sim C_5$	20 ℃ 以下
石油醚	$C_5 \sim C_6$	30 ~ 90 ℃
汽油	$C_4 \sim C_{12}$	40 ~ 200 ℃
煤油	$C_{10} \sim C_{16}$	175 ~ 275 ℃
柴油	$C_{15} \sim C_{20}$	250 ~ 400 ℃
润滑油	$C_{18} \sim C_{22}$	300 ℃ 以上
沥青	C_{20} 以上	不挥发

拓展:甲烷与合成气

天然气也广泛存在于自然界,其主要成分为低级(相对分子质量较小)烷烃的混合物,通常含 75% 甲烷,15% 乙烷,5% 丙烷,其余则为较高级(相对分子质量较大)的烷烃。天然气可用作化工原料,也可直接作为燃料。

从石油中获得的烷烃和环烷烃均为混合物，分离成纯净的单一物质十分困难。纯净的烷烃或环烷烃通常需要采用合成方法来制备。

习题

（一）命名下列各化合物。

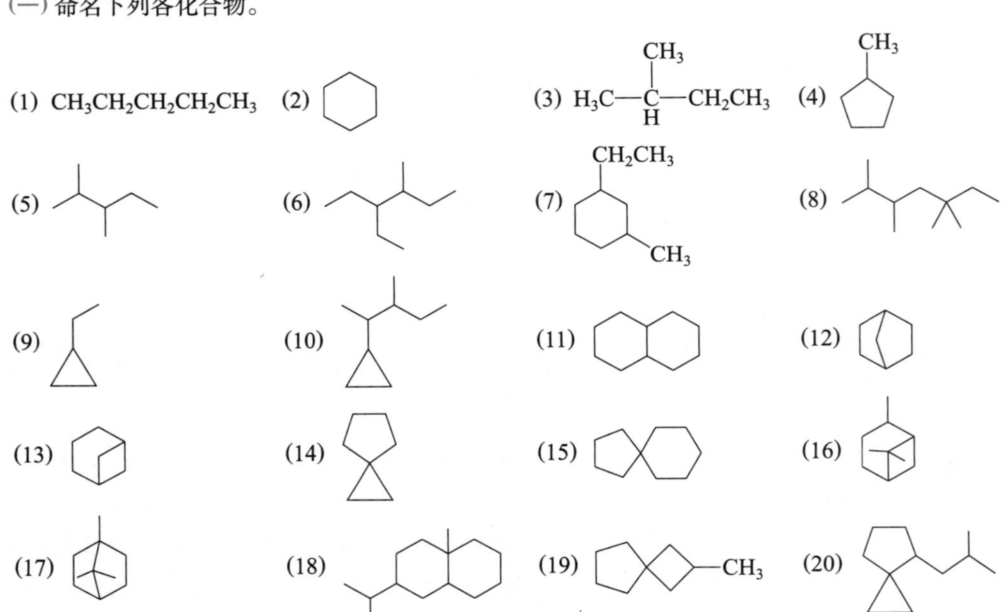

（二）命名下列各取代基。

(1) $(CH_3)_3CCH_2—$

(2) 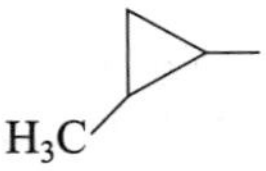 H_3C（环丙基，结构式）

(3) $CH_3CH_2CH_2CH_2\underset{|}{C}HCH_3$

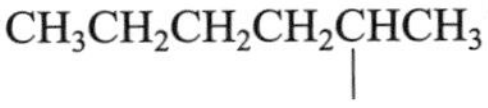

(4) 

(5)  CH_3（环己基，结构式）

(6) 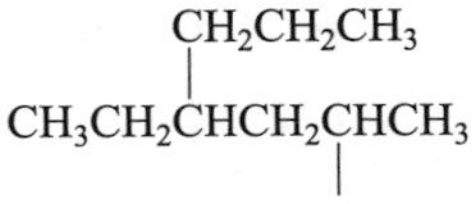 $CH_3CH_2\overset{CH_2CH_2CH_3}{\overset{|}{C}}HCH_2\underset{|}{C}HCH_3$

（三）根据下列名称，写出各化合物的构造式，如其名称与系统命名原则不符，予以改正。

(1) 3,3-二甲基-2-乙基丁烷　　(2) 1,5,5-三甲基-3-乙基己烷

(3) 2-叔丁基-4,5-二甲基己烷　　(4) 甲基乙基异丙基甲烷

(5) 丁基环丙烷　　(6) 1-丁基-3-甲基环己烷

（四）以 C2 和 C3 的 σ 键为轴旋转，试分别画出 2,3-二甲基丁烷和 2,2,3,3-四甲基丁烷的极限构象式，并指出哪一种为其最稳定的构象式。

（五）将下列投影式改为锯架式，锯架式改为投影式。

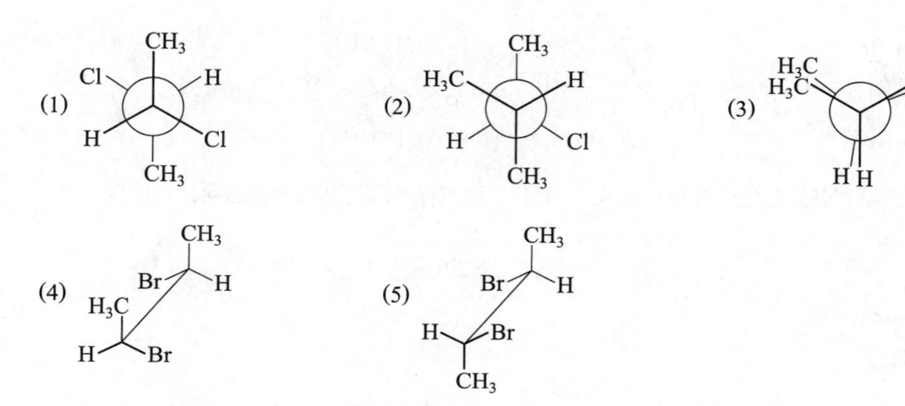

（六）用锯架式可以画出三种 $CH_3—CFCl_2$ 的交叉式构象：

H H H F Cl Cl　　H H H Cl Cl F　　H H H Cl F Cl

它们是不是 $CH_3—CFCl_2$ 的三种不同的构象式？用 Newman 投影式表示，并验证所得结论是否正确。

（七）试指出下列化合物中，哪些代表的是相同化合物而只是构象表示式不同，哪些是不同的化合物。

(1) $CH_3—C(Cl)(CH_3)—CH(CH_3)—CH_3$

(2) H, H_3C, Cl, H, H, $CH(CH_3)_2$

(3) CH_3, H_3C, CH_3, H_3C, Cl, H

(4) H_3C, CH_3, H, H_3C, H_3C, Cl

(5) H, H, H, H, H_3C, $CCl(CH_3)_2$

(6) CH_3, H_3C, CH_3, Cl, H, CH_3

（八）不参阅物理常数表，试将下列各组化合物按沸点由高到低排列成序。

(1) (A) 庚烷　(B) 己烷　(C) 2-甲基戊烷　(D) 2,2-二甲基丁烷　(E) 癸烷

(2) (A) 丙烷　(B) 环丙烷　(C) 丁烷　(D) 环丁烷　(E) 环戊烷　(F) 环己烷　(G) 己烷　(H) 戊烷

(3) (A) 甲基环戊烷　(B) 甲基环己烷　(C) 环己烷　(D) 环庚烷

（九）分别写出丁烷构象的对位交叉式和全重叠式。

（十）使用锯架式，表示下列各化合物中相邻两个 Br 或两个 OH 置于顺式共平面的位置（两个 Br 或两个 OH 处于全重叠的位置）的构象。

(1) H Br, H_3C, CH_3, Br H　(2) H Br, H_5C_6, C_6H_5, H Br　(3) H OH, H_3C, CH_3, HO H　(4) H OH, H_3C, CH_3, H OH

（十一）使用锯架式表示下列各化合物中相邻两个 Br 或两个 OH 置于反式共平面的位置（两个 Br 或两个 OH 处于对位交叉的位置）的构象。

(1) H Br, H_3C, CH_3, Br H (2) H Br, H_5C_6, C_6H_5, H Br (3) H OH, H_3C, CH_3, HO H (4) H OH, H_3C, CH_3, H OH

(十二) 写出下列各式稳定的椅型构象式。书写时，注意保持取代基的相对指向保持不变。

(1) OH, CH_3 (2) CH_2OH, O, OH, OH, OH, OH (3) Me, O, OMe, HO, Me (4) H, H

(十三) 对下述椅型构象进行翻转，使处于平伏键的取代基转换为直立键。

Cl, Me

(十四) 请使用锯架式表示下列各式中沿 C1—C2 之间的构象。环己烷中与 C1, C2 相连的碳原子分别使用 R^1 和 R^2 表示。

(十五) 已知烷烃的分子式为 C_5H_{12}，根据氯化反应产物的不同，试推测各烷烃的构造式。

(1) 一元氯化产物只有一种　　(2) 一元氯化产物可以有三种构造异构体

(3) 一元氯化产物可以有四种构造异构体　　(4) 二元氯化产物可以有两种构造异构体

(十六) 已知环烷烃的分子式为 C_5H_{10}，根据氯化反应产物的不同，试推测各环烷烃的构造式。

(1) 一元氯化产物只有一种　　(2) 一元氯化产物可以有三种构造异构体

(十七) 等物质的量的乙烷和 2,2-二甲基丙烷混合物与少量的氯反应，得到的乙基氯和 1-氯-2,2-二甲基丙烷的摩尔比是 1∶2.3。试比较乙烷和 2,2-二甲基丙烷中伯氢的相对活性。

(十八) 在光照下，2,2,4-三甲基戊烷分别与氯和溴进行一取代反应，其最多的一取代物分别是哪一种？这一结果说明什么问题？根据这一结果预测 2-甲基丙烷一氟化的主要产物。

(十九) 将下列自由基按稳定性大小排列成序。

(1) $\dot{C}H_3$　(2) $CH_3CH(CH_3)CH_2\dot{C}H_2$　(3) $CH_3\dot{C}(CH_3)CH_2CH_3$　(4) $CH_3CH(CH_3)\dot{C}HCH_3$

(二十) 在光照下，甲基环戊烷与溴发生一溴化反应，写出一溴化反应的主要产物及其反应机理。

(二十一) 试确定下列化合物中最弱的键，并写出在光照下或加热时发生均裂的产物。如可能，请用鱼钩箭头标示电子的转移过程。

(1) $(CH_3)_3C—O—O—C(CH_3)_3 \xrightarrow{h\nu或\triangle}$　(2) $CH_3—C(=O)—O—O—C(=O)—CH_3 \xrightarrow{h\nu或\triangle}$

(3) 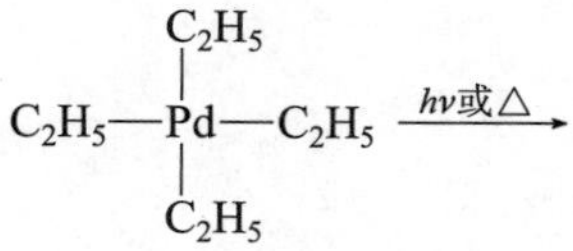 $C_2H_5—\overset{C_2H_5}{\underset{C_2H_5}{Pd}}—C_2H_5 \xrightarrow{h\nu或\triangle}$

(4) 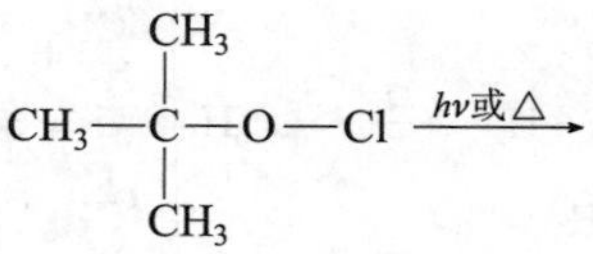 $CH_3—\overset{CH_3}{\underset{CH_3}{C}}—O—Cl \xrightarrow{h\nu或\triangle}$

(二十二) 自由基可发生夺氢、夺卤反应,也可彼此间成键,确定下述各基元反应类型,并写出最可能的产物。

(1) 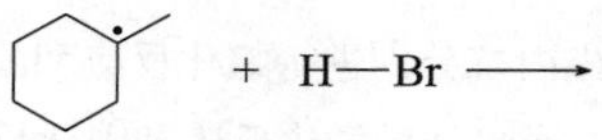 (1-甲基环己基自由基) + H—Br ⟶

(2) 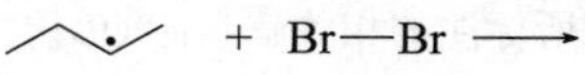 (2-丁基自由基) + Br—Br ⟶

(3) 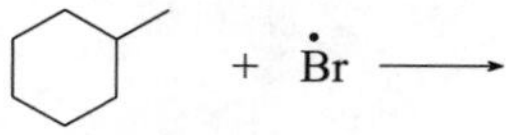 (甲基环己烷) + $\dot{Br}$ ⟶

(4) 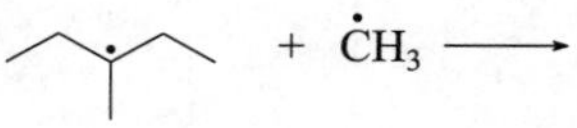 (2-甲基-3-戊基自由基) + $\dot{C}H_3$ ⟶

(5) 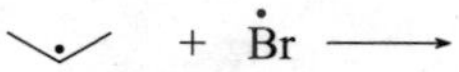 (异丙基自由基) + $\dot{Br}$ ⟶

(6) 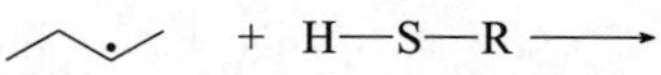 (2-丁基自由基) + H—S—R ⟶

(7) 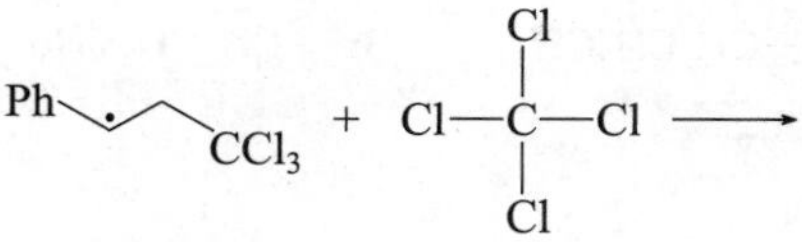 Ph—$\dot{C}H$—CH_2—CCl_3 + $Cl—\overset{Cl}{\underset{Cl}{C}}—Cl$ ⟶

(二十三) 在光照下,烷烃与二氧化硫和氯气反应,烷烃分子中的氢原子被氯磺酰基 (—SO_2Cl) 取代,生成烷基磺酰氯:

$$R—H + SO_2 + Cl_2 \xrightarrow[室温]{h\nu} R—SO_2Cl + HCl$$

此反应称为氯磺酰化反应,亦称 Reed 反应。工业上曾利用此反应由高级烷烃生产烷基磺酰氯和烷基磺酸钠 (R—SO_3Na, 是合成洗涤剂的原料)。此反应与烷烃的氯化反应相似,也是按自由基取代机理进行的。试参考烷烃卤化的反应机理,写出烷烃 (用 R—H 表示) 氯磺酰化的反应机理。

(二十四) 写出下列自由基卤化反应的机理。

(1) 二氯甲烷氯化生成氯仿

(2) 乙烷氯化生成氯乙烷

(3) 氯仿氯化生成四氯化碳

(二十五) 有机化合物可与氧 (O_2) 发生反应生成过氧化物,该反应被称为自氧化 (autooxidation)。如异丁烷与氧反应,生成叔丁基过氧化氢 (TBHP)。

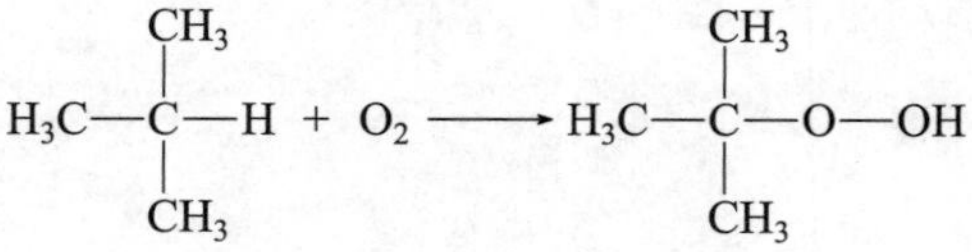

$$H_3C—\overset{CH_3}{\underset{CH_3}{C}}—H + O_2 \longrightarrow H_3C—\overset{CH_3}{\underset{CH_3}{C}}—O—OH$$

现已知该反应为自由基反应机理,试写出该反应机理。

提示: 氧是双自由基 (·O—O·),活性较低,但在条件适当时,亦可发生夺氢反应;且氧遇自由基可生成过氧自由基:

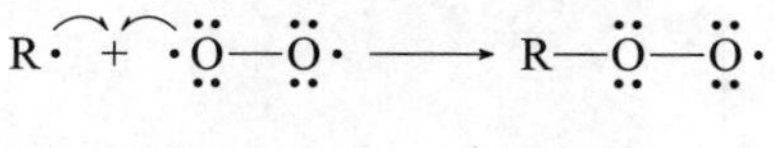

$$R\cdot + \cdot\ddot{\underset{\cdot\cdot}{O}}—\ddot{\underset{\cdot\cdot}{O}}\cdot \longrightarrow R—\ddot{\underset{\cdot\cdot}{O}}—\ddot{\underset{\cdot\cdot}{O}}\cdot$$

(二十六) 试写出下列自氧化反应的反应机理。

(1) $C_6H_5—C(CH_3)_2—H \xrightarrow{O_2} C_6H_5—C(CH_3)_2—O—OH$

(2) $C_2H_5—O—CH_2—CH_3 \xrightarrow{O_2} C_2H_5—O—CH(OOH)—CH_3$

（二十七）根据所标注的相关解离能（单位：$kJ \cdot mol^{-1}$）数据写出丙烷分别进行氯化反应和溴化反应的可能反应机理，并计算链传递的每一个基元反应步骤的反应热，据此分析氯化反应和溴化反应的选择性。

$Cl\overset{243}{—}Cl$　　$Br\overset{194}{—}Br$　　$H\overset{410}{—}CH(CH_3)—CH_2\overset{422}{—}H$　　$H\overset{366}{—}Br$　　$H\overset{432}{—}Cl$

$Cl\overset{354}{—}CH(CH_3)_2$　　$Br\overset{299}{—}CH(CH_3)_2$　　$Cl\overset{353}{—}CH_2CH_2CH_3$　　$Br\overset{298}{—}CH_2CH_2CH_3$

（二十八）试写出下列各反应的机理。

(1) $CCl_4 + CH_4 \xrightarrow[\triangle]{(H_3C)_3C—O—O—C(CH_3)_3} CHCl_3 + CH_3Cl$

(2) $(CH_3)_3C—H + (CH_3)_3C—O—Cl \xrightarrow{h\nu} (CH_3)_3C—Cl + (CH_3)_3C—O—H$

提示：在光照下，O—Cl 可发生均裂反应，产物如下：

$$R—O—Cl \xrightarrow{h\nu} R—O\cdot + \cdot Cl$$

第三章 烯烃和炔烃

前导知识：学习本章之前需要复习以下知识点

有机分子构造的表示方法 (1.3 节)
杂化轨道理论 (1.4.1 节)
键的断裂方式与有机反应类型 (1.4.3 节)

本章导读：学习本章内容需要掌握以下知识点

双键、三键官能团中原子的杂化形式与结构特点
双键与三键主要发生加成反应，反应条件及试剂不同，加成反应可经历不同的途径
双键与三键在 Ni, Pd 等金属的催化下，可发生催化加氢反应
双键与三键与卤化氢及硫酸发生亲电加成反应，加成反应符合马氏规则
双键遇 HX 及 H_2SO_4 等强酸可生成碳正离子，超共轭效应是碳正离子稳定因素之一
碳正离子遇 Lewis 碱可结合成键，遇双键可发生加成反应，还可发生重排和 β-断裂反应
碳正离子的重排反应为 1,2-氢负迁移或碳负迁移过程
双键与三键与卤素及次卤酸发生亲电加成反应，且为反式加成
双键与溴化氢加成时，存在过氧化物效应，是自由基加成反应
双键的 α-位可发生自由基取代或氧化反应，与双键的自由加成反应属竞争反应
双键、三键还可发生协同反应及亲核加成反应
双键与三键可发生氧化反应，氧化试剂不同，产物不同

后续相关：与本章相关的后续知识点

Friedel-Crafts 反应 [5.4.1 节 (d)]
单分子亲核取代反应机理 (7.6.2 节)
醇的化学性质 (9.5.2 节, 9.5.4 节)
分子内亲核取代反应　邻基效应 (7.6.3 节)
环氧化合物的开环反应 (3.5.3 节)
频哪醇重排 [9.5.5 节 (3)]
周环反应 (4.5.3 节)

分子中含有一个碳碳双键的烃称为烯烃，碳碳双键（C═C）是烯烃的官能团；分子中含有一个碳碳三键的烃称为炔烃，碳碳三键（C≡C）是炔烃的官能团；分子中同时含有碳碳双键和碳碳三键的烃称为烯炔。它们都属于不饱和烃。

烯烃包括链状烯烃（通称烯烃）和环状烯烃（称环烯烃），它们分别比相应的烷烃和环烷烃少两个氢原子，通式分别为 C_nH_{2n} 和 C_nH_{2n-2}；炔烃包括链状炔烃（通称炔烃）和环状炔烃（称环炔烃），它们分别比相应的烷烃和环烷烃少四个氢原子，通式分别为 C_nH_{2n-2} 和 C_nH_{2n-4}。因为八个碳原子以下的环炔烃有很大角张力，不稳定，因而环炔烃比较少见。

在烯烃中，最简单的链状烯烃是乙烯，最简单的环烯烃是环丙烯。在炔烃中，最简单的链状炔烃是乙炔，能稳定存在的最简单的环炔烃是环辛炔。

$CH_2{=}CH_2$	△	$CH{\equiv}CH$	⯃
乙烯	环丙烯	乙炔	环辛炔

3.1　烯烃和炔烃的结构

烯烃和炔烃的结构重点是碳碳双键和碳碳三键的结构。

碳碳双键由两对共用电子构成，通常用两条短线表示：C═C。碳碳三键由三对共用电子对构成，通常用三条短线表示：C≡C。乙烷、乙烯和乙炔的键能、键长数据如下：

	$H_3C{-}CH_3$	$H_2C{=}CH_2$	$HC{\equiv}CH$
键能/($kJ\cdot mol^{-1}$)	377	728	954
键长/nm	0.154	0.134	0.120

上述数据说明碳碳双键和碳碳三键，除包含一个 σ 键外，还包含比较弱的键。现以乙烯和乙炔为例进行讨论。

3.1.1　碳碳双键的组成

在乙烯分子中，碳原子的杂化状态是 sp^2 杂化，每个碳原子有三个价电子分别处于三个 sp^2 杂化轨道，另一个价电子仍处于未参与杂化的 p 轨道。两个成键碳原子各以一个 sp^2 杂化轨道彼此重叠形成一个碳碳 σ 键，并各以两个 sp^2 杂化轨道分别与两个氢原子的 1s 轨道（各含有一个电子）形成两个碳氢 σ 键，这样形成的五个 σ 键的轨道对称轴都在同一平面内，如图 3-1 所示。在形成的 σ 键轨道中，各有一对自旋相反的电子。而每个碳原子上剩下的 p 轨道的对称轴垂直于五个 σ 键所处的平面，且彼此平行，这样两个 p 轨道侧面相互重叠形成新的分子轨道，称为 π 轨道，也称 π 键。π 轨道中有一对自旋相反的电子称为 π 电子，π 电子云分布在分子所在平面两个碳原子的上方和下方，如图 3-2 所示。

值得注意，两个碳原子剩下的 p 轨道的对称轴垂直于同一平面且彼此平行，相位相同是形成 π 键的必要条件。

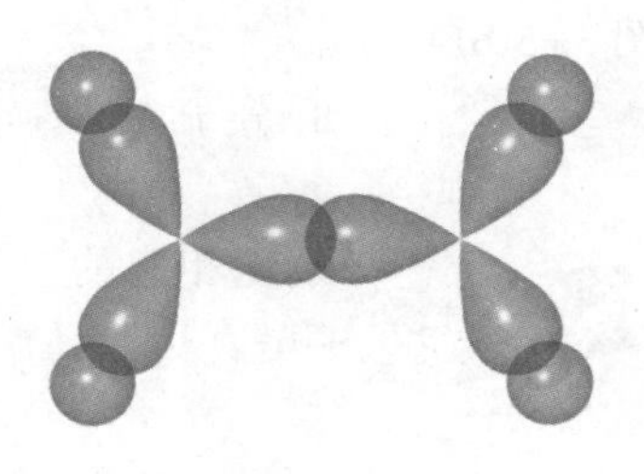

图 3-1 乙烯分子中的 σ 键

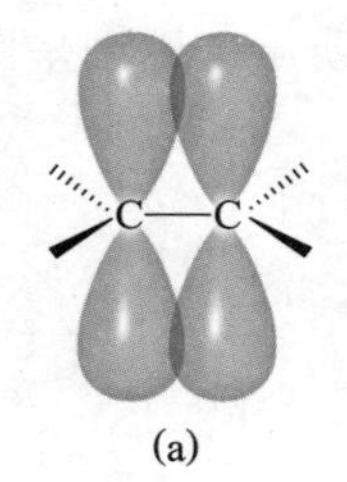

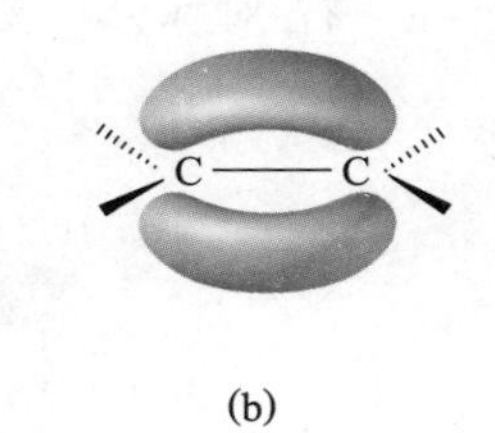

图 3-2 乙烯分子中的 π 键

π 键的形成，若根据分子轨道理论的近似处理，结果也一样。两个碳原子的 p 轨道通过原子轨道的线性组合形成两个分子轨道，一个是比原来原子轨道能量低的成键轨道 (π)，另一个是比原来原子轨道能量高的反键轨道 (π^*)，见图 3-3。

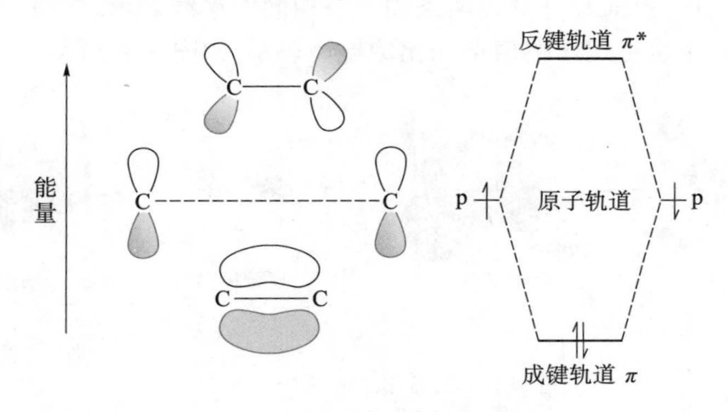

图 3-3 π 键的成键和反键轨道

反键轨道比成键轨道多一个在两个碳原子之间的节面，能量较高。基态时，乙烯分子的两个 π 电子处于成键轨道上，反键轨道是空的。

3.1.2 碳碳三键的组成

在乙炔分子中，碳原子采取 sp 杂化，每个碳原子有两个价电子分别处于两个 sp 杂化轨道，另两个价电子仍处于两个未参与杂化的 p 轨道。两个成键碳原子各以一个 sp 杂化轨道彼此重叠形成一个碳碳 σ 键，并各以另外一个 sp 杂化轨道与两个氢原子的 1s 轨道形成碳氢 σ 键，乙炔分子中的三个 σ 键，其轨道对称轴在同一条直线上，见图 3-4。

图 3-4 乙炔分子中的 σ 键

另外，在两个三键碳原子上各余下两个相互垂直的 p 轨道，其对称轴两两平行，从侧面相互重叠形成两个互相垂直的 π 键，如图 3-5(a) 所示。

与乙烯分子一样，乙炔分子中的每一个成键轨道中，也均有一对自旋相反的电子，其中 π 轨道中的电子亦称 π 电子，但乙炔中两个 π 键中的电子云围绕两个碳原子核连线的上、下、左、右，对称分布在碳碳 σ 键周围呈圆筒状，如图 3-5(b) 所示。

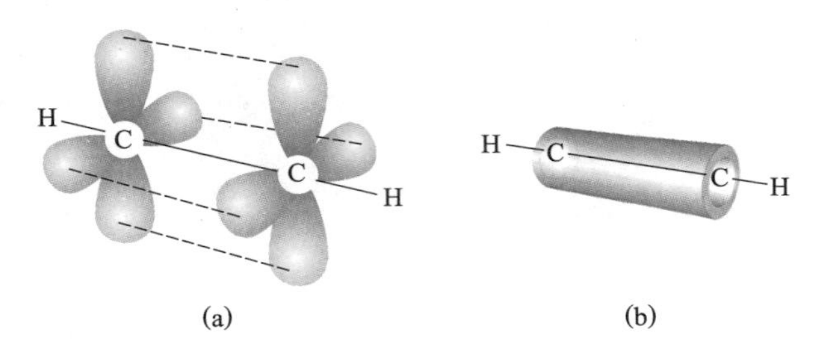

图 3-5　乙炔分子中的 π 键

通过以上讨论可知，碳碳双键是由一个 σ 键和一个 π 键组成的，碳碳三键是由一个 σ 键和两个 π 键组成的，但通常分别用两条和三条相同的单线表示。

乙烯和乙炔分子也可用球棒模型和比例模型表示，如图 3-6 所示。

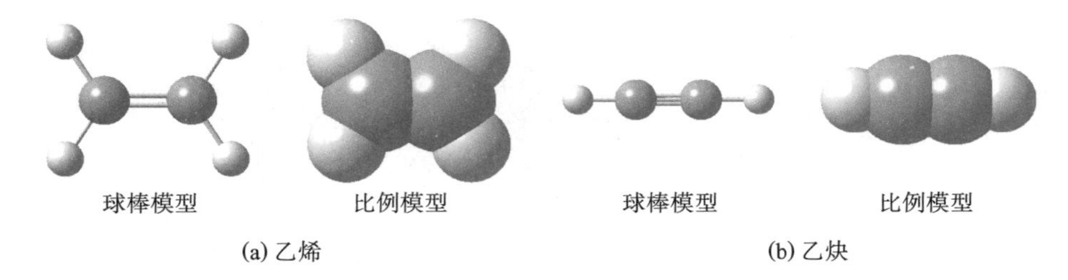

图 3-6　乙烯和乙炔的分子模型图

3.1.3　π 键的特性

π 键是由两个 p 轨道从侧面平行重叠而成的，轨道重叠程度比 σ 键要小，所以，π 键的键能比 σ 键的键能要低，不稳定而容易断裂。

π 键与 σ 键不同，π 键不能单独存在，只能与 σ 键共存于双键和三键中；π 键是由 p 轨道侧面平行重叠而形成的，因此只有当 p 轨道的对称轴平行时重叠程度才最大。若碳碳之间相对旋转则平行关系被破坏，这时 π 键必将减弱甚至断裂，所以碳碳双键与单键不同，不能自由旋转。以乙烯为例，其碳碳之间的相对旋转如图 3-7 所示。

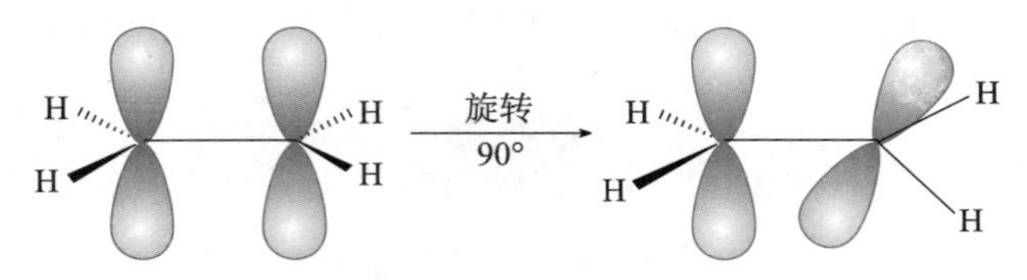

图 3-7　乙烯中碳碳之间的相对旋转示意图

另外，π 键的电子云不像 σ 键的电子云那样集中于两个成键原子核之间，而是在成键原子周围分散成上下两层，这样原子核对 π 电子的束缚力小，所以 π 电子云具有较大的流动性，易受外界电场影响而发生极化，与 σ 键比较，π 键表现出较大的化学活性。

3.2 烯烃和炔烃的同分异构

与烷烃相似，烯烃和炔烃也有同系物，CH_2 是它们的系差。含有四个和四个以上碳原子的烯烃和炔烃都有异构现象，但烯烃和炔烃不仅存在碳架异构，还存在官能团（不饱和键）位次异构。例如：

碳架异构		官能团位次异构
$CH_3CH_2CH{=}CH_2$ 丁-1-烯 but-1-ene	$CH_3{-}\overset{\overset{\large CH_3}{\vert}}{C}{=}CH_2$ 2-甲基丙烯 2-methylpropene	$CH_3CH{=}CHCH_3$ 丁-2-烯 but-2-ene
$CH_3CH_2CH_2C{\equiv}CH$ 戊-1-炔 pent-1-yne	$CH_3{-}\overset{\overset{\large CH_3}{\vert}}{CH}{-}C{\equiv}CH$ 3-甲基丁-1-炔 3-methylbut-1-yne	$CH_3CH_2C{\equiv}CCH_3$ 戊-2-炔 pent-2-yne

无论碳架异构还是官能团位次异构，都是由原子在分子中的排列和结合顺序不同，即成键顺序不同引起的，都属于构造异构。因此，碳原子数相同的烯烃和炔烃的构造异构一般比烷烃的复杂。

与烷烃不同，乙烯（其他烯烃可看成乙烯的衍生物）是平面形的，两个碳原子和四个氢原子处于同一平面内；碳碳双键不能绕键轴自由旋转。因此，当两个双键碳原子各连有两个不同的原子或基团时，可产生两种不同的空间排列方式，如丁-2-烯：

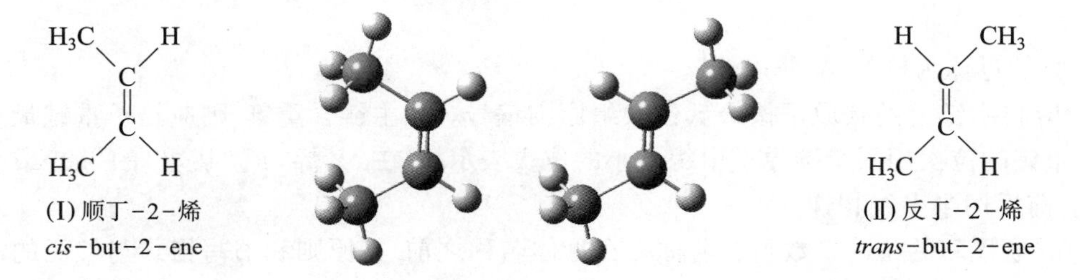

(Ⅰ) 顺丁-2-烯
cis-but-2-ene

(Ⅱ) 反丁-2-烯
trans-but-2-ene

(Ⅰ) 和 (Ⅱ) 的分子式相同，构造亦相同，但分子中的原子在空间排列不同且在通常条件下不能相互转化。因此，(Ⅰ) 和 (Ⅱ) 是由于构型不同而产生的异构体，称为构型异构体。表示分子构型的式子，即分子的构型表达式，称为构型式（结构式的一种）。构型异构体具有不同的物理性质，它们是立体异构体中的一种类型，像 (Ⅰ) 和 (Ⅱ) 这种构型异构体通常用顺、反来区别，称为顺反异构体，这种现象称为顺反异构。与烯烃不同，由于乙炔是线形结构，因此炔烃不存在顺反异构现象。

对于环烯烃，碳原子数少于七个时，由于组成环的碳原子跨越双键具有很大张力，因而反式异构体不稳定（反环庚烯只是瞬间存在的活性中间体）。目前，已知相对稳定性最小的反式环烯烃是反环辛烯，但是其标准摩尔生成焓仍比顺环辛烯高 42.7 $kJ \cdot mol^{-1}$：

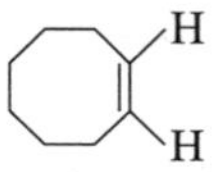

顺环辛烯 ($\Delta_f H_m^\ominus = -22.7\ kJ \cdot mol^{-1}$)
cis−cyclooctene

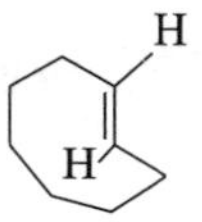

反环辛烯 ($\Delta_f H_m^\ominus = 20.0\ kJ \cdot mol^{-1}$)
trans−cyclooctene

练习 3.1　写出含有六个碳原子的脂肪族烯烃和炔烃的构造异构体的构造式。其中含有六个碳原子的烯烃，哪些有顺反异构体？写出其顺反异构体的构型式。

3.3　烯烃和炔烃的命名

3.3.1　烯烃和炔烃的系统命名

烯烃和炔烃的命名主要采用系统命名法，要点如下：

(a) 选择分子内最长碳链作为主链，多种可能时，优先选取包含重键的主链，支链作为取代基。如主链含有重键，根据主链所含碳原子数称为"某烯"或"某炔"。英文名称可将烷烃名称的后缀−ane 改为−ene (烯) 或−yne (炔)。乙炔的规范拼写应为 ethyne，但常使用它的俗名 acetylene。例如：

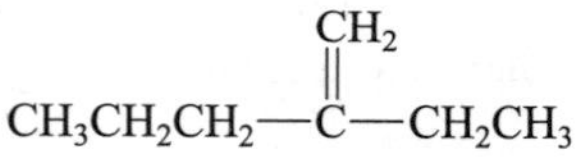

$$CH_3CH_2CH_2-\underset{}{\overset{\overset{\Large CH_2}{\|}}{C}}-CH_2CH_3$$

化合物的母体为己烷，而非戊烯。

(b) 将主链上的碳原子按最低位次组原则编号。如主链含重键，则应给予重键最小编号。重键的位次用两个碳原子中编号小的位次表示，写在"某烯"或"某炔"的"烯"或"炔"之前，前后用半字线相连。

(c) 取代基的位次、数目、名称写在母体名称之前，其原则和书写格式与烷烃的命名原则相同。例如：

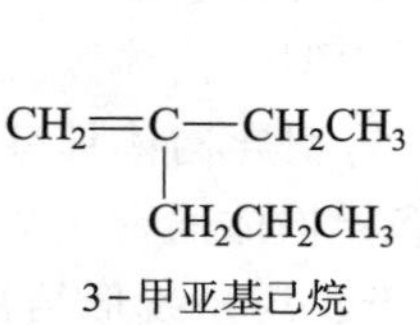

$$CH_2=\underset{\underset{\Large CH_2CH_2CH_3}{|}}{C}-CH_2CH_3$$
3−甲亚基己烷
3−methylidenehexane

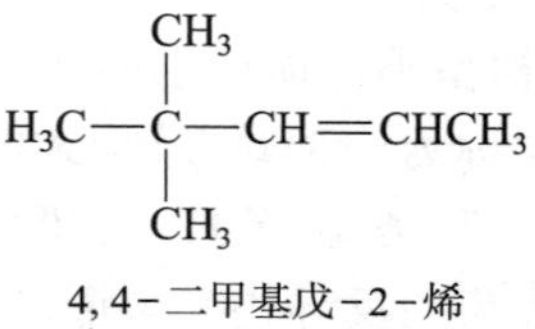

$$H_3C-\underset{\underset{\Large CH_3}{|}}{\overset{\overset{\Large CH_3}{|}}{C}}-CH=CHCH_3$$
4, 4−二甲基戊−2−烯
4, 4−dimethylpent−2−ene

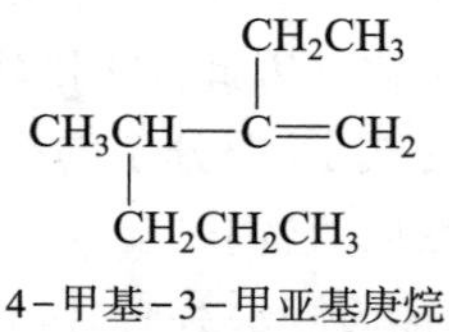

$$CH_3\underset{\underset{\Large CH_2CH_2CH_3}{|}}{CH}-\overset{\overset{\Large CH_2CH_3}{|}}{C}=CH_2$$
4−甲基−3−甲亚基庚烷
4−methyl−3−methylideneheptane

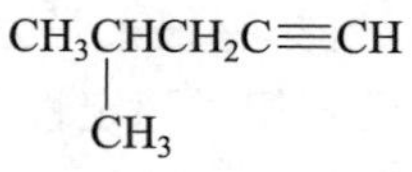

$$CH_3\underset{\underset{\Large CH_3}{|}}{C}HCH_2C\equiv CH$$
4−甲基戊−1−炔
4−methylpent−1−yne

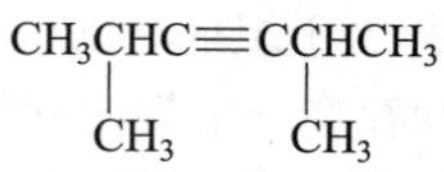

$$CH_3\underset{\underset{\Large CH_3}{|}}{C}HC\equiv C\underset{\underset{\Large CH_3}{|}}{C}HCH_3$$
2, 5−二甲基己−3−炔
2, 5−dimethylhex−3−yne

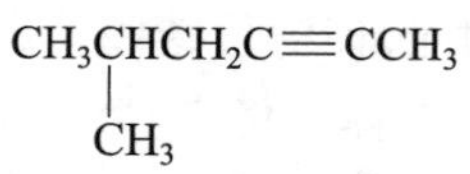

$$CH_3\underset{\underset{\Large CH_3}{|}}{C}HCH_2C\equiv CCH_3$$
5−甲基己−2−炔
5−methylhex−2−yne

与烷烃不同，烯烃和炔烃主链的碳原子数多于十个时，命名时中文数字与烯或炔字之间应加一个“碳”字，称为“某碳烯”或“某碳炔”。(烷烃不加“碳”字。)例如：

$CH_3(CH_2)_3CH{=}CH(CH_2)_4CH_3$
十一碳-5-烯
undec-5-ene

$CH_3(CH_2)_{10}C{\equiv}CH$
十三碳-1-炔
tridec-1-yne

通常将碳碳双键处于端位(双键在C1和C2之间)的烯烃，称为α-烯烃，如戊-1-烯等。这一术语在石油化学工业中使用较多。碳碳三键处于端位的炔烃，一般称为端炔烃。

环烯烃的命名是以环烯为母体，成环碳原子编号时，把1,2位次留给双键碳原子，但命名时位次号“1”通常省略。取代基放在母体名称之前(与烯烃相同)。例如：

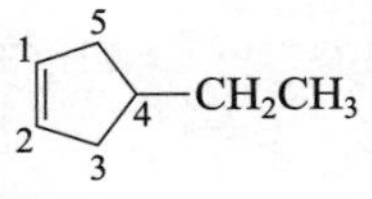

4-乙基环戊烯
4-ethylcyclopent<u>ene</u>

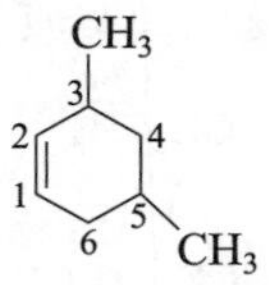

3,5-二甲基环己烯
3,5-dimethylcyclohex<u>ene</u>

对于桥环或螺环烯烃，首先应遵循桥环或螺环的编号规则，然后再考虑给予双键尽可能小的编号。例如：

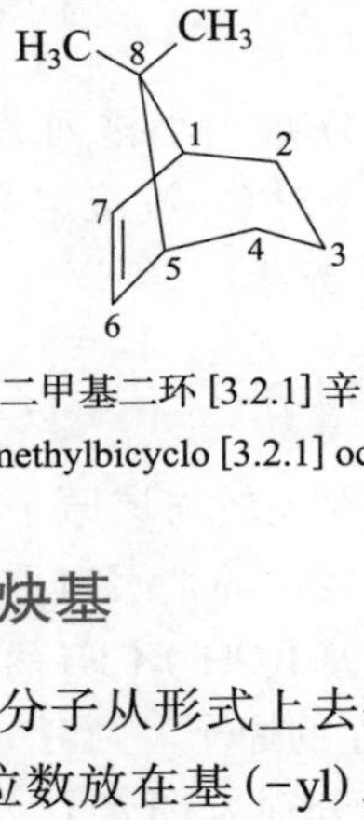

8,8-二甲基二环[3.2.1]辛-6-烯
8,8-dimethylbicyclo[3.2.1]oct-6-ene

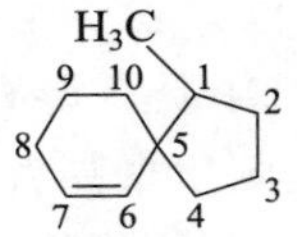

1-甲基螺[4.5]癸-6-烯
1-methylspiro[4.5]dec-6-ene

3.3.2 烯基和炔基

烯烃和炔烃分子从形式上去掉一个氢原子后剩下的基团，分别称为烯基和炔基，必要时加以定位，定位数放在基(-yl)之前。最常见的一价烯基和炔基有

$CH_2{=}CH—$
乙烯基
ethenyl (vinyl)

$CH_3—CH{=}CH—$
丙-1-烯-1-基(俗名：丙烯基)
prop-1-en-1-yl

$CH_2{=}CH—CH_2—$
丙-2-烯-1-基
prop-2-en-1-yl
(俗名：烯丙基，allyl)

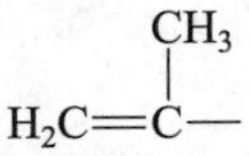

$H_2C{=}C(CH_3)—$
1-甲基乙烯基
1-methylethenyl

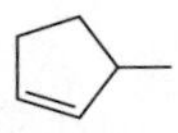

环戊-2-烯-1-基
cyclopent-2-en-1-yl

$HC{\equiv}C—$
乙炔基
ethynyl

$CH_3—C{\equiv}C—$
丙-1-炔-1-基
prop-1-yn-1-yl

$HC{\equiv}C—CH_2—$
丙-2-炔-1-基
prop-2-yn-1-yl
(俗名：炔丙基，propargyl)

3.3.3 烯烃顺反异构体的命名

烯烃顺反异构体的命名可采用两种方法——顺，反标记法和 Z,E-标记法。

(1) 顺，反标记法　两个双键碳原子上连接的两个相同原子或基团处于双键同一侧的，称为顺式，反之称为反式。书写时分别冠以顺、反，并与构造名相连。例如：

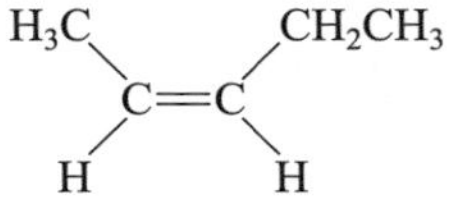

H_3C　CH_2CH_3 / C=C / H　H

顺戊-2-烯
cis-pent-2-ene

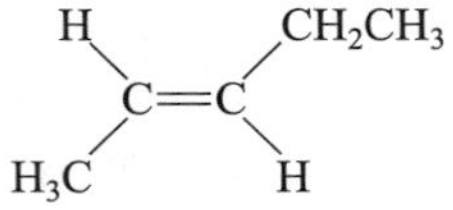

H　CH_2CH_3 / C=C / H_3C　H

反戊-2-烯
trans-pent-2-ene

但当两个双键碳原子所连接的四个原子或基团都不相同时，则难用顺，反标记法命名。例如：

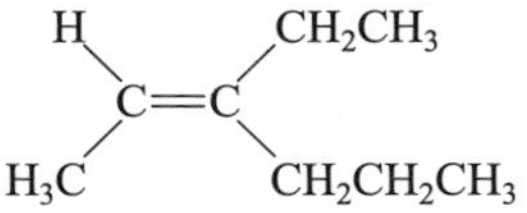

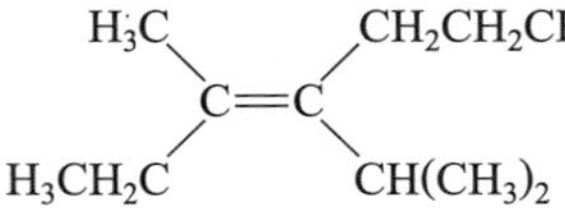

H　CH_2CH_3 / C=C / H_3C　$CH_2CH_2CH_3$

H_3C　$CH_2CH_2CH_3$ / C=C / H_3CH_2C　$CH(CH_3)_2$

由此可以看出，顺，反标记法虽然比较简便，但有局限性。而 Z,E-标记法适用于所有烯烃的顺反异构体，故在烯烃的系统命名法中采用 Z,E-标记法。

(2) 次序规则　在讨论 Z,E-标记法（亦称 Z,E-命名法）之前，首先介绍"次序规则"。为了表示分子的某些立体构型，需要确定有关原子或基团的排列次序，这种方法称为次序规则，其要点如下：

(a) 从取代基中具有游离价的原子开始，原子按原子序数大小排列，大者为"较优"基团；若为同位素，则质量高者定为"较优"基团；未共用电子对（:）被规定为最小（原子序数定为0）。例如，一些原子的优先次序为（式中">"表示优先于）

$$I > Br > Cl > S > F > O > N > C > D > H > :$$

(b) 如果游离价所在原子的原子序数相同，则需要依次比较与该原子相连的其他原子的原子序数大小；如仍相同，再依次逐轮外推，直至比较出较优的基团为止。如下例中，与右侧 sp^2 杂化碳原子相连的分别为氯甲基（$ClCH_2$—）和异丙基 [$(CH_3)_2CH$—]。两者相比，具有游离价键的原子均为碳原子，则需要再比较碳原子上相连的原子。两者分别为 C(Cl, H, H) 和 C(C, C, H)，比较时，两组取代的原子中原子序数最大的分别为 Cl 和 C，Cl 优于 C，故氯甲基优于异丙基。

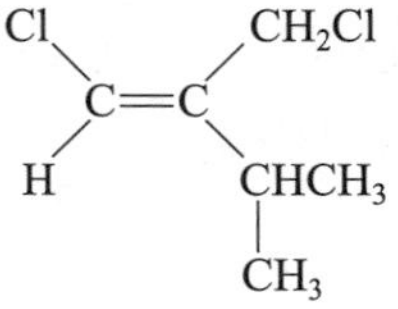

Cl　CH_2Cl / C=C / H　$CHCH_3$（CH_3）

依此规则，一些基团的优先次序为

$$—C(CH_3)_3 > —CH(CH_3)_2 > —CH_2CH_3 > —CH_3$$
$$—CH_2Cl > —CH_2OH > —CH_2NH_2$$

(c) 当基团含有双键或三键时，可以认为双键和三键原子连接着两个或三个相同的原子，其中，括号内的原子是虚拟存在的原子。例如：

$-CH{=}CH_2$ 相当于 $-C(H)((C))-C((C))(H)-H$　　$-C{\equiv}CH$ 相当于 $-C((C))((C))-C((C))((C))-H$

$-C_6H_5$（苯基）相当于 每个环碳原子各连接一个虚拟的 (C)　　$-C{\equiv}N$ 相当于 $-C((N))((N))-N((C))((C))$

值得注意，为避免有些基团因书写方式不同造成不统一，而采用一些人为规定。例如，α-吡啶基：

（两种书写方式的 α-吡啶基）相当于 （与母体相连碳原子分别连接 N、C、(C) 或 N、(N)、C）

因此，α-吡啶基中与母体相连碳原子所连的三个原子，既不按C(N, C, (C))也不按C(N, (N), C)计算原子序数，而是人为规定：两者除各按一个 C 和一个 N 计算原子序数外，另一个原子既不按C也不按N计算原子序数，而是按 $(Z_C+Z_N)/2=(6+7)/2=6.5$ 计算原子序数，即C(N, 6.5, C)。由此可以推得下列几个基团的优先次序应为

$$-C{\equiv}N > -CH{=}NH > \alpha\text{-吡啶基} > \text{苯基} > -C{\equiv}CH > -CH{=}CH_2$$

(3) Z,E-标记法　采用 Z,E-标记法时，首先根据次序规则比较每个双键碳原子上所连接的两个原子或基团的优先次序。当两个双键碳原子上的“较优”原子或基团处于双键的同侧时，称为 Z 式（Z 是德文 zusammen 的字首，在一起之意）；如果两个双键碳原子上的“较优”原子或基团处于双键两侧，则称为 E 式（E 是德文 entgegen 的字首，相反之意）。然后将 Z 或 E 加括号放在烯烃名称的最前面，用半字线与烯烃的构造名称相连，即得全称。有时为了清楚和方便，也可用箭头表示双键碳原子上的两个原子或基团按优先次序从大到小的方向，当两个箭头的方向一致时是 Z 式，反之是 E 式。例如：

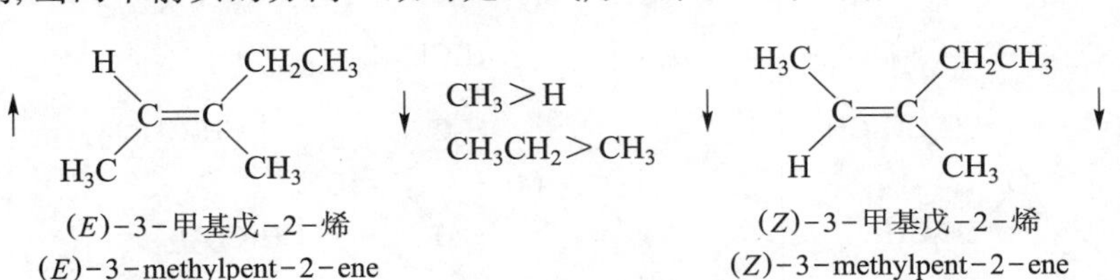

(E)-3-甲基戊-2-烯　(E)-3-methylpent-2-ene

(Z)-3-甲基戊-2-烯　(Z)-3-methylpent-2-ene

值得注意，顺，反标记法和 Z,E-标记法概念不同，顺和 Z、反和 E 没有对应关系，顺可以是 Z，也可以是 E，反之亦然。

3.3.4　烯炔的命名

不饱和链烃分子中同时含有碳碳双键和碳碳三键的化合物称为烯炔。在系统命名法中，选择分子内最长碳链为主链。如含有双键和三键在内的最长碳链作为主链，一般称为"某烯炔"（"烯"在前，"炔"在后），给碳链编号时，应遵循最低位次组原则使双键、三键具有尽可能低的位次号，其他与烯烃和炔烃命名法相似。例如：

$CH_3CH{=}CH{-}C{\equiv}CH$

戊-3-烯-1-炔
pent-3-en-1-yne

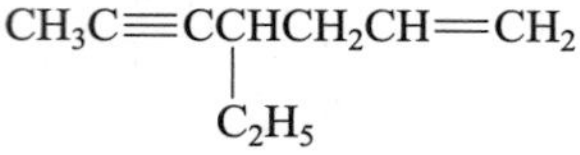

$CH_3C{\equiv}CCHCH_2CH{=}CH_2$
$\qquad\qquad | $
$\qquad\quad C_2H_5$

4-乙基庚-1-烯-5-炔
4-ethylhept-1-en-5-yne

但主链中若双键和三键处于对称的位置供选择时，优先给双键以较小编号。例如：

$HC{\equiv}C{-}CH{=}CH_2$

丁-1-烯-3-炔
but-1-en-3-yne

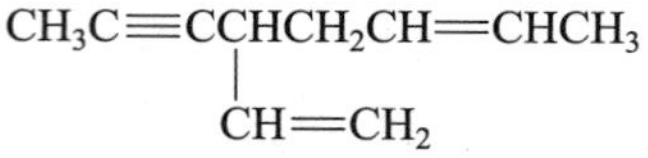

$CH_3C{\equiv}CCHCH_2CH{=}CHCH_3$
$\qquad\qquad |$
$\qquad\quad CH{=}CH_2$

5-乙烯基辛-2-烯-6-炔
5-ethenyloct-2-en-6-yne

练习 3.2　用系统命名法命名下列各化合物：

(1) $(CH_3)_2CHCH{=}CHCH(CH_3)_2$

(2) 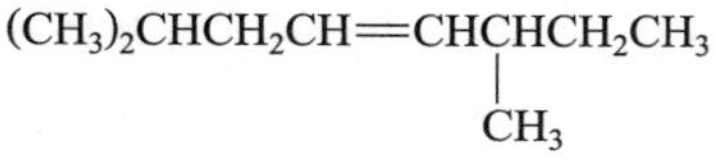 $(CH_3)_2CHCH_2CH{=}CHCHCH_2CH_3$
$\qquad\qquad\qquad\qquad\quad |$
$\qquad\qquad\qquad\qquad\ CH_3$

(3) $CH_3CH_2C{\equiv}CCH_2CH_3$

(4) $CH_3CH_2C(CH_3)_2C{\equiv}CH$

(5) $CH_2{=}CHCH_2C{\equiv}CH$

(6) 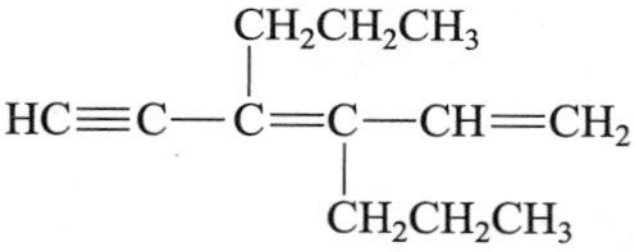
$\qquad\quad CH_2CH_2CH_3$
$\qquad\qquad |$
$HC{\equiv}C{-}C{=}C{-}CH{=}CH_2$
$\qquad\qquad\quad |$
$\qquad\qquad CH_2CH_2CH_3$

(7) 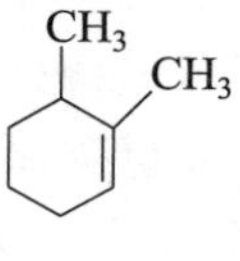 CH_3, CH_3

(8) 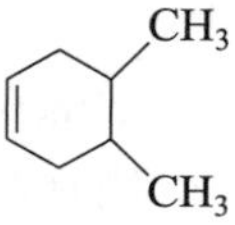 CH_3, CH_3

练习 3.3　用 Z,E-标记法命名下列各化合物：

(1) 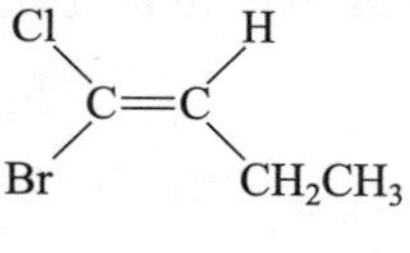 Cl, Br, C=C, H, CH_2CH_3

(2) 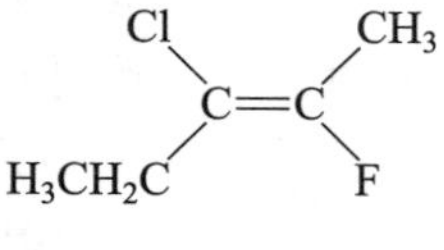 Cl, H_3CH_2C, C=C, CH_3, F

(3) H, H_3C, C=C, $CH_2CH_2CH_3$, CH_2CH_3

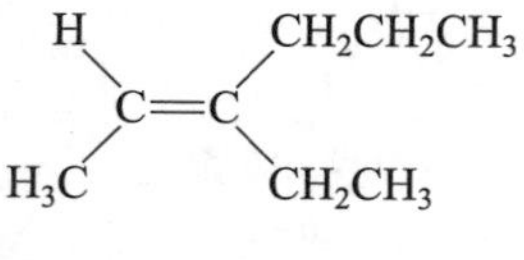

(4) 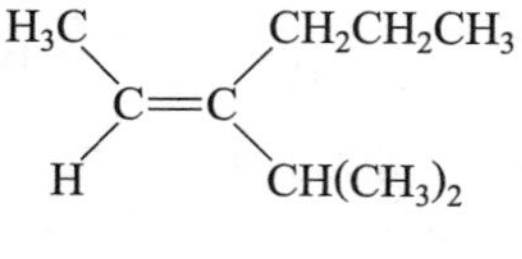 H_3C, H, C=C, $CH_2CH_2CH_3$, $CH(CH_3)_2$

3.4　烯烃和炔烃的物理性质

烯烃和炔烃的物理性质与烷烃相似，它们一般是无色的，其沸点也随着相对分子质量的增加而递增。在常温常压下，$C_2 \sim C_4$ 的烯烃和炔烃是气体，从 C_5 开始为液体，高级烯烃和炔烃是固体。它们的相对密度都小于1，难溶于水，而易溶于非极性或弱极性的有机溶剂，如石油醚、乙醚、四氯化碳和苯等。一些烯烃和炔烃的物理常数见表3-1。

表3-1　一些烯烃和炔烃的物理常数

化合物名称		结构式	熔点/℃	沸点/℃	相对密度 (d_4^{20})
烯烃	乙烯	$CH_2{=}CH_2$	−169.5	−103.7	0.570 (沸点时)
	丙烯	$CH_3CH{=}CH_2$	−185.2	−47.7	0.610 (沸点时)
	丁-1-烯	$CH_3CH_2CH{=}CH_2$	−130	−6.4	0.625 (沸点时)
	顺丁-2-烯	H　　H C=C H_3C　　CH_3	−139.3	3.5	0.621
	反丁-2-烯	H　　CH_3 C=C H_3C　　H	−105.5	0.9	0.604
	2-甲基丙烯	$(CH_3)_2C{=}CH_2$	−140.8	−6.9	0.631 (−10 ℃)
	戊-1-烯	$CH_3(CH_2)_2CH{=}CH_2$	−166.2	30.1	0.641
	2-甲基丁-1-烯	$CH_3CH_2C{=}CH_2$ | CH_3	−137.6	31.2	0.650
	3-甲基丁-1-烯	$(CH_3)_2CHCH{=}CH_2$	−168.5	20.1	0.633 (15 ℃)
	己-1-烯	$CH_3(CH_2)_3CH{=}CH_2$	−139	63.5	0.673
	十八碳-1-烯	$CH_3(CH_2)_{15}CH{=}CH_2$	17.5	314.9	0.791
炔烃	乙炔	$HC{\equiv}CH$	−81.8 (加压)	−83.4 (升华)	0.618 (升华时)
	丙炔	$CH_3C{\equiv}CH$	−101.5	−23.3	0.671 (沸点时)
	丁-1-炔	$CH_3CH_2C{\equiv}CH$	−122.5	8.5	0.668 (沸点时)
	戊-1-炔	$CH_3(CH_2)_2C{\equiv}CH$	−98	39.7	0.695
	戊-2-炔	$CH_3CH_2C{\equiv}CCH_3$	−101	55.5	0.713 (17.2 ℃)
	3-甲基丁-1-炔	$(CH_3)_2CHC{\equiv}CH$	−90.1	28.4	0.667 (0 ℃)
	己-1-炔	$CH_3(CH_2)_3C{\equiv}CH$	−124	71.4	0.719
	十八碳-1-炔	$CH_3(CH_2)_{15}C{\equiv}CH$	22.5	180 (2 kPa)	0.870 (0 ℃)

与烷烃碳原子为 sp^3 杂化不同,烯烃分子中的双键碳原子为 sp^2 杂化,炔烃分子中的三键碳原子为 sp 杂化。由于 2s 轨道比 2p 轨道更靠近碳原子的原子核,因此在杂化轨道中 s 轨道成分越多,价电子受原子核的束缚力就越大,即碳原子的电负性越大。由此可知,不同碳原子的电负性顺序是三键碳原子 > 双键碳原子 > 饱和碳原子。在烯烃和炔烃分子中,饱和碳原子和不饱和碳原子的电负性不同,可以使分子具有偶极矩。但烯烃和炔烃分子通常只有较弱的极性,其中末端炔烃分子的极性比末端烯烃的略强。例如:

$$CH_3CH_2C \equiv CH \qquad \mu = 2.67 \times 10^{-30}\ C \cdot m$$

$$CH_3CH_2CH = CH_2 \qquad \mu = 1.0 \times 10^{-30}\ C \cdot m$$

而非末端的反式烯烃和炔烃的偶极矩通常很小,具有对称中心的低级烯烃和炔烃偶极矩等于零。

由表 3-1 可以看出,烯烃的顺反异构体中,顺式异构体的沸点比反式异构体的略高,而熔点则是反式异构体的比顺式异构体的略高。这是由于顺式异构体具有弱极性,分子间偶极-偶极相互作用力增加,故沸点略高。反式异构体因分子的对称性好,它在晶格中的排列比顺式异构体的紧密,故熔点较高。

与烷烃相似,折射率也可用于液态烯烃和炔烃的鉴定和纯度的检验。在分子体系中,电子越容易极化,折射率越高,因此,烯烃和炔烃的折射率一般比烷烃的大。

3.5　烯烃和炔烃的化学性质

在烯烃和炔烃分子中,碳碳双键和碳碳三键中的 π 键容易断裂,分别与试剂的两部分结合,形成两个较强的 σ 键,生成加成产物。

$$-\overset{|}{C}=\overset{|}{C}- + X-Y \longrightarrow -\underset{X}{\overset{|}{\underset{|}{C}}}-\underset{Y}{\overset{|}{\underset{|}{C}}}-$$

$$-C \equiv C- + X-Y \longrightarrow -\underset{X}{\underset{|}{C}}=\underset{Y}{\underset{|}{C}}- \xrightarrow{X-Y} -\underset{X}{\underset{|}{\overset{X}{\overset{|}{C}}}}-\underset{Y}{\underset{|}{\overset{Y}{\overset{|}{C}}}}-$$

这种反应称为加成反应,是烯烃和炔烃最主要的反应。

受碳碳双键官能团的影响,与其直接相连的碳原子上的氢原子也表现出一定的活泼性。像这种与官能团直接相连的碳原子,称为 α-碳原子,α-碳原子上的氢原子称为 α-氢原子。烯烃的 α-氢原子比较活泼而较易发生反应。

与烯烃不同,由于炔烃三键碳原子的电负性较大,使得与之直接相连的氢原子(亦称炔氢)表现出较强的酸性,因而也较容易发生反应。

综上所述,烯烃和炔烃均可发生 π 键的加成反应;有 α-氢原子的烯烃可发生 α-氢原子被取代的反应及氧化反应等;乙炔和其他端炔烃还可以发生炔氢的反应。

3.5.1 催化氢化反应

(1) 催化氢化反应及机理　在适当的催化剂存在下，烯烃和炔烃与氢气进行加成反应，生成相应的烷烃。例如：

$$(C_2H_5)_2C{=}CHCH_3 + H_2 \xrightarrow[5\ MPa]{Ni,\ 90\sim100\ ^\circ C} (C_2H_5)_2CHCH_2CH_3\ \ 70\%$$

$$CH_3CH_2CH(CH_3)CH_2C{\equiv}CH + 2H_2 \xrightarrow[5\ MPa]{Ni,\ 90\sim100\ ^\circ C} CH_3CH_2CH(CH_3)CH_2CH_2CH_3\ \ 77\%$$

催化氢化亦称催化加氢，它是还原反应的一种形式，常用铂、钯和 Raney 镍等金属催化剂。催化剂的作用是降低反应的活化能，加速反应的进行。

催化氢化反应的机理，一般认为是通过催化剂表面吸附，氢分子发生键的断裂生成活泼的氢原子，烯烃或炔烃的 π 键也被吸附而松弛，活化的烯烃或炔烃与氢原子进行加成，最终生成相应的烷烃，然后脱离催化剂表面。现以乙烯为例，其催化氢化反应的大致机理如图 3-8 所示 (式中楔形虚线表示在纸面后，楔形实线表示在纸面前，细实线表示在纸面上)。

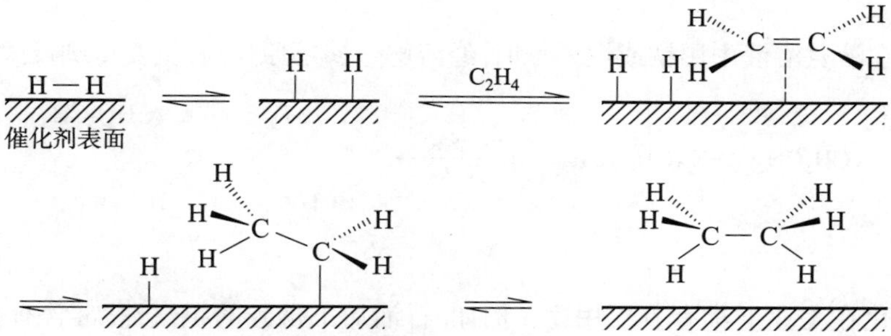

H—H
催化剂表面
C_2H_4

图 3-8　乙烯催化氢化反应机理的示意图

烯烃或炔烃的空间位阻越小，越容易在催化剂表面上吸附，催化氢化反应越容易进行。烯烃的相对活性 (相对氢化速率) 顺序大致是乙烯 > 一取代乙烯 > 二取代乙烯 > 三取代乙烯 > 四取代乙烯 (很难反应)；炔烃的相对活性顺序是乙炔 > 一取代乙炔 > 二取代乙炔。

烯烃和炔烃的催化氢化反应，由于在催化剂表面进行，氢原子将主要从碳碳重键的同侧依次加到两个不饱和碳原子上，因此是立体选择性反应 —— 主要是顺式加成。例如：

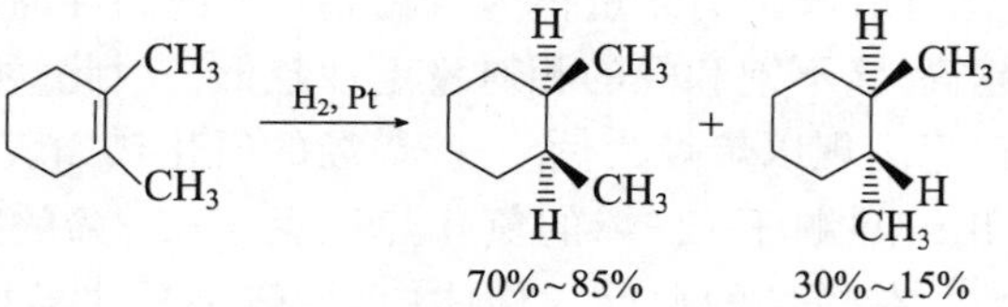

CH_3 CH_3 $\xrightarrow{H_2,\ Pt}$ H CH_3 CH_3 H + H CH_3 H CH_3

70%~85%　　30%~15%

当烯烃和炔烃的混合物进行催化加氢时，由于炔烃在催化剂表面具有较强的吸附能力，而将烯烃排斥在催化剂表面之外，因此炔烃比烯烃更容易进行催化氢化。若分子内同时含有三键和双键，催化氢化一般首先发生在三键上。由于炔烃比烯烃更容易催化氢化，

因此,控制反应条件和氢气的用量,可以使炔烃的氢化停留在烯烃阶段。例如:

$$HC\equiv C-\underset{}{\overset{CH_3}{\overset{|}{C}}}=CHCH_2CH_2OH + H_2 \xrightarrow[\text{喹啉}]{Pd-CaCO_3} CH_2=CH-\overset{CH_3}{\overset{|}{C}}=CHCH_2CH_2OH \quad 80\%$$

利用催化氢化反应,使内炔烃进行部分氢化,是合成顺式烯烃的重要方法。用喹啉或醋酸铅部分毒化的 $Pd-CaCO_3$ (一般称为 Lindlar 催化剂) 或由醋酸镍在乙醇溶液中用硼氢化钠还原而得的 Ni_2B (一般称为 P-2 催化剂) 作催化剂,部分氢化炔烃主要得到顺式烯烃。例如:

$$CH_3CH_2CH_2C\equiv CCH_2CH_3 + H_2 \xrightarrow[25\ ^\circ C]{\text{Lindlar 催化剂}} \text{(H)(}H_3CH_2CH_2C\text{)}C=C\text{(H)(}CH_2CH_3\text{)} \quad 100\%$$

$$C_2H_5C\equiv CC_2H_5 + H_2 \xrightarrow[25\ ^\circ C]{\text{P-2 催化剂}} \text{(}H_5C_2\text{)(H)}C=C\text{(}C_2H_5\text{)(H)} \quad 97\%$$

内炔烃在液氨溶液中用钠或锂还原时,经溶解金属还原反应,主要得到反式烯烃。例如:

$$CH_3CH_2C\equiv C(CH_2)_3CH_3 \xrightarrow[-78\ ^\circ C]{\text{Na, 液氨}} \text{(H)(}H_3CH_2C\text{)}C=C\text{(}(CH_2)_3CH_3\text{)(H)} \quad 97\%\sim 99\%$$

催化氢化在工业上具有重要用途。例如,石油加工得到的粗汽油,常含有少量的烯烃,后者易发生氧化、聚合而影响油品质量,而且烯烃在燃烧时容易燃烧不充分而产生黑烟,污染环境。若进行催化氢化反应,可将少量烯烃还原为烷烃,从而提高油品的质量,这种加氢处理后的汽油称为加氢汽油。在油脂工业中,常将含不饱和键的液态油脂进行部分氢化,使之转化为固态脂肪,以改变油脂的性质和用途。在石油裂解制取乙烯等低级烯烃时,常会有少量乙炔等杂质,可采取选择性氢化法使乙炔转变为乙烯,以提高乙烯的纯度。

(2) 氢化热与烯烃和炔烃的稳定性　在不饱和烃的氢化反应中,通常断裂 H—H 键和 π 键所消耗的能量比形成两个 C—H σ 键所放出的能量少,因此,多数氢化反应是放热反应。1 mol 不饱和烃氢化时所放出的热量称为氢化热。不饱和烃的氢化热越高,说明原来不饱和烃分子的内能越高,该不饱和烃的相对稳定性越低。因此,利用氢化热可以获得不饱和烃相对稳定性的信息。现以烯烃为例,一些烯烃的氢化热如表 3-2 所示。

由表 3-2 可以看出: ① 顺丁-2-烯的氢化热比反丁-2-烯的高,顺戊-2-烯的氢化热也比反戊-2-烯的高。在烯烃的顺反异构体中,一般是顺式异构体的氢化热较高,即内能较高,故稳定性较低。因为在顺式异构体中,两个较大的烷基处于双键的同侧,在空间上比较拥挤,van der Waals 排斥力较大。② 乙烯和取代乙烯的氢化热表明,双键碳原子连接的烷基(一般指空间体积不太大的烷基)数目越多,其氢化热越低。烯烃氢化热大小的一

表 3-2 一些烯烃的氢化热

烯烃	氢化热/$(kJ\cdot mol^{-1})$	烯烃	氢化热/$(kJ\cdot mol^{-1})$
$CH_2{=}CH_2$	137.2	$(CH_3)_2C{=}CH_2$	118.8
$CH_3CH{=}CH_2$	125.9	顺-$CH_3CH_2CH{=}CHCH_3$	119.7
$CH_3CH_2CH{=}CH_2$	126.8	反-$CH_3CH_2CH{=}CHCH_3$	115.5
$CH_3CH_2CH_2CH{=}CH_2$	125.9	$CH_3CH_2C(CH_3){=}CH_2$	119.2
$(CH_3)_2CHCH{=}CH_2$	126.8	$(CH_3)_2CHC(CH_3){=}CH_2$	117.2
$(CH_3)_3CCH{=}CH_2$	126.8	$(CH_3)_2C{=}CHCH_3$	112.5
顺-$CH_3CH{=}CHCH_3$	119.7	$(CH_3)_2C{=}C(CH_3)_2$	111.3
反-$CH_3CH{=}CHCH_3$	115.5		

般次序是

$$R_2C{=}CR_2 < R_2C{=}CHR < R_2C{=}CH_2,\quad RCH{=}CHR < RCH{=}CH_2 < CH_2{=}CH_2$$

其稳定性次序恰好相反。与烯烃相似，炔烃的稳定性次序是

$$RC{\equiv}CR' > RC{\equiv}CH > HC{\equiv}CH$$

(3) 超共轭效应　在丙烯分子中，双键碳原子上构成 π 键的两个 p 轨道各有一个电子，而甲基上的 C—H σ 轨道中却有两个电子，此 C—H σ 轨道与相邻的 p 轨道可以发生一定程度的侧面重叠，这种重叠作用使 σ 电子偏向 π 轨道，这种 σ 电子偏离原来轨道的现象属于电子离域。σ 电子的离域降低了丙烯的内能，使氢化热减小。但是，该 C—H σ 轨道与构成 π 键的两个 p 轨道并不平行，而是向外偏离约 19.5°，因而重叠程度较小，是一种弱的轨道相互作用。把这种 C—Hσ 轨道与相邻 π 键或 p 轨道的弱相互重叠作用而引起的 σ 电子离域称为超共轭效应，具体地讲，烯烃中的 σ 轨道与 π 键的相互重叠称为 σ,π-超共轭效应。丙烯分子中的 σ,π-超共轭效应如图 3-9 所示。

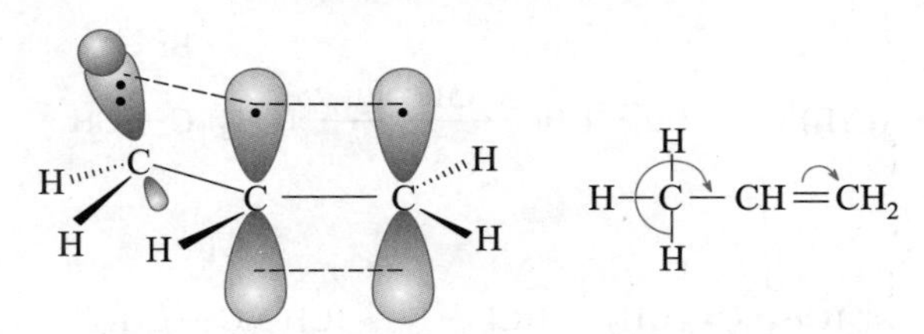

图 3-9　丙烯分子中的 σ,π-超共轭效应

在丙烯分子中，由于 C—C 单键的转动，甲基中的三个 C—H σ 轨道都有可能与 π 轨道在侧面重叠，参与超共轭。在超共轭体系中，参与超共轭的 C—H σ 键越多，超共轭效应越强。例如：

$$R{-}\underset{R}{\overset{H}{C}}{-}\overset{\delta+}{C}H{=}\overset{\delta-}{C}H_2 \qquad H{-}\underset{R}{\overset{H}{C}}{-}\overset{\delta+}{C}H{=}\overset{\delta-}{C}H_2 \qquad H{-}\underset{H}{\overset{H}{C}}{-}\overset{\delta+}{C}H{=}\overset{\delta-}{C}H_2$$

1 个 C—H σ 键参与超共轭　　2 个 C—H σ 键参与超共轭　　3 个 C—H σ 键参与超共轭

上式中的弯箭头表示电子转移的趋向。注意,只有 α 位的 C—H σ 键才与 π 键发生超共轭。σ,π-超共轭效应不仅使得甲基取代多的烯烃比甲基取代少的烯烃内能降低 (见表 3-2),而且由于 σ 电子向 π 键的离域,使得 π 键上电子云密度升高,α 位 C—H σ 键的电子云密度降低,从而使烯烃容易发生 π 键的亲电加成和 α-氢原子的取代反应。

3.5.2 离子型加成反应

多数试剂可以看成 Lewis 酸碱络合物 (ENu),由能接受电子对的 Lewis 酸 (称为亲电试剂, electrophile, 用 E 来表示) 和给出电子对的 Lewis 碱 (称为亲核试剂, nucleophile, 用 Nu 来表示) 两部分组成。

烯烃和炔烃分子中都含有容易发生极化的 π 键,易与亲电试剂或亲核试剂进行离子型加成:

$$-\overset{|}{C}=\overset{|}{C}- \xrightarrow[\text{亲电加成}]{E^+} -\underset{E}{\overset{|}{\underset{|}{C}}}-\overset{|}{C}^+- \xrightarrow[\text{亲核加成}]{Nu^-} -\underset{E}{\overset{|}{\underset{|}{C}}}-\overset{Nu}{\overset{|}{\underset{|}{C}}}-$$

$$-C\equiv C- \xrightarrow[\text{亲核加成}]{Nu^-} (Nu)C=C^- \xrightarrow[\text{亲电加成}]{E^+} (Nu)C=C(E)$$

因为反应过程中发生了共价键的异裂,所以这类加成反应都属于离子型加成反应。烯烃或炔烃的离子型加成反应都包括亲电试剂加成的一步 (称为亲电加成) 和亲核试剂加成的一步 (称为亲核加成) 两个基元步骤。如果亲电加成的一步是决定整个反应速率的控制步骤,即速控步,则该离子型加成反应属于亲电加成;反之,如果亲核加成是整个反应的速控步,则该反应属于亲核加成。

(1) 经由碳正离子机理的亲电加成　在极性溶剂 (如乙酸、卤代烃等) 中,烯烃容易与 HX (X = Cl, Br, I) 发生加成反应。例如:

$$(CH_3)_2C{=}CH_2 + HBr \xrightarrow{CH_3CO_2H} (CH_3)_2\overset{Br}{\overset{|}{C}}-CH_3 \quad 90\%$$

$$(CH_3)_2C{=}CH_2 + HCl \longrightarrow (CH_3)_2\overset{Cl}{\overset{|}{C}}-CH_3 \quad \approx 100\%$$

(a) 反应机理。烯烃与 HX 的加成是经由碳正离子机理的亲电加成反应,其反应机理如下:

$$-\overset{|}{C}=\overset{|}{C}- \xrightarrow[\text{慢}]{H-X} -\underset{H}{\overset{|}{\underset{|}{C}}}-\overset{|}{C}^+- + X^- \xrightarrow{\text{快}} -\underset{H}{\overset{|}{\underset{|}{C}}}-\underset{X}{\overset{|}{\underset{|}{C}}}-$$

质子首先从 HX 转移到烯烃 (Lewis 碱) 上,进行亲电加成,产生碳正离子 (Lewis 酸) 中间体,后者很快与卤负离子 (Lewis 碱) 结合,生成卤代烷。其中,碳正离子中间体生成一步是反应的速控步，决定整个反应的速率。因此，该加成反应称为亲电加成。

(b) 烷基碳正离子的结构与稳定性。碳正离子是上述亲电加成反应的关键中间体，了解其结构与稳定性对于判断反应的难易及反应的取向至关重要。在通常情况下，碳正离子中带正电荷的碳原子（中心碳原子）采取 sp^2 杂化，三个 sp^2 杂化轨道相互呈 120° 夹角，可以分别与 3 个其他原子形成 3 个 σ 键，中心碳原子与三个 σ 键构成一个平面，未参与杂化的、空的 2p 轨道垂直于该平面。例如，叔丁基正离子具有如图 3-10(a) 所示的结构：

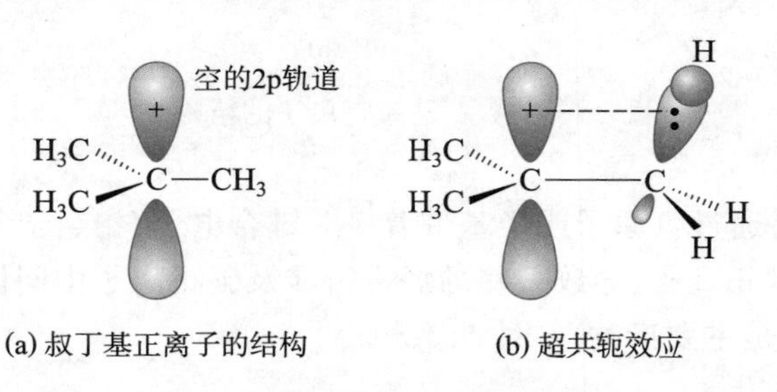

(a) 叔丁基正离子的结构 (b) 超共轭效应

图 3-10 叔丁基正离子的结构与超共轭效应示意图

其他叔碳正离子、仲碳正离子和甲基正离子也采取类似的结构。碳正离子采取这种 sp^2 杂化结构，原因是 ① 空的 2p 轨道距离带正电荷的碳原子核较远；② 成键的 σ 电子对之间的距离最大，偶极排斥最小；③ 中心碳原子上三个取代基距离最大，非键张力最小。

在叔丁基正离子中，三个甲基碳原子都是 sp^3 杂化，而 sp^3 杂化碳原子的电负性比 sp^2 杂化的中心碳原子的电负性小，以氢原子为标准，甲基是给电子基团，具有给电子的诱导效应（$+I$ 效应）。三个甲基的 $+I$ 效应，降低了中心碳原子的正电荷密度，因而，叔丁基正离子是比较稳定的碳正离子。其他烷基也具有 $+I$ 效应，有利于碳正离子稳定。

此外，与丙烯类似，叔丁基正离子的 α 位有 9 个 C—H σ 键可以与其空的 p 轨道发生 σ, p-超共轭［见图 3-10(b)］，超共轭效应对叔丁基正离子的稳定性起着关键作用。

参与超共轭的 C—H σ 键越多，则正电荷的分散程度越大，碳正离子越稳定。碳正离子的稳定性由大到小的顺序是 3° > 2° > 1° > CH_3^+。

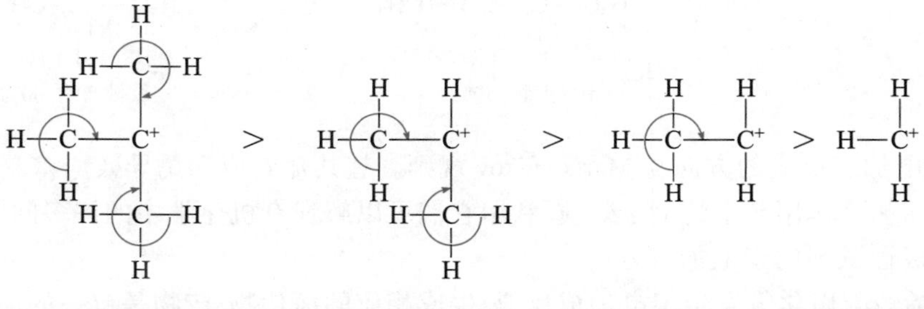

越来越多的证据表明，一些伯碳正离子最稳定结构不是平面形的。例如，乙基正离子具有类似硼烷的三中心二电子键结构，或者像质子加到乙烯平面的上方或下方，见图 3-11(b) 或 图 3-11(c)，这也可以理解为乙基正离子超共轭效应的一种极端形式 ——“超”得很公平、也很稳定［图 3-11(b) 比图 3-11(a) 所示结构的能量约低 27 kJ·mol^{-1}］。

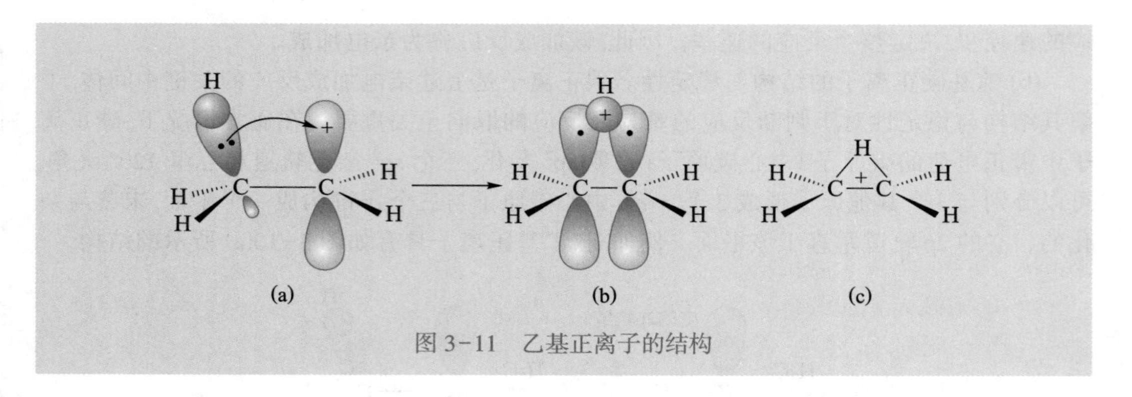

图 3-11 乙基正离子的结构

碳正离子很容易通过氢原子或烃基带着一对键合电子(相当于负氢或烃基负离子)迁移重排为更稳定的碳正离子,导致某些烯烃进行涉及碳正离子中间体的反应时,常有重排产物生成(有时甚至是主要产物)。例如:

$$H_3C-\underset{CH_3}{\overset{H}{C}}-CH=CH_2 \xrightarrow[-Cl^-]{HCl} H_3C-\underset{CH_3}{\overset{H}{C}}-\overset{+}{C}H-CH_3 \xrightarrow{1,2-负氢迁移} H_3C-\underset{CH_3}{\overset{+}{C}}-\overset{H}{C}H-CH_3$$

2°碳正离子 3°碳正离子

$$\downarrow Cl^- \qquad\qquad \downarrow Cl^-$$

$$H_3C-\underset{H}{\overset{CH_3}{C}}-\underset{Cl}{CH}-CH_3 \qquad H_3C-\underset{Cl}{\overset{CH_3}{C}}-\underset{H}{CH}-CH_3$$

预期产物, 40% 重排产物, 60%

(c) 亲电加成反应的方向与 Markovnikov 规则。超共轭效应和诱导效应都是分子或离子内原子间相互作用产生的电子效应,利用它们可以解释有机化学中的许多问题,如不对称烯烃与极性试剂的亲电加成方向。

对称烯烃与卤化氢发生亲电加成反应,生成相应的卤代物,产物是单一的。例如:

$$C_2H_5CH=CHC_2H_5 + HBr \xrightarrow{-30\ °C,\ CHCl_3} \underset{76\%}{C_2H_5\overset{Br}{C}H-CH_2C_2H_5}$$

$$\text{环己烯} \xrightarrow{KI,\ H_3PO_4} \underset{90\%}{\text{碘代环己烷 (I)}}$$

丙烯等不对称烯烃与卤化氢加成，可能生成两种产物：

$$CH_3CH{=}CH_2 \xrightarrow{HCl} CH_3\underset{}{\overset{Cl}{\overset{|}{C}}}H{-}CH_3 + CH_3CH_2{-}\overset{Cl}{\overset{|}{C}}H_2$$

2-氯丙烷 1-氯丙烷

实验证明，丙烯与氯化氢加成的主要产物是2-氯丙烷。根据许多实验结果，Markovnikov总结出：不对称烯烃与卤化氢进行加成反应时，氢原子倾向于加到含氢较多的双键碳原子上，卤原子则倾向于加到含氢较少的或不含氢的双键碳原子上。这是一条经验规则，称为Markovnikov规则，简称马氏规则。利用此规则可以预测很多加成反应的主要产物。

人物：Markovnikov

从反应取向的观点来看，不对称烯烃与卤化氢的加成反应，虽然可能生成几种构造异构体，但主要生成一种产物，这种反应称为区域选择性反应（regioselective reaction）。在有机合成中，反应的区域选择性越高，越有利于获得高产率和高纯度的产品。

Markovnikov规则可以根据反应过程中生成的活性中间体的稳定性进行解释。加成反应的速率和方向往往取决于活化能的高低。活性中间体越稳定，相应的过渡态所需要的活化能越低，则越容易生成。例如，丙烯和卤化氢加成，第一步反应产生的碳正离子中间体有两种可能：

$$CH_3CH{=}CH_2 \xrightarrow[-X^-]{HX} CH_3\overset{+}{C}H{-}CH_3 + CH_3CH_2{-}\overset{+}{C}H_2$$

(Ⅰ) (Ⅱ)

由于碳正离子中间体(Ⅰ)比(Ⅱ)稳定，所需的活化能相对较低，因此(Ⅰ)比(Ⅱ)更容易生成，反应速率也相应较大，如图3-12所示。

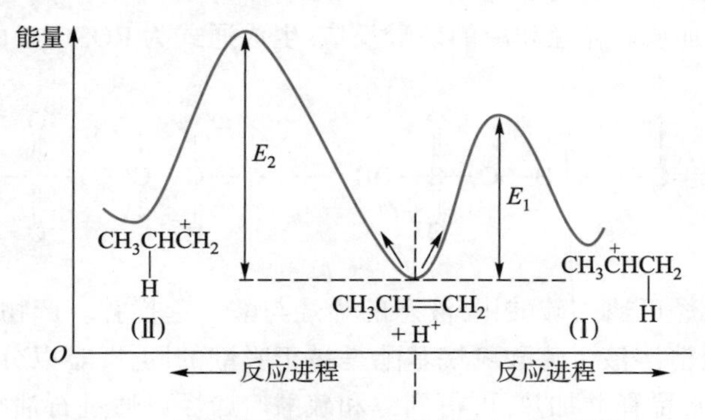

图3-12 活性中间体的相对稳定性与反应的取向

因此，Markovnikov规则的实质是优先生成比较稳定的碳正离子中间体的选择性反应。

尽管炔烃与卤化氢的加成机理要复杂得多，但是不对称炔烃与卤化氢等极性试剂的加成反应，也服从Markovnikov规则。例如：

$$CH_3C{\equiv}CH + HCl \longrightarrow CH_3\overset{Cl}{\overset{|}{C}}{=}CH_2$$

2-氯丙烯

$$CH_3(CH_2)_3C{\equiv}CH + HBr \longrightarrow CH_3(CH_2)_3\overset{Br}{\overset{|}{C}}{=}CH_2$$

2-溴己-1-烯，60%

炔烃若与过量的卤化氢反应,则主要生成同碳二卤代物。例如:

$$CH_3C\equiv CCH_3 \xrightarrow{HCl} CH_3C(Cl)=CHCH_3 \xrightarrow{HCl} CH_3CCl_2-CH_2CH_3 \quad \approx 80\%$$

$$CH_3(CH_2)_2C\equiv CH \xrightarrow{HBr} CH_3(CH_2)_2C(Br)=CH_2 \xrightarrow{HBr} CH_3(CH_2)_2CBr_2-CH_3$$

炔烃与卤化氢的加成反应,可以控制在加一分子卤化氢阶段,这是制备卤代烯烃的一种方法。另外,炔烃与卤化氢加成,在相应卤离子存在下,通常得反式加成产物。例如:

$$C_2H_5C\equiv CC_2H_5 + HCl \xrightarrow[\text{乙酸, 25 °C}]{(CH_3)_4\overset{+}{N}Cl^-} \underset{97\%}{(H_5C_2)(Cl)C=C(H)(C_2H_5)}$$

卤化氢对烯烃或炔烃加成的活性次序是 HI > HBr > HCl。双键或三键碳原子上连有给电子基团时,反应速率增大;连有吸电子基团时,反应速率减小。在同样条件下,炔烃比烯烃较难进行亲电加成反应,这是由于炔烃亲电加成反应的中间体烯基正离子不如烯烃亲电加成反应的中间体烷基正离子稳定。

(d) 烯烃与硫酸加成。烯烃和冷的硫酸反应,生成通式为 $ROSO_3H$ 的化合物,称为硫酸氢烷基酯。

$$>C=C< + H-O-SO_2-OH \longrightarrow -C(H)-C-O-SO_2-OH$$

反应时,气态烯烃可通入硫酸中,液态的烯烃与酸一起搅拌。产物硫酸氢烷基酯溶于硫酸,反应后得到澄清溶液。硫酸氢烷基酯是易于吸潮的固体,难以分离。如将硫酸氢烷基酯的硫酸溶液用水稀释并加热,可得到醇和硫酸。烯烃可通过石油裂化获得,这是一种很好的大规模制造醇的方法。称为烯烃的间接水合法,或称硫酸法。例如:

$$CH_2=CH_2 \xrightarrow{98\%\ H_2SO_4} CH_3CH_2OSO_3H \xrightarrow[\triangle]{H_2O} CH_3CH_2OH + H_2SO_4$$

$$CH_3-CH=CH_2 \xrightarrow{80\%\ H_2SO_4} CH_3-CH(CH_3)-OSO_3H \xrightarrow[\triangle]{H_2O} CH_3CH(CH_3)-OH + H_2SO_4$$

$$CH_3-C(CH_3)=CH_2 \xrightarrow{63\%\ H_2SO_4} CH_3-C(CH_3)_2-OSO_3H \xrightarrow[\triangle]{H_2O} CH_3-C(CH_3)_2-OH + H_2SO_4$$

硫酸与烯烃的加成反应符合 Markovnikov 规则，难以用此法制备乙醇以外的其他伯醇。另外，由于硫酸氢烷基酯能溶于硫酸中，因此可用来提纯饱和烃及其卤代物。例如，烷烃不与浓硫酸反应，也不溶于硫酸，用浓硫酸洗涤烷烃和烯烃的混合物，可以除去烷烃中的烯烃。

若将含 $C_{12}\sim C_{18}$ 的直链末端烯烃与硫酸反应，再将生成的酸性硫酸酯用碱中和，则得到一种硫酸酯盐型阴离子表面活性剂，是一种液体洗涤剂的活性成分，也可用作纺织助剂。

$$\underset{(R=C_{12}H_{25}\sim C_{18}H_{37})}{RCH{=}CH_2} \xrightarrow{H_2SO_4} R{-}\underset{\substack{|\\OSO_3H}}{CH}{-}CH_3 \xrightarrow{NaOH} R{-}\underset{\substack{|\\OSO_3Na}}{CH}{-}CH_3$$

硫酸是二元酸，可与两分子乙烯进行加成，生成硫酸二乙酯(中性硫酸酯)。这是工业上生产硫酸二乙酯的方法之一。

$$2CH_2{=}CH_2 + H_2SO_4 \xrightarrow{55\sim80\ ^\circ C,\ 0.1\sim0.35\ MPa} \underset{\text{硫酸二乙酯, 85\%}}{(CH_3CH_2O)_2SO_2}$$

硫酸二乙酯是一种乙基化试剂(即能在一些化合物分子中引入乙基的试剂)，剧毒，使用时应注意防护。

(e) 烯烃与水、醇加成。在酸的催化下，活泼的烯烃可以与水加成生成醇。这种加成反应遵循 Markovnikov 规则。例如：

$$CH_2{=}CH_2 + H_2O \xrightarrow[280\sim300\ ^\circ C,\ 7\sim8\ MPa]{H_3PO_4} CH_3CH_2OH$$

$$CH_2{=}CH{-}CH_3 + H_2O \xrightarrow[195\ ^\circ C,\ 2\ MPa]{H_3PO_4} (CH_3)_2CHOH$$

$$CH_3{-}\overset{\substack{CH_3\\|}}{C}{=}CH_2 \xrightarrow{H_2O,\ H^+} CH_3{-}\overset{\substack{CH_3\\|}}{\underset{\substack{|\\CH_3}}{C}}{-}OH$$

反应机理如下所示：

$$-\overset{}{\underset{|}{C}}{=}\underset{|}{C}- \xrightarrow[\text{慢}]{H{-}\overset{+}{O}H_2} -\overset{|}{\underset{\substack{|\\H}}{C}}{-}\overset{|}{\underset{|}{C^+}}- + \ddot{O}H_2 \xrightarrow[\text{快}]{} -\overset{|}{\underset{\substack{|\\H}}{C}}{-}\overset{|}{\underset{\substack{|\\{}^+O{-}H\\|\\H}}{C}}- \xrightarrow[\ddot{O}H_2]{\text{快}} -\overset{|}{\underset{\substack{|\\H}}{C}}{-}\overset{|}{\underset{\substack{|\\OH}}{C}}- + H_3O^+$$

以上反应是工业上生产乙醇、丙-2-醇等低级醇的一种方法，称为直接水合法。

在酸催化下，烯烃与醇加成得到醚、与羧酸加成得到酯，这些加成反应一般都通过碳正离子机理，故也遵循 Markovnikov 规则。例如：

$$(CH_3)_2C{=}CH_2 + CH_3OH \xrightarrow[40\sim50\ ^\circ C,\ 1\sim5\ MPa]{\text{强酸性阳离子交换树脂: }RSO_3H} \underset{98\%}{(CH_3)_2\overset{\substack{OCH_3\\|}}{C}{-}CH_3}$$

$$(CH_3)_2C{=}CH_2 + CH_3COOH \xrightarrow{H_2SO_4} (CH_3)_2\overset{\substack{OCOCH_3\\|}}{C}{-}CH_3$$

上述第一个反应是工业上生产叔丁基甲基醚的方法。叔丁基甲基醚是生产高辛烷值汽油的调和组分，代替四乙基铅作为汽油添加剂。

练习 3.4　完成下列反应式：

(1) 1-甲基环己烯（环己烯环上带 CH_3） $\xrightarrow{HI}$

(2) $\underset{H_3C}{\overset{H}{}}\!C{=}C\!\underset{Cl}{\overset{CH_3}{}}$ $\xrightarrow{HBr}$

(3) $CH_2{=}CHCH_2C{\equiv}CH \xrightarrow{HBr\ (1\ mol)}$　　(4) $CH_3(CH_2)_3C{\equiv}CH \xrightarrow{HBr}$

练习 3.5　写出下列反应的机理。

$$CH_2{=}CH{-}C(CH_3)_2{-}CH_3 \xrightarrow{HBr} CH_3{-}CHBr{-}C(CH_3)_2{-}CH_3 + CH_3{-}CH(CH_3){-}CBr(CH_3){-}CH_3$$

练习 3.6　烯烃加 H_2SO_4 的反应机理与烯烃加 HX 的反应机理相似。试写出丙烯与 H_2SO_4 加成的反应机理。

(f) 烯烃的二聚反应。在适当的条件下，2-甲基丙烯可在硫酸或磷酸催化下二聚转化为分子式为 C_8H_{16} 的两种烯烃的混合物。混合物经催化加氢后，均可得 2,2,4-三甲基戊烷，俗称异辛烷。

$$2CH_2{=}C(CH_3){-}CH_3 \xrightarrow[100\ ^\circ C]{50\%\ H_2SO_4} \underset{80\%}{CH_3{-}C(CH_3)_2{-}CH_2{-}C(CH_3){=}CH_2} + \underset{20\%}{CH_3{-}C(CH_3)_2{-}CH{=}C(CH_3){-}CH_3}$$

$$\xrightarrow[Ni]{H_2} \underset{2,2,4\text{-三甲基戊烷}}{CH_3{-}C(CH_3)_2{-}CH_2{-}CH(CH_3){-}CH_3}$$

在所生成的烯烃中，碳和氢原子的数目恰为原料 2-甲基丙烯的两倍，故称之为 2-甲基丙烯的二聚物，该反应则称为二聚反应。

在酸催化下，2-甲基丙烯二聚实质上是经历碳正离子的亲电加成-消除反应，第一步亲电试剂是质子，第二步亲电试剂是叔丁基正离子，第三步是失去质子。其反应机理如下：

$$CH_2{=}C(CH_3){-}CH_3 \xrightarrow{H^+} CH_3{-}\overset{+}{C}(CH_3){-}CH_3 \xrightarrow{CH_2{=}C(CH_3)_2} CH_3{-}C(CH_3)_2{-}CH_2{-}\overset{+}{C}(CH_3){-}CH_3$$

$$\xrightarrow{-H^+} CH_3{-}C(CH_3)_2{-}CH_2{-}C(CH_3){=}CH_2 + CH_3{-}C(CH_3)_2{-}CH{=}C(CH_3){-}CH_3$$

由于叔丁基与甲基在双键同侧时有很大的空间排斥,第二种产物较不稳定,是次要产物。

由上述反应机理可见,烯烃可与质子结合形成碳正离子。逆向反应时,碳正离子可失去质子,得到烯烃。碳正离子的性质与质子相似,可与烯烃反应,形成更大的碳正离子;也可分解成小分子的碳正离子和烯烃。例如:

$$CH_3-C(CH_3)_2-CH(H)-\overset{+}{C}(CH_3)(H)-CH_2 \longrightarrow CH_3-C^{+}(CH_3)_2 + CH(H)=C(CH_3)-CH_2(H)$$

在炼油生产中,催化裂化被认为是经历碳正离子的过程。长链烷烃转变成小分子烯烃的过程,与上述碳正离子的分解过程相似。

(g) 烷烃的加成。在酸性催化剂存在下,2-甲基丙烯和2-甲基丙烷反应,能直接生成2,2,4-三甲基戊烷,即异辛烷。这个反应的实质是烷烃对烯烃的加成反应,

$$CH_3-C(CH_3)=CH_2 + H-C(CH_3)_2-CH_3 \xrightarrow[0\sim10\ ^{\circ}C]{H_2SO_4\text{ 或 }HF} CH_3-C(CH_3)(H)-CH_2-C(CH_3)_2-CH_3$$

它是目前用于制造高级汽油的工业方法。此反应机理为

$$① \quad CH_3-C(CH_3)=CH_2 + H-B \longrightarrow CH_3-\overset{+}{C}(CH_3)-CH_3 + B^-$$

$$② \quad CH_3-C(CH_3)=CH_2 + {}^{+}C(CH_3)_2-CH_3 \longrightarrow CH_3-\overset{+}{C}(CH_3)-CH_2-C(CH_3)_2-CH_3$$

$$③ \quad CH_3-C(CH_3)_2-H + CH_3-\overset{+}{C}(CH_3)-CH_2-C(CH_3)_2-CH_3 \longrightarrow CH_3-C^{+}(CH_3)_2 + CH_3-C(CH_3)(H)-CH_2-C(CH_3)_2-CH_3$$

重复进行②、③两步,不断生成产物。这样的过程被认为经历碳正离子的链反应。①是链引发,②、③则是链增长。在③中,碳正离子从烷烃中夺取一个带一对电子的质子(实际上就是氢负离子),生成新的烷烃和新的碳正离子。

酸催化的烷烃异构化反应的机理也被认为是碳正离子链反应。例如,正丁烷异构化的碳正离子链反应机理如下:

$$① \quad \text{促进剂} \xrightarrow{\text{酸}} R^+$$

$$② \quad R^+ + CH_3CH_2CH_2CH_3 \longrightarrow RH + CH_3\overset{+}{C}HCH_2CH_3$$

$$③ \quad CH_3\overset{+}{C}HCH_2CH_3 \xrightarrow{\text{重排}} (CH_3)_3C^+$$

$$④ \quad (CH_3)_3C^+ + CH_3CH_2CH_2CH_3 \longrightarrow (CH_3)_3CH + CH_3\overset{+}{C}HCH_2CH_3$$

①、②为链引发,③、④为链增长。促进剂可以是烯烃,也可以是超强酸。通常,烷烃

经历多次重排形成热力学稳定的产物,或以一定比例存在的热力学相对稳定的混合物。

直链烷烃可异构化为带支链的烷烃,提高汽油的辛烷值。

现在,对碳正离子可能进行的反应进行小结。一个碳正离子可以:

① 与负离子或其他碱性分子结合;

② 可重排成较稳定的碳正离子;

③ 消去一个质子并形成烯烃;

④ 消去一个碳正离子形成烯烃;

⑤ 与烯烃反应并形成一个较大的碳正离子;

⑥ 从烷烃分子中夺取一个氢负离子。

(2) 经由三元环状正离子的亲电加成

(a) 烯烃、炔烃与卤素加成。烯烃和炔烃容易与卤素进行亲电加成反应,生成邻二卤代物(亦称连二卤代物)。例如,将烯烃和炔烃分别通入溴或溴的四氯化碳溶液中即生成邻二溴代物,其中炔烃因含有两个 π 键,也可与两分子溴反应生成四溴代物。例如:

$$CH_3-CH=CH_2+Br_2 \xrightarrow{CCl_4} CH_3-CH(Br)-CH_2Br$$

$$CH_3-C\equiv CH \xrightarrow{Br_2} \underset{\text{1,2-二溴丙烯}}{CH_3-C(Br)=CHBr} \xrightarrow{Br_2} \underset{\text{1,1,2,2-四溴丙烷}}{CH_3-CBr_2-CHBr_2}$$

上述反应由于溴的红棕色消失而现象明显,广泛用于分析检验烯烃、炔烃(分析时通常采用溴的四氯化碳溶液。其他一些化合物如环丙烷及其衍生物、乙醛和丙酮等羰基化合物、酚和芳胺等也容易发生溴化,使溴的颜色褪去,需要特别注意)。

氯也能进行上述加成反应,且比溴更活泼。卤素的活性顺序是氟 > 氯 > 溴 > 碘,氟的加成过于剧烈而难以控制,碘与烯烃的加成是吸热反应,通常比较困难。因此,只有溴、氯的加成具有实际意义。对于烯烃和炔烃,则一般是重键碳原子上连接的烷基增多,重键上的电子云密度增加,反应速率增加,这与烯烃经由碳正离子机理的活性次序是一致的。

烯烃和炔烃与氯和溴的加成是实验室和工业上制备邻二氯代物和邻二溴代物的常用方法。例如,工业上由烯烃和炔烃分别与氯作用可用来制备相应的邻二氯代物。为使反应平稳进行,通常采用既加催化剂又加溶剂稀释的办法。例如:

$$CH_2=CH_2 + Cl_2 \xrightarrow[C_2H_4Cl_2]{FeCl_3,\ 40\ ^\circ C,\ 0.2\ MPa} \underset{97\%}{ClCH_2CH_2Cl}$$

$$HC\equiv CH \xrightarrow[80\sim85\ ^\circ C]{Cl_2,\ FeCl_3,\ Cl_2CHCHCl_2} \underset{\text{1,2-二氯乙烯}}{HC(Cl)=CH(Cl)} \xrightarrow[80\sim85\ ^\circ C]{Cl_2,\ FeCl_3,\ Cl_2CHCHCl_2} \underset{\text{1,1,2,2-四氯乙烷}}{HCCl_2-CHCl_2}$$

炔烃虽然能与两分子卤素加成,但与一分子卤素加成生成二卤代烯烃后,由于卤原子的电负性比碳原子的大，卤原子吸引电子使得双键碳原子上的电子云密度降低，不利于再与卤素进行亲电加成反应。因此，卤素与炔烃的加成反应，可控制在只加一分子卤素这一步。

(b) 反应机理。许多实验结果表明，溴与烯烃或炔烃的加成反应是通过三元环状正离子的亲电加成，反应分两步进行。现以溴和烯烃的加成为例说明如下。

第一步，当溴分子与烯烃接近时，受烯烃 π 电子的影响，溴分子中的 σ 键发生极化，靠近 π 键的溴原子带有部分正电荷，而离 π 键较远的溴原子带有部分负电荷。随后 π 键异裂与带正电荷的溴原子形成 C—Br σ 键，同时，该溴原子用一对未共用电子与双键的另一个碳原子结合，生成一个环状溴正离子中间体和一个溴负离子。这一步反应是慢反应，是决定反应速率的一步。特别需要指出的是，溴正离子比其相应的开链的碳正离子稳定，因为在溴正离子中，两个碳原子和溴原子价电子数都是 8 个 (满足八隅体规则)。第二步，溴负离子从背面进攻溴正离子的两个碳原子之一，生成邻二溴化物。这一步反应是离子反应，速率较快。两步反应的总结果是 Br^+ 和 Br^- 由碳碳双键的两侧分别加到两个双键碳原子上，这种加成方式称为反式加成。如下所示：

$$\text{C=C} + \overset{\delta+}{:\ddot{Br}}-\overset{\delta-}{Br} \xrightarrow{\text{慢}} :\ddot{Br}:^- + \text{C—C（}Br^+\text{三元环）} \xrightarrow{\text{快}} \text{Br—C—C—Br（反式）}$$

由于烯烃与溴的加成反应生成了三元环状正离子中间体，所以是共价键异裂的离子型反应。反应的速控步涉及缺电子的溴对 π 键的进攻，因而也是亲电加成反应。

拓展：三元环状正离子的补充说明

氯与烯烃的加成反应与溴一样，经历三元环状正离子中间体的形成与断裂两步反应，得到反式加成产物。但是氯原子半径较小，电负性较大，因此，氯正离子比其开链碳正离子稳定的程度低于相应溴正离子的。

炔烃与卤素加成的反应机理，与烯烃类似：

$$C_2H_5C{\equiv}CC_2H_5 \xrightarrow[-Br^-]{Br_2,\ HOAc} \underset{H_5C_2\quad\quad C_2H_5}{\overset{\overset{+}{Br}}{C{=}C}} \xrightarrow{Br^-} \underset{Br\quad\quad C_2H_5}{\overset{H_5C_2\quad\quad Br}{C{=}C}}$$

反-3, 4-二溴己-3-烯

但炔烃与卤素反应的速率较烯烃的慢。如果分子中既有双键又有三键，在较低温度下与溴、氯反应时，首先是双键进行加成反应。例如：

$$CH_2{=}CH{-}CH_2{-}C{\equiv}CH + Br_2 \xrightarrow{-20\ ^\circ C,\ CCl_4} \underset{Br}{CH_2}{-}\underset{Br}{CH}{-}CH_2{-}C{\equiv}CH$$

4, 5-二溴戊-1-炔，90%

(c) 其他经由三元环状正离子的亲电加成。烯烃与氯或溴在水溶液中进行加成，主要生成 β-卤代醇，相当于烯烃与次卤酸 (由于次卤酸不稳定，常用卤素和水代替) 发生了加成。例如，将乙烯和氯气直接通入水中可以制备 β-氯乙醇。反应的第一步是烯烃与氯气进行反应,生成环状氯正离子中间体。在第二步反应中,由于大量水的存在,主要由水进攻氯正离子生成β-氯乙醇。但溶液中还有氯负离子存在,它也可进攻氯正离子,故有副产物1,2-二氯乙烷生成。

$$CH_2{=}CH_2 \xrightarrow[-Cl^-]{Cl_2} H_2C\overset{Cl^+}{\frown}CH_2 \begin{cases} \xrightarrow{H_2O} ClCH_2-CH_2\overset{+}{O}H_2 \xrightarrow{-H^+} ClCH_2-CH_2OH \\ \xrightarrow{Cl^-} ClCH_2-CH_2Cl \end{cases}$$

不对称烯烃与氯或溴在水溶液中进行加成,一般也遵循 Markovnikov 规则,亲电的卤正离子加到含氢较多的双键碳原子上,水加到含氢较少的双键碳原子上。例如,丙烯和氯在水中反应时,首先生成氯正离子,由于C2是仲碳,能够承载较多正电荷,因此该氯正离子是不对称的,一部分正电荷转移到C2上,因而,接下来水主要进攻带正电荷较多的C2。

$$H_3C-CH{=}CH_2 \xrightarrow[-Cl^-]{Cl_2} \overset{3}{H_3C}-\overset{2}{\underset{\delta+}{C}H}-\overset{1}{C}H_2\ (\text{桥连 }Cl^{\delta+}) \xrightarrow[-H^+]{H_2\ddot{O}} H_3C-\underset{}{CH(OH)}-CH_2Cl$$

1-氯丙-2-醇

氯乙醇和1-氯丙-2-醇曾经分别是制备环氧乙烷和环氧丙烷的重要化工原料。

其他一些亲电试剂如 ICl, RSCl 等与卤素相似,都可与烯烃经过三元环状正离子进行亲电加成。例如:

$$(CH_3)_2C{=}CH_2 + ICl \xrightarrow{-Cl^-} (CH_3)_2\overset{\delta+}{C}-CH_2\ (\text{桥连 }I^{\delta+}) \xrightarrow{Cl^-} (CH_3)_2CCl-CH_2I$$

$$\text{1-甲基环己烯} + CH_3SCl \xrightarrow{-Cl^-} \text{环状锍离子中间体}\ (\overset{\delta+}{C},\ CH_3,\ \underset{\delta+}{SCH_3}) \xrightarrow{Cl^-} \text{1-氯-1-甲基-2-甲硫基环己烷}\ (Cl,\ CH_3,\ SCH_3)$$

经过碳正离子和三元环状正离子的加成反应,亲电试剂加成到双键或三键的一步为速控步,因此它们都属于亲电加成。从酸碱概念来看,容易给出电子的烯烃和炔烃是 Lewis 碱,而缺电子的亲电试剂是 Lewis 酸。因此,烯烃和炔烃的亲电加成也可看成 Lewis 酸碱的加合。

练习 3.7　下列各组化合物分别与溴进行加成反应。指出每组中哪一个反应较快。为什么?

(1) $CF_3CH{=}CH_2$ 和 $CH_3CH{=}CH_2$　　(2) $CH_3CH{=}CH_2$ 和 $(CH_3)_3N^+CH{=}CH_2$

(3) $CH_2{=}CHCl$ 和 $CH_2{=}CH_2$　　(4) $ClCH{=}CHCl$ 和 $CH_2{=}CHCl$

练习 3.8 分别为下列反应提出合理的反应机理:

(1) 环辛烯 + Cl_2 $\xrightarrow[-80\ °C]{CHCl_3}$ 反-1,2-二氯环辛烷

(2) 环戊烯 $\xrightarrow[CCl_4,\ 0\ °C]{Br_2,\ Cl^-}$ 反-1,2-二溴环戊烷 + 反-1-溴-2-氯环戊烷

(3) 经由三元环状正离子的亲核加成

(a) 羟汞化-脱汞反应。烯烃与醋酸汞 [$Hg(OCOCH_3)_2$ 或写成 $Hg(OAc)_2$] 在四氢呋喃水溶液中反应，首先生成羟烷基汞盐 (这一步称为羟汞化反应), 然后用硼氢化钠还原则脱汞生成醇 (这一步称为脱汞反应), 这类反应称为羟汞化-脱汞反应。例如:

$$CH_3(CH_2)_2CH{=}CH_2 \xrightarrow[-AcOH]{Hg(OAc)_2,\ THF/H_2O} CH_3(CH_2)_2\underset{\displaystyle OH}{CH}-\underset{\displaystyle HgOAc}{CH_2}$$

$$\xrightarrow[NaOH/H_2O]{NaBH_4} CH_3(CH_2)_2\underset{\displaystyle OH}{CH}-CH_3 + Hg + AcO^-$$

羟汞化反应相当于 ^-OH 和 ^+HgOAc 与碳碳双键加成, 脱汞反应相当于 HgOAc 被 H 取代, 总反应相当于烯烃与水按反 Markovnikov 规则进行的加成反应, 反应具有高度区域选择性。羟汞化-脱汞反应具有反应速率快、反应条件温和、几乎无重排和产率高等特点, 是实验室制备醇的一种简便方法, 除乙烯得到伯醇 (乙醇) 外, 其他烯烃只能得到仲醇或叔醇。

在羟汞化反应这一步, 若用其他亲核的溶剂 (ROH, RNH_2, RCO_2H) 代替水进行反应 (称为溶剂汞化), 然后再用硼氢化钠还原, 则分别得到醚、胺和酯等。例如:

$$CH_3(CH_2)_2CH{=}CH_2 \xrightarrow[\text{② } NaBH_4,\ NaOH/H_2O]{\text{① } Hg(OAc)_2,\ CH_3OH} CH_3(CH_2)_2\underset{\displaystyle OCH_3}{CH}-CH_3$$

由于汞及其盐均有毒, 因此羟汞化 (溶剂汞化)-脱汞反应的应用受到了限制。

拓展:
羟汞化反应的机理

(b) 炔烃水合反应。在酸催化下, 炔烃经由碳正离子机理直接水合是困难的, 但在硫酸汞的硫酸溶液催化下, 炔烃则较易经由汞正离子机理与水发生亲核加成反应最终生成醛或酮, 该反应称为 Kucherov 反应。例如, 乙炔在硫酸汞催化下与水加成生成乙醛, 曾是工业上生产乙醛的主要方法。

$$HC{\equiv}CH + HOH \xrightarrow[H_2SO_4]{HgSO_4} \left[\underset{\text{乙烯醇}}{CH_2{=}\underset{\displaystyle OH}{CH}}\right] \xrightarrow{\text{重排}} \underset{\text{乙醛}}{CH_3-\underset{\displaystyle O}{\overset{\|}{CH}}}$$

此反应首先生成的是羟基与双键碳原子直接相连的加成产物, 称为烯醇。烯醇通常不稳定, 易发生重排, 由烯醇式转变为酮式。由乙炔产生的烯醇重排为乙醛, 其他炔烃产生的烯醇重排为酮。这种现象又称为烯醇式和酮式的互变异构, 它是构造异构的一种特殊形式。

不对称炔烃与水的加成反应，也遵循 Markovnikov 规则。例如：

$$CH_3(CH_2)_5C{\equiv}CH + HOH \xrightarrow[H_2SO_4]{HgSO_4} \left[CH_3(CH_2)_5\overset{OH}{\overset{|}{C}}{=}CH_2 \right] \xrightarrow{\text{重排}} CH_3(CH_2)_5\overset{O}{\overset{\|}{C}}{-}CH_3$$

辛-2-酮

(4) 经由碳负离子机理的亲核加成　与烯烃相比，炔烃不易进行亲电加成反应，但在碱催化下容易与 ROH, RCOOH 等进行亲核加成反应。例如：

$$HC{\equiv}CH + HOCH_3 \xrightarrow[160\sim165\ ^\circ C,\ 2\sim2.5\ MPa]{KOH\text{（催化量）}} CH_2{=}CH{-}O{-}CH_3$$

$$HC{\equiv}CH + HO{-}\underset{O}{\underset{\|}{C}}{-}CH_3 \xrightarrow[170\sim230\ ^\circ C]{\text{醋酸锌-活性炭}} CH_2{=}CH{-}O{-}\underset{O}{\underset{\|}{C}}{-}CH_3$$

利用上述反应可分别制备乙烯基醚和乙酸乙烯酯。由于石油化学工业的发展，乙酸乙烯酯的生产在国外已被其他方法所代替。从上述反应的结果看，这类反应是在醇或羧酸等分子中引入了一个乙烯基，可称乙烯基化反应。乙炔是重要的乙烯基化试剂。

在碱的催化下，甲醇首先生成甲氧基负离子，后者进攻三键碳原子生成乙烯基型碳负离子中间体 (I)，然后再夺取甲醇中的质子生成产物，其反应机理如下：

$$HC{\equiv}CH + {}^{-}OCH_3 \longrightarrow \underset{(I)}{CH_3O{-}CH{=}\bar{C}H} \xrightarrow[-CH_3O^-]{H{-}OCH_3} CH_3O{-}CH{=}CH_2$$

这种由负离子（或带有未共用电子对的中性分子，即 Lewis 碱）的进攻而进行的加成反应，称为亲核加成反应，这种进攻试剂称为亲核试剂。

亲核加成的难易取决于碳负离子的稳定性。碳负离子的稳定性次序与碳正离子正好相反，常见碳负离子的稳定性次序为

$$RC{\equiv}C^- > RCH{=}CH^- > RCH_2CH_2^-$$

总之，经由碳正离子的亲电加成和经由碳负离子的亲核加成是离子型加成反应的两种极端情况，而三元环状正离子机理介于它们之间，而且不是一成不变的。随着底物结构、亲核试剂亲核性的变化，反应的速控步可能会发生变化。当亲核试剂亲核性很弱时，经由较稳定的溴正离子的反应可能是亲核加成；当亲核试剂亲核性很强时，经由一些不太稳定的金属正离子的反应也可能是亲电加成。

亲电加成 ⟵ 碳正离子机理　卤正离子机理　金属正离子机理　碳负离子机理 ⟶ 亲核加成

练习 3.9　完成下列反应式：

(1) (H)(H_5C_2)C=C(C_2H_5)(H) $+ Br_2 \longrightarrow$

(2) $HOOC{-}C{\equiv}C{-}COOH + Br_2 \longrightarrow$

(3) $(CH_3)_2C{=}CH_2 \xrightarrow{Br_2,\ H_2O}$

(4) $(CH_3)_2C{=}CH_2 \xrightarrow{H^+,\ H_2O}$

(5) 环己烯 $\xrightarrow{Cl_2,\ H_2O}$

(6) 1-乙炔基环己醇（环己烷环上连 OH 和 $-C{\equiv}CH$）$+ H_2O \xrightarrow[H_2SO_4]{HgSO_4}$

(7) 环己烯 $\xrightarrow[②\ H_2O]{①\ H_2SO_4}$

(8) 亚甲基环丁烷（环丁烷 $=CH_2$）$\xrightarrow{50\%\ H_2SO_4/H_2O}$

(9) 1-甲基环己烯（环上 CH_3）$\xrightarrow[H^+]{CH_3COOH}$

(10) 4-戊烯-1-醇（OH 与链端双键）$\xrightarrow{H_2SO_4}$

练习 3.10 写出乙炔与亲核试剂($^-CN/HCN$)加成生成 $CH_2{=}CHCN$ 的反应机理。

练习 3.11 在 $C_2H_5O^-$ 的催化下，$CH_3C{\equiv}CH$ 与 C_2H_5OH 反应，产物是 $CH_2{=}C(CH_3)OC_2H_5$ 而不是 $CH_3CH{=}CHOC_2H_5$，为什么?

3.5.3 自由基加成反应

在通常条件下，溴化氢与不对称烯烃的加成一般服从 Markovnikov 规则，但在过氧化物存在下，溴化氢与不对称烯烃的加成方向相反，是反 Markovnikov 规则的。例如：

$$CH_3CH_2CH{=}CH_2 + HBr \longrightarrow \underset{90\%}{CH_3CH_2\overset{Br}{CH}{-}\overset{H}{CH_2}}$$

$$CH_3CH_2CH{=}CH_2 + HBr \xrightarrow{(PhCOO)_2} \underset{95\%}{CH_3CH_2\overset{H}{CH}{-}\overset{Br}{CH_2}}$$

此处的过氧化物一般是指有机过氧化物，即过氧化氢中的一个或两个氢原子被烃基取代的化合物，其通式为 R—O—O—H 或 R—O—O—R。例如：

$CH_3\overset{O}{\overset{\parallel}{C}}{-}O{-}O{-}\overset{O}{\overset{\parallel}{C}}CH_3$	$Ph\overset{O}{\overset{\parallel}{C}}{-}O{-}O{-}\overset{O}{\overset{\parallel}{C}}Ph$	$Ph\overset{O}{\overset{\parallel}{C}}{-}O{-}O{-}C(CH_3)_3$	$HO{-}O{-}C(CH_3)_3$
过氧化乙酰	过氧化苯甲酰	过氧化苯甲酸叔丁酯	叔丁基过氧化氢

这种由于有机过氧化物的存在而引起溴化氢与烯烃加成取向的改变，称为过氧化物效应。在通常情况下，溴化氢与烯烃的加成反应，是按碳正离子机理进行的亲电加成。而当有过氧化物存在时，由于过氧化物存在较弱的—O—O—键，它受热容易发生均裂，并引发试剂生成自由基，然后与烯烃进行自由基加成反应。在反应中，过氧化物实际用量很少，只要能引发反应按自由基加成机理进行即可。例如，溴化氢与丙烯的自由基加成机理如下：

链引发 $R{-}O{-}O{-}R \xrightarrow[\text{或}\ h\nu]{\triangle} 2R{-}O\cdot$

$R{-}O\cdot + HBr \longrightarrow R{-}OH + Br\cdot$

链传递 $Br\cdot + CH_3CH{=}CH_2 \longrightarrow CH_3\dot{C}H{-}CH_2Br$

$CH_3\dot{C}H{-}CH_2Br + HBr \longrightarrow CH_3CH_2{-}CH_2Br + Br\cdot$

链终止 略

在反应机理中，溴原子（自由基）与丙烯双键可生成仲碳自由基Ⅰ($CH_3\dot{C}H—CH_2Br$)和伯碳自由基Ⅱ($CH_3CHBr—\dot{C}H_2$)，Ⅰ比Ⅱ稳定，更容易生成。

自由基的稳定性可用超共轭效应解释：Ⅰ中有5个C—H σ 键与单电子所在p轨道超共轭，而Ⅱ中只有1个C—H σ 键参与超共轭。参与的C—H σ 键越多，自由基越稳定，所以自由基的稳定性顺序与碳正离子类似，同样是3° > 2° > 1° > $CH_3\cdot$。在自由基中，由于单电子与成键电子的排斥作用，自由基的结构不是平面形的，但是比较接近平面，见图3-13。自由基中心碳原子的2p轨道已经有一个电子，而且该2p轨道又向外偏离一些，因此，超共轭效应对自由基稳定性的贡献要明显小于其对缺电子的碳正离子稳定性的贡献。

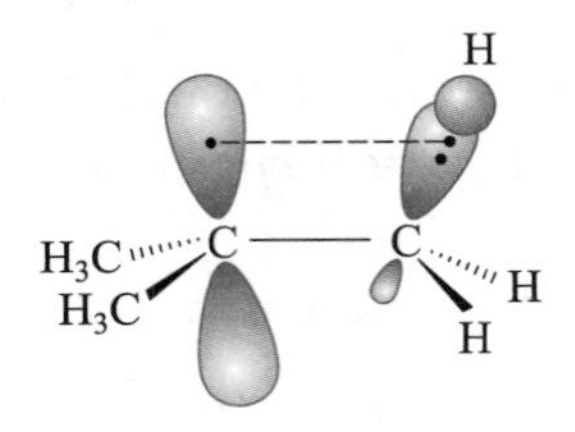

图3-13　叔丁基自由基的结构与超共轭效应示意图

对卤化氢而言，过氧化物效应仅限于溴化氢。由于氯化氢的键较强而难生成氯原子（自由基），碘化氢的键虽较弱容易生成碘原子（自由基），但碘原子难与烯烃双键进行自由基加成，因此氯化氢和碘化氢与烯烃的加成不存在过氧化物效应。利用过氧化物效应，由 α-烯烃与溴化氢反应是制备1-溴代烷的方法之一。例如，抗精神失常药物氟奋乃静和三氟拉嗪的中间体1-溴-3-氯丙烷就是利用这种方法合成的。

$$ClCH_2—CH{=}CH_2 + HBr \xrightarrow[18\ ^\circ C]{\text{过氧化苯甲酰}} ClCH_2—CH_2—CH_2Br$$

1-溴-3-氯丙烷，85%

在过氧化物存在下，溴化氢与炔烃的加成也是反Markovnikov规则的。例如：

$$CH_3(CH_2)_3C{\equiv}CH + HBr \xrightarrow{ROOR} CH_3(CH_2)_3CH{=}CHBr$$

1-溴己-1-烯（顺+反），74%

此反应按自由基加成机理进行。

练习3.12　在酸催化下，下列化合物与溴化氢进行加成反应的主要产物是什么？如果反应在过氧化物作用下进行，其主要产物有何不同？为什么？

(1) 2-甲基丁-1-烯　　(2) 2,4-二甲基戊-2-烯　　(3) 丁-2-烯

3.5.4　协同加成反应

人物：Brown H C

与前述的加成反应不同，烯烃和炔烃的另外一些加成反应不经过活性中间体（正离子、自由基、负离子），而是一步完成的，此类反应称为协同加成反应。例如，硼氢化反应、环氧化反应、臭氧化反应和高锰酸钾氧化反应，后三者都使重键碳原子的氧化数升高，因此，有时也归类为氧化反应。

(1) 硼氢化反应 烯烃 π 键能与硼氢化合物(简称硼烷)发生加成反应,称为硼氢化反应。例如,在 0 ℃ 时,乙硼烷与乙烯可发生加成反应,当乙烯过量时,能与三分子乙烯加成,最后生成三乙基甲硼烷。

$$\frac{1}{2}(BH_3)_2 \xrightarrow{CH_2=CH_2} \underset{\text{乙基甲硼烷}}{CH_3CH_2BH_2} \xrightarrow{CH_2=CH_2} \underset{\text{二乙基甲硼烷}}{(CH_3CH_2)_2BH} \xrightarrow{CH_2=CH_2} \underset{\text{三乙基甲硼烷}}{(CH_3CH_2)_3B}$$

硼原子外层只有 3 个价电子,只能进行 sp^2 杂化,分别与三个碳原子或氢原子成键形成甲硼烷类,硼原子上还有一个 2p 轨道是空的。硼烷是平面形的,也是缺电子的 Lewis 酸。甲硼烷以二聚体形式存在,写成 $(BH_3)_2$;在醚类溶剂中,二聚体分解,与醚分子中的氧形成酸碱络合物。两种形式的硼烷均可与烯烃和炔烃发生加成反应。例如:

$$2\ \text{(THF)O:} + B_2H_6 \longrightarrow 2\ \text{(THF)O}\rightarrow BH_3$$

硼原子的电负性 (2.0) 略小于氢原子的电负性 (2.1),表明 B—H 键是弱极性的,无法异裂产生正负离子,因此硼烷与烯烃的加成不是离子型加成,而是亲电的协同加成,其反应机理表示如下:

$$\begin{matrix} B-H \\ C=C \end{matrix} \longrightarrow \left[\begin{matrix} B\cdots H \\ \vdots \quad \vdots \\ C\cdots C \end{matrix}\right]^{\neq} \longrightarrow \begin{matrix} B \quad H \\ | \quad | \\ C-C \end{matrix}$$

协同加成反应不经过任何中间体,在 π 电子向硼原子空的 2p 轨道转移时,电负性较大的氢原子带着一对键合电子向双键的另一个碳原子转移,产生一个环状四中心过渡态。在该过渡态中,B—H 键和 π 键处于将断未断状态,C—B 键和 C—H 键处于将形成尚未完全形成状态,此时体系能量是最高的。

硼烷与不对称烯烃进行加成时,电负性较小的缺电子硼原子倾向于加到带有部分负电荷的烯键碳原子上。例如:

$$3CH_3(CH_2)_3\overset{\delta+}{C}H=\overset{\delta-}{C}H_2 \xrightarrow[(CH_3OCH_2CH_2)_2O]{1/2\ (BH_3)_2} \underset{94\%}{[CH_3(CH_2)_3CH_2CH_2]_3B}$$

除电子效应影响外,空间效应(空间阻碍作用)也有利于硼原子进攻取代较少(含氢原子较多)的双键碳原子(空间拥挤程度小)。例如,下列烯烃与乙硼烷的反应,其硼原子加成的取向如箭头所示:

$$\underset{6\%}{\underset{\uparrow}{CH_3(CH_2)_3CH}}=\underset{94\%}{\underset{\uparrow}{CH_2}} \qquad \underset{47\%}{\underset{\uparrow}{(CH_3)_2CHCH}}=\underset{53\%}{\underset{\uparrow}{CHCH_3}} \qquad \underset{2\%}{\underset{\uparrow}{(CH_3)_2C}}=\underset{98\%}{\underset{\uparrow}{CHCH_3}}$$

上述结果表明,电子效应和空间效应两者的影响导致相同的加成取向。

与烯烃和卤素的反式加成不同,烯烃与硼烷的加成,B 和 H 从碳碳双键的同侧加到两个双键碳原子上,是顺式加成。例如:

$$\text{1-甲基环戊烯} + 1/2(BH_3)_2 \xrightarrow{THF} \text{产物(}CH_3, H, H, BH_2\text{)}$$

烯烃经硼氢化反应生成的烷基硼，通常不经分离，用过氧化氢的氢氧化钠水溶液处理，经氧化生成醇，在此反应中，烃基构型保持不变。例如：

$$[CH_3(CH_2)_3CH_2CH_2]_3B \xrightarrow[25\sim30\ ^\circ C]{H_2O_2,\ ^-OH,\ H_2O} 3CH_3(CH_2)_3CH_2CH_2OH + B(OH)_3$$

$$\text{(1-甲基-2-环戊基硼烷, }BH_2\text{)} \xrightarrow{H_2O_2,\ ^-OH,\ H_2O} \text{(2-甲基环戊醇, }OH\text{)}$$

以上两步反应联合起来称为硼氢化-氧化反应，它是烯烃间接水合制备醇的方法之一。与烯烃通过硫酸间接水合制备醇不同，末端烯烃经硼氢化-氧化反应得到伯醇，两步的总反应结果是烯烃的反 Markovnikov 规则水合，这是硼氢化-氧化反应的主要用途之一。例如：

$$CH_3(CH_2)_7CH{=}CH_2 \xrightarrow[\text{② }H_2O_2,\ NaOH,\ H_2O]{\text{① }B_2H_6\text{, 二甘醇二甲醚, 25 °C}} \underset{\text{癸-1-醇, 93\%}}{CH_3(CH_2)_7CH_2CH_2OH}$$

与烯烃相似，炔烃也可进行硼氢化反应。炔烃经硼氢化得到烯基硼烷，由于烯键碳原子电负性较大，相应的C—B键极性较强，因而可以直接酸化得到顺式加氢产物——顺式烯烃；如果得到烯基硼烷后氧化水解则得到间接水合产物，乙炔和端炔烃得到醛，其他炔烃得到酮。例如：

$$C_2H_5C{\equiv}CC_2H_5 \xrightarrow[\text{二甘醇二甲醚}]{B_2H_6,\ 0\ ^\circ C} [(C_2H_5)CH{=}C(C_2H_5)]_3B$$

$$[(C_2H_5)CH{=}C(C_2H_5)]_3B \xrightarrow[25\ ^\circ C]{H^+\text{(乙酸)}} \underset{68\%}{\text{顺-}H_5C_2CH{=}CHC_2H_5}$$

$$[(C_2H_5)CH{=}C(C_2H_5)]_3B \xrightarrow[H_2O]{H_2O_2,\ ^-OH} \underset{62\%}{C_2H_5CH_2COC_2H_5}$$

(2) 环氧化反应　烯烃与过氧酸[简称过酸，R—CO—O—OH，可以看成过氧化氢的酰基(R—CO—)衍生物]反应生成1,2-环氧化物(简称环氧化物)，这种反应称为环氧化反应。例如：

$$n\text{-}C_3H_7CH{=}CH_2 + \underset{\text{过氧三氟乙酸}}{CF_3COOOH} \xrightarrow[\text{二氯甲烷}]{Na_2CO_3} \underset{\text{1,2-环氧戊烷, 81\%}}{n\text{-}C_3H_7CH{-}CH_2(O)} + \underset{\text{三氟乙酸}}{CF_3COONa}$$

$$\text{环辛烯} + CH_3COOOH \longrightarrow \underset{86\%}{\text{顺-环氧环辛烷}} + CH_3COOH$$

常用的过氧酸有过氧甲酸、过氧乙酸、过氧苯甲酸、过氧间氯苯甲酸、过氧三氟乙酸等，其中以过氧三氟乙酸最有效。有时某些过氧酸(如过氧甲酸和过氧乙酸等)也可用羧酸(如甲酸和乙酸)与过氧化氢的混合物甚至直接用过氧化氢代替。例如：

$$CH_3(CH_2)_5CH{=}CH_2 + H_2O_2 \xrightarrow{\text{二氯甲烷}} CH_3(CH_2)_5\underset{\diagdown O \diagup}{CH{-}CH_2} + H_2O$$

80%

烯烃与过氧酸的反应机理可表示如下:

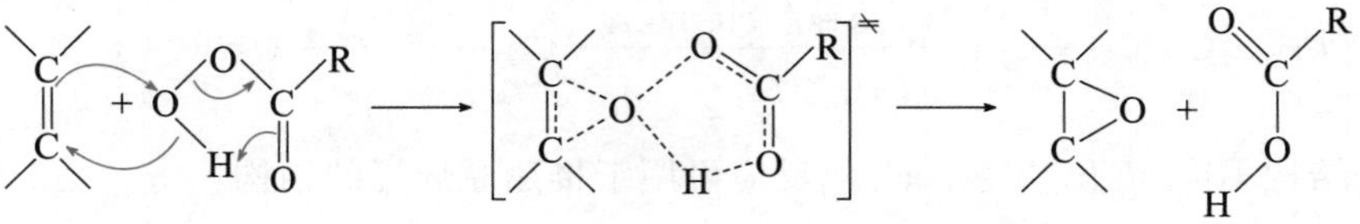

$$\mathrm{>C{=}C<} + \mathrm{H{-}O{-}O{-}C(=O){-}R} \longrightarrow \left[\text{过渡态}\right]^{\neq} \longrightarrow \text{环氧化物} + \mathrm{R{-}C(=O){-}O{-}H}$$

双键碳原子连有的给电子基团(如烷基)越多,烯烃与过氧酸的反应越容易进行。烯烃进行环氧化的相对活性次序是

$$R_2C{=}CR_2 > R_2C{=}CHR > RCH{=}CHR, R_2C{=}CH_2 > RCH{=}CH_2 > CH_2{=}CH_2$$

例如:

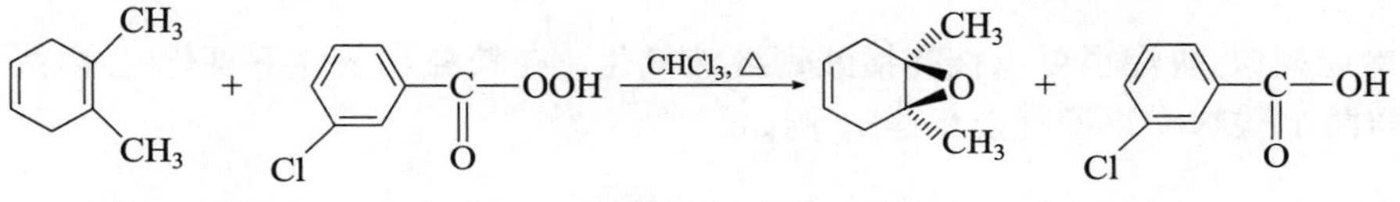

$$\text{1,2-二甲基环己-1,4-二烯} + \text{3-}Cl{-}C_6H_4{-}\underset{\|}{\overset{}{C}}(O){-}OOH \xrightarrow{CHCl_3, \triangle} \text{环氧化物}(CH_3, CH_3) + \text{3-}Cl{-}C_6H_4{-}C(=O){-}OH$$

68%~78%

环氧化合物在酸或碱的催化下容易发生开环反应(见第十章 10.5.3 节)。环氧化反应一般在非质子溶剂中进行,是制备环氧化物的一种很好的方法。

(3) 高锰酸钾氧化反应　烯烃与稀的碱性高锰酸钾水溶液在较低温度下反应,则 π 键被打开生成邻(连)二醇,总的结果相当于顺式加成。例如:

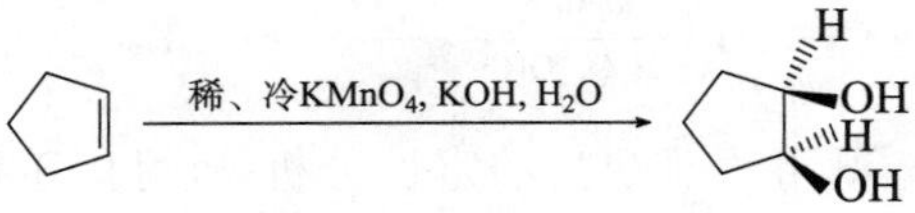

$$\text{环戊烯} \xrightarrow{\text{稀、冷}KMnO_4, KOH, H_2O} \text{顺-环戊-1,2-二醇}(H, OH, H, OH)$$

由于烯烃等不溶或难溶于碱性水溶液,不易发生反应,产物邻二醇又容易被进一步氧化,故产率一般很低。但此反应具有明显的现象 —— 高锰酸钾的紫色消失,同时产生褐色二氧化锰沉淀,故可用来鉴别含有碳碳双键的化合物 —— Baeyer 试验。

上述反应也可用来制备某些邻二醇衍生物,尤其对于能溶于碱溶液的不饱和酸,利用上述反应可获得较高产率的邻二羟基化合物。例如:

$$CH_3(CH_2)_7CH{=}CH(CH_2)_7COOH \xrightarrow{\text{稀、冷}KMnO_4, NaOH, H_2O} CH_3(CH_2)_7\underset{OH}{\underset{|}{CH}}{-}\underset{OH}{\underset{|}{CH}}(CH_2)_7COOH$$

81%

在较强烈的条件下(如加热或高锰酸钾过量同时加热,或在酸性条件下),碳碳双键完全断裂,同时双键碳原子上的 C—H 键也被氧化而断裂生成含氧化合物。例如:

$$C_2H_5-\overset{CH_3}{\overset{|}{C}}=CH_2 \xrightarrow[\text{② } H^+]{\text{① } KMnO_4,\ ^-OH,\ H_2O,\ \triangle} \underset{\text{丁酮}}{C_2H_5-\overset{CH_3}{\overset{|}{C}}=O} + \left(O=\overset{OH}{\overset{|}{C}}-OH\right) \longrightarrow CO_2 + H_2O$$

$$CH_3-\overset{CH_3}{\overset{|}{C}}=CH-C_2H_5 \xrightarrow[\text{② } H^+]{\text{① } KMnO_4,\ ^-OH,\ H_2O,\ \triangle} CH_3-\overset{CH_3}{\overset{|}{C}}=O + O=\overset{OH}{\overset{|}{C}}-C_2H_5$$

由于烯烃结构不同,氧化产物不同,此反应可用于推测原烯烃的结构。

上述反应既可用于推测双键的位置,也可用于合成某些羧酸。例如,油酸甲酯在乙酸中用高锰酸钾氧化可获得羧酸及其衍生物,同时根据产物的结构确定油酸中的碳碳双键在 9, 10 位。

$$CH_3(CH_2)_7CH=CH(CH_2)_7COOCH_3 \xrightarrow[50\ ^\circ C]{KMnO_4,\ \text{乙酸}} CH_3(CH_2)_7\underset{OH}{\underset{|}{C}}=O + O=\underset{OH}{\underset{|}{C}}(CH_2)_7COOCH_3$$

与烯烃相似,炔烃也可以被高锰酸钾溶液氧化。在较温和条件下氧化时,内炔烃生成 α-二酮(两个羰基碳原子直接相连)。例如:

$$CH_3(CH_2)_7C\equiv C(CH_2)_7COOH \xrightarrow[pH=7.5]{KMnO_4,\ H_2O,\ \text{常温}} \underset{92\%\sim96\%}{CH_3(CH_2)_7\underset{O}{\underset{\|}{C}}-\underset{O}{\underset{\|}{C}}(CH_2)_7COOH}$$

在强烈条件下氧化时,内炔烃生成两分子羧酸(盐)。端炔烃用高锰酸钾氧化生成羧酸(盐)和二氧化碳。例如:

$$n\text{-}C_4H_9-C\equiv CH \xrightarrow[H_2O,\ ^-OH]{KMnO_4} \xrightarrow{H_3O^+} n\text{-}C_4H_9COOH + CO_2$$

炔烃用高锰酸钾氧化,同样既可用于炔烃的定性分析,也可用于推测三键的位置。

(4) 臭氧化反应 将含有 6%~8% 臭氧的氧气通入烯烃的非水溶液中,烯烃被氧化成臭氧化物,称为臭氧化反应。臭氧化物不稳定、易爆炸,故不经分离而直接用水分解,生成醛和/或酮,同时生成过氧化氢。为防止产物被过氧化氢氧化,在水解时通常加入还原剂(如锌粉或二甲硫醚);也可在催化剂(如铂或钯-碳酸钙)存在下直接加氢分解。整个反应过程称为烯烃的臭氧化-还原分解反应,可用通式表示如下:

$$>C=C< \xrightarrow{O_3} \left[\ \text{臭氧化物 (五元环 C–O–C, O–O)}\ \right] \xrightarrow[\text{或 } H_2/Pd\text{-}CaCO_3]{H_2O,\ Zn} >C=O + O=C<$$

臭氧化物

例如:

$$CH_3-\overset{CH_3}{\overset{|}{C}}=CH-CH_3 \xrightarrow[\text{② } H_2O,\ Zn]{\text{① } O_3} \underset{\text{丙酮}}{CH_3-\overset{CH_3}{\overset{|}{C}}=O} + \underset{\text{乙醛}}{O=CH-CH_3}$$

炔烃与臭氧反应比烯烃的慢，但亦生成臭氧化物，该臭氧化物很不稳定，立即重排为酸酐，后者水解则生成羧酸，整个反应过程称为炔烃的臭氧化-水解反应。

$$—C\equiv C— \xrightarrow{O_3} \left[\text{臭氧化物} \right] \longrightarrow —\overset{O}{\underset{\|}{C}}—O—\overset{}{\underset{\|}{C}}— \xrightarrow{H_2O} —COOH + HOOC—$$

臭氧化物

例如：

$$CH_3CH_2CH_2C\equiv CCH_3 \xrightarrow[\text{② } H_2O]{\text{① } O_3} \underset{\text{丁酸}}{CH_3CH_2CH_2COOH} + \underset{\text{乙酸}}{HOOCCH_3}$$

有时也可用臭氧化-氧化分解反应合成羧酸。例如，油酸的臭氧化-氧化分解用于制备壬二酸：

$$CH_3(CH_2)_7CH=CH(CH_2)_7COOH \xrightarrow[<10\ ^\circ C]{O_3} CH_3(CH_2)_7\underset{O—O}{CH\overset{O}{\frown}CH}(CH_2)_7COOH$$

$$\xrightarrow[50\sim70\ ^\circ C]{\text{醋酸锰},\ O_2} \underset{\text{壬酸}}{CH_3(CH_2)_7—\overset{}{\underset{\underset{O}{\|}}{C}}—OH} + \underset{\text{壬二酸}}{HO—\underset{\underset{O}{\|}}{C}—(CH_2)_7—\underset{\underset{O}{\|}}{C}—OH}$$

壬二酸主要用于制备壬二酸二辛酯（增塑剂）、壬二腈（尼龙-99的中间体）等。

练习 3.13　完成下列反应式：

(1) $(CH_3)_3CCH=CH_2 \xrightarrow[\text{② } H_2O_2,\ ^-OH,\ H_2O]{\text{① } BH_3/THF}$

(2) $C_2H_5\overset{CH_3}{\overset{|}{C}}=CH_2 \xrightarrow[\text{② } H_2O_2,\ ^-OH,\ H_2O]{\text{① } 1/2(BH_3)_2}$

(3) $CH_3(CH_2)_5C\equiv CC_2H_5 \xrightarrow[\text{② } CH_3CO_2H,\ 0\ ^\circ C]{\text{① } 1/2(BH_3)_2}$

(4) $n-C_4H_9C\equiv CH \xrightarrow[\text{② } H_2O_2,\ ^-OH,\ H_2O]{\text{① } BH_3/THF}$

(5) $CH_3(CH_2)_9CH=CH_2 \xrightarrow{CH_3CO_3H}$

(6) $\underset{H}{\overset{H_3C}{}}C=C\underset{CH_3}{\overset{H}{}} \xrightarrow{RCO_3H}$

(7) $(CH_3)_2C=\underset{\underset{CH_3}{|}}{C}CH_2CH=CH_2 \xrightarrow[\text{氯仿},\ 25\ ^\circ C]{\text{1 mol 过氧间氯苯甲酸}}$

练习 3.14　完成下列反应式：

(1) $CH_3\overset{CH_3}{\overset{|}{C}H}CH=CH_2 \xrightarrow[H_2O,\ 0\ ^\circ C]{KMnO_4,\ ^-OH}$　　(2) $CH_3CH=CHC_3H_7-n \xrightarrow[H_2O,\ 0\ ^\circ C]{KMnO_4,\ ^-OH}$

(3) $CH_3CH_2C\equiv CCH_3 \xrightarrow[pH=7]{KMnO_4,\ H_2O}$　　(4) $HC\equiv CCH_3 \xrightarrow[pH=12]{KMnO_4,\ H_2O}$

练习 3.15　写出下列反应物的构造式:

(1) $C_8H_{16}(A) \xrightarrow[②\ H^+]{①\ KMnO_4,\ ^-OH,\ H_2O,\ \triangle} (CH_3)_2CHCH_2CO_2H + CH_3CH_2CO_2H$

(2) $C_5H_{10}(B) \xrightarrow[②\ H^+]{①\ KMnO_4,\ ^-OH,\ H_2O,\ \triangle} CH_3CH_2C(CH_3){=}O + CO_2$

(3) $C_7H_{12}(C) \xrightarrow[②\ H^+]{①\ KMnO_4,\ ^-OH,\ H_2O,\ \triangle} CH_3CH(CH_3)CO_2H + CH_3CH_2CO_2H$

练习 3.16　某化合物分子式为 C_6H_{12}, 经臭氧化-还原分解得到一分子醛和一分子酮, 试推测该化合物有多少种可能的结构。如果已知得到的醛为乙醛, 是否可以确定化合物的结构? 写出其构造式。

练习 3.17　某些不超过六个碳原子的不饱和烃经臭氧化-还原分解分别得到下列化合物, 试推测原来不饱和烃的结构。

(1) $CH_3CH_2CHO + CH_3CHO$　　(2) $C_2H_5CH(CH_3)CHO + HCHO$

(3) $OHC-CH_2CH_2CH_2CH_2-CHO$

3.5.5　催化氧化反应

在催化剂作用下, 用氧气或空气作为氧化剂进行烯烃的氧化反应, 称为催化氧化, 此类反应在工业上已获得较广泛应用。随反应物和反应条件等不同, 氧化产物各异。用活性银 (含有氧化钙、氧化钡和氧化锶等) 作催化剂, 乙烯可被氧气或空气氧化, 生成环氧乙烷 (氧化乙烯), 这是工业上生产环氧乙烷的主要方法。

$$CH_2{=}CH_2 + \frac{1}{2}O_2 \xrightarrow[280\sim300\ ^\circ C,\ 1\sim2\ MPa]{Ag} \underset{\diagdown\ O\ \diagup}{CH_2-CH_2}$$

除乙烯外, 其他烯烃在类似条件下不能获得相应的环氧化合物。

在氯化钯-氯化铜催化作用下, 氧气或空气可将乙烯氧化成乙醛, 将丙烯氧化成丙酮, 该反应称为 Wacker 氧化反应。例如:

$$CH_2{=}CH_2 + \frac{1}{2}O_2 \xrightarrow[125\sim130\ ^\circ C,\ 0.4\ MPa]{PdCl_2-CuCl_2,\ H_2O} CH_3-CHO$$

$$CH_3-CH{=}CH_2 + \frac{1}{2}O_2 \xrightarrow[120\ ^\circ C]{PdCl_2-CuCl_2,\ H_2O} CH_3-\overset{O}{\overset{\|}{C}}-CH_3$$

工业上利用此法由乙烯生产乙醛; 少量丙酮也是用这种方法生产的。该方法由于使用价格低廉的烯烃, 而且在生产过程中没有污染物排放, 因此, 属于环境友好型有机反应。

3.5.6 聚合反应

在适当条件下，烯烃或炔烃分子中的 π 键打开，通过加成自身结合在一起，这种反应称为聚合反应，亦称加（成）聚（合）反应，生成的产物称为聚合物。根据烯烃或炔烃的构造和反应条件不同，它们可以聚合成两类不同的聚合物。

(a) 由少数分子聚合而成的聚合物，称为低聚物，如 2-甲基丙烯的二聚。又如：

$$2HC{\equiv}CH \xrightarrow[80\sim84\ ^\circ C]{CuCl-NH_4Cl} \underset{\text{丁-1-烯-3-炔}}{CH_2{=}CH{-}C{\equiv}CH} \xrightarrow[CuCl-NH_4Cl]{HC\equiv CH} \underset{\text{己-1,5-二烯-3-炔}}{CH_2{=}CH{-}C{\equiv}C{-}CH{=}CH_2}$$

工业上利用乙炔二聚制备乙烯基乙炔。它是生产氯丁橡胶及丁烯酮等的原料。乙烯基乙炔有毒，对人体有刺激和麻醉作用，使用时应注意防护。

(b) 由许多分子聚合而成的相对分子质量很大的聚合物，称为高聚物，亦称高分子化合物。能进行聚合反应的低相对分子质量的化合物称为单体。例如，在 Ziegler-Natta 催化剂[如 $TiCl_4-Al(C_2H_5)_3$ 等]的作用下，乙烯、丙烯可以聚合为聚乙烯、聚丙烯，它们广泛用于合成材料工业，统称聚烯烃。

$$n\,\overset{\displaystyle CH_3}{\overset{|}{C}H}{=}CH_2 \xrightarrow[50\ ^\circ C,\ 2\ MPa]{TiCl_4-Al(C_2H_5)_3} {+}\overset{\displaystyle CH_3}{\overset{|}{C}H}{-}CH_2{+}_n$$

由两种或两种以上不同单体进行的聚合反应，称为共聚反应。例如，乙丙橡胶就是由乙烯和丙烯按一定比例共聚而成的。

$$n\,H_2C{=}CH_2 + n\,H\overset{\displaystyle CH_3}{\overset{|}{C}}{=}CH_2 \longrightarrow \left[CH_3{-}CH_2{-}\overset{\displaystyle CH_3}{\overset{|}{C}H}{-}CH_2\right]_n$$

在 Ziegler-Natta 催化剂作用下，乙炔也可直接聚合成聚乙炔。它有顺和反两种异构体：

$$n\,HC{\equiv}CH \longrightarrow {+}CH{=}CH{+}_n$$

顺聚乙炔：$\left[\ \overset{H}{\ }\!\!\diagdown C{=}C \diagup\!\!\overset{H}{\ }\ \right]_n$

反聚乙炔：$\left[\ \text{H}{-}C{=}C{-}\text{H}\ (\text{反式})\ \right]_n$

顺聚乙炔　　反聚乙炔

聚乙炔分子具有单、双键交替结构，有较好的导电性，因此，聚乙炔薄膜可用于包装计算机元件以消除其静电。若在聚乙炔中掺杂 I_2, Br_2 或 BF_3 等 Lewis 酸，其电导率可提高到金属水平，因此称为“合成金属”。高相对分子质量的线形聚乙炔是不溶、不熔的结晶性高聚物半导体，对氧敏感。聚乙炔加工很困难，为了加工方便，现仍致力于合成高顺式聚乙炔，并致力于将聚乙炔作为太阳能电池、电极和半导体材料的研究。Heeger A J, MacDiarmid A G 和 Shirakawa H 因为导电聚合物方面的研究而获得 2000 年诺贝尔化学奖。

3.5.7 烯烃 α-氢原子的反应

在烯烃分子中，α-碳原子是 sp^3 杂化的，而与之直接相连的双键碳原子是 sp^2 杂化的，由于 sp^2 杂化碳原子比 sp^3 杂化碳原子具有更大的电负性，它吸引电子，即诱导效应的影响，导致 α-氢原子具有一定的活泼性；另外，α-碳氢 σ 键与 C═C 双键之间的 σ,π-超共轭效应使 σ 电子发生一定程度离域，也使得 α-氢原子具有一定的活泼性。这两种电子效应的影响，使 α-氢原子表现得比较活泼，容易发生卤化反应和氧化反应。

(1) 卤化反应　烯烃与氯不仅能进行加成反应，也能发生 α-氢原子被氯原子取代的反应，这主要取决于反应温度的高低。在较低温度下，主要发生加成反应；在较高温度或卤素的浓度较低时，则主要发生取代反应。例如，丙烯与氯在 500～510 ℃ 主要发生 α-氢原子被取代的反应，生成 3-氯丙烯。

$$CH_3-CH=CH_2 + Cl_2 \xrightarrow[75\%\sim80\%\text{(以}Cl_2\text{计)}]{500\sim510\ ^\circ C} ClCH_2-CH=CH_2 + HCl$$

这是工业上生产 3-氯丙烯的方法。它主要用于制备烯丙醇、环氧氯丙烷、甘油等。

与烷烃的卤化反应相似，烯烃的 α-卤化反应也是受过氧化物、光照或高温引发，按自由基机理进行的链反应。例如，丙烯高温氯化的反应机理如下：

$$Cl_2 \xrightarrow{\text{高温}} 2\,Cl\cdot$$

$$Cl\cdot + CH_3-CH=CH_2 \longrightarrow \cdot CH_2-CH=CH_2 + HCl$$

$$\cdot CH_2-CH=CH_2 + Cl_2 \longrightarrow ClCH_2-CH=CH_2 + Cl\cdot$$

如果采用其他卤化试剂，反应也可在较低温度下进行。例如，用 *N*-溴代丁二酰亚胺（*N*-bromosuccinimide，简称 NBS）为溴化剂，α-溴化可以在较低温度下进行，且双键不受影响。例如：

$$\text{环己烯} + \text{NBS} \xrightarrow[82\%\sim87\%]{\text{过氧化苯甲酰},\ CCl_4,\ \triangle} \text{3-溴环己烯} + \text{丁二酰亚胺}$$

N-溴代丁二酰亚胺　　　　丁二酰亚胺

上述烯烃中的 α-氢原子，与丙烯的 α-氢原子相似，这种特定的 α-氢原子，称为烯丙（基）型氢原子。它是比较活泼的氢原子，通常比叔氢原子还容易被取代，其原因除了上述静态电子效应的影响外，还与反应过程中生成的烯丙型自由基的稳定性有关（见第四章 4.3.2 节）。

当 α-烯烃的烷基不止一个碳原子时，卤化结果主要得到重排产物。例如：

$$CH_3(CH_2)_4CH_2CH=CH_2 \xrightarrow[\text{过氧化苯甲酰}]{NBS} CH_3(CH_2)_4\underset{Br}{CH}CH=CH_2 + CH_3(CH_2)_4CH=CH\underset{Br}{CH_2}$$

3-溴辛-1-烯，28%　　　1-溴辛-2-烯（顺，反），72%

两种产物均具有烯丙基结构,只是双键位次不同,其中 1-溴辛-2-烯是重排产物,这种重排称为烯丙基重排或烯丙位重排。

练习 3.18 完成下列反应式:

(1) $CH_3CH{=}CHCH_3 + Cl_2 \xrightarrow{\text{高温}}$ (2) $C_2H_5CH{=}CH_2 \xrightarrow[\text{过氧化苯甲酰}]{\text{NBS}}$

练习 3.19 1,2-二溴-3-氯丙烷可作为杀根瘤线虫的农药,请选择适当的原料合成之。

---

(2) 氧化反应 在特定条件下,氧化反应也发生在 α-碳原子上。例如,丙烯在空气中经催化氧化生成丙烯醛:

$$CH_2{=}CH{-}CH_3 + O_2 \xrightarrow[300\sim400\ ^\circ C,\ 0.2\sim0.3\ MPa]{\text{钼酸铋等}} CH_2{=}CH{-}CHO + H_2O$$

这是目前工业上生产丙烯醛的主要方法。丙烯醛是一种重要的有机合成中间体,可用于制造丙-1,3-二醇、饲料添加剂甲硫氨酸等,还可用作油田注水的杀菌剂。

与丙烯相似,在催化剂作用下,异丁烯用空气氧化生成 α-甲基丙烯醛,进一步氧化则生成 α-甲基丙烯酸。

$$CH_2{=}\overset{\overset{\large CH_3}{|}}{C}{-}CH_3 \xrightarrow[300\sim400\ ^\circ C]{O_2,\ Mo-W-Te} \underset{\alpha\text{-甲基丙烯醛}}{CH_2{=}\overset{\overset{\large CH_3}{|}}{C}{-}CHO} \xrightarrow[270\sim350\ ^\circ C]{O_2,\ \text{钼系杂多酸}} \underset{\alpha\text{-甲基丙烯酸}}{CH_2{=}\overset{\overset{\large CH_3}{|}}{C}{-}COOH}$$

α-甲基丙烯酸与甲醇反应生成 α-甲基丙烯酸甲酯。后者是生产有机玻璃的重要单体。由异丁烯氧化生产 α-甲基丙烯酸甲酯,是工业制法之一。

若丙烯的催化氧化反应在氨的存在下进行,则生成丙烯腈:

$$CH_2{=}CH{-}CH_3 + \frac{3}{2}O_2 + NH_3 \xrightarrow[450\ ^\circ C,\ 0.15\ MPa]{\text{磷钼铋系催化剂}} CH_2{=}CH{-}CN + 3H_2O$$

此反应既发生了氧化反应,也发生了氨化反应,故通常称为氨氧化反应。这是目前工业上生产丙烯腈的主要方法。它具有原料便宜易得、工艺简单、成本低廉等优点。丙烯腈是合成纤维、合成树脂和合成橡胶等的重要原料。

同样在氨的存在下,异丁烯被氧化成 α-甲基丙烯腈,然后依次与水、甲醇作用,也生成 α-甲基丙烯酸甲酯。

3.5.8 炔烃的活泼氢反应

(1) 炔氢的酸性 如前所述,三键碳原子、双键碳原子和烷烃的碳原子由于杂化状态不同,轨道中的 s 轨道成分含量不同,电负性大小也不同:

碳原子的杂化状态	sp	sp^2	sp^3
s 轨道成分含量/%	50	33	25
电负性	3.3	2.7	2.5

碳原子的电负性越大,与之相连的氢原子越容易离去,同时生成的碳负离子也越稳定。例如,乙炔、乙烯和乙烷形成的碳负离子的稳定性次序是

$$HC \equiv C^- > H_2C = CH^- > CH_3 - CH_2^-$$

由于稳定的碳负离子容易生成,因此乙炔比乙烯和乙烷容易生成碳负离子,即乙炔的酸性比乙烯和乙烷的强。它也比氨的酸性强,但比水的酸性弱。

	H_2O	$HC \equiv CH$	NH_3	$H_2C = CH_2$	$CH_3 - CH_3$
pK_a	15.7	25	38	44	51

(2) 金属炔化物的生成及应用 由于炔氢的活泼性(弱酸性),乙炔和端炔烃与烯烃和烷烃不同,能与碱金属(如钠或钾)或强碱(如氨基钠)等作用,生成金属炔化物。例如:

$$HC \equiv CH \xrightarrow[\text{或 } NaNH_2\text{, 液氨, } -33\ ^\circ C]{Na,\ 110\ ^\circ C} \underset{\text{乙炔钠}}{HC \equiv CNa}$$

$$CH_3CH_2C \equiv CH + NaNH_2 \xrightarrow{\text{液氨, } -33\ ^\circ C} CH_3CH_2C \equiv CNa + NH_3$$

炔基负离子既是强碱,也是好的亲核试剂,它能与卤甲烷或伯卤代烷发生亲核取代反应。乙炔和端炔烃的烷基化反应,可将低级炔烃转变为较高级炔烃。例如:

$$HC \equiv CNa + CH_3(CH_2)_3Br \xrightarrow{\text{液氨, } -33\ ^\circ C} \underset{75\%}{HC \equiv C(CH_2)_3CH_3}$$

$$CH_3CH_2C \equiv CNa + CH_3CH_2Br \xrightarrow[6\ h]{\text{液氨, } -33\ ^\circ C} \underset{75\%}{CH_3CH_2C \equiv CCH_2CH_3}$$

这是制备炔烃的重要方法之一。利用仲卤代烷和叔卤代烷进行上述反应时,则主要生成消除产物。例如:

$$HC \equiv CNa + H - CH_2 - \underset{CH_3}{\overset{CH_3}{\underset{|}{\overset{|}{C}}}} - Br \longrightarrow HC \equiv CH + CH_2 = \overset{CH_3}{\overset{|}{C}} - CH_3$$

(3) 炔烃的鉴定 乙炔和端炔烃分子中的炔氢,还可以被 Ag^+ 或 Cu^+ 置换,分别生成炔银和炔亚铜。例如,将乙炔或端炔烃分别加入硝酸银氨溶液或氯化亚铜氨溶液中,则生成炔银或炔亚铜沉淀。

$$HC \equiv CH + 2\,Ag(NH_3)_2NO_3 \longrightarrow \underset{\text{乙炔银(白色)}}{AgC \equiv CAg \downarrow} + 2\,NH_4NO_3 + 2\,NH_3$$

$$CH_3CH_2C \equiv CH + Ag(NH_3)_2NO_3 \longrightarrow \underset{\text{丁炔银}}{CH_3CH_2C \equiv CAg \downarrow} + NH_4NO_3 + NH_3$$

$$HC \equiv CH + 2\,Cu(NH_3)_2Cl \longrightarrow \underset{\text{乙炔亚铜(棕红色)}}{CuC \equiv CCu \downarrow} + 2\,NH_4Cl + 2\,NH_3$$

上述反应非常灵敏，现象明显，可用于乙炔和端炔烃的鉴定。炔金属衍生物容易被盐酸、硝酸分解为原来的炔烃。例如：

$$CuC{\equiv}CCu + 2\,HCl \longrightarrow HC{\equiv}CH + 2\,CuCl$$

$$CH_3CH_2C{\equiv}CAg + HNO_3 \longrightarrow CH_3CH_2C{\equiv}CH + AgNO_3$$

可以利用此性质分离和精制乙炔和端炔烃。

炔银和炔亚铜等重金属炔化物，潮湿时比较稳定，干燥的金属炔化物受撞击、震动或受热容易发生爆炸(至少在空气中如此)。为避免危险，实验后应立即用酸处理。

练习 3.20 由丙炔及必要的原料合成庚-2-炔。

练习 3.21 为了合成 2,2-二甲基己-3-炔，除用氨基钠和液氨外，现有以下几种原料可供选择，你认为选择什么原料和路线合成较为合理？

(1) $CH_3CH_2C{\equiv}CH$　　(2) $(CH_3)_3CC{\equiv}CH$

(3) CH_3CH_2Br　　(4) $(CH_3)_3CBr$

练习 3.22 完成下列反应式：

(1) $CH_3CH_2C{\equiv}CNa + H_2O \longrightarrow$

(2) $(CH_3)_3CC{\equiv}CH \xrightarrow[\text{② } CH_3I]{\text{① } NaNH_2\text{, 液氨}}$

(3) $C_6H_{11}{-}C{\equiv}CLi + CH_3CH_2CH_2Br \longrightarrow$ （环己基）

(4) $(CH_3)_2CHCH_2C{\equiv}CH \xrightarrow[\text{② } CH_3(CH_2)_3Cl]{\text{① } Na}$

练习 3.23 试将己-1-炔和己-3-炔的混合物分离成各自的纯品。

3.6 烯烃和炔烃的工业来源和制法

3.6.1 低级烯烃的工业来源

(1) 石油裂解气　利用石油某一馏分或天然气 (除主要含甲烷外，还含有较多的乙烷、丙烷等)为原料，与水蒸气混合，在 750～930 ℃ 经高温快速 (通常不到 1 s) 裂解 (热裂解)，然后冷却至 300～400 ℃，生成低级烃的混合物 (裂解气)，最后经分离得到乙烯和丙烯。由乙烷、丙烷、丁烷和石脑油 (从石油分离出的一种馏分) 热裂解生成的产品如表 3-3 所示。目前工业上利用热裂解大规模生产乙烯和丙烯。乙烯的产量被认为是衡量一个国家石油化学工业发展水平的标志。

化合物：乙烯

表 3-3　石油馏分热裂解的产品分布（质量分数/%）

产品组成	乙烷	丙烷	丁烷	石脑油
氢	3.3	1.2	0.7	1.0
甲烷	5.1	25.3	23.3	15.0
乙炔	0.2	0.3	0.5	0.6
乙烯	47.7	36.6	31.2	31.3
乙烷	37.7	6.5	7.3	3.4
丙烯	2.1	14.1	17.8	13.1
丙烷	0.4	8.1	0.9	0.6
丁二烯	1.7	2.9	1.7	4.2
丁烯和丁烷			6.5	2.8
汽油	1.8	5.0	10.1	22.0
燃料油				6.0

（2）炼厂气　乙烯和丙烯还可以由炼油厂炼制石油时所得到的炼厂气分离得到。炼厂气组成的一个实例如表 3-4 所示。

表 3-4　炼厂气组成实例（酸性气体和惰性气体已除去）

成分	体积分数/%	成分	体积分数/%
氢	12.5	丙烯	1.8
甲烷	44.8	丙烷	6.2
乙烯	9.5	> C_4 的烃类	2.4
乙烷	22.8		

3.6.2　乙炔的工业生产

化合物:
乙炔

（1）电石法　生石灰和焦炭在高温炉中加热生成碳化钙（电石），后者与水反应生成乙炔（电石气）：

$$CaO + 3C \xrightarrow{2\,200 \sim 2\,300\ ^\circ C} CaC_2 + CO$$

$$CaC_2 + 2H_2O \longrightarrow HC{\equiv}CH + Ca(OH)_2$$

这是目前生产乙炔的方法之一，但生产电石能耗大，成本高，故发展受到限制。

（2）部分氧化法　高温下，天然气（甲烷）被氧气部分氧化裂解生成乙炔。

$$2CH_4 \xrightarrow[0.01 \sim 0.000\,1\ s]{1\,500 \sim 1\,600\ ^\circ C} HC{\equiv}CH + 3H_2$$

产物中除乙炔（8%～9%）外，还有未反应的甲烷（24%～25%）、H_2（54%～56%）、CO（4%～6%）、CO_2（3%～4%）、O_2（0～0.04%），因此乙炔必须用溶剂进行提取（提浓）。采用 *N*-甲基吡咯烷-2-酮（*N*-methylpyrrolid-2-one，缩写为 NMP）提取乙炔，效果较好。

3.6.3 烯烃的制法

制备烯烃的重要方法是在分子中形成碳碳双键, 常用的实验室制法如下。

(1) 醇脱水 例如:

$$CH_3-\underset{OH}{\overset{CH_3}{C}}-CH_2-CH_3 \xrightarrow[<100\ ^\circ C]{浓\ H_2SO_4} CH_3-\overset{CH_3}{C}=CH-CH_3$$

2-甲基丁-2-醇　　　　70%

(2) 卤代烷脱卤化氢 例如:

$$CH_3CH_2\underset{Cl}{CH}CH_3 \xrightarrow[\triangle]{KOH\ (醇)} \underset{80\%}{CH_3CH=CHCH_3} + \underset{20\%}{CH_3CH_2CH=CH_2}$$

(3) 过渡金属催化的交叉偶联反应 卤代烃与烯烃的偶联反应, 即 Heck 反应。例如:

$$PhI + CH_2=CHPh \xrightarrow[100\ ^\circ C,\ 2\ h]{1\%Pd(OAc)_2,\ NBu_3} PhCH=CHPh\ (75\%)$$

人物:
Heck R F

Heck 反应是有机合成中构建碳碳键的最有效方法之一, 因其在碳碳键偶联方面的突出贡献, 美国化学家 Heck R F 与发现构建碳碳键其他方法的两位日本化学家 Negishi E 和 Suzuki A 共同获得 2010 年诺贝尔化学奖。

除了上述介绍的几种方法外, Wittig 反应 [见第十一章 11.5.1节(8)] 和烯烃复分解反应 (见第十六章 16.7.4 节) 也是合成烯烃的有效方法。

3.6.4 炔烃的制法

制备炔烃主要有两条途径: 分子中无碳碳三键时, 从相邻两个碳原子上各脱去两个一价的原子或基团形成碳碳三键; 利用已有碳碳三键的化合物经金属炔化物的烷基化, 制备需要的炔烃。

(1) 二卤代烷脱卤化氢 例如:

$$(CH_3)_3C-\underset{Br}{CH}-\underset{Br}{CH_2} \xrightarrow[-2HBr]{叔丁醇钾,\ \triangle} (CH_3)_3C-C\equiv CH$$

1, 2-二溴-3, 3-二甲基丁烷　　　　91%

$$CH_3(CH_2)_4CH_2CHCl_2 \xrightarrow[②\ H^+]{①\ NaNH_2} CH_3(CH_2)_4C\equiv CH$$

1, 1-二氯庚烷　　　　60%

(2) 乙炔或端炔烃的烷基化 例如:

$$HC\equiv CH \xrightarrow[-33\ ^\circ C]{NaNH_2,\ 液\ NH_3} HC\equiv CNa \xrightarrow[-33\ ^\circ C]{CH_3(CH_2)_3Br,\ 液\ NH_3} HC\equiv C(CH_2)_3CH_3$$

80%

习题

(一) 用系统命名法命名下列各化合物:

(1) 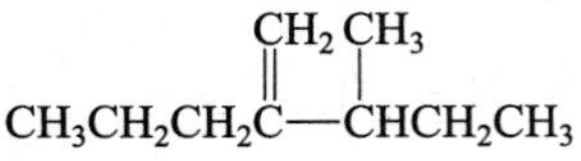 $CH_3CH_2CH_2C(=CH_2)—CH(CH_3)CH_2CH_3$

(2) $(CH_3)_2CHC{\equiv}CC(CH_3)_3$

(3) 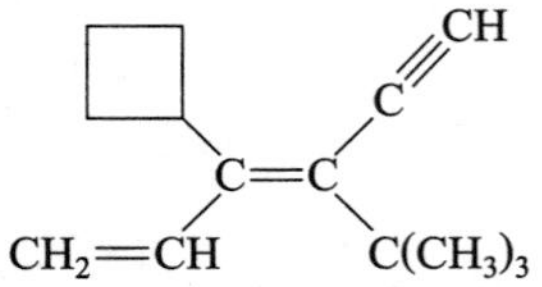 环丁基和 $CH_2{=}CH$ 连在同一个双键碳上；另一个双键碳连 $C{\equiv}CH$ 和 $C(CH_3)_3$

(4) 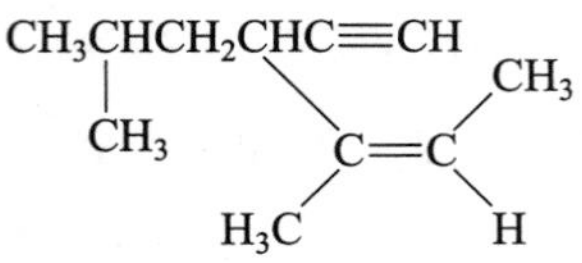 $CH_3CH(CH_3)CH_2CH(C{\equiv}CH)—C(CH_3){=}C(CH_3)H$（$H_3C$ 与 CH_3 处于相对位置）

(5) 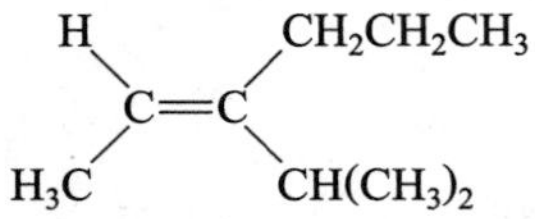 $(H)(H_3C)C{=}C(CH_2CH_2CH_3)(CH(CH_3)_2)$

(6) 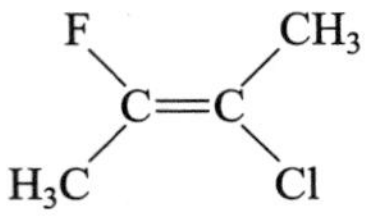 $(F)(H_3C)C{=}C(CH_3)(Cl)$

(7) 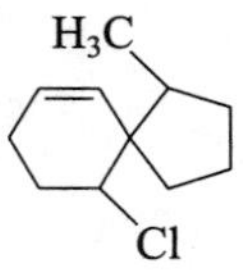 螺环化合物（取代基为 H_3C、Cl）

(8) 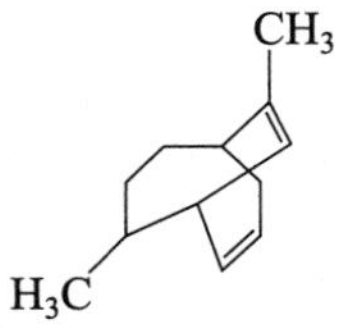 双环化合物（取代基为 CH_3、H_3C）

(二) 写出下列化合物的结构式,检查其命名是否正确,如有错误予以改正,并写出正确的系统名称。

(1) 顺-2-甲基戊-3-烯　　(2) 反丁-1-烯

(3) 1-溴异丁烯　　(4) (*E*)-3-乙基戊-3-烯

(三) 完成下列反应式:

(1) 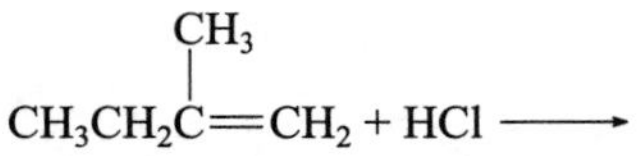 $CH_3CH_2C(CH_3){=}CH_2 + HCl \longrightarrow$

(2) $F_3CCH{=}CH_2 + HCl \longrightarrow$

(3) $(CH_3)_2C{=}CH_2 + Br_2 \xrightarrow[\text{水溶液}]{NaCl}$

(4) $CH_3CH_2C{\equiv}CH \xrightarrow[\text{② } H_2O_2,\ ^{-}OH,\ H_2O]{\text{① } 1/2(BH_3)_2}$

(5) 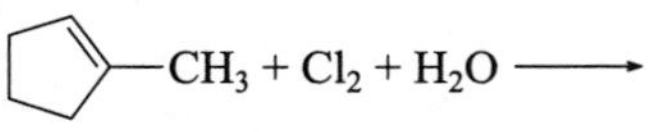 1-甲基环戊烯 $+ Cl_2 + H_2O \longrightarrow$

(6) 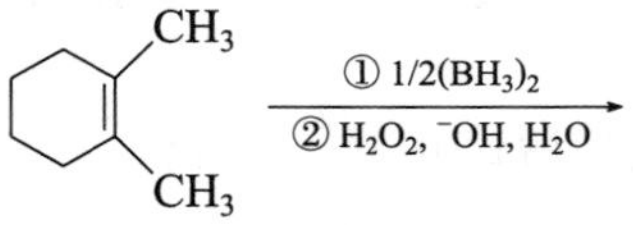 1,2-二甲基环己烯 $\xrightarrow[\text{② } H_2O_2,\ ^{-}OH,\ H_2O]{\text{① } 1/2(BH_3)_2}$

(7) 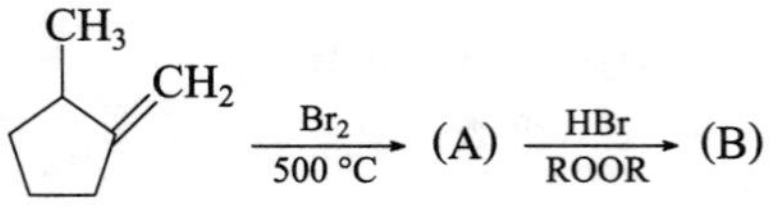 2-甲基-1-亚甲基环戊烷 $\xrightarrow[500\ ^{\circ}C]{Br_2}$ (A) $\xrightarrow[ROOR]{HBr}$ (B)

(8) $(CH_3)_2CHC{\equiv}CH \xrightarrow[\text{过量}]{HBr}$

(9) $C_2H_5C{\equiv}CH + H_2O \xrightarrow[H_2SO_4]{HgSO_4}$

(10) 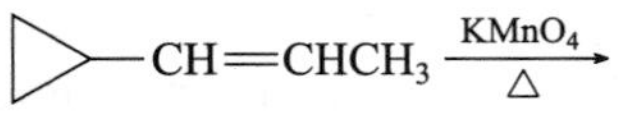 环丙基$—CH{=}CHCH_3 \xrightarrow[\triangle]{KMnO_4}$

(11) 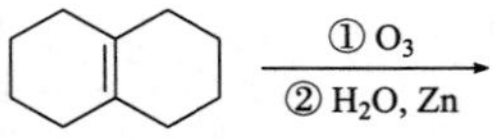 双环化合物（十氢萘类，环连接处为双键）$\xrightarrow[\text{② } H_2O,\ Zn]{\text{① } O_3}$

(12) 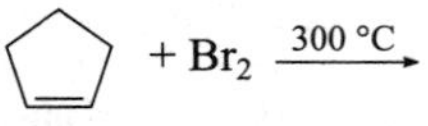 环戊烯 $+ Br_2 \xrightarrow{300\ ^{\circ}C}$

(13) 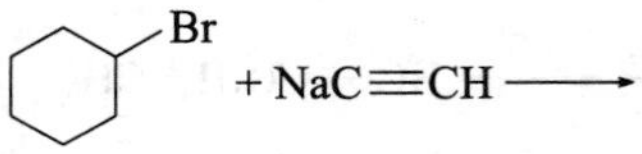 溴代环己烷 $+ NaC{\equiv}CH \longrightarrow$

(14) 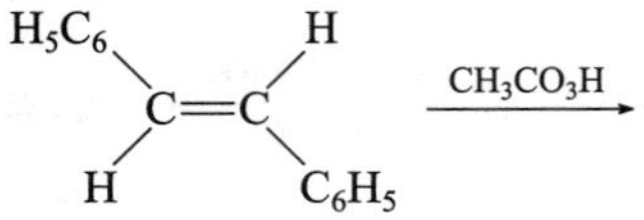 $(H_5C_6)(H)C{=}C(H)(C_6H_5)$ $\xrightarrow{CH_3CO_3H}$

(四) 用简便的化学方法鉴别下列各组化合物:

(1) (A) 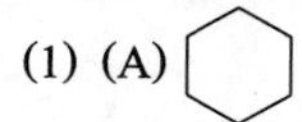　　(B) 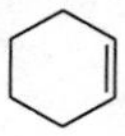　　(C)

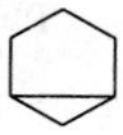

(2) (A) $(C_2H_5)_2C{=}CHCH_3$　　(B) $CH_3(CH_2)_4C{\equiv}CH$　　(C) 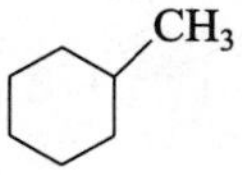 CH_3

(五) 在下列各组化合物中,哪一个比较稳定?为什么?

(1) 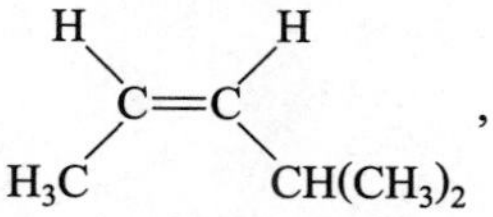 H　H　C=C　H_3C　$CH(CH_3)_2$,　H　$CH(CH_3)_2$　C=C　H_3C　H

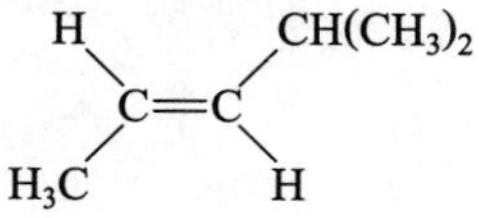

(2) CH_3 ,　CH_3

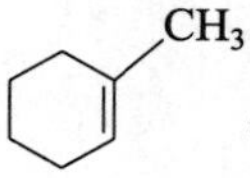

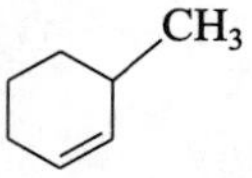

(3) 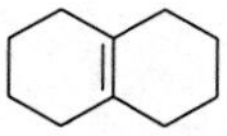 , 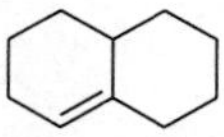 ,

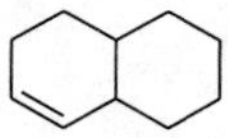

(4) 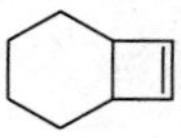 ,

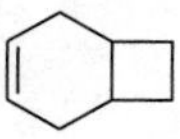

(5) 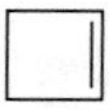 ,  ,

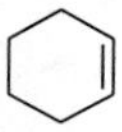

(6) 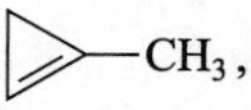 $—CH_3$, $=CH_2$

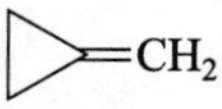

(六) 双键遇强酸中质子或碳正离子可形成碳正离子,是一种基元反应。反应过程中,双键提供 π 电子与质子或碳正离子结合,并生成新的碳正离子。例如:

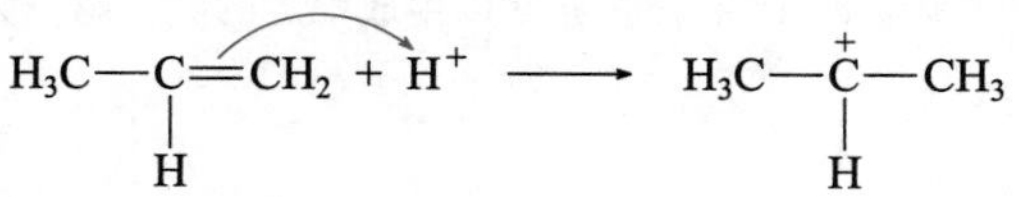

$$H_3C—\underset{\displaystyle H}{\underset{|}{C}}{=}CH_2 + H^+ \longrightarrow H_3C—\underset{\displaystyle H}{\underset{|}{\overset{+}{C}}}—CH_3$$

请用弯箭头表示下列反应的电子转移过程。

(1) 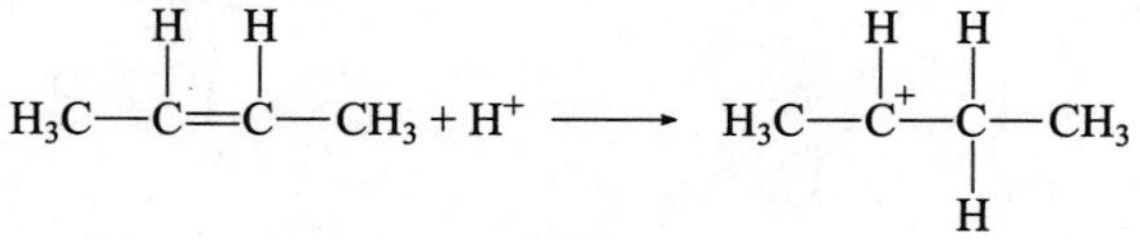 $H_3C—\overset{\displaystyle H}{\overset{|}{C}}{=}\overset{\displaystyle H}{\overset{|}{C}}—CH_3 + H^+ \longrightarrow H_3C—\overset{\displaystyle H}{\overset{|}{\overset{+}{C}}}—\underset{\displaystyle H}{\underset{|}{\overset{\displaystyle H}{\overset{|}{C}}}}—CH_3$

(2) 6 5 1 4 2 3 $+ H^+ \longrightarrow$ 6 5 + 1 H 4 2 H 3 H

(3) $H_3C—\overset{\displaystyle H}{\overset{|}{C}}{=}\overset{\displaystyle H}{\overset{|}{C}}—CH_3 + H—Cl \longrightarrow H_3C—\overset{\displaystyle H}{\overset{|}{\overset{+}{C}}}—\underset{\displaystyle H}{\underset{|}{\overset{\displaystyle H}{\overset{|}{C}}}}—CH_3 + Cl^-$

(4) $+ H—Br \longrightarrow$ + $+ Br^-$

(5) 3 2 1 + + $\longrightarrow$ 3 + 2 1

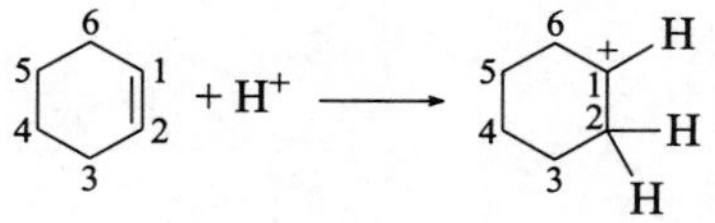

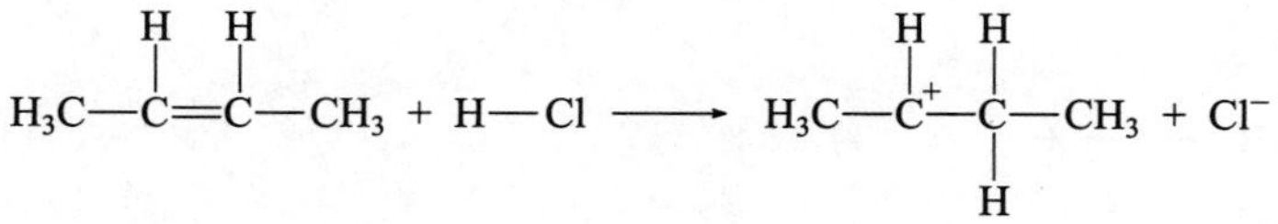

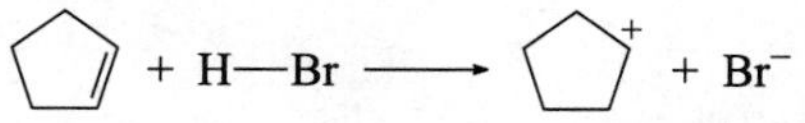

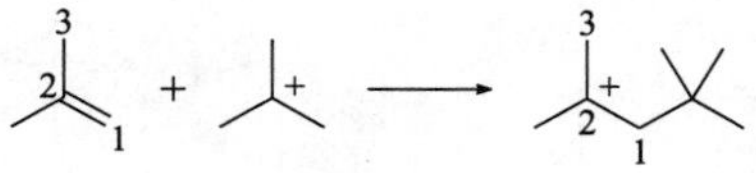

(6) 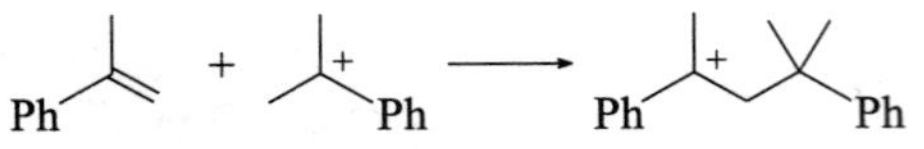 Ph + Ph ⟶ Ph Ph

(7) 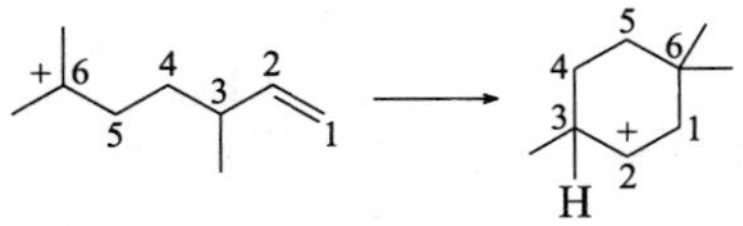 $\longrightarrow$

(七) 根据弯箭头所示，写出下列基元反应所形成的碳正离子。

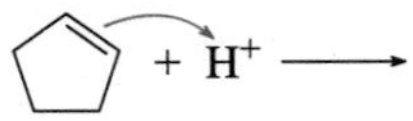

(1) 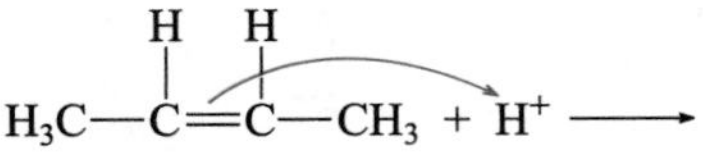 $H_3C-CH=CH-CH_3 + H^+ \longrightarrow$ (　　　　)

(2) + $H^+ \longrightarrow$ (　　　　)

(3) $H_3C-C(CH_3)=C(CH_3)-CH_3 + H-Cl \longrightarrow$ (　　　　)

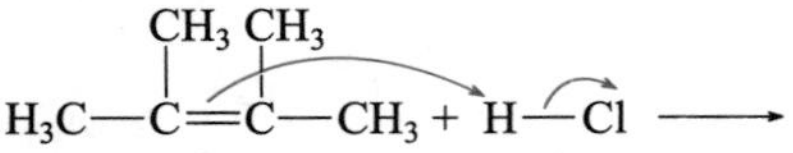

(4) 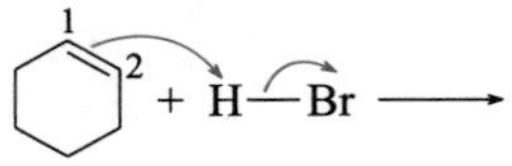 + $H-Br \longrightarrow$ (　　　　)

(5) 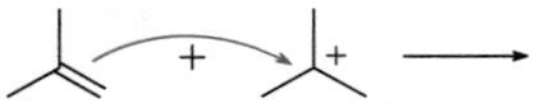 + $\longrightarrow$ (　　　　)

(八) 将下列各组活性中间体按稳定性由大到小排列成序：

(1) (A) $CH_3\overset{+}{C}HCH_3$, (B) $Cl_3C\overset{+}{C}HCH_3$, (C) $(CH_3)_3\overset{+}{C}$

(2) (A) $(CH_3)_2CHCH_2\dot{C}H_2$, (B) $(CH_3)_2\dot{C}CH_2CH_3$, (C) $(CH_3)_2CH\dot{C}HCH_3$

(九) 不对称双键与质子或碳正离子结合时，通常以生成稳定的碳正离子为主。请写出下列基元反应形成的碳正离子。

(1) $H_3C-CH=CH-CH_3 + H^+ \longrightarrow$ (　　　　)

(2) $H_3C-CH=CH_2 + H^+ \longrightarrow$ (　　　　)

(3) $F_3C-CH=CH_2 + H-Cl \longrightarrow$ (　　　　) + Cl^-

(4) 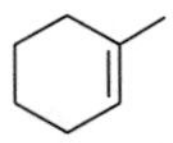 + $H^+ \longrightarrow$ (　　　　)

(5) $H_3C-C(CH_3)=CH_2 + H^+ \longrightarrow$ (　　　　)

(6)  + $\longrightarrow$ (　　　　)

(7) 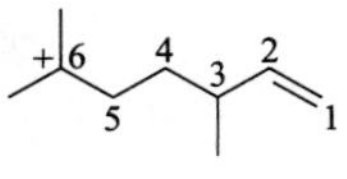 $\longrightarrow$ (　　　　)

(8) 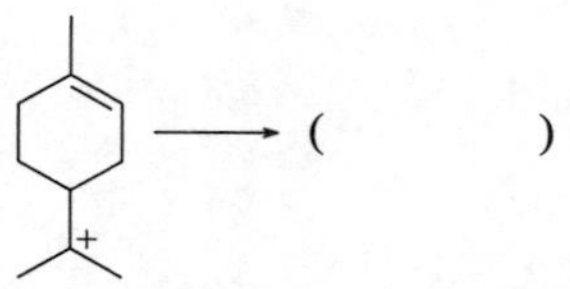 ⟶ (　　　)

（十）碳正离子可以发生被称为 1，2-迁移的重排反应，重排后，C2 上的取代基迁移至 C1，并在 C2 上形成碳正离子：

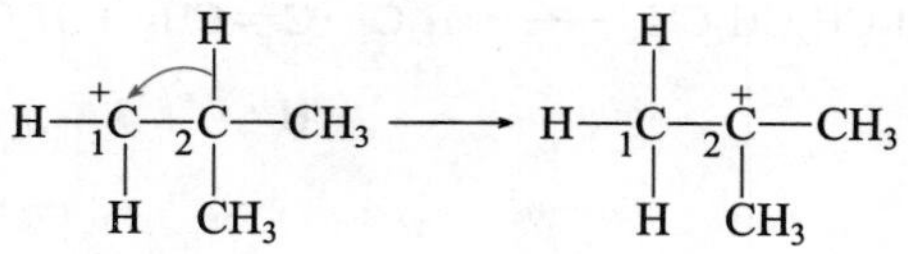

$$H-\overset{+}{C}_1H_2-C_2H(CH_3)-CH_3 \longrightarrow H-C_1H_2(H)-\overset{+}{C}_2(CH_3)-CH_3$$

请使用弯箭头解释下述重排过程。

(1) 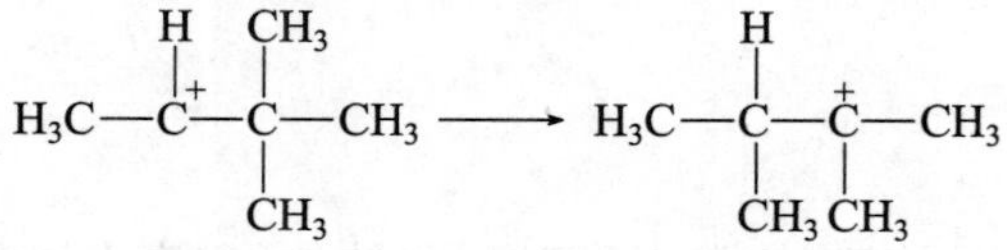 $H_3C-\overset{+}{C}H-C(CH_3)_2-CH_3 \longrightarrow H_3C-CH(CH_3)-\overset{+}{C}(CH_3)-CH_3$

(2) 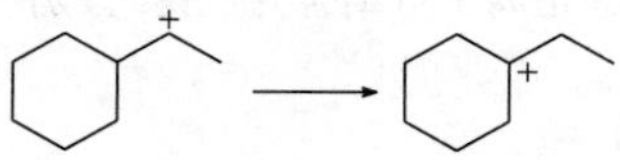 ⟶

(3) 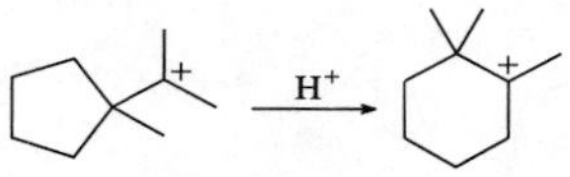 $\xrightarrow{H^+}$

(4) 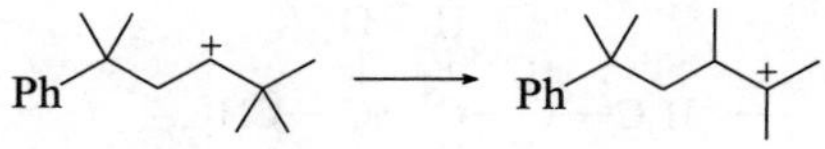 Ph ⟶ Ph

(5) 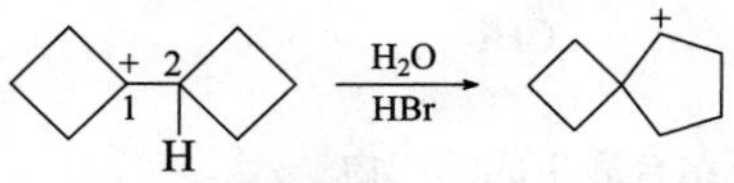 $\xrightarrow[HBr]{H_2O}$

（十一）碳正离子重排过程中，倾向于重排成更稳定的碳正离子，试写出下列碳正离子重排后的结构。

(1) $CH_3CH_2\overset{+}{C}H_2$　(2) $(CH_3)_2CH\overset{+}{C}HCH_3$　(3) $(CH_3)_3C\overset{+}{C}HCH_3$　(4) 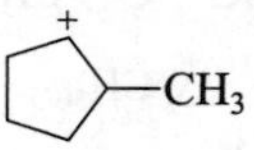 $-CH_3$

(5) 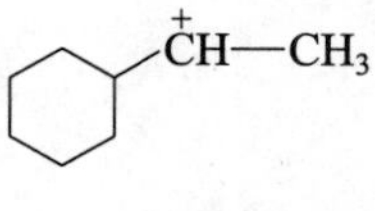 $-\overset{+}{C}H-CH_3$　(6) 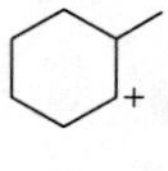　(7) 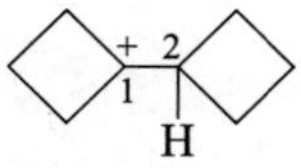　(8) 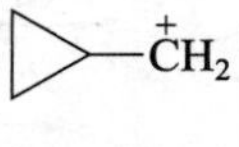 $-\overset{+}{C}H_2$

（十二）碳正离子可发生重排（1，2-迁移），还可发生 β 断裂，即 C2 键的断裂，形成质子或碳正离子离去，同时 C1，C2 之间形成双键：

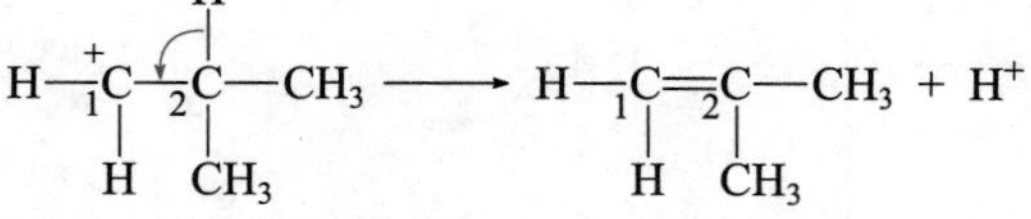

$$H-\overset{+}{C}_1H_2-C_2H(CH_3)-CH_3 \longrightarrow H-C_1H=C_2(CH_3)-CH_3 + H^+$$

试为下列各式左侧补充弯箭头，解释基元反应的机理。（可为键线式补充省略的氢。）

(1) 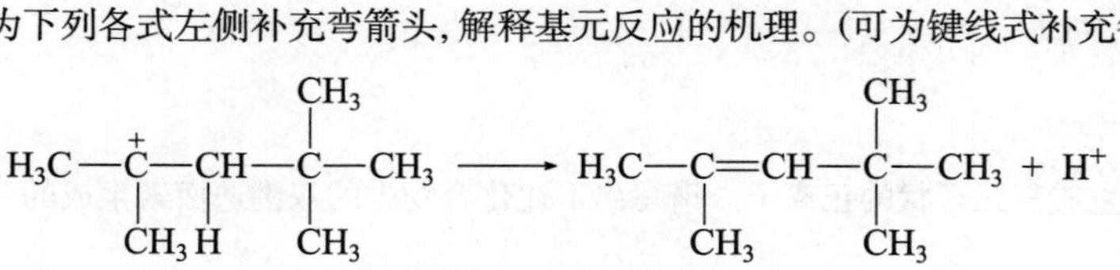 $H_3C-\overset{+}{C}(CH_3)-CH(H)-C(CH_3)_2-CH_3 \longrightarrow H_3C-C(CH_3)=CH-C(CH_3)_2-CH_3 + H^+$

(2) 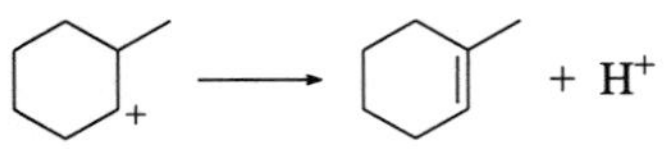

(3) 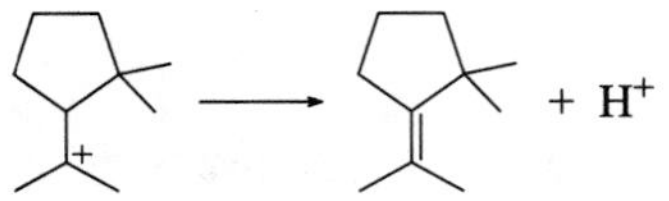

(4) $H_3C-\overset{+}{C}H-CH_2-CH_2CH_2CH_2CH_3 \longrightarrow H_3C-CH=CH_2 + H_2\overset{+}{C}-CH_2CH_2CH_3$

(5) 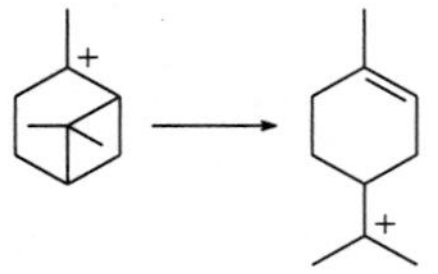

(6) 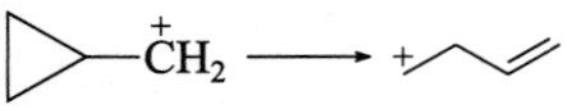

(十三) 分子或负离子中具有孤对电子的原子具有亲核性，遇碳正离子可结合并成键，分别生成正离子或中性分子：

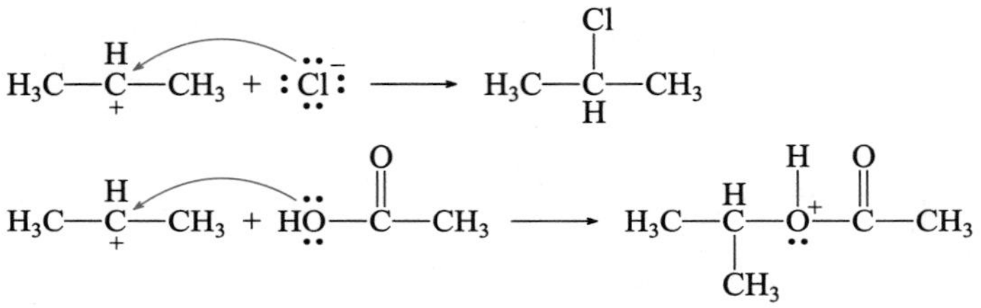

请根据弯箭头所示，写出碳正离子与下述分子或负离子结合后生成的产物。

(1) 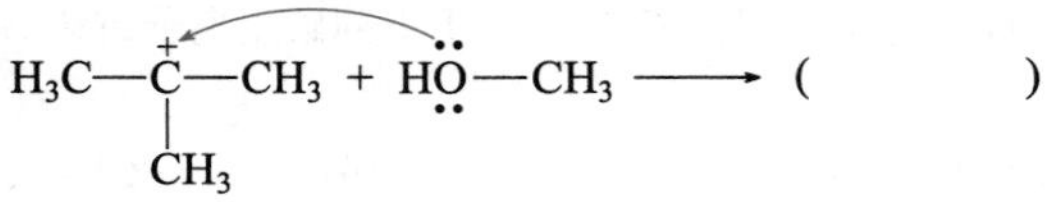

(2) 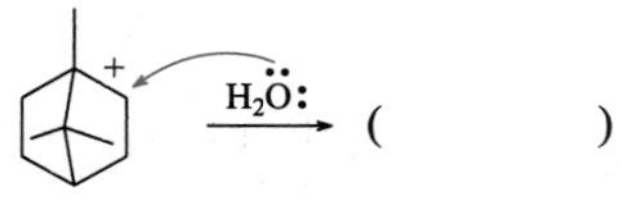

(3) 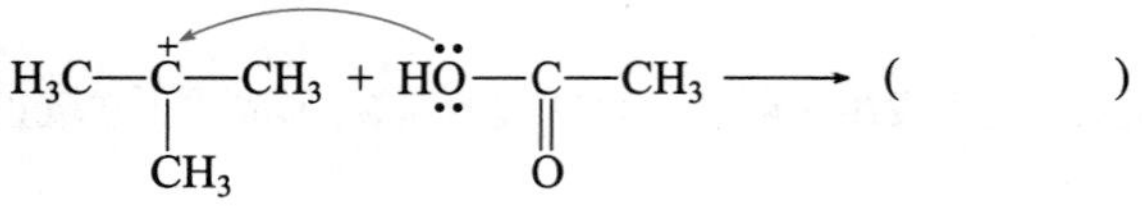

(4) 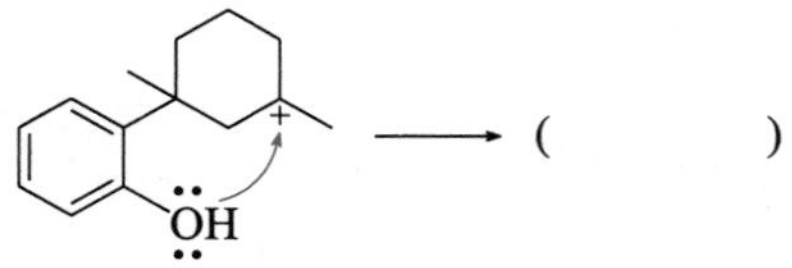

(5) 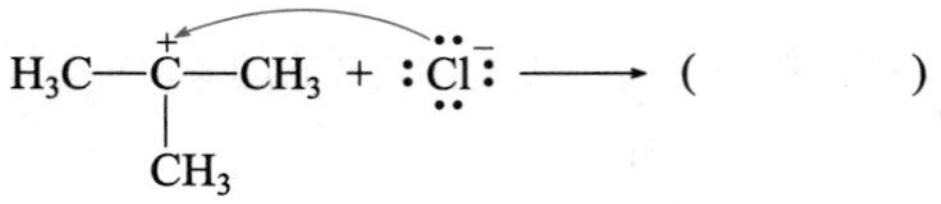

(十四) 双键遇卤素可生成三元环状的正离子。请写出下述化合物中的双键遇卤素生成的三元环状的正离子。

(1) 环己烯 + Cl—Cl ⟶ (　　　)　(2) HO_2C-环己烯 + I—I ⟶ (　　　)

(3) 双环化合物 + Br—Br ⟶ (　　　)　(4) 双环胺 + I—I ⟶ (　　　)

(十五) 在聚丙烯生产中，常用己烷或庚烷作溶剂，但要求溶剂中不能有不饱和烃。如何检验溶剂中有无不饱和烃杂质？若有，如何除去？

(十六) 解释下列实验事实：

$$(CH_3)_3C—CH{=}CH_2 + Br_2 \xrightarrow[0\ ^\circ C]{CH_3OH} (CH_3)_3C—CH(Br)—CH_2Br\ (45\%) + (CH_3)_3C—CH(Br)—CH_2OCH_3\ (44\%)$$

$$CH_3(CH_2)_3CH{=}CH_2 + Br_2 \xrightarrow[0\ ^\circ C]{CH_3OH} CH_3(CH_2)_3CH(Br)—CH_2Br\ (31\%) + CH_3(CH_2)_3CH(OCH_3)—CH_2Br + CH_3(CH_2)_3CH(Br)—CH_2OCH_3$$

后两者之比为 4～5 : 1，合计 59%

(十七) 写出下列各反应的机理：

(1) 环己基$—CH{=}CH_2 \xrightarrow{HBr}$ 1-溴-1-乙基环己烷（CH_2CH_3，Br）

(2) H_3C-八氢萘（双键）$\xrightarrow[ROOR]{HBr}$ H_3C-，Br-十氢萘

(3) $(CH_3)_2C{=}CHCH_2CH(CH_3)CH{=}CH_2 \xrightarrow{H^+}$ 环己烯（4,4-二甲基（H_3C，CH_3），1-CH_3）

(十八) 预测下列反应的主要产物，并说明理由。

(1) $CH_2{=}CHCH_2C{\equiv}CH \xrightarrow[HgCl_2]{HCl}$　(2) $CH_2{=}CHCH_2C{\equiv}CH \xrightarrow[Pd-CaCO_3,\ 喹啉]{H_2}$

(3) $CH_2{=}CHCH_2C{\equiv}CH \xrightarrow[KOH]{C_2H_5OH}$　(4) $CH_2{=}CHCH_2C{\equiv}CH \xrightarrow{C_6H_5CO_3H}$

(5) 六氢萘 $\xrightarrow[(1当量)]{CH_3CO_3H}$　(6) $(CH_3)_3C—CH{=}CH_2 \xrightarrow{稀\ HI}$

(十九) 写出下列反应物的构造式：

(1) $C_2H_4 \xrightarrow{KMnO_4,\ H_3O^+} 2\,CO_2 + 2\,H_2O$

(2) $C_6H_{12} \xrightarrow{KMnO_4,\ ^-OH,H_2O} \xrightarrow{H_3O^+} (CH_3)_2CHCOOH + CH_3COOH$

(3) $C_6H_{12} \xrightarrow{KMnO_4,\ ^-OH,H_2O} \xrightarrow{H_3O^+} (CH_3)_2CO + C_2H_5COOH$

(4) $C_6H_{10} \xrightarrow{KMnO_4,\ ^-OH,H_2O} \xrightarrow{H_3O^+} 2\,CH_3CH_2COOH$

(5) $C_8H_{12} \xrightarrow{KMnO_4,\ ^-OH, H_2O} \xrightarrow{H_3O^+} (CH_3)_2CO + HOOCCH_2CH_2COOH + CO_2$

(6) C_7H_{12} ─┬─ $\xrightarrow{2H_2, Pt}$ $CH_3CH_2CH_2CH_2CH_2CH_2CH_3$
　　　　　└─ $\xrightarrow[NH_3 \cdot H_2O]{AgNO_3}$ $C_7H_{11}Ag$

(二十) 根据下列反应中各化合物的酸碱性, 试判断每个反应能否发生 (pK_a 的近似值: ROH 为 16, NH_3 为 38, RC≡CH 为 25, H_2O 为 15.7)。

(1) $RC \equiv CH + NaNH_2 \longrightarrow RC \equiv CNa + NH_3$

(2) $RC \equiv CH + RONa \longrightarrow RC \equiv CNa + ROH$

(3) $CH_3C \equiv CH + NaOH \longrightarrow CH_3C \equiv CNa + H_2O$

(4) $ROH + NaOH \longrightarrow RONa + H_2O$

(二十一) 给出下列反应的试剂和反应条件:

(1) 戊-1-炔 ⟶ 戊烷

(2) 己-3-炔 ⟶ 顺己-3-烯

(3) 戊-2-炔 ⟶ 反戊-2-烯

(4) $(CH_3)_2CHCH_2CH{=}CH_2 \longrightarrow (CH_3)_2CHCH_2CH_2CH_2OH$

(二十二) 完成下列转变 (不限一步):

(1) $CH_3CH{=}CH_2 \longrightarrow CH_3CH_2CH_2Br$

(2) $CH_3CH_2CH_2CH_2OH \longrightarrow CH_3CH_2CCl(Br)CH_3$

(3) $(CH_3)_2CHCHBrCH_3 \longrightarrow (CH_3)_2C(OH)CHBrCH_3$

(4) $CH_3CH_2CHCl_2 \longrightarrow CH_3CCl_2CH_3$

(二十三) 由指定原料合成下列各化合物 (常用试剂任选):

(1) 由丁-1-烯合成丁-2-醇

(2) 由己-1-烯合成己-1-醇

(3) $CH_3C(CH_3){=}CH_2 \longrightarrow ClCH_2C(CH_3)$—$CH_2$ (C 与 CH_2 之间以 O 相连成环氧)

(4) 由乙炔合成己-3-炔

(5) 由己-1-炔合成己醛

(6) 由乙炔和丙炔合成丙基乙烯基醚

(二十四) 解释下列事实:

(1) 丁-1-炔、丁-1-烯、丁烷的偶极矩依次减小, 为什么?

(2) 普通烯烃的顺式和反式异构体的内能差为 $4.2\ kJ \cdot mol^{-1}$, 但顺式和反式 4, 4-二甲基戊-2-烯的内能差为 $15.9\ kJ \cdot mol^{-1}$, 为什么?

(3) 乙炔中的 C—H 键比相应乙烯、乙烷中的 C—H 键键能增大、键长缩短, 但酸性却增强了, 为什么?

(4) 炔烃不但可以加一分子卤素, 而且可以加两分子卤素, 但却比烯烃加卤素困难, 反应速率也小, 为什么?

(5) 与亲电试剂 Br_2, Cl_2, HCl 的加成反应，烯烃比炔烃活泼。然而当炔烃用这些试剂处理时，反应却很容易停止在烯烃阶段，生成卤代烯烃，需要更强烈的条件才能进行第二步加成。这是否相互矛盾，为什么？

(6) 在硝酸钠的水溶液中，溴对乙烯的加成，不仅生成 1,2-二溴乙烷，而且生成硝酸-2-溴代乙酯（$BrCH_2CH_2ONO_2$）和 2-溴乙醇，怎样解释这样的反应结果？试写出各步反应式。

(7) $(CH_3)_3CCH{=}CH_2$ 在酸催化下加水，不仅生成产物 $(CH_3)_3C\underset{\displaystyle OH}{\underset{|}{C}}HCH_3$(A)，而且生成 $(CH_3)_2\underset{\displaystyle OH}{\underset{|}{C}}CH(CH_3)_2$(B)，但不生成 $(CH_3)_3CCH_2CH_2OH$ (C)。试解释原因。

(8) 丙烯聚合反应，无论是酸催化还是自由基引发聚合，都是按头尾相接的方式，生成甲基交替排列的整齐聚合物，为什么？

（二十五）化合物 (A) 的分子式为 C_4H_8，它能使溴的四氯化碳溶液褪色，但不能使稀的高锰酸钾溶液褪色。1 mol(A) 与 1 mol HBr 作用生成 (B)，(B) 也可以从 (A) 的同分异构体 (C) 与 HBr 作用得到。(C) 能使溴的四氯化碳溶液褪色，也能使酸性高锰酸钾溶液褪色。试推测 (A)、(B) 和 (C) 的构造式。并写出各步反应式。

（二十六）分子式为 C_4H_6 的三种异构体 (A)、(B)、(C)，可以发生如下的化学反应：

(1) 三种异构体都能与溴反应，但在常温下对等物质的量的试样，与 (B) 和 (C) 反应的溴的物质的量是 (A) 的 2 倍；

(2) 三者都能与 HCl 发生反应，而 (B) 和 (C) 在 Hg^{2+} 催化下与 HCl 作用得到的是同一产物；

(3) (B) 和 (C) 能迅速地与含 $HgSO_4$ 的硫酸溶液作用，得到分子式为 C_4H_8O 的化合物；

(4) (B) 能与硝酸银的氨溶液反应生成白色沉淀。

试写出化合物 (A)、(B) 和 (C) 的构造式，并写出有关的反应式。

（二十七）某化合物 (A) 的分子式为 C_7H_{14}，经酸性高锰酸钾溶液氧化后生成两种化合物 (B) 和 (C)。(A) 经臭氧化-还原水解也得相同产物 (B) 和 (C)。试写出 (A) 的构造式。

（二十八）卤代烃 $C_5H_{11}Br$(A) 与氢氧化钠的乙醇溶液共热，生成分子式为 C_5H_{10} 的化合物 (B)。(B) 用高锰酸钾的酸性水溶液氧化可得到酮 (C) 和羧酸 (D)。而 (B) 与溴化氢作用得到的产物是 (A) 的异构体 (E)。试写出 (A)~(E) 的构造式及各步反应式。

（二十九）化合物 $C_7H_{15}Br$ 经强碱处理后，得到三种烯烃 (C_7H_{14}) 的混合物 (A)、(B) 和 (C)。这三种烯烃经催化加氢后均生成 2-甲基己烷。(A) 与 B_2H_6 作用并经碱性过氧化氢处理后生成醇 (D)。(B) 和 (C) 经同样反应，得到 (D) 和另一种异构醇 (E)。写出 (A)~(E) 的结构。

（三十）有 (A) 和 (B) 两个化合物，它们互为构造异构体，都能使溴的四氯化碳溶液褪色。(A) 与 $Ag(NH_3)_2NO_3$ 反应生成白色沉淀，用 $KMnO_4$ 溶液氧化生成丙酸 (CH_3CH_2COOH) 和二氧化碳；(B) 不与 $Ag(NH_3)_2NO_3$ 反应，而用 $KMnO_4$ 溶液氧化只生成一种羧酸。试写出 (A) 和 (B) 的构造式及各步反应式。

（三十一）某化合物的分子式为 C_6H_{10}。能与两分子溴加成而不能与氯化亚铜的氨溶液发生反应。在汞盐的硫酸溶液存在下，能与水反应得到 4-甲基戊-2-酮和 2-甲基戊-3-酮的混合物。试写出 C_6H_{10} 的构造式。

（三十二）某化合物 (A) 的分子式为 C_5H_8，在液氨中与氨基钠作用后，再与 1-溴丙烷作用，生成分子式为 C_8H_{14} 的化合物 (B)。用高锰酸钾氧化 (B) 得到分子式为 $C_4H_8O_2$ 的两种不同的羧酸 (C) 和 (D)。(A) 在硫酸汞存在下与稀硫酸作用，可得到分子式为 $C_5H_{10}O$ 的酮 (E)。试写出 (A)~(E) 的构造式及各步反应式。

(三十三) 如下所示，内酯类化合物 (Ⅰ) 在硅胶的催化下发生重排反应，最终生成化合物 (Ⅱ)，现已知化合物 (Ⅰ) 在硅胶的催化下可生成中间体 (Ⅲ)，试解释由中间体 (Ⅲ) 到最终产物 (Ⅱ) 的反应机理。

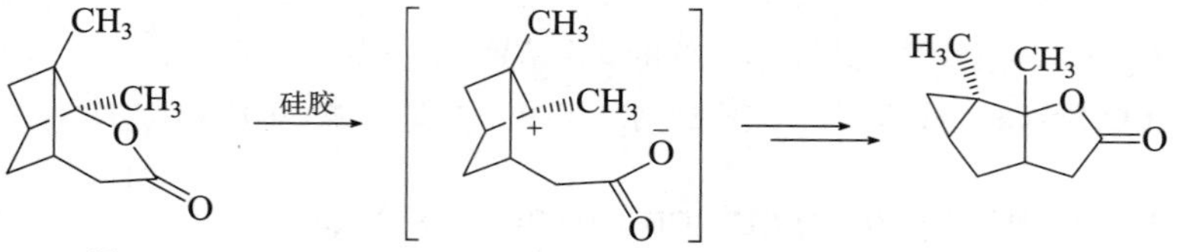

硅胶

(Ⅰ) (Ⅲ) (Ⅱ)

(三十四) 下述反应用于合成产物 Heliol 的关键步骤的研究。

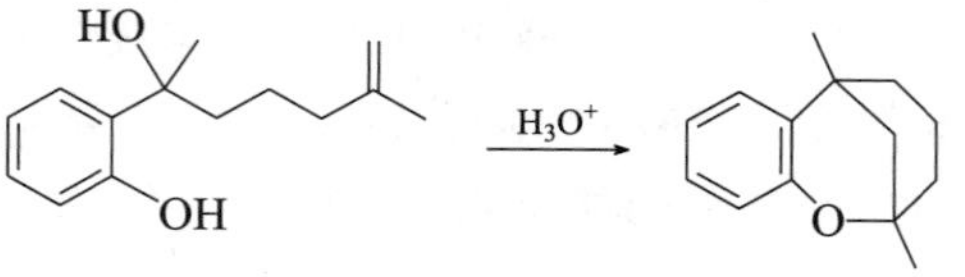

H_3O^+

现已知原料在酸性条件下，经质子化、脱水可形成碳正离子，

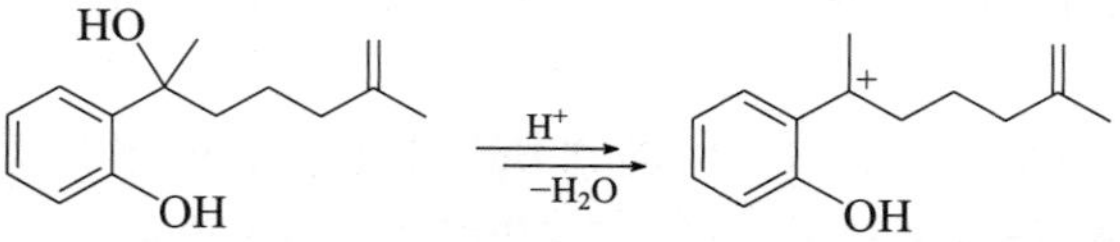

H^+ $-H_2O$

试由上述碳正离子为起点，解释反应产物的形成。

(三十五) 由角鲨烯转变为羊毛甾醇的历程中，碳正离子 (Ⅰ) 经历三次亲电加成，形成一个碳正离子中间体 (Ⅱ)。试写出该三步转化的机理 (忽略产物中的手性)。

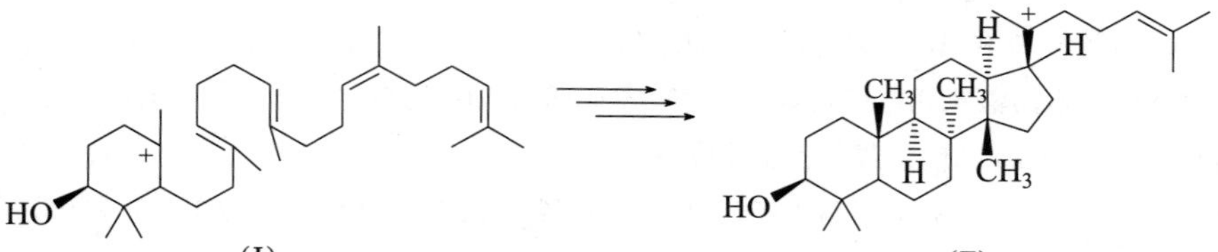

(Ⅰ) (Ⅱ)

(三十六) 由角鲨烯转变为羊毛甾醇的历程中，碳正离子 (Ⅲ) 经历三次重排，形成一个碳正离子中间体 (Ⅳ)。试写出该三步转化的机理 (忽略重排中的手性)。

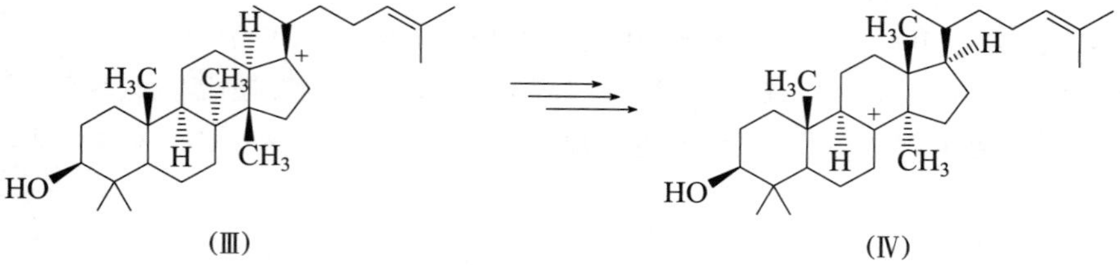

(Ⅲ) (Ⅳ)

(三十七) 忽略反应产物的立体构型，试写出下述反应的反应机理。

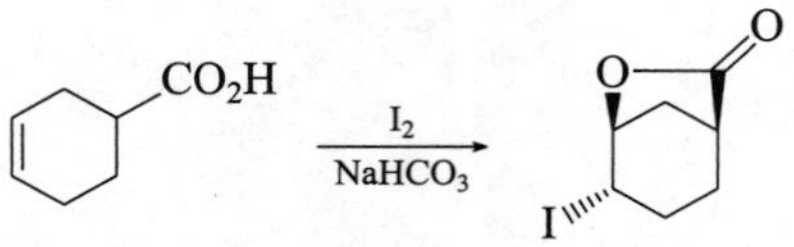

(三十八) 环辛-1, 5-二烯与二氯化硫 (SCl_2) 可发生加成反应, 后者可进一步发生取代反应生成叠氮衍生物, 并被用于点击反应的研究。试写出该反应的反应机理。提示: 可将二氯化硫与氯化碘 (ICl) 的反应类比。

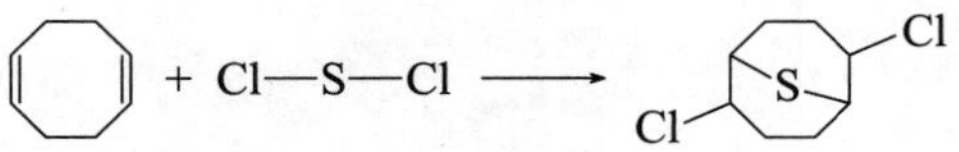

(三十九) 预测下列反应的产物, 并写出反应机理。

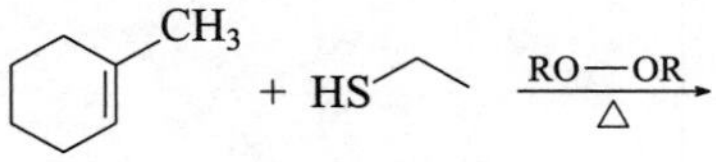

提示: 反应体系中, S—H 键较弱, 可与自由基反应并生成烷硫基自由基。

(四十) 写出下列反应的机理。

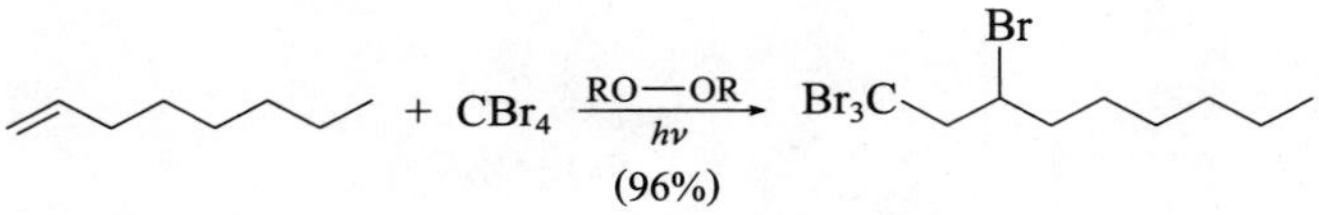

提示: 如下反应引发所生成自由基与四溴化碳发生夺溴反应。

$$Br_3C—Br + RO\cdot \longrightarrow Br_3C\cdot + RO—Br$$

(四十一) 9-硼杂二环 [3.3.1] 壬烷使用环辛-1, 5-二烯与硼烷合成, 反应如下:

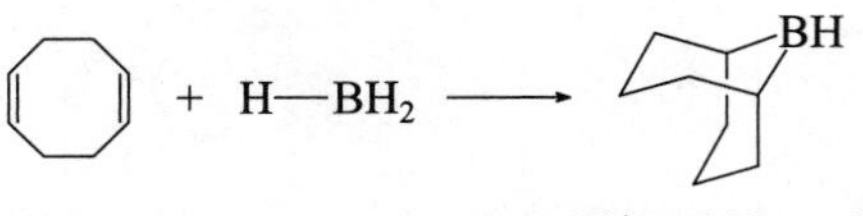

9-硼杂二环 [3.3.1] 壬烷
9-borabicyclo[3.3.1]nonane, 9-BBN

产物增加了硼烷的位阻, 提高硼氢化反应的选择性。

(1) 请使用构造式表示上述产物 9-BBN 结构, 并与原料中各原子对齐;

(2) 上述反应为硼烷与双键的连续反应, 请分步写出各步反应。

(四十二) 如下所示, 1-甲基环己烯与溴甲基磺酰溴在光照下, 生成加成产物, 后者进一步反应生成共轭二烯烃。现已知试剂中的 S—Br 键较弱, 在光照下发生均裂, 生成自由基, 并引发自由基加成反应, 试写出从化合物 (I) 到化合物 (II) 的反应机理。

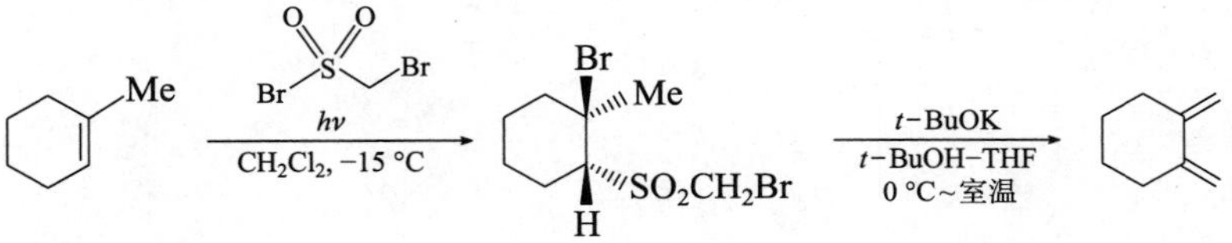

(I) (II)

第四章
二烯烃　共轭体系

前导知识：学习本章之前需要复习以下知识点

烯烃与炔烃的结构 (3.4.1 节)
Lewis 结构式的写法与形式电荷 (无机化学)
杂化轨道理论 (1.4.1 节)

本章导读：学习本章内容需要掌握以下知识点

分子内的共轭体系可分为 π,π-共轭体系、p-π 共轭体系

分子内单双键交替排列的体系被称为共轭体系；典型实例为丁-1,3-二烯、异戊二烯与环戊二烯

共轭体系中电子的分布可用共振论描述

共轭二烯烃可发生亲电加成反应，生成 1,2-加成产物与 1,4-加成产物，前者为动力学产物，后者为热力学产物

共轭二烯烃遇质子可形成烯丙型碳正离子

共轭二烯烃可发生周环反应，Diels-Alder 反应是周环反应中的一种

后续相关：与本章相关的后续知识点

苯环亲电取代反应定位规则的理论解释 (5.5.2 节)
不饱和醛酮的加成反应 (11.6.1 节)
Michael 加成反应 (11.4 节)
Claisen 重排反应 (10.5.5 节)

分子中含有两个碳碳双键的不饱和烃称为二烯烃,亦称双烯烃。例如:

$CH_2{=}CH{-}CH{=}CH_2$ 丁-1,3-二烯

$CH_2{=}CH{-}CH_2{-}CH{=}CH_2$ 戊-1,4-二烯

环辛-1,3-二烯

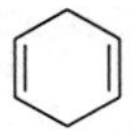

环己-1,4-二烯

开链二烯烃与碳原子数相同的炔烃是同分异构体,通式也是 C_nH_{2n-2}。含碳原子数最少、最常见的环状二烯烃是环戊-1,3-二烯(在室温很易转变为其二聚体)。另外,含两个以上碳碳双键的多烯烃,其性质与二烯烃类似。本章主要介绍开链二烯烃(以下简称二烯烃),最后介绍环戊二烯。

4.1 二烯烃的分类和命名

4.1.1 二烯烃的分类

根据二烯烃分子中两个双键的相对位置,可将二烯烃分为三种类型。

(1) 隔离二烯烃 两个双键被两个或两个以上单键隔开的二烯烃,称为隔离双键二烯烃,简称隔离二烯烃。例如:

$CH_2{=}CH{-}CH_2{-}CH{=}CH_2$ 戊-1,4-二烯

$CH_2{=}CH{-}CH_2{-}CH_2{-}CH{=}CH_2$ 己-1,5-二烯

由于两个双键相距较远,相互之间的影响较小,其性质与单烯烃相似。

(2) 共轭二烯烃 两个双键被一个单键隔开的二烯烃,称为共轭双键二烯烃,简称共轭二烯烃。例如:

$CH_2{=}CH{-}CH{=}CH_2$ 丁-1,3-二烯

$CH_2{=}C(CH_3){-}CH{=}CH_2$ 2-甲基丁-1,3-二烯

由于两个双键的相互影响,共轭二烯烃表现出一些特殊的性质,在理论上和生产中都具有重要价值,是二烯烃中最重要的一类,也是本章主要讨论的对象。

(3) 累积二烯烃 两个双键连接在同一个碳原子上的二烯烃,称为累积双键二烯烃(也称联二烯或联烯)。例如:

$CH_2{=}C{=}CH_2$ 丙二烯

$CH_3{-}CH{=}C{=}CH_2$ 丁-1,2-二烯

累积二烯烃不易合成,比较少见。其标准摩尔生成焓比同分异构的隔离二烯烃高 30~40 $kJ\cdot mol^{-1}$,与同分异构的炔烃相当。

4.1.2 二烯烃的命名

二烯烃的命名与烯烃相似，选取最长的碳链为母体。不同之处在于：母体中含有两个双键时称为二烯（英文命名使用后缀-diene），同时应标明两个双键的位次。例如：

$CH_3—CH═CH—CH_2—CH═CH_2$
己-1,4-二烯
hexa-1,4-diene

$CH_2═C═CH—CH_2—CH_3$
戊-1,2-二烯
penta-1,2-diene

$CH_2═C(CH_3)—C(CH_3)═CH_2$
2,3-二甲基丁-1,3-二烯
2,3-dimethylbuta-1,3-diene

与单烯烃相似，当二烯烃的双键两端连接的原子或基团各不相同时，也存在顺反异构现象。并且顺反异构现象通常比单烯烃更复杂，命名时要逐个标明双键的位次和构型。例如：

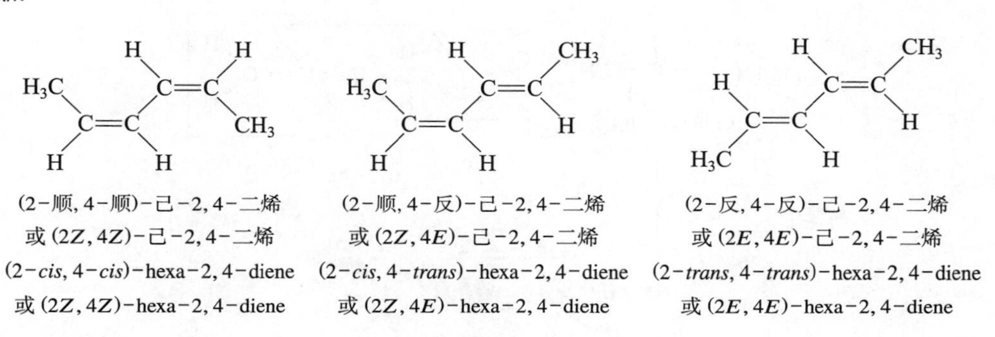

(2-顺,4-顺)-己-2,4-二烯
或 (2*Z*,4*Z*)-己-2,4-二烯
(2-*cis*,4-*cis*)-hexa-2,4-diene
或 (2*Z*,4*Z*)-hexa-2,4-diene

(2-顺,4-反)-己-2,4-二烯
或 (2*Z*,4*E*)-己-2,4-二烯
(2-*cis*,4-*trans*)-hexa-2,4-diene
或 (2*Z*,4*E*)-hexa-2,4-diene

(2-反,4-反)-己-2,4-二烯
或 (2*E*,4*E*)-己-2,4-二烯
(2-*trans*,4-*trans*)-hexa-2,4-diene
或 (2*E*,4*E*)-hexa-2,4-diene

练习 4.1 下列化合物有无顺反异构体？若有，写出其构型式并命名。
(1) 戊-1,3-二烯 (2) 辛-2,4,6-三烯 (3) 3-异丙基己-1,3-二烯

在丁-1,3-二烯分子中，两个双键还可以在碳碳（C2 和 C3 之间）单键的同侧和异侧存在两种不同的空间排布。但由于 C2 和 C3 之间的单键在室温下可以自由旋转，因此这两种不同的空间排布，只是两种不同的极限构象，而不是不同的构型，分别称为 s-顺式和 s-反式 [s 指单键 (single bond)]，或以 s-(*Z*) 和 s-(*E*) 表示。

s-顺丁-1,3-二烯
或 s-(*Z*)-丁-1,3-二烯
s-*cis*-buta-1,3-diene
s-(*Z*)-buta-1,3-diene

s-反丁-1,3-二烯
或 s-(*E*)-丁-1,3-二烯
s-*trans*-buta-1,3-diene
s-(*E*)-buta-1,3-diene

4.2 二烯烃的结构

4.2.1 丙二烯的结构

丙二烯的 C2 只与两个碳原子相连，是 sp 杂化的；C1 和 C3 各与三个原子相连，是 sp^2 杂化的。C2 用两个 sp 杂化轨道分别与 C1 和 C3 的 sp^2 杂化轨道重叠形成碳碳 σ 键；C1 和 C3 又各用两个 sp^2 杂化轨道分别与两个氢原子的 1s 轨道重叠形成碳氢 σ 键，其键角与烯烃相近，如图 4-1(a) 所示。C2 剩下的两个相互垂直的 p 轨道，分别与 C1 或 C3 的一个 p 轨道相互平行，并在侧面相互重叠形成两个相互垂直的 π 键，如图 4-1(b)、(c) 所示。由此可见，丙二烯分子是线形非平面分子。

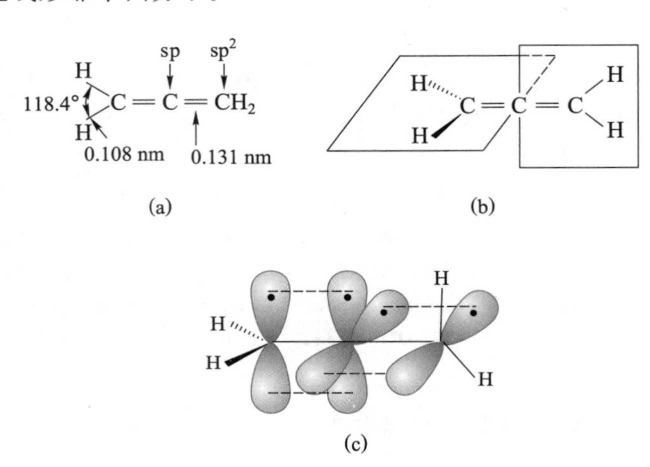

图 4-1 丙二烯的结构及 π 键的构成示意图

4.2.2 丁-1,3-二烯的结构

近代理论计算和实验测定结果表明，在丁-1,3-二烯的 s-反式构象中，所有原子都在同一平面内，所有键角都接近 120°，碳碳双键的键长与乙烯碳碳双键的接近，碳碳单键键长为 0.147 nm，比乙烷碳碳单键键长 0.154 nm 短。由此可见，丁-1,3-二烯分子中碳碳单键的键长明显较短。

在丁-1,3-二烯分子中，四个碳原子都是 sp^2 杂化的，相邻碳原子之间均以 sp^2 杂化轨道重叠，形成 C—C σ 键，每个碳原子其余的 sp^2 杂化轨道则分别与氢原子的 1s 轨道相互重叠，形成 C—H σ 键。在其 s-反式构象中，每个碳原子剩下的一个 p 轨道垂直于该分子所在平面，且彼此相互平行，因此，不仅 C1 与 C2，C3 与 C4 的 p 轨道侧面重叠，而且 C2 与 C3 的 p 轨道也有一定程度重叠。这些垂直于分子平面且相互平行的 p 轨道在侧面相互重叠，不仅 C1 与 C2 之间、C3 与 C4 之间形成了双键，而且 C2 与 C3 之间也具有部分双键性质，构成了一个离域的 π 键，如图 4-2 所示。

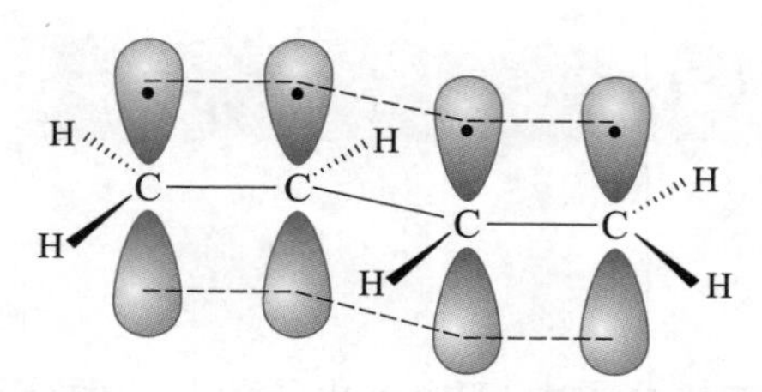

图 4-2 丁-1,3-二烯 s-反式构象中的 π 键构成示意图

图 4-3 是丁-1,3-二烯的分子轨道示意图。四个碳原子的四个 p 轨道线性组合成四个 π 分子轨道，分别用 ψ_1, ψ_2, ψ_3 和 ψ_4 表示。

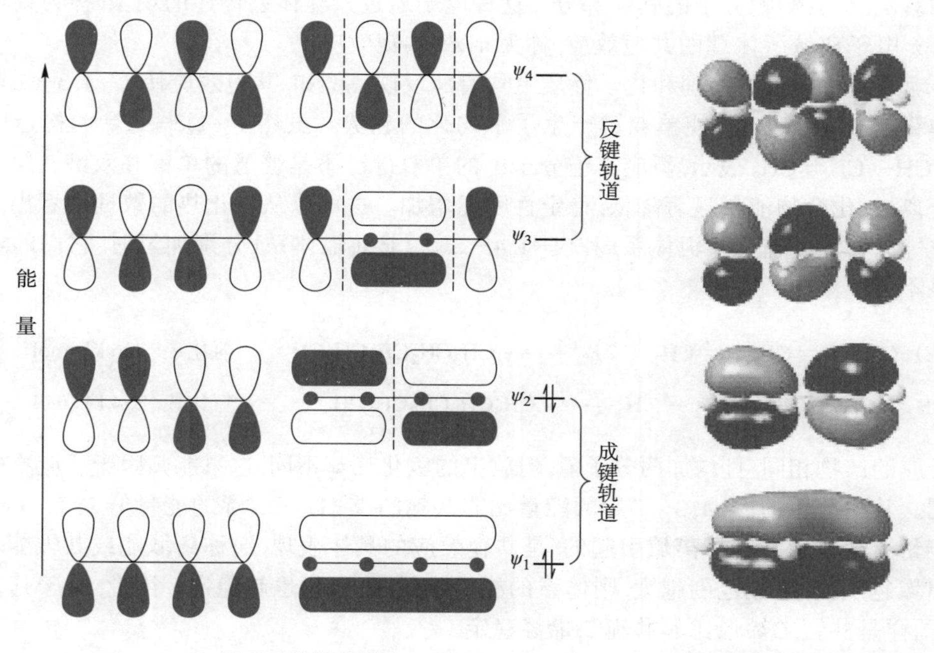

图 4-3 丁-1,3-二烯的分子轨道示意图

从图 4-3 可以看出，ψ_1 轨道在垂直于碳碳 σ 键轴方向没有节面，ψ_2, ψ_3 和 ψ_4 轨道分别有一个、二个和三个节面。在节面上电子云密度等于零，节面数目越多轨道能量越高。ψ_1 能量最低，ψ_2 能量稍高，它们的能量均比原来的原子轨道的能量低，都是成键轨道。ψ_3 和 ψ_4 的能量依次增高，它们的能量均比原来的原子轨道的能量高，都是反键轨道。基态时，丁-1,3-二烯分子中的四个 π 电子运动于能量较低的 ψ_1 和 ψ_2 成键轨道中，能量较高的反键轨道 ψ_3 和 ψ_4 则是空着的。只有在分子吸收能量被激发的状态下，π 电子才发生跃迁而进入反键轨道。与价键理论的观点不同，分子轨道理论认为，成键 π 电子的运动范围不再局限于构成双键的两个碳原子之间，而是扩展到整个分子的四个碳原子之间的 π 分子轨道中，π 分子轨道 ψ_1 和 ψ_2 的叠加，不但使 C1 与 C2 之间、C3 与 C4 之间的电子云密度增大，而且也部分地增大了 C2 与 C3 之间的电子云密度，使之与一般的碳碳 σ 键不同，而具有部分双键的性质。

静电势图：丁-1,3-二烯

4.3 电子离域与共轭体系

4.3.1 π,π-共轭

如前所述，在丁-1,3-二烯分子中，四个 π 电子不是两两分别固定在两个双键碳原子之间的，而是扩展到四个碳原子之间的，这种现象称为电子离域。电子离域体现了分子内原子间相互影响的电子效应，这样的分子称为共轭分子。这种单双键交替排列的体系称为 π,π-共轭体系。在共轭分子中，由于 π 电子在整个体系中的离域，任何一个原子受到外界的影响，均会影响分子的其余部分。这种电子通过共轭体系传递的现象，称为共轭效应。由 π 电子离域所体现的共轭效应，称为 π,π-共轭效应。

共轭效应在分子的物理和化学性质上均有所反映。例如，共轭效应使丁-1,3-二烯的碳碳单键键长相对缩短，使单双键产生了平均化的趋势。虽然丁-1,3-二烯的构造式用 $CH_2{=}CH{-}CH{=}CH_2$ 表示，但应牢记分子中的单双键已不是普通的单键和双键。同样由于电子离域，化合物能量显著降低，稳定性明显增加。这可以从氢化热的数据中看出。例如，(*E*)-戊-1,3-二烯（共轭体系）和戊-1,4-二烯（非共轭体系）分别加氢时，它们的氢化热明显不同：

$$(E)\text{-}CH_3CH{=}CHCH{=}CH_2 + 2H_2 \longrightarrow CH_3CH_2CH_2CH_2CH_3 \quad \text{氢化热: } 226\ kJ\cdot mol^{-1}$$

$$CH_2{=}CHCH_2CH{=}CH_2 + 2H_2 \longrightarrow CH_3CH_2CH_2CH_2CH_3 \quad \text{氢化热: } 254\ kJ\cdot mol^{-1}$$

两个反应的产物相同，且均加两分子氢，但放出的氢化热却不同，这只能归因于反应物的能量不同。其中共轭的戊-1,3-二烯的能量比非共轭的戊-1,4-二烯的能量低 $28\ kJ\cdot mol^{-1}$。这个能量差值是由 π 电子离域引起的，是共轭效应的具体表现，通称离域能或共轭能。电子的离域越明显，离域范围越大，则体系的能量越低，化合物也越稳定。因此，对于其他二烯烃，同样是共轭二烯烃比非共轭二烯烃稳定。

由以上讨论可以看出，π,π-共轭体系的结构特征是双键与单键交替。但不限于双键，三键亦可。另外，组成共轭体系的原子也不限于碳原子，其他如氧、氮、硫原子等亦可。例如：

$$\underset{\text{丁-1-烯-3-炔}}{CH_2{=}CH{-}C{\equiv}CH} \qquad \underset{\text{丙烯醛}}{CH_2{=}CH{-}CH{=}O} \qquad \underset{\text{丙烯腈}}{CH_2{=}CH{-}C{\equiv}N}$$

在共轭体系中，π 电子离域可用弯箭头表示，弯箭头是从双键到形成该双键的一个原子上和/或单键上的，π 电子离域的方向为箭头所示方向。例如：

$$\underset{\delta+}{CH_2}{=}\underset{\delta-}{CH}{-}\underset{\delta+}{CH}{=}\underset{\delta-}{CH_2} + H^+ \quad \text{或} \quad \underset{\delta+}{CH_2}{=}CH{-}CH{=}\underset{\delta-}{CH_2} + H^+$$

$$\underset{\delta+}{CH_2}{=}\underset{\delta-}{CH}{-}\underset{\delta+}{CH}{=}\underset{\delta-}{O} \quad \text{或} \quad \underset{\delta+}{CH_2}{=}CH{-}CH{=}\underset{\delta-}{O}$$

值得注意的是，共轭效应的发生是有先决条件的，即构成共轭体系的原子必须共平面，且其 p 轨道的对称轴垂直于该平面，这样 p 轨道才能彼此相互平行侧面重叠而发生电子

离域，否则电子离域将减弱或不能发生。另外，共轭效应只存在于共轭体系中；共轭效应在共轭链上可以产生电荷正负交替现象；共轭效应的传递不因共轭链的增长而明显减弱。这些均与诱导效应不同。

4.3.2 p, π-共轭

共轭效应不限于π,π-共轭体系，由π轨道与相邻原子的p轨道组成的体系也是共轭体系。例如，烯丙基自由基，其未成对电子所在的p轨道与双键π轨道在侧面相互重叠，构成共轭体系，这种体系称为p, π-共轭体系，如图4-4所示。这种体系中的电子离域作用，称为p, π-共轭效应。

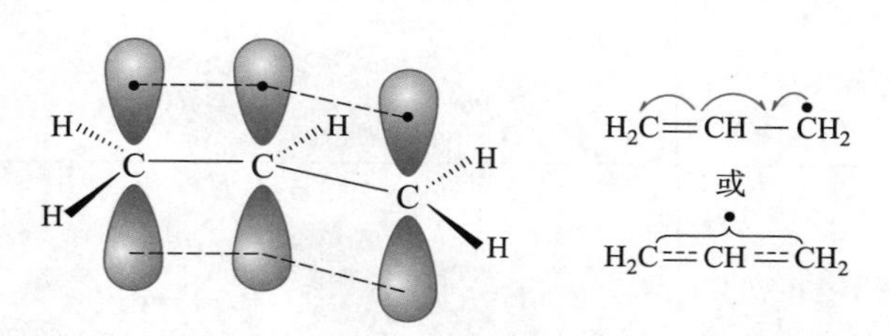

图4-4 烯丙基自由基的p, π-共轭示意图

丙烯分子中的α-氢原子容易发生卤化反应，主要原因是在反应过程中生成的活性中间体是烯丙基自由基，因电子发生离域，使其能量降低，比较稳定而较易生成。

p, π-共轭不限于烯丙基自由基，当烯丙基正离子、烯丙基负离子及带有未共用电子对的原子（如X, O和N等）与双键碳原子直接相连时，其空的p轨道或未共用电子对所占据的p轨道，与双键π轨道在侧面相互重叠，同样构成p, π-共轭体系，而存在p, π-共轭效应。例如：

$CH_2{=}CH{-}\overset{+}{C}H_2$ 烯丙基正离子　　$CH_2{=}CH{-}\ddot{\underset{..}{Cl}}:$ 氯乙烯　　$CH_2{=}CH{-}\ddot{\underset{..}{O}}{-}R$ 乙烯基醚

上述几例虽均属于p, π-共轭，但其电子离域的方向并不完全一样，如下所示：

$$CH_2{=}CH{-}\overset{+}{C}H_2 \qquad CH_2{=}CH{-}\ddot{\underset{..}{Cl}}: \qquad CH_2{=}CH{-}\ddot{\underset{..}{O}}{-}R$$

此外，第三章所提到的σ,π-超共轭效应和σ, p-超共轭效应也是电子离域现象。但电子离域程度相对较小。

练习4.2 下列各组化合物、碳正离子或自由基中哪种最稳定？为什么？

(1) 3-甲基庚-2,5-二烯和5-甲基庚-2,4-二烯

(2) $(CH_3)_2C{=}CH\overset{+}{C}H_2$, $CH_3CH{=}CH\overset{+}{C}H_2$ 和 $CH_2{=}CH\overset{+}{C}H_2$

(3) $\overset{+}{C}H_2CH{=}CHCH{=}CH_2$, $\overset{+}{C}H_2CH{=}CHCH_2CH_3$ 和 $CH_3\overset{+}{C}HCH_2CH{=}CH_2$

(4) $\dot{C}H_3$, $(CH_3)_2CH\dot{C}H_2$, $CH_3\dot{C}HCH_2CH_3$ 和 $(CH_3)_3\dot{C}$

(5) $(CH_2{=}CH)_2\dot{C}H$, $CH_2{=}CH\dot{C}H_2$ 和 $CH_3CH{=}\dot{C}H$

练习 4.3 解释下列事实:

(1) $CH_3CH_2CH{=}CHCH_3 \xrightarrow{HCl} CH_3CH_2CH_2CH(Cl)CH_3$ (主) $+ CH_3CH_2CH(Cl)CH_2CH_3$ (次)

(2) $CH_3CH{=}C(CH_3)CH_3 \xrightarrow{HCl} CH_3CH_2C(CH_3)(Cl)CH_3$ (主) $+ CH_3CH(Cl)CH(CH_3)CH_3$ (次)

(3) $CH_3CH{=}CH_2 \xrightarrow{HBr,\ 过氧化苯甲酰} CH_3CH_2CH_2Br$ (96%) $+ CH_3CH(Br)CH_3$ (4%)

4.4 共振论

4.4.1 共振论的基本概念

电子离域现象也可以用共振论的方法进行描述。共振论是美国化学家 Pauling L 于 1931—1933 年提出来的。共振论以 Lewis 结构式为基础, 是价键理论的延伸和发展, 可用多个经典结构式表述复杂的离域体系。共振论的基本观点是, 当一个分子、离子或自由基不能用一种经典结构式表示时, 可用几种经典结构式的 "叠加" 来描述, "叠加" 又称共振, 这种可能的经典结构称为极限结构, 经典结构的叠加或共振组成共振杂化体。任何一种极限结构都不能完全地代表真实分子, 只有共振杂化体才能更确切地反映一个分子、离子或自由基的真实结构。例如, 丁-1, 3-二烯是下列极限结构 (Ⅰ)、(Ⅱ)、(Ⅲ) 的共振杂化体:

$$\underset{(\mathrm{I})}{CH_2{=}CH{-}CH{=}CH_2} \longleftrightarrow \underset{(\mathrm{II})}{\overset{+}{C}H_2{-}CH{=}CH{-}\overset{\bar{\cdot\cdot}}{C}H_2} \longleftrightarrow \underset{(\mathrm{III})}{\overset{\bar{\cdot\cdot}}{C}H_2{-}CH{=}CH{-}\overset{+}{C}H_2}$$

为了表示极限结构之间的共振, 采用双头箭头符号 "$\longleftrightarrow$", 以区别动态平衡符号 "$\rightleftharpoons$"。

共振杂化体既不是极限结构 (Ⅰ)、(Ⅱ)、(Ⅲ) 之一, 也不是它们的混合物, 在它们之中也不存在某种平衡。目前尚未找到一种能够正确表示共振杂化体的结构式, 而只能用一些极限结构式之间的共振表示。每一种极限结构式分别代表着电子离域的限度, 因此, 一个分子写出的极限结构式越多, 说明电子离域的可能性越大, 体系的能量也就越低, 分子越稳定。实际上, 共振杂化体的能量比任何一种极限结构的能量都低, 不同的极限结构其表观能量也不尽相同。以能量最低、最稳定的极限结构为标准, 能量最低的极限结构与共振杂化体 (分子的真实结构) 之间的能量差, 称为共振能。它是真实分子由于电子离域而获得的稳定化能。通常共振能越大说明该分子比最稳定的极限结构稳定得越多。共振能实际上也就是离域能或共轭能。

对于一个真实分子,并不是所有极限结构的贡献都是一样的,其中能量低、稳定性大的贡献大,能量较高、稳定性较小的贡献小,有的甚至可以忽略不计。同一化合物分子的不同极限结构对共振杂化体的贡献大小,大致有如下规则。

(a) 共价键数目相等的极限结构,对共振杂化体的贡献相同或相近。例如:

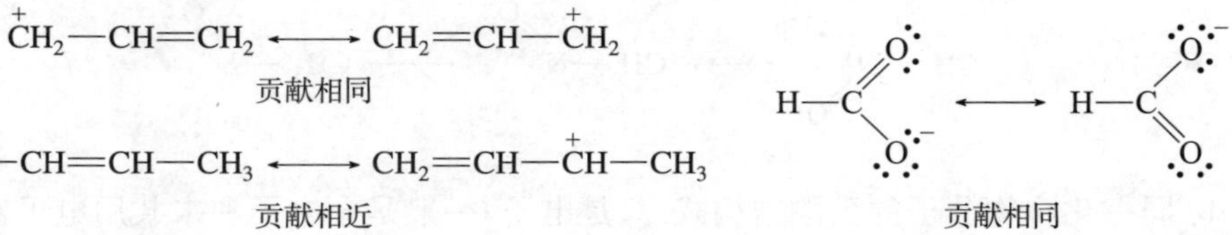

$$\overset{+}{C}H_2-CH=CH_2 \longleftrightarrow CH_2=CH-\overset{+}{C}H_2$$

贡献相同

$$\overset{+}{C}H_2-CH=CH-CH_3 \longleftrightarrow CH_2=CH-\overset{+}{C}H-CH_3$$

贡献相近

$$H-C(=\ddot{O}:)-\ddot{O}:^- \longleftrightarrow H-C(-\ddot{O}:^-)=\ddot{O}:$$

贡献相同

(b) 共价键多的极限结构比共价键少的极限结构更稳定,对共振杂化体的贡献更大。例如:

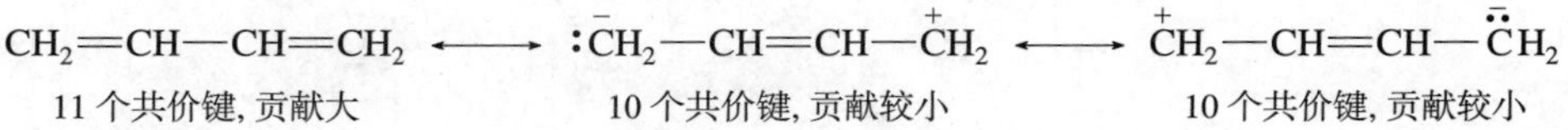

$$CH_2=CH-CH=CH_2 \longleftrightarrow :\overset{-}{C}H_2-CH=CH-\overset{+}{C}H_2 \longleftrightarrow \overset{+}{C}H_2-CH=CH-\overset{-}{\ddot{C}}H_2$$

11 个共价键,贡献大　　10 个共价键,贡献较小　　10 个共价键,贡献较小

下面的三种共振杂化体中,右侧的极限结构均多一个共价键,虽然电负性大的原子带正电荷,但是除氢外每个原子价层电子都是 8 个 (符合八隅体规则),仍然分别比左侧的极限结构稳定。

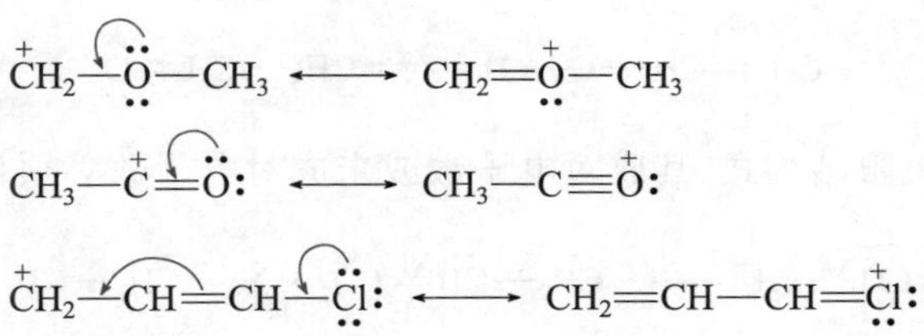

$$\overset{+}{C}H_2-\ddot{O}-CH_3 \longleftrightarrow CH_2=\overset{+}{\ddot{O}}-CH_3$$

$$CH_3-\overset{+}{C}=\ddot{O}: \longleftrightarrow CH_3-C\equiv\overset{+}{O}:$$

$$\overset{+}{C}H_2-CH=CH-\ddot{Cl}: \longleftrightarrow CH_2=CH-CH=\overset{+}{\ddot{Cl}}:$$

(c) 没有电荷分离的极限结构贡献大,电荷分离的极限结构贡献小,不遵守电负性原则的电荷分离的极限结构,即正电荷处于电负性较大的原子上的极限结构,通常是不稳定的,对共振杂化体的贡献可忽略不计。例如:

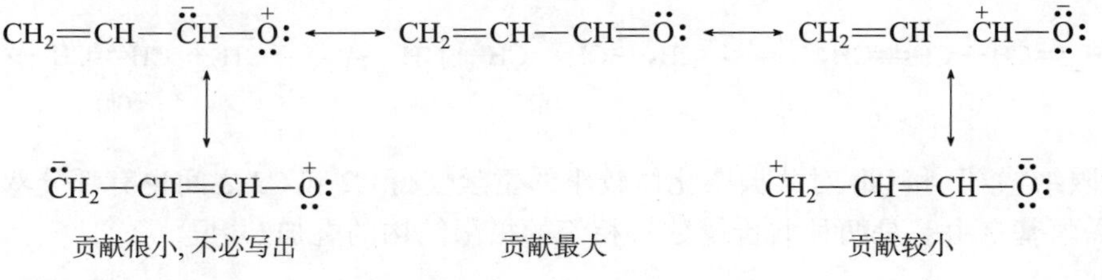

$$CH_2=CH-\overset{-}{\ddot{C}}H-\overset{+}{\ddot{O}}: \longleftrightarrow CH_2=CH-CH=\ddot{O}: \longleftrightarrow CH_2=CH-\overset{+}{C}H-\overset{-}{\ddot{O}}:$$

$$\updownarrow \qquad\qquad\qquad\qquad \updownarrow$$

$$\overset{-}{\ddot{C}}H_2-CH=CH-\overset{+}{\ddot{O}}: \qquad\qquad \overset{+}{C}H_2-CH=CH-\overset{-}{\ddot{O}}:$$

贡献很小,不必写出　　贡献最大　　贡献较小

(d) 键角和键长与正常值差异大的极限结构,对共振杂化体的贡献小。例如:

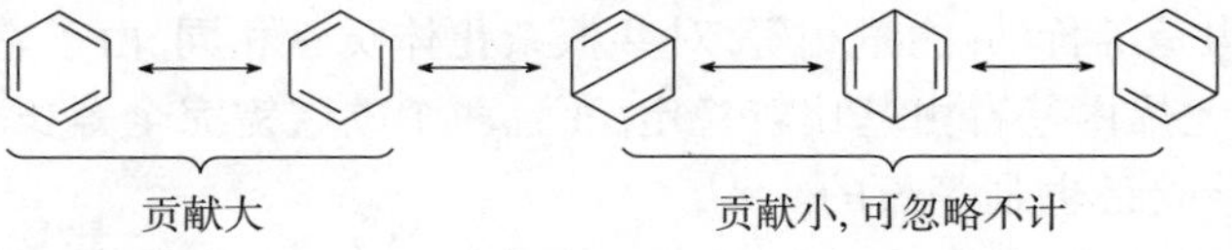

贡献大　　贡献小,可忽略不计

4.4.2　书写极限结构式遵循的基本原则

(a) 极限结构式要符合价键结构理论和 Lewis 结构理论的要求，如碳原子不能高于 4 价；第二周期元素的价电子层容纳的电子数不能超过 8 个等。例如:

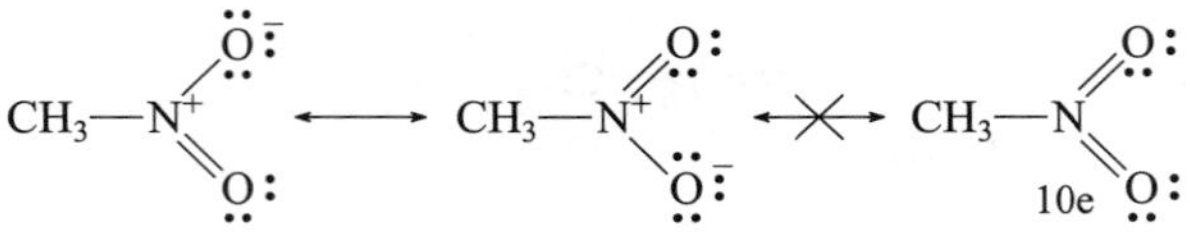

$$CH_3-\overset{+}{N}(-\ddot{O}:^-)(=\ddot{O}:) \longleftrightarrow CH_3-\overset{+}{N}(=\ddot{O}:)(-\ddot{O}:^-) \;\not\longleftrightarrow\; CH_3-N(=\ddot{O}:)(=\ddot{O}:)\ \text{10e}$$

(b) 同一化合物分子的极限结构式，只是电子 (一般是 π 电子和未共用电子对) 排列不同，而原子核的相对位置不变。例如:

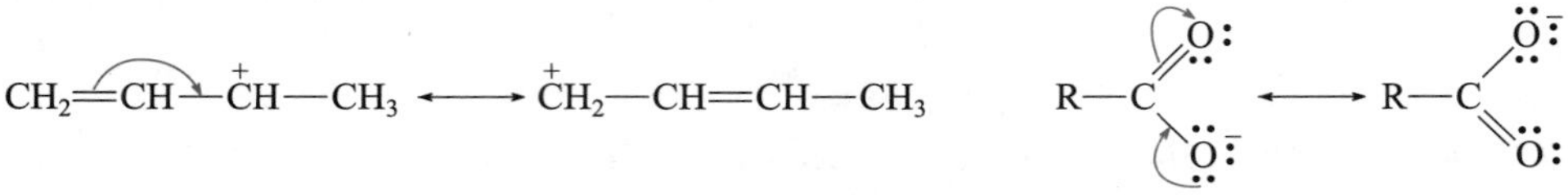

$$CH_2=CH-\overset{+}{C}H-CH_3 \longleftrightarrow \overset{+}{C}H_2-CH=CH-CH_3 \qquad R-C(=\ddot{O}:)(-\ddot{O}:^-) \longleftrightarrow R-C(-\ddot{O}:^-)(=\ddot{O}:)$$

上式中的弯箭头表示电子转移，通过电子转移，可由一种极限结构式转变成另一种极限结构式。然而下列变化不是单纯的电子转移，故不是共振，而是不同化合物之间的动态平衡。

$$CH_2=CHCH_2-S-C\equiv N \rightleftharpoons CH_2=CHCH_2-N=C=S$$

$$CH_2=CH-\ddot{O}-H \rightleftharpoons CH_3-CH=\ddot{O}$$

(c) 同一分子的极限结构式，其成对电子数或未成对电子数必须相同。例如:

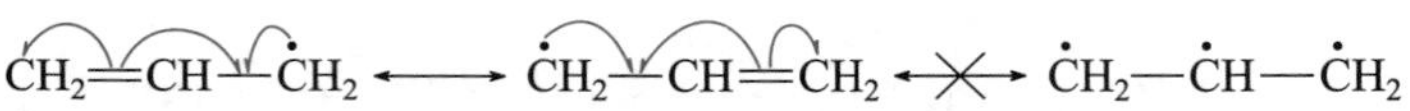

$$\dot{C}H_2-CH=\dot{C}H_2 \;(\text{i.e. } \dot{C}H_2=CH-\dot{C}H_2) \longleftrightarrow \dot{C}H_2-CH=\dot{C}H_2 \;\not\longleftrightarrow\; \dot{C}H_2-\dot{C}H-\dot{C}H_2$$

4.4.3　共振论的应用

应用共振论可以解释共轭分子中很多结构和性质上的问题。例如，丁-1,3-二烯的单键和双键发生了部分平均化，是由于其共振杂化体为

$$\underset{(\mathrm{I})}{CH_2=CH-CH=CH_2} \longleftrightarrow \underset{(\mathrm{II})}{\overset{+}{C}H_2-CH=CH-\overset{-}{\ddot{C}}H_2} \longleftrightarrow \underset{(\mathrm{III})}{\overset{-}{\ddot{C}}H_2-CH=CH-\overset{+}{C}H_2}$$

极限结构 (II) 和 (III) 对共振杂化体较小的贡献使得 C2 和 C3 之间也有部分双键性质。又如，烯丙基自由基是两种共价键数目相等的极限结构的叠加 (共振):

$$CH_2=CH-\dot{C}H_2 \longleftrightarrow \dot{C}H_2-CH=CH_2$$

上述两种极限结构是等价的，能量相等，对共振杂化体贡献相同，由于它们的贡献，共振稳定化作用较大，因此烯丙基自由基比较稳定，而且两个碳碳键完全等长。烯丙基正离子和烯丙基负离子的碳碳键也是等长的。

同理，烯烃的 α-卤化反应，当烷基不止一个碳原子时，常常发生重排反应，也可以用共振论来进行解释。例如，辛-1-烯与 NBS 的溴化反应 [见第三章 3.5.7节(1)]:

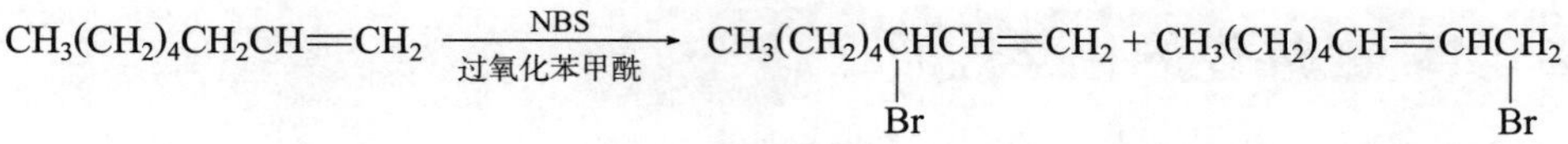

$$CH_3(CH_2)_4CH_2CH{=}CH_2 \xrightarrow[\text{过氧化苯甲酰}]{NBS} \underset{\text{正常取代产物}}{CH_3(CH_2)_4\underset{|}{\underset{Br}{C}}HCH{=}CH_2} + \underset{\text{重排产物}}{CH_3(CH_2)_4CH{=}CH\underset{|}{\underset{Br}{C}}H_2}$$

原因是反应过程中生成的烯丙型自由基是下列极限结构 (I) 和 (II) 的共振杂化体:

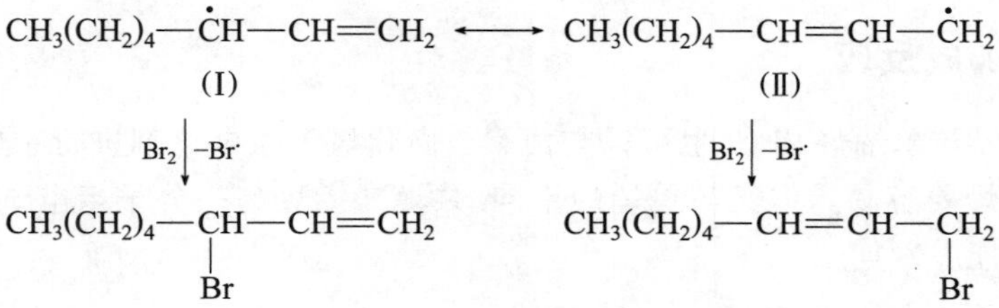

$$\underset{(I)}{CH_3(CH_2)_4-\dot{C}H-CH{=}CH_2} \longleftrightarrow \underset{(II)}{CH_3(CH_2)_4-CH{=}CH-\dot{C}H_2}$$

$$\downarrow Br_2 \mid -Br\cdot \qquad\qquad \downarrow Br_2 \mid -Br\cdot$$

$$CH_3(CH_2)_4-\underset{Br}{\underset{|}{C}}H-CH{=}CH_2 \qquad CH_3(CH_2)_4-CH{=}CH-\underset{Br}{\underset{|}{C}}H_2$$

与烯丙基自由基相似,极限结构 (I) 和 (II) 对共振杂化体均有贡献。由极限结构 (I) 的贡献与溴反应时,生成正常的溴代产物;而由 (II) 的贡献与溴反应时,则生成重排产物。

由以上讨论可以看出,共振论对多数实验事实都能给出令人满意的解释,但由于它是在经典结构式的基础上,又引入一些人为的规定 (如共振论所说的极限结构是不存在的),因而其应用具有一定的局限性。例如,根据共振论概念,环丁二烯和环辛四烯与苯相似,均为等价共振,应该是很稳定的:

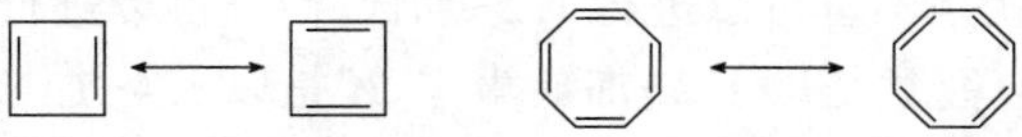

而实际上这些化合物与苯根本不同,它们很活泼,单双键不等长,环辛四烯也不是平面形的,当然,它们也不具有芳香性 (见第五章 5.7.2 节)。

共振、共轭与离域的含义是相似的,它们是对一个问题的不同表述方法,在有机化学中它们都是很重要的概念。与分子轨道理论相比,共振论能够比较简明地解释有机分子、离子或自由基的稳定性,进而阐明有机化合物的物理和化学性质。

练习 4.4 什么是极限结构?什么是共振杂化体?一种化合物可以写出的极限结构式增多标志着什么?

练习 4.5 写出下列化合物或离子可能的极限结构式,并指出哪个贡献最大。

(1) $CH_2{=}CH-\bar{C}H_2$ (2) CO_3^{2-} (3) $CH_2{=}CH-C{\equiv}CH$

练习 4.6 指出下列各对化合物或离子是否互为极限结构。

(1) $CH_2{=}CH-CH{=}CH_2$, $\begin{matrix} CH-CH_2 \\ \| \quad\ | \\ CH-CH_2 \end{matrix}$

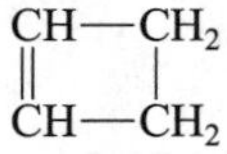

(2) $H_3C-C{\equiv}CH$, $CH_2{=}C{=}CH_2$

(3) $H_3C-\overset{O}{\overset{\|}{C}}-CH_3$, $H_3C-\overset{OH}{\overset{|}{C}}{=}CH_2$

(4) $CH_2{=}CH-CH{=}CH-\overset{+}{C}H_2$, $\overset{+}{C}H_2-CH{=}CH-CH{=}CH_2$

4.5　共轭二烯烃的化学性质

共轭二烯烃除具有单烯烃碳碳双键所表现出来的性质外，由于两个双键彼此之间的相互影响，还表现出一些特殊的化学性质。

4.5.1　1,4-加成反应

共轭二烯烃与单烯烃相似，也可以与卤素、卤化氢等亲电试剂进行亲电加成反应，而且一般比单烯烃要容易。但又与单烯烃不同，共轭二烯烃与一分子亲电试剂的加成反应通常有两种可能。例如：

$$\mathrm{CH_2{=}CH{-}CH{=}CH_2 + Br_2 \longrightarrow \underset{\text{1,2-加成产物}}{CH_2{=}CH{-}\underset{\underset{\displaystyle Br}{|}}{CH}{-}\underset{\underset{\displaystyle Br}{|}}{CH_2}} + \underset{\text{1,4-加成产物}}{\underset{\underset{\displaystyle Br}{|}}{CH_2}{-}CH{=}CH{-}\underset{\underset{\displaystyle Br}{|}}{CH_2}}}$$

这两种不同的加成产物是由加成方式不同造成的。一种是普通的双键加成，即一个 π 键断开，Br_2 加到双键的两端，称为 1,2-加成。另一种是 Br_2 加到丁-1,3-二烯的 C1 和 C4 上，原来的两个 π 键消失，而在 C2 和 C3 之间形成一个新的 π 键，称为 1,4-加成。共轭二烯烃进行加成反应的特点，就是不但可以进行 1,2-加成，而且可以进行 1,4-加成。

具体到某一个反应，究竟是以 1,2-加成为主，还是以 1,4-加成为主，则取决于很多因素，如反应物的结构、试剂和溶剂的性质、产物的稳定性及反应温度等。例如，丁-1,3-二烯与溴在 −15 ℃ 进行反应，1,4-加成产物的百分数随溶剂极性的增加而增大。

$$\mathrm{H_2C{=}CH{-}CH{=}CH_2 \xrightarrow[-15\ ^{\circ}C]{Br_2} H_2C{=}CH{-}\underset{\underset{\displaystyle Br}{|}}{CH}{-}\underset{\underset{\displaystyle Br}{|}}{CH_2} + \underset{\underset{\displaystyle Br}{|}}{CH_2}{-}CH{=}CH{-}\underset{\underset{\displaystyle Br}{|}}{CH_2}}$$

溶剂	%	%
正己烷	62	38
正己烷	37	63

反应温度的影响也很明显，一般低温有利于 1,2-加成，温度升高有利于 1,4-加成。例如：

$$\mathrm{H_2C{=}CH{-}CH{=}CH_2 \xrightarrow{HBr} H_2C{=}CH{-}\underset{\underset{\displaystyle Br}{|}}{CH}{-}\underset{\underset{\displaystyle H}{|}}{CH_2} + \underset{\underset{\displaystyle Br}{|}}{CH_2}{-}CH{=}CH{-}\underset{\underset{\displaystyle H}{|}}{CH_2}}$$

温度	%	%
0 ℃	71	29
40 ℃	15	85

4.5.2　1,4-加成的理论解释

共轭二烯烃能够进行 1,4-加成可利用共轭效应进行解释。例如，丁-1,3-二烯与极性试剂溴化氢的亲电加成反应，当溴化氢进攻丁-1,3-二烯的一端时，丁-1,3-二烯不止一个

双键发生极化,而是整个共轭体系的电子云发生变形,形成交替偶极。因此加成的第一步是质子与丁-1,3-二烯反应生成活性中间体碳正离子。这步反应有两种可能:

$$\underset{4}{\overset{\delta+}{H_2C}}=\underset{3}{\overset{\delta-}{CH}}-\underset{2}{\overset{\delta+}{CH}}=\underset{1}{\overset{\delta-}{CH_2}} \xrightarrow[-Br^-]{\overset{\delta+\ \ \delta-}{H-Br}} \underset{(\mathrm{I})}{H_2C=CH-\overset{+}{C}H-CH_3} + \underset{(\mathrm{II})}{H_2C=CH-CH_2-\overset{+}{C}H_2}$$

由于质子加到 C1 上生成烯丙型的仲碳正离子(I),比质子加到 C2 上生成的伯碳正离子(II)稳定得多,因此,反应通常按生成碳正离子(I)的途径进行。在碳正离子(I)—— 烯丙型碳正离子中,其中心碳原子仍是 sp^2 杂化状态的,剩余一个 p 轨道是空着的。该 p 轨道和 π 轨道构成共轭体系,使中心碳原子上的正电荷得到分散,不仅 C2 上带有部分正电荷,而且 C4 上也带有部分正电荷,如图 4-5 所示。

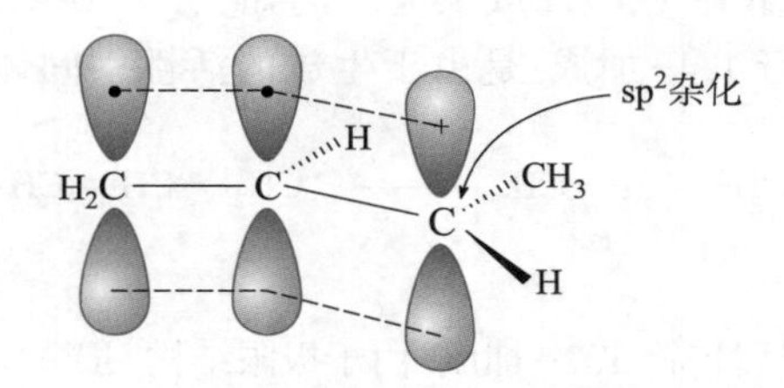

图 4-5 烯丙型碳正离子 p,π-共轭示意图

在第二步反应时,溴负离子既可以进攻 C2 发生 1,2-加成;也可以进攻 C4 发生 1,4-加成。其反应机理如下:

第一步 $\underset{4}{CH_2}=\underset{3}{CH}-\underset{2}{CH}=\underset{1}{CH_2} + H^+ \longrightarrow \underset{4}{\overset{\delta+}{CH_2}}\cdots\underset{3}{CH}\cdots\underset{2}{\overset{\delta+}{CH}}-\underset{1}{CH_3}$

第二步 $\overset{\delta+}{H_2C}\cdots CH\cdots\overset{\delta+}{CH}-CH_3 \xrightarrow{Br^-} \underset{1,2-加成}{H_2C=CH-\underset{Br}{\underset{|}{CH}}-CH_3} + \underset{1,4-加成}{\underset{Br}{\underset{|}{CH_2}}-CH=CH-CH_3}$

所以,共轭二烯烃既可以进行 1,2-加成,也可以进行 1,4-加成。1,4-加成通常亦称共轭加成。低温有利于 1,2-加成,高温有利于 1,4-加成,这与反应速率和产物的热力学稳定性有关。当反应温度较低时,碳正离子与溴负离子的加成是不可逆的。生成产物的比例取决于反应速率,而反应速率受控于反应的活化能大小,反应所需活化能越小则越容易克服能垒,反应就越快。1,2-加成所需的活化能较小,故反应速率较大,所以反应温度低时,以 1,2-加成产物为主。当反应温度较高时,碳正离子与溴负离子的加成是可逆反应,此时决定最后产物的主要因素是化学平衡。对于两个相互竞争的可逆反应,达到平衡时,产物的比例取决于该产物的热力学稳定性。由于 1,4-加成产物的超共轭效应比 1,2-加成产物的超共轭效应强,能量较低而较稳定,故生成 1,4-加成产物较多。总之,低温时是速率控制或动力学控制的反应,活化能的高低是主要影响因素,对 1,2-加成有利;温度较高时是化学平衡控制或热力学控制的反应,产物的稳定性大小起主要作用,对 1,4-加成有利。这从图 4-6 的势能图可以清楚地看出。

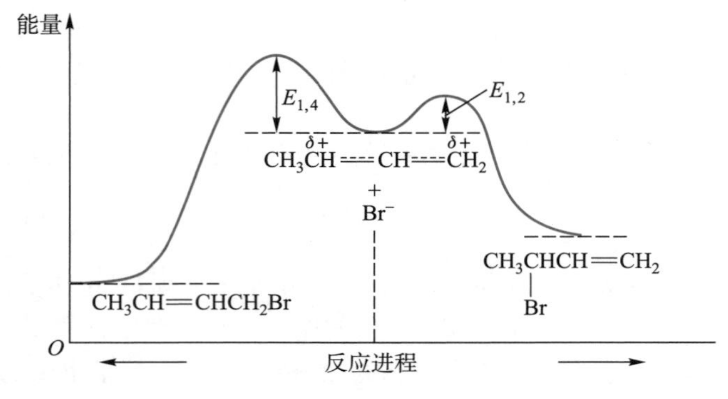

图 4-6　1,2-加成与 1,4-加成势能图

利用共振论同样能够解释 1,4-加成反应。例如,丁-1,3-二烯与卤化氢等的反应,既能进行 1,2-加成,也能进行 1,4-加成,是由于生成的活性中间体碳正离子存在共振。

$$CH_2{=}CH{-}\overset{+}{C}H{-}CH_3 \longleftrightarrow {}^{+}CH_2{-}CH{=}CH{-}CH_3$$
$$\text{(I)} \qquad\qquad\qquad \text{(II)}$$

由于极限结构 (I) 的贡献,可以进行 1,2-加成;由于极限结构 (II) 的贡献,可以进行 1,4-加成。

练习 4.7　完成下列反应式,并说明理由。

(1) $CH_2{=}CH{-}CH{=}CH_2 + Br_2 \xrightarrow[CS_2]{-15\ ^\circ C}$　　(2) $CH_2{=}\underset{}{\overset{CH_3}{C}}{-}CH{=}CH_2 + Br_2 \xrightarrow[\text{氯仿}]{20\ ^\circ C}$

(3) $CH_2{=}CH{-}CH{=}CH{-}CH{=}CH_2 \xrightarrow{Br_2}$　　(4) $CH_2{=}CH{-}CH{=}CH_2 \xrightarrow[\text{乙酸}]{Br_2}$

4.5.3　周环反应

在反应过程中只经过过渡态而不生成任何活性中间体的反应称为协同反应。而在反应过程中形成环状过渡态的一些协同反应,称为周环反应,它主要包括电环化反应、环加成反应和 σ 键迁移反应。

周环反应与一般自由基反应和离子型反应不同,其主要特点包括:

(a) 反应过程是旧键的断裂和新键的生成同时进行、一步完成的,是经环状过渡态进行的协同反应;

(b) 周环反应受加热或光照的影响,而且加热和光照所生成的产物也不同,一般不受溶剂极性、酸碱催化剂或自由基引发剂及抑制剂的影响;

(c) 周环反应具有立体专一性,即一定立体构型的反应物,在一定的反应条件下,只生成特定构型的产物。

下面分别介绍电环化反应和环加成反应。

(1) 电环化反应　在一定条件下,直链共轭多烯烃分子可以发生分子内反应,π 键断裂,同时共轭体系两端的碳原子以 σ 键相连,形成一个环状分子,这类反应及其逆反应称为电环化反应。例如,在光照或加热的作用下,丁-1,3-二烯可以转化为环丁烯,反应不经过碳正离子或自由基等活性中间体,而是经过环状过渡态一步完成:

光照(或加热)

s-顺丁-1,3-二烯　　环状过渡态　　环丁烯

这类反应实质上是一个共轭体系重新改组的过程,在此过程中,经过了电子围绕着环发生离域的环状过渡态,电环化反应之名由此而得。

电环化反应的显著特点是其立体专一性,即在一定的反应条件下(加热或光照),一定构型的反应物只生成一种特定构型的产物。例如:

$h\nu$ 对旋　△ 顺旋

顺-3,4-二甲基环丁烯

(2*E*,4*E*)-己-2,4-二烯　　△ 顺旋　$h\nu$ 对旋　　(2*Z*,4*E*)-己-2,4-二烯

反-3,4-二甲基环丁烯

在光照的作用下,(2*E*,4*E*)-己-2,4-二烯环化生成顺-3,4-二甲基环丁烯(可将环看成平面,两个甲基在环同侧者称为顺式,在环两侧者称为反式)。但在加热条件下,同样的反应物则环化生成反-3,4-二甲基环丁烯。对于(2*Z*,4*E*)-己-2,4-二烯,则反应结果恰恰相反,光照作用下生成反-3,4-二甲基环丁烯,而在加热作用下则生成顺-3,4-二甲基环丁烯。

(2) 环加成反应　环加成反应指两个或多个不饱和分子(或同一分子的不同部分)组合成环状加成产物,减少了重键数目。它包括 Diels-Alder 反应、1,3-偶极环加成反应等。

(a) Diels-Alder 反应。共轭二烯烃及其衍生物与含有碳碳双键、碳碳三键等的化合物进行顺式协同的1,4-加成生成环状化合物的反应,称为 Diels-Alder 反应,亦称双烯合成。这是共轭二烯烃的另一特征反应。例如:

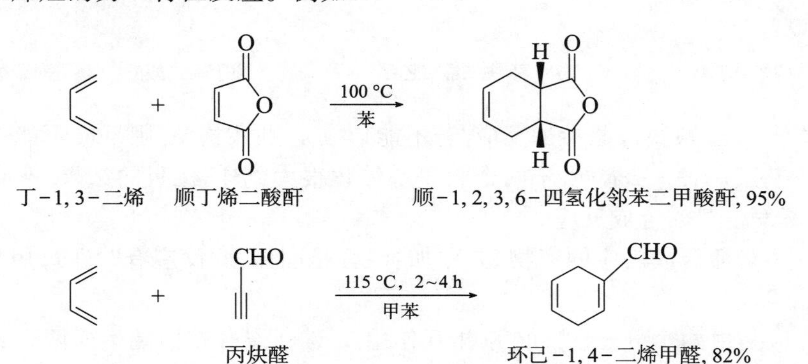

在这类反应中，两种反应物相互作用，旧键的断裂和新键的生成同时进行，经过一个环状过渡态，生成产物。反应是一步完成的，没有活性中间体（如碳正离子或自由基等）生成，其反应机理可用丁-1,3-二烯和乙烯的反应表示如下：

环状过渡态
（[4+2]个π电子）

环己烯

在双烯合成反应中，通常将共轭二烯烃及其衍生物称为双烯体，与之反应的不饱和化合物称为亲双烯体。丁-1,3-二烯与乙烯的双烯合成需要苛刻条件：在200 ℃，9 MPa条件下反应17 h，产率18%；在165 ℃，90 MPa条件下反应17 h，产率78%。通常，含有给电子基团的双烯体和含有强吸电子基团的亲双烯体容易进行反应；同样，含有强吸电子基团的双烯体（此类化合物较少见）与含有给电子基团的亲双烯体也容易反应。

常见的双烯体和亲双烯体如下所示：

双烯体

$CH_2{=}CH{-}CH{=}CH_2$ $CH_2{=}C(CH_3){-}CH{=}CH_2$ $CH_2{=}C(H_3C){-}C(CH_3){=}CH_2$

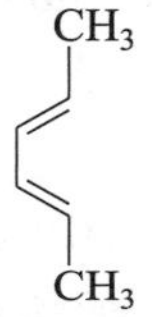

(2*E*,4*E*)-己-2,4-二烯  环戊-1,3-二烯  环己-1,3-二烯

亲双烯体

$CH_2{=}CHCHO$ 丙烯醛

$CH_2{=}CHCO_2CH_3$ 丙烯酸甲酯

$CH_3O_2CCH{=}CHCO_2CH_3$ 丁烯二酸二甲酯

$(NC)_2C{=}C(CN)_2$ 四氰基乙烯

$H_5C_2O_2CC{\equiv}CCO_2C_2H_5$ 丁炔二酸二乙酯

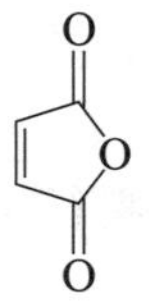

顺丁烯二酸酐 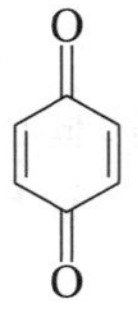 对苯醌

双烯体均以s-顺式构象参加反应，若不能形成s-顺式构象，则反应不能进行。例如，2,3-二叔丁基丁-1,3-二烯，由于两个叔丁基体积很大，空间位阻的结果，不能形成s-顺式构象，故不发生双烯合成反应。

拓展：类Diels-Alder反应

由于一些双烯合成反应的产物（亦称加合物）是固体，此反应有时还可用来鉴定共轭二烯烃。

上述反应是由两个分子的π体系相互作用，π键断裂并在两端生成两个σ键而闭合成环，故属于环加成反应。双烯合成反应是重要的环加成反应之一。

(b) 1, 3-偶极环加成反应(1, 3-dipolar cycloaddition)。1, 3-偶极体是一类电荷分离的中性分子，属于 3 中心 4π 电子体系，3 个中心原子至少有 1 个是杂原子。常见的 1, 3-偶极体有臭氧、一氧化二氮、硝酮、叠氮化合物等（见练习 4.10）。1, 3-偶极体和亲双烯体之间的加成反应称为 1, 3-偶极环加成反应。以乙烯的臭氧化为例说明如下：

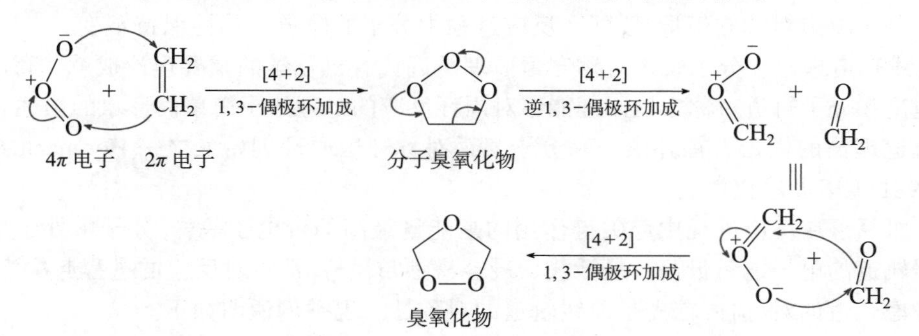

拓展：生物正交化学与点击化学

练习 4.8 完成下列反应式：

(1) $CH_2{=}C(CH_3){-}C(CH_3){=}CH_2 + CH_2{=}CHCHO \longrightarrow$

(2) Ph–CH=CH–CH=CH–Ph $+ C_2H_5O_2CC{\equiv}CCO_2C_2H_5 \longrightarrow$

练习 4.9 下列化合物能否作为双烯体进行双烯合成反应？为什么？

(1) (2) (3) $=CH_2$

练习 4.10 写出下列 1, 3-偶极体的其他可能的极限结构式：

$O{=}\overset{+}{O}{-}\overset{-}{O}$	臭氧
$N{\equiv}\overset{+}{N}{-}\overset{-}{O}$	一氧化二氮
$R{-}C{\equiv}\overset{+}{N}{-}\overset{-}{O}$	氧化腈
$R{-}C{\equiv}\overset{+}{N}{-}\overset{-}{N}{-}R$	腈亚胺
$R{-}\overset{-}{N}{-}\overset{+}{N}{\equiv}N$	叠氮化合物
$R_2\overset{-}{C}{-}\overset{+}{N}{\equiv}N$	重氮化合物
$R_2\overset{-}{C}{-}\overset{+}{N}(R){=}O$	硝酮
$R_2C{=}\overset{+}{N}(R){-}\overset{-}{C}R_2$	亚胺叶立德
$R{-}C{\equiv}\overset{+}{N}{-}\overset{-}{C}R_2$	腈叶立德
$R_2C{=}\overset{+}{N}(R){-}\overset{-}{N}{-}R$	甲亚胺亚胺

4.5.4 周环反应的理论解释

前线轨道理论是由日本化学家福井谦一 (Fukui K) 于 1951 年提出的。前线轨道或叫前线分子轨道，是指分子中能量最高的电子占据轨道 (highest occupied molecular orbital, HOMO) 和能量最低的电子未占据轨道 (lowest unoccupied molecular orbital, LUMO)。例如，

人物：福井谦一

丁-1,3-二烯在基态时,电子占有 ψ_1 和 ψ_2 分子轨道,其中 ψ_2 是能量最高的电子占据轨道(HOMO),即前线轨道,如图 4-3 所示。

人物:Woodward R B

人物:Hoffmann R

1965 年,Woodward R B 和 Hoffmann R 在总结了大量有机合成经验规律的基础上,将分子轨道理论引入周环反应的机理研究中,发现周环反应是受分子轨道对称性控制的反应,提出了分子轨道对称守恒原理,即在反应过程中分子的轨道对称性保持不变。

前线轨道理论和分子轨道对称守恒原理是近代有机化学的重要理论成就。利用前线轨道理论和分子轨道对称守恒原理能够对周环反应的机理给予简单而形象的描述。为此,前线轨道理论的创始人福井谦一和分子轨道对称守恒原理创始人之一 Hoffmann 共同获得了 1981 年诺贝尔化学奖。

正如原子在反应进程中起关键作用的是能量最高的价电子一样,分子中处于能量最高占据轨道的电子能量最高、最活泼、最容易参与反应,常常对反应的进程起决定作用。因此考虑轨道的对称性,首先是前线轨道的对称性。现举例说明如下。

在丁-1,3-二烯环化转变为环丁烯的过程中,两端碳原子(即 C1 和 C4)的 p 轨道,将重新杂化为 sp^3 杂化轨道,形成环丁烯的新 σ 键。同时,C1 与 C2 之间的键及 C3 与 C4 之间的键也必须沿各自的 σ 键键轴旋转一定角度,这样才能构成新 σ 键而关环。旋转方式则主要取决于前线轨道的对称性。

在加热作用下,丁-1,3-二烯的电环化反应是分子在基态下发生的化学反应,其前线轨道是 ψ_2。

ψ_2　HOMO (基态)

因为只有位相相同的轨道才能相互重叠而成键,所以丁-1,3-二烯在加热作用下必然是顺旋(绕着两个碳碳 σ 键键轴向同一方向 ↷ ↷ 或 ↶ ↶ 旋转)关环,而不能是对旋(绕着两个碳碳 σ 键键轴向相反方向 ↶ ↷ 或 ↷ ↶ 旋转)关环。即丁-1,3-二烯在加热作用下的电环化反应,顺旋是对称允许的途径,对旋是对称禁阻的途径,如图 4-7 所示。

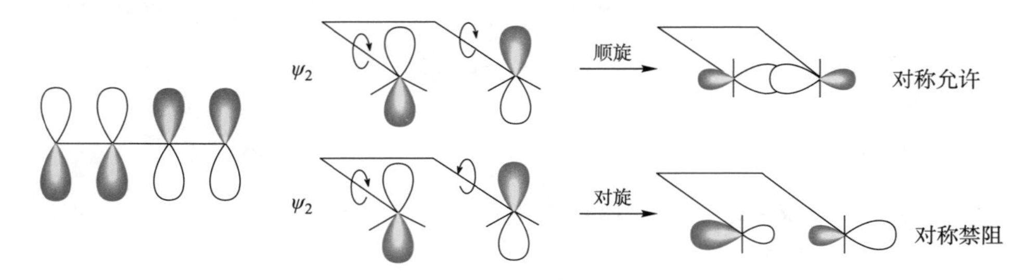

图 4-7　丁-1,3-二烯加热关环前线轨道作用示意图

在光照作用下,由于光的激发,ψ_2 轨道中的一个电子被激发到 ψ_3 轨道,ψ_3 轨道变成最高的电子占据轨道(HOMO),即前线轨道。

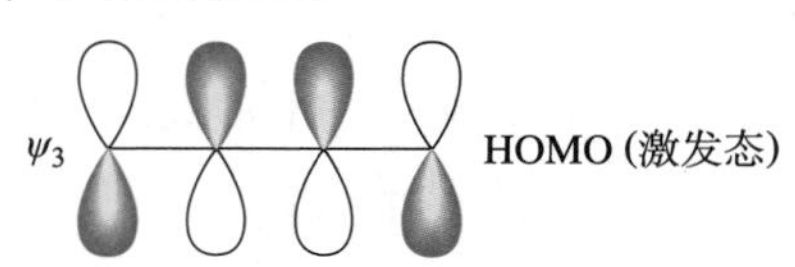

显然，对 ψ_3 轨道来说，只有对旋才能使两个位相相同的轨道重叠成键。即在光照的作用下，顺旋是对称禁阻的途径，而对旋则是对称允许的途径，这与加热作用下的电环化反应正相反，如图 4-8 所示。

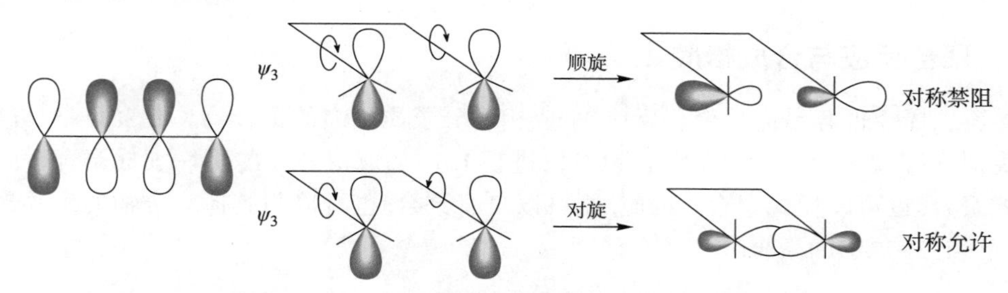

图 4-8　丁-1,3-二烯光照关环前线轨道作用示意图

对丁-1,3-二烯来说，不管顺旋还是对旋，产物是相同的，无法区别和辨认。如果在共轭烯烃的两端碳原子上带有取代基时，如己-2,4-二烯就会产生不同的顺反异构体。这是与实验事实完全符合的，对 (2E,4E)-己-2,4-二烯而言，热电环化反应，顺旋是对称允许的，得到反-3,4-二甲基环丁烯；光电环化反应，对旋是对称允许的，得到的产物是顺-3,4-二甲基环丁烯。

如果反应物是 (2Z,4E)-己-2,4-二烯，则得到产物的顺反异构体正好与 (2E,4E)-己-2,4-二烯的相反。

又如，前面介绍过的 Diels-Alder 反应虽是环加成反应 (按参加反应的 π 电子数称为 (4+2)π 电子环加成反应，或 [4+2] 环加成反应)，但与电环化反应相似，可以用前线轨道理论给予圆满的解释。所不同的是，环加成反应是两个 π 体系之间进行的反应。例如，乙烯和丁-1,3-二烯的环加成反应，也是由前线轨道的对称性所决定的。反应时，起决定作用的是两个分子中的前线轨道，即一个分子的 HOMO 和另一个分子的 LUMO。当两个分子在反应过程中彼此相互接近，逐渐由原来的 π 电子在两个分子之间形成新 σ 键时，由于原来两个分子的成键轨道 HOMO 都已充满，而且一个轨道只能容纳两个电子，因此两个新 σ 键的生成，只能是电子从一个分子的 HOMO 流入另一个分子的 LUMO，从而相互重叠成键。加热条件下的环加成是基态下的反应，在基态时，乙烯的 HOMO 是 π 轨道，而丁-1,3-二烯的 LUMO 是 ψ_3，两个轨道的对称性是匹配的 (即位相相同)，因此，乙烯和丁-1,3-二烯在加热下 (基态下) 进行环加成反应是对称允许的，如图 4-9(a) 所示。反之，在基态时，丁-1,3-二烯的 HOMO 是 ψ_2，而乙烯的 LUMO 是 π^*，两个轨道的对称性也是匹配的，在加热下进行环加成反应也是对称允许的，如图 4-9(b) 所示。

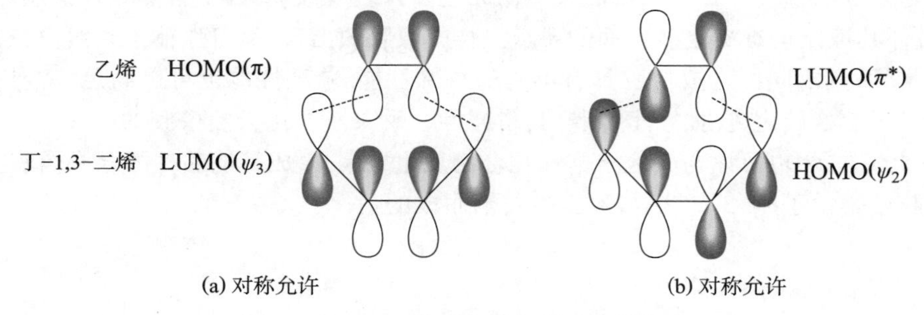

图 4-9　[4+2] 热环加成轨道对称示意图

因此,在加热下,Diels-Alder 反应可以顺利进行。双烯体和亲双烯体在反应时具体是哪个的 HOMO 和哪个的 LUMO 发生作用,就要看两对 HOMO 与 LUMO 的能级差,电子在能级差小的一组 HOMO-LUMO 之间流动。

4.5.5 聚合反应与合成橡胶

共轭二烯烃也容易进行聚合反应,生成相对分子质量高的聚合物。在聚合时,与加成反应类似,可以进行 1,2-加成聚合,也可以进行 1,4-加成聚合。在 1,4-加成聚合时,既可以顺式聚合,也可以反式聚合。同时,既可以自身聚合,也可以与其他化合物发生共聚合。例如,丁-1,3-二烯的聚合:

$$\left[CH_2-\underset{\underset{CH=CH_2}{|}}{CH}\right]_n \qquad \left[H_2C(H)C=C(H)CH_2\right]_n \qquad \left[H_2C(H)C=C(H)CH_2\right]_n$$

1,2-加成聚合　　顺-1,4-加成聚合　　反-1,4-加成聚合

共轭二烯烃的聚合反应是制备合成橡胶的基本反应,很多合成橡胶是丁-1,3-二烯或 2-甲基丁-1,3-二烯及其衍生物的聚合物,或与其他化合物的共聚物。

丁-1,3-二烯或 2-甲基丁-1,3-二烯在 Ziegler-Natta 催化剂如四卤化钛-三烷基铝等作用下,主要按 1,4-加成方式进行顺式加成聚合,分别生成顺-1,4-聚丁二烯橡胶(简称顺丁橡胶或 BR)和顺-1,4-聚异戊二烯橡胶(简称异戊橡胶)。这种聚合方式通称定向聚合。

$$n\,CH_2=CH-CH=CH_2 \xrightarrow{\text{Ziegler-Natta 催化剂}} \left[H_2C(H)C=C(H)CH_2\right]_n$$

顺丁橡胶

$$n\,CH_2=\underset{\underset{CH_3}{|}}{C}-CH=CH_2 \xrightarrow{\text{Ziegler-Natta 催化剂}} \left[H_2C(H_3C)C=C(H)CH_2\right]_n$$

异戊橡胶

异戊橡胶因其结构和性质均与天然橡胶相似,被称为合成天然橡胶。

橡胶是一类在很宽的温度范围内具有弹性的高分子化合物,分为天然橡胶和合成橡胶两大类。天然橡胶可以认为是异戊二烯聚合而成的高相对分子质量聚合物的混合体,其干馏产物是 2-甲基丁-1,3-二烯。天然橡胶主要来自橡胶树,因受自然条件的制约,产量有限,另外其性能也难满足多方面的要求。合成橡胶的出现,不但弥补了天然橡胶在数量上的不足,而且不同的合成橡胶具有不同的特殊性能,单项性能也可以满足特定用途,这是其优于天然橡胶之处,如顺丁橡胶,其耐磨性、耐寒性都比天然橡胶的好。

丁-1,3-二烯也可以与其他不饱和化合物发生共聚,生成其他品种的合成橡胶。例如,丁苯橡胶就是由丁-1,3-二烯与苯乙烯共聚而成的。

$$n\,CH_2{=}CH{-}CH{=}CH_2 + n\,C_6H_5CH{=}CH_2 \xrightarrow{\text{过硫酸钠}} \left[CH_2{-}CH{=}CH{-}CH_2{-}\underset{C_6H_5}{CH}{-}CH_2\right]_n$$

苯乙烯　　丁苯橡胶

丁苯橡胶具有良好的耐老化性、耐油性、耐热性和耐磨性等，主要用于制备轮胎和其他工业制品，是目前世界上产量最大的合成橡胶。

2-氯丁-1,3-二烯聚合则生成氯丁橡胶：

$$n\,CH_2{=}CH{-}\underset{Cl}{C}{=}CH_2 \xrightarrow{\text{聚合}} \left[CH_2{-}CH{=}\underset{Cl}{C}{-}CH_2\right]_n$$

2-氯丁-1,3-二烯　　氯丁橡胶

氯丁橡胶的耐油性、耐老化性和化学稳定性也比天然橡胶的好。其单体2-氯丁-1,3-二烯可由乙烯基乙炔加氯化氢制得：

$$CH_2{=}CH{-}C{\equiv}CH + HCl \xrightarrow{CuCl,\ NH_4Cl} CH_2{=}CH{-}\underset{Cl}{C}{=}CH_2$$

橡胶是工农业生产、交通运输、国防建设和日常生活不可缺少的物质。但不论天然橡胶还是合成橡胶，最初都是线形高分子化合物，均需在加热下用硫黄或其他物质进行交联处理，这个过程通称硫化。天然橡胶和合成橡胶在使用前一般需经硫化处理。

练习 4.11　定向聚合生成的顺丁橡胶如经臭氧化和还原水解，主要应得到什么产物？

4.6 重要共轭二烯烃的工业制法

共轭二烯烃，尤其是丁-1,3-二烯和2-甲基丁-1,3-二烯，不仅在理论研究上，而且在有机合成中均具有重要价值，二者均系合成橡胶的主要单体。因工业生产的需要，对其制备方法的研究也较为广泛，有多种方法在工业上已被广为采用。现仅就工业上的主要制法简介如下。

4.6.1 丁-1,3-二烯的工业制法

(1) 从裂解气的 C_4 馏分提取　以石油中一些馏分为原料生产乙烯和丙烯时，C_4 馏分中含有大量丁-1,3-二烯，可用溶剂将其提取出来。工业上采用的溶剂有乙腈、二甲基甲酰胺（缩写 DMF）、*N*-甲基吡咯烷-2-酮（缩写 NMP）、二甲基亚砜（缩写 DMSO）等，其中使用最多的是 DMF 和 NMP。由于乙烯生产的发展，此法原料丰富且价廉，与其他方法相比最经济，因此各国用此法生产的比例越来越大，西欧和日本是采用此法的主要地区和国家。

(2) 由丁烷和/或丁烯脱氢生产　在催化剂作用下，丁烷和/或丁烯在较高温度下脱氢生成丁-1,3-二烯。

$$CH_3—CH_2—CH_2—CH_3 \xrightarrow[\approx 600\ ^\circ C,\ -2H_2]{CrO_3-Al_2O_3} CH_2=CH—CH=CH_2$$

$$CH_3—CH_2—CH_2—CH_3 \xrightarrow{-H_2} \begin{matrix} CH_2=CH—CH_2—CH_3 \\ CH_3—CH=CH—CH_3 \end{matrix} \xrightarrow{-H_2} CH_2=CH—CH=CH_2$$

在生产中，出于原料不同，所用催化剂、温度甚至方法不尽相同。以丁烷和丁烯为原料生产丁-1,3-二烯的方法有脱氢法和在氧气存在下的氧化脱氢法。其中脱氢法由于成本高，目前已很少使用。在氧化脱氢法中，氧气的作用是将氢氧化成水（放出的热量与脱氢反应所需热量大致相等），能维持脱氢反应自发进行。该法的优点是，提高了丁烯的转化率和生成丁二烯的选择性，并延长催化剂的使用寿命。

丁-1,3-二烯是无色气体，沸点为 4.4 ℃，不溶于水，溶于汽油、苯等有机溶剂，是合成橡胶的重要单体。

4.6.2　2-甲基丁-1,3-二烯的工业制法

(1) 从裂解气的 C_5 馏分提取　从石脑油裂解的 C_5 馏分中提取 2-甲基丁-1,3-二烯是一种很经济的方法。分离 2-甲基丁-1,3-二烯的方法有萃取法（参阅丁-1,3-二烯的提取）和精馏法。萃取法的使用在不断增长。

(2) 由异戊烷和异戊烯脱氢生产　此法与丁烷、丁烯脱氢生产丁-1,3-二烯的方法很相似，已在工业上应用。

$$CH_3—\underset{}{\overset{CH_3}{\overset{|}{C}}}=CH—CH_3 \xrightarrow{催化剂} CH_2=CH—\overset{CH_3}{\overset{|}{C}}=CH_2$$

(3) 合成法　主要有以下几种方法。

拓展：异丁烯和甲醛制备异戊二烯的机理

(a) 由异丁烯和甲醛制备。异丁烯和甲醛水溶液在强酸性催化剂存在下主要生成 4,4-二甲基-1,3-二噁烷 (I)，后者在磷酸钙作用下，受热分解生成 2-甲基丁-1,3-二烯。

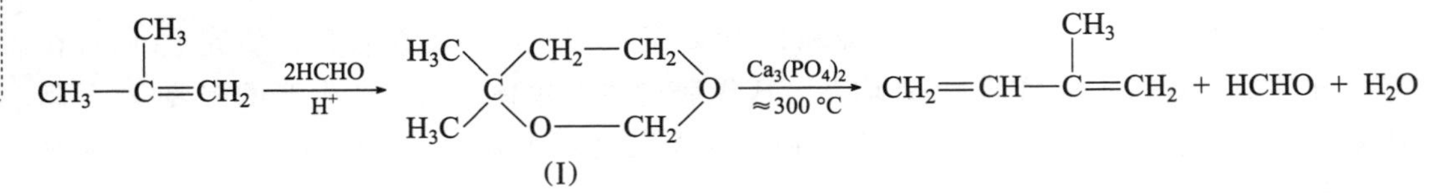

(b) 由丙酮和乙炔反应也能得到 2-甲基丁-1,3-二烯：

$$CH_3—\underset{\underset{O}{\|}}{C}—CH_3 + HC\equiv CH \xrightarrow[100\ ^\circ C,\ 2\ MPa]{KOH,\ H_2O} CH_3—\underset{\underset{OH}{|}}{\overset{\overset{CH_3}{|}}{C}}—C\equiv CH \xrightarrow[常温,\ 常压]{H_2,\ PdCl_2,\ Na_2CO_3}$$

85%

$$CH_3-\underset{OH}{\overset{CH_3}{\underset{|}{\overset{|}{C}}}}-CH=CH_2 \xrightarrow[290\sim300\ ^\circ C]{Al_2O_3} CH_2=\overset{CH_3}{\overset{|}{C}}-CH=CH_2 + H_2O$$

84%　　　　88%

当用甲醛代替丙酮与乙炔进行反应时,则得到丁-1,3-二烯:

$$H_2C=O + HC\equiv CH + O=CH_2 \xrightarrow{KOH} HO-CH_2-C\equiv C-CH_2-OH$$

$$\xrightarrow[Ni]{H_2} HOCH_2CH_2CH_2CH_2OH \xrightarrow[\triangle]{Al_2O_3} CH_2=CH-CH=CH_2$$

2-甲基丁-1,3-二烯是无色液体,沸点为 34 ℃,不溶于水,易溶于汽油、苯等有机溶剂,是生产“合成天然橡胶”的单体。

4.7 环戊二烯

环戊-1,3-二烯简称环戊二烯,是具有特殊臭味的无色液体,沸点为 41~42 ℃,相对密度为 0.805,不溶于水,溶于醇、醚、丙酮、苯和四氯化碳等有机溶剂,广泛用于制备合成树脂、杀虫剂和塑料等,也可用作乙丙橡胶的第三单体。

4.7.1 工业来源和制法

环戊二烯主要存在于煤焦油蒸馏苯的头馏分及石油馏分热裂解的 C_5 馏分中。目前工业上利用分馏 C_5 馏分获得,即将 C_5 馏分加热至 80~100 ℃,使环戊二烯彻底聚合为二聚环戊二烯(亦称双环戊二烯)。蒸出易挥发的其他 C_5 馏分后,再加热至 170~200 ℃,则二聚环戊二烯重新解聚为环戊二烯。

$$\text{环戊二烯} + \text{环戊二烯} \underset{170\sim200\ ^\circ C}{\overset{80\sim100\ ^\circ C}{\rightleftharpoons}} \text{二聚环戊二烯}$$

二聚环戊二烯是具有类似樟脑气味的无色晶体,熔点为 32.5 ℃;加热至 170 ℃ 以上分解为两分子环戊二烯,这是实验室制备纯环戊二烯的方法。

4.7.2 化学性质

环戊二烯分子中含有共轭双键,是一种环状共轭二烯烃,因此与链状共轭二烯烃相似,既可进行 1,2-加成,也可进行 1,4-加成;又由于其分子中含有一个处于两个双键 α 位的甲叉基,因受两个双键的影响,α-氢原子很活泼。

(1) 双烯合成　环戊二烯聚合成二聚环戊二烯属于双烯合成,其中一分子环戊二烯作为双烯体,而另一分子环戊二烯则是亲双烯体。但环戊二烯通常作为双烯体与亲双烯体进行双烯合成反应。例如:

$$\text{环戊二烯} + \text{乙烯} \xrightarrow[\text{加压}]{190\sim200\ ^\circ\text{C}} \text{降冰片烯}$$

$$\text{环戊二烯} + \text{1,3-丁二烯} \xrightarrow[\text{加压}]{160\sim180\ ^\circ\text{C}} \text{5-乙烯基降冰片烯} \xrightarrow[\text{异构化}]{Na/Al_2O_3,\ 25\ ^\circ\text{C},\ 1\ h} \text{5-乙亚基降冰片烯, 100\%}$$

$$\text{六氯环戊二烯} + \text{马来酸酐} \xrightarrow[83\%]{100\ ^\circ\text{C},\ 14\ h} \text{氯菌酸酐}$$

降冰片烯及其衍生物是合成橡胶的重要单体，如少量5-乙亚基降冰片烯作为第三组分加到乙烯和丙烯聚合物中生成三元聚合物，经硫化形成三元乙丙橡胶(EPTR)。氯菌酸酐可用作聚酯树脂的阻燃剂和环氧树脂的固化剂。

(2) α-氢原子的活泼性　在环戊二烯分子中的甲叉基显示出比一般烯烃α-氢原子更强的酸性($pK_a=16$)，能与活泼金属(如K，Na)或强碱(如NaOH)反应，生成稳定的环戊二烯基负离子。例如，在苯溶液中，环戊二烯与金属钾作用，生成环戊二烯基负离子：

$$\text{环戊二烯} + K \xrightarrow{\text{苯}} K^+\ \text{环戊二烯基负离子}\ \left(K^+\ \text{(⊖)}\right) + \frac{1}{2}H_2$$

环戊二烯生成负离子以后，甲叉基的碳原子由原来的sp^3杂化转变为sp^2杂化，使得环上五个碳原子均为sp^2杂化，每个碳原子上各有一个p轨道，它们都垂直于五元环的平面且彼此平行，在侧面相互重叠构成离域体系，因此负电荷不再局限于原甲叉基碳原子上，而是均匀分散在五个碳原子上。由于负电荷的高度分散，再加上环戊二烯基负离子与苯相似，是高度离域的共轭体系，具有芳香性(见第五章5.7.2节)，因此，环戊二烯基负离子比较稳定。越稳定的负离子越容易生成，所以环戊二烯甲叉基上的氢原子具有较强酸性。

环戊二烯钾(或钠)盐与氯化亚铁反应，生成二环戊二烯基铁，亦称二茂铁。

人物：Wilkinson G

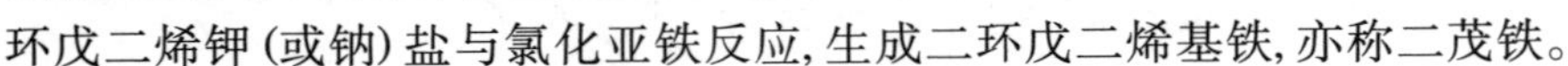

二茂铁为橙色晶体，有樟脑气味，熔点为173～174 ℃，不溶于水，溶于乙醇、乙醚、石油醚和苯等；对热(＜400 ℃)、紫外线、酸、碱等稳定；可用作紫外线吸收剂、火箭燃料添加剂、汽油的抗震剂等。二茂铁及其衍生物是重要的有机合成中间体，它们因具有独特的物理和化学性质，在功能材料和生物医学等领域获得了广泛应用。像二茂铁这样含有碳金属键的化合物称为金属有机化合物，二茂铁及其衍生物的合成与应用促进了金属有机化合物结构理论的发展。由于在二茂铁等金属有机化合物结构与性质方面的开创性研究工作，德国化学家Fischer E O和英国化学家Wilkinson G获得1973年诺贝尔化学奖。

练习 4.12 完成下列反应式:

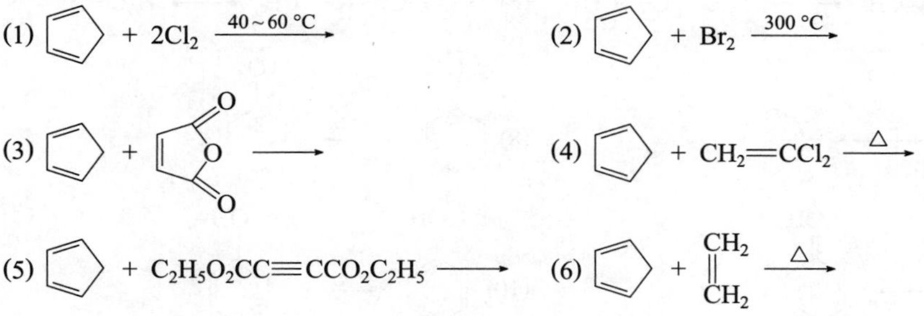

(1) 环戊二烯 + $2Cl_2$ $\xrightarrow{40\sim60\ ^\circ C}$　　(2) 环戊二烯 + Br_2 $\xrightarrow{300\ ^\circ C}$

(3) 环戊二烯 + 顺丁烯二酸酐 $\longrightarrow$　　(4) 环戊二烯 + $CH_2=CCl_2$ $\xrightarrow{\triangle}$

(5) 环戊二烯 + $C_2H_5O_2CC\equiv CCO_2C_2H_5$ $\longrightarrow$　　(6) 环戊二烯 + $CH_2=CH_2$ $\xrightarrow{\triangle}$

习题

(一) 用系统命名法命名下列化合物:

(1) $H_2C=CHCH=C(CH_3)_2$　　(2) $CH_3CH=C=C(CH_3)_2$

(3) $H_2C=CHCH=CHC(CH_3)=CH_2$　　(4) $H_3C(H)C=C(H)CH=CH_2$（顺式）

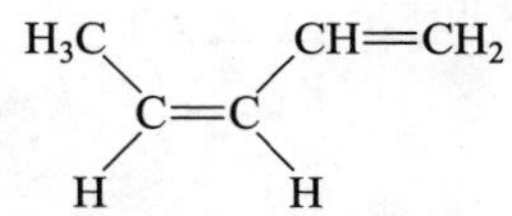

(二) 下列化合物有无顺反异构现象? 若有, 写出其顺反异构体并用 Z, E-命名法命名。

(1) 2-甲基丁-1,3-二烯　　(2) 戊-1,3-二烯　　(3) 辛-3,5-二烯

(4) 己-1,3,5-三烯　　(5) 戊-2,3-二烯

(三) 在书写共振式时, 常见的有如下 6 种书写模式。

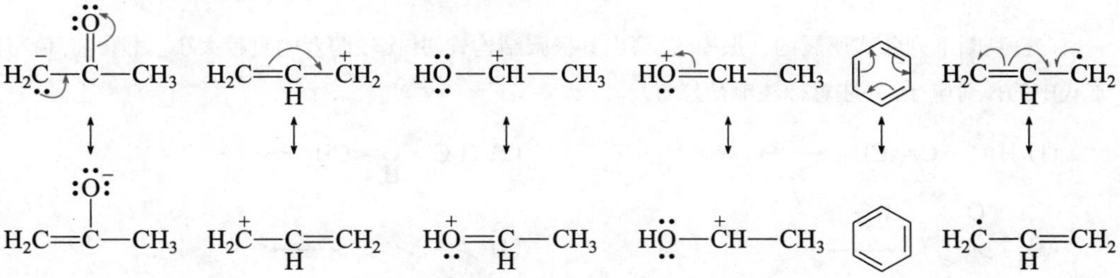

(a) $H_2\overset{-}{C}-C(=O)-CH_3 \longleftrightarrow H_2C=C(-O^-)-CH_3$　与双键相邻的孤对电子

(b) $H_2C=CH-\overset{+}{C}H_2 \longleftrightarrow H_2\overset{+}{C}-CH=CH_2$　与双键相邻的碳正离子

(c) $H\ddot{O}-\overset{+}{C}H-CH_3 \longleftrightarrow H\overset{+}{O}=CH-CH_3$　与碳正离子相邻的孤对电子

(d) $H\overset{+}{O}=CH-CH_3 \longleftrightarrow H\ddot{O}-\overset{+}{C}H-CH_3$　双键

(e) 苯 $\longleftrightarrow$ 苯　苯环

(f) $H_2C=CH-\dot{C}H_2 \longleftrightarrow H_2\dot{C}-CH=CH_2$　与双键相邻的自由基

请为下列各小题左侧的极限结构式补充弯箭头, 并辨识与之相符的模式类型。

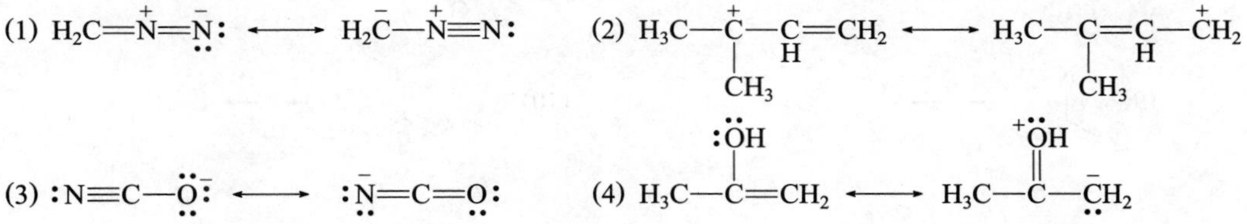

(1) $H_2C=\overset{+}{N}=\overset{-}{\ddot{N}}: \longleftrightarrow H_2\overset{-}{C}-\overset{+}{N}\equiv N:$

(2) $H_3C-\overset{+}{C}(CH_3)-CH=CH_2 \longleftrightarrow H_3C-C(CH_3)=CH-\overset{+}{C}H_2$

(3) $:N\equiv C-\ddot{O}:^- \longleftrightarrow :\overset{-}{\ddot{N}}=C=\ddot{O}:$

(4) $H_3C-C(\ddot{O}H)=CH_2 \longleftrightarrow H_3C-C(=\overset{+}{O}H)-\overset{-}{\ddot{C}}H_2$

(5) $H_3C-\overset{|}{C}(\ddot{\underset{..}{O}}:^-)=CH_2 \longleftrightarrow H_3C-\overset{\|}{C}(\ddot{O}:)-\ddot{C}H_2^-$　　(6) $H_3C-\overset{\|}{C}(\ddot{O}:)-\ddot{N}^{-}-CH_3 \longleftrightarrow H_3C-\overset{|}{C}(:\ddot{O}:^-)=\ddot{N}-CH_3$

(7) $\longleftrightarrow$　　(8) $\longleftrightarrow$

(9) OH $\longleftrightarrow$ $\overset{+}{O}H$　　(10) OH $\longleftrightarrow$ OH

(11) $H_3C-\underset{H}{C}=\underset{H}{C}-\dot{C}H_2 \longleftrightarrow H_3C-\dot{C}H-\underset{H}{C}=CH_2$

(12) $H_3C-\overset{+}{\underset{CH_3}{C}}-\ddot{\underset{..}{O}}-CH_3 \longleftrightarrow H_3C-\underset{CH_3}{C}=\overset{+}{\underset{..}{O}}-CH_3$

(四) 根据下列各式中的弯箭头，写出其极限结构式。

(1) $H_3C-\underset{H}{C}=\underset{H}{C}-\overset{\overset{+}{O}H}{\overset{\|}{C}}-H \longleftrightarrow$　　(2) $H_2C=\underset{H}{C}-\dot{C}H_2 \longleftrightarrow$

(3) O $\longleftrightarrow$　　(4) $\longleftrightarrow$

(5) CH_3 CH_3 $\longleftrightarrow$　　(6) $H_3C-\overset{+}{\underset{CH_3}{C}}-\ddot{\underset{..}{Cl}}: \longleftrightarrow$

(五) 判断下列各式所属的共振模式，写出其极限结构式，并比较两者的贡献大小。书写前，请写出分子式中的孤对电子，并注意标注电荷位置。

(1) $H_2\overset{+}{C}-\underset{H}{C}=CH_2 \longleftrightarrow$　　(2) $H_2\ddot{C}^{-}-\underset{H}{C}=CH_2 \longleftrightarrow$

(3) O $\longleftrightarrow$　　(4) $\longleftrightarrow$

(5) O $\longleftrightarrow$　　(6) O Cl $\longleftrightarrow$

(7) H N $\longleftrightarrow$　　(8) O O $\longleftrightarrow$

(9) N O $\longleftrightarrow$　　(10) N $\longleftrightarrow$

（六）写出下列各式所有的极限结构式。

(1)  (2) 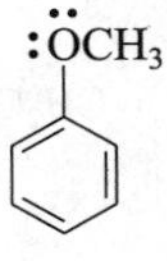 $:\ddot{O}CH_3$ (3) 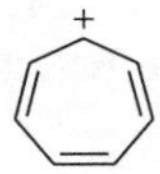 + (4) 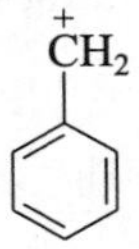 $\overset{+}{C}H_2$

(5) 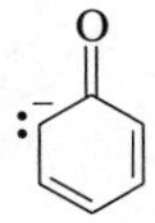 O (6) 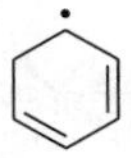 (7) 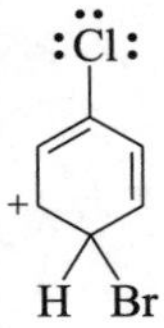 $:\ddot{Cl}:$ + H Br (8) 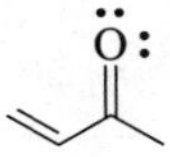 $\ddot{O}:$

（七）在确定共振结构式对共振杂化体的贡献时，常根据以下依据进行判断：

(1) 共价键数目相等，贡献相近；等价 Lewis 结构式，贡献相同。

(2) 共价键数目越多，形式电荷越少，贡献越大。

(3) 电荷分离的极限结构稳定性低，对杂化体贡献小；电荷位置违反原子电负性原则的，贡献较小，且可忽略。

请根据上述原则，对下述各极限共振结构式按其贡献由大到小排序：

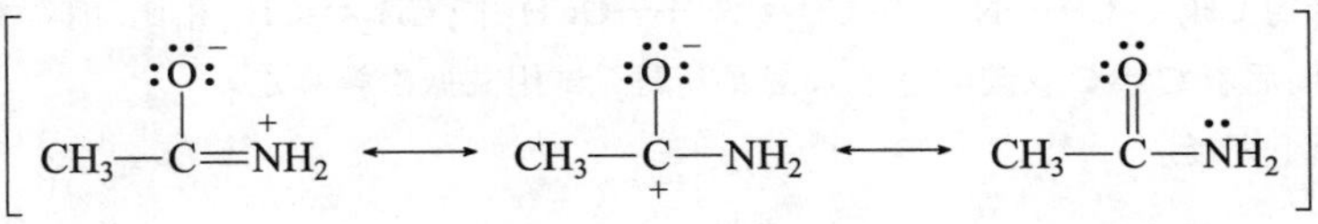

$$\left[CH_3—\overset{:\ddot{O}:^-}{\overset{|}{C}}=\overset{+}{N}H_2 \longleftrightarrow CH_3—\overset{:\ddot{O}:^-}{\overset{|}{\underset{+}{C}}}—NH_2 \longleftrightarrow CH_3—\overset{:\ddot{O}}{\overset{\|}{C}}—\ddot{N}H_2 \right]$$

(A) (B) (C)

（八）正离子 (Ⅰ) 失去质子后，生成新的结构，其可用极限结构式表示。使用弯箭头表示由结构式 (Ⅱ) 到 (Ⅲ) 及由结构式 (Ⅱ) 到 (Ⅳ) 过程中电子的转移。

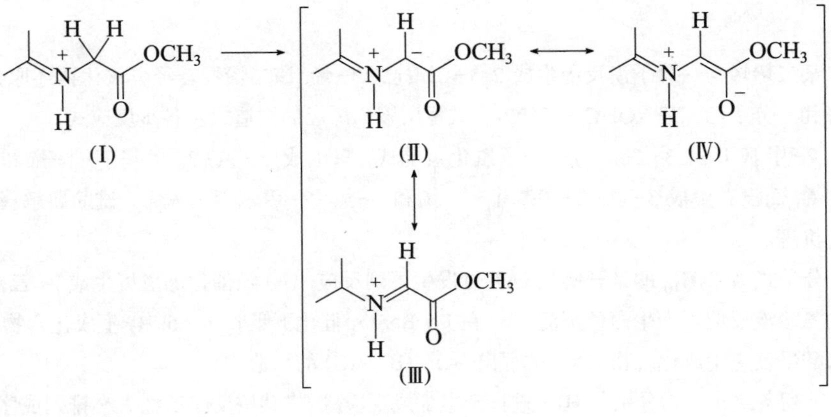

H H OCH_3 $\overset{+}{N}$ H O (Ⅰ) $\longrightarrow$ [H $\overset{+}{N}$ – OCH_3 H O (Ⅱ) $\longleftrightarrow$ H $\overset{+}{N}$ OCH_3 H O^- (Ⅳ)

$\updownarrow$

H – $\overset{+}{N}$ OCH_3 H O (Ⅲ)]

（九）完成下列反应式：

(1) 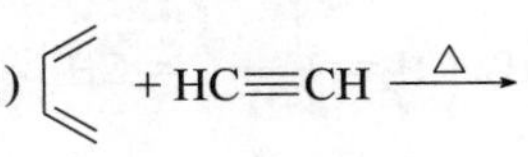 $+ HC{\equiv}CH \xrightarrow{\triangle}$

(2) 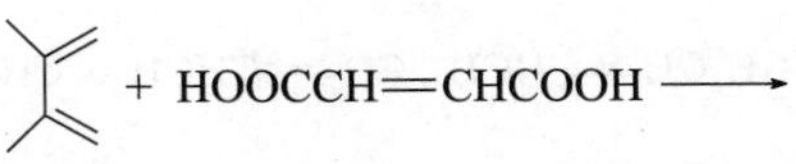 $+ HOOCCH{=}CHCOOH \longrightarrow$

(3) $+$ H CO_2CH_3 H CO_2CH_3 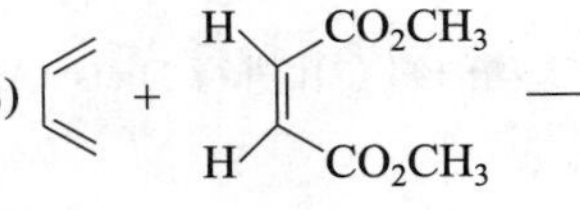 $\longrightarrow$

(4) 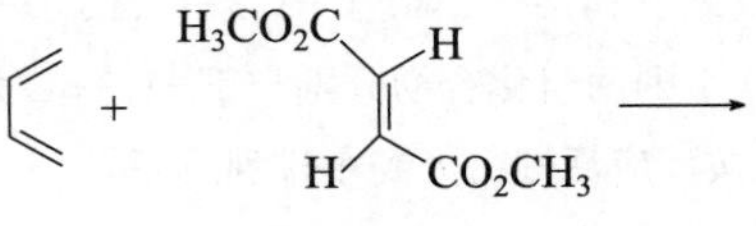 $+$ H_3CO_2C H H CO_2CH_3 $\longrightarrow$

(5) 环戊二烯 + RMgX ⟶

(6) 环戊二烯 + $CH_2=CH-CHO$ $\xrightarrow{\triangle}$ (A) $\xrightarrow{Br_2}$ (B)

(7) 环己-1,3-二烯 + $CH_2=CH-CO-CH_3$ $\xrightarrow{\triangle}$

(8) 丁-1,3-二烯 + $CH_2=CH-CH_2Cl$ $\xrightarrow{\triangle}$ (A) $\xrightarrow[H^+,\ \triangle]{KMnO_4}$ (B)

(9) $CH_3CH=CH-CH=CHCH_3$ $\xrightarrow{h\nu}$

(10) 1,2-二甲基-3,4-二甲基环丁烯（H_3C、H_3C 在双键碳上；3,4 位各有 CH_3 和 H） $\xrightarrow{\triangle}$

(十) 写出下列化合物或离子的极限结构式，并指出哪种贡献最大？

(1) $CH_3-C\equiv N$　(2) $(CH_3)_2C=CH-\overset{+}{C}(CH_3)_2$　(3) $CH_2=CH-\overset{-}{C}H_2$

(4) 环戊二烯负离子　(5) $\overset{-}{C}H_2-\underset{\underset{O}{\|}}{C}-CH_3$　(6) $CH_3-\underset{\underset{O}{\|}}{C}-CH=CH_2$

(十一) 化合物 $CH_2=CH-NO_2$ 和 $CH_2=CH-OCH_3$ 同 $CH_2=CH_2$ 相比，前者 C=C 双键的电子云密度降低，而后者 C=C 双键的电子云密度升高。试用共振论解释之。

(十二) 解释下列反应:

(1) $CH_2=CH-CH=CH-CH=CH_2$ + $2Br_2$ ⟶ $BrCH_2-CHBr-CH=CH-CHBr-CH_2Br$

(2) 亚甲基环己烷 $\xrightarrow[300\ °C]{Br_2}$ 1-(溴甲基)环己烯（CH_2Br）

(十三) 某二烯烃与一分子溴反应生成 2,5-二溴己-3-烯，该二烯烃若经臭氧化再还原分解则生成两分子乙醛和一分子乙二醛（OHC—CHO）。试写出该二烯烃的构造式及各步反应式。

(十四) 2-甲基丁-1,3-二烯与一分子氯化氢加成，只生成 3-氯-3-甲基丁-1-烯和 1-氯-3-甲基丁-2-烯，而没有生成 3-氯-2-甲基丁-1-烯和 1-氯-2-甲基丁-2-烯。试简要解释之，并写出可能的反应机理。

(十五) 分子式为 C_7H_{10} 的某开链烃 (A)，可发生下列反应：(A) 经催化加氢可生成 3-乙基戊烷；(A) 与硝酸银的氨溶液反应可产生白色沉淀；(A) 在 $Pd/BaSO_4$ 催化下吸收 1 mol H_2 生成化合物 (B)，(B) 能与顺丁烯二酸酐反应生成化合物 (C)。试写出 (A)、(B)、(C) 的构造式。

(十六) 下列各组化合物分别与 HBr 进行亲电加成反应，试将其按反应活性大小排列成序。

(1) $CH_3CH=CHCH_3$, $CH_2=CHCH=CH_2$, $CH_3CH=CHCH=CH_2$, $CH_2=C(CH_3)-C(CH_3)=CH_2$

(2) 2-氯丁-1,3-二烯，丁-1,3-二烯，丁-2-烯，丁-2-炔

(十七) 下列两组化合物分别与丁-1,3-二烯 [组 (1)] 或顺丁烯二酸酐 [组 (2)] 进行 Diels-Alder 反应，试将其按反应活性由大到小排列成序。

(1) (A) 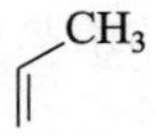 $CH_3CH{=}CH_2$ (B) 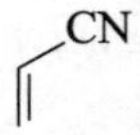 $CH_2{=}CHCN$ (C) 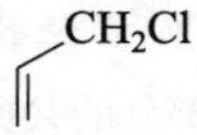 $CH_2{=}CHCH_2Cl$

(2) (A) 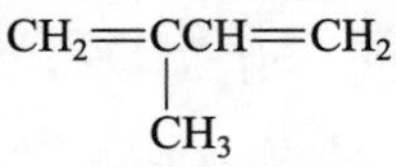 $CH_2{=}C(CH_3)CH{=}CH_2$ (B) $CH_2{=}CHCH{=}CH_2$ (C) 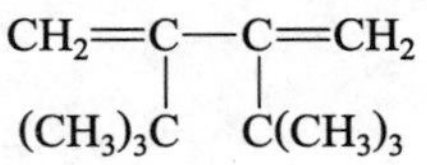 $CH_2{=}C(C(CH_3)_3)-C(C(CH_3)_3){=}CH_2$

(十八) 试用简单的化学方法鉴别下列各组化合物:

(1) 己烷, 己-1-烯, 己-1-炔, 己-2,4-二烯

(2) 庚烷, 庚-1-炔, 庚-1,3-二烯, 庚-1,5-二烯

(十九) 选用适当原料, 通过 Diels-Alder 反应合成下列化合物:

(1) 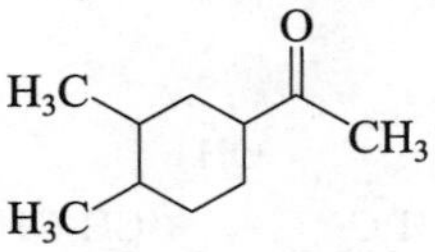 (2) 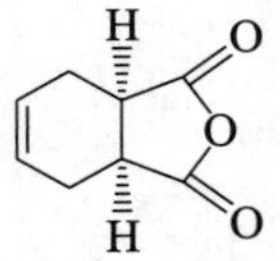 (3) 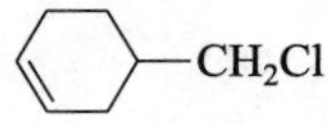 $-CH_2Cl$

(4) 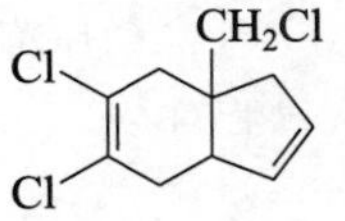 (5) 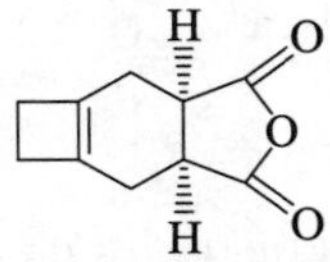 (6)

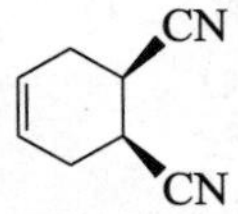

(二十) 三种化合物 (A)、(B)和 (C), 其分子式均为 C_5H_8, 都可以使溴的四氯化碳溶液褪色, 在催化下加氢都得到戊烷。(A) 与氯化亚铜的氨溶液作用生成棕红色沉淀, (B) 和 (C) 则不反应。(C) 可与顺丁烯二酸酐反应生成固体沉淀物, (A) 和 (B) 则不能。试写出 (A)、(B) 和 (C) 可能的构造式。

(二十一) 丁-1,3-二烯聚合时, 除生成高分子聚合物外, 还有一种二聚体生成。该二聚体可以发生如下的反应:

(1) 还原后可以生成乙基环己烷;

(2) 溴化时可以加上两分子溴;

(3) 高锰酸钾氧化时可以生成丁烷-1,2,4-三甲酸 ($HOOCCH_2CH(COOH)CH_2CH_2COOH$)。

根据以上事实, 试推测该二聚体的构造式, 并写出各步反应式。

(二十二) 酚酞常作为酸碱指示剂使用, 当遇碱时, 酚酞 (Ⅰ) 由无色生成紫红色的化合物 (Ⅲ)。酚酞分子的酚羟基具有酸性, 遇碱可生成酚氧负离子 (Ⅱ), 试写出化合物 (Ⅱ) 的各极限结构式 (忽略未发生变化的两个苯环的共振)。

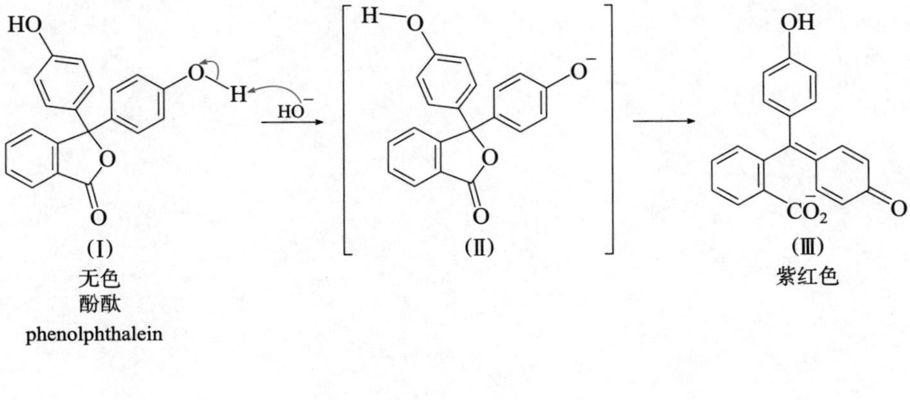

HO^-

(Ⅰ)
无色
酚酞
phenolphthalein

(Ⅱ)

(Ⅲ)
紫红色

（二十三）如下所示，苯氧基丙酸衍生物（Ⅰ）与溴反应，可生成化合物（Ⅱ）。试写出化合物（Ⅰ）的各极限结构式（忽略羧基部分的共振）。

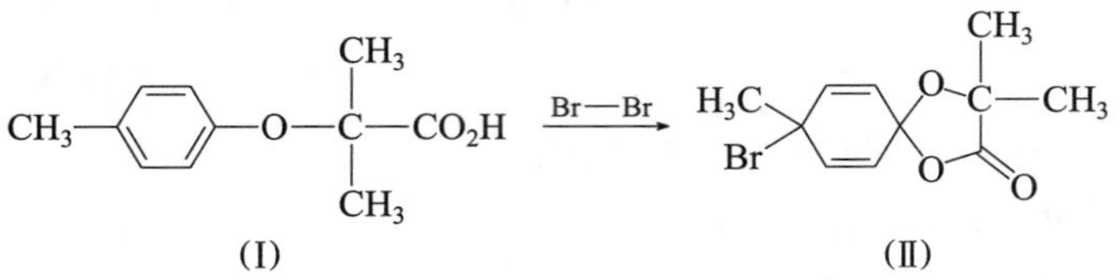

CH_3—C_6H_4—O—C(CH_3)(CH_3)—CO_2H $\xrightarrow{Br—Br}$ H_3C, Br, O, C, CH_3, CH_3, O, O

（Ⅰ）　　（Ⅱ）

（二十四）化合物（Ⅰ）是合成维生素 B6 的中间体，试使用适当原料利用 Diels-Alder 反应合成该化合物。

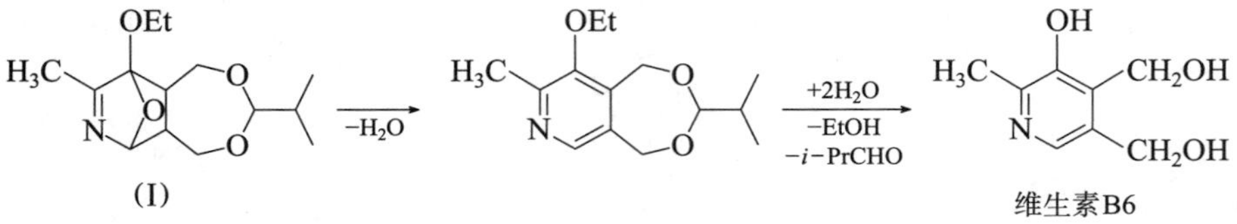

OEt, H_3C, N, O, O, O $\xrightarrow{-H_2O}$ OEt, H_3C, N, O, O $\xrightarrow[-EtOH,\ -i\text{-}PrCHO]{+2H_2O}$ OH, H_3C, N, CH_2OH, CH_2OH

（Ⅰ）　　维生素B6

（二十五）叠氮化合物与炔可以发生 1,3-偶极环加成（[3+2] 环加成）反应。2002 年 Meldal M 和 Sharpless K B 先后提出使用铜离子催化该反应，使反应可在室温下进行，同年 Sharpless 提出点击化学的概念。Bertozzi C R 则将该方法应用于生化领域，成功将两种不同的生物质连接在一起，并提出了生物正交化学（bioorthogonal chemistry）的概念。他们三人因此分享了 2022 年诺贝尔化学奖。

Meldal 等人提出的反应如下所示：

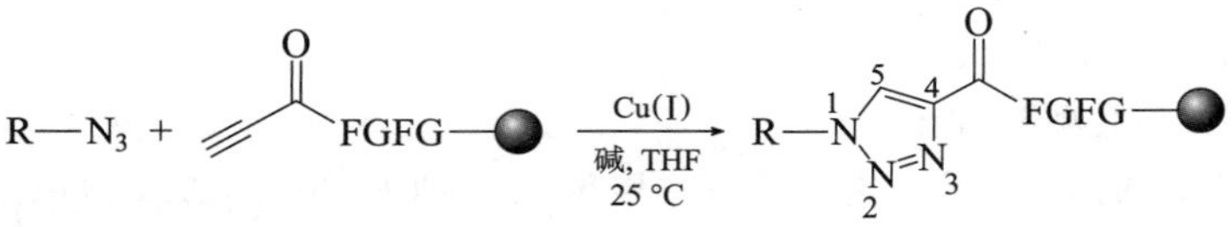

R—N_3 + ≡—C(=O)—FGFG—● $\xrightarrow[\text{碱, THF, 25 °C}]{Cu(I)}$ R—N1, N2, N3, C4, C5, O, FGFG—●

(1) 请写出叠氮甲烷（CH_3N_3）的 Lewis 式及所有极限结构式；

(2) 写出上述反应的反应机理；

(3) 叠氮化合物与炔的环加成反应在未催化的情况下，生成上述产物，同时还伴有另一副产物生成，写出副产物的结构。

第五章
芳烃　芳香性

前导知识: 学习本章之前需要复习以下知识点

催化氢化反应 (3.5.1 节)
亲电试剂, 烯烃的亲电加成反应 (3.5.2 节)
$\pi, \pi-$共轭体系 (4.3.1 节)
共振论 (4.4 节)

本章导读: 学习本章内容需要掌握以下知识点

取代苯和取代萘的构造异构、命名
苯的结构描述: 价键理论、分子轨道理论、共振论
亲电取代反应: 卤化, 硝化, 磺化, Friedel-Crafts 烷基化和酰基化, 氯甲基化
芳环侧链上的卤化反应
苯环取代反应定位规则: 两类定位基的定位效应, 有机合成中的应用
萘的亲电取代反应
芳香性及 Hückel 规则
多官能团化合物的命名

后续相关: 与本章相关的后续知识点

卤代芳烃的化学性质 (7.9 节)
芳烃的红外光谱和核磁共振谱 (8.2.3 节, 8.3.2 节)
酚的酸性 (9.6.1 节)
酚芳环上的亲电取代反应 (9.6.4 节)
醛和酮的制法 (11.3 节)
羧酸的酸性 (12.5.1 节)
芳胺芳环上的亲电取代反应 (15.5.7 节)
芳基重氮盐的结构与反应 (15.8 节)
杂环化合物的结构和芳香性 (17.1.2 节)
常见的五元杂环化合物及其化学性质 (17.2 节)
吡啶的化学性质 (17.3.1 节)

芳烃是芳香族碳氢化合物的简称，亦称芳香烃。如苯 (C_6H_6)、萘 ($C_{10}H_8$) 等。这类化合物分子中通常含有苯环结构且具有高度不饱和性，但不易进行加成反应和氧化反应，而比较容易进行取代反应，这种特性曾作为其芳香性的标志。随着有机化学的发展，人们发现一些不含苯环结构的环状烃也具有类似特性，如 [18] 轮烯和 [22] 轮烯等，它们被称为非苯芳烃。本章讨论的芳烃主要指含有苯环结构的芳烃。

芳烃按其结构可分为三类：

(1) 单环芳烃　分子中含有一个苯环的芳烃，称为单环芳烃。例如：

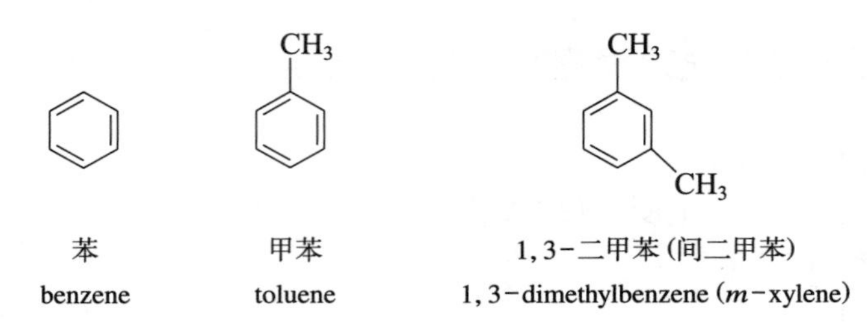

(2) 稠环芳烃　分子中含有由两个或多个苯环彼此间通过共用两个相邻碳原子稠合而成的芳烃，称为稠环芳烃。例如：

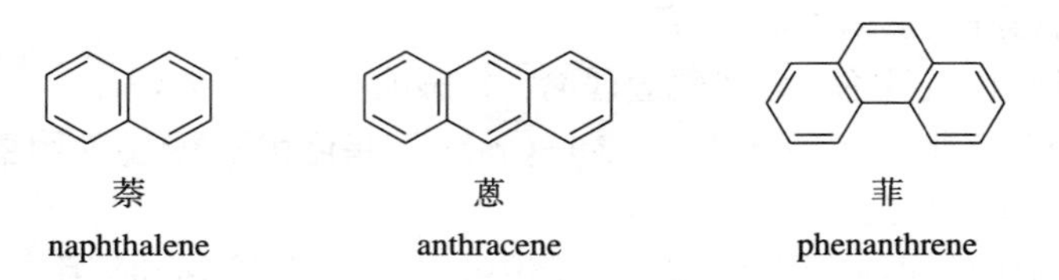

(3) 多环芳烃　分子中含有两个或两个以上独立苯环的芳烃，称为多环芳烃。例如：

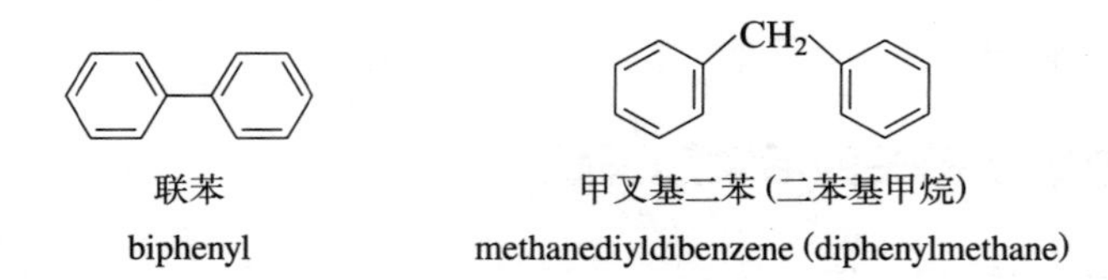

5.1　芳烃的构造异构和命名

5.1.1　构造异构

苯及其同系物的通式为 C_nH_{2n-6}。苯的六个碳原子和六个氢原子分别是等同的，因此，一取代苯 (不包括取代基自身的异构) 只有一种；但当苯环上的取代基 (亦称侧链) 含有三个或更多个碳原子时，与脂肪烃相似，因碳链构造不同，也可以产生构造异构。例如：

$C_6H_5-CH_2CH_3$　　$C_6H_5-CH_2CH_2CH_3$　　$C_6H_5-CH(CH_3)_2$

乙苯　ethylbenzene

丙苯　propylbenzene

(1-甲基乙基) 苯 (异丙苯)　(1-methylethyl) benzene (cumene)

苯的二元取代物,因取代基在环上的相对位次不同,有三种 (位置) 异构体。三元和三元以上的取代苯,因取代基的位次不同和取代基自身的异构而使异构现象更复杂,具体实例见 5.1.2 节。

5.1.2 命名

含简单烷基的单环芳烃的命名是以苯环为母体,烷基作为取代基,称为某烷基苯 (“基”字常省略)。当苯环上连有两个或多个取代基时,可用阿拉伯数字标明其位次。若苯环上仅有两个取代基,也可用邻、间、对或 *o*-(ortho), *m*-(meta), *p*-(para) 等字头表示其相对位次;若苯环上连有三个相同的取代基时,也常用连、偏、均等字头表示。例如:

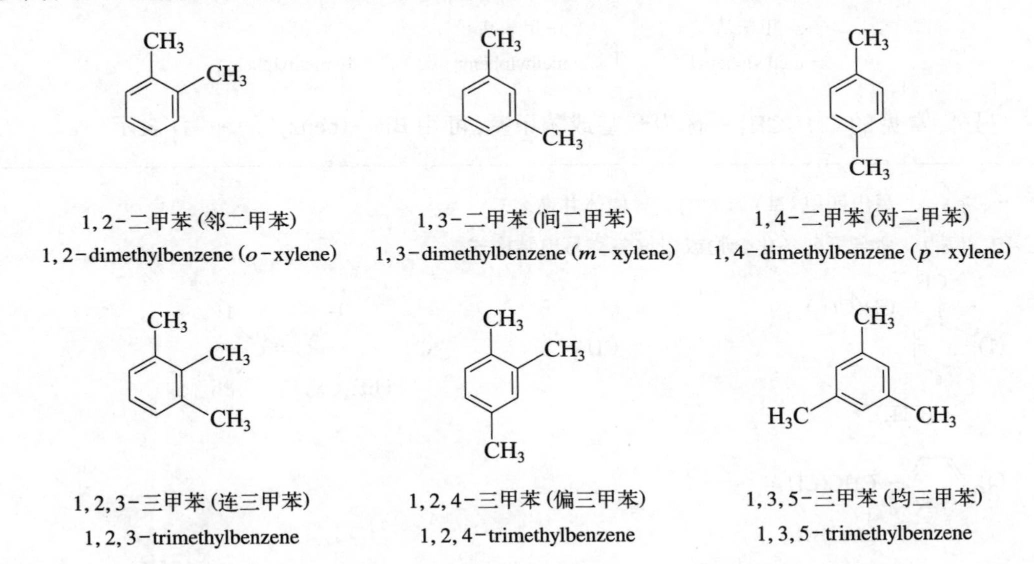

1,2-二甲苯 (邻二甲苯)　1,2-dimethylbenzene (*o*-xylene)

1,3-二甲苯 (间二甲苯)　1,3-dimethylbenzene (*m*-xylene)

1,4-二甲苯 (对二甲苯)　1,4-dimethylbenzene (*p*-xylene)

1,2,3-三甲苯 (连三甲苯)　1,2,3-trimethylbenzene

1,2,4-三甲苯 (偏三甲苯)　1,2,4-trimethylbenzene

1,3,5-三甲苯 (均三甲苯)　1,3,5-trimethylbenzene

当苯环上所连接的烃基 (即侧链) 为非环结构时,不管侧链为饱和烃基还是不饱和烃基,或烃链上连有多个苯环,通常都以苯环为母体命名。当苯环与脂环结构相连时,通常以环碳原子多者为母体命名;若苯环和脂环碳原子数相同,则以苯环为母体命名。例如:

$C_6H_5-CH(CH_2CH_3)CH(CH_3)_2$　　$C_6H_5-CH_2CH_2-C_6H_5$　　$C_6H_5-CH{=}CH_2$

(1-乙基-2-甲基丙基) 苯　(1-ethyl-2-methylpropyl) benzene

乙-1,2-叉基二苯 (1,2-二苯基乙烷)　ethane-1,2-diyldibenzene (1,2-diphenylethane)

乙烯基苯 (苯乙烯)　ethenylbenzene (vinylbenzene 或 styrene)

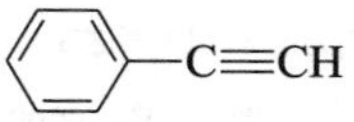

C_6H_5—C≡CH

乙炔基苯（苯乙炔）
ethynylbenzne (phenylacetylene)

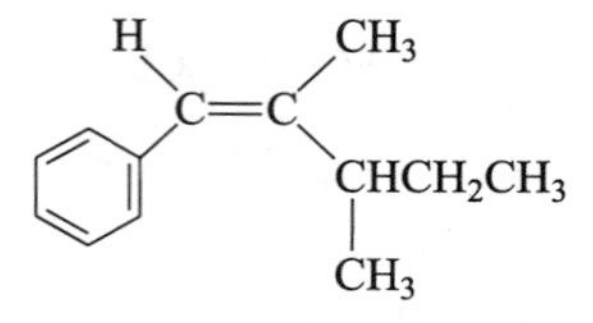

(Z)-(2,3-二甲基戊-1-烯-1-基)苯
(Z)-(2,3-dimethylpent-1-en-1-yl) benzene

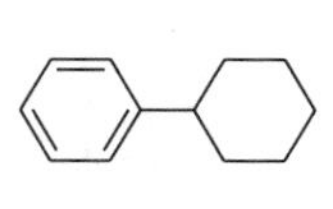

环己基苯
cyclohexylbenzene

芳烃从形式上去掉芳环上的一个氢原子后所剩下的基团，称为芳基。芳基常用 Ar—(aryl 的缩写) 表示。最常见和最简单的芳基为苯基，常用 C_6H_5—或 Ph—(phenyl 的缩写) 表示。其他较常见的芳基如下：

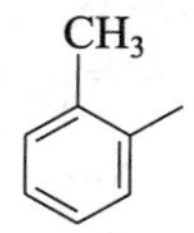

2-甲苯基
2-methylphenyl

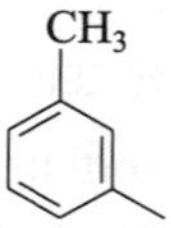

3-甲苯基
3-methylphenyl

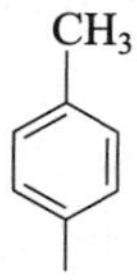

4-甲苯基
4-methylphenyl

另外，常见的 $C_6H_5CH_2$—称为苄基或苯甲基，可用 Bn—(benzyl 的缩写) 表示。

练习 5.1　写出四甲（基）苯的构造异构体并命名。

练习 5.2　命名下列各化合物或根据名称写出结构式：

(1) 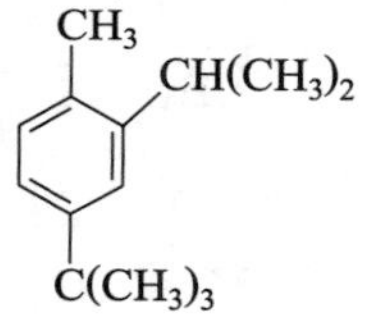 （苯环上取代基：CH_3、$CH(CH_3)_2$、$C(CH_3)_3$）

(2) Ph_3CH

(3)

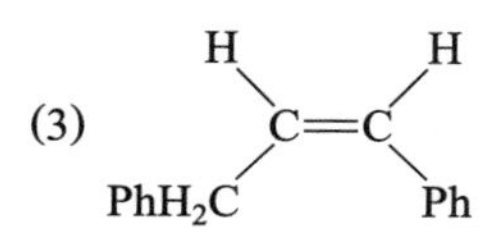

(4) 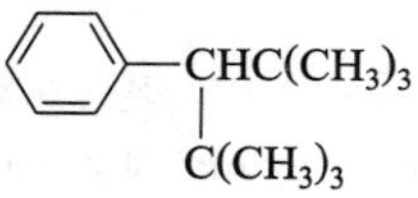 C_6H_5—$CHC(CH_3)_3$ | $C(CH_3)_3$

(5) 2-(3-甲苯基)二环[2.2.2]辛烷

(6) (Z)-(1-甲基丙-1-烯-1-基)苯

(7) (Z)-5-甲基-1-苯基庚-2-烯

(8) (E)-1-甲基-4-(丙-1-烯基)苯

(9) (E)-1-(2-甲基苯基)庚-2-烯

(10) 4,4′-二甲基联苯

练习 5.3　命名下列各取代基或根据名称写出结构式：

(1) 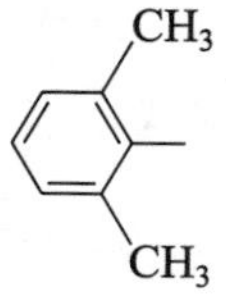 （苯环上取代基：CH_3、CH_3）

(2) C_6H_5—CH_2CH_2—

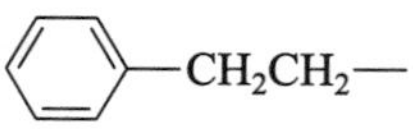

(3) 二苯甲基

(4) 对甲基苄基

(5) 3-苯基丙-2-烯-1-基

(6) 2,4-二氯苯基

(7) (E)-2-苯基乙烯基

(8) (E)-3-(丙-1-烯基)苯基

5.2 苯的结构

苯的分子式为 C_6H_6，与乙炔相似，其碳氢比也是 1∶1；但与乙炔不同，其不饱和性并不显著。苯在一般条件下不使溴水或高锰酸钾溶液褪色，即不易进行加成或氧化反应。相反，苯却较容易进行取代反应。其一取代物只有一种，说明苯具有环状对称结构。此外，苯的氢化热（$208.5\ kJ \cdot mol^{-1}$）比环己烯氢化热的 3 倍（$3 \times 119.3\ kJ \cdot mol^{-1} = 357.9\ kJ \cdot mol^{-1}$）低很多，表明苯具有较高的稳定性。

近代物理方法证明，苯分子的六个碳原子和六个氢原子都在同一平面上，其中六个碳原子构成正六边形，碳碳键键长均为 0.140 nm，比碳碳单键键长 0.154 nm 短，比碳碳双键键长 0.134 nm 长，各键角都是 120°。

5.2.1 价键理论

价键理论认为，在苯分子中，每个碳原子以 sp^2 杂化轨道与相邻碳原子的 sp^2 杂化轨道相互重叠，构成六个等同的 C—C σ 键。同时，每个碳原子以 sp^2 杂化轨道，分别与一个氢原子的 1s 轨道相互重叠，构成六个相同的 C—H σ 键。如图 5-1(a) 所示。这六个碳原子和六个氢原子是共平面的。每一个碳原子剩下的一个 p 轨道，其对称轴垂直于这个平面，彼此相互平行，并于两侧相互重叠，形成一个闭合的 π 轨道，如图 5-1(b) 所示。这样处于该 π 轨道中的 π 电子能够高度离域，使 π 电子云完全平均化，构成两个环状电子云，分别处于苯环的上方和下方，如图 5-1(c) 所示，从而使能量降低，苯分子得到稳定。

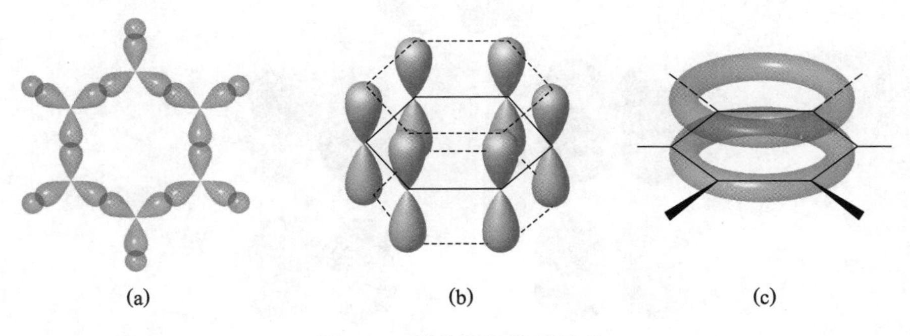

图 5-1 苯分子的轨道结构

静电势图：苯

苯分子是对称的，这种结构特点不能用经典的价键结构式的描绘方法表达出来。通常还是采用 Kekulé 结构式（ 或 ）来表示。

人物：Kekulé

5.2.2 分子轨道理论

拓展：杜瓦苯

分子轨道理论认为，苯分子形成 σ 键后，苯的六个碳原子的六个 p 轨道将组成六个分子轨道，可分别用 $\psi_1, \psi_2, \psi_3, \psi_4, \psi_5$ 和 ψ_6 表示。ψ_1 没有节面，能量最低。ψ_2 和 ψ_3 分别有一个节面，它们是简并的，能量相等，其能量比 ψ_1 高。ψ_1, ψ_2 和 ψ_3 都是成键轨道。与此相对应，ψ_4 和 ψ_5 各有两个节面，也是简并的，其能量更高。ψ_6 有三个节面，能量最高。ψ_4, ψ_5 和

ψ_6 都是反键轨道。当苯分子处于基态时,六个电子分成三对,分别填入成键轨道 ψ_1,ψ_2 和 ψ_3 中,反键轨道 ψ_4,ψ_5 和 ψ_6 则是空着的,如图 5-2 所示。

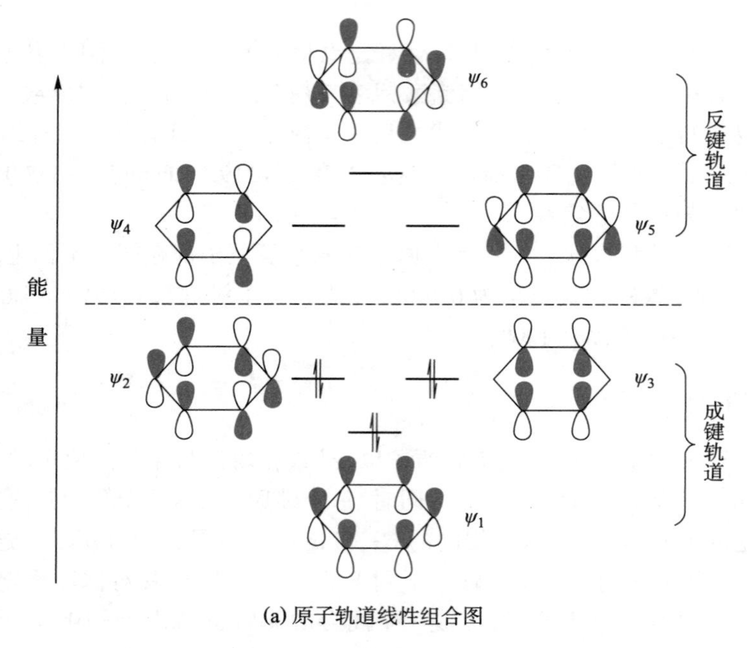

(a) 原子轨道线性组合图

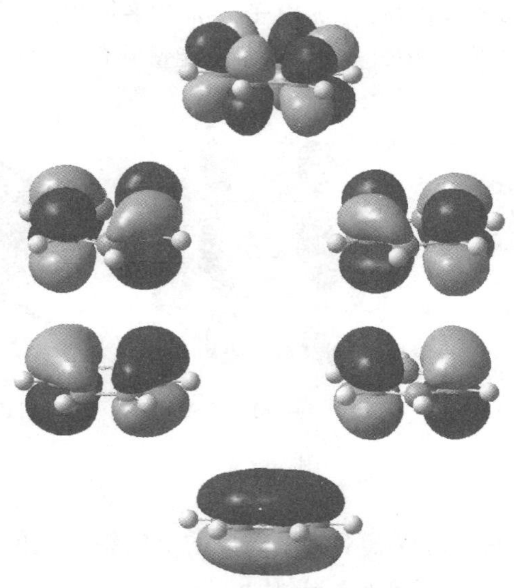

(b) 量子化学计算的苯分子轨道示意图

图 5-2　苯的分子轨道和能级

5.2.3　共振论对苯分子结构的解释

关于苯的结构,采用 Kekulé 提出的结构式,虽然能解释一些问题,但对苯的二元取代物只有三种,以及苯具有特殊的稳定性等问题,都不能圆满解释。共振论认为,苯的结构是

两种或多种经典结构的共振杂化体:

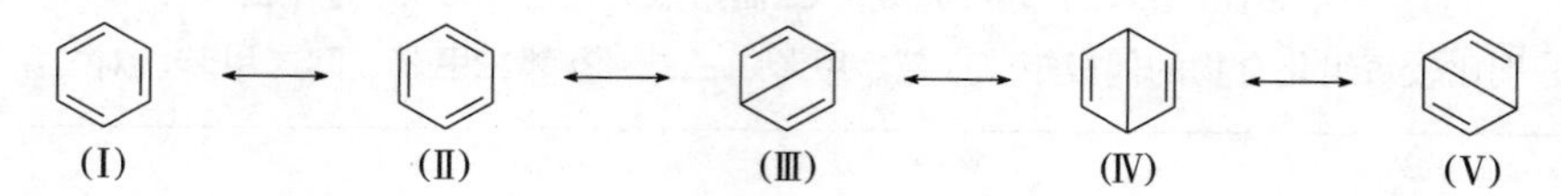

苯的真实结构不是其中任何一种,而是它们的共振杂化体。其中(III),(IV),(V)三种极限结构的键长和键角偏离正常值较多,贡献小。(I)和(II)是键长和键角符合正常值的等价结构,贡献大,故苯的极限结构通常用(I)和(II)表示。共振使苯的能量比假想的环己-1,3,5-三烯低 149.4 kJ·mol^{-1},此即苯的共振能或离域能,因此苯比较稳定。

由于共振,苯分子中的碳碳键,既不是单键也不是双键,而是介于两者之间,六个碳碳键相同,因此苯的二元取代物只有三种,这与实验结果完全相符。

5.3 单环芳烃的物理性质

苯及其同系物一般为无色液体,相对密度小于1,但比相对分子质量相近的烷烃和烯烃的相对密度大。和其他烃相似,它们不溶于水,可溶于有机溶剂。其中二甘醇、环丁砜、*N*-甲基吡咯烷-2-酮(NMP)、*N*,*N*-二甲基甲酰胺(DMF)等特殊溶剂,可选择性地溶解芳烃,因此它们常被用来萃取芳烃。单环芳烃通常具有特殊气味,有毒。

在二取代苯的三种异构体中,对位异构体的对称性最高,分子能更好地填入晶格之中,在熔解时需要克服的晶格能最大,因此熔点比其他两种异构体的高(见表5-1)。由于熔点高的异构体容易结晶,利用这一性质,通过冷冻结晶,可从三种异构体的混合物中分离出对位异构体。

拓展:二取代苯的分离

化合物:甲苯

表5-1 单环芳烃的物理常数

名称	熔点/℃	沸点/℃	相对密度(d_4^{20})
苯	5.5	80.1	0.879
甲苯	−95	110.6	0.867
邻二甲苯	−25.2	144.4	0.880
间二甲苯	−47.9	139.1	0.864
对二甲苯	13.2	138.4	0.861
乙苯	−95	136.1	0.867
正丙苯	−99.6	159.3	0.862
异丙苯	−96	152.4	0.862
连三甲苯	−25.5	176.1	0.894
偏三甲苯	−43.9	169.2	0.876
均三甲苯	−44.7	164.6	0.865

练习 5.4 (1) 与苯相比, 甲苯的沸点高 30.5 ℃, 而熔点大约低 100 ℃, 为什么?

(2) 分别比较每组化合物的偶极矩: ① 苯、甲苯、乙苯; ② 邻二甲苯、间二甲苯、对二甲苯。

5.4 单环芳烃的化学性质

5.4.1 苯环上的反应

(1) 亲电取代反应 从苯的结构可知, 苯环碳原子所在平面上下集中着 π 电子云, 对碳原子有屏蔽作用, 不利于亲核试剂进攻, 相反, 却有利于亲电试剂的进攻。

实验结果表明, 当苯与亲电试剂作用时, 后者首先与苯离域的 π 电子相互作用, 生成 π 络合物; 接着亲电试剂从苯环的 π 体系中获得两个电子, 与苯环的一个碳原子形成 σ 键, 生成 σ 络合物。在 σ 络合物中, 与亲电试剂相连的碳原子, 由原来的 sp^2 杂化变成了 sp^3 杂化, 它不再有 p 轨道, 因此苯环内六个碳原子形成的闭合共轭体系被破坏, 环上剩下的四个 π 电子, 只离域在环上五个碳原子上。

+ E^+ ⟶ E^+

π 络合物

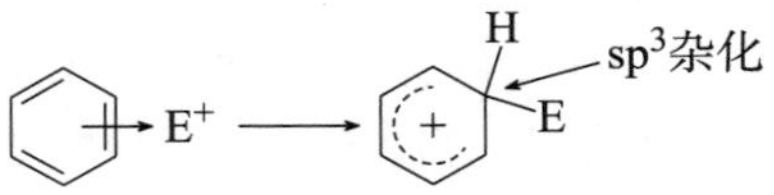

E^+ ⟶ H, E, sp^3杂化

σ 络合物

从共振论的观点来看, σ 络合物是三个极限结构式的共振杂化体:

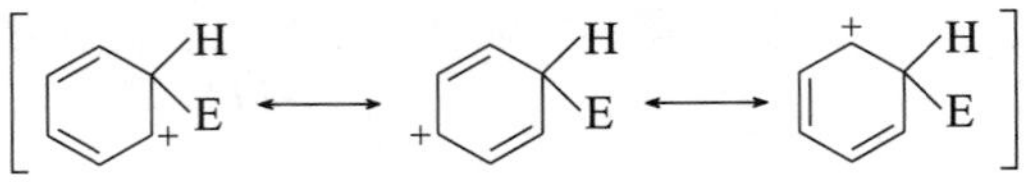

[H E ⟷ H E ⟷ H E]

因此 σ 络合物的能量比苯的高, 不稳定, 存在时间很短。它很容易从 sp^3 杂化碳原子上失去一个质子, 使该碳原子恢复 sp^2 杂化状态, 结果又形成了六个 π 电子离域的闭合共轭体系 —— 苯环, 从而降低了体系的能量, 生成了取代苯。

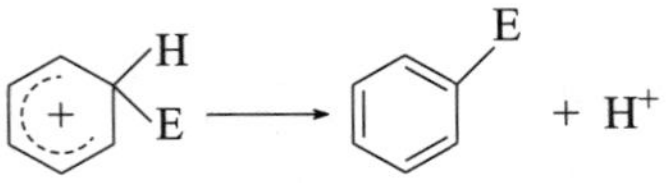

H E ⟶ E + H^+

取代苯

苯的亲电取代反应进程中的能量变化如图 5-3 所示。

苯的取代反应如卤化、硝化等, 速控步都是由正离子或带有部分正电荷的亲电试剂的进攻引起的, 称为亲电取代反应。由以上分析可知, 苯环上所发生的亲电取代反应, 其反应过程的实质是加成-消除, 即亲电试剂的加成和质子的消除。下面介绍几种常见的亲电

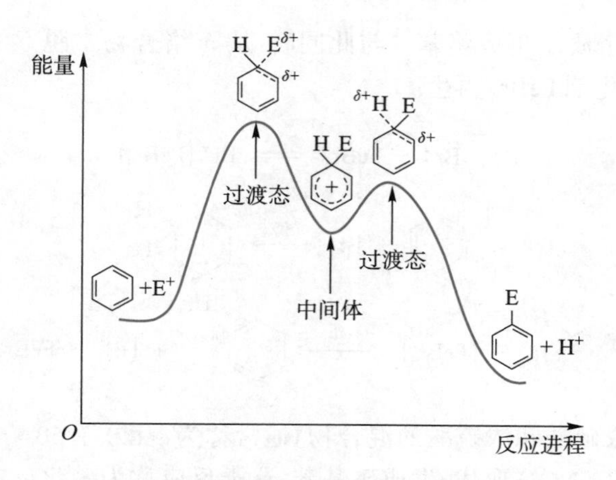

图 5-3 苯的亲电取代反应进程中的能量变化

取代反应。

(a) 卤化。无催化剂存在时，苯与溴或氯并不发生反应，因此苯不能使溴的四氯化碳溶液褪色。然而在催化剂如 FeX_3 存在下，苯与卤素作用生成卤（代）苯，此反应称为卤化反应。例如：

$$C_6H_6 + Cl_2 \xrightarrow{FeCl_3,\ 25\ ^\circ C} C_6H_5\text{—}Cl + HCl$$

90%

对于不同的卤素，与苯环发生取代反应的活性次序是氟 > 氯 > 溴 > 碘。其中氟化反应很剧烈；碘化反应不仅较慢，且反应的 $\Delta G > 0$，不能进行彻底。因此氟代物和碘代物通常不用此法制备。可用铁粉代替 FeX_3，这是因为 Fe 与 X_2 反应生成 FeX_3 从而起催化作用。

拓展：苯的氟化和碘化反应

在较强的条件下，卤苯可继续与卤素作用，生成二卤苯，其中主要是邻位和对位取代物：

$$C_6H_5Cl \xrightarrow[60\sim65\ ^\circ C]{Cl_2,\ FeCl_3} \text{邻-}C_6H_4Cl_2 + \text{对-}C_6H_4Cl_2 + \text{间-}C_6H_4Cl_2$$

39% 56% 5%

在类似情况下，烷基苯与卤素作用，也发生环上取代反应，反应比苯容易，主要得到邻位和对位取代物。例如：

$$C_6H_5CH_3 \xrightarrow[CH_3CO_2H,\ 25\ ^\circ C]{Br_2,\ FeCl_3} \text{邻-}CH_3C_6H_4Br + \text{对-}CH_3C_6H_4Br + \text{间-}CH_3C_6H_4Br$$

33% 66% 1%

动画：苯的溴化机理

卤化反应的机理：首先，催化剂（如 $FeBr_3$）使卤素（如 Br_2）极化并与其中带负电荷的溴离子形成络离子 $[FeBr_4]^-$，而余下的溴正离子作为亲电试剂进攻苯环，形成 σ 络合物。然后，σ 络合物失去一个质子生成溴苯。与此同时，从 σ 络合物中脱下的质子与 $[FeBr_4]^-$ 作用，生成 HBr 并使催化剂 $FeBr_3$ 再生。

$$Br—Br: + FeBr_3 \rightleftharpoons Br^+ [FeBr_4]^-$$

$$C_6H_6 + Br^+ \xrightarrow{慢} [C_6H_6Br]^+ (\sigma\text{ 络合物})$$

$$[C_6H_6Br]^+ + [FeBr_4]^- \xrightarrow{快} C_6H_5Br + HBr + FeBr_3$$

(b) 硝化。苯与浓硝酸和浓硫酸的混合物（通常称为混酸）于 50 ~ 60 ℃ 反应，则环上的一个氢原子被硝基（$—NO_2$）取代，生成硝基苯，这类反应称为硝化反应。

$$C_6H_6 \xrightarrow[50\sim60\ ^\circ C]{浓\ HNO_3,\ 浓\ H_2SO_4} C_6H_5—NO_2 + H_2O$$

75%~85%

在较高温度下，硝基苯可继续与混酸作用，主要生成间二硝基苯。

$$C_6H_5NO_2 \xrightarrow[100\sim110\ ^\circ C]{浓\ HNO_3,\ 浓\ H_2SO_4} m\text{-}C_6H_4(NO_2)_2 + p\text{-}C_6H_4(NO_2)_2 + o\text{-}C_6H_4(NO_2)_2$$

93%　　1%　　6%

烷基苯在混酸的作用下，也发生环上取代，反应比苯容易，主要生成邻位和对位取代物。例如：

$$C_6H_5CH_3 \xrightarrow[30\ ^\circ C]{浓\ HNO_3,\ 浓\ H_2SO_4} o\text{-}CH_3C_6H_4NO_2 + p\text{-}CH_3C_6H_4NO_2 + m\text{-}CH_3C_6H_4NO_2$$

59%　　37%　　4%

硝化反应的机理：当用混酸硝化苯时，混酸中的硝酸作为碱，从酸性更强的硫酸中接受一个质子，形成质子化的硝酸，后者分解成硝酰正离子：

$$H—O—NO_2 + H_2SO_4 \rightleftharpoons H—\overset{+}{O}(H)—NO_2 + HSO_4^-$$

$$H—\overset{+}{O}(H)—NO_2 \rightleftharpoons \overset{+}{N}O_2 + H_2O$$

$$HNO_3 + H_2SO_4 \rightleftharpoons \overset{+}{N}O_2 + H_2O + HSO_4^-$$

实验 (如凝固点降低和光谱分析) 不仅证实了混酸的上述平衡, 同时也证明了苯的硝化反应是由硝酰正离子的进攻引起的。硝酰正离子与苯环的 π 电子作用首先生成 σ 络合物, 继而失去一个质子形成硝基苯:

$$C_6H_6 + \overset{+}{N}O_2 \xrightarrow{\text{慢}} [C_6H_6(NO_2)]^+$$

$$[C_6H_6(NO_2)]^+ + HSO_4^- \xrightarrow{\text{快}} C_6H_5NO_2 + H_2SO_4$$

(c) 磺化。苯与浓硫酸或发烟硫酸作用, 苯环上的一个氢原子被磺酸基 ($—SO_3H$) 取代, 生成苯磺酸。若在较高温度下继续反应, 则主要生成间苯二磺酸。这类反应称为磺化反应。

$$C_6H_6 \xrightarrow[\text{或 8\%发烟硫酸, 45 °C, 93\%}]{\text{浓 } H_2SO_4\text{, 80 °C, 56\%}} C_6H_5SO_3H \xrightarrow[\text{90 °C}]{\text{66\%发烟硫酸}} C_6H_4(SO_3H)_2 \ (90\%)$$

磺化反应也可使用 SO_3 作为磺化剂, 反应不生成水, 无废酸产生, 对设备腐蚀性小, 有利于环境保护。例如:

$$C_6H_5NO_2 \xrightarrow[\text{115 °C}]{SO_3} \text{间-}O_2NC_6H_4SO_3H$$

与卤化和硝化反应不同, 磺化反应是一个可逆反应:

$$C_6H_6 + H_2SO_4 \rightleftharpoons C_6H_5—SO_3H + H_2O$$

由于这种可逆性, 烷基苯经磺化所得邻位和对位异构体的比例, 随温度不同而异。例如, 甲苯磺化所得邻位、间位和对位三种甲基苯磺酸的比例, 在 0 ℃ 时分别为 43%, 4%和 53%, 在 100 ℃ 时则分别为 13%, 8% 和 79%。在较低温度时, 生成的邻位和对位产物的数量相差不多。但磺酸基体积较大, 在发生取代反应时, 容易受到邻位取代基的空间阻碍。在较高温度反应达到平衡时, 没有空间阻碍的对位, 将是取代的主要位置, 因而对位异构体成为主要产物。

磺化温度	0 °C	100 °C
CH_3 邻位	43%	13%
间位	4%	8%
对位	53%	79%

由于磺化反应的可逆性，芳磺酸在一定条件下可以脱去磺酸基。例如：

$$C_6H_5-SO_3H + H_2O \xrightarrow[150\sim200\ ^\circ C,\ 加压]{HCl} C_6H_6 + H_2SO_4$$

磺化和脱磺酸基两个反应联合使用，在有机合成及化合物的分离和提纯中被广泛使用。

磺化反应的机理：苯用浓硫酸磺化，不加热时反应很慢；若用发烟硫酸磺化，在室温下即可进行。故磺化试剂很可能是三氧化硫（也有人认为是 $^+SO_3H$）。在浓硫酸中也存在少量三氧化硫：

$$2H_2SO_4 \rightleftharpoons SO_3 + H_3O^+ + HSO_4^-$$

SO_3 因为极化使硫原子显正电性，通过硫原子对苯环进行亲电加成。磺化反应机理可能如下：

$$C_6H_6 + \overset{\delta+}{S}(=\overset{\delta-}{O})(=O)_2 \underset{}{\overset{慢}{\rightleftharpoons}} [C_6H_6(H)(SO_3^-)]^+ \overset{快}{\rightleftharpoons} C_6H_5SO_3H$$

(d) Friedel-Crafts 反应。在无水氯化铝等催化剂的作用下，芳烃与卤代烷或酸酐等作用，环上的氢原子被烷基或酰基取代的反应，分别称为烷基化反应和酰基化反应，统称为 Friedel-Crafts 反应。例如：

$$C_6H_6 + (CH_3)_3CCl \xrightarrow{AlCl_3,\ 0\sim5\ ^\circ C} C_6H_5-C(CH_3)_3 + HCl$$

62%

$$C_6H_6 + (CH_3CO)_2O \xrightarrow{AlCl_3,\ 70\sim80\ ^\circ C} C_6H_5-\underset{\underset{O}{\|}}{C}CH_3 + CH_3CO_2H$$

乙酸酐　　　　苯乙酮，83%

烷基化反应中，卤代烷的活性主要取决于碳正离子生成的难易程度，当烷基相同时，烷基化反应活性次序为 RF > RCl > RBr > RI；当卤原子相同时，烷基化反应活性次序则是叔卤代烷 > 仲卤代烷 > 伯卤代烷。

烷基化反应是在芳环上引入烷基的重要方法，其应用较广，如乙苯、异丙苯和 1-苯基十二烷等取代苯的合成。常用的烷基化试剂有卤代烷、烯烃、醇、环醚（如环氧乙烷）等，在实验室中以卤代烷最为常用，在工业上应用烯烃（乙烯、丙烯和异丁烯）更为普遍，如乙苯的工业合成：

$$C_6H_6 + H_2C{=}CH_2 \xrightarrow[170\sim190\ ^\circ C,\ 0.7\sim0.9\ MPa]{AlCl_3\ (含少量HCl)} C_6H_5-CH_2CH_3$$

99%

与溴乙烷 (CH_3CH_2Br) 作烷基化试剂相比，乙烯作烷基化试剂价格低廉，且不生成 HBr 气体。现在的工艺则采用 Y 型分子筛代替 $AlCl_3$ 作为催化剂，可降低对设备的腐蚀，更为经济和环保。

酰基化试剂酰化能力的强弱次序是酰卤 > 酸酐 > 羧酸。酰基化反应是合成芳酮的重要方法。

Friedel-Crafts 反应常用的催化剂有无水氯化铝、氯化铁、氯化锌、氟化硼和浓硫酸等，其中以无水氯化铝的活性最高。但何时采用何种催化剂，则需根据反应物的活性、试剂的种类及反应条件而定。例如，以醇为烷基化试剂和以羧酸为酰基化试剂时，常用质子酸 (如 HF, H_2SO_4 和 H_3PO_4 等) 作为催化剂。

拓展:
烷基化反应中的动力学与热力学控制

烷基化反应和酰基化反应有许多相似之处：催化剂相同，反应机理相似。环上只连有强吸电子基团时，如硝基、磺酸基、酰基和氰基等，一般不发生 Friedel-Crafts 反应。但两者也有不同之处，如烷基化反应是可逆反应，而酰基化反应则是不可逆的。由于烷基化反应的可逆性，故常常伴随着歧化反应，即一分子烷基苯脱烷基，另一分子则增加烷基。例如：

$$2\ C_6H_5CH_3 \xrightarrow{AlCl_3} CH_3C_6H_4CH_3 + C_6H_6$$

(o-, m-, p-)

目前工业上利用甲苯歧化反应生产苯和二甲苯。

烷基引入苯环后生成单烷基苯，由于烷基的给电子效应，苯环上的电子云密度升高，比苯更容易进行烷基化反应，结果烷基化反应常常有多元取代物生成。例如：

$$C_6H_6 \xrightarrow[AlCl_3,\ 0\ ^\circ C]{CH_3Cl} 1,2,4\text{-}C_6H_3(CH_3)_3$$

对于烷基化反应，当所用烷基化试剂含有三个或三个以上碳原子时，烷基往往发生异构化。例如：

$$C_6H_6 + CH_3CH_2CH_2Cl \xrightarrow[\triangle]{AlCl_3} C_6H_5CH(CH_3)CH_3 + C_6H_5CH_2CH_2CH_3$$

64%~68%　　36%~32%

然而，酰基化反应没有上述缺点。因此，制备含有三个或三个以上碳原子的直链烷基苯时，可采取先进行酰基化反应，然后将羰基还原 [见第十一章 11.5.4(2)] 的方法。例如：

$$C_6H_6 + CH_3CH_2CH_2COCl \xrightarrow[\triangle]{AlCl_3} C_6H_5COCH_2CH_2CH_3$$

丁酰氯　　1-苯基丁-1-酮, 86%

$$\xrightarrow[\text{回流}]{Zn-Hg,\ \text{浓}HCl} C_6H_5CH_2CH_2CH_2CH_3$$

88%

若苯环上已有一个取代基(如卤原子、甲基和甲氧基等),酰基通常进入其对位;而烷基化反应则通常生成邻位和对位取代的混合物,其比例与引入烷基的空间效应有关[见本章 5.5.2(2)]。

拓展:
烷基化机理补充

烷基化和酰基化反应的机理:在烷基化反应中,用 $n_C \geqslant 3$ 的卤代烷时,通常得到带支链的烷基苯,这是亲电试剂烷基正离子重排之故。例如,用 1-氯丙烷作烷基化试剂时,它首先与氯化铝生成(Ⅰ);(Ⅰ)中正离子为伯碳正离子,易重排成较稳定的(Ⅱ);(Ⅱ)与苯发生亲电取代反应,生成异丙苯。其反应机理如下:

$$CH_3CH_2CH_2Cl \xrightleftharpoons{AlCl_3} \underset{(\text{Ⅰ})}{[CH_3CH_2\overset{+}{C}H_2\ \overset{-}{Al}Cl_4]} \longrightarrow \underset{(\text{Ⅱ})}{[CH_3\overset{+}{C}HCH_3\ \overset{-}{Al}Cl_4]}$$

$$C_6H_6 + CH_3\overset{+}{C}HCH_3 \xrightarrow{\text{慢}} [C_6H_6(H)(CH(CH_3)_2)]^+$$

$$[C_6H_6(H)(CH(CH_3)_2)]^+ + \overset{-}{Al}Cl_4 \xrightarrow{\text{快}} C_6H_5CH(CH_3)_2 + HCl + AlCl_3$$

在用酰氯进行酰基化反应时,酰氯与 $AlCl_3$ 络合进而解离得到酰基正离子(Ⅲ),(Ⅲ)因为发生共振而稳定,其与苯发生亲电取代后生成产物苯乙酮。苯乙酮与 $AlCl_3$ 易生成络合物,因此酰基化反应中催化剂 $AlCl_3$ 的用量比烷基化反应中的大(一般是酰氯物质的量的 1.2~1.3 倍)。其反应机理如下:

$$R-\overset{O}{\overset{\|}{C}}-Cl + AlCl_3 \rightleftharpoons \underset{(\text{Ⅲ})}{\left[R-\overset{+}{C}=O \longleftrightarrow R-C\equiv\overset{+}{O}\right]} + \overset{-}{Al}Cl_4$$

$$C_6H_6 + R-\overset{+}{C}=O \xrightarrow{\text{慢}} [C_6H_6(H)(COR)]^+$$

$$[C_6H_6(H)(COR)]^+ + \overset{-}{Al}Cl_4 \xrightarrow{\text{快}} C_6H_5COR + HCl + AlCl_3$$

$$C_6H_5-\overset{O}{\overset{\|}{C}}-R + AlCl_3 \longrightarrow C_6H_5-\overset{\overset{+}{O}-\overset{-}{Al}Cl_3}{\overset{\|}{C}}-R$$

(e) 氯甲基化。在无水氯化锌等存在下,芳烃与甲醛及氯化氢作用,环上的氢原子被氯甲基($-CH_2Cl$)取代,称为氯甲基化反应。在实际操作中,可用三聚甲醛或多聚甲醛代替甲醛。

$$3\,C_6H_6 + (CH_2O)_3 + 3HCl \xrightarrow[70\ ^\circ C]{无水ZnCl_2} 3\,C_6H_5{-}CH_2Cl + 3H_2O$$

氯化苄, 60%~69%

氯甲基化反应对于苯、烷基苯、烷氧基苯和稠环芳烃等都是成功的,但当环上只有强吸电子基团时,产率很低甚至不反应。例如,硝基苯的氯甲基化产率极低,间二硝基苯一般不发生氯甲基化反应。

拓展:
氯甲基化
反应机理

氯甲基化反应的应用很广,因为 $—CH_2Cl$ 可以顺利地转变为 $—CH_3$, $—CH_2OH$, $—CH_2CN$, $—CHO$, $—CH_2COOH$ 和 $—CH_2N(CH_3)_2$ 等。

练习 5.5 写出乙苯与下列试剂作用的反应式 (括号内是催化剂) 及反应机理:

(1) $Cl_2(FeCl_3)$ (2) 混酸

(3) 正丁醇 (BF_3) (4) 丙烯 (无水 $AlCl_3$)

(5) 丙酸酐 $(CH_3CH_2CO)_2O$ (无水 $AlCl_3$) (6) 丙酰氯 CH_3CH_2COCl (无水 $AlCl_3$)

(7) 异丙基氯 (无水 $AlCl_3$) (8) 浓硫酸

练习 5.6 由苯和必要的原料合成下列化合物:

(1) 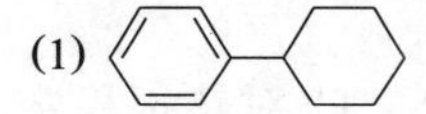 (2) 叔丁苯

(3) $C_6H_5{-}CH_2(CH_2)_5CH_3$ (4) $C_6H_5{-}\underset{\displaystyle O}{\underset{\|}{C}}CH_2CH_2CO_2H$

(5) 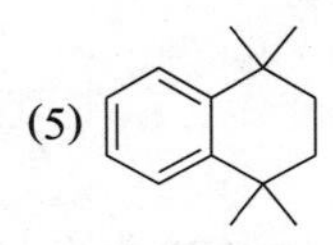 (6)

练习 5.7 写出下列化合物发生分子内 Friedel-Crafts 反应的产物。

(1) (2) (3)

练习 5.8 在氯化铝的存在下,苯和 1-氯-2,2-二甲基丙烷作用,主要产物是 (1,1-二甲基丙基) 苯,而不是 (2,2-二甲基丙基) 苯,试解释之。写出反应机理。

---

(2) 加成反应

(a) 加氢。在 Raney 镍的催化下,于 180~210 ℃,苯加氢生成环己烷。

拓展:
苯加氢生
成环己烷

$$C_6H_6 + 3H_2 \xrightarrow[180\sim210\ ^\circ C,\ 2.81\ MPa]{Raney\ Ni} C_6H_{12}$$

这是工业上生产环己烷的方法之一,所得产物纯度较高。

(b) 加氯。在紫外光照射下,苯与氯加成生成六氯化苯。

$$C_6H_6 + 3Cl_2 \xrightarrow{h\nu} C_6H_6Cl_6$$

拓展：六六六与杀虫剂

六氯化苯亦称 1,2,3,4,5,6-六氯环己烷，分子式为 $C_6H_6Cl_6$，简称六六六。作为一种有机氯杀虫剂，六六六因为残留毒性的问题已被禁止使用。

(3) 氧化反应　苯在高温和催化剂作用下，可被空气氧化生成顺丁烯二酸酐。

$$2\,C_6H_6 + 9O_2\,(\text{空气}) \xrightarrow{V_2O_5,\ 400\sim500\ ^\circ C} 2\,C_4H_2O_3 + 4CO_2 + 4H_2O$$

70%

这是工业上生产顺丁烯二酸酐的方法之一。

苯蒸气通过 700～800 ℃ 的红热铁管，可生成联苯。

$$C_6H_5{-}H + H{-}C_6H_5 \xrightarrow{700\sim800\ ^\circ C} C_6H_5{-}C_6H_5 + H_2$$

拓展：导电高分子聚合物

此反应称为脱氢反应。联苯是无色晶体，熔点为 70 ℃，沸点为 255 ℃，对热很稳定，可作载热体。尤其是 26.5% 联苯和 73.5% 二苯醚 (PhOPh) 的混合物，俗称导生，在工业上可用作导热油，其熔点为 12 ℃，沸点为 260 ℃，在 1 MPa 下加热至 400 ℃ 也不分解。

(4) 聚合反应　在氯化铝和氯化铜作用下，苯于 35～50 ℃ 聚合成聚苯。

$$n\,C_6H_6 + 2n\,CuCl_2 \xrightarrow{AlCl_3} {-}\!\!\left[C_6H_4\right]_n\!\!{-} + 2n\,CuCl + 2n\,HCl$$

聚苯是最简单的全芳香环高聚物，整个分子是一个很大的共轭体系，因此具有类似导体的特性，是一种导电高分子聚合物。聚苯的性质由于制备方法不同而有所不同。一般具有如下特性：热稳定性高，分解温度为 530 ℃ (优于聚四氟乙烯、聚酰亚胺)，可在 300 ℃ 下长期使用；耐辐射性好；自润滑性好 (优于石墨)。它与石棉等的复合层压材料，可用于火箭发动机部件、高速轴承、原子能反应堆部件和耐辐射耐氧化结构件等。聚苯还可用于合成高温离子交换树脂、耐高温耐辐射涂料和胶黏剂等。

练习 5.9　写出下列反应的产物：

$$C_6H_5OH + 3H_2 \xrightarrow[150\sim200\ ^\circ C,\ 15\ MPa]{\text{Raney Ni}}$$

练习 5.10　在日光或紫外光照射下，苯与氯加成生成六氯化苯，是一个自由基链反应。写出其反应机理。

5.4.2 芳烃侧链(烃基)上的反应

(1) 卤化反应 与丙烯相似,烷基苯的 α-氢原子因 σ,π-超共轭效应的影响也比较活泼,在高温、光照或自由基引发剂的作用下,烷基苯与卤素(氯或溴)或其他卤化试剂反应,其 α-氢原子被卤原子取代。例如:

$$C_6H_5CH_3 + Cl_2 \xrightarrow{h\nu} \underset{\approx 100\%}{C_6H_5CH_2Cl} + HCl$$

$$C_6H_5CH_3 + \underset{NBS}{\text{NBr(丁二酰亚胺)}} \xrightarrow{h\nu,\ CCl_4} \underset{64\%}{C_6H_5CH_2Br} + \underset{丁二酰亚胺}{\text{NH}}$$

拓展:
NBS 溴化反应机理

当氯过量时,则发生多取代反应。例如:

$$C_6H_5CH_3 \xrightarrow[\triangle 或 h\nu]{Cl_2} \underset{氯化苄}{C_6H_5CH_2Cl} \xrightarrow[\triangle 或 h\nu]{Cl_2} \underset{(二氯甲基)苯}{C_6H_5CHCl_2} \xrightarrow[\triangle 或 h\nu]{Cl_2} \underset{(三氯甲基)苯}{C_6H_5CCl_3}$$

侧链氯化反应,为合成苯甲醇、苯甲醛及其衍生物提供了方便的方法。例如:

$$Cl\text{—}C_6H_4\text{—}CH_3 \xrightarrow[h\nu,\ 160\sim170\ ^\circ C]{Cl_2,\ PCl_5} Cl\text{—}C_6H_4\text{—}CHCl_2 \xrightarrow[H_2SO_4]{H_2O} \underset{对氯苯甲醛,\ 54\%\sim60\%}{Cl\text{—}C_6H_4\text{—}CHO}$$

与苯环上的卤化反应不同,芳环侧链的卤化反应是按自由基机理进行的。现以甲苯的侧链氯化为例,其反应机理表示如下:

链引发: $Cl_2 \xrightarrow[或高温]{h\nu} 2Cl\cdot$

链增长: $C_6H_5\text{—}CH_3 + Cl\cdot \longrightarrow C_6H_5\text{—}\dot{C}H_2 + HCl$

$C_6H_5\text{—}\dot{C}H_2 + Cl_2 \longrightarrow C_6H_5\text{—}CH_2Cl + Cl\cdot$

…………

当苯环上所连接的烷基较长时,侧链卤化反应仍主要发生在 α 位,这是因为苄基型自由基比较稳定。例如:

$$C_6H_5CH_2CH_3 \xrightarrow[h\nu]{Cl_2} C_6H_5CHClCH_3\ (56\%) + C_6H_5CH_2CH_2Cl\ (44\%)$$

$$C_6H_5CH_2CH_3 \xrightarrow[h\nu]{Br_2} C_6H_5CHBrCH_3\ (100\%)$$

通过上式可以看出,溴与氯相比,对于取代 α-氢原子具有更大的选择性。与烷烃的卤化反应类似,溴比氯的反应活性低,选择性高。

(2) 氧化反应　烷基苯比苯容易被氧化,但通常是含 α-氢原子的烷基被氧化,苯环则比较稳定。在强氧化剂如高锰酸钾、重铬酸钾酸性溶液和硝酸的氧化下,或在催化剂作用下,用空气或氧气氧化,烷基被氧化成羧基,而且不论烷基的碳链长短,一般都生成苯甲酸。例如:

$$C_6H_5CH_2CH_3 \xrightarrow[100\ ^\circ C,\ 6\ h]{KMnO_4,\ H_2O,\ \text{硬脂酸钠}} C_6H_5CO_2H\ (82\%)$$

这是因为 α-氢原子受苯环影响比较活泼。若无 α-氢原子,如叔丁苯中的叔丁基就不能被高锰酸钾或重铬酸钾氧化。

> 烷基苯的侧链氧化是重要的生物代谢过程。例如,甲苯可在人体内被氧化成易排泄的苯甲酸,反应过程可能为
>
> $$C_6H_5CH_3 \xrightarrow[\text{细胞色素 P450}]{O_2} C_6H_5CHO \xrightarrow[\text{乙醛脱氢酶}]{O_2} C_6H_5CO_2H$$
>
> 与甲苯不同,苯没有侧链,其代谢产物可使 DNA 变异,是致癌物质。

当苯环上有两个或多个烷基时,在强烈条件下,均可被氧化成羧基。若两个烷基处于邻位,氧化的最后产物是酸酐。例如:

$$\text{1,2,4,5-}(CH_3)_4C_6H_2 + O_2\ (\text{空气}) \xrightarrow{V_2O_5,\ 350\sim500\ ^\circ C} \text{均苯四甲酸二酐},\ 60\%\sim70\%$$

这是工业上生产对苯二甲酸和均苯四甲酸二酐的主要方法。对苯二甲酸主要用于制造聚酯纤维(涤纶);均苯四甲酸二酐可用作环氧树脂的固化剂,以及制造聚酰亚胺等。

化合物:
苯乙烯

烷基苯的烷基亦可进行脱氢。例如,工业上用乙苯经催化脱氢生产苯乙烯:

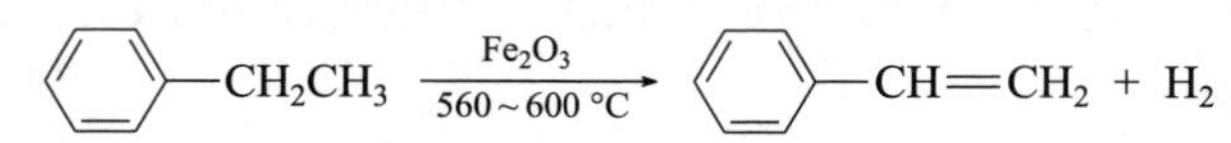

苯乙烯是合成丁苯橡胶和聚苯乙烯等高分子化合物的重要单体。

(3) 聚合反应 当苯环的侧链含有碳碳不饱和键时,与不饱和烃相似,也可发生聚合反应。例如:

$$n\ C_6H_5CH{=}CH_2 \xrightarrow[80\sim90\ ^\circ C]{\text{过氧化苯甲酰}} \left[CH(C_6H_5)-CH_2\right]_n$$

聚苯乙烯

聚苯乙烯透光性好,有良好绝缘性和化学稳定性,但强度低,耐热性和耐溶剂性差,可用作光学仪器、绝缘材料、包装泡沫材料及建筑保温材料等。

练习 5.11 写出下列反应的产物或反应物的构造式:

(1) 2-氯甲苯 $\xrightarrow[h\nu]{Br_2}$

(2) 邻二甲苯 $\xrightarrow[h\nu,\ 125\ ^\circ C]{2Br_2}$

(3) 甲苯 $\xrightarrow[Fe]{Br_2}$ $\xrightarrow[\triangle\text{或}h\nu]{3Cl_2}$

(4) 甲苯 $\xrightarrow[\triangle\text{或}h\nu]{3Cl_2}$ $\xrightarrow[Fe]{Br_2}$

(5) CH_3-C_6H_4-$C(CH_3)_3$ $\xrightarrow[\text{② 稀 }H_2SO_4]{\text{① }KMnO_4,\ \triangle}$

(6) C_9H_{12} $\xrightarrow[\text{② 稀 }H_2SO_4]{\text{① }KMnO_4,\ \triangle}$ 间苯二甲酸(CO_2H, CO_2H)

(7) C_6H_5—$CH{=}CH_2$ $\xrightarrow[\text{过氧化物}]{HBr}$

(8) 茚 $\xrightarrow{HCl}$

练习 5.12 试分别用以下两种方法合成(环己-1-烯基)苯:

(1) 以苯和环己烯为原料 (2) 以苯乙烯和丁-1,3-二烯为原料

5.5 苯环上亲电取代反应的定位规则

5.5.1 两类定位基

与苯不同,当一取代苯再进行亲电取代反应时,取代反应可发生在原取代基的邻位、间位和对位,生成三种异构体:

$$C_6H_5Z \xrightarrow{E^+} \text{邻-}ZC_6H_4E + \text{间-}ZC_6H_4E + \text{对-}ZC_6H_4E$$

邻 间 对

仅按照除原取代基外的五个位置计算，其中邻位异构体应占40%(2/5)，间位异构体占40%(2/5)，对位异构体占20%(1/5)。但实验结果是烷基苯的硝化或其他亲电取代反应，不仅比苯容易进行，而且取代基主要进入烷基的邻位和对位；而硝基苯和苯磺酸的硝化与磺化，不仅比苯难于进行，而且新进入的取代基主要进入原有取代基的间位。许多实验结果表明，苯环上原有取代基，像烷基、硝基或磺酸基那样，在进行亲电取代反应时，不仅影响着苯环的活性，同时决定着第二个取代基进入苯环的位置，即决定取代反应的定位，如表5-2所示。

表5-2　一取代苯硝化的相对速率和异构体的分布

取代基	相对速率 (与氢比较)	异构体分布/%		
		邻位	对位	间位
—H	1			
$—OCH_3$	$\approx 2\times10^5$	31	67	2
$—NHCOCH_3$	很快	19	79	2
$—CH_3$	24.5	58	38	4
$—C(CH_3)_3$	15.5	15.8	72.7	11.5
$—CH_2Cl$	3.02×10^{-1}	32	52.5	15.5
—Cl	3.3×10^{-2}	29.6	69.5	0.9
—Br	3×10^{-2}	36	62.9	1.1
$—COOC_2H_5$	3.67×10^{-3}	24	4	72
—COOH	$<10^{-3}$	18.5	1.3	80.2
$—NO_2$	6×10^{-8}	6.4	0.3	93.3
$—\overset{+}{N}(CH_3)_3$	1.2×10^{-8}			≈100

根据许多实验结果，可以把苯环上的取代基，按进行亲电取代时的定位效应，大致分为两类。

第一类定位基——邻对位定位基：使新进入的取代基主要进入它的邻位和对位（邻位和对位异构体之和大于60%）；同时一般使苯环活化（$—CH_2Cl$、卤素等例外）。例如，$—O^-$，$—N(CH_3)_2$，$—NH_2$，—OH，$—OCH_3$，$—NHCOCH_3$，$—OCOCH_3$，—Ph，—R，$—CH_2Cl$，—Cl，—Br和—I等。

第二类定位基——间位定位基：使新进入的取代基主要进入它的间位（间位异构体大于40%）；同时使苯环钝化。例如，$—\overset{+}{N}(CH_3)_3$，$—NO_2$，$—CF_3$，—CN，$—SO_3H$，—CHO，$—COCH_3$，—COOH，$—CONH_2$和$—\overset{+}{N}H_3$等。

上述两类定位基定位能力的强弱大致如上述次序。

5.5.2　苯环上亲电取代反应定位规则的理论解释

(1) 电子效应　从一取代苯进行亲电取代反应所生成的过渡态或σ络合物的稳定性进行分析：

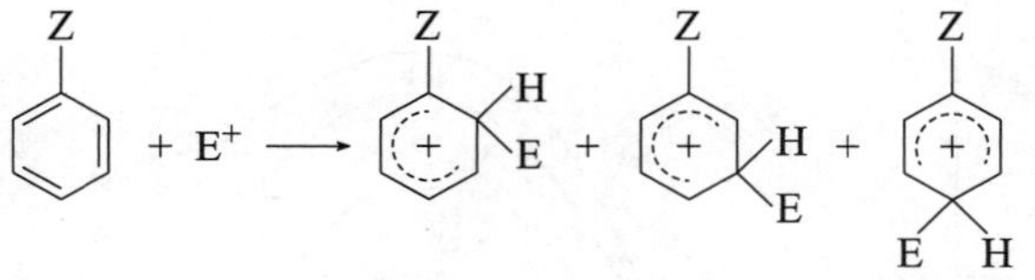

当亲电试剂 (E^+) 进攻一取代苯的邻位、对位或间位时,由于生成的碳正离子稳定性不同,所以各位置被取代的难易程度不同。

(a) 邻对位定位基对苯环的影响及其定位效应。现以甲基和卤原子为例说明。

(i) 甲基:从 σ 络合物的稳定性来看,亲电试剂无论进攻甲基的邻位、对位还是间位,生成的三种 σ 络合物都比苯进行同样反应所生成的 σ 络合物稳定。甲基为给电子基团,能分散环上部分正电荷使 σ 络合物稳定。因此甲苯比苯容易进行亲电取代反应。但亲电试剂进攻甲基的邻位和对位与进攻间位相比,生成的碳正离子的稳定性不同。

进攻邻位时,生成碳正离子 (I),它是 (Ia),(Ib) 和 (Ic) 三种极限结构的共振杂化体:

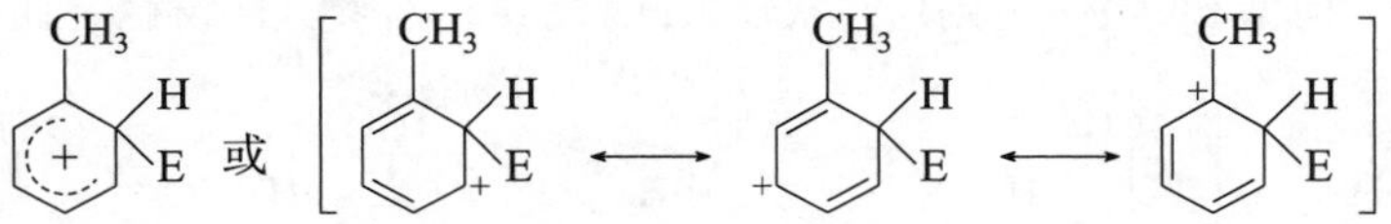

在三种极限结构中,(Ic) 中带正电荷的碳原子与甲基直接相连,属于叔碳正离子,因此正电荷分散较好,能量较低,比较稳定。由于它的贡献,使邻位取代物容易生成。

进攻对位时,生成碳正离子 (Ⅱ),与进攻邻位相似,(Ⅱb) 是叔碳正离子,比较稳定,由于 (Ⅱb) 的贡献,使对位取代物也容易生成。

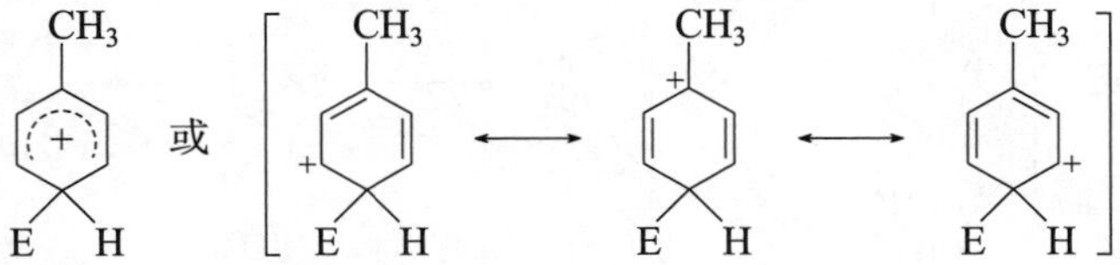

但进攻间位时,生成碳正离子 (Ⅲ),其三种极限结构中带正电荷的碳原子都是仲碳原子,因此正电荷分散较差,能量较高,较难生成。

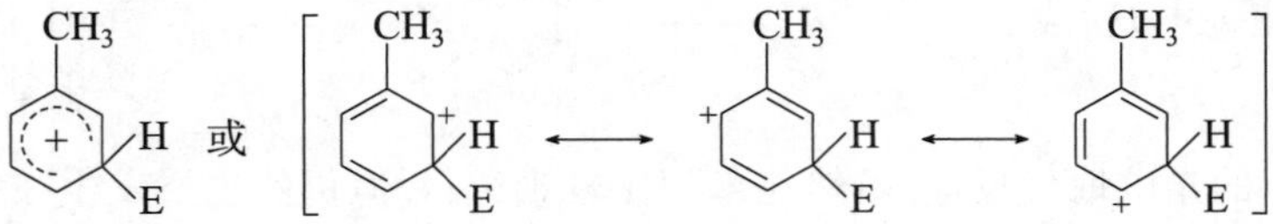

总之,甲苯比苯容易进行亲电取代反应,其中邻位和对位比间位更容易,所以主要生成邻位和对位取代物,反应时的能量变化如图 5-4 所示。

(ii) 氯原子:氯原子与苯环直接相连时,由于氯原子的吸电子诱导效应强于给电子共轭效应,使苯环上电子云密度降低,不利于亲电取代反应。但亲电试剂进攻氯原子的邻位和

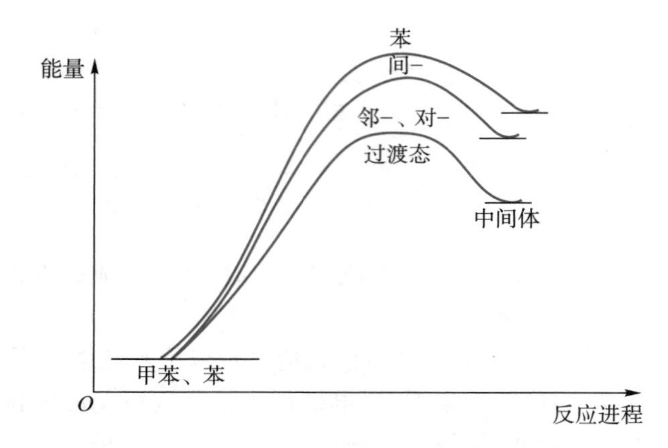

静电势图：氯苯

图 5-4　甲苯与苯相比在邻位、对位和间位反应时的相对能量变化

对位所生成的 σ 络合物比进攻间位所生成的 σ 络合物稳定。亲电试剂进攻氯原子的邻位时，生成的 σ 络合物是四种极限结构的共振杂化体，其中极限结构 (Id) 的每个原子都具有完整的价层电子构型（八隅体规则），贡献较大，因此 σ 络合物 (I) 较稳定而容易生成。

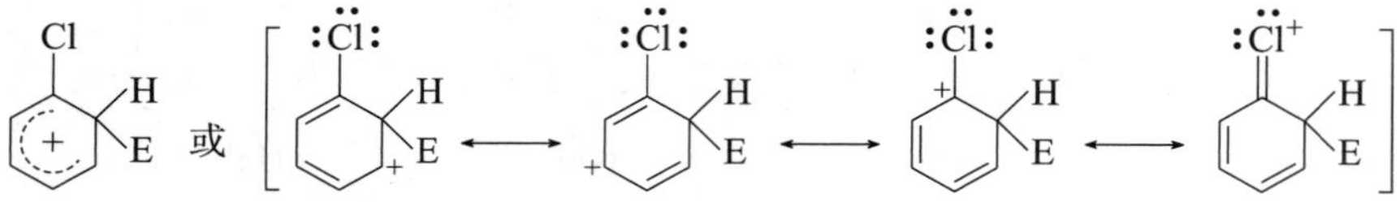

(I)　或　[(Ia) ⟷ (Ib) ⟷ (Ic) ⟷ (Id)]

亲电试剂进攻氯原子的对位时，生成的 σ 络合物也是四种极限结构的共振杂化体，其中极限结构 (Ⅱd) 的每个原子也具有完整的价层电子构型，也比较稳定而容易生成。

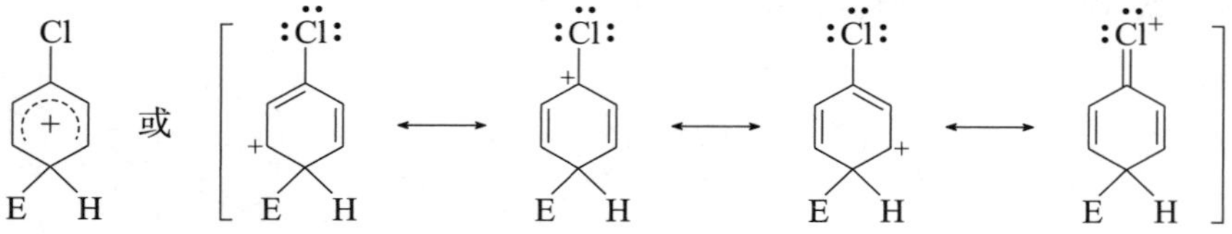

(Ⅱ)　或　[(Ⅱa) ⟷ (Ⅱb) ⟷ (Ⅱc) ⟷ (Ⅱd)]

进攻间位则不能写出与 (Id)，(Ⅱd) 类似的稳定极限结构。

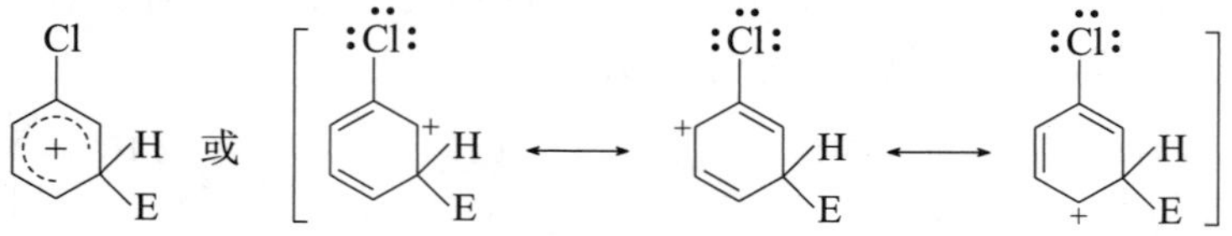

因此，氯苯的亲电取代反应，虽然与苯相比较难进行，但仍然主要发生在氯原子的邻位和对位。氯苯与苯比较，反应时的相对能量变化如图 5-5 所示。

羟基、烷氧基、酰氨基等连在苯环上时，其给电子共轭效应强于吸电子诱导效应，因而都使苯环活化。与上述氯原子的情况类似，亲电试剂进攻羟基或酰氨基的邻位和对位与进攻间位相比，生成的 σ 络合物稳定性高，因此亲电取代反应主要发生在它们的邻位和对位。

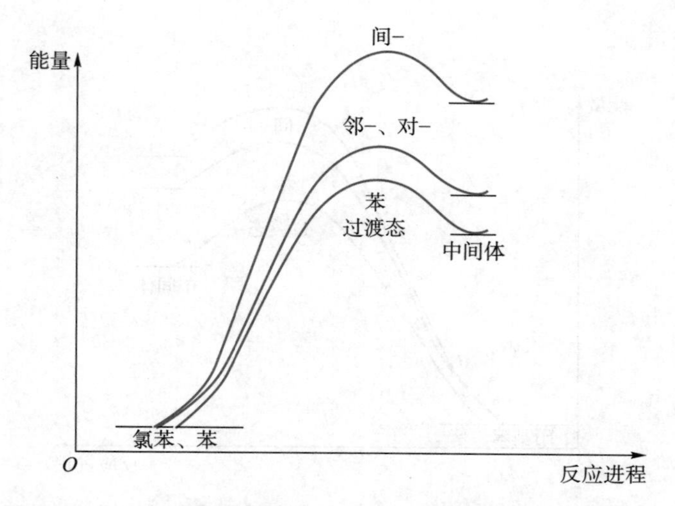

图 5-5 氯苯与苯相比在邻位、对位和间位反应时的相对能量变化

练习 5.13 苯甲醚在进行硝化反应时，为什么主要得到邻和对硝基苯甲醚？试从理论上解释之。

(b) 间位定位基对苯环的影响及其定位效应。现以硝基苯为例来说明，考察亲电试剂进攻硝基的邻位、对位和间位所生成的 σ 络合物的稳定性。可以看出：

进攻邻位 (I) 或 [(Ia) ⟷ (Ib) ⟷ (Ic)]

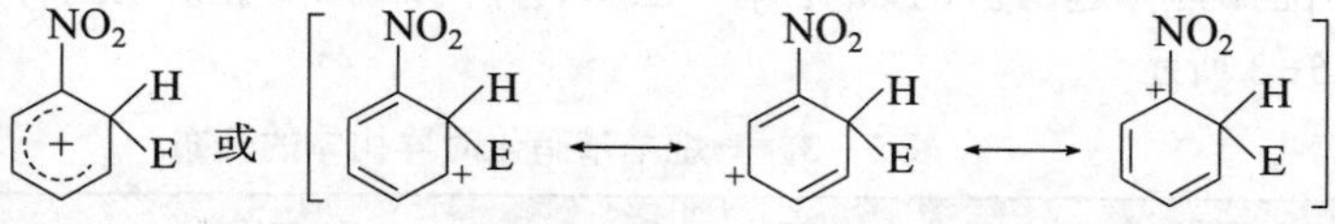

进攻对位 (Ⅱ) 或 [(Ⅱa) ⟷ (Ⅱb) ⟷ (Ⅱc)]

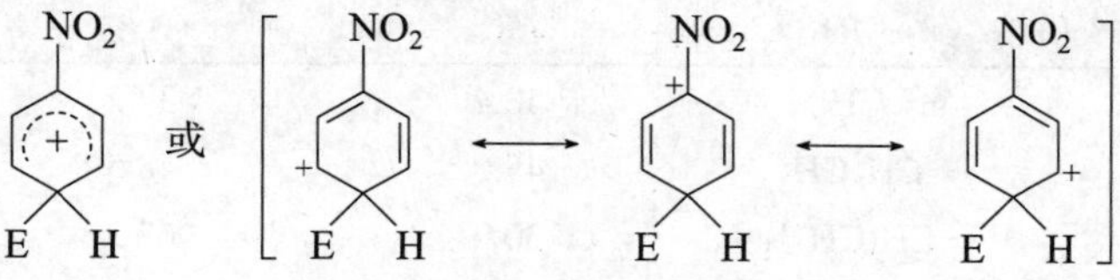

进攻间位 (Ⅲ) 或 [(Ⅲa) ⟷ (Ⅲb) ⟷ (Ⅲc)]

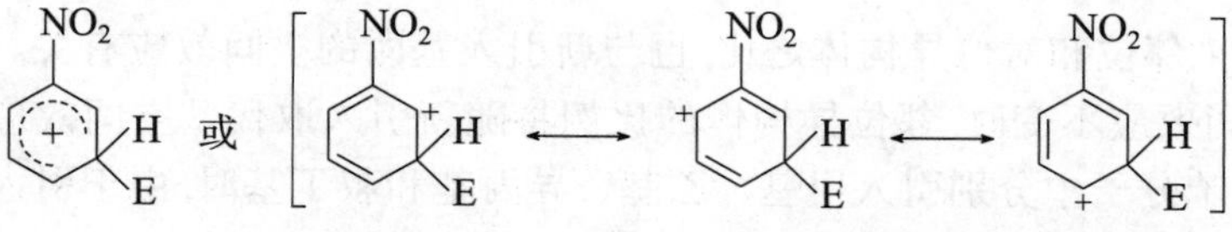

在硝基苯的邻位、对位和间位受到进攻时所形成的碳正离子中，每个碳正离子都是三种极限结构的共振杂化体。但 (Ic) 和 (Ⅱb) 两种极限结构，其带有正电荷的碳原子都直接与强吸电子基团硝基相连，正电荷更加集中，能量更高而不稳定，故不易形成。碳正离子 (Ⅲa), (Ⅲb) 和 (Ⅲc) 三种极限结构，带正电荷的碳原子都不直接与硝基相连，比前两种碳正离子稳定，能量较低而比较容易生成，因此硝基苯的亲电取代反应主要发生在间位。但与苯进行亲电取代反应所生成的碳正离子相比，由于硝基的存在，环上的正电荷比较集中，故能量较高而较难生成，因此硝基苯比苯较难进行亲电取代反应。其反应时的相对能量

静电势图：硝基苯

变化如图 5-6 所示。

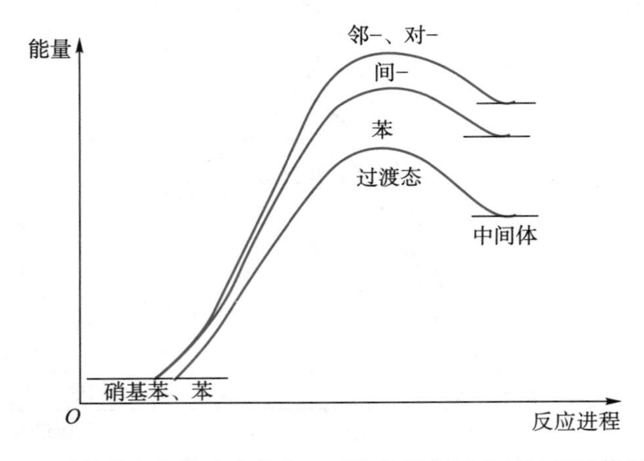

图 5-6　硝基苯与苯相比在邻位、对位和间位反应时的相对能量变化

练习 5.14　苯磺酸在进行硝化反应时，为什么主要得到间硝基苯磺酸？试从理论上解释之。

(2) 空间效应　当苯环上有烷基等第一类定位基时，虽然会指导新引入基团进入它的邻位和对位，但邻位和对位异构体之比将随原取代基空间效应的增大而减小。空间效应越大，其邻位异构体越少。例如，甲苯、乙苯、异丙苯和叔丁苯在同样条件下进行硝化，其结果如表 5-3 所示。

表 5-3　一烷基苯硝化时异构体的分布

化合物	环上原有取代基 (—R)	异构体分布/%		
		邻位	对位	间位
甲苯	$—CH_3$	58.4	37.2	4.4
乙苯	$—CH_2CH_3$	45.0	48.5	6.5
异丙苯	$—CH(CH_3)_2$	30.0	62.3	7.7
叔丁苯	$—C(CH_3)_3$	15.8	72.7	11.5

另外，邻位和对位异构体之比，也与新引入基团的空间效应有关。当苯环上原有取代基的空间效应不变时，邻位异构体的比例将随新引入取代基空间效应的增大而减少。例如，在甲苯分子中分别引入甲基、乙基、异丙基和叔丁基时，由于引入基团空间效应依次加大，所得邻位异构体的比例依次下降，其异构体的分布如表 5-4 所示。

表 5-4　甲苯一烷基化时异构体的分布

新引入基团	异构体分布/%		
	邻位	对位	间位
甲基	53.8	28.8	17.4
乙基	45.0	25.0	30.0
异丙基	37.5	32.7	29.8
叔丁基	0	93	7.0

如果苯环上原有取代基与新引入取代基的空间效应都很大时,则邻位异构体的比例更少。例如,叔丁苯、氯苯和溴苯的磺化,几乎都生成100%的对位异构体。

上面讨论的第二个取代基进入苯环的位置,主要取决于苯环上原有取代基和新引入取代基的性质。但温度和催化剂等因素对异构体的比例也有一定影响。例如,甲苯在不同温度时的磺化就是一例[见本章5.4.1(1)(c)]。又如,溴苯的氯化分别用氯化铝和氯化铁作催化剂,所得异构体比例也不同。

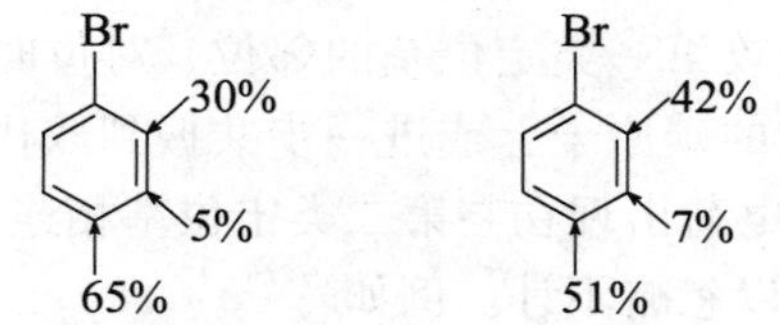

Br 30% 5% 65%
$AlCl_3$ 作催化剂

Br 42% 7% 51%
$FeCl_3$ 作催化剂

练习 5.15 解释下列事实:

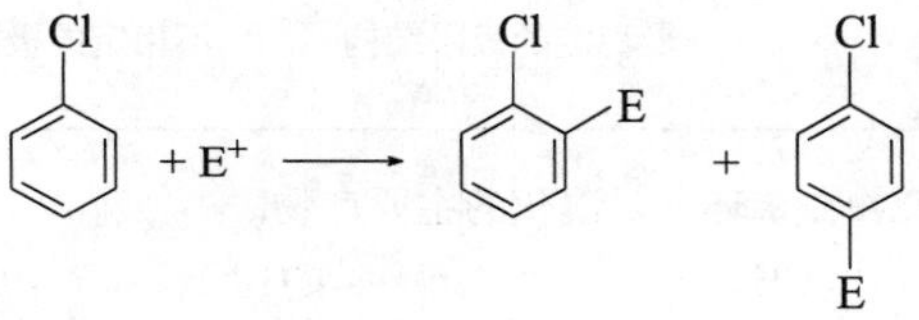

Cl + E^+ ⟶ (Cl, E 邻位) + (Cl, E 对位)

反应	*o*−	*p*−
氯化	39%	55%
硝化	30%	70%
溴化	11%	87%
磺化	1%	99%

5.5.3 二取代苯亲电取代的定位规则

当苯环上有两个取代基时,第三个取代基进入苯环的位置,将主要由原来的两个取代基决定。

苯环上原有的两个取代基,对于引入第三个取代基的定位作用一致时,仍由上述定位规则决定。例如,下列化合物引入第三个取代基时,取代基主要进入箭头所示位置:

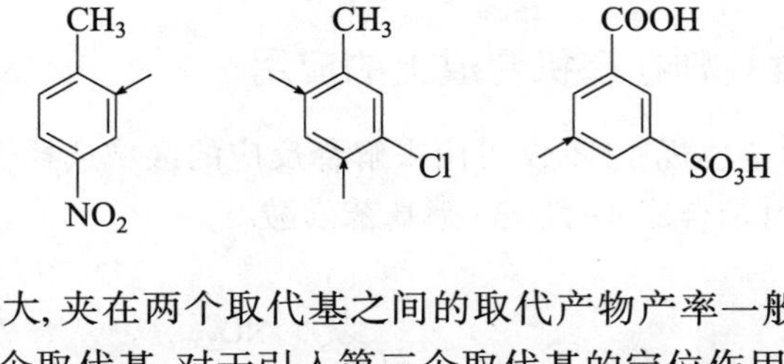

CH_3 NO_2　　CH_3 Cl　　COOH SO_3H

由于空间阻碍作用较大,夹在两个取代基之间的取代产物产率一般较低。

苯环上原有的两个取代基,对于引入第三个取代基的定位作用不一致时,有两种情况:

① 两个取代基属于同一类时,第三个取代基进入苯环的位置,主要由活化或钝化作用较强的定位基决定;如果相差较小,则得到混合物。例如:

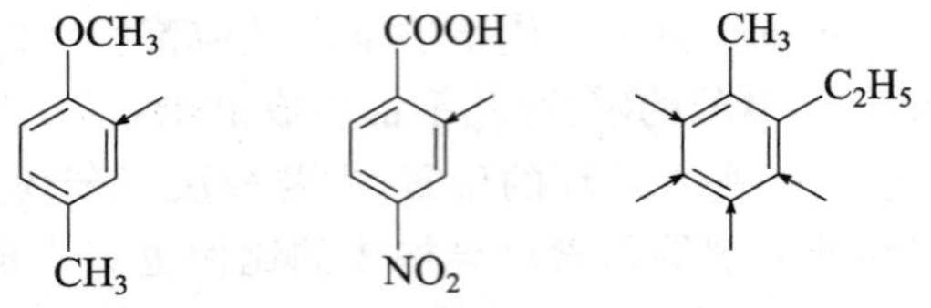

主要产物　　主要产物　　混合物

② 两个取代基属于不同类时，第三个取代基进入苯环的位置，一般由第一类定位基起主要作用。因为亲电试剂进攻第一类定位基的邻位、对位时，有一种极限结构是正电荷出现在与第一类定位基相连的碳原子上或进一步共振到取代基上，这样的极限结构最稳定，对杂化体贡献最大；而正电荷出现在与第二类定位基相连碳原子上的那种极限结构不稳定，对杂化体贡献最小，可以忽略不计。例如：

拓展：补充实例

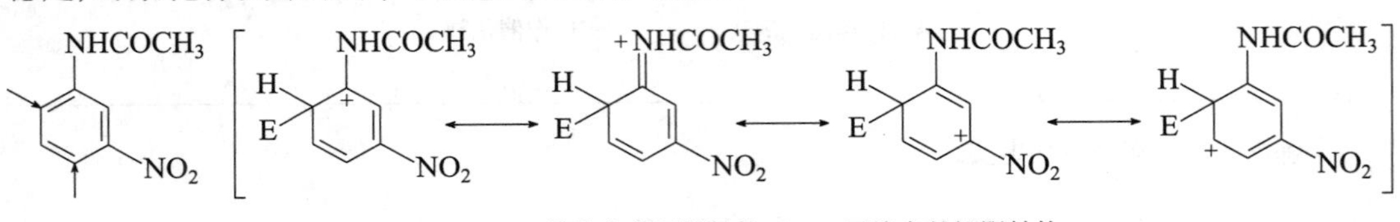

拓展：间二取代苯的邻基效应

练习 5.16　写出下列化合物在苯环上一溴化的主要产物。

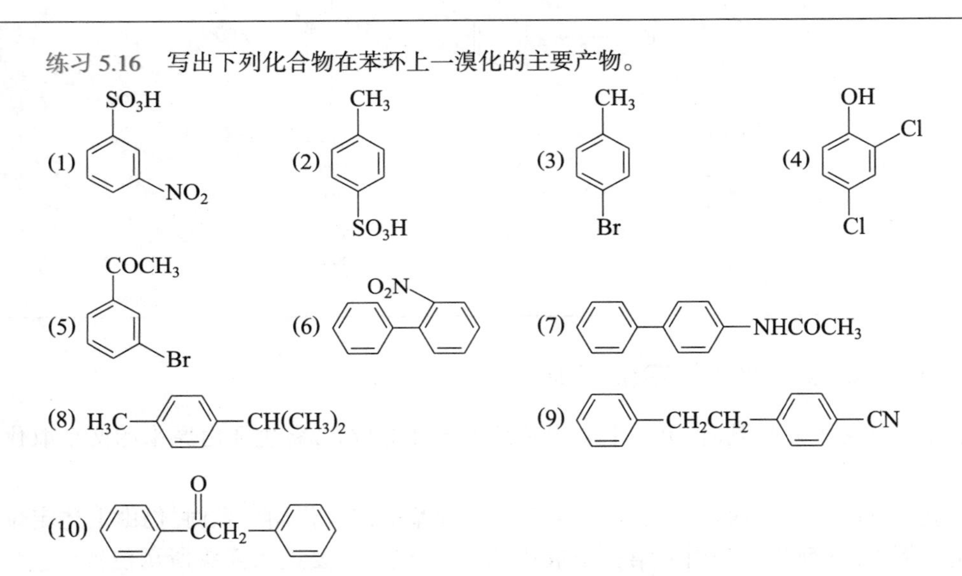

5.5.4 亲电取代定位规则在有机合成上的应用

苯环上取代反应的定位规则，不仅可用来解释反应的区域选择性，而且可用来指导多取代苯的合成。例如，由苯合成 4-氯-3-硝基苯磺酸：

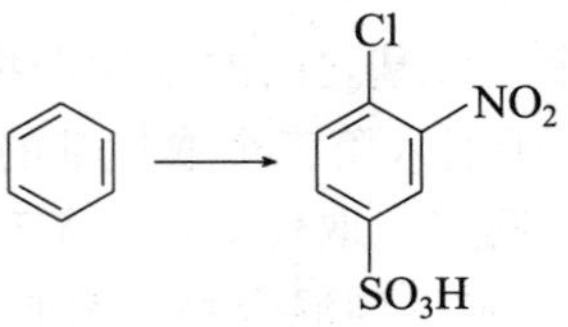

反应的第一步不能是硝化或磺化，因为硝基和磺酸基都是间位定位基，而这个化合物分子中的氯原子是在硝基的邻位和磺酸基的对位。显然第一步只能是氯化得到氯苯。

硝基和磺酸基先引入哪一个基团好呢？由于磺酸基的体积较大，存在较大的空间效应，氯苯磺化产物以对位为主。事实上，氯苯在 100 ℃ 磺化，几乎都生成对氯苯磺酸，这正是所需要的。如果先硝化，将得到邻和对硝基氯苯两种产物，故第二步应采取磺化。

合成出对氯苯磺酸后，由于氯原子和磺酸基的定位效应是一致的，故第三步硝化时硝基进入氯原子的邻位（即磺酸基的间位）。所以由苯合成 4-氯-3-硝基苯磺酸的次序是氯化、磺化、硝化。

拓展：逆合成分析法与有机合成

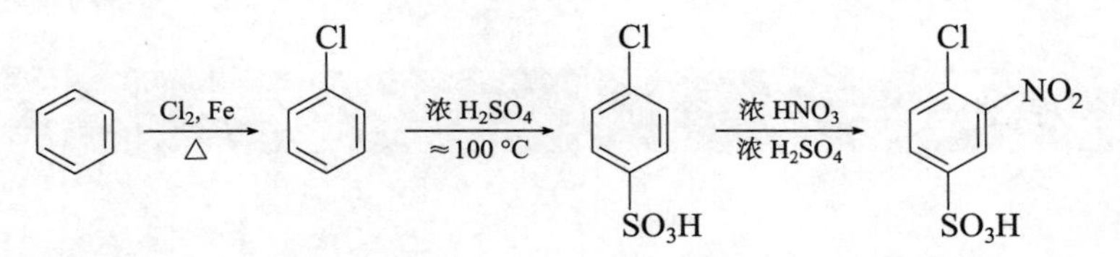

又如，由苯合成 1-叔丁基-2-硝基苯：

产物苯环上的叔丁基和硝基两个取代基处于邻位，显然第一步不能是硝化，因为硝基是间位定位基，且硝基苯不能进行 Friedel-Crafts 烷基化反应。因此，第一步只能先进行烷基化反应，但叔丁苯直接进行硝化时，叔丁基较大的空间效应使硝基主要进入叔丁基的对位。为了使硝基主要进入叔丁基的邻位，需在对位引入一个基团，且硝化后能够容易除去。已知磺化反应是可逆反应，在苯环上引入磺酸基后，经水解又可除去磺酸基；另外，叔丁苯的磺化约得到 100% 的对位产物，这正是所希望的。得到对叔丁基苯磺酸后，再进行硝化，此时叔丁基和磺酸基定位作用一致，均指导硝基进入叔丁基的邻位（磺酸基的间位），最后将磺酸基除去就得到目标产物，即由苯合成 1-叔丁基-2-硝基苯的次序是烷基化、磺化、硝化、脱磺酸基。

拓展：占位基团

练习 5.17　由苯及必要的原料合成下列各化合物:

(1) C_2H_5, NO_2, Br　(2) C_2H_5, Br, SO_3H　(3) $COCH_3$, Cl　(4) C_2H_5, Cl　(5) $COCH_3$, NO_2, Cl

练习 5.18　由苯和必要的无机试剂制备 1,2-二溴-4-硝基苯。

5.6　稠环芳烃

5.6.1　萘

(1) 萘的结构　萘的分子式为 $C_{10}H_8$,它是由两个苯环稠合(共用两个相邻的碳原子)而成的。物理方法也已证明,萘与苯相似,也具有平面结构,其碳碳键键长既不等于碳碳单键的键长,也不等于碳碳双键的键长。但又与苯不同,萘的碳碳键键长并不完全相等。

0.142 nm　0.136 nm　0.140 nm　0.139 nm

α 8　α 1　β 7　2 β　β 6　3 β　5 α　4 α

在萘分子中,碳原子的位置也不等同。1,4,5,8 四个碳原子都与共用碳原子直接相连,其位置相同,叫 α 位。其中任一个碳原子上的氢原子被取代,都得到相同的一元取代物,叫 α-取代物。2,3,6,7 四个位置也是等同的,但与 α 位不同,叫 β 位。β 位上的氢原子被取代,则得到 β-取代物。因此萘的一元取代物有两种,α-取代物(1-取代物)和 β-取代物(2-取代物)。

与苯相似,萘的每一个碳原子,各以三个 σ 键与其他三个原子相连,而每个碳原子的 p 轨道的对称轴都垂直于 σ 键所在的平面,它们的对称轴相互平行并在侧面相互重叠,形成了一个闭合的共轭体系,如图 5-7 所示。

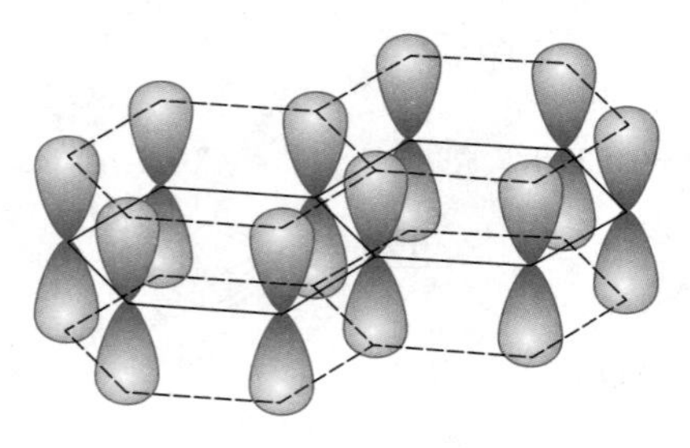

图 5-7　萘的大 π 键构成示意图

萘具有芳香性。萘的离域能约为 255 kJ·mol^{-1}，因此比较稳定。

(2) 萘的性质　萘是光亮的片状晶体，熔点为 80.2 ℃，沸点为 218 ℃，有特殊气味，易升华，不溶于水，易溶于有机溶剂。萘的化学性质与苯相似。

(a) 取代反应。在萘环上，π 电子的离域并不像苯环那样完全平均化，而是 α-碳原子上的电子云密度较高，β-碳原子上的较低，因此亲电取代反应一般发生在 α 位。

从共振论来看，亲电试剂 E$^+$ 进攻 α 位和 β 位将形成两种不同共振结构的中间体。

进攻 α 位：

进攻 β 位：

在这两种碳正离子中，虽然正电荷都分配在五个不同的位置，但能量是不同的。在进攻 α 位所形成的碳正离子中，前两种极限结构仍保留一个完整的苯环，能量较低，比其余三种极限结构稳定，对共振杂化体的贡献大。进攻 β 位形成的碳正离子中，仅第一种极限结构具有完整的苯环，因此进攻 β 位比进攻 α 位所得到的中间体的共振杂化体具有较高的能量，反应的活化能较大，反应速率较慢，所以亲电取代反应一般发生在 α 位。由于萘的亲电取代反应中间体 σ 络合物中保留了完整苯环，因而活化能较低，比苯的亲电取代容易。

(i) 卤化：在氯化铁的作用下，将氯气通入熔融的萘中，主要得到 α-氯萘：

$$+ Cl_2 \xrightarrow{FeCl_3,\ 100\sim110\ ℃} \quad + HCl \qquad 95\%$$

这是工业生产 α-氯萘 (1-氯萘) 的方法之一。α-氯萘是无色液体，沸点为 259 ℃，可用作高沸点溶剂和增塑剂。萘的溴化反应得到相似的结果。

(ii) 硝化：萘的硝化，α 位比苯硝化快 750 倍，β 位比苯硝化快 50 倍，故萘用混酸硝化时，在室温即可进行，且主要产物是 α-硝基萘 (1-硝基萘)。工业上通常在温热条件下进行，为了防止二硝基萘的生成，所用混酸的浓度比苯硝化时的低。

$$+ HNO_3 \xrightarrow{H_2SO_4,\ 30\sim60\ ℃} \quad + H_2O \qquad 95\%$$

α-硝基萘是黄色针状结晶，熔点为 61 ℃，不溶于水，可溶于有机溶剂，用于制造 α-萘胺等萘的含氮衍生物。

(iii) 磺化: 萘在较低温度 (60 ℃) 下用浓硫酸磺化时, 主要生成 α 位磺化产物萘-1-磺酸; 在较高温度 (165 ℃) 用浓硫酸磺化时, 主要生成萘-2-磺酸。萘-1-磺酸与浓硫酸共热至 165 ℃ 时, 也转变成萘-2-磺酸。

萘 + H_2SO_4 —(60 ℃, 96%)→ 萘-1-磺酸 (SO_3H) + H_2O

萘-1-磺酸 —(165 ℃, H_2SO_4)→ 萘-2-磺酸

萘 + H_2SO_4 ⇌(165 ℃, 85%) 萘-2-磺酸 (SO_3H) + H_2O

与亲电试剂进攻 β 位相比, 亲电试剂 (SO_3) 进攻 α 位活化能较低, 因此在较低温度时进攻 α 位反应较快, 优先生成萘-1-磺酸。萘的低温磺化是不可逆的, 这属于动力学控制的反应。α 位虽然活泼, 但磺酸基的体积较大, 与 8 位氢原子存在 van der Waals 排斥力, 由于空间排斥作用, 萘-1-磺酸比萘-2-磺酸的稳定性差, 在温度较高时这种差异更显著。

由于萘-2-磺酸比萘-1-磺酸具有较大的热力学稳定性, 且萘的磺化反应在高温下是可逆的, 故在高温时, 生成的萘-1-磺酸不稳定, 很快转化成萘-2-磺酸, 使后者成为主要产物。生成萘-2-磺酸的反应属于热力学控制 (平衡) 的反应。由于磺酸基易被其他基团取代, 故萘的高温磺化制备萘-2-磺酸这一反应常用于制备其他萘的 β-取代物。

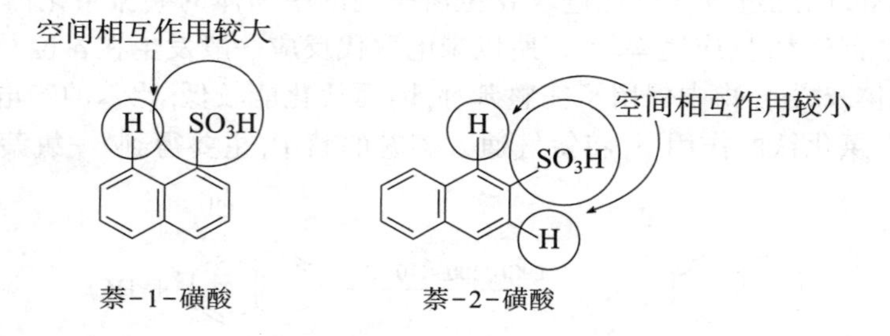

带一分子结晶水的萘-1-磺酸是白色晶体, 熔点为 90 ℃。带一分子结晶水的萘-2-磺酸是白色片状晶体, 熔点为 124～125 ℃。两者都是工业原料。

(iv) Friedel-Crafts 反应: 萘的酰基化反应常常得到混合物。一般用氯化铝作催化剂。在非极性溶剂 (如二硫化碳或 1, 1, 2, 2-四氯乙烷) 中, 产物以 α-异构体为主, 但难同 β-异构体分离。例如:

萘 —(CH_3COCl, $AlCl_3$; CS_2, −15 ℃)→ 1-$COCH_3$ 萘 + 2-$COCH_3$ 萘 (3 : 1)

在极性溶剂 (如硝基苯) 中, 产物通常以 β-异构体为主, 这可能是 CH_3COCl, $AlCl_3$ 和硝基苯形成的络合物体积较大, 使之不易进攻 α 位, 即空间效应造成的。例如:

$$\text{萘} \xrightarrow[\text{PhNO}_2]{\text{CH}_3\text{COCl, AlCl}_3} \text{2-乙酰萘 (COCH}_3\text{)} \quad 90\%$$

由于萘比苯活泼，萘的烷基化易生成多烷基萘，同时反应过程中萘环易破裂，所以一烷基化产率较低。但在萘的 α 位引入羧甲基则有实用价值。例如，在加热和催化剂作用下，萘与氯乙酸反应生成 2-(萘-1-基) 乙酸，这是生产 2-(萘-1-基) 乙酸的方法之一。

$$\text{萘} + \text{ClCH}_2\text{COOH} \xrightarrow[200\ ^\circ\text{C, 15 h}]{\text{FeCl}_3\text{, KBr}} \text{1-萘基-CH}_2\text{COOH} \quad 54\%$$

2-(萘-1-基) 乙酸简称 NAA[2-(naphthalen-1-yl) acetic acid 的缩写]。纯品是无色针状或粉末状晶体，熔点为 134.5 ~ 135.5 ℃，难溶于冷水，易溶于热水、乙醇和乙酸等。它是一种植物生长调节剂，能促使植物生根、开花、早熟、多产，对人畜相对安全。

(b) 氧化反应。在乙酸溶液中，萘用三氧化铬 (铬酐) 氧化生成 1,4-萘醌，但产率较低。

$$\text{萘} \xrightarrow[10\sim15\ ^\circ\text{C}]{\text{CrO}_3\text{, CH}_3\text{COOH}} \text{1,4-萘醌} \quad \approx 20\%$$

在强烈条件下氧化，则其中一个环破裂，生成邻苯二甲酸酐。这是工业上生产邻苯二甲酸酐的方法之一。

$$2\ \text{萘} + 9\text{O}_2\ (\text{空气}) \xrightarrow[385\sim390\ ^\circ\text{C}]{\text{V}_2\text{O}_5\text{, K}_2\text{SO}_4} 2\ \text{邻苯二甲酸酐} + 4\text{CO}_2 + 4\text{H}_2\text{O}$$

当取代的萘氧化时，哪个环被氧化破裂，取决于取代基的性质。例如：

$$\text{邻苯二甲酸 (HOOC, HOOC)} \xleftarrow[\text{H}_2\text{SO}_4]{\text{K}_2\text{Cr}_2\text{O}_7} \text{1-萘胺 (NH}_2\text{)} \xleftarrow[\text{Ni}]{\text{H}_2} \text{1-硝基萘 (NO}_2\text{)} \xrightarrow[\triangle]{\text{KMnO}_4\text{, H}^+} \text{3-硝基邻苯二甲酸 (NO}_2\text{, COOH, COOH)}$$

由上例可以看出，硝基是第二类定位基，使所在的苯环钝化，氨基是第一类定位基，使所在的苯环活化。当氧化时，两个环中电子云密度较高的环被氧化破裂，所得产物是邻苯二甲酸或其衍生物。

(c) 还原反应。当用金属钠在液氨和乙醇的混合物中进行还原时 (Birch 还原)，可得到 1,4-二氢 (化) 萘。

拓展：Birch 还原机理

Na, 液 NH_3, C_2H_5OH

1, 4－二氢(化)萘

在强烈条件下加氢时, 可生成 1, 2, 3, 4－四氢(化)萘[简称四氢(化)萘]或十氢(化)萘。

H_2, Pd－C △, 加压 　　H_2, Rh－C △, 加压

1, 2, 3, 4－四氢(化)萘 　　十氢(化)萘

四氢(化)萘和十氢(化)萘都是无色液体, 是两种良好的高沸点溶剂。

练习 5.19 完成下列反应式:

(1) + COCl $\xrightarrow[CS_2, \triangle]{AlCl_3}$ 　(2) + O $\xrightarrow[PhNO_2, \triangle]{AlCl_3}$

(3) OCH_3 $\xrightarrow[H_2SO_4]{K_2Cr_2O_7}$ 　(4) $\xrightarrow[\triangle]{Br_2, CCl_4}$

练习 5.20 为什么萘剧烈氧化生成邻苯二甲酸酐后, 不易再进一步被氧化?

拓展: 萘环二元亲电取代反应定位规则补充

(3) 萘环上二元亲电取代反应的定位规则 一取代萘进一步进行亲电取代反应时, 有一些简单的规律可循。

(a) 萘环上原有取代基是第一类定位基时, 新引入的取代基进入原有取代基所在的苯环, 即发生同环取代。当原有取代基在 α 位时, 新引入取代基主要进入同环的另一 α 位(4 位)。例如:

OCH_3 $\xrightarrow{HNO_3}$ OCH_3 / NO_2

1－甲氧基－4－硝基萘, ≈85%

OH + SO_2Cl_2 (氯化试剂) $\xrightarrow[0\sim25\ ^\circ C,\ 6\ h]{ClCH_2CH_2Cl}$ OH / Cl + SO_2 + HCl

4－氯萘－1－酚, 73%

当原有取代基在萘环的 β 位(2 位)时, 新引入取代基主要进入同环的 α 位(1 位)。例如:

$$\text{2-NHCOCH}_3\text{-萘} \xrightarrow{HNO_3,\ CH_3COOH} \text{1-NO}_2\text{-2-NHCOCH}_3\text{-萘}$$

N-(1-硝基萘-2-基)乙酰胺, 47%~49%

$$\text{2-萘酚} \xrightarrow[13\sim15\ ^\circ C]{Br_2,\ CH_3COOH} \text{1-Br-2-OH-萘}$$

1-溴萘-2-酚, 85%

(b) 萘环上原有取代基是第二类定位基时, 无论原取代基在萘环的 α 位还是 β 位, 新引入的取代基一般进入异环的 α 位。例如:

$$\text{1-NO}_2\text{-萘} \xrightarrow[0\ ^\circ C]{HNO_3,\ H_2SO_4} \text{1,8-(NO}_2)_2\text{-萘} + \text{1,5-(NO}_2)_2\text{-萘}$$

1, 8-二硝基萘, 69%　　1, 5-二硝基萘, 31%

$$\text{2-SO}_3\text{H-萘} \xrightarrow[H_2SO_4]{HNO_3} \text{8-NO}_2\text{-2-SO}_3\text{H-萘} + \text{5-NO}_2\text{-2-SO}_3\text{H-萘}$$

8-硝基萘-2-磺酸, 38%　　5-硝基萘-2-磺酸, 30%

萘环二元取代反应比苯环的复杂得多, 上述规则只是一般情况, 有些反应并不遵循上述规则。例如, 2-取代萘的磺化和 Friedel-Crafts 酰基化反应:

$$\text{2-CH}_3\text{-萘} \xrightarrow[90\sim100\ ^\circ C]{浓\ H_2SO_4} \text{6-CH}_3\text{-2-HO}_3\text{S-萘}$$

6-甲基萘-2-磺酸, 80%

$$\text{2-CH}_3\text{-萘} + \text{丁二酸酐} \xrightarrow{AlCl_3,\ PhNO_2} HOOC\text{-}CH_2CH_2\text{-}C(=O)\text{-(6-CH}_3\text{-2-萘基)}$$

60%~70%

练习 5.21　完成下列反应式:

(1) $\text{1-CH}_3\text{-萘} \xrightarrow[H_2SO_4]{HNO_3}$　　(2) $\text{1-COOH-萘} \xrightarrow[Fe]{Cl_2}$

5.6.2　其他稠环芳烃

除萘以外，其他比较重要的稠环芳烃还有蒽和菲等。蒽和菲的分子式都是 $C_{14}H_{10}$，互为构造异构体，它们都是由三个苯环稠合而成的平面形分子。其中蒽的三个苯环稠合成一条直线，而菲则以角式稠合。与萘相似，蒽和菲均是闭合共轭体系，碳碳键的键长也不完全相等，环上电子云密度的分布也并不完全平均化。它们都具有芳香性，其中蒽的离域能为 349 $kJ \cdot mol^{-1}$，菲的离域能为 382 $kJ \cdot mol^{-1}$，故菲的芳香性比蒽的强。蒽和菲的构造式可表示如下：

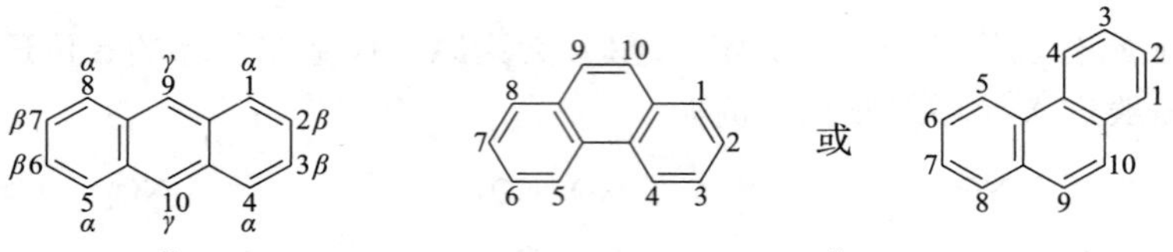

蒽　　　　菲

在蒽分子中，1, 4, 5, 8 四个位置相等，称为 α 位；2, 3, 6, 7 四个位置相等，称为 β 位；9, 10 两个位置相等，称为 γ 位（或中位）。因此蒽的一元取代物有三种。在三个位置中，γ 位比 α 位和 β 位都活泼，所以反应通常发生在 γ 位。在菲分子中有五对相互对应的位置，即 1 与 8, 2 与 7, 3 与 6, 4 与 5, 9 与 10，因此菲的一元取代物有五种异构体。其中也是 9, 10 位比较活泼。例如，蒽和菲都易被氧化成醌：

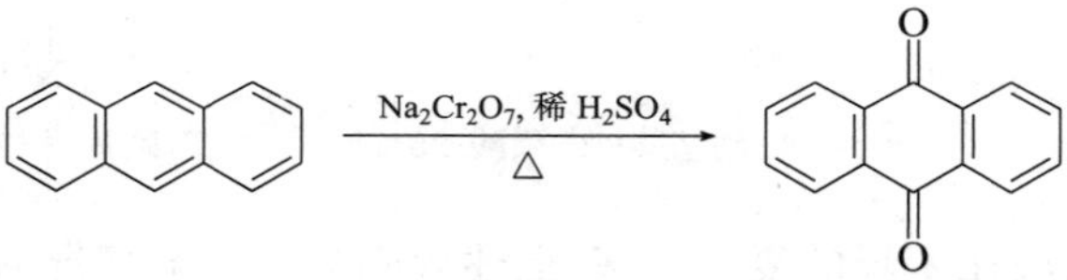

$Na_2Cr_2O_7$，稀 H_2SO_4，△

蒽醌，90%

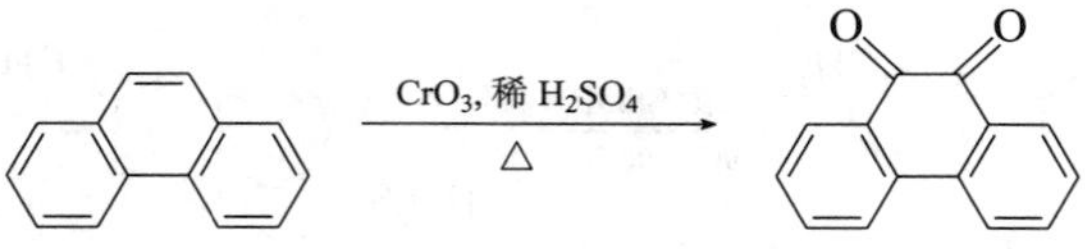

CrO_3，稀 H_2SO_4，△

菲醌，50%

工业上以 V_2O_5 为催化剂，在加压下，用空气或氧气氧化蒽生产蒽醌。

由于蒽的芳香性比较差，且在 9, 10 位比较活泼，因此蒽可作为双烯体发生 Diels−Alder 反应。例如：

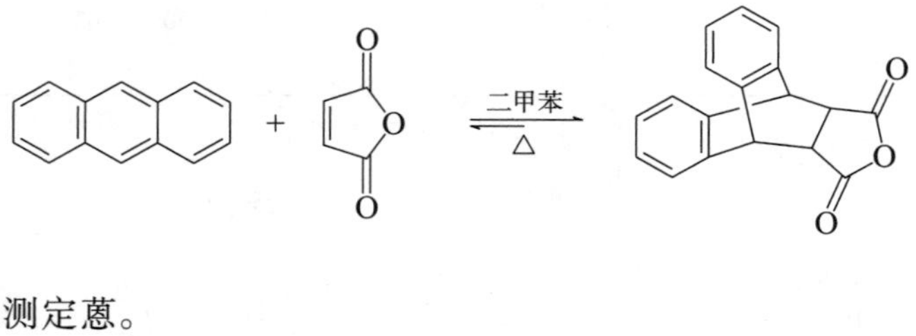

二甲苯，△

此反应常被用来测定蒽。

在稠环芳烃中，有的具有致癌性，称为致癌烃。例如：

1, 2-苯并芘　　1, 2, 5, 6-二苯并蒽　　3-甲基胆蒽

有些致癌烃在煤、石油、木材和烟草等燃烧不完全时能够产生。煤焦油中也含有某些致癌烃。

5.7 芳香性

已知苯是由六个 sp^2 杂化碳原子构成的环状体系，每个碳原子的 p 轨道在侧面相互重叠形成闭合共轭体系，具有芳香性。它可看成一个环状共轭多烯。其他环状共轭多烯，如环丁二烯和环辛四烯等，组成环的每个原子也是 sp^2 杂化碳原子，每个碳原子也有一个 p 轨道，是否也具有芳香性呢？事实表明，环丁二烯很不稳定，不易合成，即使在很低温度下合成出来，温度略高也会聚合；环辛四烯不是平面形的，具有烯烃的典型性质，这两个化合物都不具有芳香性。

分子具有芳香性的一些标志：

(a) 这类化合物虽有不饱和键，但不易进行加成反应，而与苯相似，容易进行亲电取代反应；

(b) 这类环状分子比相应的非环体系具有较低的氢化热和燃烧热，从而显示特殊的稳定性；

(c) 成环原子的键长趋于平均化；

(d) 用物理方法如核磁共振谱（见第八章 8.3 节）进行测定，这类化合物或离子环外质子的化学位移与苯及其衍生物的相近。

5.7.1 Hückel 规则

Hückel E 于 1931 年通过分子轨道理论计算指出：对于单环共轭多烯分子，当成环原子都处在同一平面，且离域的 π 电子数是 $4n+2$ 时，该化合物具有芳香性。这称为 Hückel $(4n+2)\pi$ 电子规则，简称 Hückel 规则，或 $4n+2$ 规则。式中 n 是 0, 1, 2, 3, …。

人物：Hückel E

在单环共轭多烯分子中，π 电子数符合 $4n+2$ 时具有芳香性的原因，可从分析这种体系的分子轨道能级图得到答案。在单环共轭多烯体系的分子轨道能级图中，都有一个能量最低的成键轨道。对于能量最高的反键轨道，在 p 轨道是单数时有两个（简并轨道）；在 p 轨道是双数时，则只有一个。其他那些能量较高的成键轨道和反键轨道或/和非键轨道都是两个（简并的），如图 5-8 所示。Hückel 指出，当成键轨道完全充满电子时，体系趋向稳定。除能量最低的成键轨道需要两个电子充满外，其他能量较高的简并成键轨道或/和非键轨道都需要四的整倍数个电子才能充满，即只有 $4n+2$ 个 π 电子才能充满这些轨道，使体系稳定，而具有芳香性。

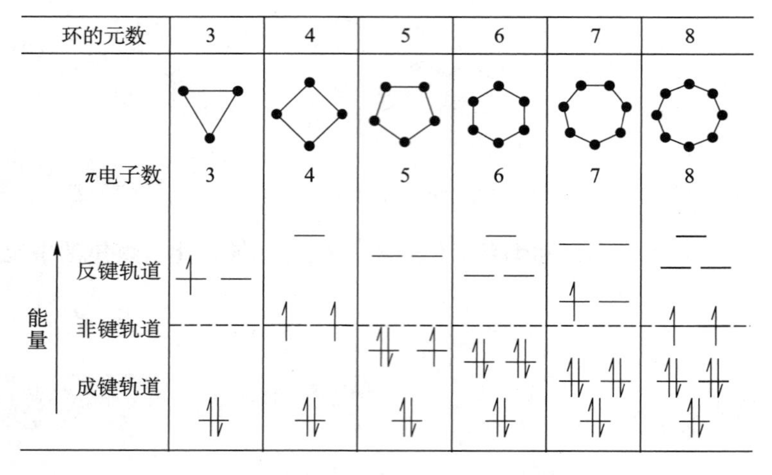

图 5-8　单环平面共轭多烯体系的分子轨道能级图

5.7.2　非苯芳烃　芳香性的判断

(1) 轮烯　单环共轭多烯亦称轮烯 (annulene), 如环丁二烯、环辛四烯、环癸五烯、环十八碳九烯和环二十二碳十一烯分别称为 [4] 轮烯、[8] 轮烯、[10] 轮烯、[18] 轮烯和 [22] 轮烯 (方括号中的数字代表成环碳原子数):

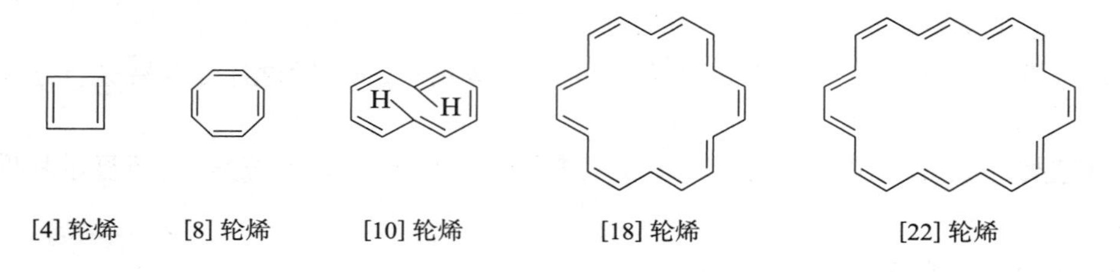

[4] 轮烯的 4 个碳原子虽然在同一平面上, 但 π 电子数不符合 $4n+2$, 所以没有芳香性。[8] 轮烯组成环的 8 个碳原子不在同一平面上, 而是盆形结构, π 电子数是 8, 也不符合 $4n+2$, 因此不具有芳香性。[10] 轮烯有 10 个 π 电子, 符合 $4n+2$, 但其碳骨架类似萘, 由于两个反式双键碳原子上的氢原子处于环内, 它们相互排斥, 使得环不在同一平面上, 因此没有所希望的芳香性。[10] 轮烯是很活泼的。[18] 轮烯中构成环的 18 个碳原子基本在同一平面上, 且有 18 个 π 电子, 符合 Hückel 规则 ($n=4$), 因此具有芳香性。与此相似, [22] 轮烯也具有芳香性。像这种分子内不具有苯环结构而具有芳香性的环状烃类, 统称非苯芳烃。

苯是闭合的共轭体系, 6 个碳原子在同一平面上, 它有 6 个 π 电子, 符合 Hückel 规则 ($n=1$), 故有芳香性 (苯可以看成 [6] 轮烯, 故也可用 Hückel 规则判断)。

(2) 芳香离子　某些烃虽没有芳香性, 但转变成正或负离子后, 则有可能显示芳香性。例如, 环戊二烯无芳香性, 但失去一个 H^+ 形成负离子后, 不仅组成环的 5 个碳原子在同一平面上, 且有 6 个 π 电子 ($n=1$), 故有芳香性。与此相似, 环辛四烯的二价负离子也具有芳香性。因为形成负离子后, 原来的碳环由盆形转变成了平面正八边形, 且有 10 个 π 电子 ($n=2$), 故有芳香性。

$+ 2K \longrightarrow$ (2−) $2K^+$

其他某些离子也具有芳香性。例如,环丙烯基正离子(Ⅰ),环丁二烯二价正离子(Ⅱ)或二价负离子(Ⅲ),环庚三烯基正离子(Ⅳ)。因为它们都具有平面结构,且 π 电子数分别为 2, 2, 6, 6,符合 $4n+2$ (n 分别为 0, 0, 1, 1)。

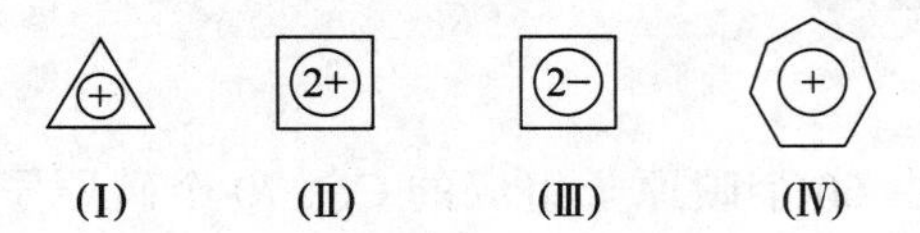

(3) 并联环系　与苯相似,萘、蒽、菲等稠环芳烃,由于它们的成环碳原子都在同一平面上,且 π 电子数分别为 10, 14 和 14,符合 Hückel 规则,具有芳香性。虽然萘、蒽、菲是稠环芳烃,但构成环的碳原子都处在最外层的环上,可看成单环共轭多烯,故可用 Hückel 规则来判断其芳香性。

与萘、蒽等稠环芳烃相似,对于非苯系的稠环化合物,如果考虑其成环原子的外围 π 电子,也可用 Hückel 规则判断其芳香性。例如,薁(蓝烃)是由一个五元环和一个七元环稠合而成的,其成环原子的外围 π 电子有 10 个,相当于 [10] 轮烯,符合 Hückel 规则 ($n=2$),也具有芳香性。薁的偶极矩为 3.34×10^{-30} C·m,其中环庚三烯单元带有正电荷,环戊二烯单元带有负电荷,可看成由环庚三烯基正离子和环戊二烯基负离子稠合而成的,两个环分别包含 6 个电子,所以稳定,是典型的非苯芳烃。

薁　　$\mu=3.34\times10^{-30}$ C·m

与苯相似,薁因具有芳香性,也可以发生卤化、硝化、磺化、Friedel-Crafts 反应等亲电取代反应。由于薁的五元环具有较高的电子云密度,因此亲电取代反应主要发生在五元环上。例如:

$\xrightarrow[AlCl_3]{CH_3COCl}$ (1-$COCH_3$ 薁) $\xrightarrow[AlCl_3]{CH_3COCl}$ (1,3-二 $COCH_3$ 薁)

练习 5.22　应用 Hückel 规则判断下列化合物和离子是否有芳香性。

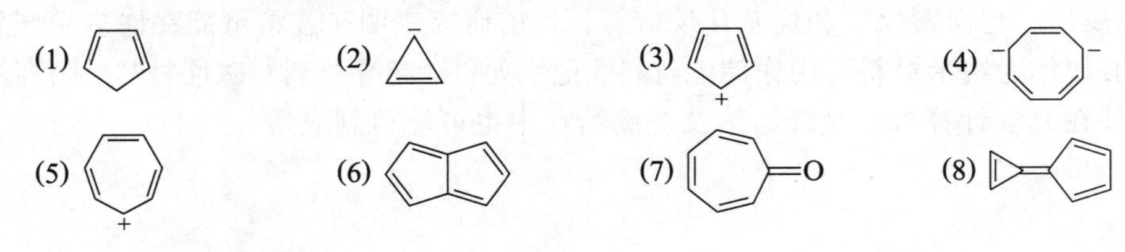

(9)　O　　　　(10)　PH

5.8　富勒烯　石墨烯

富勒烯 (fullerene) 是由 60 个碳原子组成的 C_{60}, 70 个碳原子组成的 C_{70}, 50 个碳原子组成的 C_{50} 等一类碳的同素异形体的总称。1985 年, Kroto S H W 等人发现具有封闭笼形结构的 C_{60} 原子簇, 它是由 12 个五元环和 20 个六元环组成的球形 32 面体, 具有很高的对称性, 很像 Fuller R B 所设计的蒙特利尔世界博览会网格球体状主建筑, 因此将这一类化合物命名为富勒烯 (fullerene), 又称足球烯。1990 年, Krätschmer 在实验室常量制备和分离提纯 C_{60} 和 C_{70} 获得成功, 从而为碳原子簇的研究开创了新局面。由于 C_{60} 这一重大发现, Kroto 与 Curl, Smalley 共同荣获 1996 年诺贝尔化学奖。在富勒烯家族中, 结构最稳定且研究得最多的是 C_{60}。下面简单介绍 C_{60}。

C_{60} 直径约为 0.8 nm, 60 个顶点为 60 个碳原子占据。每个碳原子均以近似 sp^2 杂化轨道与相邻碳原子形成 3 个 σ 键, 它们不在同一平面上。每个碳原子剩下的一个 p 轨道 (或近似 p 轨道) 彼此构成球面形的离域大 π 键, 因此也具有一定的芳香性。但其碳碳键的键长不完全相同: 由五边形和六边形共用的键长约为 0.146 nm, 由两个六边形共用的键长约为 0.140 nm。键角约为 116°。分子中 12 个五边形最大限度地被 20 个六边形所分隔, 是目前已知的最对称的分子之一, 其立体结构如图 5-9 所示。

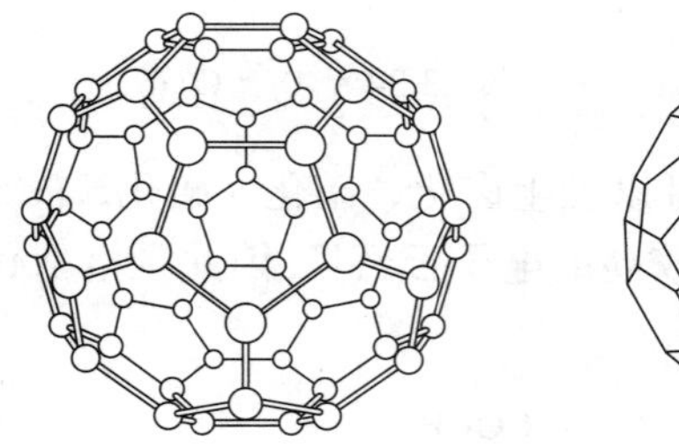
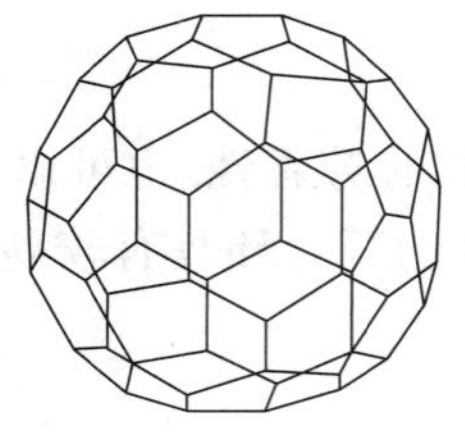

图 5-9　C_{60} 的立体结构

拓展:
石墨烯

C_{60} 通常是以石墨为原料, 用石墨电极接触电弧蒸发法制得的。其密度为 $1.7\ g\cdot cm^{-3}$, 不溶于水, 在己烷、苯、甲苯、二硫化碳和四氯化碳等非极性溶剂中有一定的溶解度。C_{60} 可进行某些化学反应, 如加氢反应、氧化反应、亲电加成反应、亲核加成反应、自由基反应、与金属反应、与卤素反应和烃基化反应等。目前研究表明, C_{60} 将可能在许多领域发挥巨大作用, 如作为纳米材料可用作储能材料、记忆元件、超导材料、磁性材料、耐高温润滑剂, 另外在光学计算机和光纤通信及抗癌治疗中也可能得到应用。

5.9 芳烃的工业来源

5.9.1 从煤焦油分离

煤经干馏所得黑色黏稠液体叫煤焦油，其中含有上万种有机化合物。按照沸点高低，可将煤焦油分成若干馏分，各馏分中所含的主要烃类如表 5-5 所示。为了从各馏分中获得芳烃，常采用萃取法、磺化法或分子筛吸附法进行分离。

表 5-5 芳烃在煤焦油各馏分中的大致分布

馏分名称	沸点范围/℃	所含的主要烃类
轻油	< 170	苯、甲苯、二甲苯
酚油	170 ~ 210	异丙苯、均四甲苯等
萘油	210 ~ 230	萘、甲基萘、二甲基萘等
洗油	230 ~ 300	联苯、苊、芴等
蒽油	300 ~ 360	蒽、菲及其衍生物，苊，䓛等

5.9.2 从石油裂解产品中分离

以石油原料裂解制乙烯、丙烯时，所得的副产物中含有芳烃。将副产物分馏可得裂解轻油（裂化汽油）和裂解重油。裂解轻油中所含的芳烃以苯居多。裂解重油中含有烷基萘。

5.9.3 芳构化

石油中一般含芳烃较少。但在一定温度和压力下，可使石油中的烷烃和环烷烃经催化脱氢转变成芳烃。其中所发生的主要反应大致如下：

环烷烃脱氢形成芳烃。例如：

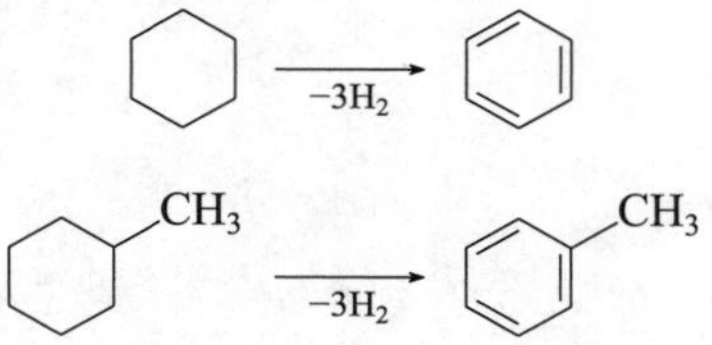

$$\xrightarrow{-3H_2}$$

$$CH_3 \xrightarrow{-3H_2} CH_3$$

环烷烃异构化、脱氢形成芳烃。例如：

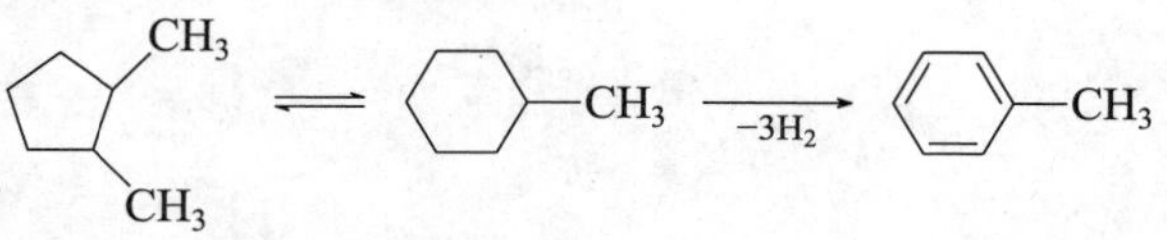

$$CH_3,\ CH_3 \rightleftharpoons -CH_3 \xrightarrow{-3H_2} -CH_3$$

烷烃脱氢环化、再脱氢形成芳烃。例如：

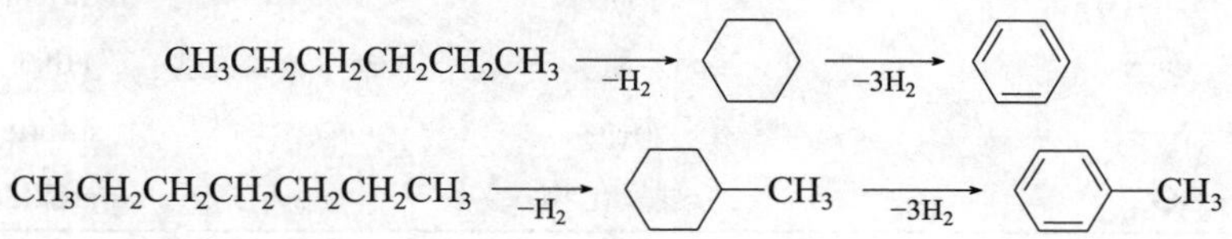

$$CH_3CH_2CH_2CH_2CH_2CH_3 \xrightarrow{-H_2} \xrightarrow{-3H_2}$$

$$CH_3CH_2CH_2CH_2CH_2CH_2CH_3 \xrightarrow{-H_2} -CH_3 \xrightarrow{-3H_2} -CH_3$$

上述反应都是从烷烃或环烷烃形成芳烃的反应，称为芳构化反应。为从石油中获得芳烃，工业上常采用铂作催化剂，在 1.5 ~ 2.5 MPa，430 ~ 510 ℃ 处理石油的 $C_6 \sim C_8$ 馏分，称为铂重整，所得产物叫重整油或重整汽油，其中含有苯、甲苯和二甲苯等。

5.10　多官能团化合物的命名

通过本章和以前各章的讨论不难发现，许多化合物分子中含有两个或多个官能团（特性基团）。这类化合物的命名，究竟以哪个官能团为主，需要有个规定。根据《有机化合物命名原则 2017》，将主要官能团的优先次序列于表 5-6 中。

表 5-6　主要官能团的优先次序（按优先递降排列）

官能团	中文系统名	英文系统名
R·	自由基	radical
R^-	负离子	anion
R^+	正离子	cation
—COOH	羧酸	carboxylic acid
$—SO_3H$	磺酸	sulfonic acid
$—PO_3H_2$	膦酸	phosphonic acid
—COOOC—	酸酐	anhydride
—COO—	酯	ester
—COX	酰卤	acid halide
$—CONH_2$	酰胺	amide
$—CONHNH_2$	酰肼	hydrazide
—CONHOC—	酰亚胺	imide
—CN	腈	nitrile
—CHO	醛	aldehyde
—CO—	酮	ketone
(R)—OH	醇	alcohol
(Ar)—OH	酚	phenol
—SH	硫醇	thiol
—OOH	氢过氧化物	hydroperoxide
$—NH_2$	胺	amine
=NH	亚胺	imine
$—NHNH_2$	肼	hydrazine
—O—	醚	ether
—S—	硫醚	sulfide
—OO—	过氧化物	peroxide

多官能团化合物的命名要点如下:

(a) 按照官能团的优先次序 (见表 5-6), 以最优先官能团为母体, 根据母体官能团称为某 × (× 为化合物的类名或官能团后缀名)。

(b) 除作为母体的官能团外, 将其他官能团和取代基 (如烷基等) 均作为取代基。取代基按其英文字母的顺序依次排列。

(c) 最后将取代基的位次和名称依次排列在母体名称之前, 即得全名。现具体说明如下。

例如, 俗称乙醇胺的化合物 $H_2NCH_2CH_2OH$, 既可命名为 2-羟基乙胺, 亦可称为 2-氨基乙醇。但按照主要官能团的优先次序, 羟基优先于氨基, 应以醇为母体, 氨基为取代基, 称为 2-氨基乙醇。又如,

CHO

OCH_3

OH

该化合物有三个官能团, 根据表 5-6, 此三个官能团的优先 (以 ">" 表示) 次序为—CHO > —OH > —OCH_3, 应以—CHO 为母体称为醛, 由于—CHO 直接与苯环相连, 故称为苯甲醛。将—OH 和—OCH_3 作为取代基, 然后以母体官能团甲酰基所连接的苯环上的碳原子为 1, 将苯环进行编号, 使取代基的位次尽可能小。其中, —OCH_3 在 3 位, —OH 在 4 位, 得全名为 4-羟基-3-甲氧基苯甲醛 (4-hydroxy-3-methoxybenzaldehyde)。下面再举几个具体例子:

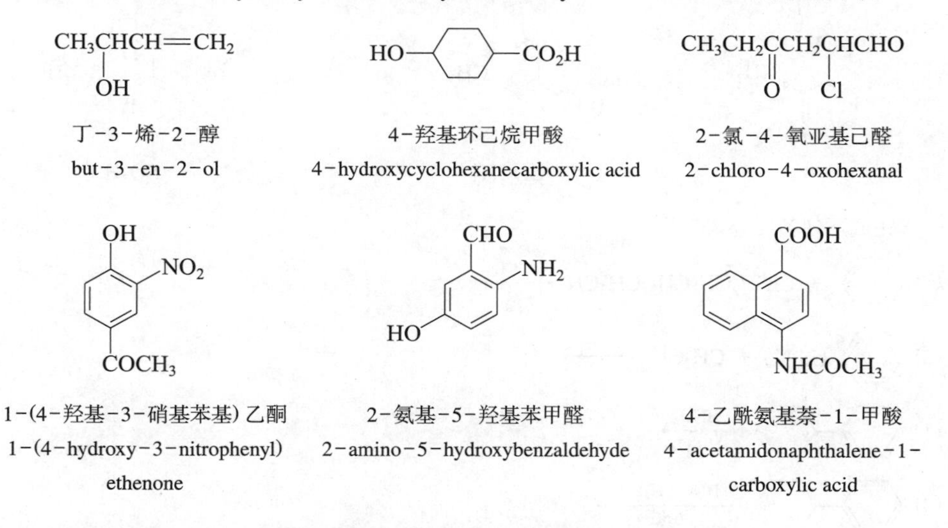

值得注意的是, 上述命名原则适用于一般情况, 例外也是有的。

练习 5.23　命名下列化合物。

(1) $\overset{O}{\overset{\|}{H}C}CH_2CH_2CO_2C_2H_5$

(2) $\overset{O}{\overset{\|}{C}}CH_2CO_2CH_3$，C 上连 $CH_2CO_2CH_3$

(3) $C_6H_5\overset{O}{\overset{\|}{C}}\underset{OH}{CH}CH_2CH{=}CH_2$

(4) 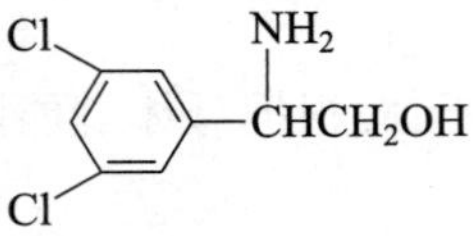 Cl, Cl, NH_2, $CHCH_2OH$　(5) 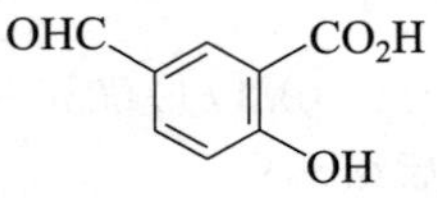 OHC, CO_2H, OH　(6) 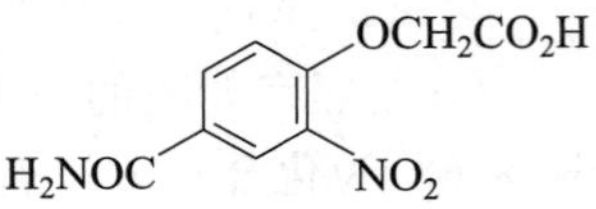 OCH_2CO_2H, H_2NOC, NO_2

习题

(一) 写出分子式为 C_9H_{12} 的单环芳烃的所有同分异构体并命名。

(二) 命名下列各化合物:

(1) 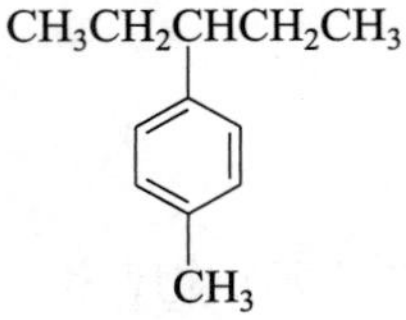 $CH_3CH_2CHCH_2CH_3$, CH_3　(2) 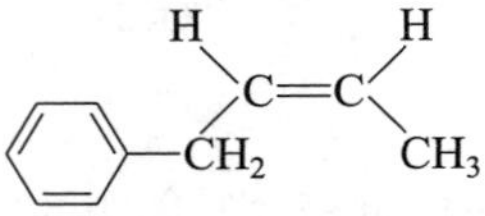 H, H, C=C, CH_2, CH_3　(3) CH_3, Cl, NO_2

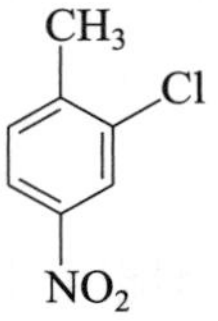

(4) 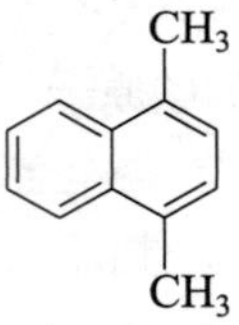 CH_3, CH_3　(5) 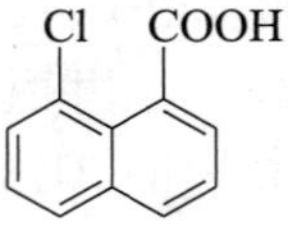 Cl, COOH　(6) 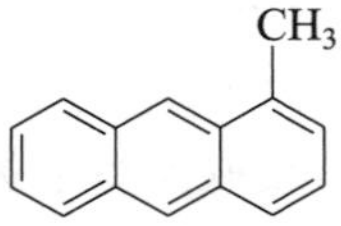 CH_3

(7) 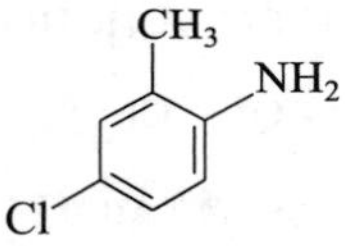 CH_3, NH_2, Cl　(8) 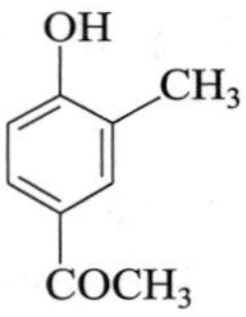 OH, CH_3, $COCH_3$　(9) 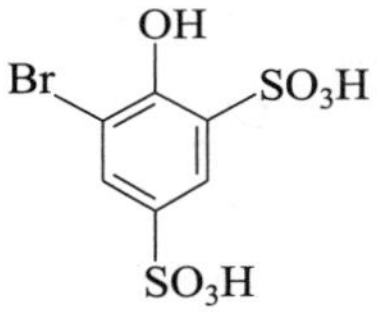 OH, Br, SO_3H, SO_3H

(三) 完成下列各反应式:

(1)  + $ClCH_2CH(CH_3)CH_2CH_3$ $\xrightarrow{AlCl_3}$

(2) 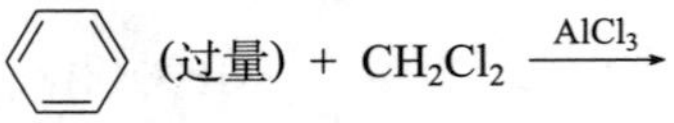 (过量) + CH_2Cl_2 $\xrightarrow{AlCl_3}$

(3) $\xrightarrow[H_2SO_4]{HNO_3}$

(4) 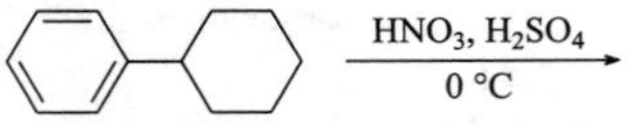 $\xrightarrow[0\ °C]{HNO_3,\ H_2SO_4}$

(5) 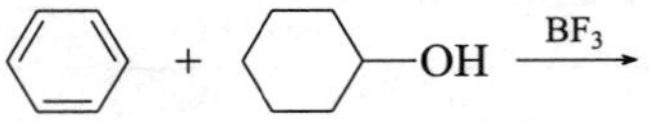 + —OH $\xrightarrow{BF_3}$

(6) 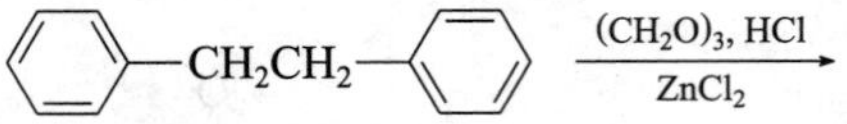 —CH_2CH_2— $\xrightarrow[ZnCl_2]{(CH_2O)_3,\ HCl}$

(7) 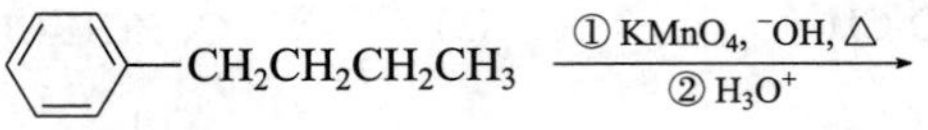 —$CH_2CH_2CH_2CH_3$ $\xrightarrow[②\ H_3O^+]{①\ KMnO_4,\ ^-OH,\ \triangle}$

(8) 苯 $\xrightarrow[HF]{(CH_3)_2C=CH_2}$ (A) $\xrightarrow[AlCl_3]{C_2H_5Br}$ (B) $\xrightarrow[H_2SO_4,\ H_2O,\ \triangle]{K_2Cr_2O_7}$ (C)

(9) $C_6H_5-CH=CH_2$ $\xrightarrow{O_3}$ (A) $\xrightarrow[H_2O]{Zn}$ (B)

(10) 萘 $\xrightarrow[Pt]{2H_2}$ (A) $\xrightarrow[AlCl_3]{CH_3COCl}$ (B)

(11) $C_6H_5-CH_2CH_2\underset{\underset{O}{\|}}{C}Cl$ $\xrightarrow{AlCl_3}$

(12) $C_6H_5-CH_2CH_2\underset{\underset{OH}{|}}{C}(CH_3)_2$ $\xrightarrow{HF}$

(13) 苯 + 丁二酸酐 $\xrightarrow{AlCl_3}$ (A) $\xrightarrow[浓\ HCl]{Zn-Hg}$ (B)

(14) $C_6H_5-CH_2CH_3$ $\xrightarrow[CCl_4]{NBS,\ h\nu}$ (A) $\xrightarrow[\triangle]{KOH}$ (B) $\xrightarrow[CCl_4]{Br_2}$ (C)

(15) 3-甲氧基-2-甲基苯基-$CH_2CH_2C(CH_3)_2OH$ $\xrightarrow{HF}$ (A) $\xrightarrow[Fe]{Br_2}$ (B)

(四) 用简便的化学方法鉴别下列各组化合物:

(1) 环己烷、环己烯和苯　　(2) 苯和己-1,3,5-三烯

(五) 写出下列各反应的机理:

(1) $C_6H_5-SO_3H + H_3O^+ \xrightarrow{\triangle} C_6H_6 + H_2SO_4 + H^+$

(2) $C_6H_6 + C_6H_5-CH_2OH \xrightarrow{H^+} C_6H_5-CH_2-C_6H_5 + H_2O$

(3) $2\ (H_3C)(H_5C_6)C=CH_2 \xrightarrow{H_2SO_4}$ 1,1,3-三甲基-3-苯基茚满（H_3C, CH_3; H_3C, C_6H_5）

(4) $C_6H_6 + (CH_3CO)_2O \xrightarrow{AlCl_3} C_6H_5-\overset{\overset{O}{\|}}{C}-CH_3 + CH_3COOH$

(5) 苯 + 环丁基-CH_2Br $\xrightarrow{AlBr_3}$ 环戊基苯

(六) 写出下列各化合物一次硝化的主要产物:

(1) $C_6H_5-NHCOCH_3$　　(2) $C_6H_5-\overset{+}{N}(CH_3)_3$　　(3) $CH_3-C_6H_4-OCH_3$（对位）

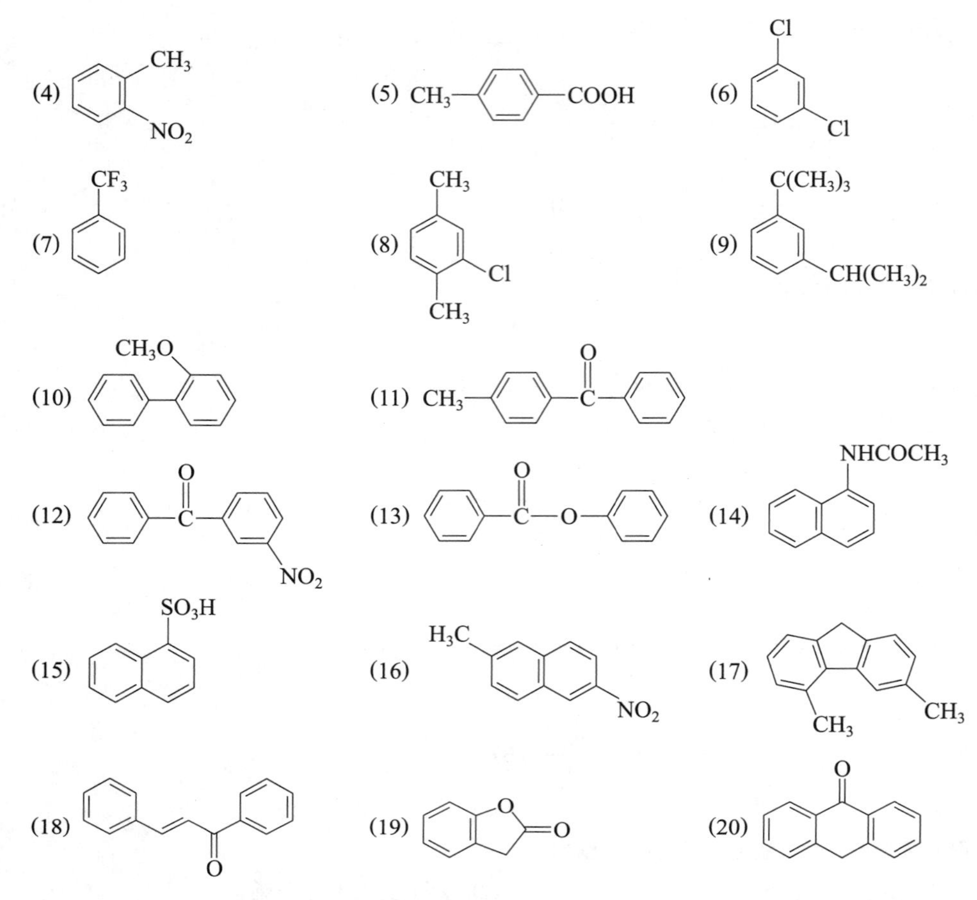

(七) 利用什么二取代苯，经亲电取代反应可制备纯的下列化合物?

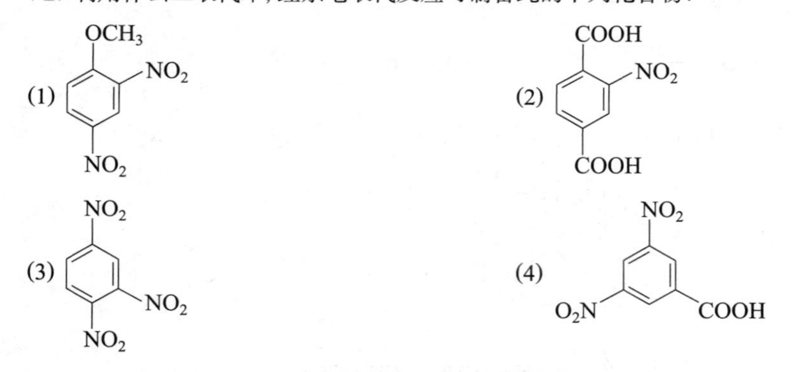

(八) 将下列各组化合物，按其进行硝化反应的难易次序排列:

(1) 苯、间二甲苯和甲苯

(2) $C_6H_5NHCOCH_3$、$C_6H_5COCH_3$ 和 C_6H_5Cl

(九) 比较下列各组化合物进行一元溴化反应的相对速率，按由大到小顺序排列。

(1) 甲苯、苯甲酸、苯、溴苯和硝基苯

(2) 对二甲苯、对苯二甲酸、甲苯、对甲基苯甲酸和间二甲苯

(十) 在硝化反应中,甲苯、苄基溴、苄基氯和苄基氟除主要得到邻位和对位硝基衍生物外,也得到间位硝基衍生物,其含量分别为 3%, 7%, 14% 和 18%。试解释之。

(十一) 在硝化反应中,硝基苯、(硝基甲基)苯和(2-硝基乙基)苯所得间位异构体的含量分别为93%, 67% 和 13%。为什么?

(十二) 甲苯中的甲基是邻对位定位基,然而三氟甲基苯中的三氟甲基是间位定位基。试解释之。

(十三) 蒽容易发生 Diels-Alder 反应,而蒽醌却不易发生 Diels-Alder 反应。为什么?

(十四) 在 $AlCl_3$ 催化下苯与过量氯甲烷作用,在 0 ℃ 时产物为 1,2,4-三甲苯,而在 100 ℃ 时反应,产物却是 1,3,5-三甲苯。为什么?

(十五) 将下列化合物按酸性由大到小排列成序:

(1) 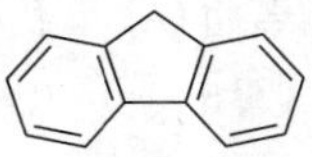　　(2) 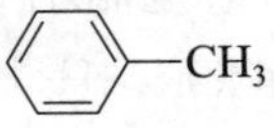 —CH_3　　(3) O_2N

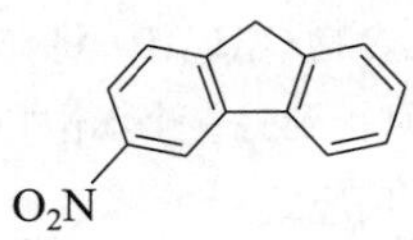

(4) 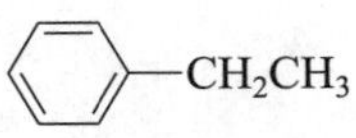 —CH_2CH_3　　(5) 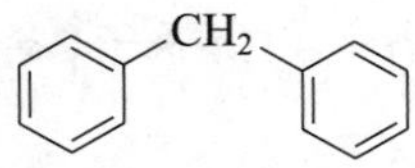 CH_2

(十六) 下列反应有无错误?若有,请予以改正。

(1) 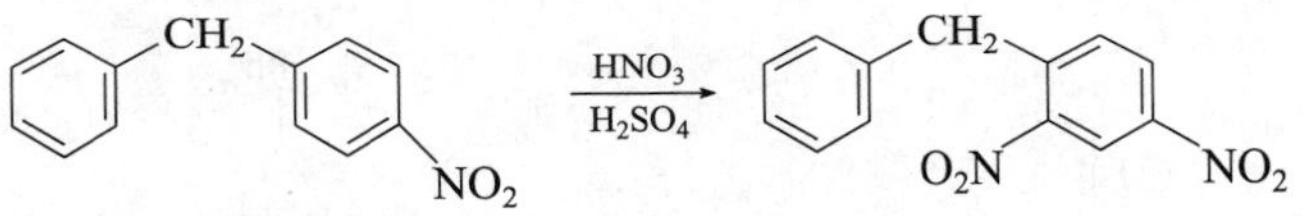 CH_2 … NO_2 $\xrightarrow[H_2SO_4]{HNO_3}$ CH_2 … O_2N … NO_2

(2) + $FCH_2CH_2CH_2Cl$ $\xrightarrow{BF_3}$ —$CH_2CH_2CH_2F$

(3) $\xrightarrow[H_2SO_4]{HNO_3}$ NO_2 $\xrightarrow[AlCl_3]{CH_3COCl}$ NO_2 / $COCH_3$ $\xrightarrow[HCl]{Zn-Hg}$ NO_2 / CH_2CH_3

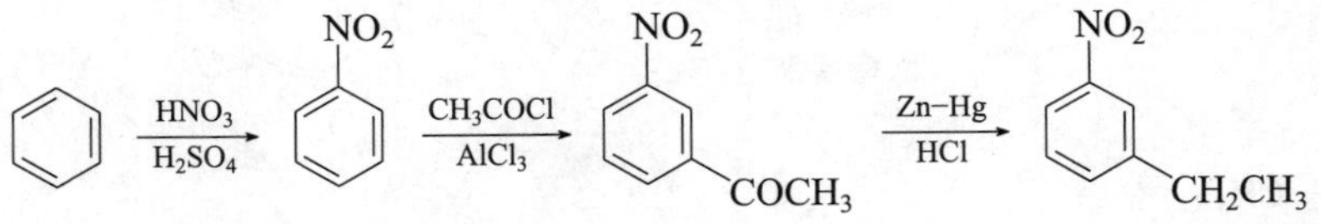

(4) 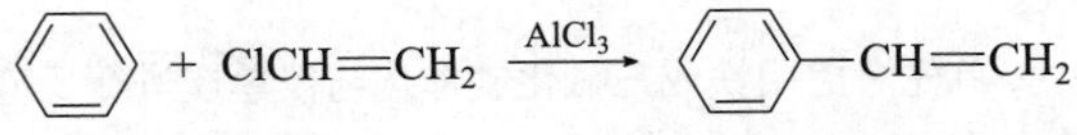 + $ClCH=CH_2$ $\xrightarrow{AlCl_3}$ —$CH=CH_2$

(十七) 用苯、甲苯和萘等有机化合物为主要原料合成下列各化合物:

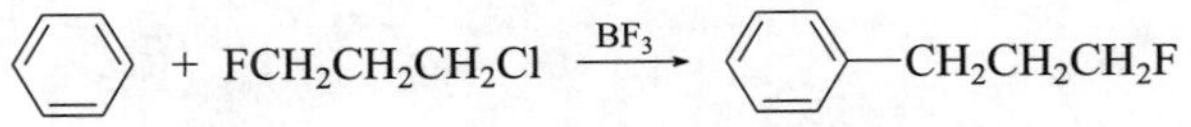

(1) 对硝基苯甲酸　　(2) 邻硝基苯甲酸

(3) 1-氯-4-硝基苯　　(4) 1,3-二溴-2-甲基-5-硝基苯

(5) 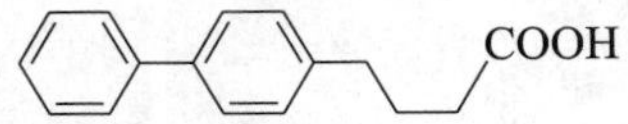 COOH　　(6) 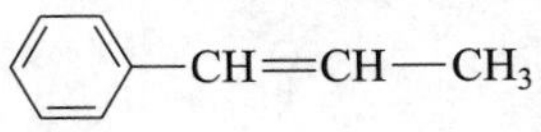 —CH=CH—CH_3

(7) 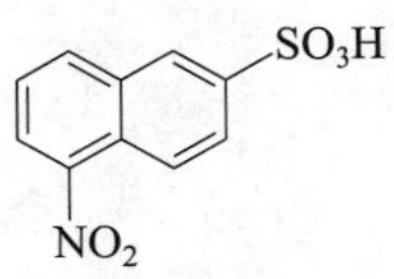 SO_3H / NO_2　　(8) 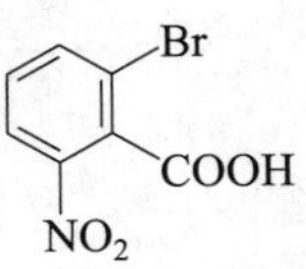 Br / COOH / NO_2

(9) 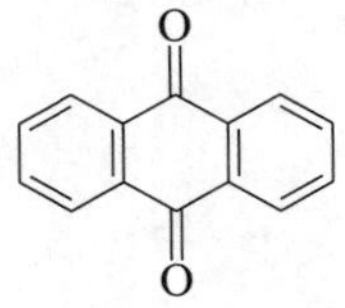 O / O　　(10) 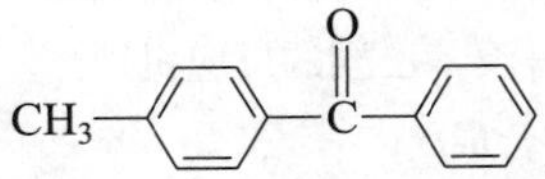 CH_3— C(=O) —

（十八）*N*-苯基乙酰胺（$PhNHCOCH_3$）溴化时，主要得到 *N*-（2-溴苯基）乙酰胺和 *N*-（4-溴苯基）乙酰胺，但 *N*-（2,6-二甲基苯基）乙酰胺溴化时，则主要得到 *N*-（3-溴-2,6-二甲基苯基）乙酰胺，为什么？

（十九）四溴邻苯二甲酸酐是一种阻燃剂，主要用于聚酯、聚烯烃及合成纤维中。试由邻二甲苯及其他必要的试剂合成之。

（二十）某烃的实验式为 CH，相对分子质量为 208，强氧化得苯甲酸，臭氧化-还原水解只得苯乙醛（$PhCH_2CHO$），试推测该烃的结构。

（二十一）某芳香烃分子式为 C_9H_{12}，用重铬酸钾酸性溶液氧化后，可得一种二元酸。将该芳香烃进行硝化，所得一元硝基化合物只有两种。写出该芳香烃的构造式和各步反应式。

（二十二）某不饱和烃（A）的分子式为 C_9H_8，（A）能和氯化亚铜氨溶液反应生成红色沉淀。（A）催化加氢得到化合物 C_9H_{12}（B），将（B）用酸性重铬酸钾氧化得到酸性化合物 $C_8H_6O_4$（C）。若将（A）和丁-1,3-二烯作用，则得到另一个不饱和化合物（D），（D）经催化脱氢只得到 2-甲基联苯。试写出（A）~（D）的构造式及各步反应式。

（二十三）按照 Hückel 规则，判断下列各化合物或离子是否具有芳香性。

(1) 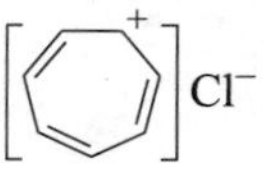 Cl^-　(2) 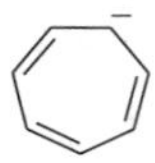　(3) 环壬四烯基负离子

(4) 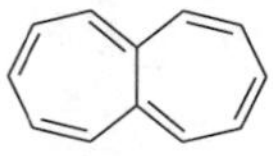　(5) 　(6) 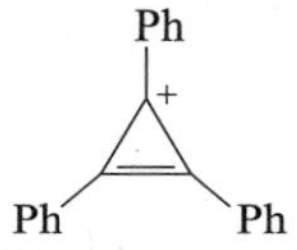 Ph　Ph　Ph

(7) 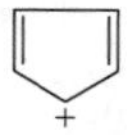　(8) 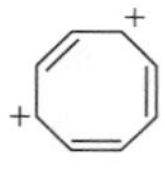　(9)

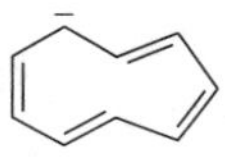

(10) 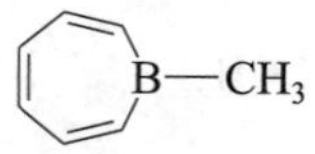 B—CH_3

（二十四）在由苯乙酮制备 3-溴苯乙酮时，首先考虑用铁或三氯化铁催化与溴单质进行反应。但实际进行反应时，主要生成 α-溴苯乙酮（$PhCOCH_2Br$），发生了羰基的 α-溴代而不是苯环上的溴化；进行氯化时也主要得到 α-氯代产物。为得到 3-溴苯乙酮，需要先将苯乙酮与过量三氯化铝作用生成络合物，再与溴进行反应，最后经过水解可得到 3-溴苯乙酮。反应式为

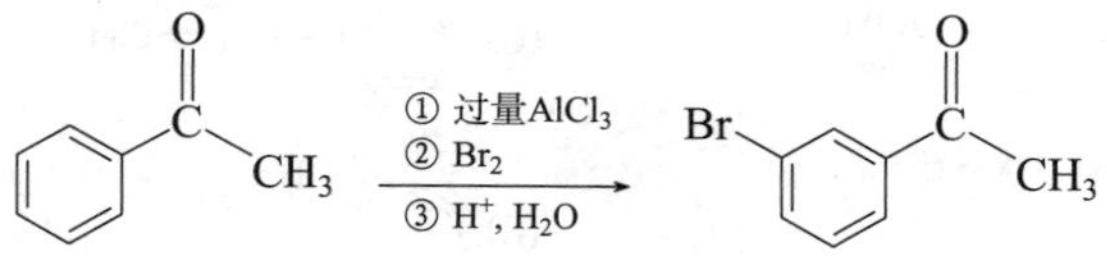

① 过量$AlCl_3$ ② Br_2 ③ H^+, H_2O

根据以上实例，回答下列问题：

(1) 试写出生成 α-溴苯乙酮的反应机理（可参考 11.5.2 节）；

(2) 写出生成 3-溴苯乙酮的反应机理；

(3) 以苯为原料合成：

（5-氯-2-硝基苯乙酮，结构式：Cl、$COCH_3$、NO_2）和（4-溴-1-硝基-2-丙基苯，结构式：Br、$CH_2CH_2CH_3$、NO_2）

(二十五) 3-硝基苯乙酮在 Zn-Hg、浓盐酸存在下还原羰基时，硝基也可能被还原生成副产物。但用三乙基硅烷 (Et_3SiH) 和 BF_3 体系可在较低温度下选择性还原羰基，而硝基不发生反应。反应式如下：

$$H_3C-CO-C_6H_4-NO_2 \xrightarrow[CH_2Cl_2,\ 0\sim25\ ^\circ C]{Et_3SiH,\ BF_3} H_5C_2-C_6H_4-NO_2$$

根据以上实例，以苯为原料合成：

$$CH_3C\equiv C-C_6H_4-NO_2\ (间位)$$ 和 （结构式：H_5C_2、NO_2、CH_2Cl）

(二十六) 苯环上的叔丁基可在三氯化铝、HF 或 H_2SO_4 催化下脱去，因此叔丁基也可用作苯环上的“占位基团”(与磺酸基类似)；当在苯或甲苯作为溶剂反应时，叔丁基可转移到苯或甲苯上。

(1) 写出下列反应的机理：

$$HO-C_6H_4-C(CH_3)_3 \xrightarrow{H_2SO_4} HO-C_6H_5 + H_2C=C(CH_3)_2$$

(2) 以甲苯为原料合成：

（结构式：CH_3、$COCH_3$、$C(CH_3)_3$）

(3) 以间二甲苯为原料合成 [参考本章习题 (十四)]：

（结构式：C_2H_5、H_3C、CH_3）

第六章 立体化学

▼ 前导知识: 学习本章之前需要复习以下知识点

烷烃和环烷烃的结构 (2.3 节)
烷烃和环烷烃的构象 (2.4 节)
自由基取代反应 (2.6.1 节)
烯烃顺反异构体的命名, 次序规则 (3.3.3 节)
烯烃与卤素的加成 (3.5.2 节)
烯烃的硼氢化反应、环氧化反应 (3.5.4 节)
丙二烯的结构 (4.2.1 节)

▼ 本章导读: 学习本章内容需要掌握以下知识点

立体异构
手性, 对映异构、对映体, 对称因素, 旋光性、比旋光度
构型的表示法, Fischer 投影式
构型的标记法, *R*, *S*-标记法
具有一个、两个手性中心的构型异构
脂环化合物的立体异构
不含手性中心化合物的对映异构 (轴手性)
手性中心的产生
对映异构在研究有机反应机理中的应用

▼ 后续相关: 与本章相关的后续知识点

亲核取代反应机理: S_N2、S_N1 机理和分子内亲核取代反应机理 (7.6 节)
消除反应机理 (7.7 节)
自旋耦合和自旋裂分 (8.3.3 节)
环氧化合物的开环反应 (10.5.3 节)
Cram 规则 (11.5.1 节)
胺的结构 (15.2 节)
单糖的构型和标记法、氧环式结构、构象、化学性质 (19.2 节)
氨基酸的命名和构型 (20.1.1 节)

前面几章已经涉及立体化学问题,如烷烃和环烷烃的构象、烯烃的顺反异构,以及烯烃与溴的反式加成等。立体化学的研究内容包括分子中原子或基团在空间的排列状况,以及不同的排列方式对分子的物理、化学性质和生物活性所产生的影响。

6.1　异构体的分类

化合物的分子式相同,但其组成原子间的排列顺序不同,或原子在空间的排列方式不同,称为(同分)异构。这些具有相同分子式的不同化合物称为(同分)异构体。其中凡分子式相同,但分子内原子间相互连接顺序不同(即构造不同)的化合物,称为构造异构体。凡构造式相同的分子,只是因为原子的空间排列不同而产生的异构体,称为立体异构体。立体异构包括构型异构和构象异构。其中构造相同,但构型不同的分子,称为构型异构体,前几章讨论过的顺反异构体属于构型异构体。构象异构则是指分子绕 σ 键旋转而造成的原子在空间的各种不同排列方式,即处于某一特定构象时的分子是一种构象异构体。

构型异构体可分为对映(异构)体和非对映(异构)体。其中两种彼此互为实物与镜像关系且不能重合的构型异构体,称为对映(异构)体。本章重点介绍对映异构及一些相关问题。

6.2　手性和对称性

6.2.1　分子的手性　对映异构　对映体

化合物分子中存在一个连有四个不同的原子或基团的碳原子时,这个化合物在空间可有两种不同的排列方式。例如,2-溴丁烷分子中C2上连有四个不同的原子和基团,它们分别是氢原子、甲基、乙基和溴原子:

$$
\begin{array}{c}
\mathrm{H} \\
| \\
\mathrm{CH_3}-\mathrm{\overset{*}{C}}-\mathrm{CH_2CH_3} \\
| \\
\mathrm{Br}
\end{array}
$$

这种结构的化合物,在空间可有两种排列,如图6-1所示。这两个2-溴丁烷分子在空间不能重合,它们有不同的构型,它们并不是同一种化合物。这两种分子结构彼此之间的关系好像左手和右手的关系,互为镜像但不能重合。

动画:1-溴-1-氯乙烷及其镜像

凡与自身的镜像不能重合的分子是具有手性的分子,称为手性分子。凡可以同镜像重合的分子,称为非手性分子,即没有手性。分子中连有四个不同的原子或基团的碳原子,称为手性碳原子,或称不对称碳原子,常用 C^* 表示。

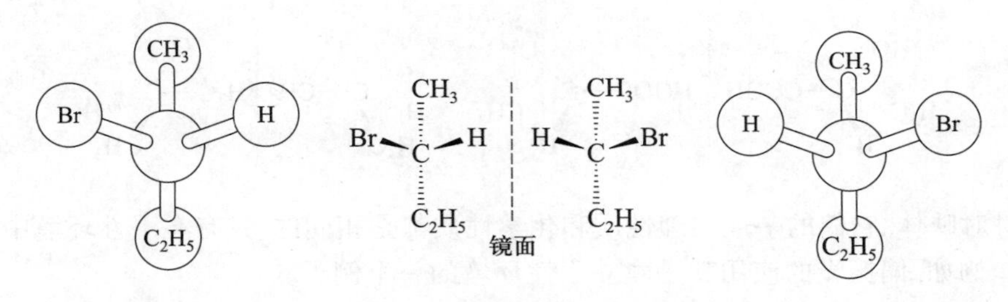

图 6-1 2-溴丁烷分子模型示意图

像2-溴丁烷那样,分子中含有一个手性碳原子的化合物,都存在互为镜像且不能重合的两种构型,这种现象称为对映异构。这两种构型不同的化合物通常称为对映体。凡手性分子都存在对映体,对映体是对映异构体的简称,有时也称为旋光异构体。

6.2.2 对称因素

一种化合物的分子是否具有手性,除了可根据该分子是否有对映体来反推外,还可以根据对称因素来判断。有机化学中应用得最多的对称因素是对称面和对称中心。

如果有一个平面能够把某个分子分成互为镜像的两半,该平面即是分子的对称面。例如,(*E*)-1,2-二氯乙烯具有一个对称面,这个面就是包含所有原子的平面(即分子所在的平面);二氯甲烷有两个对称面,一个是由Cl—C—Cl形成的位于纸面上的平面,另一个是由H—C—H形成的垂直于纸面的平面:

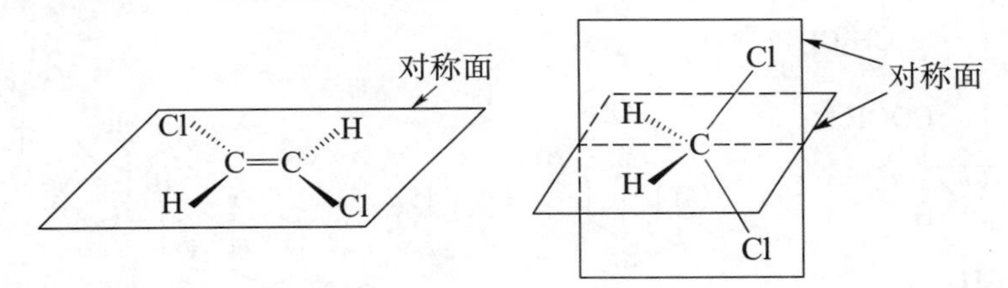

如果分子存在一个中心,在离中心等距离反方向处遇到完全相同的原子,这个中心就是分子的对称中心。例如,(*E*)-1,2-二氯乙烯也存在对称中心,即C═C双键的中心。下列化合物也具有对称中心:

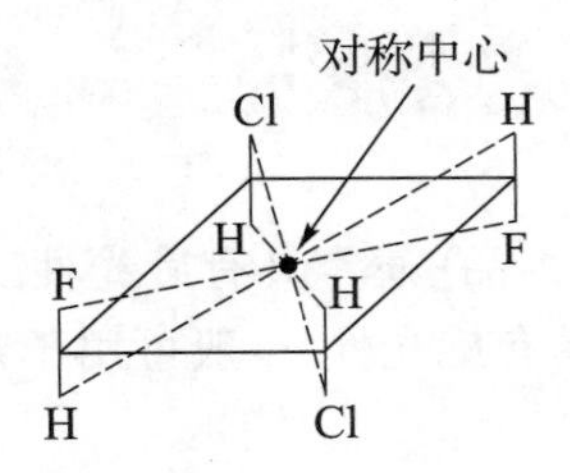

有对称面或对称中心的分子一定无手性,无对映异构现象。一种分子不能与其镜像重合的条件一般是该分子既没有对称面,也没有对称中心。例如:

拓展：分子的对称因素

一对对映体，它们的一般物理性质和化学性质都是相同的，只有在手性环境中才显示出区别。例如，偏振光的应用就是建立手性环境的一个例子。

练习 6.1　下列化合物有无对称面或对称中心？

(1)　(2)　(3)

(4)　(5)

练习 6.2　下列化合物各有几个手性碳原子？

(1)　(2)

(3)　(4)　(5)

薯蓣皂苷元

6.3　手性分子的性质 —— 光学活性

事实表明，手性分子（单一的纯品）通常具有旋光性，而非手性分子则不具有旋光性。因此，考察一个化合物分子是否具有旋光性，一般可用于判断其是否为手性分子。

6.3.1　旋光性

光是一种电磁波，它振动着前进，它的振动方向垂直于光波前进的方向。单色光是具有某一波长的光，在单色光的光线里，光波在所有可能的平面上振动。图 6-2(a)（单色光示意图）表示垂直纸面朝向我们射来的单色光的横截面，每个双箭头代表与纸面垂直的平面。如果使单色光通过一个由方解石（特殊晶形的碳酸钙）制成的 Nicol 棱镜，因为只有在与棱镜晶轴平行的平面上振动的光才可以透过棱镜，所以通过这种棱镜的光线就只在一个平面上振动，这种单色光就是平面偏振光 [见图 6-2(b)]，简称偏振光。

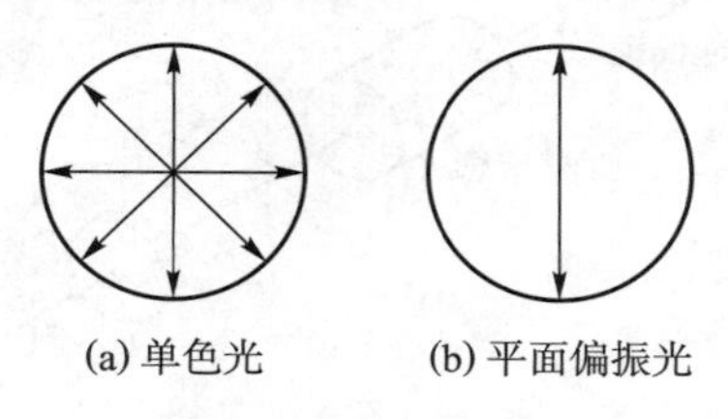

图 6-2 单色光和平面偏振光示意图

当偏振光通过某些液体物质或某些物质的溶液后，需将原来的振动平面旋转一定角度后才能以相对最大光强度通过，即偏振光出来时将在另一个平面上振动。这种能使偏振光振动平面旋转的物质，称为旋光性物质或光学活性物质。前面提到的两种构型不同的 2-溴丁烷均是旋光性物质，它们之间的差别表现在对平面偏振光有不同的影响。一种能使偏振光右旋（迎着光线观察，偏振面顺时针旋转），称为右旋 2-溴丁烷，记作 (+)-2-溴丁烷；另一种能使偏振光左旋（迎着光线观察，偏振面逆时针旋转），称为左旋 2-溴丁烷，记作 (−)-2-溴丁烷。它们使偏振光的振动平面分别向右和向左旋转的能力是一样的，只是方向不同。

像两种构型不同的 2-溴丁烷那样，在一对对映体中，凡使偏振光左旋的称为左旋体，使偏振光右旋的称为右旋体。如果等物质的量的左旋体和右旋体相混合，它们各自对偏振光的影响就相互抵消，因而对偏振光也就没有影响了，这种等物质的量对映体的混合物称为外消旋体，常用 “±” 来表示。外消旋体可用适当的方法拆分为左旋体和右旋体。

当偏振光通过某种液体物质或物质的溶液时，偏振光仍按原振动方向前进，即这种物质对偏振光没有影响，这种物质没有旋光性，称为非旋光性物质（非光学活性物质），如 (*E*)-1,2-二氯乙烯、二氯甲烷、乙醇和丙酮等。

6.3.2 旋光仪和比旋光度

检测偏振光平面的旋转可用旋光仪。旋光仪主要由一个单色光光源和两个 Nicol 棱镜组成。在两个棱镜之间放置一根管子（盛液管），管内放置待测物质。旋光仪各部件的排列方式是使单色光先通过第一个棱镜（起偏镜），再经过管子，然后通过第二个棱镜（检偏镜），最后到达观察者的眼睛。当管子空的时候，或者管内装上没有旋光性的物质如乙醇、丙酮等时，使通过起偏镜的偏振光照射到检偏镜上，只有在两个棱镜的轴平行时，偏振光才能完全通过，光量最大。如旋转检偏镜，光就变弱，当旋转到两个棱镜的轴互相垂直时，光就完全不能通过了。在两个棱镜的轴平行时，管内装上有旋光性的物质，如 (+)-2-溴丁烷、(−)-丁-2-醇、(+)-乳酸等溶液，则在检偏镜后面见到的光并不是最亮的而是减弱的，只有把检偏镜向左或向右旋转一定角度后，才能见到最大亮度的光。这个现象是旋光性物质把偏振光平面旋转了一定的角度所致的。所旋转的数值可由旋光仪的刻度盘上读出。

图 6-3 是旋光仪示意图。图中的实线表示旋转前的情况；在盛液管中放置旋光性物质后，旋转检偏镜，得到最佳的情况用虚线表示。α 是旋转的角度。

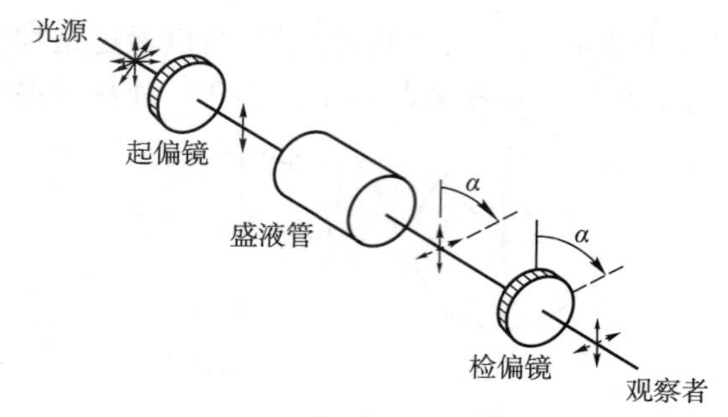

图 6-3　旋光仪示意图

测得的旋光角度 α 与盛液管的长度、溶液的浓度、光源的波长、测定时的温度和所用的溶剂都有关系。因为不同的条件不仅改变旋光的角度大小，甚至还可能改变旋光的方向。在一定条件下，不同的旋光性物质的旋光度是一个特有的常数，通常用比旋光度 $[\alpha]$ 来表示。

$$[\alpha]_\lambda^t=\frac{\alpha}{\rho_B\cdot l}$$

式中，α 是由旋光仪测得的旋光度；ρ_B 是质量浓度，以每毫升溶液中所含溶质的质量表示，即 g(溶质)/mL(溶液)；l 是盛液管的长度，单位为 dm；t 是测定时的温度；λ 是所用光源的波长。比旋光度在数值上等于 1 mL 中含有 1 g 溶质的溶液放在 1 dm 长的盛液管中所测得的旋光度。如果待测物质是纯液体，可以直接放入盛液管中来测定，在计算比旋光度时，应把上面公式中的 ρ_B 改成该液体的密度 ρ。比旋光度是具有旋光性化合物的一种常数。例如，葡萄糖水溶液使偏振光右旋，在 20 ℃ 时用钠光的 D 线 (波长为 589 nm) 作光源，其比旋光度为 $52.5°\cdot dm^2\cdot kg^{-1}$，可表示为 $[\alpha]_D^{20}=+52.5°\cdot dm^2\cdot kg^{-1}$ (水)。

比旋光度有时也受测试时所用溶剂及试样浓度的影响，因此记录比旋光度时通常标明溶剂和浓度。例如，将 200 mg 薯蓣皂苷元 (见练习 6.2) 溶于氯仿配成 10.0 mL 溶液，在 25 ℃ 下置于 1 dm 盛液管内，用 589 nm 光源测得旋光度为 −2.52°，则薯蓣皂苷元的比旋光度为

$$[\alpha]_D^{25}=\frac{\alpha}{\rho_B\cdot l}=\frac{-2.52°}{(0.2\ g/10\ mL)\times 1\ dm}=-126°\cdot dm^2\cdot kg^{-1}$$

此数据记录为 $[\alpha]_D^{25}=-126.0°\cdot dm^2\cdot kg^{-1}$ (ρ=2, $CHCl_3$) [ρ 为 100 mL 溶液中试样的质量 (g)]。

比旋光度与熔点、沸点、相对密度和折射率一样，也是化合物的一种性质。

6.4　含一个手性中心化合物的对映异构

6.4.1　对映体和外消旋体的性质

前面介绍的 2-溴丁烷就是具有一个手性中心 (即手性碳原子) 的化合物。2-溴丁烷有一对对映体，分别是左旋体和右旋体，等物质的量的左旋体和右旋体构成外消旋体。像 2-溴丁烷一样，凡含有一个手性碳原子的化合物，都有一对对映体。

对映体的性质与环境有关。在非手性环境中,对映体的性质是相同的;但在手性环境中它们的性质是不同的。例如,乳酸 [2-羟基丙酸,构造式为 $CH_3CH(OH)COOH$],有一个手性碳原子 (C2),有一对对映体,它们的熔点都是 26 ℃ (非手性环境)。但它们对偏振光 (手性环境) 的影响是不同的,一个使偏振光右旋,称为 (+)-乳酸,其 $[\alpha]_D^{20} = +3.82° \cdot dm^2 \cdot kg^{-1}$;另一个则使偏振光左旋,称为 (-)-乳酸,其 $[\alpha]_D^{20} = -3.82° \cdot dm^2 \cdot kg^{-1}$。实验发现:从肌肉中得到的乳酸主要是右旋乳酸;利用葡萄糖在左旋乳酸菌作用下发酵得到的乳酸是左旋乳酸。它们的构造相同,旋光能力相同,但旋光方向相反。

外消旋体由等物质的量右旋体和左旋体混合而成,因此外消旋体与右旋体或左旋体的旋光性是不同的,外消旋体无旋光性。另外,它们的其他物理性质也不相同,(±)-乳酸的熔点是 18 ℃。

含有一个手性碳原子的化合物,手性碳原子连接的四个原子或基团的差别不论有多小,甚至是同位素 (如 H 和 D),这种分子都具有旋光性。例如:

$$H-\overset{\overset{\displaystyle CH_2CH_2CH_2CH_2CH_2Br}{|}}{\underset{\underset{\displaystyle CH_2CH_2CH_2CH_2CH_2CH_2Br}{|}}{C}}-CH_3 \qquad\qquad CH_3CH_2CH_2-\overset{\overset{\displaystyle H}{|}}{\underset{\underset{\displaystyle D}{|}}{C}}-OH$$

它们的某一种对映体都有旋光性,但旋光性的大小依赖于分子结构。通常这些基团的极性差别较大时,比旋光度较大;极性差别很小时,比旋光度很小,以致利用现有旋光仪检测不出来。例如,5-乙基-5-丙基十一烷:

$$CH_3CH_2CH_2CH_2-\overset{\overset{\displaystyle CH_2CH_3}{|}}{\underset{\underset{\displaystyle CH_2CH_2CH_3}{|}}{C}}-CH_2CH_2CH_2CH_2CH_2CH_3$$

由于四个烷基的极性非常类似,其旋光性太小 (经计算其比旋光度数值是 $0.000\,01° \cdot dm^2 \cdot kg^{-1}$),远低于现有旋光仪的检测限度,因而在旋光仪中不呈现旋光性。

对映异构现象不仅具有理论价值,而且在实际应用上也有重要意义。例如,右旋葡萄糖在动物体内的代谢作用极为重要,而且是发酵工业的基础,但左旋葡萄糖不能被动物代谢,也不能被酵母发酵。当青霉菌用外消旋酒石酸培养时,只消耗右旋酒石酸而把左旋酒石酸留下。左旋肾上腺素 (见练习 6.3) 在增高血压方面的效力比右旋体的大 20 倍。20 世纪五六十年代,很多孕妇服用了外消旋的药物沙利度胺 (thalidomide, 又称为反应停,见练习 6.3) 来缓解早期妊娠反应,结果造成了一万多名畸形"海豹儿"诞生的悲剧。研究表明,沙利度胺的 (*S*)-异构体对胎儿强烈致畸,而 (*R*)-异构体则是很好的镇静剂。因此现在上市的新药如果是手性化合物,一般要求分离各对映体并进行严格的药效与毒理试验。石油旋光性的研究也很有意义,在石油重馏分中存在旋光性物质,这可作为石油起源于动植物机体遗骸的证据之一。

6.4.2 构型的表示法

表示分子的构型 (即分子的立体形象) 最常用的方法有透视式和 Fischer 投影式。

(1) 透视式 透视式是化合物分子在纸面上的立体表达式。书写时首先要确定观察的方向,然后按分子呈现的形状直接画出。画透视式时,将手性碳原子置于纸面。与手性碳原子相连的四个键,将其中两个处于纸面上,用细实线表示。其余两个,一个伸向纸面前方,用楔形实线表示;另一个则伸向纸面后方,用楔形虚线表示。例如,2-溴丁烷的一对对映体可表示如下:

CH_3　　　　CH_3
Br—C—H　　　　H—C—Br
C_2H_5　　　　H_5C_2

这种表示方法虽然比较直观,但书写麻烦,一般还是应用投影式较为方便,特别是对结构比较复杂的分子。

人物:
Fischer E

(2) Fischer 投影式　Fischer 投影式是用平面形式来表示具有手性碳原子的分子立体构型的式子。投影式规定把手性碳原子置于纸面,并以横竖两线的交点代表这个手性碳原子,竖线的两个基团表示在纸面下方,横线的两个基团表示在纸面上方。画投影式时,一般将主碳链放在竖线的方向,并把命名时编号最小的碳原子放在上端。例如,2-溴丁烷的两种构型 (Ⅰ) 和 (Ⅱ) 可分别表示如下:

拓展:
Fischer 投影式补充

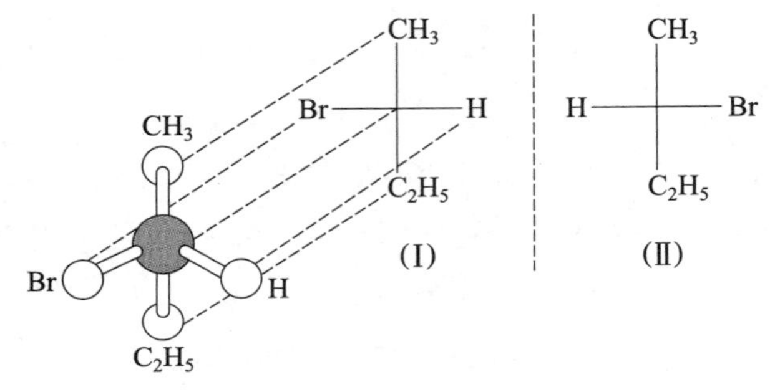

6.4.3　构型的标记法

构型的标记通常采用两种方法: D, L-标记法和 *R*, *S*-标记法。

(1) D, L-标记法　一对对映体具有不同的构型,通过旋光性的测定,可以知道一个是右旋体,一个是左旋体。但究竟哪一个使偏振光右旋,哪一个使偏振光左旋,根据旋光方向难以确定其构型。旋光方向相同的两个手性化合物,其构型未必相同。为了确定分子的构型,最早人为规定以 (+)-甘油醛为标准来确定对映体的相对构型。利用 Fischer 投影式表示甘油醛一对对映体的构型时,把手性碳原子上羟基在右边的定为 D 型,并认定这就是 (+)-甘油醛的构型,它的对映体则被定为 L 型,并认定这就是 (-)-甘油醛的构型。

CHO　　　　CHO
H—┼—OH　　　　HO—┼—H
CH_2OH　　　　CH_2OH
D-甘油醛　　　　L-甘油醛

拓展:
绝对构型的测定方法

D, L-标记法是人为规定的,并不表示旋光的真实方向。凡可以从 D-甘油醛通过化学反应而得到的化合物,或可以转变成 D-甘油醛的化合物,都具有同 D-甘油醛相同的构型,即 D 型。这里所用的化学反应一般不能涉及手性碳原子,即反应过程中其构型不发生改变。同样,与 L-甘油醛发生关联的化合物则是 L 型。通过化学反应而推出的构型是以甘油醛为指定的构型标准，因此是相对构型。至于两种甘油醛的绝对构型则是在 1951 年由 Bijroet J M 等利用特种 X 射线技术对右旋酒石酸铷钠进行分析后确定的。确定了右旋酒石酸的绝对构型后，再根据甘油醛与酒石酸构型之间的关系而得知 D-甘油醛确实是右旋的，L-甘油醛则是左旋的。另外，Bijroet 等的工作，不仅证明 (+)-甘油醛的相对构型就是绝对构型，而且凡是与 (+)-甘油醛已经关联起来的那些化合物的相对构型也是绝对构型。

在既要表明构型又要标出旋光性时，则同时用 D, L 表示构型和 (+), (−) 表示旋光性。例如，右旋甘油醛，可用 D-(+)-甘油醛来表示。

D, L-标记法有一定的局限性，因为有些化合物不易同甘油醛联系；有时采用不同的转化方法，同一化合物可以是 D 型，也可以是 L 型。为了克服这个缺点，现通常采用 *R*, *S*-标记法来代替 D, L-标记法。但目前在糖类 (见第十九章)、氨基酸和肽类 (见第二十章) 等中仍然采用 D, L-标记法。

(2) *R*, *S*-标记法　*R*, *S*-标记法与 *Z*, *E*-标记法有相似之处，首先要按次序规则确定与手性碳原子相连的四个原子或基团的优先次序。例如，用 *R*, *S*-标记法来命名丁-2-醇的对映体：

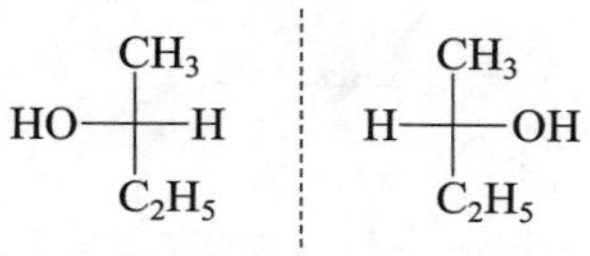

CH_3 / HO—+—H / C_2H_5　　CH_3 / H—+—OH / C_2H_5

其中，C2 是手性碳原子，与它相连的四个原子或基团的排列次序是 OH、C_2H_5、CH_3、H。然后把最不优先的原子或基团 (这里是 H) 放在距观察者最远的位置，再将其他三个基团，由最优先 (OH) 到次优先 (C_2H_5) 到第三优先 (CH_3) 的次序依次排列，如果是顺时针方向，则是 *R* 型；如果是逆时针方向，则是 *S* 型。*R* 是拉丁文 rectus 的首字母，意是“右”；*S* 是拉丁文 sinister 的首字母，意是“左”。

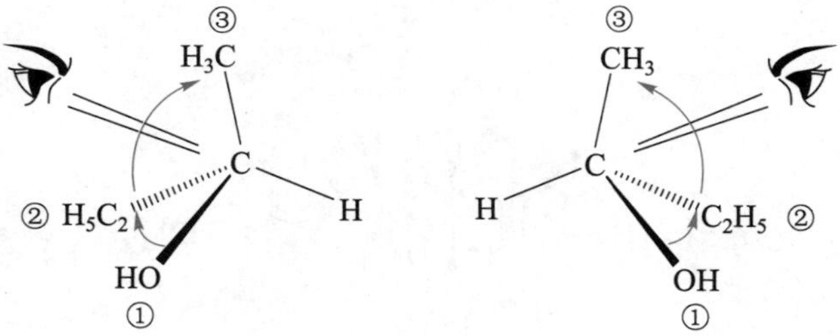

③ H_3C, ② H_5C_2, C, H, HO ①　(*R*)

③ CH_3, H, C, C_2H_5 ②, OH ①　(*S*)

按照这个规则，也可用 *R*, *S*-标记法来命名 D-(+)-甘油醛。在 D-(+)-甘油醛分子中，与手性碳原子相连的四个原子和基团的优先次序是 OH, CHO, CH_2OH, H。

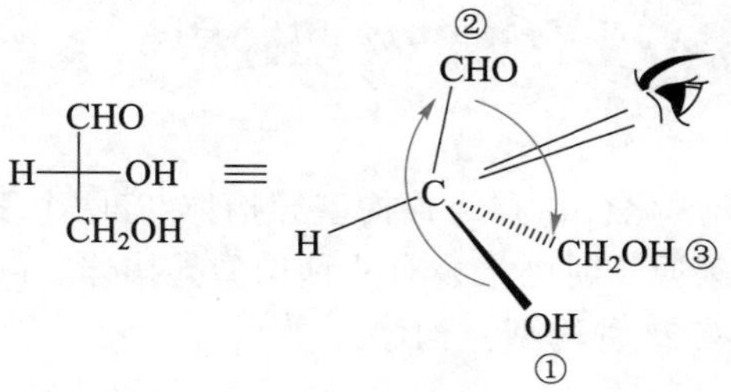

CHO / H—+—OH / CH_2OH　≡　② CHO, C, H, CH_2OH ③, OH ①

这样, D-(+)-甘油醛是 *R* 型。同理, L-(-)-甘油醛是 *S* 型。

这里也应指出, 对映体的 *R* 型和 *S* 型同 D, L 构型之间没有必然联系, 与旋光方向之间也没有必然联系。例如, 经常用于介绍对映异构的两个例子 —— 甘油醛和乳酸, 它们有如下的构型和旋光方向:

CHO H—┼—OH CH_2OH	CHO HO—┼—H CH_2OH	COOH H—┼—OH CH_3	COOH HO—┼—H CH_3
(*R*)-(+)-甘油醛	(*S*)-(-)-甘油醛	(*R*)-(-)-乳酸	(*S*)-(+)-乳酸

这就说明 *R* 型不一定是右旋, *S* 型也不一定是左旋。

练习 6.3　指出下列分子中所有手性碳原子的构型 (*R* 或 *S*)。

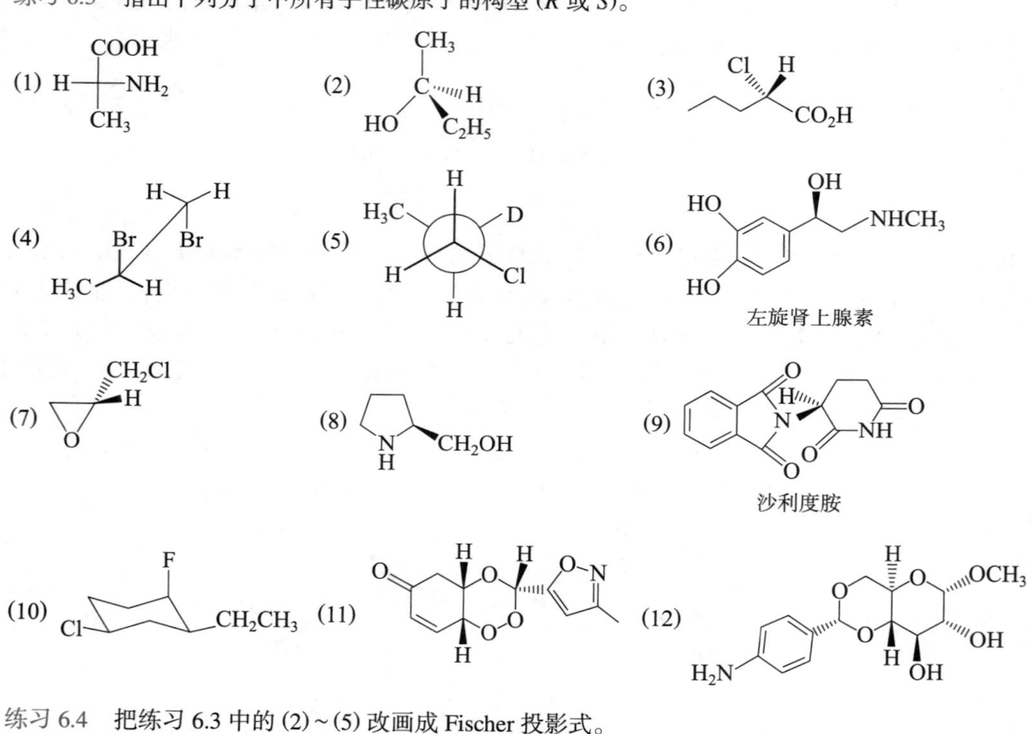

练习 6.4　把练习 6.3 中的 (2) ~ (5) 改画成 Fischer 投影式。

6.5　含两个手性中心化合物的构型异构

含有一个手性碳原子的化合物有两种构型异构体, 有两个手性碳原子时最多有四种构型异构体, 有三个手性碳原子时则最多有八种构型异构体。以此类推, 凡含有 n 个手性碳原子的化合物, 最多应有 2^n 种构型异构体。

6.5.1 含两个不同手性中心化合物的构型异构

氯代苹果酸(2-氯-3-羟基丁二酸)含有两个不同的手性碳原子,应有四种构型异构体:

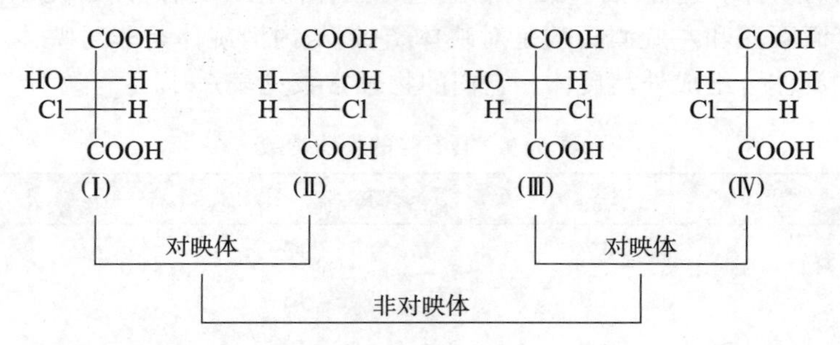

以上四种构型异构体中,(Ⅰ)和(Ⅱ)是对映体,(Ⅲ)和(Ⅳ)也是对映体。对映体的等物质的量混合物是外消旋体。但(Ⅰ)和(Ⅲ)、(Ⅰ)和(Ⅳ)、(Ⅱ)和(Ⅲ)、(Ⅱ)和(Ⅳ)都不是对映体。这种不是对映体的构型异构体称为非对映异构体,简称非对映体。非对映体不仅旋光度不同,其他物理性质也不一样。例如,麻黄碱(2-甲氨基-1-苯基丙-1-醇),分子中有两个不同的手性碳原子,有四种构型异构体:

(Ⅰ)(1*S*, 2*R*): C_6H_5 / H—(1)—OH / H—(2)—$NHCH_3$ / CH_3

(Ⅱ)(1*R*, 2*S*): C_6H_5 / HO—H / CH_3NH—H / CH_3

(Ⅲ)(1*R*, 2*R*): C_6H_5 / HO—H / H—$NHCH_3$ / CH_3

(Ⅳ)(1*S*, 2*S*): C_6H_5 / H—OH / CH_3NH—H / CH_3

(Ⅰ)和(Ⅱ)是麻黄碱,是对映体,熔点都是34 ℃,其盐酸盐的$[\alpha]_D^{20}$分别为$+35°\cdot dm^2\cdot kg^{-1}$和$-35°\cdot dm^2\cdot kg^{-1}$。(Ⅲ)和(Ⅳ)是$\psi$-麻黄碱,也是对映体,熔点均为118 ℃,其盐酸盐的$[\alpha]_D^{20}$分别是$-26.5°\cdot dm^2\cdot kg^{-1}$和$+26.5°\cdot dm^2\cdot kg^{-1}$。而(Ⅰ)、(Ⅱ)与(Ⅲ)、(Ⅳ)是非对映体。

6.5.2 含两个相同手性中心化合物的构型异构

当两个手性碳原子所连两组原子或基团彼此相同时,构型异构体数目会减少。例如,酒石酸(2,3-二羟基丁二酸)分子中有两个手性碳原子,这两个碳原子所连接的四个原子和基团都是OH, COOH, CH(OH)COOH, H。

(Ⅰ): COOH / H—OH / HO—H / COOH

(Ⅱ): COOH / HO—H / H—OH / COOH

(Ⅲ): COOH / H—OH / H—OH / COOH

(Ⅲ′): COOH / HO—H / HO—H / COOH

这里似乎也有四种异构体。(Ⅰ)和(Ⅱ)是对映体,它们各自的两个手性碳原子构型相同,因而旋光能力彼此加强。(Ⅲ)和(Ⅲ′)好像也是对映体,但实际上它们是同一种化合物,把(Ⅲ)在纸面上旋转180°,即可与(Ⅲ′)重合。(Ⅲ)和(Ⅲ′)分子都有对称面(如虚线所示),两个手性碳原子的构型是相反的,因而旋光能力在分子内部彼此抵消,分子就不具有旋光性,这种分子称为内消旋体,用*m*表示(*m*是希腊文meso的首字母)。虽然分子中含有手性中心,

动画:内消旋酒石酸的对称因素

但内消旋体是非手性分子，它与旋光体是非对映体。内消旋体不能拆分为两种具有旋光性的对映体，这与外消旋体不同，后者是由于两种分子间旋光能力抵消，可被拆分为两种具有旋光性的对映体。这样，酒石酸实际上只有三种构型异构体，即右旋体、左旋体和内消旋体。右旋酒石酸和左旋酒石酸是对映体，它们与内消旋体是非对映体。等物质的量的右旋体和左旋体可组成外消旋体。它们的物理常数见表 6-1。

表 6-1　酒石酸的物理常数

酒石酸	熔点/℃	溶解度/[g·(100 g 水)$^{-1}$]	$[\alpha]_D^{25}$(水)/(°·dm^2·kg^{-1})
右旋体	170	139	+12
左旋体	170	139	−12
内消旋体	140	125	0
外消旋体	204	20.6	0

对于含有多个手性碳原子的分子，其手性碳原子的构型通常采用 *R*, *S*-标记法标记。即用 *R* 或 *S* 标记每一个手性碳原子的构型，其原则与标记含有一个手性碳原子的分子相同。例如：

CH_2CH_3
H—┼—CH_3
H_3C—┼—H
CH_2CH_3

(3*S*, 4*S*)-3, 4-二甲基己烷

COOH
HO—┼—H
Cl—┼—H
COOH

(2*R*, 3*R*)-2-氯-3-羟基丁二酸

练习 6.5　下列 (A)、(B)、(C) 三种化合物在哪些情况是有旋光性的？

(A)
CH_3
HO—┼—H
H—┼—OH
CH_3

(B)
CH_3
H—┼—OH
HO—┼—H
CH_3

(C)
CH_3
H—┼—OH
H—┼—OH
CH_3

(1) (A) 单独存在
(2) (B) 单独存在
(3) (C) 单独存在
(4) (A) 和 (B) 的等物质的量混合物
(5) (A) 和 (C) 的等物质的量混合物
(6) (A) 和 (B) 的不等物质的量混合物

练习 6.6　用 *R*, *S*-标记法命名酒石酸的三种异构体。

(A)
COOH
H—┼—OH
H—┼—OH
COOH

(B)
COOH
H—┼—OH
HO—┼—H
COOH

(C)
COOH
HO—┼—H
H—┼—OH
COOH

6.6 脂环化合物的立体异构

6.6.1 脂环化合物的顺反异构

在脂环化合物中,由于环的存在,限制了 σ 键的自由旋转,当环上有两个或两个以上碳原子各连接不同的原子或基团时,就会产生顺反异构。例如:

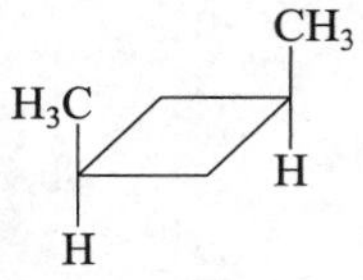

顺-1,3-二甲基环丁烷 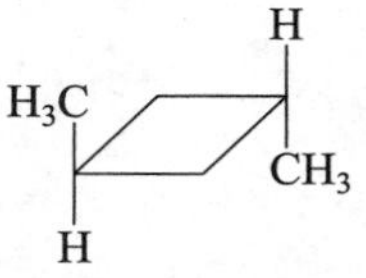　　反-1,3-二甲基环丁烷

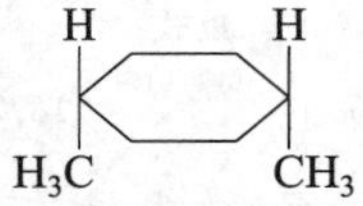

顺-1,4-二甲基环己烷 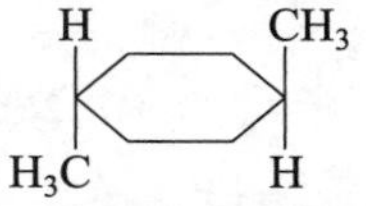　　反-1,4-二甲基环己烷

在上式中,两个甲基在环的同侧者称为顺式,在异侧者称为反式。上式中的环用平面表示比较直观,它与用构象式表示所得结果相同。然而用构象式表示时,不仅能表示顺反异构,而且还能很好地解释顺反异构体中哪一种更稳定。例如,顺-1,4-二甲基环己烷和反-1,4-二甲基环己烷分别用构象式表示如下:

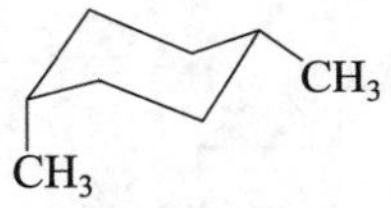

顺-1,4-二甲基环己烷 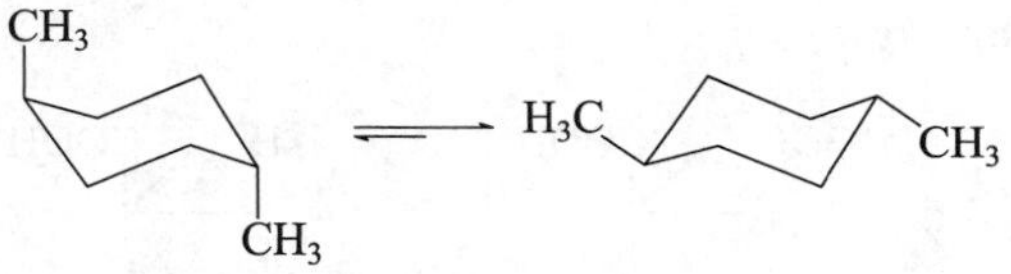　　反-1,4-二甲基环己烷

顺-1,4-二甲基环己烷只有一种椅型构象,其中一个甲基处于 *e* 键,另一个甲基处于 *a* 键;反-1,4-二甲基环己烷有两种椅型构象,其中一种是两个甲基均处于 *e* 键,另一种是两个甲基均处于 *a* 键。已知甲基处于 *a* 键不如处于 *e* 键稳定,因此,实际上反-1,4-二甲基环己烷主要以两个甲基处于 *e* 键的构象(占优势的构象)存在,它比顺-1,4-二甲基环己烷的椅型构象稳定,故反-1,4-二甲基环己烷与顺-1,4-二甲基环己烷相比,相对较为稳定。

又如,十氢化萘(二环[4.4.0]癸烷),有顺式和反式两种构型异构体,它们都是由两个环己烷环稠合而成的,但反式异构体都是以 *e* 键稠合而成的,而顺式异构体则是以一个 *e* 键和一个 *a* 键相稠合而成的,所以反十氢化萘比顺十氢化萘更稳定。

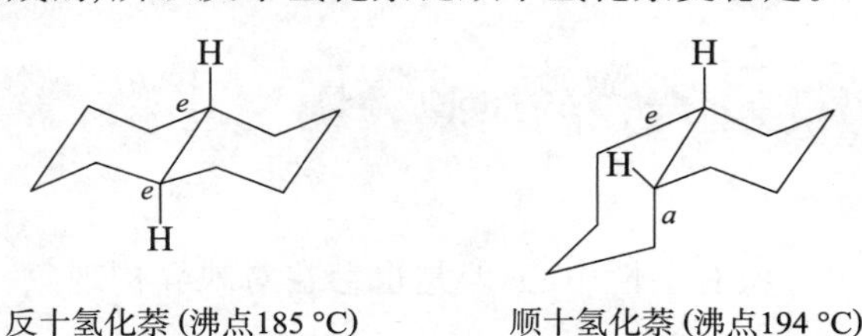

反十氢化萘(沸点185 °C)　　顺十氢化萘(沸点194 °C)

像上述两例那样，研究构象对分子的物理和化学性质的影响，尤其是通过研究分子的优势构象来解释某些实验现象，称为构象分析。构象分析在有机化学中很重要，一些立体化学中的问题需要利用它加以解释。

6.6.2　脂环化合物的对映异构

脂环化合物不仅存在顺反异构现象，当分子具有手性时，也存在对映异构现象，有对映体。例如，1，2-二甲基环己烷有三种构型异构体，其中既有顺反异构体，也有对映体。

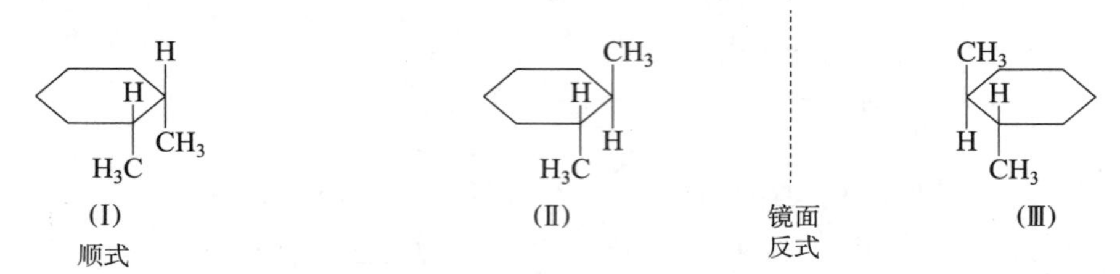

(Ⅰ)与(Ⅱ)、(Ⅲ)的关系是顺反异构体，它们不是镜像关系，故也是非对映体。其中(Ⅰ)是非手性分子，为内消旋体，分子中有对称面，无旋光性；(Ⅱ)和(Ⅲ)是对映体，均有旋光性，等物质的量的(Ⅱ)和(Ⅲ)的混合物组成外消旋体。

又如，环丙烷-1，2-二甲酸(亦称环丙烷-1，2-二羧酸)有顺反异构体，其中顺式异构体熔点为 139 ℃，无旋光性，是内消旋体，不能被拆分。反式异构体存在一对对映体，组成外消旋体，熔点为 175 ℃，可以拆分成两种对映体，其比旋光度分别为 $+81.4° \cdot dm^2 \cdot kg^{-1}$ 和 $-81.4° \cdot dm^2 \cdot kg^{-1}$。

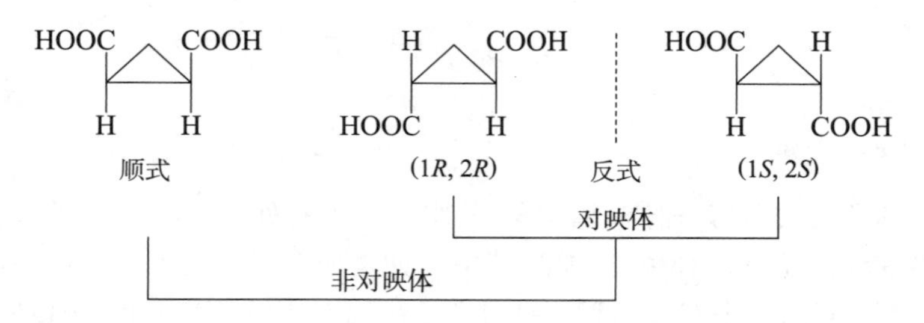

练习 6.7　1，2-二甲基环丁烷有无顺反异构体？若有，请写出并命名每种构型异构体。

练习 6.8　1，3-二甲基环戊烷有无顺反异构体和对映体？若有，请写出并命名每种构型异构体。

练习 6.9　写出六氯化苯(1，2，3，4，5，6-六氯环己烷)每种构型异构体的稳定构象式。

6.7　不含手性中心化合物的对映异构

某些化合物分子中并没有手性中心，但是也存在对映异构现象。例如，某些丙二烯型和联苯型化合物。

6.7.1　丙二烯型化合物

在丙二烯型分子中,累积双键的两个端位碳原子及它们分别连接的另外两个原子处于两个互相垂直的平面内,如果每个端位碳原子都连接了两个不同的原子或基团,就可以形成一对对映体。例如,戊-2,3-二烯分子中有一个手性轴,有如下一对对映体:

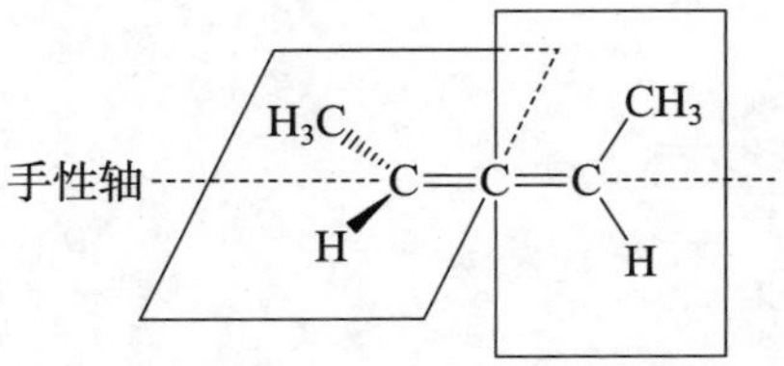

(S_a)-戊-2,3-二烯 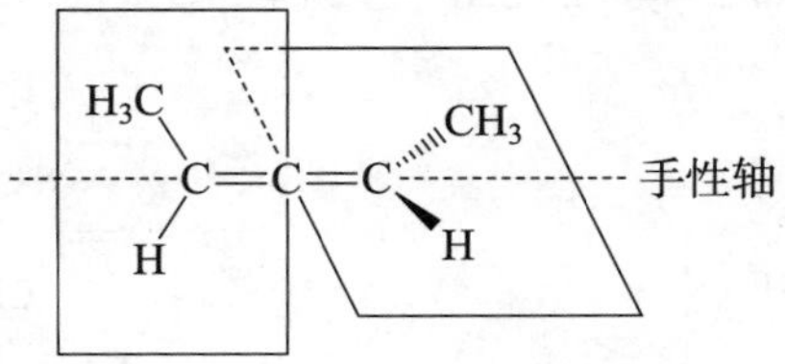　　　　(R_a)-戊-2,3-二烯

命名时,规定从手性轴的一端向另一端看,近处的一对原子或基团(此例为 CH_3 和 H)优先于远处的原子或基团(CH_3 和 H),则近处的一对原子或基团按优先顺序分别为①(CH_3)和②(H),远处的原子或基团按优先顺序分别为③(CH_3)和④(H)。把④(H)放在距观察者最远的位置,然后将其他三个原子或基团按照优先次序依次排列(即①→②→③),如果按顺时针方向,则是 *R* 型,如果按逆时针方向,则是 *S* 型,为表示轴手性,在 *S* 或 *R* 后加 a。因此上述戊-2,3-二烯的两种对映体分别为 S_a 型和 R_a 型。沿手性轴的任意一个方向观察得到的结果是相同的。

同理,2,6-二甲基螺[3.3]庚烷和1-乙亚基-3-甲基环丁烷也有手性轴,也分别存在一对对映体。其命名与丙二烯型化合物类似。

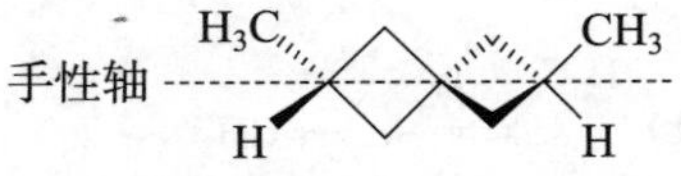

(S_a)-2,6-二甲基螺[3.3]庚烷 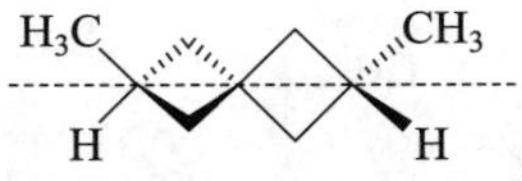　　　　(R_a)-2,6-二甲基螺[3.3]庚烷

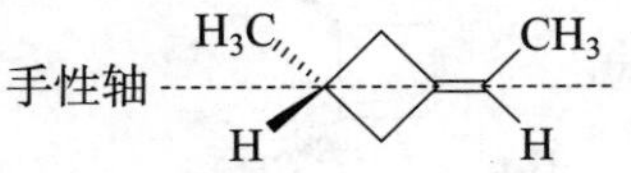

(S_a)-1-乙亚基-3-甲基环丁烷 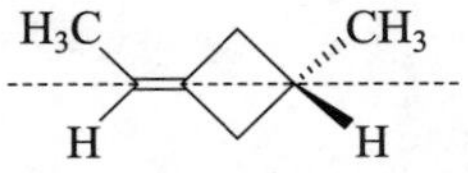　　　　(R_a)-1-乙亚基-3-甲基环丁烷

6.7.2　联苯型化合物

某些邻位取代的联苯,因为连接两个苯环的 σ 键的旋转受到了限制,也存在对映异构现象。例如,2,2′-二溴-6,6′-二氯联苯:

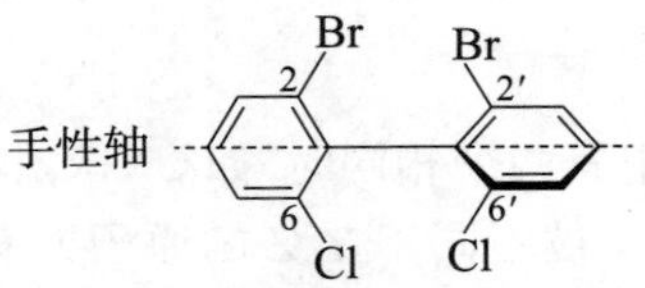

(R_a)-2,2′-二溴-6,6′-二氯联苯 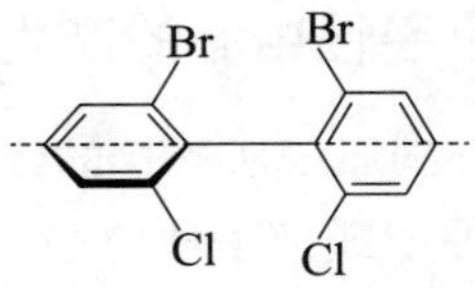　　　　(S_a)-2,2′-二溴-6,6′-二氯联苯

在这里，2,2′位和6,6′位上有足够大的取代基，使得两个苯环间的旋转受到阻碍，而每个苯环又都是不对称取代的，这个化合物就包含一个手性轴，因而可有对映体存在，其命名与丙二烯型化合物类似。

如果邻位取代基的体积很小，如2,2′位都是氟原子，不足以限制两个苯环间 σ 键的自由旋转，就没有对映体存在。如果一个苯环是对称取代的，就会出现对称面，因而没有对映体存在，如2-溴-2′,6,6′-三氯联苯：

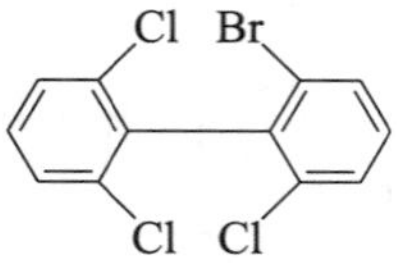

练习 6.10　下列各化合物在室温下是否有光学活性？写出对映体的结构式并标记其构型。

(1) 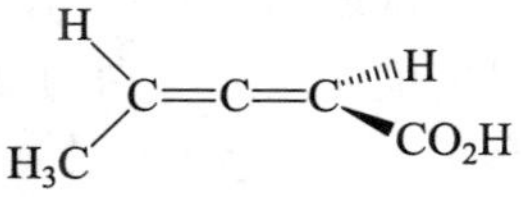　(2)

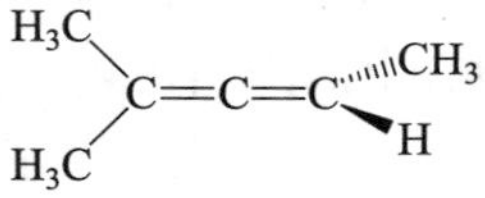

(3) 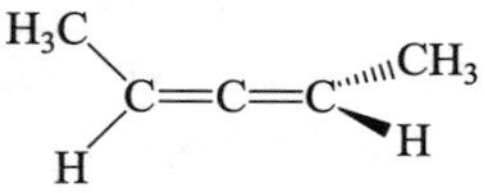　(4)

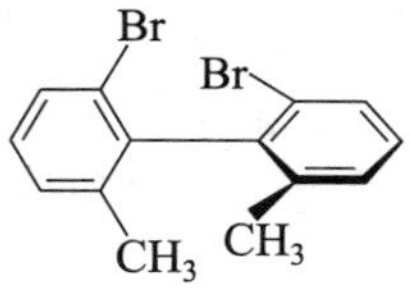

(5) 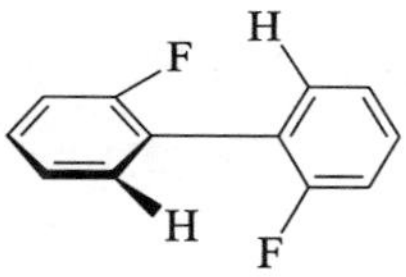　(6)

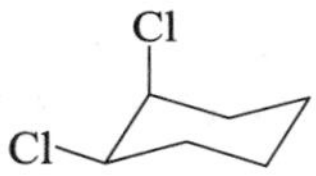

(7) 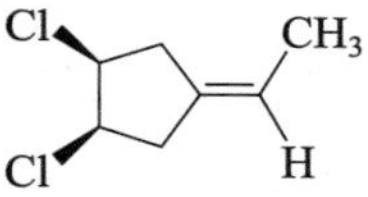　(8)

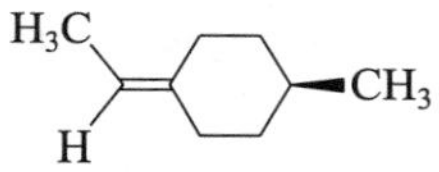

(9) 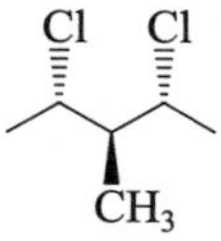　(10)

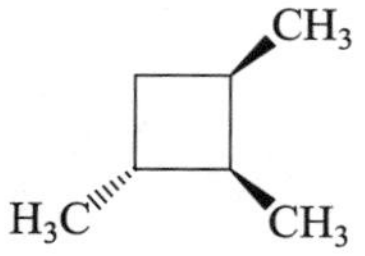

6.8　手性中心的产生

6.8.1　第一个手性中心的产生

当一个饱和碳原子所连接的四个原子或基团中有两个相同时，如 CX_2YZ，这个碳原子称为前手性碳原子或前手性中心。如果其中一个X被不同于Y，Z的原子或基团取代，如被W取代，就得到一个具有手性碳原子的化合物CWXYZ。例如：

$$CH_3CH_2CH_2CH_3 \xrightarrow[h\nu]{Cl_2} CH_3\overset{\overset{Cl}{|}}{C}HCH_2CH_3 + \text{其他产物}$$

正丁烷是非手性分子，但产物2-氯丁烷有一个手性碳原子，是手性分子。

当产生第一个手性中心时，如正丁烷第二个碳原子上的氢原子被氯取代时，两个氢原子被取代的概率是均等的，生成的对映体的物质的量也是一样的，得到外消旋体，没有旋光性。因此从非手性底物合成手性产物常得到外消旋体。

6.8.2 第二个手性中心的产生

如果在一个手性分子里产生第二个手性碳原子，生成非对映体的物质的量是不相等的。例如，(*R*)-2-氯丁烷进行氯化反应，得到2,3-二氯丁烷和其他产物。

$$\begin{array}{c} CH_3 \\ Cl-\!\!\!+\!\!\!-H \\ CH_2 \\ | \\ CH_3 \\ (R)\text{-2-氯丁烷} \end{array} \xrightarrow[h\nu]{Cl_2} \left. \begin{array}{c} \begin{array}{c} CH_3 \\ Cl-\!\!\!+\!\!\!-H \\ H-\!\!\!+\!\!\!-Cl \\ CH_3 \\ (2R,3R)\text{-2,3-二氯丁烷} \end{array} \\ \begin{array}{c} CH_3 \\ Cl-\!\!\!+\!\!\!-H \\ Cl-\!\!\!+\!\!\!-H \\ CH_3 \\ (2R,3S)\text{-2,3-二氯丁烷} \end{array} \end{array} \right\} \text{非对映体，产量不相等}$$

在这个反应中，生成2,3-二氯丁烷的取代反应发生在C3上，但C3上的氢原子从不同的方向被取代时，可生成两种不同构型的2,3-二氯丁烷，即(*R*,*R*)(旋光体)和(*R*,*S*)(内消旋体)两种产物。这两种产物是非对映体，生成的物质的量是不相等的，因为反应物2-氯丁烷分子已有一个手性碳原子，试剂进攻的方向会受到原来已经存在的手性中心的影响。

从(*R*)-2-氯丁烷实际得到的(*R*,*R*)和(*R*,*S*)产物之比是29∶71。这样，可以推测从(*S*)-2-氯丁烷得到的相应产物(*S*,*S*)和(*R*,*S*)之比也应是29∶71。

如果用外消旋的2-氯丁烷进行氯化，生成三种产物之比为(*R*,*R*)∶(*S*,*S*)∶[(*R*,*S*)+(*R*,*S*)]=29∶29∶(71+71)，产物中的(*R*,*R*)和(*S*,*S*)是1∶1，组成外消旋体。所以最后产物中的外消旋体和内消旋体之比也是29∶71。

手性中心的产生与手性合成有密切关系。前手性这个概念对于生物化学和光谱学有着重要意义。

6.9 不对称合成

光学活性化合物通常来源于天然产物、外消旋体拆分及不对称合成。常用的外消旋体拆分方法是选择一个合适的手性试剂(即手性拆分剂)，使其与对映体发生反应转变为非对映体，再用普通的物理方法加以分离，最后解离手性拆分剂而得到相应的右旋体或左旋体。

拓展：外消旋体的拆分

把直接制备具有旋光性产物的合成法称为不对称合成法或手性合成法，也就是生成的两种对映体或非对映体的物质的量是不相等的。

不对称合成反应的立体选择性通常用产物的对映体过量(ee)值或非对映体过量(de)值来表示。对映体过量(ee)值是指一种对映体对另一种对映体而言的过量百分数,又称为对映体过量百分数。

$$ee=\frac{[R]-[S]}{[R]+[S]}\times 100\%$$

式中,[*R*]和[*S*]分别表示*R*-和*S*-异构体的含量。例如,*R*-和*S*-异构体的百分比分别为60%和40%,则该化合物的对映体过量值为20%。

非对映体过量值是指一种非对映体对另一种非对映体而言的过量百分数。例如,(*R*)-2-氯丁烷得到的(*R*,*R*)和(*R*,*S*)产物之比是29∶71,则其非对映体过量(de)值为

$$de=\frac{[R,S]-[R,R]}{[R,S]+[R,R]}\times 100\%=42\%$$

确定ee值的方法有多种,最简单的是通过测定产物的比旋光度,计算光学纯度(又称旋光纯度),此即ee值。例如,经测定某丁-2-醇试样的比旋光度为 $+6.76°\cdot dm^2\cdot kg^{-1}$,而(*S*)-丁-2-醇(纯品)的比旋光度为 $+13.52°\cdot dm^2\cdot kg^{-1}$,可计算该丁-2-醇试样的光学纯度或ee值为

$$ee=\frac{[\alpha]_{试样}}{[\alpha]_{纯品}}\times 100\%=\frac{+6.76°\cdot dm^2\cdot kg^{-1}}{+13.52°\cdot dm^2\cdot kg^{-1}}\times 100\%=50\%$$

这表明该试样中含有75%的右旋体和25%的左旋体。比旋光度法得到的ee值精确度较低,且需要相应化合物的光学纯品,因此比旋光度法有一定的局限性。目前使用最多且能获得精确结果的方法是使用色谱分析法,大多使用配备了手性色谱柱的高效液相色谱(HPLC)或气相色谱(GC)进行测试。

常用的不对称合成方法包括化学法和生物法,原则上是要在手性环境中进行合成,如手性底物的应用、手性试剂的应用和手性催化剂的应用(不对称催化)等。

在介绍烯烃硼氢化反应时曾提道:烯烃经硼氢化的产物是烷基硼烷,经过氧化氢的氢氧化钠水溶液处理后生成醇,这样生成的产物无旋光性。如果采用具有旋光性的硼烷来作硼氢化试剂,最后就可以得到具有旋光性的醇。例如,用(–)-3-异松蒎基硼烷与反-2,2,5,5-四甲基己-3-烯进行硼氢化反应,再经氧化水解后可选择性地生成(*R*)-2,2,5,5-四甲基己-3-醇:

$1/2(BH_3)_2$ → BH_2

(+)-*α*-蒎烯
(松节油的主要成分)

(–)-3-异松蒎基硼烷

10, 2, 1, 6, 3, 8, 7, 9, 4, 5

(手性试剂) —— ① $(CH_3)_3C$–CH=CH–$C(CH_3)_3$ (反式) ② H_2O_2, NaOH → $(CH_3)_3CCH_2$—C(OH)(H)—$C(CH_3)_3$

61%, 92%ee

溴乙酸乙酯与苯乙酮在锌存在下发生 Reformatsky 反应 [见第十一章 11.5.1 节 (6)], 产物经水解后得到 3-羟基-3-苯基丁酸, 为没有旋光性的外消旋体:

$$CH_3CH_2O\overset{O}{\overset{\|}{C}}CH_2Br + Ph\overset{O}{\overset{\|}{C}}CH_3 \xrightarrow[\text{② } H_3O^+]{\text{① Zn, 苯}} \xrightarrow[\text{② } H_3O^+]{\text{① } ^-OH} HOOCH_2C\text{—}C(OH)(Ph)CH_3$$

其中, 溴乙酸乙酯可由溴乙酰溴 ($BrCH_2COBr$) 与乙醇反应制备。如果将溴乙酰溴与具有旋光性的 (1*S*, 2*R*)-(+)-2-苯基环己醇进行反应生成 (Ⅰ), 再与苯乙酮进行 Reformatsky 反应, 最后再把生成的酯 (Ⅱ) 用 KOH 处理, 即可主要得到具有旋光性的 (*R*)-3-羟基-3-苯基丁酸 (Ⅲ)。

$$\text{(Ⅰ)} + \underset{\text{苯乙酮}}{Ph\overset{O}{\overset{\|}{C}}CH_3} \xrightarrow[\text{② } H_3O^+]{\text{① Zn, } (CH_3)_3SiCl\text{, 苯}}$$

$$\text{(Ⅱ)} \xrightarrow[\text{② } H_3O^+]{\text{① KOH, } CH_3OH} \text{(Ⅲ) 50\%, 89\%ee}$$

由 (Ⅰ) 生成 (Ⅱ) 后增加了一个手性中心, 生成的是物质的量不等的非对映体。相应地由 (Ⅱ) 转化为 (Ⅲ) 将得到物质的量不等的对映体, 因而具有旋光性。这里应用的原理同 "第二个手性中心的产生" 的原理是一致的。

近年来, 不对称催化反应逐渐广泛地应用于实验室和工业有机合成中。例如, Sharpless K B 发现的烯烃不对称环氧化反应:

人物: Sharpless K B

$$H_2C{=}C(Pr\text{-}n)CH_2OH \xrightarrow[CH_2Cl_2,\ -20\ ^\circ C]{t\text{-BuOOH, Ti(OPr-}i)_4\text{, L}} \underset{88\%,\ 95\%ee}{\text{环氧化物}(Pr\text{-}n)CH_2OH}$$

L = $COOC_2H_5$, H—C—OH, HO—C—H, $COOC_2H_5$

人物: Knowles W S

Knowles W S 和野依良治 (Noyori R) 在不对称催化氢化和烯丙胺的不对称异构化等方面也有突出的贡献 (见第十六章 16.7.4 节), 因此他们两人与 Sharpless K B 共同获得了 2001 年诺贝尔化学奖。

人物: 野依良治

对于 Meerwein-Pondorf 还原反应 [见第十一章 11.5.4 节(2)], 将异丙醇铝改为手性 Rh 催化剂 (RhLCp*Cl), 可实现对酮的不对称还原反应:

$$\text{四氢萘酮} \xrightarrow[i\text{-PrOH}]{\text{RhLCp* Cl}} \underset{95\%,\ 97\%ee}{\text{四氢萘醇(OH)}} \qquad \text{RhLCp* Cl} = \text{(O, NH}_2\text{, Rh, Cl, Me}_5\text{Cp)}$$

上述两个例子中催化剂为过渡金属配合物，其中的L为手性配体。此外，像酶等生物催化剂也常用于不对称催化。近来研究表明，一些具有光学活性的有机小分子可直接用作不对称合成的催化剂，从而避免使用有毒或贵重的金属催化剂。例如，在醛与酮的交叉羟醛缩合反应[见第十一章11.5.3节(1)]中可使用L-脯氨酸作为手性催化剂。

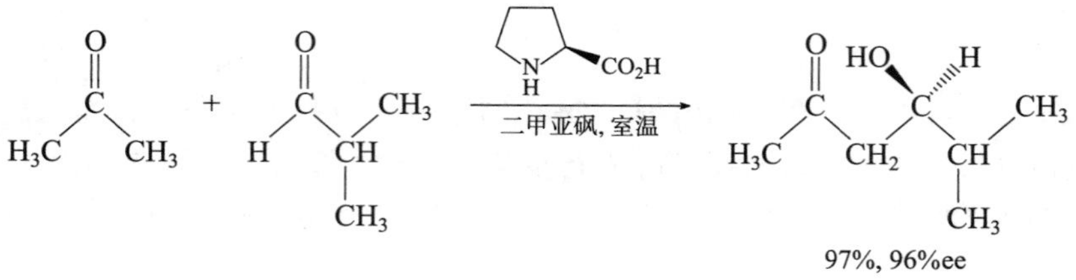

$$CH_3COCH_3 + OHC-CH(CH_3)_2 \xrightarrow[\text{二甲亚砜, 室温}]{\text{L-脯氨酸}} CH_3COCH_2-CH(OH)-CH(CH_3)_2$$

97%, 96%ee

6.10 对映异构在研究反应机理中的应用

在第三章已介绍烯烃与溴加成的反应机理是反式加成。现在可以运用立体化学的原理予以证实。由实验得知，(*Z*)-丁-2-烯与溴加成，产物是(2*S*,3*S*)-2,3-二溴丁烷和(2*R*,3*R*)-2,3-二溴丁烷，它们是一对对映体，能被拆分。

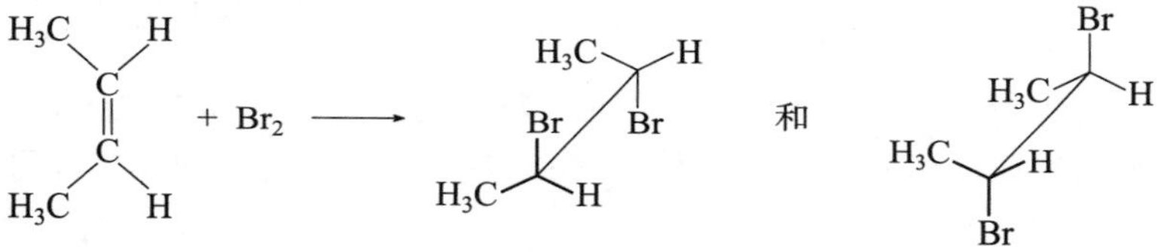

$$(Z)\text{-}CH_3CH{=}CHCH_3 + Br_2 \longrightarrow$$

(2*S*, 3*S*)-2, 3-二溴丁烷 和 (2*R*, 3*R*)-2, 3-二溴丁烷

而(*E*)-丁-2-烯与溴加成，产物是(2*R*,3*S*)-2,3-二溴丁烷，是内消旋体，不能拆分。

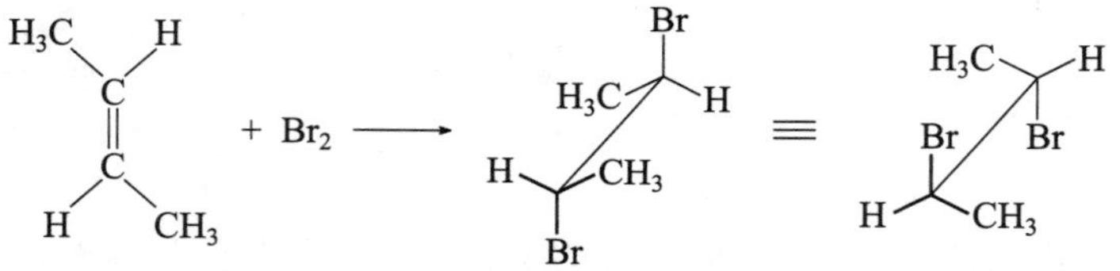

$$(E)\text{-}CH_3CH{=}CHCH_3 + Br_2 \longrightarrow$$

(2*R*, 3*S*)-2, 3-二溴丁烷

因此可以得出，*Z*和*E*两种丁-2-烯与溴加成的产物只能是反式加成的结果，而不能是顺式加成。

凡互为构型异构体的反应物，在相同条件下与同一试剂反应，分别生成不同构型异构体的产物，这种反应称为立体专一性反应。两种丁-2-烯与溴及冷、稀、碱性的高锰酸钾溶液加成，两种丁烯二酸与双烯体的Diels-Alder反应都是立体专一性反应的例子。

有些反应的产物可能有几种构型异构体，但只生成或主要生成其中一种或少数几种产物的称为立体选择性反应。例如，癸-5-炔在液氨中用Na还原，生成80%~90%的反式烯烃，是立体选择性反应。

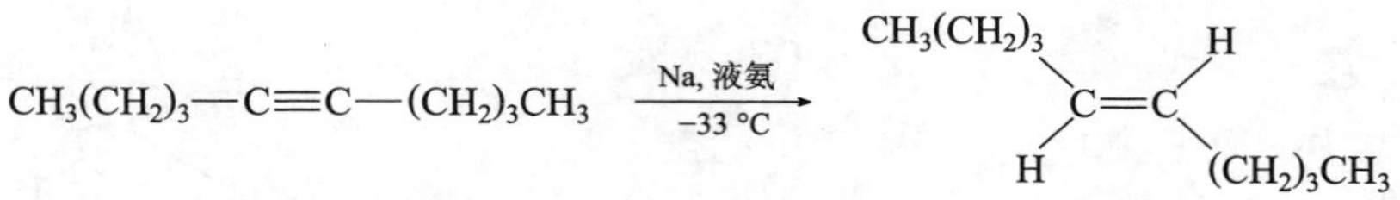

立体专一性反应要求反应物为构型异构体之一，立体选择性反应对反应物没有特定要求。立体专一性反应都是立体选择性反应，但立体选择性反应不一定是立体专一性反应。

练习 6.11　顺戊-2-烯与溴加成的产物是什么？产物分子中有几个手性碳原子？

练习 6.12　预测下列化合物与溴加成的产物。

(1) (*E*)-1,2-二氯乙烯　　(2) (*Z*)-1,2-二氯乙烯

习题

(一) 在氯丁烷和氯戊烷的所有异构体中，哪些有手性碳原子？

(二) 各写出一个能满足下列条件的开链化合物：

(1) 具有手性碳原子的炔烃 C_6H_{10}

(2) 具有手性碳原子的羧酸 $C_5H_{10}O_2$

(三) 相对分子质量最低而有旋光性的烷烃是哪些？用 Fischer 投影式表明它们的构型。

(四) C_6H_{12} 是一个具有旋光性的不饱和烃，加氢后生成相应的饱和烃。此不饱和烃是什么？生成的饱和烃有无旋光性？

(五) 比较左旋丁-2-醇和右旋丁-2-醇的下列各项：

(1) 沸点　　(2) 熔点　　(3) 相对密度　　(4) 比旋光度

(5) 折射率　　(6) 溶解度　　(7) 构型

(六) 命名下列化合物：

(1) 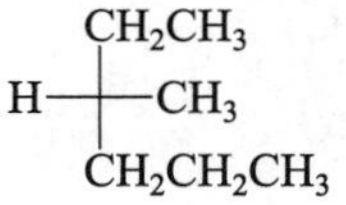　(2) 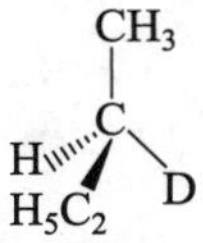　(3) 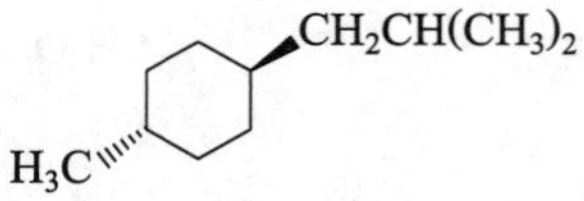

(4) 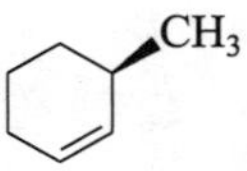　(5) 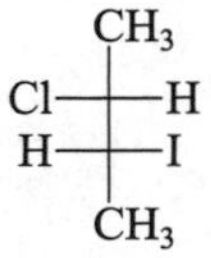　(6) 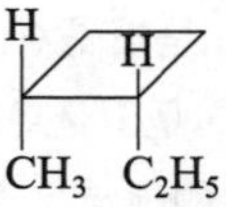

(7) 　(8) 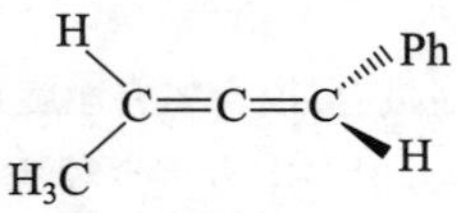　(9) 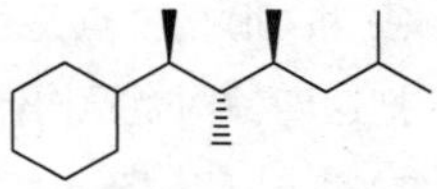

(七) Fischer 投影式 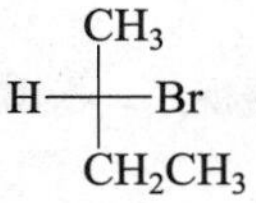 是 *R* 型还是 *S* 型？下列各结构式，哪些同这个投影式是同一化合物？

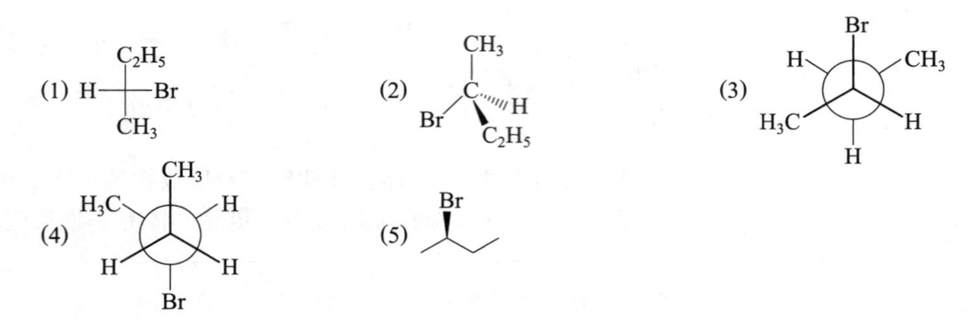

(八) 把 3-甲基戊烷进行氯化,写出所有可能得到的一氯代物。哪几对是对映体?哪些是非对映体?哪些异构体不是手性分子?

(九) (1) 写出 3-甲基戊-1-炔分别与下列试剂反应的产物。

(A) Br_2(等物质的量), CCl_4　　(B) H_2, Lindlar 催化剂　　(C) $H_2O, H_2SO_4, HgSO_4$

(D) HCl(等物质的量)　　(E) $NaNH_2$, 然后 CH_3I

(2) 如果反应物是有旋光性的,哪些产物有旋光性?

(3) 哪些产物同反应物的手性中心有同样的构型关系?

(4) 如果反应物是左旋的,能否预测哪个产物也是左旋的?

(十) 下列化合物各有多少种构型异构体?

(1) $CH_3CH_2CH(OH)—CH(OH)CH_3$　　(2) $CH_3CH(Cl)—CH(Cl)—CH(Cl)C_2H_5$　　(3) $CH_3CH(OH)—CH(Cl)—CH(Cl)CH_3$

(4) H_3C CH_3 Br Br　　(5) H_3C CH_3 C_2H_5

(十一) 根据给出的四种构型异构体的 Fischer 投影式,回答下列问题:

$$
\begin{array}{cccc}
\begin{array}{c} CHO \\ H—\!\!+\!\!—OH \\ H—\!\!+\!\!—OH \\ CH_2OH \end{array} &
\begin{array}{c} CHO \\ HO—\!\!+\!\!—H \\ HO—\!\!+\!\!—H \\ CH_2OH \end{array} &
\begin{array}{c} CHO \\ HO—\!\!+\!\!—H \\ H—\!\!+\!\!—OH \\ CH_2OH \end{array} &
\begin{array}{c} CHO \\ H—\!\!+\!\!—OH \\ HO—\!\!+\!\!—H \\ CH_2OH \end{array} \\
(\mathrm{I}) & (\mathrm{II}) & (\mathrm{III}) & (\mathrm{IV})
\end{array}
$$

(1) (Ⅱ) 和 (Ⅲ) 是不是对映体?

(2) (Ⅰ) 和 (Ⅳ) 是不是对映体?

(3) (Ⅱ) 和 (Ⅳ) 是不是对映体?

(4) (Ⅰ) 和 (Ⅱ) 的沸点是否相同?

(5) (Ⅰ) 和 (Ⅲ) 的沸点是否相同?

(6) 把这四种构型异构体等物质的量混合,混合物有无旋光性?

(十二) 预测 $CH_3CH═C═CHCH═CHCH_3$ 有多少种构型异构体,指出哪些是对映体、非对映体和顺反异构体。

(十三) 写出 $CH_3CH═CHCH(OH)CH_3$ 的四种构型异构体的透视式。指出在这些异构体中哪两组是对映体?哪几组是非对映体?哪两组是顺反异构体?

（十四）环戊烯与溴进行加成反应，预期将得到什么产物？产品是否有旋光性？是左旋体、右旋体、外消旋体，还是内消旋体？

（十五）某烃分子式为 $C_{10}H_{14}$，有一个手性碳原子，氧化后生成苯甲酸。试写出其结构式。

（十六）用高锰酸钾处理顺丁-2-烯，生成熔点为 32 ℃的邻二醇，处理反丁-2-烯，生成熔点为 19 ℃的邻二醇。它们都无旋光性，但 19 ℃的邻二醇可拆分为两个旋光度相等、方向相反的邻二醇。试写出它们的结构式（标出构型）及相应的反应式。

（十七）某化合物（A）的分子式为 C_6H_{10}，具有光学活性。可与硝酸银的氨溶液反应生成白色沉淀。若以 Pt 为催化剂催化氢化，则（A）转变为 C_6H_{14}(B)，(B) 无光学活性。试推测（A）和（B）的结构式。

（十八）某化合物（A）的分子式为 $C_{11}H_{18}$，具有光学活性，在 Lindar 催化剂存在下与氢气反应可得化合物 $C_{11}H_{20}$(B)，与钠在液氨中反应则得到 (4*R*, 5*E*)-4-乙基-2, 4-二甲基庚-2, 5-二烯。化合物（A）经过臭氧化还原得到 $C_6H_{10}O_3$(C)、丙酮和乙酸，而经过热的高锰酸钾溶液处理后得到 $C_6H_{10}O_4$(D)、丙酮和乙酸。化合物（B）和（C）有光学活性，而（D）没有光学活性。写出（A）~（D）的结构式。

（十九）写出 1, 3-二甲基环己烷的所有构型异构体，并指出哪一种异构体最稳定。

第七章 卤代烃

前导知识: 学习本章之前需要复习以下知识点

自由基取代反应 (2.6.1 节)
烯烃与 HX 的加成反应 (3.5.2 节)
烯烃的自由基加成反应 (3.5.3 节)
烯烃 α-氢原子的卤化反应 (3.5.7 节)
芳烃苯环的卤化反应 (5.4.1 节)
芳烃苯环上的氯甲基化反应 (5.4.1 节)
烷基苯 α-氢原子的卤化反应 (5.4.2 节)

本章导读: 学习本章内容需要掌握以下知识点

卤代烃的制备
饱和碳原子上的亲核取代反应机理 (S_N1 和 S_N2)
分子内亲核取代反应; 邻基效应
消除反应机理 (E1 和 E2) 及消除取向
影响亲核取代反应和消除反应的因素
乙烯型、苯基型卤代烃的结构特点; 卤苯的两种亲核取代反应机理
烯丙型、苄基型卤代烃的结构特点; 烯丙型、苄基型卤代烃的亲核取代反应和消除反应
卤代烃与金属的反应: Grignard 试剂、有机锂、二烃基铜锂的制备
Grignard 试剂、有机锂、二烃基铜锂的结构及化学性质

后续相关: 与本章相关的后续知识点

由醇制备卤代烃 (9.5.4 节)
醛、酮 α-氢原子的卤化反应 (11.5.2 节)
羧酸 α-氢原子的卤化反应 (12.5.6 节)
由芳香族重氮盐制备卤代苯 (15.8.2 节)

烃分子中的一个或几个氢原子被卤原子取代后的化合物,称为卤代烃。卤原子(—F, —Cl, —Br, —I)是其官能团。卤代烃中以氯代烃和溴代烃最为常见。氟代烃由于制法、性质和用途与其他卤代烃相差较多,故通常单独讨论。

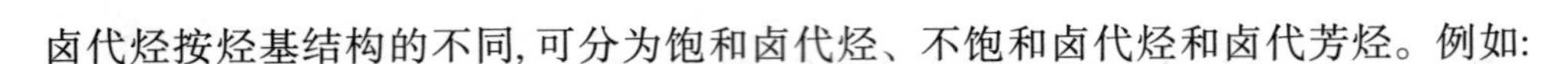

7.1 卤代烃的分类

卤代烃按烃基结构的不同,可分为饱和卤代烃、不饱和卤代烃和卤代芳烃。例如:

$BrCH_2—CH_2Br$　　饱和卤代烃

3-氯环己烯(环己烯—Cl)　　不饱和卤代烃

1,3,5-三溴苯(苯环—Br×3)　　卤代芳烃

饱和卤代烃是指饱和烃分子中的一个或几个氢原子被卤原子取代后生成的化合物,包括卤代烷烃和卤代环烷烃。饱和卤代烃可根据卤原子所连接碳原子的类型来分类。卤原子与甲基相连时称为卤(代)甲烷;卤原子与伯、仲、叔碳原子相连时,分别称为伯(1°)、仲(2°)、叔(3°)卤代烃。例如:

CH_3Br	$CH_3CH_2CH_2Cl$	环己基—Br	$CH_3C(CH_3)(Br)CH_2CH_2CH_3$
溴甲烷	1-氯丙烷(1°)	溴代环己烷(2°)	2-溴-2-甲基戊烷(3°)
bromomethane	1-chloropropane	bromocyclohexane	2-bromo-2-methylpentane

不饱和烃(烯烃和炔烃)或芳烃分子中的一个或几个氢原子被卤原子取代后的化合物,分别称为卤代烯(炔)烃或卤代芳烃。对于卤代烯烃和卤代芳烃,根据卤原子与碳碳双键或苯环的相对位置不同,可分为三类:

(1) 乙烯型和苯基型卤代烃　卤原子直接与双键碳原子或苯环碳原子相连的卤代烃,分别称为乙烯型卤代烃和苯基型卤代烃。例如:

$CH_2=CH—Cl$	苯环—Br
氯乙烯	溴苯
chloroethene	bromobenzene

(2) 烯丙型和苄基型卤代烃　卤原子与双键或苯环相隔一个饱和碳原子的卤代烃,分别称为烯丙型卤代烃和苄基型卤代烃。例如:

$CH_2=CH—CH_2—Cl$	苯环—$CH_2—Br$
3-氯丙-1-烯(烯丙基氯)	溴甲基苯(苄基溴)
3-chloroprop-1-ene (allyl chloride)	(bromomethyl) benzene (benzyl bromide)

(3) 隔离型卤代烃 卤原子与双键或苯环相隔两个或多个饱和碳原子的卤代烃,统称隔离型卤代烃。例如:

$CH_2{=}CH{-}CH_2{-}CH_2{-}Cl$

4-氯丁-1-烯
4-chlorobut-1-ene

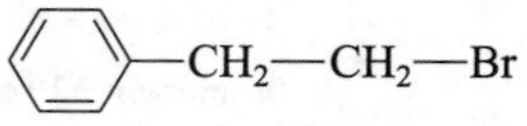

$C_6H_5{-}CH_2{-}CH_2{-}Br$

(2-溴乙基)苯
(2-bromoethyl) benzene

7.2 卤代烃的命名

简单卤代烃的命名,一般是由烃基的名称加上卤原子的名称而成的。例如:

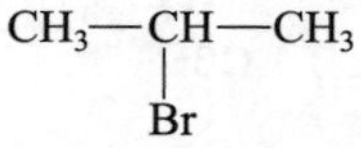

$CH_3{-}CH(Br){-}CH_3$

异丙基溴
isopropyl bromide

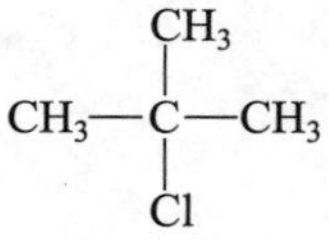

$(CH_3)_3C{-}Cl$

叔丁基氯
tert-butyl chloride

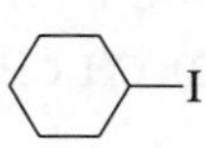

$C_6H_{11}{-}I$

环己基碘
cyclohexyl iodide

$CH_2{=}CH{-}CH_2{-}Br$

烯丙基溴
allyl bromide

这种命名法称为普通命名法,或习惯命名法。

有些多卤代烷常用俗名,如 $CHCl_3$, $CHBr_3$, CHI_3 分别称为氯仿、溴仿、碘仿, CCl_4 称为四氯化碳。

复杂的卤代烃采用系统命名法进行命名,具体方法与烃的命名类似,通常是以烃为母体,卤原子为取代基。例如:

卤代烷烃

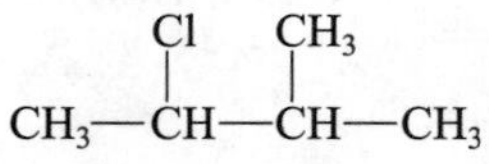

$CH_3{-}CH(Cl){-}CH(CH_3){-}CH_3$

2-氯-3-甲基丁烷
2-chloro-3-methylbutane

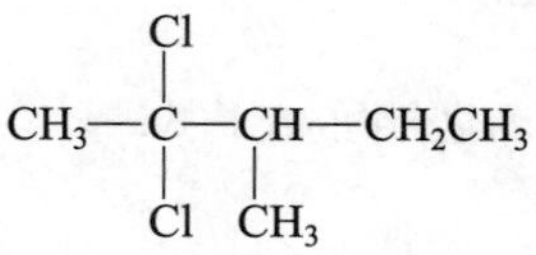

$CH_3{-}CCl_2{-}CH(CH_3){-}CH_2CH_3$

2,2-二氯-3-甲基戊烷
2,2-dichloro-3-methylpentane

卤代环烷烃

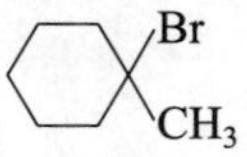

1-溴-1-甲基环己烷
1-bromo-1-methylcyclohexane

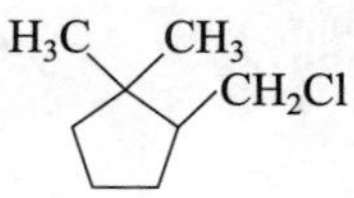

2-氯甲基-1,1-二甲基环戊烷
2-chloromethyl-1,1-dimethylcyclopentane

卤代烯烃

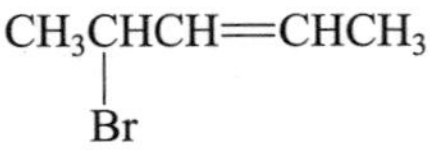

$$\underset{\displaystyle Br}{CH_3\underset{|}{C}HCH{=}CHCH_3}$$

4-溴戊-2-烯

4-bromopent-2-ene

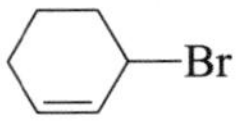

3-溴环己烯

3-bromocyclohexene

卤代芳烃

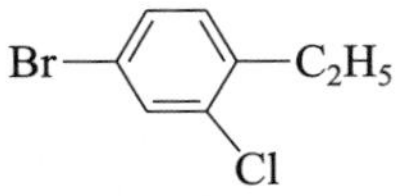

4-溴-2-氯-1-乙基苯

4-bromo-2-chloro-1-ethylbenzene

(3-溴丙基)苯

(3-bromopropyl) benzene

练习 7.1 用普通命名法命名下列化合物，并指出它们属于伯、仲、叔卤代烃中的哪一种。

(1) $(CH_3)_3CCH_2Cl$ (2) $CH_3CH_2CHFCH_3$ (3) $(CH_3)_3CBr$

练习 7.2 命名下列化合物:

(1) 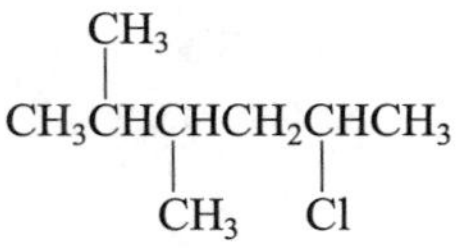 $CH_3CH(CH_3)CH(CH_3)CH_2CH(Cl)CH_3$

(2) $BrCH_2CH_2CH(C_2H_5)CH_2CH_2CH_3$

(3) (2-氯乙基)环戊烷结构式（环戊基–CH₂CH₂–Cl）

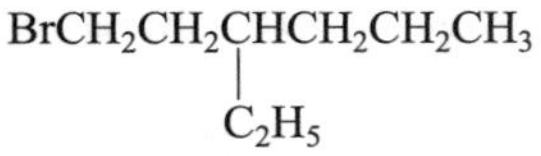

(4) 双环结构，桥头碳连 Cl

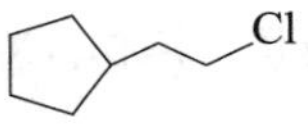

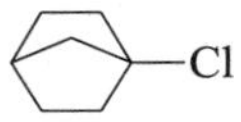

(5) $CH_3CH(Cl)CH{=}CHCH_3$

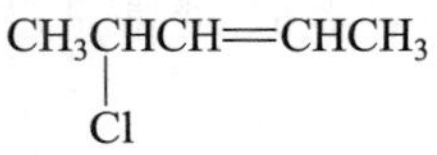

(6) 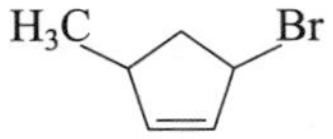 环戊烯环，分别连 H_3C 和 Br

(7)  Cl–C₆H₄–Br（对位）

(8) 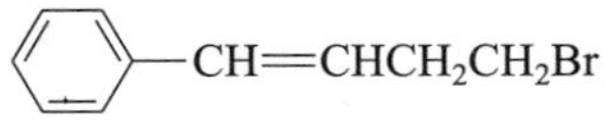 C_6H_5–$CH{=}CHCH_2CH_2Br$

练习 7.3 写出下列化合物的结构式:

(1) 异戊基溴 (2) (*R*)-2-氯己烷

(3) (三氯甲基)环己烷 (4) 4-溴丁-1-烯-3-炔

(5) 1-叔丁基-4-氯苯 (6) (1-溴乙基)苯

7.3 卤代烃的制法

7.3.1 烃的卤化

通过烃的自由基卤化反应及芳环上的亲电取代反应均能得到卤代烃，见第二章2.6.1节(1)、第三章3.5.7节(1)、第五章5.4.1节(1)和5.4.2节(1)。例如:

$$\text{2-chlorotoluene (o-}ClC_6H_4CH_3) + Br_2 \xrightarrow{h\nu} \text{o-}ClC_6H_4CH_2Br \quad 98\%$$

$$C_6H_5Br \xrightarrow[126\sim142\ ^\circ C]{Cl_2,\ FeCl_3} p\text{-}BrC_6H_4Cl\ (87\%) + o\text{-}BrC_6H_4Cl\ (13\%)$$

7.3.2 由不饱和烃制备

不饱和烃与溴化氢经自由基加成反应或与卤化氢、卤素进行亲电加成反应得到相应卤代烃，见第三章 3.5.2 节和 3.5.3 节。例如:

$$CH_2{=}CHCH_2CH_3 + HBr \xrightarrow[6\sim8\ ^\circ C]{Ph-\overset{O}{\overset{\|}{C}}-O-O-\overset{O}{\overset{\|}{C}}-Ph} BrCH_2CH_2CH_2CH_3 \quad 91\%$$

$$CH_2{=}CH-CH{=}CH_2 + 2Br_2 \xrightarrow{CCl_4,\ 回流} \underset{Br}{CH_2}-\underset{Br}{CH}-\underset{Br}{CH}-\underset{Br}{CH_2} \quad 68\%$$

7.3.3 由醇制备

醇与氢卤酸或二氯亚砜、三卤化磷、五卤化磷等作用得到相应卤代烃，见第九章 9.5.4 节。例如:

$$C_6H_{11}OH + HBr \xrightarrow{回流,\ 6\ h} C_6H_{11}Br + H_2O \quad 74\%$$

7.3.4 卤原子交换反应

在合适溶剂中，卤代烃与含卤负离子的盐类可以发生卤原子的交换反应，见本章 7.5.1 节 (5)。例如:

$$CH_3CH_2\underset{CH_3}{\underset{|}{CH}}(CH_2)_5CH_2-Cl + NaI \xrightarrow[回流,\ 10\ h]{CH_3COCH_3,\ DMF} CH_3CH_2\underset{CH_3}{\underset{|}{CH}}(CH_2)_5CH_2-I + NaCl \quad 89\%$$

7.3.5 多卤代烃部分脱卤化氢

多卤代烃部分消除卤化氢可得不饱和卤代烃，见本章 7.5.2 节 (1)。例如:

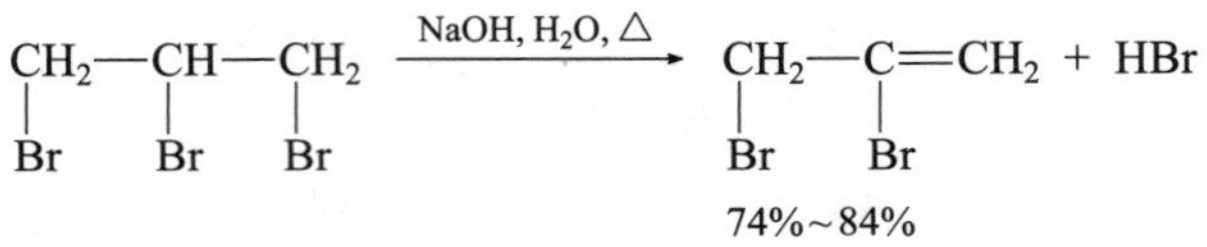

$$CH_2BrCHBrCH_2Br \xrightarrow{NaOH,\ H_2O,\ \triangle} CH_2Br{-}CBr{=}CH_2 + HBr$$

74%~84%

7.3.6 卤甲基化

苯或其他含有致活基团的芳烃经过卤甲基化得到相应卤代烃，见第五章 5.4.1 节 (1)。例如:

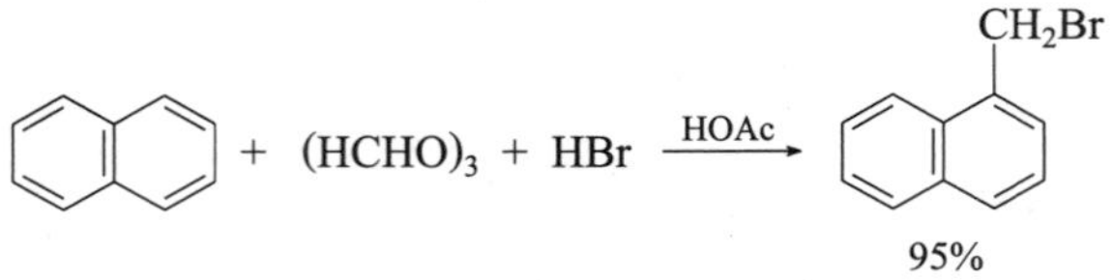

$$\text{萘} + (HCHO)_3 + HBr \xrightarrow{HOAc} \text{1-}CH_2Br\text{-萘}$$

95%

7.3.7 由重氮盐制备

芳香族重氮盐在铜粉或卤化亚铜催化下与氢卤酸 (HX, X = Br, Cl) 作用可得苯基型卤代芳烃，见第十五章 15.8.2 节 (1)。例如:

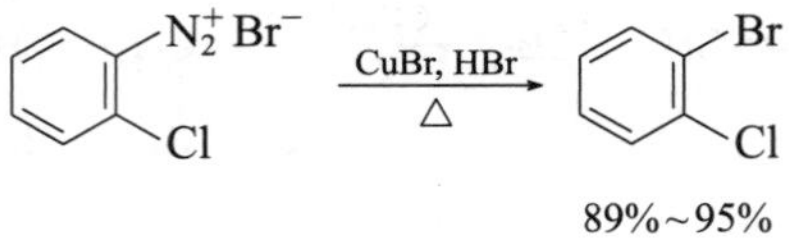

$$o\text{-}ClC_6H_4N_2^+Br^- \xrightarrow[\triangle]{CuBr,\ HBr} o\text{-}ClC_6H_4Br$$

89%~95%

7.4 卤代烃的物理性质

在卤代烃 (氟代烃除外) 中，只有氯甲烷、氯乙烷、溴甲烷、氯乙烯和溴乙烯是气体，其余均为无色液体或固体。碘代烷和溴代烷，尤其是碘代烷，长期放置因分解产生游离碘和溴而有颜色。

很多卤代烃有令人不愉快的气味，卤代烷蒸气有毒。氯乙烯对眼睛有刺激性，是一种致癌物 (使用时应注意防护)，苄基型与烯丙型卤代烃常具有催泪性。

卤代烃均不溶于水，而溶于乙醇、乙醚、苯和烃等有机溶剂。某些卤代烃本身即是很好的有机溶剂，如二氯甲烷、氯仿和四氯化碳等。

在卤代烃分子中，随卤原子数目的增多，化合物的可燃性降低。例如，甲烷可作为燃料，氯甲烷有可燃性，二氯甲烷则不燃，而四氯化碳可作为灭火剂；氯乙烯、偏二氯乙烯可燃，而四氯乙烯则不燃。某些氯代烃和溴代烃及其衍生物还可作为阻燃剂，如含氯量约为 70% 的氯化石蜡主要用作合成树脂的阻燃剂，以及不燃性涂料的添加剂等。

卤代烃的沸点随分子中碳原子数的增加而升高。烃基相同的卤代烃，其沸点高低次序是碘代烃 > 溴代烃 > 氯代烃。在异构体中则是支链越多沸点越低。

一氯代烷的相对密度一般小于 1，一溴代烷和一碘代烷的相对密度一般大于 1。在同系列中，卤代烷的相对密度随碳原子数的增加而下降。卤代芳烃的相对密度一般大于 1。

一些常见卤代烃的物理常数如表 7-1 所示。

表 7-1　一些常见卤代烃的物理常数

卤代烃	X = Cl		X = Br		X = I	
	沸点/℃	相对密度 (d_4^{20})	沸点/℃	相对密度 (d_4^{20})	沸点/℃	相对密度 (d_4^{20})
CH_3X	−24	0.92	3.5	1.73	42.5	2.28
CH_3CH_2X	12.2	0.91	38.4	1.43	72.3	1.93
$CH_3CH_2CH_2X$	46.2	0.89	71.0	1.35	102.4	1.75
CH_2X_2	40	1.34	99	2.49	180(分解)	3.32
CHX_3	61.2	1.49	151	2.89	升华	4.01
CX_4	76.8	1.60	190	3.42	升华	4.32
XCH_2CH_2X	83.5	1.26	131	2.17	200(分解)	2.13
$CH_2{=}CHX$	−14	0.91	16	1.49	56	2.04
$CH_2{=}CHCH_2X$	45	0.94	71	1.40	103	1.84
PhX	132	1.11	156	1.50	188	1.83
$PhCH_2X$	179	1.10	201	1.44	218	1.75
环己基—X	143	1.00	166	1.32	180(分解)	1.62

在卤代烃分子中，由于卤原子的电负性比碳原子的大，C—X 键具有一定极性，使多数分子产生一定的偶极矩 (μ)。例如：

	$CH_3—Cl$	$CH_3—Br$	$CH_3—I$
$\mu/(10^{-30}\ C\cdot m)$	6.47	5.97	5.47

	$CH_3CH_2—Cl$	$CH_2{=}CH—Cl$	苯基—Cl
$\mu/(10^{-30}\ C\cdot m)$	6.84	4.84	5.64

但卤代烃的极性较弱，与烃类相似，具有较低的沸点，不溶于极性较强的水中 (不能与水形成氢键)，也不能溶解盐类。

练习 7.4　试预测下列各对化合物中哪一个沸点较高。

(1) 戊基碘和戊基氯　(2) 丁基溴和异丁基溴

(3) 己基溴和庚基溴　(4) 间氯甲苯和间溴甲苯

练习 7.5　指出下列各组化合物中哪一个偶极矩最大。

(1) $C_2H_5Cl, C_2H_5Br, C_2H_5I$　(2) CH_3Br, CH_3CH_2Br

(3) $CH_3CH_2CH_3, CH_3CH_2F$　(4) $Cl_2C{=}CCl_2, CH_2{=}CHCl$

7.5 卤代烷的化学性质

在卤代烷分子中,由于卤原子的电负性比碳原子的大,C—X 键是极性共价键,比较容易异裂,使卤代烷能够发生多种反应而转变为其他有机化合物,故卤代烷是重要的有机合成原料。

7.5.1 亲核取代反应

由于卤原子的电负性比碳原子的大,卤原子吸引电子的结果,C—X 键之间的电子云偏向卤原子,使卤原子带有部分负电荷,而碳原子带有部分正电荷,$\overset{\delta+}{C}\rightarrow\overset{\delta-}{C}$。因此,与卤原子直接相连的碳原子,容易与 Lewis 碱(如 RO^-, ^-OH, ^-CN, ROH, H_2O, NH_3 等)结合,而卤原子则带着一对键合电子离去,最后生成产物。上述 Lewis 碱称为亲核试剂(nucleophile, 常用 Nu 表示);反应中被取代的卤原子以 X^-(卤负离子)形式离去,称为离去基团(leaving group, 常用 L 表示)。有机化合物分子中的原子或原子团被亲核试剂所取代的反应,称为亲核取代反应。卤代烷的亲核取代反应可表示如下:

$$Nu^- + -\overset{|}{\underset{|}{C}}{}^{\delta+}-X^{\delta-} \longrightarrow Nu-\overset{|}{\underset{|}{C}}- + X^-$$

(1) 水解　卤代烷与强碱的水溶液共热,则卤原子被羟基(—OH)取代生成醇,称为水解反应。例如:

$$\underset{(混合物)}{C_5H_{11}Cl} + NaOH \xrightarrow[油酸钠,\triangle]{H_2O} \underset{(混合物)}{C_5H_{11}OH} + NaCl$$

这是工业上生产戊醇的方法之一。混合戊醇可用作工业溶剂。由于卤代烷一般由醇制备,故通常不用此法制备醇。当一些复杂分子难引入羟基时,可通过先引入卤原子,然后再水解的方法来实现。

(2) 与醇钠作用　卤代烷与醇钠在相应醇溶液中反应,卤原子被烷氧基(RO—)取代生成醚。例如:

$$CH_3CH_2CH_2CH_2ONa + CH_3CH_2CH_2CH_2Cl \xrightarrow[\triangle]{CH_3(CH_2)_3OH} \underset{丁醚, 60\%}{(CH_3CH_2CH_2CH_2)_2O} + NaCl$$

$$CH_3CH_2CH_2ONa + CH_3CH_2I \xrightarrow[\triangle]{CH_3CH_2CH_2OH} \underset{乙丙醚, 70\%}{CH_3CH_2CH_2-O-CH_2CH_3} + NaI$$

这是制备醚,尤其是混醚的一种常用方法,称为 Williamson 合成法。反应中通常采用卤代甲烷和伯卤代烷,仲卤代烷主要生成消除产物,而叔卤代烷几乎全部生成烯烃。上述生成醚的反应通常在无水条件下进行,所用醇钠由醇与金属钠作用而得。若加入相转移催化剂,则可用醇、卤代烷、氢氧化钠水溶液进行反应。例如:

$$CH_3(CH_2)_7OH + CH_3(CH_2)_3Cl \xrightarrow[\triangle]{NaOH, H_2O, (n-C_4H_9)_4N^+HSO_4^-} \underset{95\%}{CH_3(CH_2)_7-O-(CH_2)_3CH_3}$$

此类反应不仅反应条件温和，且产率一般较高。

对于不同卤原子的卤代烷，卤原子被各种亲核试剂取代的活性次序是 RI > RBr > RCl >> RF。

(3) 与氰化钠(钾)作用 卤代烷与氰化钠或氰化钾作用，则卤原子可被氰基(—CN)取代生成腈(R—CN)。例如：

$$Br(CH_2)_5Br + 2KCN \xrightarrow[\text{回流, 8 h}]{C_2H_5OH,\ H_2O} \underset{\text{庚二腈, 75\%}}{NC(CH_2)_5CN} + 2KBr$$

$$\underset{\displaystyle\ \ \ \ \ \ \ \ |\atop\displaystyle\ \ \ \ \ \ \ \ Cl}{CH_3CH_2CHCH_3} + NaCN \xrightarrow[\text{3 h}]{\text{二甲亚砜, △}} \underset{\displaystyle\ \ \ \ \ \ \ \ |\atop\displaystyle\ \ \ \ \ \ \ \ CN}{CH_3CH_2CHCH_3} + NaCl$$

2-甲基丁腈, 65%~70%

此反应与卤代烷和醇钠等的反应相似，叔卤代烷也主要得到烯烃。但由于 ^{-}CN 碱性较弱，某些仲卤代烷能得到较高产率的取代产物。

卤代烷转变成腈后，分子中增加了一个碳原子，这是有机合成中增长碳链的方法之一。此反应不仅可用于合成腈，而且可通过将氰基转变为其他官能团[如羧基(—COOH)、氨基甲酰基(—$CONH_2$)等]而用于合成其他化合物(如羧酸、酰胺等)。但由于氰化钠(钾)有剧毒，因此其应用受到很大限制。

(4) 与氨作用 卤代烷与氨作用，卤原子被氨基(—NH_2)取代生成伯胺。例如：

$$(CH_3)_2CHCH_2Cl + 2NH_3 \xrightarrow[110\ ^\circ C,\ 3\ h]{C_2H_5OH} \underset{\text{异丁胺, 84\%}}{(CH_3)_2CHCH_2NH_2} + NH_4Cl$$

$$ClCH_2CH_2Cl + \underset{\text{(氨水)}}{4NH_3} \xrightarrow[115\sim120\ ^\circ C,\ 5\ h]{\text{封闭容器}} \underset{\text{乙二胺}}{H_2NCH_2CH_2NH_2} + 2NH_4Cl$$

(5) 卤原子交换反应 在丙酮中，氯代烷和溴代烷分别与碘化钠反应，生成碘代烷。这是由于碘化钠溶于丙酮，而氯化钠和溴化钠不溶于丙酮，从而有利于反应的进行。例如：

$$\underset{\displaystyle\ \ \ \ |\atop\displaystyle\ \ \ \ Br}{CH_3CHCH_3} + NaI \xrightarrow[25\ ^\circ C]{\text{丙酮}} \underset{\displaystyle\ \ \ \ |\atop\displaystyle\ \ \ \ I}{CH_3CHCH_3} + NaBr\downarrow$$

63%

上述反应中，氯代烷和溴代烷的活性次序是 $CH_3X > 1^\circ > 2^\circ > 3^\circ$。碘化钠的丙酮溶液可用于检验氯代烷和溴代烷。另外，还可利用此反应在实验室制备碘代烷。

通过加入相转移催化剂后卤原子交换反应可在水中进行。例如：

$$CH_3(CH_2)_7Br \xrightarrow{KI} \begin{cases} \xrightarrow[80\ ^\circ C,\ 24\ h]{\text{无催化剂},\ H_2O} & <4\% \\ & CH_3(CH_2)_7I + KBr \\ \xrightarrow[80\ ^\circ C,\ 3\ h]{\text{二环己烷并-18-冠-6},\ H_2O} & 100\% \end{cases}$$

相转移催化卤原子交换反应，已用于工业生产。

(6) 与硝酸银作用 卤代烷与硝酸银的乙醇溶液反应，生成卤化银沉淀：

$$R—X + AgNO_3 \xrightarrow{C_2H_5OH} R—O—NO_2 + AgX\downarrow$$

硝酸酯

不同的卤代烷,其活性次序也是 RI > RBr > RCl。当卤原子相同而烷基结构不同时,其活性次序为 3° > 2° > 1° > CH_3X。叔卤代烷反应最快,马上产生沉淀;仲卤代烷次之,几分钟后产生沉淀;伯卤代烷更慢,通常需要较长时间或加热反应才能进行。此反应可用于卤代烷的定性分析。

练习 7.6　试由卤代烷和醇及必要的无机试剂合成叔丁基甲基醚 [$CH_3—O—C(CH_3)_3$] (所用原料自选)。

练习 7.7　试用化学方法鉴别下列各组化合物:

(1) 1-氯丁烷、2-氯丁烷、2-氯-2-甲基丙烷

(2) 1-氯戊烷、1-溴丁烷、1-碘丙烷

练习 7.8　写出溴代环己烷分别与下列试剂反应时的主要产物。

(1) KOH/H_2O　　(2) CH_3CH_2ONa/乙醇, 加热　　(3) $AgNO_3$/乙醇

(4) NaCN/水-乙醇　　(5) $NaSCH_3$　　(6) NaI/丙酮

7.5.2　消除反应

在卤代烷分子中,由于卤原子的吸电子诱导效应,不仅使 α-碳原子带有部分正电荷,β-碳原子也受到一定影响,而带有更少量的正电荷。因此,β-C—H 键上的电子云密度偏向碳原子,从而使 β-氢原子具有一定的酸性,在强碱性试剂的进攻下容易失去。因此卤代烷与强碱 (如 NaOH) 反应时,既能得到取代产物醇,也能生成脱去卤化氢的产物烯烃:

$$—\overset{1|}{\underset{X}{\overset{\alpha|}{C}}}—\overset{2|}{\underset{H}{\overset{\beta|}{C}}}— \xrightarrow[H_2O]{NaOH} \begin{cases} \xrightarrow[-X^-]{\text{取代反应}} —\underset{HO}{\overset{|}{C}}—\underset{H}{\overset{|}{C}}— \\ \xrightarrow[-HX]{\text{消除反应}} \gt C=C \lt \end{cases}$$

这种从一个分子中脱去两个原子或基团的反应,称为消除反应。卤代烷脱去卤化氢,是从相邻两个碳原子上各脱去一个原子,即从 α(1)-碳原子上脱去卤原子,从 β(2)-碳原子上脱去氢原子,形成不饱和键 (C═C 键)。这种消除反应称为 α,β-消除反应,简称 β-消除反应,亦称 1,2-消除反应。这是一种最常见的消除反应。

(1) 脱卤化氢　伯卤代烷与稀碱的水溶液共热时,主要发生卤原子被羟基取代的反应生成醇;而与浓碱的醇溶液在更高的温度反应时,则主要发生消除反应生成烯烃。例如:

$$CH_3CH_2CH_2CH_2Br \begin{cases} \xrightarrow[\text{水}]{\text{稀 NaOH}, \triangle} CH_3CH_2CH_2CH_2OH \\ \xrightarrow[\text{醇}]{\text{浓 KOH}, \triangle} CH_3CH_2CH═CH_2 + \text{醇、醚等其他产物} \end{cases}$$

卤代烷与碱作用,既可发生取代反应,也可发生消除反应,它们是两个相互竞争的平行反应。究竟以何者为主,与诸多因素有关,如卤代烷的结构、碱的强度、溶剂的性质和反应温度等,在本章 7.8 节将做进一步介绍。

与伯卤代烷不同,仲或叔卤代烷更易发生消除反应且有两种或多种不同的β-氢原子可发生消除,那么主要消除哪一种氢原子呢?实验证明,卤代烷脱卤化氢时,通常情况下氢原子主要是从含氢较少的β-碳原子上脱去,生成双键碳原子上连有较多取代基的烯烃。这是一条经验规律,称为 Saytzeff 规则。例如:

$$\underset{\substack{| \\ H}}{CH_3CH}-\underset{\substack{| \\ Br}}{CH}-\underset{\substack{| \\ H}}{CH_2} \xrightarrow[\text{或 KOH, } C_2H_5OH]{C_2H_5ONa,\ C_2H_5OH} \underset{81\%}{CH_3CH=CHCH_3} + \underset{19\%}{CH_3CH_2CH=CH_2}$$

$$\underset{\substack{| \\ H}}{CH_3CH}-\overset{\substack{CH_3 \\ |}}{\underset{\substack{| \\ Br}}{C}}-\underset{\substack{| \\ H}}{CH_2} \xrightarrow[25\ ^\circ C]{C_2H_5ONa,\ C_2H_5OH} \underset{80\%}{CH_3CH=\overset{\substack{CH_3 \\ |}}{C}-CH_3} + \underset{20\%}{CH_3CH_2-\overset{\substack{CH_3 \\ |}}{C}=CH_2}$$

然而,消除反应的取向不一定总是按照 Saytzeff 规则进行的,在某些情况,如强碱或大体积碱存在下,主要从含氢较多的β-碳原子上脱去氢原子,生成取代较少的烯烃。这种消除取向称为 Hofmann 消除,见第十五章 15.6 节。例如:

$$\underset{\substack{| \\ H}}{CH_3CH}-\overset{\substack{CH_3 \\ |}}{\underset{\substack{| \\ Br}}{C}}-\underset{\substack{| \\ H}}{CH_2} \xrightarrow{t\text{-BuOK}} \underset{72\%}{CH_3CH_2-\overset{\substack{CH_3 \\ |}}{C}=CH_2} + \underset{28\%}{CH_3CH=\overset{\substack{CH_3 \\ |}}{C}-CH_3}$$

偕二卤代烷(两个卤原子连接在同一个碳原子上)和邻二卤代烷(两个卤原子分别连接在两个相邻碳原子上)若部分脱卤化氢,则生成乙烯型卤代烃。例如:

$$\text{(O)} \xrightarrow{PCl_5} \text{(Cl, Cl)} \xrightarrow{(C_2H_5)_3N} \text{(Cl)}$$

$$\underset{\substack{| \\ Cl}}{CH_2}-\underset{\substack{| \\ Cl}}{CH}-\underset{\substack{| \\ Cl}}{CH_2} \xrightarrow{NaOH,\ C_2H_5OH-H_2O} \underset{69\%}{\underset{\substack{| \\ Cl}}{CH_2}-\underset{\substack{| \\ Cl}}{C}=CH_2}$$

这是制备乙烯型卤代烃及其衍生物的一种方法。

偕二卤代烷和邻二卤代烷还可以脱去两分子卤化氢生成炔烃,尤其是邻二卤代烷脱两分子卤化氢是制备炔烃的一种有用的方法,因为邻二卤代烷很容易由相应的烯烃得到。例如:

$$(CH_3)_3CCH_2CHCl_2 \xrightarrow[\text{液 } NH_3,\ -33\ ^\circ C]{3\ NaNH_2} (CH_3)_3CC\equiv CNa \xrightarrow{H_2O} \underset{56\%\sim 60\%}{(CH_3)_3CC\equiv CH}$$

$$C_6H_5\underset{\substack{| \\ Br}}{CH}-\underset{\substack{| \\ Br}}{CH}C_6H_5 \xrightarrow[\triangle]{KOH,\ C_2H_5OH} \underset{69\%}{C_6H_5C\equiv CC_6H_5}$$

上述脱卤化氢的反应一般分两步进行，首先生成乙烯型卤代烃，它很不活泼，常需要更强烈条件才能进一步脱卤化氢，且卤原子与氢原子处于反式时反应速率较快。例如:

$$\underset{H}{\overset{H_3C}{}}\!\!>C=C<\!\!\underset{CH_3}{\overset{Br}{}} \xrightarrow[\text{快}]{KOH} CH_3C\equiv CCH_3 \xleftarrow[\text{慢}]{KOH} \underset{H_3C}{\overset{H}{}}\!\!>C=C<\!\!\underset{CH_3}{\overset{Br}{}}$$

某些邻二卤代烷脱卤化氢时，也可能生成共轭二烯烃。例如:

$$\text{反-1,2-二溴环己烷} \xrightarrow[110\ ^\circ C]{\text{异丙醇钾, 三甘醇二甲醚}} \text{1,3-环己二烯}\ (55\%)$$

(2) 脱卤素　邻二卤代烷与锌粉在乙酸或乙醇中反应，或与碘化钠的丙酮溶液反应，则脱去卤素生成烯烃。例如:

$$CH_3\underset{Br}{CH}-\underset{Br}{CH}CH_3 \xrightarrow[\text{或 NaI, 丙酮}]{Zn,\ \text{乙醇}} \underset{80\%}{CH_3CH=CHCH_3}$$

利用此反应可以在化合物分子中引入双键，但很少用来制备简单烯烃，因为邻二卤代物通常由烯烃与卤素加成而得。在有机合成中可利用加卤素然后再脱卤素的方法来保护双键，也可用于分离提纯烯烃。

另外，两个卤原子相距较远的二卤代烷与锌或钠作用，则发生分子内偶联，脱去卤原子生成环烷烃。此反应可用来合成小环环烷烃(大环产率很低)。例如:

$$BrCH_2CH_2CH_2Br + Zn \xrightarrow[\triangle]{NaI,\ \text{乙醇}} \underset{80\%}{\triangle} + ZnBr_2$$

$$Br-\Diamond-Cl + 2Na \xrightarrow[\text{回流}]{1,4-\text{二氧六环}} \underset{78\%\sim94\%}{\text{双环[1.1.0]丁烷}} + NaCl + NaBr$$

这是制备环丙烷及其衍生物的重要方法之一。

练习 7.9　写出下列反应的主要产物:

(1) $CH_3CH_2\underset{CH_3}{CH}-\underset{Br}{CH}CH_2CH_3 \xrightarrow[\text{乙醇}, \triangle]{KOH}$　　(2) 1-甲基-1-溴环己烷 $\xrightarrow[\text{乙醇}, \triangle]{KOH}$

(3) $CH_3CHBrCH_2CH_2CHBrCH_3 + 2NaOH \xrightarrow[\triangle]{\text{醇}}$

(4) $CH_3CCl_2CH_2CH_2CH_3 + 2NaOH \xrightarrow[\triangle]{\text{醇}}$

(5) $CH_2=CHCH_2\underset{Br}{CH}CH(CH_3)_2 \xrightarrow[\text{乙醇}, \triangle]{NaOH}$

(6) $CH_3CH(Cl)CH{=}CH_2 \xrightarrow[C_2H_5OH]{浓\ C_2H_5ONa}$

(7) $C_6H_5CH(Br)CH_2Br \xrightarrow[液氨]{NaNH_2}$

(8) $CH_3CH(CH_2Br)CH_2Br \xrightarrow[\triangle]{Zn}$

(9) $CH(Br){=}CH(Br) \xrightarrow[\triangle]{Zn}$

(10) 1-氯-1-甲基环己烷 $\xrightarrow{t\text{-}BuOK}$

7.5.3 与金属反应

卤代烷能与 Li, Na, Mg 和 Zn 等金属作用,生成金属有机化合物,用 R—M 表示。由于金属的电负性一般比碳原子的小,因此 C—M 键一般是极性共价键,金属原子带有部分正电荷,而与之相连的碳原子则带有部分负电荷,$\overset{\delta-}{C}—\overset{\delta+}{M}$。C—M 键比较容易断裂,化学性质活泼,能与多种化合物发生反应。许多金属有机化合物可用作有机合成试剂,也可用作有机反应的催化剂,在有机化学和合成工业中具有重要用途。近年来,金属有机化学已发展成为有机化学的一个重要分支。本章简要介绍有机镁和有机锂。

(1) 与镁反应 卤代烷与金属镁在无水乙醚中反应,生成卤化烷基镁。例如:

$$CH_3CH_2Br + Mg \xrightarrow{乙醚,回流} \underset{97\%}{CH_3CH_2MgBr}$$

$$CH_3CH_2—C(CH_3)_2—Cl + Mg \xrightarrow{乙醚,回流} \underset{74\%}{CH_3CH_2—C(CH_3)_2—MgCl}$$

除卤代烷以外,其他卤代烃也能与镁反应生成卤化烃基镁。卤化烃基镁又称 Grignard 试剂,它的发现与应用极大地促进了有机化学的进步。因此,其发现者 Grignard V 获得了 1912 年诺贝尔化学奖。

制备 Grignard 试剂时,卤代烷的活性次序是碘代烷 > 溴代烷 > 氯代烷,其中碘代烷因价格高及较易发生偶联副反应而不常用;但制备卤化甲基镁时常使用碘甲烷,因为溴甲烷和氯甲烷都是气体,在实验室使用不太方便。另外, Grignard 试剂的产率次序一般是伯卤代烷 > 仲卤代烷 > 叔卤代烷,因为随着 β-氢原子增多及空间效应增大,消除反应增加。常用溶剂除乙醚外,还有四氢呋喃 (tetrahydrofuran, 缩写为 THF)、其他醚 (如丁醚、苯甲醚等)、苯和甲苯等,其中以乙醚和四氢呋喃最佳,因为乙醚和四氢呋喃是 Lewis 碱,有机镁是 Lewis 酸,所以在乙醚或四氢呋喃溶液中, Grignard 试剂通过溶剂化形成络合物而稳定。例如:

$$(C_2H_5)_2O \rightarrow \underset{X}{\overset{R}{Mg}} \leftarrow O(C_2H_5)_2$$

Grignard 试剂能与二氧化碳、醛、酮和酯等多种化合物反应, 将在后续章节中加以讨论。

在制备和使用 Grignard 试剂时, 需注意以下问题:

(a) Grignard 试剂很活泼, 能吸收空气中的氧气而被氧化, 其氧化产物经水解生成醇:

$$\mathrm{RMgX} + \frac{1}{2}\mathrm{O_2} \longrightarrow \mathrm{ROMgX} \xrightarrow{\mathrm{H_2O}} \mathrm{ROH} + \mathrm{Mg(OH)X}$$

因此在制备和使用 Grignard 试剂时, 应在惰性气体保护下进行; 制得后立即用于下一步反应。

(b) Grignard 试剂能与含有活泼氢的化合物 (如酸、水、醇和氨等) 作用而被分解为烃:

$$\mathrm{RMgX} \begin{cases} \xrightarrow{\mathrm{HX}} \mathrm{RH} + \mathrm{MgX_2} \\ \xrightarrow{\mathrm{HOH}} \mathrm{RH} + \mathrm{Mg(OH)X} \\ \xrightarrow{\mathrm{HOR'}} \mathrm{RH} + \mathrm{Mg(OR')X} \\ \xrightarrow{\mathrm{HNH_2}} \mathrm{RH} + \mathrm{Mg(NH_2)X} \\ \xrightarrow{\mathrm{HC{\equiv}CR'}} \mathrm{RH} + \mathrm{R'C{\equiv}CMgX} \end{cases}$$

例如:

$$n\text{-}\mathrm{C_{18}H_{37}Br} \xrightarrow[\text{乙醚}]{\mathrm{Mg}} n\text{-}\mathrm{C_{18}H_{37}MgBr} \xrightarrow{\mathrm{H_2O}} \underset{60\%\sim70\%}{n\text{-}\mathrm{C_{18}H_{38}}} + \mathrm{Mg(OH)Br}$$

因此, 在制备和使用 Grignard 试剂时, 应避免混入含有活泼氢的化合物。例如, 在实验室制备 Grignard 试剂时, 所有的试剂、溶剂和所使用的仪器均需保证干燥无水, 否则将影响产率, 甚至使反应不能进行。

然而, 在某些情况下, Grignard 试剂与活泼氢的反应是有用的。例如, 上式中 Grignard 试剂与端炔烃的反应可用来制备卤化炔基镁 (卤代炔烃难以直接获得), 这是由含有活泼氢的化合物间接制备 Grignard 试剂的一种方法。

$$\mathrm{RC{\equiv}CH} + \mathrm{CH_3CH_2MgBr} \xrightarrow[\text{乙醚}]{} \mathrm{RC{\equiv}CMgBr} + \mathrm{CH_3CH_3}\uparrow$$

(c) Grignard 试剂是强碱, 易使叔或仲卤代烃发生消除反应。例如:

$$\mathrm{(CH_3)_3CCl} \xrightarrow[\text{乙醚}]{\mathrm{Mg,\ 10\ ^\circ C}} \mathrm{(CH_3)_3CMgCl} \xrightarrow{\mathrm{(CH_3)_3CCl}} \mathrm{(CH_3)_2C{=}CH_2} + \mathrm{(CH_3)_3CH} + \mathrm{MgCl_2}$$

在制备 Grignard 试剂时, 为减少上述副反应, 可将卤代烃慢慢向镁和乙醚溶液中滴加, 以减少生成的 Grignard 试剂与卤代烃接触的机会。

(d) 所用原料卤代烃的 β-碳原子上不能连有卤原子或烷氧基 (—OR), 否则将发生消除反应生成烯烃。例如:

$$\mathrm{Br{-}CH_2{-}CH_2{-}Br} \xrightarrow[\text{乙醚}]{\mathrm{Mg}} \mathrm{Br{-}CH_2{-}CH_2{-}MgBr} \longrightarrow \mathrm{CH_2{=}CH_2} + \mathrm{MgBr_2}$$

(e) 由卤代烃的衍生物制备 Grignard 试剂时, 分子中一般不能含有羰基、酯基、硝基或氰基等能与 Grignard 试剂反应的基团。

练习 7.10 完成下列反应式:

(1) $(CH_3)_3CCl + Mg \xrightarrow[\text{回流}]{\text{乙醚}}$ (2) $CH_3CH_2MgI + CH_3OH \longrightarrow$

(3) 环戊二烯 $+ C_2H_5MgBr \xrightarrow{\text{苯}}$ (4) $C_2H_5C{\equiv}CH + ? \xrightarrow{\text{乙醚}} C_2H_5C{\equiv}CMgBr + C_2H_6$

练习 7.11 用下列化合物能否制备 Grignard 试剂? 为什么?

(1) $HOCH_2CH_2Br$ (2) $HC{\equiv}CCH_2CH_2Br$

(3) $CH_3{-}\underset{\underset{O}{\|}}{C}{-}CH_2Br$ (4) $CH_3CH_2\underset{\underset{OCH_3}{|}}{C}HCH_2Br$

(2) 与锂反应 在惰性溶剂(如戊烷、石油醚和乙醚等)中, 金属锂与卤代烃反应生成烃基锂, 也称为有机锂。例如:

$$CH_3(CH_2)_2CH_2Br + 2Li \xrightarrow{\text{乙醚}, -20\sim-10\ ^\circ C} \underset{80\%\sim90\%}{CH_3(CH_2)_2CH_2Li} + LiBr$$

$$(CH_3)_3CCl + 2Li \xrightarrow[\text{5 h}]{\text{戊烷, 回流}} \underset{80\%}{(CH_3)_3CLi} + LiCl$$

反应通常使用氯代烃和溴代烃, 其中溴代烃较活泼。烃基锂也能被空气氧化(遇空气可以自燃), 遇水(或其他含有活泼氢的化合物)分解, 因此在制备和使用时, 需用氮气或氩气保护。

烃基锂也能与二氧化碳、醛、酮、酯及含有活泼氢的化合物等反应。烃基锂与含有活泼氢的化合物的反应, 可用来制备新的有机锂化合物, 称为金属化反应, 这也是制备有机锂的一种方法。一般用于金属化反应的有机锂试剂为丁基锂和苯基锂等。例如:

$$\text{环戊二烯(C上 H, H)} + C_6H_5Li \xrightarrow{\text{乙醚}} \text{环戊二烯(C上 H, Li)} + C_6H_6$$

由于锂原子的电负性比镁原子的小, C—Li 键比 C—Mg 键的极性更强, 与之相连的碳原子带有更多的负电荷, 其性质更像碳负离子, 因此有机锂试剂比 Grignard 试剂具有更高的反应活性。而且有机锂试剂反应时副反应较少, 因此在有机合成中越来越被人们所重视, 有些已代替 Grignard 试剂, 被广泛用于有机合成及催化聚合等领域。

烃基锂与卤化亚铜反应生成二烃基铜锂。

$$2RLi + CuX \xrightarrow[N_2]{\text{乙醚}} R_2CuLi + LiX$$

(R = 烷基、乙烯基、烯丙基、芳基; X = I, Br, Cl)

例如:

$$2CH_3Li + CuI \xrightarrow[-20\ ^\circ C,\ N_2]{\text{乙醚}} (CH_3)_2CuLi + LiI$$

$$2CH_3CH_2\underset{\underset{CH_3}{|}}{CH}—Li + CuI \xrightarrow[N_2]{乙醚} (CH_3CH_2\underset{\underset{CH_3}{|}}{CH}\!\!\rightarrow\!\!)_2CuLi + LiI$$

二烃基铜锂中只存在极性较小的 C—Cu 键，其活性明显低于 Grignard 试剂和有机锂试剂，因此二烃基铜锂在有机合成中有特殊用途。二烃基铜锂中的烃基是更软的碱，容易与卤代烃发生偶联反应。例如，二烷基铜锂可与卤代烷反应生成烷烃，这是制备烷烃的一种方法，称为 Corey-House 合成。例如：

$$[CH_3(CH_2)_3]_2CuLi + 2CH_3(CH_2)_6Cl \xrightarrow[0\ ^\circ C]{乙醚} \underset{75\%}{2CH_3(CH_2)_9CH_3} + LiCl + CuCl$$

$$(CH_3)_2CuLi + CH_3(CH_2)_4I \xrightarrow[25\ ^\circ C]{乙醚} \underset{98\%}{CH_3(CH_2)_4CH_3} + CH_3Cu + LiI$$

由于有机铜锂试剂具有碱性，反应中的卤代烷以卤代甲烷和伯卤代烷为佳，叔卤代烷在此条件下易消除。除卤代烷外，乙烯型、烯丙型、苯基型和苄基型卤代烃也能发生上述反应。另外，分子中含有羰基、酯基、羟基、氰基和孤立双键等的卤代烃的衍生物，也能发生此反应，并且这些官能团不受影响。例如：

$$C_2H_5\underset{\underset{CH_3}{|}}{C}{=}CHCH_2CH_2\underset{\underset{I}{|}}{C}{=}CHCH_2OH \xrightarrow{(C_2H_5)_2CuLi} C_2H_5\underset{\underset{CH_3}{|}}{C}{=}CHCH_2CH_2\underset{\underset{C_2H_5}{|}}{C}{=}CHCH_2OH \quad (>65\%)$$

练习 7.12　完成下列反应式：

(1) $CH_3CH_2Br + 2Li \longrightarrow$

(2) $CH_3(CH_2)_3C{\equiv}CH \xrightarrow{CH_3(CH_2)_3Li}$

(3) ▷—Br + 2Li ⟶ (环丙基溴)

(4) 7,7-二溴双环[4.1.0]庚烷 $\xrightarrow{(CH_3)_2CuLi}$

(5) $n\text{-}C_5H_{11}Br + [(CH_3)_3C]_2CuLi \longrightarrow$

(6) $CH_3(CH_2)_9I \xrightarrow{(CH_3)_2CuLi}$

7.6　亲核取代反应机理

饱和碳原子上的亲核取代反应，是指饱和碳原子上的一个原子或基团被亲核试剂取代的化学过程。可用通式表示如下：

$$Nu^- + R—L \longrightarrow Nu—R + L^-$$

在此反应中，旧键的断裂和新键的生成可能有两种情况：

(a) 原有的旧键断裂后，新键生成，即反应分两步进行：

$$—\overset{|}{\underset{|}{C}}—L \xrightarrow{-L^-} —\overset{|}{\underset{|}{C}}{}^+ \xrightarrow{Nu^-} —\overset{|}{\underset{|}{C}}—Nu$$

动力学研究发现,这类反应的反应速率 $v=k[\mathrm{RL}]$,即反应速率只与反应物的浓度有关。由于只有反应物参与了速控步,因此称为单分子亲核取代反应。

(b) 新键的形成和旧键的断裂同时进行,即反应一步完成:

$$\mathrm{Nu^-} + -\overset{|}{\underset{|}{\mathrm{C}}}-\mathrm{L} \longrightarrow \left[\mathrm{Nu}\cdots\overset{|}{\underset{|}{\mathrm{C}}}\cdots\mathrm{L}\right]^{\neq} \longrightarrow \mathrm{Nu}-\overset{|}{\underset{|}{\mathrm{C}}}- + \mathrm{L^-}$$

这类反应的反应速率 $v=k[\mathrm{RL}][\mathrm{Nu^-}]$,即反应速率与反应物的浓度和亲核试剂的浓度均有关。由于反应物和亲核试剂两者都参与了反应速控步,因此称为双分子亲核取代反应。

饱和碳原子上的亲核取代反应,通常按上述两种反应机理进行:双分子亲核取代反应机理(S_N2 机理)和单分子亲核取代反应机理(S_N1 机理)。1 和 2 分别表示单分子和双分子;N(nucleophilic 的字首)表示亲核的;S(substitution 的字首)表示取代。

人物:
Ingold C

7.6.1　双分子亲核取代反应(S_N2)机理

实验表明,溴甲烷在碱水溶液中的水解反应,其反应速率与溴甲烷和碱的浓度都成正比。

$$\mathrm{CH_3Br} + {}^-\mathrm{OH} \longrightarrow \mathrm{CH_3OH} + \mathrm{Br^-}$$
$$v=k[\mathrm{CH_3Br}][{}^-\mathrm{OH}]$$

这说明 CH_3Br 和 ^-OH 都参与了反应的速控步,因此认为,在离去基团溴原子离开碳原子(亦称中心碳原子)的同时,亲核试剂 ^-OH 也与中心碳原子发生部分键合,即 C—Br 键的断裂与 C—O 键的形成是同时进行的。反应进行到一定程度时,C—Br 键还未完全断裂,C—O 键尚未彻底形成,体系的能量最高,称为过渡态(图 7-1 中能量曲线上的 *T* 点)。反应继续进行,最后 C—Br 键完全断裂,C—O 键完全形成,生成产物。整个反应过程一步完成,反应机理及反应进程中的能量变化如下所示:

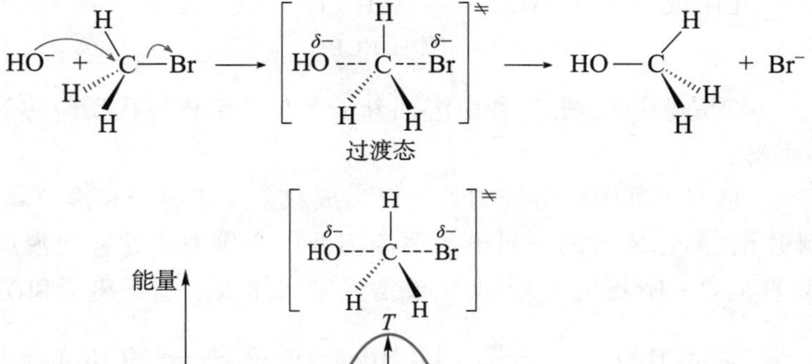

动画:
S_N2 反应
机理

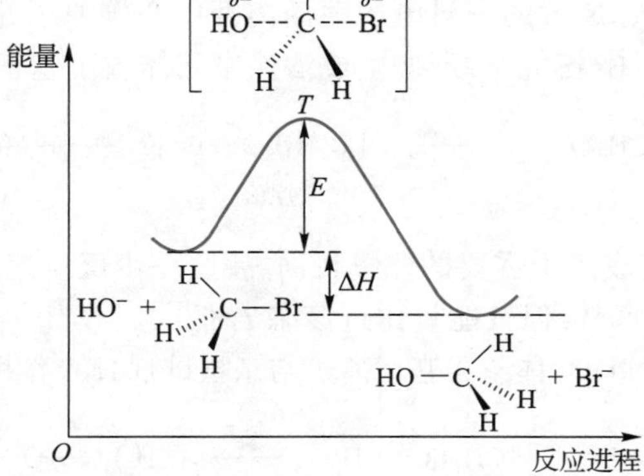

图 7-1　溴甲烷水解反应的能量曲线

量子力学计算表明,在溴甲烷的碱性水解过程中,亲核试剂 ^-OH 从离去基团溴原子的背面进攻中心碳原子,因为从此方向进攻,^-OH 受溴原子的电子效应和空间效应影响较小,所需的能量最低。生成产物后,羟基处于原来溴原子的对面,即产物的构型发生了翻转,亦称 Walden 转化。但是这种构型翻转,只有当中心碳原子是手性碳原子时,才能观察到。例如,(*S*)-2-氯十二烷在稀碱水溶液中水解得到(*R*)-十二-2-醇。

$$(n\text{-}C_{10}H_{21})(H)(CH_3)C\text{—}Cl \xrightarrow[2\ h,\ 250\ ^\circ C,\ 5\ MPa]{NaOH,\ H_2O} HO\text{—}C(C_{10}H_{21}\text{-}n)(H)(CH_3)$$

66%

总之,S_N2 反应的立体化学特征是:反应过程中发生了构型翻转。

练习 7.13　完成下列反应式(用构型式表示)。

(1) $(H)(n\text{-}C_6H_{13})(CH_3)C\text{—}Br \xrightarrow{HS^-}$
(*R*)-2-溴辛烷

(2) 1-Br,1-H,3-H,3-CH_3 环己烷 $\xrightarrow[丙酮]{NaSCN}$
(1*S*, 3*R*)-1-溴-3-甲基环己烷

(3) (*S*)- $F\text{—}CH(Br)\text{—}CH_2CH_2CH_3 \xrightarrow{EtONa}$

7.6.2　单分子亲核取代反应 (S_N1) 机理

实验表明,叔丁基溴在极性溶剂(如水、乙醇等)中的亲核取代反应,其反应速率只与叔丁基溴的浓度成正比,这说明只有叔丁基溴参与了反应的速控步。例如,叔丁基溴在水中的反应:

$$(CH_3)_3C\text{—}Br + 2H_2O \longrightarrow (CH_3)_3C\text{—}OH + H_3O^+ + Br^-$$

$$v = k[(CH_3)_3CBr]$$

反应中溶剂(水)是亲核试剂,这种由溶剂分子参与的亲核取代反应称为溶剂解;溶剂为水时则称为水解。

反应的第一步是叔丁基溴在溶剂中首先解离成叔丁基正离子和溴负离子。在解离过程中,C—Br 键逐渐伸长,成键的一对电子逐渐离开中心碳原子并移向溴原子,经过渡态 T_1 后继续解离,直至 C—Br 键完全断裂,生成活性中间体叔丁基正离子和溴负离子。

$$第一步\qquad (CH_3)_3C\text{—}Br \xrightarrow{慢} [(CH_3)_3\overset{\delta+}{C}\cdots\overset{\delta-}{Br}]^{\neq} \longrightarrow (CH_3)_3\overset{+}{C} + Br^-$$

过渡态 T_1

由于 C—Br 共价键解离成离子需要的能量较高,故这一步反应速率慢。叔丁基正离子是一个能量较高的活性中间体,但其能量比过渡态 T_1 低。

反应的第二步是活性中间体叔丁基正离子与亲核试剂 H_2O 作用,生成质子化的叔丁醇:

$$第二步\qquad (CH_3)_3\overset{+}{C} + H_2\ddot{O} \xrightarrow{快} (CH_3)_3C\text{—}\overset{+}{O}(H)\text{—}H$$

由于叔丁基正离子的能量较高而有较大的活性，它与水分子的结合只需较少的能量，因而反应很快。

反应的第三步则是质子化的叔丁醇快速将质子转移给 Br^- 或 H_2O，得到产物叔丁醇。

第三步 $(CH_3)_3C—\overset{+}{O}(H)—H + H_2\ddot{O} \xrightarrow{快} (CH_3)_3C—OH + H_3O^+$

反应进程中的能量变化如图 7-2 所示。

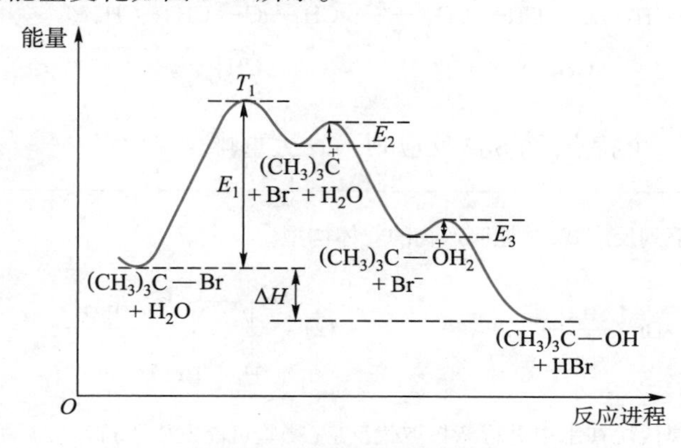

图 7-2 叔丁基溴水解反应的能量曲线

由图 7-2 可以看出，第一步反应所需的活化能 E_1，比后两步反应所需的活化能大很多，因此第一步是反应的速控步。由于在速控步中只有反应物（如叔丁基溴）参加，所以将按这种机理进行的反应，称为单分子亲核取代反应（S_N1）。

S_N1 反应的活性中间体是碳正离子，其中心碳原子为 sp^2 杂化，具有平面构型。当亲核试剂与之反应时，可以从平面的两侧机会均等地进攻中心碳原子。因此，对于中心碳原子是手性碳原子的反应物（有旋光性），反应后中心碳原子虽然仍为手性碳原子，但所得产物是由等物质的量的两种构型相反的化合物组成的外消旋混合物。区别于 S_N2 反应的立体化学特征——构型翻转，S_N1 反应的立体化学特征是外消旋化。例如：

(S)-(1-氯乙基)苯 $\xrightarrow[80\%\ 丙酮]{20\%,\ H_2O}$ [平面构型碳正离子 H_3C、C_6H_5、H] Cl $\xrightarrow[-HCl]{H_2O}$ (S)-α-苯乙醇（构型保持，49%）+ (R)-α-苯乙醇（构型翻转，51%）

(S)-(1-氯乙基)苯　　平面构型　　(S)-α-苯乙醇 构型保持，49%　　(R)-α-苯乙醇 构型翻转，51%

值得注意的是，绝对的 S_N1 反应（外消旋化）和 S_N2 反应（构型翻转）代表亲核取代反应的两种极端情况，大多数亲核取代反应往往介于两者之间，即外消旋化伴随着某种程度的构型翻转。例如：

$$n-C_5H_{11}—\underset{Br}{\underset{|}{CH}}—CH_3 \xrightarrow{CH_3OH-H_2O} n-C_5H_{11}—\underset{OCH_3}{\underset{|}{CH}}—CH_3 + n-C_5H_{11}—\underset{OH}{\underset{|}{CH}}—CH_3$$

旋光性物质　　74%构型翻转 26%外消旋化　　68%构型翻转 32%外消旋化

另外，由于 S_N1 反应生成碳正离子中间体，而越稳定的碳正离子越容易生成，因此反应按 S_N1 机理进行时，常伴有重排反应发生。例如:

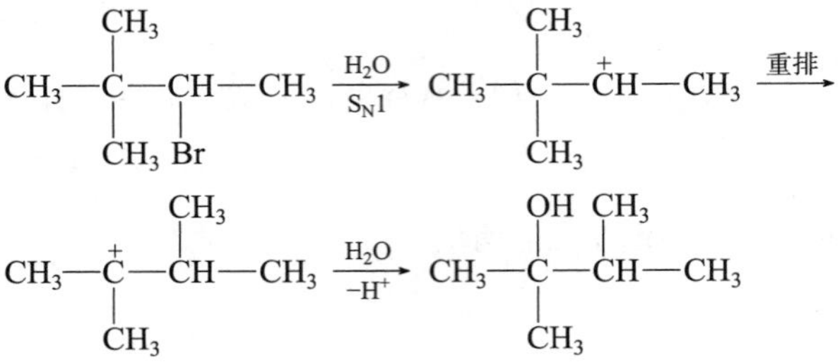

$$(CH_3)_3C-CHBr-CH_3 \xrightarrow[S_N1]{H_2O} (CH_3)_3C-\overset{+}{C}H-CH_3 \xrightarrow{\text{重排}}$$

$$(CH_3)_2\overset{+}{C}-CH(CH_3)-CH_3 \xrightarrow[-H^+]{H_2O} (CH_3)_2C(OH)-CH(CH_3)-CH_3$$

这是 S_N1 反应的另一个特点，而 S_N2 反应则不发生重排。

练习 7.14　完成下列反应式，并注明产物的立体构型。

(1) 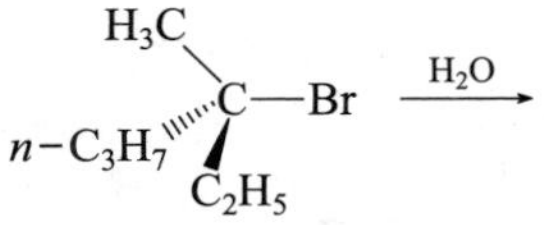 H_3C、$n-C_3H_7$、C_2H_5、Br 连于手性碳 C 上 $\xrightarrow{H_2O}$　　(2) 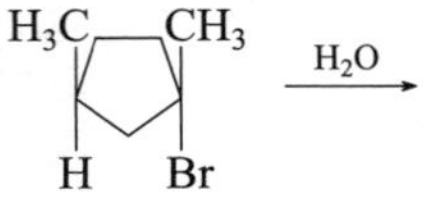 1-溴-1,3-二甲基环戊烷（H_3C、H；CH_3、Br） $\xrightarrow{H_2O}$

练习 7.15　下列溴代烷在水中进行亲核取代反应，哪些可能发生重排反应？写出重排产物。

(1) 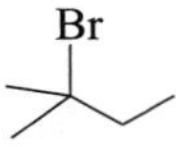 Br　(2) 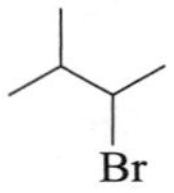 Br　(3)  Br　(4) 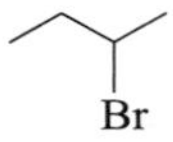 Br　(5) 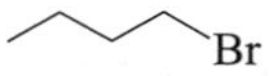 Br

---

7.6.3　分子内亲核取代反应机理　邻基效应

上述讨论的均为分子间的亲核取代反应，如果亲核试剂与离去基团处于同一分子内，亦可发生分子内的亲核取代反应。例如，与氯乙烷和碱反应生成醇不同，2-氯乙醇与适量的碱反应生成环氧乙烷。

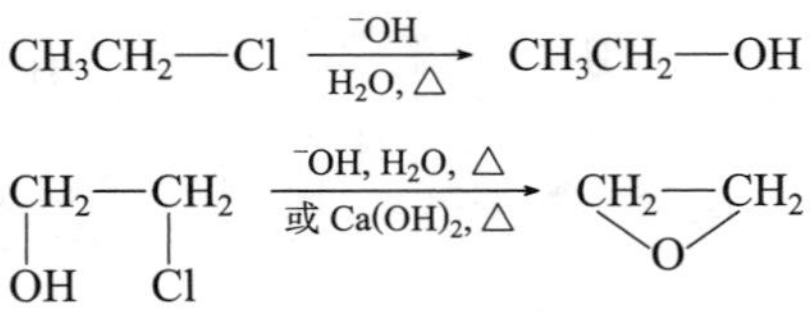

$$CH_3CH_2-Cl \xrightarrow[H_2O,\ \triangle]{^-OH} CH_3CH_2-OH$$

$$\underset{OH}{CH_2}-\underset{Cl}{CH_2} \xrightarrow[\text{或 } Ca(OH)_2,\ \triangle]{^-OH,\ H_2O,\ \triangle} \underset{\diagdown O \diagup}{CH_2-CH_2}$$

在 2-氯乙醇与 ^-OH 的反应中，因为 ^-OH 既是亲核试剂又是强碱，它与醇羟基的活泼氢反应，远比进攻与氯原子相连的中心碳原子发生取代反应容易。因此反应首先是 2-氯乙醇中的羟基与强碱作用失去质子形成氧负离子，然后氧负离子进攻中心碳原子，发生分子内的亲核取代反应，生成环氧乙烷。分子内的氧负离子比外界的 ^-OH 进攻中心碳原子更有利，因为它在分子内距中心碳原子较近，且与氯原子处于反式共平面的相互位置，更有利于从氯原子的背面进攻中心碳原子:

$$\underset{\text{OH}}{\text{CH}_2}\text{—}\overset{\text{Cl}}{\text{CH}_2} \xrightarrow[-H_2O]{^-OH} \underset{\text{O}^-}{\text{CH}_2}\text{—}\overset{\text{Cl}}{\text{CH}_2} \xrightarrow{-Cl^-} \text{CH}_2\text{—CH}_2 \text{(O)}$$

反式共平面构象

这是一种分子内类 S_N2 反应(熵变较小),它远比分子间 S_N2 反应(熵变较大)有利。像这种同一分子内,一个基团参与并制约和反应中心原子相连的另一个基团所发生的反应,称为邻基参与。它是分子内基团之间相互作用所产生的效应,又称邻基效应。像上述反应那样,反应后生成环状化合物是邻基参与的特点之一。

分子内类 S_N2 反应与分子间 S_N2 反应相比,反应速率明显加快。例如,1-氯己烷和2-氯二乙硫醚分别进行水解反应(S_N2 反应),2-氯二乙硫醚比1-氯己烷快 3×10^3 倍。

$$CH_3CH_2SCH_2CH_2Cl + H_2O \xrightarrow{k} CH_3CH_2SCH_2CH_2OH$$

2-乙硫基乙醇

$$CH_3CH_2CH_2CH_2CH_2CH_2Cl + H_2O \xrightarrow{k'} CH_3CH_2CH_2CH_2CH_2CH_2OH$$

己-1-醇

$$k : k' = 3\times10^3 : 1$$

2-氯二乙硫醚之所以比1-氯己烷的水解速率快很多,是邻基参与的结果。邻基参与使反应速率加快,这是邻基参与的又一特点。

$$H_5C_2\text{—}\ddot{S}\text{—}CH_2\text{—}CH_2Cl \xrightarrow{-Cl^-} \text{(环状锍离子, } S^+\text{—}C_2H_5\text{, CH}_2\text{—CH}_2) \xrightarrow{:OH_2}$$

$$H_5C_2\text{—S—}CH_2\text{—}CH_2\overset{+}{O}H_2 \xrightarrow{-H^+} H_5C_2\text{—S—}CH_2\text{—}CH_2OH$$

当离去基团所连接的碳原子是手性碳原子时,对于卤代烷的碱性水解反应,无论是按 S_N1 还是按 S_N2 反应机理进行,手性碳原子的构型均会发生一定变化。然而,若发生分子内类 S_N2 反应(即发生邻基参与),则得到中心碳原子构型保持的产物。例如,具有旋光性的 α-溴代丙酸盐在稀碱中的水解反应,当有 Ag_2O 存在时,首先是邻近羧基中的氧负离子从离去基团溴原子的背面进攻 α-碳原子,发生分子内类 S_N2 反应,同时 Ag^+ 协助溴负离子离去,生成 α-碳原子构型翻转的三元环内酯中间体;随后,亲核试剂 ^-OH 从三元环上氧原子的背面进攻 α-碳原子,生成 α-碳原子构型再次翻转的产物,最后得到100%构型保持的 α-羟基丙酸盐。

$$\text{(Ag}^+\cdots\text{Br)}\text{—}C_\alpha(H)(CH_3)\text{—C(=O)O}^- \xrightarrow{-AgBr} \text{H}_3\text{C, H—}C_\alpha\text{—C=O (三元环内酯)} \xrightarrow{^-OH} \text{HO—}C_\alpha(H)(CH_3)\text{—C(=O)O}^-$$

构型保持是邻基参与的另一特点。这种构型保持实际是两次构型翻转的结果。

练习 7.16 完成下列反应式:

(1) （Fischer/锯架式：上碳 OH、H、CH_3；下碳 H、CH_3、Br） $\xrightarrow{^-OH}$

(2) $H_2NCH_2CH_2CH_2CH_2Br \xrightarrow{H_2O}$

7.7 消除反应机理

与亲核取代反应相似, 卤代烷的 β-消除反应的机理也有两种: 双分子消除反应机理和单分子消除反应机理。双分子消除反应常用 E2 表示 (E 是 elimination 的字首, 表示消除; 2 表示双分子), 单分子消除反应常用 E1 表示 (1 表示单分子)。这两者的区别为: 在碱的作用下, α-C—X 键和 β-C—H 键同时断裂脱去 X^- 和 H^+ (习惯上称脱 HX) 生成烯烃, 称为双分子消除反应; 若 α-C—X 键首先断裂生成活性中间体碳正离子, 然后在碱的作用下, β-C—H 键断裂生成烯烃, 称为单分子消除反应。现分述如下。

7.7.1 双分子消除反应 (E2) 机理

当亲核试剂 ^-OH 与卤代烷反应时, 由于 ^-OH 既是亲核试剂又是强碱, 它既可进攻 α-碳原子发生亲核取代反应, 又可进攻 β-氢原子发生消除反应, 因此两者经常相伴发生。例如:

$$H-\overset{\overset{CH_3}{|\beta}}{CH}-\overset{\alpha}{CH_2}-X \xrightarrow{^-OH} \begin{cases} \xrightarrow[-X^-]{① S_N2} CH_2(CH_3)-CH_2-OH \\ \xrightarrow[-H_2O,\ -X^-]{② E2} CH(CH_3)=CH_2 \end{cases}$$

（H 处标 ②，CH_2 处标 ①）

在发生 E2 反应时, ^-OH 逐渐接近 β-H 并与之结合, 同时 X 带着一对键合电子逐渐离开中心碳原子, 反应经过渡态 T, 最后旧键完全断裂, 新键完全形成, 得到烯烃。

$$HO^- \; H\!-\!CH(CH_3)\!-\!CH_2\!-\!X \longrightarrow \left[\overset{\delta-}{HO}\cdots H \;\; CH_3-CH\text{=}CH_2 \cdots X^{\delta-}\right]^{\neq} \longrightarrow CH_3-CH=CH_2 + H_2O + X^-$$

过渡态 T

此反应是一步完成的, 其反应速率与反应物和碱的浓度都成正比, 故称为双分子消除反应。

从立体化学角度考虑, E2 消除可能有两种不同的方式。将离去基团 X 与被脱去的 β-H 放在同一平面上, 若 X 与 β-H 在 σ 键同侧被消除, 称为顺式消除; 若 X 与 β-H 在 σ

键的两侧 (异侧) 被消除，称为反式消除。

顺式消除　　反式消除

实验表明，按 E2 机理进行的消除反应，反式消除活化能较低。例如，蓋基氯 (氯蓋烷) 与强碱作用，生成的消除产物只有蓋-2-烯。从蓋基氯的构象式可以看出，蓋基氯脱 HCl 按照反式消除方式进行。

(Ⅰ)　　蓋基氯　　(Ⅱ)

$\xrightarrow[-NaCl,\ -C_2H_5OH]{C_2H_5ONa}$ $(CH_3)_2CH$—⟨⟩—CH_3

蓋-2-烯

拓展：蓋基氯和新蓋基氯的消除反应

虽然构象式 (Ⅰ) 是蓋基氯较稳定的构象，但却以构象式 (Ⅱ) 参加反应。在 (Ⅱ) 中，β'-H 与 Cl 不在同一平面上，不能消除；两个 β-H 中处于 a 键的 H 与 Cl 处于反式共平面，有利于消除反应进行。反应中没有生成 β'-H 被消除的产物，说明此消除反应是一种反式消除。

同样道理，新蓋基氯 (新氯蓋烷) 在强碱作用下消除 HCl 生成 75% 的蓋-3-烯和 25% 的蓋-2-烯，也证明发生了反式消除。

新蓋基氯 $\xrightarrow[-NaCl,\ -C_2H_5OH]{C_2H_5ONa}$

蓋-3-烯(75%) + 蓋-2-烯(25%)

在新蓋基氯的稳定构象中，各有一个 β-H 和 β'-H 分别与 Cl 处于反式共平面，可以发生反式消除。消除反应的取向遵循 Saytzeff 规则，主要从含氢较少的 β'-C 上脱氢，故得到较多的蓋-3-烯，而蓋-2-烯较少。

练习 7.17　2-碘丁烷在乙醇钠的乙醇溶液中进行 E2 消除脱去 HI 时，主要得到丁-2-烯，其中反丁-2-烯占 78%，顺丁-2-烯占 22%，为什么？(请利用构象式进行解释。)

练习 7.18　顺-和反-1-溴-2-甲基环己烷在乙醇钠的乙醇溶液中发生 E2 反应时，各生成什么产物？如果产物不止一种，哪一种是主要产物？(提示：利用构象式考虑。)

7.7.2　单分子消除反应(E1)机理

E1反应与S_N1反应的机理相似，反应也是分步进行的。首先，卤代烷在溶液中解离成碳正离子，随后^-OH或溶剂分子若进攻碳正离子的中心碳原子，则生成取代产物；若夺取β-氢原子则发生消除反应生成烯烃。两者往往相伴发生。此类消除反应的机理可表示如下(以叔丁基卤在稀碱条件下的消除为例)：

$$(CH_3)_3C-X \longrightarrow \left[(CH_3)_3\overset{\delta+}{C}\cdots\overset{\delta-}{X} \right]^{\neq} \xrightarrow{-X^-} (CH_3)_3C^+$$

过渡态(Ⅰ)

$$\xrightarrow{^-OH} \left[CH_3-\overset{CH_3}{\overset{|}{\overset{\delta+}{C}}}\cdots CH_2\cdots H\cdots\overset{\delta-}{OH} \right]^{\neq} \xrightarrow{-H_2O} (H_3C)_2C=CH_2$$

过渡态(Ⅱ)

第一步产生碳正离子，是速控步，即反应速率只取决于卤代烷的浓度，故这种反应机理称为单分子消除反应机理。

消除反应按E1机理进行时，由于首先生成碳正离子中间体，而碳正离子是平面构型，因此消除β-H时，既可按顺式也可按反式消除途径进行。

与S_N1反应相似，E1反应也常常发生重排。例如，在下列反应中，碳正离子(Ⅰ)不如(Ⅱ)稳定，由于越稳定的碳正离子越容易生成，因此甲基负离子迁移生成(Ⅱ)，进而得到相应的消除产物。

$$(CH_3)_3C-CH_2Br \xrightarrow{-Br^-} (CH_3)_3C-\overset{+}{C}H_2 \ (\text{Ⅰ}) \xrightarrow{\text{重排}}$$

$$CH_3-\overset{+}{C}(CH_3)-CH_2-CH_3 \ (\text{Ⅱ}) \xrightarrow[-H_2O]{^-OH} CH_3-C(CH_3)=CH-CH_3$$

练习7.19　写出下列反应的机理：

$$(CH_3)_3C-CHCl\,CH_3 \xrightarrow{ZnCl_2} (CH_3)_2C=C(CH_3)_2 + (CH_3)_2CCl-CH(CH_3)_2$$

7.8　影响亲核取代反应和消除反应的因素

卤代烷既可以发生亲核取代反应,又可以发生消除反应;这些反应既可以是单分子的,也可以是双分子的。反应究竟按何种反应机理进行,取决于烷基结构、亲核试剂的亲核性和碱性、离去基团的离去能力、溶剂的极性和反应温度等诸多因素。下面分别予以讨论。

7.8.1　烷基结构的影响

(1) 烷基结构对 S_N2 反应的影响　实验证明,卤代烷在极性非质子溶剂丙酮中与碘化钾的反应是按 S_N2 机理进行的:

$$\mathrm{R{-}Br + I^- \xrightarrow{\text{丙酮}} R{-}I + Br^-}$$

不同卤代烷反应的相对反应速率为

$$\mathrm{H{-}\underset{H}{\overset{H}{C}}{-}Br} > \mathrm{H_3C{-}\underset{H}{\overset{H}{C}}{-}Br} > \mathrm{H_3C{-}\underset{H}{\overset{CH_3}{C}}{-}Br} > \mathrm{H_3C{-}\underset{CH_3}{\overset{CH_3}{C}}{-}Br}$$

相对反应速率　145　1　0.008　≈0

反应速率的大小与反应所需活化能的大小,即形成过渡态的难易有关。上述四种化合物与 I^- 反应时形成的过渡态示意图如图 7-3 所示。

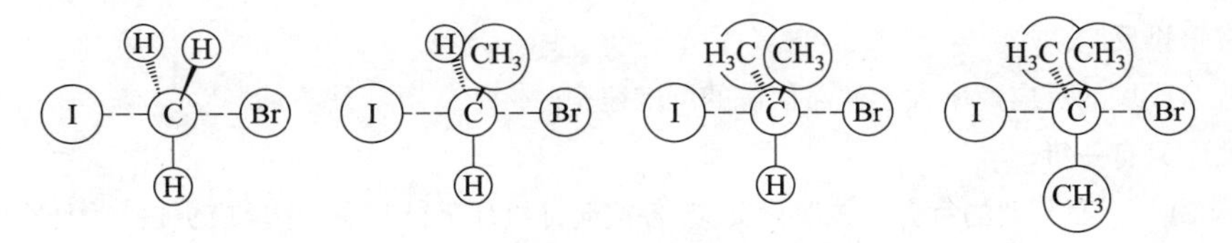

图 7-3　S_N2 反应中的空间效应

反应过渡态中心碳原子的周围有五个原子和基团,而反应物分子的中心碳原子周围只有四个原子和基团,因此从反应物到过渡态,中心碳原子周围的拥挤程度增大。从甲基溴到叔丁基溴,随着甲基的增多,反应物和过渡态的拥挤程度都增大,但过渡态比反应物拥挤程度增大得更多,导致反应所需的活化能增加,反应速率降低。因此,在 S_N2 反应中,卤代烷的活性次序是:卤代甲烷 > 伯卤代烷 > 仲卤代烷 > 叔卤代烷。受空间效应影响,叔卤代烷很难发生 S_N2 反应。

另外,当伯卤代烷的 β-氢原子被甲基取代后,同样会增加过渡态的拥挤程度,因此 S_N2 反应的活性也会下降。例如,以下几种溴代烷与 I^- 进行 S_N2 反应的相对反应速率为

$$\mathrm{H{-}\underset{H}{\overset{H}{C}}{-}CH_2Br} > \mathrm{CH_3{-}\underset{H}{\overset{H}{C}}{-}CH_2Br} > \mathrm{CH_3{-}\underset{H}{\overset{CH_3}{C}}{-}CH_2Br} > \mathrm{CH_3{-}\underset{CH_3}{\overset{CH_3}{C}}{-}CH_2Br}$$

相对反应速率　1　0.8　0.03　1.3×10^{-5}

总之，卤代烷进行 S_N2 反应的难易程度，主要受空间效应影响。

(2) 烷基结构对 S_N1 反应的影响　卤代烷在强极性溶剂(如甲酸)中的溶剂解反应是按 S_N1 机理进行的：

$$R—Br + HCOOH \longrightarrow HCOOR + HBr$$

不同卤代烷反应的相对反应速率为

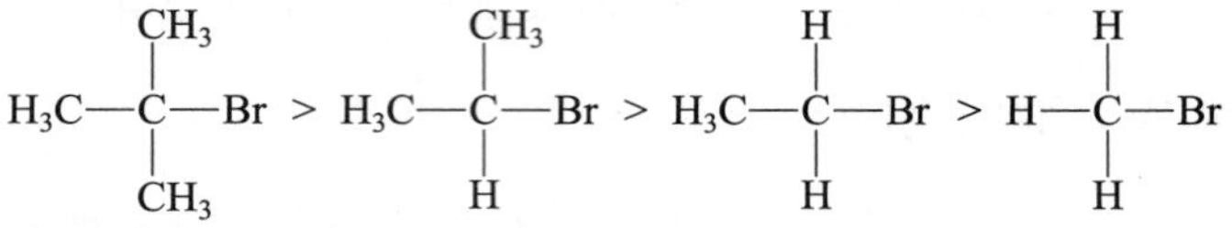

$$(CH_3)_3C—Br > (CH_3)_2CH—Br > CH_3CH_2—Br > CH_3—Br$$

相对反应速率　1.0×10^8　45　1.7　1.0

在 S_N1 反应中，决定反应速率的步骤是碳正离子的生成，烷基正离子越稳定，生成时的活化能越低，反应速率也越快。烷基正离子的稳定性次序是：$(CH_3)_3\overset{+}{C} > (CH_3)_2\overset{+}{C}H > CH_3\overset{+}{C}H_2 > \overset{+}{C}H_3$，因此，在 S_N1 反应中，卤代烷的活性次序是：叔卤代烷 > 仲卤代烷 > 伯卤代烷 > 卤代甲烷。卤代甲烷和伯卤代烷由于较难形成稳定的碳正离子，一般不按 S_N1 机理进行反应。

练习 7.20　卤代烷与 NaOH 在水-乙醇溶液中进行亲核取代反应，下列哪些是 S_N2 机理？哪些是 S_N1 机理？

(1) 产物构型发生 Walden 转化；

(2) 增加溶剂的含水量反应明显加快；

(3) 有重排反应；

(4) 叔卤代烷的反应速率大于仲卤代烷的反应速率；

(5) 反应只有一步。

练习 7.21　下面所列的每对亲核取代反应，各按何种机理进行？哪一个反应更快？为什么？

(1) $(CH_3)_3CBr + H_2O \xrightarrow{\triangle} (CH_3)_3COH + HBr$

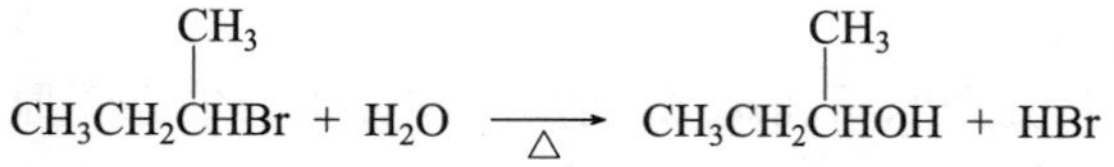

$CH_3CH_2CH(CH_3)Br + H_2O \xrightarrow{\triangle} CH_3CH_2CH(CH_3)OH + HBr$

(2) $CH_3CH_2Cl + NaI \xrightarrow{丙酮} CH_3CH_2I + NaCl$

$(CH_3)_2CHCl + NaI \xrightarrow{丙酮} (CH_3)_2CHI + NaCl$

(3) $CH_3CH_2CH_2CH_2CH_2Br + NaOH \xrightarrow{H_2O} CH_3CH_2CH_2CH_2CH_2OH + NaBr$

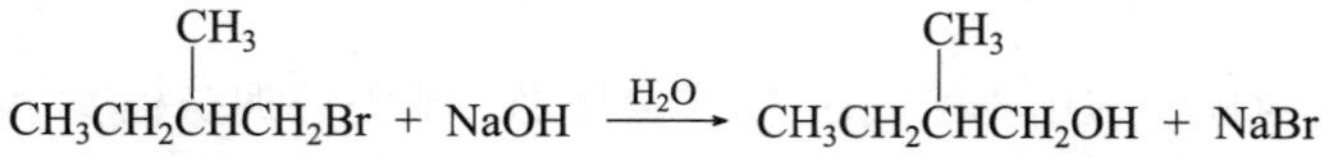

$CH_3CH_2CH(CH_3)CH_2Br + NaOH \xrightarrow{H_2O} CH_3CH_2CH(CH_3)CH_2OH + NaBr$

---

(3) 烷基结构对消除反应的影响　E1 反应与 S_N1 反应相似，反应的速控步都是生成碳正离子，因此烷基结构对 E1 反应的影响也取决于生成碳正离子的稳定性，叔卤代烷不但容易发生 S_N1 反应，也容易发生 E1 反应。

E2 反应的过渡态类似烯烃，而双键碳原子上连接烷基越多的烯烃越稳定，因此叔卤代烷所形成的类似烯烃的过渡态更稳定，更容易生成。此外，叔卤代烷的β-氢原子数目更多，更有利于碱的进攻。

因此，卤代烷进行消除反应时，无论是按 E1 还是按 E2 机理进行，卤代烷的活性次序都是叔卤代烷 > 仲卤代烷 > 伯卤代烷。

练习 7.22　将下列化合物按 E1 机理消除 HBr 的反应活性，由高到低排列成序，并写出主要产物的构造式。

(1) $CH_3—C(CH_3)(CH_2CH_3)—Br$　(2) $CH_3CH(CH_3)CH(Br)CH_3$　(3) $CH_3CH_2CH(CH_3)CH_2Br$

---

(4) 取代和消除反应的竞争　从上面的分析可以看出，卤代甲烷和伯卤代烷的α-碳原子的空间位阻较小，有利于按 S_N2 机理进行亲核取代反应。仲或叔卤代烷的α-碳原子受到支链的空间阻碍作用较大，不利于亲核试剂的进攻；但其有较多的β-氢原子，在强碱作用下容易被夺取β-氢原子而进行消除反应。例如：

$$CH_3CH_2CH_2Br \xrightarrow[55\ ^\circ C]{C_2H_5ONa,\ C_2H_5OH} \underset{9\%}{CH_3CH{=}CH_2} + \underset{91\%}{CH_3CH_2CH_2OC_2H_5}$$

$$CH_3CH(Br)CH_3 \xrightarrow[55\ ^\circ C]{C_2H_5ONa,\ C_2H_5OH} \underset{80\%}{CH_3CH{=}CH_2} + \underset{20\%}{(CH_3)_2CHOC_2H_5}$$

$$H_3C—C(CH_3)_2—Br \xrightarrow[55\ ^\circ C]{C_2H_5ONa,\ C_2H_5OH} \underset{\approx 100\%}{(CH_3)_2C{=}CH_2}$$

另外，当伯卤代烷的β-碳原子上连有支链时，消除产物也有所增多，支链越多消除产物的量也越多。例如：

$$H—CH_2CH_2Br \xrightarrow[55\ ^\circ C]{C_2H_5ONa,\ C_2H_5OH} \underset{1\%}{CH_2{=}CH_2} + \underset{99\%}{CH_3CH_2OC_2H_5}$$

$$CH_3—CH(CH_3)CH_2Br \xrightarrow[55\ ^\circ C]{C_2H_5ONa,\ C_2H_5OH} \underset{60\%}{(CH_3)_2C{=}CH_2} + \underset{40\%}{(CH_3)_2CHCH_2OC_2H_5}$$

这也是由于α-碳原子的空间位阻增大，不利于亲核试剂的进攻。

总之，伯卤代烷容易按照 S_N2 机理进行亲核取代反应，叔卤代烷容易发生消除反应，仲卤代烷一般介于二者之间。

7.8.2 亲核试剂的影响

亲核试剂是带有负电荷或未共用电子对的试剂，一些常见亲核试剂在极性质子溶剂中的相对亲核能力如表 7-2 所示。

表 7-2　亲核试剂与溴甲烷反应的相对反应速率

$$Nu^- + CH_3Br \longrightarrow NuCH_3 + Br^-$$

Nu^-(或 Nu)	相对反应速率	Nu^-(或 Nu)	相对反应速率
^-CN	12 600	$(CH_3)_3N$	—*
$HS^-(RS^-)$	12 600	Cl^-	102
I^-	10 200	CH_3COO^-	53
RO^-	—*	F^-	10
HO^-	1 600	ROH	—*
Br^-	775	H_2O	1

* 具体数据未知，但相对位置如此。

亲核试剂的亲核性强弱与多种因素有关，这里只简单介绍几个一般性的结论。

(a) 当亲核试剂的亲核原子相同时，在极性质子溶剂（如酸、水、醇和液氨等）中，试剂的碱性越强，其亲核性一般也越强。例如（亲核性由强至弱）：

$$C_2H_5O^- > {}^-OH > C_6H_5O^- > CH_3COO^- > H_2O; \quad H_2N^- > NH_3$$

(b) 当亲核试剂的亲核原子是同族原子时，在极性质子溶剂中，原子的原子序数越大，其可极化程度越大，亲核性越强。例如（亲核性由强至弱）：

$$I^- > Br^- > Cl^- > F^-; \quad RS^- > RO^-; \quad R_3P > R_3N$$

(c) 当亲核试剂的亲核原子是同周期原子时，原子的原子序数越大，其电负性越强，则给电子的能力越弱，即亲核性越弱。例如（亲核性由强至弱）：

$$H_2N^- > {}^-OH > F^-; \quad NH_3 > H_2O; \quad R_3P > R_2S$$

练习 7.23　在极性质子溶剂中，下列各组亲核试剂中的哪一种亲核性强？

(1) Cl^- 和 CH_3S^-　(2) CH_3NH_2 和 CH_3NH^-　(3) HO^- 和 F^-

(4) HS^- 和 H_2S　(5) HO^- 和 HS^-　(6) HSO_3^- 和 HSO_4^-

练习 7.24　将下列化合物按照 E2 机理消除 HBr 的反应活性由高到低排列顺序，并写出主要产物的构造式。

(1) Br　(2) Br　(3) Br　(4) Br

单分子反应（S_N1 或 E1）的速控步（第一步）只与卤代烷的浓度有关，故亲核试剂对单分子反应的速率影响较小。双分子反应（S_N2 或 E2）的速控步则与卤代烷和亲核试剂均有关系，因此亲核试剂的亲核性和（或）碱性越强、浓度越大，越有利于双分子反应。

亲核试剂的亲核性与碱性是两个不同的概念，亲核性通常是指试剂与碳原子的结合能力，而碱性则是指试剂与质子的结合能力。亲核试剂的亲核能力越强，反应按 S_N2 机理进行的趋势越大；而亲核试剂的碱性越强、体积越大，越容易发生 E2 反应。例如：

$$CH_3(CH_2)_{15}CH_2CH_2Br \xrightarrow[CH_3OH,\ 65\ ^\circ C]{CH_3O^-} \underset{99\%\ (S_N2)}{CH_3(CH_2)_{15}CH_2CH_2OCH_3} + \underset{1\%\ (E2)}{CH_3(CH_2)_{15}CH{=}CH_2}$$

$$CH_3(CH_2)_{15}CH_2CH_2Br \xrightarrow[(CH_3)_3COH,\ 40\ ^\circ C]{(CH_3)_3CO^-} \underset{15\%\ (S_N2)}{CH_3(CH_2)_{15}CH_2CH_2OC(CH_3)_3} + \underset{85\%\ (E2)}{CH_3(CH_2)_{15}CH{=}CH_2}$$

由于 $(CH_3)_3CO^-$ 的溶剂化不如 CH_3O^- 有效，故 $(CH_3)_3CO^-$ 的碱性比 CH_3O^- 的碱性强；此外，由于 $(CH_3)_3CO^-$ 的体积较大，较难从离去基团背面进攻中心碳原子，导致 S_N2 反应的过渡态空间较拥挤而不易形成，因此，$(CH_3)_3CO^-$ 的亲核性比 CH_3O^- 的亲核性弱。故 CH_3O^- 的反应主要得到取代产物，而 $(CH_3)_3CO^-$ 的反应则主要得到消除产物。

总之，亲核试剂亲核性越强，越容易发生 S_N2 反应；碱性越强、体积越大，越容易发生消除反应。

7.8.3 离去基团的影响

不论是取代反应还是消除反应、单分子反应还是双分子反应，反应的速控步均涉及 C—L 键的断裂，因此离去基团越容易离去，越有利于反应的进行。对于饱和碳原子上的亲核取代反应，卤原子的离去能力次序为 I > Br > Cl > F。常见离去基团的离去能力如下所示：

$$\xrightarrow[\text{离去能力递减}]{p\text{-}CH_3C_6H_4SO_3^-,\ I^-,\ Br^-,\ H_2O,\ (CH_3)_2S,\ Cl^-,\ CH_3COO^-,\ ^-CN,\ NH_3,\ RNH_2,\ C_2H_5S^-,\ ^-OH,\ CH_3O^-}$$

离去基团可以看成酸的共轭碱。实验证明，易离去基团通常是强酸的共轭碱，即弱碱，碱性越弱越容易离去。例如，对甲苯磺酸（p-$CH_3C_6H_4SO_3H$，英文缩写为 TsOH）是一种强的有机酸，其共轭碱（TsO^-）是弱碱，故 TsO^- 是一种很好的离去基团，在有机合成中常被采用。

练习 7.25 指出下列各对反应中，何者较快。

(1) $CH_3CH_2CH(CH_3)CH_2Br + {}^-CN \longrightarrow CH_3CH_2CH(CH_3)CH_2CN + Br^-$

$CH_3(CH_2)_4Br + {}^-CN \longrightarrow CH_3(CH_2)_4CN + Br^-$

(2) $(CH_3)_2CHCH_2Cl \xrightarrow[\triangle]{H_2O} (CH_3)_2CHCH_2OH$

$(CH_3)_2CHCH_2Br \xrightarrow[\triangle]{H_2O} (CH_3)_2CHCH_2OH$

(3) $CH_3I + NaOH \xrightarrow{H_2O} CH_3OH + NaI$

$CH_3I + NaSH \xrightarrow{H_2O} CH_3SH + NaI$

(4) $CH_3Br + (CH_3)_2NH \longrightarrow (CH_3)_3\overset{+}{N}H\ Br^-$

$CH_3Br + [(CH_3)_2CH]_2NH \longrightarrow [(CH_3)_2CH]_2\overset{+}{N}HCH_3\ Br^-$

练习 7.26 将下列亲核试剂按其在 S_N2 反应中的亲核性由大到小排序，并简述理由。

(1) Me_3CO^- (2) MeO^- (3) $MeCH_2O^-$ (4) Me_2CHO^- (5) 环戊基$-O^-$

7.8.4 溶剂的影响

常用溶剂可分为三类: 极性质子溶剂(如水、醇等)、极性非质子溶剂(如 N,N-二甲基甲酰胺、二甲亚砜和丙酮等)和非(弱)极性溶剂(如环烷烃、芳烃、卤代烃和醚等)。极性质子溶剂能使正、负离子发生溶剂化,如下所示:

正离子通过离子-偶极作用溶剂化　　负离子通过氢键溶剂化

而在极性非质子溶剂中,正离子虽能通过离子-偶极作用溶剂化,但负离子因不能形成氢键而被溶剂化的程度很小。非(弱)极性溶剂则不利于离子的溶剂化。当反应在溶剂中进行时,溶剂性质不同对反应速率的影响也不同。

单分子反应(S_N1 或 E1)的第一步是卤代烷的异裂:

$$R—X \longrightarrow [\overset{\delta+}{R}\cdots\overset{\delta-}{X}]^{\neq} \longrightarrow R^+ + X^-$$

极性质子溶剂不仅可以促进反应物 C—X 键的断裂,而且能使极性过渡态及生成的正、负离子溶剂化,从而促使反应的活化能降低,使反应速率加快。因此,极性质子溶剂有利于单分子反应;且随着溶剂极性增加,更有利于 S_N1 反应。例如,2-溴丙烷和碱在乙醇和水的混合溶剂中进行反应时,极性比乙醇强的水增加时,消除产物烯烃的生成量减少。

$$CH_3\underset{Br}{\underset{|}{C}}HCH_3 \xrightarrow[\text{乙醇-水, 55 °C}]{^-OH} CH_3CH{=}CH_2$$

乙醇:水(体积比)	100:0	80:20	60:40
烯烃的生成量/%	71	59	54

在双分子反应中,体系的极性通常没有变化,只是发生了电荷的重新分配。

$$Nu^- + —\overset{|}{\underset{|}{C}}—X \xrightarrow{S_N2} \left[\overset{\delta-}{Nu}\cdots\overset{|}{\underset{|}{C}}\cdots\overset{\delta-}{X}\right]^{\neq} \longrightarrow Nu—\overset{|}{\underset{|}{C}}— + X^-$$

$$B^- + H—\overset{|}{C}—\overset{|}{C}—X \xrightarrow{E2} \left[\overset{\delta-}{B}\cdots H\cdots C\overset{\cdots}{=}C\cdots X^{\delta-}\right]^{\neq} \longrightarrow \rangle C{=}C\langle + HB + X^-$$

极性质子溶剂对亲核试剂(或碱)的稳定作用比对过渡态的强,使反应活化能增加,因此不利于双分子反应。但在极性非质子溶剂中,由于亲核试剂(或碱)的溶剂化程度小,使得亲核试剂(或碱)相对自由而活性较高。因此,相对而言,极性非质子溶剂比极性质子溶剂更有利于双分子反应,尤其是 S_N2 反应。

溶剂种类不同,不仅影响反应速率,还有可能改变亲核试剂的相对活性。例如,在极性质子溶剂中,卤负离子的亲核性由强到弱的次序是 $I^- > Br^- > Cl^- > F^-$; 然而,在极性非质子溶剂中,其亲核性由强到弱的次序则是 $F^- > Cl^- > Br^- > I^-$。这是因为氟原子的电负性最大,体积最小,在极性质子溶剂中,通过氢键溶剂化程度最好,故亲核性最弱;而在极性非质子溶剂中,卤负离子不易被溶剂化,F^- 的负电荷最集中,因此亲核性最强。

练习 7.27 经实验测定,碘甲烷与 Cl^- 的亲核取代反应在不同溶剂中的相对反应速率如下所示。请给出合理的解释。

$$CH_3I + Cl^- \longrightarrow CH_3Cl + I^-$$

溶剂	CH_3OH	$HC(=O)NH_2$	$HC(=O)NHCH_3$	$HC(=O)N(CH_3)_2$	$CH_3C(=O)N(CH_3)_2$
相对反应速率	1	12.5	45.3	1.2×10^6	7.4×10^6

练习 7.28 下列各组试剂在丙酮中进行亲核取代反应时,其相对反应速率由大到小排序如下,请简述理由。

(1) $LiI > LiBr > LiCl > LiF$　　(2) $CsF > RbF > KF > NaF > LiF$

(3) $Bu_4N^+Cl^- > Bu_4N^+Br^- > Bu_4N^+I^-$

7.8.5 反应温度的影响

虽然升高温度对取代和消除反应都有利,但两者相比,升高温度通常更有利于消除反应。因为消除反应涉及 C—H 键的断裂,形成过渡态所需的活化能较高。例如:

$$CH_3CH(Br)CH_3 \xrightarrow[C_2H_5OH,\ H_2O]{NaOH} CH_3CH{=}CH_2 + (CH_3)_2CH—OC_2H_5 \ /\ (CH_3)_2CH—OH$$

45 °C: 53%　47%

100 °C: 64%　36%

拓展:
卤代烷取代和消除反应机理的判断

总之,卤代烷究竟按何种机理 (S_N2, S_N1, E2, E1) 进行反应受很多因素影响,其中烷基的结构和亲核试剂的亲核性及碱性对反应机理影响较大,但仍需结合具体反应条件进行具体分析。

练习 7.29 试预测下列各反应的主要产物,并简单说明理由。

(1) $(CH_3)_3CBr + {}^-CN \longrightarrow$　　(2) $CH_3(CH_2)_4Br + {}^-CN \longrightarrow$

(3) $(CH_3)_3CBr + C_2H_5ONa \longrightarrow$　　(4) $(CH_3)_3CONa + CH_3CH_2Cl \longrightarrow$

(5) $CH_3CH_2CH(Br)CH_3 + HS^- \longrightarrow$　　(6) $CH_3CH_2CH_2Br + CH_3O^- \longrightarrow$

7.9　卤代烯烃和卤代芳烃的化学性质

7.9.1　双键和苯环位置对卤原子活性的影响

与卤代烷相比，卤代烯烃和卤代芳烃虽然也是由卤原子和烃基两部分组成的，但它们的烃基中含有碳碳双键或苯环。由于卤原子与双键或苯环的相对位置不同，它们之间的相互影响不同，卤原子的活性差别较大，其活性由大到小的次序是

$$\begin{matrix} —C{=}C—C—X & > & —C{=}C(C)_nX & > & —C{=}C—X \\ Ar—C—X & & Ar(C)_nX & & Ar—X \\ & & n\geqslant 2 & & \end{matrix}$$

(1) 乙烯型和苯基型卤代烃　以氯乙烯和氯苯为代表，二者在结构上相似，氯原子均与 sp^2 杂化碳原子相连，且氯原子的未共用电子对所在的 p 轨道与碳碳双键或苯环的 π 轨道构成共轭体系，分子中存在 p,π-共轭效应，如图 7-4 所示。

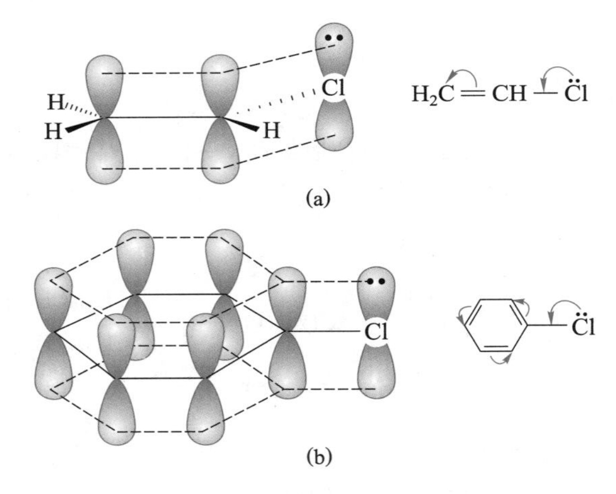

图 7-4　氯乙烯和氯苯分子中的 p,π-共轭

与氯乙烷相比，氯乙烯和氯苯分子中 p,π-共轭效应使 C—Cl 键键长变短，具有部分双键性质，键的异裂解离能增加。例如：

	$CH_3CH_2—Cl$	$CH_2{=}CH—Cl$	$C_6H_5—Cl$
键长/nm	0.178	0.172	0.169
异裂解离能/(kJ · mol^{-1})	799	866	916

由此可见，乙烯型和苯基型卤代烃分子中的 C—X 键很难断裂，不易进行亲核取代反应和消除反应，在 Friedel-Crafts 反应中，也不能作为烃基化试剂使用。例如，溴乙烯和溴苯与 $AgNO_3$ 的醇溶液加热数日也不发生反应。

(2) 烯丙型和苄基型卤代烃　与乙烯型和苯基型卤代烃形成鲜明对比，烯丙型和苄基型卤代烃的 C—X 键的异裂解离能低得多。例如，烯丙基氯和苄基氯的 C—Cl 键的异裂解离能分别为 723.8 $kJ \cdot mol^{-1}$ 和 694.5 $kJ \cdot mol^{-1}$，比相应的氯乙烯和氯苯的低很多，比氯乙烷的也低，因此 C—Cl 键容易断裂，反应活性高。

烯丙型和苄基型卤代烃既容易按 S_N1 机理进行反应，有些也容易按 S_N2 机理进行反应。当烯丙基卤和苄卤按 S_N1 机理进行反应时，所生成的烯丙基正离子和苄基正离子皆因 p, π-共轭效应使正电荷分散而稳定（见图 7-5）；当它们按 S_N2 机理进行反应时，由于 p, π-共轭效应的影响使过渡态能量降低（见图 7-6），也有利于反应的进行。

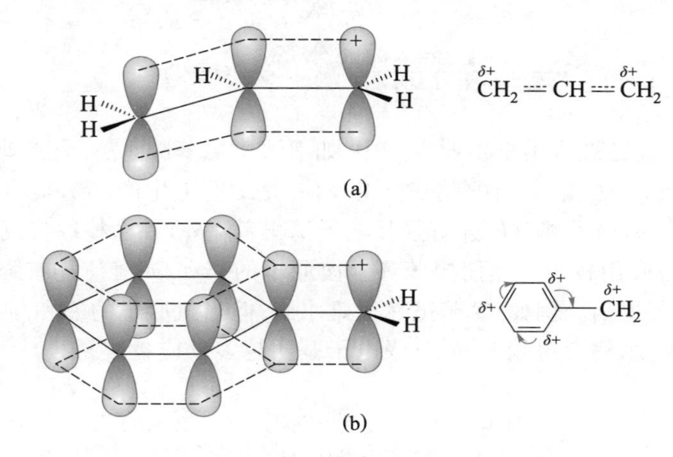

图 7-5　烯丙基正离子和苄基正离子中的 p, π-共轭

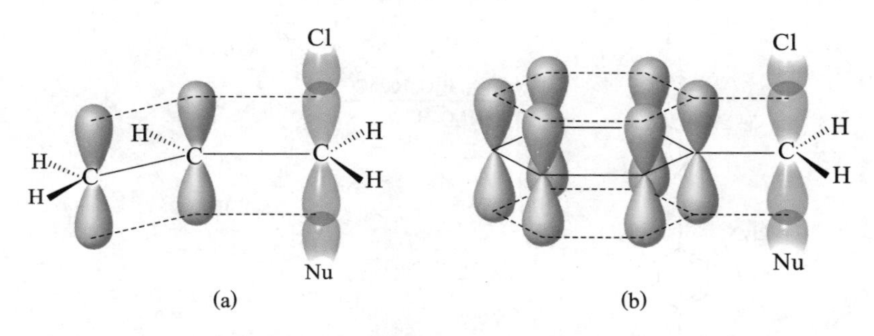

图 7-6　烯丙基氯和苄基氯按 S_N2 机理进行反应的过渡态

实验表明，烯丙型和苄基型卤代烃分子中的卤原子很活泼，容易进行亲核取代和消除等多种反应。例如，它们与 $AgNO_3$ 的醇溶液作用，很容易生成卤化银沉淀，可用来鉴定这类卤代烃。

(3) 隔离型卤原子的活性　在隔离型卤代烃分子中，卤原子与双键或苯环相距较远，其相互影响较小，卤原子的活性与卤代烷中卤原子的活性相似，这里不再赘述。

7.9.2　乙烯型和苯基型卤代烃的化学性质

乙烯型和苯基型卤代烃分子中的卤原子虽相对不活泼，但若采用较强烈条件，或提供合适的反应条件，也能发生某些反应，尤其是苯基型卤代烃能发生多种反应，且有些反应具有实用价值和/或理论意义。

(1) 亲核取代反应 在强烈的条件下，苯基型卤代烃分子中的卤原子能与 NaOH, RONa, CuCN 和 NH_3 等多种试剂发生亲核取代反应。例如：

$$C_6H_5-Cl \xrightarrow[350\sim370\ ^\circ C,\ 20\ MPa]{10\%NaOH,\ Cu} C_6H_5-ONa \xrightarrow{H^+} C_6H_5-OH$$

$$C_6H_5-Cl \xrightarrow[180\sim220\ ^\circ C,\ 6\sim7.5\ MPa]{NH_3,\ CuCl-NH_4Cl} C_6H_5-NH_2$$

$$C_6H_5-Cl \xrightarrow[\triangle]{CuCN,\ DMF} C_6H_5-CN$$

$$C_6H_5-Cl \xrightarrow[300\sim400\ ^\circ C,\ 10\ MPa]{PhONa,\ CuO} C_6H_5-O-Ph$$

卤苯的某些反应已被应用于工业生产中，如上式中氯苯的水解，是工业上生产苯酚的方法之一，称为 “Dow” 法；氯苯与酚钠 (钾) 的反应，是工业上生产二苯醚的方法。

苯基型卤代烃 (卤原子邻对位连有强吸电子基团者除外) 在亲核取代反应中活性很低，因此在有机合成中应用较少。然而当苯环上卤原子的邻和/或对位连有强吸电子取代基时，其反应活性显著提高。例如，氯苯虽然很难水解，但当氯原子的邻和/或对位连有硝基等强吸电子基团时，水解变得较容易，且吸电子基团越多反应越容易。

$$2\text{-}O_2NC_6H_4Cl \xrightarrow[②\ H_2O,\ H^+]{①\ Na_2CO_3,\ H_2O,\ 130\ ^\circ C} 2\text{-}O_2NC_6H_4OH$$

$$2,4\text{-}(O_2N)_2C_6H_3Cl \xrightarrow[②\ H_2O,\ H^+]{①\ Na_2CO_3,\ H_2O,\ 100\ ^\circ C} 2,4\text{-}(O_2N)_2C_6H_3OH$$

$$2,4,6\text{-}(O_2N)_3C_6H_2Cl \xrightarrow[②\ H_2O,\ H^+]{①\ Na_2CO_3,\ H_2O,\ 温热} 2,4,6\text{-}(O_2N)_3C_6H_2OH$$

当采用其他亲核试剂时，也观察到类似的结果。例如：

$$2,4,6\text{-}(O_2N)_3C_6H_2Cl \xrightarrow{CH_3ONa,\ 20\ ^\circ C} 2,4,6\text{-}(O_2N)_3C_6H_2OCH_3$$

工业上已利用上述反应及类似反应生产邻硝基苯酚、对硝基苯酚、2,4-二硝基苯酚和 2,4-二硝基苯胺等。

卤原子的邻和/或对位连有 $-SO_2R$, $-CN$, $-\overset{+}{N}R_3$, $-COR$, $-COOH$ 和 $-CHO$ 等吸电

子基团时,对卤原子的活性有类似的影响。当吸电子基团处在卤原子的间位时,对卤原子的活性影响较小。而苯环上连有—NH_2, —OH, —OR 和—R 等给电子基团时,卤苯亲核取代反应活性降低。

(2) 苯基型卤代烃亲核取代反应机理

(a) 加成-消除机理。实验发现,对硝基卤苯与甲氧负离子的反应:

$$p\text{-}XC_6H_4NO_2 + CH_3O^- \longrightarrow p\text{-}CH_3OC_6H_4NO_2 + X^-$$

其反应速率与对硝基卤苯和甲氧负离子的浓度都成正比,即 $v=k[p\text{-}XC_6H_4NO_2][CH_3O^-]$;不同卤原子的反应活性次序是 F >> Cl ≈ Br > I,而不是在卤代烷中的 I > Br > Cl > F。也就是说,苯基型卤代烃的亲核取代反应虽然是双分子反应,但却与卤代烷的 S_N2 反应机理不同。反应的第一步是亲核试剂从苯环的侧面进攻卤原子所连的碳原子,与苯环发生亲核加成反应,生成环上带有负电荷的中间体。由于破坏了苯环的芳香体系,该碳负离子中间体能量较高较不稳定,因此这是反应的速控步。第二步则是卤原子带着一对键合电子离去,恢复苯环的芳香体系,形成产物,这一步是反应的快步骤。

$$p\text{-}XC_6H_4NO_2 + CH_3O^- \xrightarrow[\text{慢}]{\text{加成}} [\text{X},\ OCH_3\text{-环己二烯负离子},\ NO_2] \xrightarrow[\text{快}]{\text{消除}} p\text{-}CH_3OC_6H_4NO_2 + X^-$$

上述反应分两步进行,第一步是加成,第二步是消除,因此这种反应机理称为加成-消除机理,也称为 S_NAr 机理。

当卤苯分子中的卤原子是氟原子时,由于氟原子强吸电子诱导效应的影响,使与氟原子相连的碳原子带有较多的正电荷而有利于亲核试剂的进攻,因此氟代芳烃较其他卤代芳烃更容易进行反应。

在上述反应中,当芳环卤原子的邻和/或对位上连有强吸电子基团时,受基团吸电子共轭效应(主要)和诱导效应(次要)的共同影响,能更好地分散负电荷,稳定碳负离子中间体,因此反应容易进行。而当吸电子基团处于间位时,因为只有诱导效应的影响,故影响较小。当芳环上连有给电子基团时,中间体碳负离子的负电荷更加集中而不稳定,故反应不易进行。

练习 7.30 完成下列反应式:

(1) $o\text{-}O_2NC_6H_4F + n\text{-}C_4H_9S^- \xrightarrow{CH_3OH}$

(2) $O_2N\text{-}C_6H_3(NO_2)\text{-}Cl \xrightarrow{H_2NNH_2}$ (2,4-二硝基氯苯)

(3) $o\text{-}O_2NC_6H_4Cl + Na_2SO_3 \longrightarrow$

(4) $O_2N\text{-}C_6H_4\text{-}Cl \xrightarrow{CH_3O^-}$

练习 7.31 回答下列问题:

(1) 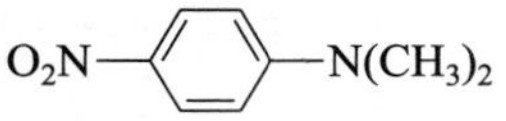 O_2N—⟨ ⟩—$N(CH_3)_2$ 与 KOH 水溶液共热时, 有 $(CH_3)_2NH$ 放出, 试问反应的另一产物是什么?

(2) 将下列化合物按与 C_2H_5ONa 反应的活性由大到小排列成序, 并说明理由。

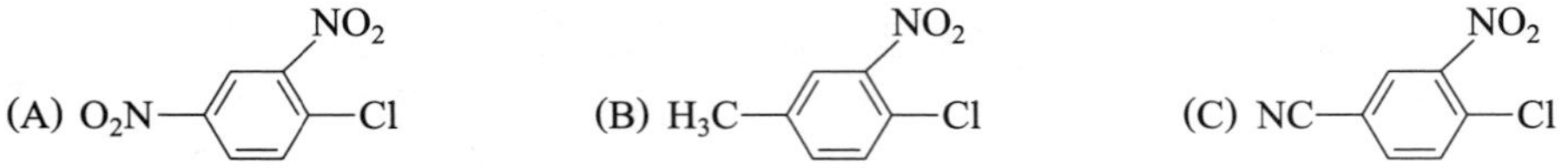

NO_2 (A) O_2N—⟨ ⟩—Cl　　NO_2 (B) H_3C—⟨ ⟩—Cl　　NO_2 (C) NC—⟨ ⟩—Cl

(3) 下列两种化合物分别与 CH_3ONa 反应, 哪一种化合物的卤原子容易被取代? 为什么?

(A) O_2N—⟨ ⟩—Br CH_3　　(B) O_2N—⟨ ⟩—F CH_3

练习 7.32 写出 1-氯-2,4-二硝基苯分别与 CH_3NH_2 和 $C_6H_5CH_2SNa$ 反应的产物和反应机理。

(b) 消除-加成机理(苯炔机理)。实验发现, 若用氯原子连于标记的 ^{14}C 上的氯苯进行水解, 除生成预期的羟基连于 ^{14}C 的苯酚外, 还生成了羟基连于 ^{14}C 邻位碳原子上的苯酚; 用极强的碱 KNH_2 在液 NH_3 中处理氯苯也得到类似的结果:

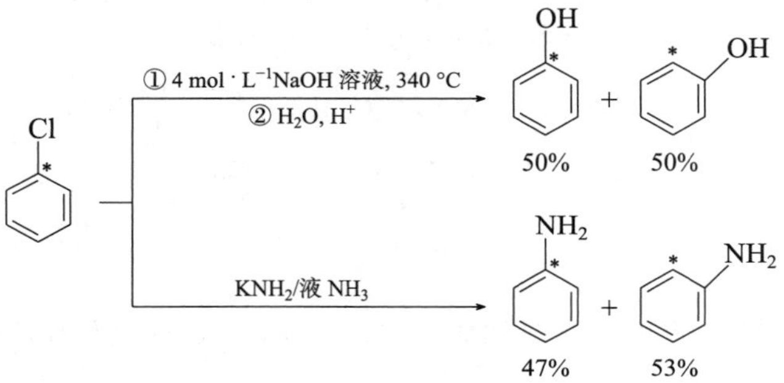

Cl * —① 4 mol · L^{-1}NaOH 溶液, 340 °C ② H_2O, H^+→ OH * 50% + * OH 50%

—KNH_2/液 NH_3→ NH_2 * 47% + * NH_2 53%

对氯甲苯与 KNH_2/液 NH_3 反应, 则得到对甲苯胺和间甲苯胺的混合物:

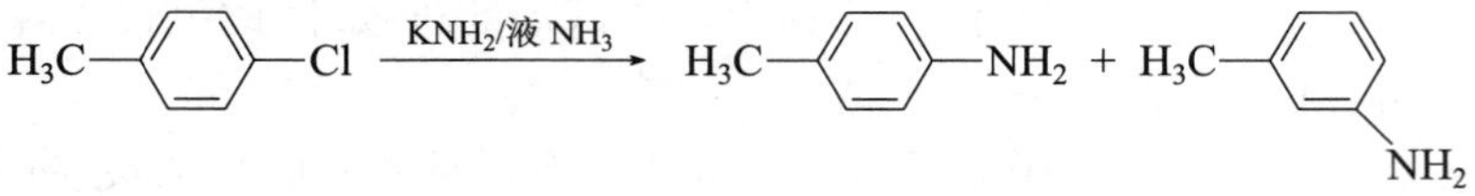

H_3C—⟨ ⟩—Cl —KNH_2/液 NH_3→ H_3C—⟨ ⟩—NH_2 + H_3C—⟨ ⟩ NH_2

上述反应的显著特点是取代基团不仅进入原来卤原子的位置, 而且还进入卤原子的邻位。显然, 这些实验现象用加成-消除机理是不能解释的, 然而用消除-加成机理(苯炔机理)却能很好地解释上述的实验结果。现以氯苯的氨解为例说明消除-加成机理如下:

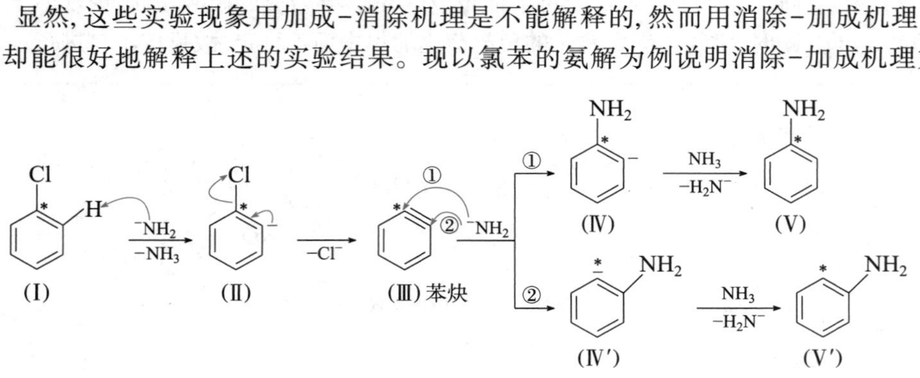

Cl * H (Ⅰ) —$^-NH_2$ / $-NH_3$→ Cl * $^-$ (Ⅱ) —$-Cl^-$→ * ① ② $^-NH_2$ (Ⅲ) 苯炔

① → NH_2 * $^-$ (Ⅳ) —NH_3 / $-H_2N^-$→ NH_2 * (Ⅴ)

② → * $^-$ NH_2 (Ⅳ′) —NH_3 / $-H_2N^-$→ * NH_2 (Ⅴ′)

受氯原子吸电子诱导效应的影响,其邻位氢原子的酸性增强(与苯相比),所以反应的前两步是强碱 $^{-}NH_2$ 首先夺取氯原子邻位的氢原子生成碳负离子(Ⅱ),然后(Ⅱ)脱去 Cl^- 生成活性中间体苯炔(Ⅲ)。这两步合起来相当于在强碱 $^{-}NH_2$ 作用下,氯苯消去一分子 HCl。苯炔(Ⅲ)是一类高活性的中间体,立即与 $^{-}NH_2$ 加成,生成(Ⅳ)和(Ⅳ′)。(Ⅳ)和(Ⅳ′)分别夺取 NH_3 分子中的氢质子,生成产物(Ⅴ)和(Ⅴ′)。后两步合起来相当于在苯炔(Ⅲ)的碳碳三键上加上了一分子 NH_3。

上述反应可概括为两个阶段,第一阶段是消除,第二阶段是加成,所以这种机理称为消除-加成机理;又因为该类反应是经由苯炔活性中间体完成的,故又称为苯炔机理。可以看出,在加成步骤中,苯炔三键两端的碳原子"机会均等"地与 $^{-}NH_2$ 加成,故生成比例几乎相等的(Ⅴ)和(Ⅴ′)两种产物。对氯甲苯在 KNH_2/液 NH_3 中氨解得到对甲苯胺和间甲苯胺的混合物,其原因与氯苯相似。另外,若卤原子的邻位无氢原子存在,如2-溴-1,3-二甲基苯,则反应不能按消除-加成机理进行。

苯炔含有一个碳碳三键,比苯少两个氢原子,故也称去氢苯(dehydrobenzene),其构造式可表示如下:

或

苯炔中的碳碳三键与乙炔中的碳碳三键不同,构成苯炔碳碳三键的两个碳原子仍采取 sp^2 杂化。"三键"当中,一个是 σ 键,两个是 π 键,其中的一个 π 键参与苯环的共轭 π 键体系,第二个 π 键则由苯环上相邻的两个不平行的 sp^2 杂化轨道通过侧面重叠而成,如图7-7所示。可以看出:其一,由于两个 sp^2 杂化轨道不平行,侧面重叠很少,故所形成的这个 π 键很弱,导致了苯炔的高度活泼性,如苯炔除了容易与亲核试剂加成外,也可与共轭二烯发生Diels-Alder反应;其二,由于第二个 π 键的两个 sp^2 杂化轨道对称轴与构成苯环的碳原子共处于同一平面上,即与苯环中的共轭 π 体系相互垂直,故苯环上连接的取代基对苯炔的生成与稳定性,只存在诱导效应,而不存在共轭效应,例如,在按苯炔机理进行的反应中,甲氧基为吸电子基团。

静电势图:
苯炔

图7-7 苯炔结构的轨道图

练习 7.33 用 $KN(C_2H_5)_2/(C_2H_5)_2NH$ 处理下面两种化合物得到高产率的同一产物,其分子式为 $C_9H_{11}N$。(1)这个产物是什么?(2)写出其反应机理。

（邻氯苯乙基甲胺结构：苯环上 $CH_2CH_2NHCH_3$ 与 Cl 邻位）和（间位：$CH_2CH_2NHCH_3$ 与 Cl 间位）

练习 7.34　完成下列反应式：

(1) C_6H_5Br + 环戊二烯 $\xrightarrow[\text{液 } NH_3]{KNH_2}$　　(2) 3-溴甲苯（CH_3、Br 间位） $\xrightarrow[\text{液 } NH_3]{KNH_2}$

---

(3) 消除反应　乙烯型卤代烃在强烈条件下可以消除卤化氢生成炔烃。例如：

$$CH_3CH_2CH{=\!=}CHBr \xrightarrow[\text{液 } NH_3]{NaNH_2} CH_3CH_2C{\equiv}CH$$

$$C_6H_5CH{=\!=}CHBr \xrightarrow{KOH,\ 215\sim230\ ^\circ C} C_6H_5C{\equiv}CH \quad 66\%$$

而苯基型卤代烃则是在反应过程中生成很活泼的苯炔中间体。

(4) 与金属反应　乙烯型和苯基型卤代烃均能与镁反应生成 Grignard 试剂，但其活性比卤代烷的低，有时需使用络合能力较强和沸点较高的溶剂（如四氢呋喃），或在较强烈条件下才能进行。例如：

$$CH_2{=\!=}CH{-}Cl + Mg \xrightarrow[40\sim60\ ^\circ C]{THF,\ I_2} CH_2{=\!=}CH{-}MgCl \quad >90\%$$

$$C_6H_5{-}Br + Mg \xrightarrow{\text{乙醚},\ 35\ ^\circ C} C_6H_5{-}MgBr \quad 95\%$$

对于烃基相同的卤代烃，其活性次序是碘代烃 > 溴代烃 > 氯代烃。

乙烯型和苯基型卤代烃也能与锂反应，生成相应的烃基锂。例如：

$$(H)(H_3C)C{=\!=}C(H)(Br) + 2Li \xrightarrow[\text{回流},\ 1\sim2\ h]{\text{乙醚}} (H)(H_3C)C{=\!=}C(H)(Li) + LiBr$$

$$C_6H_5{-}Cl + 2Li \xrightarrow{\text{乙醚}} C_6H_5{-}Li + LiCl$$

有时也可用烷基锂代替锂与卤代芳烃反应，生成芳基锂和卤代烷。例如：

$$Cl{-}C_6H_4{-}I + CH_3(CH_2)_3Li \xrightarrow[\text{室温}]{\text{苯}} Cl{-}C_6H_4{-}Li + CH_3(CH_2)_3I$$

$$\text{1-溴萘} + CH_3(CH_2)_3Li \xrightarrow{\text{乙醚}} \text{1-萘基锂} + CH_3(CH_2)_3Br$$

乙烯型和苯基型卤代烃还能与二烃基铜锂发生偶联反应，即 Corey-House 反应，该反应也可用来制备烯烃和芳烃。例如：

$$\text{1-溴环己烯} + [CH_3(CH_2)_3]_2CuLi \xrightarrow{\text{乙醚}} \text{1-丁基环己烯}(CH_2)_3CH_3 + CH_3(CH_2)_3Cu + LiBr$$
80%

$$C_6H_5I + [CH_3(CH_2)_3]_2CuLi \xrightarrow{\text{乙醚}} C_6H_5(CH_2)_3CH_3 + CH_3(CH_2)_3Cu + LiI$$
75%

卤代芳烃与铜粉共热生成联芳基化合物,称为 Ullmann 反应。例如:

$$2\,C_6H_5I \xrightarrow{Cu,\ 230\ °C} C_6H_5-C_6H_5$$
82%

其中碘化物最活泼,也最常用。溴化物活性较低,氯化物较难反应,但在卤原子的邻和/或对位连有吸电子基团如—NO_2 和—CN 时,则反应可顺利进行。例如:

$$2\ \text{Br}-\text{(2-}NO_2\text{)}C_6H_3-\text{Br} \xrightarrow{Cu,\ DMF} \text{Br}-\text{(}NO_2\text{)}C_6H_3-C_6H_3\text{(}O_2N\text{)}-\text{Br}$$
76%

$$2\ \text{(2-}NO_2\text{)}C_6H_4\text{Cl} \xrightarrow{Cu,\ 215\sim225\ °C} \text{(2-}NO_2\text{)}C_6H_4-C_6H_4\text{(2-}O_2N\text{)}$$
52%~61%

此反应是合成联苯类化合物的一种常用方法。

练习 7.35 完成下列反应式:

(1) $C_6H_5C(Br)=CH_2 \xrightarrow[\triangle]{NaNH_2}$

(2) $C_6H_5-C_6H_4-I \xrightarrow[\triangle]{Cu}$

(3) 1-溴萘 $\xrightarrow[\text{乙醚}]{Li}$

(4) 2,4,6-三甲基溴苯(H_3C, CH_3, Br, CH_3) $\xrightarrow[\text{乙醚}]{Mg}$

7.9.3 烯丙型和苄基型卤代烃的化学性质

(1) 亲核取代反应 烯丙型和苄基型卤代烃容易与$^-$OH, $^-$OR, $^-$CN 和 NH_3 等试剂发生亲核取代反应。例如:

$$CH_2{=}CH{-}CH_2{-}Cl \xrightarrow[150\ °C]{NaOH,\ H_2O} CH_2{=}CH{-}CH_2{-}OH \quad 70\%$$

$$CH_2{=}CH{-}CH_2{-}Cl \xrightarrow[40\ °C,\ 4\ h]{NaCN,\ ZnCl_2} CH_2{=}CH{-}CH_2{-}CN \quad 95\%$$

$$C_6H_5-CH_2-Cl \xrightarrow[95\ ^\circ C]{Na_2CO_3,\ H_2O} C_6H_5-CH_2-OH \quad 74\%\sim100\%$$

$$C_6H_5-CH_2-Cl \xrightarrow[4\ h]{NaCN,\ \text{蒸汽浴}} C_6H_5-CH_2-CN \quad 80\%\sim88\%$$

烯丙型卤化物按 S_N1 机理进行反应时，所形成的碳正离子中间体可发生烯丙基重排，因此不仅得到正常的取代产物，还能得到重排产物。例如，1-溴丁-2-烯与水的溶剂解反应，得到两种不同的产物：

$$CH_3CH=CHCH_2Br \xrightarrow{-Br^-} [CH_3CH=CH\overset{+}{C}H_2 \longleftrightarrow CH_3\overset{+}{C}H-CH=CH_2]$$

$$\xrightarrow{^-OH} \underset{\text{正常产物}}{CH_3CH=CHCH_2OH} + \underset{\text{重排产物}}{CH_3\underset{OH}{\underset{|}{C}H}-CH=CH_2}$$

练习 7.36　完成下列反应式：

(1) $Cl-C_6H_4-CH_2Cl \xrightarrow[H_2O]{NaOH}$（对位）

(2) 邻二(氯甲基)苯 $\xrightarrow{2(CH_3)_2NH}$

(3) $ClCH=CHCH_2Cl \xrightarrow{CH_3COO^-}$

(4) $(CH_3)_2\underset{Br}{\underset{|}{C}}CH=CH_2 \xrightarrow[\triangle]{H_2O}$

练习 7.37　将下列化合物按其进行水解反应（S_N1 机理）的活性从大到小排序。

(1) 对甲氧基苄氯（CH_2Cl，OCH_3）　(2) 对氯苄氯（CH_2Cl，Cl）　(3) 对甲基苄氯（CH_2Cl，CH_3）　(4) 苄氯（$C_6H_5CH_2Cl$）

练习 7.38　完成下列反应式并写出反应机理。

$$CH_3\underset{Cl}{\underset{|}{C}H}CH=CH_2 \xrightarrow[S_N1]{C_2H_5OH}$$

---

(2) 消除反应　烯丙型和苄基型卤代烃也能进行消除反应。例如：

$$\text{3-溴环己烯} \xrightarrow{KOH,\ C_2H_5OH} \text{环己-1,3-二烯}$$

$$\text{2-萘基}-\underset{}{\overset{Br}{\overset{|}{C}}}HCH_2CH_2CH_3 \xrightarrow[\triangle]{\text{喹啉(碱)}} \text{2-萘基}-CH=CHCH_2CH_3 \quad 81\%$$

烯丙型卤代烃消除卤化氢时,优先生成较稳定的共轭二烯烃。

(3) 与金属反应　烯丙型和苄基型卤代烃比卤代烷更容易与金属镁反应,生成 Grignard 试剂。例如:

$$CH_2{=}CH{-}CH_2{-}Cl + Mg \xrightarrow[-10\ ^\circ C]{乙醚,\ I_2} CH_2{=}CH{-}CH_2MgCl \quad 60\%$$

$$C_6H_5{-}CH_2{-}Cl + Mg \xrightarrow{乙醚} C_6H_5{-}CH_2MgCl \quad 60\%$$

由于烯丙型和苄基型卤代烃比较活泼,常发生偶联副反应,尤其是溴代烃主要得到偶联产物。有时可以利用 Grignard 试剂与活泼卤代烃的偶联反应来制备高级烃。例如:

$$C_6H_5MgBr + C_6H_5CH_2Cl \xrightarrow{苯,\ 60\sim70\ ^\circ C} C_6H_5CH_2C_6H_5 \quad 91\%\sim100\%$$

$$n{-}C_4H_9C{\equiv}CMgBr + CH_2{=}CHCH_2Br \xrightarrow{乙醚} n{-}C_4H_9C{\equiv}CCH_2CH{=}CH_2 \quad 88\%$$

当活泼的卤代烃为烯丙基卤时,可用来合成 α-烯烃。

烯丙型和苄基型卤代烃亦可进行 Corey-House 合成,制备烯烃和芳烃。例如:

$$\text{(环己烯基)}{-}Br + (CH_3)_2CuLi \xrightarrow{乙醚} \text{(环己烯基)}{-}CH_3 + CH_3Cu + LiBr \quad 75\%$$

$$C_6H_5{-}CH_2Cl + (CH_3)_2CuLi \xrightarrow{乙醚} C_6H_5{-}CH_2CH_3 + CH_3Cu + LiCl \quad 80\%$$

练习 7.39　完成下列反应式:

(1) $CH_2{=}CHCH(Br)CH_2CH_3 \xrightarrow[C_2H_5OH,\ \Delta]{NaOH}$　　(2) $C_6H_{11}{-}MgBr + BrCH_2C(Br){=}CH_2 \xrightarrow{乙醚}$

7.10 氟代烃

氟原子体积较小,电负性却很大,因此氟代烃与其他卤代烃相比差别较大,具有许多独特的物理、化学性质。近年来,含氟有机化合物在农药、医药、材料、生命和航天航空等领域的应用愈加广泛,“有机氟化学”与生物化学、药物化学和材料化学等学科相互渗透、相互促进,已发展成为有机化学学科的一个重要分支。“有机氟化学”的具体内容可参见相关专著,本章仅对氟代烃做简单介绍。

7.10.1　氟代烃的命名

氟代烃是指烃分子中的一个或几个氢原子被氟原子取代后的化合物。氟代烃的系统命名法与其他卤代烃的命名类似，以烃为母体，氟原子作为取代基。分子中与碳原子直接相连的氢原子完全被氟原子取代后的化合物称为全氟化合物，通常在相应的碳氢化合物前加“全氟”二字来命名。例如：

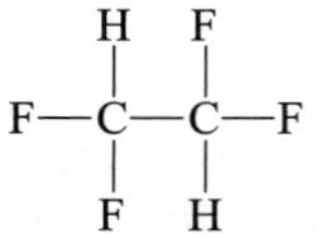

1，1，2，2－四氟乙烷 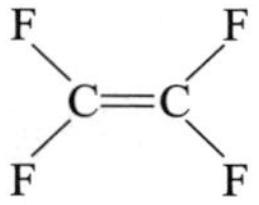　　四氟乙烯 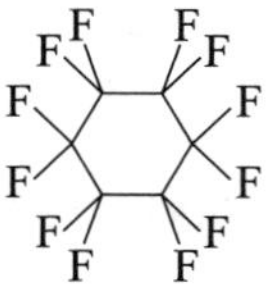　　全氟环己烷

低碳原子数的氟氯烷商品名为氟利昂(freon)，通常用F加数字来命名。例如，$ClF_2C—CF_2Cl$ 称为F－114，F代表氟利昂，百位数代表碳原子数减1，十位数代表氢原子数加1，个位数代表氟原子数。如果分子中含有溴原子，通常是加“B”后，再加上溴原子数；如果是环状化合物，在前面加“C”。对某些异构体，通常用小写字母来区别。例如：

CCl_2F_2	$C_2Cl_4F_2$	CBr_2F_2	
二氯二氟甲烷	对称四氯二氟乙烷	二溴二氟甲烷	全氟环丁烷
F－12	F－112	F－12B2	F－C318
	$CHF_2—CHF_2$	$CF_3—CH_2F$	
	对称四氟乙烷	不对称四氟乙烷	
	F－134	F－134a	

7.10.2　氟代烃的制法

氟代烃可采用烃或卤(氯、溴或碘)代烃与无机氟化物(如 HF，SbF_3，CoF_3 和 KF 等)的反应来制备。例如：

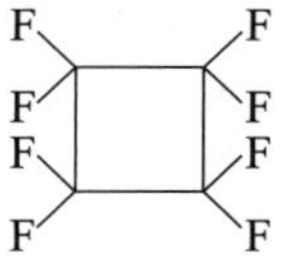

$$n\text{-}C_7H_{16} + 32CoF_3 \xrightarrow{260\sim280\ ^\circ C} n\text{-}C_7H_{16} + 16HF + 32CoF_2$$

全氟庚烷，91%

$$CH_3(CH_2)_4CH_2Br + KF \xrightarrow{120\ ^\circ C,\ 乙二醇} CH_3(CH_2)_4CH_2F + KBr$$

40%～42%

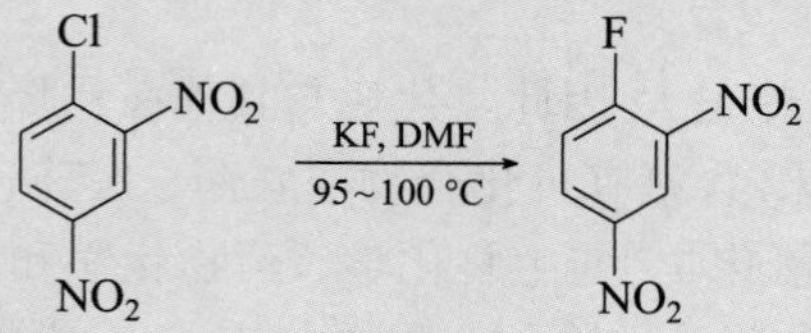

$$\text{1-Cl-2,4-}(NO_2)_2C_6H_3 \xrightarrow[95\sim100\ ^\circ C]{KF,\ DMF} \text{1-F-2,4-}(NO_2)_2C_6H_3$$

77%

氟代芳烃还可以由重氮盐[见第十五章15.8.2节(1)]制备。例如:

$$\text{3-}CH_3C_6H_4N_2^+BF_4^- \xrightarrow{\triangle} \text{3-}CH_3C_6H_4F \quad 89\%$$

另外,氟化氢也可以与某些不饱和烃加成生成单氟代或多氟代化合物。例如:

$$CH_3—CH=CH_2 + HF \xrightarrow{0\ ^\circ C,\ 0.3\ MPa} CH_3—\underset{\displaystyle F}{\underset{|}{CH}}—CH_3$$

$$\text{1-氯环己烯} \xrightarrow[1\ h]{HF(气态)} \text{1-氯-1-氟环己烷} + \text{1-氯-1-氟环己烷(加成后又取代)}$$

27.6%　　47.0%

加成反应的取向符合 Markovnikov 规则。

7.10.3 氟代烃的性质

由于氟原子体积较小,而电负性又很大,故C—F键是很强的极性共价键,但氟代烃的可极化性很低,因此对其熔、沸点和溶解度等造成很大影响。

通常情况下,四个碳原子以下的氟代烷是气体,四个碳原子以上的直链1-氟代烷是液体,高级氟代烷是固体。与其他卤代烷相似,在一氟代烷的构造异构体中,支链越多沸点越低。多氟代烷的沸点比较特殊,如甲烷分子中的氢原子依次被氟原子取代后,其沸点开始升高而后降低;全氟甲烷虽然与甲烷相对分子质量相差很大,但沸点却比较接近。一些氟代烷的沸点如表7-3所示。

表7-3 一些氟代烷的沸点

名称	沸点/℃	名称	沸点/℃	名称	沸点/℃
氟甲烷	−78.4	2-氟丁烷	25.2	1-氟庚烷	118
氟乙烷	−37.7	1-氟-2-甲基丙烷	25.1	1-氟辛烷	142
1-氟丙烷	−2.5	2-氟-2-甲基丙烷	12.1	二氟甲烷	−52
2-氟丙烷	−9.4	1-氟戊烷	62.8	三氟甲烷	−83
1-氟丁烷	32.5	1-氟己烷	91.5	全氟甲烷	−128

由于低的可极化性和紧束的未共用电子对,连接在碳原子上的氟不仅不能形成氢键,而且是疏水性的。单氟代化合物疏水性较弱,多氟代化合物疏水性大大增强。氟代烃不溶于水,而溶于许多有机溶剂。

一氟代烃不稳定,易脱除 HF 生成烯烃。但烃类分子中含有多个氟原子,尤其是一个碳原子上连有多个氟原子时,稳定性大大增强。多氟和全氟代烃对化学试剂非常稳定,很难发生化学反应,已成为尖端材料发展不可缺少的物质。

拓展:1995 年诺贝尔化学奖

拓展:氟代烃的用途

习题

(一) 写出下列分子式代表的所有构造异构体,并用系统命名法命名。

(1) $C_5H_{11}Cl$ (并指出 1°, 2°, 3° 卤代烷)　　(2) $C_4H_8Br_2$

(二) 用系统命名法命名下列化合物:

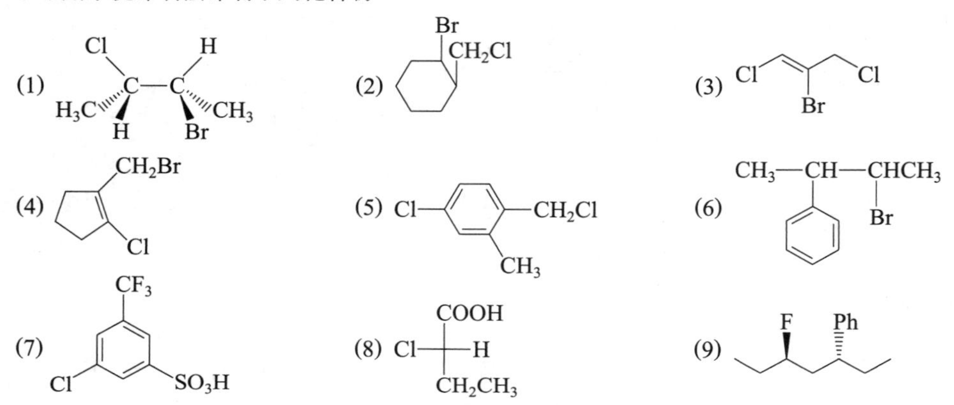

(三) 1,2-二氯乙烯的 (Z)-和 (E)-异构体,哪一个熔点较高?哪一个沸点较高?为什么?

(四) 比较下列各组化合物的偶极矩大小:

(1) (A) C_2H_5Cl　(B) $CH_2{=}CHCl$　(C) $CCl_2{=}CCl_2$　(D) $HC{\equiv}CCl$

(2) (A) H_3C—(苯环,邻位 Cl)　(B) H_3C—(苯环)—Cl　(C) H_3C—(苯环,间位 Cl)

(五) 写出 1-溴丁烷与下列试剂反应的主要产物:

(1) NaOH(水溶液)　(2) KOH(乙醇), △　(3) Mg, 乙醚

(4) (3) 的产物 + D_2O　(5) NaI(丙酮溶液)　(6) $(CH_3)_2CuLi$

(7) $CH_3C{\equiv}CNa$　(8) CH_3NH_2　(9) C_2H_5ONa, C_2H_5OH

(10) NaCN　(11) $AgNO_3$, C_2H_5OH　(12) CH_3COOAg

(六) 完成下列反应式:

(1) $CH_3—C(CH_3)_2—CH_2I \xrightarrow[CH_3COOH]{CH_3COOAg}$

(2) (Br, Br 取代的甲基环己烷) $\xrightarrow[丙酮]{NaI}$

(3) H_3C, Br, CH_3, H, H, H (环戊烷) $\xrightarrow[DMF]{NaCN}$

(4) H, Br, H_3C, D, H, H (环己烷) $\xrightarrow[C_2H_5OH, \triangle]{KOH}$

(5) $(R)-CH_3CHBrCH_2CH_3 \xrightarrow[H_2O]{NaSH}$

(6) $HOCH_2CH_2CH_2CH_2Cl \xrightarrow[H_2O]{NaOH}$

(7) 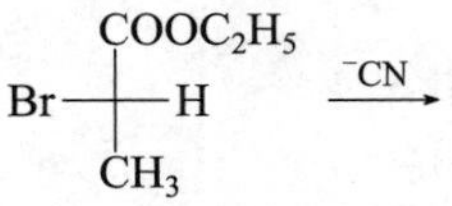 $COOC_2H_5$ / Br—C—H / CH_3 $\xrightarrow{^-CN}$

(8) $CH_3CH_2CH_2Br \xrightarrow{NH_3} (A)$; $\xrightarrow{NaNH_2} (B)$

(9) 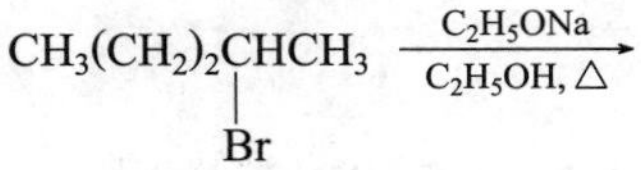 $CH_3(CH_2)_2CHCH_3$ (Br) $\xrightarrow[C_2H_5OH,\ \triangle]{C_2H_5ONa}$

(10) 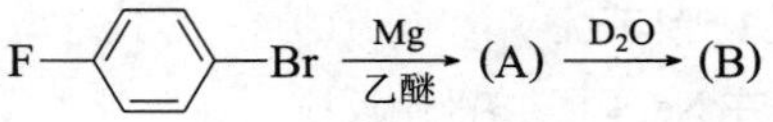 F—C_6H_4—Br $\xrightarrow[乙醚]{Mg}$ (A) $\xrightarrow{D_2O}$ (B)

(11) 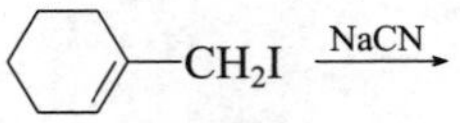 (cyclohexenyl)—$CH_2I \xrightarrow{NaCN}$

(12) 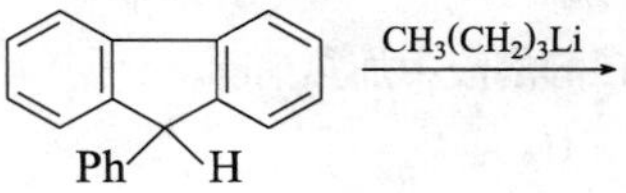 (fluorene, Ph, H) $\xrightarrow{CH_3(CH_2)_3Li}$

(13) 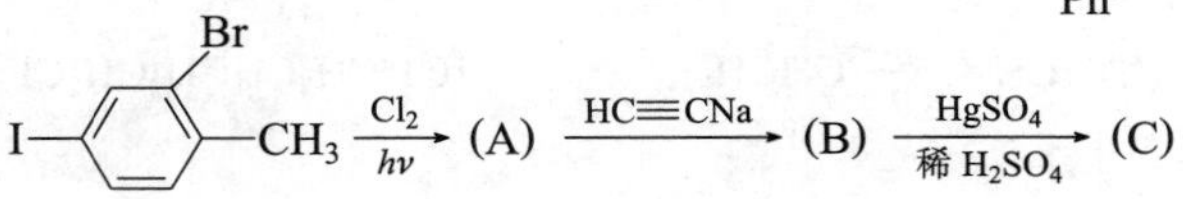 I—C_6H_3(Br)—CH_3 $\xrightarrow[h\nu]{Cl_2}$ (A) $\xrightarrow{HC\equiv CNa}$ (B) $\xrightarrow[稀\ H_2SO_4]{HgSO_4}$ (C)

(14) 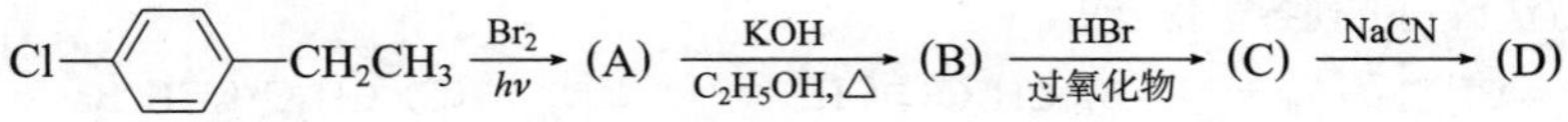 Cl—C_6H_4—CH_2CH_3 $\xrightarrow[h\nu]{Br_2}$ (A) $\xrightarrow[C_2H_5OH,\ \triangle]{KOH}$ (B) $\xrightarrow[过氧化物]{HBr}$ (C) $\xrightarrow{NaCN}$ (D)

(15) 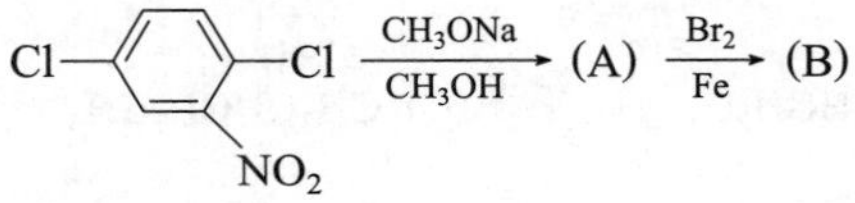 Cl—C_6H_3(NO_2)—Cl $\xrightarrow[CH_3OH]{CH_3ONa}$ (A) $\xrightarrow[Fe]{Br_2}$ (B)

(16) 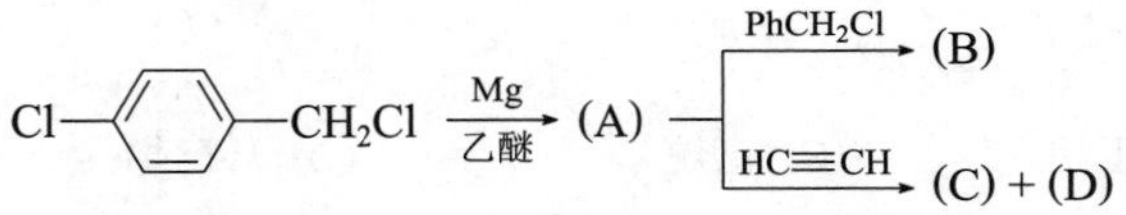 Cl—C_6H_4—CH_2Cl $\xrightarrow[乙醚]{Mg}$ (A) $\xrightarrow{PhCH_2Cl}$ (B); $\xrightarrow{HC\equiv CH}$ (C) + (D)

(17) 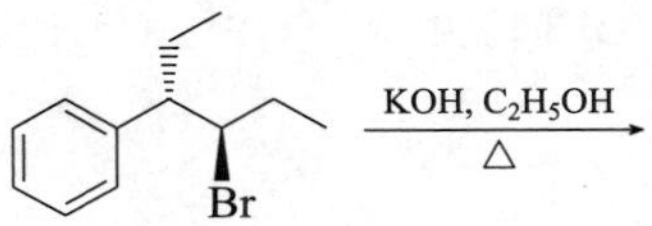 (Ph, Br) $\xrightarrow[\triangle]{KOH,\ C_2H_5OH}$

(18) 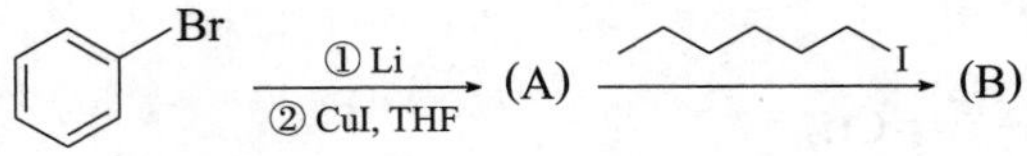 (Ph, Br) $\xrightarrow[②\ CuI,\ THF]{①\ Li}$ (A) $\xrightarrow{I}$ (B)

(19) 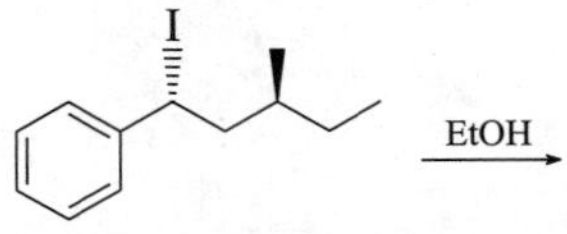 (Ph, I) $\xrightarrow{EtOH}$

(20) 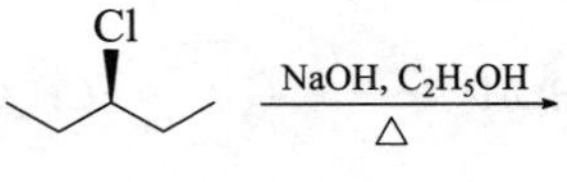 (Cl) $\xrightarrow[\triangle]{NaOH,\ C_2H_5OH}$

(七) 在下列每一对反应中,预测哪一个更快,为什么?

(1) $(CH_3)_2CHCH_2Cl + HS^- \longrightarrow (CH_3)_2CHCH_2SH + Cl^-$

$(CH_3)_2CHCH_2I + HS^- \longrightarrow (CH_3)_2CHCH_2SH + I^-$

(2) $CH_3CH_2CH(CH_3)CH_2Br + {}^-CN \longrightarrow CH_3CH_2CH(CH_3)CH_2CN + Br^-$

$CH_3CH_2CH_2CH_2CH_2Br + {}^-CN \longrightarrow CH_3CH_2CH_2CH_2CH_2CN + Br^-$

(3) $CH_3CH{=}CHCH_2Cl + H_2O \xrightarrow{\triangle} CH_3CH{=}CHCH_2OH + HCl$

$CH_2{=}CHCH_2CH_2Cl + H_2O \xrightarrow{\triangle} CH_2{=}CHCH_2CH_2OH + HCl$

(4) $CH_3CH_2CH_2Br + NaSH \xrightarrow{H_2O} CH_3CH_2CH_2SH + NaBr$

$CH_3CH_2CH_2Br + NaOH \xrightarrow{H_2O} CH_3CH_2CH_2OH + NaBr$

(5) $CH_3CH_2I + HS^- \xrightarrow{CH_3OH} CH_3CH_2SH + I^-$

$CH_3CH_2I + HS^- \xrightarrow{DMF} CH_3CH_2SH + I^-$

(八) 将下列各组化合物按照对指定试剂的反应活性从大到小排列成序。

(1) 在 2%$AgNO_3$ 乙醇溶液中反应

(A) 1-溴丁烷　　(B) 1-氯丁烷　　(C) 1-碘丁烷

(2) 在 NaI 丙酮溶液中反应

(A) 3-溴丙烯　　(B) 溴乙烯　　(C) 1-溴丁烷　　(D) 2-溴丁烷

(3) 在 KOH 醇溶液中加热消除

(A) $CH_3-C(CH_3)(CH_2CH_3)-Cl$　　(B) $CH_3CH(CH_3)-CH(Cl)CH_3$　　(C) $CH_3CH(CH_3)CH_2CH_2Cl$

(九) 用化学方法区别下列各组化合物。

(1) (A) $CH_2{=}CHCl$　　(B) $CH_3C{\equiv}CH$　　(C) $CH_3CH_2CH_2Br$

(2) (A) $CH_3CH(CH_3)CH{=}CHCl$　　(B) $CH_3C(CH_3){=}CHCH_2Cl$　　(C) $CH_3CH(Cl)CH_2CH_3$

(3) (A) 1-甲基-1-氯环己烷　　(B) 环己基氯甲烷　　(C) 氯代环己烷

(4) (A) 1-氯丁烷　　(B) 1-碘丁烷　　(C) 己烷　　(D) 环己烯

(5) (A) 2-氯丙烯　　(B) 3-氯丙烯　　(C) 苄基氯　　(D) 间氯甲苯　　(E) 氯代环己烷

(十) 完成下列转变(其他有机、无机试剂可任选):

(1) $CH_3CH(Br)CH_3 \longrightarrow CH_2(Cl)-CH(Cl)-CH_2(Cl)$

(2) $H_3C-C_6H_5 \longrightarrow H_3C-C_6H_4-C(CH_3){=}CH_2$ (对位)

(3) $CH_2{=}CHCH_3 \longrightarrow C_6H_{11}-CH_2CH{=}CH_2$ (环己基)

(4) $HC{\equiv}CH \longrightarrow C_2H_5C{\equiv}C-CH{=}CH_2$

(5) $HC{\equiv}CH \longrightarrow$ 环氧化合物（两个碳原子分别连 H 和 C_2H_5，H、C_2H_5 处于反式）

(6) 亚甲基环己烷 $(C_6H_{10}{=}CH_2) \longrightarrow$ 1-D-1-CH_3-环己烷

(十一) 在下列各组化合物中, 选择能满足各题具体要求者, 并说明理由。

(1) 下列哪一种化合物与 KOH 醇溶液反应, 可释放 F^-?

(A) 间氟苯基硝基甲烷 $(3\text{-}F\text{-}C_6H_4-CH_2NO_2)$　　(B) $O_2N-C_6H_3(CH_3)-F$（F 与 NO_2 处于对位，CH_3 位于 F 的邻位）

(2) 下列哪一种化合物在乙醇水溶液中放置，能形成酸性溶液？

(A) —$C(CH_3)_2$ | Br　　(B) $(CH_3)_2CH$— —Br

(3) 下列哪一种化合物与 KNH_2 在液氨中反应，能生成两种产物？

(A) H_3C— (Br) —CH_3　　(B) Br— (CH_3) —CH_3　　(C) (CH_3) —Br (CH_3)

(十二) 由 2-溴丙烷制备下列化合物：

(1) 异丙醇　　(2) 1,1,2,2-四溴丙烷　　(3) 2-溴丙烯

(4) 己-2-炔　　(5) 2-溴-2-碘丙烷　　(6) (2-溴-1-甲基乙基) 苯

(十三) 由指定原料合成 (其他试剂任选)：

(1) 由丙烯 ⟶ 环丙烷　　(2) 由丙烯 ⟶ 2,3-二甲基丁烷

(3) 由溴乙烷 ⟶ 丁-1-烯　　(4) 由萘 ⟶ 2,2′-二乙基-1,1′-联萘

(十四) 由苯和/或甲苯为原料合成下列化合物 (其他试剂任选)：

(1) —O—CH_2— (NO_2)　　(2) Cl— —C(=O)— —Br

(3) CH_2CN, NO_2, Br　　(4) H, H, C=C, $PhCH_2$, CH_2Ph

(十五) 2,6-二硝基-*N*,*N*-二丙基-4-三氟甲基苯胺 (又称氟乐灵，trifluralin B) 是一种低毒除草剂，适用于豆田除草，是用于莠草长出之前的除草剂，即在莠草长出之前喷洒，在莠草种子发芽穿过土层过程中将其吸收。试由 1-氯-4-三氟甲基苯合成之 (其他试剂任选)。氟乐灵的构造式如下：

F_3C— (NO_2) —$N(CH_2CH_2CH_3)_2$ (NO_2)

(十六) 1,2-二 (五溴苯基) 乙烷 (又称十溴二苯乙烷) 是一种新型溴系列阻燃剂，其性能与十溴二苯醚相似，但其阻燃性、耐热性和稳定性好。与十溴二苯醚不同，十溴二苯乙烷高温分解时不产生二噁英致癌物及毒性物质，现被广泛用来代替十溴二苯醚，在树脂、塑料、橡胶和纤维等中用作阻燃剂。试由苯和乙烯为原料 (无机原料任选) 合成之。

(十七) 回答下列问题：

(1) CH_3Br 和 C_2H_5Br 分别在含水乙醇溶液中进行碱性水解和醇解时，若增加水的含量则反应速率明显下降，而 $(CH_3)_3CCl$ 在乙醇溶液中进行醇解时，如含水量增加，则反应速率明显上升。为什么？

(2) 无论实验条件如何，新戊基卤 $[(CH_3)_3CCH_2X]$ 的亲核取代反应速率都慢。为什么？

(3) 1-氯丁-2-烯 (Ⅰ) 和 3-氯丁-1-烯 (Ⅱ) 分别与浓的乙醇钠的乙醇溶液反应, (Ⅰ) 只生成 (Ⅲ), (Ⅱ) 只生成 (Ⅳ), 但分别在乙醇溶液中加热, 则无论 (Ⅰ) 还是 (Ⅱ) 均得到 (Ⅲ) 和 (Ⅳ) 的混合物, 为什么?

$$\underset{(\text{I})}{CH_3CH{=}CHCH_2Cl} \xrightarrow[C_2H_5OH]{C_2H_5ONa} \underset{(\text{III})}{CH_3CH{=}CHCH_2{-}OC_2H_5}$$

$$\underset{(\text{II})}{CH_3\underset{\displaystyle Cl}{\underset{|}{C}}HCH{=}CH_2} \xrightarrow[C_2H_5OH]{C_2H_5ONa} \underset{(\text{IV})}{CH_3\underset{\displaystyle OC_2H_5}{\underset{|}{C}}HCH{=}CH_2}$$

(4) 在含少量水的甲酸 (HCOOH) 中对几种烯丙基氯进行溶剂解时, 测得如下相对反应速率:

$CH_2{=}CHCH_2Cl$	$CH_2{=}CHCH(CH_3)Cl$	$CH_2{=}C(CH_3)CH_2Cl$	$CH_3CH{=}CHCH_2Cl$
(Ⅰ)	(Ⅱ)	(Ⅲ)	(Ⅳ)
1.0	5 670	0.5	3 550

试解释以下事实: (Ⅲ) 中的甲基实际上起着轻微的钝化作用, (Ⅱ) 和 (Ⅳ) 中的甲基则起着强烈的活化作用。

(5) 将下列亲核试剂按其在 S_N2 反应中的亲核性由大到小排列, 并简述理由。

$$O_2N{-}C_6H_4{-}O^- \qquad CH_3CH_2{-}O^- \qquad C_6H_5{-}O^-$$

(6) 试解释为何 1-溴二环 [2.2.2] 辛烷在强碱作用下也很难发生 E2 消除反应。

(7) 仲卤代烷水解时, 可按 S_N1 和 S_N2 两种机理进行, 欲使反应按 S_N1 机理进行, 可采取什么措施?

(8) 顺-和反-1-叔丁基-4-氯环己烷分别与热的 NaOH 乙醇溶液反应 (E2 机理), 哪一个较快?

(9) 下述两个反应均按 E2 机理进行, 但生成 Saytzeff 烯烃的比例却不同, 试解释之。

$$CH_3CH_2\underset{\displaystyle Br}{\underset{|}{C}}HCH_3 \xrightarrow{C_2H_5O^-} \underset{81\%}{CH_3CH{=}CHCH_3} + \underset{19\%}{CH_3CH_2CH{=}CH_2}$$

$$(CH_3)_3CCH_2\underset{\displaystyle Br}{\underset{|}{C}}(CH_3)_2 \xrightarrow{(CH_3)_3CO^-} \underset{2\%}{(CH_3)_3CCH{=}C(CH_3)_2} + \underset{98\%}{(CH_3)_3CCH_2\overset{\displaystyle CH_3}{\overset{|}{C}}{=}CH_2}$$

(10) 间溴苯甲醚和邻溴苯甲醚分别在液氨中用 $NaNH_2$ 处理, 均得到同一产物 —— 间甲氧基苯胺, 为什么?

(十八) 某化合物分子式为 C_5H_{12}(A), (A) 在其同分异构体中熔点和沸点差距最小, (A) 的一溴代物只有一种 (B)。(B) 进行 S_N1 或 S_N2 反应都很慢, 但在 Ag^+ 的作用下, 可以生成 Saytzeff 烯烃 (C)。写出化合物 (A)、(B) 和 (C) 的构造式。

(十九) 化合物 (A) 的分子式为 $C_7H_{11}Br$, 与 Br_2-CCl_4 溶液作用生成一种三溴化合物 (B)。(A) 很容易与稀碱溶液作用, 生成两种构造异构的醇 (C) 和 (D)。(A) 与 KOH 乙醇溶液加热, 生成一种共轭二烯烃(E)。(E)经臭氧化-还原水解生成丁二醛($OHCCH_2CH_2CHO$)和2-氧亚基丙醛(CH_3COCHO)。试推测(A)~(E)的构造式。

(二十)氟罗沙星(Fleroxacin)是一种广谱抗菌剂,其由化合物A经以下步骤合成。请写出化合物B和氟罗沙星的结构式,并解释在第一步反应中加入NaI的作用。

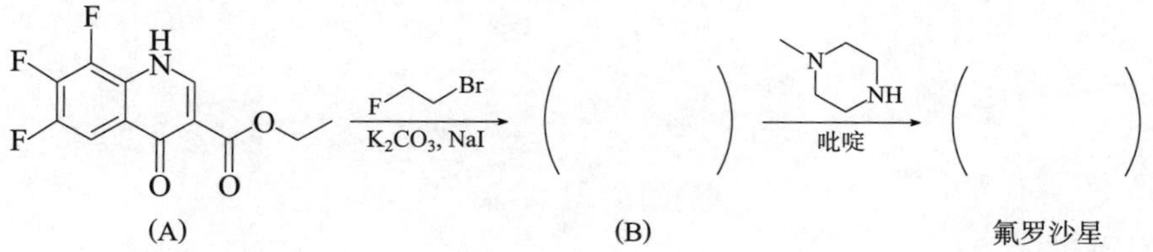

(A) $\xrightarrow[K_2CO_3,\ NaI]{F\diagup\diagdown Br}$ ( ) (B) $\xrightarrow[\text{吡啶}]{\text{N-甲基哌嗪}}$ ( ) 氟罗沙星

(二十一)写出下列反应的机理:

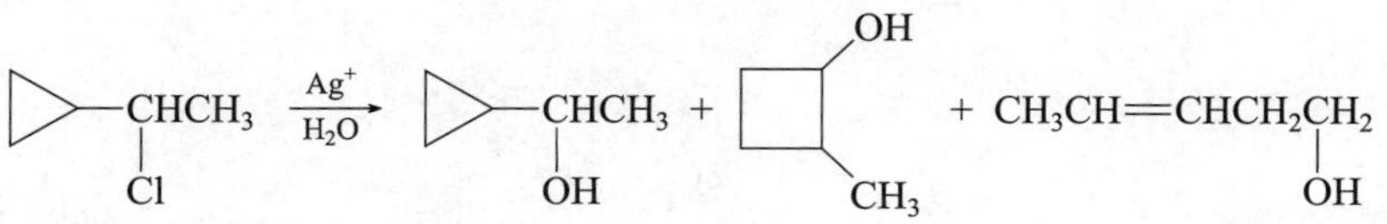

$$\text{环丙基}-\underset{Cl}{CHCH_3} \xrightarrow[H_2O]{Ag^+} \text{环丙基}-\underset{OH}{CHCH_3} + \text{2-甲基环丁醇} + CH_3CH{=}CHCH_2\underset{OH}{CH_2}$$

(二十二)将对氯甲苯和NaOH水溶液加热到340 ℃,生成几乎等物质的量的对甲苯酚和间甲苯酚。试写出其反应机理。

(二十三)4-硝基苯基-2,4,6-三氯苯基醚又称草枯醚,是一种毒性很低的除草剂,用于防治水稻田中稗草等一年生杂草,也可防除油菜、白菜地中的禾本科杂草。试选用合适的原料合成之。

(二十四)芥子气,化合物名称为二氯二乙硫醚,因其具有芥末的气味而得名,早在第一次世界大战时即被用作化学武器。其作用机理被认为经类似S_N2途径对DNA进行烷基化,因具有两个氯原子,故可发生两次烷基化,从而使两条DNA链发生交联,阻断了DNA复制,最终导致细胞死亡。研究表明该S_N2反应比1,5-二氯戊烷的S_N2反应快得多,请提出合理解释。

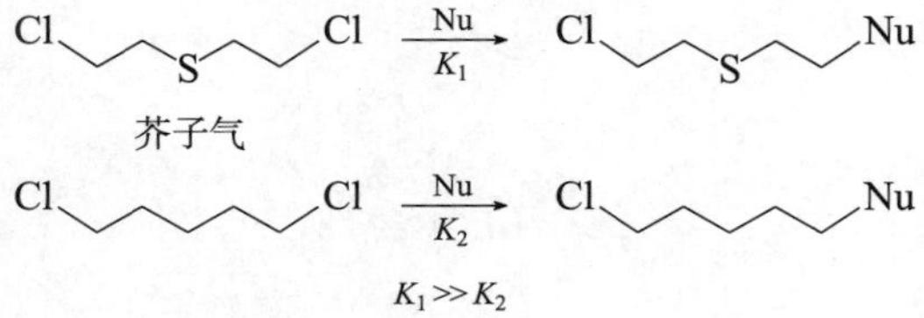

$$ClCH_2CH_2SCH_2CH_2Cl \xrightarrow[K_1]{Nu} ClCH_2CH_2SCH_2CH_2Nu$$

芥子气

$$Cl(CH_2)_5Cl \xrightarrow[K_2]{Nu} Cl(CH_2)_5Nu$$

$K_1 \gg K_2$

第八章
有机化合物的波谱分析

▼ 前导知识：学习本章之前需要复习以下知识点

共价键的极性和诱导效应（1.4.2 节）
烷烃和环烷烃的结构（2.3 节）
烯烃和炔烃的结构（3.1 节）
烯烃的顺反异构（3.2 节）
苯的结构（5.2 节）

▼ 本章导读：学习本章内容需要掌握以下知识点

有机化合物分子吸收波谱与分子结构
红外光谱的原理，基团的特征频率
核磁共振的产生，化学位移，自旋耦合与自旋裂分
综合运用红外光谱和核磁共振谱解析有机化合物的结构

▼ 后续相关：与本章相关的后续知识点

醇和酚的波谱性质（9.4 节）
醚的波谱性质（10.4 节）
醛和酮的波谱性质（11.4 节）
羧酸的波谱性质（12.4 节）
羧酸衍生物的波谱性质（13.2 节）
胺的波谱性质（15.4 节）

有机化合物的结构测定,是有机化学的重要组成部分。过去,主要依靠化学方法来测定有机化合物的结构,试样用量大,费时、费力,且测定结果准确性不高。例如,鸦片中生物碱吗啡的结构测定,从1805年开始,直至1952年才彻底完成。利用现代波谱分析手段,仅需要微量试样,就能够快速地测定一些化合物的结构,有时甚至能获得其聚集状态及分子间相互作用的信息。

有机化学中应用最广泛的波谱分析手段是核磁共振谱(NMR)、红外光谱(IR)和质谱(MS)。前两者为分子吸收光谱,而质谱是化合物分子经高能粒子轰击形成的正电荷离子(或采用软电离技术形成的离子),在电场和磁场的作用下按质荷比大小排列而成的图谱,不是吸收光谱。限于篇幅,本章仅介绍核磁共振谱和红外光谱,两者在有机化合物的结构鉴定中应用最多。

8.1　分子吸收光谱和分子结构

一定波长的光与分子相互作用并被吸收,用特定仪器记录下来就是分子吸收光谱。分子吸收电磁波从较低能级激发到较高能级时,其吸收光的频率与吸收能量之间的关系如下:

$$E = h\nu \tag{8-1}$$

式中: E 代表光子的能量,单位为 J; h 代表 Planck 常量,其值为 6.63×10^{-34} J·s; ν 代表频率,单位为 Hz。频率与波长及波数的关系为

$$\nu = \frac{c}{\lambda} = c\sigma \tag{8-2}$$

式中: c 代表光速,其值为 3×10^{10} cm·s^{-1}; λ 代表波长,单位为 cm; σ 代表波数,表示 1 cm 长度中波的数目,单位为 cm^{-1}。

分子结构不同,由低能级向高能级跃迁所吸收光的能量不同,因而可形成各自特征的分子吸收光谱,并以此来鉴别已知化合物或测定未知化合物的结构。

从波长很短(约 10^{-2} nm)的 X 射线到波长较长(约 10^{12} nm)的无线电波,都属于电磁波。电磁波类型及其对应的波谱分析方法见表 8-1。

表 8-1　电磁波类型及其对应的波谱分析方法

电磁波类型	波长范围	激发能级	波谱分析方法
X 射线	0.01 ~ 10 nm	内层电子	X 射线光谱
远紫外线	10 ~ 200 nm	σ 电子	
紫外-可见光	200 ~ 800 nm	n 及 π 电子	紫外和可见吸收光谱(UV-Vis)
红外线	0.8 ~ 300 μm	振动与转动	红外吸收光谱(IR)
微波	0.3 ~ 100 mm	电子自旋	电子自旋共振谱(ESR)
无线电波	0.1 ~ 1 000 m	原子核自旋	核磁共振谱(NMR)

8.2 红外吸收光谱

在波数为 4 000 ~ 400 cm^{-1} (波长为 2.5 ~ 25 μm) 的红外光照射下, 试样分子吸收红外光会发生振动能级跃迁, 所测得的吸收光谱称为红外吸收光谱 (infrared spectrum), 简称红外光谱 (IR)。红外光谱图通常以波数或波长为横坐标, 表示吸收峰的位置; 以透过率 T (以百分数表示) 为纵坐标, 表示吸收强度。

每种有机化合物都有其特征的红外光谱, 就像人的指纹一样。根据红外光谱图上吸收峰的位置和强度, 可以判断待测化合物是否存在某些官能团。

8.2.1 分子的振动和红外光谱

(1) 振动方程式 可以把两个成键原子间的伸缩振动近似地看成用弹簧连接的两个小球的简谐振动。根据 Hooke 定律可得其振动频率为

$$\nu = \frac{1}{2\pi}\sqrt{k\left(\frac{1}{m_1}+\frac{1}{m_2}\right)} \tag{8-3}$$

式中: m_1 和 m_2 分别代表两个成键原子的质量, 单位为 g; k 为化学键的伸缩振动力常数, 单位为 $N\cdot cm^{-1}$ (牛 [顿] · 厘米$^{-1}$)。一些化学键的伸缩振动力常数如下:

键型	O—H	N—H	≡C—H	=C—H	—C—H	C≡N	C≡C	C=O	C=C	C—O	C—C
$\frac{k}{N\cdot cm^{-1}}$	7.7	6.4	5.9	5.1	4.8	17.7	15.6	12.1	9.6	5.4	4.5

由式 (8-3) 可见, 键的振动频率取决于力常数 (与化学键强度有关) 和成键原子的质量。力常数越大 (化学键越强), 成键原子质量越小, 键的振动频率越高。同一类型化学键, 由于其在分子内部及外部所处环境 (电子效应、氢键、空间效应、溶剂极性、聚集状态) 不同, 力常数并不完全相同, 因此, 吸收峰的位置也不尽相同。此外, 只有引起分子偶极矩发生变化的振动模式才会出现红外吸收峰。例如, 对称炔烃的 C≡C 和反式对称烯烃的 C=C 的伸缩振动无偶极矩变化, 无红外吸收峰。化学键极性越强, 振动时偶极矩变化越大, 吸收峰越强。

(2) 振动方式 分子中化学键的振动方式分为伸缩振动和弯曲振动两种类型。伸缩振动是指原子沿键轴方向伸缩, 键长变化而键角不变。弯曲振动为原子垂直于化学键的振动, 键角改变而键长不变。以甲叉基为例, 几种振动方式如图 8-1 所示。

动画:
甲叉基的振动方式

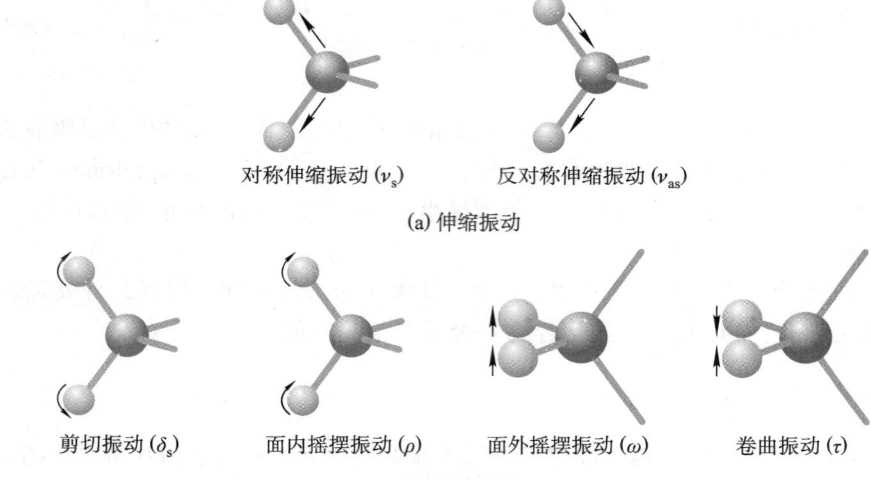

图 8-1 甲叉基的振动方式

8.2.2 有机化合物基团的特征频率

拓展:
基团的特征频率与结构的关系

同类型化学键或官能团的吸收频率总是出现在特定波数范围内。这种能代表某基团存在的吸收峰,称为该基团的特征吸收峰,简称特征峰。其最大吸收所对应的频率为基团的特征频率。表 8-2 列举了常见有机化合物基团的特征频率。

表 8-2 常见有机化合物基团的特征频率

	化学键类型	特征频率/cm^{-1} (化合物类型)	化学键类型	特征频率/cm^{-1} (化合物类型)
伸缩振动	—O—H	3 600 ~ 3 200 (醇、酚) 3 600 ~ 2 500 (羧酸)	C═C	1 680 ~ 1 620 (烯烃)
	—N—H	3 500 ~ 3 300 (胺、亚胺,其中伯胺为双峰) 3 350 ~ 3 180 (伯酰胺,双峰) 3 320 ~ 3 060 (仲酰胺)	C═O	1 750 ~ 1 710 (醛、酮) 1 725 ~ 1 700 (羧酸) 1 850 ~ 1 800, 1 790 ~ 1 740 (酸酐) 1 815 ~ 1 770 (酰卤) 1 750 ~ 1 730 (酯) 1 700 ~ 1 680 (酰胺)
	sp C—H	3 320 ~ 3 310 (炔烃)		
	sp^2 C—H	3 100 ~ 3 000 (烯烃、芳烃)	C═N	1 690 ~ 1 640 (亚胺、肟)
	sp^3 C—H	2 950 ~ 2 850 (烷烃)	—NO_2	1 550 ~ 1 535, 1 370 ~ 1 345 (硝基化合物)
	sp^2 C—O	1 250 ~ 1 200 (酚、酸、烯醚)		
	sp^3 C—O	1 250 ~ 1 150 (叔醇、仲烷基醚) 1 125 ~ 1 100 (仲醇、伯烷基醚) 1 080 ~ 1 030 (伯醇)	—C≡C—	2 200 ~ 2 100 (不对称炔烃)
			—C≡N	2 280 ~ 2 240 (腈)

续表

	化学键类型	特征频率/cm^{-1} (化合物类型)	化学键类型	特征频率/cm^{-1} (化合物类型)
弯曲振动	sp^3 C—H 弯曲振动	1 470 ~ 1 430, 1 380 ~ 1 360 (CH_3) 1 485 ~ 1 445 (CH_2)	Ar—H 面外 弯曲振动	770 ~ 730, 710 ~ 680 (五个相邻氢) 770 ~ 730 (四个相邻氢) 810 ~ 760 (三个相邻氢) 840 ~ 790 (两个相邻氢) 900 ~ 860 (隔离氢)
	═C—H 面 外弯曲振动	995 ~ 985, 915 ~ 905 (单取代烯) 980 ~ 960 (反式二取代烯) 690 (顺式二取代烯) 910 ~ 890 (同碳二取代烯) 840 ~ 790 (三取代烯)	≡C—H 弯曲振动	660 ~ 630 (端位炔烃)

结构鉴定时,通常把 4 000 ~ 1 300 cm^{-1} 称为特征频率区,因为该区域内的吸收峰主要是特征官能团的伸缩振动所产生的。而把 1 300 ~ 400 cm^{-1} 称为指纹区,该区域内吸收峰通常很多,而且不同化合物差异很大。特征频率区通常用来判断化合物是否具有某种官能团,而指纹区通常用来区别或确定具体化合物。习惯上把同一官能团因振动方式不同而产生的不同位置的红外吸收峰称为相关峰。例如,端炔烃的≡C—H 在约 3 300 cm^{-1} 处的伸缩振动吸收峰、约 650 cm^{-1} 处的弯曲振动吸收峰,以及 C≡C 在约 2 150 cm^{-1} 处的伸缩振动吸收峰就是相关峰。相关峰有助于确定特定官能团的存在。利用测定的红外谱图与标准谱图对比可进行结构鉴定,对比谱图时不仅要注意吸收峰频率的一致,还应注意吸收峰的相对强度及峰形的基本一致。

8.2.3 有机化合物红外光谱举例

(1) 烷烃 烷烃没有官能团,其红外光谱较简单。区分饱和与不饱和 C—H 键伸缩振动的分界线为 3 000 cm^{-1}。图 8-2 是正辛烷的红外光谱图,其中 2 960 ~ 2 860 cm^{-1} 的强峰是甲基及甲叉基的 C—H 伸缩振动吸收峰,1 467 cm^{-1} 和 1 380 cm^{-1} 是甲叉基和甲基 C—H 的弯曲振动吸收峰,721 cm^{-1} 是 $(CH_2)_n$, $n \geqslant 4$ 时,直链烷烃甲叉基的 C—H 面内摇摆振动吸收峰。其他直链烷烃的红外光谱都与正辛烷的非常相似。当分子中存在异丙基或叔丁

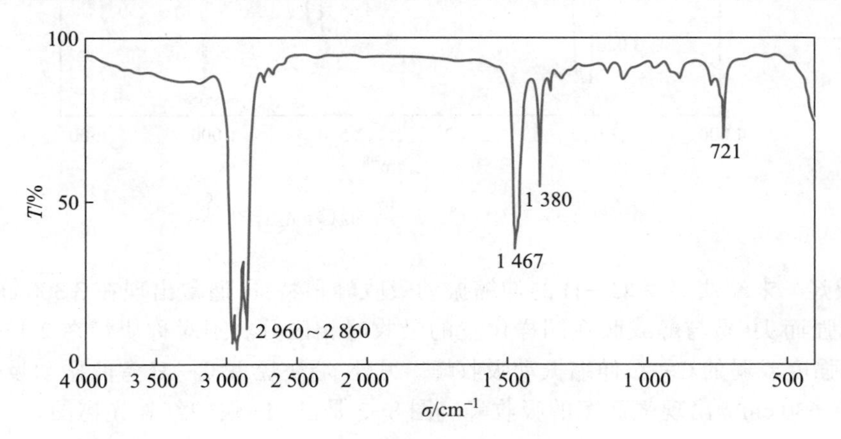

图 8-2 正辛烷的红外光谱图

基时, 1 380 cm^{-1} 的吸收峰常裂分为双峰, 前者两峰强度相近, 后者低波数吸收峰(较)强。

(2) 烯烃　烯烃 ═C—H 的伸缩振动吸收峰比较特征, 在 3 100～3 000 cm^{-1} 出现中等强度的吸收峰。不对称烯烃 C═C 伸缩振动在 1 680～1 620 cm^{-1} 有中等强度吸收峰。另外, 不同取代烯烃在 1 000～650 cm^{-1} 区域的 ═C—H 面外弯曲振动吸收峰也非常特征, 见表 8-2。图 8-3 是己-1-烯的红外光谱图, 3 080 cm^{-1} 处吸收峰是 ═C—H 伸缩振动, 1 642 cm^{-1} 吸收峰是 C═C 伸缩振动, 993 cm^{-1} 和 910 cm^{-1} 的两个吸收峰是单取代烯烃特征的 ═C—H 面外弯曲振动吸收峰。(*E*)-己-2-烯的红外光谱图(见图 8-4)中, 双键为反式二取代, ═C—H 面外弯曲振动吸收峰在 965 cm^{-1} 处; 而 (*Z*)-己-2-烯为双键顺式二取代, ═C—H 面外弯曲振动吸收峰在 700 cm^{-1} 处, 二者有明显差别。

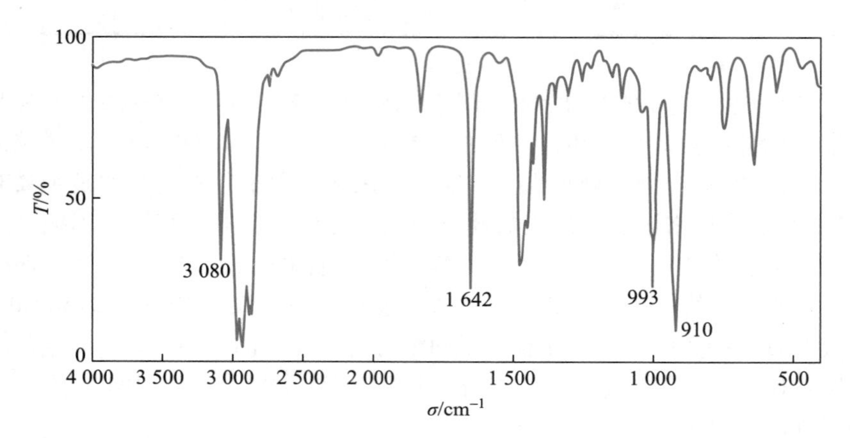

图 8-3　己-1-烯的红外光谱图

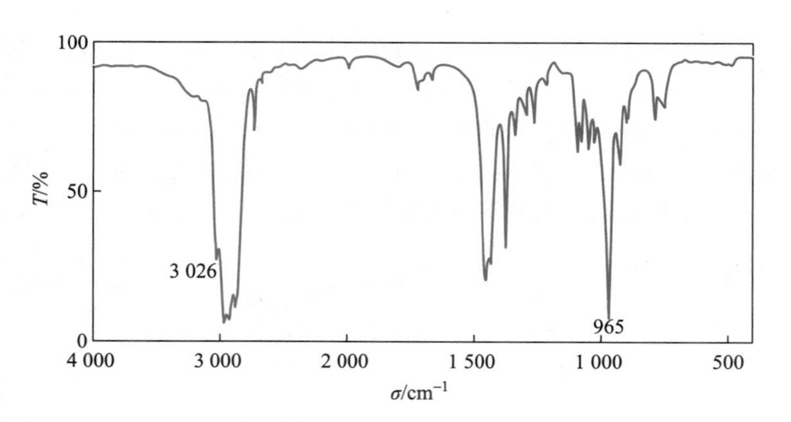

图 8-4　(*E*)-己-2-烯的红外光谱图

(3) 炔烃　末端炔烃 ≡C—H 的伸缩振动吸收峰很特征, 通常出现在 3 300 cm^{-1} 附近。该吸收峰强而尖, 易与醇或胺在同样位置的吸收峰相区分。不对称炔烃在 2 150 cm^{-1} 附近有中等强度或弱的 C≡C 伸缩振动吸收峰。另外, 端炔烃 ≡C—H 弯曲振动吸收峰很特征, 通常在 630 cm^{-1} 出现强而宽的吸收峰。图 8-5 是己-1-炔的红外光谱图。

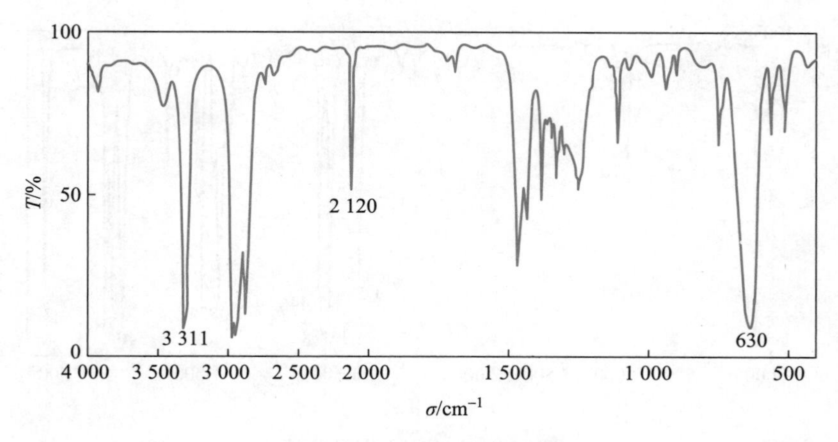

图 8-5　己-1-炔的红外光谱图

(4) 芳烃　芳环的 sp^2 杂化 C—H 伸缩振动在 3 100 ~ 3 000 cm^{-1} 有中等强度吸收峰。苯环在 1 600 ~ 1 450 cm^{-1} 出现 1 ~ 4 个苯环的骨架伸缩振动吸收峰,其数目和强度随不同取代方式而改变。1 490 cm^{-1} 左右的吸收峰虽然强度可变,但通常会出现,可作为确定苯环存在的依据。

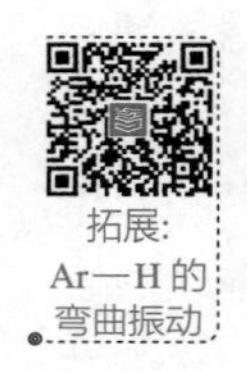

表 8-2 列出了存在不同数目相邻氢原子的 Ar—H 面外弯曲振动吸收峰,对应着不同的取代情况。对二甲苯(见图 8-6)在苯环上存在两个相邻氢原子,在 795 cm^{-1} 处有吸收峰。以上这些 Ar—H 面外弯曲振动吸收峰都比较强,对判断苯的取代方式很有用。

(5) 卤代烃　一卤代烷的 C—F, C—Cl, C—Br, C—I 键的伸缩振动吸收峰分别位于 1 400 ~ 1 100 cm^{-1}, 800 ~ 600 cm^{-1}, 600 ~ 500 cm^{-1} 和大约 500 cm^{-1},为强到中等强度吸收峰。芳卤化合物的 Ar—X 伸缩振动吸收峰频率变高,C—F 键在 1 300 ~ 1 150 cm^{-1};C—Cl, C—Br, C—I 键的伸缩振动吸收峰均在 1 175 ~ 1 000 cm^{-1}。图 8-7 为氯苯的红外光谱图,1 083 cm^{-1} 处的吸收峰为 C—Cl 键的伸缩振动吸收峰。

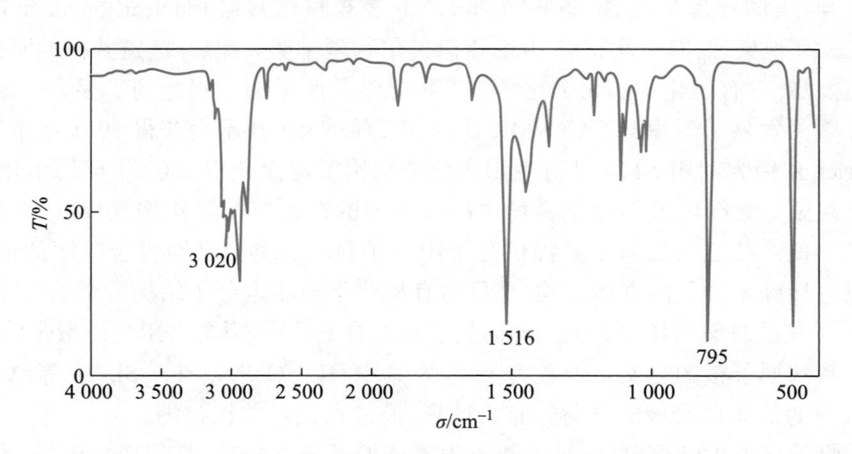

图 8-6　对二甲苯的红外光谱图

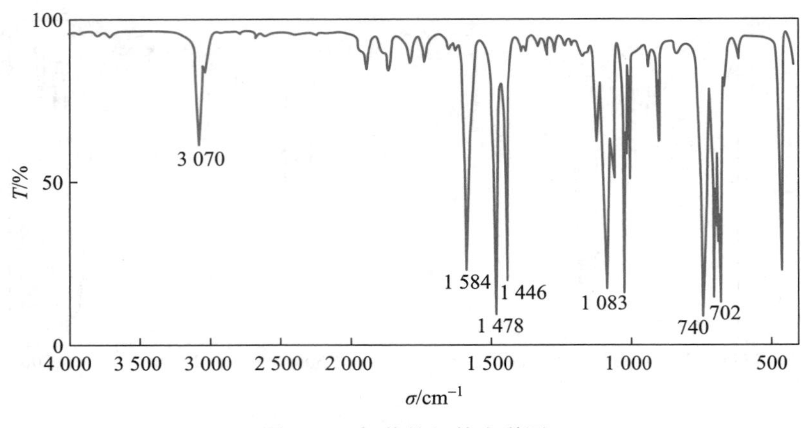

图 8-7　氯苯的红外光谱图

练习 8.1　醇分子中游离 O—H 键（见第九章 9.4 节）的伸缩振动吸收峰出现在约 3 600 cm^{-1} 处，已知将 O—H 键中的 H 换为 D 后，键的力常数 k 变化很小，试估算游离 O—D 键的伸缩振动吸收频率。

练习 8.2　甲苯与 $(CH_3CO)_2O$ 在 $AlCl_3$ 存在下进行反应，如何用红外光谱判断此反应得到对位（而非邻位）取代产物？预测产物主要红外吸收峰的频率。请利用互联网检索产物的红外光谱标准谱图并验证答案。

8.3　核磁共振谱

8.3.1　核磁共振的产生

人物: Bloch F

人物: Purcell E

人物: Ernst R R

人物: Wüthrich K

1946 年，美国物理学家 Bloch F 和 Purcell E 发现核磁共振（nuclear magnetic resonance，缩写为 NMR）现象，他们因此获得 1952 年诺贝尔物理学奖。此后，核磁共振的研究与应用得到迅速发展，对有机化学、无机化学、生物化学及医学的发展起到了很大的推动作用。Ernst R R 因为发展了傅里叶变换 NMR 技术和二维 NMR 技术而获得 1991 年诺贝尔化学奖；Wüthrich K 因为利用 NMR 进行生物大分子结构鉴定而获得 2002 年诺贝尔化学奖。

核磁共振是无线电波与处于磁场中的分子内的自旋核相互作用，引起核自旋能级的跃迁而产生的。核磁共振谱主要提供分子中原子数目、类型乃至键合次序的信息，有时甚至可以直接确定分子的立体结构，是目前有机化学家测定分子结构的最有力工具之一。

（1）原子核的自旋与核磁共振　不同原子核的自旋状况不同，可用自旋量子数表示。质量数为奇数的原子核的自旋量子数为半整数，其中 ^{1}H，^{13}C，^{15}N，^{19}F，^{29}Si，^{31}P 等原子核的自旋量子数为 1/2，其自旋核的电荷分布为球形，最适宜核磁共振检测。

由于原子核带正电荷，自旋量子数不为零的原子核在自旋时，便产生磁场，形成磁矩。自旋量子数为 1/2 的原子核有两种自旋方向。当有外磁场存在时，两种自旋的能级出现裂分，与外磁场方向相同的自旋原子核能量低，用 +1/2 表示；与外磁场方向相反的自旋原子核能量高，用 −1/2 表示。两个能级差为 ΔE，见图 8-8。ΔE 与外磁场磁感应强度（B_0）成正

比,其关系式如下:

$$\Delta E=\gamma\frac{h}{2\pi}B_0=h\nu \qquad \nu=\frac{\gamma B_0}{2\pi} \tag{8-4}$$

式中: γ 称为磁旋比,是原子核的特征常数,对于 ^{1}H 核(常简称为 ^{1}H 或质子)而言,其值为 $2.675\times10^{8}\ T^{-1}\cdot s^{-1}$; h 为 Planck 常量; ν 为无线电波的频率。若用一定频率的电磁波照射外磁场中的 ^{1}H, 当电磁波的能量正好等于两个能级之差时, ^{1}H 就吸收电磁波的能量,从低能级跃迁到高能级,发生核磁共振。因为只有吸收频率为 ν 的电磁波才能产生核磁共振,故式(8-4)为产生核磁共振的条件。有机化学中最常用的是 ^{1}H 和 ^{13}C 核磁共振谱,下面主要介绍 ^{1}H 核磁共振谱(^{1}H NMR)。

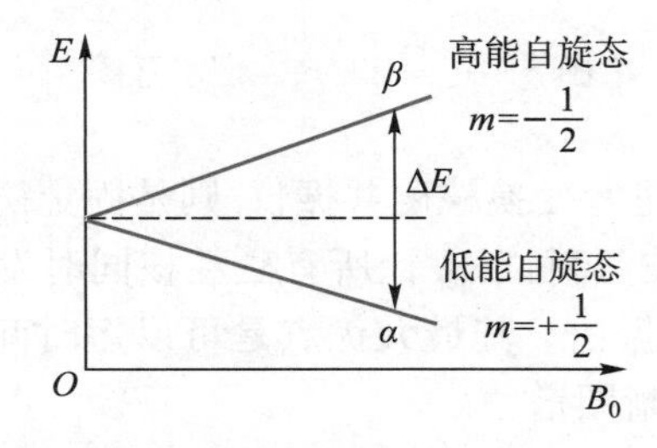

图 8-8 质子两种自旋的能级裂分与外磁场磁感应强度的关系

(2) 核磁共振仪和核磁共振谱 核磁共振仪主要由强的电磁铁、电磁波发生器、试样管和信号接收器等组成,见图 8-9。待测试样溶解在 CCl_4, $CDCl_3$, D_2O 等不含 ^{1}H 质子的溶剂中,试样管在气流的吹拂下悬浮在电磁铁之间并不停旋转,使试样均匀受到磁场的作用。

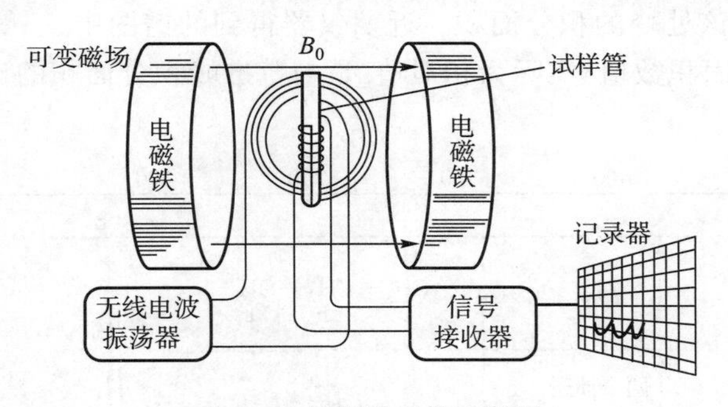

图 8-9 核磁共振仪示意图

核磁共振是磁性核在磁场中的吸收光谱,电磁波照射频率与 ^{1}H 发生共振的外加磁场关系如下:

电磁波照射频率/MHz	60	90	100	200	300	600
共振所需外加磁场磁感应强度/T	1.409	2.114	2.349	4.697	7.046	14.092

测量核磁共振谱时,可以固定磁场改变频率,也可以固定频率改变磁场。这两种方式均为连续扫描方式,其相应仪器称为连续波核磁共振谱仪。若用固定频率无线电波照射试样,逐渐改变磁场频率,当二者符合式(8-4)时,试样中某一磁性核(质子)发生自旋能级

跃迁，以磁感应强度为横坐标，将吸收信号记录下来，就得到图 8-10 所示的 NMR 谱。

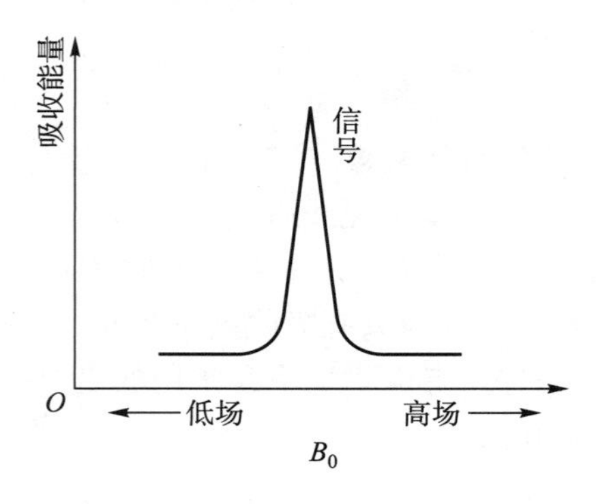

图 8-10　核磁共振谱示意图

现在普遍使用的脉冲傅里叶变换核磁共振仪，则是固定磁场，用能够覆盖所有磁性核的短脉冲（约 10^{-5} s）无线电波照射试样，让所有磁性核同时发生跃迁，信号经计算机处理得到脉冲傅里叶变换核磁共振谱。其最大优点是可以短时间内进行多次脉冲信号叠加，使用更少试样可以得到更清晰图谱。

一张 NMR 谱图，通常可以给出四种重要的结构信息：化学位移、自旋裂分、耦合常数和峰面积（积分线）。图 8-11 是乙醇的核磁共振氢谱（^{1}H NMR），从谱图上可以看出，乙醇的质子出现三组峰，每组峰对应着一种质子，对应的横坐标为这种质子的化学位移。从图上还可以知道每组峰是单峰还是多重峰，即是否有耦合裂分，同时还能得到耦合常数。此外，每组峰积分面积之比代表了所对应的氢原子个数的比例，积分曲线中相邻的两条水平线间的高度差代表该处峰的积分面积。近期仪器得到的谱图中，一般在峰下方（或上方）标出每组峰的积分面积数值（实际为相对值，是与基准峰积分面积的比值）。

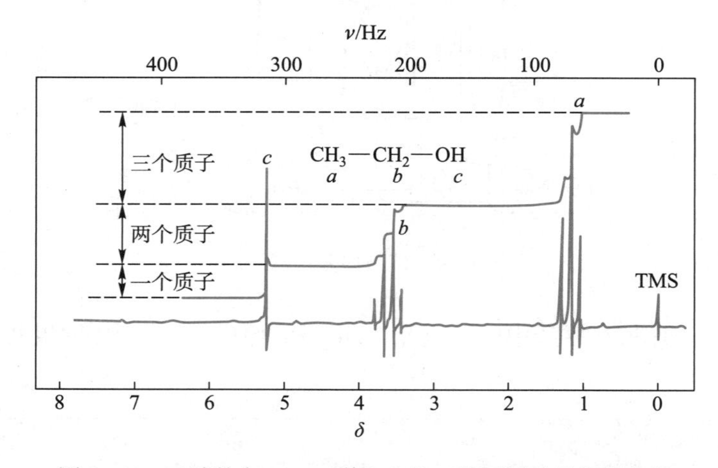

图 8-11　乙醇的 ^{1}H NMR 谱和它的三种不同质子积分曲线

8.3.2　化学位移

（1）化学位移的产生　化学位移是由核外电子的屏蔽效应不同而引起的。根据式（8-4），

质子的共振频率只与质子的磁旋比及外加磁场的 B_0 有关。符合共振条件时,试样中全部质子都发生共振,只产生一个单峰。这样对测定有机化合物的结构毫无意义。但实验证明,在相同 B_0 下,化学环境(指质子周围电子云密度分布)不同的质子在不同频率处出现吸收峰。这是因为,质子在分子中不是完全裸露的,而是被价电子包围。在外加磁场作用下,核外电子在垂直于外加磁场的平面内绕核旋转,产生与外加磁场方向相反的感应磁场 B',使质子实际感受到的磁感应强度为

$$B_{实}=B_0-B'=B_0-\sigma B_0=B_0(1-\sigma) \tag{8-5}$$

式中:σ 为屏蔽常数。核外电子对质子产生的这种作用称为屏蔽效应,也称抗磁屏蔽效应。质子周围电子云密度越大,屏蔽效应越大,只有降低频率才能使其发生共振吸收。反之,若感应磁场与外加磁场方向相同,质子实际感受到的磁场为外加磁场和感应磁场之和,这种作用称为去屏蔽效应,亦称顺磁屏蔽效应。此时,只有增加频率,才能使质子发生共振吸收。因而,质子核磁共振的条件应为

$$\nu=\frac{\gamma}{2\pi}B_{实}=\frac{\gamma}{2\pi}B_0(1-\sigma) \tag{8-6}$$

综上所述,不同化学环境的质子,受到不同程度的屏蔽效应,因而在核磁共振谱的不同位置上出现吸收峰,这种吸收峰位置上的差异称为化学位移,见表 8-3。因而化学位移可以用来鉴别或测定有机化合物的结构。

表 8-3 不同类型质子的化学位移值

质子类型	化学位移 (δ)	质子类型	化学位移 (δ)
RCH_3	0.9	$ArCH_3$	2.3
R_2CH_2	1.2	$RCH{=}CH_2$	4.5～5.0
R_3CH	1.5	$R_2C{=}CH_2$	4.6～5.0
R_2NCH_3	2.2	$R_2C{=}CHR$	5.0～5.7
RCH_2I	3.2	ArH	6.5～8.5
RCH_2Br	3.5	$RCHO$	9.5～10.1
RCH_2Cl	3.7	$RC{\equiv}CH$	2～3
RCH_2F	4.4	$RCOOH$, RSO_3H	10～13
$ROCH_3$	3.4	$ArOH$	4.5～16
RCH_2OH, RCH_2OR	3.6	ROH	0.5～5.5
$RCOOCH_3$	3.7	RNH_2, R_2NH	0.6～5.0
$RCOCH_3$, $R_2C{=}CRCH_3$	2.1	$RCONH_2$	5.0～9.4

(2) 化学位移的表示方法 核外电子产生的感应磁场 B' 非常小,只有外加磁场的百万分之几,要测定质子发生核磁共振的无线电波频率的精确值相当困难,而精确测量待测质子相对于标准物质(通常是四甲基硅烷,TMS)的吸收频率却比较方便。化学位移用 δ 来表示,其定义为

$$\delta=\frac{\nu_{样品}-\nu_{TMS}}{\nu_0}\times 10^6$$

式中: $\nu_{样品}$ 及 ν_{TMS} 分别为样品及 TMS 的共振频率; ν_0 为操作仪器选用的频率。

选用 TMS 为标准物主要因为它是单峰, 而且屏蔽效应很大, 其信号出现在高场, 不会与常见化合物的 NMR 信号重叠。按 IUPAC 的建议将 TMS 的 δ 值定为零, 一般化合物质子的吸收峰都在它的左边, 即低场一侧, δ 值为正。

(3) 影响化学位移的因素　化学位移来源于核外电子对核产生的屏蔽效应, 因而影响电子云密度的因素都将影响化学位移。影响最大的是电子效应和磁各向异性效应。

拓展: 影响化学位移的其他因素

(a) 电负性的影响。电负性大的基团吸电子能力强, 可以使邻近质子周围的电子云密度降低, 屏蔽效应随之降低, 使质子共振信号移向低场, δ 值增大。相反, 给电子基团使邻近质子周围的电子云密度增大, 屏蔽效应增强, 质子共振频率移向高场, δ 值减小。例如, CH_3Y 中质子的化学位移随 Y (或 Y 结构中与甲基碳原子直接相连的原子) 的电负性增加而向低场位移:

CH_3Y	$CH_3Si(CH_3)_3$	CH_3CH_3	CH_3I	CH_3Br	CH_3Cl	CH_3OH	CH_3F
Y 电负性	1.8	2.5	2.6	2.8	3.0	3.5	4.0
δ	0	0.88	2.16	2.68	3.05	3.40	4.26

(b) 磁各向异性效应。构成化学键的电子, 在外加磁场作用下, 产生一个各向异性的磁场, 使处于化学键不同空间位置上的质子受到不同的屏蔽作用, 即磁各向异性。处于屏蔽区域的质子信号移向高场, δ 值减小; 处于去屏蔽区域的质子信号则移向低场, δ 值增大。

(i) 双键碳原子上的质子: π 电子体系在外加磁场的影响下产生环电流, 如图 8-12 所示。因为双键上质子处于 π 键环电流产生的感应磁场与外加磁场一致的区域 (这个区域一般称为去屏蔽区), 存在去屏蔽效应, 故烯烃双键碳原子上质子的 δ 值处于稍低的磁场处, $\delta = 4.5 \sim 5.7$。

(ii) 羰基碳原子上的质子: 与碳碳双键相似, 在外加磁场作用下, 羰基环电流产生感应磁场, 如图 8-13 所示。羰基碳原子上的质子也处于去屏蔽区, 存在去屏蔽效应。同时由于电负性较大的氧原子的诱导效应, —CHO 质子的 δ 值较大 ($\delta = 9.5 \sim 10.1$), 在低场。

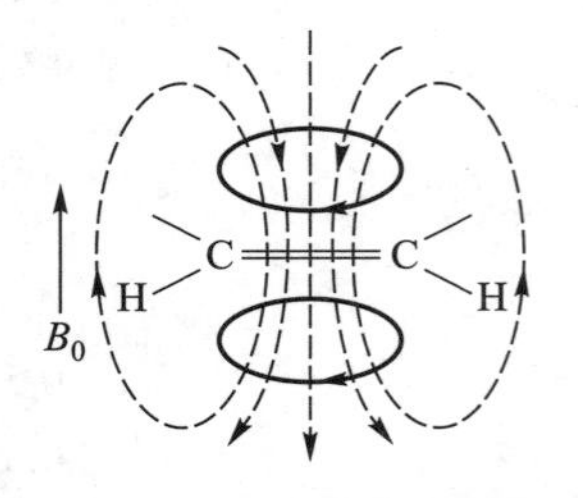

图 8-12　C═C 的磁各向异性效应

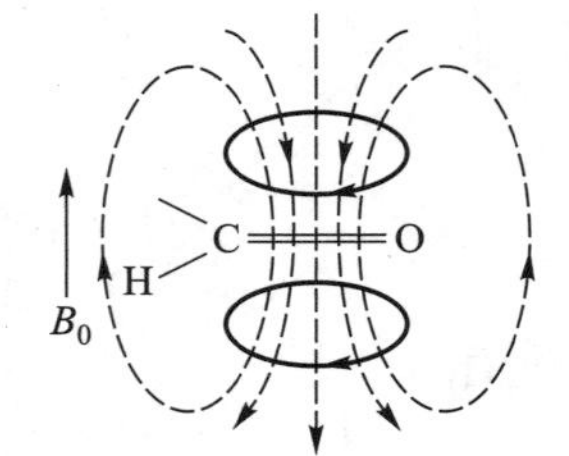

图 8-13　C═O 的磁各向异性效应

(iii) 三键碳原子上的质子: 由于碳碳三键的 π 电子云围绕三键碳原子核连线呈筒形分布, 形成筒形环电流, 其产生的感应磁场在三键碳原子核连线方向, 正好与外磁场方向相反。而三键碳原子上质子正好在三键碳原子核连线上, 处于屏蔽区, 如图 8-14 所示, 所以其受到的屏蔽效应较强。虽然炔氢是与电负性较强的 sp 杂化碳原子相连, 但其 δ 值却比双键碳原子上质子的 δ 值低。≡C—H 质子信号出现在高场 ($\delta = 2.0 \sim 3.0$)。

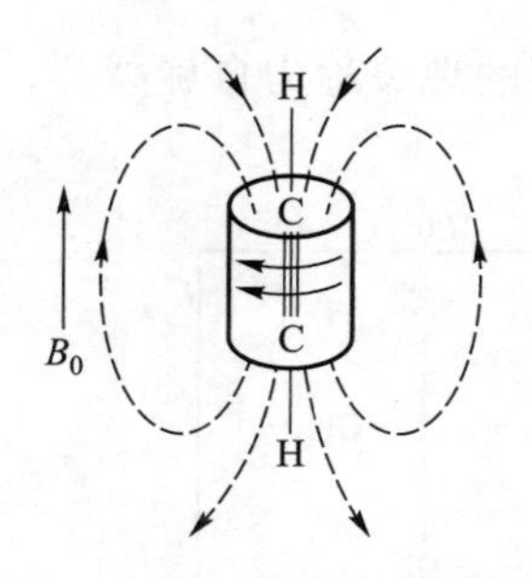

图 8-14　C≡C 的磁各向异性效应

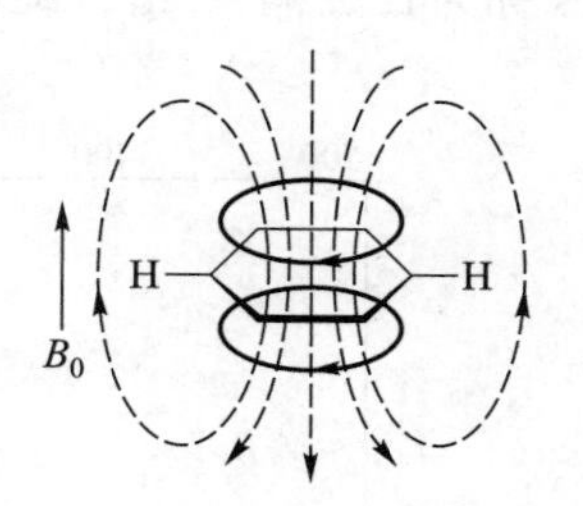

图 8-15　苯环的磁各向异性效应

(iv) 苯环上的质子: 与 C═C 类似, 苯环 π 电子云的环电流产生感应磁场, 环上的质子处于此感应磁场的去屏蔽区, 如图 8-15 所示, 其信号峰处于低场, $\delta=6.5\sim8.5$。值得注意的是, 苯环上的 6 个质子在 ^{1}H NMR 中只有一个峰, $\delta\approx7.36$, 说明苯的 6 个碳碳键的键长平均化, 是完全等同的, 这可作为芳香性的判据。其他芳烃的环上质子与苯显示类似的化学位移, 如 [18] 轮烯的环外质子 $\delta=8.9$, 处于去屏蔽区; 而环内质子处于屏蔽区, $\delta=-1.8$。

H 7.36　　　　H 8.9　H −1.8

[18] 轮烯

练习 8.3　在一台 300 MHz 的 NMR 仪上, 溴仿 ($CHBr_3$) 的 ^{1}H NMR 信号出现在 2 065 Hz (以 TMS 为标准物), 此质子的化学位移是多少? 在一台 400 MHz 的 NMR 仪上其化学位移和吸收频率又分别是多少?

练习 8.4　指出下列各化合物中 H_a 和 H_b 两种质子哪一种化学位移值较大?

(1) $FCH_2CH_2CH_2Cl$ （H_a：F 相连的 CH_2；H_b：Cl 相连的 CH_2）

(2) $ClCH_2CH_2CHCl_2$ （H_a：$ClCH_2$；H_b：$CHCl_2$）

(3) $CH_3CH_2CH_2CH_2OH$ （H_a：第二个 CH_2；H_b：CH_2OH）

(4) $CH_3OC(CH_3)_3$ （H_a：CH_3O；H_b：$C(CH_3)_3$）

(5) H(H)C═C(H)H, H_3C 取代 （H_a：H_3C；H_b：烯氢 H）

(6) $C_6H_5CH_2CH_3$ （H_a：CH_2；H_b：CH_3）

8.3.3　自旋耦合与自旋裂分

拓展:
自旋裂分

(1) 自旋耦合的产生　在核磁共振谱图上, 乙醇 (见图 8-11) 和氯乙烷 (见图 8-16) 的甲基 (—CH_3)、甲叉基 (—CH_2—) 共振吸收峰都不是单峰, 而分别为三重峰和四重峰。这种现象是由甲基和甲叉基上质子自旋产生的微弱磁场引起的, 这种邻近磁性核之间相互作用的现象称为自旋耦合，由自旋耦合引起的谱线增多的现象称为自旋裂分。

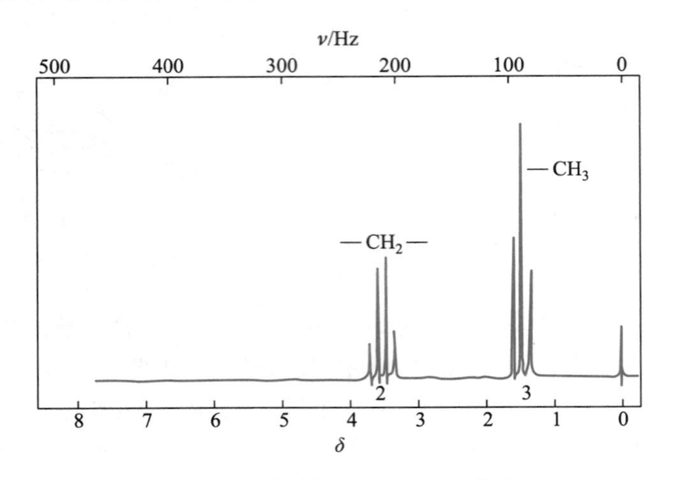

图 8-16　氯乙烷的 ^{1}H NMR 谱图

现以 H_a—C—C—H_b 为例，讨论自旋裂分的起因。若 H_a 邻近无 H_b 存在，依式 (8-6)，H_a 的共振频率为

$$\nu=\frac{\gamma}{2\pi}B_0(1-\sigma)$$

共振信号为单峰。若 H_a 邻近有 H_b 存在时，H_b 在磁场中的两种自旋取向通过化学键传递到 H_a 处，产生两种不同的感应磁场 $+\Delta B$ 和 $-\Delta B$，使 H_a 的共振频率由 ν 裂分为 ν_1 和 ν_2：

$$\nu_1=\frac{\gamma}{2\pi}[B_0(1-\sigma)+\Delta B]$$

$$\nu_2=\frac{\gamma}{2\pi}[B_0(1-\sigma)-\Delta B]$$

因而由于 H_b 的耦合作用，H_a 的共振峰被裂分为双峰。一个、两个和三个质子对 H_a 的耦合见图 8-17。

在氯乙烷的 ^{1}H NMR 谱中，甲基的质子裂分为三重峰，强度比近似为 1∶2∶1，甲叉基的质子裂分为四重峰，强度比近似为 1∶3∶3∶1。两组峰都出现内侧峰高于外侧峰的现象，且耦合常数相等，这是判断两组峰所代表的质子之间是否存在自旋耦合的重要依据。

拓展：偶合常数

(2) 耦合常数　在一级谱图中，自旋裂分所产生谱线的间距称为耦合常数，一般用 J 表示，单位为 Hz。根据相互耦合质子间相隔键数的多少，可将耦合作用分为同碳耦合 (^2J)、邻碳耦合 (^3J) 和远程耦合。耦合常数的大小表示耦合作用的强弱，与两个作用原子核之间的相对位置有关。对饱和体系而言，相隔单键数超过三个时耦合作用通常很小，J 值趋于零。N, O 等电负性大的杂原子上的质子容易解离，能进行快速交换而通常不参与耦合，且其吸收峰易变宽。

拓展：活泼氢的化学位移

(3) 化学等同核和磁等同核　在 NMR 谱图中，化学环境相同的核具有相同的化学位移，这种化学环境相同的核称为化学等同核。例如，在氯乙烷分子中，甲基的三个质子是化学等同核，甲叉基的两个质子也是如此。分子中的一组核，若化学等同，且对组外任一核

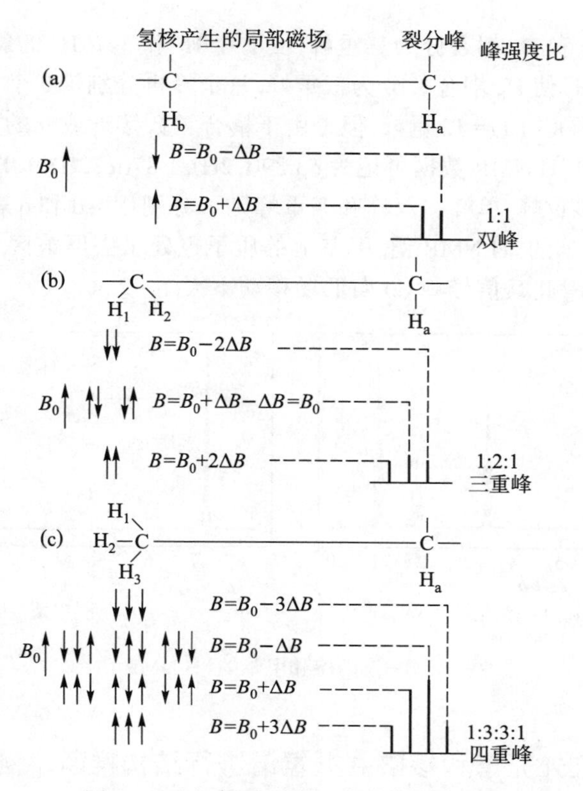

图 8-17 相邻质子共振峰裂分简单原理

的耦合常数也都相同,则这组核称为磁等同核。例如,CH_2F_2 中的两个质子为磁等同核,因为它们不但化学等同,两个质子对每个氟原子的耦合常数也相等。而 $\mathrm{H_a(H_b)C{=}C(F_a)F_b}$ 中的两个质子 $^3J_{H_aF_a} \neq {}^3J_{H_bF_a}$, H_a 与 H_b 为磁不等同核。磁等同核之间的耦合作用不产生峰的裂分,而磁不等同核之间的耦合将会产生峰的裂分。1,1-二氟乙烯的两个质子是化学等同核,但不是磁等同核,因而裂分情况比较复杂。

(4) 一级谱图和 $n+1$ 规律 当两组或几组磁等同核的化学位移差 $\Delta\nu$ 与其耦合常数 J 之比大于 6 (即 $\Delta\nu/J>6$, 这里 $\Delta\nu$ 和 J 的单位都是 Hz) 时,相互之间耦合较简单,呈现一级谱图。一级谱图特征如下: ① 耦合裂分峰的数目符合 $n+1$ 规律, n 为相邻的磁等同 ^1H 的数目; ② 各峰强度比符合二项式展开系数之比; ③ 每组峰中心为该组质子的化学位移; ④ 各裂分峰等距,裂距以 Hz 计即为耦合常数 J。

拓展: NMR 测试

8.3.4 ^{1}H NMR 谱图举例

谱图解析时首先看谱图中有几组峰,由此确定化合物有几种质子,再由各组峰的积分面积确定各种质子的数目,然后根据化学位移判断质子的化学环境,最后根据裂分情况和耦合常数确定各组质子之间的相互关系。

拓展: NMR 谱图解析

图 8-18(a) 为 1-溴丙烷的 ^{1}H NMR 谱,受溴原子吸电子诱导效应的影响,C1 上 2 个质子 (H_c) 的信号出现在 $\delta=3.39$ 的低场; C3 上 3 个质子 (H_a) 远离溴原子,其化学位移仅为

1.03。受 H_b 影响，H_a 和 H_c 都裂分为三重峰；受 2 个 H_c 和 3 个 H_a 的影响，H_b 被裂分为多重峰。理论上，2 个 H_c 使 H_b 耦合裂分为三重峰，每个峰再分别被 3 个 H_a 耦合裂分为四重峰，所以 H_b 应是 $(2+1)(3+1)=12$ 重峰，但是由于耦合常数接近或峰的重叠，表观上只显示六重峰。1-溴丙烷的 ^{1}H NMR 数据可记为 δ3.39(t, 2H), 1.87(m, 2H), 1.03(t, 3H)。其中 t 和 m 分别表示三重峰和多重峰，单峰、双峰和四重峰则可分别用 s, d 和 q 表示。

图 8-18(b) 为甲苯的 ^{1}H NMR 谱，甲基上的质子也处于去屏蔽区，但受到的去屏蔽作用比苯环上质子弱，因此其信号峰 (a) 向低场移动不大，$\delta=2.36$。

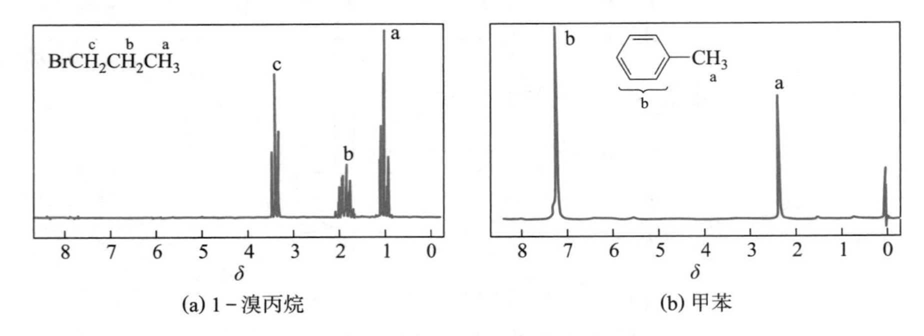

图 8-18　1-溴丙烷和甲苯的 ^{1}H NMR 谱图

8.3.5　综合利用红外光谱和核磁共振氢谱进行结构推断举例

化合物 (A) 的分子式为 $C_6H_{12}O_2$，图 8-19 为其 IR 与 ^{1}H NMR 谱图，推断该化合物的结构。

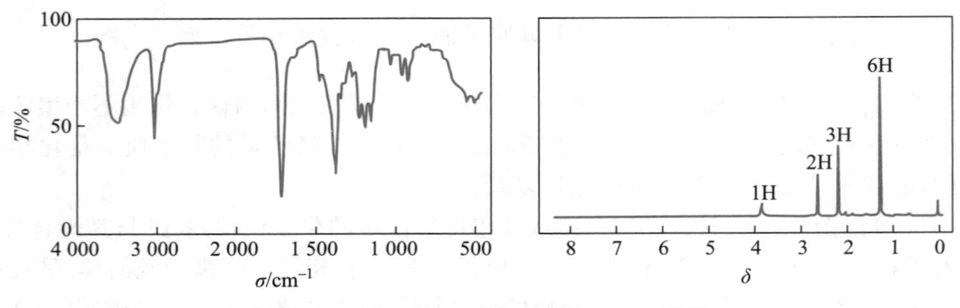

图 8-19　化合物 (A) 的 IR 和 ^{1}H NMR 谱图

解析：根据化合物 (A) 的分子式可以推断其不饱和度为 1。其 IR 谱在 3 400 cm^{-1} 左右的宽峰为 —OH 的伸缩振动吸收，1 700 cm^{-1} 左右为 C═O 的伸缩振动吸收峰。(A) 的 ^{1}H NMR 谱在 9 以上没有吸收峰，可排除醛和羧酸，因而推测 (A) 是一个开链饱和羟基酮。^{1}H NMR 谱中 4 个单峰代表了 4 组相互孤立的质子。根据以上分析及每组峰质子数，推出可能的结构为 (Ⅰ) $H_3C—\overset{\overset{\displaystyle O}{\|}}{C}—CH_2—\underset{\underset{\displaystyle CH_3}{|}}{\overset{\overset{\displaystyle OH}{|}}{C}}—CH_3$ 或 (Ⅱ) $H_3C—\overset{\overset{\displaystyle O}{\|}}{C}—\underset{\underset{\displaystyle CH_3}{|}}{\overset{\overset{\displaystyle CH_3}{|}}{C}}—CH_2OH$。(Ⅱ) 中—OH 的 α-碳原子 (C4) 上质子的化学位移应在 3.6 附近，而其 ^{1}H NMR 谱中在此位置没有这两个质子

的信号峰,只有—OH上质子的振动峰,因此可排除(Ⅱ)。最后根据每组质子的化学位移推断(A)的构造式为(Ⅰ)。

练习 8.5 某化合物的分子式为$C_{14}H_{14}$,其IR与^1H NMR数据如下,试推断该化合物的结构,然后通过互联网检索其IR和^1H NMR的标准谱图并验证你的答案。

IR(仅列出了主要吸收峰,其中m表示中等强度吸收,s表示强吸收): 3 058 cm^{-1}(m), 3 027 cm^{-1}(m), 2 919 cm^{-1}(m), 2 856 cm^{-1}(m), 1 600 cm^{-1}(m), 1 492 cm^{-1}(s), 1 460 cm^{-1}(s), 752 cm^{-1}(s), 699 cm^{-1}(s);

^1H NMR: δ7.42 ~ 6.99(m, 10H), 2.91(s, 4H)。

8.3.6 ^{13}C 核磁共振谱简介

在鉴定复杂有机化合物结构方面,^{13}C核磁共振谱(^{13}C NMR)比^1H核磁共振谱(^1H NMR)具有更显著的优点。

^{13}C与^1H类似,也是磁性核($I=1/2$)。但是^{13}C的自然丰度仅为1.1%,其磁矩也比^1H的小,因此,^{13}C信号的灵敏度仅为^1H的1/5 700。再加上^1H与^{13}C的耦合,使得信号更弱,谱图也更加复杂。不过由于噪声去耦及脉冲傅里叶变换技术的成功运用,^{13}C NMR谱的许多技术难题已经克服,^{13}C NMR谱的应用已日趋普遍。

噪声去耦也称宽带去耦,是目前经常采用的一种去耦技术。测谱时,以一定频率范围的另一个射频场照射,使分子中所有^1H核都处于饱和状态,这样可消除所有^1H对^{13}C的耦合,使每种碳原子都表现为单峰。在核数目相同的情况下,^{13}C的信号强弱次序一般为伯碳原子>仲碳原子>叔碳原子>季碳原子。与^1H NMR谱显著不同的是,^{13}C信号通常出现在δ值为0~240(见表8-4)的区域内,因此,很少出现谱峰重叠的现象。

表 8-4 常见碳原子的^{13}C NMR化学位移

碳原子类型	化学位移(δ)	碳原子类型	化学位移(δ)
RCH_3	0~35	RCH_2Br	20~40
R_2CH_2	15~40	RCH_2Cl	25~50
R_3CH	25~50	RCH_2NH_2	35~50
R_4C	30~40	RCH_2OH 和 RCH_2OR	50~65
$RC\equiv CR$	65~90	$RC\equiv N$	110~125
$R_2C=CR_2$	100~150	RCO_2H 和 RCO_2R	160~185
(苯环)	110~175	RCHO 和 RCOR	190~220

由于信号非常弱,一张清晰的^{13}C NMR谱往往需要成百上千次扫描,即需要相当长的摄谱时间和相对稳定的射频场。脉冲傅里叶变换技术则采用脉冲射频场,使全部^{13}C核同时被激发并把多次脉冲所得的结果进行叠加,因此整个摄谱时间大大缩短。此外,偏共振去耦(仅保留^{13}C与直接相连^1H的耦合,即甲基碳原子为四重峰,甲叉基碳原子为三重峰等)和DEPT(让连有奇数^1H的碳原子和连有偶数^1H的碳原子分别出正峰和倒峰)等技术

的采用，为利用 ^{13}C NMR 谱来推断待测试样的结构提供了更大方便。图 8-20 为 2, 2, 4-三甲基戊-1, 3-二醇的噪声去耦 ^{13}C NMR 谱，四种不同甲基的信号在 ^{1}H NMR 谱中虽然重叠在一起，但在 ^{13}C NMR 谱中则截然分开。

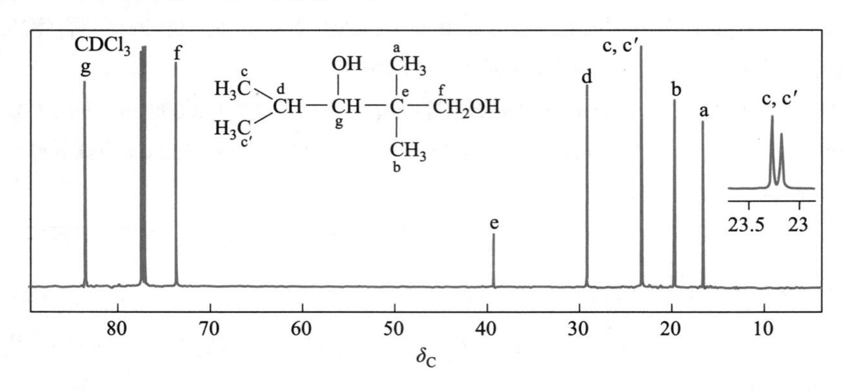

图 8-20　2, 2, 4-三甲基戊-1, 3-二醇的噪声去耦 ^{13}C NMR 谱 ($CDCl_3$, 150.9 MHz)

习题

(一) 用红外光谱鉴别下列各组化合物：

(1) (A) $CH_3CH_2CH_2CH_3$　　(B) $CH_3CH_2CH{=}CH_2$

(2) (A) $H_3CH_2C(H)C{=}C(H)CH_2CH_3$（两个 CH_2CH_3 在双键同侧）　　(B) $H_3CH_2C(H)C{=}C(H)CH_2CH_3$（两个 CH_2CH_3 在双键异侧）

(3) (A) $CH_3C{\equiv}CCH_3$　　(B) $CH_3CH_2C{\equiv}CH$

(4) (A) 苯环　　(B) 环己烷

(5) (A) C_6H_5—$CBr(CH_3)_2$　　(B) Br—C_6H_4—$CH(CH_3)_2$（对位）

(二) 指出下列红外光谱图中显示的官能团。

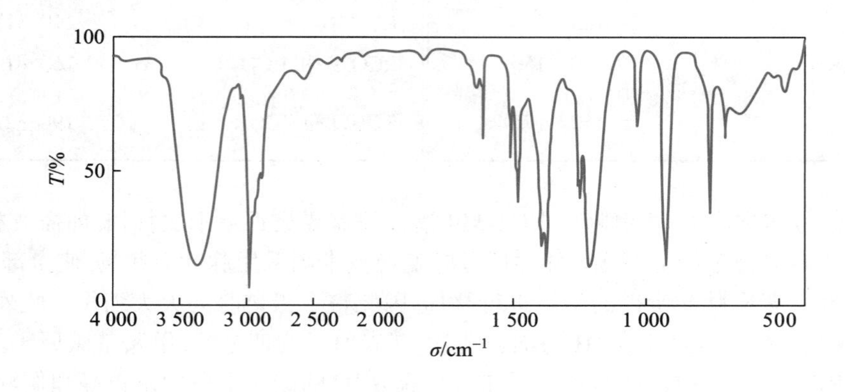

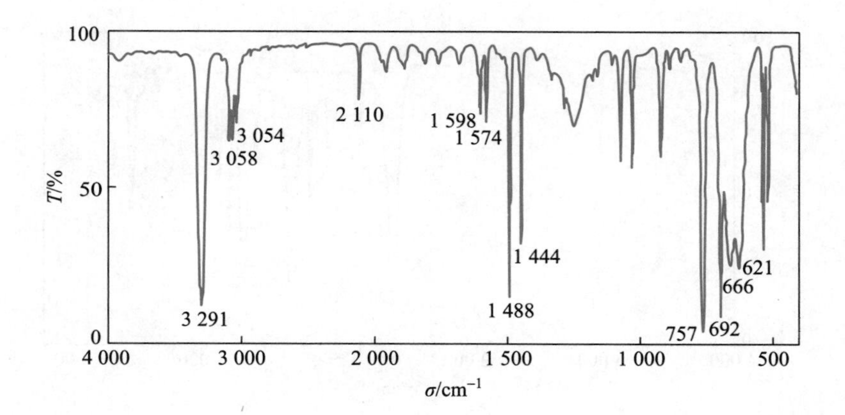

(三) 用 ^{1}H NMR 谱鉴别下列各组化合物:

(1) (A) $(CH_3)_2C{=}C(CH_3)_2$　　(B) $(CH_3CH_2)_2C{=}CH_2$

(2) (A) $ClCH_2OCH_3$　　(B) $ClCH_2CH_2OH$

(3) (A) $BrCH_2CH_2Br$　　(B) CH_3CHBr_2

(4) (A) $CH_3CCl_2CH_2Cl$　　(B) $CH_3CHClCHCl_2$

(5) (A) $CH_3CH_2CH_2CH_2C{\equiv}CH$　　(B) (环己烯结构式)

(四) 化合物的分子式为 $C_4H_8Br_2$, 其 ^{1}H NMR 谱如下, 试推断该化合物的结构。

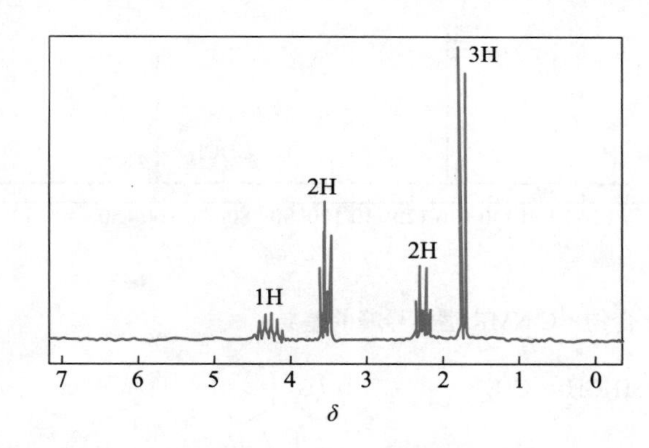

(五) 下列化合物的 ^{1}H NMR 谱中都只有一个单峰, 写出它们的结构:

(1) $C_8H_{18}, \delta=0.9$　　(2) $C_5H_{10}, \delta=1.5$

(3) $C_8H_8, \delta=5.8$　　(4) $C_{12}H_{18}, \delta=2.2$

(5) $C_4H_9Br, \delta=1.8$　　(6) $C_2H_4Cl_2, \delta=3.7$

(7) $C_2H_3Cl_3, \delta=2.7$　　(8) $C_5H_8Cl_4, \delta=3.7$

(9) $C_8H_{18}O, \delta=1.3$　　(10) $C_7H_3F_5, \delta=2.3$

(六) 某化合物的分子式为 $C_{12}H_{14}O_4$, 其 IR 与 ^{1}H NMR, ^{13}C NMR 谱分别如下, 试推断该化合物的结构。

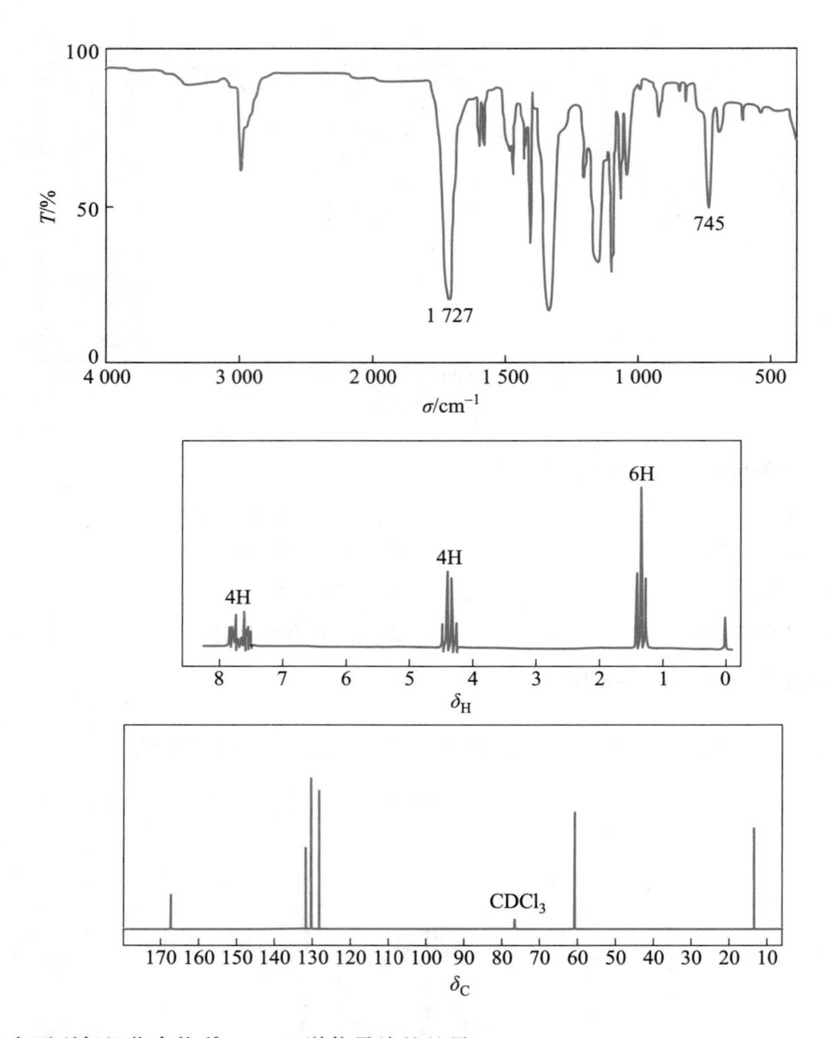

(七) 指出下列每组化合物 ^{13}C NMR 谱信号峰的差异:

(1) (A) $CH_3CH_2CH_2CH_2CH{=}CH_2$　　(B) 

(2) (A) $CH_3CH_2CH_2CH_2C{\equiv}CH$　　(B) $CH_3CH_2C{\equiv}CCH_2CH_3$

(3) (A) $C_2H_5OC_2H_5$　　(B) $CH_3CH_2CH_2CH_2OH$

(4) (A) 乙苯　　(B) 间二甲苯

(5) (A) 邻二甲苯　　(B) 对二甲苯

(八) 根据各化合物与混酸反应后的 ^{1}H NMR 数据, 推断硝化产物结构:

(1) 原料为联苯, 所得产物 ^{1}H NMR: $\delta = 7.77$(d, 4H, $J = 10$ Hz), $\delta = 8.26$(d, 4H, $J = 10$ Hz);

(2) 原料为邻二氯苯, 所得产物 ^{1}H NMR: $\delta = 7.6$(d, 1H, $J = 10$ Hz), $\delta = 8.1$(dd, 1H, $J = 10, 2$ Hz), $\delta = 8.3$(d, 1H, $J = 2$ Hz)。

(九) 以乙酸作溶剂, 用溴单质处理 2, 4, 6-三叔丁基苯酚可得到化合物 $C_{18}H_{29}BrO$(A)。化合物 (A) 的 IR 谱在 1 655 cm^{-1} 和 1 630 cm^{-1} 处有吸收峰; 其 ^{1}H NMR 谱在 $\delta = 1.2, \delta = 1.3, \delta = 6.9$ 处有三个单峰, 积分面积比为 9∶18∶2。推断 (A) 的结构。

第九章
醇和酚

前导知识：学习本章之前需要复习以下知识点

烯烃的直接水合和间接水合 (3.5.2 节)
烯烃羟汞化-脱汞反应 (3.5.2 节)
烯烃的硼氢化-氧化反应 (3.5.4 节)
苯环上的亲电取代反应及定位规则 (5.4.1 节, 5.5 节)

本章导读：学习本章内容需要掌握以下知识点

醇和酚的命名、物理性质和波谱性质
醇和酚的制备方法
醇和酚结构的共性和特性
醇和酚的酸性大小及影响因素
醇与多种卤代试剂作用的机理及立体化学
醇在酸作用下的分子内脱水反应及分子间脱水反应
伯醇氧化成醛或酸的条件选择
邻二醇的氧化反应
醇醚及酚醚的合成方法 (Williamson 合成法)
Kolbe-Schmitt 反应合成酚酸

后续相关：与本章相关的后续知识点

Williamson 合成法 (10.3.2 节)
Grignard 试剂与环氧化合物的开环反应 (10.5.4 节)
Claisen 重排 (10.5.5 节)
Grignard 试剂与醛、酮的加成反应 (11.5.1 节)
醛、酮的还原反应 (11.5.4 节)
酯的生成 (12.5.2 节)
羧酸及羧酸衍生物的还原反应 (12.5.3 节, 13.3.3 节)
Grignard 试剂与羧酸衍生物的反应 (13.3.4 节)
由芳香重氮盐制备苯酚 (15.8.2 节)

醇和酚的官能团都是羟基（—OH）。羟基与饱和碳原子相连者称为醇，而与芳环碳原子相连者称为酚。例如：

醇：

CH_3CH_2OH　乙醇　ethanol

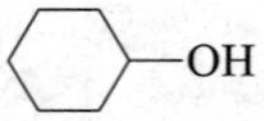

环己醇　cyclohexanol

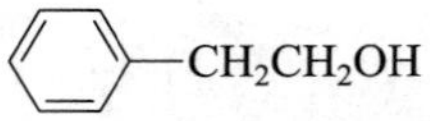

$C_6H_5-CH_2CH_2OH$　2-苯乙醇　2-phenylethanol

酚：

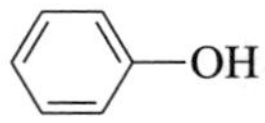

苯酚　phenol

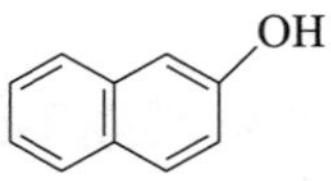

萘-2-酚　naphthalen-2-ol

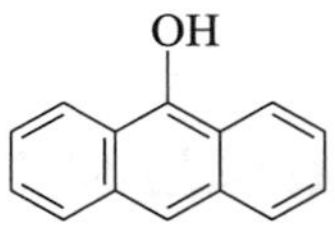

蒽-9-酚　anthracen-9-ol

9.1　醇和酚的分类与命名

9.1.1　醇和酚的分类

醇和酚可按其分子中所含羟基的数目不同分为一元、二元及三元醇或酚等。二元及二元以上的醇或酚统称多元醇或酚。例如：

CH_3-OH　甲醇（一元醇）

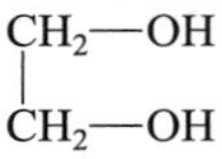

$HOCH_2-CH_2OH$　乙二醇（二元醇）

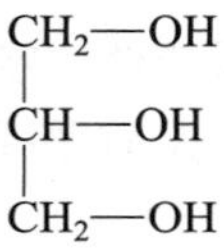

$HOCH_2-CH(OH)-CH_2OH$　丙三醇（三元醇）

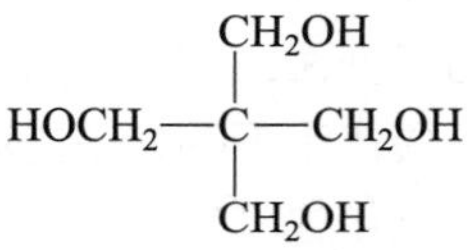

$C(CH_2OH)_4$　季戊四醇（四元醇）

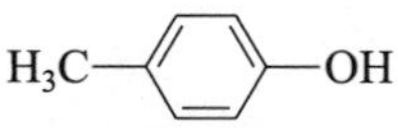

对甲苯酚（一元酚）

苯-1,4-二酚（二元酚）

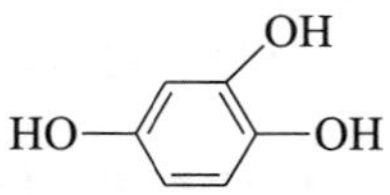

苯-1,2,4-三酚（三元酚）

醇还可按羟基所连接烃基的不同，分为脂肪醇（包括饱和脂肪醇、不饱和脂肪醇）、脂环醇和芳香醇。例如：

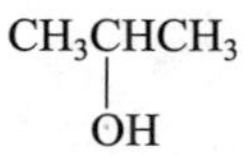

$CH_3CH(OH)CH_3$　异丙醇（饱和脂肪醇）

$CH_2=CHCH_2-OH$　烯丙醇（不饱和脂肪醇）

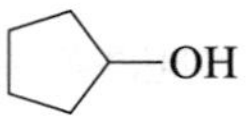

环戊醇（脂环醇）

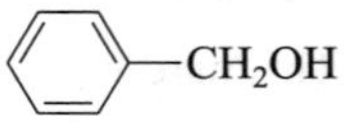

$C_6H_5-CH_2OH$　苯基甲醇（芳香醇）

除甲醇外，醇又可按羟基所连接的碳原子种类的不同分为伯（1°）醇（羟基与伯碳原子相连）、仲（2°）醇（羟基与仲碳原子相连）和叔（3°）醇（羟基与叔碳原子相连）。例如：

$CH_3CH_2CH_2OH$　　$CH_3CH_2CH(OH)CH_3$　　Ph_3C-OH

丙醇 (1° 醇)　　仲丁醇 (2° 醇) 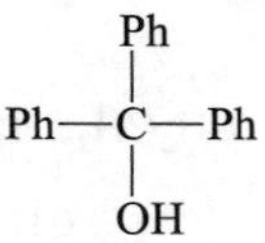　　三苯甲醇 (3° 醇)

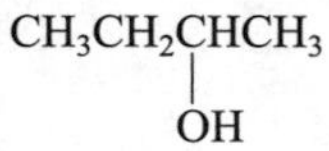

一元醇可用 R—OH 表示; 苯酚及其衍生物可用 Ar—OH 表示。本章重点讨论这两类化合物。

9.1.2 醇和酚的命名

有些醇和酚存在于自然界, 根据其存在和来源有相应的俗名, 其中一些有特殊香气, 可用于配制香精。例如:

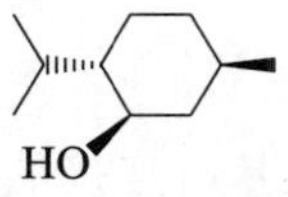

L-(−)-薄荷醇 (可配制香精)
L-(−)-menthol

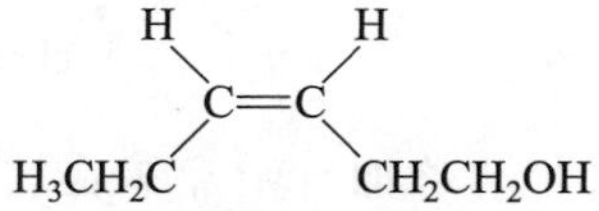

叶醇 (可配制香精)
leaf alcohol

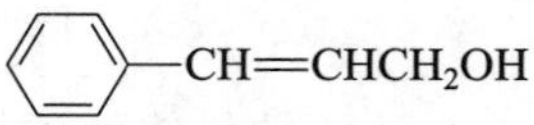

肉桂醇 (可配制香精)
cinnamyl alcohol

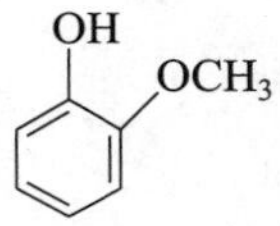

愈创木酚
guaiacol

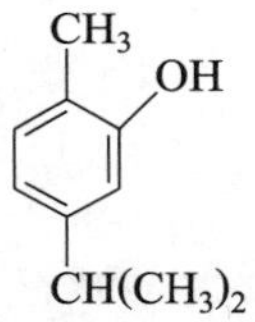

香芹酚
carvacrol

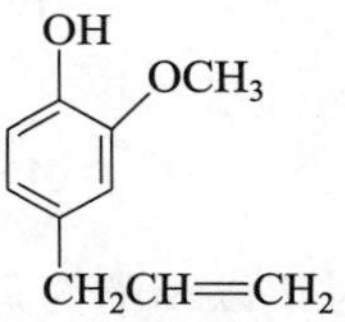

丁香酚 (可配制香精)
eugenol

构造比较简单的醇, 一般是在 "醇" 字之前加上烃基名来命名。例如:

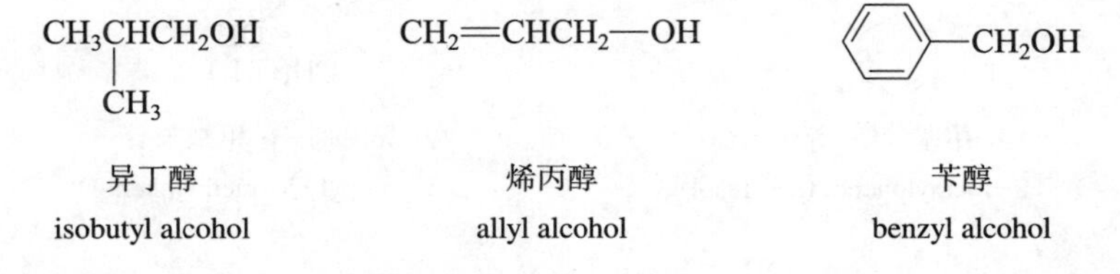

异丁醇
isobutyl alcohol

烯丙醇
allyl alcohol

苄醇
benzyl alcohol

一元醇和酚的系统命名, 通常是将后缀 "醇" 或 "酚" 加在母体氢化物或芳烃名称后进行命名; 若母体氢化物为烷烃或环烷烃时, "烷" 字可省略。英文命名中, 醇是将母体氢化物名称词尾的 "-e" 改为 "-ol"; 酚则直接在芳烃名称后加后缀 "-ol" (苯酚 phenol 除外)。

一元醇的命名具体步骤: (a) 选择连有羟基的最长碳链为母体; (b) 从靠近羟基的一端开始编号; (c) 按取代基英文名称顺序依次标出取代基的位次、数目和名称, 以及羟基的位次, 羟基的位次放在 "醇" 字之前。芳香醇以芳环为取代基, 按脂肪醇来命名。例如:

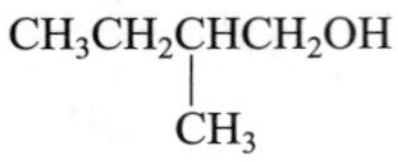

$CH_3CH_2CHCH_2OH$ (with CH_3 on C2)

2-甲基丁-1-醇
2-methylbutan-1-ol

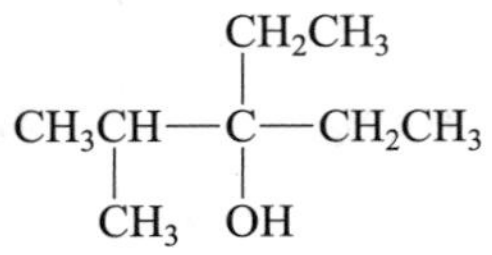

$CH_3CH—C—CH_2CH_3$ (with CH_3 on CH, CH_2CH_3 and OH on C)

3-乙基-2-甲基戊-3-醇
3-ethyl-2-methylpentan-3-ol

对于含有双键或三键的醇,命名时醇作为母体,优先给予醇羟基以最小的编号,主链碳原子数与烯或炔相连,同时标明双键或三键的位次。例如:

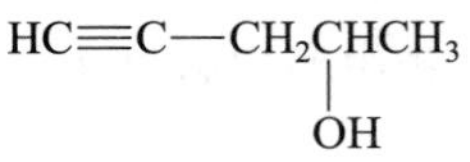

$HC≡C—CH_2CHCH_3$ (with OH)

戊-4-炔-2-醇
pent-4-yn-2-ol

$C_6H_5—CH_2CH_2CH_2OH$

3-苯基丙-1-醇
3-phenylpropan-1-ol

脂环醇的母体可用相应脂环烃名称加"醇"字来命名,编号时以羟基所连接的碳原子为"1"位。例如:

HO—(cyclohexane)—CH_3

4-甲基环己醇
4-methylcyclohexanol

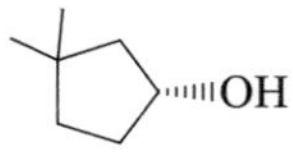

(R)-3,3-二甲基环戊醇
(*R*)-3,3-dimethylcyclopentanol

对于以苯酚为母体的化合物应从羟基所连的碳原子开始编号,对有固定编号的稠环芳烃则使羟基的位次尽可能小;最后依次标出取代基的位次、数目和名称。例如:

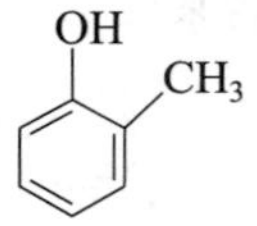

2-甲基苯酚(邻甲苯酚)
2-methylphenol (*o*-cresol)

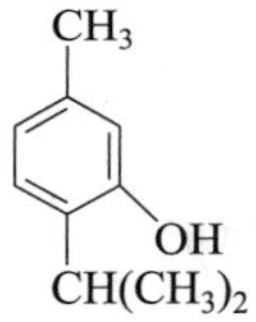

2-异丙基-5-甲基苯酚
2-isopropyl-5-methylphenol

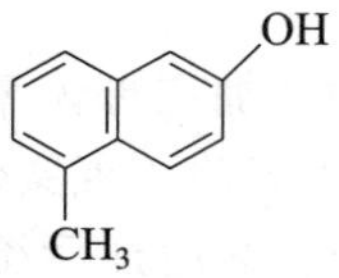

5-甲基萘-2-酚
5-methylnaphthalen-2-ol

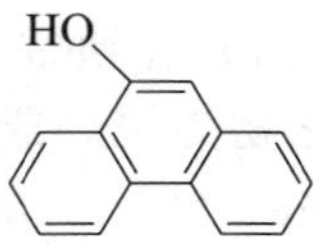

菲-9-酚
phenanthren-9-ol

多元醇和多元酚的命名方法,基本上与一元醇和一元酚相同,只需在"醇"字或"酚"字之前用汉字数字标明羟基的数目,并用阿拉伯数字依次标明羟基的位次。例如:

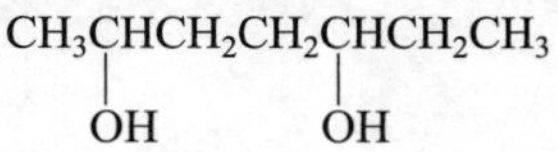

$CH_3CHCH_2CH_2CHCH_2CH_3$（2,5 位各连 OH）　庚-2,5-二醇　heptane-2,5-diol

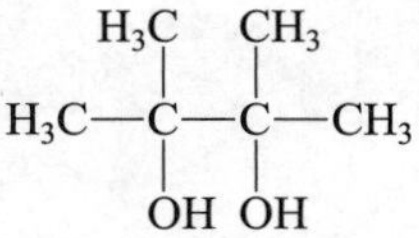

$(CH_3)_2C(OH)—C(OH)(CH_3)_2$　2,3-二甲基丁-2,3-二醇　2,3-dimethylbutane-2,3-diol

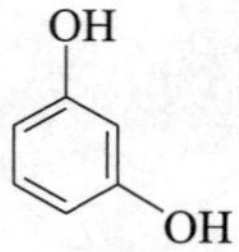

苯-1,3-二酚　benzene-1,3-diol

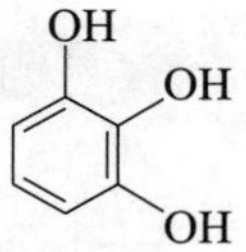

苯-1,2,3-三酚　benzene-1,2,3-triol

对于分子中除羟基外还含有其他官能团的化合物，应按多官能团化合物的命名原则命名（见第五章 5.10 节）。例如：

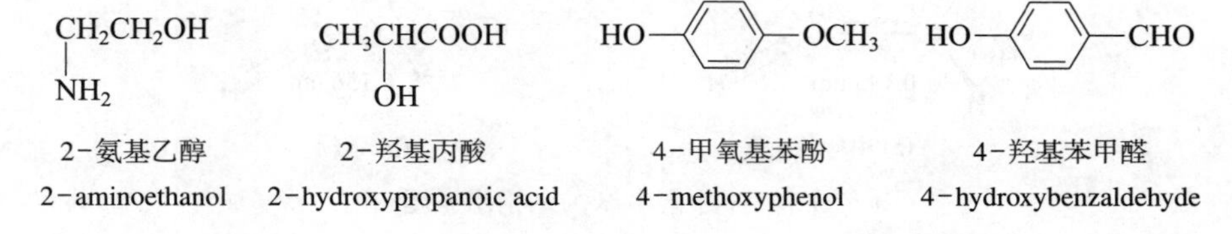

2-氨基乙醇　2-aminoethanol

2-羟基丙酸　2-hydroxypropanoic acid

4-甲氧基苯酚　4-methoxyphenol

4-羟基苯甲醛　4-hydroxybenzaldehyde

练习 9.1　用系统命名法命名下列化合物：

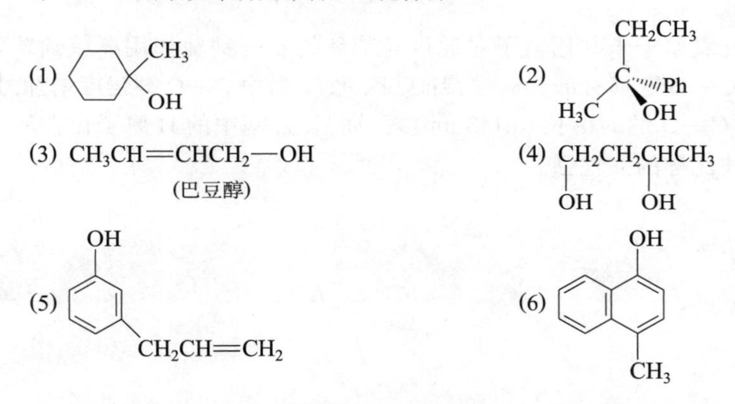

(1)
(2)
(3) $CH_3CH=CHCH_2—OH$（巴豆醇）
(4) $CH_2CH_2CHCH_3$（1,3 位各连 OH）
(5)
(6)

练习 9.2　写出下列化合物的构造式，并指出其中的醇是 1°，2° 还是 3° 醇。

(1) 3-甲基丁-1-醇　(2) 环己-2-烯-1-醇

(3) 3-甲基己-3-醇　(4) 2,4,6-三硝基苯酚（苦味酸）

练习 9.3　命名下列多官能团化合物：

(1) 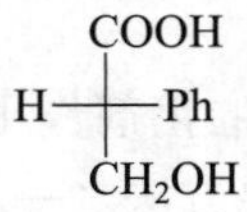 H—C(COOH)(Ph)—CH_2OH

(2) 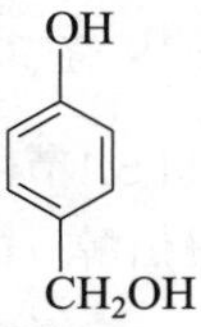 对位 OH 与 CH_2OH 取代的苯环

(3) 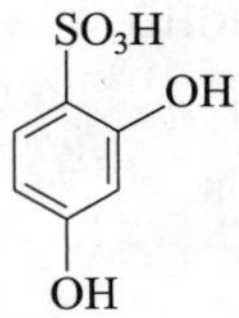 SO_3H、OH、OH 取代的苯环

(4) 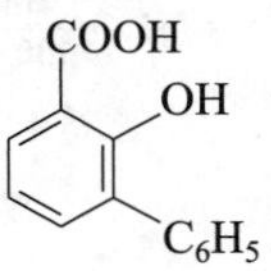 COOH、OH、C_6H_5 取代的苯环

9.2 醇和酚的结构

静电势图:甲醇

静电势图:苯酚

在醇分子中,与羟基相连的碳原子为 sp^3 杂化,羟基氧原子也是 sp^3 杂化。例如,甲醇分子中,氧原子以两个 sp^3 杂化轨道分别与一个碳原子的 sp^3 杂化轨道和一个氢原子的 1 s 轨道构成一个 C—O σ 键和一个 O—H σ 键,其余两个 sp^3 杂化轨道则分别被一对未共用电子占据,如图 9-1(a) 所示。

0.143 nm　　0.136 nm

(a) 甲醇　　(b) 苯酚

图 9-1　甲醇和苯酚结构示意图

在苯酚分子中,C—O—H 的键角 109°,近似于四面体的角度,与甲醇中 C—O—H 的键角 108.5° 没有显著差异。

在酚 (如苯酚) 分子中,氧原子未共用电子对通过与苯环的 p-π 共轭作用离域到苯环上,使苯环电子密度上升,C—O 键具有部分双键特征。因此,苯酚中 C—O 键强度增加,其键长 (0.136 nm) 比甲醇中 C—O 键的键长 (0.143 nm) 短;而且,羟基中的 H 原子比在醇中的更易解离,使得酚的酸性比醇的酸性强。

9.3 醇和酚的制法

9.3.1 醇的制法

化合物:甲醇

(1) 醇的工业合成方法

(a) 由合成气合成。在工业上甲醇几乎全部由合成气 (一氧化碳和氢气) 制备,即采用一氧化碳加氢的方法制备。

$$CO + 2H_2 \xrightarrow[210 \sim 270\ ^\circ C,\ 5 \sim 10\ MPa]{CuO-ZnO-Cr_2O_3} CH_3OH$$

(b) 羰基合成。见第十一章 11.3.1节(2)。烯烃与一氧化碳和氢气在催化剂作用下,加热、加压生成醛,然后将醛还原得伯醇。这是工业上制备醛和伯醇的重要方法之一。例如:

$$CH_3CH{=}CH_2 + CO + H_2 \xrightarrow[\substack{130 \sim 175\ ^\circ C \\ 20 \sim 30\ MPa}]{\text{钴催化剂}} \underset{\text{丁醛(主)}}{CH_3CH_2CH_2CHO} + \underset{\text{异丁醛}}{CH_3\underset{\substack{|\\CH_3}}{C}HCHO}$$

$$\xrightarrow[130 \sim 160\ ^\circ C,\ 3 \sim 5\ MPa]{H_2,\ Ni\ \text{或}\ Cu} \underset{\text{丁醇}}{CH_3CH_2CH_2CH_2OH} + \underset{\text{异丁醇}}{CH_3\underset{\substack{|\\CH_3}}{C}HCH_2OH}$$

(c) 由烯烃合成。工业上一些低级饱和一元醇是以烯烃为原料制备的。例如,乙醇和异丙醇等可由乙烯和丙烯等经直接水合或间接水合制备,见第三章3.5.2节(1)。

传统水合方法需使用硫酸,因存在副反应多、产物复杂、酸分离难、腐蚀设备、污染环境等弊端而逐渐被淘汰,现今烯烃水合工艺不断改进,已开发出许多高效及环境友好的新型催化剂和新方法。如使用固体酸、离子交换树脂、过渡金属(钯、铂等)作为催化剂,以及光催化、酶催化等。

$$CH_3CH_2CH{=}CH_2 + H_2O \xrightarrow[200\sim230\ ^\circ C,\ 19\ MPa]{\text{钼磷酸(杂多酸)}} CH_3CH_2CH(OH)CH_3$$

乙醇还可由农副产品(如甘蔗糖蜜和玉米淀粉等)经过发酵生产。

工业上某些多元醇也可通过烯烃制备。例如,乙二醇(俗称甘醇)主要由乙烯制备:

$$CH_2{=}CH_2 \xrightarrow[70\sim80\ ^\circ C]{Cl_2,\ H_2O} \underset{Cl}{CH_2}-\underset{OH}{CH_2} \xrightarrow[105\sim110\ ^\circ C]{H_2O,\ NaHCO_3} \underset{OH}{CH_2}-\underset{OH}{CH_2}$$

$$\underset{Cl}{CH_2}-\underset{OH}{CH_2} \xrightarrow{Ca(OH)_2} \text{环氧乙烷}$$

$$CH_2{=}CH_2 \xrightarrow[250\sim280\ ^\circ C]{O_2,\ Ag} \overset{\large O}{CH_2-CH_2}\ (\text{环氧乙烷}) \xrightarrow[H^+\ \text{或}\ ^-OH]{H_2O} \underset{OH}{CH_2}-\underset{OH}{CH_2}$$

目前工业上大多由乙烯催化氧化制备环氧乙烷,然后水解得到乙二醇。氯醇法被淘汰是因为 Cl_2 消耗高,盐的生成量大,副产物多,且排污严重。

工业上丙三醇(俗称甘油)可由丙烯经环氧氯丙烷制备:

$$CH_2{=}CHCH_3 \xrightarrow[-HCl]{Cl_2,\ 500\ ^\circ C} CH_2{=}CH\underset{Cl}{CH_2} \xrightarrow[25\sim30\ ^\circ C]{H_2O,\ Cl_2} \underset{Cl}{CH_2}-\underset{OH}{CH}-\underset{Cl}{CH_2} + \underset{OH}{CH_2}-\underset{Cl}{CH}-\underset{Cl}{CH_2}$$

$$\xrightarrow[80\sim90\ ^\circ C]{Ca(OH)_2\ \text{或}\ NaOH} \overset{\large O}{CH_2-CH}-\underset{Cl}{CH_2} \xrightarrow[100\sim150\ ^\circ C]{Na_2CO_3,\ H_2O} \underset{OH}{CH_2}-\underset{OH}{CH}-\underset{OH}{CH_2}$$

这种方法有利于甘油的分离和提纯。甘油还可由糖类发酵制取,或作为肥皂工业的副产物经油脂水解得到。

(2) 卤代烃的水解　活泼的卤代烃与碱的水溶液共热,卤原子被羟基取代生成醇。例如:

$$2\ C_6H_5CH_2Cl + Na_2CO_3 + H_2O \xrightarrow{95\ ^\circ C} 2\ \underset{74\%}{C_6H_5CH_2OH} + 2\ NaCl + CO_2\uparrow$$

由于卤代烃通常由相应的醇制备,故此法只在卤代烃容易得到时才采用。

(3) 由 Grignard 试剂制备　Grignard 试剂与环氧化合物、醛、酮或羧酸衍生物作用,可生成各种结构的醇,见第十章10.5.4节、第十一章11.5.1节(5)和第十三章13.3.4节。例如:

$$o\text{-}CH_3C_6H_4MgBr + \underset{O}{CH_2—CH_2} \xrightarrow[\text{② } H_2O,\ H^+]{\text{① 乙醚}} o\text{-}CH_3C_6H_4CH_2CH_2OH \quad 66\%$$

$$C_2H_5MgBr + C_6H_5\underset{\|}{C}CH_3(=O) \xrightarrow[\text{② } H_2O,\ H^+]{\text{① 乙醚}} C_6H_5—\overset{CH_3}{\underset{OH}{C}}—C_2H_5 \quad 80\%$$

$$2\ CH_3MgBr + (CH_3)_2CH—\underset{\underset{O}{\|}}{C}OCH_3 \xrightarrow[\text{② } H_2O,\ H^+]{\text{① 乙醚}} (CH_3)_2CH—\overset{CH_3}{\underset{OH}{C}}—CH_3 \quad 73\%$$

(4) 醛、酮、羧酸和羧酸衍生物的还原　醛、酮、羧酸和羧酸酯等利用催化加氢还原、金属氢化物还原或溶解金属还原,可得到相应的醇,见第十一章 11.5.4节(2)、第十二章 12.5.3节和第十三章 13.3.3节。例如:

$$CH_3O—C_6H_4—CHO \xrightarrow[CH_3OH]{H_2,\ Pt} CH_3O—C_6H_4—CH_2OH \quad 92\%$$

$$CH_3(CH_2)_{11}COOH \xrightarrow[\text{② 稀 } H_2SO_4]{\text{① } LiAlH_4\text{, 乙醚, } N_2\text{, 回流}} CH_3(CH_2)_{11}CH_2OH \quad 93\%$$

$$C_2H_5OOC(CH_2)_8COOC_2H_5 \xrightarrow{Na,\ C_2H_5OH} HOCH_2(CH_2)_8CH_2OH \quad 73\%\sim75\%$$

(5) 其他合成方法　在实验室中,醇也可通过烯烃的羟汞化-脱汞反应或硼氢化-氧化反应来制备,见第三章 3.5.2节(3) 和 3.5.4节(1)。

9.3.2 酚的制法

化合物:
苯酚

(1) 异丙苯法　苯与丙烯反应得到异丙苯,异丙苯经空气氧化生成氢过氧化异丙苯,后者在强酸或强酸性离子交换树脂作用下,重排成苯酚和丙酮:

$$C_6H_6 + CH_3CH=CH_2 \xrightarrow[2.41\ MPa]{H_3PO_4,\ 250\ ^\circ C} C_6H_5—CH(CH_3)_2 \xrightarrow[\substack{90\sim130\ ^\circ C \\ 0.5\sim1\ MPa}]{O_2}$$

$$C_6H_5—\overset{CH_3}{\underset{CH_3}{C}}—OOH \xrightarrow[50\sim90\ ^\circ C]{\text{稀 } H_2SO_4} C_6H_5—OH + CH_3\overset{O}{\overset{\|}{C}}CH_3$$

拓展:
异丙苯法的
机理

此法是目前工业上合成苯酚的主要方法。其优点是原料价廉易得,污染小,可连续化生产,产品纯度高,且副产物丙酮也是重要的化工原料。另外,此法在工业上还可用来制备萘-2-酚和苯-1,3-二酚等;若以丁烯代替丙烯与苯进行上述反应,则可生产苯酚和丁酮。

(2) 碱熔法 芳磺酸盐和氢氧化钠(钾)在高温下作用,磺酸基被羟基取代的反应,称为碱熔,见第十六章16.4.4节(3)。目前工业上仍采用碱熔法制备某些酚及其衍生物。例如:

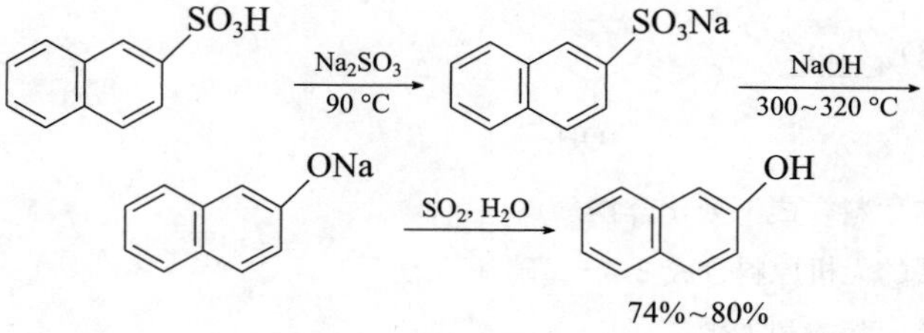

SO_3H —(Na_2SO_3, 90 °C)→ SO_3Na —(NaOH, 300~320 °C)→ ONa —(SO_2, H_2O)→ OH

74%~80%

(3) 卤代芳烃的水解 卤原子的邻和/或对位连有强吸电子基团时,水解反应比较容易进行。工业上利用此法主要生产邻、对硝基酚和氯代酚等。例如:

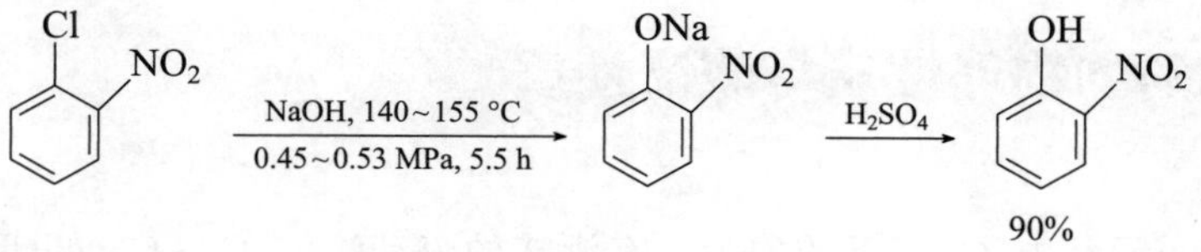

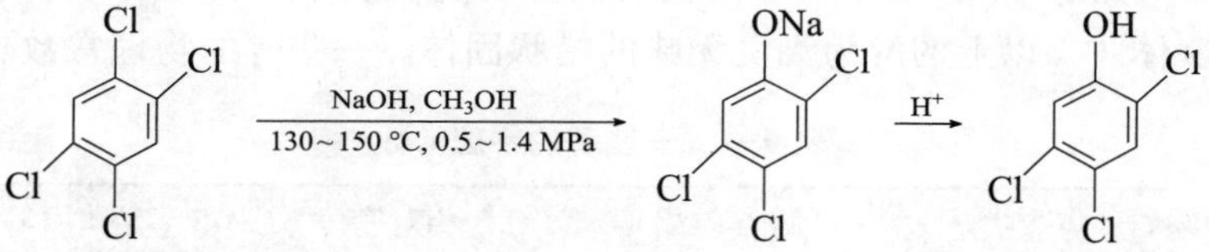

Cl, NO_2 —(NaOH, 140~155 °C; 0.45~0.53 MPa, 5.5 h)→ ONa, NO_2 —(H_2SO_4)→ OH, NO_2

90%

Cl, Cl, Cl, Cl —(NaOH, CH_3OH; 130~150 °C, 0.5~1.4 MPa)→ ONa, Cl, Cl, Cl —(H^+)→ OH, Cl, Cl, Cl

(4) 重氮盐的水解 见第十五章15.8.2节(1)。该法可用于制备用其他方法难以得到的酚。例如:

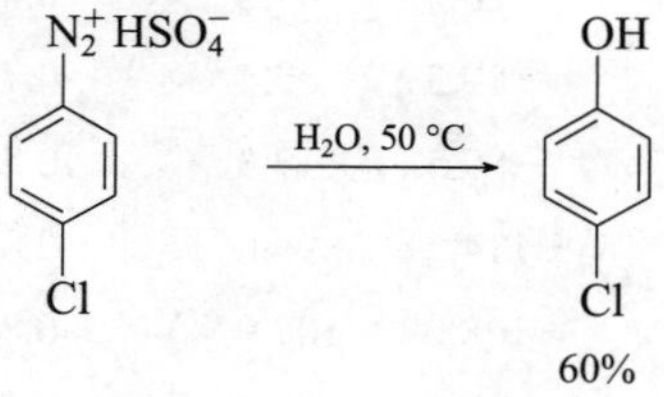

$N_2^+ HSO_4^-$, Cl —(H_2O, 50 °C)→ OH, Cl

60%

练习9.4 选择合适的反应条件合成下列醇:

(1) 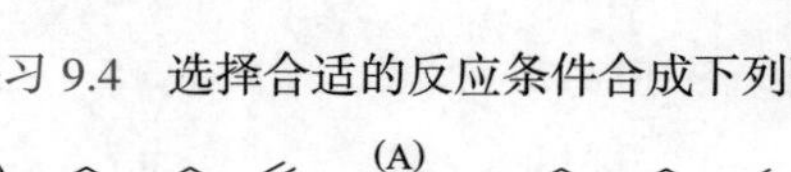 —(A)→ OH

(2) 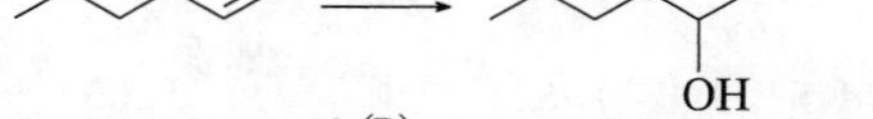 —(B)→ OH

(3) 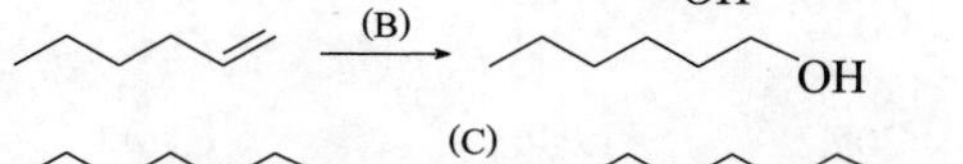 Br —(C)→ OH

(4) 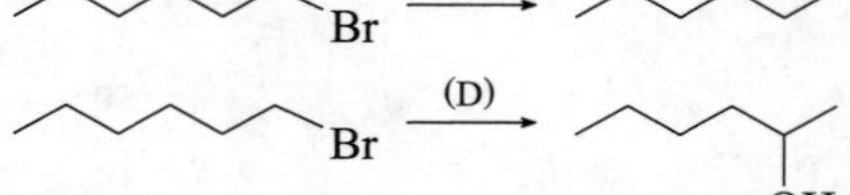 Br —(D)→ OH

(5) 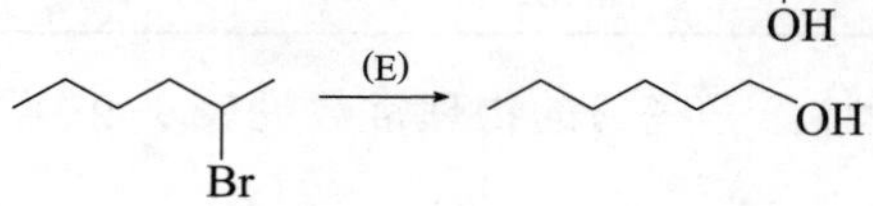 Br —(E)→ OH

(6) [structure] $\xrightarrow{(F)}$ [structure] OH

(7) [structure] $\xrightarrow{(G)}$ [structure] OH

(8) [structure] $\xrightarrow{(H)}$ [structure] OH

练习 9.5　由指定原料合成下列化合物:

(1) 由氯苯和必要的无机原料合成 2,4-二硝基苯酚

(2) 由苯和丁烯合成苯酚和丁酮

9.4　醇和酚的物理性质与波谱性质

直链饱和一元醇中, C_4 以下的醇为具有酒味的流动液体, $C_5 \sim C_{11}$ 的醇为具有不愉快气味的油状液体, C_{12} 以上的醇为无臭无味的蜡状固体。一些醇的物理常数见表 9-1。

表 9-1　一些醇的物理常数

名称	构造式	熔点/℃	沸点/℃	相对密度 (d_4^{20})	溶解度/[g·(100 g 水)$^{-1}$]
甲醇	CH_3OH	−97.8	64.7	0.791	∞
乙醇	CH_3CH_2OH	−114.7	78.5	0.789	∞
丙醇	$CH_3CH_2CH_2OH$	−126.5	97.2	0.804	∞
异丙醇	$(CH_3)_2CHOH$	−89.5	82.4	0.786	∞
丁醇	$CH_3CH_2CH_2CH_2OH$	−89.5	117.3	0.810	8.0
仲丁醇	$CH_3CH_2CH(OH)CH_3$	−114.7	99.5	0.806	12.5
异丁醇	$(CH_3)_2CHCH_2OH$	−108.0	107.9	0.802	9.5
叔丁醇	$(CH_3)_3COH$	25.5	82.2	0.789	∞
戊醇	$CH_3(CH_2)_4OH$	−117.0	132.0	0.814	2.2
新戊醇	$(CH_3)_3CCH_2OH$	53.0	114.0	0.812	3.5
己醇	$CH_3(CH_2)_5OH$	−52.0	158.0	0.814	0.7
环己醇	[环己基]—OH	23.0	161.5	0.962	3.6
苄醇	[苯基]—CH_2OH	−15.3	205.7	1.046	4.0
乙二醇	$HOCH_2CH_2OH$	−13.2	197.3	1.113	∞
丙三醇	$HOCH_2CH(OH)CH_2OH$	18.0	290.0	1.261	∞

除少数烷基酚为液体外, 多数酚是无色固体。一些酚的物理常数见表 9-2。

表 9-2 一些酚的物理常数

名称	熔点/℃	沸点/℃	溶解度/[g·(100 g 水)$^{-1}$]
苯酚	41	182	8(溶于热水)
邻甲苯酚	31	191	2.5
间甲苯酚	10	203	2.6
对甲苯酚	34	202	2.3
2-硝基苯酚	44	215	0.2
3-硝基苯酚	96	194(9 333 Pa)	1.4
4-硝基苯酚	112	279	1.6
邻苯二酚	105	245	45
间苯二酚	110	281	140
对苯二酚	170	287	8
苯-1,2,3-三酚	133	309	44
萘-1-酚	94	279	难
萘-2-酚	123	286	0.1

与相对分子质量相近的非极性或弱极性化合物如烃类相比，醇和酚的沸点、熔点和在水中的溶解度与之有明显差别。

醇和酚均能形成分子间氢键，如下所示：

```
   R(Ar)
   |            R(Ar)
   O---H—O
  /        \
 H          H
            \
             O—R(Ar)
```

液态醇或酚汽化时，不仅要破坏分子间的 van der Waals 力，还要有足够的能量破坏氢键（氢键的键能约为 21 kJ·mol^{-1}）。因此，低级醇的沸点比相对分子质量相近的烷烃的沸点高得多。例如，甲醇的沸点（64.7 ℃）比乙烷的沸点（−88.6 ℃）高 153.3 ℃。但随着碳原子数的增加，醇分子中烃基所占比例增大，分子间氢键所起的作用减小，故随着碳链的增长，醇与相对分子质量相近的烷烃的沸点差值逐渐缩小。例如，癸醇（相对分子质量 158，沸点 231 ℃）与十一烷（相对分子质量 156，沸点 196 ℃）的沸点差仅为 35 ℃。另外，在饱和一元醇的各异构体中，直链醇的沸点最高，支链越多，沸点越低。同样，酚的沸点也比相对分子质量相近的芳烃的沸点高。例如，苯酚（相对分子质量 94）的沸点为 182 ℃，而甲苯（相对分子质量 92）的沸点为 110.6 ℃。

醇和酚由于具有极性和分子间氢键，同样也影响着其熔点。例如，甲醇的熔点为 −97.8 ℃，而乙烷的熔点为 −172 ℃；苯酚的熔点为 41 ℃，而甲苯的熔点为 −95 ℃。苯酚和甲苯之间的熔点差值比相对分子质量相近的醇和烷烃之间的熔点差值更大。

低级醇和某些酚，因羟基在分子中所占比例较大，也能与水分子形成氢键而溶于水。例如，甲醇、乙醇、丙醇、异丙醇和叔丁醇与水互溶，丁醇和苯酚在水中的溶解度均约为

8.0 g/(100 g 水)。

另外，多元醇由于分子中羟基数目增多，与水形成氢键的数目更多，因此在水中的溶解度也更大。例如，乙二醇、丙三醇不仅可以与水互溶，而且具有很强的吸湿性。

练习 9.6　不用查表，将下列化合物的沸点由低到高排列成序：

(1) 己醇　(2) 己-3-醇　(3) 己烷　(4) 辛醇

(5) 2-甲基戊-2-醇

练习 9.7　4-硝基苯酚的沸点 (279 ℃) 和熔点 (112 ℃) 均分别比 2-硝基苯酚的 (沸点为 215 ℃，熔点为 44 ℃) 高，为什么？

在红外光谱图中，醇分子中游离 O—H 的伸缩振动吸收峰出现在 3 650～3 590 cm^{-1} 区域 (尖峰、强度较弱)，分子间缔合的 O—H 伸缩振动吸收峰在 3 400～3 200 cm^{-1} 区域，峰强而宽，是醇的特征吸收峰。醇的 C—O 伸缩振动吸收峰，由于伯、仲、叔醇的结构不同，其波数也不尽相同。其中，伯醇的 C—O 伸缩振动吸收峰在 1 085～1 050 cm^{-1}，仲醇的 C—O 伸缩振动吸收峰在 1 125～1 100 cm^{-1}，而叔醇的 C—O 伸缩振动吸收峰在 1 200～1 150 cm^{-1}。图 9-2 为 3,3-二甲基丁-2-醇的红外光谱。

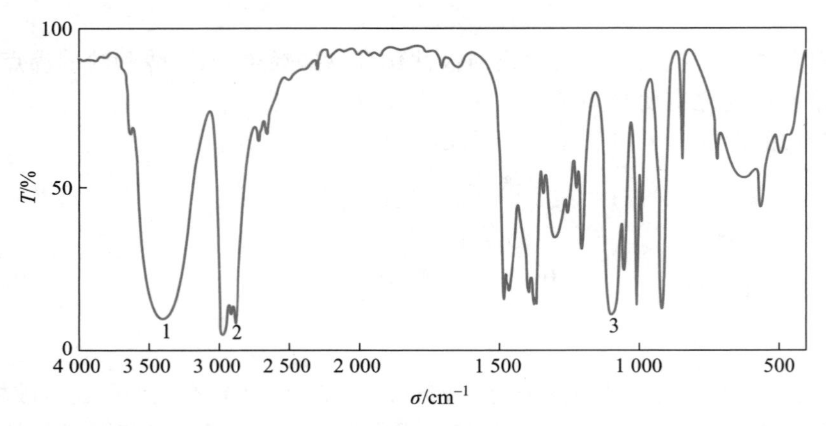

1—3 398 cm^{-1}，O—H 伸缩振动 (缔合)；2—2 963, 2 873 cm^{-1}，C—H 伸缩振动；3—1 092 cm^{-1}，C—O 伸缩振动

图 9-2　3,3-二甲基丁-2-醇的红外光谱 (液膜)

酚的红外光谱与醇的类似，酚的 O—H 伸缩振动在 3 650～3 200 cm^{-1} 区域显示一强而宽的吸收峰。由于酚羟基与芳环之间的 p,π-共轭，酚的 C—O 键力常数增大，其伸缩振动吸收峰出现在约 1 200 cm^{-1} 处，为一宽而强的吸收峰。图 9-3 为苯酚的红外光谱。

在醇的 ^{1}H NMR 谱中，羟基质子 (O—H) 由于受分子间氢键的影响，其化学位移 (δ) 处于 0.5～5.5，有时也可能隐藏在烃基质子的峰中，不过常常可以通过计算质子数而把它找出来。通常醇羟基质子不与邻近质子发生自旋-自旋耦合，在 ^{1}H NMR 谱中产生一个单峰。由于氧的电负性较大，羟基所连碳原子上质子的化学位移一般为 3.4～4.0。图 9-4 为 3,3-二甲基丁-2-醇的 ^{1}H NMR 谱。

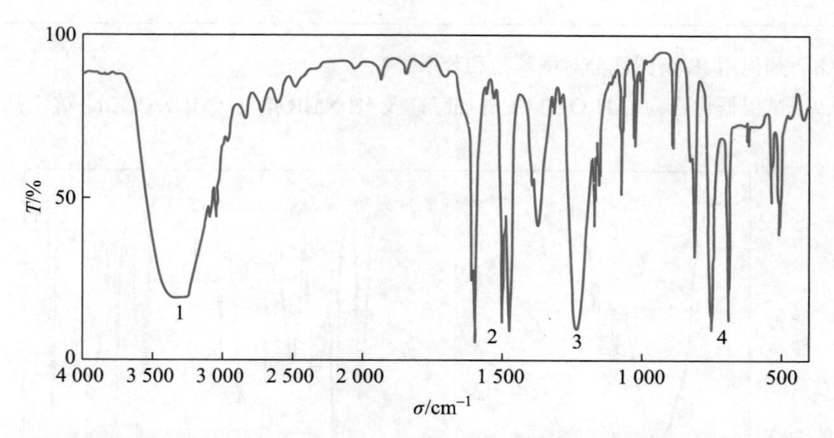

1—3 300 cm^{-1}, O—H 伸缩振动(缔合); 2—1 598, 1 500, 1 475 cm^{-1}, 苯环骨架伸缩振动; 3—1 236 cm^{-1}, C—O 伸缩振动;
4—753, 690 cm^{-1}, 一取代苯 C—H 面外弯曲振动

图 9-3 苯酚的红外光谱(KBr 压片)

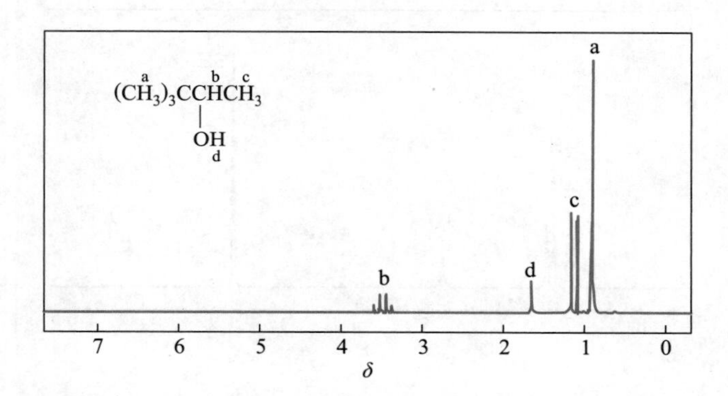

图 9-4 3,3-二甲基丁-2-醇的 ^{1}H NMR 谱(90 MHz, $CDCl_3$)

在酚的 ^{1}H NMR 谱中，酚羟基质子的化学位移值一般为 4.5～9。图 9-5 为 2-甲基苯酚的 ^{1}H NMR 谱。

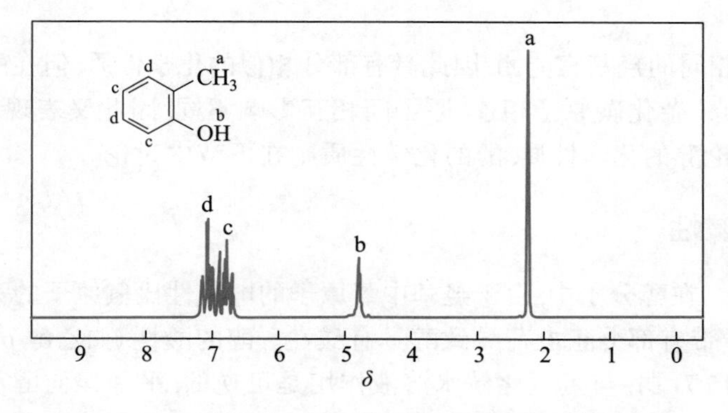

图 9-5 2-甲基苯酚的 ^{1}H NMR 谱(90 MHz, $CDCl_3$)

练习 9.8　如何用 IR 谱图区分对甲苯酚和苯甲醇?

练习 9.9　试根据化合物 C_7H_8O 的 IR 谱(液膜)及 ^1H NMR 谱(90 MHz, $CDCl_3$)确定其分子结构。

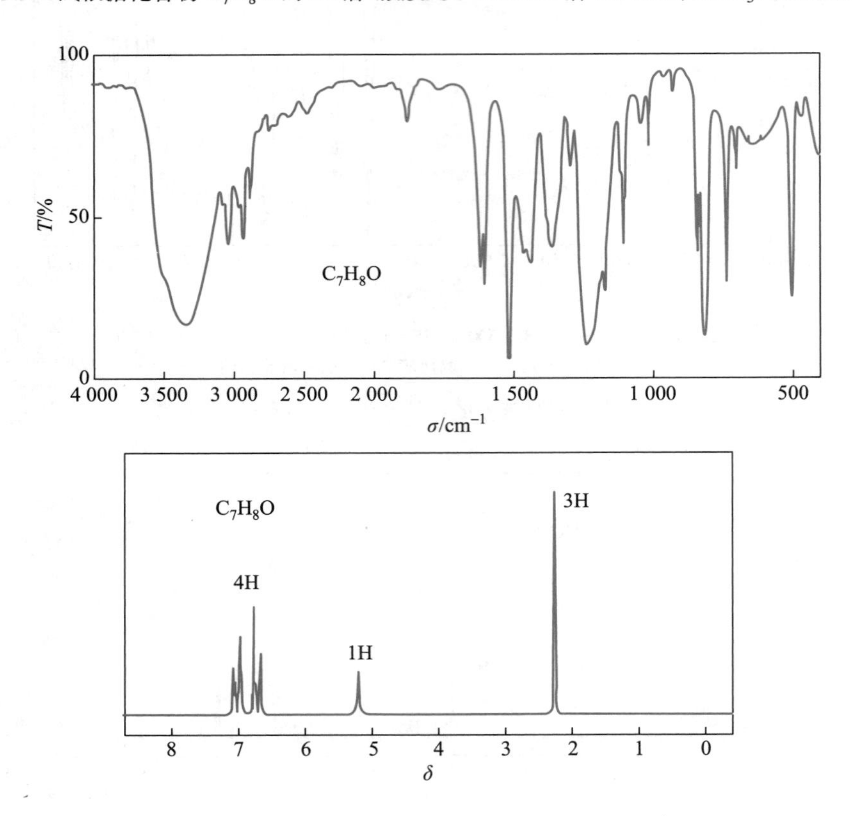

9.5　醇的化学性质

醇和酚含有相同的羟基官能团,因此具有部分相似的化学性质;但在醇和酚分子中,羟基分别与 sp^3 和 sp^2 杂化碳原子相连,原子间相互影响不同,因此又表现出各自独特的性质。本节首先讨论醇的化学性质,酚的化学性质则在下节中讨论。

9.5.1　醇的酸碱性

(1) 醇的酸性　在醇分子中,由于羟基中氧原子的电负性比氢原子的大,氧原子带有部分负电荷,氢原子带有部分正电荷导致醇具有酸性。醇的酸性(如乙醇 $pK_a=15.9$)通常比水的酸性($pK_a=15.7$)弱,与氢氧化钠水溶液作用是可逆的,平衡偏向醇和氢氧化钠一侧,但醇能与碱金属或碱土金属等作用生成醇盐,并放出氢气。例如:

$$CH_3CH_2OH + NaOH \rightleftharpoons CH_3CH_2ONa + H_2O$$

$$C_2H_5OH + Na \longrightarrow \underset{\text{乙醇钠}}{C_2H_5ONa} + \frac{1}{2}H_2\uparrow$$

$$2\,C_2H_5OH + Mg \xrightarrow{I_2} \underset{\text{乙醇镁}}{(C_2H_5O)_2Mg} + H_2\uparrow$$

$$6(CH_3)_2CHOH + 2\,Al \longrightarrow 2\underset{\text{(铝汞齐)}\qquad\text{异丙醇铝}}{[(CH_3)_2CHO]_3Al} + 3\,H_2\uparrow$$

工业上为了避免使用昂贵的和有危险性的金属钠,常采用氢氧化钠与甲醇或乙醇等低级醇反应制备醇钠,同时采取措施除去生成的水,使平衡向生成醇钠一方移动。

甲醇钠、乙醇钠、异丙醇铝和叔丁醇钾等醇盐在有机合成上有重要用途。另外,乙醇与钠反应比水缓和,因此可用于销毁某些反应中剩余的金属钠,而不致引起燃烧或爆炸。

醇的酸性强弱与其结构有关,在水溶液中不同醇的酸性强弱次序为甲醇 > 伯醇 > 仲醇 > 叔醇。例如:

	CH_3OH	CH_3CH_2OH	$CH_3CH(OH)CH_3$	$(CH_3)_3C-OH$
pK_a	15.5	15.9	17.1	19.0

事实上,醇的酸性强弱顺序与测定条件有关。在气相中测定醇的酸性,其强弱顺序与溶液中测定的顺序正好相反,即叔醇 > 仲醇 > 伯醇 > 甲醇。虽然大多数情况下烷基为给电子基团,但醇解离后得到的烷氧负离子中,烷基却表现出一定的吸电子作用。叔丁氧基负离子 $[(CH_3)_3CO^-]$ 受三个甲基的吸电子作用影响而更稳定,因此叔醇的酸性较强。反之,甲氧基负离子 (CH_3O^-) 中没有烷基的吸电子作用,因此酸性较弱。

而在溶液中,影响酸性的主要因素不是电子效应,而是烷氧负离子的溶剂化程度。烷氧负离子在水溶液中通过与水形成氢键而被溶剂化,体积较小的烷氧负离子 (如 CH_3O^-) 的空间阻碍作用小,溶剂化程度大,故稳定而容易形成,相应醇的酸性强。反之,体积较大的烷氧负离子 [如 $(CH_3)_3CO^-$] 的溶剂化程度小,稳定性差而不易形成,相应醇的酸性弱。

(2) 醇的碱性　醇分子中氧原子上带有未共用电子对,与水相似,能与强酸 (如硫酸) 解离出的质子 (H^+) 结合生成氧正离子 (质子化醇)。例如:

$$CH_3CH_2-\ddot{\underset{\cdot\cdot}{O}}-H + H_2SO_4 \rightleftharpoons \underset{\text{乙基氧正离子}}{\left[CH_3CH_2-\underset{H}{\ddot{O}}-H\right]^+} HSO_4^- \ (C_2H_5\overset{+}{O}H_2\,HSO_4^-)$$

醇与硫酸生成的氧正离子能溶于硫酸中,因此可利用这一性质鉴别/纯化不溶于水的醇。

醇能与强酸成盐,说明它具有弱碱性。结合前面的内容,可以看出,醇既是酸,又是碱。这种酸碱性是相对的,与强酸 (如硫酸) 相比,醇是碱;而与强碱 (如 Na, NaH) 相比,它又是酸。可示意如下:

$$\underset{\text{氧正离子}}{R-\overset{+}{O}H_2} \xleftarrow{\text{强酸}} \underset{\text{醇}}{R-OH} \xrightarrow{\text{强碱}} \underset{\text{烷氧负离子}}{R-O^-}$$

醇的碱性虽然很弱，但在反应中会起到重要作用。具体来说，醇的若干重要反应，均涉及利用醇的碱性与强酸作用，首先生成氧正离子这一过程。在这些反应中，强酸可作为试剂或催化剂来增加反应速率。

练习 9.10　$ClCH_2CH_2OH$ 和 CH_3CH_2OH 的酸性哪一个强？为什么？

练习 9.11　将下列化合物按碱性由强到弱排列成序：

(A) CH_3CH_2ONa　　(B) $(CH_3)_3CCH_2ONa$　　(C) CF_3CH_2ONa

9.5.2　醚的生成

醇失去质子后形成的烷氧负离子是一种强亲核试剂，可与合适的卤代烃、硫酸二甲（或乙）酯作用，生成相应的醚。例如：

$$(CH_3)_2CHONa + C_6H_5{-}CH_2Cl \longrightarrow C_6H_5{-}CH_2{-}O{-}CH(CH_3)_2$$

苄基异丙基醚，84%

9.5.3　酯的生成

醇能与无机酸或其衍生物作用生成酯。例如，丙三醇与硝酸反应，生成甘油三硝酸酯：

$$\begin{array}{l}CH_2OH\\ |\\ CHOH\\ |\\ CH_2OH\end{array} + 3HNO_3 \xrightarrow[100\ ^\circ C]{H_2SO_4} \begin{array}{l}CH_2ONO_2\\ |\\ CHONO_2\\ |\\ CH_2ONO_2\end{array} + 3H_2O$$

甘油三硝酸酯

甘油三硝酸酯亦称硝化甘油或硝酸甘油，是一种猛烈的炸药，也可用作心血管扩张药物。

醇与浓硫酸作用，由于硫酸是二元酸，既可生成硫酸氢烷基酯，亦可生成硫酸二烷基酯。例如，甲醇与浓硫酸反应，首先生成硫酸氢甲酯，再经减压蒸馏可得硫酸二甲酯：

$$CH_3OH + H_2SO_4 \rightleftharpoons CH_3O\overset{\overset{O}{\|}}{\underset{\underset{O}{\|}}{S}}OH + H_2O$$

硫酸氢甲酯

$$2CH_3O\overset{\overset{O}{\|}}{\underset{\underset{O}{\|}}{S}}OH \xrightarrow{\text{减压蒸馏}} CH_3O\overset{\overset{O}{\|}}{\underset{\underset{O}{\|}}{S}}OCH_3 + H_2SO_4$$

硫酸二甲酯

用同样的方法，也可制取硫酸二乙酯。它们在实验室及化工生产中，均可作为重要的烷基化试剂使用。但硫酸二甲（乙）酯有剧毒，使用时应注意安全。高级醇的硫酸氢酯的钠盐（如 $C_{12}H_{25}OSO_2ONa$）是一种合成洗涤剂。

在吡啶存在下，醇与三氯氧磷反应，可生成磷酸三酯。例如：

$$3\,CH_3CH_2CH_2CH_2OH + POCl_3 \xrightarrow{\text{吡啶}} (CH_3CH_2CH_2CH_2O)_3PO + 3\,HCl$$

磷酸酯是一类重要的化合物，常用作增塑剂、萃取剂和杀虫剂。某些磷酸酯在生命活动中也具有重要作用。例如，甘油磷酸酯与钙离子的反应可用来控制机体内钙离子的浓度，如果这个反应失调，会导致佝偻病。

$$\begin{matrix} CH_2OH \\ | \\ CHOH \\ | \\ CH_2OH \end{matrix} + HO-\overset{\overset{O}{\|}}{\underset{\underset{OH}{|}}{P}}-OH \longrightarrow \begin{matrix} CH_2O-\overset{\overset{O}{\|}}{\underset{\underset{OH}{|}}{P}}-OH \\ | \\ CHOH \\ | \\ CH_2OH \end{matrix} \xrightarrow{Ca^{2+}} \begin{matrix} CH_2O-\overset{\overset{O}{\|}}{P}-O \\ |\qquad\quad | \qquad | \\ CHOH\quad O-Ca \\ | \\ CH_2OH \end{matrix}$$

甘油磷酸酯　　　　甘油磷酸钙

醇与有机酸及其衍生物也能生成酯，见第十二章12.5.2节(3)和第十三章13.3.1节(2)。例如：

$$CH_3OH + CH_3COOH \overset{H^+}{\rightleftharpoons} \underset{\text{乙酸甲酯}}{CH_3COOCH_3} + H_2O$$

$$CH_3CH_2OH + \underset{\text{对甲苯磺酰氯}}{Cl-\overset{\overset{O}{\|}}{\underset{\underset{O}{\|}}{S}}-C_6H_4-CH_3} \xrightarrow{\text{吡啶}} \underset{\text{对甲苯磺酸乙酯, 72\%}}{CH_3CH_2O-\overset{\overset{O}{\|}}{\underset{\underset{O}{\|}}{S}}-C_6H_4-CH_3}$$

（缩写为 TsCl, $Ts = H_3C-C_6H_4-SO_2-$）

醇与对甲苯磺酰氯 (TsCl) 的反应，通常在吡啶存在下进行。吡啶是一种有机碱，能与反应中生成的 HCl 结合，而有利于反应的进行。像吡啶这样能与反应过程中生成的酸结合的物质，称为缚酸剂。

在第七章 7.8.3 节中已经指出，^-OH 是一种很难离去的基团，而 ^-OTs 则是一种很好的离去基团，因此在有机合成中，经常将醇转变为对甲苯磺酸酯再进行反应，因为后者更容易进行亲核取代或消除反应。例如：

$$\underset{(R)\text{-戊-2-醇}}{CH_3CH_2CH_2\text{-}\overset{H}{C}(CH_3)OH} \xrightarrow[\text{吡啶}]{TsCl} \underset{\text{构型保持}}{CH_3CH_2CH_2\text{-}\overset{H}{C}(CH_3)OTs} \xrightarrow[\text{丙酮}]{NaI} \underset{\substack{(S)\text{-2-碘戊烷} \\ \text{构型翻转}}}{I\text{-}\overset{H}{C}(CH_3)CH_2CH_2CH_3}$$

上述反应中醇羟基与手性碳原子相连，生成磺酸酯这一步不涉及C—O键断裂，因而构型保持；随后与卤离子的 S_N2 反应，产物构型翻转，两步反应最终得到构型翻转的产物。

练习 9.12　完成下列反应式:

(1) $C_6H_5CH_2CH(OH)CH_3 \xrightarrow{K} \xrightarrow{C_2H_5Br}$

(2) $C_6H_5CH_2CH(OH)CH_3 \xrightarrow[\text{碱}]{TsCl}$

(3) 顺-3-甲基环己醇（OH 与 CH_3 均为楔形键） $\xrightarrow[\text{碱}]{CH_3SO_2Cl}$? $\xrightarrow{NaCN}$?

练习 9.13　比旋光度为 $+6.9°\cdot dm^2\cdot kg^{-1}$ 的 (*R*)-丁-2-醇与对甲苯磺酰氯反应后，生成对甲苯磺酸酯，然后在碱性条件下水解得比旋光度为 $-6.9°\cdot dm^2\cdot kg^{-1}$ 的丁-2-醇。试写出该反应的机理。

练习 9.14　合成叔丁基甲基醚应采用以下哪种原料组合，为什么?

(1) $(CH_3)_3CONa + CH_3I$　　(2) $(CH_3)_3CCl + CH_3ONa$

9.5.4　卤代烃的生成

醇中的碳氧键是极性共价键，由于氧的电负性比碳的大，因此碳原子具有正电性，能被亲核试剂进攻生成羟基被取代的产物。醇可与多种卤化试剂作用，羟基被卤原子取代生成卤代烃。

(1) 与氢卤酸的反应　醇与氢卤酸（或干燥的卤化氢）反应，生成卤代烃和水。例如:

$$C_6H_5-CH_2CH_2-OH + HBr \xrightarrow{110\ °C} C_6H_5-CH_2CH_2-Br + H_2O$$

92%

此反应是醇的弱碱性的具体体现。在强酸作用下，—OH 质子化后，离去基团由 ^-OH（强碱）转变为 H_2O（弱碱），离去性能增加；同时带正电荷的氧原子吸电子作用增强，使中心碳原子上的电正性增强，因此亲核取代反应更容易进行。

醇与氢卤酸反应的难易程度，与氢卤酸的类型和醇的结构有关。氢卤酸的活性次序是 HI > HBr > HCl。例如:

$$C_6H_{11}-OH + HCl \xrightarrow{\text{无水}CaCl_2\text{, 回流, 10 h}} C_6H_{11}-Cl + H_2O$$

（浓盐酸）　　76%

$$C_6H_{11}-OH + HI \xrightarrow{100\sim130\ °C\text{, 2 h}} C_6H_{11}-I + H_2O$$

（氢碘酸）　　95%

醇的活性次序是叔醇 > 苄醇、烯丙醇 > 仲醇 > 伯醇。叔丁醇与浓盐酸一起振摇能得到很高产率的叔丁基氯，而伯醇则很难反应，一般需要氯化锌（无水氯化锌与浓盐酸配制的溶液称为 Lucas 试剂）存在才发生反应。例如:

$$(CH_3)_3C{-}OH + HCl \xrightarrow{25\ ^\circ C} \underset{94\%}{(CH_3)_3C{-}Cl} + H_2O$$

$$CH_3(CH_2)_3CH_2{-}OH + HCl \xrightarrow[\text{回流, 4 h}]{ZnCl_2} CH_3(CH_2)_3CH_2{-}Cl + H_2O$$

醇与氢卤酸的反应,也可以用 $NaX(NaCl, NaBr)/H_2SO_4$ 代替氢卤酸。例如:

$$CH_3CH_2CH_2CH_2{-}OH \xrightarrow[\triangle]{NaBr,\ H_2SO_4} \underset{70\%\sim83\%}{CH_3CH_2CH_2CH_2{-}Br}$$

醇与氢卤酸作用,虽然都属于亲核取代反应,但不同构造的醇与氢卤酸的反应机理是不同的。甲醇及伯醇与氢卤酸的反应一般按照 S_N2 机理进行。例如:

$$CH_3CH_2CH_2CH_2{-}OH + HBr \xrightleftharpoons{\text{快}} CH_3CH_2CH_2CH_2{-}\overset{+}{O}H_2 + Br^-$$

$$Br^- + CH_3CH_2CH_2CH_2{-}\overset{+}{O}H_2 \xrightarrow{\text{慢}} \left[\overset{\delta-}{Br}\cdots\overset{H\ \ H}{\underset{CH_2CH_2CH_3}{C}}\cdots\overset{\delta+}{O}H_2\right]^{\neq} \longrightarrow Br{-}CH_2CH_2CH_2CH_3 + H_2O$$

烯丙型醇、苄基型醇、叔醇和仲醇一般按照 S_N1 机理进行。例如:

$$(CH_3)_3C{-}OH + HBr \xrightleftharpoons{\text{快}} (CH_3)_3C{-}\overset{+}{O}H_2 + Br^-$$

$$(CH_3)_3C{-}\overset{+}{O}H_2 \xrightarrow[-H_2O]{\text{慢}} \overset{H_3C\ \ CH_3}{\underset{CH_3}{C^+}} \xrightarrow[\text{快}]{Br^-} (CH_3)_3C{-}Br$$

醇按 S_N1 机理进行反应时,生成碳正离子中间体,由于越稳定的碳正离子越容易生成,因此可能生成重排产物。例如,下列醇与氢溴酸的反应,以生成重排产物为主。

$$CH_3{-}\overset{H_3C}{\underset{H}{C}}{-}\overset{H}{\underset{OH}{C}}{-}CH_3 \xrightleftharpoons{H^+} CH_3{-}\overset{H_3C}{\underset{H}{C}}{-}\overset{H}{\underset{^+OH_2}{C}}{-}CH_3 \xrightarrow{-H_2O}$$

$$\underset{(2^\circ\text{碳正离子})}{CH_3{-}\overset{CH_3}{\underset{H}{C}}{-}\overset{H}{\underset{+}{C}}{-}CH_3} \xrightarrow[\text{(负氢迁移)}]{\text{重排}} \underset{(3^\circ\text{碳正离子})}{CH_3{-}\overset{H_3C}{\underset{+}{C}}{-}\overset{H}{\underset{H}{C}}{-}CH_3}$$

$$\downarrow Br^- \qquad\qquad\qquad \downarrow Br^-$$

$$\underset{\text{未重排产物, 36\%}}{CH_3{-}\overset{H_3C}{\underset{H}{C}}{-}\overset{H}{\underset{Br}{C}}{-}CH_3} \qquad \underset{\text{重排产物, 64\%}}{CH_3{-}\overset{H_3C}{\underset{Br}{C}}{-}\overset{H}{\underset{H}{C}}{-}CH_3}$$

$$CH_3-\underset{H_3C}{\overset{CH_3}{C}}-\underset{OH}{CH}-CH_3 \xrightleftharpoons{H^+} CH_3-\underset{H_3C}{\overset{CH_3}{C}}-\underset{^+OH_2}{CH}-CH_3 \xrightarrow{-H_2O} CH_3-\underset{CH_3}{\overset{CH_3}{C}}-\overset{+}{C}H-CH_3$$

$$\xrightarrow{重排} CH_3-\underset{CH_3}{\overset{+}{C}}-\overset{CH_3}{CH}-CH_3 \xrightarrow{Br^-} CH_3-\underset{CH_3}{\overset{Br}{C}}-\overset{CH_3}{CH}-CH_3 \quad 94\%$$

(2) 与卤化磷的反应　醇与卤化磷 (PX_3, PX_5) 反应生成卤代烃。例如:

$$CH_3CH_2CH_2CH_2-OH \xrightarrow{PBr_3,\ 165\ °C} CH_3CH_2CH_2CH_2-Br \quad 90\%\sim93\%$$

$$CH_3(CH_2)_{14}CH_2-OH \xrightarrow[145\sim156\ °C,\ 5\ h]{PI_3(P+I_2)} CH_3(CH_2)_{14}CH_2-I \quad 78\%$$

这类反应常由伯醇和仲醇制备相应的溴代烃和碘代烃(常用红磷和碘代替 PI_3),产率较高,且一般不发生重排。制备氯代烃则常用 PCl_5,但产率较低。

醇与卤化磷的反应是按 S_N2 机理进行的:

$$R-CH_2-\ddot{\underset{..}{O}}H + BrPBr_2 \xrightarrow{-Br^-} R-CH_2-\underset{H}{\overset{+}{\ddot{O}}}-PBr_2 \xrightarrow[S_N2]{Br^-} R-CH_2-Br + HOPBr_2$$

$HOPBr_2$ 仍能与醇反应。总的结果是

$$3R-CH_2-OH + PBr_3 \longrightarrow 3R-CH_2-Br + H_3PO_3$$

(3) 与亚硫酰氯的反应　醇与亚硫酰氯 $SOCl_2$ 反应生成氯代烃。例如:

$$\text{(2-甲基苄醇, 邻-}CH_3C_6H_4CH_2OH) + SOCl_2 \xrightarrow{苯} \text{邻-}CH_3C_6H_4CH_2Cl\ (89\%) + SO_2 + HCl$$

反应同时生成 SO_2 和 HCl,二者均为气体,容易脱离反应体系,有利于氯代烃的生成,且产品容易提纯,产率较高,一般不发生重排,是由伯醇和仲醇制备相应氯代烃的较好方法。

醇与亚硫酰氯的反应机理如下:

$$R-OH + SOCl_2 \xrightarrow{-HCl} \underset{\text{氯代亚硫酸酯}}{R-O-\underset{Cl}{S}=O} \longrightarrow \underset{\text{紧密离子对}}{R^+\ {}^-O-\underset{Cl}{S}=O} \longrightarrow R-Cl + SO_2$$

反应过程中先生成氯代亚硫酸酯,然后分解为紧密离子对,氯原子从碳正离子的正面进攻,因此,其立体化学特征是中心碳原子的构型保持,即醇和氯代烃的构型相同。在这类反

应中, 亲核试剂 (Cl^-) 是反应物的一部分, 故此反应称为分子内的亲核取代反应, 常用 S_Ni (intramolecular nucleophilic substitution) 表示。这类反应并不常见。

醇与亚硫酰氯的反应, 常在吡啶、叔胺或碳酸钠等弱碱存在下进行。例如:

$$CH_3(CH_2)_{10}CH_2{-}OH \xrightarrow[\text{回流}]{SOCl_2,\ \text{吡啶}} CH_3(CH_2)_{10}CH_2{-}Cl \quad 60\%\sim70\%$$

$$\underset{\displaystyle |\atop OH}{CH_3CH}(CH_2)_5CH_3 + SOCl_2 \xrightarrow{Na_2CO_3} \underset{\displaystyle |\atop Cl}{CH_3CH}(CH_2)_5CH_3 \quad 81\%$$

值得注意的是, 当有吡啶等弱碱性物质存在时, Cl^- "游离" 出来而成为亲核试剂, 它以 S_N2 方式从离去基团的背面进攻中心碳原子, 故产物卤代烃的构型翻转。其反应机理如下:

$$R{-}OH + SOCl_2 \longrightarrow R{-}OSOCl + HCl$$

$$HCl + C_5H_5N\ (\text{吡啶}) \longrightarrow C_5H_5\overset{+}{N}H\ Cl^-$$

$$C_5H_5\overset{+}{N}H\ Cl^- + R{-}O{-}\overset{\displaystyle O \atop \displaystyle \|}{S}{-}Cl \longrightarrow Cl{-}R + SO_2 + C_5H_5\overset{+}{N}H\ Cl^-$$

练习 9.15 完成下列反应式:

(1) $HO(CH_2)_{10}OH + 2HBr \xrightarrow[\triangle]{}$

(2) $CH_3CH_2CH_2OH + I_2 + P \xrightarrow[\triangle]{}$

(3) $CH_3(CH_2)_3\underset{\displaystyle |\atop C_2H_5}{CH}CH_2OH + SOCl_2 \xrightarrow[\triangle]{\text{吡啶}}$

(4) 环戊基$-OH + PBr_3 \xrightarrow[\triangle]{}$

练习 9.16 写出下列反应的机理:

(1) $(CH_3)_3CCH_2OH \xrightarrow[\triangle]{\text{浓 HBr}} (CH_3)_2CBrCH_2CH_3$

(2) $\underset{\displaystyle |\atop OH}{CH_3CH}CH{=}CH_2 \xrightarrow{\text{浓 HBr}} \underset{\displaystyle |\atop Br}{CH_3CH}CH{=}CH_2 + CH_3CH{=}CH\underset{\displaystyle |\atop Br}{CH_2}$

练习 9.17 试用两种方法由 2,2-二甲基丙-1-醇 (新戊醇) 合成 1-氯-2,2-二甲基丙烷 (新戊基氯)。

练习 9.18 请写出 (R)-庚-2-醇分别与下列卤代试剂作用后所得到的卤代烷, 并注明卤代烷的构型。

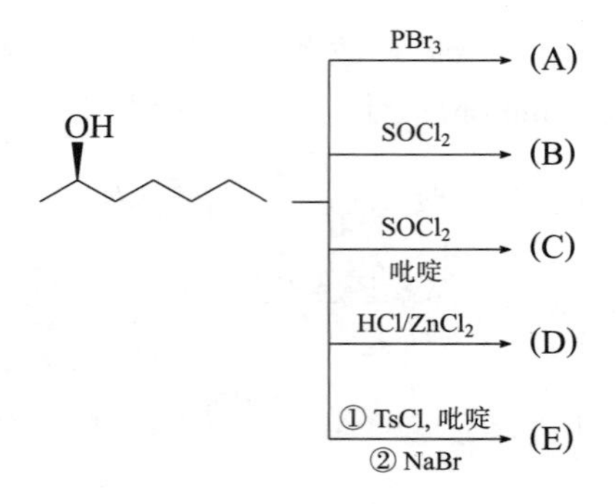

9.5.5 脱水反应

醇在质子酸(如 H_2SO_4, H_3PO_4 等)或 Lewis 酸(如 Al_2O_3 等)的催化作用下, 加热可发生分子间或分子内的脱水反应, 分别生成醚或烯烃。

(1) 分子间脱水　在催化剂作用下, 两分子醇发生分子间脱水生成醚。常用的催化剂有硫酸、对甲苯磺酸、Lewis 酸、硅胶、多聚磷酸和硫酸氢钾等。例如:

$$CH_3CH_2OH + HOCH_2CH_3 \xrightarrow[\text{或 } Al_2O_3,\ 240\ ^\circ C]{H_2SO_4,\ 140\ ^\circ C} CH_3CH_2—O—CH_2CH_3$$

$$2(CH_3)_2CHCH_2CH_2—OH \xrightarrow{\text{对甲苯磺酸, 回流}} [(CH_3)_2CHCH_2CH_2]_2O \quad 70\%\sim75\%$$

这种方法主要用于由伯醇制备单醚(对称的醚, 即两个烃基相同的醚)。仲醇和叔醇(特别是叔醇)进行反应时倾向于发生分子内脱水生成烯烃。

在酸催化下, 伯醇分子间脱水生成醚的反应, 是按照 S_N2 机理进行的。例如:

$$CH_3CH_2—OH + H^+ \rightleftharpoons CH_3CH_2—\overset{+}{O}H_2 \xrightarrow[-H_2O]{CH_3CH_2—\ddot{O}H}$$

$$CH_3CH_2—\overset{+}{\underset{H}{O}}—CH_2CH_3 \rightleftharpoons CH_3CH_2—O—CH_2CH_3 + H^+$$

利用两种不同的醇进行反应, 某些情况下可以得到高产率的混醚(两个烃基不同的醚)。例如, 将叔丁醇加入乙醇和 15% 硫酸混合物中, 叔丁醇立即质子化脱水产生叔丁基正离子, 进而与乙醇反应得到高产率的叔丁基乙基醚:

$$(CH_3)_3C—OH + C_2H_5—OH \xrightarrow{H^+} (CH_3)_3C—O—C_2H_5 \quad 95\%$$

但不同的伯醇或仲醇之间的反应, 往往会得到三种醚的混合物, 很少具有制备价值。例如:

$$CH_3CH_2—OH + CH_3CH_2CH_2—OH \xrightarrow[\triangle]{H^+}$$

$$CH_3CH_2—O—CH_2CH_3 + CH_3CH_2—O—CH_2CH_2CH_3 + CH_3CH_2CH_2—O—CH_2CH_2CH_3$$

(2) 分子内脱水　酸催化下，醇既可以进行分子间脱水也可以发生分子内脱水，两者是相互竞争的反应，究竟以何种反应为主，与反应条件和醇的构造有关。一般情况下，较低温度有利于分子间脱水生成醚，较高温度有利于分子内脱水生成烯烃。例如，乙醇分子内脱水生成烯烃比分子间脱水生成醚的反应温度高。

$$CH_3CH_2{-}OH \xrightarrow[\text{或 } Al_2O_3,\ 360\ ^\circ C]{H_2SO_4,\ 170\ ^\circ C} CH_2{=}CH_2 + H_2O$$

醇进行分子内脱水的难易程度与醇的构造有关，其反应速率由大到小的顺序为：叔醇 > 仲醇 >> 伯醇。例如：

$$CH_3CH_2CH_2CH_2{-}OH \xrightarrow[140\ ^\circ C]{H_2SO_4} CH_3CH_2CH{=}CH_2 + H_2O$$

$$CH_3CH_2\underset{\large OH}{\underset{|}{C}}HCH_3 \xrightarrow[100\ ^\circ C]{50\%\ H_2SO_4} CH_3CH{=}CHCH_3 + H_2O$$

$$CH_3{-}\overset{\overset{\large CH_3}{|}}{\underset{\underset{\large OH}{|}}{C}}{-}CH_3 \xrightarrow[85\sim 90\ ^\circ C]{20\%\ H_2SO_4} CH_3{-}\overset{\overset{\large CH_3}{|}}{C}{=}CH_2 + H_2O$$

与卤代烷脱卤化氢一样，醇脱水的取向也遵循 Saytzeff 规则，主要生成热力学稳定的烯烃（通常是双键碳原子上连接烷基较多的烯烃）。例如：

$$CH_3CH_2\underset{\large OH}{\underset{|}{C}}HCH_3 \xrightarrow[100\ ^\circ C]{50\%\ H_2SO_4} \underset{80\%}{CH_3CH{=}CHCH_3} + \underset{20\%}{CH_3CH_2CH{=}CH_2}$$

$$CH_3CH_2{-}\overset{\overset{\large CH_3}{|}}{\underset{\underset{\large OH}{|}}{C}}{-}CH_3 \xrightarrow[80\ ^\circ C]{H_2SO_4} \underset{90\%}{CH_3CH{=}\overset{\overset{\large CH_3}{|}}{C}{-}CH_3} + \underset{10\%}{CH_3CH_2{-}\overset{\overset{\large CH_3}{|}}{C}{=}CH_2}$$

$$CH_2{=}CH{-}CH_2\underset{\large OH}{\underset{|}{C}}HCH_2CH_3 \xrightarrow[\triangle]{Al_2O_3} CH_2{=}CH{-}CH{=}CHCH_2CH_3$$

在质子酸的催化作用下，多数醇分子内脱水生成烯烃的反应，是按照 E1 机理进行的。可用通式表示如下：

$$-\underset{\underset{\large H}{|}}{\overset{|}{C}}-\underset{\underset{\large OH}{|}}{\overset{|}{C}}- \underset{(\text{快})}{\overset{H^+}{\rightleftharpoons}} -\underset{\underset{\large H}{|}}{\overset{|}{C}}-\underset{\underset{\large ^+OH_2}{|}}{\overset{|}{C}}- \xrightarrow[\substack{-H_2O \\ (\text{慢})}]{E1} -\underset{\underset{\large H}{|}}{\overset{|}{C}}-\overset{|}{\underset{+}{C}}- \xrightarrow[(\text{快})]{-H^+} \rangle C{=}C\langle$$

醇在按照 E1 机理进行脱水反应时，由于有碳正离子中间体生成，有可能发生重排，形成更稳定的碳正离子，然后再按 Saytzeff 规则脱去一个 β-氢原子而形成烯烃。例如：

$$H_3C-\underset{OH}{CH}-\underset{CH_3}{\overset{CH_3}{C}}-CH_3 \xrightleftharpoons{H^+,\ -H_2O} H_3C-\overset{+}{CH}-\underset{CH_3}{\overset{CH_3}{C}}-CH_3 \xrightarrow{-H^+} CH_2{=}CH-\underset{CH_3}{\overset{CH_3}{C}}-CH_3\ (3\%)$$

重排（甲基负离子迁移）

$$H_3C-\overset{CH_3}{C}{=}\underset{CH_3}{C}-CH_3\ (64\%) \xleftarrow{-H^+} H_3C-\overset{CH_3}{CH}-\underset{CH_3}{\overset{+}{C}}-CH_3 \xrightarrow{-H^+} H_3C-\overset{CH_3}{CH}-\underset{CH_3}{C}{=}CH_2\ (33\%)$$

若采用氧化铝为催化剂，醇在高温、气相条件下脱水，往往不发生重排。例如：

$$H_3C-\underset{OH}{CH}-\underset{CH_3}{\overset{CH_3}{C}}-CH_3 \xrightarrow[\text{气相},\triangle]{Al_2O_3} CH_2{=}CH-\underset{CH_3}{\overset{CH_3}{C}}-CH_3 + H_2O$$

（主要产物）

(3) 频哪醇重排　2,3-二甲基丁-2,3-二醇（俗称频哪醇）在酸（硫酸或盐酸）催化下，脱水并重排生成3,3-二甲基丁-2-酮（俗称频哪酮），此反应称为频哪醇重排。

$$CH_3-\underset{OH}{\overset{CH_3}{C}}-\underset{OH}{\overset{CH_3}{C}}-CH_3 \xrightleftharpoons{H^+} CH_3-\underset{^+OH_2}{\overset{CH_3}{C}}-\underset{OH}{\overset{CH_3}{C}}-CH_3 \xrightarrow{-H_2O} CH_3-\underset{+}{\overset{CH_3}{C}}-\underset{OH}{\overset{CH_3}{C}}-CH_3 \xrightarrow{\text{重排}}$$

$$\left[CH_3-\underset{H_3C}{\overset{CH_3}{C}}-\underset{OH}{\overset{+}{C}}-CH_3 \longleftrightarrow CH_3-\underset{H_3C}{\overset{CH_3}{C}}-\underset{^+OH}{\overset{}{C}}{\!\!=}\ -CH_3\right] \xrightarrow{-H^+} CH_3-\underset{H_3C}{\overset{CH_3}{C}}-\underset{O}{\overset{\|}{C}}-CH_3$$

(Ⅰ)　　(Ⅱ)

频哪醇重排也属于碳正离子重排（缺电子重排），包含烃基的1,2-迁移（重排至邻近的碳原子上）。从重排生成的碳正离子的共振杂化体来看，极限结构（Ⅱ）的每个原子都具有类似惰性气体的价层电子构型，因此比较稳定而容易生成。一般认为，水分子的离去与烃基负离子的迁移可能是同时进行的。

练习 9.19　选择适当的醇脱水制取下列烯烃：

(1) $(CH_3)_2C{=}CHCH_3$　　(2) $(CH_3)_2C{=}C(CH_3)_2$

(3) $(CH_3)_2C{=}CH_2$　　(4) $CH_3CH_2CH_2CH{=}CH_2$

(5) $(CH_3)_2C{=}CHCH_2CH_2OH$（脱一分子水）

练习 9.20　写出下列反应的机理：

(1) $(CH_3)_3COH \xrightarrow[\triangle]{H_2SO_4} (CH_3)_2C{=}CH_2$

(2) $HO(CH_2)_5OH \xrightarrow[\triangle]{H_2SO_4}$ 四氢吡喃（六元环醚，环中含 O）

(3) $(CH_3)_2CHCH_2CHCH_3$（OH）$\xrightarrow[\triangle]{H_2SO_4} (CH_3)_2C{=}CHCH_2CH_3 + (CH_3)_2CHCH{=}CHCH_3$

(4) $CH_3CH(OH)-C(CH_3)(OH)-CH_3 \xrightarrow{H^+} CH_3C(=O)-CH(CH_3)CH_3$

9.5.6 氧化反应

在醇分子中，由于羟基的影响，α-氢原子比较活泼，容易被氧化或脱氢。常用的氧化剂是Cr(Ⅵ)氧化剂，如$K_2Cr_2O_7-H_2SO_4$，CrO_3-HOAc，CrO_3-吡啶等；有时也采用$KMnO_4$和MnO_2等。不同结构的醇，其氧化反应的难易程度和产物不同。

(1)一元醇的氧化　伯醇氧化首先生成醛，由于醛可被进一步氧化[见第十一章11.5.4节(1)]，因此伯醇氧化的最后产物是羧酸。这是实验室制备羧酸的一种方法。例如：

$$CH_3CH_2CH_2OH \xrightarrow[\triangle]{K_2Cr_4O_7,\ 稀\ H_2SO_4} CH_3CH_2COOH$$

丙酸，65%

为了使伯醇氧化停留在醛阶段，可采用一些特殊的氧化剂，如三氧化铬-双吡啶络合物（Sarett试剂）、氯铬酸吡啶盐（pyridinium chlorochromate，缩写为PCC）或重铬酸吡啶盐（pyridinium dichromate，缩写为PDC）。

$$2\,C_5H_5N + CrO_3 \longrightarrow (C_5H_5N)_2\cdot CrO_3$$

吡啶　　Sarett试剂

$$C_5H_5N + CrO_3 + HCl \longrightarrow C_5H_5NH^+ClCrO_3^-$$

PCC

$$2\,C_5H_5N + H_2Cr_2O_7 \longrightarrow (C_5H_5NH)_2^{2+}Cr_2O_7^{2-}$$

PDC

这些试剂能将伯醇氧化成醛，且产率较高，同时分子中的碳碳不饱和键不受影响。例如：

$$CH_3(CH_2)_6CH_2OH \xrightarrow[CH_2Cl_2,\ 25\ ^\circ C]{Sarett试剂} CH_3(CH_2)_6CHO$$

辛醛，90%

$$CH_3(CH_2)_8CH_2OH \xrightarrow[CH_2Cl_2]{PCC} CH_3(CH_2)_8CHO$$

癸醛，92%

$$(CH_3)_3C-C_6H_4-CH_2OH \xrightarrow[CH_2Cl_2]{PDC} (CH_3)_3C-C_6H_4-CHO$$

对叔丁基苯甲醛，94%

另外,二环己基碳二亚胺(dicyclohexylcarbodiimide,缩写为DCC)与二甲基亚砜(DMSO)配伍,构成一种氧化剂,称为Pfitzner-Moffatt试剂,可在较温和条件下氧化伯醇成醛,产率也较高。例如:

$$p\text{-}O_2N\text{-}C_6H_4\text{-}CH_2OH + CH_3-\underset{\underset{O}{\|}}{S}-CH_3 + C_6H_{11}-N{=}C{=}N-C_6H_{11} \xrightarrow{H_3PO_4}$$

$$p\text{-}O_2N\text{-}C_6H_4\text{-}CHO + CH_3-S-CH_3 + C_6H_{11}-NH-\underset{\underset{O}{\|}}{C}-NH-C_6H_{11}$$

$$\text{甾体}-CH(CH_3)CH_2CH_2CH_2OH \xrightarrow[\text{苯},\ 25\ ^\circ C]{DCC,\ \text{吡啶},\ DMSO,\ \text{三氟乙酸}} \text{甾体}-CH(CH_3)CH_2CH_2CHO \quad 84\%$$

仲醇氧化生成酮,酮则较难进一步被氧化。所用氧化剂与伯醇相同。例如:

$$CH_3(CH_2)_5\underset{\underset{OH}{|}}{C}HCH_3 \xrightarrow[\text{回流},\ 2\ h]{K_2Cr_2O_7,\ \text{稀}\ H_2SO_4} CH_3(CH_2)_5\underset{\underset{O}{\|}}{C}CH_3 \quad 92\%\sim96\%$$

$$CH_3(CH_2)_5\underset{\underset{OH}{|}}{C}HCH_3 \xrightarrow[CH_2Cl_2]{Sarett\ \text{试剂}} CH_3(CH_2)_5\underset{\underset{O}{\|}}{C}CH_3 \quad 97\%$$

叔醇因无α-氢原子,不易被氧化;若在强烈条件下氧化,则发生碳碳键断裂,生成小分子产物,通常无实用价值。

(2) 一元醇的脱氢 伯醇或仲醇的蒸气在高温下通过活性铜(或银、镍等)催化剂的表面时,可发生脱氢反应,分别生成醛或酮,这是催化氢化反应的逆过程。例如:

$$CH_3CH_2OH \xrightarrow[250\sim350\ ^\circ C]{Cu} CH_3CHO + H_2$$

$$CH_3\underset{\underset{OH}{|}}{C}HCH_3 \xrightarrow[500\ ^\circ C,\ 0.3\ MPa]{Cu} CH_3COCH_3 + H_2$$

该反应的优点是产品较纯,但脱氢过程是吸热的可逆反应,反应中要消耗热量。若将醇与适量的空气或氧气通过催化剂进行氧化脱氢,脱下的氢与氧结合生成水并放出大量的热,将整个反应转变为放热过程,这样可以节省能源。此方法的缺点是产品复杂、分离困难。例如:

$$CH_3CH_2OH + \frac{1}{2}O_2 \xrightarrow[550\ ^\circ C]{Cu\ \text{或}\ Ag} CH_3CHO + H_2O$$

叔醇分子中没有 α-氢原子,因此不能脱氢,但可脱水生成烯烃。

(3) 邻二醇的氧化　多元醇除具有一元醇的一般化学性质外,其中邻二醇(两个羟基所在碳原子直接相连)还具有一些特殊性质,如能被高碘酸的水溶液氧化,发生碳碳键断裂,生成醛、酮或羧酸。例如:

$$\begin{array}{c}|\\-C-OH\\|\\-C-OH\\|\end{array} + \begin{array}{c}OH\\HO\diagdown|\diagup OH\\I\\HO\diagup\|\diagdown OH\\O\end{array} \xrightarrow{-2\,H_2O} \begin{array}{c}|\quad OH\\-C-O\diagdown|\diagup OH\\|\quad\;\; I\\-C-O\diagup\|\diagdown OH\\|\quad O\end{array} \longrightarrow \begin{array}{c}\diagdown\\C=O\\\diagup\\\diagdown\\C=O\\\diagup\end{array} + HIO_3 + H_2O$$

$$\underset{OH}{\underset{|}{CH_2}}-\!\!\!\!\!\!+\underset{OH}{\underset{|}{CH}}-\!\!\!\!\!\!+\underset{OH}{\underset{|}{CH_2}} \xrightarrow{2\,H_5IO_6} \underset{\text{甲醛}}{\underset{O}{\underset{\|}{HCH}}} + \underset{\text{甲酸}}{\underset{O}{\underset{\|}{HCOH}}} + \underset{\text{甲醛}}{\underset{O}{\underset{\|}{HCH}}}$$

此反应条件温和、反应速率快、选择性高,且通常是定量进行的,因此可用于邻二醇型化合物及糖类的定性和定量测定。另外,还可根据产物的结构和数量,推测反应物的结构。

与高碘酸水溶液的氧化作用相似,四乙酸铅在冰醋酸或苯等有机溶剂中,也能氧化邻二醇型化合物,生成羰基化合物。例如:

$$CH_2{=}CH(CH_2)_8\underset{OH}{\underset{|}{CH}}-\!\!\!\!\!\!+\underset{OH}{\underset{|}{CH_2}} \xrightarrow[HOAc,\ 50\,^\circ C]{Pb(OAc)_4} CH_2{=}CH(CH_2)_8CHO + HCHO + Pb(OAc)_2$$

邻二醇型化合物用高碘酸氧化时,一般在水溶液中进行,而不溶于水的物质则需用四乙酸铅在有机溶剂中进行氧化,因此两者可以互补。

练习 9.21　完成下列反应式:

(1) $Cl-\langle\bigcirc\rangle-CH_2OH \xrightarrow[\triangle]{KMnO_4,\ H_2O}$

(2) $\langle\bigcirc\rangle-CH{=}CHCH_2OH \xrightarrow{CrO_3-\text{吡啶}}$

(3) 环己醇 (OH) $\xrightarrow[\text{稀}\ H_2SO_4]{K_2Cr_2O_7}$

(4) $CH_2{=}CH\underset{OH}{\underset{|}{CH}}(CH_2)_4CH_3 \xrightarrow[CH_2Cl_2]{PCC}$

(5) $\underset{OH}{\underset{|}{CH_2}}-\underset{OH}{\underset{|}{CH}}-\underset{OH}{\underset{|}{CH}}-\underset{OH}{\underset{|}{CH_2}} \xrightarrow{3\,H_5IO_6}$

(6) (甾体结构式: 3-酮-4-烯, 17-OH) $\xrightarrow[H_3PO_4]{DCC,\ DMSO}$

9.6 酚的化学性质

酚具有和醇相同的羟基官能团，因此具有和醇相似的一些化学性质，如酚也具有酸性，可以成醚、成酯。但在酚分子中，羟基是与芳环（sp^2 杂化碳原子）直接相连的，因此酚又具有某些区别于醇的特殊性质。在本节中将讨论酚的化学性质。

9.6.1 酚的酸性

酚的酸性比醇的酸性强得多，如苯酚 $pK_a = 9.95$，乙醇 $pK_a = 15.9$。因此，酚与氢氧化钠水溶液的反应能进行到底。例如：

$$-OH + NaOH \longrightarrow -ONa + H_2O$$

苯酚钠

酚和醇酸性的差别，是由形成的相应负离子的稳定性不同造成的。例如，苯酚在水溶液中可以形成下列平衡，而环己醇（$pK_a = 18.0$）则很难。

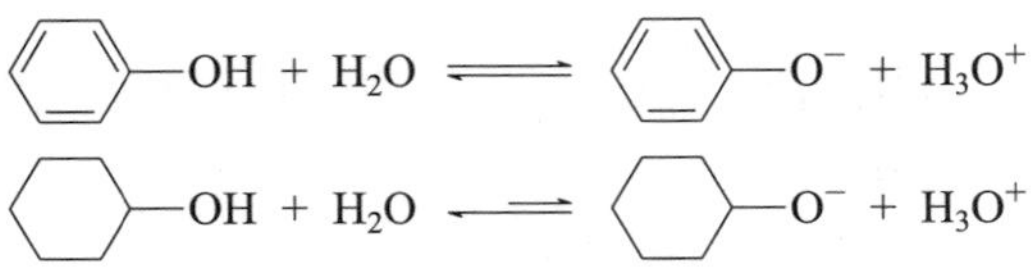

$$-OH + H_2O \rightleftharpoons -O^- + H_3O^+$$

$$-OH + H_2O \rightleftharpoons -O^- + H_3O^+$$

其中环己（基）氧负离子的负电荷是定域在氧原子上的，负电荷比较集中，稳定性较差；而在苯氧负离子中，由于氧原子上负电荷所在的 p 轨道与苯环的 π 轨道共轭，负电荷可以离域到苯环上，负电荷得到分散而稳定，故容易生成。

从共振论的观点来看，苯基氧负离子是下列极限结构的共振杂化体：

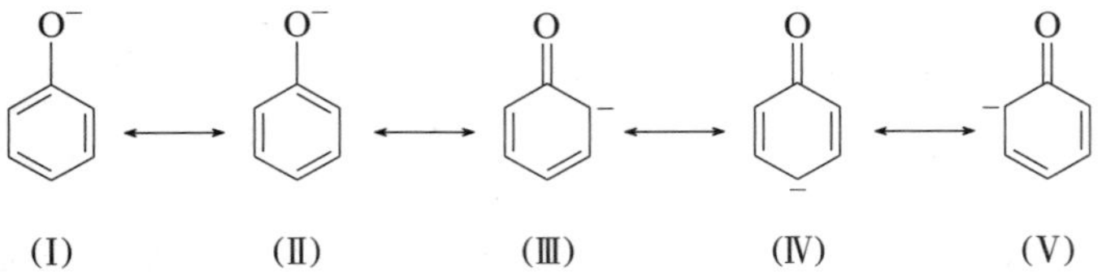

O^- ⟷ O^- ⟷ O ⟷ O ⟷ O

(Ⅰ)　(Ⅱ)　(Ⅲ)　(Ⅳ)　(Ⅴ)

由于极限结构（Ⅲ）~（Ⅴ）的贡献，负电荷可以离域到苯环上（酚羟基的邻、对位），使共振杂化体得到稳定。

酚芳环上的取代基，尤其是邻、对位取代基对酚的酸性强弱影响较大。当酚羟基的邻位或对位有强吸电子基团（如—NO_2 等）时，酚的酸性显著增强；吸电子基团数目越多，酸性越强。例如，2,4,6-三硝基苯酚（苦味酸，$pK_a = 0.25$）的酸性已与无机强酸的酸性相近。与上述情况相反，酚羟基的对位有给电子基团时，酚的酸性减弱（邻位情况较复杂）。当环上的取代基处于间位时，由于只有诱导效应的影响，因此对酸性的影响较小。某些取代苯酚的酸性如表 9-3 所示。

表 9-3 某些取代苯酚的酸性

取代基	pK_a(25 ℃)			取代基	pK_a(25 ℃)		
	邻	间	对		邻	间	对
—H		9.95		$—NO_2$	7.22	8.39	7.15
$—CH_3$	10.29	10.09	10.19	2,4-二硝基		4.09	
$—OCH_3$	9.98	9.65	10.21	3,5-二硝基		6.70	
—Cl	8.48	9.02	9.38	2,4,6-三硝基		0.25	

酚的酸性虽然比水和醇的酸性强,但一般比碳酸的酸性(pK_a=6.38)弱,因此在酚的钠盐水溶液中通入二氧化碳,又可游离出酚。例如:

$$C_6H_5ONa + CO_2 + H_2O \rightleftharpoons C_6H_5OH + NaHCO_3$$

酚能溶于氢氧化钠的水溶液,又能被酸从碱的水溶液中游离出来,利用这种性质可以分离或提纯酚。

9.6.2 酚醚的生成

与醇相似,酚也能生成醚,但酚不能发生分子间脱水反应生成醚。

酚的金属盐可与活泼卤代烃或硫酸二甲(或乙)酯作用,生成相应的醚。例如:

$$C_6H_5ONa + CH_3(CH_2)_2CH_2I \xrightarrow[\text{回流}]{\text{乙醇}} C_6H_5O—CH_2(CH_2)_2CH_3$$

丁氧基苯(丁基苯基醚), 80%

由于酚的酸性较强,通常可在碱性溶液中直接反应。例如:

$$\text{2,4-}Cl_2C_6H_3OH + Cl—C_6H_4—NO_2 \xrightarrow[\triangle]{KOH} \text{2,4-}Cl_2C_6H_3—O—C_6H_4—NO_2$$

2,4-二氯-1-(4-硝基苯氧基)苯

$$\text{萘-2-酚} + (CH_3O)_2SO_2 \xrightarrow[70\sim80\ ℃]{NaOH,\ H_2O} \text{2-}C_{10}H_7OCH_3$$

2-甲氧基萘, 84%

2,4-二氯-1-(4-硝基苯氧基)苯俗称除草醚,用于稻田除草效果很好。2-甲氧基萘亦称2-萘甲醚,具有橙花芳草香,主要用于配制低档的香皂和洗涤剂香精。2-甲氧基萘也可在硫酸存在下,由萘-2-酚和甲醇制备。

9.6.3 酚酯的生成

与醇相似,酚也能与羧酸衍生物(如酰氯和酸酐等)反应生成酯,但酚与羧酸的反应则较难进行。这是由于酚羟基中氧原子上的孤对电子与苯环发生 p,π-共轭,氧原子上的电子离域到苯环上,故氧原子上的电子云密度降低,因此酚的亲核性比醇的亲核性弱。酚酯的制备一般采用反应活性较高的酰基化试剂,如酰氯或酸酐与酚或酚盐反应来完成。例如:

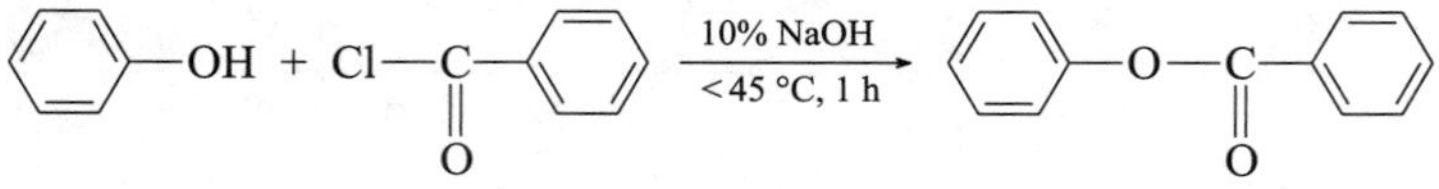

$$C_6H_5-OH + Cl-\underset{\overset{\|}{O}}{C}-C_6H_5 \xrightarrow[<45\,°C,\ 1\,h]{10\%\ NaOH} C_6H_5-O-\underset{\overset{\|}{O}}{C}-C_6H_5$$

苯甲酸苯酯, 85%

$$o\text{-}HOC_6H_4COOH + (CH_3CO)_2O \xrightarrow[60\,°C]{浓\ H_2SO_4} o\text{-}CH_3COOC_6H_4COOH + CH_3COOH$$

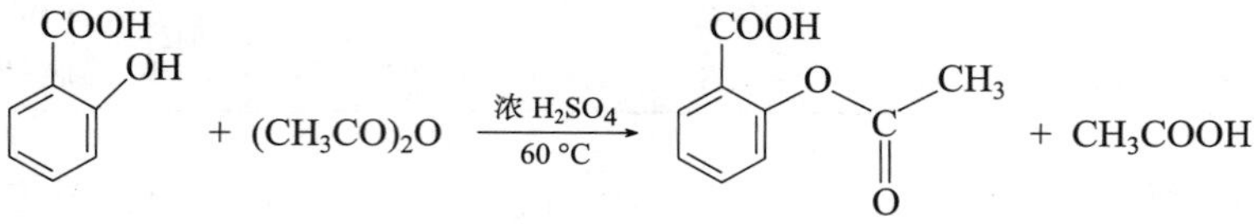

邻乙酰氧基苯甲酸, 98%

邻乙酰氧基苯甲酸亦称乙酰水杨酸或阿司匹林 (aspirin),是一种退热祛痛药。

酚酯与氯化铝或氯化锌等 Lewis 酸共热,重排生成邻或对酚酮,此反应称为 Fries 重排,常用于制备酚酮。一般来讲,低温主要得到对位异构体,高温主要得到邻位异构体。例如:

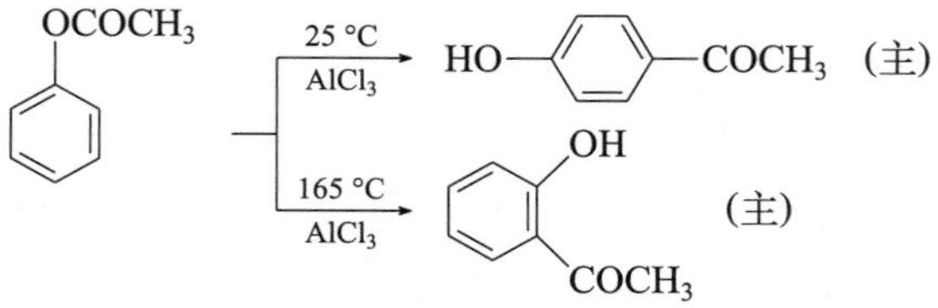

$$C_6H_5OCOCH_3 \xrightarrow[AlCl_3]{25\,°C} p\text{-}HO-C_6H_4-COCH_3 \quad (主)$$

$$C_6H_5OCOCH_3 \xrightarrow[AlCl_3]{165\,°C} o\text{-}HOC_6H_4COCH_3 \quad (主)$$

练习 9.22 环己醇中混有少量苯酚,试除去之。

练习 9.23 完成下列反应式:

(1) 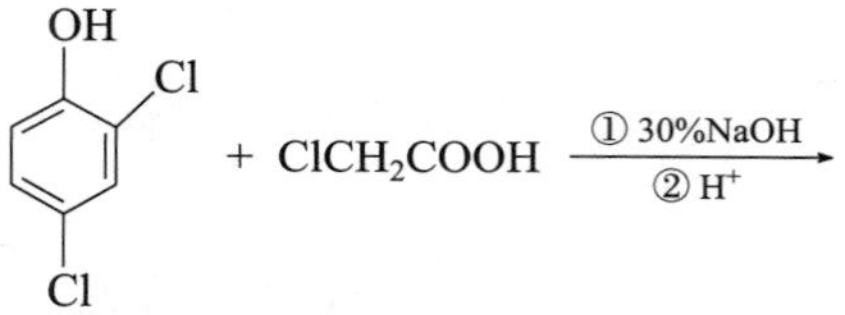 2,4-二氯苯酚 + $ClCH_2COOH \xrightarrow[②\ H^+]{①\ 30\%NaOH}$

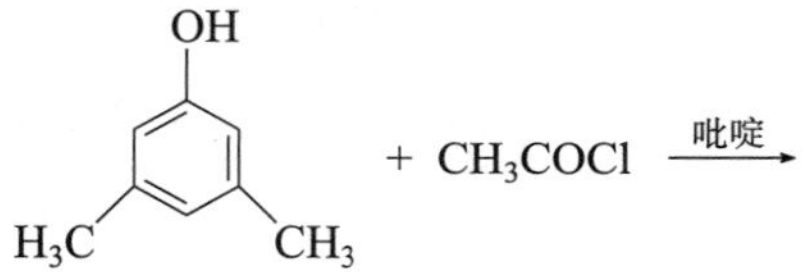

(2) 3,5-二甲基苯酚 + $CH_3COCl \xrightarrow{吡啶}$

练习 9.24 完成下列转变:

(1) 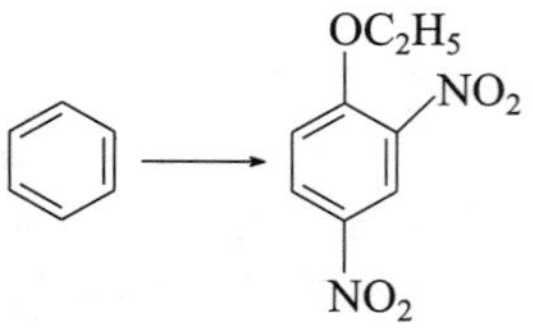 苯 ⟶ 2,4-二硝基苯乙醚（OC_2H_5, NO_2, NO_2）

(2) 间二氯苯（Cl, Cl） ⟶ 1-硝基-2,4-二(2-甲基苯氧基)苯（NO_2, H_3C, O, O, H_3C）

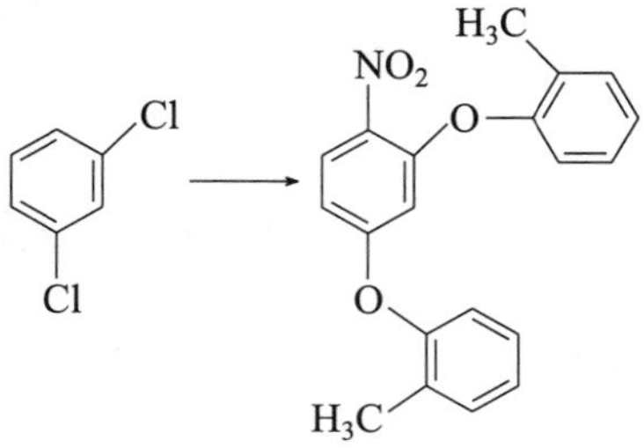

9.6.4 酚芳环上的亲电取代反应

拓展:酚的显色反应

酚分子中,由于羟基氧原子上的孤对电子与芳环发生 p,π-共轭,芳环上电子云密度升高,因此酚很容易进行芳环上的亲电取代反应。

(1) 卤化反应　酚很容易卤化,如苯酚的溴化比苯的溴化约快 10^{11} 倍。当苯酚与足量溴水作用时,立即生成2,4,6-三溴苯酚沉淀,且可定量完成。该反应可用于苯酚的定性和定量分析。

$$C_6H_5OH + 3Br_2 \xrightarrow{H_2O} 2,4,6\text{-}Br_3C_6H_2OH \downarrow(\text{白}) + 3HBr$$

苯酚能迅速溴化生成三取代物,是因为苯酚在水溶液中能部分解离生成苯氧负离子,而氧负离子是比羟基更强的第一类定位基。

在强酸溶液中,苯酚不能解离为苯氧负离子,因此其溴化反应可停留在2,4-二溴苯酚阶段:

$$C_6H_5OH + Br_2 \xrightarrow[HBr]{H_2O} 2,4\text{-}Br_2C_6H_3OH$$

苯酚的溴化反应若在较低温度下,在弱极性溶剂如氯仿或非极性溶剂如二硫化碳、四氯化碳中进行,可得一溴代酚,且以对位产物为主。

$$C_6H_5OH + Br_2 \xrightarrow{CS_2,\ 5\ ^\circ C} p\text{-}BrC_6H_4OH + HBr$$

80%～84%

(2) 磺化反应　酚的磺化反应也是可逆的,随着磺化反应温度的升高,稳定的对位异构体增多。继续磺化或用浓硫酸在加热下直接与酚作用,可得二磺化产物。

$$C_6H_5OH \xrightarrow{98\%\ H_2SO_4} o\text{-}HOC_6H_4SO_3H + p\text{-}HOC_6H_4SO_3H \xrightarrow{98\%\ H_2SO_4} 4\text{-}HOC_6H_3(SO_3H)_2$$

	邻位	对位
20 °C	49%	51%
100 °C	10%	90%

4-羟基苯-1,3-二磺酸

(3) 硝化和亚硝化反应　苯酚在室温下用稀硝酸硝化,生成邻硝基苯酚和对硝基苯酚,由于苯酚易被氧化,产率较低。

$$\text{C}_6\text{H}_5\text{OH} \xrightarrow[25\ ^\circ\text{C}]{20\%\ \text{HNO}_3} o\text{-}O_2NC_6H_4OH\ (30\%\sim40\%) + p\text{-}O_2NC_6H_4OH\ (15\%)$$

邻硝基苯酚可形成分子内氢键，故沸点较低，水溶性差，能进行水蒸气蒸馏；对硝基苯酚可形成分子间氢键，不能进行水蒸气蒸馏，便于二者分离、提纯。该反应可用于实验室中由苯酚或烷基取代苯酚制备相应的邻硝基苯酚和对硝基苯酚。

$$o\text{-}C_6H_4(N(=O)\rightarrow O\cdots H\text{-}O) \qquad HO\text{-}C_6H_4\text{-}N(=O)\rightarrow O\cdots H\text{-}O\text{-}C_6H_4\text{-}N(=O)\rightarrow O$$

邻硝基苯酚（分子内氢键） 对硝基苯酚（分子间氢键）

由于苯酚易被浓硝酸氧化，故不宜用直接硝化法制备多硝基苯酚。为了获得多硝基苯酚，可采用先磺化再硝化的办法，苦味酸的制备是一个具体的例子：

$$\text{C}_6\text{H}_5\text{OH} \xrightarrow[100\ ^\circ\text{C}]{H_2SO_4} 2,4\text{-}(SO_3H)_2C_6H_3OH \xrightarrow[\triangle]{HNO_3} 2,4,6\text{-}(O_2N)_3C_6H_2OH\ (90\%)$$

苯酚分子中引入两个磺酸基后，使苯环钝化，硝化时不易被硝酸氧化，同时两个磺酸基也被硝基取代。第二步是亲电的硝酰正离子进攻磺酸基所连的芳环碳原子，同时释放出三氧化硫，如下所示：

$$p\text{-}HOC_6H_4SO_3H \xrightarrow[-H_2O,\ -\overset{+}{N}O_2]{HONO_2} p\text{-}HOC_6H_4SO_3^- \xrightarrow{\overset{+}{N}O_2} [HOC_6H_4^{+}(SO_3^-)(NO_2)] \xrightarrow{-SO_3} p\text{-}HOC_6H_4NO_2$$

由于羟基是强的第一类定位基，苯酚甚至能与弱的亲电试剂亚硝酸中的亚硝酰正离子（$\overset{+}{N}O$）发生反应，生成对亚硝基苯酚。

$$\text{C}_6\text{H}_5\text{OH} \xrightarrow[7\sim8\ ^\circ\text{C}]{NaNO_2,\ H_2SO_4} p\text{-}HOC_6H_4NO\ (80\%)$$

（4）Friedel–Crafts 反应 酚容易进行 Friedel–Crafts 烷基化反应，产物以对位异构体为

主;若对位有取代基则烷基进入邻位。反应一般用质子酸催化。例如:

$$C_6H_5OH + (CH_3)_2C(OH)CH_2CH_3 \xrightarrow{H_3PO_4,\ 110\ ^\circ C} p\text{-}HOC_6H_4C(CH_3)_2CH_2CH_3 \quad 80\%\sim85\%$$

化合物:BHT

$$C_6H_5OH + (CH_3)_3CCl \xrightarrow{HF} p\text{-}HOC_6H_4C(CH_3)_3 + HCl$$

$$p\text{-}CH_3C_6H_4OH + 2(CH_3)_2C{=}CH_2 \xrightarrow[\text{或酸性阳离子交换树脂}]{H_2SO_4} 2,6\text{-}[(H_3C)_3C]_2\text{-}4\text{-}CH_3C_6H_2OH$$

2,6-二叔丁基-4-甲基苯酚

2,6-二叔丁基-4-甲基苯酚(butylated hydroxytoluene,简称BHT)是白色晶体,熔点为70 ℃,可用作有机化合物的抗氧剂和食品防腐剂。

酚的Friedel-Crafts酰基化反应仍可用$AlCl_3$催化,但酚能与$AlCl_3$作用生成加成物:

$$C_6H_5\ddot{\underset{..}{O}}{-}H + AlCl_3 \longrightarrow \left[C_6H_5{-}\ddot{\underset{..}{O}}{-}AlCl_2 \longleftrightarrow C_6H_5{-}\overset{+}{\underset{..}{O}}{=}\overset{-}{Al}Cl_2\right] + HCl$$

在该加成物中,由于氧原子上的未共用电子对离域到缺电子的铝原子上,芳环上电子云密度降低,在进行亲电取代反应时活性减小,所以酚的Friedel-Crafts酰基化反应进行得很慢,但升高温度,此反应能顺利地进行。例如:

$$C_6H_5OH + n\text{-}C_6H_{13}\overset{O}{\overset{\|}{C}}{-}Cl \xrightarrow[\text{② } H_2O]{\text{① } AlCl_3,\ C_6H_5NO_2,\ 140\ ^\circ C} o\text{-}HOC_6H_4COC_6H_{13}\text{-}n + p\text{-}HOC_6H_4COC_6H_{13}\text{-}n$$

如使用BF_3,$ZnCl_2$等作催化剂,酚可直接和羧酸发生酰基化反应,且主要得到对位产物。例如:

$$HO{-}C_6H_5 + CH_3COOH \xrightarrow{BF_3} HO{-}C_6H_4{-}COCH_3 \quad 95\%$$

(5) Kolbe-Schmitt反应　酚的钠盐(或钾盐)在加热条件下与二氧化碳作用生成酚酸的反应,称为Kolbe-Schmitt反应。例如:

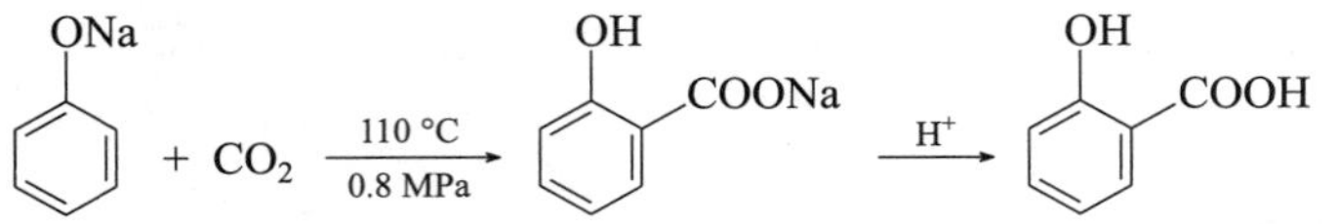

邻羟基苯甲酸(水杨酸), 95%

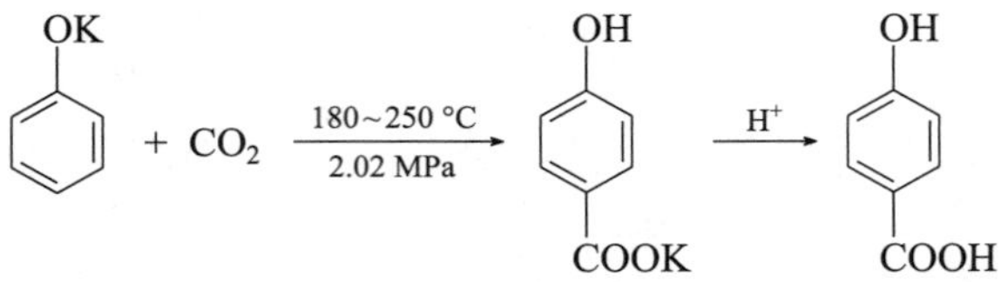

对羟基苯甲酸

羧基进入芳环的位置很大程度上取决于酚盐的种类及反应温度。一般来讲, 钠盐及反应温度较低时有利于邻位异构体的生成, 而钾盐及反应温度较高时有利于对位异构体的生成。酚钠与二氧化碳反应的可能机理如下:

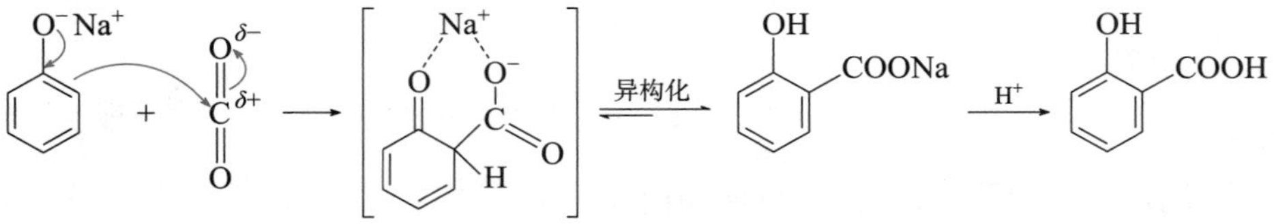

由于钠离子与氧原子的络合作用使得反应主要在邻位发生。

另外, 苯环上连有给电子基团时, 反应较容易进行, 且产率较高; 连有吸电子基团时, 反应较难进行, 且产率较低。例如:

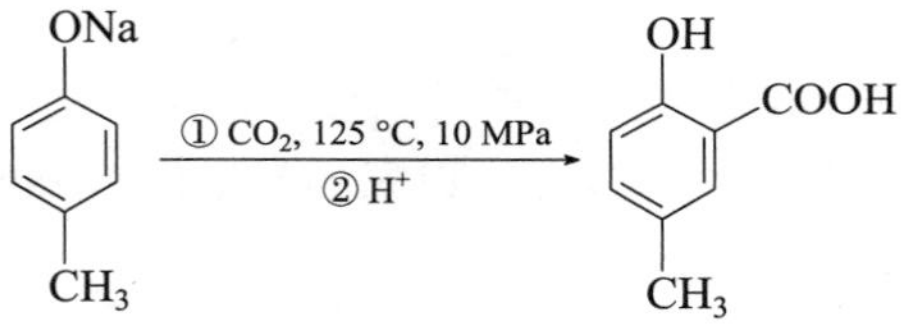

78%

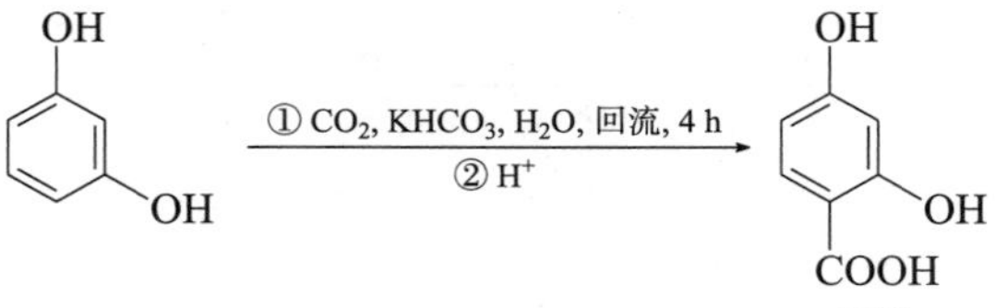

60%

(6) 与甲醛缩合　苯酚与甲醛作用, 首先在苯酚的邻位或/和对位引入羟甲基; 所得产物苄醇能继续与酚进行烷基化反应。例如:

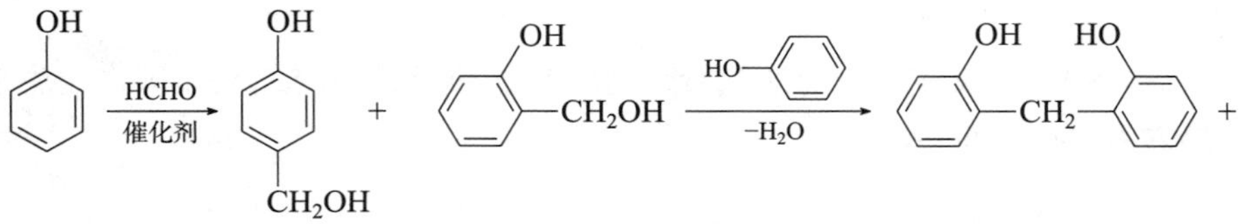

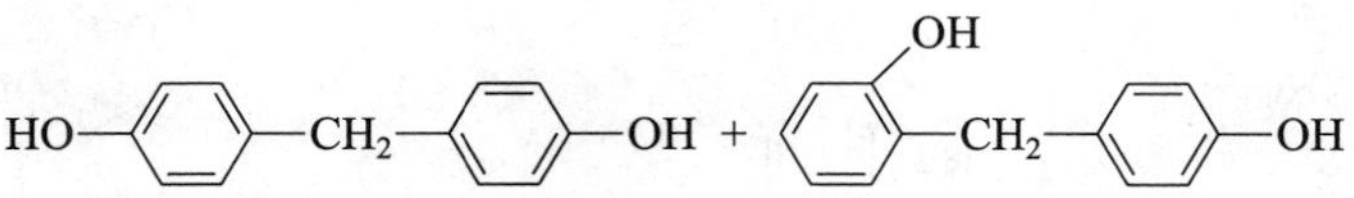

HO—C₆H₄—CH_2—C₆H₄—OH + (OH)C₆H₄—CH_2—C₆H₄—OH

这些产物分子之间可以脱水发生缩合反应。当所用原料的种类、酚与醛的配比及催化剂的种类不同时，缩合产物不同。例如，过量的苯酚与甲醛在酸性介质中反应，最后得到线型缩合产物，它受热熔化，称为热塑性酚醛树脂，主要用作模塑粉。在使用时需要加入能产生甲醛的固化剂（如六甲叉基四胺），以便在模具中加热时产生甲醛，使树脂固化。若苯酚与过量的甲醛在碱性介质中反应时，则可得到线型直至体型结构缩合物，称为热固性酚醛树脂，其最后产物的部分结构如下所示：

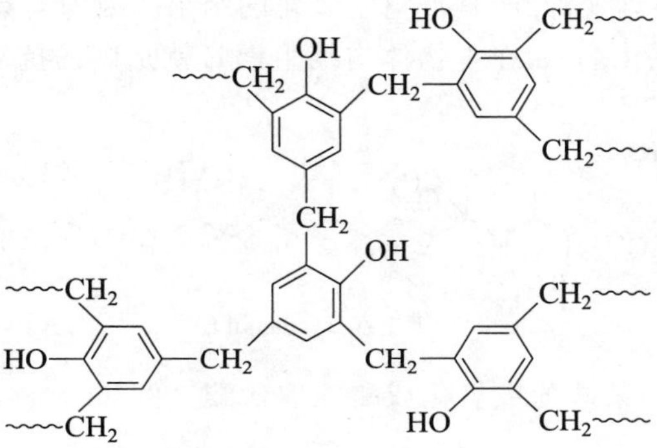

HO　CH_2~~~~
OH
~~~~CH_2　CH_2
CH_2~~~~
CH_2
OH
~~~~CH_2　CH_2~~~~
HO　CH_2　CH_2
~~~~CH_2　HO　CH_2~~~~

(7) 与丙酮缩合　苯酚与丙酮在酸催化下缩合，生成 2,2-二(4-羟基苯基)丙烷，俗称双酚 A。

拓展：
杯芳烃

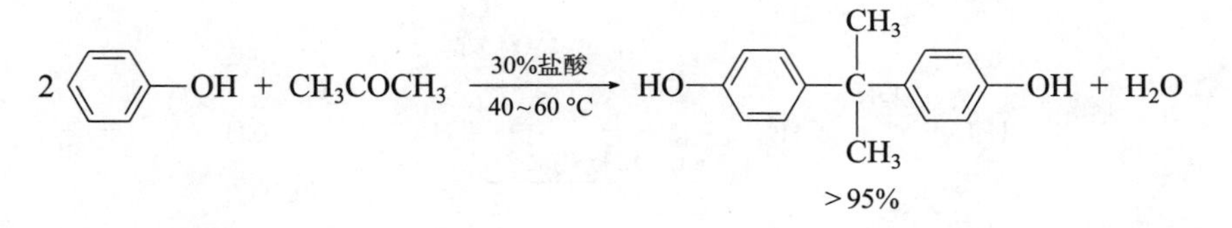

拓展：
双酚A及环氧树脂

练习 9.25　写出下列反应的主要产物：

(1) 邻甲基苯酚（OH，CH_3） + HNO_3 $\xrightarrow[\text{低温}]{CHCl_3}$

(2) 间氯苯酚（OH，Cl） $\xrightarrow[\text{(过量)}]{H_2SO_4}$ $\xrightarrow[\text{(过量)}]{HNO_3}$

(3) 2-萘酚（OH） $\xrightarrow[\text{稀 } H_2SO_4,\ 0\ ^\circ C]{NaNO_2}$

(4) 对氯苯酚（OH，Cl） $\xrightarrow[\text{加热, 加压}]{CO_2,\ NaOH}$

练习 9.26　由苯酚或邻苯二酚及其他必要的原料合成下列化合物：
~~~~

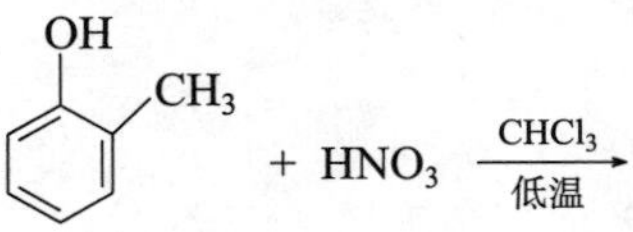

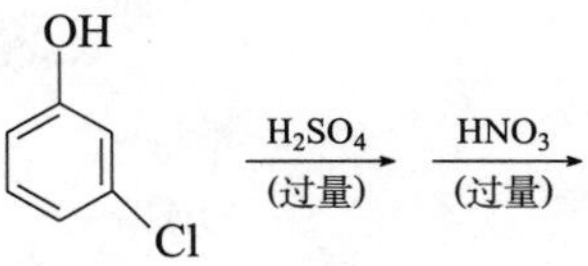

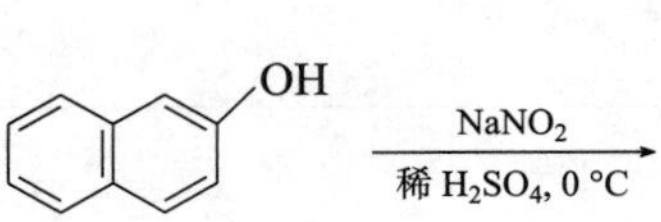

(1) 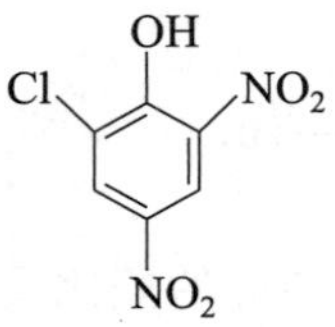 (2) 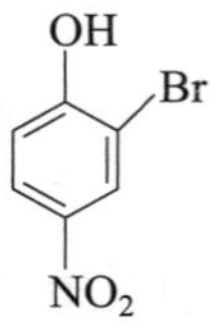 (3)

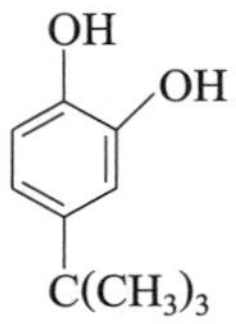

阻聚剂TBC

9.6.5 酚的氧化和还原

由于酚芳环上电子云密度较高,因此酚很容易被氧化。例如,酚在光的照射下于空气中较长时间放置颜色逐渐变深,即是被空气氧化的结果。因为酚具有这样的性质,所以很多酚衍生物可作为抗氧化剂,如在生物体内维生素E就是好的抗氧化剂。

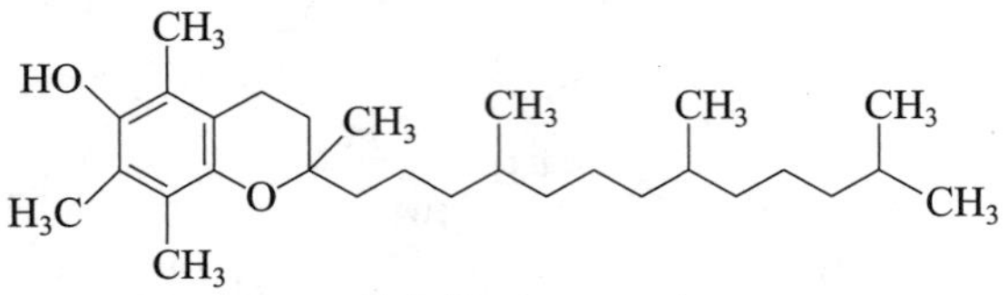

维生素E (vitamin E)

在氧化剂的作用下,某些酚被氧化成醌或取代醌。例如:

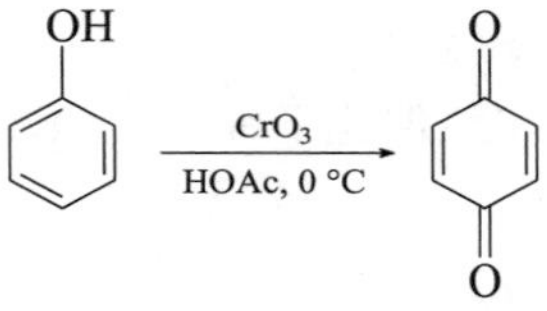

$\xrightarrow[\text{HOAc, 0 °C}]{CrO_3}$

对苯醌

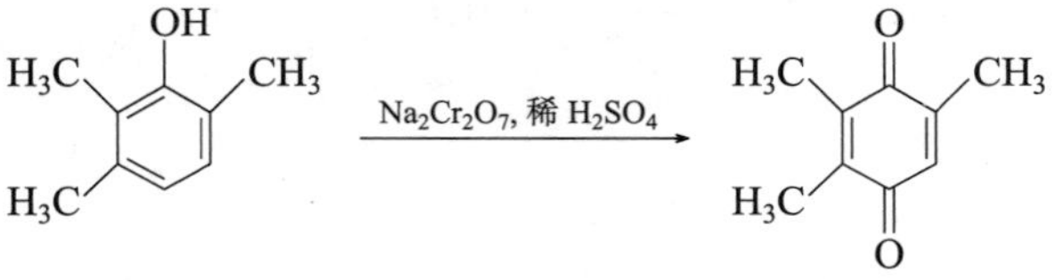

$\xrightarrow{Na_2Cr_2O_7,\ 稀\ H_2SO_4}$

50%

$\xrightarrow{Na_2Cr_2O_7,\ 稀\ H_2SO_4}$

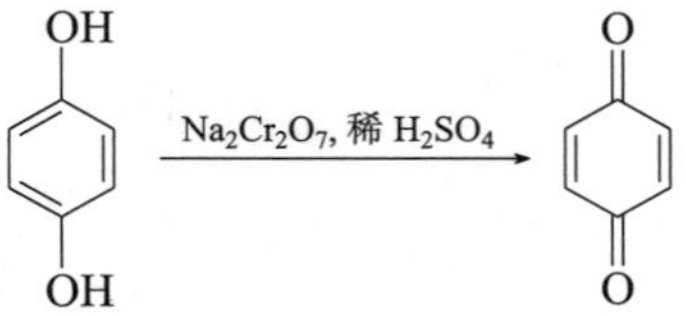

86%~92%

练习 9.27 完成下列反应式:

(1) 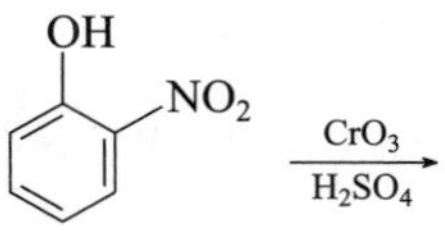 $\xrightarrow[H_2SO_4]{CrO_3}$ (2) 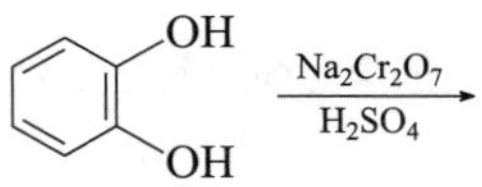 $\xrightarrow[H_2SO_4]{Na_2Cr_2O_7}$

酚通过催化加氢生成环己醇或其衍生物。例如:

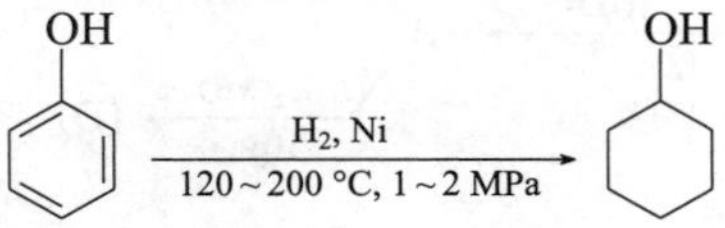

(苯酚) $\xrightarrow[120\sim200\,°C,\ 1\sim2\,MPa]{H_2,\ Ni}$ (环己醇)

这是工业上生产环己醇的方法之一。

习题

(一) 用系统命名法命名下列化合物或写出其构造式:

(1) 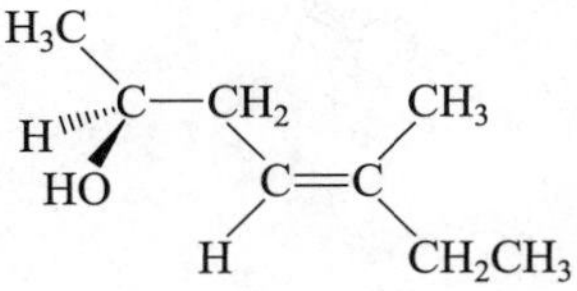 H_3C、H、HO 连于手性碳 —CH_2—CH=C(CH_3)(CH_2CH_3)

(2) $CH_3C(CH_3)(OH)CH_2CH(OH)CH_2CH(CH_3)CH_2CH_3$

(3) 环己烷,一个碳上连 CH_3(楔形键),间位碳上连 OH(虚线键)

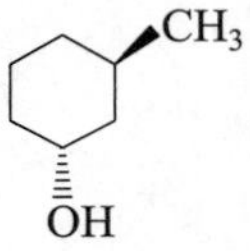

(4) 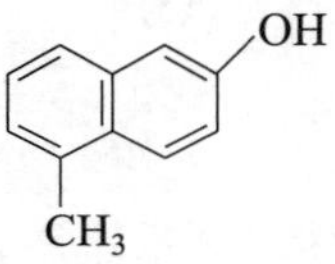 萘环,一侧连 OH,另一环连 CH_3

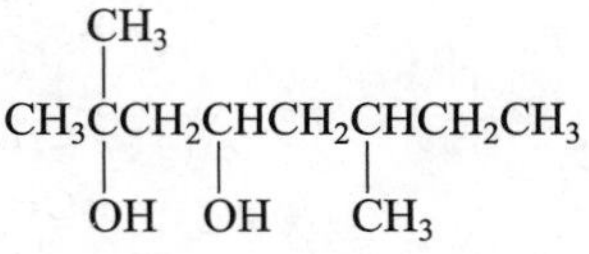

(5) 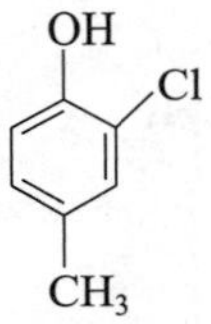 苯环上 OH、Cl(邻位)、CH_3(OH 的对位)

(6) 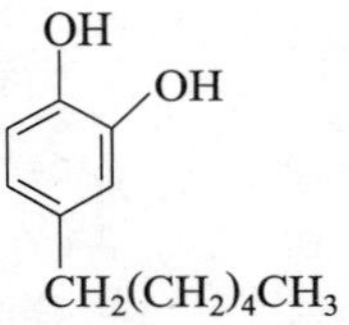 苯环上两个 OH(邻位)、$CH_2(CH_2)_4CH_3$

(7) 环戊-1-烯基甲醇 (8) 均苯三酚(根皮酚)

(二) 写出丁-2-醇与下列试剂作用的产物:

(1) H_2SO_4, 加热 (2) HBr (3) Na

(4) Cu, 加热 (5) $K_2Cr_2O_7+H_2SO_4$

(三) 完成下列反应式:

(1) 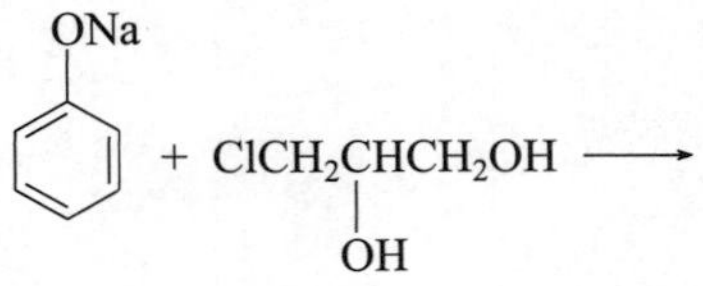 C_6H_5ONa + $ClCH_2CH(OH)CH_2OH$ ⟶

(2) 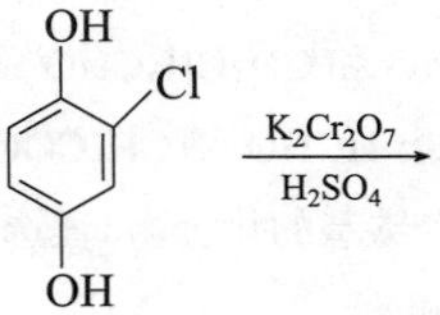 (2-氯对苯二酚) $\xrightarrow[H_2SO_4]{K_2Cr_2O_7}$

(3) (邻苯二酚) + $ClCH_2COCl$ $\xrightarrow{\text{吡啶}}$ (A) $\xrightarrow[CS_2]{AlCl_3}$ (B)

(4) (2,5-二氯苯酚) + $2Cl_2$ $\xrightarrow{\text{乙酸}}$

(5) (2-甲基苄醇,HO—CH_2—C₆H₄—CH_3) $\xrightarrow[\text{② } C_6H_5SH,\ NaOH]{\text{① } SOCl_2}$

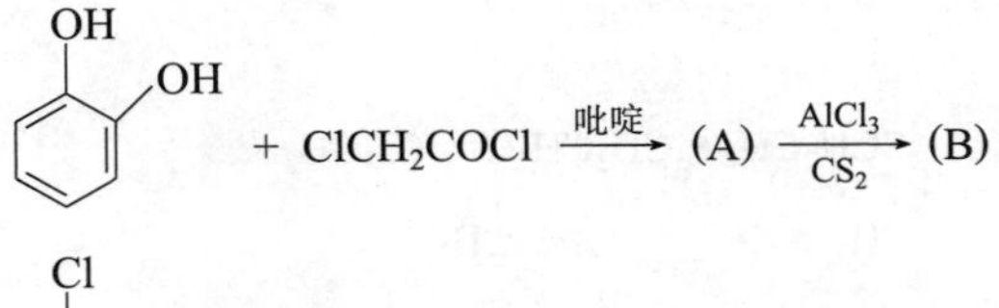

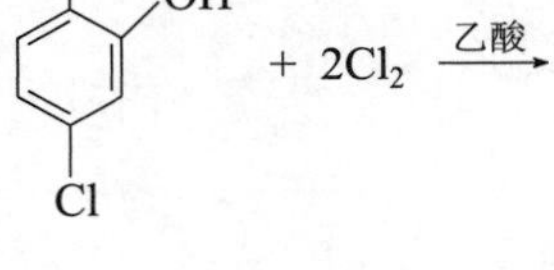

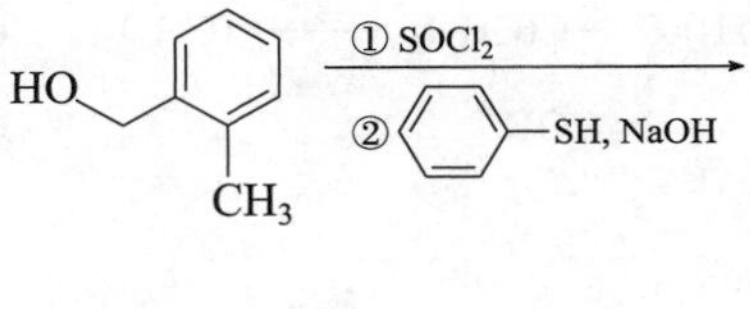

(6) 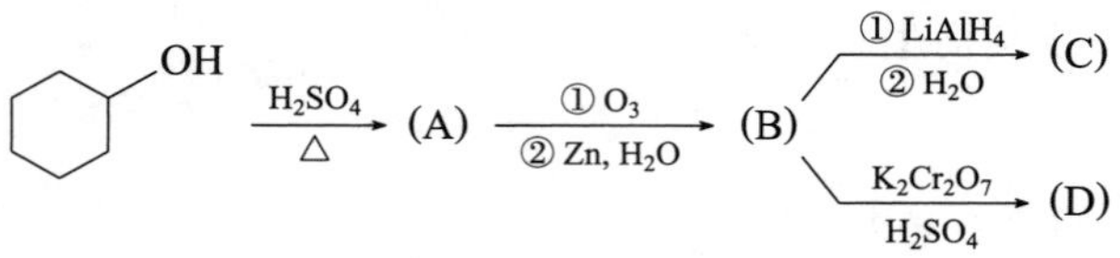 环己醇（OH） $\xrightarrow[\triangle]{H_2SO_4}$ (A) $\xrightarrow[②\ Zn,\ H_2O]{①\ O_3}$ (B)

(B) $\xrightarrow[②\ H_2O]{①\ LiAlH_4}$ (C)

(B) $\xrightarrow[H_2SO_4]{K_2Cr_2O_7}$ (D)

(四) 鉴别下列各组化合物:

(1) 乙醇和丁醇　　(2) 丁醇和叔丁醇

(3) 丁-1,4-二醇和丁-2,3-二醇　　(4) 对甲苯酚和苯甲醇

(五) 用化学方法分离 2,4,6-三甲基苯酚和 2,4,6-三硝基苯酚。

(六) 将下列化合物按酸性由强到弱排序:

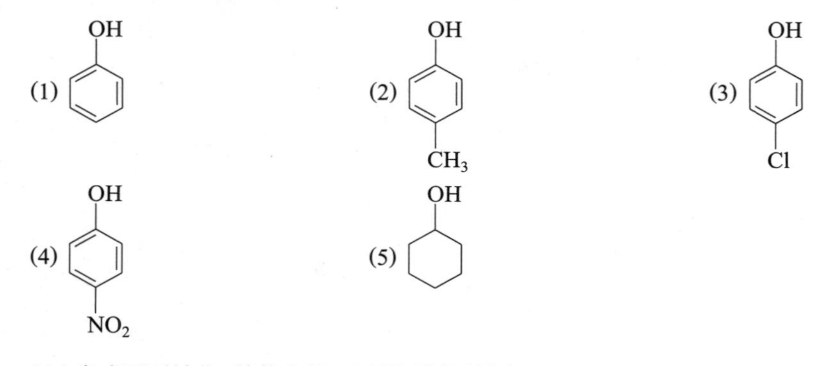

(七) 完成下列转化 (其他有机、无机试剂可任选):

(1)  OH ⟶

(2) 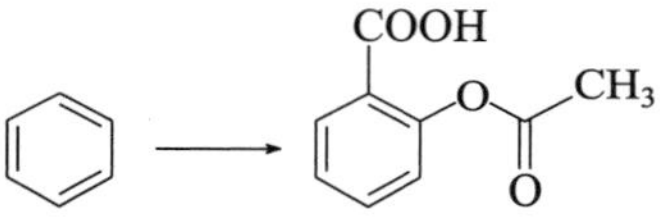 ⟶ COOH O CH_3 O

(3) OH ⟶ O

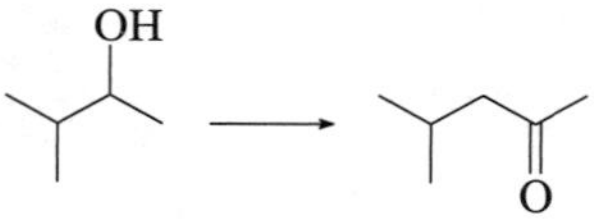

(4) 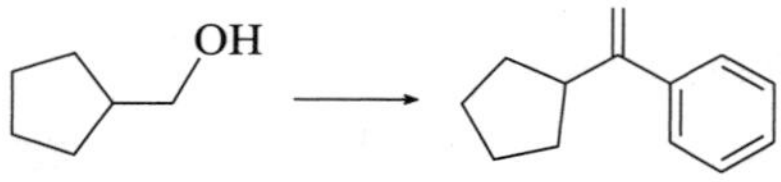 OH ⟶

(八) 将戊-3-醇转变为 3-溴戊烷 (用两种方法, 同时无或有很少 2-溴戊烷)。

(九) 用高碘酸分别氧化四种邻二醇, 所得氧化产物如下所示, 分别写出四种邻二醇的构造式。

(1) 只得一种化合物: $CH_3COCH_2CH_3$

(2) 得两种醛: CH_3CHO 和 CH_3CH_2CHO

(3) 得一种醛和一种酮: HCHO 和 CH_3COCH_3

(4) 只得一种含有两个羰基的化合物 (任选一例)

(十) 写出下列反应的机理:

(1) $CH_3CH_2CH(CH_3)CH_2CH_2OH \xrightarrow[ZnCl_2]{HCl} CH_3CH_2CCl(CH_3)CH_2CH_3 + CH_3CH_2C(CH_3){=}CHCH_3$

(2) $(CH_3)_2C(I){-}C(CH_3)_2(OH) \xrightarrow{Ag^+} (CH_3)_3C{-}C({=}O){-}CH_3$

(3) $CH_2{=}CH\underset{\large OH}{CH}CH{=}CHCH_3 \xrightarrow{H_2SO_4} \underset{\large OH}{CH_2}CH{=}CHCH{=}CHCH_3 + CH_2{=}CHCH{=}CH\underset{\large OH}{CH}CH_3$

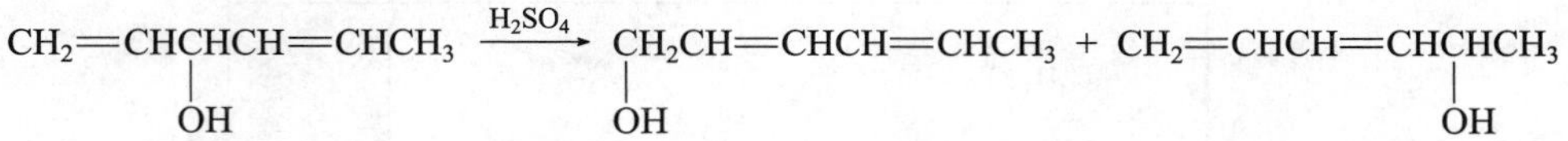

(4) 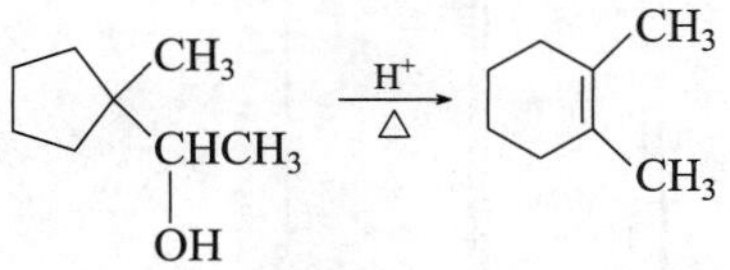 1-甲基-1-(1-羟乙基)环戊烷 $\xrightarrow[\triangle]{H^+}$ 1,2-二甲基环己烯

(十一) 6,6′-甲叉基双(2-叔丁基-4-甲基苯酚)又称抗氧剂2246,用于防止合成橡胶、聚烯烃和石油制品的老化,2246还具有阻聚功能,也可用作乙丙橡胶的相对分子质量调节剂。其构造式如下所示,试由对甲苯酚及必要的原料合成之。

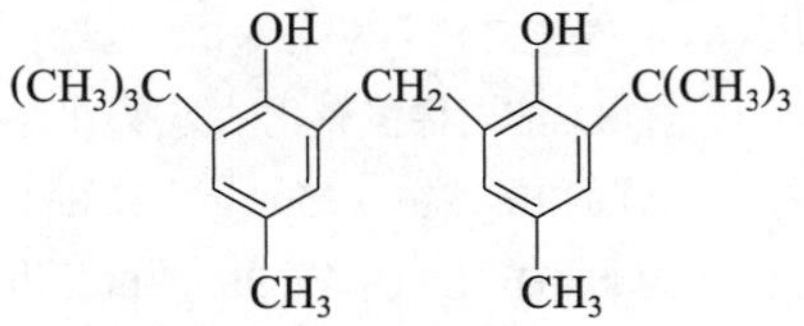

(十二) 2,2-双(3,5-二溴-4-羟基苯基)丙烷又称四溴双酚A,构造式如下所示。它既是添加型也是反应型阻燃剂,可用于抗冲击聚苯乙烯、ABS树脂、AS树脂和酚醛树脂等。试由苯酚及必要的原料合成之。

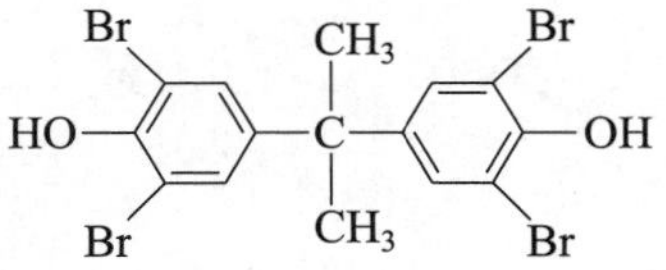

(十三) (2,4,5-三氯苯氧基)乙酸又称2,4,5-T,农业上用作除草剂和生长调节剂。它是由1,2,4,5-四氯苯和氯乙酸为主要原料合成的。但在生产过程中,还生成少量副产物——2,3,7,8-四氯二苯并对二噁英(2,3,7,8-tetrachlorodibenzo-*p*-dioxin,缩写为2,3,7,8-TCDD),其构造式如下所示:

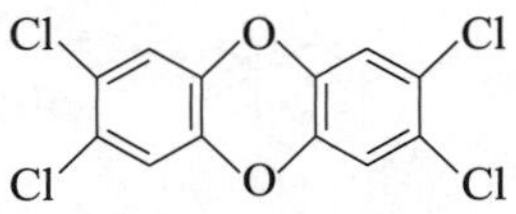

2,3,7,8-TCDD是二噁英类化合物中毒性最强的一种,具有强致癌性及生殖毒性、内分泌毒性和免疫毒性。由于其化学稳定性强,同时具有高亲脂性和脂溶性,一旦通过食物链进入人和动物体内很难排出,是一种持续性的污染物,对人类危害极大。因此,有的国家已控制使用2,4,5-T。试写出由1,2,4,5-四氯苯、氯乙酸及必要的原料进行反应,分别生成2,4,5-T和2,3,7,8-TCDD的反应式。

(十四) 化合物(A)的分子式为$C_4H_{10}O$,是一种醇,其^1H NMR谱(90 MHz, $CDCl_3$)如下,试写出其构造式。

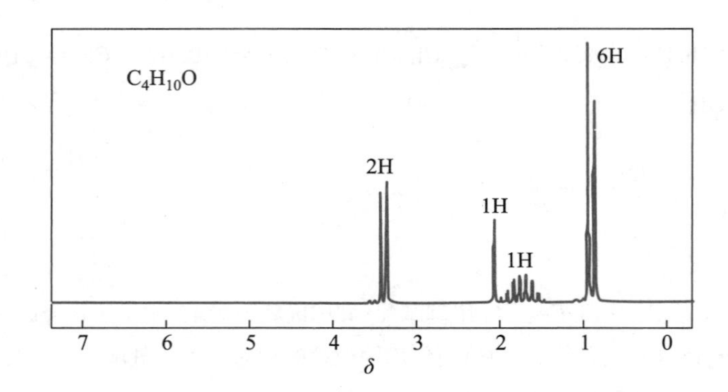

（十五）化合物 (A) 的分子式为 $C_9H_{12}O$，不溶于水、稀盐酸和饱和碳酸钠溶液，但溶于稀氢氧化钠溶液。(A) 不易使溴水褪色。试写出 (A) 的构造式。

（十六）化合物 (A) 的分子式为 $C_{10}H_{14}O$，溶于稀氢氧化钠溶液，但不溶于稀碳酸氢钠溶液。(A) 与溴水作用生成二溴衍生物 $C_{10}H_{12}Br_2O$。(A) 的 IR 谱在 3 250 cm^{-1} 和 834 cm^{-1} 处有吸收峰；^1H NMR 谱为 $\delta=7.3$（双峰，2H），6.8（双峰，2H），6.4（单峰，1H），1.3（单峰，9H）。试写出 (A) 的构造式。

（十七）化合物 (Ⅱ) 为合成西立伐他汀钠 (Cerivastatin sodium，一种低密度脂蛋白胆固醇和甘油三酯的羟甲基戊二酸单酰辅酶 A 还原抑制剂，用于治疗高脂血症及高胆固醇血症) 的关键中间体，其可由化合物 (Ⅰ) 制备而成，请写出具体的合成途径。

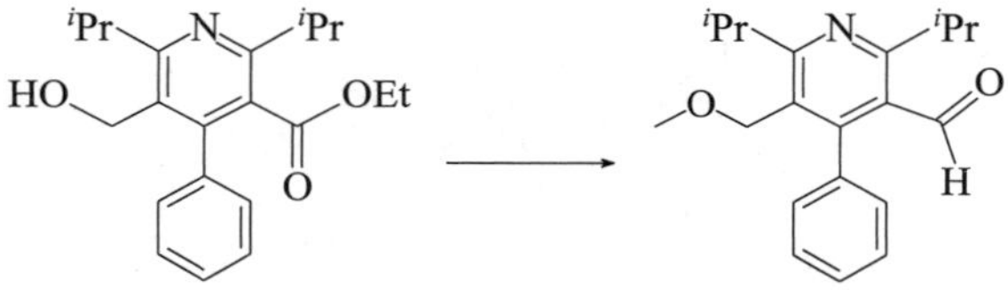

(Ⅰ)　　　　(Ⅱ)

（十八）推测下列反应的机理：

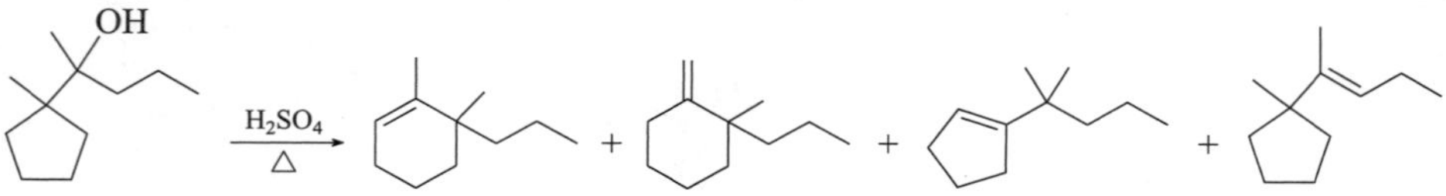

$\xrightarrow[\triangle]{H_2SO_4}$

第十章
醚和环氧化合物

前导知识：学习本章之前需要复习以下知识点

烯烃羟汞化-脱汞反应 (3.5.2 节)
烯烃的环氧化反应 (3.5.4 节)
炔烃的亲核加成反应 (3.5.2 节)
卤代烃的亲核取代反应 (7.5.1 节)
醚的生成 (9.5.2 节)

本章导读：学习本章内容需要掌握以下知识点

醚和环氧化合物的命名、物理性质和波谱性质
醚和环氧化合物的结构
Williamson 合成法制备醚
环氧化合物的制备方法
烯烃与醇在酸性条件下反应成醚及其在有机合成中的应用
酸催化下醚键断裂的取向及机理
环氧化合物在酸性及碱性条件下开环的取向及机理
环氧化合物在合成中的应用
Claisen 重排反应

后续相关：与本章相关的后续知识点

三烃基膦与环氧化合物的开环反应 (16.7.2 节)

水分子中的两个氢原子都被烃基取代的化合物称为醚。醚分子中,两个烃基相同时称为单醚,两个烃基不同时称为混醚。脂环烃的环上碳原子被一个或多个氧原子取代后所形成的化合物,称为环醚;其中,三元环醚称为环氧化合物。例如:

$CH_3—O—CH_3$ 单醚

$CH_3—O—CH_2CH_3$ 混醚

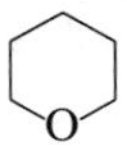

环醚

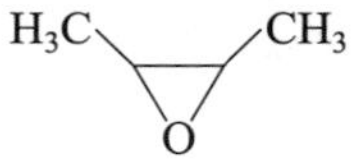

环氧化合物

10.1 醚和环氧化合物的命名

对于结构比较简单的醚,可用烃基名称加"醚"字来命名。单醚命名为二烃基醚,混醚则按英文名称顺序将两个烃基依次列出。例如:

$CH_3CH_2—O—CH_2CH_3$
(二)乙(基)醚
diethyl ether

$CH_2{=}CH—O—CH{=}CH_2$
二乙烯(基)醚
divinyl ether

Ph—O—Ph
二苯基醚
diphenyl ether

$CH_3—O—C(CH_3)_3$
叔丁基甲基醚
t-butyl methyl ether

$CH_2{=}CH—O—CH_2CH_3$
乙基乙烯基醚
ethyl vinyl ether

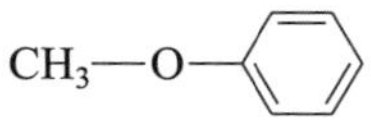

$CH_3—O—C_6H_5$
甲基苯基醚(苯甲醚,茴香醚)
methyl phenyl ether(anisole)

对于结构比较复杂的醚,常把其中较简单的烃氧基作为取代基来命名。例如:

$CH_3CH_2CH_2CH(OCH_3)CH_2CH_3$
3-甲氧基己烷
3-methoxyhexane

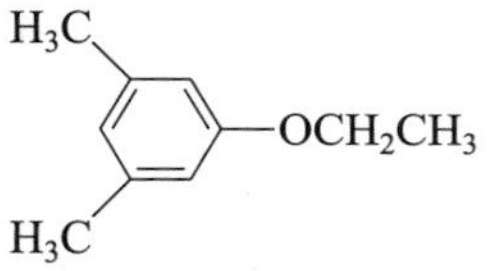

1-乙氧基-3,5-二甲基苯
1-ethoxy-3,5-dimethylbenzene

$CH_3CH_2OCH_2CH_2OH$
2-乙氧基乙醇(乙二醇单乙醚)
2-ethoxyethanol

$CH_3OCH_2CH_2OCH_3$
1,2-二甲氧基乙烷(乙二醇二甲醚)
1,2-dimethoxyethane

分子中含有多个氧原子的线型聚醚可命名为"氧杂某烷"。例如:

$H_3C-O-CH_2-CH_2-O-CH_2-CH_2-O-CH_3$

2, 5, 8-三氧杂壬烷(二乙二醇二甲醚)

2, 5, 8-trioxanonane

$H_3C-O-CH_2-O-CH_2-CH_2-CH_2-O-CH_2-O-CH_3$

2, 4, 8, 10-四氧杂十一烷

2, 4, 8, 10-tetraoxaundecane

环醚通常命名为“氧杂环某烃”或采用俗名。三元环醚习惯上也称为“环氧某烷”。例如:

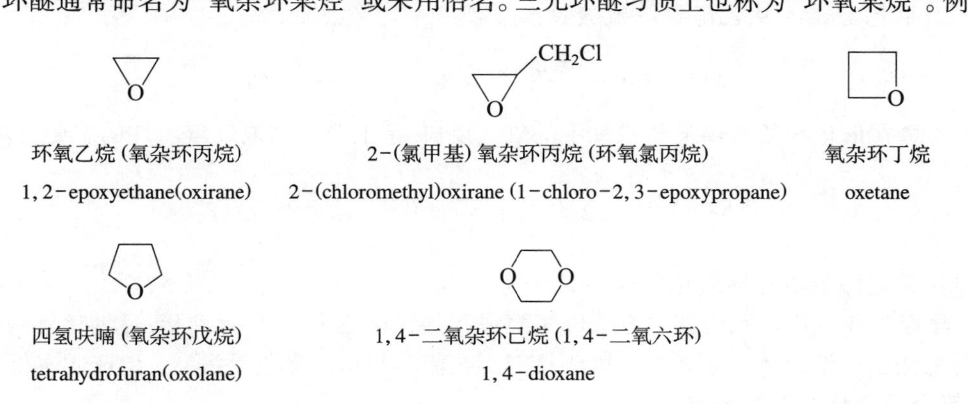

环氧乙烷(氧杂环丙烷)
1, 2-epoxyethane(oxirane)

2-(氯甲基)氧杂环丙烷(环氧氯丙烷)
2-(chloromethyl)oxirane (1-chloro-2, 3-epoxypropane)

氧杂环丁烷
oxetane

四氢呋喃(氧杂环戊烷)
tetrahydrofuran(oxolane)

1, 4-二氧杂环己烷(1, 4-二氧六环)
1, 4-dioxane

10.2 醚和环氧化合物的结构

10.2.1 醚的结构

醚中的—O—键称为醚键,是醚的官能团。醚分子中的氧原子为 sp^3 杂化,醚键的键角接近 109.5°。以甲醚为例,其醚键的键角约为 112°, C—O 键的键长约为 0.142 nm。

$H_3C-\ddot{O}-CH_3$ (0.142 nm, 112°)

10.2.2 环氧化合物的结构

最简单的环氧化合物是环氧乙烷。其分子中两个 C—O 键之间的夹角为 61.5°, 另外两个键角为 59.2°, 因此存在着较大的角张力。C—C 键的键长约为 0.147 nm, C—O 键的键长约为 0.144 nm。与环丙烷相似,环氧乙烷的三元环结构使成环各原子的轨道只能以弯曲的方式重叠成键,重叠较少而不稳定,因此, C—O 键容易断裂发生开环反应。

H_2C-CH_2, O (59.2°, 61.5°, 0.144 nm, 0.147 nm)

10.3 醚和环氧化合物的制法

10.3.1 醚和环氧化合物的工业合成

工业上,乙醚可由乙醇经浓硫酸脱水制取。

$$2\,CH_3CH_2OH \xrightarrow[\triangle]{\text{浓}\,H_2SO_4} CH_3CH_2—O—CH_2CH_3$$

乙烯在催化剂的作用下与空气中的氧气反应,是工业上制取环氧乙烷的主要方法。

$$CH_2{=\!=}CH_2 + \frac{1}{2}O_2 \xrightarrow[280\sim300\ ^\circ C,\ 1\sim2\ MPa]{Ag} \underset{\diagdown\ O\ \diagup}{CH_2—CH_2}$$

该方法只适用于由乙烯氧化制取环氧乙烷。

化合物:
环氧乙烷

早期工业生产环氧丙烷的方法以氯醇法和共氧化法为主,但近几年,过氧化氢直接氧化丙烯法已逐渐进入工业领域。该法具有工艺流程简单、绿色无污染、生产成本低等优点,符合绿色化学发展要求。

$$CH_2{=\!=}CH—CH_3 \xrightarrow[54\ ^\circ C,\ 0.99\ MPa]{10\%\ H_2O_2,\ \text{钛硅分子筛 TS-1}} \text{(环氧丙烷, 带 }CH_3\text{)} + H_2O$$

98%

10.3.2 Williamson 合成法

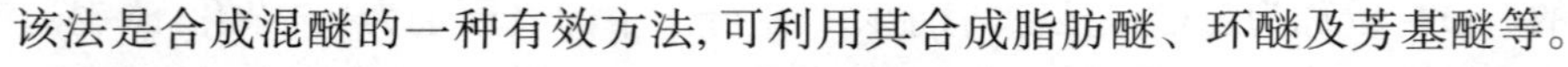
该法是合成混醚的一种有效方法,可利用其合成脂肪醚、环醚及芳基醚等。

人物:
Williamson A

(1) 醇钠与 RX 的 S_N2 反应合成醚 该反应选用卤代甲烷和伯卤代烷时效果较好,仲卤代烷以消除反应为主,而叔卤代烷在强碱(醇钠)的作用下,只能得到烯烃。因此在合成混醚时,必须选择适当的原料组合。例如:

$$(CH_3)_3COH + CH_3CH_2Br \xrightarrow[CH_3(CH_2)_{15}N^+(CH_3)_3Br^-]{NaOH} (CH_3)_3C—O—CH_2CH_3$$

83%

也可使用磺酸酯或硫酸酯类化合物代替卤代烷进行反应。Williamson 合成法也可用于环醚和芳基醚的合成。例如:

$$\text{(十氢萘衍生物, 含 }CH_2OH,\ OH,\ CH_3) \xrightarrow[\text{② }TsCl/CH_2Cl_2]{\text{① }NaH/CH_2Cl_2} \text{(含 }CH_2—OTs,\ O^-,\ CH_3) \xrightarrow{-TsO^-} \text{(环醚产物)}$$

≥90%

$$C_6H_5ONa + CH_3OSO_2OCH_3 \longrightarrow C_6H_5OCH_3 + NaOSO_2OCH_3$$

75%

在合成苯甲醚(茴香醚)时,一般需使用剧毒的硫酸二甲酯。类似的使用剧毒化学品的化工生产及其伴随的污染物排放,已经给人类的生存环境造成了巨大的危害。20 世纪后期,人类逐渐意识到了这一问题的严重性,并最终提出了绿色化学的概念。绿色化学是从源头消除污染的一项措施,其内容包括重新设计化学合成、制造方法和化工产品来根除污染源,是最为理想的环境污染防治方法。Anastas 和 Waner 曾提出绿色化学的一系列原则,概括起来就是利用无毒无害原料和可再生资源,并使用无毒无害的催化剂和溶剂,经原子经济性反应或高选择性反应,生产对环境友好的产品。例如,可用无毒的碳酸二甲酯代替硫酸二甲酯合成茴香醚。

$$C_6H_5OH + CH_3OC(=O)OCH_3 \xrightarrow[5\ h]{K_2CO_3,\ 150\ ^\circ C} \underset{70\%}{C_6H_5OCH_3} + CH_3OH + CO_2$$

该法已获得成功,不仅解决了原来采用硫酸二甲酯时污染物排放问题,而且生成的甲醇还可以循环使用,重新制造碳酸二甲酯。

(2) 合成环醚 —— 生成环的大小与反应速率的关系　环醚可用分子内 Williamson 合成法制备。

$$HO-(CH_2)_n-CH_2-X \xrightarrow[-H_2O]{^-OH} {}^-O-(CH_2)_n-CH_2-X \xrightarrow{-X^-} \overline{(CH_2)_{n+1}\ \ O}$$

卤代醇在碱性条件下会发生水解反应生成二醇,但反应速率较慢;另外,Williamson 反应也可能在分子间发生,所以反应应在稀释的条件下进行,以避免或减少副反应的发生。

生成环醚的反应速率主要由反应过程的熵变和生成环的张力两个因素决定。一般在成环过程中,羟基与卤素的距离越小,熵变越小,越有利于反应的进行,即小环环醚易形成;但形成的环醚越小,环的张力越大,越不利于反应的进行。综合两者的影响,生成环醚过程中,环的大小与反应速率的关系为:

$k_3 \geqslant k_5 > k_6 > k_4 \geqslant k_7 > k_8$ (其中 k_n 为反应速率常数, n 为生成环醚的成环原子数)

(3) 由 α-卤代醇制备 —— 邻基参与作用　由于存在邻基参与作用,按类 S_N2 机理进行的分子内 Williamson 反应,要求氧负离子从卤原子的背面进攻卤原子所连接的碳原子,因而所形成的环醚具有立体专一性。例如:

$$H_3C(H)C(Br)-C(H)(CH_3)OH \xrightarrow[-H_2O]{^-OH} H_3C(H)C(Br)-C(H)(CH_3)O^- \xrightarrow{-Br^-} \text{H}_3\text{C},\text{H}\ \triangle_O\ \text{CH}_3,\text{H}$$

$$H(CH_3)C(Br)-C(H)(CH_3)OH \xrightarrow[-H_2O]{^-OH} H(CH_3)C(Br)-C(H)(CH_3)O^- \xrightarrow{-Br^-} \text{H}_3\text{C},\text{H}\ \triangle_O\ \text{H},\text{CH}_3$$

(4) 烯烃环氧化反应　烯烃在过氧酸作用下,可生成环氧化合物,该反应具有立体专一性,见第三章 3.5.4 节 (2)。例如:

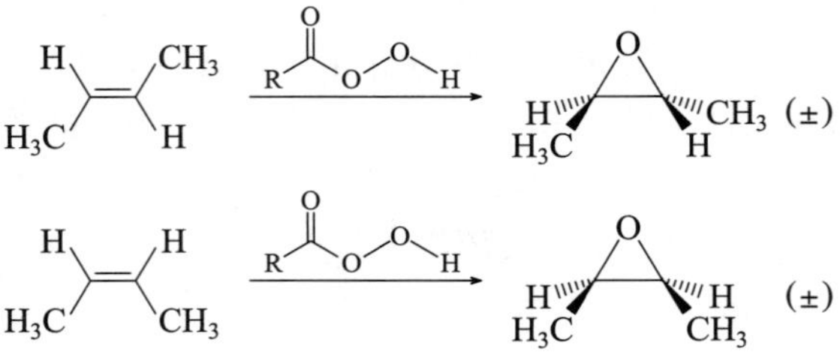

$$\text{(Z)-}CH_3CH{=}CHCH_3 \xrightarrow{RCOOOH} \text{cis-2,3-dimethyloxirane}\ (\pm)$$

$$\text{(E)-}CH_3CH{=}CHCH_3 \xrightarrow{RCOOOH} \text{trans-2,3-dimethyloxirane}\ (\pm)$$

10.3.3　不饱和烃与醇的反应

醇在酸的催化下,可与烯烃发生亲电加成反应形成醚。例如:

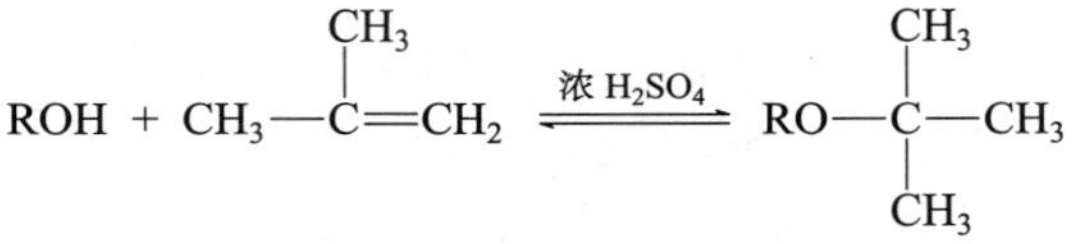

$$ROH + CH_3-\overset{CH_3}{\overset{|}{C}}=CH_2 \underset{}{\overset{\text{浓 } H_2SO_4}{\rightleftharpoons}} RO-\underset{CH_3}{\overset{CH_3}{C}}-CH_3$$

该反应是可逆的。在有机合成中,可利用异丁烯与伯醇反应生成的叔丁基醚保护伯醇羟基。例如:

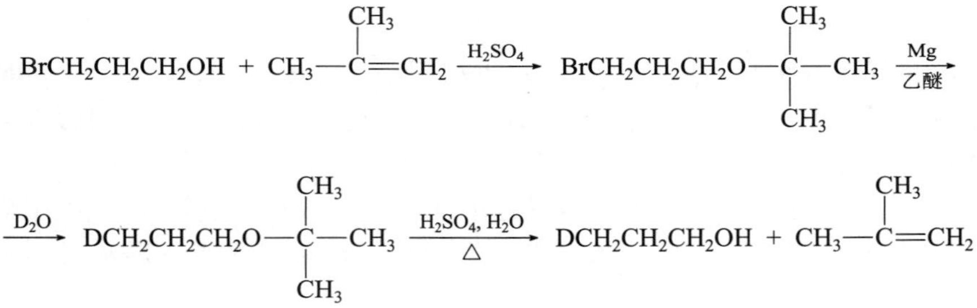

$$BrCH_2CH_2CH_2OH + CH_3-\overset{CH_3}{C}=CH_2 \xrightarrow{H_2SO_4} BrCH_2CH_2CH_2O-\underset{CH_3}{\overset{CH_3}{C}}-CH_3 \xrightarrow[\text{乙醚}]{Mg}$$

$$\xrightarrow{D_2O} DCH_2CH_2CH_2O-\underset{CH_3}{\overset{CH_3}{C}}-CH_3 \xrightarrow[\triangle]{H_2SO_4,\ H_2O} DCH_2CH_2CH_2OH + CH_3-\overset{CH_3}{C}=CH_2$$

烯烃羟汞化反应中加入醇作为亲核试剂,再用硼氢化钠还原也可得到醚,反应的区域选择性符合 Markovnikov 规则,见第三章 3.5.2 节 (3)。

醇也可在碱的催化下,与炔烃发生亲核加成反应形成烯基醚,见第三章 3.5.2 节 (4)。

练习 10.1　命名下列化合物或写出结构式:

(1) $C_2H_5OCH{=}CHCH_2CH_3$　　(2) $CH_3OCH_2CH_2OCH_2CH_3$

(3) $CH_2{=}CHCH_2OC{\equiv}CH$　　(4) $ClCH_2CH_2OCH_2CH_2Cl$

(5) 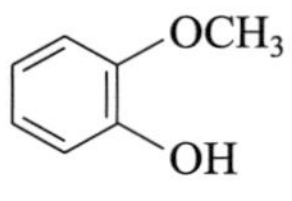 2-甲氧基苯酚结构式（苯环上邻位 OCH_3、OH）　　(6) 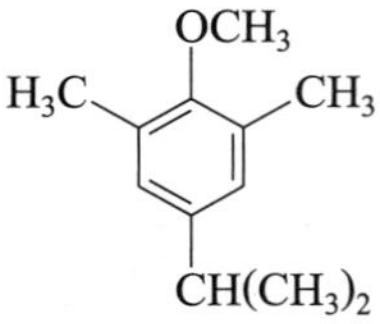 苯环:1-OCH_3,2,6-二 CH_3(H_3C、CH_3),4-$CH(CH_3)_2$

(7) 2-甲氧基戊烷　　(8) 2-甲氧基乙醇

(9) 顺-2,3-环氧丁烷　　(10) 反-1,3-二甲氧基环戊烷

练习 10.2 选择适当的方法合成下列化合物:

(1) 丁醚　　(2) 乙基异丙基醚

(3) 甲基苯基醚　　(4) 2,6-二甲基-4′-硝基二苯醚

10.4 醚的物理性质和波谱性质

除含 2～3 个碳原子的醚为气体外,其余醚在常温下通常为无色液体,有特殊气味。醚分子之间不能形成氢键,故沸点较低。但醚可与水形成氢键,故有一定的水溶性。例如,乙醚的沸点为 34.5 ℃,而丁醇的沸点则为 117.3 ℃;但两者在水中的溶解度均约为 8 g/(100 g) 水。四氢呋喃能与水混溶,这是因为环状的四氢呋喃分子中氧原子突出在外,容易与水形成氢键。一些醚的物理常数见表 10-1。

表 10-1 一些醚的物理常数

名称	构造式	熔点/ ℃	沸点/ ℃
甲醚	CH_3OCH_3	-138.5	-23
甲乙醚	$CH_3OCH_2CH_3$	—	10.8
乙醚	$(CH_3CH_2)_2O$	-116.6	34.5
乙丙醚	$CH_3CH_2OCH_2CH_2CH_3$	-79.0	63.6
丙醚	$(CH_3CH_2CH_2)_2O$	-122.0	91.0
异丙醚	$(CH_3)_2CHOCH(CH_3)_2$	-86.0	68.0
丁醚	$(CH_3CH_2CH_2CH_2)_2O$	-65.0	142.0
环氧乙烷	 O	-111.0	13.5
四氢呋喃	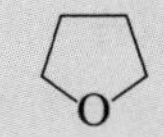 O	-65.0	67.0
1,4-二氧六环	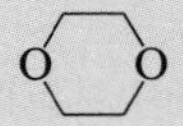 O　O	12.0	101.0

由于醚不活泼,因此是良好的有机溶剂。常用作溶剂的醚有乙醚、四氢呋喃、1,4-二氧六环和乙二醇二甲醚等。

在红外光谱图中,醚分子中的 C—O 伸缩振动吸收峰出现在 1 200～1 050 cm^{-1}。在 ^1H NMR 谱中,醚分子中的—$\overset{|}{C}$H—O—质子化学位移为 3.4～4.0。图 10-1 及图 10-2 分别为丙醚的红外光谱及 ^1H NMR 谱。

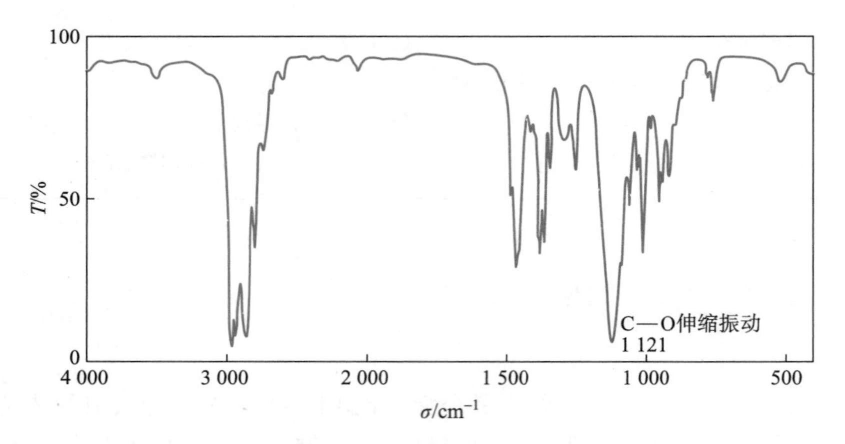

图 10-1　丙醚的红外光谱（液膜）

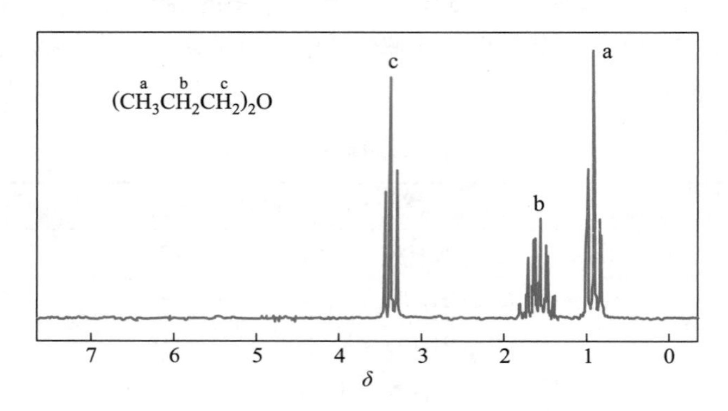

图 10-2　丙醚的 ^{1}H NMR 谱 (90 MHz, $CDCl_3$)

练习 10.3　根据 ^{1}H NMR 谱，给出分子式为 $C_5H_{12}O$ 的下列醚的结构式。

(1) ^{1}H NMR 谱中，所有的峰均为单峰；

(2) ^{1}H NMR 谱中，除含有其他质子峰外，只有一个双峰；

(3) ^{1}H NMR 谱中，除含有其他质子峰外，在较低场中具有两个吸收峰，其中一个为单峰，另一个为双峰；

(4) ^{1}H NMR 谱中，除含有其他质子峰外，在较低场中具有两个吸收峰，其中一个为三重峰，另一个为四重峰。

10.5　醚和环氧化合物的化学性质

醚的化学性质相对不活泼，遇碱、氧化剂和还原剂等一般均不发生反应；常温下与金属钠也不起反应，因而可用金属钠干燥醚。但醚具有碱性，遇酸可形成氧正离子，甚至发生醚键的断裂。五元以上环醚的性质与醚基本相似；但小环环醚（如环氧化合物）由于存在较大的角张力，其性质与一般醚差别较大，易与亲核试剂作用发生开环反应。

10.5.1 氧正离子和络合物的生成

醚的氧原子上具有未共用电子对，是一种弱碱，其 $pK_b \approx 17.5$，遇强无机酸（如浓盐酸、浓硫酸等）可形成氧正离子：

$$R—\ddot{\underset{\cdot\cdot}{O}}—R + HCl \longrightarrow R—\overset{H}{\underset{+}{O}}—R + Cl^-$$

醚生成氧正离子后可溶于浓强酸中，再用冷水稀释则重新析出醚。利用这一性质可分离、提纯醚。

醚还可以与缺电子的 Lewis 酸如三氟化硼、氯化铝和 Grignard 试剂等形成络合物。例如：

$$R—\ddot{\underset{\cdot\cdot}{O}}—R' + BF_3 \longrightarrow \begin{matrix} R \\ \quad O \rightarrow BF_3 \\ R' \end{matrix}$$

$$2\,R—\ddot{\underset{\cdot\cdot}{O}}—R' + R''—MgX \longrightarrow R''—\overset{ROR'\downarrow}{\underset{ROR'\uparrow}{MgX}}$$

三氟化硼是有机反应中一种常用试剂，但它是气体（沸点 −101 ℃），直接使用不方便，故常将其配成乙醚溶液。

10.5.2 酸催化醚键断裂

醚与质子形成二烃基氧正离子后，带正电荷的氧原子吸电子作用增强，碳氧键变弱，因此在强酸（如氢碘酸或氢溴酸）的作用下加热，醚键容易断裂，生成卤代烷（碘代烷或溴代烷）和醇。如在过量氢卤酸作用下，生成的醇会进一步转化为卤代烷。例如：

$$CH_3CH_2CH_2OCH_3 + HI \longrightarrow CH_3CH_2CH_2\overset{H}{\underset{+}{O}}—CH_3 + I^- \xrightarrow{S_N2} CH_3CH_2CH_2OH + CH_3I$$

$$CH_3CH_2CH_2OH \xrightarrow{HI} CH_3CH_2CH_2I + H_2O$$

甲基、伯烷基醚与氢碘酸作用时，碘负离子与氧正离子按 S_N2 机理进行反应，因而优先得到碘甲烷。有机分析中常用这种方法（Zeisel 测定法）鉴定甲基醚或测定甲氧基的含量。

叔烷基醚在反应中能生成较稳定的叔碳正离子，因此按 S_N1 机理进行反应。例如：

$$CH_3—\underset{CH_3}{\overset{CH_3}{C}}—O—CH_3 \xrightarrow{H^+} CH_3—\underset{H_3C}{\overset{CH_3}{C}}—\underset{H}{\overset{+}{O}}—CH_3 \xrightarrow[-CH_3OH]{} CH_3—\underset{CH_3}{\overset{CH_3}{C^+}} \xrightarrow{Br^-} CH_3—\underset{CH_3}{\overset{CH_3}{C}}—Br$$

芳基醚的反应，醚键总是在脂肪烃基一边断裂，生成卤代烷和酚。例如：

$$C_6H_5-OCH_3 \xrightarrow[70\sim80\ ^\circ C]{NaI,\ AlCl_3} C_6H_5-OH + CH_3I$$

100%

$$\beta\text{-}C_{10}H_7-O-C_2H_5 \xrightarrow{KI,\ H_3PO_4} \beta\text{-}C_{10}H_7-OH + C_2H_5I$$

95%

10.5.3　环氧化合物的开环反应

环氧化合物与一般的醚不同，由于分子内存在较大的角张力，因此易与多种试剂 [如水、醇、氨 (胺) 和氢卤酸等] 发生亲核取代反应生成开环产物。反应可在酸性或碱性条件下进行。

环氧乙烷在酸性条件下进行开环反应，生成 2-取代乙醇。例如：

$$\text{环氧乙烷} \xrightarrow{HBr,\ 10\ ^\circ C} BrCH_2CH_2OH$$

87%~92%

在工业生产中可采用环氧乙烷在稀酸中水解的方法制取乙二醇，其反应机理为

$$\underset{\diagdown O \diagup}{CH_2-CH_2} + H_3O^+ \rightleftharpoons \underset{\diagdown \overset{+}{O}H \diagup}{CH_2-CH_2} + H_2O$$

$$\underset{\diagdown \overset{+}{O}H \diagup}{CH_2-CH_2} \xrightarrow{H_2\ddot{O}} HO-CH_2-CH_2-\overset{+}{O}H_2 \xrightleftharpoons{H_2O} HO-CH_2-CH_2-OH + H_3O^+$$

不对称的环氧化合物在酸性条件下开环具有 S_N2 反应性质，其立体选择性与卤代烷 S_N2 反应的一致，亲核试剂从氧原子背面进攻；由于取代较多的碳原子上带有较多正电荷，因此亲核试剂优先进攻取代较多的碳原子，即开环方向主要取决于电子效应，故该反应具有类似 S_N1 反应的区域选择性。例如：

$$CH_3CH\overset{O}{-}C(CH_3)_2 \xrightleftharpoons{H^+} CH_3CH\overset{\overset{+}{O}H}{-}C(CH_3)_2 \longrightarrow$$

$$\left[CH_3CH\overset{\delta+\ \overset{+}{O}H}{\cdots}\overset{\delta+}{C}(CH_3)_2\right] \xrightarrow{CH_3\ddot{O}H} CH_3\underset{OH}{CH}-\overset{H\overset{+}{O}CH_3}{\underset{CH_3}{C}}-CH_3 \xrightarrow{-H^+} CH_3\underset{OH}{CH}-\overset{OCH_3}{\underset{CH_3}{C}}-CH_3$$

亲核试剂优先进攻
取代较多的碳原子

一般的醚对碱很稳定，但环氧化合物可在碱性条件下发生开环反应。例如：

$$\text{环氧乙烷} + NH_3 \longrightarrow \underset{\text{乙醇胺}}{HOCH_2CH_2NH_2} \xrightarrow{\text{环氧乙烷}} \underset{\text{二乙醇胺}}{HOCH_2CH_2NHCH_2CH_2OH}$$

$$\xrightarrow{\text{环氧乙烷}} N(CH_2CH_2OH)_3$$

三乙醇胺

不对称的环氧化合物在碱性条件下进行的开环反应按 S_N2 机理进行，开环取向主要取决于空间效应，亲核试剂优先进攻烷基取代较少的碳原子。例如：

$$CH_3CH\overset{O}{—}C(CH_3)—CH_3 \xrightarrow[S_N2]{CH_3O^-} CH_3CH(OCH_3)—C(CH_3)(O^-)—CH_3 \xrightarrow[-CH_3O^-]{CH_3OH} CH_3CH(OCH_3)—C(CH_3)(OH)—CH_3$$

10.5.4 环氧化合物与 Grignard 试剂的反应

Grignard 试剂易与环氧乙烷发生亲核取代反应，生成增加两个碳原子的伯醇。例如：

$$CH_2\overset{O}{—}CH_2 \xrightarrow[\text{② } H_2O,\ H^+]{\text{① } n-C_6H_{13}MgBr,\ \text{乙醚}} n-C_6H_{13}—CH_2CH_2OH$$

不对称的环氧化合物与 Grignard 试剂的反应为碱性条件下的开环反应，按照 S_N2 机理进行，优先在烷基取代较少的碳原子上发生反应。例如：

$$C_6H_5—MgBr + CH_2\overset{O}{—}CH—CH_3 \xrightarrow[\text{② } H_2O,\ H^+]{\text{① 乙醚}} C_6H_5—CH_2CH(OH)CH_3$$

60%

10.5.5 Claisen 重排

烯丙基苯基醚及其类似物在加热条件下，发生分子内重排生成邻烯丙基苯酚（或其他取代苯酚）的反应，称为 Claisen 重排。

$$C_6H_5—OCH_2CH{=}CH_2 \xrightarrow{200\ °C} o\text{-}HO—C_6H_4—CH_2CH{=}CH_2$$

该反应属于周环反应中的 σ 键迁移反应，其旧键的断裂和新键的形成是同时进行的。反应过程中不形成活性中间体，而是通过电子迁移形成环状过渡态，此过程中烯丙基在迁移到羟基邻位的同时，发生了烯丙基重排。

$$C_6H_5—OCH_2CH{=}CH_2 \xrightarrow{\triangle} [\ \ ] \longrightarrow \text{(O, H, }CH_2—CH{=}CH_2\text{)} \rightleftharpoons o\text{-}HO—C_6H_4—CH_2CH{=}CH_2$$

若烯丙基苯基醚的两个邻位已有取代基，则重排发生在对位。

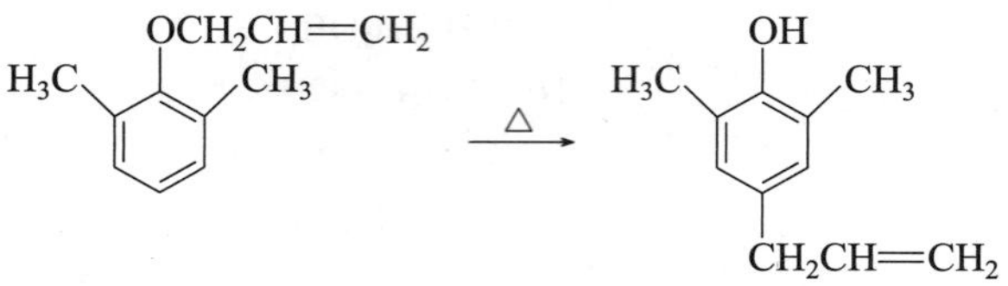

该反应的机理为

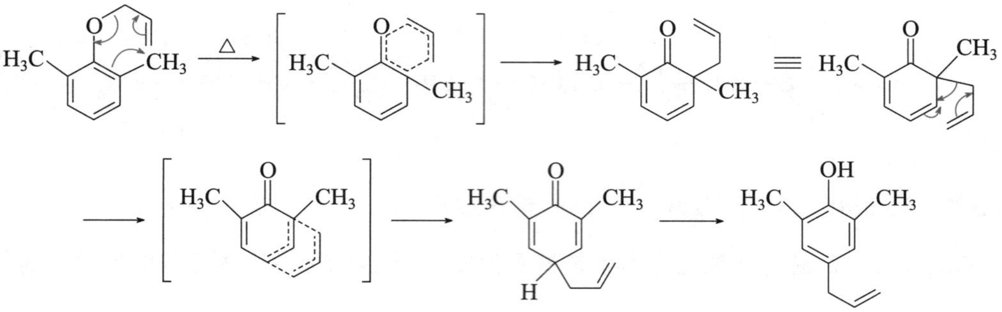

可以看出,在对位重排中,烯丙基先后发生了两次迁移和重排。

10.5.6 过氧化物的生成

含有 α-氢原子的醚和空气长时间接触,会逐渐形成有机过氧化物,后者可进一步聚合。例如:

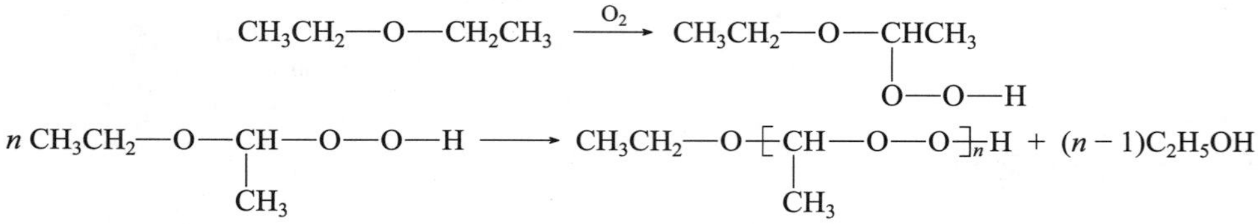

$$CH_3CH_2—O—CH_2CH_3 \xrightarrow{O_2} CH_3CH_2—O—\underset{\underset{O—O—H}{|}}{CH}CH_3$$

$$n\,CH_3CH_2—O—\underset{\underset{CH_3}{|}}{CH}—O—O—H \longrightarrow CH_3CH_2—O\!\left[\underset{\underset{CH_3}{|}}{CH}—O—O\right]_n\!H + (n-1)C_2H_5OH$$

有机过氧化物遇热分解,含过氧化物的醚在较低温度下(减压)蒸馏时容易导致过氧化物浓缩而发生爆炸。因此醚应尽量避免暴露在空气中,一般保存在深色玻璃瓶中,也可加入抗氧剂(如对苯二酚)防止过氧化物生成。醚中是否含有过氧化物可用淀粉-碘化钾试纸检验;若试纸变蓝,说明有过氧化物存在。过氧化物可用还原剂(如 $FeSO_4$/稀 H_2SO_4)除去。

练习 10.4 完成下列反应:

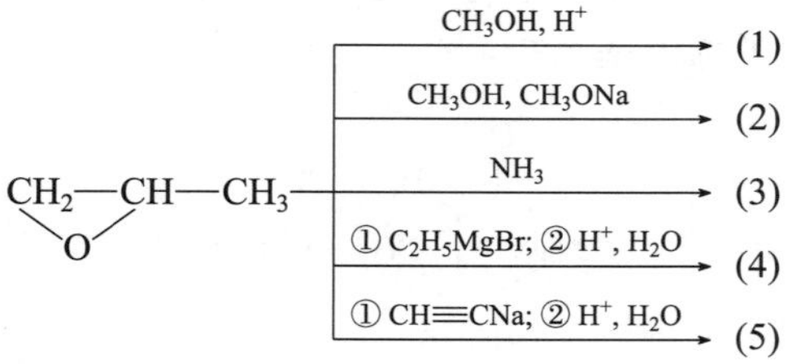

$CH_2—CH—CH_3$(环氧丙烷,CH_2 与 CH 经 O 成环)

$\xrightarrow{CH_3OH,\ H^+}$ (1)

$\xrightarrow{CH_3OH,\ CH_3ONa}$ (2)

$\xrightarrow{NH_3}$ (3)

$\xrightarrow{①\ C_2H_5MgBr;\ ②\ H^+,\ H_2O}$ (4)

$\xrightarrow{①\ CH\equiv CNa;\ ②\ H^+,\ H_2O}$ (5)

练习 10.5 以乙烯为原料合成三乙二醇二甲醚(三甘醇二甲醚)。

$$CH_3OCH_2CH_2OCH_2CH_2OCH_2CH_2OCH_3$$

练习 10.6 写出下列反应的产物:

(1) $CH_3CH_2CH_2CH_2OCH_3 + HI\ (1\ mol) \longrightarrow$

(2) $CH_3-\underset{}{\overset{OC_2H_5}{\overset{|}{C}}}=CH-CH_3 + H_2O \xrightarrow{H^+}$

(3) $C_6H_5OCH_2CH=CHCH_3 \xrightarrow{\triangle}$

(4) 2,6-$(CH_3)_2C_6H_3OCH_2CH=CHCH_3 \xrightarrow{\triangle}$

(5) $C_6H_5-O-CH_2-$(1-环戊烯基) $\xrightarrow{\triangle}$

10.6 冠醚 相转移催化反应

10.6.1 冠醚

冠醚是分子中含有$\{CH_2CH_2-O\}_n$重复单元的环状醚,由于最初合成的冠醚形似皇冠而得名。冠醚通常命名为 *x*-冠-*y*,其中 *x* 表示成环原子总数,*y* 表示氧原子数。例如:

人物:
Pedersen C J

人物:
Lehn J M

人物:
Cram D J

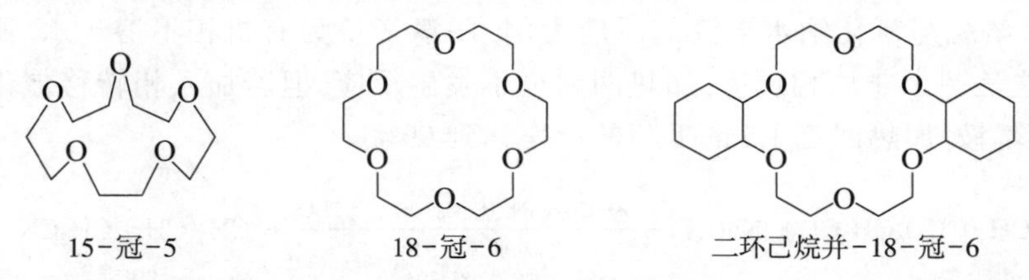
15-冠-5　　18-冠-6　　二环己烷并-18-冠-6

冠醚是美国化学家 Pedersen C J 于 20 世纪 60 年代首次合成并报道的。因在冠醚的合成及性质研究方面做出重大贡献,他与法国化学家 Lehn J M 和美国化学家 Cram D J 分享了 1987 年诺贝尔化学奖。

冠醚主要用 Williamson 合成法制备。例如:

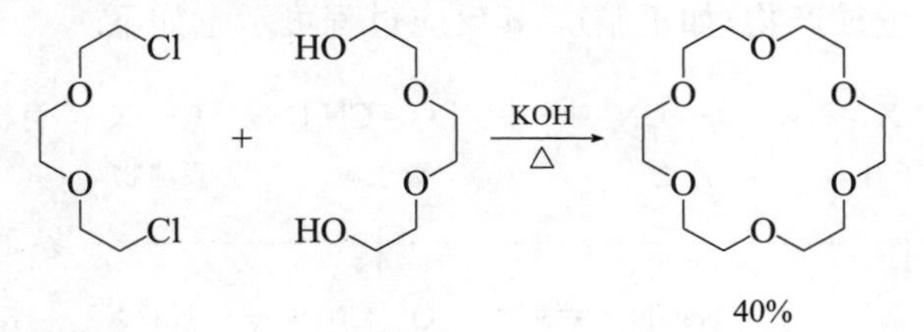

冠醚具有特殊的性质和用途。冠醚中处于环内侧的氧原子由于具有未共用电子对,可与金属离子形成配位键。不同结构的冠醚,其分子中的空穴大小不同,因此对不同金属离

子具有络合选择性。例如，18-冠-6、15-冠-5、12-冠-4 分别能与 K^+，Na^+，Li^+ 形成稳定的络合物。

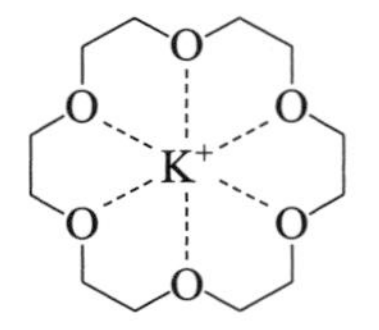

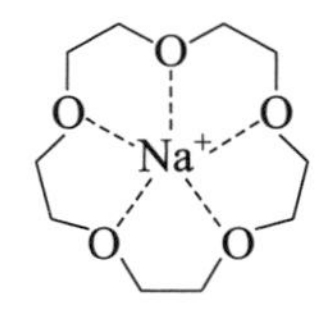

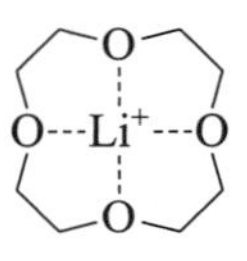

冠醚与金属离子络合后，其具有亲油性的甲叉基排列在环的外侧，因而可使某些盐溶于有机溶剂中，或者使其从水相中转移到有机相中。在有机合成中常用冠醚作为相转移催化剂，以使非均相反应得以顺利进行，并提高产率。例如：

化合物：
18-冠-6与
K^+的络合物

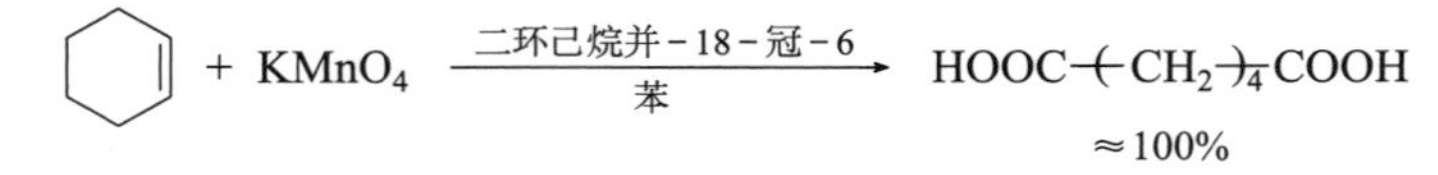

但冠醚有一定毒性，价格较贵，且回收困难，故其应用受到一定限制。

化合物：
12-冠-4与
Li^+的络合物

10.6.2　相转移催化反应

相转移催化反应是化学反应的方式之一。在一些有机反应中，由于两种反应物互不相溶而构成两相（即非均相），反应物之间接触概率较小，反应较难进行，甚至不能发生。若加入一种催化剂，使反应物之一由原来所在的一相穿过两相之间的界面转移到另一个反应物所在的另一相中，使两种反应物在均相中反应，则反应较易进行，这种催化剂称为相转移催化剂（phase transfer catalyst，简称 PTC），这种反应称为相转移催化反应（phase transfer catalytic reaction）。

化合物：
15-冠-5与
Na^+的络合物

以 1-氯辛烷与氰化钠水溶液的反应为例，1-氯辛烷为有机相不溶于水，氰化钠水溶液为水相，这是一个非均相反应，加热两周也不发生反应；但若加入相转移催化剂溴化三丁基十六烷基铵，加热回流 1.5 h，壬腈的产率达到 99%。

$$CH_3(CH_2)_6CH_2Cl + NaCN \xrightarrow[\text{回流 } 1.5\text{ h}]{n-C_{16}H_{33}N^+(C_4H_9-n)_3Br^-,\ H_2O} \underset{99\%}{CH_3(CH_2)_6CH_2CN}$$

催化剂的作用：催化剂分子中的正离子［如 $n-C_{16}H_{33}N^+(C_4H_9-n)_3$，用 Q^+ 表示］与反应物之一的负离子（如 ^-CN）因静电吸引形成较稳定的离子对（$Q^+\ ^-CN$），由于它在两相中均可溶解，使负离子穿过两相之间的界面由水相转移到有机相中，然后与反应物（如 1-氯辛烷）在有机相中发生反应，生成产物（如壬腈）。其反应过程可示意如下：

$[Q^+X^-]$	+	$R—CN$	⟵	$[Q^+\ ^-CN]$	+	$R—X$	有机相
离子对		产物		离子对		反应物	
↓				↑			界面
Q^+X^-	+	$NaCN$	⇌	$Q^+\ ^-CN$	+	Na^+X^-	水相
自由离子（如季铵盐）		反应物		自由离子			

又如，在相转移催化剂 18−冠−6 的作用下，2−溴己烷与叔丁醇钾 [$(CH_3)_3COK$] 在石油醚中反应，生成产率达 97% 的己−2−烯。

$$CH_3CH_2CH_2CH_2\underset{\displaystyle Br}{\underset{|}{C}}HCH_3 \xrightarrow[\text{石油醚}]{(CH_3)_3COK,\ 18-\text{冠}-6} \underset{97\%}{CH_3CH_2CH_2CH{=\!=}CHCH_3}$$

自 20 世纪 60 年代末以来，相转移催化反应无论在实验室还是工业上均有很大发展，已拓展到有机合成的众多反应，如亲核取代反应、消除反应、加成反应、氧化和还原反应、缩合反应、环化反应、羰基化反应、偶联反应、聚合反应等，以及不对称合成研究中，成为有机合成的一种新技术，在有机合成化学中占有重要地位。

相转移催化反应的主要特点：反应条件温和，操作较简便，反应速率较快，选择性好，产率较高。在其他条件下不易发生的反应，有时利用相转移催化反应可以进行，甚至产率较高。

拓展：相转移催化剂的种类

习题

（一）写出分子式为 $C_5H_{12}O$ 的所有醚的构造式并命名之。

（二）完成下列反应式：

(1) 环己基$-CH_2Br$ + $CH_3CH_2\underset{\displaystyle ONa}{\underset{|}{C}}HCH_3 \longrightarrow$

(2) CH_3CH_2I + $NaO-C(C_2H_5)(CH_3)(H)$（楔形式） $\longrightarrow$

(3) $CH_3CH_2\underset{\displaystyle OH}{\underset{|}{C}}HCH_2Br \xrightarrow{NaOH}$

(4) 环氧环己烷 $\xrightarrow{NH_3}$

(5) 邻溴苯基−2−甲基环氧乙烷 $\xrightarrow{NH_3}$

(6) 苯基环氧乙烷 $\xrightarrow[H_2SO_4]{CH_3OH}$

(7) 请用 Fischer 投影式表示各化合物，并注明其构型。

(R)−Fischer 投影式（上 CH_3，左 $n-Pr$，右 OH，下 H）$\xrightarrow{K}$ (A) $\xrightarrow{C_2H_5OTs}$ (B)

(R)−同上化合物 $\xrightarrow[\text{吡啶}]{TsCl}$ (C) $\xrightarrow{EtOK}$ (D)

(8) 1−溴己烷（键线式）$\xrightarrow[\text{苯}]{KF,\ 18-\text{冠}-6}$

(9) 1−溴丙烷（键线式）$\xrightarrow[\text{② 甲基环氧乙烷；③ } H_2O]{\text{① } Mg,\ Et_2O}$ (A) $\xrightarrow[\text{吡啶}]{SOCl_2}$ (B)

(10) 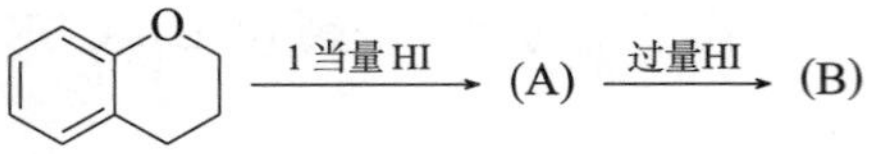 O $\xrightarrow{\text{1 当量 HI}}$ (A) $\xrightarrow{\text{过量HI}}$ (B)

(11) 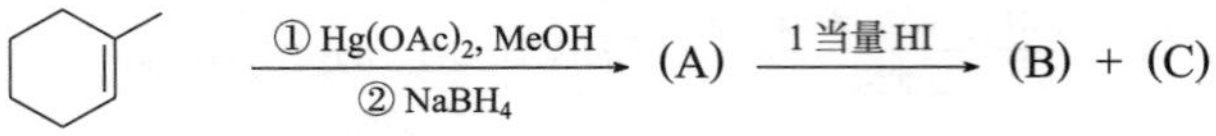 $\xrightarrow[\text{② NaBH}_4]{\text{① Hg(OAc)}_2\text{, MeOH}}$ (A) $\xrightarrow{\text{1 当量 HI}}$ (B) + (C)

(12) 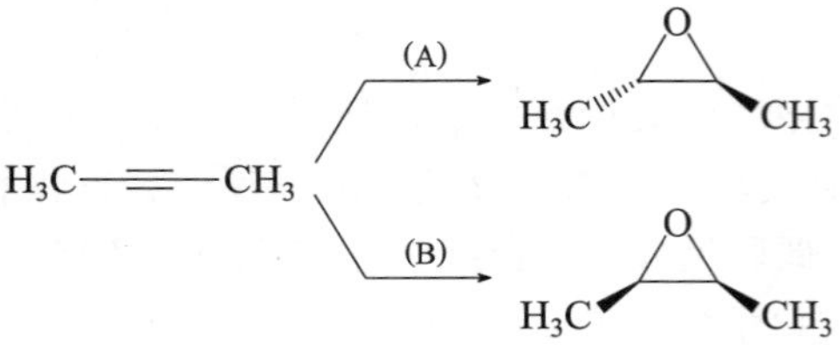 $H_3C—≡—CH_3$ $\xrightarrow{(A)}$ O, H_3C, CH_3

$\xrightarrow{(B)}$ O, H_3C, CH_3

(13) 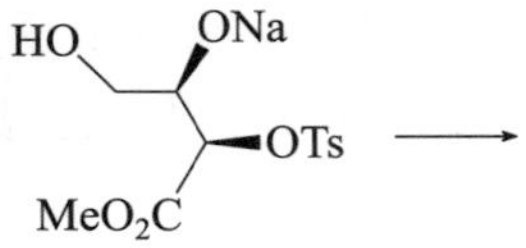 HO, ONa, OTs, MeO_2C ⟶

(三) 在 3, 5-二氧杂环己醇（OH, O, O）的稳定椅型构象中，羟基处在 *a* 键的位置，试解释之。

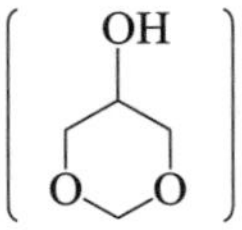

(四) 完成下列转变：

(1) 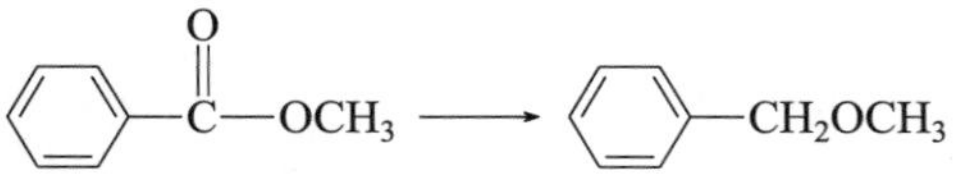 $—\overset{O}{\overset{\|}{C}}—OCH_3$ ⟶ $—CH_2OCH_3$

(2) 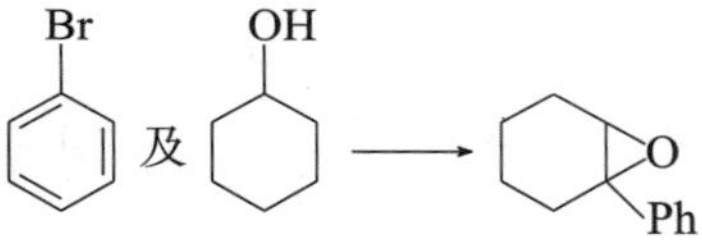 Br 及 OH ⟶ O, Ph

(3) Br 及 CH_3CHCH_3 (OH) ⟶ $—CH_2CHCH_3$ (OH)

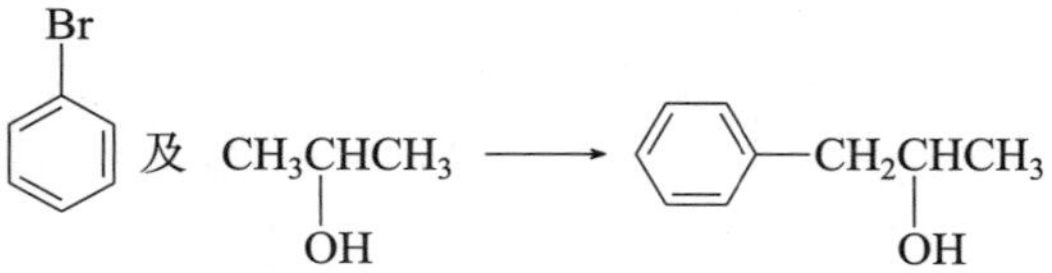

(4)  $—CH_2OH$ 及 CH_3CH_2OH ⟶ $—CH_2CH_2CH_2OCH_2CH_3$

(5) 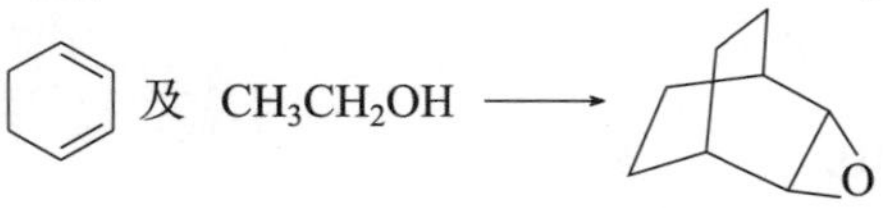 及 CH_3CH_2OH ⟶ O

(6) 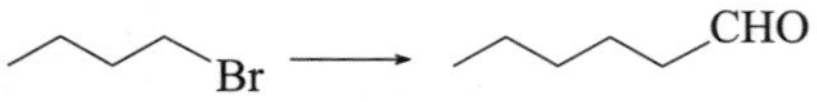 Br ⟶ CHO

(7) 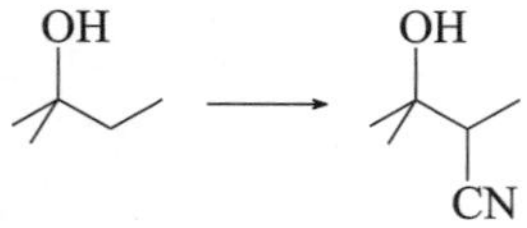 OH ⟶ OH, CN

(8) 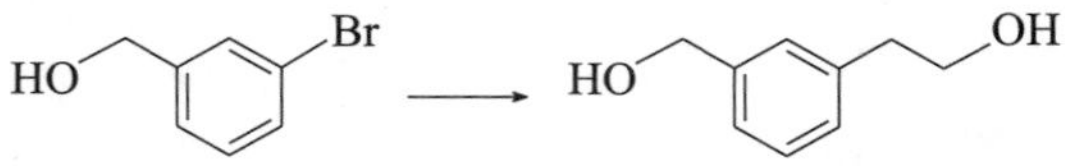 HO, Br ⟶ HO, OH

(9) 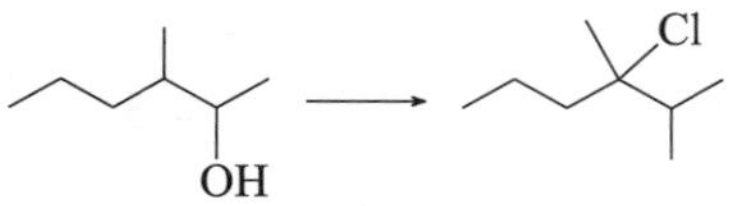 OH ⟶ Cl

(10)  $Ph\diagup\!\!\diagdown OH \longrightarrow$ Ph—C≡C—CH₂—CH(OH)—CH₃

(11) 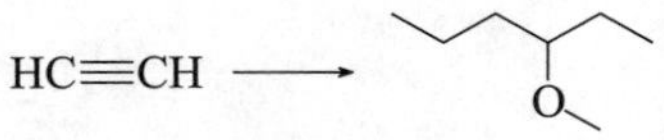 $HC{\equiv}CH \longrightarrow$ $CH_3CH_2CH_2CH(OCH_3)CH_2CH_3$

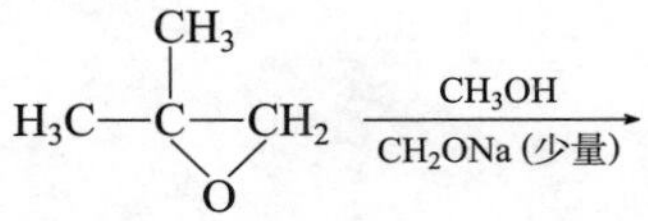

(12) 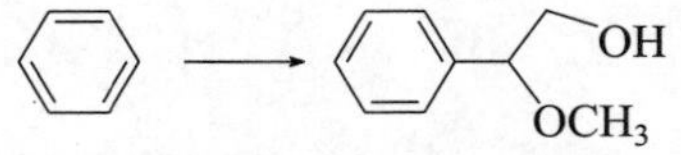 苯 $\longrightarrow$ $C_6H_5CH(OCH_3)CH_2OH$

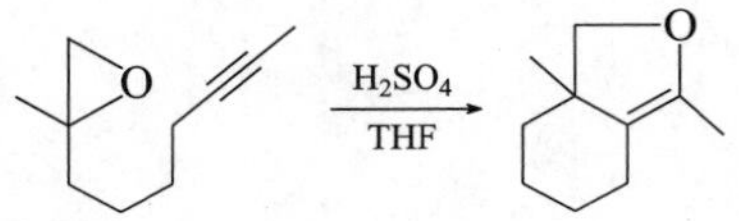

(五) 完成下列反应式并用反应机理解释之。

(1) 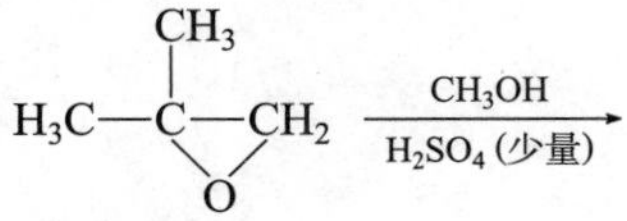 $(CH_3)_2C\text{—}CH_2$（环氧） $\xrightarrow[H_2SO_4\,(少量)]{CH_3OH}$

(2) $(CH_3)_2C\text{—}CH_2$（环氧） $\xrightarrow[CH_3ONa\,(少量)]{CH_3OH}$

(3) 环氧化合物 $\xrightarrow[THF]{H_2SO_4}$ 产物

(4) $H_2\overset{14}{C}\text{—}CHCH_2Cl$（环氧） $\xrightarrow{MeO^-}$ $MeO\text{—}\overset{14}{C}H_2CH\text{—}CH_2$（环氧）

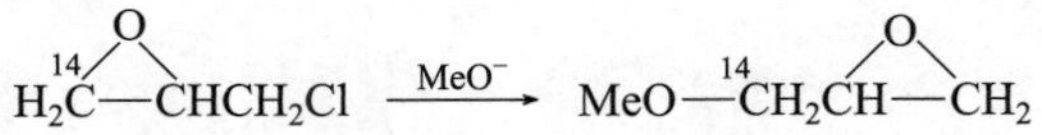

(5) 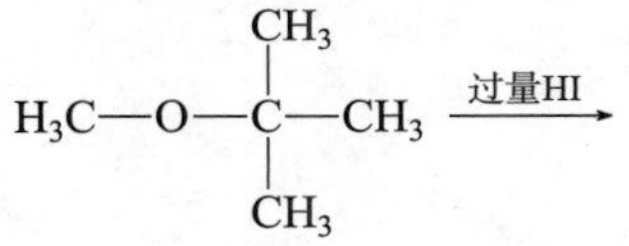 $H_3C\text{—}O\text{—}C(CH_3)_2\text{—}CH_3 \xrightarrow{过量HI}$

(6) $H_3C\text{—}O\text{—}CH_2CH_2CH_2CH_3 \xrightarrow{过量HI}$

(六) 一个未知化合物的分子式为 C_2H_4O, 它的 IR 谱中 3 600 ~ 3 200 cm^{-1} 和 1 800 ~ 1 600 cm^{-1} 处都没有强吸收峰, 试推断该化合物的结构。

(七) 化合物 (A) 的分子式为 $C_6H_{14}O$, 其核磁共振氢谱数据如下: ^1H NMR ($CDCl_3$, 300 MHz) $\delta = 3.64$ (多重峰, 2H), 1.13 (双峰, 12H), 试写出其构造式。

(八) 二氢欧山芹醇 (columbianetin) 是合成多种药物分子的关键中间体, 以 7-羟基香豆素为起始原料, 经以下途径可合成该分子。写出化合物 (A) ~ (D) 的结构, 并推测最后一步的反应机理。

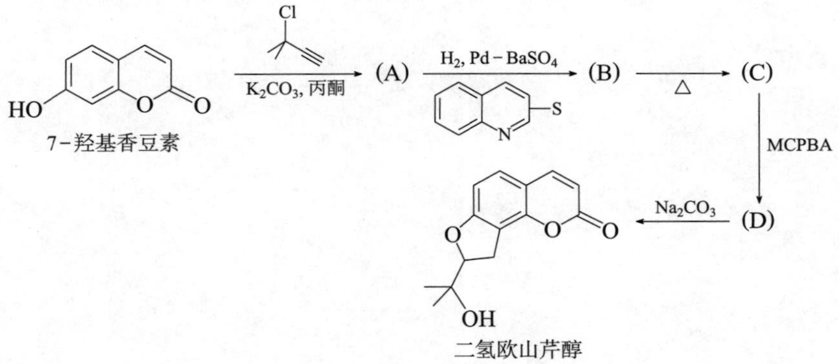

7-羟基香豆素 $\xrightarrow[K_2CO_3,\,丙酮]{(CH_3)_2C(Cl)C{\equiv}CH}$ (A) $\xrightarrow[\text{喹啉-S}]{H_2,\ Pd-BaSO_4}$ (B) $\xrightarrow{\triangle}$ (C) $\xrightarrow{MCPBA}$ (D) $\xrightarrow{Na_2CO_3}$ 二氢欧山芹醇

第十一章
醛、酮和醌

前导知识: 学习本章之前需要复习以下知识点

烯醇式和酮式的互变异构 (3.5.2 节)
共振论 (4.4 节)
1, 4–加成反应 (4.5.1 节)
亲核试剂 (7.5.1 节)
Grignard 试剂 (9.3.1 节)
醇的化学性质 (9.5 节)

本章导读: 学习本章内容需要掌握以下知识点

醛和酮的结构与化学性质的差异
羰基的亲核加成反应: Cram 规则; Reformatsky 反应
羰基亲核加成产物的后续转化: 缩醛 (酮) 的形成机理; Beckmann 重排; Wittig 反应
羰基 α–位的卤化: 卤仿反应
经由烯醇负离子的缩合反应: 羟醛缩合 (aldol 反应); Claisen–Schmidt 缩合反应; Perkin 反应; Mannich 反应
醛酮的氧化、还原和歧化反应
α, β–不饱和醛、酮的加成反应

后续相关: 与本章相关的后续知识点

α–氰醇水解制备 α–羟基酸 (12.6 节)
羧酸衍生物与 Grignard 试剂的反应 (13.3.4 节)
酮和烯醇的互变异构 (14.1.1 节)
Claisen 酯缩合反应 (14.2.1 节)
Robinson 合环反应 (14.5 节)
醛和酮的还原胺化反应 (15.3.3 节)
有机磷化合物作为亲核试剂的反应 (16.7.2 节)
喹啉的 Skraup 合成法 (17.3.2 节)
吡喃糖的结构 (19.2.2 节)
氨基酸的 Strecker 合成法 (20.1.2 节)

醛和酮都是含有羰基$\left(\rangle C{=}O\right)$官能团的化合物,因此又统称为羰基化合物。羰基与一个烃基和一个氢原子相连的化合物称为醛(甲醛的羰基与两个氢原子相连),$-\overset{O}{\overset{\|}{C}}-H$作为取代基时被称为甲酰基,作为官能团时常称为醛基,简写为—CHO。羰基与两个烃基相连的化合物称为酮,可用通式 $R-\overset{O}{\overset{\|}{C}}-R'$ 表示。

含有α,β-不饱和双羰基六元环状结构单元的化合物称为醌(如 O=⟨⟩=O 或 邻醌结构),醌不具有芳香性。有机化合物分子中的 O=⟨⟩=O 和 邻醌结构 构造单元称为"醌型"构造,它们常与颜色有关。

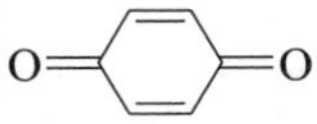

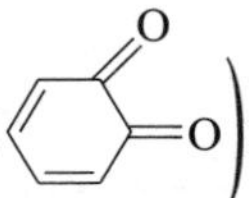

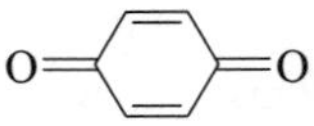

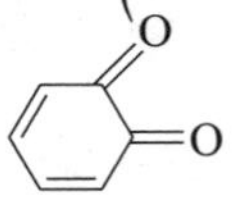

醛、酮根据烃基的不同,可分为脂肪族醛、酮,脂环族醛、酮和芳香族醛、酮;根据烃基的饱和与不饱和,可分为饱和醛、酮及不饱和醛、酮;还可根据分子中所含羰基的数目,分为一元醛、酮,二元醛、酮等;一元酮中羰基连接的两个烃基相同的称为单酮,不相同的称为混酮。本章主要讨论一元醛、酮。

11.1 醛和酮的命名

简单的醛、酮可采用普通命名法命名,结构较复杂的醛、酮则采用系统命名法命名。

11.1.1 普通命名法

醛的普通命名法与醇相似,例如:

$CH_3CH_2CH_2CHO$	CH_3CHCH_2CHO (2-位 CH_3)	C_6H_5-CHO
正丁醛	异戊醛	苯甲醛
butanal (butyraldehyde)	isopentanal	benzaldehyde

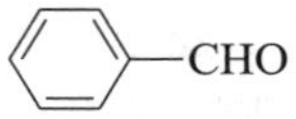

酮的普通命名法是按照羰基所连接的两个烃基命名。例如:

$H_3C-\underset{\underset{O}{\|}}{C}-CH_2CH_3$	$CH_3-\underset{\underset{O}{\|}}{C}-CH{=}CH_2$	$C_6H_5-\underset{\underset{O}{\|}}{C}-C_6H_5$
甲基乙基(甲)酮(甲乙酮)	甲基乙烯基(甲)酮(丁烯酮)	二苯甲酮(二苯酮)
methyl ethyl ketone (butanone)	methyl vinyl ketone (but-3-en-2-one)	diphenyl ketone (benzophenone)

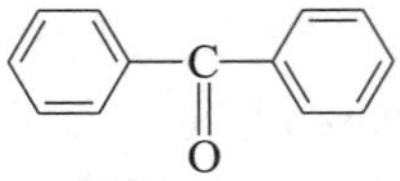

11.1.2 系统命名法

命名脂肪族醛、酮时，选择含有羰基碳原子的最长碳链为主链，从靠近羰基一端编号。醛羰基总是在碳链一端，不用标明它的位次；而酮的羰基因不在链端，通常需标明羰基的位次。例如：

$CH_3CH_2CH_2CH(CH_3)CH_2CH(CH_2CH_3)CH_2CHO$

3-乙基-5-甲基辛醛
3-ethyl-5-methyloctanal

$CH_3CH(CH_3)CH_2C(=O)CH_3$

4-甲基戊-2-酮
4-methylpentan-2-one

(*E*)-3-苯基丙-2-烯醛
(*E*)-3-phenylprop-2-enal

脂环族和芳香族醛的命名，通常采用脂环烃或芳烃名称与醛名称直接加合在一起的命名方式。芳酮则将芳基作为取代基命名。例如：

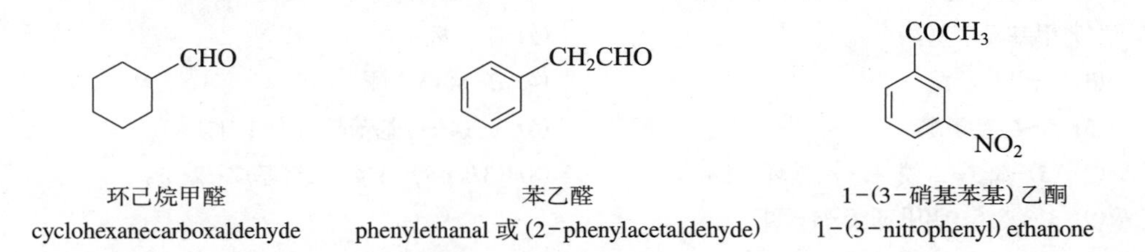

环己烷甲醛
cyclohexanecarboxaldehyde

苯乙醛
phenylethanal 或 (2-phenylacetaldehyde)

1-(3-硝基苯基) 乙酮
1-(3-nitrophenyl) ethanone

碳链原子的位次有时也用希腊字母表示，与羰基直接相连的碳原子为 α-碳原子，其次为 β-碳原子、γ-碳原子等 (酮分子中可以有 α,α'-及 β,β'-碳原子等)。二元羰基化合物也经常用希腊字母来标记，用 α (相邻)、β (隔一个碳原子)、γ (隔两个碳原子) 来表示两个羰基的相对位次。例如：

$CH_3C(=O)—C(=O)CH_2CH_3$

α-戊二酮 (戊-2,3-二酮)
pentane-2,3-dione

$CH_3C(=O)CH_2C(=O)CH_3$

β-戊二酮 (戊-2,4-二酮)
pentane-2,4-dione

当主链同时含有酮羰基和醛羰基时，既可以醛为母体，将酮羰基的氧原子作为取代基，用“氧亚基某醛”表示；也可以酮醛为母体命名，但需注明酮羰基碳原子的位次。例如：

$CH_3C(=O)CH_2CH_2CHO$

4-氧亚基戊醛 (γ-氧亚基戊醛，戊-4-酮醛)
4-oxopentanal

练习 11.1 命名下列化合物：

(1) $HOCH_2CH_2CHO$

(2) $CH_3CHBrCOCHBrCH_3$

(3) $CH_3COCH{=}CHCOCH_3$

(4) CH_3—(环己基)=O

(5) 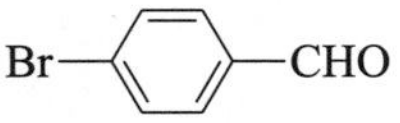 Br— —CHO　　(6) 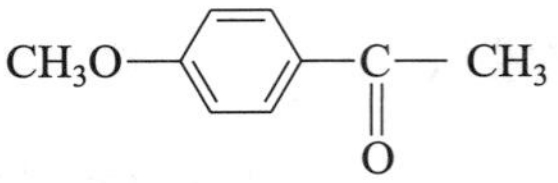 CH_3O— —C— CH_3 (C=O)

(7) 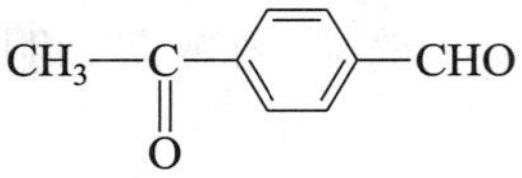 CH_3—C— (C=O) — —CHO　　(8) 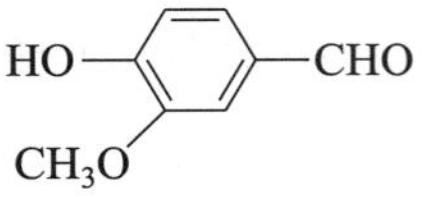 HO— —CHO, CH_3O

(9) 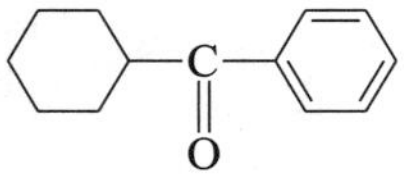　　(10) 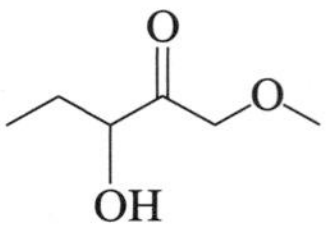 O, OH

(11) 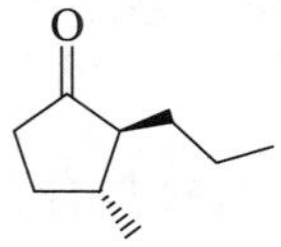 O　　(12) 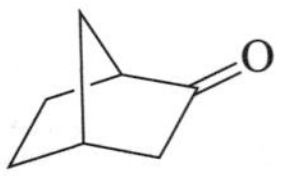 O

练习 11.2　写出下列化合物的构造式:

(1) 甲基异丁基酮　　(2) 丁二醛

(3) 三甲基乙醛　　(4) β-环己二酮

(5) β-羟基丁醛　　(6) 1-(4-羟基苯基)丙-1-酮

(7) (S)-3,3-二溴-4-乙基环己酮　　(8) (3R,4R)-3,4-二羟基戊-2-酮

(9) 3,3,5,5-四甲基庚-4-酮

11.2　醛和酮的结构

醛和酮的分子中都含有羰基,它是由碳原子与氧原子以双键结合成的官能团,与碳碳双键相似,碳原子和氧原子都采取 sp^2 杂化,碳氧双键由一个 σ 键和一个 π 键构成。羰基碳原子的三个 sp^2 杂化轨道分别与一个氧原子和两个碳原子或氢原子形成三个 σ 键,这三个 σ 键在同一平面上。羰基碳原子和氧原子各剩下的一个 p 轨道在侧面相互重叠形成 π 键,该 π 键垂直于三个 σ 键所在的平面,如图 11-1(a) 所示。醛、酮分子中形成羰基的碳原子和氧原子及与羰基相连的其他两个碳原子或氢原子在同一平面上,键角接近 120°,如图 11-1(b) 所示。

静电势图:
甲醛

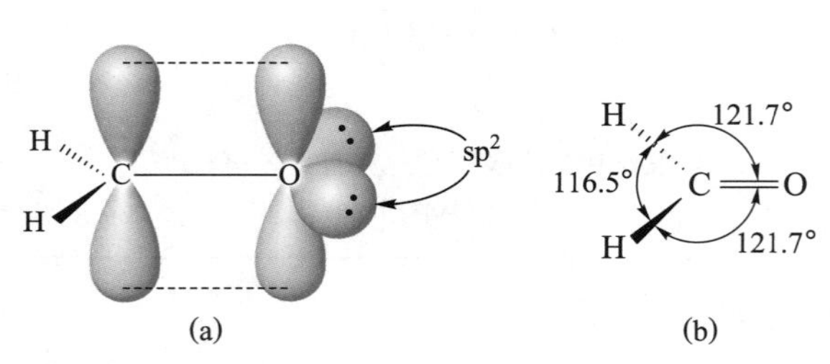

图 11-1　甲醛的分子结构

11.3 醛和酮的制法

11.3.1 醛和酮的工业合成

(1) 低级伯醇和仲醇的氧化和脱氢　工业制取醛、酮的重要方法(见第九章 9.5.6 节)。

(2) 烯烃的氢甲酰化　烯烃与一氧化碳和氢气在催化剂作用下可生成比原烯烃多一个碳原子的醛。该合成法称为烯烃的氢甲酰化,也称为羰基合成(oxo 合成)。常用的催化剂是钴或铑催化剂。利用该法合成的醛可进一步还原成伯醇,这是工业上合成低级伯醇的重要方法之一。例如:

$$n-C_3H_7CH{=}CH_2 + CO + H_2 \xrightarrow[25\ ^\circ C,\ 10\ MPa]{RhH(CO)(PPh_3)_3} \underset{20}{n-C_3H_7CH_2CH_2CHO} + \underset{1}{n-C_3H_7\underset{}{\overset{CH_3}{\overset{|}{C}}}HCHO}$$

20 : 1

(3) 烷基苯的氧化　工业上常用烷基苯氧化制取芳醛和芳酮。例如,甲苯用空气催化氧化、铬酰氯或铬酐氧化可得苯甲醛:

$$C_6H_5{-}CH_3 + O_2 \xrightarrow[350\sim360\ ^\circ C]{V_2O_5} C_6H_5{-}CHO + H_2O$$

$$C_6H_5{-}CH_3 + \underset{(铬酰氯)}{2\,CrO_2Cl_2} \longrightarrow C_6H_5{-}CH(OCrCl_2OH)_2 \xrightarrow{H_2O} C_6H_5{-}CHO$$

乙苯用空气催化氧化可得苯乙酮:

$$C_6H_5{-}CH_2CH_3 + O_2 \xrightarrow[120\sim130\ ^\circ C]{硬脂酸钴} C_6H_5{-}\overset{O}{\overset{\|}{C}}CH_3$$

(4) 偕二卤代物的水解　同碳二卤化合物(称为偕二卤代物或胞二卤代物)水解生成醛或酮。例如,工业上可利用苯二氯甲烷水解制取苯甲醛:

$$C_6H_5{-}CHCl_2 + H_2O \xrightarrow{Fe,\ 95\sim100\ ^\circ C} \underset{80\%\sim90\%}{C_6H_5{-}CHO} + 2\,HCl$$

11.3.2 伯醇和仲醇的氧化

制备醛、酮常用的方法是醇的氧化或脱氢(见第九章 9.5.6 节)。例如:

$$(CH_3)_3CCH_2OH \xrightarrow[\triangle]{K_2Cr_2O_7-稀\ H_2SO_4} \underset{80\%}{(CH_3)_3CCHO}$$

此外,仲醇可经 Oppenauer 氧化生成相应的酮。该反应是在异丙醇铝等催化下,使用过量的丙酮作氧化剂来完成的。该反应具有较强的选择性,可用于氧化不饱和醇。例如:

$$CH_3-\underset{\substack{|\\OH}}{C}HCH=CHCH=\underset{\substack{|\\CH_3}}{C}CH=CH_2 \xrightarrow[\text{苯, 回流}]{\text{异丙醇铝, 丙酮}} CH_3-\underset{\substack{\|\\O}}{C}CH=CHCH=\underset{\substack{|\\CH_3}}{C}CH=CH_2$$

80%

11.3.3　羧酸衍生物的还原

酰氯及酯等羧酸衍生物可控制还原成相应的醛，常用的还原方法有金属氢化物还原及催化氢化还原 (Rosenmund 还原) 等 (见第十三章 13.3.3 节)。例如:

$$CH_3(CH_2)_{10}\overset{\substack{O\\\|}}{C}OC_2H_5 \xrightarrow[\text{② } H_3O^+]{\text{① } HAl(i\text{-}Bu)_2,\ \text{己烷},\ -78\ ^\circ C} CH_3(CH_2)_{10}\overset{\substack{O\\\|}}{C}H$$

88%

11.3.4　芳环的酰基化

芳烃进行 Friedel-Crafts 酰基化反应，是合成芳酮的重要方法 [见第五章 5.4.1 节 (1)]。例如:

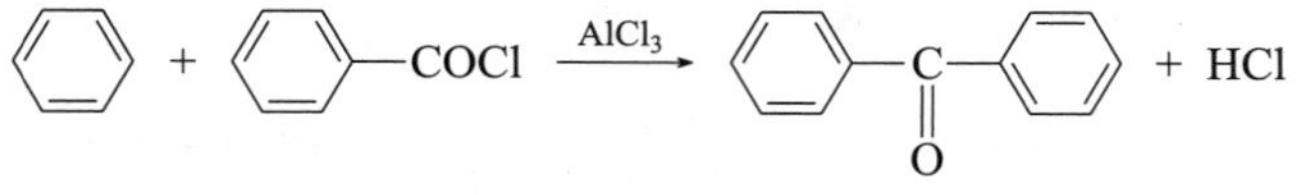

$$C_6H_6 + C_6H_5COCl \xrightarrow{AlCl_3} C_6H_5\underset{\substack{\|\\O}}{C}C_6H_5 + HCl$$

82%

在 Lewis 酸的催化下，用一氧化碳和氯化氢与芳烃作用生成芳醛，此反应称为 Gattermann-Koch 反应。它可以看成 Friedel-Crafts 反应的一种特殊的形式，相当于用甲酰氯进行的酰基化反应，适用于烷基苯的甲酰化。例如:

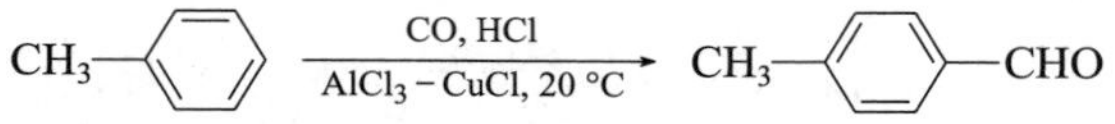

$$CH_3-C_6H_5 \xrightarrow[AlCl_3-CuCl,\ 20\ ^\circ C]{CO,\ HCl} CH_3-C_6H_4-CHO$$

练习 11.3　选择合适的原料及条件合成下列化合物:

(1) 己-2-酮　(2) 丁醛　(3) $CH_3O-C_6H_4-CHO$

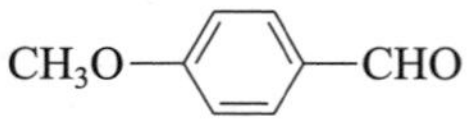

(4) 2,6-二氯苯甲醛 (苯环上 CHO 两侧邻位各一个 Cl)　(5) $(O_2N)_2C_6H_3-\overset{\substack{O\\\|}}{C}-C_6H_5$ (3,5-二硝基)　(6) $C_6H_5-\overset{\substack{O\\\|}}{C}CH_2CH_2COOH$

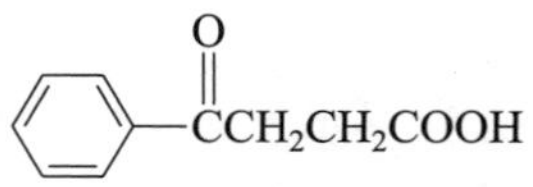

练习 11.4　完成下列转变:

(1) 间二甲苯 ⟶ 3-甲基苯甲醛 (苯环上 CHO 与 CH_3 处于间位)

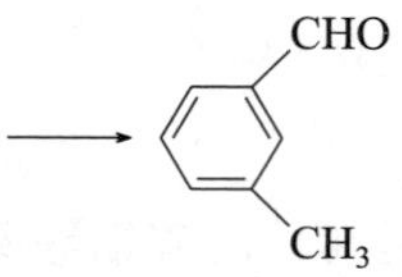

(2) 2,4,6-三甲基苯甲酰氯 (COCl, 两侧 H_3C、CH_3, 对位 CH_3) ⟶ 2,4,6-三甲基苯甲醛 (CHO, 两侧 H_3C、CH_3, 对位 CH_3)

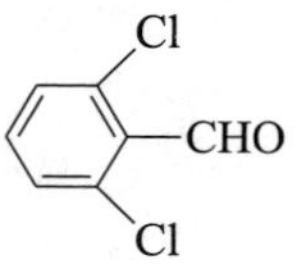

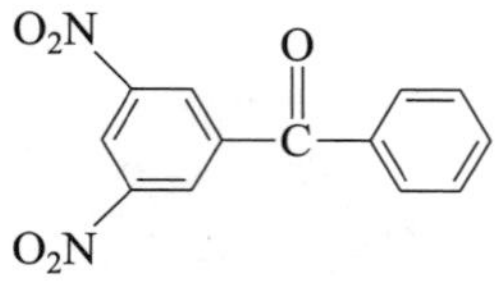

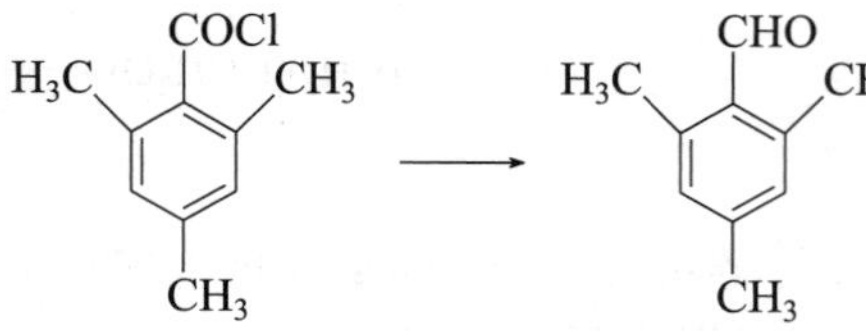

(3) [cyclohexylmethanol] → [cyclohexanecarbaldehyde] (4) [1-methylcyclopentene] → [5-oxohexanal]

(5) [ethynylcyclopentane] → [cyclopentylacetaldehyde]

11.4 醛和酮的物理性质及波谱性质

常温常压下，除甲醛是气体外，碳原子数不超过13的脂肪醛、酮一般是液体，碳原子数多于13的脂肪醛、酮一般为固体；芳醛、芳酮为液体或固体。低级脂肪醛具有强烈的刺激气味；某些 C_9 或 C_{10} 的醛、酮具有花果香味，可用于香料工业。

由于羰基具有极性，因此醛、酮的沸点比相对分子质量相近的烃及醚的高。但由于醛、酮分子间不能形成氢键，因此沸点较相应醇的低。例如：

	$CH_3CH_2CH_2CH_3$	$CH_3OCH_2CH_3$	CH_3CH_2CHO	CH_3COCH_3	$CH_3CH_2CH_2OH$
沸点/℃	−0.5	10.8	49	56	97.2

	$C_6H_5CH_2CH_3$	C_6H_5CHO	$C_6H_5CH_2OH$	p-$CH_3C_6H_4OH$
沸点/℃	136.1	179	205.7	202

因为醛、酮的羰基氧原子能与水中氢原子形成氢键，故低级醛、酮可溶于水；但芳醛、芳酮微溶或不溶于水。一些醛、酮的物理常数见表11-1。

表11-1 一些醛、酮的物理常数

名称	熔点/℃	沸点/℃	相对密度 (d_4^{20})	折射率 (n_D^{20})
甲醛	−92	−21	0.815(−20 ℃)	—
乙醛	−121	21	0.795 1(10 ℃)	1.331 6
丙烯醛	−87	52	0.841 0	1.401 7
丁醛	−99	76	0.817 0	1.384 3
丁-2-烯醛	−74	104	0.849 5	1.436 6
丙酮	−95	56	0.789 9	1.358 8
丁酮	−86	80	0.805 4	1.378 8
环己酮	−45	155	0.947 8	1.450 7
苯甲醛	−26	179	1.046	1.545 6
苯乙酮	21	202	1.024	1.533 9
二苯酮	48.5	305	1.083	1.597 5(55 ℃)

醛和酮的红外光谱在 1 740 ~ 1 680 cm^{-1} 有一个非常特征的 C═O 伸缩振动吸收峰，其他含有羰基的化合物（包括羧酸及其衍生物）的红外光谱在 1 850 ~ 1 650 cm^{-1} 也存在类似的强吸收峰，这是鉴别羰基存在的最有力证据。醛、酮羰基吸收峰的位置与其邻近基团的电子效应及空间效应有关，若羰基与双键或苯环发生共轭，则吸收峰向低波数位移。例如：

	$(CH_3)_2CHCH_2-C(=O)-CH_3$	环己酮 (C=O)
σ/cm^{-1}	1 717	1 715

	$(CH_3)_2C=CH-C(=O)-CH_3$	$C_6H_5-C(=O)-H$
σ/cm^{-1}	1 690	1 700

醛和酮的伸缩振动吸收峰位置相近，不易区别，但醛基的 C—H 键在约 2 720 cm^{-1} 处有中等强度或弱的尖锐的特征吸收峰，可以用来鉴别—CHO 的存在。图 11-2 和图 11-3 分别为正辛醛和苯乙酮的红外光谱图。

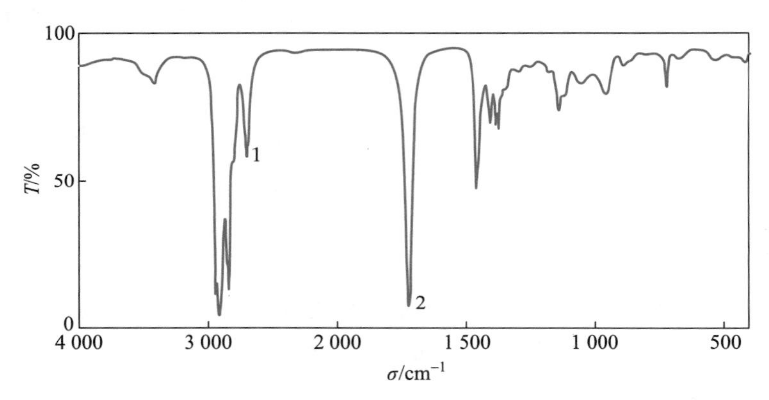

1—2 717 cm^{-1}，甲酰基 C—H 伸缩振动；2—1 729 cm^{-1}，C═O 伸缩振动

图 11-2　正辛醛的红外光谱（液膜）

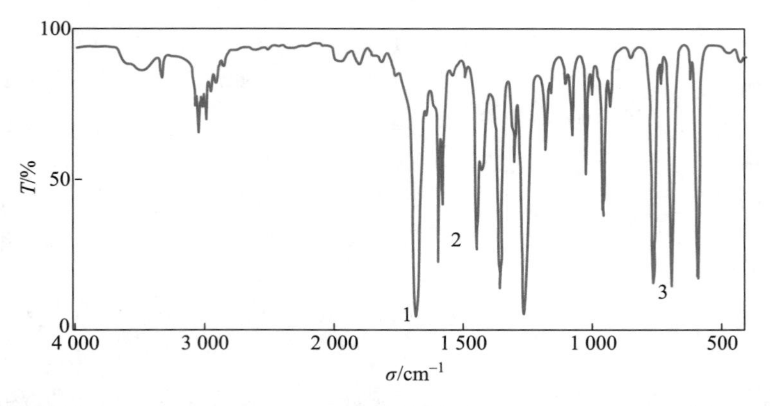

1—1 696 cm^{-1}，C═O 伸缩振动；2—1 599, 1 583 cm^{-1}，苯环骨架伸缩振动；3—761, 691 cm^{-1}，一取代苯 Ar—H 面外弯曲振动

图 11-3　苯乙酮的红外光谱（液膜）

脂肪醛和芳醛分子中，与羰基相连的质子在 ^{1}H NMR 谱中的特征峰，出现在化学位移 $\delta=9\sim10$ 的低场，这一区域内的峰可用来证实醛基（—CHO）的存在。由于羰基的吸电子效应及 C═O 双键的磁各向异性效应，使该质子受到的屏蔽效应减小，化学位移较大。图 11-4 和图 11-5 分别为丁酮和苯甲醛的 ^{1}H NMR 谱。

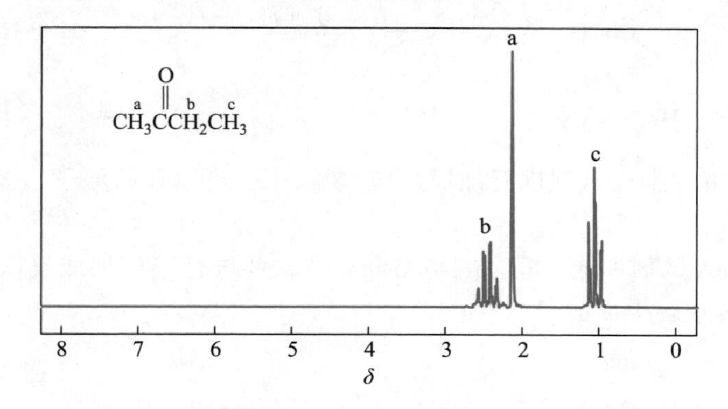

图 11-4 丁酮的 ^{1}H NMR 谱（90 MHz, $CDCl_3$）

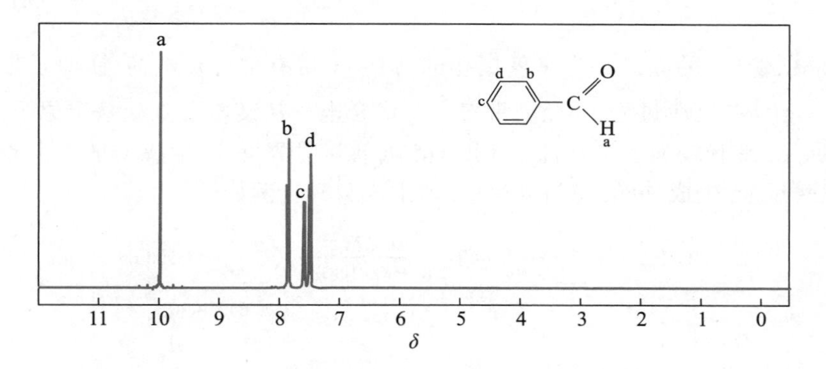

图 11-5 苯甲醛的 ^{1}H NMR 谱（400 MHz, $CDCl_3$）

11.5 醛和酮的化学性质

11.5.1 羰基的亲核加成反应

醛和酮分子中所含的羰基（$\rangle$C═O）是一个不饱和基团，由一个 σ 键和一个 π 键构成。由于羰基氧原子的电负性比碳原子的大，且由于 π 电子流动性较大，所以 π 电子不对称地分布在碳原子和氧原子之间；氧原子上的电子云密度较高，带有部分负电荷，碳原子上的电子云密度较低，带有部分正电荷。

$$C{-}O \qquad \overset{\delta+}{C}{=}\overset{\delta-}{O}$$

羰基碳原子带有部分正电荷,具有亲电性,易于和亲核试剂反应;氧原子带有部分负电荷,具有亲核性,易于和亲电试剂结合。带负电荷的氧原子比带正电荷的碳原子稳定,因而羰基中的碳原子具有更大的反应活性,易于发生亲核加成反应。其反应机理可表示如下:

$$Nu:^- + \;>C=O \;\underset{}{\overset{慢}{\rightleftharpoons}}\; Nu-C-O^- \;\overset{HNu,\,快}{\rightleftharpoons}\; Nu-C-O-H + Nu^-$$

(Ⅰ)　　(Ⅱ)　　(Ⅲ)

羰基可以与多种亲核试剂进行加成反应,亲核原子可以是碳原子、氮原子、氧原子、硫原子和氢原子等。

(1) 与 Grignard 试剂加成　醛、酮与 Grignard 试剂进行亲核加成反应,加成产物不必分离出来,可直接水解生成醇:

$$>C=O + R-MgX \xrightarrow{乙醚} R-\overset{|}{\underset{|}{C}}-OMgX \xrightarrow{H_3O^+} R-\overset{|}{\underset{|}{C}}-OH + Mg(X)(OH)$$

Grignard 试剂中的碳镁键是高度极化的,碳原子带有部分负电荷,镁原子带有部分正电荷 ($\overset{\delta-}{C}-\overset{\delta+}{Mg}$)。在反应过程中,烃基带着一对键合电子从镁转移到羰基碳原子上;其亲核原子是碳原子,具有较强的亲核性。Grignard 试剂与甲醛反应,生成增加一个碳原子的伯醇;与其他醛反应,生成仲醇;而与酮反应,则生成叔醇。例如:

$$HCHO + C_6H_{11}-MgCl \xrightarrow[②\ H_2O,\ H_2SO_4]{①\ 乙醚} C_6H_{11}-CH_2OH$$

64%～96%

$$CH_3\overset{O}{\overset{\|}{C}}Ph + PhCH_2MgCl \xrightarrow[②\ H_2O,\ NH_4Cl]{①\ 乙醚} PhCH_2-\overset{CH_3}{\overset{|}{\underset{Ph}{\underset{|}{C}}}}-OH$$

92%

不同羰基化合物亲核加成反应的活性不同,这种差异是电子效应和空间效应两者综合作用的结果。由电子效应看,当羰基碳原子上连有吸电子基团时,容易进行亲核加成反应;反之,当羰基碳原子上连有给电子基团时,难以进行亲核加成反应。由于与氢原子相比烃基具有给电子效应,因而酮亲核加成反应时的活性一般低于醛。从空间效应看,羰基碳原子进行亲核加成反应的过程中,其杂化状态由 sp^2 杂化转化为具有四面体结构的 sp^3 杂化,增加了空间的"拥挤"程度。因而羰基碳原子若连有较大的基团,则不利于亲核加成反应的进行。不同结构的醛和酮进行亲核加成反应时,由易到难的顺序大致如下:

$$HCHO > RCHO > ArCHO > CH_3COCH_3 > CH_3COR > RCOR > ArCOAr$$

一般在脂肪烃基空间效应不是很大的情况下,脂肪醛比芳醛易于进行亲核加成,脂肪酮比芳酮易于进行亲核加成,这是由于芳醛和芳酮中芳环与羰基的共轭,增加了羰基碳原子上的电子云密度和羰基的稳定性。

对于芳醛、芳酮而言,还要考虑环上取代基的电子效应。当芳环上所连原子或基团通过芳环对羰基的影响表现为吸电子效应时,有利于增加羰基的活性;反之,则降低羰基的活性。例如:

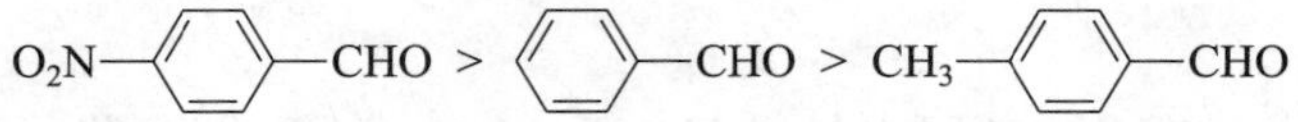

$$O_2N-C_6H_4-CHO > C_6H_5-CHO > CH_3-C_6H_4-CHO$$

当醛、酮分子中的α-碳原子为手性碳原子时,加成产物的立体构型将受其影响。Cram 规则(由 Cram D J 于 1952 年提出)可用来预测占优势产物的构型。

Cram 规则可用 Newman 投影式说明如下,其中 L, M, S 分别代表具有手性的α-碳原子上连有的大、中、小基团;按照该规则,羰基一般应处于 M 和 S 两个基团中间,而亲核试剂应主要从立体障碍较小的一侧(S 侧)进攻羰基碳原子。

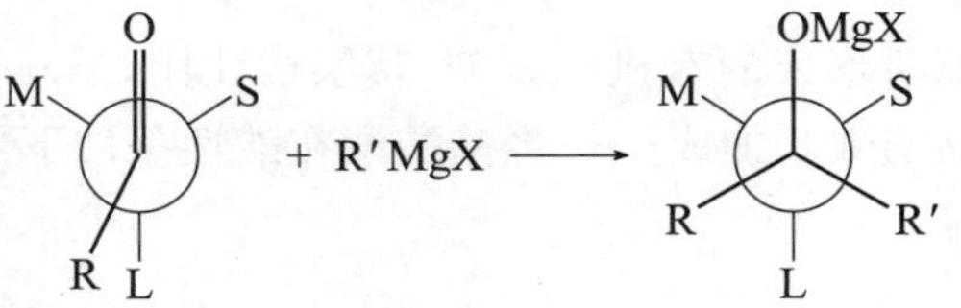

O, M, S, R, L + R′MgX ⟶ OMgX, M, S, R, R′, L

例如,(S)-2-苯基丙醛与碘化甲基镁进行亲核加成反应时,主要得到产物(Ⅰ)。实验结果与 Cram 规则的预测是吻合的。

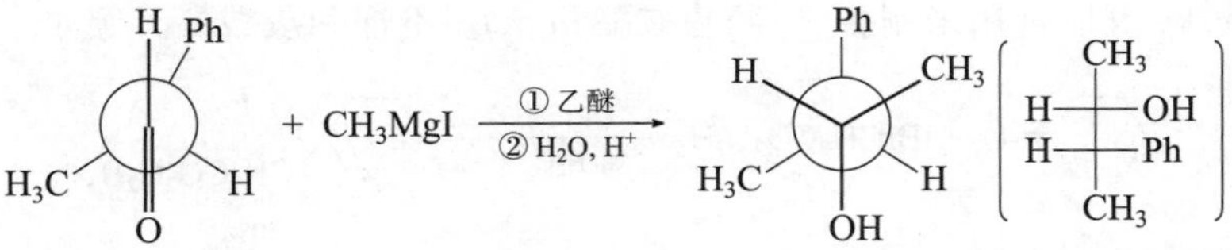

H, Ph, H_3C, H, O + CH_3MgI $\xrightarrow[\text{② } H_2O,\ H^+]{\text{① 乙醚}}$ Ph, H, CH_3, H_3C, H, OH (CH_3, H—OH, H—Ph, CH_3)

(Ⅰ) 67%~80%

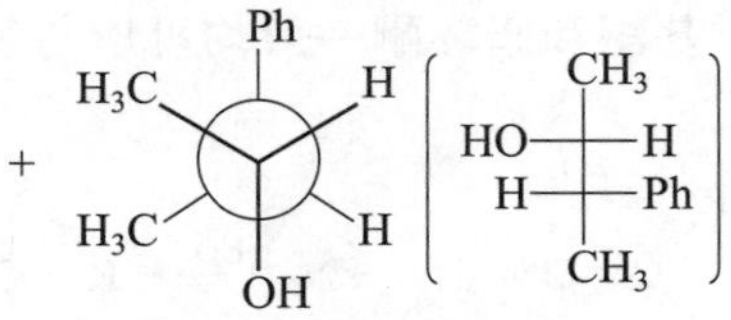

\+ Ph, H_3C, H, H_3C, H, OH (CH_3, HO—H, H—Ph, CH_3)

(Ⅱ) 20%~33%

(2) 与其他金属有机试剂的加成 醛、酮除了和 Grignard 试剂发生加成反应外,还与有机锂试剂进行加成反应。有机锂试剂比 Grignard 试剂更活泼,反应方式与 Grignard 试剂相似,除甲醛外,其他醛、酮分别得到仲醇和叔醇。反应优点是产率较高,而且较易分离。此外,Grignard 试剂不易与二叔丁基酮进行加成反应,其原因是空间障碍较大,而叔丁基锂则可与之发生加成反应:

$$(CH_3)_3C-\overset{O}{\overset{\|}{C}}-C(CH_3)_3 + (CH_3)_3CLi \xrightarrow[-70\,°C]{\text{乙醚}} \xrightarrow{H_2O} [(CH_3)_3C]_3COH$$

二叔丁基酮 叔丁基锂 81% 3-叔丁基-2, 2, 4, 4-四甲基戊-3-醇 或三叔丁基甲醇

醛、酮也可以与炔基钠反应,生成炔醇。例如:

$$\text{环己酮} \xrightarrow[\text{② } H_2O,\ H^+]{\text{① } CH{\equiv}C^-\ Na^+,\ \text{液 } NH_3,\ -33\ ^\circ C} \text{1-乙炔基环己醇 (C}{\equiv}\text{CH, OH)}$$

65%~75%

另外,醛、酮等羰基化合物可在锌粉存在下,与 α-卤(氯或溴)代羧酸酯反应,再经水解生成 β-羟基酸酯,该反应称为 Reformatsky 反应。

$$\gt C{=}O + XCH_2CO_2C_2H_5 \xrightarrow[\text{亲核加成}]{Zn} -\overset{OZnX}{\underset{|}{\overset{|}{C}}}-CH_2CO_2C_2H_5 \xrightarrow[\text{水解}]{H_2O,\ H^+} -\overset{OH}{\underset{|}{\overset{|}{C}}}-CH_2CO_2C_2H_5$$

β-羟基酸酯

锌与 α-卤代羧酸酯所形成的有机锌试剂,其亲核性比 Grignard 试剂的小,只能与醛、酮的羰基加成,而不与酯的羰基加成。β-羟基酸酯在酸性条件下加热,容易发生脱水反应生成 α,β-不饱和羧酸酯。

$$-\overset{OH}{\underset{|}{\overset{|}{C}}}-CH_2CO_2C_2H_5 \xrightarrow[\triangle]{H^+} -\underset{|}{C}{=}CHCO_2C_2H_5$$

Reformatsky 反应常用来制备 β-羟基酸酯和 α,β-不饱和羧酸酯。例如:

$$\text{环己酮} + BrCH_2CO_2C_2H_5 \xrightarrow[\text{② } H_2O,\ H^+]{\text{① Zn, 甲苯}} \text{1-羟基环己基 (OH, } CH_2CO_2C_2H_5)$$

70%

(3) 与 HCN 加成 醛、甲基酮和脂环酮一般均可以与氢氰酸作用生成 α-羟基腈,亦称 α-氰醇。

$$\overset{R}{\underset{(H_3C)H}{\gt}}C{=}O + H{-}CN \xrightarrow{HO^-} R-\overset{OH}{\underset{H(CH_3)}{\overset{|}{\underset{|}{C}}}}-CN$$

氢氰酸与醛或酮作用,在微量碱的催化下,反应进行得很快,产率也很高。例如,氢氰酸与丙酮反应,无碱存在时,3~4 h 内只有一半原料发生反应;加入少量氢氧化钾溶液,反应可以很快完成。如果加入酸,反而使反应速率减小,加入大量的酸,放置许多天也不发生反应。这些事实表明,在氢氰酸与羰基化合物的加成反应中,起决定性作用的是 ^-CN。碱的存在能增加 ^-CN 的浓度,而酸的存在则相反。

$$HCN \underset{H^+}{\overset{HO^-}{\rightleftharpoons}} H^+ + {}^-CN$$

一般认为碱催化下氢氰酸对羰基的加成反应机理是

$$R(R')C^{\delta+}=O^{\delta-} + {}^-CN \overset{慢}{\rightleftharpoons} R-C(O^-)(R')-CN \underset{快}{\overset{HCN}{\rightleftharpoons}} R-C(OH)(R')-CN + {}^-CN$$

氢氰酸有剧毒，易挥发（沸点 26.5 ℃），故与羰基化合物加成时，一般将无机酸加入醛（或酮）和氰化钠水溶液的混合物中，使得氢氰酸一旦生成立即与醛（或酮）反应。但在加酸时应注意控制溶液的 pH，使 pH 为 8，以利于反应进行。为了安全，该反应需要在通风良好的环境中进行。

一种改进的方法是将氰化钠或氰化钾水溶液加到羰基化合物的亚硫酸氢钠加成物中。体系中的亚硫酸氢根离子起酸的作用［见本节（4）与 $NaHSO_3$ 加成］。

$$R-CH(OH)-SO_3Na + NaCN \rightleftharpoons R-CH(OH)-CN + Na_2SO_3$$

羰基与氢氰酸加成，是增长碳链的方法之一；又因加成产物羟基腈，可以进一步转化为其他化合物，因此在有机合成上很有用处。例如，α-羟基腈水解时，随着反应条件的不同可生成 α-羟基酸或 α,β-不饱和酸：

$$CH_3CH_2-CO-CH_3 \xrightarrow{HCN} CH_3CH_2-C(OH)(CH_3)-CN$$

$$\xrightarrow[\triangle]{HCl,\ H_2O} CH_3CH_2-C(OH)(CH_3)-COOH$$

$$\xrightarrow{95\%\ H_2SO_4,\ \triangle} CH_3CH=C(CH_3)-COOH \quad 95\%$$

苯甲醛可经 α-羟基苯乙腈合成苦杏仁酸：

$$C_6H_5-CHO \xrightarrow{NaHSO_3} C_6H_5-CH(SO_3Na)-OH \xrightarrow{NaCN} C_6H_5-CH(CN)-OH \xrightarrow[\triangle]{HCl,\ H_2O} C_6H_5-CH(COOH)-OH$$

苦杏仁酸，67%

又如，丙酮与氢氰酸作用生成丙酮氰醇，后者在硫酸存在下与甲醇作用，即发生醇解、脱水等反应，氰基转变为甲氧羰基（$-CO_2CH_3$），生成甲基丙烯酸甲酯：

$$(H_3C)_2C=O \xrightarrow{HCN} (H_3C)_2C(CN)(OH) \xrightarrow[\triangle]{CH_3OH,\ H_2SO_4} CH_2=C(CH_3)-COOCH_3$$

71%~78%　　　　90%

甲基丙烯酸甲酯是制备有机玻璃——聚甲基丙烯酸甲酯 $\left[CH_2-\underset{CH_3}{\overset{COOCH_3}{C}} \right]_n$ 的单体。

(4) 与 $NaHSO_3$ 加成　醛和较活泼的酮可以与亚硫酸氢钠饱和溶液 (40%) 发生加成反应，生成结晶的亚硫酸氢钠加成物——α-羟基磺酸钠。

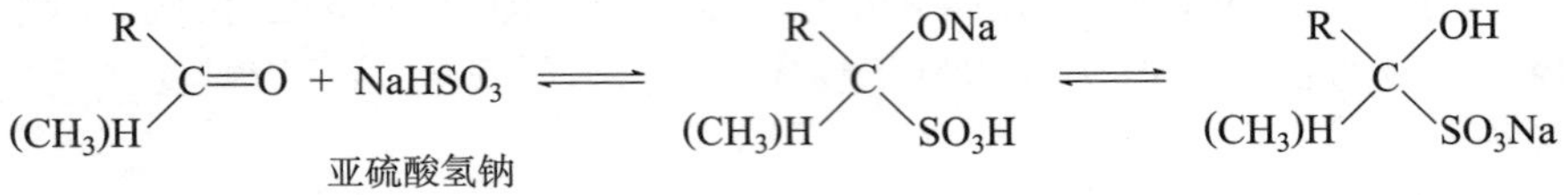

$$\text{R(CH}_3\text{)HC=O} + \underset{\text{亚硫酸氢钠}}{NaHSO_3} \rightleftharpoons \text{R(CH}_3\text{)HC(ONa)(SO}_3\text{H)} \rightleftharpoons \text{R(CH}_3\text{)HC(OH)(SO}_3\text{Na)}$$

羰基与亚硫酸氢钠的加成反应机理为

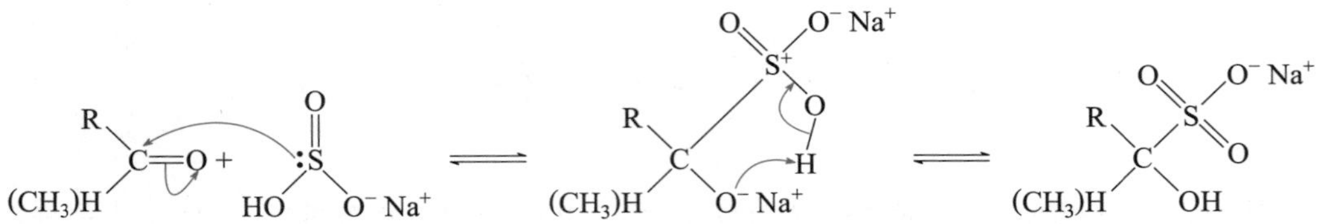

$$\text{R(CH}_3\text{)HC=O} + \text{HO-S(=O)-O}^-\text{Na}^+ \rightleftharpoons \text{R(CH}_3\text{)HC(O}^-\text{Na}^+\text{)-S}^+\text{(=O)(OH)-O}^-\text{Na}^+ \rightleftharpoons \text{R(CH}_3\text{)HC(OH)-SO}_2\text{-O}^-\text{Na}^+$$

该反应中，亲核原子是亚硫酸氢根离子 (HSO_3^-) 中带有孤对电子的硫原子，而不是带有负电荷的氧原子。

不同的羰基化合物与亚硫酸氢钠加成的平衡常数不同，如下列数据 (与 1 当量 $NaHSO_3$ 在 1 h 生成加成物的百分数) 所示：

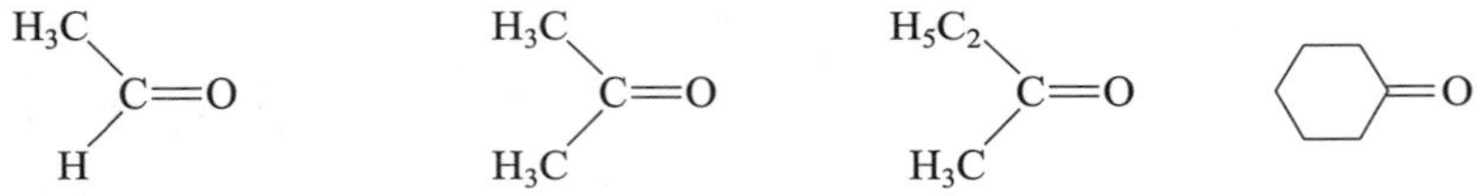

CH_3CHO (H₃C, H)C=O	89%
$(H_3C)(H_3C)C=O$	56%
$(H_5C_2)(H_3C)C=O$	36%
环己酮	35%
$((CH_3)_2CH)(H_3C)C=O$	12%
$((CH_3)_3C)(H_3C)C=O$	6%
$(H_5C_2)(H_5C_2)C=O$	2%
$(Ph)(H_3C)C=O$	1%

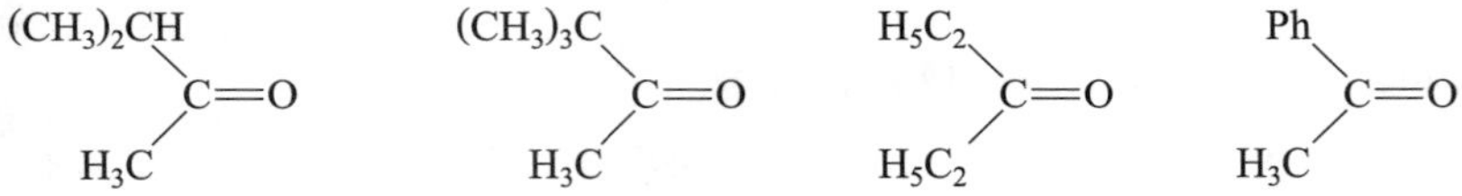

醛、酮与亚硫酸氢钠加成反应的适用范围很广，醛、脂肪族甲基酮和八个碳原子以下的环酮都可以发生反应。醛、酮与亚硫酸氢钠的加成物多为无色结晶。α-羟基磺酸钠易溶于水，但不溶于饱和的亚硫酸氢钠溶液，从而析出结晶。此法可用来鉴定醛、脂肪族甲基酮和八个碳原子以下的环酮等。由于该反应是可逆反应，加入稀酸或稀碱于产品中，可使亚硫酸氢钠分解而除去。因此可利用这些性质来分离或提纯醛、脂肪族甲基酮和八个碳原子以下的环酮。

$$\text{R-C(OH)(H(CH}_3\text{))-SO}_3\text{Na} \rightleftharpoons \text{R-C(=O)-H(CH}_3\text{)} + NaHSO_3$$

$$NaHSO_3 \xrightarrow{Na_2CO_3\,(\text{浓溶液})} Na_2SO_3 + NaHCO_3$$

$$NaHSO_3 \xrightarrow{HCl\,(\text{稀溶液})} NaCl + SO_2\uparrow + H_2O$$

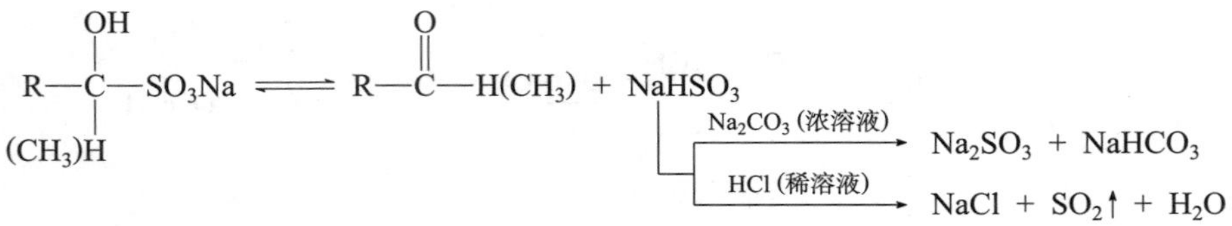

例如,该反应可用来从反应混合物中分离、提纯胡椒醛(piperonal)。

$$\text{胡椒醛(含量<10\%)} \xrightarrow[H_2O]{NaHSO_3} \text{ArCH(OH)}-SO_3Na\ (\text{水溶液}) \xrightarrow[H_2O]{NaOH} \text{胡椒醛(含量}\geq 95\%) + Na_2SO_3$$

含量<10%　　　　水溶液　　　　含量≥95%

(5) 与水加成　水作为亲核试剂时,其亲核原子是氧原子,水与羰基化合物加成,生成水合物——同碳二元醇。

$$>C=O + H_2O \rightleftharpoons >C(OH)_2$$

低级醛在水溶液中可生成水合物(同碳二元醇),但同碳二元醇通常不稳定,不能从水溶液中分离出来。但是,当羰基碳原子上连有强吸电子基团时,其水合物稳定性增大,有的可以从水溶液中分离出来。例如:

$$Cl_3C-CHO + H_2O \longrightarrow Cl_3C-CH(OH)-OH$$

醛和酮与水的加成是可逆反应,表 11-2 列出一些醛、酮水合反应的平衡常数(K)。

表 11-2　一些醛、酮水合反应的平衡常数(K)

醛或酮	K	醛或酮	K
HCHO	2.3×10^3	$ClCH_2CHO$	37
CH_3CHO	1.0	Cl_3CCHO	2.8×10^4
$CH_3CH_2CH_2CHO$	0.5	CH_3COCH_3	1.4×10^{-3}
$(CH_3)_2CHCHO$	0.5	$CH_2ClCOCH_2Cl$	10
$(CH_3)_3CCHO$	0.2	CF_3COCF_3	很大

(6) 与醇加成　在酸或碱的催化下,一分子醛或酮与一分子醇发生加成反应,生成的化合物分别称为半缩醛和半缩酮。

$$\underset{(R')H}{\overset{R}{>}}C=O + H-OR'' \overset{H^+}{\rightleftharpoons} R-\underset{H(R')}{\overset{OH}{C}}-OR''$$

半缩醛(酮)

半缩醛(酮)一般是不稳定的,它易分解成原来的醛(酮),因此不易分离出来,但五、六元环的环状半缩醛较稳定,能够分离得到。例如:

$$\text{HOCH}_2\text{CH}_2\text{CH}_2\text{CHO} \stackrel{H^+}{\rightleftharpoons} \text{(2-羟基四氢呋喃)}$$

酸性条件下，半缩醛（酮）继续与另一分子醇进行反应，失去一分子水，生成稳定的化合物，称为缩醛或缩酮。

$$\text{R—C(OR'')(H(R'))—OH} + \text{H—OR''} \stackrel{H^+}{\rightleftharpoons} \text{R—C(OR'')(H(R'))—OR''} + H_2O$$

缩醛(酮)

整个反应机理可表示如下：

$$\text{R(R')HC=O} \stackrel{H^+}{\rightleftharpoons} \text{R(R')HC=}\overset{+}{\text{O}}\text{H} \stackrel{HOR''}{\rightleftharpoons} \text{R—C(H}\overset{+}{\text{O}}\text{R'')(H(R'))—OH} \rightleftharpoons \text{R—C(OR'')(H(R'))—}\overset{+}{\text{O}}\text{H}_2 \stackrel{-H_2O}{\rightleftharpoons}$$

$$\left[\text{R—C}^+\text{(OR'')(H(R'))} \longleftrightarrow \text{R—C(=}^+\text{OR'')(H(R'))}\right] \stackrel{HOR''}{\rightleftharpoons} \text{R—C(H}\overset{+}{\text{O}}\text{R'')(H(R'))—OR''} \stackrel{-H^+}{\rightleftharpoons} \text{R—C(OR'')(H(R'))—OR''}$$

缩醛（酮）可以看成同碳二元醇的醚，性质与醚相似，不受碱的影响，对氧化剂和还原剂也是稳定的。但缩醛（酮）又与醚不同，它在稀酸中易水解转变为原来的醛（酮）。

$$\text{R—C(OR'')(H(R'))—OR''} + H_2O \xrightarrow{H^+} \text{R(R')HC=O} + 2\,\text{H—OR''}$$

醛容易与醇反应生成缩醛，在反应过程中用过量醇作溶剂或把生成的水蒸出促进平衡向右移动，可以获得较高的产率。例如：

$$\text{3-}NO_2C_6H_4CHO + 2\,CH_3OH \xrightarrow{H_2SO_4} \text{3-}NO_2C_6H_4CH(OCH_3)_2 + H_2O$$

76%～85%

但是醇和酮的反应比和醛的反应困难，因此制备简单的缩酮，常采用其他方法。例如，制备丙酮缩二乙醇，不用乙醇与丙酮反应，而是采用原甲酸三乙酯和丙酮反应：

$$(H_3C)_2C=O + CH(OC_2H_5)_3 \xrightarrow{H^+} H_3C—C(OC_2H_5)(CH_3)—OC_2H_5 + H—\overset{O}{\overset{\|}{C}}—OC_2H_5$$

原甲酸三乙酯

若使用酮在酸催化下与乙二醇作用，并设法移去反应生成的水，便得到环状缩酮：

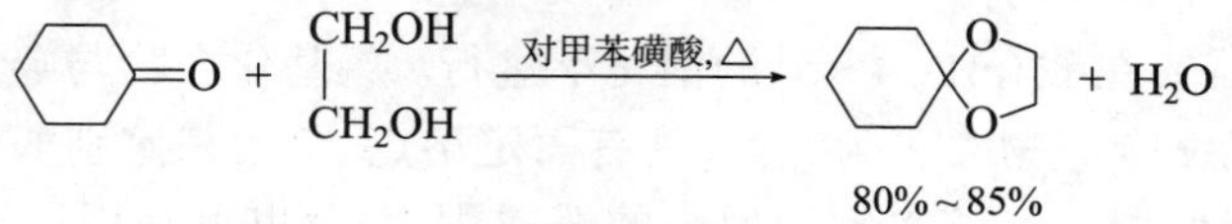

$$\text{环己酮}=O + \begin{matrix}CH_2OH\\ |\\ CH_2OH\end{matrix} \xrightarrow{\text{对甲苯磺酸},\triangle} \text{环己酮乙二醇缩酮} + H_2O$$

80%～85%

生成缩醛和缩酮的方法可用来保护羰基。例如，从卤代醛合成高级炔醛：

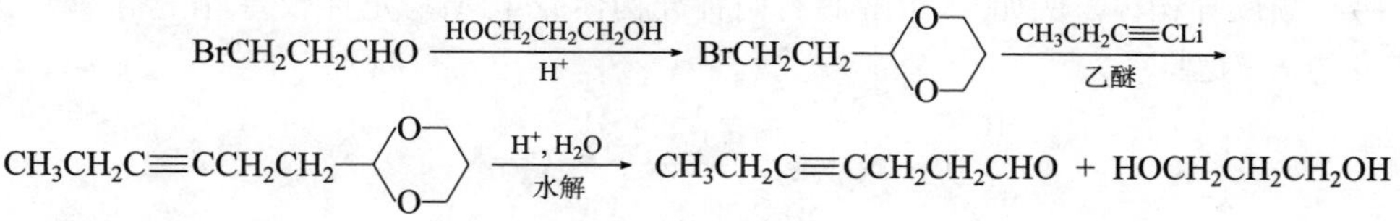

$$BrCH_2CH_2CHO \xrightarrow[H^+]{HOCH_2CH_2CH_2OH} BrCH_2CH_2\text{—(1,3-二氧六环-2-基)} \xrightarrow[\text{乙醚}]{CH_3CH_2C\equiv CLi}$$

$$CH_3CH_2C\equiv CCH_2CH_2\text{—(1,3-二氧六环-2-基)} \xrightarrow[\text{水解}]{H^+, H_2O} CH_3CH_2C\equiv CCH_2CH_2CHO + HOCH_2CH_2CH_2OH$$

首先，将—CHO保护起来；然后，连接炔基；最后，水解恢复—CHO。

醛或酮和二醇缩合在工业上有重要意义。例如，高分子产品聚乙烯醇 $\left[CH_2—\underset{OH}{CH}\right]_n$ 的分子中包含许多亲水的羟基，不能作为合成纤维使用。为了提高其耐水性，在酸催化下用甲醛使它部分缩醛化，便得到性能优良的合成纤维，商品名称为维纶(又叫维尼纶)：

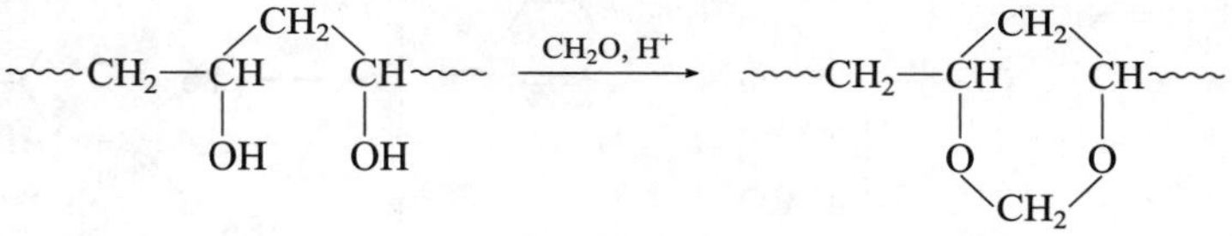

$$\sim\sim CH_2—\underset{OH}{CH}—CH_2—\underset{OH}{CH}\sim\sim \xrightarrow{CH_2O, H^+} \sim\sim CH_2—CH(—CH_2—)CH\sim\sim \ (\text{两个 CH 经 }O—CH_2—O\text{ 成环})$$

(7) 与氨及其衍生物的加成缩合　醛、酮与氨的反应一般比较复杂，与甲醛的反应则较容易，但其生成物($CH_2=NH$)不稳定，很快聚合生成六甲叉基四胺，俗称乌洛托品(urotropine)。该化合物可被用作有机合成中的氨化试剂，也可用作酚醛树脂的固化剂及消毒剂等。

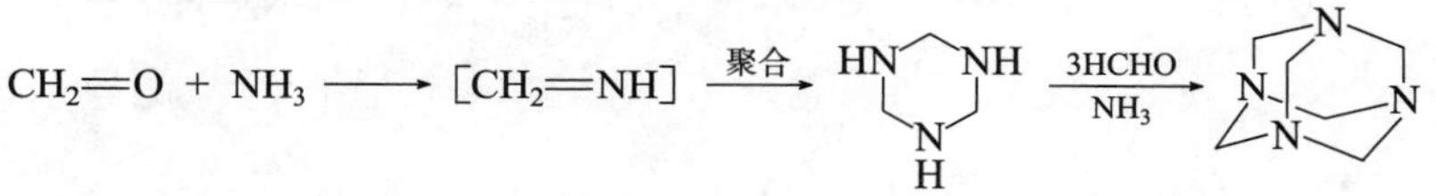

$$CH_2=O + NH_3 \longrightarrow [CH_2=NH] \xrightarrow{\text{聚合}} \text{(六氢-1,3,5-三嗪, HN NH NH)} \xrightarrow[NH_3]{3HCHO} \text{(六甲叉基四胺)}$$

醛、酮能和氨的衍生物，如羟氨、肼、苯肼、2,4-二硝基苯肼及氨基脲等反应，分别生成肟、腙、苯腙、2,4-二硝基苯腙及缩氨脲等。其反应可用通式表示如下：

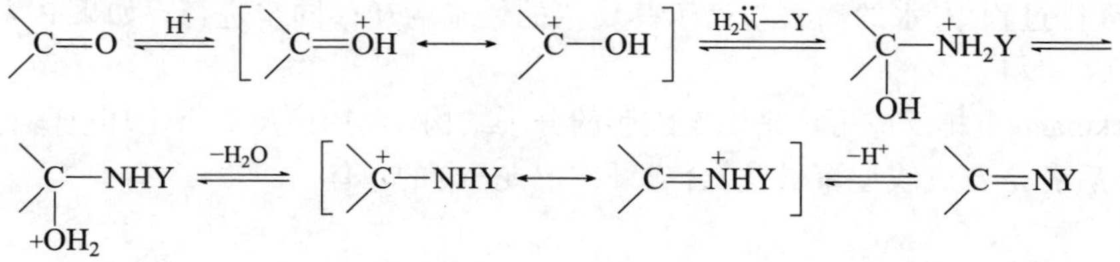

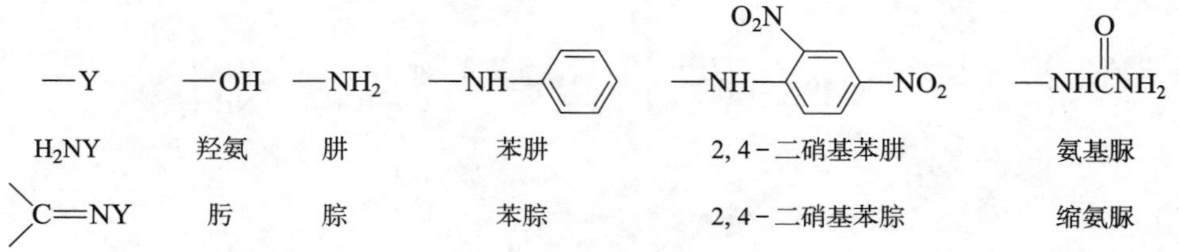

$$>C=O \overset{H^+}{\rightleftharpoons} \left[>C=\overset{+}{O}H \longleftrightarrow >\overset{+}{C}—OH\right] \overset{H_2\ddot{N}—Y}{\rightleftharpoons} >\underset{OH}{C}—\overset{+}{N}H_2Y \rightleftharpoons$$

$$>\underset{+OH_2}{C}—NHY \overset{-H_2O}{\rightleftharpoons} \left[>\overset{+}{C}—NHY \longleftrightarrow >C=\overset{+}{N}HY\right] \overset{-H^+}{\rightleftharpoons} >C=NY$$

—Y	—OH	—NH$_2$	—NH—C$_6$H$_5$	—NH—C$_6$H$_3$(2-NO$_2$)(4-NO$_2$)	—NHC(=O)NH$_2$
H_2NY	羟氨	肼	苯肼	2,4-二硝基苯肼	氨基脲
$>C=NY$	肟	腙	苯腙	2,4-二硝基苯腙	缩氨脲

反应结果是使 >C=O 变成了 >C=N—。为了保证羰基与上述氨的衍生物都具有较高活性，上述反应一般需要在酸（pH＝4～5）的催化下进行。羰基化合物与羟氨、2,4-二硝基苯肼及氨基脲的加成缩合产物大多为结晶，具有固定熔点，常用来鉴别醛、酮。肟、腙、苯腙和缩氨脲在稀酸作用下能够水解为原来的醛或酮，因而也可利用该类反应来分离和提纯醛、酮。

肟有顺反异构体。例如，苯甲醛肟有两种异构体，*Z* 构型稳定性较差，在醇溶液中遇酸即转变为 *E* 构型。

(*Z*)-苯甲醛肟 mp 35 ℃ —(HCl, 醇)→ (*E*)-苯甲醛肟 mp 132 ℃

酮肟用浓硫酸或五氯化磷等酸性试剂处理，可发生重排反应转变成酰胺，该反应称为 Beckmann 重排。例如：

$$\text{Ph}(p\text{-CH}_3\text{C}_6\text{H}_4)\text{C=N-OH} \xrightarrow{H^+} [\text{Ph}(\text{HO})\text{C=N-C}_6\text{H}_4\text{CH}_3\text{-}p] \longrightarrow \text{PhC(=O)-NH-C}_6\text{H}_4\text{CH}_3\text{-}p$$

Beckmann 重排的反应机理为

$$\text{R}'\text{(R)C=N-OH} \xrightarrow{H^+} \text{R}'\text{(R)C=N-}\overset{+}{\text{O}}\text{H}_2 \xrightarrow[\text{重排}]{-H_2O} \text{R}'\text{-}\overset{+}{\text{C}}\text{=N-R} \xrightarrow{H_2O}$$

$$\text{R}'\text{-C}(\overset{+}{\text{O}}\text{H}_2)\text{=N-R} \rightleftharpoons \text{R}'\text{-C(OH)=}\overset{+}{\text{N}}\text{H-R} \xrightarrow{-H^+} \text{R}'\text{-C(=O)-NH-R}$$

在重排过程中，水的离去与处于其反位的烃基的迁移同步进行。如果 R ≠ R′，该反应为立体专一反应。

Beckmann 重排反应可用来测定酮肟的分子结构。利用该反应可由环己酮肟合成 ε-己内酰胺，后者是合成线型聚酰胺（合成纤维尼龙-6）的单体。

$$\text{环己酮肟} \xrightarrow{H_2SO_4} \text{己内酰胺} \xrightarrow{\text{聚合}} \left[\text{C(=O)-(CH}_2)_5\text{-NH}\right]_n$$

尼龙-6

伯胺与氨的衍生物相似,也能与醛、酮发生加成缩合反应,生成 N-取代亚胺(又称 Schiff 碱):

$$>C{=}O + RNH_2 \overset{H^+}{\rightleftharpoons} >C(OH)(NHR) \overset{H^+}{\rightleftharpoons} >C{=}NR + H_2O$$

醇胺 N-取代亚胺

该反应需在酸催化下进行,但酸度过高会导致伯胺质子化而失去亲核活性,故一般控制 pH=4~5。例如:

$$C_6H_5CHO + CH_3NH_2 \longrightarrow C_6H_5CH{=}NCH_3$$

70%

$$\text{环己酮} + (CH_3)_2CHCH_2NH_2 \xrightarrow{\text{醇}} \text{环己亚基}{=}NCH_2CH(CH_3)_2$$

79%

N-取代亚胺是实验室中合成仲胺的中间体。

醛、酮也能与仲胺发生亲核加成反应,生成醇胺,醇胺脱水即可生成烯胺:

$$-H_2C-C{=}O + H\ddot{N}R_2 \rightleftharpoons -H_2C-C(OH)(NR_2) \overset{-H_2O}{\rightleftharpoons} -CH{=}C(NR_2)-$$

醇胺 烯胺

由于在形成烯胺的过程中,要在分子内脱去一分子水,所以该反应一般需要利用溶剂(甲苯或苯等)共沸脱水,或者使用干燥剂除水。该反应亦需要痕量的酸催化。例如:

$$\text{环戊酮} + \text{吡咯烷} \xrightarrow{H^+,\text{苯},\triangle} N\text{-(1-环戊烯基)吡咯烷} + H_2O$$

N-(1-环戊烯基)吡咯烷

80%~90%

烯胺分子中,氮原子和共轭体系末端碳原子均具有亲核性:

$$\left[\ \text{吡咯烷-}\ddot{N}\text{-环戊烯基} \longleftrightarrow \text{吡咯烷-}\overset{+}{N}{=}\text{环戊亚基(碳负离子 }\ddot{C}^-\text{)}\ \right]$$

在有机合成中,常利用烯胺碳原子的亲核性,进行酰基化、烷基化或 Michael 加成等反应,所生成的亚铵离子或烯胺结构遇水即可水解成羰基,这样可在羰基的 α 位引入酰基或烃基。例如:

$$\text{环己酮} \xrightarrow[\text{H}^+,\ -\text{H}_2\text{O}]{\text{四氢吡咯(NH)}} \left[\text{烯胺} \longleftrightarrow \text{亚胺正离子/碳负离子}\right] \xrightarrow[\triangle]{\text{BrCH}_2\text{COOC}_2\text{H}_5} \text{亚胺盐(Br}^-\text{)},\ \text{CH}_2\text{COOC}_2\text{H}_5$$

$$\xrightarrow{\text{H}_2\text{O}} \text{2-(CH}_2\text{COOC}_2\text{H}_5\text{)环己酮}$$

γ-酮酸酯, 75%

许多生命过程也涉及亚胺的形成。例如,磷酸吡哆醛(pyridoxal phosphate, 维生素 B_6 在生物体内的活性形式)是促进氨基酸反应的一种辅酶,它是通过亚胺的碳氮双键与氨基酸连接的。

$$\text{磷酸吡哆醛(吡啶环: H}_3\text{C, OH, CHO, CH}_2\text{OPO}_3^{2-}) + \text{H}_2\text{NCH(R)CO}_2^- \longrightarrow \text{吡啶环—CH=NCH(R)CO}_2^- + \text{H}_2\text{O}$$

磷酸吡哆醛

人物:
Wittig G

(8) 与 Wittig 试剂加成　醛、酮等羰基化合物可与 Wittig 试剂进行亲核加成反应,并生成烯烃,该反应称为 Wittig 反应。

Wittig 试剂通常由三苯基膦和卤代烷制备。三苯基膦作为亲核试剂与卤代烷反应,生成季鏻盐;再与强碱(如 n-BuLi, PhLi 等)作用,生成 Wittig 试剂。例如:

$$(\text{C}_6\text{H}_5)_3\ddot{\text{P}} + \text{CH}_3\text{CH}_2\text{—Br} \xrightarrow{\text{亲核取代}} (\text{C}_6\text{H}_5)_3\overset{+}{\text{P}}\text{CH}_2\text{CH}_3\ \text{Br}^-$$

$$(\text{C}_6\text{H}_5)_3\overset{+}{\text{P}}\text{—CH(H)CH}_3 + \overset{\delta-}{\text{C}_6\text{H}_5}\text{—}\overset{\delta+}{\text{Li}} \xrightarrow{-\text{C}_6\text{H}_6} \left[(\text{C}_6\text{H}_5)_3\overset{+}{\text{P}}\text{—}\overset{-}{\text{C}}\text{HCH}_3 \longleftrightarrow (\text{C}_6\text{H}_5)_3\text{P=CHCH}_3\right]$$

Wittig 试剂主要以内鎓盐的形式存在,内鎓盐亦称叶立德(ylide)。因而 Wittig 试剂亦称鏻内鎓盐或磷叶立德。

Wittig 试剂作为亲核试剂进攻醛、酮分子中的羰基碳原子,生成一种内盐,然后消除三苯基氧膦[$(C_6H_5)_3PO$]而得到烯烃。以丙酮为例,其反应机理如下:

$$\text{CH}_3\text{—}\overset{\text{O}}{\overset{\|}{\text{C}}}\text{—CH}_3 + \text{Ph}_3\text{P=CHCH}_3 \xrightarrow{0\ ^\circ\text{C}} \left[\text{CH}_3\text{—C(}\overset{-}{\text{O}}\text{)(CH}_3\text{)—CH(}\overset{+}{\text{P}}\text{Ph}_3\text{)CH}_3\right]$$

$$\longrightarrow \left[\text{CH}_3\text{—C(CH}_3\text{)(O—PPh}_3\text{)—CHCH}_3\ \text{(四元环)}\right] \longrightarrow \text{CH}_3\text{—C(CH}_3\text{)=CHCH}_3 + \text{Ph}_3\text{P=O}$$

三苯基膦是结晶固体,熔点为 80 ℃,实验室中可用 Grignard 试剂与三氯化磷作用而得:

$$3\,PhMgBr + PCl_3 \longrightarrow Ph_3P + 3\,MgBrCl$$

也可通过下列反应制得:

$$3\,Ph{-}Br + PCl_3 + 6\,Na \longrightarrow Ph_3P + 3\,NaCl + 3\,NaBr$$

Wittig 反应条件温和且产率较高,除可用于合成普通烯烃外,还可合成一些用其他方法难以制备的烯烃及其衍生物。例如:

$$\text{环己酮} + Ph_3P{=}CH_2 \xrightarrow{\text{二甲基亚砜}} \text{亚甲基环己烷}\ (86\%)$$

$$\text{(C}_{15}\text{ 多烯基 }{=}PPh_3) + OHC{-}C(CH_3){=}CH{-}CH_2OAc \xrightarrow[\text{② 异构化}]{\text{① }-Ph_3P{=}O} \text{维生素 A 乙酸酯}\ (98\%)$$

后一反应已用于维生素 A 的工业合成。

练习 11.5 完成下列反应式:

(1) $2C_2H_5OH$ + 环戊酮 $\xrightarrow{\text{HCl 的乙醇溶液}}$

(2) 环己酮 + $H_2NNH{-}C({=}O){-}NH_2 \longrightarrow$

(3) $HOCH_2CH_2CH_2CH_2CHO \xrightarrow{H^+}$

(4) 环己基$-CHO + H_2NNH-$(2,4-二硝基苯基)$\longrightarrow$

(5) $C_6H_5MgBr + CH_3CHO \xrightarrow[\text{② } H_3O^+]{\text{① 乙醚}}$

(6) 邻羟基苯甲醛 $\xrightarrow{\text{饱和 } NaHSO_3}$

(7) 邻苯二甲醛 + 邻亚二甲基双(三苯基膦叶立德) ($Ph_3P{=}CH$, $Ph_3P{=}CH$) $\longrightarrow$

(8) $C_6H_5CH{=}PPh_3$ + 环戊酮 $\longrightarrow$

(9) $\text{Ph}(\text{(H}_3\text{C)}_2\text{HCH}_2\text{C})C{=}N{-}OH \xrightarrow{H^+}$

(10) $((H_3C)_2HCH_2C)(Ph)C{=}N{-}OH \xrightarrow{H^+}$

(11) 2-环戊基-2-甲基-1,3-二氧戊环 $\xrightarrow{H_3O^+}$

(12) 2-甲氧基-2-乙基四氢吡喃 $\xrightarrow{H_3O^+}$

(13) 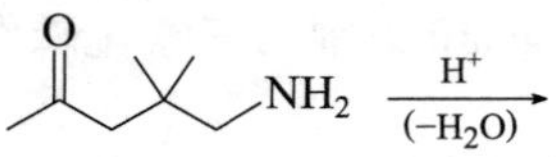 NH_2 $\xrightarrow[(-H_2O)]{H^+}$　　(14) 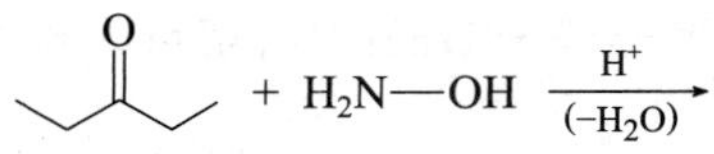 + H_2N—OH $\xrightarrow[(-H_2O)]{H^+}$

(15) 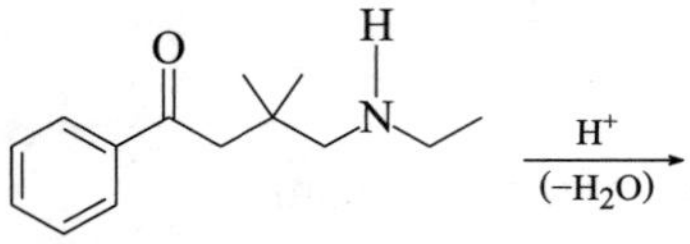 H N $\xrightarrow[(-H_2O)]{H^+}$

练习 11.6　给下列反应提出可能的机理。

(1) 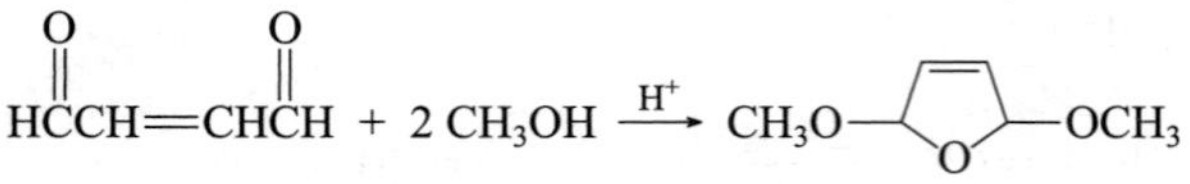 $\overset{O}{\overset{\|}{HC}}CH{=}CH\overset{O}{\overset{\|}{C}}H$ + 2 CH_3OH $\xrightarrow{H^+}$ CH_3O—⟨O⟩—OCH_3

(2) Ph, H, i-Pr, CHO $\xrightarrow[\text{② } H_2O,\ H^+]{\text{① } CH_3MgI,\ 乙醚}$ CH_3; H—OH; H—Ph; $CH(CH_3)_2$

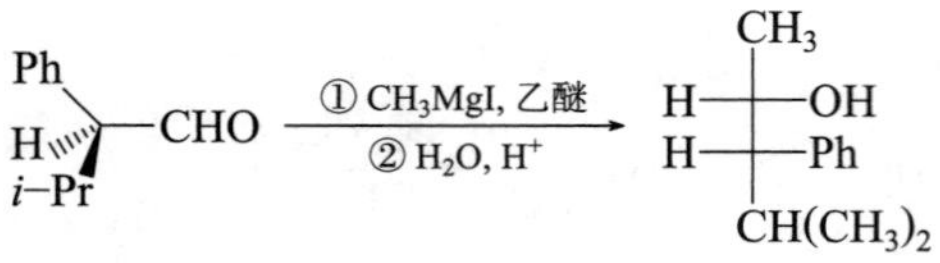

(主要产物)

(3) 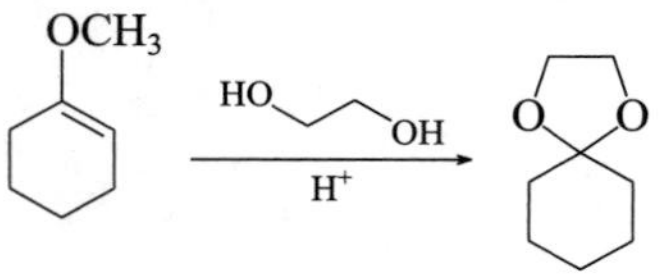 OCH_3 $\xrightarrow[H^+]{HO\quad OH}$ O O

(4) 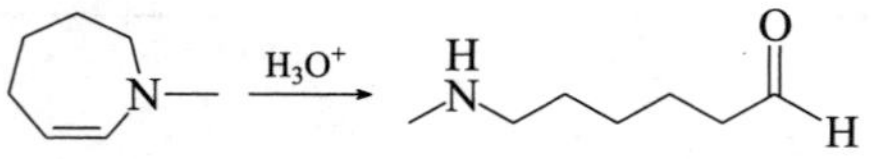 N— $\xrightarrow{H_3O^+}$ H N O H

(5) 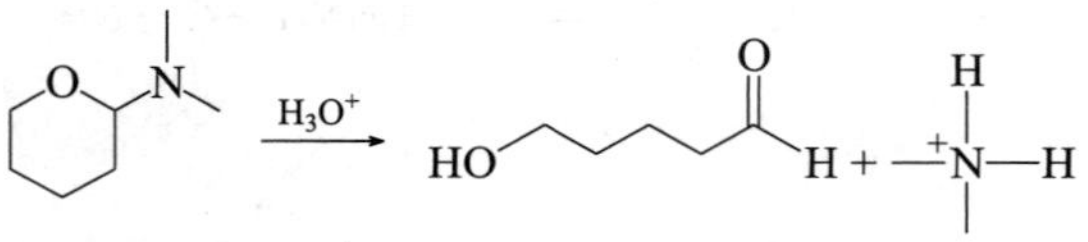 O N $\xrightarrow{H_3O^+}$ HO O H + $\overset{+}{N}$ H H

(6) 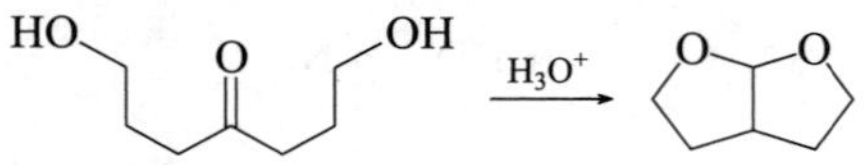 HO O OH $\xrightarrow{H_3O^+}$ O O

(7) 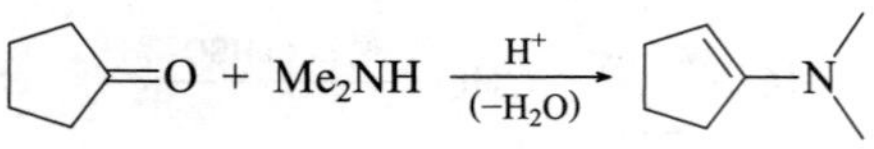 =O + Me_2NH $\xrightarrow[(-H_2O)]{H^+}$ N

练习 11.7　完成下列转变:

(1) CH_3COCH_3 + CH≡CH ⟶ 异戊二烯　　(2) 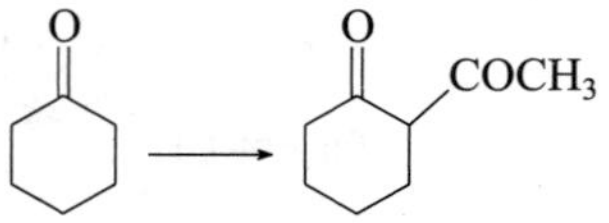 O ⟶ O $COCH_3$

(3) O ⟶ O CH_2CH_2CN　　(4) 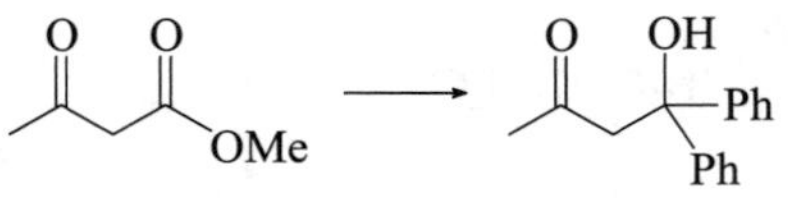 O O OMe ⟶ O OH Ph Ph

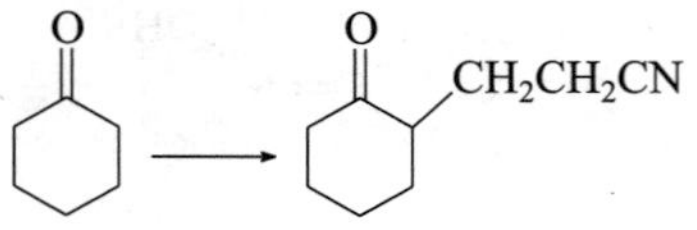

(5) 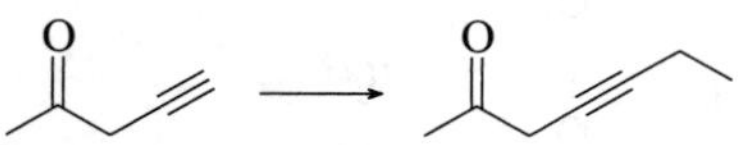 O ⟶ O

11.5.2 α-氢原子的反应

醛、酮分子中,与羰基直接相连的碳原子上的氢原子,称为α-氢原子。由于受羰基的影响,α-氢原子具有一定的酸性,并由此可产生一系列化学反应。

(1) α-氢原子的酸性　醛、酮分子中的α-氢原子具有一定的酸性。例如,乙醛的pK_a值约为17,丙酮的pK_a值约为19.2。以乙醛为例:

$$\mathrm{H{-}\overset{O}{\overset{\|}{C}}{-}CH_3 \xrightleftharpoons{-H^+} \left[H{-}\overset{O}{\overset{\|}{C}}{-}\overset{-}{C}H_2 \longleftrightarrow H{-}\overset{O^-}{\overset{|}{C}}{=}CH_2 \right] \equiv H{-}\overset{O^{\delta-}}{\overset{|}{C}}{-}\overset{\delta-}{C}H_2}$$

(Ⅰ)　(Ⅱ)

所形成的负离子中,负电荷被分散到氧原子和α-碳原子上,因此比较稳定,使醛、酮等羰基化合物具有酸性。按照共振论的观点,该负离子是极限结构(Ⅰ)和(Ⅱ)的共振杂化体,其中极限结构(Ⅱ)对该共振杂化体的贡献较大。

(2) 卤化反应　在碱或酸的作用下,醛、酮分子中的α-氢原子,容易被卤素取代,生成α-卤代醛、酮。例如:

$$\mathrm{C_6H_5{-}\overset{O}{\overset{\|}{C}}{-}CH_3 \xrightarrow[\text{乙醚},\ 0\ ^\circ C]{Br_2,\ \text{催化量}\ AlCl_3} C_6H_5{-}\overset{O}{\overset{\|}{C}}{-}CH_2Br}$$

88%~96%

$$\text{环己酮} \xrightarrow[H_2O]{Cl_2} \text{2-氯环己酮} + \mathrm{HCl}$$

61%~66%

由于卤素是亲电试剂,因此卤素取代α-氢原子而不是与羰基加成。这类反应随着反应条件的不同,其反应机理也不同,碱促进的卤化反应机理是

$$\mathrm{CH_3{-}\overset{O}{\overset{\|}{C}}{-}CH_3 + HO^- \xrightleftharpoons[\text{慢}]{-H_2O} \left[CH_3{-}\overset{O}{\overset{\|}{C}}{-}\overset{-}{C}H_2 \longleftrightarrow CH_3{-}\overset{O^-}{\overset{|}{C}}{=}CH_2 \right]}$$

$$\mathrm{CH_3{-}\overset{O}{\overset{\|}{C}}{-}\overset{-}{C}H_2 + Br{-}Br \xrightarrow[\text{快}]{} CH_3{-}\overset{O}{\overset{\|}{C}}{-}CH_2Br + Br^-}$$

丙酮先失去一个α-氢原子生成烯醇负离子,然后烯醇负离子很快地与卤素进行反应,生成α-卤代丙酮和卤素负离子。

酸催化的卤化反应机理是

$$\mathrm{CH_3{-}\overset{O}{\overset{\|}{C}}{-}CH_3 + H^+ \xrightleftharpoons[\text{快}]{} \left[CH_3{-}\overset{\overset{+}{O}H}{\overset{\|}{C}}{-}\underset{H}{\underset{|}{C}}H_2 \right] \xrightleftharpoons[\text{慢}]{-H^+} \left[CH_3{-}\overset{OH}{\overset{|}{C}}{=}CH_2 \right]}$$

$$\left[CH_3-\overset{OH}{\overset{|}{C}}=CH_2\right] + Br-Br \xrightarrow[快]{} \left[CH_3-\overset{OH}{\overset{|}{C^+}}-CH_2Br \longleftrightarrow CH_3-\overset{\overset{+}{O}H}{\overset{\|}{C}}-CH_2Br\right] + Br^-$$

$$\left[CH_3-\overset{\overset{+}{O}H}{\overset{\|}{C}}-CH_2Br\right] \underset{快}{\rightleftharpoons} CH_3-\overset{O}{\overset{\|}{C}}-CH_2Br + H^+$$

酸的催化作用是加速形成烯醇,这是决定反应速率的一步,然后卤素与烯醇的碳碳双键进行亲电加成形成较稳定的碳正离子,它很快失去质子而得到α-卤代酮。由于醛、酮直接与卤素反应时,即可放出卤化氢,所以该卤化反应可自催化进行。

用酸催化时,通过控制反应条件,如卤素的用量等,可以控制主要生成一卤、二卤或三卤代物。而用碱促进时,从一卤化到三卤化,反应速率依次增大,一般不易控制生成一卤或二卤代物。因为醛、酮的一个α-氢原子被取代后,引入的卤原子是吸电子的,它所连的α-碳原子上的氢原子在碱的作用下更易离去,因此第二、第三个α-氢原子就更容易被取代而生成α,α,α-三卤代物。这样,凡具有 $CH_3\overset{O}{\overset{\|}{C}}-$ 结构的醛、酮(即乙醛和甲基酮),与次卤酸钠(NaXO)溶液或卤素的碱溶液作用,甲基上三个α-氢原子将都被取代,得到三卤代醛、酮。例如:

$$CH_3-\overset{O}{\overset{\|}{C}}-CH_3 \xrightarrow[慢]{Br_2,\ ^-OH} CH_3-\overset{O}{\overset{\|}{C}}-CH_2Br \xrightarrow[快]{Br_2} CH_3-\overset{O}{\overset{\|}{C}}-CHBr_2 \xrightarrow[快]{Br_2} CH_3-\overset{O}{\overset{\|}{C}}-CBr_3$$

生成的α,α,α-三卤代醛、酮的羰基很活泼,容易受到HO^-的亲核进攻,最后分解成三卤甲烷和羧酸盐:

$$CH_3-\overset{O}{\overset{\|}{C}}-CBr_3 + ^-OH \rightleftharpoons CH_3-\underset{OH}{\underset{|}{\overset{O^-}{\overset{|}{C}}}}-CBr_3 \longrightarrow CH_3-\underset{OH}{\underset{|}{\overset{O}{\overset{\|}{C}}}} + :\bar{C}Br_3 \longrightarrow CH_3-\overset{O}{\overset{\|}{C}}-O^- + CHBr_3$$

常把次卤酸钠溶液或卤素的碱溶液与醛或酮作用生成三卤甲烷的反应称为卤仿反应。如果用碘和强碱作试剂,则产生黄色结晶碘仿(CHI_3),这个反应称为碘仿反应。可以通过碘仿反应来鉴别具有 $CH_3-\overset{O}{\overset{\|}{C}}-$ 结构的醛和酮,以及具有 $CH_3-\overset{OH}{\overset{|}{C}H}-$ 结构的醇,因为碘在碱性条件下是一种氧化剂,能将 $CH_3-\overset{OH}{\overset{|}{C}H}-$ 结构的醇氧化成含 $CH_3-\overset{O}{\overset{\|}{C}}-$ 结构的醛或酮。例如:

$$CH_3CH_2OH \xrightarrow{I_2,\ HO^-} CH_3\overset{O}{\overset{\|}{C}}H \xrightarrow{I_2,\ HO^-} H\overset{O}{\overset{\|}{C}}-O^- + CHI_3$$

卤仿反应还可用于制备一些用其他方法不易得到的羧酸。例如:

$$(CH_3)_3C\overset{O}{\overset{\|}{C}}CH_3 \xrightarrow[\triangle]{NaClO} \underset{70\%}{(CH_3)_3CCOONa} + CHCl_3$$

11.5.3　缩合反应

缩合反应是指两个或两个以上的分子,或一个分子内的不同部分通过共价键结合在一起,通常伴随着失去比较简单的小分子的一类反应。羰基化合物可以进行自身缩合,也可以进行交叉缩合,得到链状或环状化合物。此类反应在有机合成中具有重要意义。

(1) 羟醛缩合　在稀碱或稀酸的催化下,含 α-氢原子的醛或酮结合在一起,生成 β-羟基醛或酮的反应称为羟醛缩合或称醇醛缩合 (aldol 反应)。例如:

$$CH_3-\overset{H}{\overset{|}{C}}=O + \underset{\underset{H}{|}}{CH_2}-CHO \xrightarrow[5\ ^\circ C]{10\%\ NaOH} CH_3-\underset{\underset{OH}{|}}{CH}-CH_2-CHO$$

3-羟基丁醛 (β-羟基丁醛)

碱催化条件下,羟醛缩合的反应机理可用乙醛为例表示如下:

$$CH_3-\overset{O}{\overset{\|}{C}}-H \xrightleftharpoons{^-OH,\ -H_2O} \left[\bar{C}H_2-\overset{O}{\overset{\|}{C}}-H \longleftrightarrow CH_2=\overset{O^-}{\overset{|}{C}}-H\right] \xrightleftharpoons{CH_3\overset{O}{\overset{\|}{C}}H}$$

$$CH_3\overset{O^-}{\overset{|}{C}}HCH_2\overset{O}{\overset{\|}{C}}-H \xrightleftharpoons{H_2O,\ -HO^-} CH_3\overset{OH}{\overset{|}{C}}HCH_2\overset{O}{\overset{\|}{C}}-H$$

从上述反应机理可以看出,羟醛缩合本质上也是亲核加成反应。

羟醛缩合产物 β-羟基醛,在碱性条件下稍微受热或在酸的作用下即发生分子内脱水而生成 α,β-不饱和醛。α,β-不饱和醛进一步催化加氢,可得饱和醇。通过羟醛缩合可以合成比原料醛增加一倍碳原子的醛或醇。

除乙醛外,由其他含有 α-氢原子的醛自身缩合所得到的羟醛缩合产物,都是 α-碳原子上带有支链的 β-羟基醛,后者经过脱水、还原可生成烯醛、醇等。例如:

$$CH_3CH_2CH_2\underset{\underset{H}{|}}{C}=O + H-\underset{\underset{CH_2CH_3}{|}}{CH}-CHO \xrightarrow{\text{稀碱}} CH_3CH_2CH_2\underset{\underset{OH}{|}}{CH}-\underset{\underset{CH_2CH_3}{|}}{C}HCHO$$

2-乙基-3-羟基己醛

$$\xrightarrow[-H_2O]{H^+,\ \triangle} CH_3CH_2CH_2CH=\underset{\underset{CH_2CH_3}{|}}{C}-CHO \xrightarrow{2H_2,\ Ni} CH_3CH_2CH_2CH_2\underset{\underset{CH_2CH_3}{|}}{C}HCH_2OH$$

2-乙基己-2-烯醛　　　　2-乙基己-1-醇

这是工业上用正丁醛为原料生产 2-乙基己-1-醇的方法。

含有 α-氢原子的两种不同的醛,在稀碱作用下,发生交叉羟醛缩合,可以生成四种不同的产物,因分离困难,实际意义不大。若用甲醛或其他不含 α-氢原子的醛,与含有 α-氢原子的醛进行交叉羟醛缩合,则有一定应用价值。例如:

$$3\,HCHO + H-\underset{\underset{H}{|}}{\overset{H}{\overset{|}{C}}}-CHO \xrightarrow[55\sim65\ ^\circ C]{Ca(OH)_2} HOCH_2-\underset{\underset{CH_2OH}{|}}{\overset{CH_2OH}{\overset{|}{C}}}-CHO$$

由于甲醛的羰基比较活泼，在进行交叉羟醛缩合时，能在乙醛的 α-碳原子上引入三个羟甲基。为了减少副反应，需将乙醛和碱溶液同时分别慢慢地加到甲醛溶液中，使甲醛始终过量，有利于交叉羟醛缩合产物 —— 三羟甲基乙醛的生成。后者是合成季戊四醇的中间体 [见本章 11.5.4 节 (3)]。

酮进行羟醛缩合反应时，羰基的活性较低，故平衡常数较小。例如，丙酮在碱性条件下进行羟醛缩合时，只能得到少量 β-羟基酮；该反应可在 Soxhlet (索氏) 提取器中，在不溶性的碱 [如 $Ba(OH)_2$] 催化下进行。

$$2\,CH_3\overset{O}{\overset{\|}{C}}CH_3 \xrightarrow[\text{Soxhlet 提取器}]{Ba(OH)_2} CH_3-\underset{CH_3}{\underset{|}{\overset{OH}{\overset{|}{C}}}}-CH_2\overset{O}{\overset{\|}{C}}CH_3$$

70%

但是，酮与碱作用所生成的负离子具有较强的亲核性，因而容易与醛发生交叉羟醛缩合反应。例如：

$$CH_3-\overset{O}{\overset{\|}{C}}-H + CH_3\overset{O}{\overset{\|}{C}}CH_3 \xrightarrow{\text{稀 }^-OH,\triangle} CH_3CH{=}CH\overset{O}{\overset{\|}{C}}CH_3$$

$$\text{柠檬醛} + CH_3\overset{O}{\overset{\|}{C}}CH_3 \xrightarrow[H_2O]{Ba(OH)_2} \text{假紫罗兰酮}$$

二元羰基化合物可发生分子内羟醛缩合反应，这是合成环状化合物的重要方法，特别适于合成具有五、六元环的化合物。例如：

$$\xrightarrow[H_2O,\triangle]{Na_2CO_3}$$

96%

(2) Claisen-Schmidt 缩合反应　芳醛与含有 α-氢原子的醛、酮在碱性条件下发生交叉羟醛缩合，失水后得到 α,β-不饱和醛或酮的反应称为 Claisen-Schmidt 缩合反应。例如：

$$C_6H_5CHO + CH_3CHO \xrightarrow[50\ ^\circ C]{NaOH} \left[H-\underset{C_6H_5}{\underset{|}{\overset{CH_2CHO}{\overset{|}{C}}}}-OH \right] \xrightarrow{-H_2O} C_6H_5-CH{=}CHCHO$$

β-苯丙烯醛(肉桂醛), 90%

$$C_6H_5-CHO + CH_3-\overset{O}{\overset{\|}{C}}-C_6H_5 \xrightarrow[20\ ^\circ C]{^-OH} C_6H_5-CH{=}CH-\overset{O}{\overset{\|}{C}}-C_6H_5$$

查耳酮, 85%

人物: Perkin W H

(3) Perkin 反应　芳醛与脂肪族酸酐，在相应羧酸的碱金属盐存在下共热，发生缩合反应，称为 Perkin 反应。当酸酐包含两个或三个 α-氢原子时，通常生成 α,β-不饱和酸。这是制备 α,β-不饱和酸的一种方法。例如：

$$C_6H_5CHO + (CH_3CH_2CO)_2O \xrightarrow[130\sim135\ ^\circ C,\ 30\ h]{CH_3CH_2COONa} C_6H_5CH{=}C(CH_3){-}COOH + CH_3CH_2COOH$$

60%~75%

此反应是碱催化缩合反应，其中酰氧基负离子（羧酸根负离子）是碱，在某些情况下，也可使用三乙胺或碳酸钾作为碱。脂肪醛在 Perkin 反应条件下易自身缩合，故一般不用。

(4) Mannich 反应　碳原子上连有活泼氢原子的化合物（如醛、酮等）与醛和氨（或伯、仲胺）之间发生的三组分缩合反应，称为 Mannich 反应。例如：

$$C_6H_5{-}\overset{O}{\overset{\|}{C}}{-}CH_3 + HCHO + HN(CH_3)_2 \xrightarrow{HCl} C_6H_5{-}\overset{O}{\overset{\|}{C}}{-}CH_2{-}CH_2{-}N(CH_3)_2\cdot HCl$$

70%

Mannich 反应的机理比较复杂，一般随反应物及操作条件不同，反应机理也不尽相同。上述反应的机理可能是

拓展: Mannich 反应的应用

拓展: 不对称有机催化反应

$$(CH_3)_2\ddot{N}H + H_2C{=}O \rightleftharpoons (CH_3)_2N{-}CH_2{-}OH \overset{H^+}{\rightleftharpoons}$$

$$(CH_3)_2\ddot{N}{-}CH_2{-}\overset{+}{O}H_2 \overset{-H_2O}{\rightleftharpoons} (CH_3)_2\overset{+}{N}{=}CH_2$$

亚铵离子

$$C_6H_5{-}\overset{O}{\overset{\|}{C}}{-}CH_3 \overset{H^+}{\rightleftharpoons} C_6H_5{-}C(OH){=}CH_2 \xrightarrow{CH_2{=}\overset{+}{N}(CH_3)_2}$$

$$C_6H_5{-}\overset{O}{\overset{\|}{C}}{-}CH_2{-}CH_2{-}\ddot{N}(CH_3)_2 + H^+$$

Mannich 碱

此反应是一种氨甲基化反应，这里苯乙酮分子中甲基上的一个氢原子被二甲氨甲基取代，产物是 β-氨基酮。由于 β-氨基酮容易分解为氨（或胺）和 α,β-不饱和酮，所以 Mannich 反应提供了一个间接合成 α,β-不饱和酮的方法。例如：

$$(C_2H_5)_2NCH_2CH_2COCH_2CH(CH_3)_2 \xrightarrow[\triangle]{\text{减压蒸馏}} CH_2{=}CHCOCH_2CH(CH_3)_2$$

94%

Mannich 反应通常在弱酸性溶液中进行(碱催化亦可)。除醛、酮外,其他含有活泼氢原子的化合物如酯、腈、酚和吲哚等也可发生该反应。

练习 11.8　指出下列化合物中,哪个可以进行自身羟醛缩合。

(1) 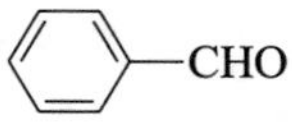 —CHO　　(2) HCHO

(3) $(CH_3CH_2)_2CHCHO$　　(4) $(CH_3)_3CCHO$

练习 11.9　指出下列化合物中,哪些能发生碘仿反应。

(1) ICH_2CHO　　(2) CH_3CH_2CHO

(3) $CH_3CH_2CHCH_3$(OH)　　(4) 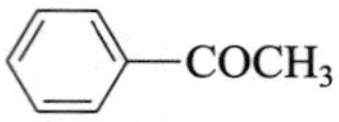 —$COCH_3$

练习 11.10　完成下列反应式:

(1) $CH_3CH_2CHO \xrightarrow[\triangle]{稀\ ^-OH}$

(2) $OHCCH_2CH_2CH_2CH_2CHO \xrightarrow[\triangle]{稀\ ^-OH}$

(3) 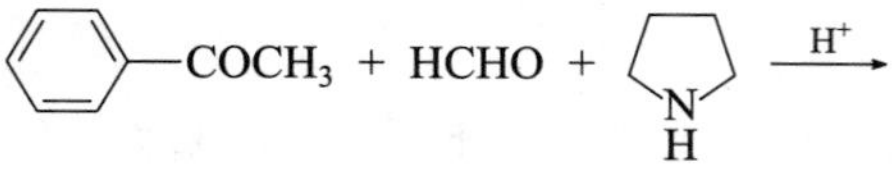 —$COCH_3$ + HCHO + (N—H) $\xrightarrow{H^+}$

(4) 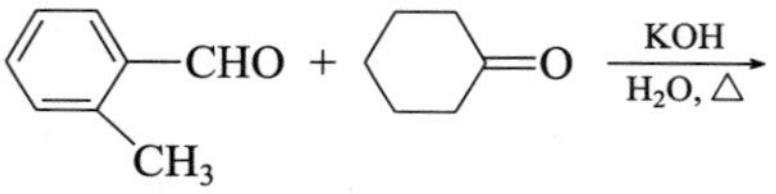 —CHO (CH_3) + =O $\xrightarrow[H_2O,\ \triangle]{KOH}$

(5) 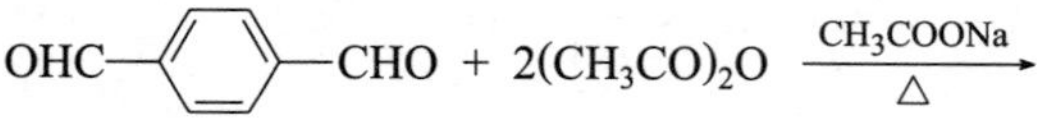 OHC——CHO + $2(CH_3CO)_2O \xrightarrow[\triangle]{CH_3COONa}$

练习 11.11　写出下列化合物在氢氧化钠水溶液的存在下加热得到的缩合反应产物。

(1) 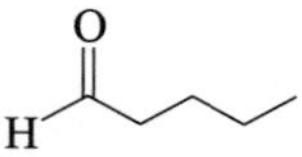 O, H　　(2) 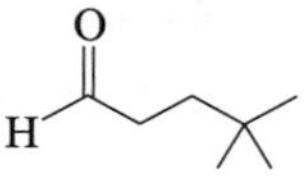 O, H　　(3) 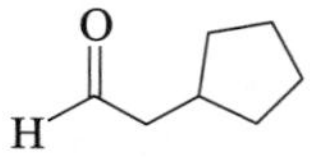 O, H

(4) 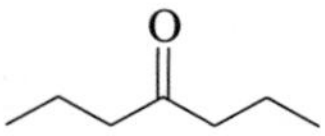 O　　(5) 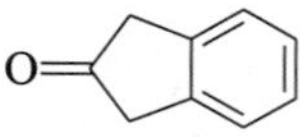 O=　　(6) 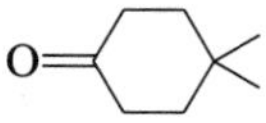 O=

练习 11.12　指出利用羟醛缩合反应合成下列化合物所需的起始醛或酮。

(1) 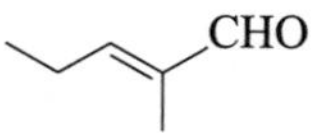 CHO　　(2) 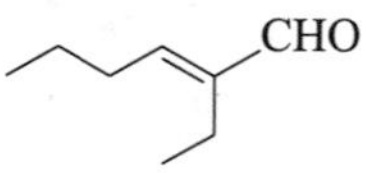 CHO　　(3) 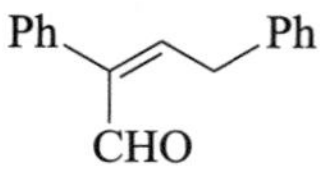 Ph, Ph, CHO

练习 11.13　指出实现下列转化所需的试剂。

(1)  —OH ⟶ =O　　(2) 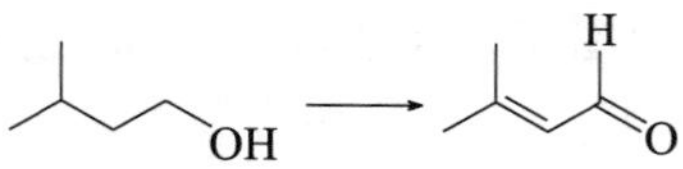 OH ⟶ H, O

11.5.4　氧化和还原反应

(1) 氧化反应　醛有一个氢原子直接连在羰基上,因而不同于酮,醛非常容易被氧化,较弱的氧化剂可把醛氧化成相同碳原子数的羧酸。而弱氧化剂不能使酮氧化，因此可以用某些氧化剂来区别醛和酮。常用的弱氧化剂是 Tollens 试剂和 Fehling 试剂。

Tollens 试剂是硝酸银的氨溶液，它与醛的反应可表示如下:

$$RCHO + 2\,Ag(NH_3)_2OH \xrightarrow{\triangle} RCOONH_4 + 2\,Ag\downarrow + H_2O + 3\,NH_3$$

醛被氧化成为羧酸（实际上得到羧酸的铵盐），一价银离子作为氧化剂则被还原为金属银。如果反应器很干净，所析出的金属银将镀在反应器的内壁，形成银镜，所以这个反应常称为银镜反应。

Fehling 试剂是由硫酸铜溶液与酒石酸钾钠碱溶液混合而成的铜络合物，作为氧化剂的是二价铜离子。脂肪（环）醛与 Fehling 试剂反应时，二价铜离子被还原成砖红色的氧化亚铜沉淀:

$$RCHO + 2\,Cu^{2+} + 5\,^{-}OH \xrightarrow{\triangle} RCOO^{-} + Cu_2O\downarrow + 3\,H_2O$$

但 Fehling 试剂不能将芳醛氧化成相应的酸。

上述两种氧化剂的反应现象很明显，因而常用来区别醛和酮，以及脂肪（环）醛与芳香醛。这两种试剂对碳碳双键和碳碳三键不反应，而用强氧化剂如高锰酸钾氧化时，则碳碳双键等也被氧化。例如:

$$CH_3CH{=}CHCHO \xrightarrow{Ag^+\text{ 或 }Cu^{2+}} CH_3CH{=}CHCOOH$$

$$CH_3CH{=}CHCHO \xrightarrow{KMnO_4,\ NaOH} CH_3COOH + 2\,CO_2$$

此外，醛也很容易被 H_2O_2, RCO_3H 和 CrO_3 等氧化剂氧化为酸。

酮用过氧化氢或过氧酸（如 CH_3CO_3H, CF_3CO_3H 及 $PhCO_3H$ 等）氧化生成酯的反应，称为 Baeyer−Villiger 氧化反应。例如:

$$\text{环己酮} + CH_3CO_3H \xrightarrow[40\ ^\circ C,\ 6.5\ h]{CH_3CO_2C_2H_5} \varepsilon\text{-己内酯},\ 90\%$$

该反应的机理为

$$R{-}\overset{O}{\overset{\|}{C}}{-}R' + H{-}O{-}O{-}\overset{O}{\overset{\|}{C}}{-}R'' \rightleftharpoons R{-}\overset{\overset{+}{O}H}{\overset{\|}{C}}{-}R' + {}^{-}\ddot{\underset{\cdot\cdot}{O}}{-}O{-}\overset{O}{\overset{\|}{C}}{-}R'' \rightleftharpoons$$

$$R{-}\underset{R'}{\overset{OH}{C}}{-}\ddot{\underset{\cdot\cdot}{O}}{-}O{-}\overset{O}{\overset{\|}{C}}{-}R'' \xrightarrow[-R''CO_2H]{H^+} R{-}\overset{\overset{+}{O}H}{\overset{\|}{C}}{-}O{-}R' \underset{-H^+}{\rightleftharpoons} R{-}\overset{O}{\overset{\|}{C}}{-}O{-}R'$$

反应过程中，涉及 R′ 基团的迁移，所以也称为 Baeyer−Villiger 重排。该重排过程与氢过氧化异丙苯在酸性条件下的重排反应类似 [见第九章 9.3.2节(1)]。混酮分子中，R≠R′，所以可能产生两种不同的酯。不同基团迁移的难易顺序（迁移倾向）有如下规律:

（较易）氢 > 叔烷基 > 仲烷基 > 苯基 > 伯烷基 > 甲基（较难）

所以混酮的氧化产物中往往以一种酯为主,而醛的氧化产物主要是酸。例如:

$$CH_3-\overset{\overset{O}{\|}}{C}-CH_2CH(CH_3)_2 \xrightarrow[CH_2Cl_2,\text{回流}]{HO_3CCH=CHCO_3H} \underset{72\%}{CH_3-\overset{\overset{O}{\|}}{C}-O-CH_2CH(CH_3)_2}$$

$$C_6H_5-\overset{\overset{O}{\|}}{C}-H \xrightarrow[\text{甲醇-水}]{PhCO_3H} \underset{90\%}{C_6H_5-\overset{\overset{O}{\|}}{C}-OH}$$

另外,迁移基团的构型在反应过程中保持不变。

酮遇强氧化剂如高锰酸钾、硝酸等则可被氧化而发生碳链断裂。碳链的断裂发生在酮羰基和 α-碳原子之间,往往生成多种低级羧酸的混合物。例如:

$$CH_3 \vdots \overset{\overset{O}{\|}}{C} \vdots CH_2CH_3 \xrightarrow{HNO_3} CH_3CH_2COOH + CH_3COOH + HCOOH \xrightarrow{\text{氧化}} H_2O + CO_2$$

所以一般酮的氧化反应没有制备意义。但环己酮在强氧化剂作用下生成己二酸,是工业上制备己二酸的一种方法:

$$\underset{\text{环己酮}}{C_6H_{10}=O} + HNO_3 \xrightarrow{V_2O_5} \underset{\text{己二酸}}{HOOC(CH_2)_4COOH}$$

己二酸是生产合成纤维尼龙-66的原料之一。

(2) 还原反应　醛、酮能够被还原生成醇或者烃。还原剂不同,羰基化合物的结构不同,所生成的产物也不同。

(a) 催化加氢。醛、酮可以催化加氢,分别生成伯醇和仲醇。

$$\begin{matrix} R \\ (R')H \end{matrix}\!\!>C=O + H_2 \xrightarrow[\triangle]{Pt,\ Pd\text{或}Ni} R-\overset{\overset{H}{|}}{\underset{\underset{H(R')}{|}}{C}}-OH$$

例如:

$$CH_3(CH_2)_5CHO + H_2 \xrightarrow{Pd,\ C_2H_5OH} \underset{90\%\sim95\%}{CH_3(CH_2)_5CH_2OH}$$

用催化加氢的方法还原羰基化合物时,若分子中还有其他可被还原的基团,总是活性较高的基团先被还原。如果醛、酮分子中还含有碳碳双键、碳碳三键,多数情况下它们同时也被还原。例如:

$$\text{(环己烯基)}-COCH_3 + H_2 \xrightarrow{Raney\ Ni} \underset{95\%}{\text{(环己基)}-\overset{\overset{OH}{|}}{CH}-CH_3}$$

(b) 用金属氢化物还原。金属氢化物如硼氢化钠、氢化铝锂等是还原羰基常用的试剂。硼氢化钠是一种温和的还原剂,可在醇溶液或碱性水溶液中使用,只还原羰基,不还原孤立碳碳双键等不饱和官能团,具有较强的选择性。例如:

$$3\text{-}O_2N\text{-}C_6H_4\text{-}CHO + NaBH_4 \xrightarrow{C_2H_5OH} 3\text{-}O_2N\text{-}C_6H_4\text{-}CH_2OH \quad 82\%$$

氢化铝锂的还原性比硼氢化钠强,不仅能将醛、酮还原成相应的醇,而且还能还原羧酸、酯、酰胺和腈等,反应产率很高。但氢化铝锂对孤立的碳碳双键一般没有还原作用。

氢化铝锂或硼氢化钠等还原剂与羰基化合物反应也是亲核加成,此处亲核试剂是氢负离子 (H^-),它转移到羰基碳原子上,与 Grignard 试剂中的 R^- 加到羰基碳原子上相似。一分子 $LiAlH_4$ 或 $NaBH_4$ 能还原四分子醛或酮,以 $LiAlH_4$ 为例:

$$>C{=}O + H{-}\bar{A}lH_3 \longrightarrow -\underset{|}{\overset{H}{\overset{|}{C}}}-O\bar{A}lH_3 \xrightarrow{3\ >C=O} \left[\left(-\underset{|}{\overset{H}{\overset{|}{C}}}-O\right)_4 Al\right]^-$$

$$\xrightarrow{H_2O} 4\ -\underset{|}{\overset{H}{\overset{|}{C}}}-OH + Al(OH)_3$$

氢化铝锂能与质子溶剂反应,因而要在乙醚等非质子溶剂中使用。例如:

$$Ph_2CH\overset{O}{\overset{\|}{C}}CH_3 \xrightarrow[\text{② } H_2O,\ H^+]{\text{① } LiAlH_4,\ 乙醚} Ph_2CH\overset{OH}{\overset{|}{C}H}CH_3 \quad 84\%$$

其他化学还原剂,如异丙醇-异丙醇铝,只还原羰基而不影响碳碳重键等。例如:

$$\text{2-环己烯酮} + CH_3-\overset{OH}{\overset{|}{CH}}-CH_3 \xrightarrow{异丙醇铝} \text{2-环己烯醇} + CH_3-\overset{O}{\overset{\|}{C}}-CH_3$$

异丙醇-异丙醇铝也是一个选择性很高的还原剂。此反应常在苯或甲苯溶液中进行。异丙醇铝协助异丙醇将氢负离子转移到醛或酮的羰基上,而异丙醇转化成丙酮,将丙酮不断蒸出,使反应向正反应方向进行。这相当于前面讨论过的 Oppenauer 氧化的逆反应,称为 Meerwein-Ponndorf 反应。

(c) 溶解金属还原。酮和钠、镁、铝等活泼金属在醇类等质子溶剂中反应,然后水解,可被还原成仲醇。若无质子溶剂,酮与活泼金属作用易发生还原偶联反应,经水解后生成邻二醇,其反应机理如下:

$$2\ \overset{R}{\underset{R'}{>}}C{=}O \xrightarrow{金属\ M} 2\ R-\underset{R'}{\underset{|}{\overset{O^-}{\overset{|}{C}}}}\cdot \xrightarrow{偶联} R-\underset{R'}{\underset{|}{\overset{O^-}{\overset{|}{C}}}}-\underset{R'}{\underset{|}{\overset{O^-}{\overset{|}{C}}}}-R \xrightarrow{H_2O} R-\underset{R'}{\underset{|}{\overset{HO}{\overset{|}{C}}}}-\underset{R'}{\underset{|}{\overset{OH}{\overset{|}{C}}}}-R$$

利用该反应,可合成频哪醇及其类似物。例如:

$$2\ CH_3-\overset{O}{\overset{\|}{C}}-CH_3 \xrightarrow[\triangle]{Mg(Hg),苯} CH_3-\underset{H_3C}{\overset{O^-}{C}}-\underset{CH_3}{\overset{O^-}{C}}-CH_3\ (Mg^{2+}) \xrightarrow{H_2O} CH_3-\underset{H_3C}{\overset{HO}{C}}-\underset{CH_3}{\overset{OH}{C}}-CH_3$$

频哪醇

$$2\ \text{环戊酮} \xrightarrow[②\ H_2O]{①\ Mg(Hg)} \text{1,1'-二羟基联环戊基}$$

(d) Clemmensen 还原。酮与锌汞齐和盐酸共同回流,可将羰基直接还原成甲叉基,称为 Clemmensen 还原。它是将羰基还原成甲叉基的一种较好的方法,特别适于芳酮的还原,在有机合成中常用于合成直链烷基苯。例如:

$$Ph\overset{O}{\overset{\|}{C}}CH_2CH_2CH_3 \xrightarrow[回流]{Zn-Hg,浓\ HCl} PhCH_2CH_2CH_2CH_3\quad 88\%$$

(e) Wolff-Kishner-黄鸣龙还原。将醛或酮中的羰基还原成甲叉基的另一种方法,是先使醛或酮与无水肼作用变成腙,然后将腙和乙醇钠及无水乙醇在高压釜中加热到 180 ℃左右而成的,此法称为 Wolff-Kishner 法。

$$\begin{matrix}R\\(R')H\end{matrix}\!\!>C=O \xrightarrow[-H_2O]{NH_2NH_2} \begin{matrix}R\\(R')H\end{matrix}\!\!>C=NNH_2 \xrightarrow{NaOC_2H_5} \begin{matrix}R\\(R')H\end{matrix}\!\!>CH_2 + N_2$$

我国化学家黄鸣龙在反应条件方面做了改进。先将醛或酮、氢氧化钠、肼的水溶液和一种高沸点的水溶性溶剂(如二甘醇、三甘醇等)一起加热,使醛、酮变成腙,再蒸出过量的水和未反应的肼,待温度达到腙的分解温度(200 ℃左右),继续回流至反应完成。这样可以不使用无水肼,反应在常压下进行,并且得到高产率的产品。这种改进的方法称为黄鸣龙改良的 Wolff-Kishner 还原法,亦称 Wolff-Kishner-黄鸣龙还原法。例如:

$$\text{环壬酮} \xrightarrow[二甘醇,\triangle]{NH_2NH_2\cdot H_2O,\ NaOH} \text{环壬烷} + N_2\uparrow + H_2O\quad 47\%$$

Wolff-Kishner 还原法的适用性非常广,可以和 Clemmensen 还原法互相补充。

(3) Cannizzaro 反应 不含 α-氢原子的醛(如 HCHO, R_3CCHO, ArCHO 等)在浓碱作用下,能发生自身的氧化和还原作用,即一分子醛被氧化成羧酸(以羧酸盐的形式存在),另一分子醛被还原成醇,这种反应称为 Cannizzaro 反应。例如:

$$2\ HCHO + NaOH \longrightarrow HCOONa + CH_3OH$$

在同种分子间同时进行着两种性质相反的反应,如氧化还原等,通常称为歧化反应

(disproportionation)。醛自身的 Cannizzaro 反应即属于歧化反应。具有 α-氢原子的醛一般不进行此反应，而进行羟醛缩合。

Cannizzaro 反应连续进行两次亲核加成，首先，^{-}OH 向羰基碳原子亲核进攻，生成中间体 (I)；然后，此中间体提供氢负离子与第二分子醛的羰基进行亲核加成。例如：

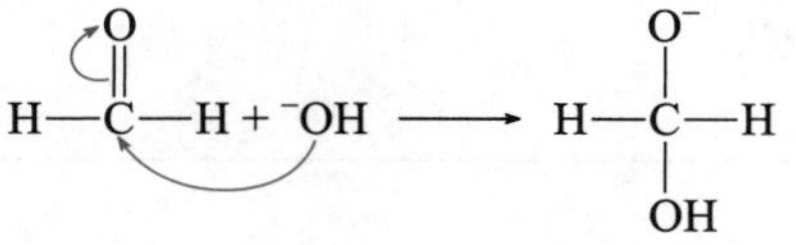

$$H-\overset{\overset{O}{\|}}{C}-H + {}^{-}OH \longrightarrow H-\underset{\underset{OH}{|}}{\overset{\overset{O^-}{|}}{C}}-H$$

(I)

$$H-\underset{\underset{OH}{|}}{\overset{\overset{O^-}{|}}{C}}-H + \overset{H}{\underset{H}{>}}C=O \longrightarrow H-\underset{\underset{OH}{|}}{\overset{\overset{O}{\|}}{C}} + CH_3O^- \longrightarrow H-\underset{\underset{O^-}{|}}{\overset{\overset{O}{\|}}{C}} + CH_3OH$$

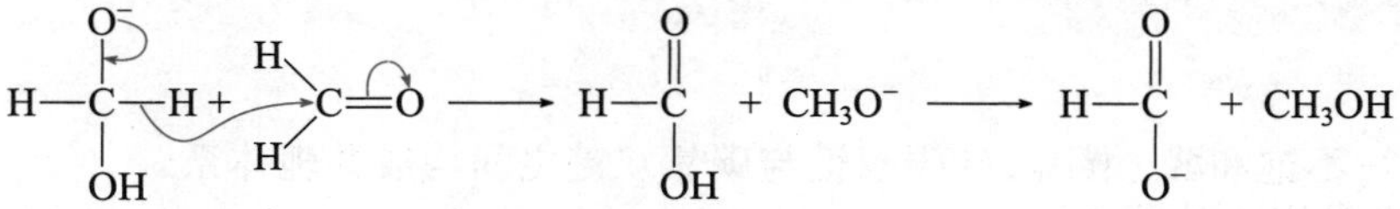

在不同种分子间进行的 Cannizzaro 反应称为交叉 Cannizzaro 反应。例如，三羟甲基乙醛与甲醛都是不含 α-氢原子的醛，在碱作用下可发生交叉 Cannizzaro 反应。因为甲醛的羰基更活泼，首先受到 ^{-}OH 的亲核加成并进而提供氢负离子，因而被氧化为甲酸，在碱存在下生成甲酸盐；三羟甲基乙醛则接受氢负离子的亲核加成被还原成季戊四醇：

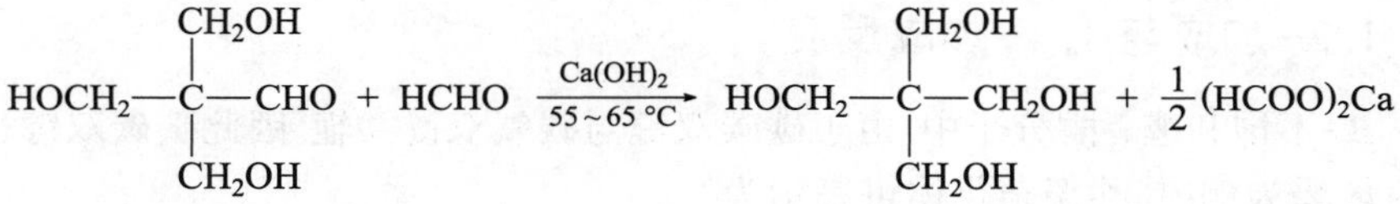

$$HOCH_2-\underset{\underset{CH_2OH}{|}}{\overset{\overset{CH_2OH}{|}}{C}}-CHO + HCHO \xrightarrow[55\sim65\ ^\circ C]{Ca(OH)_2} HOCH_2-\underset{\underset{CH_2OH}{|}}{\overset{\overset{CH_2OH}{|}}{C}}-CH_2OH + \frac{1}{2}(HCOO)_2Ca$$

这是工业上制备季戊四醇的方法。

练习 11.14 下列化合物中，哪些能进行银镜反应？

(1) $CH_3COCH_2CH_3$　(2) 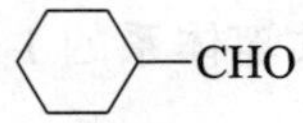 环己基—CHO　(3) 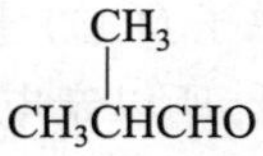 $CH_3\overset{\overset{CH_3}{|}}{C}HCHO$

(4) 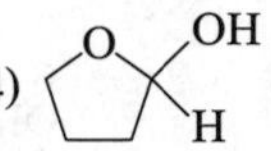 2-羟基四氢呋喃（C2 上连 OH、H）　(5) 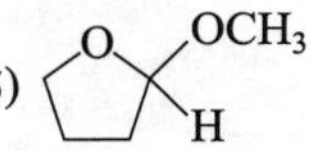 2-甲氧基四氢呋喃（C2 上连 OCH_3、H）　(6) 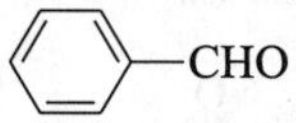 苯基—CHO

练习 11.15 完成下列反应式：

(1) $CH_3CH=CHCH_2CH_2CHO \xrightarrow{NaBH_4}$

(2) $CH_3CH=CHCH_2CH_2CHO \xrightarrow{H_2,\ Ni}$

(3) $CH_3CH=CHCH_2CH_2CHO \xrightarrow{Ag(NH_3)_2OH}$

(4) $CH_3CH=CHCH_2CH_2CHO \xrightarrow[\triangle]{浓\ KMnO_4} \xrightarrow{H^+}$

(5) 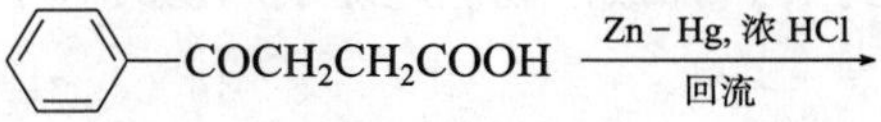 $C_6H_5-COCH_2CH_2COOH \xrightarrow[回流]{Zn-Hg,\ 浓\ HCl}$

(6) 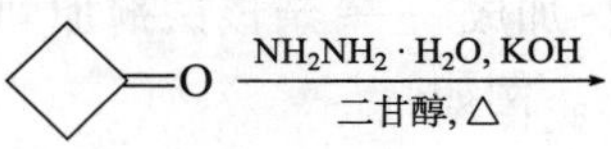 环丁酮（环丁基=O）$\xrightarrow[二甘醇,\ \triangle]{NH_2NH_2\cdot H_2O,\ KOH}$

(7)  $C_6H_5-CHO + HCHO \xrightarrow{浓\ NaOH}$

(8) 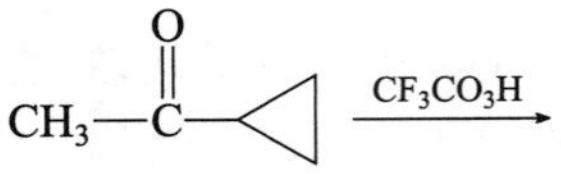 $CH_3-\overset{O}{\overset{\|}{C}}-\triangleleft \xrightarrow{CF_3CO_3H}$

(9) 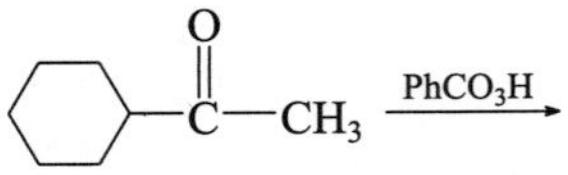 $C_6H_{11}-\overset{O}{\overset{\|}{C}}-CH_3 \xrightarrow{PhCO_3H}$

11.6 α,β-不饱和醛、酮

在α,β-不饱和醛、酮中,碳碳双键与碳氧双键之间构成共轭体系:

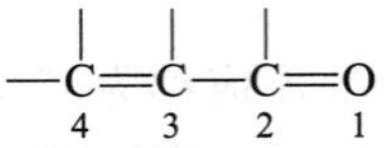

$$\underset{4}{-\overset{|}{C}}=\underset{3}{\overset{|}{C}}-\underset{2}{\overset{|}{C}}=\underset{1}{O}$$

作为π,π-共轭体系,α,β-不饱和羰基化合物可以从氧原子开始,用阿拉伯数字依次编号。这类化合物主要表现为两种官能团相互影响的独特性质。

11.6.1 1,2-加成与1,4-加成反应

在α,β-不饱和醛、酮分子中,由于碳碳双键与碳氧双键共轭,因此碳碳双键也具有极性。以丙烯醛为例,其共振杂化体可表示为

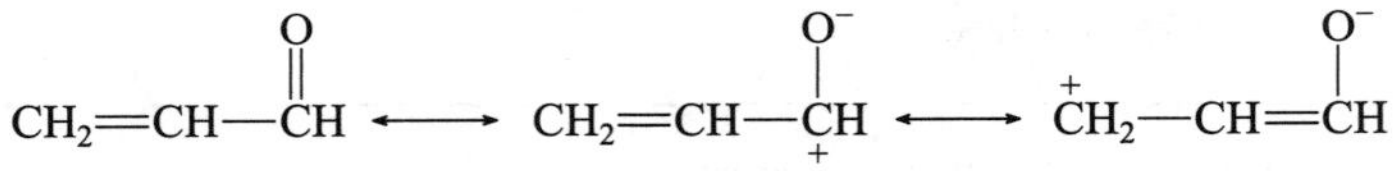

$$CH_2=CH-\overset{O}{\overset{\|}{C}}H \longleftrightarrow CH_2=CH-\overset{O^-}{\overset{|}{\underset{+}{C}}}H \longleftrightarrow \overset{+}{C}H_2-CH=\overset{O^-}{\overset{|}{C}}H$$

由于羰基氧原子(1位)上的电子云密度较高,且由于羰基的吸电子作用使碳碳双键的电子云密度降低,所以亲电试剂首先加到共轭体系的1位上。以丙烯醛与氯化氢的加成为例,其反应机理如下:

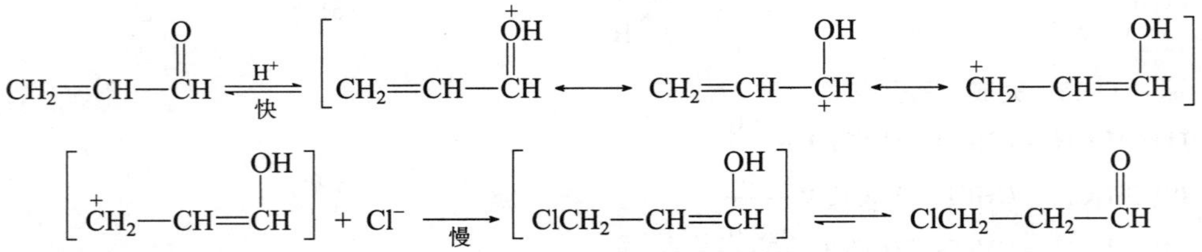

$$CH_2=CH-\overset{O}{\overset{\|}{C}}H \underset{快}{\overset{H^+}{\rightleftharpoons}} \left[CH_2=CH-\overset{\overset{+}{O}H}{\overset{\|}{C}}H \longleftrightarrow CH_2=CH-\overset{OH}{\overset{|}{\underset{+}{C}}}H \longleftrightarrow \overset{+}{C}H_2-CH=\overset{OH}{\overset{|}{C}}H\right]$$

$$\left[\overset{+}{C}H_2-CH=\overset{OH}{\overset{|}{C}}H\right] + Cl^- \xrightarrow[慢]{} \left[ClCH_2-CH=\overset{OH}{\overset{|}{C}}H\right] \rightleftharpoons ClCH_2-CH_2-\overset{O}{\overset{\|}{C}}H$$

丙烯醛与共轭二烯类似,也应有1,2-加成和1,4-加成两种加成方式;但1,2-加成产物不稳定,会分解成丙烯醛和氯化氢,所以主要得到1,4-加成产物。此加成产物具有不稳定的烯醇结构,互变异构为稳定的酮式结构。

α,β-不饱和醛、酮与亲核试剂反应时,既可进行1,2-加成 —— 亲核试剂加到碳氧双键上,也可进行1,4-加成 —— 亲核试剂加到碳碳双键上。例如:

$$CH_2{=}CH{-}\overset{O}{\overset{\|}{C}}{-}CH_3 \xrightarrow{HCN} \underset{(I)}{CH_2{=}CH{-}\overset{OH}{\overset{|}{\underset{CN}{\underset{|}{C}}}}{-}CH_3} + \underset{(II)}{\underset{CN}{\underset{|}{CH_2}}{-}CH_2{-}\overset{O}{\overset{\|}{C}}{-}CH_3}$$

其中,(I)是羰基的1,2-亲核加成产物,但(II)是由1,4-亲核加成(共轭加成)产物经异构化后得到的:

$$CH_2{=}CH{-}\overset{O}{\overset{\|}{C}}{-}CH_3 + {}^{-}CN \rightleftharpoons \left[\underset{CN}{\underset{|}{CH_2}}{-}\bar{C}H{-}\overset{O}{\overset{\|}{C}}{-}CH_3 \longleftrightarrow \underset{CN}{\underset{|}{CH_2}}{-}CH{=}\overset{O^-}{\overset{|}{C}}{-}CH_3\right]$$

$$\xrightleftharpoons{HCN,\ ^{-}CN} \left[\underset{CN}{\underset{|}{CH_2}}{-}CH{=}\overset{OH}{\overset{|}{C}}{-}CH_3\right] \rightleftharpoons \underset{CN}{\underset{|}{CH_2}}{-}CH_2{-}\overset{O}{\overset{\|}{C}}{-}CH_3$$

空间阻碍有时可以决定亲核试剂的主要进攻方向。亲核试剂主要进攻空间阻碍小的位置,醛的羰基比酮的羰基空间阻碍小,因此醛羰基比酮羰基更容易被进攻。例如:

$$(CH_3CH_2)_2C{=}CH{-}\overset{O}{\overset{\|}{C}}H \qquad CH_2{=}\underset{CH_3}{\underset{|}{C}}{-}\overset{O}{\overset{\|}{C}}CH_2CH_3$$

Nu: 主要进攻（进攻醛羰基碳）　　Nu: 主要进攻（进攻末端 CH_2）

通常,强碱性亲核试剂(如RMgX或RLi)主要进攻羰基,生成1,2-亲核加成产物。例如:

$$CH_3CH{=}CH{-}\overset{O}{\overset{\|}{C}}{-}CH_3 + CH_3MgBr \xrightarrow[\text{② } H_3O^+]{\text{① 乙醚}}$$

$$\underset{72\%}{CH_3CH{=}CH{-}\overset{OH}{\overset{|}{\underset{CH_3}{\underset{|}{C}}}}{-}CH_3} + \underset{20\%}{CH_3\overset{CH_3}{\overset{|}{C}H}CH_2{-}\overset{O}{\overset{\|}{C}}{-}CH_3}$$

弱碱性亲核试剂(如 ^{-}CN 或 RNH_2 或 R_2CuLi)主要进攻碳碳双键,生成1,4-亲核加成产物。例如:

$$PhCH{=}CH{-}\overset{O}{\overset{\|}{C}}{-}Ph + NaCN \xrightarrow[C_2H_5OH]{HOAc} \underset{95\%}{Ph\underset{CN}{\underset{|}{C}H}{-}CH_2{-}\overset{O}{\overset{\|}{C}}{-}Ph}$$

$$CH_3{-}\overset{CH_3}{\overset{|}{C}}{=}CH{-}\overset{O}{\overset{\|}{C}}{-}CH_3 + CH_3NH_2 \xrightarrow{H_2O} \underset{75\%}{CH_3{-}\overset{CH_3}{\overset{|}{\underset{NHCH_3}{\underset{|}{C}}}}{-}CH_2{-}\overset{O}{\overset{\|}{C}}{-}CH_3}$$

11.6.2 还原反应

α,β-不饱和羰基化合物用金属氢化物(如 $LiAlH_4$ 或 $NaBH_4$ 等)还原时,相当于金属氢化物中的氢负离子(H^-)对其进行亲核加成;由于 H^- 的碱性较强,通常主要进行 1,2-亲核加成,生成不饱和醇。例如:

$$CH_3CH{=}CHCHO \xrightarrow[\text{② } H_3O^+]{\text{① } LiAlH_4,\text{ 乙醚}} CH_3CH{=}CHCH_2OH \quad (90\%)$$

$$\text{环己-2-烯酮} + NaBH_4 \xrightarrow{C_2H_5OH} \text{环己-2-烯醇 (59\%)} + \text{环己醇 (41\%)}$$

用催化加氢的方法还原 α,β-不饱和羰基化合物时,通常是碳碳不饱和键先被还原。如果使用选择性较好的钯-炭催化剂,可只还原碳碳不饱和键而不影响羰基。例如:

$$C_6H_5CH{=}C(CH_3){-}CHO + H_2 \xrightarrow[Na_2CO_3]{Pd\text{-}C} C_6H_5CH_2{-}CH(CH_3){-}CHO \quad (95\%)$$

而选用选择性较差的镍(Raney Ni)作催化剂,则难以将反应控制在生成羰基化合物的阶段,而易于得到饱和醇。例如:

$$CH_3{-}CH{=}CH{-}CHO \xrightarrow[\text{Raney Ni}]{H_2} CH_3CH_2CH_2CH_2OH$$

练习 11.16　完成下列反应式:

(1) 环己-2-烯酮 + HBr $\longrightarrow$

(2) 环己-2-烯酮 $\xrightarrow[\text{② } H_3O^+]{\text{① } CH_3MgI}$

(3) 环己-2-烯酮 + 1,3-丁二烯 $\xrightarrow{\triangle}$

(4) 环己-2-烯酮 $\xrightarrow[\text{② } H_3O^+]{\text{① } LiAlH_4}$

(5) $CH_3CH{=}CH{-}\overset{O}{\overset{\|}{C}}{-}Ph \xrightarrow[HOAc]{NaCN}$

(6) $CH_3\overset{O}{\overset{\|}{C}}CH{=}CHPh \xrightarrow{\text{哌啶 (NH)}}$

(7) $i\text{-}Pr{-}C_6H_4{-}CH{=}C(CH_3){-}CHO \xrightarrow[Pd\text{-}C]{H_2}$

11.7 乙烯酮

乙烯酮是有毒气体，沸点为 −48 ℃，溶于乙醚等有机溶剂。乙烯酮可由乙酸或丙酮加热裂解制得。

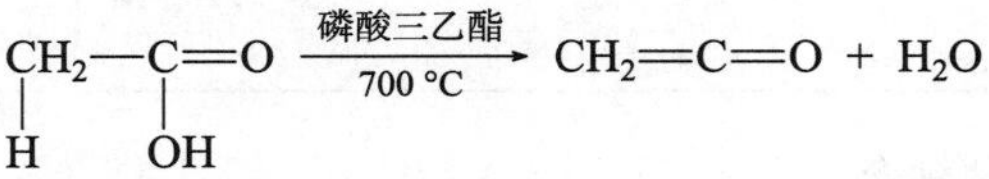

乙烯酮是最简单的不饱和酮，非常不稳定，只能在低温下保存（即使如此，与空气接触也能生成爆炸性的过氧化物）。它能与具有活泼氢原子的化合物（如水、氯化氢、乙醇、乙酸和氨等）进行加成反应，向试剂分子中引入乙酰基，生成乙酸或其衍生物。

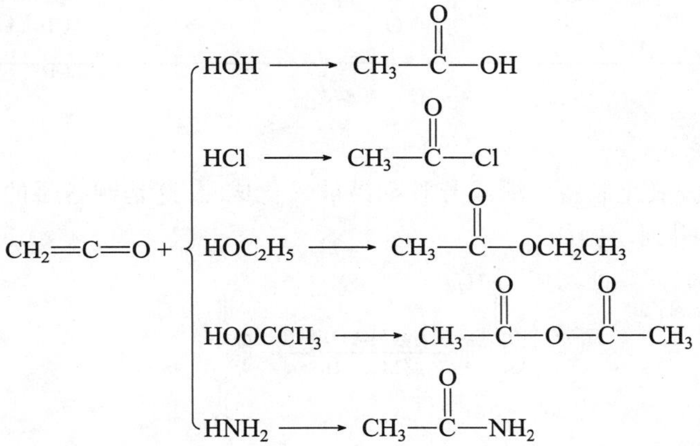

因此乙烯酮是一种优良的乙酰化试剂。

乙烯酮在 0 ℃ 时即能发生聚合反应，在控制条件聚合时生成二聚体，称为二乙烯酮。

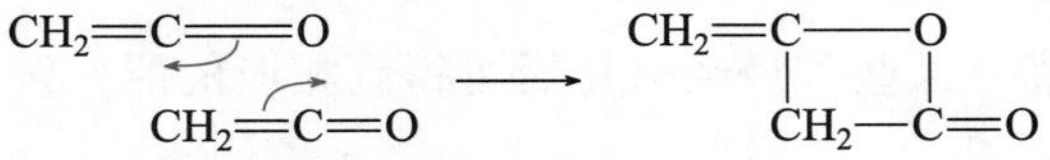

二乙烯酮是液体，沸点为 127 ℃。它具有不饱和内酯的结构，为重要有机合成原料，工业上用它合成乙酰乙酸乙酯。

11.8 醌

醌是作为相应芳烃的衍生物来命名的。由苯得到的醌称为苯醌，由萘得到的醌称为萘醌。例如：

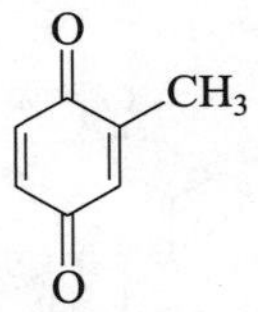

2-甲基苯-1, 4-醌

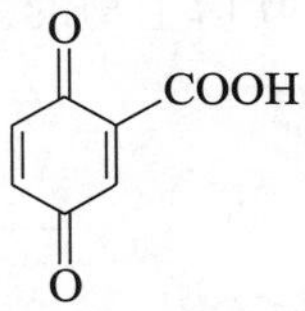

苯-1, 4-醌甲-2-酸

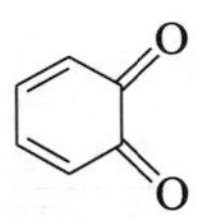

邻苯醌（苯-1, 2-醌）

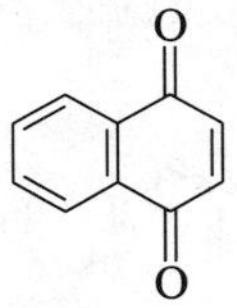

萘-1, 4-醌

2-甲基萘-1,4-醌　　萘-2,6-醌　　蒽-9,10-醌　　菲-9,10-醌

练习 11.17　命名下列化合物:

(1)　(2)　(3)

11.8.1　醌的制法

(1) 由酚或芳胺氧化制备　酚或芳胺都易被氧化成醌,这是制备醌的一种方便的方法。其中,对苯醌容易得到。例如:

$Na_2Cr_2O_7, H_2SO_4$ 或 MnO_2, H_2SO_4

$FeCl_3$; HCl, H_2O

(2) 由芳烃氧化制备　某些芳烃经氧化后可得到相应的醌。例如:

$+ O_2 \xrightarrow[\triangle]{V_2O_5}$

这是工业上制备蒽醌的方法之一。蒽醌也可由蒽经间接电解氧化法制备,其方法是在浓硫酸中将硫酸铈 [Ce(Ⅲ)] 盐电解氧化成 Ce(Ⅳ),然后用 Ce(Ⅳ) 将蒽氧化成蒽醌。该方法在工业生产中已得到应用。

拓展:
蒽醌法制备过氧化氢

(3) 由其他方法制备　蒽醌也可由苯和邻苯二甲酸酐经 Friedel-Crafts 酰基化反应及闭环脱水反应制备,这是目前工业制备蒽醌及其衍生物的主要方法。

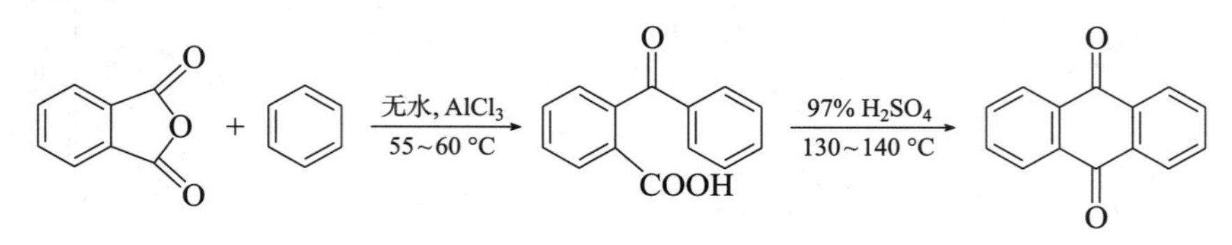

11.8.2 醌的化学性质

(1) 还原反应 对苯醌可被还原成对苯二酚(氢醌),这是一个可逆反应。

$$O{=}C_6H_4{=}O + 2H^+ + 2e^- \rightleftharpoons HO{-}C_6H_4{-}OH$$

该反应是经两步电子转移完成的,中间经过一个负离子自由基中间体(半醌),其反应机理为

$$O{=}C_6H_4{=}O \xrightarrow{e^-} \left[{}^{\cdot}O{-}C_6H_4{-}O^- \longleftrightarrow {}^-O{-}C_6H_4{-}O^{\cdot} \right] \xrightarrow{e^-} {}^-O{-}C_6H_4{-}O^-$$

苯醌分子中有强吸电子基团时,可作为脱氢试剂(氧化剂)使用。其中最常用的是二氯二氰基对苯醌(dichlorodicyanoquinone,简称 DDQ)及四氯对苯醌等,它们可用于脱氢芳构化反应。例如:

$$\text{四氢萘} + 2\ O{=}C_6(Cl)_2(CN)_2{=}O \longrightarrow \text{萘} + 2\ HO{-}C_6(Cl)_2(CN)_2{-}OH$$

具有醌型构造的辅酶Q在生命过程中起着重要作用,它广泛存在于细胞中(在哺乳动物细胞中 $n=10$)。辅酶Q参与生命过程中的电荷转移,其中聚异戊二烯侧链的作用是促进脂肪溶解。

$$(CH_3O)_2(CH_3)C_6O_2{-}(CH_2CH{=}\underset{CH_3}{\underset{|}{C}}{-}CH_2)_nH \qquad n=6, 8, 10$$

(2) 加成反应 醌分子具有 α,β-不饱和羰基化合物的构造,容易发生1,4-加成反应。四氯对苯醌及 DDQ 的合成就是典型的例子。

$$O{=}C_6H_4{=}O \xrightarrow[H_2SO_4]{KCN} \text{(OH, O, CN 中间体)} \xrightarrow{\text{互变异构}} HO{-}C_6H_3(CN){-}OH \xrightarrow[-HO{-}C_6H_4{-}OH]{O{=}C_6H_4{=}O}$$

$$O{=}C_6H_3(CN){=}O \xrightarrow[H_2SO_4]{KCN} HO{-}C_6H_2(CN)_2{-}OH \xrightarrow{HNO_3} O{=}C_6H_2(CN)_2{=}O \xrightarrow{HCl} HO{-}C_6H(Cl)(CN)_2{-}OH$$

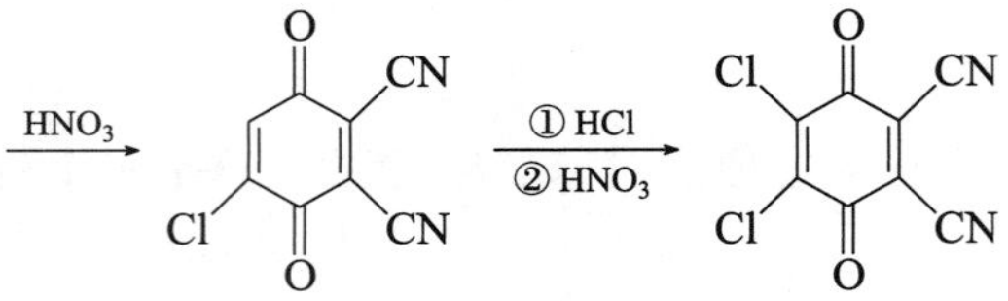

$\xrightarrow{HNO_3}$ O, CN, Cl, CN, O $\xrightarrow[\text{② } HNO_3]{\text{① } HCl}$ Cl, O, CN, Cl, CN, O

对苯醌可作为亲双烯体进行 Diels-Alder 反应。例如:

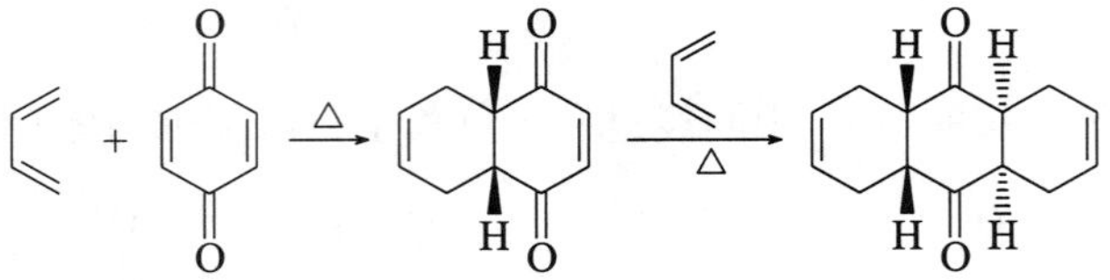

$+ \xrightarrow{\triangle} \xrightarrow{\triangle}$ (H, O, H, O; H, O, H, H, O, H)

这是合成多环化合物进而合成稠环芳烃衍生物的一种较方便的方法。

习题

(一) 写出丙醛与下列试剂反应时生成产物的构造式。

(1) $NaBH_4$
(2) C_2H_5MgBr, 然后加 H_2O
(3) $LiAlH_4$, 然后加 H_2O
(4) $NaHSO_3$
(5) $NaHSO_3$, 然后加 NaCN
(6) $^{-}OH, H_2O$
(7) $^{-}OH, H_2O$, 然后加热
(8) $HOCH_2CH_2OH, H^+$
(9) $Ag(NH_3)_2OH$
(10) NH_2OH

(二) 写出苯甲醛与习题(一)中各试剂反应时生成产物的构造式,若不反应请注明。

(三) 将下列各组化合物按其羰基的活性从高到低排列成序。

(1) $CH_3\overset{O}{\overset{\|}{C}}H$, $CH_3CO\overset{O}{\overset{\|}{C}}H$, $CH_3\overset{O}{\overset{\|}{C}}CH_2CH_3$, $(CH_3)_3C\overset{O}{\overset{\|}{C}}C(CH_3)_3$

(2) $C_2H_5\overset{O}{\overset{\|}{C}}CH_3$, $CH_3\overset{O}{\overset{\|}{C}}CCl_3$

(四) 怎样区别下列各组化合物?

(1) 环己烯, 环己酮, 环己醇

(2) 己-2-醇, 己-3-醇, 环己酮

(3) 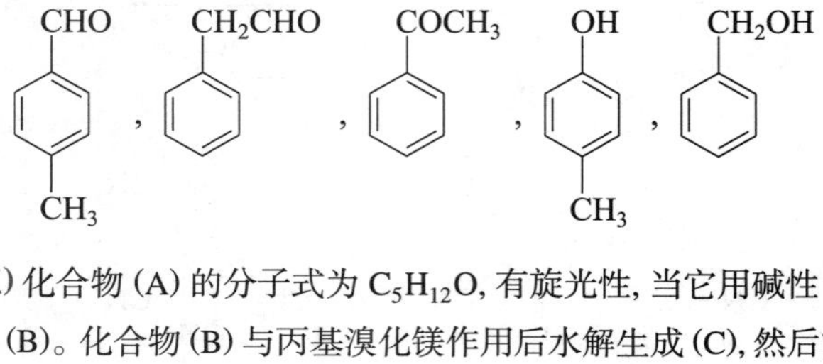 CHO / CH_3, CH_2CHO, $COCH_3$, OH / CH_3, CH_2OH

(五) 化合物(A)的分子式为 $C_5H_{12}O$, 有旋光性, 当它用碱性 $KMnO_4$ 剧烈氧化时变成没有旋光性的 $C_5H_{10}O$(B)。化合物(B)与丙基溴化镁作用后水解生成(C), 然后能拆分出两种对映体。试问化合物(A),

(B), (C)的结构如何?

（六）试以乙醛为原料制备下列化合物（必要的无机试剂及有机试剂任选）:

(1) 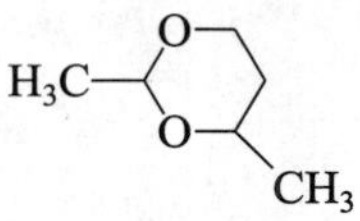 H_3C—

(2)

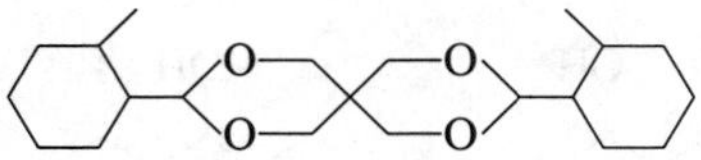

（七）完成下列转变（必要的无机试剂及有机试剂任选）:

(1) 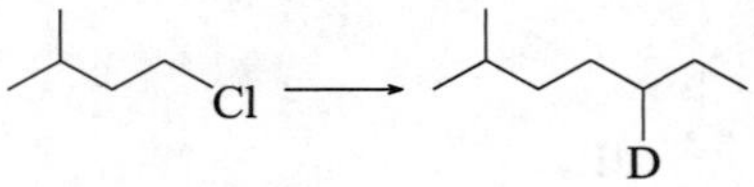 Cl ⟶ D

(2) 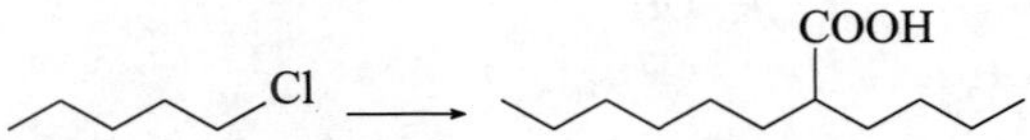 Cl ⟶ COOH

(3) 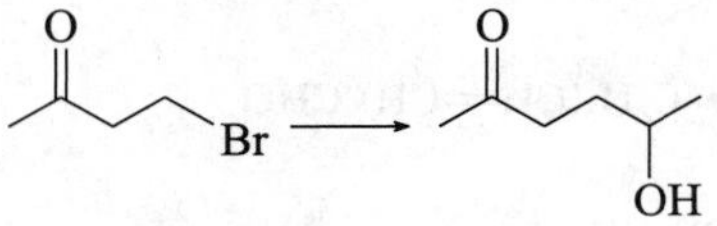 Br ⟶ OH

(4) 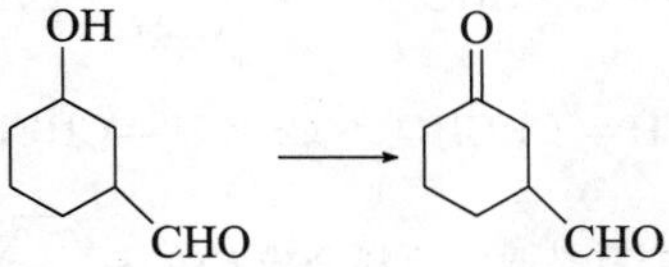 OH, CHO ⟶ O, CHO

(5) 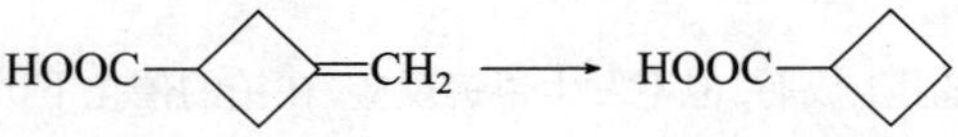 HOOC—□=CH_2 ⟶ HOOC—□

(6) $CH_3CH(OH)CH_2CH_3$ ⟶ $CH_3CH_2CH(CH_3)CH_2OH$ (用 Wittig 试剂)

(7) $CH_3CH{=}CH_2$ ⟶ $CH_3CH_2CH_2CHO$

(8) $ClCH_2CH_2CHO$ ⟶ $CH_3CH(OH)CH_2CH_2CHO$

(9) 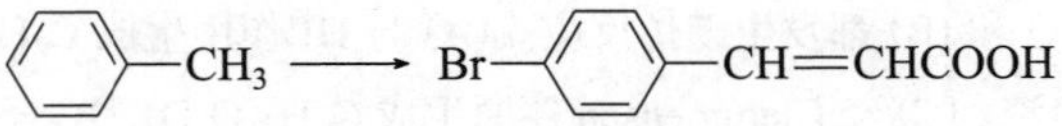 $C_6H_5CH_3$ ⟶ Br—C_6H_4—$CH{=}CHCOOH$

(10) 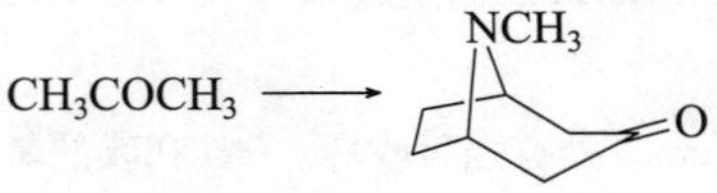 CH_3COCH_3 ⟶ NCH_3, O

(11) 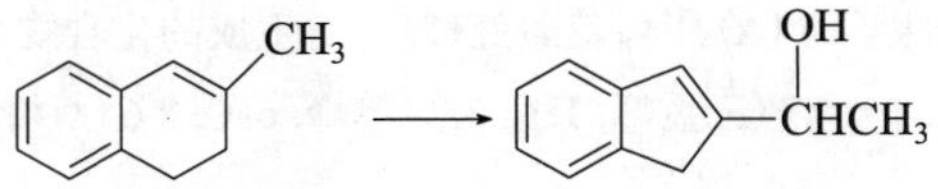 CH_3 ⟶ OH, $CHCH_3$

(12) 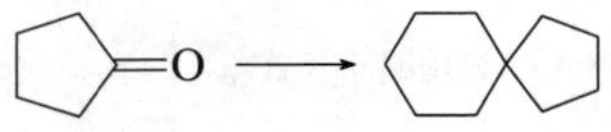 =O ⟶

(13) 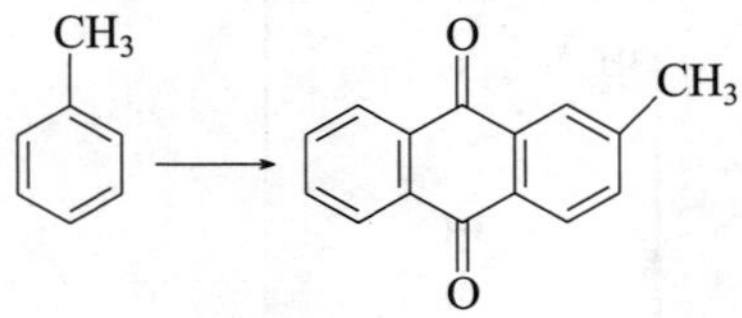 CH_3 ⟶ O, O, CH_3

(14) 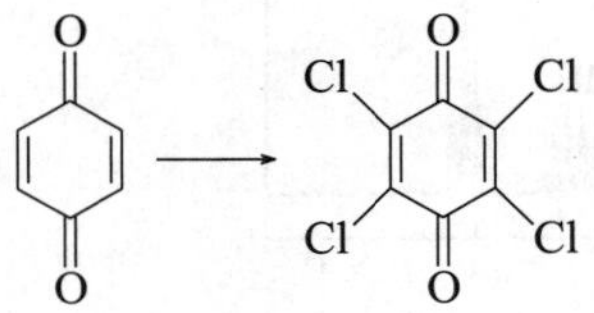 O, O ⟶ Cl, Cl, Cl, Cl, O, O

(15) 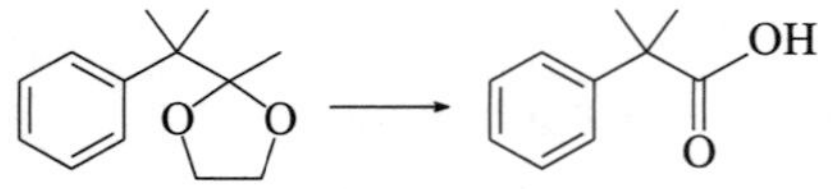 [Ph–C(CH₃)₂–(2-甲基-1,3-二氧戊环-2-基)] ⟶ [Ph–C(CH₃)₂–COOH]

(16) 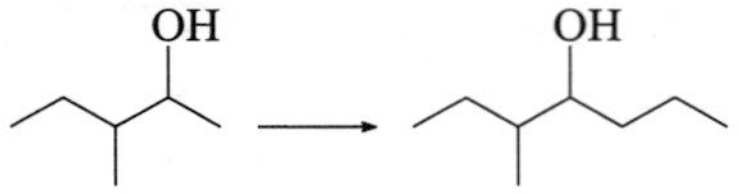 [$CH_3CH(OH)CH(CH_3)CH_3$] ⟶ [$CH_3CH_2CH_2CH(OH)CH(CH_3)CH_3$]

(八) 试写出下列反应可能的机理:

(1) $CH_3—\underset{CH_3}{\underset{|}{C}}=CHCH_2CH_2\underset{CH_3}{\underset{|}{C}}=CHCHO \xrightarrow{H^+,\ H_2O}$ [环己烯衍生物, OH, OH]

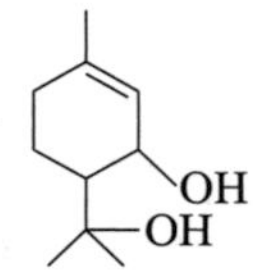

(2) 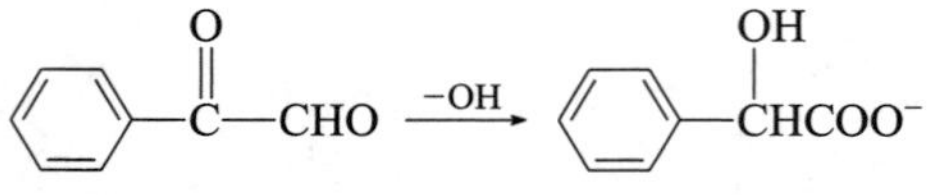 $C_6H_5—\overset{O}{\overset{\|}{C}}—CHO \xrightarrow{^-OH} C_6H_5\overset{OH}{\overset{|}{C}}HCOO^-$

(3) $C_6H_5CH=CHCHO + CH_3CH=CHCHO \xrightarrow[C_2H_5OH]{碱} C_6H_5(CH=CH)_3CHO$

(九) 由甲苯及必要的原料合成 $CH_3—C_6H_4—CH_2CH_2CH_2CH_3$。

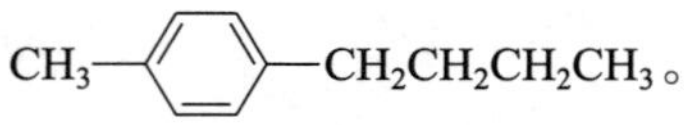

(十) 某化合物分子式为 $C_6H_{12}O$, 能与羟氨作用生成肟, 但不发生银镜反应, 在铂的催化下进行加氢, 则得到一种醇, 此醇经过脱水、臭氧化-还原水解等反应后, 得到两种液体, 其中之一能发生银镜反应, 但不发生碘仿反应, 另一种能发生碘仿反应, 而不能使 Fehling 试剂还原, 试写出该化合物的构造式。

(十一) 有一化合物 (A), 分子式是 $C_8H_{14}O$, (A) 可以很快地使溴水褪色, 可以与苯肼反应, (A) 氧化生成一分子丙酮及另一化合物 (B)。(B) 具有酸性, 同 NaClO 反应则生成氯仿及一分子丁二酸。试写出 (A) 与 (B) 可能的构造式。

(十二) 化合物 $C_{10}H_{12}O_2$(A) 不溶于 NaOH 溶液, 能与 2,4-二硝基苯肼反应, 但不与 Tollens 试剂作用。(A) 经 $LiAlH_4$ 还原得 $C_{10}H_{14}O_2$(B)。(A) 和 (B) 都发生碘仿反应。(A) 与 HI 作用生成 $C_9H_{10}O_2$(C), (C) 能溶于 NaOH 溶液, 但不溶于 Na_2CO_3 溶液。(C) 经 Clemmensen 还原生成 $C_9H_{12}O$(D); (B) 经 $KMnO_4$ 氧化得对甲氧基苯甲酸。试写出 (A) ~ (D) 可能的构造式。

(十三) 化合物 (A) 的分子式为 $C_6H_{12}O_3$, IR 谱在 1 710 cm^{-1} 处有强吸收峰。(A) 和碘的氢氧化钠溶液作用得黄色沉淀, 与 Tollens 试剂作用无银镜产生。但 (A) 用稀硫酸处理后, 所生成的化合物与 Tollens 试剂作用有银镜产生。(A) 的 ^1H NMR 数据如下: δ = 4.7 (三重峰, 1H), 3.2 (单峰, 6H), 2.6 (双峰, 2H), 2.1 (单峰, 3H)。写出 (A) 的构造式及相关反应式。

(十四) 根据下列两个 ^1H NMR 谱图, 推测其所代表的化合物 (A), (B)的构造式。

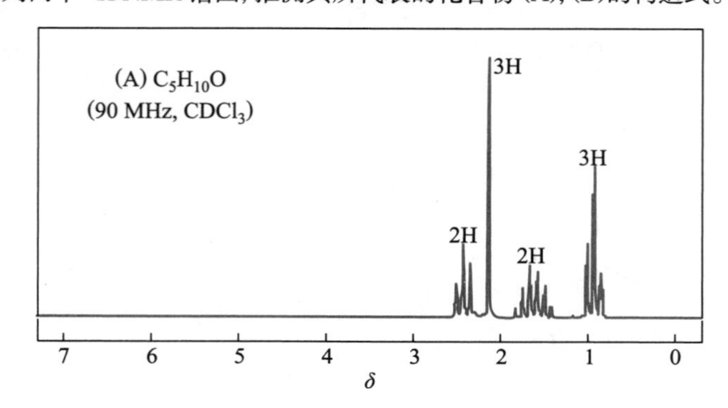

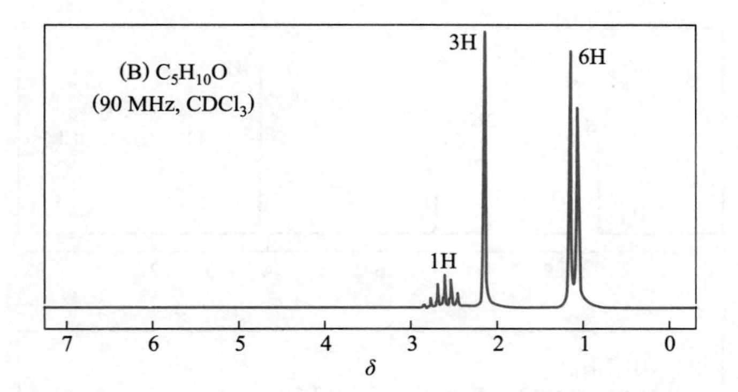

(十五) 根据化合物 (A), (B) 和 (C) 的 IR 谱图和 ^{1}H NMR 谱图, 写出它们的构造式。

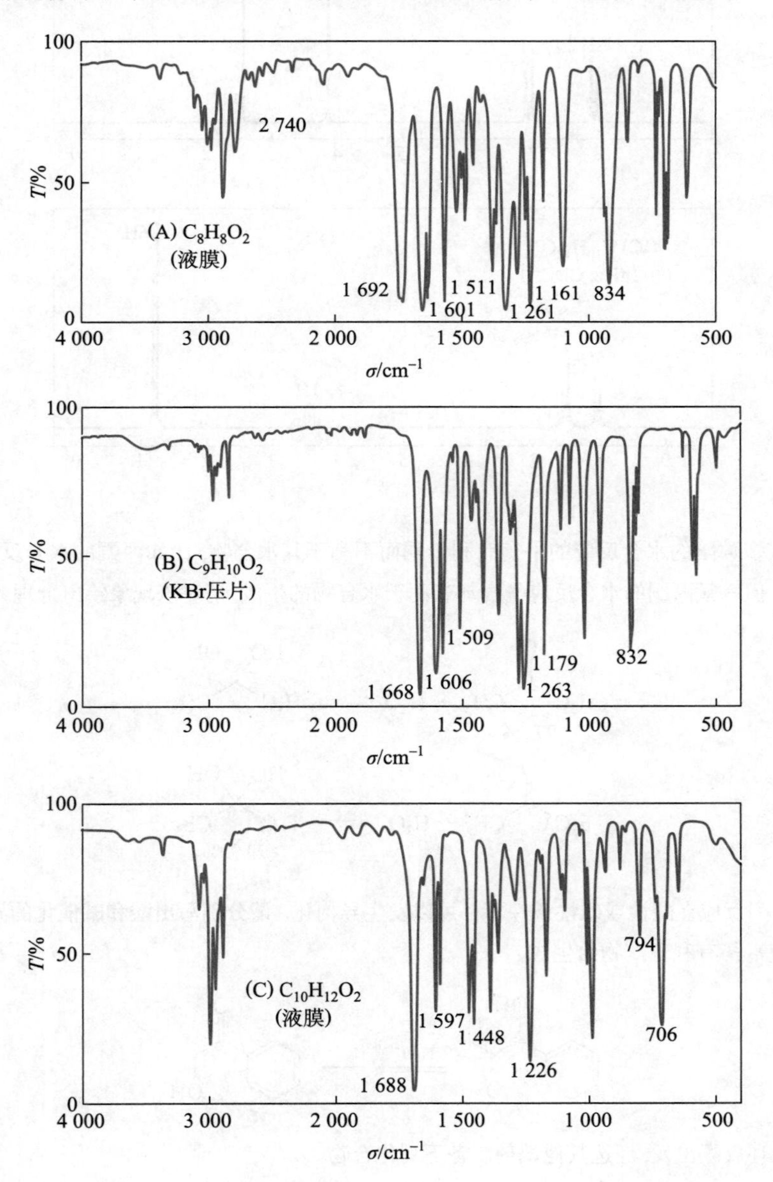

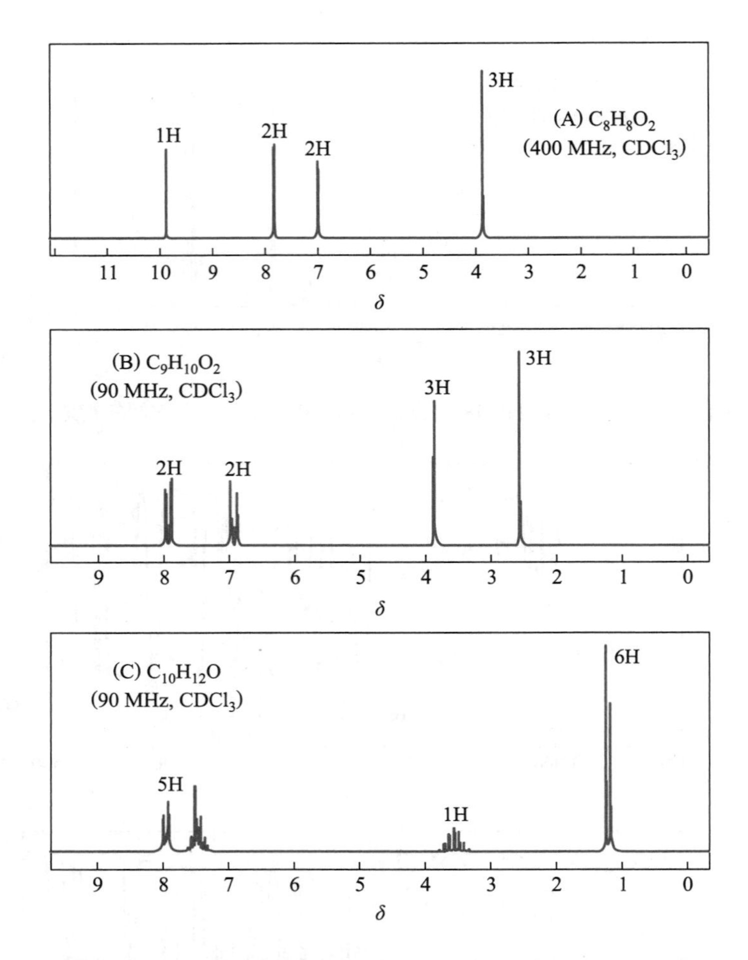

（十六）大多数酮的水合反应的平衡有利于酮而不利于其水合物，比如丙酮的水合反应平衡时丙酮是主要成分。但六氟丙酮的水合反应平衡却有利于水合物的生成，请对该现象给出合理的解释。

$$\underset{99.9\%}{H_3C-\overset{O}{\overset{\|}{C}}-CH_3} + H_2O \rightleftharpoons H_3C-C(OH)_2-CH_3$$

$$F_3C-\overset{O}{\overset{\|}{C}}-CF_3 + H_2O \rightleftharpoons \underset{>99.99\%}{F_3C-C(OH)_2-CF_3}$$

（十七）下列反应在酸性或碱性条件下都可以发生异构化。请分别写出酸和碱催化的异构化机理，并解释为何反应平衡有利于产物给生成。

$PhCH(OH)COCH_3$ $\underset{}{\overset{H_3O^+ \text{ 或 } HO^-}{\rightleftharpoons}}$ $PhCOCH(OH)CH_3$

（十八）从环戊酮出发，任选其他试剂制备下列化合物。

(十九) 在 H_3O^+ 存在下,下列化合物发生水解反应的主要产物是什么?

(1) (2) (3) (4) (5) OCH_3

(二十) 指出经羟醛缩合反应制备下列化合物所使用的试剂。

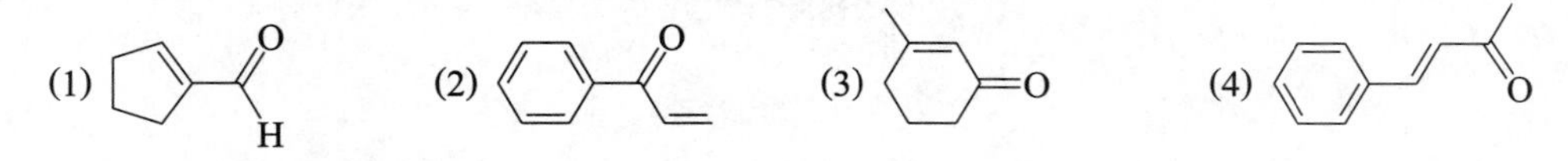

(二十一) 写出下列转化的合理机理。

(1) $\xrightarrow[\triangle]{NaOH,\ H_2O}$ +

(2) $\xrightarrow[\triangle]{NaOH,\ H_2O}$

(二十二) 指出由环己酮分别转化为下列化合物所需的试剂。

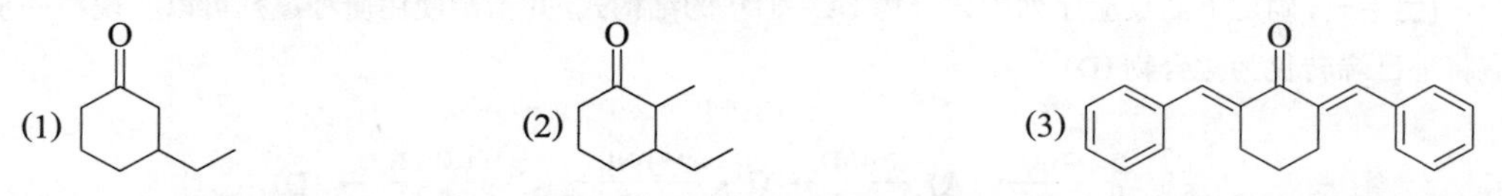

(二十三) 羟醛缩合、Claisen 缩合和 Michael 加成都是常见的碳碳键形成反应。这些反应通常可以串联进行,为具有复杂结构的化合物的合成提供了有效方法。请为下列转化提出合理的机理。

(1) $\xrightarrow{NaOH,\ EtOH}$ HO

(2) $\xrightarrow{NaOH,\ EtOH}$

(二十四) 下面是工业上合成维生素 A 醋酸酯的最后几步:

假紫罗兰酮 $\xrightarrow[(a)]{H_2SO_4}$ β−紫罗兰酮 $\xrightarrow{(b)}$ HO $\xrightarrow{(c)}$ HO

$\xrightarrow[(d)]{PPh_3,\ HBr}$ Br^- $\overset{+}{P}Ph_3$ $\xrightarrow{(e)}$ OAc

维生素A醋酸酯

(1) 请写出第 (a) 步酸催化环化的反应机理;

(2) 请写出第 (b) 步需要的试剂;

(3) 请写出第 (c) 步需要的试剂;

(4) 请写出第 (d) 步生成膦盐的反应机理;

(5) 如何通过 Wittig 反应实现第 (e) 步反应。

(二十五) 根据以下信息, 请推断化合物 (A), (B), (C) 和 (D) 的结构式。

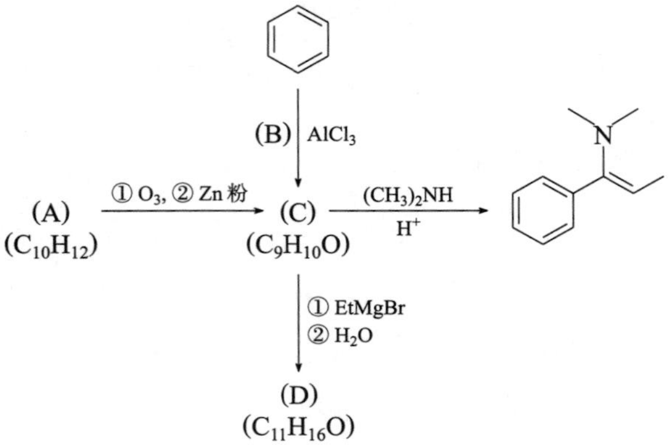

(B) $AlCl_3$

(A) ($C_{10}H_{12}$) —① O_3, ② Zn 粉→ (C) ($C_9H_{10}O$) —$(CH_3)_2NH$, H^+→

① EtMgBr ② H_2O

(D) ($C_{11}H_{16}O$)

(二十六) 确定下面反应序列中化合物 (A) ~ (D) 的结构式, 并指出使用何种试剂可以实现经一步反应将环己烯转化为化合物 (D)。

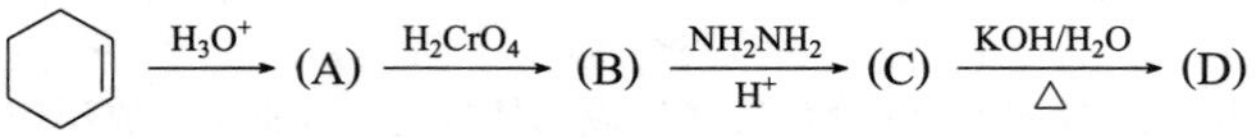

$\xrightarrow{H_3O^+}$ (A) $\xrightarrow{H_2CrO_4}$ (B) $\xrightarrow[H^+]{NH_2NH_2}$ (C) $\xrightarrow[\triangle]{KOH/H_2O}$ (D)

(二十七) 合成环己基甲醛的一个简便方法是先用环己酮与一种 Wittig 试剂反应, 再进行酸催化的水合反应:

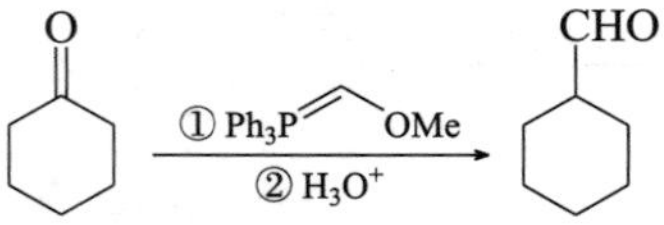

O —① Ph_3P=CHOMe ② H_3O^+→ CHO

(1) 预测 Wittig 反应的产物。

(2) 提出酸催化水合反应生成醛的合理机理。

(二十八) 达芦那韦 (Darunavir) 是一种抗逆转录病毒药物, 用于治疗和预防艾滋病。下面是合成 Darunavir 的多步反应的其中两步, 请写出 (A) 和 (B) 的结构式, 以及 (A) 转化为 (B) (分子式为 $C_6H_{10}O_3$) 的反应机理。

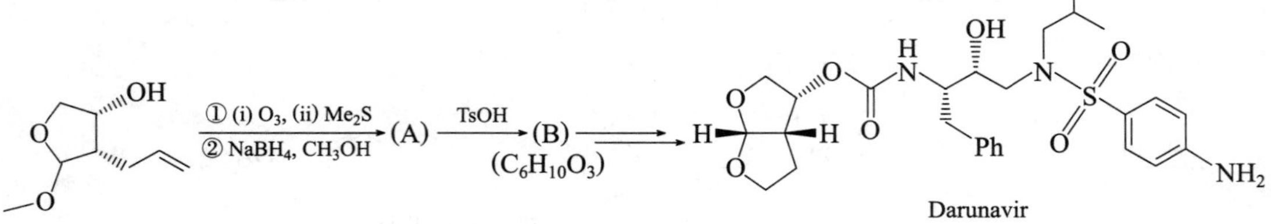

OH —① (i) O_3, (ii) Me_2S ② $NaBH_4$, CH_3OH→ (A) —TsOH→ (B) ($C_6H_{10}O_3$) ⟹ Darunavir

H O OH N Ph O S O NH_2

Darunavir

（二十九）长林小蠹寄主在多个种类的松树上，属于我国禁止进境的植物检疫性有害生物。它分泌的一种聚集信息素 brevicomin，是一个二环桥环化合物，可以通过 6,7－二羟基壬－2－酮的酸催化环化反应制备。

(1) 请写出 brevicomin 的结构式。

(2) 请设计一条以 6－溴己－2－酮为原料合成 6,7－二羟基壬－2－酮的可行路线。可以使用不超过三个碳原子的醇和其他任何所需有机或无机试剂。

$$CH_3COCH_2CH_2CH_2CH_2Br \Longrightarrow CH_3COCH_2CH_2CH_2CH(OH)CH(OH)CH_2CH_3 \xrightarrow{H_3O^+} \text{brevicomin}$$

第十二章
羧酸

前导知识: 学习本章之前需要复习以下知识点

诱导效应 (1.4.2 节)
Brönsted 酸碱理论 (1.6 节)
共振论 (4.4 节)
Grignard 试剂 (9.3.1 节)
醇的化学性质 (9.5 节)

本章导读: 学习本章内容需要掌握以下知识点

羧酸的酸性
羧酸衍生物的合成: 酯化反应及其机理
羧酸的脱羧反应
羧酸 α-位的卤化
α-羟基酸的合成及反应

后续相关: 与本章相关的后续知识点

羧酸衍生物的化学性质 (13.3 节)
乙酰乙酸的酮式分解 (14.2.2 节)
丙二酸二乙酯的合成 (14.3 节)
氨基酸 (20.1 节)

含有羧基(—COOH)官能团的化合物称为羧酸。除甲酸外,羧酸可以看成烃的羧基衍生物。

12.1　羧酸的分类和命名

羧酸按分子中羧基所连烃基碳架的不同,可分为脂肪族羧酸、脂环族羧酸、芳香族羧酸和杂环族羧酸;按分子中所含羧基数目的多少,又可分为一元羧酸和多元羧酸。

许多羧酸是从自然界得到的,因此常根据它们的来源命名(即俗名)。一些常用的羧酸俗名见本章12.4节表12-1。

羧酸的系统命名是在分子中选择含有羧基的最长碳链为主链,按主链上碳原子的数目称为某酸。主链碳原子从羧基开始用阿拉伯数字编号(一些简单的羧酸也可用希腊字母编号,与羧基直接相连的碳原子编号为 α,其余依次编为 $\beta,\gamma,\delta,\cdots$,碳链末端有时编为 ω)以表明取代基的位次。例如:

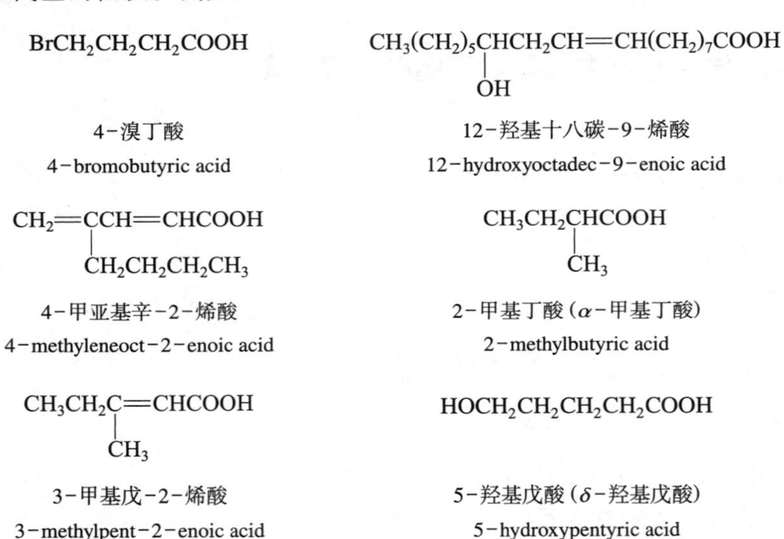

4-溴丁酸
4-bromobutyric acid

12-羟基十八碳-9-烯酸
12-hydroxyoctadec-9-enoic acid

4-甲亚基辛-2-烯酸
4-methyleneoct-2-enoic acid

2-甲基丁酸(α-甲基丁酸)
2-methylbutyric acid

3-甲基戊-2-烯酸
3-methylpent-2-enoic acid

5-羟基戊酸(δ-羟基戊酸)
5-hydroxypentyric acid

二元酸是取分子中含有两个羧基的最长碳链为主链,称为某二酸。例如:

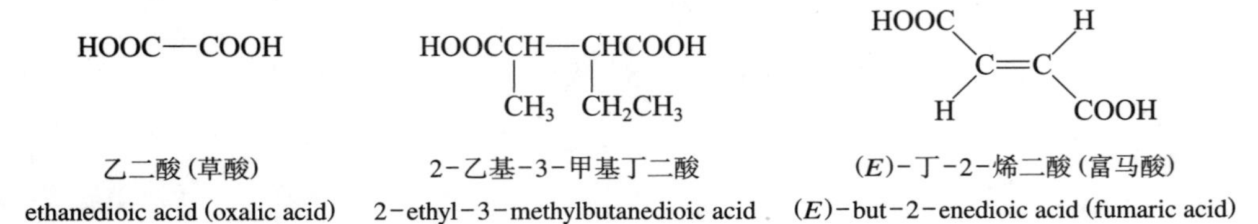

乙二酸(草酸)
ethanedioic acid (oxalic acid)

2-乙基-3-甲基丁二酸
2-ethyl-3-methylbutanedioic acid

(E)-丁-2-烯二酸(富马酸)
(E)-but-2-enedioic acid (fumaric acid)

分子中含有脂环或芳环的羧酸,按羧基所连接位置的不同,母体的选择有两种方式。羧基直接与环相连者,以脂环烃或芳烃的名称之后加“甲酸”二字为母体,其他基团则作为取代基来命名。羧基与侧链相连者,通常以脂肪酸为母体,脂环或芳环作为取代基命名。环上及侧链都连有羧基者,则以脂肪酸为母体命名。例如:

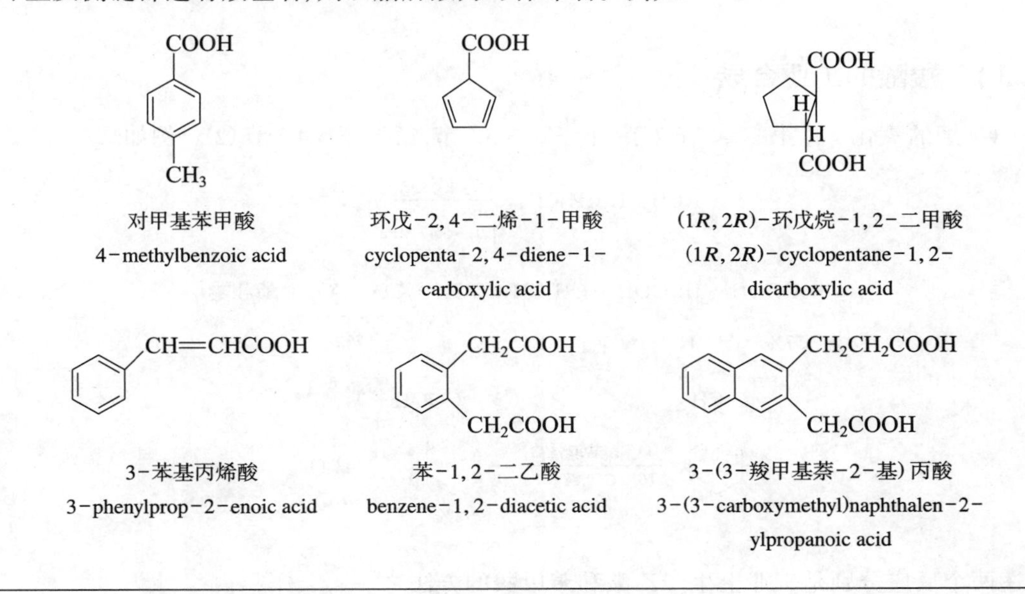

练习 12.1 命名下列化合物或写出结构式:

(1) 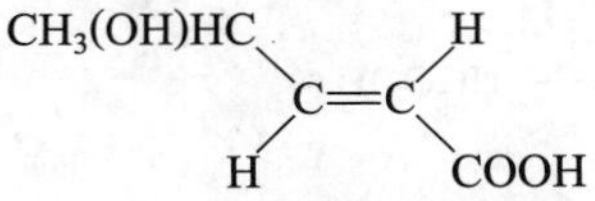 $CH_3(OH)HC$—CH═CH—COOH(H 与 H 位于双键异侧)

(2) 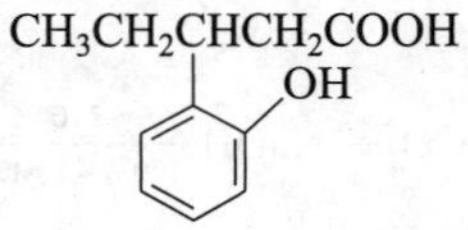 $CH_3CH_2CHCH_2COOH$(CH 上连有邻羟基苯基)

(3) $HC \equiv CCH_2COOH$

(4) 4-环戊基戊酸

12.2 羧酸的结构

最简单的羧酸为甲酸,现以甲酸为例讨论羧酸的结构。甲酸分子的最稳定构象具有平面结构,羧基碳原子为 sp^2 杂化,键角接近 120°。

静电势图:甲酸

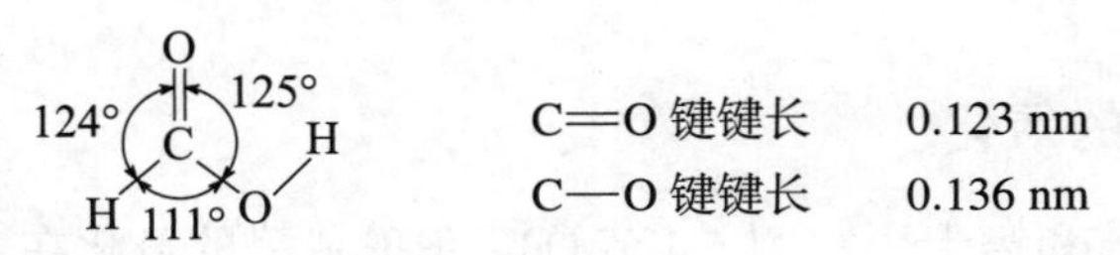

羧基的碳氧双键由一个 σ 键和一个 π 键构成,类似醛、酮分子中的碳氧双键,且其键长略短于碳氧单键。

12.3 羧酸的制法

12.3.1 羧酸的工业合成

(1) 烃的氧化　见第二章 2.6.2 节, 第三章 3.5.5 节, 第五章 5.4.2 节 (2)。例如:

$$CH_3CH_2CH_2CH_3 \xrightarrow[\substack{90\sim100\ ^\circ C\\1.01\sim5.47\ MPa}]{O_2,\ 醋酸钴}$$

$$\underset{57\%}{CH_3COOH} + \underset{1\%\sim2\%}{HCOOH} + \underset{2\%\sim3\%}{CH_3CH_2COOH} + \underbrace{CO + CO_2}_{17\%} + \underset{22\%}{酯和酮}$$

$$C_6H_5CH_3 \xrightarrow[165\ ^\circ C,\ 0.88\ MPa]{O_2,\ 钴盐或锰盐} \underset{92\%}{C_6H_5COOH} + H_2O$$

上述两个反应分别是工业上生产乙酸和苯甲酸的方法之一。

(2) 由一氧化碳、甲醇或乙醛制备　工业上采用一氧化碳和氢氧化钠溶液在高温、加压下作用合成甲酸。

$$CO + NaOH \xrightarrow[0.6\sim1\ MPa]{\approx210\ ^\circ C} HCOONa \xrightarrow{H_2SO_4} HCOOH$$

工业上生产乙酸的常用方法还有乙醛氧化法和甲醇法。用乙酸锰为催化剂, 用空气或氧气可将乙醛氧化为乙酸。

$$CH_3CHO + \frac{1}{2}O_2 \xrightarrow[0.2\sim0.4\ MPa]{Mn(OAc)_2,\ 70\sim80\ ^\circ C} \underset{95\%\sim97\%}{CH_3COOH}$$

拓展:
乙酸的工业合成

甲醇在铑 (Rh) 催化剂的作用下, 可与一氧化碳直接结合合成乙酸。

$$CH_3OH + CO \xrightarrow[0.5\sim1.0\ MPa]{Rh-I_2,\ 150\sim200\ ^\circ C} \underset{90\%\sim99\%}{CH_3COOH}$$

12.3.2 伯醇和醛的氧化

见第九章 9.5.6 节和第十一章 11.5.4 节 (1)。伯醇或醛的氧化在实验室和工业上用来制备同碳原子数的羧酸。例如:

$$(H_3C)_3C-\underset{\substack{|\\CH_2OH}}{CH}-C(CH_3)_3 \xrightarrow{K_2Cr_2O_7,\ H_2SO_4} \underset{82\%}{(H_3C)_3C-\underset{\substack{|\\COOH}}{CH}-C(CH_3)_3}$$

12.3.3 腈的水解

由腈水解是合成羧酸的重要方法之一。例如:

$$\text{邻甲基苯甲腈(}o\text{-}CH_3C_6H_4CN) \xrightarrow{H_2O,\ H_2SO_4} o\text{-}CH_3C_6H_4COOH \quad 80\%\sim89\%$$

12.3.4 Grignard 试剂与二氧化碳作用

通过 Grignard 试剂对 CO_2 进行亲核加成然后水解, 可将卤代烃分子中的卤原子转变为羧基。这是制备比卤代烃多一个碳原子的羧酸的有效方法之一, 常用于由卤代烷制备相应的羧酸。例如:

$$(CH_3)_3C—MgCl + O═C═O \longrightarrow (CH_3)_3C—COOMgCl \xrightarrow{H_3O^+} (CH_3)_3C—COOH \quad 79\%\sim80\%$$

$$C_6H_5—MgBr \xrightarrow[\text{②}\ H_3O^+]{\text{①}\ CO_2} C_6H_5—COOH \quad 85\%$$

12.3.5 酚酸的合成

Kolbe-Schmitt 反应可用于由酚制备酚酸 [见第九章 9.6.4 节 (5)]。例如:

$$\text{2-萘酚钠(ONa)} \xrightarrow[\text{②}\ H_3O^+]{\text{①}\ CO_2,\ \triangle} \text{3-羟基萘-2-甲酸(OH, COOH)}$$

3-羟基萘-2-甲酸 (俗称 2, 3-酸) 是重要的染料中间体。

练习 12.2 用 Grignard 试剂, 如何制备下列羧酸?

(1) 2, 2-二甲基戊酸　　(2) 丁-3-烯酸　　(3) 己酸

练习 12.3 上题中的三种羧酸哪些可用腈水解法制得?

练习 12.4 从 $HOCH_2CH_2CH_2CH_2Br$ 转变为 $HOCH_2CH_2CH_2CH_2COOH$ 应该采用 Grignard 试剂还是用腈水解法? 为什么?

练习 12.5 2, 6-二甲氧基苯甲酸可以用来合成 β-内酰胺类抗生素甲氧西林。请以 2-溴苯-1, 3-二酚为原料, 写出合成 2, 6-二甲氧基苯甲酸的可行性路线。

$$\text{2-溴苯-1,3-二酚 (Br; HO, OH)} \Longrightarrow \text{2,6-二甲氧基苯甲酸 } (CO_2H;\ H_3CO,\ OCH_3)$$

12.4　羧酸的物理性质及波谱性质

常温常压下，$C_1 \sim C_9$ 的直链羧酸是液体，C_{10} 以上的羧酸是固体，脂肪族二元羧酸和芳香族羧酸是结晶状固体，如表 12-1 所示。甲酸、乙酸和丙酸有刺激性气味，丁酸至壬酸有腐败气味，固体羧酸通常无气味。甲酸和乙酸的相对密度大于 1，其他直链饱和一元羧酸的相对密度通常小于 1。

表 12-1　一些羧酸的名称和物理常数

名称（俗名 英文名称）	熔点/℃	沸点/℃	溶解度 $g\cdot(100\ g\ 水)^{-1}$	相对密度 (d_4^{20})
甲酸（蚁酸 formic acid）	8.4	100.7	∞	1.220
乙酸（醋酸 acetic acid）	16.6	117.9	∞	1.049 2
丙酸（初油酸 propionic acid）	−20.8	141.1	∞	0.993 4
正丁酸（酪酸 butyric acid）	−4.5	165.6	∞	0.957 7
正戊酸（缬草酸 valeric acid）	−34.5	185 ~ 187	4.97	0.939 1
正己酸（羊油酸 caproic acid）	−2 ~ −1.5	205	0.968	0.927 4
乙二酸（草酸 oxalic acid）	189.5	157（升华）	9	1.650
丙二酸（缩苹果酸 malonic acid）	135.6	140（分解）	74	1.619（16 ℃）
丁二酸（琥珀酸 succinic acid）	187 ~ 189	235（脱水）	5.8	1.572（25 ℃）
戊二酸（胶酸 glutaric acid）	98	302 ~ 304	63.9	1.424（25 ℃）
己二酸（肥酸 adipic acid）	153	265/13.3 kPa	1.5	1.360（25 ℃）
顺丁烯二酸（马来酸 maleic acid）	138 ~ 140	160（脱水）	78.8	1.590
反丁烯二酸（富马酸 fumaric acid）	287	165/0.23 kPa（升华）	0.7	1.635
苯甲酸（安息香酸 benzoic acid）	122.4	249	0.34	1.266（15 ℃）
邻苯二甲酸（邻酞酸 phthalic acid）	206 ~ 208（分解）		0.7	1.593
对苯二甲酸（对酞酸 terephthalic acid）	300（升华）		0.002	1.510
3-苯基丙烯酸（肉桂酸 cinnamic acid）	135 ~ 136	300	溶于热水	1.247 5

羧酸是极性分子，能与水形成氢键，因而甲酸至丁酸可与水互溶。随着相对分子质量的增加，羧酸在水中的溶解度逐渐减小，癸酸以上的羧酸不溶于水。

羧酸的沸点比相对分子质量相同的醇的沸点高。例如，甲酸的沸点是 100.7 ℃，而相对分子质量相同的乙醇的沸点只有 78.5 ℃。乙酸的沸点是 117.9 ℃，而正丙醇的沸点是 97.4 ℃。这是由于羧酸分子间能形成两个氢键，生成稳定的缔合体。据测定，低级羧酸甚至在气态下还可保持双分子缔合。

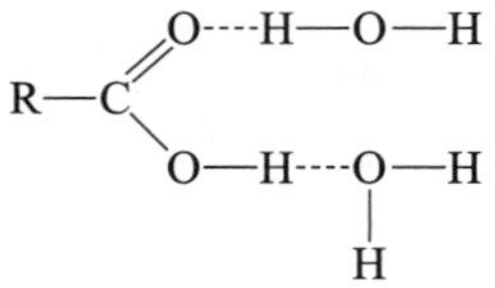

```
        O---H—O—H                      O---H—O
       //                             //       \
R—C                             R—C           C—R
       \                              \        //
        O—H---O—H                      O—H---O
              |
              H
```

羧酸与水分子间形成的氢键 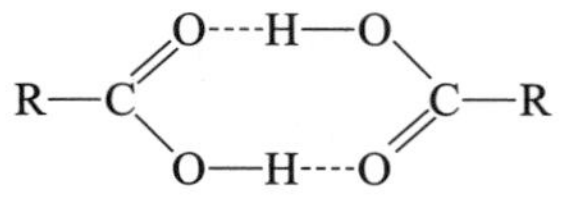　　　　两个羧酸分子间形成的氢键

羧酸熔点的变化规律是随羧酸碳原子数增加,呈现锯齿形先降后升的。偶数碳原子的羧酸比它前后相邻的两个同系物的熔点高,如图 12-1 和表 12-1 所示。

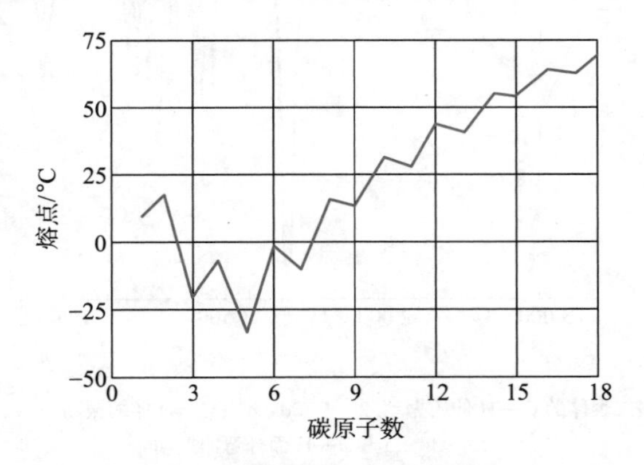

图 12-1 直链饱和一元羧酸的熔点

羧酸的官能团是羧基$\left(\begin{matrix}\mathrm{O}\\ \|\\ \text{—C—OH}\end{matrix}\right)$,因而羧酸的红外光谱有羰基(C═O)和羟基(O—H)的特征吸收峰。羧酸容易通过氢键缔合成二聚体,因此其红外光谱通常是二聚体的谱图。只有在气态或稀的非极性溶剂中,才能观测到单体的谱图。其红外特征吸收峰的位置见表 12-2。

表 12-2 羧酸的红外特征吸收峰

振动类型	羧酸状态		
	在单体中		在二聚体中
O—H 伸缩振动	$3\,560 \sim 3\,500\ \mathrm{cm^{-1}}$		$3\,200 \sim 2\,500\ \mathrm{cm^{-1}}$
C═O 伸缩振动	R—C(═O)—OH	$\approx 1\,760\ \mathrm{cm^{-1}}$	$\approx 1\,710\ \mathrm{cm^{-1}}$
	>C═C(—)—C(═O)—OH	$\approx 1\,720\ \mathrm{cm^{-1}}$	$1\,715 \sim 1\,690\ \mathrm{cm^{-1}}$
	Ar—C(═O)—OH		$1\,700 \sim 1\,680\ \mathrm{cm^{-1}}$

羧酸的 C—O 键伸缩振动吸收峰在 $1\,250\ \mathrm{cm^{-1}}$ 附近,O—H 键弯曲振动吸收峰在 $1\,400\ \mathrm{cm^{-1}}$ 和 $900\ \mathrm{cm^{-1}}$ 附近,可以进一步确定羧基的存在。图 12-2 是正癸酸的红外光谱。

羧酸的 ^{1}H NMR 谱,由于电负性较大的羟基氧原子的吸电子效应、羰基的去屏蔽效应及氢键缔合作用,羧基中质子的振动峰出现在很远的低场,其化学位移为 10.5~13;乙酸及烷基取代乙酸分子中 α-碳原子上质子的化学位移为 2~2.6。图 12-3 是异丁酸的 ^{1}H NMR 谱。

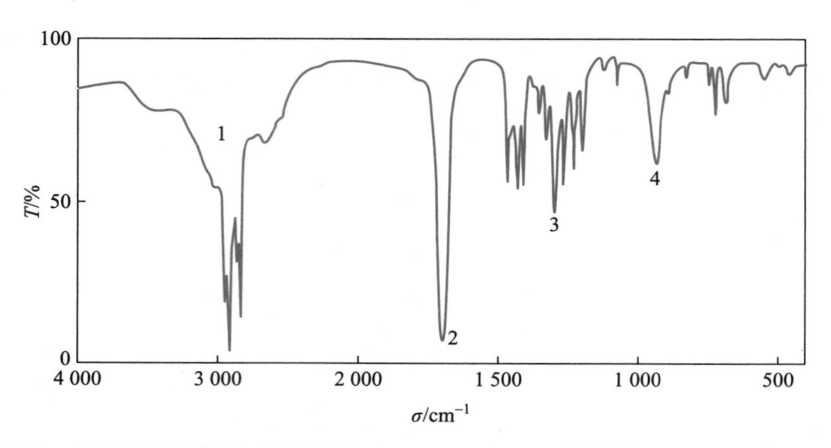

1—3 200～2 500 cm^{-1}, 羧酸二聚体的 O—H 伸缩振动; 2—1 700 cm^{-1}, C═O 伸缩振动; 3—1 299 cm^{-1}, C—O 伸缩振动; 4—934 cm^{-1}, O—H 面外弯曲振动

图 12-2　正癸酸的红外光谱 (KBr 压片)

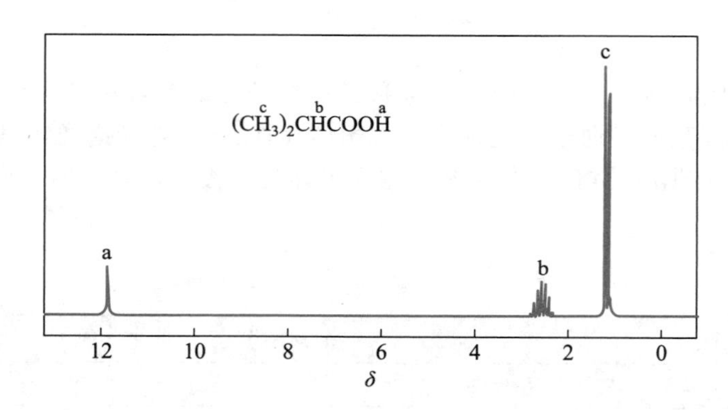

图 12-3　异丁酸的 ^{1}H NMR 谱 (90 MHz, $CDCl_3$)

练习 12.6　某化合物 $C_3H_6O_2$ 的 ^{1}H NMR 谱数据: $\delta=10.49$ (单峰, ^{1}H), 2.39 (四重峰, 2H), 1.14 (三重峰, 3H)。试推断该化合物的构造式。

12.5　羧酸的化学性质

羧酸的官能团由羰基和羟基复合而成, 它们相互影响, 使羧酸分子具有独特的化学性质, 而不是这两个基团性质的简单加合。

根据羧酸分子结构的特点, 羧酸的反应可在分子的四个部位发生: ① 反应涉及 O—H 键, 主要是质子的解离; ② 反应发生在羰基上, 如羰基被还原及羰基上的亲核取代反应; ③ 脱羧反应, C—C 键断裂失去 CO_2, 生成 R—CH_3; ④ α-氢原子的取代反应。

O
‖
(Ar)R—CH—C—O—H
④ H ② ① ③

12.5.1 羧酸的酸性和极化效应

(1) 羧酸的酸性 羧酸具有明显的酸性，能与氢氧化钠、碳酸钠及碳酸氢钠作用生成羧酸钠。

$$RCOOH + NaOH \longrightarrow RCOONa + H_2O$$
$$RCOOH + NaHCO_3 \longrightarrow RCOONa + CO_2\uparrow + H_2O$$

羧酸是弱酸，大多数无取代基羧酸的 pK_a 在 4～5。当向羧酸盐溶液中加入无机强酸后，羧酸又可游离出来。

$$RCOONa + HCl \longrightarrow RCOOH + NaCl$$

可见羧酸的酸性比一般无机强酸的酸性弱，但比碳酸 ($pK_a=6.36$) 的酸性强。表 12-3 列出一些羧酸的 pK_a 值。

表 12-3 一些羧酸的 pK_a 值

化合物	pK_a(25 ℃)	化合物	pK_a(25 ℃)	
			pK_{a1}	pK_{a2}
甲酸	3.75	乙二酸	1.2	4.2
乙酸	4.75	丙二酸	2.9	5.7
丙酸	4.87	丁二酸	4.2	5.6
丁酸	4.82	己二酸	4.4	5.6
三甲基乙酸	5.03	顺丁烯二酸	1.9	6.1
氟乙酸	2.66	反丁烯二酸	3.0	4.4
氯乙酸	2.81	苯甲酸	4.20	
溴乙酸	2.87	对甲基苯甲酸	4.38	
碘乙酸	3.13	对硝基苯甲酸	3.42	
羟基乙酸	3.87	邻苯二甲酸	2.9	5.4
苯乙酸	4.31	间苯二甲酸	3.5	4.6
丁-3-烯酸	4.35	对苯二甲酸	3.5	4.8

羧酸盐具有盐类的一般性质，是离子型化合物，不能挥发。羧酸的钠盐和钾盐不溶于非极性溶剂，一般少于 10 个碳原子的一元羧酸的钠盐和钾盐能溶于水 (10～18 个碳原子的羧酸钠盐和钾盐在水中形成胶体溶液)。利用羧酸的酸性和羧酸盐的性质，可以把它们与中性或碱性化合物分离。

(2) 羧酸的酸性与结构的关系 从结构上（见图 12-4）看，羧酸（RCOOH）比醇（RCH_2OH）多了一个羰基（—CO—），但羧酸的酸性比相应醇的强得多。这是因为醇解离生成的负离子（RCH_2O^-）中，负电荷被定域在一个氧原子上。而羧酸解离生成的负离子（$RCOO^-$）中氧原子上的负电荷所在的 p 轨道可与羰基的 π 轨道发生 p,π-共轭，因而负电荷均匀地分布在两种氧原子上。按共振论的观点，$RCOO^-$ 负离子在两种等价的极限结构之间共振，其共振杂化体较稳定，因而有利于羧酸解离。

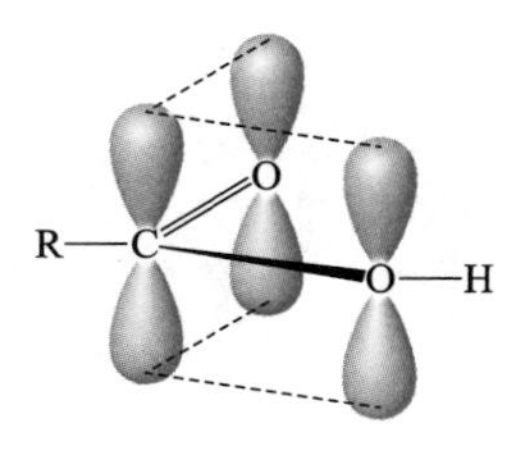

图 12-4 羧酸的结构

$$R-C(=O)-O-H \rightleftharpoons H^+ + \left[R-C(=O)-O^- \longleftrightarrow R-C(-O^-)=O \right] \equiv R-C\left(\overset{\frac{1}{2}-}{O}\right)\left(\overset{\frac{1}{2}-}{O}\right)$$

X 射线衍射测定的结果表明：甲酸中碳氧双键键长为 0.123 nm，碳氧单键键长为 0.136 nm，说明羧基中两个碳氧键不等同；而甲酸钠中，两个碳氧键键长相等，均为 0.127 nm，没有双键与单键之分。

从表 12-3 中的数据可以看出，乙酸的酸性比甲酸的弱，三甲基乙酸的酸性更弱。这是由于甲基的给电子诱导效应沿分子链依次诱导传递，使羧酸根的负电荷更加集中。负电荷越集中，负离子越不稳定，也越不容易生成，相应羧酸的酸性越弱。

$$\left\{H-C\genfrac{}{}{0pt}{}{O}{O}\right\}^- \qquad \left\{H_3C-C\genfrac{}{}{0pt}{}{O}{O}\right\}^- \qquad \left\{H_3C-C(CH_3)_2-C\genfrac{}{}{0pt}{}{O}{O}\right\}^-$$

乙酸的 α-氢原子被氯原子取代后，氯原子吸电子诱导效应也沿分子链依次诱导传递，因此分散了相应羧酸根的负电荷，使其稳定。显然，氯原子越多，羧酸根的负电荷分散得越好，羧酸根负离子越稳定，也越容易生成，相应羧酸的酸性也就越强。这几种羧酸根负离子稳定性次序是

$$\left\{Cl_3C-C\genfrac{}{}{0pt}{}{O}{O}\right\}^- > \left\{Cl_2HC-C\genfrac{}{}{0pt}{}{O}{O}\right\}^- > \left\{ClH_2C-C\genfrac{}{}{0pt}{}{O}{O}\right\}^- > \left\{H_3C-C\genfrac{}{}{0pt}{}{O}{O}\right\}^-$$

相应羧酸的酸性强弱次序是

	Cl_3CCOOH	>	$Cl_2CHCOOH$	>	$ClCH_2COOH$	>	CH_3COOH
pK_a	0.70		1.29		2.81		4.75

取代基的诱导效应随距离的增加而明显减弱，一般超过四个饱和键影响就很小了。例如，α-氯丁酸是与氯乙酸几乎一样强的酸，而 γ-氯丁酸的酸性比氯乙酸的酸性弱很多，已接近丁酸。不同位次取代的氯代丁酸和丁酸的 pK_a 值如下：

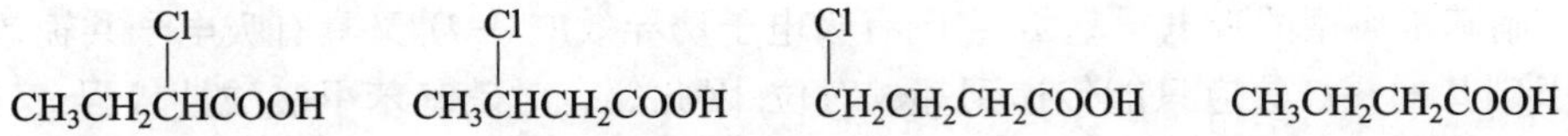

	$CH_3CH_2\underset{Cl}{CH}COOH$	$CH_3\underset{Cl}{CH}CH_2COOH$	$\underset{Cl}{CH_2}CH_2CH_2COOH$	$CH_3CH_2CH_2COOH$
pK_a	2.86	4.05	4.52	4.82

诱导效应的这一特征与共轭效应不同。共轭效应的基本特征是电子在共轭体系中的离域，不因共轭体系的增长而明显减弱。

诱导效应 (I) [见第一章 1.4.2 节 (4)] 与原子的电负性有关，然而取代基是给电子还是吸电子并不是一成不变的。取代基比官能团的核心原子电负性大的表现为吸电子性，反之表现为给电子性。

由于取代基吸电子或给电子能力能影响羧酸的酸性，故可通过测定各种取代羧酸的解离常数来推断各种取代基的吸电子能力或给电子能力。如以乙酸为母体化合物，测定取代乙酸的解离常数，得知各取代基诱导效应强弱的次序为

吸电子诱导效应 ($-I$): $NO_2 > \overset{+}{N}R_3 > SO_2R > CN > SO_2Ar > F > Cl > COOH > Br > I > OAr > C{\equiv}CR > COOR > OR > COR > SH > OH > C_6H_5 > CH{=}CH_2 > H$

给电子诱导效应 ($+I$): $O^- > COO^- > (CH_3)_3C > (CH_3)_2CH > CH_3CH_2 > CH_3 > H$

有时由于有其他影响因素存在，如共轭效应、空间效应和溶剂效应等，在不同的化合物中，取代基的诱导效应次序不完全一致。

二元羧酸分子中有两个羧基，有两个可解离的氢原子。其解离常数 $K_{a1} > K_{a2}$，即 $pK_{a1} < pK_{a2}$。这是因为 COOH 是吸电子基团，有强的 $-I$ 效应，使另一个羧基中的氢原子较易解离。当一个羧基解离成 COO^-，后者带有负电荷，表现为给电子性，则有 $+I$ 效应，使第二个羧基解离困难。例如:

$$HOOCCH_2COOH \xrightleftharpoons{pK_{a1}=2.9} HOOCCH_2COO^- + H^+$$

$$HOOCCH_2COO^- \xrightleftharpoons{pK_{a2}=5.7} {}^-OOCCH_2COO^- + H^+$$

苯甲酸的酸性稍强于环己烷甲酸的酸性，是由于苯环上的 sp^2 杂化碳原子电负性较大，给电子作用较弱。当苯环上连有强吸电子取代基时，酸性增强。例如:

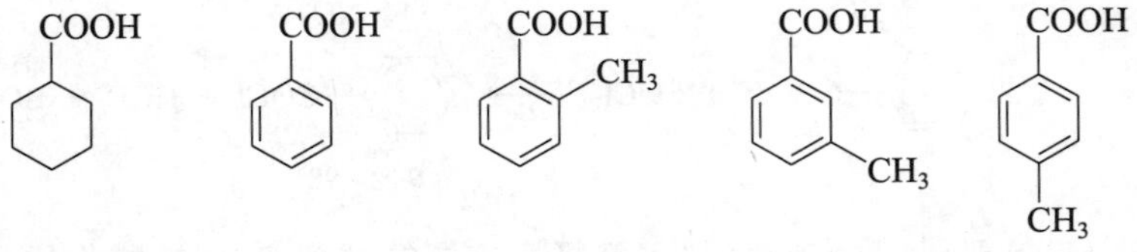

	环己烷甲酸 (COOH)	苯甲酸 (COOH)	邻甲基苯甲酸 (COOH, CH_3)	间甲基苯甲酸 (COOH, CH_3)	对甲基苯甲酸 (COOH, CH_3)
pK_a	4.87	4.20	3.91	4.27	4.38

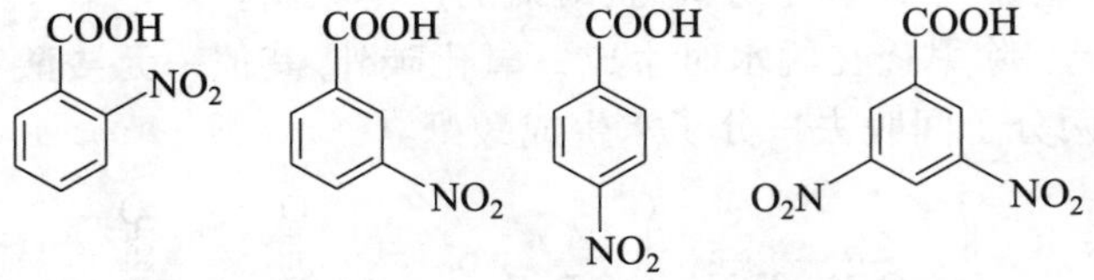

	邻硝基苯甲酸 (COOH, NO_2)	间硝基苯甲酸 (COOH, NO_2)	对硝基苯甲酸 (COOH, NO_2)	3,5-二硝基苯甲酸 (COOH, O_2N, NO_2)
pK_a	2.21	3.49	3.42	2.83

硝基是典型的吸电子基团，它既有吸电子诱导效应($-I$)，又具有吸电子共轭效应($-C$)。由于硝基的 $-C$ 效应只能传递到邻、对位，因此邻、对硝基苯甲酸酸性较强；又由于比较复杂的邻位效应，邻硝基苯甲酸具有更强的酸性。

练习 12.7　下列各组化合物中，哪个酸性强？为什么？

(1) RCH_2OH 和 $RCOOH$　　(2) $ClCH_2COOH$ 和 CH_3COOH

(3) FCH_2COOH 和 $ClCH_2COOH$　　(4) $HOCH_2CH_2COOH$ 和 $CH_3CH(OH)COOH$

(5) 间氰基苯甲酸 和 对氰基苯甲酸　　(6) 间甲磺酰基苯甲酸（SO_2CH_3）和 间甲硫基苯甲酸（$S—CH_3$）

(7) $CH_3COCOOH$ 和 $CH_2=CHCOOH$　　(8) $(CH_3)_3CCH_2COOH$ 和 $(CH_3)_3N^+CH_2COOH$

练习 12.8　比较下列化合物的酸性强弱：

(1) CH_3COOH　　(2) C_2H_5OH　　(3) 环戊二烯　　(4) $HC\equiv CH$

练习 12.9　在由石蜡制备高级脂肪酸时，除产物羧酸外，还有副产物醇、醛、酮等中性含氧化合物及未反应的石蜡。如何从混合物中分离出高级脂肪酸？

12.5.2　羧酸衍生物的生成

酰卤、酸酐、酯和酰胺均可由羧酸直接合成。

(1) 酰氯的生成　羧酸与无机酸的酰氯(亚磷酸的酰氯 PCl_3 和亚硫酸的酰氯 $SOCl_2$)或 PCl_5 作用时，羧基中的羟基被氯原子取代生成羧酸的酰氯。例如：

$$3\,CH_3COOH + PCl_3 \xrightarrow{\triangle} \underset{70\%}{3CH_3COCl} + H_3PO_3$$

$$o\text{-}O_2NC_6H_4COOH + SOCl_2 \longrightarrow \underset{90\%\sim98\%}{o\text{-}O_2NC_6H_4COCl} + HCl\uparrow + SO_2\uparrow$$

亚硫酰氯(二氯亚砜)是实验室制备酰氯最方便的试剂，它与羧酸作用生成酰氯时的副产物是氯化氢和二氧化硫气体，利于分离，且酰氯的产率较高。

(2) 酸酐的生成　除甲酸在脱水时生成一氧化碳外，其他一元羧酸在脱水剂(如 P_2O_5 等)作用下都可在两分子间脱去一分子水生成酸酐。

$$R—\overset{O}{\overset{\|}{C}}—O\boxed{H + HO}—\overset{O}{\overset{\|}{C}}—R \xrightarrow[\triangle]{P_2O_5} R—\overset{O}{\overset{\|}{C}}—O—\overset{O}{\overset{\|}{C}}—R$$

由于乙酸酐(简称乙酐)便宜,且易吸水生成乙酸,容易除去,所以常用乙酐作脱水剂制备较高级的羧酸酐。例如:

$$\begin{array}{l}CH_2COOH\\ |\\ CH_2COOH\end{array} + (H_3C-CO)_2O \xrightarrow{\triangle} \text{丁二酸酐} + 2\,CH_3COOH$$

某些二元酸,如丁二酸、戊二酸和邻苯二甲酸等只需加热脱水便可生成五元环或六元环的酸酐。

$$\text{邻苯二甲酸} \xrightarrow{230\ ^\circ C} \text{邻苯二甲酸酐, 100\%} + H_2O$$

邻苯二甲酸　　邻苯二甲酸酐, 100%

酸酐还可利用酰卤和无水羧酸盐共热来制备。通常用此法来制备混合酸酐。例如:

$$CH_3-\overset{O}{\overset{\|}{C}}-O\boxed{Na + Cl}-\overset{O}{\overset{\|}{C}}-CH_2CH_3 \xrightarrow{\triangle} \underset{60\%}{CH_3-\overset{O}{\overset{\|}{C}}-O-\overset{O}{\overset{\|}{C}}-CH_2CH_3} + NaCl$$

(3) 酯的生成和酯化反应机理　羧酸与醇在强酸性催化剂作用下生成酯。例如:

$$CH_3COOH + HOC_2H_5 \overset{H^+}{\rightleftharpoons} CH_3COOC_2H_5 + H_2O$$

酯化反应是可逆反应,为了提高酯的产率,可采取使一种原料过量(应从易得、价廉和易回收等方面考虑),或反应过程中除去一种产物(如水或酯)的办法。工业上生产乙酸乙酯时采用乙酸过量,不断蒸出生成的乙酸乙酯和水的恒沸混合物(水 6.1%,乙酸乙酯 93.9%,恒沸点 70.4 ℃),使平衡右移。同时不断加入乙酸和乙醇,实现连续化生产。

强酸性阳离子交换树脂也可作为催化剂,具有反应条件温和、操作简便和产率较高等优点。例如:

$$CH_3COOH + CH_3(CH_2)_3OH \xrightarrow[\text{室温}]{\text{树脂}-SO_3H,\ CaSO_4(\text{干燥剂})} \underset{100\%}{CH_3COO(CH_2)_3CH_3} + H_2O$$

也可用羧酸盐与卤代烃反应制备酯。例如:

$$CH_3\overset{O}{\overset{\|}{C}}O^- + C_6H_5-CH_2Cl \longrightarrow \underset{95\%}{C_6H_5-CH_2O\overset{O}{\overset{\|}{C}}CH_3} + Cl^-$$

羧酸的酯化反应随着羧酸和醇的结构及反应条件的不同,可以有两种不同的方式:

$$\underset{\text{(I)}}{R-\overset{\overset{\displaystyle O}{\|}}{C}-\boxed{OH\quad H}-O-R'} \qquad \underset{\text{(II)}}{R-\overset{\overset{\displaystyle O}{\|}}{C}-O-\boxed{H\quad HO}-R'}$$

(I) 由羧酸中的羟基和醇中的氢结合成水分子,剩余部分结合成酯。由于羧酸分子去掉羟基后剩余的是酰基,因此,(I) 称为酰氧键断裂方式。(II) 由羧酸中的氢和醇中的羟基结合成水,剩余部分结合成酯。由于醇去掉羟基后剩下烷基,故(II) 称为烷氧键断裂方式。

当用含有标记氧原子的伯醇或仲醇 ($R'^{18}OH$) 在酸催化下与羧酸进行酯化反应时,生成的水分子中不含 ^{18}O,标记氧原子保留在酯中,这说明反应是按方式 (I) 进行的。其反应机理可以表示如下:

$$R-\overset{\overset{\displaystyle O}{\|}}{C}-OH \xrightleftharpoons{H^+} \left[R-\overset{\overset{\displaystyle \overset{+}{O}H}{\|}}{C}-OH \longleftrightarrow R-\underset{+}{\overset{\overset{\displaystyle OH}{|}}{C}}-OH \right] \xrightleftharpoons{R'^{18}OH} R-\underset{\underset{\displaystyle R'^{18}\underset{+}{O}H}{|}}{\overset{\overset{\displaystyle OH}{|}}{C}}-OH$$

$$\rightleftharpoons R-\underset{\underset{\displaystyle R'^{18}O}{|}}{\overset{\overset{\displaystyle OH}{|}}{C}}-\overset{+}{O}H_2 \xrightleftharpoons{-H_2O} \left[R-\underset{\underset{\displaystyle R'^{18}O}{|}}{\overset{\overset{\displaystyle OH}{|}}{C^+}} \longleftrightarrow R-\underset{\underset{\displaystyle R'^{18}O}{|}}{\overset{\overset{\displaystyle ^+OH}{\|}}{C}} \right] \xrightleftharpoons{-H^+} R-\overset{\overset{\displaystyle O}{\|}}{C}-{}^{18}OR'$$

这个机理可以概括如下:

$$R-\overset{\overset{\displaystyle O}{\|}}{C}-OH + R'^{18}OH \xrightleftharpoons{H^+} \left[R-\underset{\underset{\displaystyle ^{18}OR'}{|}}{\overset{\overset{\displaystyle OH}{|}}{C}}-OH \right] \rightleftharpoons R-\overset{\overset{\displaystyle O}{\|}}{C}-{}^{18}OR' + H_2O$$

叔醇的酯化反应经实验证明是按方式 (II) 进行的:

$$R'-\overset{\overset{\displaystyle O}{\|}}{C}-O-\boxed{H + HO}-CR_3 \rightleftharpoons R'-\overset{\overset{\displaystyle O}{\|}}{C}-OCR_3 + H_2O$$

(4) 酰胺的生成　羧酸与胺在缩合剂的作用下脱水生成酰胺。羧酸也可与氨或胺作用生成羧酸铵,然后加热脱水得到相应的酰胺。例如:

$$C_6H_5COOH + H_2NC_6H_5 \longrightarrow C_6H_5COO^-\overset{+}{N}H_3C_6H_5 \xrightarrow{190\ ^\circ C} \underset{\substack{N\text{-苯基苯甲酰胺} \\ 80\%\sim 84\%}}{C_6H_5CONHC_6H_5} + H_2O$$

12.5.3　羧基的还原反应

由于 p,π-共轭增大了羧基或羧酸根中羰基碳原子上的电子云密度,因而其难以与大多数亲核试剂发生反应。但具有较强亲核能力的氢化铝锂能顺利地将羧酸还原成相应的伯醇。例如:

$$(CH_3)_3CCOOH \xrightarrow[\text{② } H_2O,\ H^+]{\text{① } LiAlH_4,\ \text{乙醚}} \underset{92\%}{(CH_3)_3CCH_2OH}$$

用氢化铝锂还原羧酸不仅产率较高，而且还原不饱和酸时不会还原碳碳双键。

12.5.4 脱羧反应

从羧酸或其盐脱去羧基（失去二氧化碳）的反应，称为脱羧反应。饱和一元羧酸在加热下较难脱羧，当 α-碳原子上连有吸电子基团时，如—NO_2，—C≡N，C═O 和—Cl 等，则较易脱羧；某些芳香族羧酸也比饱和一元羧酸容易脱羧。例如：

$$Cl_3CCOOH \xrightarrow{\triangle} CHCl_3 + CO_2$$

$$\text{2,4,6-}(O_2N)_3C_6H_2COOH \xrightarrow{\triangle} \text{1,3,5-}(O_2N)_3C_6H_3 + CO_2$$

电解羧酸盐溶液，在阳极发生烷基的偶联生成烃。反应可在水或甲醇中进行。

$$2\,CH_3(CH_2)_{12}COONa \xrightarrow{\text{电解}} \underset{60\%}{CH_3(CH_2)_{24}CH_3}$$

此法称为 Kolbe 合成法，是应用电解法制备有机化合物的一个例子，也成功地用于二元酸单酯盐电解制长链的二元酸酯：

$$2\,HOOC(CH_2)_8COOCH_3 \xrightarrow[\text{电解}]{NaOCH_3,\ CH_3OH} \underset{68\%\sim74\%}{CH_3OOC(CH_2)_{16}COOCH_3}$$

12.5.5 二元酸的受热反应

二元酸受热的产物，依两个羧基相对位置的不同而不尽相同。乙二酸和丙二酸加热脱羧生成一元酸；丁二酸和戊二酸加热脱水生成环状酸酐；己二酸和庚二酸加热脱二氧化碳和水生成环酮。例如：

$$HOOC—COOH \xrightarrow{\triangle} HCOOH + CO_2$$

$$\begin{matrix} CH_2—COOH \\ | \\ CH_2—COOH \end{matrix} \xrightarrow{300\ ^\circ C} \text{丁二酸酐} + H_2O$$

$$\begin{matrix} CH_2CH_2—COOH \\ | \\ CH_2CH_2—COOH \end{matrix} \xrightarrow[\triangle]{Ba(OH)_2} \text{环戊酮}(C_5H_8{=}O) + CO_2 + H_2O$$

Blanc 对上述反应研究后发现，当反应有可能形成环状化合物时，一般容易形成五元环和六元环，这一规则称为 Blanc 规则。

12.5.6　α-氢原子的反应

在少量红磷（或三卤化磷）的存在下，羧酸的 α-氢原子可被氯或溴原子取代而生成 α-卤代羧酸。此反应称为 Hell-Volhard-Zelinsky 反应。例如：

$$(CH_3)_2CHCH_2CH_2COOH \xrightarrow{Br_2,\ PCl_3} (CH_3)_2CHCH_2CH(Br)COOH \quad 63\%\sim66\%$$

$$CH_3COOH \xrightarrow{Cl_2,\ P} ClCH_2COOH \xrightarrow{Cl_2,\ P} Cl_2CHCOOH \xrightarrow{Cl_2,\ P} Cl_3CCOOH$$

后一反应可以通过控制反应条件使某一种产物为主，这是工业生产氯乙酸的方法。该反应的过程如下：

$$2P + 3X_2 \longrightarrow 2PX_3$$

$$3RCH_2COOH + PX_3 \longrightarrow 3RCH_2COX + H_3PO_3$$

$$RCH_2COX + X_2 \longrightarrow RCHXCOX + HX$$

$$RCHXCOX + RCH_2COOH \longrightarrow RCHXCOOH + RCH_2COX$$

红磷的作用是产生 PX_3。PX_3 与羧酸反应先转变为酰卤，酰卤比羧酸容易发生 α-卤化反应，得到 α-卤代酰卤，后者再与羧酸作用就生成 α-卤代酸。在该反应中，起催化作用的是酰卤。在实际反应中，也可以直接利用 Hell-Volhard-Zelinsky 反应合成 α-卤代酰卤，然后水解生成 α-卤代羧酸。

这些卤代酸中的卤原子相对比较活泼，容易进行亲核取代反应和消除反应。因此经羧酸的卤化反应可以制备其他 α-取代酸。例如：

$$BrCH_2COOH + 2NH_3 \longrightarrow H_2NCH_2COOH + NH_4Br$$

α-氨基乙酸，60%～64%

$$\begin{matrix} CH_2—CHBrCOOH \\ | \\ CH_2—CHBrCOOH \end{matrix} \xrightarrow{KOH,\ CH_3OH} \begin{matrix} CH{=}CHCOOH \\ | \\ CH{=}CHCOOH \end{matrix}$$

37%～43%

练习 12.10　写出乙酸与 $CH_3{}^{18}OH$ 酯化反应的机理。

练习 12.11　完成下列反应式：

(1) C_6H_5—$CH_2COOH \xrightarrow{SOCl_2}$?

(2) $CH_3COOH \xrightarrow[P]{Cl_2}$? $\xrightarrow[H^+]{CH_3CH_2OH}$?

(3) 环己酮 $\xrightarrow{HNO_3}$? $\xrightarrow[\triangle]{Ba(OH)_2}$?

(4) 环己-3-烯基—COOH $\xrightarrow[②\ H_2O]{①\ LiAlH_4}$?

12.6 羟基酸

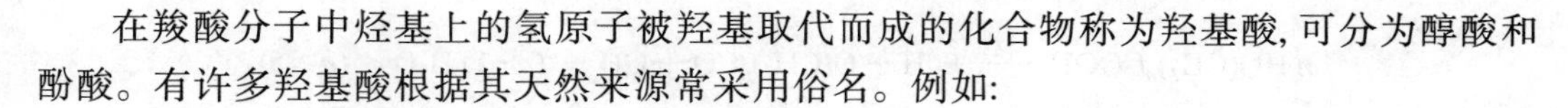

在羧酸分子中烃基上的氢原子被羟基取代而成的化合物称为羟基酸，可分为醇酸和酚酸。有许多羟基酸根据其天然来源常采用俗名。例如：

$CH_3CH(OH)COOH$ 2-羟基丙酸或 α-羟基丙酸（乳酸） lactic acid

$HO-C(CH_2COOH)_2-COOH$ 2-羟基丙烷-1,2,3-三甲酸（柠檬酸） citric acid

o-HOC_6H_4COOH 2-羟基苯甲酸或邻羟基苯甲酸（水杨酸） salicylic acid

羟基酸可由卤代酸或羟基腈水解得到。例如：

$$CH_3CH_2CH(Br)COOH \xrightarrow[\text{② } H^+]{\text{① } K_2CO_3,\ H_2O} CH_3CH_2CH(OH)COOH \quad 69\%$$

$$CH_3CH_2-C(CH_3)=O \xrightarrow{HCN} CH_3CH_2-C(CH_3)(OH)-CN \xrightarrow[\triangle]{\text{稀 } HCl} CH_3CH_2-C(CH_3)(OH)-COOH$$

$$CH_2(OH)-CH_2Cl \xrightarrow{NaCN} CH_2(OH)-CH_2CN \ (80\%) \xrightarrow{\text{稀 } HCl} CH_2(OH)CH_2COOH \ (75\%\sim80\%)$$

羟基酸一般是晶体或黏稠液体。由于羟基酸中的羟基和羧基均能与水形成氢键，因此羟基酸在水中的溶解度较相应的醇或酸的都大；在乙醚中的溶解度则较小。

由于羟基是吸电子基团，因此羟基酸酸性较强。例如：

	CH_3CH_2COOH	$CH_3CH(OH)COOH$	$CH_2(OH)CH_2COOH$
pK_a	4.87	3.87	4.51

羟基酸受热时发生脱水反应，其中 α-羟基酸分子间失水生成交酯，β-羟基酸分子内失水生成 α,β-不饱和酸，γ-和 δ-羟基酸分子内失水生成具有五、六元环的内酯，而其他羟基与羧基相隔更远的羟基酸则分子间失水生成聚酯。例如：

$$2\ CH_3CH(OH)COOH \xrightarrow{\triangle} \text{丙交酯} + 2\ H_2O$$

α-羟基丙酸　　丙交酯

$$CH_2(OH)-CH_2COOH \xrightarrow{\triangle} CH_2=CHCOOH + H_2O$$

β-羟基丙酸　　丙烯酸

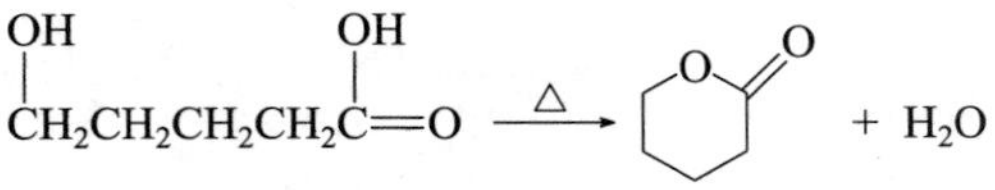

$$HOCH_2CH_2CH_2CH_2COOH \xrightarrow{\triangle} \text{δ-戊内酯} + H_2O$$

δ-羟基戊酸 δ-戊内酯

$$m\,HO(CH_2)_nCOOH \xrightarrow{\triangle} H\!\left[O(CH_2)_nCO\right]_m\!OH + (m-1)\,H_2O \quad (n \geqslant 5)$$

α-羟基酸与稀硫酸共热，分解为醛或酮。

$$\underset{\displaystyle OH}{RCHCOOH} \xrightarrow{\text{稀 } H_2SO_4} RCHO + HCOOH$$

另外，高锰酸钾也可将α-羟基酸氧化成减少一个碳原子的羰基化合物（醛或酮），其中醛将进一步被氧化成羧酸。

$$\underset{\displaystyle OH}{RCHCOOH} \xrightarrow[\triangle]{KMnO_4,\ H^+} RCHO \xrightarrow[\triangle]{KMnO_4,\ H^+} RCOOH$$

高级羧酸经溴化反应，先制得α-溴代酸，再转变为α-羟基酸，最后通过上述两种反应可得到减少一个碳原子的高级醛、酮或者羧酸。

练习 12.12 用反应式表示怎样从下列所给原料制备 2-羟基戊酸：

(1) 戊酸 (2) 丁醛

练习 12.13 下列各种羟基酸分别用酸处理，将得到什么主要产物？

(1) 2-羟基丁酸 (2) 3-羟基丁酸 (3) 4-羟基丁酸

练习 12.14 香紫苏醇（sclareol）是一种天然产物，请预测它用高锰酸钾水溶液氧化后所得的产物。

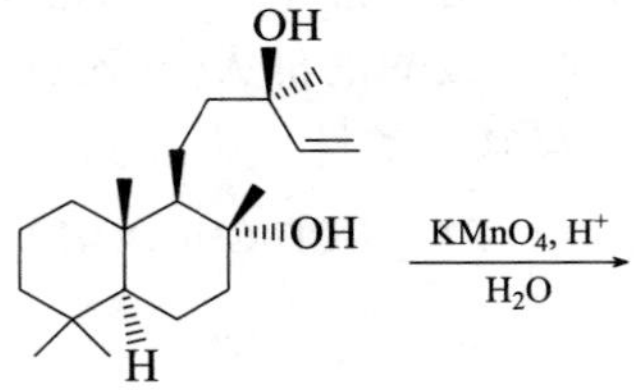

$$\text{sclareol} \xrightarrow[H_2O]{KMnO_4,\ H^+}$$

习题

（一）命名下列化合物：

(1) CH_3OCH_2COOH

(2) 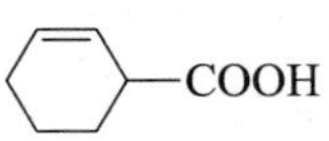 环己-3-烯基—COOH（结构式）

(3) $HOOC(H)C{=}C(H)CH(CH_3)COOH$（反式，结构式）

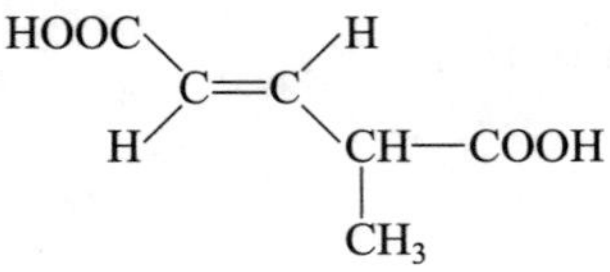

(4) 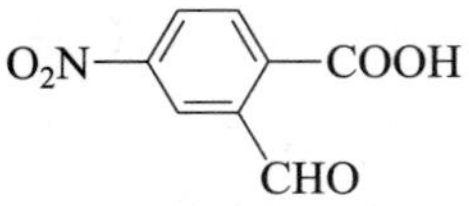 O_2N—苯环—COOH，邻位 CHO（结构式）

(5) 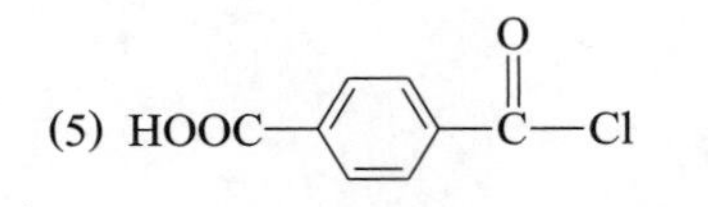

(6) Cl—⟨苯环⟩—OCH_2COOH（苯环上另有 Cl）

(二) 写出下列化合物的构造式:

(1) 2,2-二甲基丁酸

(2) 1-甲基环己烷甲酸

(3) 软脂酸

(4) 己-2-烯-4-炔二酸

(5) 2-羟基-3-苯基苯甲酸

(6) 蒽-9,10-醌-2-甲酸

(三) 许多羧酸的俗名比其系统名称更为人所熟悉。下面是一些常见羧酸,请根据其系统名称写出它们的结构式。

(1) 2-羟基丙酸 [其广为人知的名称是乳酸 (lactic acid), 它存在于酸奶中, 肌肉组织在运动过程中也可以形成乳酸]

(2) 2-羟基-2-苯乙酸 [也称为扁桃酸 (mandelic acid), 存在于李子、桃子等水果中]

(3) 十四烷酸 [也称为豆蔻酸 (myristic acid), 可从多种脂肪中获取]

(4) (*Z*)-十八碳-9-烯酸 [也称为油酸 (oleic acid), 是一种单不饱和脂肪酸, 存在于动植物体内]

(5) 3,5-二羟基-3-甲基戊酸 [也称为甲羟戊酸 (mevalonic acid), 是萜烯和类固醇生物合成的重要中间体]

(6) (*E*)-2-甲基丁-2-烯酸 [也称为 α-甲基巴豆酸 (tiglic acid), 是天然植物油的一种成分]

(7) 2-羟基丁二酸 [也称为苹果酸 (malic acid), 存在于苹果和其他水果中]

(8) 2-羟基丙烷-1,2,3-三甲酸 [其广为人知的名称是柠檬酸 (citric acid), 广泛存在于柑橘类水果中]

(9) 2-(4-异丁基苯基) 丙酸 [其广为人知的名称是布洛芬 (ibuprofen), 是一种抗炎药]

(10) 邻羟基苯甲酸 [其广为人知的名称是水杨酸 (salicylic acid), 可从柳树皮中获取]

(四) 试比较下列化合物的酸性大小:

(1) (A) 乙醇　(B) 乙酸　(C) 丙二酸　(D) 乙二酸

(2) (A) 三氯乙酸　(B) 氯乙酸　(C) 乙酸　(D) 羟基乙酸

(3) (A) 乙酸　(B) 乙醇　(C) 三氟乙酸　(D) 2,2,2-三氟乙醇　(E) 三氟甲磺酸 (CF_3SO_2OH)

(4) (A) 环戊基甲酸　(B) 戊-2,4-二酮　(C) 环戊酮　(D) 环戊烯

(五) 用化学方法区分下列化合物:

(1) (A) 乙酸　(B) 乙醇　(C) 乙醛　(D) 乙醚　(E) 溴乙烷

(2) (A) 甲酸　(B) 草酸　(C) 丙二酸　(D) 丁二酸　(E) 反丁烯二酸

(六) 完成下列反应式:

(1) $\begin{matrix} CH_2CHO \\ | \\ CH_2COOH \end{matrix} \xrightarrow[H_2O]{KMnO_4} ? \xrightarrow{300\ ^\circ C} ?$

(2) 邻羟基苯乙酸（苯环上 CH_2COOH 与 OH 处于邻位）$\xrightarrow{\triangle} ?$

(3) $HOOC-C_6H_4-COOH \xrightarrow[H^+,\triangle]{2\ CH_3OH} ?$

(4) $CH_3CH_2COOH + Cl_2 \xrightarrow{P} ? \xrightarrow[②\ H^+]{①\ NaOH,\ H_2O,\ \triangle} ? \xrightarrow{\triangle} ?$

(5) $CH_3-\overset{\overset{O}{\parallel}}{C}-CH_3 \xrightarrow{?} ? \xrightarrow[H^+]{H_2O} CH_3-\underset{CH_3}{\overset{OH}{\overset{|}{\underset{|}{C}}}}-CH_2COOC_2H_5$

(6) $(CH_3)_2CH\overset{OH}{\overset{|}{C}}HCOOH \xrightarrow{稀 H_2SO_4} ? + ?$

(7) (2-甲基丁-2-烯酸结构式) $\xrightarrow{CH_3CH_2OH,\ H_2SO_4} ?$

(8) (环丙基)$-CO_2H \xrightarrow[②\ H_2O]{①\ LiAlD_4} ?$

(9) (3-溴三氟甲苯结构式：Br，CF_3) $\xrightarrow[③\ H_3O^+]{①\ Mg,\ Et_2O\quad ②\ CO_2} ?$

(10) (苯环上含 Cl 与 CH_2CN) $\xrightarrow[H_2SO_4,\ \triangle]{H_2O,\ AcOH} ?$

(11) (环己基)$-CO_2H \xrightarrow[红磷]{Br_2} ?$

(12) (十一碳-10-烯酸键线式，含 OH、O) $\xrightarrow[(PhCOO)_2]{HBr} ?$

（七）试写出在少量硫酸存在下，5-羟基己酸发生分子内酯化反应的机理。

（八）完成下列转化：

(1) $CH_3CH_2CH_2COOH \longrightarrow HOOC\underset{CH_2CH_3}{\underset{|}{C}}HCOOH$

(2) (四氢呋喃) $\longrightarrow HOOC(CH_2)_4COOH$

(3) 丁-1-醇 ⟶ 戊-2-烯酸

(4) (环己酮)$=O \longrightarrow$ (环己烷，同一碳上连 COOH 与 C_2H_5)

(5) (亚甲基环己烷)$=CH_2 \longrightarrow$ (环己基)$-CH_2COOH$

(6) $CH_3-C_6H_4-CHO \longrightarrow HOOC-C_6H_4-CHO$

(7) $CH_3CH_2CH_2\underset{CH_3}{\underset{|}{C}}HCOOH \longrightarrow CH_3CH_2CH_2\overset{\overset{O}{\parallel}}{C}CH_3$

(8) $(CH_3)_2CHCH_2CHO \longrightarrow (CH_3)_2CHCH_2\underset{OH}{\underset{|}{C}}H-\underset{CH_3}{\overset{CH_3}{\overset{|}{\underset{|}{C}}}}-COOC_2H_5$

（九）用反应式表示如何把丙酸转变成下列化合物：

(1) 丁酸　　(2) 乙酸　　(3) 3-羟基-2-甲基戊酸乙酯

（十）由指定原料合成下列化合物，无机试剂任选。

(1) 由 $CH_3CH_2CH{=}CH_2$ 合成 $CH_3CH_2—CH(CH_3)—CH(NH_2)COOH$

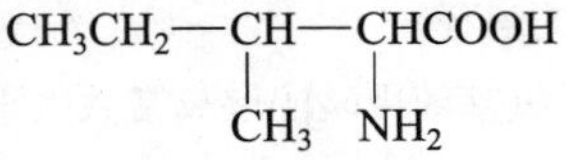

(2) 由不超过三个碳原子的有机化合物合成 $CH_3CH_2CH{=}C(CH_3)COOH$

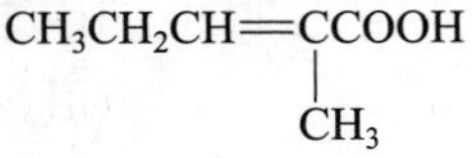

(3) 由乙烯合成丙烯酸

(4) 由乙炔和苯合成（环状酸酐，环上两碳分别连有 CH_2COOH）

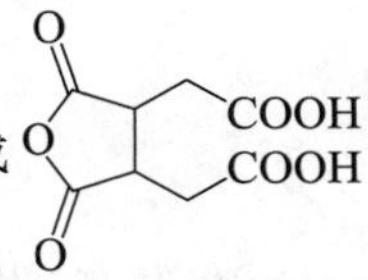

(5) 由叔丁醇合成 2-甲基丙酸

(6) 由叔丁醇合成 3-甲基丁酸

(7) 由叔丁醇合成 3,3-二甲基丁酸

(8) 由间二甲苯合成 2,4-二甲基苯甲酸

(9) 由 $HO_2C(CH_2)_3CO_2H$ 合成 $HO_2C(CH_2)_5CO_2H$

(10) 由对氯甲苯合成 4-氯-3-硝基苯甲酸

(11) 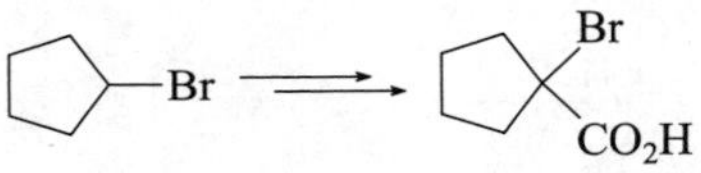 环戊基—Br ⟶ 1-溴环戊烷-1-甲酸（环上同一碳连有 Br 和 CO_2H）

(12) 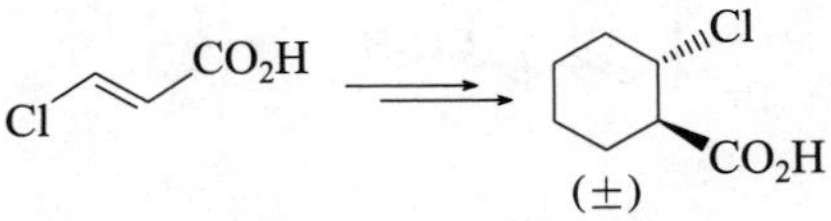 Cl—CH=CH—CO_2H ⟶ 反式-2-氯环己烷甲酸（Cl 与 CO_2H 处于相邻碳上）(±)

（十一）苯甲酸与乙醇在浓硫酸催化下发生酯化反应，试设计一个从反应混合物中获得纯的苯甲酸乙酯的方法（产物沸点 212.4 ℃）。

（十二）化合物 (A)，分子式为 $C_3H_5ClO_2$，其 ^1H NMR 谱数据为 $\delta = 11.2$（单峰，1H），4.47（四重峰，1H），1.73（双峰，3H）。试推测其结构。

（十三）化合物 (B)，(C) 的分子式均为 $C_4H_6O_4$，它们均可溶于氢氧化钠溶液，与碳酸钠作用放出 CO_2；(B) 加热失水成酸酐 $C_4H_4O_3$，(C) 加热放出 CO_2，生成含三个碳原子的酸。试写出 (B) 和 (C) 的构造式。

（十四）某二元酸 $C_8H_{14}O_4$(D)，受热时转变成中性化合物 $C_7H_{12}O$(E)，(E) 用浓硝酸氧化生成二元酸 $C_7H_{12}O_4$(F)，(F) 受热脱水成酸酐 $C_7H_{10}O_3$(G)；(D) 用 $LiAlH_4$ 还原得 $C_8H_{18}O_2$(H)。(H) 能脱水生成 3,4-二甲基己-1,5-二烯。试推导 (D) ~ (H) 的构造式。

（十五）在乌头酸酶 (aconitase) 存在时，乌头酸 (aconitic acid) 的双键会发生水合作用。该反应是可逆的，并存在以下平衡：

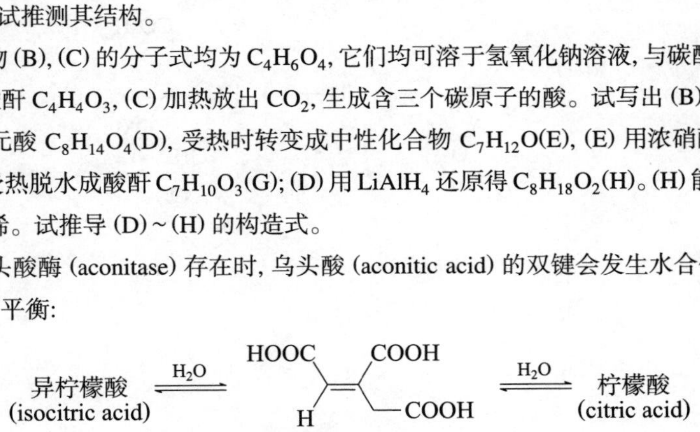

异柠檬酸 (isocitric acid) $\overset{H_2O}{\rightleftharpoons}$ (HOOC)(H)C=C(COOH)(CH_2COOH) 乌头酸 (aconitic acid) $\overset{H_2O}{\rightleftharpoons}$ 柠檬酸 (citric acid)

平衡时含量为 6%　　平衡时含量为 4%　　平衡时含量为 90%

(1) 平衡时的主要成分是三元酸柠檬酸 (citric acid), 它是柑橘类水果酸味的来源。柠檬酸是非手性的, 请写出它的结构式。

(2) 异柠檬酸的结构式是什么 (假设水合过程中没有发生重排)? 异柠檬酸有多少可能的立体异构体?

(十六) 请对以下每个描述给出合理的解释。

(1) 邻羟基苯甲酸的解离常数比邻甲氧基苯甲酸的解离常数大很多 (相差 10^{12})。

(2) 抗坏血酸 (维生素 C) 虽然不是羧酸, 但其酸性能够使其与碳酸氢钠水溶液反应时释放二氧化碳。

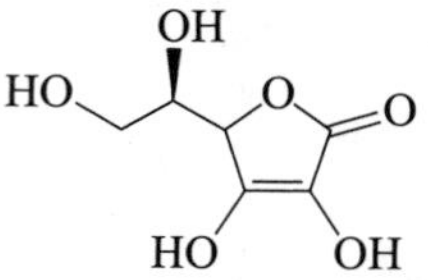

抗坏血酸

(十七) 化合物 3-氯环丁烷-1, 1-二甲酸加热时得到两个异构体, 请写出他们的结构式和该反应的机理。

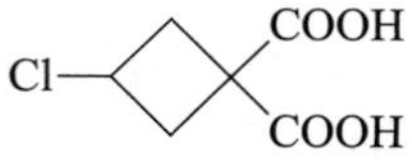

(十八) 2-氨基四氢萘 (2-aminotetralins) 是一类目前正在被研究的抗抑郁药物。与 2-氨基四氢萘药物合成路线相关的机理研究用到了如下转化, 请写出一个实现该转化的三步合成路线。

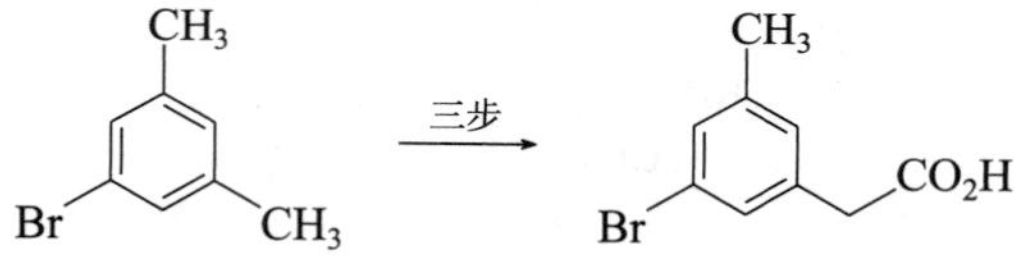

(十九) 前列腺素是一类结构相近的具有生化调节作用的化合物, 其还具有广泛的生理活性, 包括调节血压、凝血、胃分泌、炎症、肾功能和生殖系统的功能。Corey E J 在其经典的前列腺素合成研究中采用了以下两步转化法。请写出将化合物 (Ⅰ) 转化为化合物 (Ⅲ) 所需要的试剂, 并写出化合物 (Ⅱ) 的结构式。

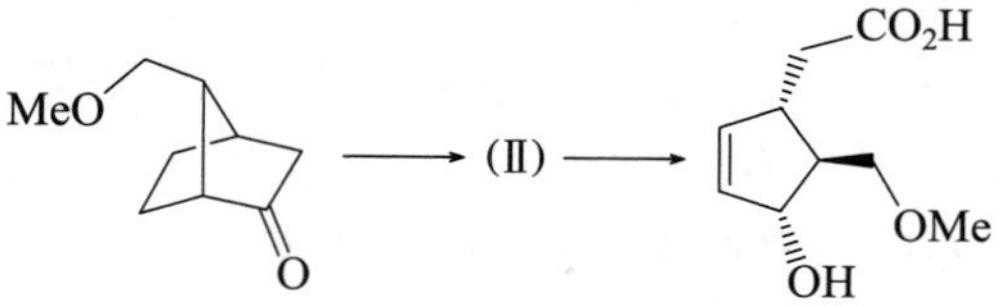

(Ⅰ)　　(Ⅲ)

第十三章
羧酸衍生物

前导知识: 学习本章之前需要复习以下知识点

亲核取代反应机理 (7.6 节)
共振论 (4.4 节)
醇的制备反应 (9.3.1 节)
羧酸衍生物的合成 (12.5.2 节)

本章导读: 学习本章内容需要掌握以下知识点

羧酸衍生物的命名
酰基上的亲核取代反应及其机理
羧酸衍生物的还原反应
酰胺及其反应: Hofmann 降解

后续相关: 与本章相关的后续知识点

Claisen 酯缩合反应 (14.2.1 节)
乙酰乙酸乙酯合成法 (14.2.3 节)
丙二酸二乙酯合成法 (14.3 节)
Knoevenagel 缩合反应 (14.4 节)
Michael 加成 (14.5 节)
胺的 Gabriel 合成法 (15.3.5 节)
胺的酰基化 (15.5.3 节)
油脂 (18.1 节)
多肽及其合成 (20.2 节)

羧酸分子中羧基上的羟基(—OH)被卤原子(—X)、酰氧基$\left(\text{—O}\overset{\text{O}}{\overset{\|}{\text{C}}}\text{R}\right)$、烷氧基(—OR)和氨基(—$NH_2$, —NHR 等)替代后的化合物,分别被称为酰卤、酸酐、酯和酰胺;它们均可由羧酸制得,经水解反应又转变为羧酸,因而称为羧酸衍生物。含有氰基(—C≡N)官能团的化合物称为腈,腈的水解产物也是羧酸,亦可看成羧酸衍生物。

$$\underset{\text{酰卤}}{\text{R—}\overset{\text{O}}{\overset{\|}{\text{C}}}\text{—X}}\qquad \underset{\text{酸酐}}{\text{R—}\overset{\text{O}}{\overset{\|}{\text{C}}}\text{—O—}\overset{\text{O}}{\overset{\|}{\text{C}}}\text{—R}}\qquad \underset{\text{酯}}{\text{R—}\overset{\text{O}}{\overset{\|}{\text{C}}}\text{—OR}}\qquad \underset{\text{腈}}{\text{R—C}\equiv\text{N}}$$

$$\underbrace{\text{R—}\overset{\text{O}}{\overset{\|}{\text{C}}}\text{—NH}_2\qquad \text{R—}\overset{\text{O}}{\overset{\|}{\text{C}}}\text{—NHR}\qquad \text{R—}\overset{\text{O}}{\overset{\|}{\text{C}}}\text{—NR}_2}_{\text{酰胺}}$$

羧酸分子中烃基上的氢原子被取代后的化合物,一般称为取代酸,如氯代酸、羟基酸和氨基酸等。

13.1　羧酸衍生物的命名

酰卤和酰胺通常根据相应的酰基命名。酸酐可通过将“酸”字换成“酸酐”来命名,但“酸”字一般可以省略。酯用相应酸和醇的烃基的名称来命名,由一元醇与羧酸构成的酯称为某酸某酯[①]。环状酰胺和环状酯分别称为内酰胺和内酯,成环方式可用希腊字母($\alpha,\beta,\cdots$)注明。腈通常根据分子中所含的碳原子数命名,氰基中的碳原子包括在内,且编号为 1。例如:

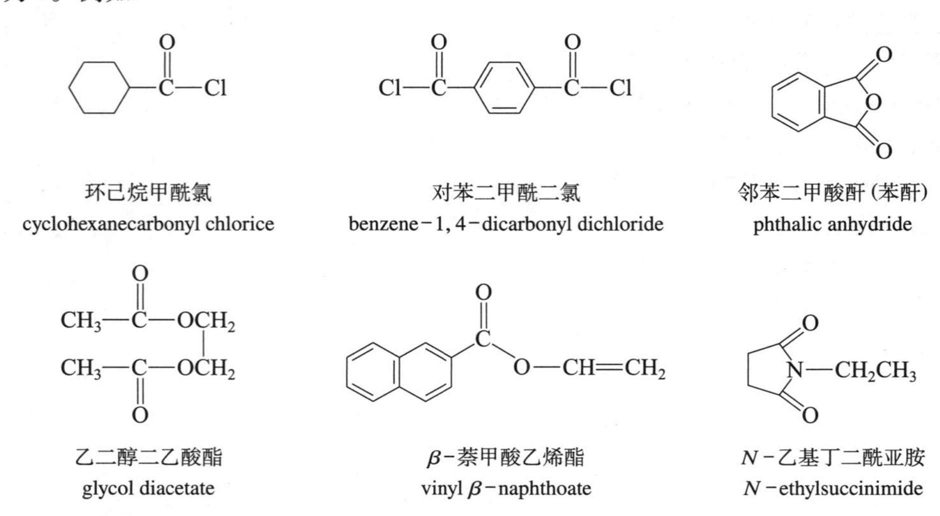

环己烷甲酰氯 cyclohexanecarbonyl chlorice

对苯二甲酰二氯 benzene-1,4-dicarbonyl dichloride

邻苯二甲酸酐(苯酐) phthalic anhydride

乙二醇二乙酸酯 glycol diacetate

β-萘甲酸乙烯酯 vinyl β-naphthoate

N-乙基丁二酰亚胺 N-ethylsuccinimide

① 多元醇的酯,一般把“酸”名放在后面,称为“某醇某酸酯”。

邻苯二甲酰胺
phthalamide

ε-己内酰胺
ε-caprolactam

γ-戊内酯
γ-valerolactone

$CH_3-\underset{|}{\overset{CH_3}{CH}}-CN$

异丁腈
isobutyronitrile

$NC-CH_2-CH_2-CN$

丁二腈
succinonitrile

$CH_2=CH-CN$

丙烯腈
acrylonitrile

化合物:
醋酐

13.2 羧酸衍生物的物理性质和波谱性质

十四个碳原子以下的脂肪族羧酸的甲酯、乙酯、酰氯及腈在室温时均为液体。壬酸酐以上的单酐(两个烷基相同的酸酐)在室温下是固体。由于分子间氢键缔合作用,除甲酰胺外,其他伯酰胺均是固体;当氮原子上的氢原子被取代形成仲酰胺和叔酰胺后,分子间氢键缔合减少或消失,酰胺的熔点和沸点显著降低。例如:

	$CH_3-\overset{O}{\overset{\|\|}{C}}-NH_2$	$CH_3-\overset{O}{\overset{\|\|}{C}}-NHCH_3$	$CH_3-\overset{O}{\overset{\|\|}{C}}-N(CH_3)_2$
相对分子质量	59	73	87
熔点/℃	82	28	-20
沸点/℃	221	204	165

由于没有分子间氢键的缔合作用,酰氯、酸酐、酯和腈的沸点比相对分子质量相近的羧酸的沸点低。例如,乙酸甲酯的沸点为 57.5 ℃(相对分子质量 74),乙酰氯的沸点为 51 ℃(相对分子质量 78.5),而丙酸的沸点为 141.1 ℃(相对分子质量 74)。表 13-1 列出一些羧酸衍生物的物理常数。

表 13-1 一些羧酸衍生物的物理常数

化合物	熔点/℃	沸点/℃	化合物	熔点/℃	沸点/℃
乙酰氯	-112	51	苯甲酸酐	42	360
丙酰氯	-94	80	邻苯二甲酸酐	131	284
正丁酰氯	-89	102	甲酸甲酯	-100	30
苯甲酰氯	-1	197	甲酸乙酯	-80	54
乙酸酐	-73	140	乙酸甲酯	-98	57.5
丙酸酐	-45	169	乙酸乙酯	-83	77
丁二酸酐	119.6	261	乙酸丁酯	-77	126
顺丁烯二酸酐	60	202	乙酸异戊酯	-78	142

续表

化合物	熔点/℃	沸点/℃	化合物	熔点/℃	沸点/℃
苯甲酸乙酯	-32.7	213	*N*,*N*-二甲基甲酰胺*	-61	153
丙二酸二乙酯	-50	199	邻苯二甲酰亚胺	238	升华
乙酰乙酸乙酯	-45	180.4	乙腈	-45.7	81.1
甲酰胺	3	200(分解)	丙腈	-103.5	97.1
乙酰胺	82	221	丁腈	-112	115～117
丙酰胺	79	213	异丁腈	-75	107
正丁酰胺	116	216	丙烯腈	-83.6	77.3
苯甲酰胺	130	290			

**N*,*N*-二甲基甲酰胺缩写为 DMF(*N*,*N*-dimethylformamide)。

酰氯、酸酐、酯、酰胺和腈一般都可溶于乙醚、三氯甲烷和苯等有机溶剂中。酰氯和酸酐不溶于水,低级的遇水分解,酯在水中溶解度较小。低级酰胺溶于水,*N*,*N*-二甲基甲酰胺和*N*,*N*-二甲基乙酰胺可与水混溶,它们是很好的极性非质子溶剂。乙腈能与水混溶,随着相对分子质量增加,腈的水溶性下降,丁腈以上难溶于水。

低级的酰氯和酸酐具有刺鼻的气味。挥发性的酯具有特殊而令人愉快的香味。例如,乙酸异戊酯具有梨子甜酸香味,是最常用的果香型食用香料之一;丁酸乙酯有菠萝-玫瑰香气,主要用于菠萝、香蕉和苹果等食用香精和威士忌酒香精中。

羧酸衍生物(腈除外)与羧酸的红外光谱有相似之处,均含有 C═O 键伸缩振动吸收峰,但又有明显的区别。

酰氯的 C═O 键伸缩振动在 1 815～1 770 cm^{-1} 有强吸收峰,其 C—Cl 键的吸收峰在 645 cm^{-1} 附近。

酸酐的C═O键伸缩振动与其他羰基化合物的明显不同,在1 850～1 780 cm^{-1} 和1 790～1 740 cm^{-1} 有两个 C═O 键伸缩振动的强吸收峰,两吸收峰相距约 60 cm^{-1}。线形酸酐的高频峰强于低频峰,而环状酸酐的则相反。酸酐的 C—O—C 键伸缩振动在 1 300～1 050 cm^{-1} 产生强吸收峰。图 13-1 是丙酸酐的红外光谱。

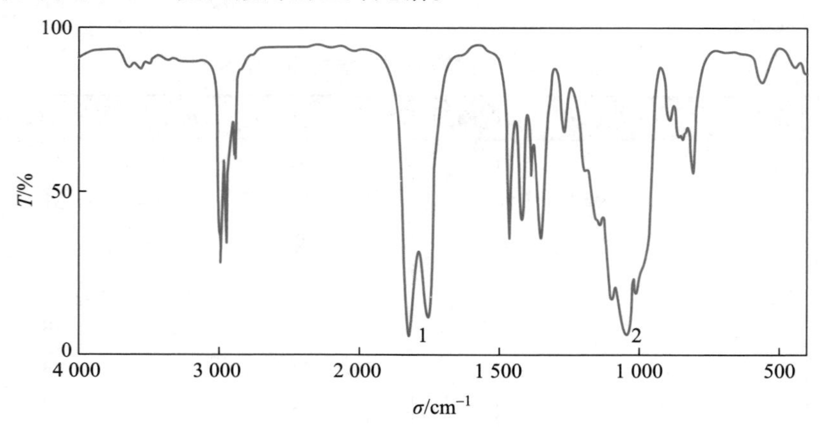

1—1 820, 1 752 cm^{-1}, C═O 伸缩振动; 2—1 042 cm^{-1}, C—O 伸缩振动

图 13-1　丙酸酐的红外光谱(液膜)

酯的 C═O 键伸缩振动在 1 750 ~ 1 735 cm^{-1} 有强吸收峰，C—O 键伸缩振动在 1 300 ~ 1 000 cm^{-1} 有两个强吸收峰，其中较高波数吸收峰的位置及强度，可用于鉴定酯的类型。图 13-2 是乙酸乙酯的红外光谱。

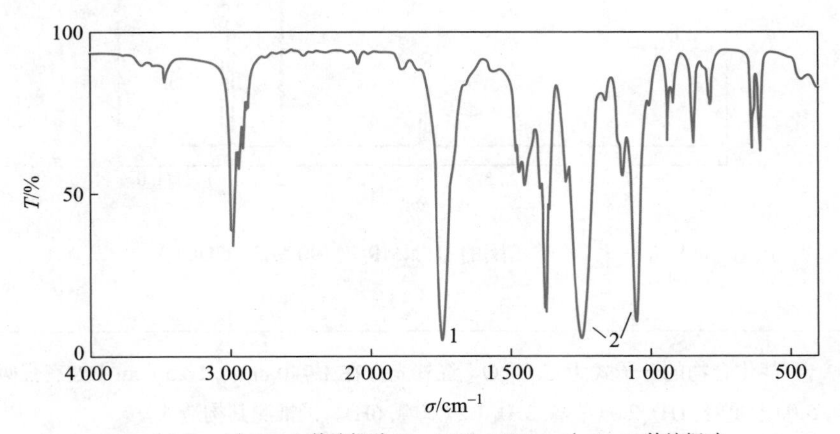

1—1 743 cm^{-1}，C═O 伸缩振动；2—1 243, 1 048 cm^{-1}，C—O 伸缩振动

图 13-2 乙酸乙酯的红外光谱（液膜）

表 13-2 列出酰胺的四种类型特征振动吸收。利用红外光谱可鉴别伯酰胺、仲酰胺和叔酰胺。

表 13-2 酰胺的四种类型特征振动吸收

化合物	N—H 伸缩振动/cm^{-1}		C═O 伸缩振动/cm^{-1}		N—H 面内弯曲振动/cm^{-1}		C—N伸缩振动/cm^{-1}
	游离态	缔合态	游离态	缔合态	游离态	缔合态	
$\mathrm{R}\overset{\mathrm{O}}{\overset{\|}{\mathrm{C}}}\mathrm{NH_2}$	≈3 480 尖锐 ≈3 280 双峰	≈3 350 ≈3 180 双峰	1 690~1 630	1 650	1 600	1 640	≈1 400
$\mathrm{R}\overset{\mathrm{O}}{\overset{\|}{\mathrm{C}}}\mathrm{NHR}$	3 320~3 060	≈3 300	1 700~1 670	1 680~1 630	1 550~1 510	1 570~1 510	≈1 300
$\mathrm{R}\overset{\mathrm{O}}{\overset{\|}{\mathrm{C}}}\mathrm{NR_2}$			1 670~1 630				

腈的 C≡N 键伸缩振动在 2 280 ~ 2 240 cm^{-1} 有吸收峰。

羧酸衍生物的 ^{1}H NMR 谱，由于羰基碳原子带有部分正电荷，使 α-碳原子上的质子去屏蔽，其化学位移稍向低场移动，$\delta=2\sim3$。酯中烷氧基 α-碳原子上质子的化学位移一般为 3.7 ~ 5.0。酰胺中氮原子上质子 $\mathrm{R{-}\overset{\mathrm{O}}{\overset{\|}{C}}{-}NH{-}}$ 的化学位移 $\delta=5\sim9.4$，往往显示宽而矮的峰。图 13-3 是乙酸乙酯的 ^{1}H NMR 谱。

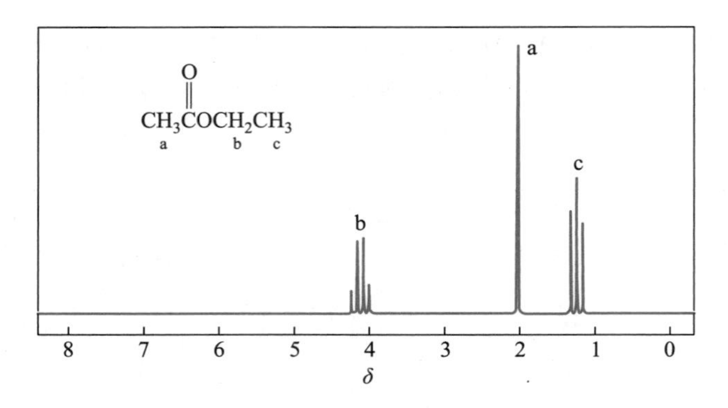

图 13-3　乙酸乙酯的 ¹H NMR 谱 (90 MHz, $CDCl_3$)

练习 13.1　某化合物的分子式为 $C_5H_{10}O_2$, 红外光谱在 1 740 cm^{-1}, 1 250 cm^{-1} 处有强吸收峰。¹H NMR 谱: $\delta=5.0$ (七重峰, 1H), 2.0 (单峰, 3H), 1.2 (双峰, 6H)。试推测其构造式。

练习 13.2　在 *N,N*-二甲基甲酰胺的 ¹H NMR 谱中每个甲基都有一个单独信号峰, 比如以 $CDCl_3$ 为溶剂时, 甲基的化学位移分别是 $\delta=2.96$ 和 $\delta=2.88$。请解释其原因。

13.3　羧酸衍生物的化学性质

羧酸衍生物中一般都含有酰基, 它们可统称为酰基化合物。羧酸衍生物的化学反应主要发生在酰基上。

13.3.1　酰基上的亲核取代反应

羧酸衍生物典型的化学反应是酰基碳原子上的亲核取代反应, 可以用通式表示如下:

$$R-\overset{\overset{\displaystyle O}{\|}}{C}-L + Nu{:}^- \longrightarrow R-\overset{\overset{\displaystyle O}{\|}}{C}-Nu + L^-$$

由于离去基团 L 不同, 各类羧酸衍生物的亲核取代活性不同。

腈作为羧酸衍生物, 虽然分子中没有酰基, 但存在碳氮三键, 也易受亲核试剂进攻。以腈在酸性条件下的水解反应为例:

$$R-C{\equiv}N \xrightleftharpoons{H^+} R-\overset{+}{C}{=}NH \xrightleftharpoons{H_2\ddot{O}} R-C\begin{matrix}\overset{+}{O}H_2\\ \\ NH\end{matrix} \rightleftharpoons R-C\begin{matrix}\overset{+}{O}H\\ \\ NH_2\end{matrix} \xrightleftharpoons{-H^+} R-C\begin{matrix}O\\ \\ NH_2\end{matrix}$$

可以看出, 腈分子中的 C≡N 键, 与水发生亲核加成, 首先转化为酰胺 (含有酰基的羧酸衍生物)。

(1) 水解　羧酸衍生物在酸或碱的作用下水解, 均生成相应的羧酸。例如:

$$(C_6H_5)_2CHCH_2\overset{O}{\overset{\|}{C}}Cl \xrightarrow[\text{② } H_3O^+]{\text{① } H_2O,\ Na_2CO_3,\ 0\ ^\circ C} (C_6H_5)_2CHCH_2\overset{O}{\overset{\|}{C}}OH \quad 95\%$$

$$\text{甲基马来酸酐} \xrightarrow{H_2O,\ \triangle} \text{(Z)-}H_3C(COOH)C{=}CH(COOH) \quad 94\%$$

$$\text{二氢香豆素} \xrightarrow{H_2O,\ NaOH} \xrightarrow{H_3O^+} \text{2-}HOC_6H_4CH_2CH_2COOH \quad 90\%$$

$$CH_3-\overset{O}{\overset{\|}{C}}-NH-C_6H_4-Br \xrightarrow[\triangle]{C_2H_5OH,\ H_2O,\ KOH} CH_3\overset{O}{\overset{\|}{C}}O^-\ K^+ + H_2N-C_6H_4-Br \quad 95\%$$

$$C_6H_5CH_2CN \xrightarrow[50\ ^\circ C]{H_2O,\ HCl} C_6H_5CH_2\overset{O}{\overset{\|}{C}}NH_2 \xrightarrow[120\ ^\circ C]{H_2O,\ H_2SO_4} C_6H_5CH_2COOH$$

通常酰氯很容易水解并放热，大多数酸酐与水在加热下容易反应，酯需要在 H^+ 或 ^-OH 作用下进行水解，酰胺和腈的水解通常需要在催化剂 (H^+ 或 ^-OH) 作用下长时间回流才能完成。

(2) 醇解　酰氯和酸酐与醇或酚作用，生成相应的酯。腈在酸的催化下，亦可与醇发生醇解反应，生成酯。例如：

$$2\,(CH_3\overset{O}{\overset{\|}{C}})_2O + HO-C_6H_4-OH \xrightarrow{H_2SO_4} CH_3\overset{O}{\overset{\|}{C}}-O-C_6H_4-O-\overset{O}{\overset{\|}{C}}CH_3 \quad 93\%$$

酯的醇解亦称酯交换反应。例如：

$$CH_2{=}CH-\overset{O}{\overset{\|}{C}}-OCH_3 + CH_3CH_2CH_2CH_2OH \xrightarrow{H^+} CH_2{=}CH-\overset{O}{\overset{\|}{C}}-OCH_2CH_2CH_2CH_3 + CH_3OH \quad 94\%$$

(3) 氨解　酰氯、酸酐和酯与氨或胺作用，都可以生成酰胺。例如：

$$CH_3\overset{CH_3}{CH}-\overset{O}{\overset{\|}{C}}-Cl + 2\,NH_3 \longrightarrow CH_3\overset{CH_3}{CH}-\overset{O}{\overset{\|}{C}}-NH_2 + NH_4Cl \quad 78\%\sim83\%$$

$$\text{马来酸酐} + C_6H_5NH_2 \longrightarrow \text{(Z)-}C_6H_5NH\overset{O}{\overset{\|}{C}}CH{=}CH\overset{O}{\overset{\|}{C}}OH \quad 97\%\sim98\%$$

$$\mathrm{ClCH_2\overset{O}{\overset{\|}{C}}OC_2H_5 + NH_3 \xrightarrow[0\sim5\ ^\circ C]{H_2O} ClCH_2\overset{O}{\overset{\|}{C}}NH_2 + C_2H_5OH}$$

78%~84%

伯酰胺与伯胺或仲胺反应生成 N-取代酰胺。例如:

$$\mathrm{CH_3\overset{O}{\overset{\|}{C}}NH_2} + \text{1-萘胺盐酸盐}(\mathrm{NH_2\cdot HCl}) \xrightarrow{\triangle} \text{1-}\mathrm{NH\overset{O}{\overset{\|}{C}}CH_3}\text{-萘} + \mathrm{NH_4Cl}$$

80%

以上这些反应对羧酸衍生物而言是发生了水解、醇解或氨解,但对水、醇或氨而言则是发生了酰基化反应。酰氯、酸酐和酯都是酰基化试剂,羧酸也是酰基化试剂,酰胺的酰化能力很弱,一般不用作酰基化试剂。

13.3.2 酰基上的亲核取代反应机理及相对反应活性

与醛和酮相似,羧酸衍生物与亲核试剂的反应,首先也是亲核试剂进攻羰基碳原子,形成四面体中间体。醛和酮分子中缺乏好的离去基团,因而一般生成加成产物 $\mathrm{R{-}\overset{OH}{\overset{|}{\underset{H(R')}{\underset{|}{C}}}}{-}Nu}$。而羧酸衍生物或羧酸(酰基化合物)生成的四面体中间体有一个较易离去的基团 L,离去的结果是生成取代产物,形成另一种羧酸衍生物或羧酸。

(1) 带负电荷的亲核试剂 在碱性或中性介质中,亲核试剂 (HNu) 首先解离成 $\mathrm{Nu\!:^-}$ 离子,形成带负电荷的亲核试剂。它进攻羧酸衍生物的羰基碳原子,形成一个不稳定的四面体中间体。然后,原来的取代基 L 以负离子 ($\mathrm{L^-}$) 的形式作为离去基团离去。

$$\mathrm{R{-}\overset{O}{\overset{\|}{C}}{-}L + Nu\!:^- \longrightarrow R{-}\overset{O^-}{\overset{|}{\underset{Nu}{\underset{|}{C}}}}{-}L \longrightarrow R{-}\overset{O}{\overset{\|}{C}}{-}Nu + L^-}$$

(2) 中性的亲核试剂 在酸性介质中,HNu 的解离受到抑制,主要以中性的亲核试剂形式存在,其亲核性一般较弱。但在酸性条件下,羧酸衍生物的羰基氧原子可首先质子化,使羰基碳原子上电子云密度进一步降低,有利于亲核试剂 (HNu) 的进攻,形成一个不稳定的四面体中间体。然后质子转移,原来的取代基 L 以 HL 的形式作为离去基团离去,最后脱去质子,完成亲核取代。

$$\mathrm{R{-}\overset{O}{\overset{\|}{C}}{-}L \xrightarrow{H^+} \left[R{-}\overset{^+OH}{\overset{\|}{C}}{-}L \longleftrightarrow R{-}\overset{OH}{\overset{|}{\underset{+}{C}}}{-}L\right] \xrightarrow{HNu} R{-}\overset{OH}{\overset{|}{\underset{\overset{+}{H}Nu}{\underset{|}{C}}}}{-}L \longrightarrow R{-}\overset{OH}{\overset{|}{\underset{Nu}{\underset{|}{C}}}}{-}\overset{+}{L}H}$$

$$\xrightarrow{-HL}\left[R-\overset{\overset{\displaystyle OH}{|}}{\overset{+}{C}}-Nu \longleftrightarrow R-\overset{\overset{\displaystyle {}^{+}OH}{\|}}{C}-Nu\right]\xrightarrow{-H^+} R-\overset{\overset{\displaystyle O}{\|}}{C}-Nu$$

(3) 活性次序　羧酸衍生物中，酰氯进行酰基化反应（亲核取代反应）的活性最高，酰胺的活性最低。另外，羧酸亦可作为酰基化试剂进行反应。它们的活性次序为

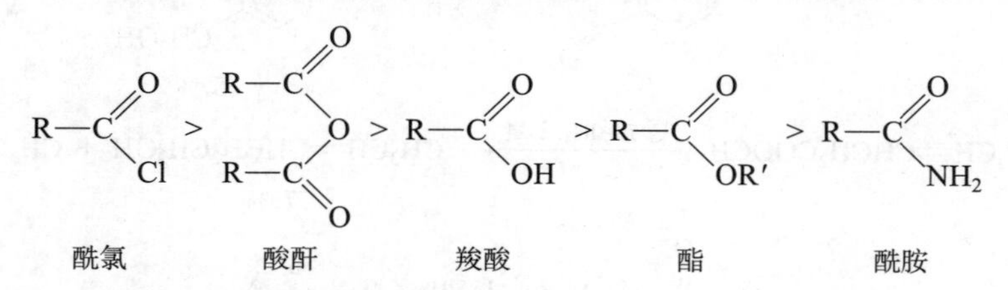

(4) 理论解释　酰基化试剂的活性可用酸碱理论加以解释。酰基化试剂的活性取决于离去基团离去的难易程度，而离去基团离去的难易程度又与其碱性强弱有关。离去基团的碱性越弱，越容易离去，相应酰基化试剂的活性越大。

由于下列化合物的酸性次序为

	HCl	>	$RCOOH$	>	H_2O	>	ROH	>	NH_3
pK_a	−2.2		4～5		15.7		16～19		34

所以，依共轭酸碱理论，其共轭碱的碱性强弱次序为

$$H_2N^- > RO^- > {}^-OH > RCOO^- > Cl^-$$

由此可以看出，酰氯的离去基团 (Cl^-) 碱性最弱，最容易离去，因而酰氯是最活泼的酰基化试剂；反之，酰胺是最弱的酰基化试剂。

练习 13.3　乙酰氯与下列化合物作用将得到什么主要产物?

(1) H_2O　(2) CH_3NH_2　(3) CH_3COONa　(4) $CH_3(CH_2)_3OH$

练习 13.4　丙酸乙酯与下列化合物作用将得到什么主要产物?

(1) H_2O, H^+　(2) $H_2O, {}^-OH$　(3) NH_3　(4) 辛-1-醇, H^+

练习 13.5　分别写出 $CH_3\overset{\overset{\displaystyle O}{\|}}{C}-{}^{18}OC_2H_5$ 发生以下反应的产物。

(1) 酸性水解　(2) 碱性水解

练习 13.6　向 2 mol 当量的苯甲酰氯中加入 1 mol 当量的水，可以以优异的产率得到苯甲酸酐。请问该反应是如何发生的?

练习 13.7　豆蔻酸甘油酯可以从椰子油分离得到，其分子式为 $C_{45}H_{86}O_6$。豆蔻酸甘油酯用氢氧化钠水溶液加热，然后酸化，得到甘油和十四烷酸。请写出豆蔻酸甘油酯的结构式。

13.3.3 还原反应

(1) 用氢化铝锂还原　氢化铝锂是还原能力极强的化学还原试剂。酰氯、酸酐和酯等均可被其还原成相应的伯醇，酰胺可被还原成相应的胺，腈则可被还原成相应的伯胺。例如:

$$n-C_{15}H_{31}-\overset{O}{\overset{\|}{C}}-Cl \xrightarrow[\text{② }H_2O]{\text{① }LiAlH_4\text{, 乙醚}} n-C_{15}H_{31}CH_2OH \quad 98\%$$

$$\text{邻苯二甲酸酐} \xrightarrow[\text{② }H_2O]{\text{① }LiAlH_4\text{, 乙醚}} \text{1,2-}C_6H_4(CH_2OH)_2 \quad 87\%$$

$$CH_3CH{=}CHCH_2COOCH_3 \xrightarrow[\text{② }H_2O]{\text{① }LiAlH_4\text{, 乙醚}} CH_3CH{=}CHCH_2CH_2OH + CH_3OH \quad 75\%$$

$$C_6H_{11}-\overset{O}{\overset{\|}{C}}-N(CH_3)_2 \xrightarrow[\text{回流}]{LiAlH_4\text{, 乙醚}} C_6H_{11}-CH_2-N(CH_3)_2 \quad 88\%$$

$$CH_3CH_2CH_2C{\equiv}N \xrightarrow[\text{② }H_2O]{\text{① }LiAlH_4\text{, 乙醚}} CH_3CH_2CH_2CH_2-NH_2 \quad 85\%$$

氢化铝锂中的氢被烷氧基取代后,还原性能减弱。若烷基位阻加大,则还原性能更弱。利用这类试剂可进行选择性还原。例如,三叔丁氧基氢化铝锂可把酰卤还原成相应的醛,而不是伯醇。

$$O_2N-C_6H_4-\overset{O}{\overset{\|}{C}}-Cl \xrightarrow[-78\ ^\circ C]{LiAlH[OC(CH_3)_3]_3} O_2N-C_6H_4-\overset{O}{\overset{\|}{C}}-H \quad 80\%$$

二乙氧基氢化铝锂、三乙氧基氢化铝锂等试剂可把叔酰胺还原成相应的醛。例如:

$$C_6H_{11}-\overset{O}{\overset{\|}{C}}-N(CH_3)_2 \xrightarrow[\text{② }H_2O]{\text{① }LiAlH(OC_2H_5)_3\text{, 乙醚, }0\ ^\circ C} C_6H_{11}-\overset{O}{\overset{\|}{C}}-H \quad 78\%$$

由于很难用其他方法将酰胺还原成醛,所以本方法更具合成价值。

(2) 用金属钠-醇还原　酯与金属钠在醇(常用乙醇、丁醇或戊醇等)中加热回流,可被还原成相应的伯醇,此反应称为 Bouveault-Blanc 反应。例如:

$$\underset{\text{油酸乙酯}}{CH_3(CH_2)_7CH{=}CH(CH_2)_7COOC_2H_5} \xrightarrow{Na,\ C_2H_5OH} \underset{\text{油醇, }49\%\sim51\%}{CH_3(CH_2)_7CH{=}CH(CH_2)_7CH_2OH}$$

在发现氢化铝锂还原剂之前,Bouveault-Blanc 还原法是还原酯的最常用方法之一,也是工业上生产不饱和醇的主要途径。

(3) 催化氢化还原　酯经催化氢化可还原成伯醇,该反应可采用铜或亚铬酸铜等作为催化剂,在高温、高压条件下反应。腈较易进行催化加氢反应,主要生成伯胺。例如:

$$(CH_3)_3CCOOCH_2CH_3 \xrightarrow[250\ ^\circ C,\ \approx 22\ MPa]{H_2,\ CuCr_2O_4} \underset{\text{新戊醇, }88\%}{(CH_3)_3CCH_2OH} + C_2H_5OH$$

$$NC(CH_2)_4CN + H_2 \xrightarrow[2\sim3\ MPa]{Ni,\ C_2H_5OH,\ 70\sim90\ ^\circ C} H_2NCH_2(CH_2)_4CH_2NH_2$$

己二胺, 97%

(4) Rosenmund 还原 将 Pd 沉积在 $BaSO_4$ 上做催化剂, 常压加氢使酰氯还原成相应醛的反应, 称为 Rosenmund 还原。为使反应停留在生成醛的阶段, 可在反应体系中加入适量喹啉-硫或硫脲等作为"抑制剂", 以降低催化剂的活性。例如:

$$\text{2-萘甲酰氯 (COCl)} \xrightarrow[140\sim150\ ^\circ C]{H_2,\ Pd-BaSO_4,\ 喹啉-硫} \text{2-萘甲醛 (CHO)}$$

74%~81%

Rosenmund 还原是制备醛的一种有效的方法。

练习 13.8 用什么试剂可完成下列转变?

(1) $CH_3CH_2CH_2COCl \longrightarrow CH_3CH_2CH_2CHO$

(2) 戊二酸酐 $\longrightarrow$ $HOCH_2CH_2CH_2CH_2CH_2OH$（CH_2OH—$CH_2CH_2CH_2$—CH_2OH）

(3) $CH_3CH_2CH_2COOC_2H_5 \longrightarrow CH_3CH_2CH_2CH_2OH$

(4) $CH_3CH_2CH_2CONH_2 \longrightarrow CH_3CH_2CH_2CH_2NH_2$

13.3.4 与金属有机试剂的反应

羧酸衍生物可与有机镁试剂 (Grignard 试剂) 作用生成酮, 后者可与 Grignard 试剂继续反应得到叔醇。例如:

$$C_6H_5-\overset{O}{\overset{\|}{C}}-OC_2H_5 + C_6H_5MgBr \xrightarrow[回流]{乙醚,\ 苯} C_6H_5-\underset{C_6H_5}{\overset{OMgBr}{C}}-OC_2H_5 \xrightarrow{-MgBr(OC_2H_5)}$$

$$C_6H_5-\overset{O}{\overset{\|}{C}}-C_6H_5 \xrightarrow[乙醚,\ 苯,\ 回流]{C_6H_5MgBr} C_6H_5-\underset{C_6H_5}{\overset{OMgBr}{C}}-C_6H_5 \xrightarrow[NH_4Cl]{H_2O} (C_6H_5)_3COH$$

89%~93%

这是由酯合成叔醇 (甲酸酯得到仲醇) 的常用方法之一。

反应能否停留在酮阶段, 取决于反应物的活性、用量和反应条件等因素。例如, 酰氯与等物质的量的 Grignard 试剂在低温下反应生成酮:

$$CH_3-\overset{O}{\overset{\|}{C}}-Cl + CH_3CH_2CH_2CH_2MgCl \xrightarrow[-70\ ^\circ C]{乙醚,\ FeCl_3} CH_3-\overset{O}{\overset{\|}{C}}-CH_2CH_2CH_2CH_3$$

72%

又如,空间效应较大的反应物也主要生成酮。

$$\text{(CH}_3)_2\text{CH}-\text{C}_6\text{H}_2[\text{CH(CH}_3)_2]_2-\overset{\text{O}}{\overset{\|}{\text{C}}}-\text{O}-\text{C}_6\text{H}_4-\text{CH}_3 \xrightarrow{\text{C}_2\text{H}_5\text{MgBr}} (\text{CH}_3)_2\text{CH}-\text{C}_6\text{H}_2[\text{CH(CH}_3)_2]_2-\overset{\text{O}}{\overset{\|}{\text{C}}}-\text{C}_2\text{H}_5 \quad 43\%$$

酰氯与二烷基铜锂反应也可用来制备酮。例如:

$$\text{CH}_3\underset{\text{CH}_3}{\underset{|}{\text{CH}}}-\overset{\text{O}}{\overset{\|}{\text{C}}}-\text{Cl} + (\text{CH}_3)_2\text{CuLi} \xrightarrow[-70\ ^\circ\text{C}]{\text{乙醚}} \text{CH}_3\underset{\text{CH}_3}{\underset{|}{\text{CH}}}-\overset{\text{O}}{\overset{\|}{\text{C}}}-\text{CH}_3 \quad 60\%$$

腈与 Grignard 试剂或有机锂试剂进行亲核加成反应,水解后首先生成中间产物亚胺,后者继续水解生成酮。

$$\text{R}-\text{C}\equiv\text{N} + \text{R}'-\text{MgX} \longrightarrow \text{R}(\text{R}')\text{C}=\overset{-}{\text{N}}\overset{+}{\text{M}}\text{gX} \xrightarrow{\text{H}_2\text{O}} \underset{\text{亚胺}}{\text{R}(\text{R}')\text{C}=\text{NH}} \xrightarrow{\text{H}_3\text{O}^+} \underset{\text{酮}}{\text{R}(\text{R}')\text{C}=\text{O}}$$

例如:

$$3\text{-F}_3\text{C}-\text{C}_6\text{H}_4-\text{CN} \xrightarrow[\text{② H}_2\text{O, H}^+, \triangle]{\text{① CH}_3\text{MgI, 乙醚}} 3\text{-F}_3\text{C}-\text{C}_6\text{H}_4-\overset{\text{O}}{\overset{\|}{\text{C}}}-\text{CH}_3 \quad 79\%$$

$$\text{C}_6\text{H}_5-\text{CN} \xrightarrow[\text{② H}_3\text{O}^+]{\text{① CH}_3(\text{CH}_2)_3\text{Li, 乙醚}} \text{C}_6\text{H}_5-\overset{\text{O}}{\overset{\|}{\text{C}}}-(\text{CH}_2)_3\text{CH}_3 \quad 85\%$$

练习 13.9 用反应式表示如何从丙酸甲酯制备下列各醇:

(1) 2-甲基丁-2-醇　　(2) 3-乙基戊-3-醇

练习 13.10 用怎样的 Grignard 试剂与羧酸酯合成戊-3-醇? 用反应式写出合成过程。

13.3.5 酰胺的特性

(1) 酰胺的酸碱性　一般认为酰胺是中性化合物,但酰胺有时也表现出弱酸性和弱碱性。例如,将氯化氢气体通入乙酰胺的乙醚溶液中,则生成不溶于乙醚的盐。

$$CH_3CONH_2 + HCl \xrightarrow{\text{乙醚}} CH_3CONH_2\cdot HCl\downarrow$$

形成的盐不稳定,遇水即分解为乙酰胺和盐酸。这说明酰胺的碱性非常弱。

另一方面,乙酰胺的水溶液能与氧化汞作用生成稳定的汞盐。

$$2\,CH_3CONH_2 + HgO \longrightarrow (CH_3CONH)_2Hg + H_2O$$

酰胺与金属钠在乙醚溶液中作用,也能生成钠盐,但它遇水即分解。这些说明酰胺具有弱酸性。

在酰胺分子中,氮原子与酰基直接相连,受酰基的影响,氮原子上的未共用电子对离域,电子云向酰基偏移,使得它与质子结合成盐的能力弱于氨或胺,碱性因而减弱。若氨分子中两个氢原子被两个酰基取代形成酰亚胺:

$$R-\overset{\overset{\displaystyle O}{\|}}{C}-\underset{\underset{\displaystyle H}{|}}{\ddot{N}}-\overset{\overset{\displaystyle O}{\|}}{C}-R$$

氮原子受两个酰基的影响,氮上剩下的一个氢原子易于以质子的形式被碱夺去。因此酰亚胺的酸性比酰胺的强,形成的盐也较稳定。例如,邻苯二甲酰亚胺可与氢氧化钾的乙醇溶液作用生成钾盐(见第十五章 15.3.5 节)。

(2) 酰胺脱水 伯酰胺与强脱水剂共热或高温加热,则分子内脱水生成腈。这是合成腈最常用的方法之一。常用的脱水剂有五氧化二磷和二氯亚砜等。例如:

$$(CH_3)_2CH-\overset{\overset{\displaystyle O}{\|}}{C}-NH_2 \xrightarrow[200\sim280\ ^\circ C]{P_2O_5} \underset{85\%}{(CH_3)_2CH-CN}$$

$$CH_3CH_2CH_2CH_2\overset{\overset{\displaystyle CH_2CH_3}{|}}{C}HCONH_2 \xrightarrow[75\sim80\ ^\circ C]{SOCl_2,\text{苯}} CH_3CH_2CH_2CH_2\overset{\overset{\displaystyle CH_2CH_3}{|}}{C}HCN$$

(3) Hofmann 降解反应 伯酰胺与溴或氯在碱溶液中作用,生成减少一个碳原子的伯胺,该反应通常称为 Hofmann 降解反应,也称 Hofmann 重排反应。例如:

$$(CH_3)_3CCH_2\overset{\overset{\displaystyle O}{\|}}{C}NH_2 + Br_2 + 4\,NaOH \longrightarrow \underset{94\%}{(CH_3)_3CCH_2NH_2} + 2\,NaBr + Na_2CO_3 + 2\,H_2O$$

利用该反应可由伯酰胺制备少一个碳原子的伯胺,产率较高,产品较纯。其反应机理是,首先在酰胺氮原子上发生碱催化的溴化,得到 N-溴代酰胺中间体:

$$R-\overset{\overset{\displaystyle O}{\|}}{C}-NH_2 + {}^-OH + Br_2 \longrightarrow R-\overset{\overset{\displaystyle O}{\|}}{C}-\underset{\underset{\displaystyle H}{|}}{N}-Br + Br^- + H_2O$$

然后在碱的作用下失去质子,形成 N-溴代酰胺负离子,接着溴负离子带着键合电子离去,同时烷基负离子迁移至氮原子上形成异氰酸酯:

$$R-\overset{O}{\overset{\|}{C}}-\underset{H}{\underset{|}{N}}-Br \xrightleftharpoons{-OH,\ -H_2O} R-\overset{O}{\overset{\|}{C}}-\overset{-}{N}-Br \xrightarrow{-Br^-} R-N=C=O$$

异氰酸酯含有累积双键,很容易与水和醇等发生反应。与水的加成产物不稳定,很快脱去二氧化碳得到伯胺。

$$R-N=C=O + H_2O \longrightarrow \left[R-NH-\overset{O}{\overset{\|}{C}}-OH\right] \longrightarrow R-NH_2 + CO_2$$

练习 13.11　(1) 写出从 $(CH_3)_3CCOOH$ 转变为 $(CH_3)_3CCN$ 的步骤。

(2) 如果想从 $(CH_3)_3CBr$ 与 NaCN 作用得到 $(CH_3)_3CCN$,实际得到的是什么产物?

练习 13.12　写出 $Br_2/NaOH$ 同 $H_2NCOCH_2CH_2CH_2CONH_2$ 反应的主要产物。

13.4　碳酸衍生物

碳酸可看成两个羟基共用一个羰基的二元酸,碳酸不能游离存在,但它的二元衍生物是稳定的。

13.4.1　碳酰氯

碳酰氯俗称光气,在室温时为有甜味的气体,沸点为 8 ℃,有剧毒。工业上在 200 ℃时,以活性炭作催化剂,用一氧化碳与氯气作用来制备光气。

$$CO + Cl_2 \xrightarrow[\text{活性炭}]{200\ ^\circ C} Cl-\overset{O}{\overset{\|}{C}}-Cl$$

光气有酰氯的典型性质:

$$Cl-\overset{O}{\overset{\|}{C}}-Cl \xrightarrow{H_2O} Cl-\overset{O}{\overset{\|}{C}}-OH \longrightarrow CO_2 + HCl$$

$$Cl-\overset{O}{\overset{\|}{C}}-Cl \xrightarrow{NH_3} H_2N-\overset{O}{\overset{\|}{C}}-NH_2$$

$$Cl-\overset{O}{\overset{\|}{C}}-Cl \xrightarrow{C_2H_5OH} \underset{\text{氯甲酸乙酯}}{Cl-\overset{O}{\overset{\|}{C}}-OC_2H_5} \xrightarrow{C_2H_5OH} \underset{\text{碳酸二乙酯}}{C_2H_5O-\overset{O}{\overset{\|}{C}}-OC_2H_5}$$

$$\underset{\text{氯甲酸乙酯}}{Cl-\overset{O}{\overset{\|}{C}}-OC_2H_5} \xrightarrow{NH_3} \underset{\text{氨基甲酸乙酯}}{H_2N-\overset{O}{\overset{\|}{C}}-OC_2H_5}$$

光气是活泼的酰氯,是有机合成的重要原料。

13.4.2 碳酰胺

碳酰胺也称脲,存在于人和其他哺乳动物的尿中,故俗称尿素。工业上是在 20 MPa/180 ℃时,用二氧化碳和过量的氨作用来制备脲的。

$$CO_2 + 2NH_3 \longrightarrow H_2NCOONH_4 \longrightarrow H_2NCONH_2 + H_2O$$

脲是结晶固体,熔点为 132 ℃,能溶于水及乙醇,不溶于乙醚。脲具有酰胺的结构,故它具有酰胺的一般化学性质,但脲分子中的两个氨基连在同一个羰基上,因此它还有一些特性。

脲具有弱碱性,与强酸作用可生成盐。例如:

$$CO(NH_2)_2 + HNO_3 \longrightarrow CO(NH_2)_2\cdot HNO_3$$

生成的硝酸脲不溶于浓硝酸,只微溶于水。利用此性质可以从尿中分离出脲。脲与草酸作用生成难溶的草酸脲。

$$2CO(NH_2)_2 + (COOH)_2 \longrightarrow [CO(NH_2)_2]_2\cdot(COOH)_2$$

脲与酸或碱共热或在尿素酶作用下都能水解。

$$CO(NH_2)_2 \xrightarrow{H_2O} \begin{cases} \xrightarrow[\triangle]{H^+} NH_3 + CO_2 \\ \xrightarrow[\triangle]{^-OH} NH_3 + CO_3^{2-} \\ \xrightarrow{\text{尿素酶}} NH_3 + CO_2 \end{cases}$$

在乙醇钠存在下,脲与丙二酸酯反应,生成环状的丙二酰脲。

$$CH_2(COOC_2H_5)_2 + (H_2N)_2C{=}O \xrightarrow{C_2H_5ONa} \text{丙二酰脲(环状)} + 2C_2H_5OH$$

丙二酰脲具有酸性,故又称巴比妥酸 (barbituric acid),它的一些衍生物曾用作安眠药。

脲分子中有氨基,与亚硝酸作用能放出氮气:

$$CO(NH_2)_2 + 2HNO_2 \longrightarrow CO_2 + 2N_2 + 3H_2O$$

利用这个反应,可用脲来除去重氮化反应后过剩的亚硝酸。

脲的用途很广,它是高效固体氮肥,含氮量达 46.6%,适用于各种土壤和作物。脲与甲醛作用可生成脲甲醛树脂。脲还是有机合成的原料。由于脲能与多种具有一定链长的直链化合物如烷烃、醇、酸和酯等形成沟形包合物结晶,而一般不容易把带支链或环状化合物包合起来,因此可以把某些直链化合物同其带支链的异构体分开。每一类化合物在形成包合物时都有一个相应的最小链长,如六个碳原子的烷烃、七个碳原子的醇和五个碳原子的羧酸等。

13.4.3 碳酸二甲酯

碳酸二甲酯(dimethyl carbonate, 简称 DMC)是近年来颇受重视的基本有机合成原料,它由于低毒而被称为绿色化学品。碳酸二甲酯在常温下为无色透明液体,略带甜味,熔点为 4 ℃,沸点为 90.3 ℃。碳酸二甲酯的主要合成方法有酯交换法和氧化酰基化法。

酯交换法:

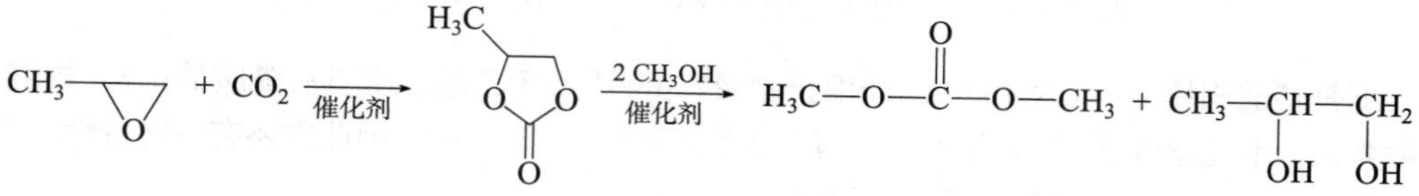

$$CH_3\text{-环氧乙烷} + CO_2 \xrightarrow{\text{催化剂}} \text{碳酸丙烯酯} \xrightarrow[\text{催化剂}]{2\,CH_3OH} H_3C-O-\overset{O}{\overset{\|}{C}}-O-CH_3 + CH_3-\underset{OH}{\underset{|}{CH}}-\underset{OH}{\underset{|}{CH_2}}$$

氧化酰基化法:

$$2\,CH_3OH + CO + 1/2\,O_2 \longrightarrow H_3C-O-\overset{O}{\overset{\|}{C}}-O-CH_3 + H_2O$$

由于碳酸二甲酯既可以作为甲氧羰基化试剂,也可作为甲基化试剂使用,因此可以替代剧毒的光气和硫酸二甲酯,以实现绿色化工过程。例如:

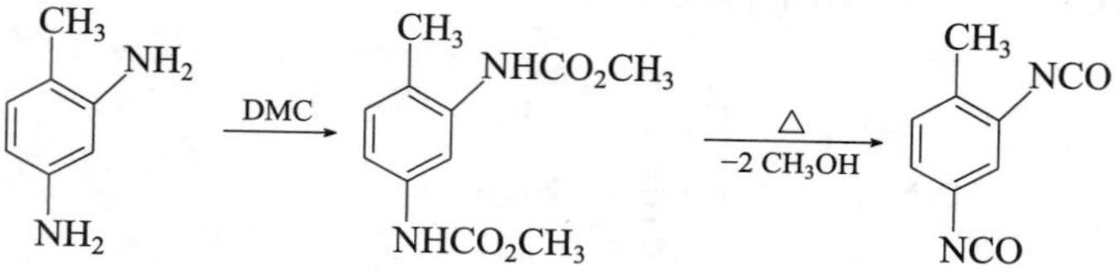

$$\text{2,4-二氨基甲苯} \xrightarrow{DMC} \text{2,4-二}(NHCO_2CH_3)\text{甲苯} \xrightarrow[-2\,CH_3OH]{\triangle} \underset{(TDI)}{\text{2,4-二}(NCO)\text{甲苯}} \quad (\text{替代光气})$$

碳酸二甲酯也可用来合成其他一些化合物。例如,多菌灵的合成:

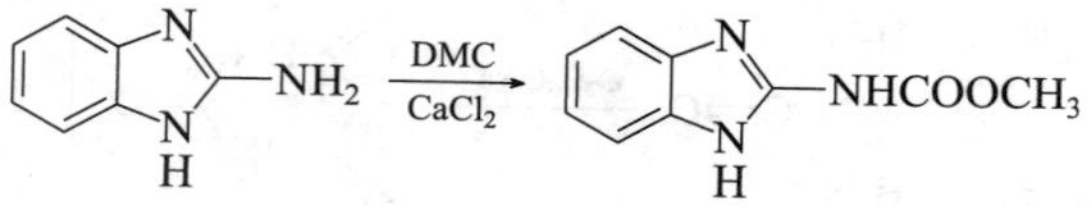

$$\text{2-氨基苯并咪唑}(-NH_2) \xrightarrow[CaCl_2]{DMC} \text{苯并咪唑-2-}NHCOOCH_3$$

另外,由于碳酸二甲酯的含氧量较高(53.7%),抗爆指数高,溶解性好,低毒且易于生物降解,因而是理想的燃油添加剂。在燃烧过程中不冒黑烟,因而可降低碳烟粒子及氮氧化物的排放量。

习题

(一) 命名下列化合物:

(1) 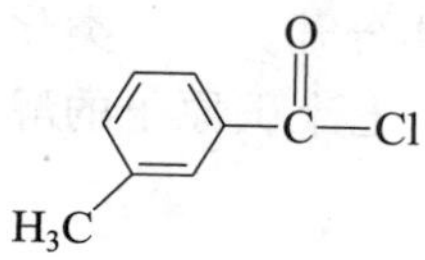 间甲基苯甲酰氯结构:$H_3C-C_6H_4-\overset{O}{\overset{\|}{C}}-Cl$

(2) 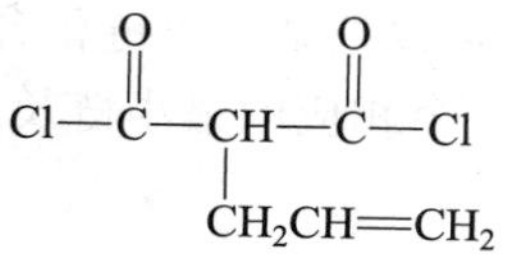 $Cl-\overset{O}{\overset{\|}{C}}-\underset{CH_2CH=CH_2}{\underset{|}{CH}}-\overset{O}{\overset{\|}{C}}-Cl$

(3) $CH_3CH_2—\overset{O}{\overset{\|}{C}}—O—\overset{O}{\overset{\|}{C}}—CH_3$

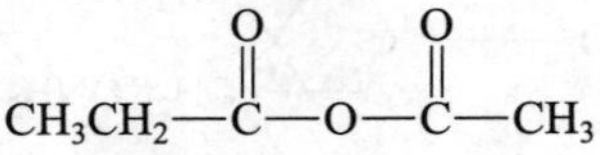

(4) 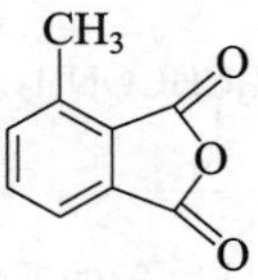 CH_3 O O O

(5) 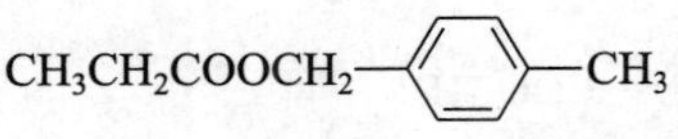 $CH_3CH_2COOCH_2—C_6H_4—CH_3$

(6) 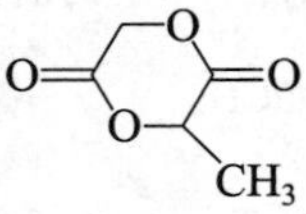 O= O O =O CH_3

(二) 写出下列化合物的构造式:

(1) 甲基丙二酸单酰氯 (2) 丙酸酐 (3) 氯甲酸苄酯 (4) 顺丁烯二酰亚胺

(5) 异丁腈

(三) 用化学方法区别下列化合物:

(1) 乙酸 (2) 乙酰氯 (3) 乙酸乙酯 (4) 乙酰胺

(四) 完成下列反应式:

(1) 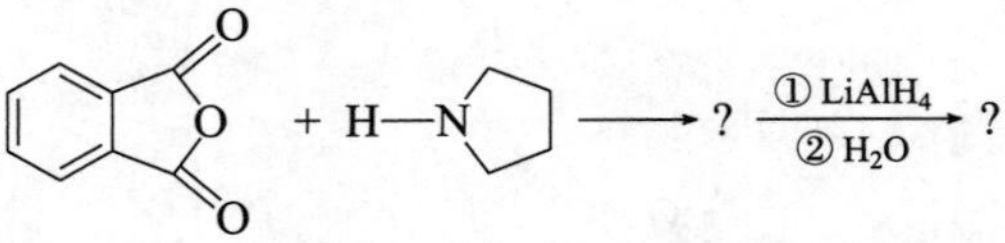 O O O ＋ H—N $\longrightarrow$? $\xrightarrow[②\ H_2O]{①\ LiAlH_4}$?

(2) $HOCH_2CH_2CH_2COOH \xrightarrow{\triangle}$? $\xrightarrow{Na,\ C_2H_5OH}$?

(3) 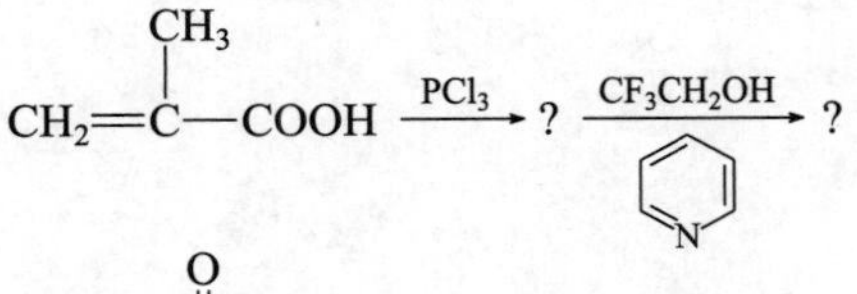 $CH_2=\overset{CH_3}{\overset{|}{C}}—COOH \xrightarrow{PCl_3}$? $\xrightarrow[\text{N}]{CF_3CH_2OH}$?

(4) 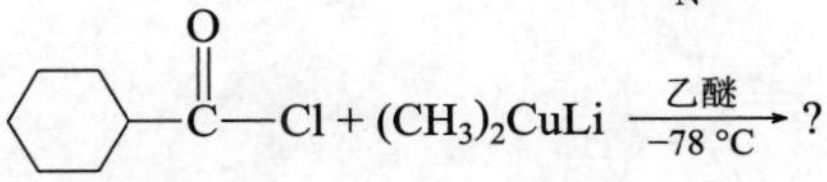 $C_6H_{11}—\overset{O}{\overset{\|}{C}}—Cl + (CH_3)_2CuLi \xrightarrow[-78\ °C]{乙醚}$?

(5) 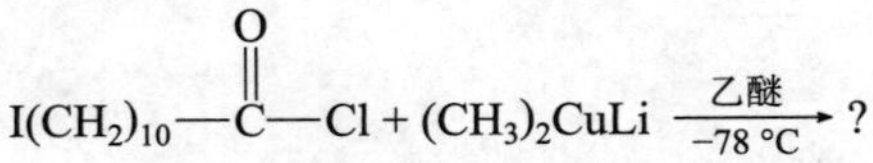 $I(CH_2)_{10}—\overset{O}{\overset{\|}{C}}—Cl + (CH_3)_2CuLi \xrightarrow[-78\ °C]{乙醚}$?

(6) 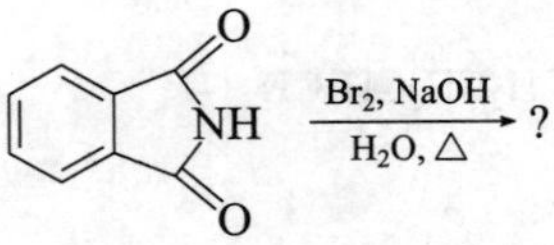 O NH O $\xrightarrow[H_2O,\ \triangle]{Br_2,\ NaOH}$?

(7) 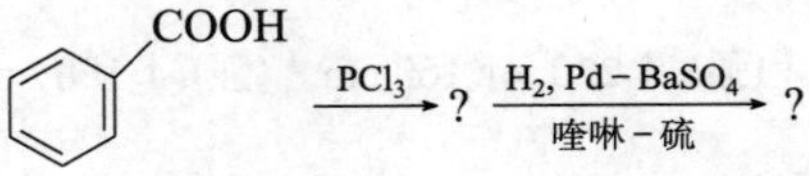 COOH $\xrightarrow{PCl_3}$? $\xrightarrow[喹啉-硫]{H_2,\ Pd-BaSO_4}$?

(五) 完成下列转变:

(1) $CH_3COOH \longrightarrow ClCH_2COCl$

(2) 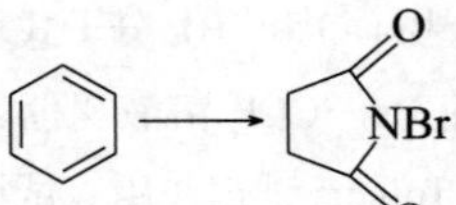 $\longrightarrow$ O NBr O

(3) 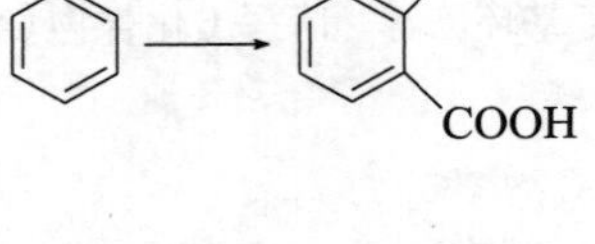 $\longrightarrow$ O $OCCH_3$ COOH

(4) 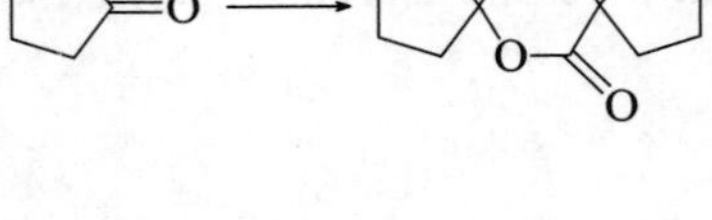 =O $\longrightarrow$ O O O O

(5) $CH_3CH{=}CH_2 \longrightarrow CH_3CH(CH_3)CONH_2$　　(6) 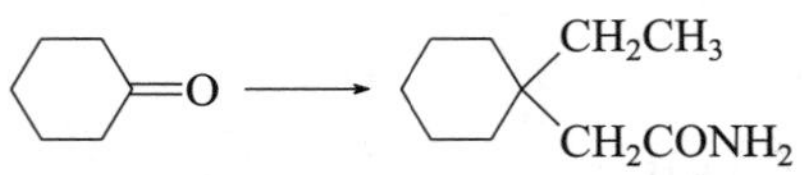 环己酮 $\longrightarrow$ 1-乙基-1-(CH_2CONH_2)环己烷

(六) 比较下列酯类在碱性条件下水解的活性大小。

(1) 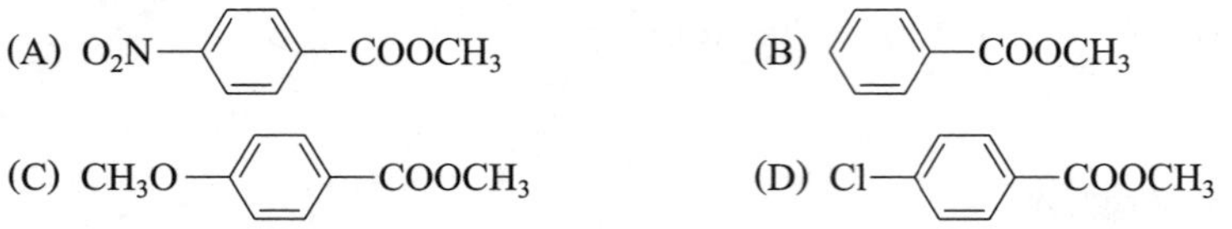 (A) $O_2N-C_6H_4-COOCH_3$　　(B) $C_6H_5-COOCH_3$

(C) $CH_3O-C_6H_4-COOCH_3$　　(D) $Cl-C_6H_4-COOCH_3$

(2) (A) $CH_3COO-C_6H_5$　　(B) $CH_3COO-C_6H_4-NO_2$

(C) $CH_3COO-C_6H_4-CH_3$　　(D) $CH_3COO-C_6H_4-NH_2$

(七) 将下列化合物按碱性强弱排列成序。

(1) $CH_3-\overset{O}{\overset{\|}{C}}-NH_2$　　(2) NH_3

(3) $CH_3CH_2-\overset{O}{\overset{\|}{C}}-N(CH_3)_2$　　(4) 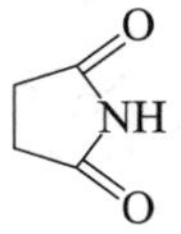 丁二酰亚胺（环状，C=O、NH、C=O）

(八) 按指定原料合成下列化合物, 无机试剂任选。

(1) 由 CH_3CHO 合成 $CH_3CH{=}CHCONH_2$

(2) 由 $CH_3-C_6H_5$ 合成 $CH_3-C_6H_4-\overset{O}{\overset{\|}{C}}-O-C_6H_4-CH_3$

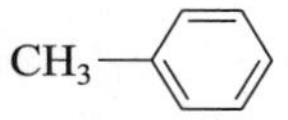

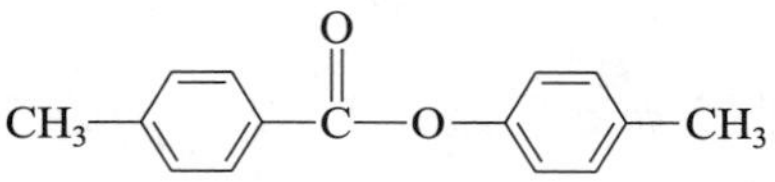

(3) 由萘为原料合成 2-氨基苯甲酸

(4) 由 C_4 以下的有机化合物为原料合成 $CH_3CH_2\overset{CH_3}{\overset{|}{C}H}-\overset{O}{\overset{\|}{C}}-NHCH_2CH_2CH_2CH_3$

(5) 由 C_3 以下的羧酸衍生物为原料合成乙丙酸酐

(九) 某化合物的分子式为 $C_4H_8O_2$, 其 IR 和 ^1H NMR 数据如下:

IR 谱: 在 3 000 ~ 2 850 cm^{-1}, 2 725 cm^{-1}, 1 725 cm^{-1} (强), 1 220 ~ 1 160 cm^{-1} (强), 1 100 cm^{-1} 处有吸收峰。

^1H NMR 谱: $\delta = 8.02$ (单峰, 1H), 5.13 (七重峰, 1H), 1.29 (双峰, 6H)。试推测其构造式。

(十) 有两个酯类化合物 (A) 和 (B), 分子式均为 $C_4H_6O_2$。(A) 在酸性条件下水解成甲醇和另一个化合物 $C_3H_4O_2$(C), (C) 可使 Br_2-CCl_4 溶液褪色。(B) 在酸性条件下水解成一分子羧酸和化合物 (D); (D) 可发生碘仿反应, 也可与 Tollens 试剂作用。试推测 (A) ~ (D) 的构造式。

(十一) 邻苯二甲酸酐与过量氨气反应生成分子式为 $C_8H_{10}N_2O_3$ 的化合物 (A), 化合物 (A) 在加热条件下以 95% 的产率得到邻苯二甲酸亚胺。请写出化合物 (A) 的结构式。

(十二) 反式叔丁基环己醇经以下三个步骤, 可生成顺式 4-叔丁基环己醇。请写出化合物 (A) 和 (B)

的结构式。

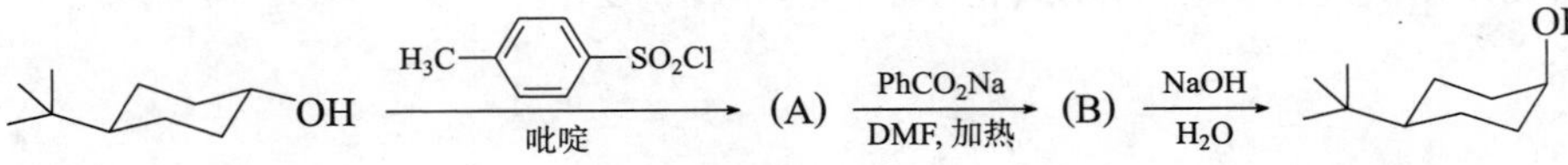

(十三) 棉铃虫性信息素 (*E*)-十二碳-9,11-二烯-1-醇乙酸酯的合成路线如下，请为 (Ⅰ)～(Ⅳ) 四步转化添加合适的试剂。

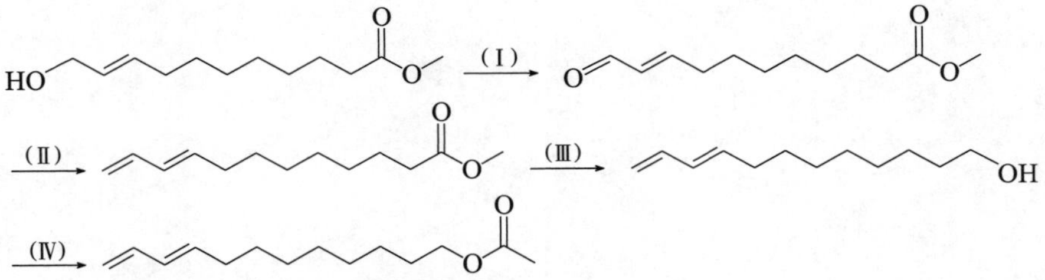

棉铃虫性信息素

(十四) 使用 Grubbs 催化剂的烯烃复分解反应 (2005 年诺贝尔化学奖) 已成为有机化学家最重要的合成工具之一 (如 **2** 到 **3**)。如下式所示，烯烃复分解反应的底物 **2** 可以由反应物 **1** 经四步反应制备。请写出 (A)、(B) 和 (C) 的结构式。

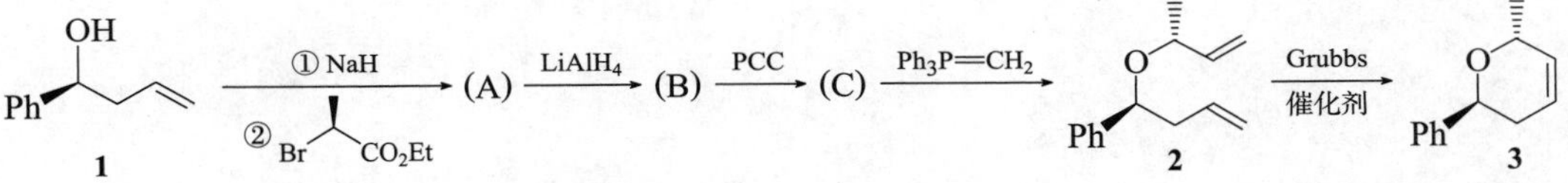

(十五) 在 aurisides 的合成研究中，研究者意外发现了一种骨架的重排。请写出从溴代醇 (A) 转化为环氧化合物 (B) 的合理机理。

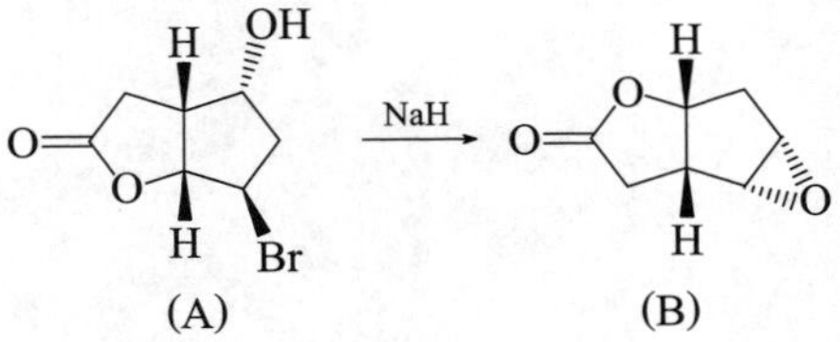

(十六) 在 englerin A 的全合成研究中，研究者观察到了如下碱催化的缩环反应。请为该转化提出合理机理。

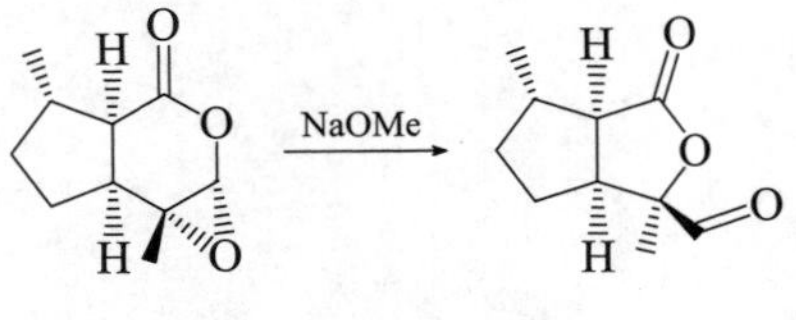

（十七）在肾素抑制剂阿利克仑（aliskiren）的合成路线中，化合物（A）在氢氧化锂的作用下可以转化为化合物（B），请用合理的机理解释该转化过程中立体构型的变化。

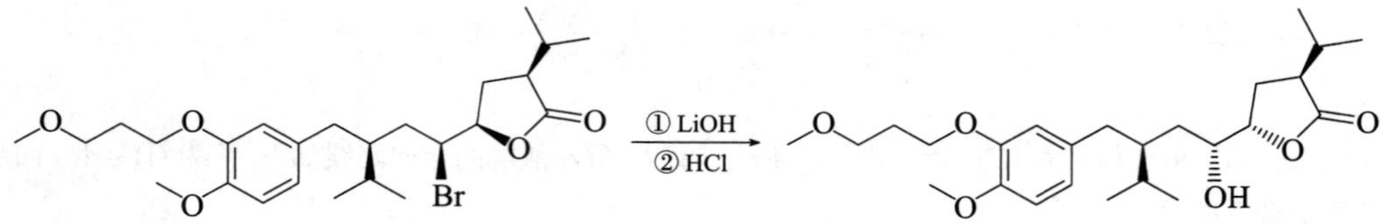

① LiOH
② HCl

(A)

(B)

第十四章
β-二羰基化合物

▼ 前导知识：学习本章之前需要复习以下知识点

共振论 (4.4 节)
羰基 α-氢原子的反应 (11.5.2 节)
醛酮的缩合反应 (11.5.3 节)
α, β-不饱和醛酮的加成反应 (11.6.1 节)
羧酸的脱羧反应 (12.5.3 节)
酰基上的亲核取代反应机理 (13.3.2 节)

▼ 本章导读：学习本章内容需要掌握以下知识点

酮-烯醇的互变异构
Claisen 酯缩合反应
乙酰乙酸乙酯合成法
丙二酸二乙酯合成法
Knoevenagel 缩合反应
Michael 加成

两个羰基之间被一个饱和碳原子隔开的化合物统称为β-二羰基化合物。例如:

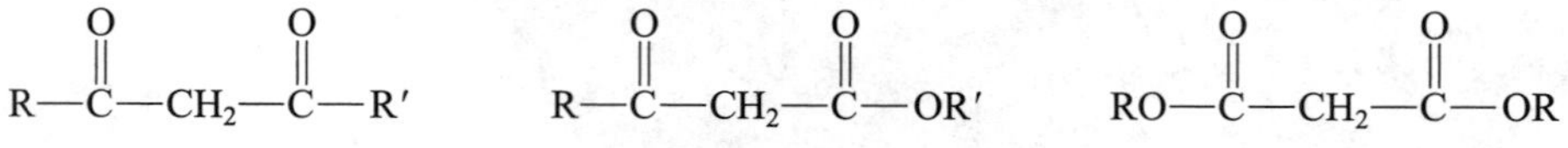

$$\underset{\beta\text{-二酮}}{R-\overset{O}{\overset{\|}{C}}-CH_2-\overset{O}{\overset{\|}{C}}-R'} \qquad \underset{\beta\text{-酮酸酯}}{R-\overset{O}{\overset{\|}{C}}-CH_2-\overset{O}{\overset{\|}{C}}-OR'} \qquad \underset{\text{丙二酸二酯}}{RO-\overset{O}{\overset{\|}{C}}-CH_2-\overset{O}{\overset{\|}{C}}-OR}$$

这里所说的羰基含义较广,既包括醛和酮的羰基也包括酯的羰基等。

β-二羰基化合物中有两个吸电子基团可影响它们共同的α-氢原子,使其变得更活泼。作为有机合成的试剂,β-二羰基化合物有多方面的用途。与β-二羰基化合物相似的化合物,如氰乙酸乙酯($N\equiv CCH_2COOC_2H_5$),夹在中间的甲叉基上的氢原子受氰基和酯基的吸电子效应影响,同样变得活泼,本章也将加以讨论。

14.1　酮-烯醇互变异构

在炔烃的水合反应 [见第三章 3.5.2 节 (3)] 中,曾讨论过烯醇式和酮式的互变异构现象。两种官能团异构体互相迅速转化而处于动态平衡的现象称为互变异构。醛或酮与其经α-氢原子转移所形成的烯醇构成酮-烯醇互变异构体。

$$\underset{\text{酮式}}{RCH_2-\overset{O}{\overset{\|}{C}}-R'} \xrightleftharpoons{\text{互变异构}} \underset{\text{烯醇式}}{RCH=\overset{OH}{\overset{|}{C}}-R'}$$

14.1.1　酸或碱催化的酮-烯醇平衡

酸或碱均可催化酮式与烯醇式之间的异构化过程,痕量的酸、碱,甚至玻璃仪器表面的羟基都能促使其很快达成平衡。

在酸催化异构化过程中,酸首先与羰基氧原子作用形成氧正离子,其共轭碱再夺取一个α-氢原子形成烯醇。

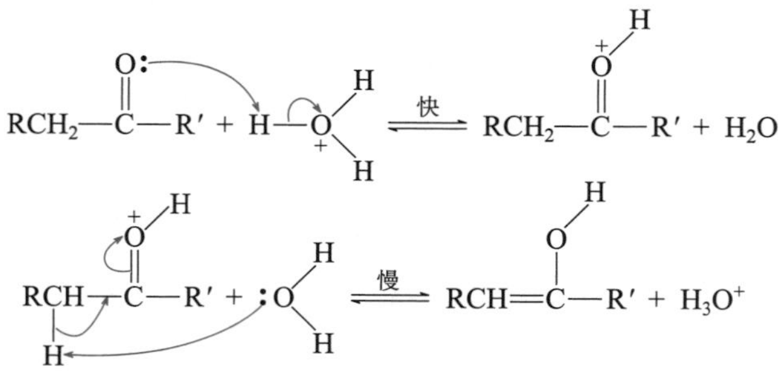

$$RCH_2-\overset{\ddot{O}}{\overset{\|}{C}}-R' + H-\overset{+}{O}H_2 \xrightleftharpoons{\text{快}} RCH_2-\overset{\overset{+}{O}H}{\overset{\|}{C}}-R' + H_2O$$

$$R\underset{H}{\underset{|}{C}}H-\overset{\overset{+}{O}H}{\overset{\|}{C}}-R' + :OH_2 \xrightleftharpoons{\text{慢}} RCH=\overset{OH}{\overset{|}{C}}-R' + H_3O^+$$

在碱催化异构化过程中,碱首先夺取醛或酮的一个α-氢原子,形成烯醇氧负离子,其共轭酸再向烯醇负离子转移一个质子形成烯醇。

$$\mathrm{RCH(H)-\overset{O}{\overset{\|}{C}}-R' + {}^{-}\!:\!OH \xrightleftharpoons{慢} \left[R\overset{-}{C}H-\overset{O}{\overset{\|}{C}}-R' \longleftrightarrow RCH=\overset{O^-}{\overset{|}{C}}-R' \right] + H_2O}$$

$$\mathrm{RCH=\overset{O^-}{\overset{|}{C}}-R' + H-O-H \xrightleftharpoons{快} RCH=\overset{OH}{\overset{|}{C}}-R' + {}^{-}OH}$$

14.1.2 化合物结构对酮-烯醇平衡的影响

通常情况下,单羰基化合物在平衡状态下,其烯醇式异构体的含量很少。例如,乙醛的烯醇式含量为0.05%,丙酮的烯醇式含量仅有1.5×10^{-4}%,这主要是由于酮式异构体中碳氧π键比烯醇式异构体中碳碳π键更稳定(两者键能相差$45\sim60\ \mathrm{kJ\cdot mol^{-1}}$)。然而,具有$\beta$-二羰基结构的化合物,在平衡状态下其烯醇式含量较高。以β-丁酮酸乙酯(又称为乙酰乙酸乙酯,俗称三乙)为例,通常是以酮式和烯醇式两种互变异构体的混合物形式存在的。

一方面,乙酰乙酸乙酯能与羟氨、苯肼等反应生成肟、苯腙等;也能与亚硫酸氢钠、氢氰酸等发生加成反应;能被还原成β-羟基酸酯;与稀碱作用再酸化,然后加热分解得到丙酮。这些反应说明乙酰乙酸乙酯具有如下的酮式结构:

$$\mathrm{CH_3-\overset{O}{\overset{\|}{C}}-CH_2COOC_2H_5}$$

另一方面,乙酰乙酸乙酯与金属钠作用放出氢气而得到钠盐;与五氯化磷作用生成3-氯丁-2-烯酸乙酯;与乙酰氯作用生成酯。这些反应都说明乙酰乙酸乙酯分子中有羟基存在。此外,乙酰乙酸乙酯能使溴的四氯化碳溶液迅速褪色,这说明分子中具有碳碳双键。它还与三氯化铁溶液作用呈现紫红色,这个显色反应是具有烯醇式结构化合物的特征反应。上述反应又说明乙酰乙酸乙酯应具有如下的烯醇式结构:

$$\mathrm{CH_3-\overset{OH}{\overset{|}{C}}=CHCOOC_2H_5}$$

事实上,乙酰乙酸乙酯的上述两种异构体之间存在如下平衡:

$$\underset{酮式}{\mathrm{CH_3-\overset{O}{\overset{\|}{C}}-CH_2COOC_2H_5}} \rightleftharpoons \underset{烯醇式}{\mathrm{CH_3-\overset{OH}{\overset{|}{C}}=CHCOOC_2H_5}}$$

乙酰乙酸乙酯的两种异构体,可在较低的温度下,用石英容器精馏分离。其中酮式的沸点为41 ℃ (267 Pa),烯醇式的沸点为33 ℃ (267 Pa)。在室温下,液态乙酰乙酸乙酯平衡混合物中约含7.5%的烯醇式异构体和92.5%的酮式异构体。

β-二羰基化合物的烯醇式异构体具有较大稳定性的原因有二。其一,通过烯醇羟基氢原子构成分子内氢键,形成一个稳定的六元环状结构;其二,烯醇式结构形成了π,π-共轭体系,电子的离域使其能量降低。

$$\ce{H3C-C(-O-H)=CH-C(=O...H)-OC2H5} \qquad \ce{CH3-C(-\ddot{O}H)=CH-C(=O)-OC2H5}$$

酮-烯醇互变异构现象在含羰基化合物中较为普遍,但它们的烯醇式含量是不同的。表14-1列出了某些化合物中烯醇式异构体的含量,可以大体看出结构对酮-烯醇互变异构平衡的影响。

表14-1　某些化合物中烯醇式异构体的含量

酮式异构体	烯醇式异构体	烯醇式异构体含量/%
$CH_3C(=O)OC_2H_5$	$CH_2=C(OH)OC_2H_5$	≈0
$CH_3C(=O)H$	$CH_2=CH(OH)$	0.05
$CH_3C(=O)CH_3$	$CH_2=C(OH)CH_3$	0.000 15
$C_2H_5OC(=O)CH_2C(=O)OC_2H_5$	$C_2H_5OC(OH)=CHC(=O)OC_2H_5$	0.1
$CH_3C(=O)CH_2C(=O)OC_2H_5$	$CH_3C(OH)=CHC(=O)OC_2H_5$	7.5
$CH_3C(=O)CH_2C(=O)CH_3$	$CH_3C(OH)=CHC(=O)CH_3$	76.0
$C_6H_5C(=O)CH_2C(=O)CH_3$	$C_6H_5C(OH)=CHC(=O)CH_3 + C_6H_5C(=O)CH=C(OH)CH_3$	90.0

在书写酮-烯醇互变异构体时,要特别注意区分互变异构体与共振杂化体的不同。例如:

$$CH_3C(O^-)=CH-C(=O)-OC_2H_5 \longleftrightarrow CH_3C(=O)-\overset{-}{C}H-C(=O)-OC_2H_5$$

它们之间只有电子排布的不同,是共振杂化体中不同的极限结构,而不是互变异构体。这与乙酰乙酸乙酯的酮式与烯醇式之间的互变异构是有根本区别的。

除酮-烯醇互变异构外,还存在多种互变异构现象,如亚胺-烯胺互变异构等。

练习 14.1　下列哪些写法是错误的?

(1) $CH_3-\overset{O}{\overset{\|}{C}}-CH_3 \rightleftharpoons CH_2=\overset{OH}{\overset{|}{C}}-CH_3$　　(2) $R-C(=O)-O^- \rightleftharpoons R-C(-O^-)=O$

(3) 环己烯醇 —OH ⟷ 环己烯酮 =O　　(4) 苯 ⟷ 苯

(5) $CH_3\overset{O^-}{\overset{|}{C}}=CH-\overset{O}{\overset{\|}{C}}-OC_2H_5 \longleftrightarrow CH_3\overset{O}{\overset{\|}{C}}-CH=\overset{O^-}{\overset{|}{C}}-OC_2H_5$

练习 14.2　用碱处理顺十氢化萘-1-酮的醇溶液,达到平衡后,溶液中含 95% 的反式异构体和 5% 的顺式异构体。试解释之。

顺十氢化萘-1-酮　　　反十氢化萘-1-酮

14.2　乙酰乙酸乙酯的合成及应用

14.2.1　乙酰乙酸乙酯的合成

乙酰乙酸乙酯可用 Claisen 酯缩合反应合成。乙酸乙酯在强碱(如乙醇钠等)的促进下缩合,然后酸化,即可得到乙酰乙酸乙酯。

$$2\,CH_3COOC_2H_5 \xrightarrow{C_2H_5ONa} [CH_3COCHCOOC_2H_5]^-Na^+ \xrightarrow{H^+} \underset{75\%}{CH_3COCH_2COOC_2H_5}$$

Claisen 酯缩合反应的机理为

$$RCH_2COOC_2H_5 \underset{}{\overset{C_2H_5O^-}{\rightleftharpoons}} \left[R\overset{-}{C}H-\overset{O}{\overset{\|}{C}}-OC_2H_5 \longleftrightarrow RCH=\overset{O^-}{\overset{|}{C}}-OC_2H_5 \right] + C_2H_5OH$$

$$RCH_2-\underset{OC_2H_5}{\underset{|}{\overset{O}{\overset{\|}{C}}}} + R\overset{-}{C}H-\overset{O}{\overset{\|}{C}}-OC_2H_5 \rightleftharpoons RCH_2-\underset{C_2H_5O}{\underset{|}{\overset{O^-}{\overset{|}{C}}}}-\underset{R}{\underset{|}{C}}HCOOC_2H_5$$

$$\rightleftharpoons RCH_2-\overset{O}{\overset{\|}{C}}-\underset{R}{\underset{|}{C}}HCOOC_2H_5 + {}^-OC_2H_5$$

$$RCH_2-\overset{O}{\overset{\|}{C}}-\underset{R}{\underset{|}{C}}HCOOC_2H_5 \xrightleftharpoons{C_2H_5O^-} \left[RCH_2-\overset{O}{\overset{\|}{C}}-\underset{R}{\underset{|}{\bar{C}}}COOC_2H_5 \longleftrightarrow RCH_2-\overset{O^-}{\overset{|}{C}}=\underset{R}{\underset{|}{C}}COOC_2H_5 \right] + C_2H_5OH$$

在上述一系列平衡反应中，只有最后一步对于整个反应是有利的。该缩合产物加酸酸化即得 β-酮酸酯。

只含一个 α-氢原子的酯，虽然也可以进行酯缩合反应，但要用比乙醇钠碱性更强的碱（如三苯甲基钠）。用两种不同且均含 α-氢原子的酯进行缩合反应时，除了每种酯自身缩合外，两种酯还将交叉地进行缩合，得到四种不同 β-酮酸酯的混合物，其应用价值不大。如果两种不同的酯中有一种不含 α-氢原子，进行酯缩合反应时，只有两种产物。如果不含 α-氢原子的酯羰基的活性较高或向反应体系滴加含 α-氢原子的酯，则主要得到交叉缩合产物。含有 α-氢原子的酮也可与酯进行缩合反应。例如：

$$HCOOC_2H_5 + CH_3COOC_2H_5 \xrightarrow[\text{② } H^+]{\text{① } C_2H_5ONa} HCOCH_2COOC_2H_5$$

$$\begin{matrix} COOC_2H_5 \\ | \\ COOC_2H_5 \end{matrix} + CH_3COOC_2H_5 \xrightarrow[\text{② } H^+]{\text{① } C_2H_5ONa} \begin{matrix} COOC_2H_5 \\ | \\ COCH_2COOC_2H_5 \end{matrix}$$

$$(CH_3)_3C-C_6H_4-\overset{O}{\overset{\|}{C}}OCH_3 + CH_3\overset{O}{\overset{\|}{C}}-C_6H_4-OCH_3 \xrightarrow[\text{甲苯}, \triangle]{CH_3ONa} \xrightarrow{H^+}$$

$$(CH_3)_3C-C_6H_4-\overset{O}{\overset{\|}{C}}-CH_2-\overset{O}{\overset{\|}{C}}-C_6H_4-OCH_3$$

Claisen 酯缩合反应也可以在分子内发生，这种反应称为 Dieckmann 缩合，也称 Dieckmann 闭环反应，可用来制备五元或六元环状 β-酮酸酯。例如：

$$\begin{matrix} CH_2CH_2COOC_2H_5 \\ | \\ CH_2CH_2COOC_2H_5 \end{matrix} \xrightarrow[\text{② } H^+]{\text{① } C_2H_5ONa,\ 80\ ^\circ C} \text{2-乙氧羰基环戊酮}\ (\text{环戊酮 2 位带 H 和 } COOC_2H_5)\quad 80\%$$

工业上乙酰乙酸乙酯可用二乙烯酮与乙醇作用制得。

$$\begin{matrix} CH_2=C-O \\ \quad\ |\quad\ \ | \\ H_2C-C=O \end{matrix} + C_2H_5OH \xrightarrow{H_2SO_4} CH_3COCH_2COOC_2H_5$$

乙酰乙酸乙酯为无色、具有水果香味的液体，沸点为 181 ℃（稍有分解），微溶于水，可溶于多种有机溶剂。乙酰乙酸乙酯对石蕊呈中性，但能溶于稀氢氧化钠溶液。它不发生碘仿反应。

练习 14.3 完成下列反应式:

(1) $CH_3CH_2CH_2COOC_2H_5 \xrightarrow[\text{② }H^+]{\text{① }C_2H_5ONa}$

(2) $CH_3CH_2O-\overset{O}{\overset{\|}{C}}-OCH_2CH_3 + C_6H_5-CH_2COOC_2H_5 \xrightarrow[\text{② }H^+]{\text{① }C_2H_5ONa}$

(3) $CH_3CH_2O\overset{O}{\overset{\|}{C}}(CH_2)_3\overset{O}{\overset{\|}{C}}OCH_2CH_3 + CH_3CH_2O\overset{O}{\overset{\|}{C}}-\overset{O}{\overset{\|}{C}}OCH_2CH_3 \xrightarrow[\text{② }H^+]{\text{① }C_2H_5ONa}$

(4) $CH_3CH_2O\overset{O}{\overset{\|}{C}}(CH_2)_3\overset{O}{\overset{\|}{C}}OCH_2CH_3 + C_6H_5-COOC_2H_5 \xrightarrow[\text{② }H^+]{\text{① }C_2H_5ONa}$

(5) $H-\overset{O}{\overset{\|}{C}}-OCH_2CH_3 + C_6H_5-CH_2COOC_2H_5 \xrightarrow[\text{② }H^+]{\text{① }C_2H_5ONa}$

14.2.2 乙酰乙酸乙酯的性质

乙酰乙酸乙酯可在稀碱(或稀酸)的作用下,水解生成乙酰乙酸,后者在加热的条件下,脱羧生成酮。这种分解称为酮式分解,可用反应式表示为

$$CH_3COCH_2COOC_2H_5 \xrightarrow{5\%\ NaOH} CH_3COCH_2COONa \xrightarrow{H^-}$$

$$CH_3COCH_2COOH \xrightarrow{\triangle} CH_3COCH_3 + CO_2$$

其中,乙酰乙酸受热分解的反应机理可表示如下:

$$H_3C-\overset{O}{\overset{\|}{C}}-CH_2-\overset{O-H}{C}=O \longrightarrow \left[H_3C-C(\cdots O\cdots H\cdots O\cdots)\cdots CH_2\cdots C=O\right] \xrightarrow{-CO_2} CH_3-\overset{OH}{C}=CH_2 \rightleftharpoons CH_3COCH_3$$

乙酰乙酸乙酯分子中甲叉基上氢原子比较活泼,与醇钠等强碱作用,可以生成其钠盐,后者可与卤代烷发生取代反应,生成烷基取代的乙酰乙酸乙酯。在需要时还可以生成二烷基取代的乙酰乙酸乙酯,但有时需使用更强的碱如叔丁醇钾替代乙醇钠进行反应。

$$CH_3COCH_2COOC_2H_5 \xrightarrow{C_2H_5ONa} [CH_3COCHCOOC_2H_5]^- Na^+ \xrightarrow{RX} CH_3CO\underset{R}{\underset{|}{C}}HCOOC_2H_5$$

$$CH_3CO\underset{R}{\underset{|}{C}}HCOOC_2H_5 \xrightarrow{(CH_3)_3COK} \left[CH_3CO\underset{R}{\underset{|}{C}}COOC_2H_5\right]^- K^+ \xrightarrow{R'X} CH_3CO\overset{R'}{\underset{R}{\overset{|}{\underset{|}{C}}}}COOC_2H_5$$

这里的卤代烷常用卤代甲烷、伯卤代烷和仲卤代烷,因为叔卤代烷在此条件下易消除;烯丙型或苄基型卤代烃容易进行上述反应,而乙烯型或苯基型卤代烃不反应。

14.2.3　乙酰乙酸乙酯在合成中的应用

乙酰乙酸乙酯进行烷基化反应后，再进行酮式分解，在有机合成上有广泛的应用，主要用来合成甲基酮。例如：

$$CH_3COCH_2COOC_2H_5 \xrightarrow[\text{② } CH_3CH_2CH_2Br]{\text{① } C_2H_5ONa} CH_3COCH(CH_2CH_2CH_3)COOC_2H_5 \xrightarrow[\text{② } CH_3I]{\text{① } C_2H_5ONa}$$

$$CH_3COC(CH_3)(CH_2CH_2CH_3)COOC_2H_5 \xrightarrow[\text{(酮式分解)}]{\text{① 稀 } ^-OH \text{ ② } H^+ \text{ ③ } \triangle} CH_3COCH(CH_3)CH_2CH_2CH_3$$

乙酰乙酸乙酯的钠盐与二卤代烷作用，然后进行酮式分解，可得二元酮。例如：

$$2\,[CH_3COCHCOOC_2H_5]^-Na^+ \xrightarrow{CH_2Cl_2} \begin{matrix} CH_3COCHCOOC_2H_5 \\ | \\ CH_2 \\ | \\ CH_3COCHCOOC_2H_5 \end{matrix}$$

$$\xrightarrow[\text{② } H^+ \text{ ③ } \triangle]{\text{① NaOH, } H_2O} CH_3COCH_2CH_2CH_2COCH_3$$

乙酰乙酸乙酯的钠盐与碘作用，然后进行酮式分解，可得己-2,5-二酮。

$$2\,[CH_3COCHCOOC_2H_5]^-Na^+ \xrightarrow[-2\,NaI]{I_2} \begin{matrix} CH_3COCHCOOC_2H_5 \\ | \\ CH_3COCHCOOC_2H_5 \end{matrix}$$

$$\xrightarrow[\text{② } H^+ \text{ ③ } \triangle]{\text{① NaOH, } H_2O} CH_3COCH_2CH_2COCH_3$$

乙酰乙酸乙酯的钠盐与卤代酸酯（或其他含有活泼卤原子的化合物）作用，然后进行酮式分解可得酮酸。例如：

$$[CH_3COCHCOOC_2H_5]^-Na^+ + Br(CH_2)_nCOOC_2H_5 \longrightarrow CH_3COCH((CH_2)_nCOOC_2H_5)COOC_2H_5$$

$$\xrightarrow[\text{② } H^+ \text{ ③ } \triangle]{\text{① NaOH, } H_2O} CH_3COCH_2(CH_2)_nCOOH$$

乙酰乙酸乙酯的钠盐也可与酰氯作用，引入酰基。用氢化钠（NaH）代替醇钠进行有关反应，可避免醇钠与酰氯反应。利用该方法可合成β-二酮。例如：

$$CH_3COCH_2COOC_2H_5 + NaH \longrightarrow [CH_3COCHCOOC_2H_5]^-Na^+ + H_2\uparrow$$

$$[CH_3COCHCOOC_2H_5]^-Na^+ + C_6H_5COCl \longrightarrow CH_3COCH(COC_6H_5)COOC_2H_5$$

$$\xrightarrow[\text{② } H^+ \text{ ③ } \triangle]{\text{① NaOH, } H_2O} CH_3COCH_2COC_6H_5$$

练习 14.4 下列化合物哪些能用乙酰乙酸乙酯合成法合成？请写出反应式。

(1) 庚-2-酮 (2) 庚-3-酮 (3) 庚-4-酮

(4) 2,2-二甲基丙二酸 (5) 辛-2,7-二酮 (6) $CH_3COCH(CH_3)CH_2COOH$

(7) $CH_3COCH_2COC(CH_3)_3$ (8) $PhCH_2CH(CH_2CH_3)COCH_3$

14.3 丙二酸二乙酯的合成及应用

丙二酸二乙酯是无色有香味的液体，沸点为 199 ℃，微溶于水。丙二酸很活泼，受热易分解脱羧而成乙酸。工业上丙二酸二乙酯可由氯乙酸钠经下列反应制备：

$$\underset{\displaystyle Cl}{CH_2COONa} \xrightarrow{NaCN} \underset{\displaystyle CN}{CH_2COONa} \xrightarrow[H_2SO_4]{C_2H_5OH} CH_2(COOC_2H_5)_2$$

与乙酰乙酸乙酯类似，丙二酸酯分子中甲叉基上的氢原子受相邻两个羰基的影响而较活泼，具有一定的酸性 ($pK_a = 13$)，它与强碱如乙醇钠作用，可生成相应的钠盐。后者与适当卤代烃作用，可以生成单烃基取代丙二酸酯；继续上述过程，可再引入第二个烃基，最终可得到二烃基取代丙二酸酯。单烃基或二烃基取代丙二酸酯经水解生成取代的丙二酸，它受热脱羧即可得烃基取代的乙酸。例如：

$$CH_2(COOC_2H_5)_2 \xrightarrow{C_2H_5ONa} [CH(COOC_2H_5)_2]^- Na^+ \xrightarrow{C_2H_5Br}$$

$$CH_3CH_2CH(COOC_2H_5)_2 \xrightarrow[\text{② } CH_3I]{\text{① } C_2H_5ONa} CH_3CH_2C(CH_3)(COOC_2H_5)_2$$

$$\xrightarrow[\text{② } H^+]{\text{① } NaOH, H_2O} CH_3CH_2-C(CH_3)(COOH)-COOH \xrightarrow[-CO_2]{\triangle} CH_3CH_2-CH(CH_3)-COOH$$

丙二酸二乙酯的钠盐也可与二卤代烷或卤代酸酯等作用，然后经水解、酸化和脱羧反应生成二元酸。例如：

$$\begin{matrix} CH_2Br \\ | \\ CH_2Br \end{matrix} + 2\,[CH(COOC_2H_5)_2]^- Na^+ \longrightarrow \begin{matrix} CH_2CH(COOC_2H_5)_2 \\ | \\ CH_2CH(COOC_2H_5)_2 \end{matrix}$$

$$\xrightarrow[\text{② } H^+ \text{ ③ } \triangle]{\text{① } NaOH, H_2O} \begin{matrix} CH_2CH_2COOH \\ | \\ CH_2CH_2COOH \end{matrix}$$

$$\underset{\text{Cl}}{\overset{\text{CH}_2\text{COOC}_2\text{H}_5}{|}} + [\text{CH(COOC}_2\text{H}_5)_2]^- \text{Na}^+ \longrightarrow \underset{\text{CH}_2\text{COOC}_2\text{H}_5}{\overset{\text{CH(COOC}_2\text{H}_5)_2}{|}} \xrightarrow[\text{② H}^+ \text{ ③ }\triangle]{\text{① NaOH, H}_2\text{O}} \underset{\text{CH}_2\text{COOH}}{\overset{\text{CH}_2\text{COOH}}{|}}$$

丙二酸二乙酯也可用来合成三至六元环的环烷酸。例如:

$$\text{CH}_2(\text{COOC}_2\text{H}_5)_2 \xrightarrow[\text{② Br(CH}_2)_4\text{Br}]{\text{① C}_2\text{H}_5\text{ONa}} \text{Br(CH}_2)_4\text{CH(COOC}_2\text{O}_5)_2 \xrightarrow{\text{C}_2\text{H}_5\text{ONa}}$$

$$\text{Br—CH}_2\text{CH}_2\text{CH}_2\text{CH}_2\overset{-}{\text{C}}(\text{COOC}_2\text{H}_5)_2 \xrightarrow[-\text{Br}^-]{\text{分子内亲核取代}} (\text{环戊烷})\text{C(COOC}_2\text{H}_5)_2$$

$$\xrightarrow[\text{② H}^+ \text{ ③ }\triangle]{\text{① NaOH, H}_2\text{O}} (\text{环戊基})\text{—COOH}$$

练习 14.5　以丙二酸二乙酯为原料,合成下列化合物:

(1) 丁二酸　(2) 4-氧亚基戊酸　(3) 2-甲基戊酸

(4) 戊酸　(5) 戊二酸　(6) 4-甲基戊酸

14.4　Knoevenagel 缩合

醛、酮在弱碱(胺、吡啶等)或胺的弱酸盐催化下,与含有活泼 α-氢原子的化合物可进行 Knoevenagel 缩合反应。由于活泼甲叉基化合物优先与弱碱反应生成碳负离子,降低了醛分子间发生羟醛缩合的可能性,因而该反应产率较高。例如:

$$(\text{CH}_3)_2\text{CHCH}_2\text{CHO} + \text{CH}_2(\text{COOC}_2\text{H}_5)_2 \xrightarrow{\text{哌啶, }\triangle} \underset{78\%}{(\text{CH}_3)_2\text{CHCH}_2\text{CH}{=}\text{C(COOC}_2\text{H}_5)_2}$$

若使用含有羧基(—COOH)的活泼甲叉基化合物(如丙二酸、氰基乙酸等)进行该反应,其缩合产物在加热情况下可进一步脱羧,生成 α,β-不饱和化合物。例如:

$$\text{C}_6\text{H}_5\text{—CHO} + \text{CH}_2(\text{COOH})_2 \xrightarrow[-\text{H}_2\text{O}]{\text{哌啶, 95～100 °C}} [\text{C}_6\text{H}_5\text{—CH}{=}\text{C(COOH)}_2]$$

$$\xrightarrow{-\text{CO}_2} \underset{80\%\sim95\%}{\text{C}_6\text{H}_5\text{—CH}{=}\text{CHCOOH}}$$

14.5　Michael 加成

含活泼 α-氢原子的化合物也可与 α,β-不饱和化合物碳碳双键或碳碳三键进行加成,这种反应称为 Michael 加成。例如:

$$\text{环己-2-烯酮} + CH_2(COOC_2H_5)_2 \xrightarrow[C_2H_5OH]{C_2H_5Na} \text{3-}[CH(COOC_2H_5)_2]\text{环己酮}\quad 90\%$$

该反应中常采用的催化剂为醇钠、季铵碱及苛性碱等。α,β-不饱和化合物有 α,β-不饱和羰基化合物及丙烯腈等,其他含有强吸电子基团的 α,β-不饱和化合物也可进行该反应。例如:

$$CH_3COCH_2COCH_3 + CH_2{=}CHCN \xrightarrow[25\ ^\circ C]{(C_2H_5)_3N,\ 叔丁醇} CH_3COCHCOCH_3\ (CH_2CH_2CN)\quad 77\%$$

$$CH_3COCH_2COCH_3 + HC{\equiv}C{-}COOC_2H_5 \xrightarrow{C_2H_5ONa} H{-}C(CH(COCH_3)_2){=}CH{-}COOC_2H_5$$

Michael 加成反应可与 Claisen 酯缩合或羟醛缩合等反应联用,合成环状化合物。例如:

$$\text{2-甲基环己-1,3-二酮} + CH_2{=}CHCOCH_3 \xrightarrow[甲醇,回流]{KOH} \text{2-甲基-2-(3-氧代丁基)环己-1,3-二酮} \xrightarrow[-H_2O]{\text{吡咯烷},\ 苯,\ 回流} \text{双环烯酮}\quad 63\%\sim65\%$$

$$CH_2{=}CHCOCH_3 + \text{二氢香芹酮} \xrightarrow[-10\ ^\circ C,\ N_2,\ 12\ h]{C_2H_5ONa,\ C_2H_5OH} \text{OH 取代双环酮}\quad 40\%\sim50\%$$

上述过程称为 Robinson 合环反应,是合成多环化合物的重要方法。

练习 14.6 用反应式表示,如何合成下列化合物?

(1) 环戊-1,3-二酮 ⟶ 二乙基取代双环烯二酮

(2) $CH_3{-}\overset{O}{\overset{\|}{C}}{-}CH{=}CH_2$ ⟶ 环己-1,3-二酮-4-$COOC_2H_5$

14.6 其他含活泼甲叉基的化合物

与丙二酸二乙酯和乙酰乙酸乙酯相似,两个其他吸电子基团,如—CHO, —COR, —COOH, —$CONR_2$, —CN 和—NO_2 等连接在同一个碳原子上时,其甲叉基的氢原子也具有活泼性,

常称为活泼甲叉基。这类化合物与强碱作用，甲叉基碳原子也能形成碳负离子并进而被烷基化。例如：

$$NCCH_2COOC_2H_5 \xrightarrow[120\ ^\circ C,\ 6\ h]{C_2H_5I,\ K_2CO_3} NC\underset{\displaystyle C_2H_5}{\underset{|}{C}}HCOOC_2H_5 \quad 68\%$$

此类活泼甲叉基化合物也可以发生 Knoevenagel 缩合和 Michael 加成等反应。例如：

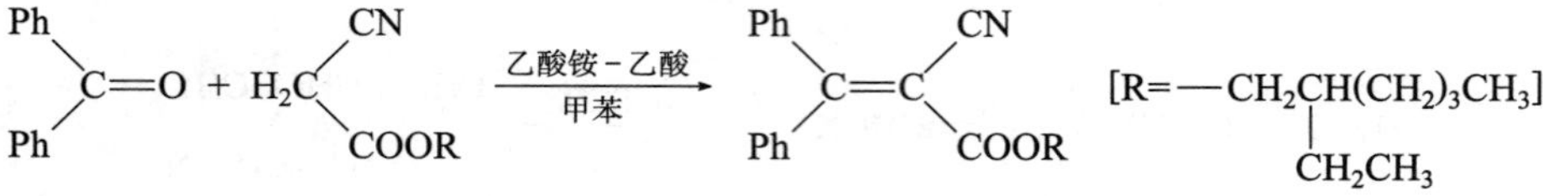

$$Ph_2C{=}O + H_2C(CN)(COOR) \xrightarrow[\text{甲苯}]{\text{乙酸铵-乙酸}} Ph_2C{=}C(CN)(COOR) \quad 90\% \qquad [R{=}-CH_2\underset{\displaystyle CH_2CH_3}{\underset{|}{C}}H(CH_2)_3CH_3]$$

$$H_2C{=}\overset{\displaystyle CH_3}{\overset{|}{C}}-COOC_2H_5 + \underset{\displaystyle CN}{\underset{|}{C}}H_2CO_2C_2H_5 \xrightarrow{C_2H_5ONa} \underset{\displaystyle \underset{\displaystyle CN}{\underset{|}{C}}HCO_2C_2H_5}{\underset{|}{C}}H_2-\overset{\displaystyle CH_3}{\overset{|}{C}}H-COOC_2H_5$$

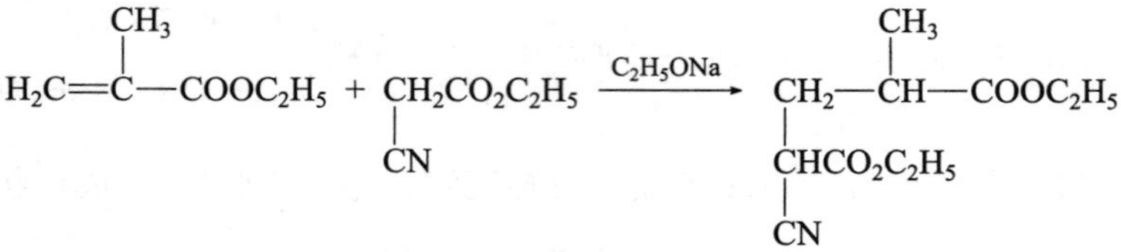

习题

（一）命名下列化合物：

(1) $HOCH_2\overset{\displaystyle CH_3}{\overset{|}{C}}HCH_2COOH$　　(2) $(CH_3)_2CH\overset{\displaystyle O}{\overset{\|}{C}}CH_2COOCH_3$

(3) $CH_3CH_2COCH_2CHO$　　(4) $Ph\overset{\displaystyle O}{\overset{\|}{C}}CH_2CO_2C_2H_5$

(5) $ClCOCH_2COOH$　　(6) $Ph\overset{\displaystyle O}{\overset{\|}{C}}CH_2\overset{\displaystyle O}{\overset{\|}{C}}CH_3$

（二）下列羧酸酯中，哪些能进行自身酯缩合反应？写出其反应式。

(1) 甲酸乙酯　(2) 乙酸正丁酯　(3) 丙酸乙酯
(4) 2,2-二甲基丙酸乙酯　(5) 苯甲酸乙酯　(6) 苯乙酸乙酯

（三）下列各对化合物（或离子），哪些是互变异构体？哪些是共振结构？

(1) $CH_3-\overset{\displaystyle OH}{\overset{|}{C}}{=}CH-\overset{\displaystyle O}{\overset{\|}{C}}-CH_3$ 和 $CH_3-\overset{\displaystyle O}{\overset{\|}{C}}-CH_2-\overset{\displaystyle O}{\overset{\|}{C}}-CH_3$

(2) 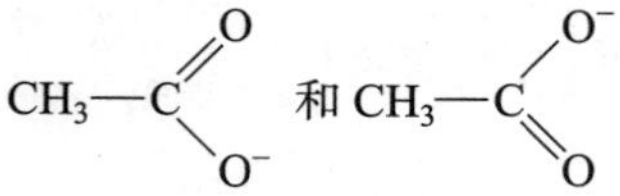 $CH_3-C(=O)(O^-)$ 和 $CH_3-C(O^-)(=O)$

(3) $CH_2{=}CH-CH{=}CH_2$ 和 $^-CH_2-CH{=}CH-\overset{+}{C}H_2$

(4) O 和 OH

(四) 写出下列化合物分别与乙酰乙酸乙酯的钠盐作用后的产物。

(1) 烯丙基溴　　(2) 溴乙酸甲酯

(3) 溴丙酮　　(4) 丙酰氯

(5) 1-溴-3-氯丙烷(等物质的量)　　(6) 2-溴代丁二酸二甲酯

(五) 以甲醇、乙醇及无机试剂为原料，经乙酰乙酸乙酯合成下列化合物。

(1) 3-甲基丁-2-酮　　(2) 己-2-醇　　(3) 戊-2,4-二酮

(4) 4-氧亚基戊酸　　(5) 己-2,5-二酮

(六) 完成下列反应式:

(1) 丙酸乙酯 + 乙二酸二乙酯 $\xrightarrow[\text{② } H^+]{\text{① } C_2H_5ONa}$

(2) 乙酸乙酯 + 甲酸乙酯 $\xrightarrow[\text{② } H^+]{\text{① } C_2H_5ONa}$

(3) 苯甲酸乙酯 + 丁二酸二乙酯 $\xrightarrow[\text{② } H^+]{\text{① } C_2H_5ONa}$

(4) $CH_3\overset{O}{\overset{\|}{C}}(CH_2)_4\overset{O}{\overset{\|}{C}}OC_2H_5 \xrightarrow[\text{② } H^+]{\text{① } C_2H_5ONa}$

(5) $CH_3\overset{O}{\overset{\|}{C}}(CH_2)_3\overset{O}{\overset{\|}{C}}OC_2H_5 \xrightarrow[\text{② } H^+]{\text{① } C_2H_5ONa}$

(6) $CH_2\begin{cases} CH_2CH_2COOC_2H_5 \\ CH_2CH_2COOC_2H_5 \end{cases} \xrightarrow[\text{② } H^+]{\text{① } C_2H_5ONa}$

(7) $CH_3CH_2OOCCH_2CH_2\underset{CO_2C_2H_5}{\underset{|}{C}}H\overset{CO_2C_2H_5}{\overset{|}{C}}HCH_3$ ...

(7) $CH_3CH_2OOCCH_2CH_2\overset{CO_2C_2H_5}{\overset{|}{C}H}\underset{CO_2C_2H_5}{\underset{|}{C}H}CH_3 \xrightarrow[\text{② } H^+]{\text{① } C_2H_5ONa}$

(七) 用丙二酸二乙酯法合成下列化合物:

(1) $CH_3-\underset{CH_3}{\underset{|}{CH}}-\underset{CH_3}{\underset{|}{C}H}COOH$　　(2) $HOOCCH_2\underset{CH_3}{\underset{|}{C}H}CH_2COOH$

(3) $HOOCCH_2\underset{CH_3}{\underset{|}{C}H}CH_2CH_2COOH$　　(4) H_3C O O

(5) —COOH　　(6) HOOC COOH

(八) 写出下列反应的机理:

O CH_3 $COOCH_3$ $\xrightarrow[CH_3OH]{NaOCH_3}$ $\xrightarrow{H_3O^+}$ H_3C O $COOCH_3$

（九）完成下列转变：

(1) 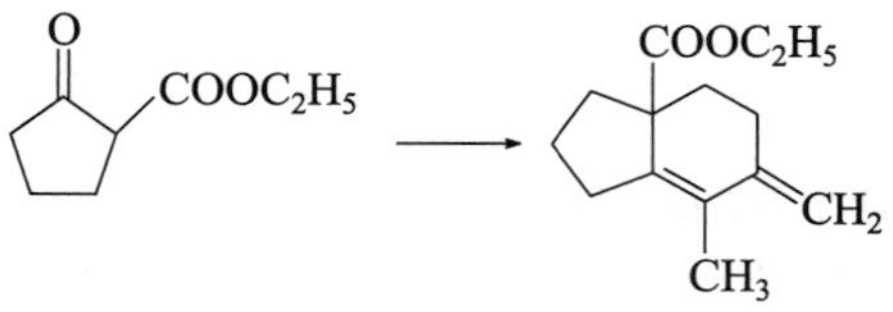 2-($COOC_2H_5$)环戊酮 $\longrightarrow$ ($COOC_2H_5$, CH_2, CH_3 取代的双环化合物)

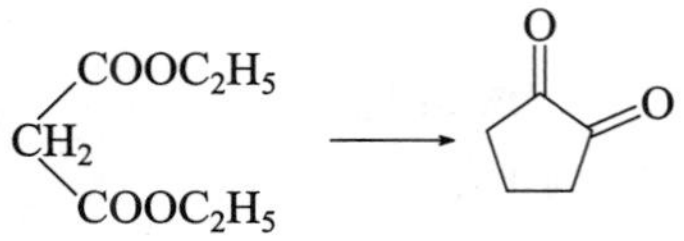

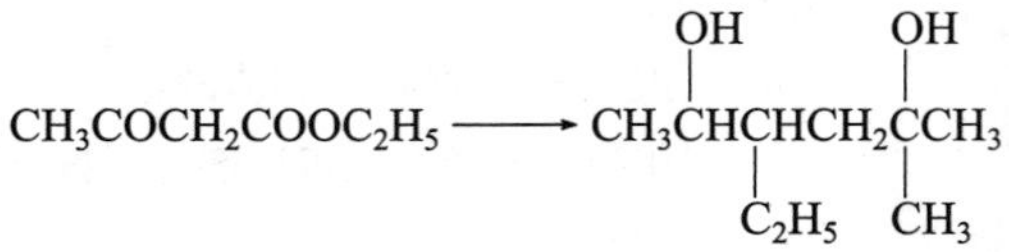

(2) $CH_2COOC_2H_5$ | $CH_2COOC_2H_5$ $\longrightarrow$ O=环己烷=O

(3) $CH_2(COOC_2H_5)_2$ $\longrightarrow$ 环戊烷-1,2-二酮

(4) $CH_3COCH_2COOC_2H_5 \longrightarrow CH_3CH(OH)CH(C_2H_5)CH_2C(OH)(CH_3)CH_3$

(5) 2-($COOC_2H_5$)环戊酮 $\longrightarrow$ 2-(CH_2CH_2CN)环戊酮

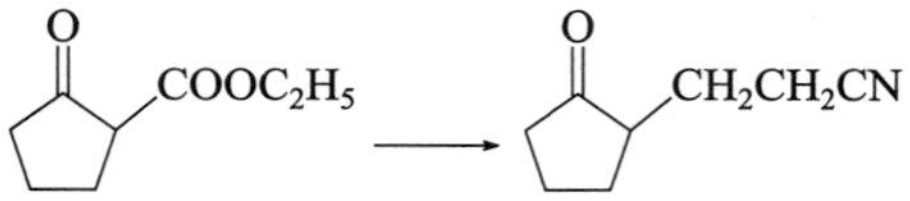

(6) $CH_3COCH_2COOC_2H_5 \longrightarrow (CH_3\overset{O}{\overset{\|}{C}})_2CHCH_2Ph$

(7) 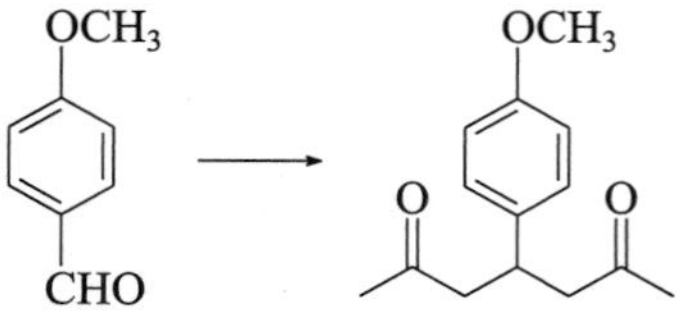 4-OCH_3-苯甲醛（CHO） $\longrightarrow$ 4-(4-OCH_3苯基)庚-2,6-二酮

(8) 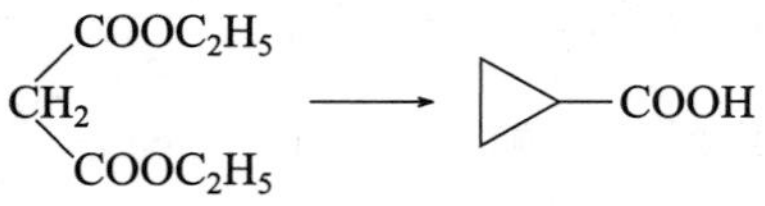 $CH_2(COOC_2H_5)_2$ $\longrightarrow$ 环丙基$-COOH$

(9)  $CH_2(COOC_2H_5)_2$ $\longrightarrow$ 环丙烷-1,1-($CONH_2$)$_2$

(10) $HOOC(CH_2)_6COOH \longrightarrow HOOC(CH_2)_{10}COOH$

(11) 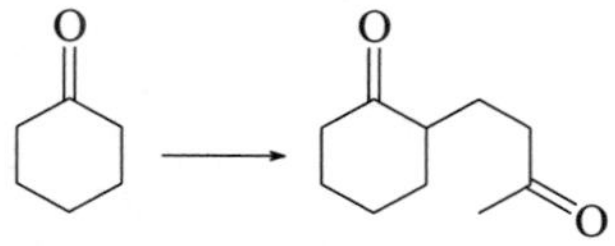 环己酮 $\longrightarrow$ 2-(3-氧代丁基)环己酮

(12) 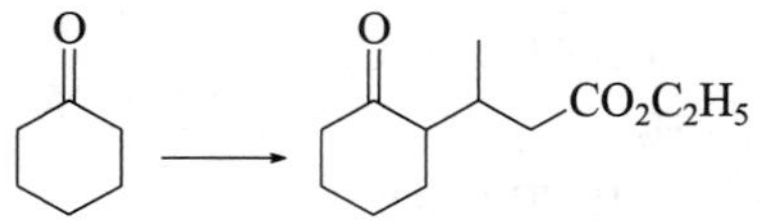 环己酮 $\longrightarrow$ 2-环己酮基$-CH(CH_3)CH_2CO_2C_2H_5$

（十）根据下列反应方程式，写出符合分子式的化学结构式。

(1) 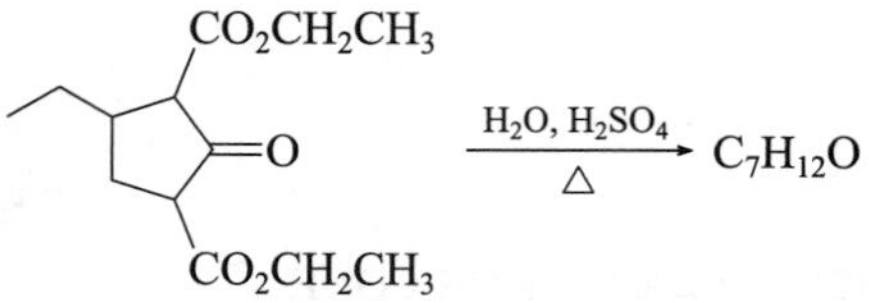 2,5-二($CO_2CH_2CH_3$)-3-乙基环戊酮 $\xrightarrow[\triangle]{H_2O,\ H_2SO_4} C_7H_{12}O$

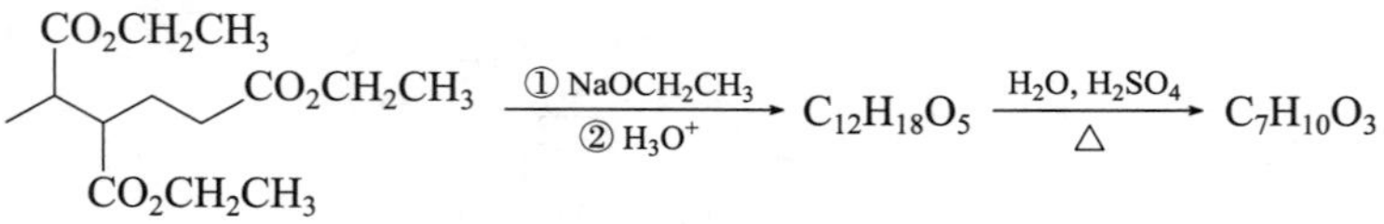

(2) $CH_3CH(CO_2CH_2CH_3)CH(CO_2CH_2CH_3)CH_2CH_2CO_2CH_2CH_3$ $\xrightarrow[\text{② } H_3O^+]{\text{① } NaOCH_2CH_3} C_{12}H_{18}O_5 \xrightarrow[\triangle]{H_2O,\ H_2SO_4} C_7H_{10}O_3$

(3) 顺-1,2-二($CH_2CO_2CH_2CH_3$)环丙烷（H, H） $\xrightarrow[\text{② } H_3O^+]{\text{① } NaOCH_2CH_3} C_9H_{12}O_3 \xrightarrow[\text{② } H_3O^+ \text{ ③ } \triangle]{\text{① } KOH, H_2O} C_6H_8O$

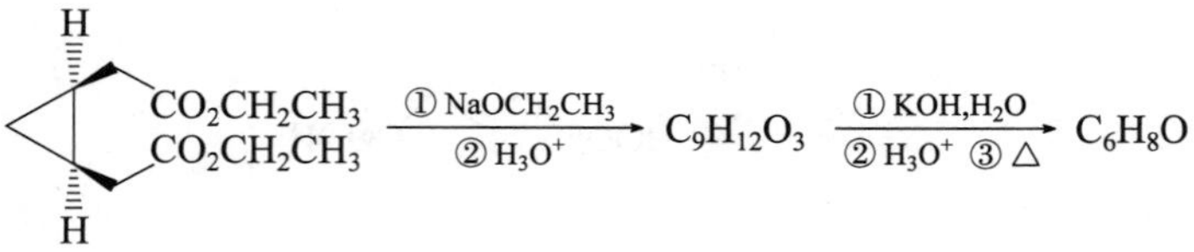

（十一）辣椒粉（cayenne pepper）的辣味来自其中的辣椒素（capsaicin），下面是辣椒素的一条合成路线，请根据分子式的提示写出每一步产物的化学结构式。

$$\text{(CH}_3)_2\text{CHCH=CH(CH}_2)_3\text{OH} \xrightarrow{PBr_3} C_8H_{15}Br \xrightarrow[\text{② KOH, }H_2O, \triangle \text{ ③ }H_3O^+]{\text{① NaCH(CO}_2CH_2CH_3)_2} C_{11}H_{18}O_4 \xrightarrow{160\sim180\ ^\circ C}$$

$$C_{10}H_{18}O_2 \xrightarrow{SOCl_2} C_{10}H_{17}ClO \xrightarrow{\text{4-HO-3-CH}_3\text{O-C}_6H_3CH_2NH_2} C_{18}H_{27}NO_3$$

辣椒素

（十二）以环氧化物作为烷基化试剂与丙二酸二乙酯反应，是制备内酯的一种有效策略。以苯基环氧乙烷和丙二酸酯的钠盐作为起始原料，请写出合成内酯的反应方程式，并判断其产物是 β-苯基丁内酯，还是 γ-苯基丁内酯。

β-苯基丁内酯　　γ-苯基丁内酯

（十三）如下化合物在盐酸中回流 60 h 后，以 97% 的产率分离出分子式为 $C_5H_6O_3$ 的产物。请写出该产物的结构式。

H_3CO, H_3CO / $COOCH(CH_3)_2$, $COOCH(CH_3)_2$（环丁烷）

（十四）从一种土壤真菌中分离得到的镰刀菌素 A (Fusarisetin A) 具有显著的抗癌活性。在镰刀菌素 A 的合成中，一个关键步骤是在碱性条件下进行 Dieckmann 闭环反应，随后发生分子内反应形成半缩醛。请写出该转化的机理。

$\xrightarrow{NaOCH_3}$

（十五）粉蚧的性信息素的手性合成路线包含了以下几个步骤，由环状半缩醛 (A) 出发，经过五步转化可以得到化合物 (F)。

$$\text{(A)} \xrightarrow[\triangle]{Ph_3P=CHCO_2C_2H_5} \text{(B)} \xrightarrow[\text{吡啶}]{TsCl} \text{(C)} \xrightarrow{(CH_3)_2CuLi} \text{(D)} \longrightarrow \text{(E)} \longrightarrow \text{(F)}$$

(1) 请写出化合物 (B)、(C) 和 (E) 的化学结构式。

(2) 请写出 (C) 转化为 (D) 的反应机理。

(3) 请写出 (D) 转化为 (F) 的两个步骤的反应条件。

第十五章
胺

前导知识：学习本章之前需要复习以下知识点

Brönsted 碱性及强度的度量 (pK_b) (1.6.1 节)
电子离域与共轭效应 (4.3 节)
立体化学：对映异构、顺反异构 (6.2.1 节, 3.2 节)
芳烃的亲电取代反应及定位规则 (5.4.1 节, 5.5 节)
卤代烃的亲核取代反应 (7.5.1 节)
酚芳环上的亲电取代反应 (9.6.4 节)
酰基上的亲核取代反应 (13.3.1 节)

本章导读：学习本章内容需要掌握以下知识点

胺的分类：伯、仲和叔胺
胺的命名
胺的结构
胺的制法：氨或胺的烃基化、腈和酰胺的还原、醛和酮的还原胺化、酰胺的 Hofmann 降解、Gabriel 合成法、硝基化合物的还原
胺的特征红外吸收
胺的核磁共振氢谱
胺的碱性
胺的亲核性：烃基化、酰基化、磺酰化、与亚硝酸反应
胺的氧化
苯胺芳环上的亲电取代反应
季铵碱受热分解：Hofmann 规则
重氮盐的制备和反应

后续相关：与本章相关的后续知识点

含氮杂环化合物的碱性和亲核性 (17.2 节, 17.3 节)
氨基酸的制法：α-卤代酸的氨解、Gabriel 法 (20.1.2 节)
氨基酸中氨基的反应 (20.1.3 节)
化学法测定多肽的 N 端氨基酸 (20.2.2 节)
多肽的合成 (20.2.3 节)

氨中的氢原子部分或全部被烃基取代后的化合物,统称为胺(读音 àn)。胺是最重要的一类含氮有机化合物,广泛存在于生物界。许多来源于植物的碱性含氮有机化合物(又称生物碱)具有很强的生理活性,有些已被用作药物,如主治感冒和咳喘的麻黄碱,具有解痉镇痛、解有机磷中毒和散瞳作用的颠茄碱(阿托品),以及鸦片的主要成分吗啡等均是胺的衍生物:

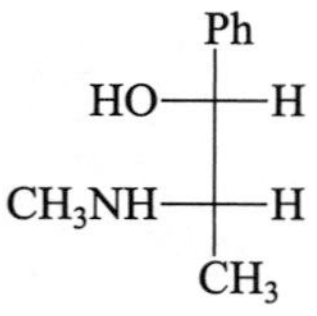

L-(-)-麻黄碱 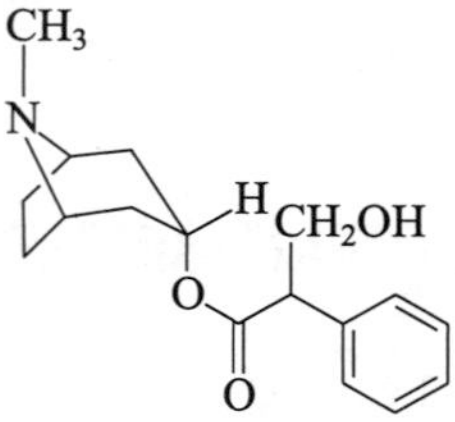　　阿托品 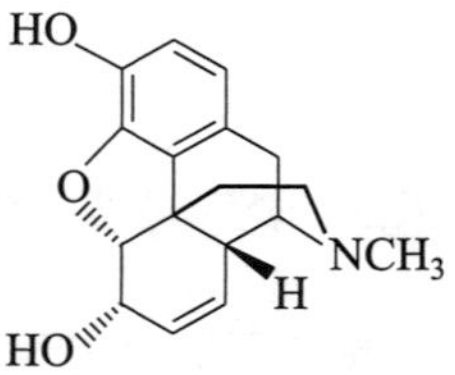　　吗啡

15.1　胺的分类与命名

15.1.1　胺的分类

按照氮原子连接的烃基数目不同,可把胺分为伯(1°)、仲(2°)和叔(3°)胺。胺的分类与伯、仲、叔醇或伯、仲、叔卤代烃的分类方式有本质的不同。

NH_3　　RNH_2　　$RR'NH$　　$RR'R''N$

氨　　伯胺(1°胺)　　仲胺(2°胺) 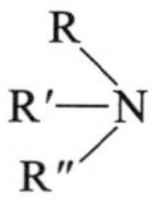　　叔胺(3°胺)

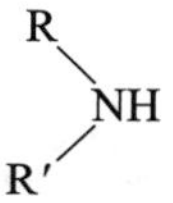

式中,R, R′ 和 R″ 可以是相同的烃基,也可以是不同的。当 R, R′ 和 R″ 都是脂肪族烃基时,为脂肪胺;而当 R, R′ 和 R″ 中至少有一个是芳基时,则为芳香族胺,简称芳胺。例如:

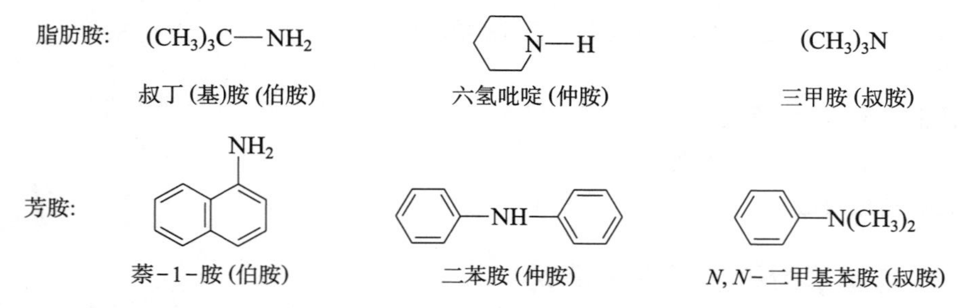

按照分子中氨基($—NH_2$)的数目,胺也可分为一元胺、二元胺和多元胺。例如:

$CH_3CH_2NH_2$　　$H_2NCH_2CH_2NH_2$　　$H_2NCH_2CH_2NHCH_2CH_2NH_2$

乙胺(一元胺)　　乙二胺(二元胺)　　二乙烯三胺或二(2-氨基乙基)胺(多元胺)

与无机铵类 ($NH_4^+X^-$, $NH_4^{+-}OH$) 相似, 四个相同或不同的烃基与氮原子相连的化合物称为季铵化合物。其中, $R_4N^+X^-$ 称为季铵盐, $R_4N^{+-}OH$ 称为季铵碱。

15.1.2 胺的命名

烃基结构比较简单的脂肪胺可用烃基名称加上 “胺” 字来命名; 相同的烃基用 “二” 或 “三” 表明其数目; 不同的烃基按其英文名称顺序列出。“基” 字一般可以省略。例如:

(环己基)$-NH_2$	$C_2H_5NHC_2H_5$	$CH_3CH_2CH_2N(CH_3)_2$
环己胺	二乙胺	二甲(基)丙(基)胺
cyclohexylamine	diethylamine	dimethylpropylamine

烃基结构较复杂的脂肪族伯胺可采取和醇类似的命名方法, 即将后缀 “胺” 加在母体氢化物名称后进行命名; 母体氢化物为烷烃时,“烷” 字通常省略。英文命名将母体氢化物名称词尾的 “-e” 改为 “-amine”。母体编号从靠近氨基的一端开始。仲胺或叔胺均作为伯胺的 *N*-取代衍生物来命名。例如:

$C_6H_5CH_2CH_2CH(NH_2)CH_3$	$CH_3NHCH(CH_3)(CH_2)_4CH_3$	$CH_3CH_2CH_2CH(CH_3)N(CH_3)C_2H_5$
4-苯基丁-2-胺	*N*-甲基庚-2-胺	*N*-乙基-*N*-甲基戊-2-胺
4-phenylbutan-2-amine	*N*-methylheptan-2-amine	*N*-ethyl-*N*-methylpentan-2-amine

芳胺的命名与脂肪胺相似, 直接将后缀 “胺” 加在相应芳烃名称后即可。若氮原子上还连有其他脂肪族烃基, 则将其作为 *N*-取代基。当芳环上还连有其他取代基时, 应遵循多官能团化合物命名规则, 依次标明各取代基位次。另外, 英文命名时苯胺通常保留 “aniline” 这一俗名。例如:

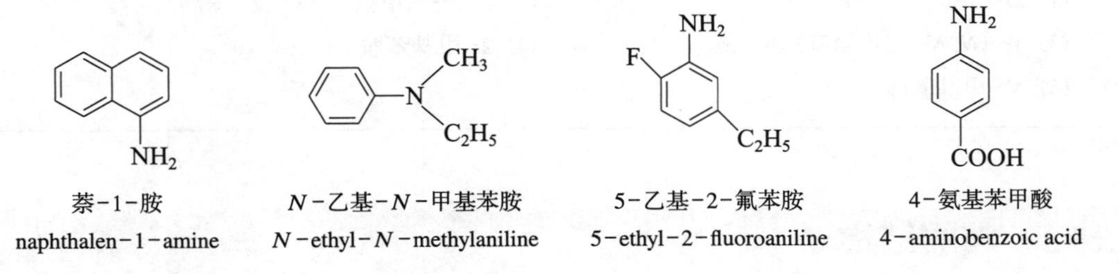

萘-1-胺	*N*-乙基-*N*-甲基苯胺	5-乙基-2-氟苯胺	4-氨基苯甲酸
naphthalen-1-amine	*N*-ethyl-*N*-methylaniline	5-ethyl-2-fluoroaniline	4-aminobenzoic acid

二元胺的命名与一元胺的命名相似, 只是将名称后缀改为 “二胺”。例如:

$H_2N(CH_2)_6NH_2$	$C_6H_5-NH-C_6H_4-NH-C_6H_5$
己-1,6-二胺	*N*, *N'*-二苯基苯-1,4-二胺
hexane-1,6-diamine	*N*, *N'*-diphenylbenzene-1,4-diamine

命名胺与酸作用生成的盐或季铵类化合物时, 用 “铵” 字代替 “胺” 字, 并按照无机化合物的命名方式在前面加负离子的名称 (如氯化、硫酸等); 英文名称中将后缀 “-amine”

改为“-aminium”，并将负离子的名称加空格置于其后。例如:

$C_6H_5\overset{+}{N}H_3Cl^-$	$(C_2H_5\overset{+}{N}H_3)_2SO_4^{2-}$	$(CH_3)_3\overset{+}{N}CH_2C_6H_5\,^-OH$
氯化苯铵	硫酸乙铵	氢氧化苄基(三甲基)铵
benzenaminium chloride	ethanaminium sulfate	benzyl(trimethyl)aminium hydroxide

练习 15.1　指出下列化合物属于芳胺还是脂肪胺，并用 1°, 2°, 3° 表示其属于伯、仲、叔胺中的哪一类。

(1) 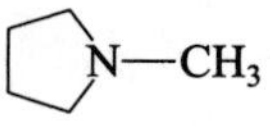 [吡咯烷环]N—CH_3　　(2) 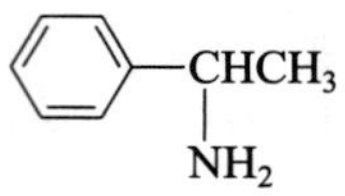 C_6H_5—$\underset{NH_2}{CHCH_3}$

(3) [环己基]—$NHCH_3$ 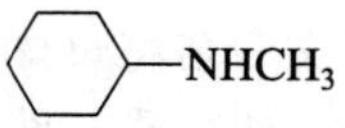　　(4) 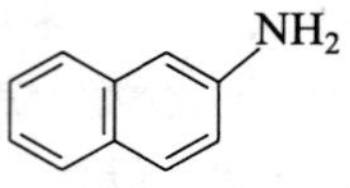 [萘环]—NH_2

练习 15.2　命名下列化合物:

(1) $CH_3CH_2CH_2\underset{CH_3}{CH}N(CH_3)_2$　　(2) 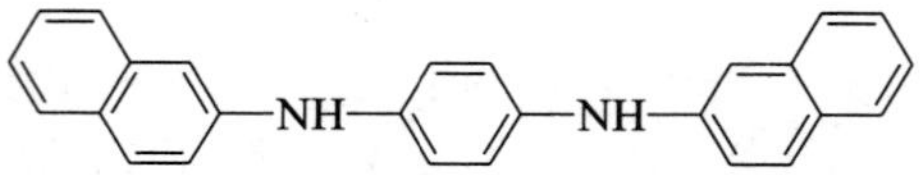 [萘基]—NH—[对亚苯基]—NH—[萘基]

(3) 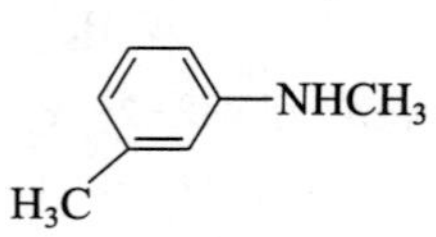 [苯环]—$NHCH_3$（间位 H_3C）　　(4) 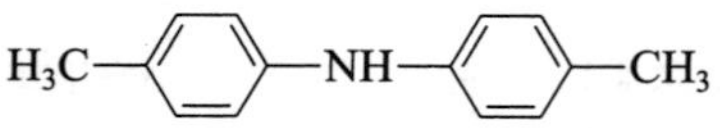 H_3C—[苯环]—NH—[苯环]—CH_3

(5) $CH_3(CH_2)_4CH_2\overset{+}{N}(CH_3)_3I^-$　　(6) $CH_3CH_2CH_2\underset{CH_3}{CH}\overset{+}{N}(CH_3)_3\,^-OH$

练习 15.3　根据命名写出化合物的构造式:

(1) 2-乙基丁-1-胺　　(2) *N*,2-二甲基丁-2-胺

(3) 4-(*N*,*N*-二甲氨基)环己酮　　(4) 2-甲基苯胺

(5) *N*-甲基苯胺

15.2　胺的结构

与氨相似，胺分子中的氮原子为 sp^3 杂化，它以三个 sp^3 杂化轨道分别与碳原子的 sp^3 杂化轨道或氢原子的 1s 轨道形成三个 σ 键，未共用电子对也占据一个 sp^3 杂化轨道。氨(或胺)分子呈棱锥形结构，C—N 单键和 / 或 N—H 单键间的键角接近 109.5°。例如，氨、甲胺和三甲胺的结构如图 15-1 所示。

N H H H 107.3°　N H_3C H H 112.9° 105.9°　N H_3C CH_3 CH_3 108.0°

图 15-1 氨、甲胺和三甲胺的结构

当胺的氮原子上连有三个不同的原子或基团时，它是手性分子，未共用电子对可看成氮原子上连接的第四个“取代基”。

N H_5C_2 CH_3 H　N H_3C C_2H_5 H

虽然理论上具有手性，但普通的手性胺分子通常无法拆分，这是因为室温下两种对映体很容易相互转化（只需约 25 $kJ\cdot mol^{-1}$ 的能量）。手性胺分子构型转化时经一平面过渡态，此时氮原子为 sp^2 杂化，未共用电子对处于 p 轨道。

N H_5C_2 CH_3 H ⇌ $[C_2H_5—N(CH_3)(H)]^{\neq}$ ⇌ N H_5C_2 CH_3 H

当氮原子所连接的三个基团不同，且构型不能转化（翻转）时，其对映体是可以拆分的。例如，氮原子是桥头原子的化合物 —— Tröger 碱，其对映体已被拆分出来。

CH_3 N N H_3C　H_3C N N CH_3

另外，含有四个不同烃基的季铵化合物与含有手性碳原子的化合物相似，存在一对对映体。例如，下列手性季铵正离子可被拆分成对映体，它们是比较稳定的。

CH_3 $\overset{+}{N}$ H_5C_2 C_6H_5 $CH_2CH{=}CH_2$　CH_3 $\overset{+}{N}$ H_5C_6 C_2H_5 $CH_2{=}CHCH_2$

(*S*)　(*R*)

15.3　胺的制法

15.3.1　氨或胺的烃基化

氨或胺均是亲核试剂,能与卤代烷或其他活泼卤代烃发生烃基化反应——卤代烃的氨(或胺)解。但是,氨与卤代烃的反应往往得到混合物。例如:

$$CH_3I + NH_3 \longrightarrow CH_3\overset{+}{N}H_3I^- \xrightarrow[-\overset{+}{N}H_4I^-]{NH_3} CH_3NH_2$$

$$\underset{\substack{\text{甲胺}\\(\text{伯胺})}}{CH_3NH_2} \xrightarrow{CH_3I} \underset{\substack{\text{二甲胺}\\(\text{仲胺})}}{CH_3NHCH_3} \xrightarrow{CH_3I} \underset{\substack{\text{三甲胺}\\(\text{叔胺})}}{(CH_3)_3N} \xrightarrow{CH_3I} \underset{\substack{\text{碘化四甲基铵}\\(\text{季铵盐})}}{(CH_3)_4N^+I^-}$$

反应首先生成铵盐,铵盐在碱的作用下脱质子生成伯胺。由于伯胺的亲核性较氨的亲核性更强,所以容易进一步烃基化,得到仲胺、叔胺甚至季铵盐。若使用过量的氨,可以减少多烃基化的发生。例如:

$$\underset{(1\ \text{mol})}{\underset{\substack{|\\Br}}{CH_3CHCOOH}} + \underset{(70\ \text{mol})}{NH_3} \longrightarrow \underset{65\%\sim70\%}{\underset{\substack{|\\NH_2}}{CH_3CHCOO^-\overset{+}{N}H_4}}$$

某些醇也可用作烷基化试剂,例如:

$$CH_3OH + NH_3 \xrightarrow[\substack{380\sim450\ ^\circ C\\5\ MPa}]{Al_2O_3} CH_3NH_2 \xrightarrow[\substack{380\sim450\ ^\circ C\\5\ MPa}]{CH_3OH,\ Al_2O_3} (CH_3)_2NH \xrightarrow[\substack{380\sim450\ ^\circ C\\5\ MPa}]{CH_3OH,\ Al_2O_3} (CH_3)_3N$$

这是工业上生产三种甲胺混合物的方法,然后经分离精制得到较高纯度的甲胺、二甲胺和三甲胺。

15.3.2　腈和酰胺的还原

腈通过催化加氢或用氢化铝锂还原可得到相应的伯胺;伯、仲、叔酰胺用氢化铝锂还原则分别得到伯、仲和叔胺(见第十三章 13.3.3 节)。工业上由高级脂肪酸经酰胺化、加热脱水得到腈(低级酰胺沸点较低,不能通过直接加热得到相应的腈),然后再催化加氢来制备具有重要用途的高级脂肪伯胺。例如:

$$n\text{-}C_{15}H_{31}COOH \xrightarrow[-H_2O]{NH_3,\ \triangle} n\text{-}C_{15}H_{31}\overset{\substack{O\\ \|}}{C}\text{—}NH_2 \xrightarrow[-H_2O]{\triangle} n\text{-}C_{15}H_{31}C{\equiv}N \xrightarrow{H_2,\ Ni} n\text{-}C_{15}H_{31}CH_2NH_2$$

15.3.3　醛和酮的还原胺化

氨、伯胺、仲胺与醛或酮在还原剂(催化加氢或化学还原剂如 $NaBH_3CN$ 等)存在下,可被还原成相应的伯、仲和叔胺,这一过程称为还原胺化。

醛或酮与氨、伯胺经缩合首先生成亚胺，继而被还原，分别生成伯胺或仲胺：

$$\underset{\text{醛或酮}}{\mathrm{R(R'H)C{=}O}} + \mathrm{NH_3\,(或\,R''NH_2)} \xrightarrow{-H_2O} \left[\underset{\text{亚胺}}{\mathrm{R(R'H)C{=}NH\,(R'')}}\right] \xrightarrow{H_2,\ Ni} \underset{\text{胺}}{\mathrm{R(R'H)CH{-}NH_2\,(NHR'')}}$$

由氨经还原胺化制备伯胺时，为防止生成的伯胺与醛或酮继续反应，所用的氨需过量。

仲胺与醛或酮的反应则可能经亚铵离子中间体，再还原得到叔胺。例如：

$$\mathrm{HCH{=}O} + \underset{N\text{-苯甲基环戊胺}}{\mathrm{C_5H_9{-}NHCH_2C_6H_5}} \longrightarrow \left[\underset{\text{亚铵离子}}{\mathrm{C_5H_9{-}\overset{+}{N}(=CH_2)CH_2C_6H_5}}\right] \xrightarrow[CH_3OH]{NaBH_3CN} \underset{N\text{-甲基-}N\text{-苯甲基环戊胺}}{\mathrm{C_5H_9{-}N(CH_3)CH_2C_6H_5}}$$

此过程不能使用 $NaBH_4$ 作还原剂，因为醛也会被其还原。$NaBH_3CN$ 是比 $NaBH_4$ 选择性更好的金属氢化物还原剂，它不与醛或酮反应而只还原亚铵离子。

由醛或酮的还原胺化来制备胺已用于工业生产和实验室合成。例如：

$$\mathrm{CH_3C(=O)CH_2CH_3} + \mathrm{NH_3} \xrightarrow[160\ ^\circ C,\ 3.9\sim5.6\ MPa]{H_2,\ Ni} \mathrm{CH_3CH(NH_2)CH_2CH_3}$$

$$\mathrm{CH_3C(=O)CH_3} + \mathrm{H_2N{-}C_6H_{11}} \xrightarrow{H_2,\ Pt} \underset{79\%}{\mathrm{C_6H_{11}{-}NHCH(CH_3)_2}}$$

$$\mathrm{C_6H_{10}{=}O} + \mathrm{HN(CH_3)_2} \xrightarrow[CH_3OH]{NaBH_3CN} \underset{85\%}{\mathrm{C_6H_{11}{-}N(CH_3)_2}}$$

卤代烷直接与氨或伯胺的氨解反应，易发生多烷基化，很难以较高产率得到伯胺或仲胺，但利用还原胺化反应结果较好。

15.3.4 由酰胺降解制备

酰胺经 Hofmann 降解反应，得到比原来的酰胺少一个碳原子的伯胺，见第十三章 13.3.5 节 (3)。例如：

$$\mathrm{(CH_3)_3C{-}C(=O){-}NH_2} \xrightarrow[H_2O]{Br_2,\ HO^-} \underset{64\%}{\mathrm{(CH_3)_3C{-}NH_2}}$$

15.3.5 Gabriel 合成法

受两个羰基的吸电子效应影响，邻苯二甲酰亚胺氮原子上的氢原子具有较强的酸性 ($pK_a=8.3$)，能与 KOH 或 NaOH 作用生成盐。该盐的负离子可以作为亲核试剂，与卤代烃发生亲核取代反应，生成 *N*-烃基邻苯二甲酰亚胺，然后水解得到伯胺。这种制备伯胺的方法称为 Gabriel 合成法。例如：

$$\text{邻苯二甲酰亚胺(NH)} \xrightarrow{KOH} \text{邻苯二甲酰亚胺}\ N^- K^+ \xrightarrow[DMF]{PhCH_2CH_2Br}$$

$$\text{N-(CH}_2)_2\text{Ph 邻苯二甲酰亚胺} \xrightarrow[\triangle]{NaOH,\ H_2O} \text{邻苯二甲酸根}(COO^-)_2 + \underset{95\%}{PhCH_2CH_2NH_2}$$

经 Gabriel 合成法制备伯胺，不仅产物的纯度高（不含仲、叔胺等杂质），产率也较高。但叔卤代烷在此条件下易发生消除反应，不能用于该方法。另外，也可用其他卤化物代替卤代烃进行反应，如用卤代酸酯进行反应可制备氨基酸［见第二十章 20.1.2节(2)］。

利用 Gabriel 合成法制备伯胺时，最后的水解反应很慢，断裂两个酰胺键更有效的方法是用水合肼使之分解（肼解）：

$$\underset{N-\text{烃基邻苯二甲酰亚胺}}{\text{NR}} \xrightarrow{H_2N-NH_2} \left[\text{C}_6\text{H}_4(\text{CONHNH}_2)(\text{CONHR})\right] \longrightarrow R-NH_2 + \underset{\text{邻苯二甲酰肼}}{\text{C}_6\text{H}_4(\text{CO})_2(\text{NH})_2}$$

15.3.6 硝基化合物的还原

芳香族硝基化合物容易通过直接硝化法制备，但纯的脂肪族硝基化合物却不容易用直接硝化法得到，故硝基化合物的还原主要用于制备芳胺。

以硝基苯为例，芳环上硝基的还原一般经历如下过程：

$$\underset{\text{硝基苯}}{C_6H_5NO_2} \longrightarrow \underset{\text{亚硝基苯}}{C_6H_5NO} \longrightarrow \underset{N-\text{羟基苯胺(苯胲)}}{C_6H_5NHOH} \longrightarrow \underset{\text{苯胺}}{C_6H_5NH_2}$$

若在酸性条件下用金属还原或采用催化氢化的方法，芳香族硝基化合物可被完全还原为芳胺。例如：

$$C_6H_5NO_2 \xrightarrow[\triangle]{\text{Fe 或 Zn, 稀 HCl}} \underset{100\%}{C_6H_5NH_2}$$

若芳环上还连有可被还原的羰基时，用氯化亚锡和浓盐酸可选择性地只将硝基还原成氨基。例如：

$$\text{3-}O_2N\text{-}C_6H_4\text{-CHO} \xrightarrow[<100\ ^\circ C]{SnCl_2,\ 浓\ HCl} \text{3-}H_2N\text{-}C_6H_4\text{-CHO}\quad 90\%$$

当芳环上连有多个硝基时,采用计量的硫化钠、硫化铵、硫氢化钠、硫氢化铵或氯化亚锡和盐酸,在适当条件下,可以选择性地将其中一个硝基还原成氨基,具有一定的实用价值。例如:

$$\text{1,3-}(NO_2)_2C_6H_4 \xrightarrow[\triangle]{3\ mol\ NaSH,\ CH_3OH} \text{3-}O_2N\text{-}C_6H_4\text{-}NH_2\quad 79\%\sim85\%$$

$$\text{2,4-二硝基苯酚} \xrightarrow[80\sim85\ ^\circ C]{1.5\ mol\ Na_2S,\ NH_4Cl} \text{2-氨基-4-硝基苯酚}\quad 64\%\sim67\%$$

采用铁、锌和硫化物等作还原剂还原芳香族硝基化合物,具有工艺简单、操作方便、使用范围较广等优点;但废物排放量大(有些还在废渣中夹带产品等),会对环境造成严重污染。因此,在现代工业生产中,一般采用催化加氢的方法将硝基还原成氨基。该方法具有可连续化生产、废物排放量小、产品纯度和产率均较高等优点,更符合绿色化学的要求。例如:

$$\text{1-硝基萘} \xrightarrow[60\sim90\ ^\circ C,\ 1\sim3\ MPa]{H_2,\ Ni,\ EtOH} \text{1-萘胺}\quad 99\%$$

练习 15.4 下列胺中不能通过 Gabriel 合成法制备的有:

(1) 正丁胺 (2) 异丁胺 (3) 叔丁胺
(4) 2-苯基乙胺 (5) *N*-甲基苯胺 (6) 对甲苯胺

练习 15.5 从丁-1-醇出发,分别合成下列各化合物:

(1) 丙-1-胺 (2) 丁-1-胺 (3) 丁-2-胺 (4) 戊-1-胺

练习 15.6 如何将下列各化合物转化成苄胺?写出反应条件。

(1) 溴苯 (2) 甲苯 (3) 溴化苄
(4) 苯甲醛 (5) 苯甲腈 (6) 苯乙酸

练习 15.7 由指定原料出发,完成下列转化:

(1) $(CH_3)_3CCl \longrightarrow (CH_3)_3CNH_2$ (2) $C_6H_5CH_2Cl \longrightarrow C_6H_5CH_2CH_2NH_2$

(3) $CH_2{=}CHCH{=}CH_2 \longrightarrow H_2N(CH_2)_6NH_2$　　(4) 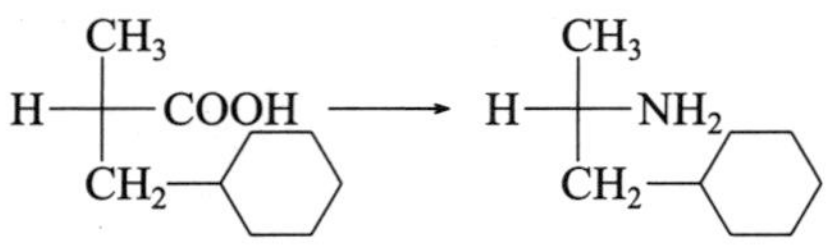 H—C(CH_3)(CH_2—C₆H₁₁)—COOH ⟶ H—C(CH_3)(CH_2—C₆H₁₁)—NH_2

(5) 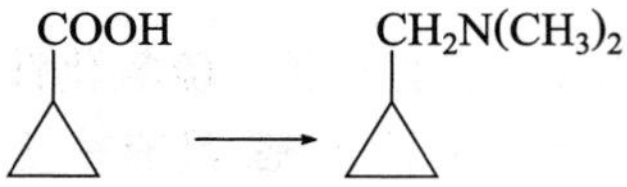 COOH（环丙基） ⟶ $CH_2N(CH_3)_2$（环丙基）　　(6) 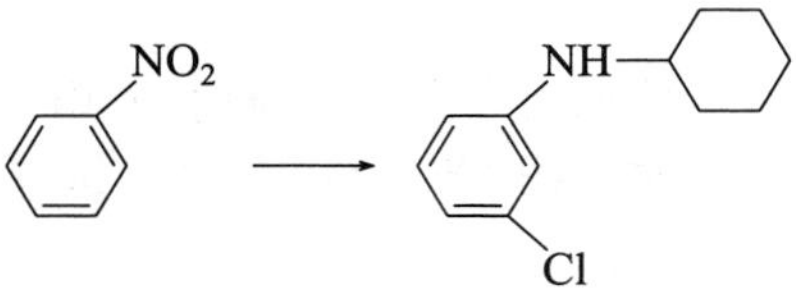 NO_2（苯基） ⟶ NH—（环己基）（间氯苯基，Cl）

(7) 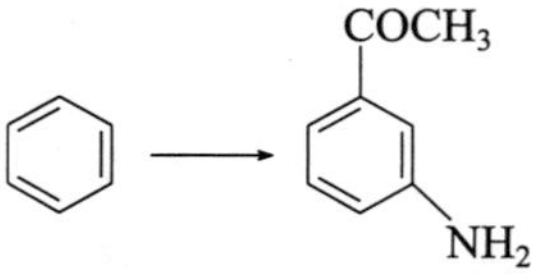 苯 ⟶ $COCH_3$、NH_2（间位取代苯）

练习 15.8　选择合适的原料，至少采用三种不同的方法合成下列化合物：

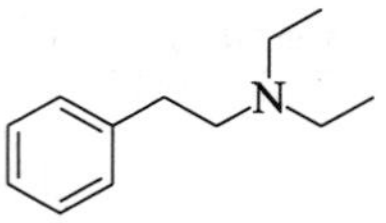

$C_6H_5CH_2CH_2N(CH_2CH_3)_2$

15.4　胺的物理性质和波谱性质

室温下，除甲胺、二甲胺、三甲胺和乙胺为气体外，其他胺类均为液体或固体。低级胺的气味与氨相似，较高级的胺则有明显的鱼腥味，高级胺由于挥发度较低，气味要淡得多。

与醇相似，胺也是极性化合物。除叔胺外，伯胺和仲胺都能形成分子间氢键。由于氮原子的电负性小于氧原子的电负性，伯胺或仲胺分子间形成的 N—H····N 氢键也弱于醇分子中的 O—H····O 氢键，故胺的沸点虽比相对分子质量相近的非极性化合物的高，但比醇或羧酸的沸点低。叔胺由于不能形成分子间氢键，其沸点比相对分子质量相近的伯或仲胺的沸点低。

伯、仲和叔胺都能与水分子通过氢键发生缔合，因此低级胺易溶于水。一元胺能否溶于水的分界线在六个碳原子左右。胺也可溶于醚、醇和苯等有机溶剂。一些胺的物理常数见表 15-1。

表 15-1　一些胺的物理常数

名称	构造式	熔点/℃	沸点/℃	溶解度/[g·(100 g 水)$^{-1}$]
甲胺	CH_3NH_2	−92	−7.5	易溶
乙胺	$CH_3CH_2NH_2$	−80	17	混溶
丙胺	$CH_3CH_2CH_2NH_2$	−83	49	混溶
异丙胺	$(CH_3)_2CHNH_2$	−101	34	混溶

续表

名称	构造式	熔点/℃	沸点/℃	溶解度/[g·(100 g 水)$^{-1}$]
丁胺	$CH_3CH_2CH_2CH_2NH_2$	−50	78	混溶
异丁胺	$(CH_3)_2CHCH_2NH_2$	−85	68	混溶
仲丁胺	$CH_3CH_2CH(CH_3)NH_2$	−104	63	混溶
叔丁胺	$(CH_3)_3CNH_2$	−67	46	混溶
二甲胺	$(CH_3)_2NH$	−96	7.5	易溶
二乙胺	$(CH_3CH_2)_2NH$	−50	55	易溶
乙二胺	$H_2N(CH_2)_2NH_2$	8.5	117	混溶
丁二胺	$H_2N(CH_2)_4NH_2$	27	158	易溶
苯胺	$C_6H_5NH_2$	−6	184	3.7
N-甲基苯胺	$C_6H_5NHCH_3$	−57	196	0.3
N,*N*-二甲基苯胺	$C_6H_5N(CH_3)_2$	3	194	0.1

胺类的特征红外吸收主要与N—H键和C—N键有关。伯胺和仲胺的N—H伸缩振动吸收在3 500～3 270 cm^{-1}。伯胺有两个吸收峰，两峰间隔约为100 cm^{-1}，这是由NH_2中两个N—H键的反对称伸缩振动和对称伸缩振动引起的，强度是中到弱（见图15-2）；仲胺的N—H伸缩振动只出现一个吸收峰，脂肪仲胺此吸收峰的强度通常很弱，芳香仲胺则要强得多，且峰形尖锐对称（见图15-3）。

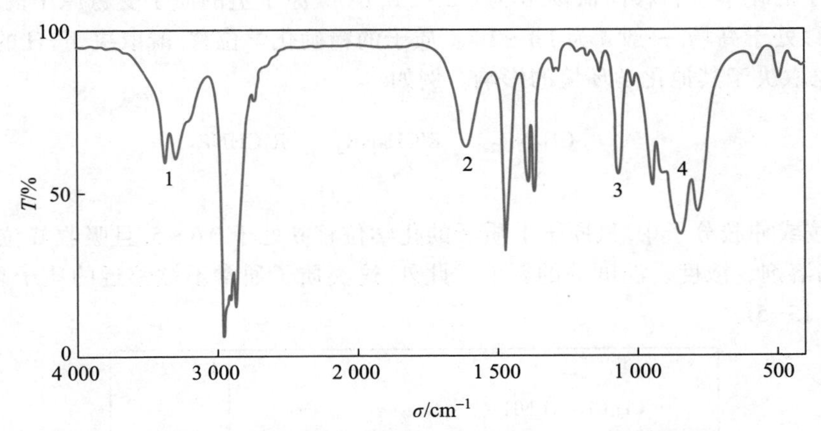

1—3 376, 3 300 cm^{-1}, N—H伸缩振动；2—1 609 cm^{-1}, N—H面内弯曲振动；
3—1 065 cm^{-1}, C—N伸缩振动；4—910～770 cm^{-1}, N—H面外弯曲振动

图15-2 异丁胺的红外光谱（液膜）

另外，具有鉴别意义的是出现在1 650～1 580 cm^{-1}的N—H面内弯曲振动吸收峰和出现在910～650 cm^{-1}的N—H面外弯曲振动吸收峰。脂肪伯胺的面内弯曲振动吸收在1 615 cm^{-1}附近，是中或强吸收；面外弯曲振动吸收在910～770 cm^{-1}，该吸收峰宽而且强（见图15-2）。而脂肪仲胺在1 600 cm^{-1}附近的面内弯曲振动吸收很弱，多数观察不到；其面外弯曲振动吸收则与伯胺相似。对芳香伯胺来说，由于N—H面内弯曲振动的吸收

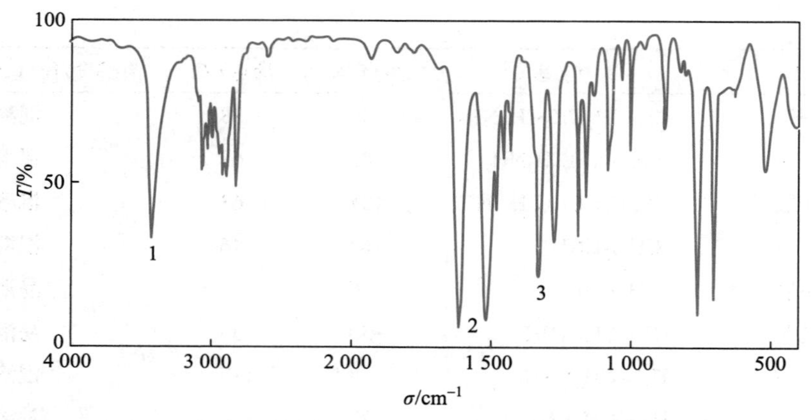

1—3 416 cm^{-1}, N—H 伸缩振动;　2—1 606, 1 510 cm^{-1}, 苯环骨架伸缩振动;
3—1 320 cm^{-1}, C—N 伸缩振动

图 15-3　N-甲基苯胺的红外光谱(液膜)

频率与芳环骨架振动的吸收频率相近,可能相互重叠或掩盖,故难以区分。

脂肪胺的C—N伸缩振动吸收峰在1 100 cm^{-1}附近,而芳胺的在1 350～1 250 cm^{-1},均处于指纹区,故对鉴别而言,只有参考意义。

叔胺氮原子上没有氢原子,因此在N—H键的伸缩振动、面内和面外弯曲振动三个区域内均不存在吸收,故用红外光谱难以进行有效的鉴别。

胺的核磁共振氢谱类似醇和醚。氮原子较大的电负性所造成的去屏蔽效应使 α-碳原子上质子的化学位移移向低场,δ 为2.2～2.8;β-碳原子上的质子受氮原子的影响较小,其化学位移处于高场,一般 δ 为1.1～1.7。质子的精确化学位移,既取决于 ^{1}H 的类型(伯、仲、叔),也取决于其他化学环境的影响。例如:

	CH_3NR_2	$R'CH_2NR_2$	R'_2CHNR_2
δ	2.2	2.4	2.8

在伯胺或仲胺分子中,氮原子上质子的化学位移 δ 处于0.6～5,且吸收峰位置受到多种因素,如溶剂、浓度、温度等的影响。此外,这类质子通常不被邻近的质子裂分(见图15-4和图15-5)。

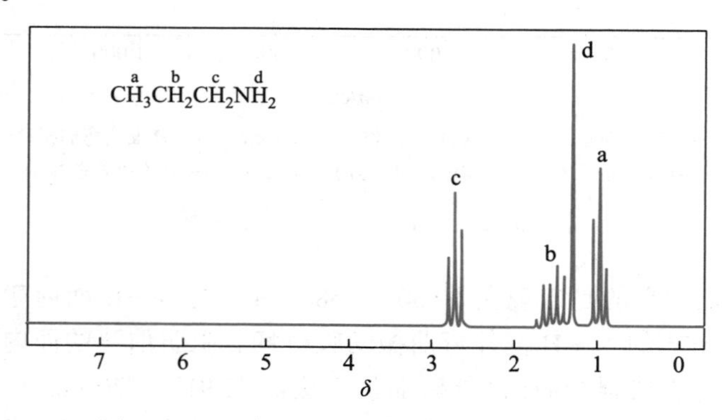

图 15-4　丙胺的 ^{1}H NMR 谱(90 MHz, $CDCl_3$)

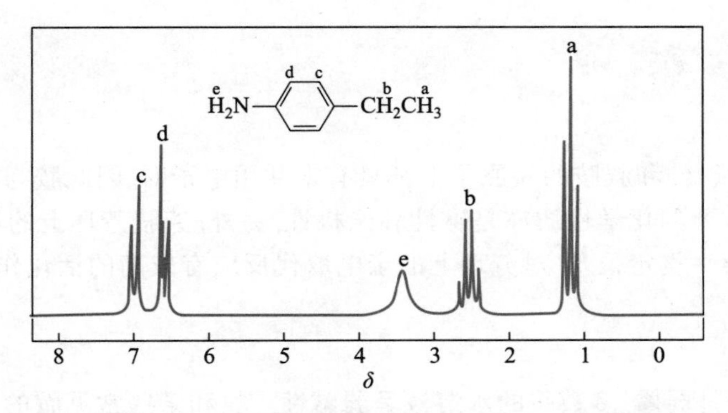

图 15-5 对乙基苯胺的 ^{1}H NMR 谱 (90 MHz, $CDCl_3$)

练习 15.9 选择合适的波谱分析方法 (红外光谱或 ^{1}H NMR 谱) 区分下列各组化合物:

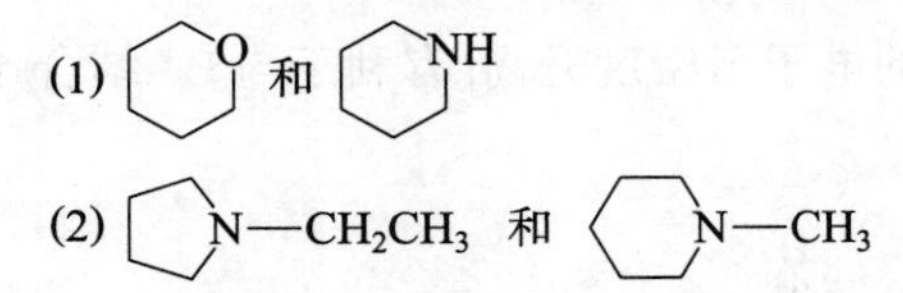

练习 15.10 根据化合物 $C_9H_{13}N$ 的红外光谱 (液膜) 和 ^{1}H NMR 谱 (90 MHz, $CDCl_3$), 写出该化合物的构造式。

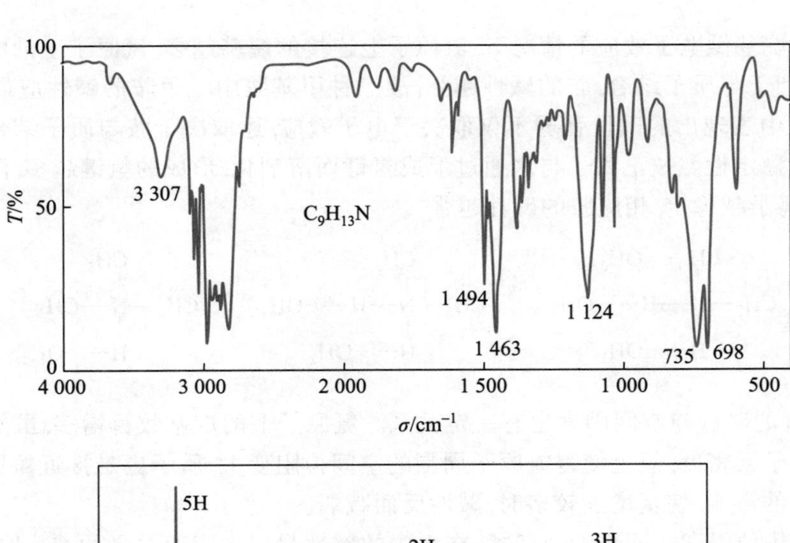

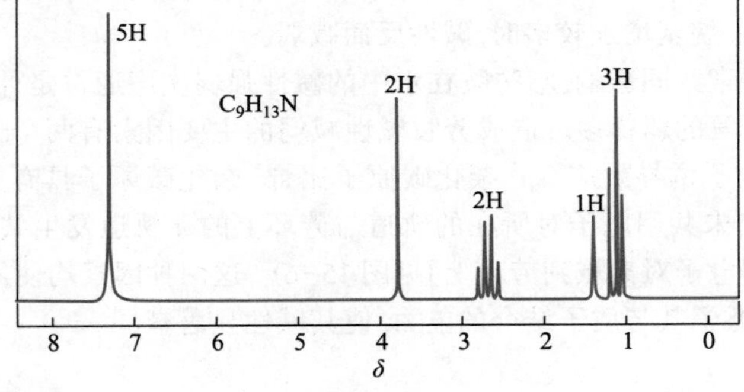

15.5　胺的化学性质

像氨一样，伯、仲和叔胺的氮原子上都具有未共用电子对，因此胺与氨在化学性质上很相似，即胺最重要的化学性质亦是碱性和亲核性；另外，芳胺芳环上的氨基（或 N–取代氨基）是很强的第一类定位基，对芳环上的亲电取代反应有较高的活化作用。

15.5.1　碱性

和氨相似，胺是弱碱，多数胺的水溶液呈弱碱性。氨和某些常见胺的 pK_b 值如下：

	甲胺	二甲胺	三甲胺	氨	苯胺	对甲苯胺	对氯苯胺	对硝基苯胺
pK_b	3.36	3.28	4.30	4.76	9.37	8.92	10.02	13.00

由于烷基的给电子效应，胺分子中氮原子上的电子云密度升高，有利于与 H^+ 结合，故脂肪胺的碱性通常比氨的强。

$$R-\ddot{N}H_2 + H-OH \rightleftharpoons R-\overset{+}{N}H_3 + {}^{-}OH$$

仅考虑烷基供电子效应的情况下，氮原子上连接的烷基越多，氮原子上的电子云密度越高，越有利于与质子结合，胺的碱性越强，故三种甲基胺中三甲胺的碱性应最强。然而，胺在水溶液中表现出的碱性强弱不仅取决于电子效应，还取决于胺与质子结合后生成的铵正离子的稳定性。铵正离子与水通过形成氢键而溶剂化，形成的氢键越多，溶剂化程度越高，铵正离子越稳定，相应胺的碱性越强。

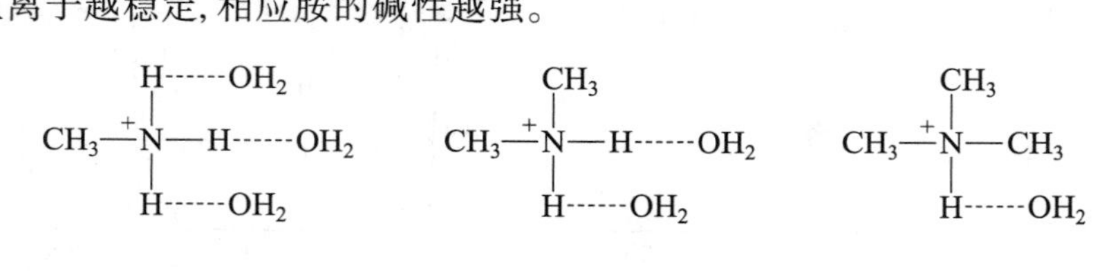

静电势图：甲胺

静电势图：苯胺

另外，胺的碱性与空间因素也有一定关系。氮原子上的烷基数目增多，虽然增加了氮原子上的电子云密度，但也使得氮原子周围的空间位阻变大，质子更难接近氮原子。即由于空间效应的影响，烷基增加较多时，碱性反而减弱。

受上述几种因素共同影响，脂肪胺在水中的碱性强弱次序通常是仲胺 > 伯胺 > 叔胺。

芳胺的碱性比氨的弱得多。造成芳胺碱性减弱的主要因素有两个：其一是芳环中 sp^2 杂化碳原子的吸电子诱导效应（sp^2 杂化碳原子比 sp^3 杂化碳原子具有更大的电负性）；更主要的是氮原子上未共用电子对所在的轨道与芳环上的 π 轨道发生共轭，共轭效应导致氮原子上的未共用电子对离域到芳环上（见图 15–6）。这两种因素均使氮原子上的电子云密度降低，从而降低了其与质子结合的能力，使其碱性显著减弱。

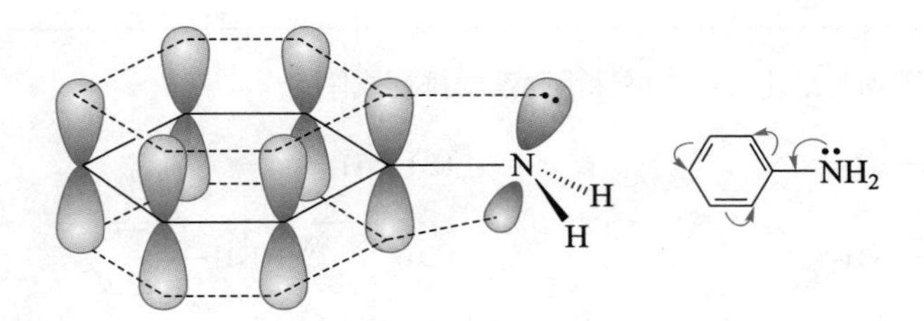

图 15-6 苯胺分子中的氨基与苯环 π 体系共轭

利用共振论也可以对芳胺的弱碱性做出解释。例如,苯胺是以下极限结构的共振杂化体:

$\ddot{N}H_2$ ⟷ $\ddot{N}H_2$ ⟷ $\overset{+}{N}H_2$ ⟷ $\overset{+}{N}H_2$ ⟷ $\overset{+}{N}H_2$

(Ⅰ) (Ⅱ) (Ⅲ) (Ⅳ) (Ⅴ)

由于极限结构(Ⅲ),(Ⅳ)和(Ⅴ)的贡献,降低了苯胺的碱性。据此可以预测二芳基胺(如二苯胺)、三芳基胺的碱性将比苯胺的碱性更弱。

芳胺分子中芳环上的取代基也会对其碱性产生影响。一般来说,给电子取代基使其碱性增强,吸电子取代基使其碱性减弱。当取代基处于氨基邻、对位时,芳胺的碱性受取代基的共轭效应和诱导效应共同影响;而当取代基处于氨基间位时,芳胺的碱性则主要受取代基的诱导效应影响。另外,当取代基处于氨基邻位时,受空间效应、分子内氢键等的影响,常常给出非预期的结果(如邻甲苯胺的碱性比苯胺弱)。一些取代苯胺的碱性见表15-2。

表 15-2 一些取代苯胺的碱性

取代基	pK_b			取代基	pK_b		
	邻	间	对		邻	间	对
—H		9.37		—OH	9.28	9.83	8.50
$—NO_2$	14.26	11.53	13.00	$—OCH_3$	9.48	9.77	8.66
—Cl	11.35	10.48	10.02	$—CH_3$	9.56	9.28	8.92

脂肪胺易与无机酸(如盐酸、硫酸等)甚至醋酸作用生成铵盐;芳胺的碱性虽弱,但一般也能与强酸作用成盐。例如:

$$CH_3(CH_2)_9NH_2 + HCl \longrightarrow CH_3(CH_2)_9\overset{+}{N}H_3Cl^-$$

$$C_6H_5—NH_2 + HCl \longrightarrow C_6H_5—\overset{+}{N}H_3Cl^-$$

胺的盐通常为无色固体,易溶于水,而不溶于非极性的有机溶剂。当其与强碱(如 NaOH 或 KOH)溶液作用时,则胺可重新游离出来。利用这一性质,可以鉴别和分离不溶于水的胺及其他不溶于水的有机化合物。

练习 15.11　将下列每组化合物按碱性由强至弱排列成序。

(1) (A) 哌啶（六元环 N—H）　(B) NH_3

(C) C_6H_5—NH_2　(D) C_6H_5—NH—C_6H_5

(2) (A) CH_3O—C_6H_4—NH_2（对位）　(B) C_6H_5—NH_2

(C) 间硝基苯胺（O_2N 位于间位，NH_2）　(D) O_2N—C_6H_4—NH_2（对位）

练习 15.12　一种混合物中含有下列三种物质，请予以分离提纯。

CH_3—C_6H_4—NH_2，CH_3—C_6H_4—$CONH_2$ 和 CH_3—C_6H_4—OH

15.5.2　烃基化

胺与卤代烃(通常为伯卤代烃)发生亲核取代反应，在胺的氮原子上引入烃基，称为烃基化反应。例如：

$$C_6H_5NH_2\ (过量) + C_6H_5CH_2Cl \xrightarrow{NaHCO_3,\ 90\ ^\circ C} C_6H_5CH_2NH{-}C_6H_5\quad 88\%$$

$$O_2N{-}C_6H_3(NO_2){-}Cl \xrightarrow{NH_3} O_2N{-}C_6H_3(NO_2){-}NH_2\quad 98\%$$

某些情况下，可用醇或酚代替卤代烃作为烃基化试剂。例如：

$$C_6H_5NH_2 + 2CH_3OH \xrightarrow[或\ Al_2O_3,\ \triangle]{H_2SO_4,\ 220\ ^\circ C} C_6H_5N(CH_3)_2 + 2H_2O$$

$$C_6H_5NH_2 + C_6H_5OH \xrightarrow{ZnCl_2,\ 260\ ^\circ C} C_6H_5{-}NH{-}C_6H_5 + H_2O$$

练习 15.13　烯丙基胺是一种重要的化工原料。工业上使用丙烯、氯气和氨气制备烯丙基胺，写出这一过程的反应方程式。

15.5.3　酰基化

伯胺和仲胺与酰氯、酸酐或羧酸等酰基化试剂反应，分别生成 *N*-取代和 *N*,*N*-二取代酰胺。叔胺氮原子上没有氢原子，故不发生此类酰基化反应。例如：

$$(CH_3)_2CH-C_6H_4-NH_2 \xrightarrow{(CH_3CO)_2O} (CH_3)_2CH-C_6H_4-NH-\overset{O}{\overset{\|}{C}}-CH_3$$

98%

$$n-C_4H_9-NH_2 \xrightarrow{n-C_4H_9COCl} n-C_4H_9-NH-\overset{O}{\overset{\|}{C}}-C_4H_9-n$$

81%

$$HN(C_2H_5)_2 + Cl-\overset{O}{\overset{\|}{C}}-C_6H_4-Cl \xrightarrow{K_2CO_3} (C_2H_5)_2N-\overset{O}{\overset{\|}{C}}-C_6H_4-Cl$$

99%

羧酸的酰化能力较弱,在反应过程中需要加热并不断除去反应中生成的水。例如,工业上由苯胺与乙酸加热来制备乙酰苯胺。

$$C_6H_5-NH_2 + CH_3COOH \xrightarrow[-H_2O]{160\ ^\circ C} C_6H_5-NH-\overset{O}{\overset{\|}{C}}-CH_3$$

向芳胺的氮原子上引入酰基,在有机合成上具有重要意义。其目的有二:一是引入暂时性的酰基以保护氨基或降低氨基对芳环的活化作用(见本章15.5.7节);二是引入永久性酰基。后者是合成许多药物时常用的反应。例如,对羟基乙酰苯胺,又叫扑热息痛(paracetamol),是一种解热镇痛药物,它的制备即经过胺的乙酰化反应。

$$Cl-C_6H_4-NO_2 \xrightarrow[②\ H_2O,\ H^+]{①\ NaOH,\ H_2O} HO-C_6H_4-NO_2 \xrightarrow{H_2,\ Ni}$$

$$HO-C_6H_4-NH_2 \xrightarrow{(CH_3CO)_2O} HO-C_6H_4-NH-\overset{O}{\overset{\|}{C}}-CH_3$$

练习 15.14 $C_2H_5O-C_6H_4-NH\overset{O}{\overset{\|}{C}}CH_3$ [非那西汀 (phenacetin)] 是解热镇痛药物 APC 中的主要成分之一; $Cl-C_6H_3(Cl)-NH\overset{O}{\overset{\|}{C}}CH_2CH_3$ (敌稗) 是一种除草剂。试以氯苯为原料合成上述化合物 (其他试剂任选)。

伯胺与光气依次经过酰化、脱氯化氢两步反应生成异氰酸酯。例如:

$$C_6H_5-NH_2 \xrightarrow[-HCl]{COCl_2} C_6H_5-NHCOCl \xrightarrow{-HCl} C_6H_5-N=C=O$$

异氰酸苯酯

$$CH_3C_6H_3(NH_2)_2 \xrightarrow{HCl} CH_3C_6H_3(NH_2\cdot HCl)_2 \xrightarrow[-HCl]{COCl_2,\ 180\ ^\circ C} CH_3C_6H_3(N=C=O)_2$$

甲苯-2,4-二异氰酸酯 (TDI)

异氰酸酯可看成异氰酸 H—N═C═O 中的氢原子被烃基取代所形成的化合物。与乙烯酮相似，由于分子中含有累积双键，其化学性质活泼，易与水、醇、酚和胺等含有活泼氢原子的化合物发生反应。例如：

$$C_6H_5-N=C=O \xrightarrow{H_2O} C_6H_5-NH-\overset{O}{\overset{\|}{C}}-OH \longrightarrow C_6H_5-NH_2 + CO_2$$

$$C_6H_5-N=C=O \xrightarrow{ROH} C_6H_5-NH-\overset{O}{\overset{\|}{C}}-OR$$

N-苯基氨基甲酸酯

$$C_6H_5-N=C=O \xrightarrow{RNH_2} C_6H_5-NH-\overset{O}{\overset{\|}{C}}-NHR$$

N, *N'*-二取代脲

练习 15.15　下列异氰酸酯是除 TDI 外较常用的聚氨酯原料，试由指定原料合成之。

(1) 由 $C_6H_5-CH_2-C_6H_5$ 合成 $O=C=N-C_6H_4-CH_2-C_6H_4-N=C=O$ (MDI)

(2) 由 萘 合成 1,5-二(O═C═N)萘 (NDI)

练习 15.16　*N*-(3,4-二氯苯基)氨基甲酸甲酯又称灭草灵，是一种高效、低毒和低残留的稻田除草剂。试由氯苯合成之。

15.5.4　磺酰化

与酰基化反应相似，脂肪族或芳香族伯胺和仲胺在碱（如 NaOH, KOH）溶液中均能与芳香磺酰氯（如苯磺酰氯或对甲苯磺酰氯）反应，生成相应的磺酰胺（多为黄色的油状物或固体）；叔胺氮原子上无氢原子，与磺酰氯作用生成的产物不稳定，在碱性条件下很快水解，重新回到叔胺。例如：

$$\left.\begin{matrix} RNH_2 \\ R_2NH \\ R_3N \end{matrix}\right\} + C_6H_5-SO_2Cl$$

$$\xrightarrow{NaOH} RNHSO_2-C_6H_5 \xrightarrow{NaOH} R\overset{-}{N}SO_2-C_6H_5\ Na^+ \text{（水溶性盐）}$$

$$\xrightarrow{NaOH} R_2NSO_2-C_6H_5 \text{（不溶于 NaOH）}$$

$$\longrightarrow C_6H_5-SO_2\overset{+}{N}R_3Cl^- \xrightarrow{NaOH} C_6H_5-SO_3Na + R_3N + NaCl$$

因为苯磺酰基是较强的吸电子基团,伯胺生成的苯磺酰胺氮原子上的氢原子受其影响具有一定的酸性,能与氢氧化钠溶液作用生成溶于水的钠盐。仲胺生成的苯磺酰胺,其氮原子上已没有氢原子,不能与碱作用成盐,因而不能溶于碱的水溶液。利用这个性质可以鉴别或分离伯、仲、叔胺。这个反应称为 Hinsberg 反应。

磺酰胺水解可得到原来的胺,但反应比酰胺难。

15.5.5 与亚硝酸反应

胺与亚硝酸(通常由无机酸如盐酸、硫酸与亚硝酸钠作用生成)反应的产物取决于胺的结构。

伯胺与亚硝酸反应生成重氮盐。脂肪族重氮盐极不稳定,即使在低温下也会自动分解,定量放出氮气而生成碳正离子。生成的碳正离子可以发生多种反应,最后得到卤代烃、醇和烯烃等的混合物。例如:

$$CH_3CH_2CH_2NH_2 \xrightarrow{NaNO_2,\ HCl} CH_3CH_2CH_2\overset{+}{N}\equiv NCl^- \longrightarrow CH_3CH_2\overset{+}{C}H_2 + Cl^- + N_2\uparrow$$

$$CH_3CH_2\overset{+}{C}H_2 \begin{cases} \xrightarrow[-H^+]{H_2O} CH_3CH_2CH_2OH \\ \xrightarrow{Cl^-} CH_3CH_2CH_2Cl \\ \xrightarrow[-H^+]{} CH_3CH{=}CH_2 \\ \xrightarrow{重排} CH_3\overset{+}{C}HCH_3 \begin{cases} \xrightarrow[-H^+]{H_2O} CH_3CH(OH)CH_3 \\ \xrightarrow{Cl^-} CH_3CHClCH_3 \end{cases} \end{cases}$$

由于反应产物复杂,在合成上没有实用价值。因为反应能定量地放出氮气,因此可用于脂肪族伯胺的定性与定量分析。

芳香族重氮盐在低温下比脂肪族重氮盐稳定,在合成上有许多用途(见本章 15.8.2 节)。

$$C_6H_5{-}NH_2 + NaNO_2 + 2HCl \xrightarrow{0\sim5\ ^\circ C} C_6H_5{-}N_2^+Cl^- + 2H_2O + NaCl$$

无论脂肪族还是芳香族仲胺与亚硝酸作用,均生成难溶于水的黄色油状物或固体 —— *N*-亚硝基胺。例如:

$$(CH_3)_2NH \xrightarrow{NaNO_2,\ HCl,\ H_2O} (CH_3)_2N{-}NO$$

N-亚硝基二甲胺(黄色油状), 88%~90%

$$C_6H_5{-}NHCH_3 \xrightarrow{NaNO_2,\ HCl,\ 0\sim10\ ^\circ C} C_6H_5{-}N(CH_3){-}NO$$

N-甲基-*N*-亚硝基苯胺(黄色油状), 87%~93%

叔胺氮原子上无氢原子,因此脂肪族叔胺不与亚硝酸发生反应;而芳香族叔胺与亚硝酸作用,发生芳环上的亲电取代反应 —— 亚硝化反应。例如:

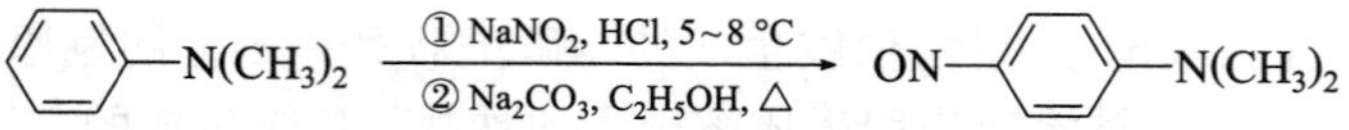

$$C_6H_5-N(CH_3)_2 \xrightarrow[\text{② }Na_2CO_3,\ C_2H_5OH,\ \triangle]{\text{① }NaNO_2,\ HCl,\ 5\sim8\ ^\circ C} ON-C_6H_4-N(CH_3)_2$$

N, *N*-二甲基-4-亚硝基苯胺(绿色), 95%

由于亚硝酸与各类胺的反应现象明显不同,胺与亚硝酸的反应也常用于鉴别伯、仲、叔胺。

练习 15.17　写出下列胺与亚硝酸钠和盐酸反应生成的产物:

(1) 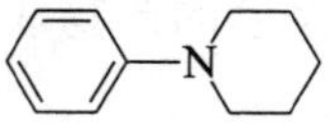 C_6H_5-N(哌啶基)

(2) 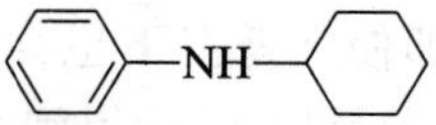 $C_6H_5-NH-C_6H_{11}$

(3)  HN(7-氮杂双环[2.2.1]庚烷)

15.5.6　胺的氧化

无论脂肪族还是芳香族胺均容易被氧化。脂肪族伯胺的氧化产物很复杂,无实际意义;仲胺用过氧化氢氧化可生成羟胺,但通常产率很低;叔胺用过氧化氢或过氧酸 RCO_3H 氧化,则生成氧化胺。例如:

$$R_2NH + H_2O_2 \longrightarrow R_2N-OH + H_2O$$

羟胺

$$C_6H_{11}-CH_2N(CH_3)_2 + H_2O_2 \longrightarrow C_6H_{11}-CH_2\overset{+}{N}(O^-)(CH_3)_2$$

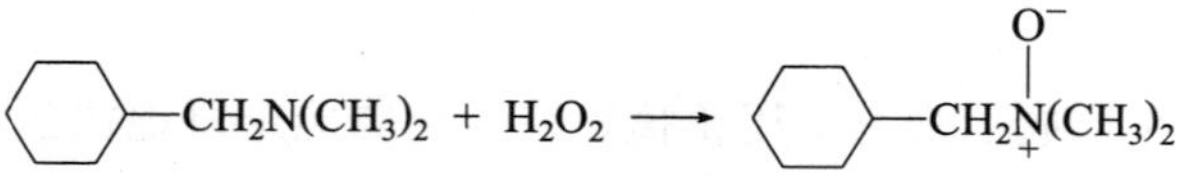

90%

氧化胺具有四面体结构。与季铵盐类似,当氮原子连接的三个烃基不同时,则存在对映异构现象。具有一个长链烷基的氧化胺是性能优异的表面活性剂。

芳胺很容易被各种氧化剂氧化,甚至空气也能使芳胺氧化。例如,苯胺在空气中放置,会因被氧化而颜色逐渐变深。用二氧化锰和硫酸或重铬酸钾和硫酸氧化苯胺,生成对苯醌:

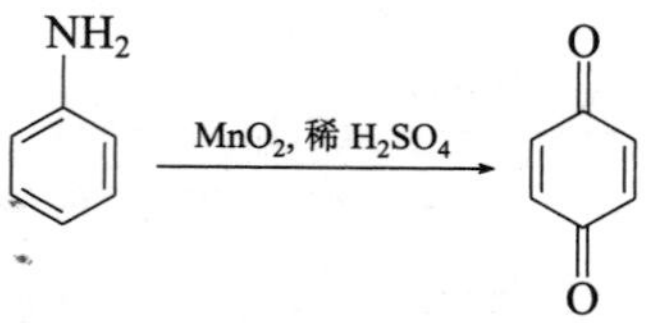

$$C_6H_5NH_2 \xrightarrow{MnO_2,\ 稀\ H_2SO_4} O=C_6H_4=O$$

这是实验室和工业上生产对苯醌的主要方法。若用过氧化氢或过氧酸氧化叔芳胺,也可得到氧化胺。例如:

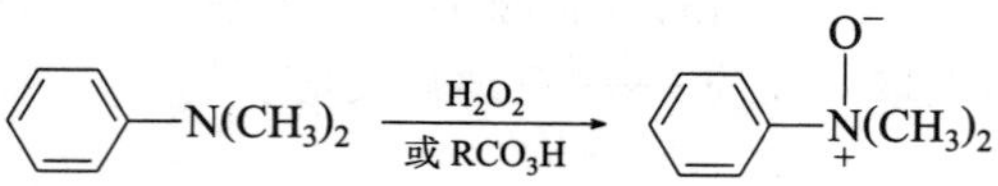

$$C_6H_5-N(CH_3)_2 \xrightarrow[\text{或 }RCO_3H]{H_2O_2} C_6H_5-\overset{+}{N}(O^-)(CH_3)_2$$

15.5.7 芳环上的亲电取代反应

(1) 卤化 由于氨基对苯环的活化作用,芳胺与氯或溴很容易发生卤化反应。例如,在苯胺的水溶液中滴加足量溴水,立即生成2,4,6-三溴苯胺白色沉淀。此反应定量完成,可用于苯胺的定性或定量分析。

$$C_6H_5NH_2 \xrightarrow{Br_2,\ H_2O} 2,4,6\text{-}Br_3C_6H_2NH_2 \downarrow \text{(白色)}$$

当苯环上连有某些其他基团时,亦可发生类似的反应。例如:

$$3\text{-}H_2NC_6H_4COOH \xrightarrow[40\sim50\ ^\circ C]{Br_2,\ HCl,\ H_2O} 3\text{-氨基-2,4,6-三溴苯甲酸}\quad 80\%$$

为了得到一卤化产物,可采用乙酰化保护氨基的方法。首先,将氨基酰化转变成酰氨基,虽然酰氨基和氨基均为邻对位定位基,但前者对芳环的活化作用比后者弱,且体积较大(空间效应较大),因此溴化主要得到对位取代产物;然后,在碱性或酸性条件下将酰基水解。例如:

$$C_6H_5NH_2 \xrightarrow{(CH_3CO)_2O} C_6H_5NHCOCH_3 \xrightarrow{Br_2,\ \triangle} p\text{-}BrC_6H_4NHCOCH_3 \xrightarrow{H_2O,\ ^-OH,\ \triangle} p\text{-}BrC_6H_4NH_2$$

(2) 硝化 因为硝酸具有较强的氧化性,而胺又易被氧化,所以苯胺用硝酸硝化时,常伴随氧化反应发生。为了避免这一副反应,可先将芳胺溶于浓硫酸中,使之成为硫酸氢盐,然后再硝化。因为$-\overset{+}{N}H_3$是钝化芳环的间位定位基,且不易被氧化,所以可防止芳胺被氧化,但硝化产物主要是间位异构体。例如:

$$C_6H_5NH_2 \xrightarrow{\text{浓 }H_2SO_4} C_6H_5\overset{+}{N}H_3HSO_4^- \xrightarrow{HNO_3,\ \triangle} m\text{-}O_2NC_6H_4\overset{+}{N}H_3HSO_4^- \xrightarrow{H_2O,\ ^-OH} m\text{-}O_2NC_6H_4NH_2$$

为了避免芳胺被氧化,还可采用乙酰化的方法先将氨基保护起来,然后再依次硝化、水解,这样得到的主要是对位异构体。若要制备邻硝基化合物,可将酰化后的芳胺先进行磺化,然后再依次硝化、水解。例如:

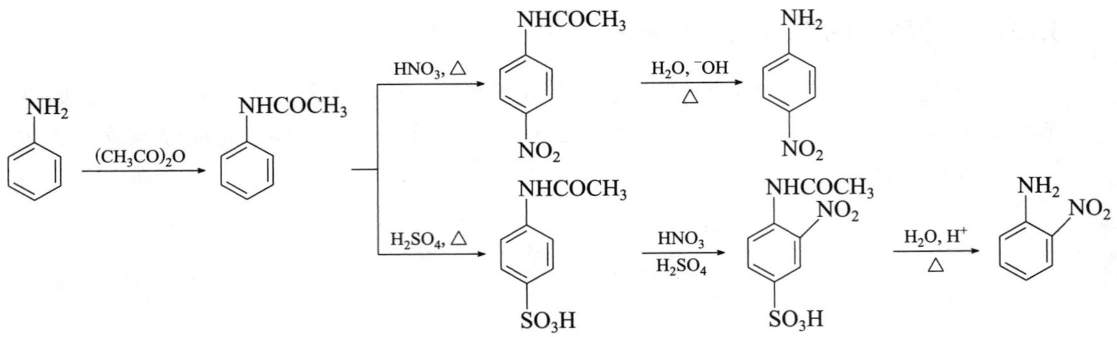

(3) 磺化 苯胺与浓硫酸反应，先生成硫酸氢苯铵，进而在 180～190 ℃ 烘焙脱水得到苯氨基磺酸，而后发生重排得到对氨基苯磺酸。

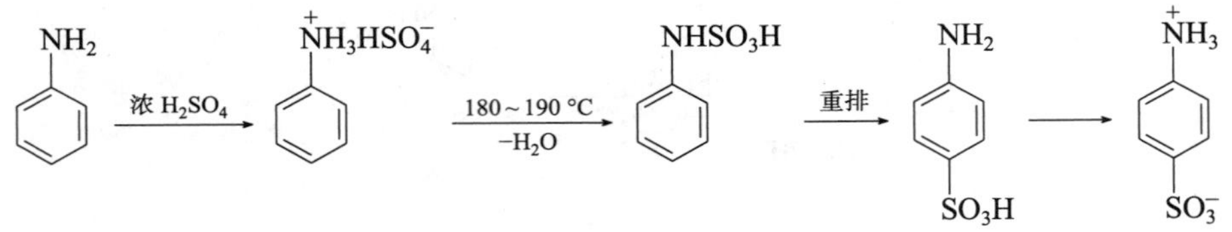

苯氨基磺酸 对氨基苯磺酸 (内盐)

这是工业上生产对氨基苯磺酸的方法。在对氨基苯磺酸分子内，因同时含有碱性的氨基和酸性的磺酸基，故分子内可成盐，称为内盐。此盐为白色晶体，难溶于冷水和有机溶剂，是一种重要的染料中间体。

练习 15.18 完成下列转变:

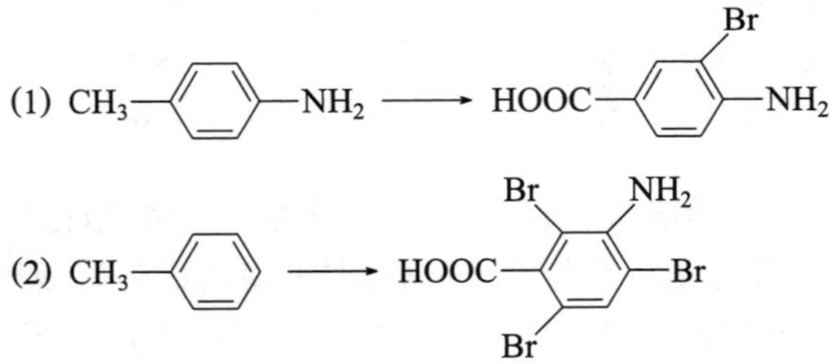

(1) $CH_3-C_6H_4-NH_2 \longrightarrow HOOC-C_6H_3(Br)-NH_2$

(2) $CH_3-C_6H_5 \longrightarrow HOOC-C_6H(Br)_3-NH_2$

15.6 季铵盐和季铵碱

叔胺与卤代烷或具有活泼卤原子的芳卤化合物作用生成铵盐，称为季铵盐。季铵盐是氨彻底烃基化的产物。

$$R_3N + RX \xrightarrow{\triangle} R_4N^+ X^-$$

季铵盐的结构和性质与胺有很大的差别。多数季铵盐是白色的晶体,熔点高,具有无机盐的性质,能溶于水,烃基较大的季铵盐也溶于非极性或弱极性溶剂。

伯、仲、叔胺的铵盐与强碱作用,可得到相应的游离胺,但季铵盐与强碱作用则得不到游离胺,而是得到含有季铵碱的平衡混合物。

$$R_4N^+X^- + KOH \rightleftharpoons R_4N^+\ ^-OH + KX$$

这一反应如果在醇溶液中进行,由于碱金属的卤化物不溶于醇,能使反应进行完全;用湿的氧化银代替氢氧化钾,由于生成的卤化银难溶于水,反应也能顺利进行。例如:

$$2(CH_3)_4N^+I^- + Ag_2O \xrightarrow{H_2O} 2(CH_3)_4N^+\ ^-OH + 2AgI\downarrow$$

滤去碘化银沉淀,再减压蒸发滤液,即可得到结晶的季铵碱。

季铵碱是强碱,其碱性强度与氢氧化钠或氢氧化钾相当。它具有强碱的一般性质,如能吸收空气中的二氧化碳,易潮解,易溶于水等。

季铵碱受热发生分解反应。不含有 β-氢原子的季铵碱分解时,发生 S_N2 反应,生成醇和叔胺。例如:

$$(CH_3)_3\overset{+}{N}-CH_3\ ^-OH \longrightarrow (CH_3)_3N + CH_3OH$$

含有 β-氢原子的季铵碱分解时,发生消除反应生成烯烃和叔胺。例如:

$$(CH_3)_3\overset{+}{N}CH_2CH_3\ ^-OH \xrightarrow{\triangle} (CH_3)_3N + CH_2{=}CH_2 + H_2O$$

上述消除过程中,^-OH 是进攻 β-氢原子的碱,而 $(CH_3)_3N$ 作为离去基团离去:

$$HO^- \cdots H-\overset{\beta}{C}-\overset{\alpha}{C}-\overset{+}{N}(CH_3)_3 \longrightarrow \;>C{=}C<\; + N(CH_3)_3 + H_2O$$

当季铵碱分子中有两种或两种以上不同的 β-氢原子可被消除时,反应主要从含氢原子较多的 β-碳原子上消除氢原子,即主要生成双键碳原子上烷基取代较少的烯烃,这称为 Hofmann 规则。例如:

拓展:Hofmann 消除

$$\underset{\beta'}{CH_3CH_2}-\underset{\underset{\overset{+}{N}(CH_3)_3}{|}}{\overset{\alpha}{CH}}-\overset{\beta}{CH_3}\ ^-OH \xrightarrow{\triangle} \underset{95\%}{CH_3CH_2CH{=}CH_2} + \underset{5\%}{CH_3CH{=}CHCH_3} + N(CH_3)_3 + H_2O$$

在季铵碱的消除反应中,离去基团是叔胺 $[N(CH_3)_3]$,其碱性较强,不易离去;而受带正电荷的—$\overset{+}{N}(CH_3)_3$ 强吸电子诱导效应的影响,两个 β-氢原子均表现出一定的酸性,β'-氢原子受烷基($-CH_3$)给电子诱导效应的影响,其酸性比 β-氢原子的弱,故 β-氢原子更容易被碱夺取。因此,季铵碱在消除时遵循 Hofmann 规则,即反应的取向主要取决于 β-氢原子的酸性,优先脱除酸性较强的 β-氢原子。

当 β'-C 上连有吸电子基团(如—COR, —NO_2, —CN 和—C_6H_5 等)时, 由于 β'-氢原子的酸性比 β-氢原子的更强, 消除反应的取向形式上遵循 Saytzeff 规则。例如:

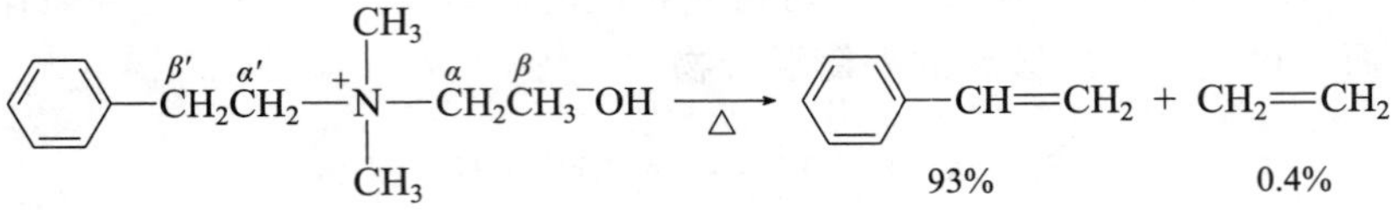

$$C_6H_5\overset{\beta'}{C}H_2\overset{\alpha'}{C}H_2-\overset{+}{N}(CH_3)_2-\overset{\alpha}{C}H_2\overset{\beta}{C}H_3\ ^{-}OH \xrightarrow{\triangle} C_6H_5-CH{=}CH_2\ (93\%) + CH_2{=}CH_2\ (0.4\%)$$

由于季铵碱消除转变成烯烃具有一定的取向, 因此通过测定生成烯烃的结构, 可以推测原来胺的结构。具体操作为: 用足够量的碘甲烷与胺作用, 使胺转变成甲基季铵盐, 这一过程称为彻底甲基化; 生成的季铵盐用湿氧化银处理, 得到相应的季铵碱; 季铵碱受热分解生成叔胺和烯烃。例如:

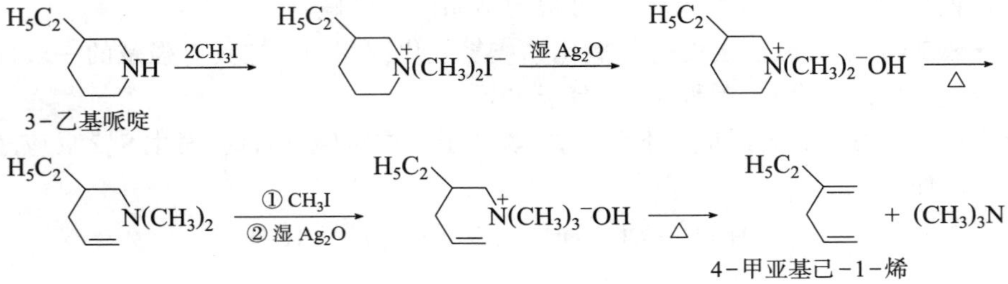

3-乙基哌啶 (含 H_5C_2 的环状 NH) $\xrightarrow{2CH_3I}$ 环状 $\overset{+}{N}(CH_3)_2I^-$ $\xrightarrow{湿\ Ag_2O}$ 环状 $\overset{+}{N}(CH_3)_2\ ^{-}OH$ $\xrightarrow{\triangle}$

H_5C_2—开链 $N(CH_3)_2$ (含双键) $\xrightarrow[②\ 湿\ Ag_2O]{①\ CH_3I}$ $\overset{+}{N}(CH_3)_3\ ^{-}OH$ $\xrightarrow{\triangle}$ 4-甲亚基己-1-烯 + $(CH_3)_3N$

根据所得产物的结构及有关实验结果, 可以推测这个含氮杂环的分子结构。

练习 15.19 写出下列季铵碱受热分解时, 生成的主产物烯烃的结构:

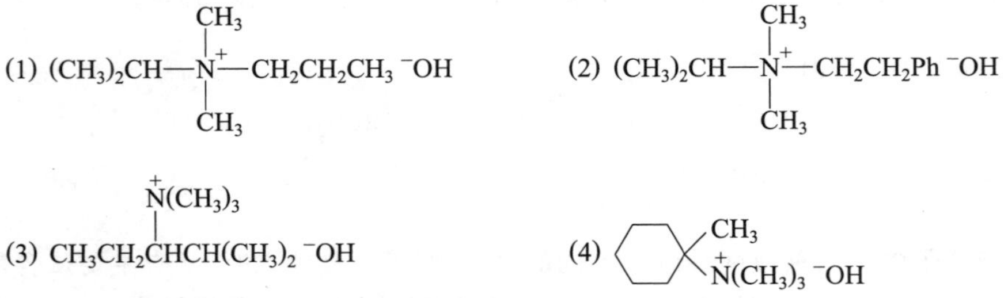

(1) $(CH_3)_2CH-\overset{+}{N}(CH_3)_2-CH_2CH_2CH_3\ ^{-}OH$

(2) $(CH_3)_2CH-\overset{+}{N}(CH_3)_2-CH_2CH_2Ph\ ^{-}OH$

(3) $CH_3CH_2CH(\overset{+}{N}(CH_3)_3)CH(CH_3)_2\ ^{-}OH$

(4) 1-甲基环己基 $\overset{+}{N}(CH_3)_3\ ^{-}OH$

练习 15.20 完成下列转变:

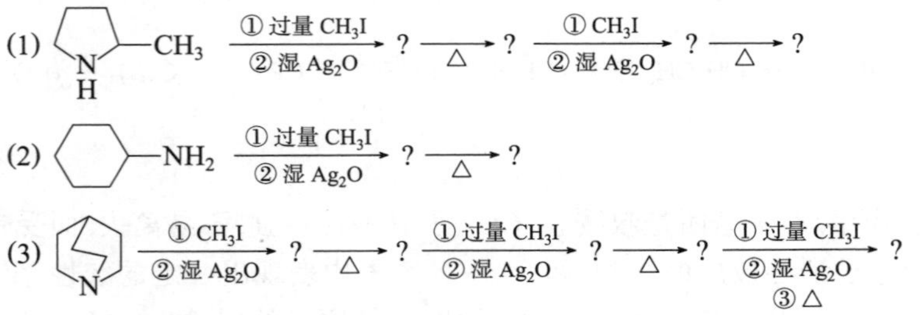

(1) 2-甲基吡咯烷 $\xrightarrow[②\ 湿\ Ag_2O]{①\ 过量\ CH_3I}$? $\xrightarrow{\triangle}$? $\xrightarrow[②\ 湿\ Ag_2O]{①\ CH_3I}$? $\xrightarrow{\triangle}$?

(2) 环己基—NH_2 $\xrightarrow[②\ 湿\ Ag_2O]{①\ 过量\ CH_3I}$? $\xrightarrow{\triangle}$?

(3) 奎宁环(N) $\xrightarrow[②\ 湿\ Ag_2O]{①\ CH_3I}$? $\xrightarrow{\triangle}$? $\xrightarrow[②\ 湿\ Ag_2O]{①\ 过量\ CH_3I}$? $\xrightarrow{\triangle}$? $\xrightarrow[②\ 湿\ Ag_2O\ ③\ \triangle]{①\ 过量\ CH_3I}$?

15.7 二元胺

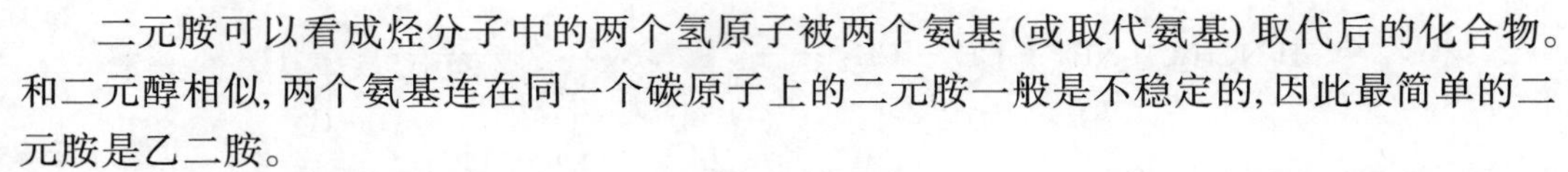

二元胺可以看成烃分子中的两个氢原子被两个氨基(或取代氨基)取代后的化合物。和二元醇相似,两个氨基连在同一个碳原子上的二元胺一般是不稳定的,因此最简单的二元胺是乙二胺。

二元胺的制法与一元胺的常见制法相似。例如,可以由二卤代烷与过量氨(胺)反应制得;也可以由二元羧酸的酰胺经 Hofmann 降解反应及由二腈还原制备。例如:

$$ClCH_2CH_2Cl + 4\,NH_3 \xrightarrow{110\ ^\circ C} H_2NCH_2CH_2NH_2 + 2\,NH_4^+Cl^-$$

$$H_2N-\overset{O}{\overset{\|}{C}}-C_6H_4-\overset{O}{\overset{\|}{C}}-NH_2 \xrightarrow{Br_2,\ HO^-} H_2N-C_6H_4-NH_2$$

$$1,1\text{-}(CN)_2\text{-环戊烷} \xrightarrow[\text{② } H_2O]{\text{① } LiAlH_4,\ \text{乙醚}} 1,1\text{-}(CH_2NH_2)_2\text{-环戊烷}\quad 98\%$$

工业上可由己二酸来制备己二胺(己-1,6-二胺):

$$HOOC(CH_2)_4COOH \xrightarrow{NH_3} H_4\overset{+}{N}\ {}^-OOC(CH_2)_4COO^-\ \overset{+}{N}H_4 \xrightarrow[-H_2O]{\triangle}$$

$$H_2NCO(CH_2)_4CONH_2 \xrightarrow[-H_2O]{\triangle} NC(CH_2)_4CN \xrightarrow[90\ ^\circ C,\ 2\ MPa]{H_2,\ Ni} H_2N(CH_2)_6NH_2$$

相对分子质量较小的二元胺易溶于水,它们的沸点和熔点均比同碳原子数的一元胺的高。较低级的二元胺通常有臭味。例如,丁-1,4-二胺(俗称腐肉胺)和戊-1,5-二胺(俗称尸胺)均具有恶臭且有毒。它们是由动物蛋白质中的鸟氨酸和赖氨酸(见第二十章)在腐烂过程中脱羧而生成的。

二元胺的化学性质基本上与一元胺的相同。只是它们是双官能团的化合物,在加聚或缩聚反应中,可用作制备高分子化合物的原料,如与二异氰酸酯聚合,可制得聚脲树脂;与二元酸缩聚则生成聚酰胺等。工业上己二胺和己二酸在减压和 200~250 ℃ 下缩聚生成的聚酰胺,商品名称为尼龙-66。"66" 表示此聚酰胺是由六个碳原子的二胺和六个碳原子的二酸聚合成的。

$$n\,H_2N(CH_2)_6NH_2 + n\,HOOC(CH_2)_4COOH \xrightarrow[-H_2O]{\text{减压},\ \triangle} \left[\!-NH(CH_2)_6NHCO(CH_2)_4CO-\!\right]_n$$

在通常的有机合成反应中,二元胺随反应条件不同,或分子中的两个氨基都参加反应,或只有其中一个氨基参加反应。例如,乙二胺在碳酸钠溶液中与氯乙酸钠反应,生成乙二胺四乙酸钠,酸化后得乙二胺四乙酸,通称 EDTA (ethylenediaminetetraacetic acid)。EDTA 及其二钠盐是常用的金属离子络合剂。

$$H_2NCH_2CH_2NH_2 + 4\,ClCH_2COONa \xrightarrow{Na_2CO_3} (NaOOCH_2C)_2NCH_2CH_2N(CH_2COONa)_2$$

过量的乙二胺与环氧乙烷作用，则乙二胺分子中的一个氨基参与反应，主要生成 *N*-(2-羟乙基)乙二胺。后者在浓硫酸或氧化铝催化下脱水生成哌嗪（又叫六氢吡嗪）：

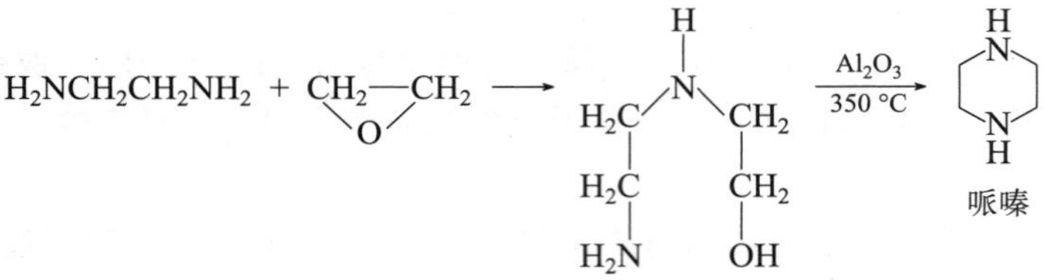

$$H_2NCH_2CH_2NH_2 + \underset{O}{CH_2—CH_2} \longrightarrow H_2N-CH_2CH_2-NH-CH_2CH_2-OH \xrightarrow[350\ ^\circ C]{Al_2O_3} \text{哌嗪}$$

哌嗪

哌嗪是二元仲胺，在医药工业中是制备镇静药物奋乃静（perphenazine）、止吐药物硫乙拉嗪（torecan）、抗生素类药物诺氟沙星（norfloxacin）和治疗慢性白血病药物胍血生（pipobroman）等合成药物的重要原料。

乙二胺除了是重要的有机合成原料外，也用作环氧树脂的常温固化剂和金属离子络合剂。

练习 15.21　由指定原料合成下列化合物（其他试剂任选）：

(1) 由丙烯酸、乙二胺和环氧乙烷合成胍血生 $BrCH_2CH_2\overset{O}{\overset{\|}{C}}—N\langle\ \rangle N—\overset{O}{\overset{\|}{C}}CH_2CH_2Br$

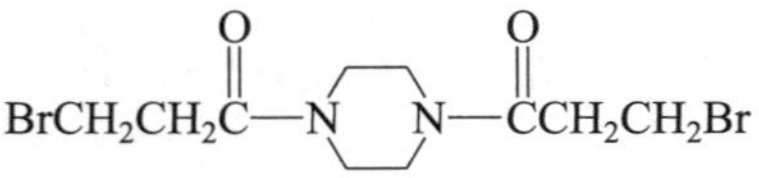

(2) 由丁-1,3-二烯合成尼龙-66

15.8　偶氮化合物和重氮盐

两个烃基分别连接在—N═N—基两端的化合物称为偶氮化合物，通式为 R—N═N—R′。这类化合物按系统命名法可称为“乙氮烯”的衍生物。例如：

$$CH_2═CHCH_2—N═N—CH_2CH_2CH_3$$

1-烯丙基-2-丙基乙氮烯
1-allyl-2-propyldiazene

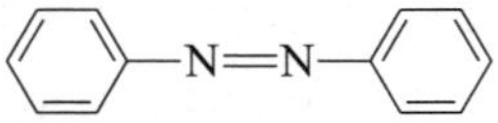

$$C_6H_5—N═N—C_6H_5$$

二苯基乙氮烯（偶氮苯）
diphenyldiazene (azobenzene)

R, R′ 均为脂肪族烃基的偶氮化合物，在光照或加热时容易分解，释放氮气并产生自由基。故此类偶氮化合物可用作自由基引发剂。例如，偶氮二异丁腈（AIBN）在较低温度或光照下便能分解产生自由基，是一种常用的自由基引发剂，可用作氯乙烯、醋酸乙烯和丙烯腈等单体的聚合引发剂，也可用作聚烯烃、聚氨酯、聚酰胺和聚酯等的发泡剂。

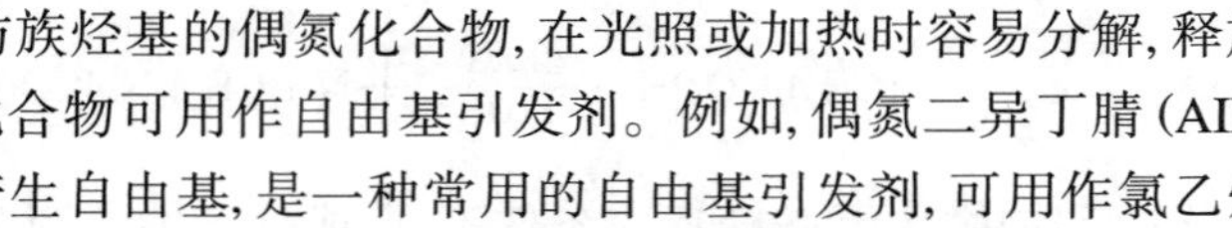

$$(CH_3)_2\underset{CN}{\underset{|}{C}}—N═N—\underset{CN}{\underset{|}{C}}(CH_3)_2 \xrightarrow{55\sim75\ ^\circ C} 2(CH_3)_2\underset{CN}{\underset{|}{C}}\cdot + N_2\uparrow$$

偶氮二异丁腈

R, R′ 均为芳基时，这样的偶氮化合物比较稳定，一般光照或加热都不易使其分解，也不会产生自由基。许多芳香族偶氮化合物的衍生物是重要的合成染料，可通过芳香族重氮盐的偶合反应制备。

与烯烃类似,偶氮化合物也存在顺反异构现象。例如,偶氮苯存在顺式和反式两种异构体,在紫外光照射下,反式(E-构型)偶氮苯会转变为顺式(Z-构型)偶氮苯;在特定波长的可见光照射下或在加热条件下,顺式偶氮苯又能够转变为热力学更稳定的反式偶氮苯。

$$\text{反式偶氮苯 }(C_6H_5N{=}NC_6H_5) \underset{\text{可见光或}\triangle}{\overset{\text{紫外光}}{\rightleftharpoons}} \text{顺式偶氮苯 }(C_6H_5N{=}NC_6H_5)$$

反式偶氮苯　　　　顺式偶氮苯

15.8.1　重氮盐的制备 —— 重氮化反应

芳香族伯胺在低温(一般为 0~5 ℃)下与亚硝酸钠的强酸(通常使用盐酸或硫酸)溶液作用,生成重氮盐,此反应称为重氮化反应。例如:

$$C_6H_5NH_2 + NaNO_2 + 2\,HCl \xrightarrow{0\sim5\ ^\circ C} C_6H_5N_2^+Cl^- + NaCl + 2\,H_2O$$

氯化苯重氮盐

$$2\text{-}CH_3OC_6H_4NH_2 + NaNO_2 + 2\,HCl \xrightarrow{0\ ^\circ C} 2\text{-}CH_3OC_6H_4N_2^+Cl^- + NaCl + 2\,H_2O$$

氯化(2-甲氧基苯)重氮盐

重氮盐具有盐的性质,绝大多数重氮盐易溶于水,而不溶于有机溶剂,其水溶液能导电。芳香族重氮盐之所以不像脂肪族重氮盐那样生成后便立即分解,是因为在芳香族重氮盐的正离子中,C—N—N 键呈线形结构,两个氮原子间的 π 轨道之一与芳环中的 π 轨道构成共轭体系,从而使其得以稳定。例如,苯重氮正离子的结构如图 15-7 所示。

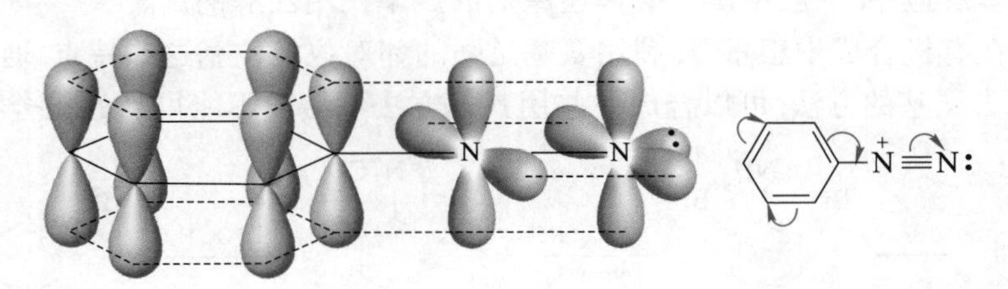

图 15-7　苯重氮正离子的结构

干燥的盐酸或硫酸重氮盐很不稳定,受热或震动时容易发生爆炸,但在低温的水溶液中比较稳定。许多重氮盐即使在 0 ℃ 的水溶液中也会缓慢地分解,温度升高,分解速率加快。因此重氮盐制备后通常保存在低温的水溶液中,而且应尽快使用。然而,氟硼酸重氮盐却相对稳定,其固体在室温下也不分解,且在水中的溶解度很小,因此可以制备得到具有较高纯度的、干燥的氟硼酸重氮盐。

拓展:重氮化反应的机理

练习 15.22 写出下列芳胺重氮化产物的构造式:

(1) $H_3C-C_6H_4-NH_2 \xrightarrow[0\sim5\ ^\circ C]{NaNO_2,\ HCl}$

(2) 邻甲氧基苯胺（OCH_3，NH_2）$\xrightarrow[0\sim5\ ^\circ C]{NaNO_2,\ H_2SO_4}$

(3) 5-硝基-2-萘胺（NH_2，NO_2）$\xrightarrow[0\ ^\circ C]{NaNO_2,\ HCl}$

(4) 2,4-二氯苯胺（NH_2，Cl，Cl）$\xrightarrow[0\ ^\circ C]{NaNO_2,\ HCl} \xrightarrow{HBF_4}$

15.8.2 重氮盐的反应及其在合成中的应用

重氮盐很活泼,能发生许多反应,一般可分为两类:失去氮的反应和保留氮的反应。

(1) 失去氮的反应　重氮盐在一定条件下分解,重氮基被其他原子或基团取代,同时释放氮气。

(a) 重氮基被氢原子取代。重氮盐在乙醇或次磷酸 (H_3PO_2) 等还原剂作用下,重氮基被氢原子取代。由于重氮基来自氨基,所以也常把该反应称为去氨基反应。例如:

$$H_3C-C_6H_3(NO_2)-N_2^+HSO_4^- \xrightarrow{CH_3CH_2OH,\ 温热} CH_3-C_6H_4-NO_2 \quad 62\%\sim72\%$$

$$\text{2,4,6-三溴-3-甲基苯重氮盐}(N_2^+Cl^-,\ Br,\ Br,\ Br,\ CH_3) \xrightarrow{H_3PO_2} \text{1,3,5-三溴-2-甲基苯}(Br,\ Br,\ Br,\ CH_3) \quad 91\%$$

在去氨基反应中,一般用次磷酸作还原剂的产率比用乙醇的高。

此反应在有机合成中很重要:利用氨基是强的邻对位定位基这一特点,通过在芳环上引入氨基和去氨基的方法,可以合成一些用其他方法不易或不能得到的化合物。例如:

$$C_6H_5NH_2 \xrightarrow{3Br_2} \text{2,4,6-三溴苯胺} \xrightarrow[0\sim5\ ^\circ C]{NaNO_2,\ HCl} \text{2,4,6-三溴苯重氮盐}(N_2^+Cl^-) \xrightarrow{H_3PO_2,\ H_2O} \text{1,3,5-三溴苯}$$

1,3,5-三溴苯用苯直接溴化的方法是无法制得的。又如,由异丙苯制备 1-异丙基-3-硝基苯:

$$C_6H_5CH(CH_3)_2 \xrightarrow[\text{② Fe, HCl, }\triangle]{\text{① }HNO_3,\ H_2SO_4,\ \triangle} p\text{-}(CH_3)_2CH-C_6H_4-NH_2 \xrightarrow{(CH_3CO)_2O} p\text{-}(CH_3)_2CH-C_6H_4-NHCOCH_3 \xrightarrow{HNO_3,\ H_2SO_4}$$

$$\text{(苯环: }CH(CH_3)_2\text{, }NO_2\text{, }NHCOCH_3\text{)} \xrightarrow[\text{② }NaNO_2,\ HCl,\ 0\sim5\ ^\circ C]{\text{① }H_2O,\ ^-OH,\ \triangle} \text{(苯环: }CH(CH_3)_2\text{, }NO_2\text{, }N_2^+Cl^-\text{)} \xrightarrow{H_3PO_2,\ H_2O} \text{(苯环: }CH(CH_3)_2\text{, }NO_2\text{)}$$

制备过程中,乙酰化是为了保护氨基。由于乙酰氨基的定位能力大于异丙基的定位能力,故硝化时,硝基进入乙酰氨基的邻位。

练习 15.23　由指定原料合成下列化合物(其他试剂任选):

(1) 由甲苯合成 3,5-二溴甲苯　　(2) 由苯甲酸合成 2,4,6-三溴苯甲酸

(3) 由甲苯合成 3-硝基甲苯　　(4) 由苯合成 3,5-二溴苯胺

(b) 重氮基被羟基取代。加热芳香族重氮盐的酸性水溶液,即有氮气放出,同时生成酚,故又称重氮盐的水解反应。这是由氨基通过重氮盐制备酚的通用方法。例如:

$$\text{(苯环: }CH_3\text{, }Br\text{, }NH_2\text{)} \xrightarrow[<5\ ^\circ C]{NaNO_2,\ H_2SO_4} \text{(苯环: }CH_3\text{, }Br\text{, }N_2^+HSO_4^-\text{)} \xrightarrow[H_2O,\ 130\sim135\ ^\circ C]{Na_2SO_4,\ H_2SO_4} \text{(苯环: }CH_3\text{, }Br\text{, }OH\text{)}\ \ 80\%\sim90\%$$

重氮盐的水解反应分两步进行。首先是重氮盐分解失去氮气生成芳基正离子,这是决定反应速率的一步。芳基正离子一旦生成立即与溶液中亲核的水分子反应生成酚。这类反应为芳环上的单分子亲核取代反应 (S_NAr1)。例如:

$$C_6H_5-N_2^+ \longrightarrow C_6H_5^+ + N_2$$

$$C_6H_5^+ + H_2O \longrightarrow C_6H_5-\overset{+}{O}H_2 \xrightarrow{-H^+} C_6H_5-OH$$

由于苯基正离子是失去 σ 电子形成的,正电荷所处的 sp^2 杂化轨道与苯环的 π 轨道不能共轭,故正电荷集中在一个碳原子上,能量较高,很活泼,如图 15-8 所示。

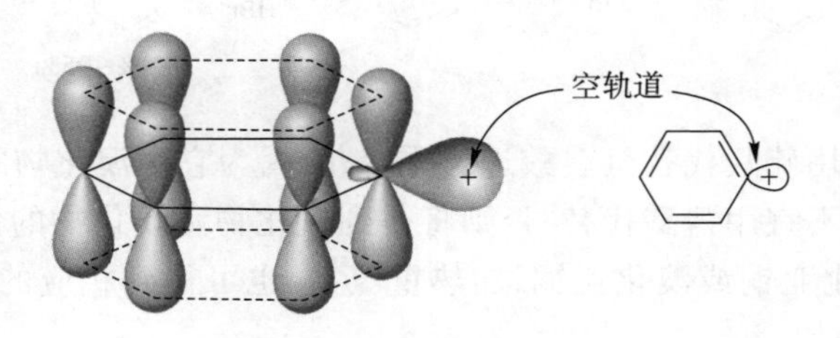

图 15-8　苯基正离子

虽然苯基正离子很不稳定,在通常情况下难以生成,但在芳基重氮正离子的分解过程中,N_2 是一种很好的离去基团,使反应在热力学上有利,所以重氮盐的水解反应很容易进行。

在用重氮盐制备酚时,通常用硫酸氢重氮盐,在强酸性的热硫酸溶液中进行。因为

若采用盐酸重氮盐在盐酸溶液中进行，Cl^- 作为亲核试剂也能与苯基正离子反应，生成氯化副产物。另外，水解反应中已生成的酚易与尚未反应的重氮盐发生偶合反应［见本章15.8.2节(2)］，强酸性的硫酸溶液不仅可使偶合反应减少到最低程度，而且还有利于提高分解反应的温度，使水解进行得更加迅速、彻底。

利用重氮盐的水解反应，可制备用其他方法难以得到的酚。例如，由1,4-二氯苯制备2,5-二氯苯酚：

$$\text{Cl-}C_6H_4\text{-Cl} \xrightarrow[\triangle]{HNO_3,\ H_2SO_4} \text{Cl-}C_6H_3(NO_2)\text{-Cl} \xrightarrow[\triangle]{Fe,\ HCl} \text{Cl-}C_6H_3(NH_2)\text{-Cl}$$

$$\xrightarrow[0\sim5\ ^\circ C]{NaNO_2,\ H_2SO_4} \text{Cl-}C_6H_3(N_2^+HSO_4^-)\text{-Cl} \xrightarrow[\triangle]{\text{稀}\ H_2SO_4} \text{Cl-}C_6H_3(OH)\text{-Cl}$$

练习 15.24　完成下列转变：

(1) 1,3-二硝基苯（O_2N-C_6H_4-NO_2）⟶ 3-硝基苯酚（HO-C_6H_4-NO_2）

(2) 2-硝基甲苯（CH_3-C_6H_4-NO_2）⟶ 2-羟基苯甲酸（COOH-C_6H_4-OH）

(3) 2-氯硝基苯（NO_2-C_6H_4-Cl）⟶ 2-甲氧基苯酚（OH-C_6H_4-OCH_3）

(4) CH_3-C_6H_5 ⟶ HOOC-C_6H_4-OH

(c) 重氮基被卤原子取代。在氯化亚铜的盐酸溶液作用下，芳香族重氮盐酸盐分解，放出氮气，同时重氮基被氯原子取代。如用重氮氢溴酸盐和溴化亚铜，则得到相应的溴化物。此反应称为 Sandmeyer 反应。例如：

$$H_3C\text{-}C_6H_4\text{-}NH_2 \xrightarrow[0\ ^\circ C]{NaNO_2,\ HCl} H_3C\text{-}C_6H_4\text{-}N_2^+Cl^- \xrightarrow[HCl]{CuCl} H_3C\text{-}C_6H_4\text{-}Cl \quad (70\%\sim79\%)$$

$$\text{2-Cl-}C_6H_4\text{-}NH_2 \xrightarrow[10\ ^\circ C]{NaNO_2,\ HBr} \text{2-Cl-}C_6H_4\text{-}N_2^+Br^- \xrightarrow[HBr]{CuBr} \text{2-Cl-}C_6H_4\text{-}Br \quad (89\%\sim95\%)$$

在制备溴化物时，可用硫酸代替氢溴酸进行重氮化，因为它对溴化物的产率只有轻微的影响，且价格便宜。但不宜用盐酸代替，否则将得到氯化物和溴化物的混合物。

用铜粉代替氯化亚铜或溴化亚铜，加热重氮盐，也可得到相应的卤化物，此反应称为 Gattermann 反应。例如：

$$\text{2-}CH_3\text{-}C_6H_4\text{-}NH_2 \xrightarrow[<10\ ^\circ C]{NaNO_2,\ HBr} \text{2-}CH_3\text{-}C_6H_4\text{-}N_2^+Br^- \xrightarrow{Cu\text{粉},\ \triangle} \text{2-}CH_3\text{-}C_6H_4\text{-}Br \quad (47\%)$$

虽然该反应操作较 Sandmeyer 反应的操作简单,但除个别反应外,产率一般不如 Sandmeyer 反应的产率高。

芳环上直接碘化是困难的,但重氮基比较容易被 I^- 取代。加热重氮盐的碘化钾溶液,即可生成相应的碘化物。例如:

$$C_6H_5NH_2 \xrightarrow[0\sim7\ ^\circ C]{NaNO_2,\ HCl} C_6H_5N_2^+Cl^- \xrightarrow{KI,\ 温热} C_6H_5I \quad 74\%\sim76\%$$

将氟原子引入芳环的方法,一般是先将氟硼酸(或氟硼酸钠)加入重氮盐溶液中,生成不溶的氟硼酸盐沉淀,然后过滤、洗涤、干燥。将干燥的氟硼酸盐加热,即分解得到相应的氟化物,此反应称为 Schiemann 反应。例如:

$$m\text{-}CH_3C_6H_4NH_2 \xrightarrow[②\ HBF_4\ 或\ NaBF_4]{①\ NaNO_2,\ HCl,\ 0\sim5\ ^\circ C} m\text{-}CH_3C_6H_4N_2^+BF_4^-\ (76\%\sim84\%) \xrightarrow[②\ \triangle]{①\ 过滤,干燥} m\text{-}CH_3C_6H_4F\ (89\%) + N_2 + BF_3$$

制备氟化物时,重氮化反应也可以在氟硼酸中进行,反应结束后氟硼酸重氮盐直接沉淀出来,然后按上述方法进行。或利用六氟磷酸(HPF_6)代替氟硼酸与重氮盐反应制备六氟磷酸重氮盐,后者更容易从水中沉淀出来,且下一步分解时产率还较高。

在有机合成中,利用重氮基被卤原子取代的反应,可制备某些不易或不能用直接卤化法得到的卤代芳烃及其衍生物。

(d) 重氮基被氰基取代。重氮盐与氰化亚铜的氰化钾水溶液作用,或在铜粉存在下和氰化钾溶液作用,重氮基被氰基取代,前者属于 Sandmeyer 反应,后者属于 Gattermann 反应。例如:

$$p\text{-}O_2NC_6H_4NH_2 \xrightarrow[5\sim10\ ^\circ C]{NaNO_2,\ H_2SO_4} p\text{-}O_2NC_6H_4N_2^+HSO_4^- \xrightarrow[60\sim70\ ^\circ C]{CuCN,\ KCN} p\text{-}O_2NC_6H_4CN \quad 75\%$$

由于芳烃芳环上的直接氰化很难实现,因此,由重氮盐引入氰基非常重要。氰基可以转变成羧基、氨甲基等,因此通过重氮盐可把芳环上的氨基转变成羧基、氨甲基等,这在有机合成中是很有意义的。例如,由甲苯合成对甲基苯甲酸:

$$C_6H_5CH_3 \xrightarrow[②\ H_2,\ Ni]{①\ HNO_3,\ H_2SO_4} p\text{-}CH_3C_6H_4NH_2 \xrightarrow[0\sim5\ ^\circ C]{NaNO_2,\ HCl} p\text{-}CH_3C_6H_4N_2^+Cl^- \xrightarrow[\triangle]{CuCN,\ KCN} p\text{-}CH_3C_6H_4CN \xrightarrow[\triangle]{H_2O,\ H^+} p\text{-}CH_3C_6H_4COOH$$

上述失去氮的反应，一般也适用于萘胺及其衍生物。

练习 15.25 完成下列各反应式：

(1) 3-溴苯胺 $\xrightarrow{?}$ 1,3-二溴苯　(2) 2-硝基苯胺 $\xrightarrow{?}$ 2-硝基苯甲腈

(3) 2,6-二碘-4-硝基苯胺 $\xrightarrow{?}$ 1,2,3-三碘-5-硝基苯　(4) 4-氯苯胺 $\xrightarrow{?}$ 1-氯-4-氟苯

---

(2) 保留氮的反应　即反应后重氮盐分子中重氮基的两个氮原子仍保留在产物的分子中。

(a) 重氮基被还原。芳基重氮盐与氯化亚锡和盐酸、亚硫酸氢钠、亚硫酸钠和二氧化硫等还原剂作用，被还原成芳基肼。例如：

$$C_6H_5-N_2^+Cl^- \xrightarrow{SnCl_2+HCl} C_6H_5-NH-NH_2$$

苯肼

苯肼是无色油状液体，沸点为 242 ℃，不溶于水，有毒。苯肼具有碱性，因此在酸性溶液中还原时，得到苯肼的盐。它是常用的羰基试剂，也是合成药物和染料的原料。

由于氯化亚锡能够还原硝基，含有硝基的重氮盐通常用亚硫酸钠还原，使之成为肼的硝基衍生物。例如：

$$O_2N-C_6H_4-N_2^+HSO_4^- \xrightarrow[H_2O]{Na_2SO_3} O_2N-C_6H_4-NH-NH_2$$

(b) 偶合反应。在适当条件下，重氮盐能与某些芳环上连有强给电子基团的芳香族化合物如酚和芳胺等发生亲电取代反应，生成分子中含有偶氮基（—N═N—）的偶氮化合物。

$$Ar-N_2^+ + C_6H_5-X \longrightarrow Ar-N=N-C_6H_5(H)^+-X \xrightarrow{-H^+} Ar-N=N-C_6H_4-X$$

X=OH, NH_2, NHR, NR_2

通常把这种反应称为偶合反应或偶联反应。参加偶合反应的重氮盐称为重氮组分，酚或芳胺等称为偶合组分。

由图 15-7 可以看出，重氮正离子中氮原子上的正电荷可以离域到芳环上，因此它是一种很弱的亲电试剂。所以只有被强给电子基团高度活化的芳环，才能与其发生偶合。

受电子效应和空间效应的影响，偶合反应一般发生在强给电子基团如—OH，—NH_2 等的对位。当其对位已被其他取代基占据时，则发生在邻位，但不发生在间位。例如：

$$2\text{-}CH_3C_6H_4-N_2^+Cl^- + 2\text{-}CH_3C_6H_4-OH \xrightarrow[\text{② }H^+]{\text{① NaOH, }H_2O,\ 0\ ℃} 2\text{-}CH_3C_6H_4-N=N-C_6H_3(3\text{-}CH_3)-4\text{-}OH$$

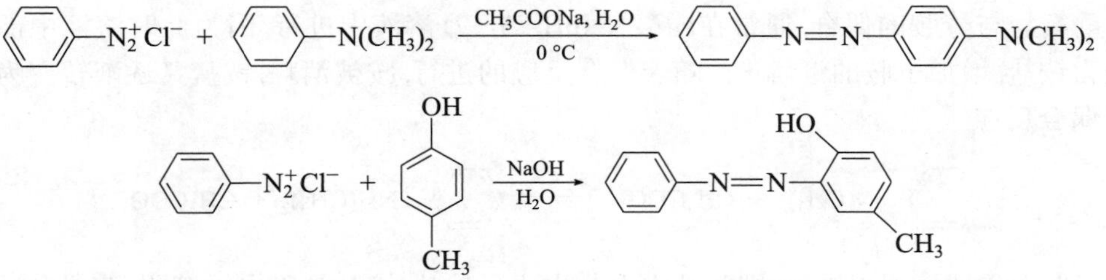

$$C_6H_5N_2^+Cl^- + C_6H_5N(CH_3)_2 \xrightarrow[0\ ^\circ C]{CH_3COONa,\ H_2O} C_6H_5-N{=}N-C_6H_4-N(CH_3)_2$$

$$C_6H_5N_2^+Cl^- + p\text{-}CH_3C_6H_4OH \xrightarrow[H_2O]{NaOH} C_6H_5-N{=}N-C_6H_3(OH)(CH_3)$$

除酚和芳胺外，若能增加重氮组分氮原子的电正性和其他偶合组分芳环上的电子云密度，也可进行偶合反应。例如，硫酸氢(2,4,6-三硝基)苯重氮盐能与均三甲苯偶合。

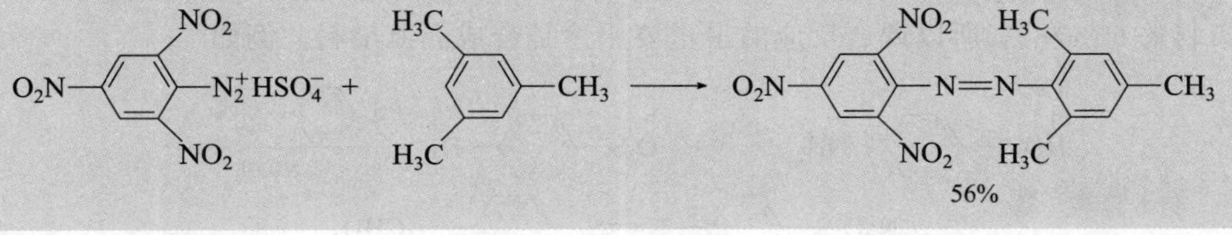

$$2,4,6\text{-}(NO_2)_3C_6H_2N_2^+HSO_4^- + 1,3,5\text{-}(CH_3)_3C_6H_3 \longrightarrow 2,4,6\text{-}(NO_2)_3C_6H_2-N{=}N-C_6H_2(CH_3)_3$$

56%

当重氮盐与萘酚或萘胺类化合物反应时，因羟基和氨基使所在苯环活化，偶合反应发生在同环。对于萘-1-酚和萘-1-胺，偶合发生在4位；若4位被占据，则发生在2位。而对于萘-2-酚和萘-2-胺，偶合发生在1位；若1位被占据，则不发生反应。

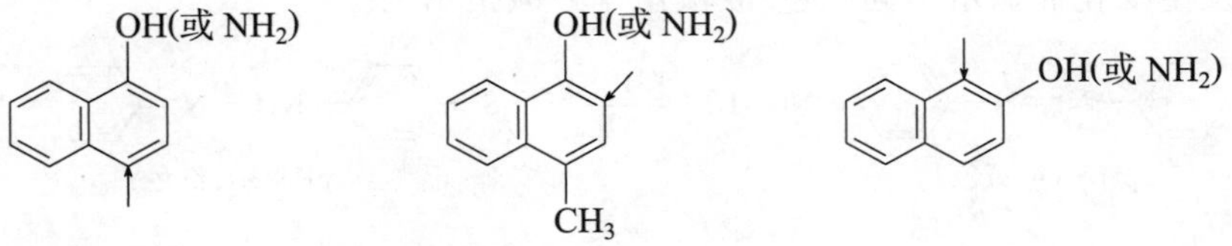

OH(或 NH_2)　　OH(或 NH_2)　　OH(或 NH_2)

CH_3

例如：

$$O_2N-C_6H_4-N_2^+Cl^- + \text{萘-1-酚} \xrightarrow{<10\ ^\circ C} O_2N-C_6H_4-N{=}N-C_{10}H_6-OH$$

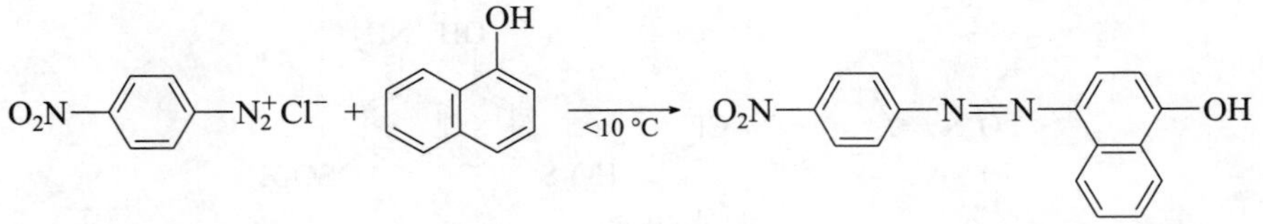

除反应物(重氮组分和偶合组分)的结构外，偶合介质的pH(介质的酸度)对偶合反应也有影响。

重氮盐与酚的偶合，通常在弱碱性(pH＝8～10)溶液中进行。因为碱能将—OH转变为—O⁻，后者是比—OH定位作用更强的第一类定位基，有利于弱亲电试剂($Ar-N_2^+$)的进攻，发生亲电取代(偶合)反应。但反应不能在强碱性溶液中进行，因为强碱将使重氮盐转变为重氮酸或其盐，而后两者不能进行偶合反应。

$$\underset{\text{重氮盐，能偶合}}{Ar-N_2^+} \xrightarrow{NaOH} \underset{\text{重氮酸，不能偶合}}{Ar-N{=}N-OH} \xrightarrow{NaOH} \underset{\text{重氮酸盐，不能偶合}}{Ar-N{=}N-O^-Na^+}$$

重氮盐与芳胺的偶合,通常在弱酸性(pH=5~7)溶液中进行,因为此时溶液中部分胺转变为铵盐,增加了胺的溶解度。随着偶合反应的进行,胺被消耗,铵盐又逐渐转变为胺而参与偶合反应。

$$C_6H_5N(CH_3)_2 + CH_3COOH \rightleftharpoons C_6H_5\overset{+}{N}H(CH_3)_2 + CH_3COO^-$$

若在强酸性溶液中进行,则胺基本上都生成了铵盐,铵基是吸电子基团,使偶合反应不能进行。

芳基重氮盐与酚类或芳胺偶合,得到的产物通常具有颜色,可用作染料或指示剂。此类染料因为分子中含有偶氮基,故称为偶氮染料。据统计,世界偶氮染料的用量占所有合成染料的60%左右,所以偶合反应的最重要用途是合成偶氮染料。例如:

$$HO_3S-C_6H_4-NH_2 \xrightarrow{HNO_2} {}^-O_3S-C_6H_4-N_2^+ \xrightarrow[\text{② NaOH}]{\text{① } C_6H_5N(CH_3)_2} NaO_3S-C_6H_4-N{=}N-C_6H_4-N(CH_3)_2$$

甲基橙

甲基橙由于光稳定性差,且染色不坚牢,故没有作为染料的价值。但由于它在酸碱溶液中结构发生变化而显示不同颜色,故被用作酸碱指示剂。

$$\underset{\text{pH>4.4, 黄色}}{{}^-O_3S-C_6H_4-N{=}N-C_6H_4-N(CH_3)_2} \underset{^-OH}{\overset{H^+}{\rightleftharpoons}} \underset{\text{pH<3.1, 红色}}{{}^-O_3S-C_6H_4-NH-N{=}C_6H_4{=}\overset{+}{N}(CH_3)_2}$$

又如,萘酚蓝黑B(naphthol blue-black B),是由4-氨基-5-羟基萘-2,7-二磺酸(H酸)依次与对硝基苯胺的重氮盐和苯胺的重氮盐偶合而成的:

$$O_2N-C_6H_4-N_2^+Cl^- + \text{H酸 (OH, NH}_2\text{; HO}_3\text{S, SO}_3\text{H)} \xrightarrow{pH\leqslant 6} \text{(OH, NH}_2\text{, }-N{=}N-C_6H_4-NO_2\text{; HO}_3\text{S, SO}_3\text{H 萘)}$$

$$\xrightarrow[pH\geqslant 8]{C_6H_5N_2^+Cl^-} C_6H_5-N{=}N-\text{(萘: OH, NH}_2\text{, HO}_3\text{S, SO}_3\text{H)}-N{=}N-C_6H_4-NO_2$$

萘酚蓝黑B可用于染棉、毛等。

练习 15.26 完成下列各反应式:

(1) 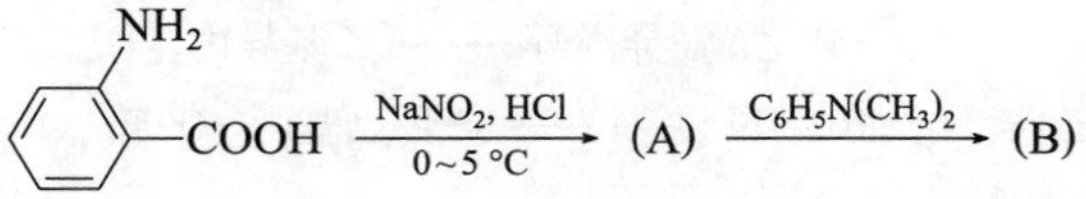 NH_2 / —COOH $\xrightarrow[0\sim5\ ^\circ C]{NaNO_2,\ HCl}$ (A) $\xrightarrow{C_6H_5N(CH_3)_2}$ (B)

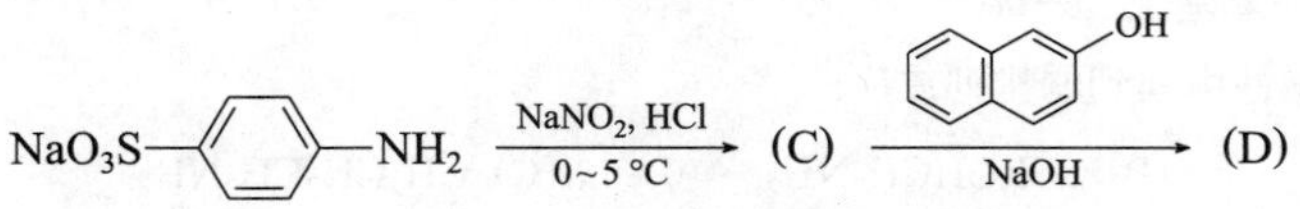

(2) NaO_3S—⟨⟩—NH_2 $\xrightarrow[0\sim5\ ^\circ C]{NaNO_2,\ HCl}$ (C) $\xrightarrow[NaOH]{\text{OH}}$ (D)

(3) $Cl^-\ N_2^+$—⟨⟩—⟨⟩—$N_2^+\ Cl^-$ + 2 COOH / —OH ⟶ (E)

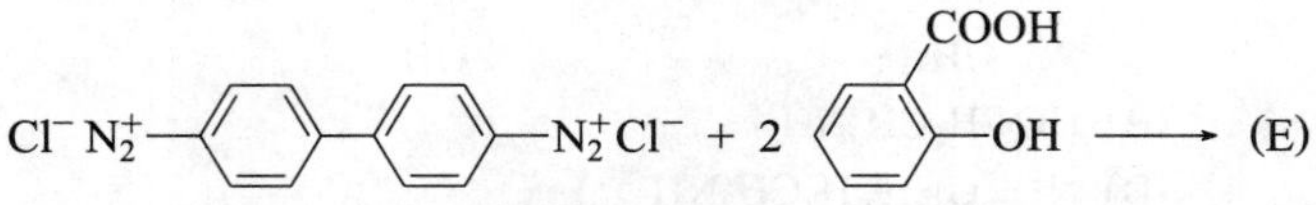

练习 15.27 指出合成下列偶氮染料的原料 (重氮组分和偶合组分):

(1) 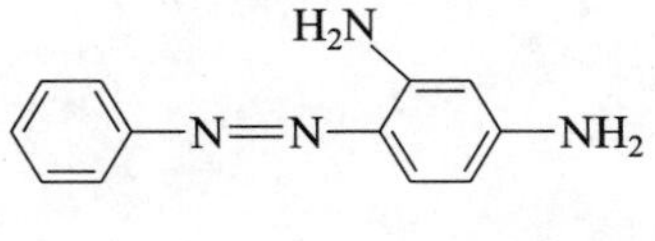 ⟨⟩—N═N—⟨⟩(H_2N)—NH_2

碱性菊橙

(2) 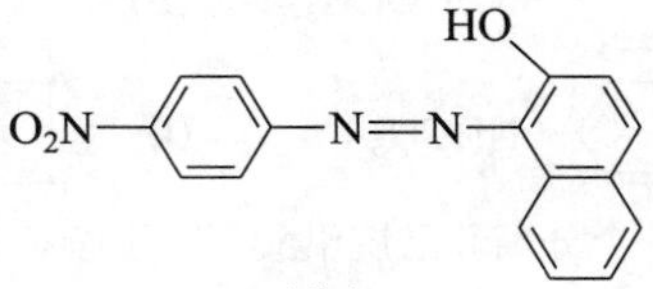 O_2N—⟨⟩—N═N—(HO)

对位红

(3) 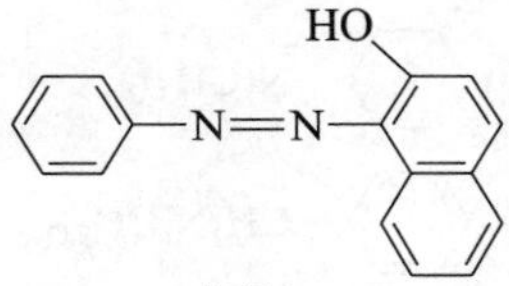 ⟨⟩—N═N—(HO)

苏丹红

习题

(一) 写出下列化合物的构造式或命名:

(1) 仲丁胺

(2) 丙-1,3-二胺

(3) 溴化四丁铵

(4) *N*, *N*-二甲基苯-1,4-二胺

(5) $(CH_3)_2NCH_2CH_2OH$

(6) 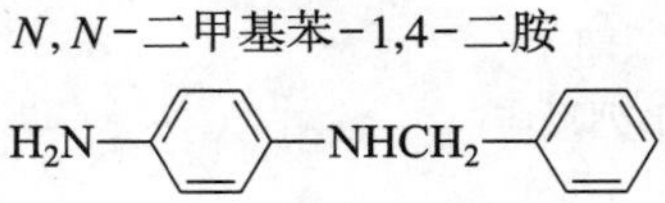 H_2N—⟨⟩—$NHCH_2$—⟨⟩

(7) 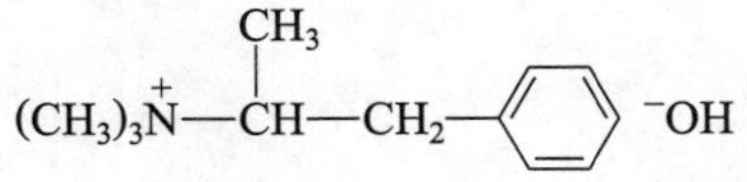 $(CH_3)_3\overset{+}{N}$—CH(CH_3)—CH_2—⟨⟩ ^-OH

(8) 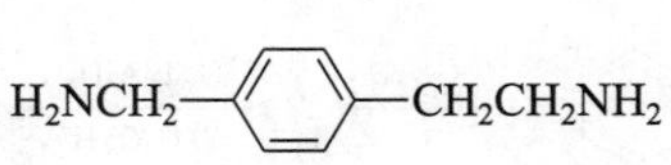 H_2NCH_2—⟨⟩—$CH_2CH_2NH_2$

(9) 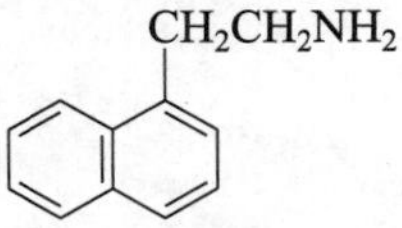 $CH_2CH_2NH_2$

(二) 两种异构体 (A) 和 (B), 分子式都是 $C_7H_6N_2O_4$, 分别用混酸硝化, 得到同样产物。把 (A) 和 (B) 分别氧化得到的两种酸分别与 NaOH 和 CaO 的混合物共热, 得到同样产物 $C_6H_4N_2O_4$, 后者用 Na_2S 还原, 则得间硝基苯胺。写出 (A) 和 (B) 的构造式及各步反应式。

(三) 完成下列转变:

(1) 丙烯 ⟶ 异丙胺　　(2) 3,5-二溴苯甲酸 ⟶ 3,5-二溴苯胺

(3) 乙烯 ⟶ 丁-1,4-二胺　　(4) 乙醇,异丙醇 ⟶ 乙基异丙基胺

(5) 苯,乙醇 ⟶ *N*-乙基-1-苯基乙胺　　(6) 环己烷 ⟶ 3-环己基丙-1-胺

(7) (3-溴丙基)苯 ⟶ 4-苯基丁-1-烯

(四) 把下列各组化合物按碱性由强到弱排列成序:

(1) (A) $CH_3CH_2CH_2NH_2$　(B) $CH_3CH(OH)CH_2NH_2$　(C) $CH_2(OH)CH_2CH_2NH_2$

(2) (A) $CH_3CH_2CH_2NH_2$　(B) $HOCH_2CH_2NH_2$
(C) $CH_3OCH_2CH_2NH_2$　(D) $N\equiv C—CH_2CH_2NH_2$

(3) (A) $C_6H_5—NHCOCH_3$　(B) $C_6H_5—NHSO_2CH_3$
(C) $C_6H_5—NHCH_3$　(D) $C_5H_{10}N—CH_3$

(五) 试拟一个分离环己烷甲酸、三丁胺和苯酚的方法。

(六) 用化学方法区别下列各组化合物:

(1) (A) $C_5H_{10}NH$　(B) $C_6H_5—NH_2$　(C) $C_6H_{11}—N(CH_3)_2$

(2) (A) $C_6H_5—CH_2CH_2NH_2$　(B) $C_6H_5—CH_2NHCH_3$　(C) $C_6H_5—CH_2N(CH_3)_2$
(D) $H_3C—C_6H_4—NH_2$　(E) $C_6H_5—N(CH_3)_2$

(3) (A) 硝基苯　(B) 苯胺　(C) *N*-甲基苯胺　(D) *N*,*N*-二甲基苯胺

(七) 分别写出苄胺和 *N*-甲基苯胺与下列化合物反应的产物:

(1) 稀盐酸　(2) 乙酸　(3) 乙酸酐
(4) 稀 NaOH 水溶液　(5) 异丁酰氯　(6) 苯磺酰氯 + KOH(水溶液)
(7) 过量的 CH_3I　(8) (7) 的产物 + 湿 Ag_2O　(9) (8) 的产物加热
(10) $CH_3COCH_3 + H_2 + Ni$　(11) HNO_2, 0 ℃　(12) 邻苯二甲酸酐
(13) 氯乙酸钠

(八) 完成下列反应:

(1) $C_{10}H_7CH_2Cl \xrightarrow{NaCN} ? \xrightarrow[②\ H_2O,\ H^+]{①\ LiAlH_4} ? \xrightarrow{(CH_3CO)_2O} ?$

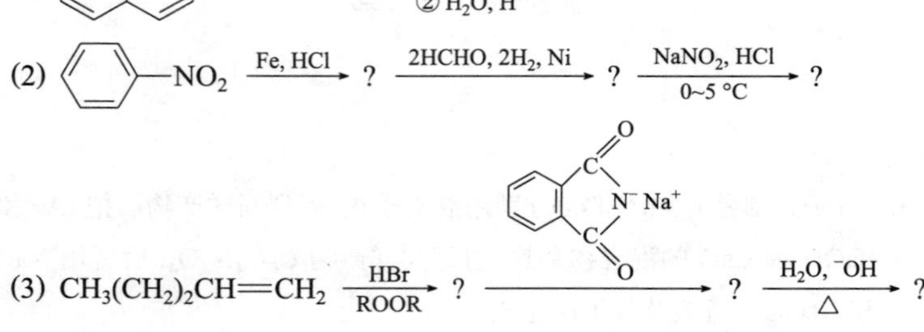

(4) 环己酮 $\xrightarrow{HN(CH_3)_2,\ H_2,\ Ni}$? $\xrightarrow{H_2O_2}$?

(5) 降冰片-2-酮 $\xrightarrow[H_2,\ Ni]{(CH_3)_2NH}$? $\xrightarrow[②\ 湿\ Ag_2O\quad ③\ \triangle]{①\ CH_3I}$? $\xrightarrow[②\ Zn,\ H_2O]{①\ O_3}$?

(九) 解释下列实验现象:

$$HOCH_2CH_2NH_2 \xrightarrow{1\ mol\ (CH_3CO)_2O,\ K_2CO_3} HOCH_2CH_2NHCOCH_3$$

$$HOCH_2CH_2NH_2 \xrightarrow{1\ mol\ (CH_3CO)_2O,\ HCl} CH_3COOCH_2CH_2\overset{+}{N}H_3Cl^- \xrightarrow{K_2CO_3} HOCH_2CH_2NHCOCH_3$$

(十) 由指定原料合成下列化合物 (其他试剂任选)。

(1) 由 3-甲基丁-1-醇分别制备:

(A)$(CH_3)_2CHCH_2CH_2NH_2$, (B)$(CH_3)_2CHCH_2CH_2CH_2NH_2$ 和 (C)$(CH_3)_2CHCH_2NH_2$

(2) 由苯合成 $C_6H_5-C(OH)(CH_3)-CH_2NH_2$

(3) 由 $CH_3CH_2NH_2$ 和 1,5-二溴戊烷合成 N-乙基哌啶-N-氧化物（$\overset{+}{N}$—^-O，CH_2CH_3）

(十一) 由苯、甲苯或萘合成下列化合物 (其他试剂任选)。

(1) 2-氨基-3,5-二溴苄胺（苯环上：NH_2，Br，CH_2NH_2，Br）

(2) $CH_3CH_2O-C_6H_4-\overset{O}{\overset{\|}{C}}-O-C_6H_4-I$

(3) 3,5-二溴苯乙酸（Br，Br，CH_2COOH）

(4) 3-甲基二苯甲酮（H_3C，$\overset{O}{\overset{\|}{C}}$）

(5) CH_3CH_2—萘基—N=N—萘基（HO）

(6) $H_2N-C_6H_3(NH_2)-N{=}N-C_6H_4-N{=}N-C_6H_3(NH_2)-NH_2$

(7) $O_2N-C_6H_3(Br)-N{=}N-C_6H_4-N(CH_2CH_2OH)_2$

（十二）2, 4, 4′-三氯-2′-羟基二苯醚
Cl HO
Cl
O
Cl
，商品名称“卫洁灵”，对细菌尤其是厌氧菌具有很强的杀伤力，被广泛用在牙膏、香皂等保洁用品中。试由苯为起始原料合成之。

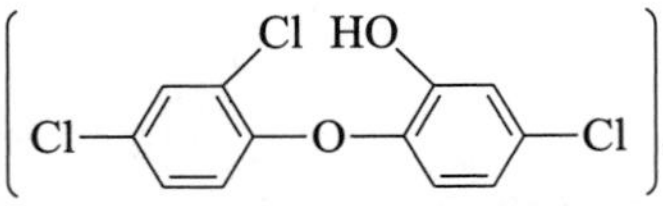

（十三）“心得安”具有抑制心脏收缩、保护心脏及避免过度兴奋的作用，是一种治疗心血管病的药物，其构造式如下。试由萘-1-酚合成之（其他试剂任选）。

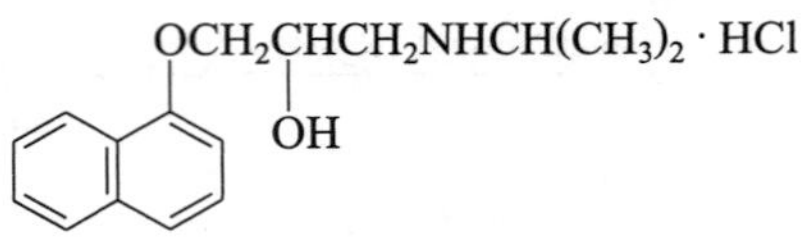

OCH2CHCH2NHCH(CH3)2 · HCl
OH

（十四）
NO2
HO
N=N
CH3
是合成紫外线吸收剂 Tinuvin P 的中间体，请以 1-氯-2-硝基苯、甲苯为原料合成之（无机试剂任选）。

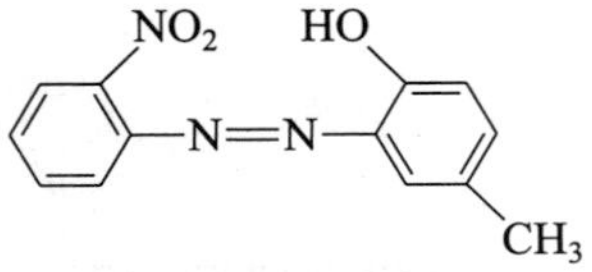

（十五）脂肪族伯胺与亚硝酸钠、盐酸作用，通常得到醇、烯和卤代烃等多种产物的混合物，合成上无实用价值，但 β-氨基醇与亚硝酸作用可主要得到酮。例如：

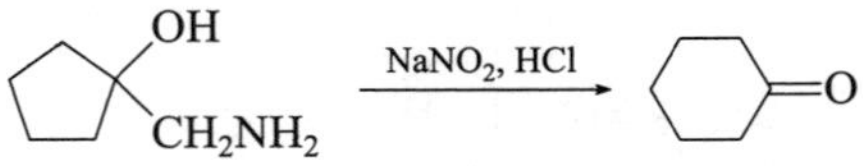

OH
CH2NH2
NaNO2, HCl
O

五元环　　　　六元环

这种扩环反应在合成七～九元环状化合物时，特别有用。

(1) 这种扩环反应从机理上与何种重排反应相似？

(2) 试由环己酮合成环庚酮。

（十六）化合物 (A) 是一种胺，分子式为 C_7H_9N。(A) 与对甲苯磺酰氯在 KOH 溶液中作用，生成清亮的液体，酸化后得白色沉淀。当 (A) 用 $NaNO_2$ 和 HCl 在 0～5 ℃ 处理后再与萘-1-酚作用，生成一种深颜色的化合物 (B)。(A) 的 IR 谱表明在 815 cm^{-1} 处有一强吸收峰。试推测 (A), (B) 的构造式并写出各步反应。

（十七）化合物 (A) 的分子式为 $C_{15}H_{17}N$，用对甲苯磺酰氯和 KOH 处理后无明显变化。这个混合物酸化后得一澄清的溶液。(A) 的 ^1H NMR 谱 (90 MHz, $CDCl_3$) 如下所示。写出 (A) 的构造式。

7H
C15H17N
3H
2H
2H
3H
8 7 6 5 4 3 2 1 0
δ

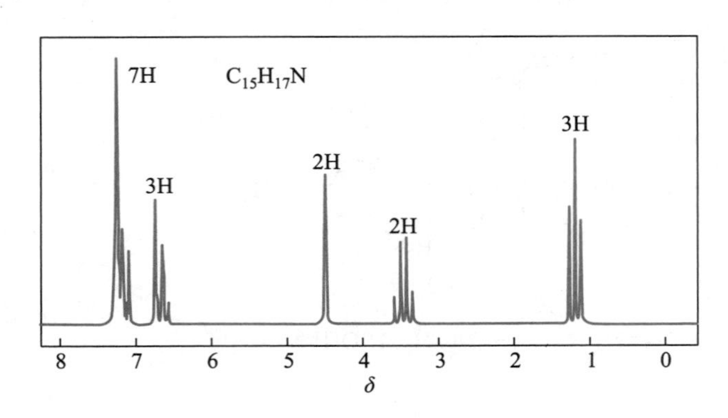

（十八）毒芹碱（coniine, $C_8H_{17}N$）是毒芹的有毒成分，其 ^1H NMR 谱中没有双峰。毒芹碱与 2 mol CH_3I 反应，再与湿 Ag_2O 反应，热解产生中间体 $C_{10}H_{21}N$，后者进一步甲基化并转变为氢氧化物，再热解生成三甲胺、辛-1,5-二烯和辛-1,4-二烯。试推测毒芹碱的结构。

第十六章
含硫、含磷和含硅有机化合物

前导知识：学习本章之前需要复习以下知识点

烯烃和炔烃的离子型加成反应 (3.5.2 节)
芳香苯环上的反应 (5.4.1 节)
卤代烷的亲核取代反应 (7.5.1 节)
Williamson 合成法 (10.3.2 节)
环氧化合物的开环反应 (10.5.3 节)
羰基的亲核加成反应 (11.5.1 节)
羧酸衍生物酰基上的亲核取代反应 (13.3.1 节)

本章导读：学习本章内容需要掌握以下知识点

硫醇、硫酚和磺酸的酸性
烷基膦的结构
硅原子和碳原子的异同
含硫和含磷有机化合物参与的亲核取代反应
含硅有机化合物的化学性质和在合成中的应用

后续相关：与本章相关的后续知识点

常见的五元杂环化合物 (17.2.2 节)
磷脂 (18.3 节)

含硫、含磷和含硅有机化合物都是重要的含有杂原子的有机化合物，它们一般含有C—Y (Y=S, P, Si 等杂原子) 键。鉴于它们在生命科学和有机合成中的重要价值，本章着重介绍此三类化合物的性质及用途。

16.1 有机硫化合物的分类

有机硫化合物中一般都含有 C—S 键。许多有机硫化合物都存在于自然界中。例如，石油和石油产品中常含有有机硫化合物，如戊-2-硫醇、甲硫醚、乙基环己基硫醚和苯并噻吩等。

存在于动植物体内的有机硫化合物，如蛋白质中的胱氨酸、半胱氨酸，辅酶中的硫辛酸，都具有重要的生物活性。

一些天然的或人工合成的有机硫化合物是重要的药物，如常用的抗生素头孢菌素、磺胺药等。

硫原子能够形成 2, 4, 6 等不同价态的化合物。常见的有机二价硫化合物有硫醇、硫酚和硫醚。它们分别是醇、酚和醚的含硫类似物。例如：

CH_3CH_2SH	C_6H_5—SH	$CH_3CH_2SCH_2CH_3$	C_6H_5—SCH_3
乙硫醇	苯硫酚	乙硫醚	苯甲硫醚

重要的有机四价硫化合物有亚砜。例如：

$$CH_3—\overset{O}{\overset{\|}{S}}—CH_3$$

二甲基亚砜 (DMSO)

有机六价硫化合物有砜、磺酸及其衍生物等。例如：

环丁砜	$CH_3—C_6H_4—SO_2—OH$	$CH_3—SO_2—Cl$	$F_3C—SO_2—O—SO_2—CF_3$
环丁砜	对甲苯磺酸	甲磺酰氯	三氟甲磺酸酐

16.2 硫醇和硫酚

16.2.1 硫醇和硫酚的命名

硫醇和硫酚可分别看成醇和酚分子中的氧原子被硫原子替代后形成的化合物。它们的通式分别是 R—SH 和 Ar—SH，其中—SH 称为巯基。巯基是硫醇和硫酚的官能团。

硫醇和硫酚的命名与醇和酚的命名相似,只是在"醇"或"酚"字前加一个"硫"字。例如:

$CH_3CH_2CH_2SH$	$H_2C{=}CHCH_2SH$	$C_6H_5CH_2SH$	C_6H_5SH
丙-1-硫醇	烯丙硫醇	苯甲硫醇	苯硫酚
propane-1-thiol	prop-2-ene-1-thiol	phenylmethanethiol	benzenethiol

16.2.2 硫醇和硫酚的制备

实验室中常用卤代烷与硫脲反应制取硫醇。例如:

$$(H_2N)_2C{=}\ddot{S} + CH_3CH_2{-}Br \xrightarrow{CH_3CH_2OH}$$

硫脲

$$\left[(H_2N)_2C{=}\overset{+}{S}{-}CH_2CH_3\ Br^- \longleftrightarrow H_2\overset{+}{N}{=}C(NH_2){-}S{-}CH_2CH_3\ Br^-\right]$$

S-乙基异硫脲氢溴酸盐, 95%

$$\xrightarrow[\text{② } H_3O^+]{\text{① NaOH, } H_2O} (H_2N)_2C{=}O + CH_3CH_2SH$$

尿素　　乙硫醇, 90%

通过溴代烷或碘代烷与硫氢化钾反应也可制备硫醇。通常将 H_2S 气体通入 KOH 的醇溶液中,由此产生的硫氢化钾再与卤代烷作用。通入过量的 H_2S 可以减少硫醚的生成。

$$R{-}X + KOH + H_2S \xrightarrow[\triangle]{CH_3CH_2OH} R{-}SH + KX + H_2O$$

在酸的存在下,用锌还原磺酰氯可制取硫酚:

$$C_6H_5{-}SO_2Cl \xrightarrow[0\ ^\circ C]{Zn{-}H_2SO_4} C_6H_5{-}SH$$

90%

16.2.3 硫醇和硫酚的物理性质

相对分子质量较低的硫醇通常具有极强的难闻气味。例如,乙硫醇在空气中的体积分数达到百亿分之一时,人即可闻到。常将痕量的乙硫醇加到天然气中,用以检测管道是否漏气。当臭鼬遭到袭击时,便分泌含有3-甲基丁-1-硫醇和丁-2-烯-1-硫醇的臭液,用以防身。丙-1-硫醇具有碎洋葱的气味;烯丙硫醇具有大蒜的气味。很多含有巯基的有机化合物及含硫有机化合物可作为食用香精使用。如丁-2,3-二硫醇等某些含硫有机化合物通常表现出与各种肉类相关的气味。硫醇的臭味随相对分子质量的增加而减少,9个碳原子以上的硫醇已没有令人不愉快的气味了。硫酚与硫醇相似,相对分子质量较低的硫酚也具有难闻的气味。

由于硫原子比氧原子的电负性小,硫醇或硫酚形成分子间氢键的能力较弱,因而它们与相应的醇和酚相比沸点较低,在水中的溶解度也较小。例如,甲硫醇的沸点为 6 ℃,甲醇的沸点为 64.7 ℃;苯硫酚的沸点为 168 ℃,苯酚的沸点为 182 ℃。乙硫醇在水中的溶解度只有 1.5 g·(100 g 水)$^{-1}$,而乙醇能与水互溶。

16.2.4 硫醇和硫酚的化学性质

(1) 酸性 硫比氧的原子半径大,可极化度大,使得 S—H 键比 O—H 键容易解离,因而硫醇、硫酚比相应的醇和酚的酸性强。例如,乙硫醇的 pK_a 值为 10.6,乙醇的 pK_a 值为 15.9;苯硫酚的 pK_a 值为 7.8,苯酚的 pK_a 值为 10.0。

硫醇和硫酚能够溶于稀的氢氧化钠溶液中,生成较稳定的硫醇盐或硫酚盐。

$$\mathrm{RSH + NaOH \longrightarrow RSNa + H_2O}$$

硫醇和硫酚不仅能与碱金属形成相应的盐,还能与重金属盐(如 Hg^{2+}, Cu^{2+} 和 Pb^{2+})生成不溶于水的重金属盐。例如:

$$\mathrm{2\,CH_3CH_2SH + HgO \longrightarrow (CH_3CH_2S)_2Hg\uparrow + H_2O}$$

在临床上利用这一性质,把硫醇作为某些重金属中毒的解毒剂。例如,二巯基丙醇曾被用作汞中毒的解毒剂,医学上称为巴尔(BAL),它与汞离子形成的螯合物可从尿液中排出。

(2) 氧化反应 在温和的氧化剂(如 H_2O_2, O_2, I_2 和 NaIO 等)作用下,硫醇可被氧化成二硫化合物。例如:

$$\mathrm{2\,RSH + I_2 \xrightarrow[\text{室温}]{C_2H_5OH,\ H_2O} RS{-}SR + 2\,HI}$$

利用硫醇的这一性质,在石油工业上采取催化氧化法,使之形成二硫化合物以达到减少腐蚀和除臭的目的:

$$\mathrm{2\,RSH + \frac{1}{2}O_2 \xrightarrow{\text{磺化酞菁钴}} RS{-}SR + H_2O}$$

二硫化合物在温和的还原剂(如 $NaHSO_3$, Zn 与酸等)作用下,容易被还原为硫醇:

$$\mathrm{RS{-}SR \xrightarrow[HCl]{Zn} 2\,RSH}$$

在强氧化剂(如 HNO_3, $KMnO_4$ 等)作用下,硫醇可被氧化成磺酸。例如:

$$\mathrm{CH_3CH_2SH \xrightarrow{KMnO_4,\ H^+} CH_3CH_2SO_3H}$$

练习 16.1 烯丙基二硫化合物 $CH_2{=}CHCH_2{-}S{-}S{-}CH_2CH{=}CH_2$ 是大蒜油的组分之一,试由烯丙基溴合成之。

---

(3) 亲核反应 硫原子比氧原子易于极化,因而在质子溶剂中,硫醇和硫酚比相应的醇和酚亲核性强,RS^- 和 ArS^- 也比相应的 RO^- 和 ArO^- 的亲核性强。

(a) 亲核取代反应。硫醇、硫酚和碱在极性溶剂中,与卤代烷容易发生 S_N2 反应,生成

硫醚。例如:

$$CH_3CH_2S^- Na^+ + (CH_3)_2CHCH_2—Br \xrightarrow{H_2O} (CH_3)_2CHCH_2SCH_2CH_3 + NaBr \quad 95\%$$

$$C_6H_5—S^- Na^+ + CH_3—I \longrightarrow C_6H_5—SCH_3 + NaI \quad 96\%$$

硫酚与芳卤的亲核取代反应需在极性非质子溶剂(如DMSO)中进行。

(b) 与碳碳重键的亲核加成反应。在碱的催化作用下,硫醇可与直接连有吸电子基团的碳碳双键发生亲核加成反应。例如:

$$(CH_3)_3CSH + H_2C{=}CH—C{\equiv}N \xrightarrow[CH_3CH_2OH]{CH_3CH_2ONa} (CH_3)_3CS—CH_2—CH_2—C{\equiv}N \quad 95\%$$

(c) 硫醇与碳氧双键的亲核加成反应。硫醇比醇更容易与醛或酮进行亲核加成反应,生成相应的硫缩醛或硫缩酮。硫缩醛或硫缩酮不像缩醛或缩酮那样,容易分解为原来的醛或酮,所以一般不用于保护基团。但该类化合物可以通过催化氢化脱硫,转化为甲叉基。例如:

$$R—\overset{O}{\overset{\|}{C}}—R + \begin{matrix}HS—CH_2\\ |\\ HS—CH_2\end{matrix} \xrightarrow{H^+} R_2C\begin{matrix}S—CH_2\\ |\\ S—CH_2\end{matrix} \xrightarrow{H_2,\ Raney\ Ni} RCH_2R + NiS + CH_3CH_3\uparrow$$

硫醇还能与羧酸、酰卤或酸酐发生亲核取代反应,生成羧酸硫醇酯。例如:

$$CH_3CH_2SH + CH_3—\overset{O}{\overset{\|}{C}}—Cl \longrightarrow CH_3—\overset{O}{\overset{\|}{C}}—SCH_2CH_3 + HCl$$

乙酰辅酶A在生物体的糖类、脂肪和蛋白质代谢中起着重要作用,它是辅酶A(CoA,含有硫醇结构)和乙酸脱水缩合的产物。

乙酰辅酶A

16.3 硫醚

硫醚可以看成醚分子中的氧原子被硫原子替代后形成的化合物。同醚一样,硫醚可分为单硫醚(对称硫醚)和混硫醚(不对称硫醚)。硫醚的命名与醚的相似,只需在“醚”字

之前加一个“硫”字即可。例如:

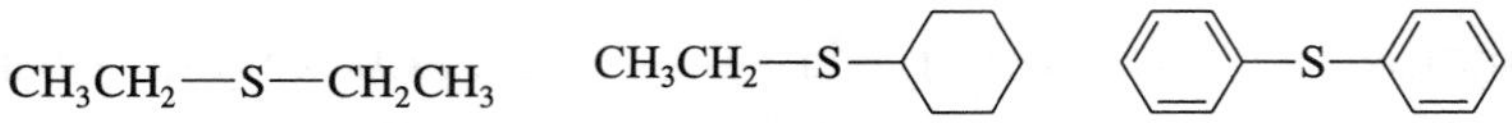

$CH_3CH_2—S—CH_2CH_3$　乙硫醚　diethyl sulfide

$CH_3CH_2—S—$环己基　环己基乙基硫醚　cyclohexyl ethyl sulfide

$C_6H_5—S—C_6H_5$　二苯硫醚　diphenyl sulfide

16.3.1　硫醚的制备

单硫醚可由硫化钾或硫化钠与卤代烷进行亲核取代反应制备。例如:

$$2\,CH_3I + K_2S \longrightarrow CH_3—S—CH_3 + 2\,KI$$

混硫醚的制备与 Williamson 合成法相似,由硫醇盐或硫酚盐与卤代烷反应制得。例如:

$$CH_2{=}CH\underset{\substack{|\\Cl}}{C}HCH_3 + CH_3SNa \xrightarrow{CH_3OH} CH_2{=}CH\underset{\substack{|\\SCH_3}}{C}HCH_3 + NaCl$$

62%

练习 16.2　完成下列反应式:

(1) $CH_3CH_2—S—H + (CH_3)_2CHCH_2CH_2CH_2Br \xrightarrow{^-OH}$

(2) $Na_2S\,(1mol) + BrCH_2CH_2CH_2CH_2Br \longrightarrow$

16.3.2　硫醚的性质

低碳链硫醚是无色液体,有臭味,不溶于水。它们与相应的醚相比,具有较高的沸点。例如,二甲硫醚的沸点是 37.6 ℃,而二甲醚的沸点只有 −23.6 ℃。

(1) 氧化反应　硫醚容易进行氧化反应。使用 RCO_3H 或 H_2O_2 氧化硫醚时,使用一当量氧化剂可得亚砜;使用两当量氯化剂时,可得砜。例如:

$$CH_3—S—CH_3 \xrightarrow{H_2O_2} CH_3—\overset{\overset{O}{\|}}{S}—CH_3 \xrightarrow{发烟\ HNO_3} CH_3—\overset{\overset{O}{\|}}{\underset{\underset{O}{\|}}{S}}—CH_3$$

二甲基亚砜是很有用的极性非质子溶剂。例如,在石油工业中,用它从石油馏分中萃取芳烃,从高温裂解气中萃取乙炔等。

练习 16.3　完成下列反应式:

(1) 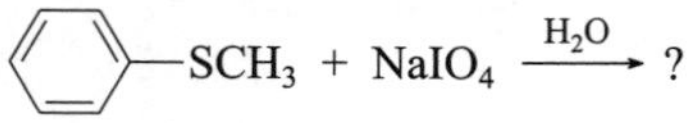 $C_6H_5—SCH_3 + NaIO_4 \xrightarrow{H_2O} ?$

(2) $CH_3SCH_3 \xrightarrow{H_2O_2} ? \xrightarrow{CH_3\overset{\overset{O}{\|}}{C}OOH} ?$

---

(2) 烷基硫正离子的生成 硫醚比醚的亲核性强得多，与卤代烷容易发生亲核取代反应，生成烷基硫正离子。例如：

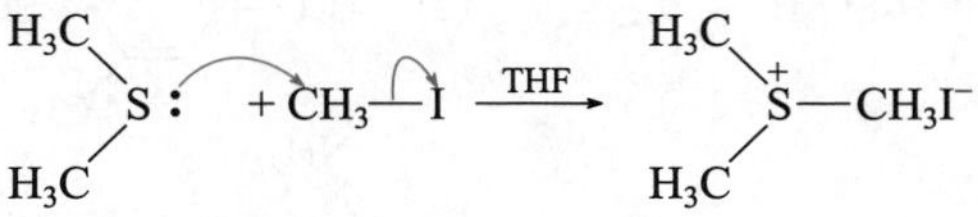

$$(H_3C)_2\ddot{S}: + CH_3—I \xrightarrow{THF} (H_3C)_2\overset{+}{S}—CH_3I^-$$

烷基硫正离子自身又是一种烷基化试剂，可与亲核试剂作用，在反应过程中硫醚作为离去基团脱离反应体系。例如：

$$CH_3CH_2CH_2—\ddot{N}H_2 + CH_3—\overset{+}{S}(CH_3)_2 \longrightarrow CH_3CH_2CH_2—\overset{+}{N}H_2(CH_3) + CH_3SCH_3$$

这种甲基转移反应在生物合成中具有重要意义。例如，肾上腺素的生物合成就是通过这种甲基由硫原子转移到氮原子上的反应实现的。

16.4 磺酸

磺酸 (RSO_3H) 可以看成硫酸分子中的羟基被烃基替代后的化合物。磺酸基 (—SO_3H) 是除去硫酸分子中的一个羟基后余下的基团，是磺酸的官能团。芳基直接与磺酸基相连的化合物称为芳磺酸。

16.4.1 磺酸的命名

磺酸的命名为“某烃磺酸”，但“某烷磺酸”通常省去“烷”字。例如：

$CH_3CH_2—SO_3H$

乙磺酸

ethanesulfonic acid

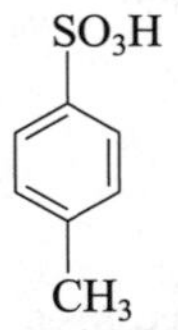

对甲苯磺酸

4-methylbenzenesulfonic acid

$C_6H_5CH_2SO_3H$

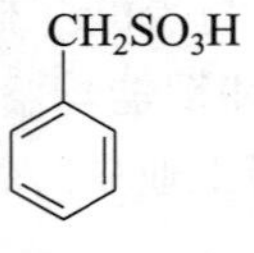

苯基甲磺酸

phenylmethanesulfonic acid

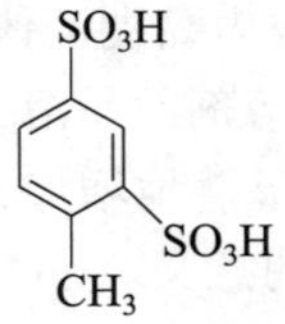

4-甲基苯-1,3-二磺酸

4-methylbenzene-1,3-disulfonic acid

练习 16.4　命名下列化合物:

(1) $CH_3(CH_2)_8CH{=}CHCH_2SO_3H$

(2) 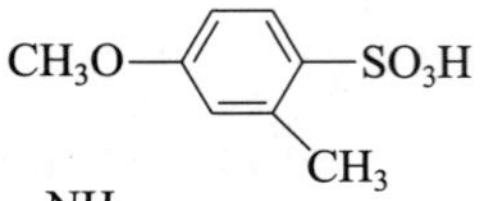 CH_3O—C₆H₃(CH₃)—SO_3H

(3) 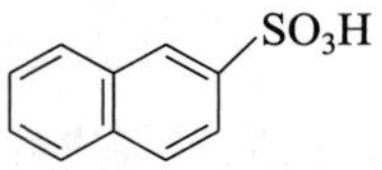 2-萘环—SO_3H

(4) 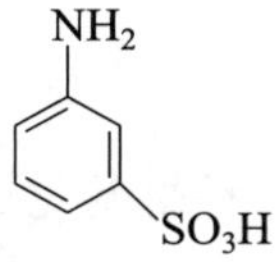 间-NH_2-C₆H₄-SO_3H

16.4.2 磺酸的制备

(1) 直接磺化法　可以由芳烃的直接磺化反应制备芳磺酸。例如:

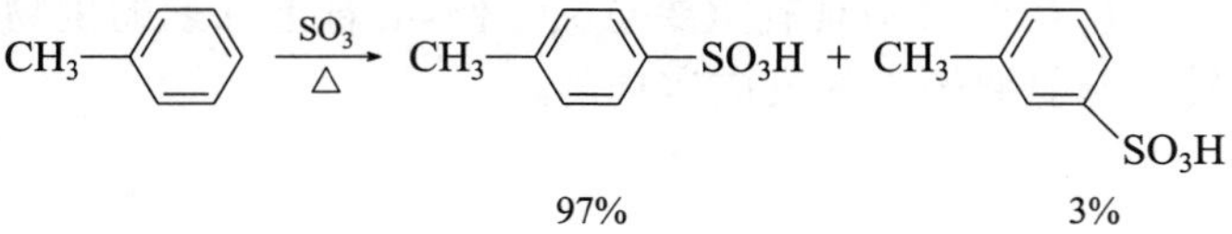

$$CH_3-C_6H_5 \xrightarrow[\triangle]{SO_3} CH_3-C_6H_4-SO_3H\ (97\%) + CH_3-C_6H_4-SO_3H\ (间位, 3\%)$$

用 SO_3 磺化与用浓硫酸、发烟硫酸或氯磺酸 ($ClSO_3H$) 磺化相比, 可以大大减少废酸的生成, 降低污水的排放量, 有利于环境保护。

(2) 间接磺化法　通过含有活泼卤原子的有机卤化物与亚硫酸盐 (如 Na_2SO_3, K_2SO_3 和 $NaHSO_3$ 等) 的亲核取代反应生成磺酸盐, 后者经酸化后得到磺酸。这种方法称为间接磺化法。例如:

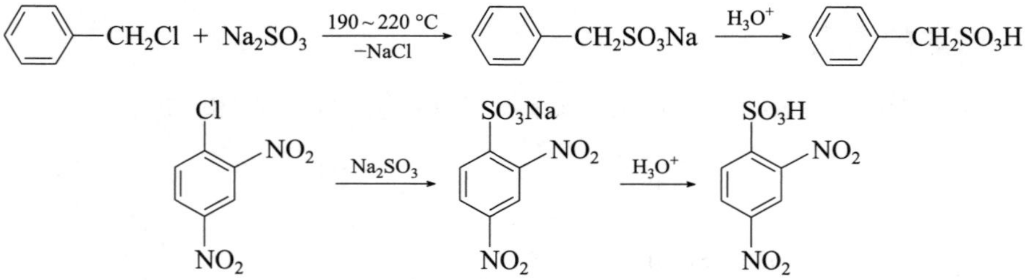

$$C_6H_5-CH_2Cl + Na_2SO_3 \xrightarrow[-NaCl]{190\sim220\ ^\circ C} C_6H_5-CH_2SO_3Na \xrightarrow{H_3O^+} C_6H_5-CH_2SO_3H$$

$$2,4-(NO_2)_2C_6H_3Cl \xrightarrow{Na_2SO_3} 2,4-(NO_2)_2C_6H_3SO_3Na \xrightarrow{H_3O^+} 2,4-(NO_2)_2C_6H_3SO_3H$$

使用间接磺化法, 既可得到脂肪族磺酸, 也可得到某些芳香族磺酸。

16.4.3 磺酸的物理性质

常见的脂肪族磺酸为黏稠液体, 芳磺酸都是固体。磺酸与硫酸一样, 具有极强的吸湿性, 不溶于一般的有机溶剂而易溶于水。磺酸的钠、钾、钙和钡盐均溶于水。因此在有机分子中引入磺酸基, 可显著地增加其水溶性, 这在染料、制药工业中, 以及表面活性剂的合成中都具有十分重要的意义。

16.4.4 磺酸的化学性质

与脂肪族磺酸相比, 芳磺酸的用途更为广泛。这里仅以芳磺酸为例进行讨论。芳磺酸的化学反应发生在磺酸基和芳环上。芳环上的反应主要是亲电取代反应, 但活性较差。

(1) 酸性　芳磺酸是强酸,其酸性与硫酸相近,不仅能与氢氧化钠等碱生成稳定的盐,还能与NaCl建立平衡而成盐。例如:

$$C_6H_5{-}SO_3H + NaOH \longrightarrow C_6H_5{-}SO_3Na + H_2O$$

$$C_6H_5{-}SO_3H + NaCl \rightleftharpoons C_6H_5{-}SO_3Na + HCl$$

由于磺酸具有强酸性,在有机合成中常用其代替硫酸作酸性催化剂,这样可以减少副反应的发生。

(2) 磺酸基中羟基的反应　与羧基中的羟基相似,磺酸基中的羟基也能被卤素、氨基和烷氧基取代,生成一系列磺酸衍生物。例如,芳磺酸或其钠盐与五氯化磷、三氯氧磷或氯磺酸等作用,磺酸基中的羟基被氯原子取代,生成芳磺酰氯。例如:

$$CH_3{-}C_6H_4{-}SO_2{-}OH + PCl_5 \longrightarrow CH_3{-}C_6H_4{-}SO_2{-}Cl + POCl_3 + HCl$$

$$2\ C_6H_5{-}SO_3Na + POCl_3 \xrightarrow{180\ ^\circ C} 2\ C_6H_5{-}SO_2Cl + NaCl + NaPO_3$$

$$m\text{-}O_2N{-}C_6H_4{-}SO_3Na + PCl_5 \xrightarrow{\text{室温}} m\text{-}O_2N{-}C_6H_4{-}SO_2Cl + NaCl + POCl_3$$

80%～90%

芳磺酰氯也常用芳烃与过量的氯磺酸反应制得。例如:

$$C_6H_6 + 2\ ClSO_3H \xrightarrow[20\sim25\ ^\circ C]{CCl_4} C_6H_5{-}SO_2Cl + H_2SO_4 + HCl$$

77%

(3) 磺酸基被取代的反应　在适当的条件下,芳磺酸中磺酸基可被氢原子、羟基和氰基等取代,生成相应的芳香族化合物。

(a) 水解。在酸催化下,芳磺酸与水共热,脱去磺酸基,生成芳烃。这是芳烃磺化反应的逆反应,在有机合成中有一定的实用性。可利用磺酸基暂时占据芳环上某一位置,待其他反应完成之后,再经水解反应除去磺酸基。此方法对于制备难以分离提纯的异构体是很有用的。例如,氯代甲苯的三种异构体很难分离提纯,但通过下列反应,则可得到较纯的邻氯甲苯。

$$C_6H_5CH_3 \xrightarrow[\triangle]{H_2SO_4} p\text{-}CH_3C_6H_4SO_3H \xrightarrow[FeCl_3]{Cl_2} 3\text{-}Cl\text{-}4\text{-}CH_3C_6H_3SO_3H \xrightarrow[\approx 150\ ^\circ C]{H_2O,\ HCl} o\text{-}ClC_6H_4CH_3$$

水解反应通常是在稀盐酸或稀硫酸的存在下加热进行的。

(b) 碱熔及其他亲核取代反应。芳磺酸的钠盐 (或钾盐) 与氢氧化钠 (或氢氧化钾) 熔融，生成相应的酚盐，后者经酸化后成酚。例如：

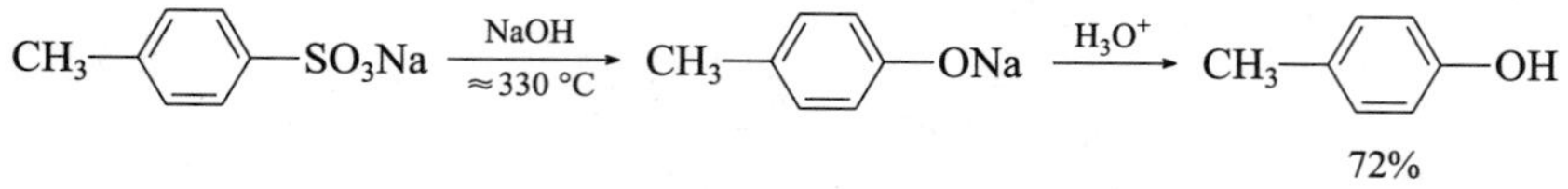

$$CH_3-C_6H_4-SO_3Na \xrightarrow[\approx 330\ ^\circ C]{NaOH} CH_3-C_6H_4-ONa \xrightarrow{H_3O^+} CH_3-C_6H_4-OH \quad 72\%$$

这是芳环上的亲核取代反应，是制备酚类化合物的重要方法之一。但由于反应条件苛刻，此方法不适用于除烷基和氨基以外的取代酚类化合物的合成。

除了羟基能够取代磺酸基外，其他的亲核试剂（如 ^-CN, NH_3 和 RNH_2 等）也能与芳磺酸盐进行亲核取代反应。例如：

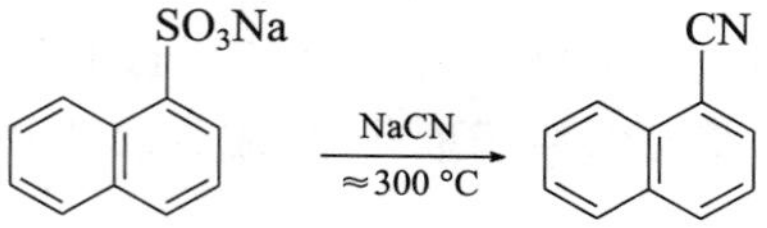

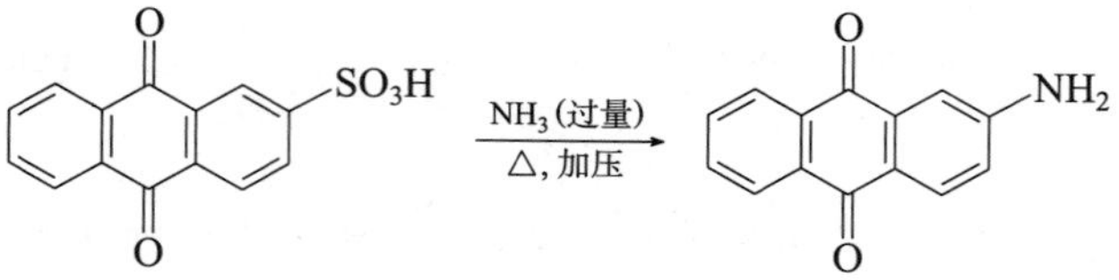

$$C_{10}H_7SO_3Na \xrightarrow[\approx 300\ ^\circ C]{NaCN} C_{10}H_7CN$$

$$\text{2-蒽醌磺酸}(SO_3H) \xrightarrow[\triangle,\text{加压}]{NH_3(\text{过量})} \text{2-氨基蒽醌}(NH_2)$$

练习 16.5 完成下列转变（经磺酸盐）：

(1) 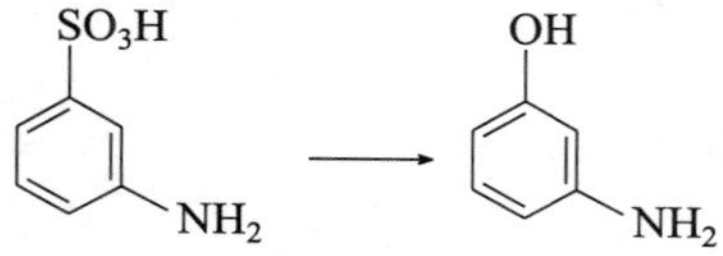 间氨基苯磺酸（SO_3H, NH_2） ⟶ 间氨基苯酚（OH, NH_2）

(2) 苯磺酸（SO_3H） ⟶ 苯硫酚（SH）

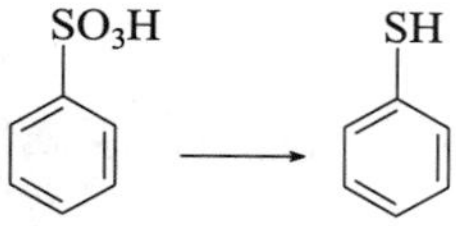

(3) 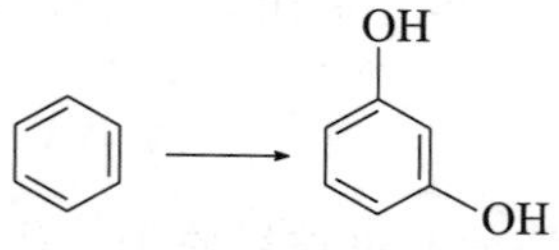 苯 ⟶ 间苯二酚（OH, OH）

(4) 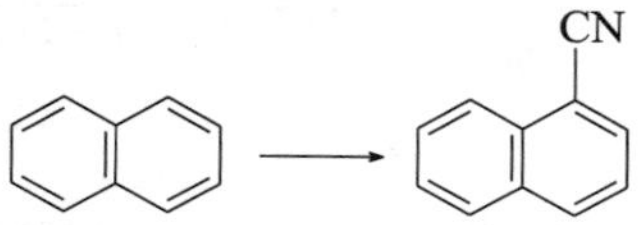 萘 ⟶ 1-萘甲腈（CN）

16.5 芳磺酰胺

芳磺酰胺可看成芳磺酸分子中的羟基被氨基取代后的化合物。它通常由芳磺酰氯与氨或胺反应得到，但由于叔胺没有可被取代的氢原子，故不发生反应。

糖精和磺胺药物都是芳磺酰胺的重要衍生物。

糖精是邻磺酰苯甲酰亚胺的俗名，是人工合成的甜料，其甜度是蔗糖的 550 倍，在结构上与蔗糖等糖类没有任何相关之处。它无任何营养价值，早期供糖尿病患者食用，也可用作调味剂。因其难溶于水，故通常制成钠盐使用。

磺胺药物是对氨基苯磺酰胺类化合物，具有抗菌消炎作用。许多磺胺药物是其磺酰基上的氢原子被其他基团（通常是杂环）取代的产物，如新诺明。

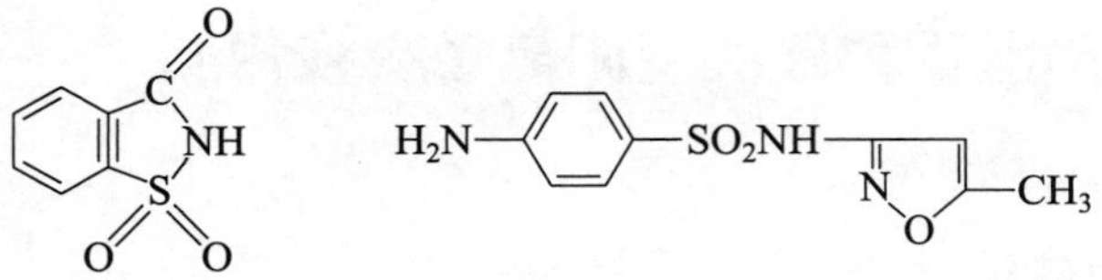

拓展:合成甜味剂

糖精　　　　新诺明

磺胺药物的抑菌作用是由于磺胺药物中能分解出对氨基苯磺酰胺。细菌在生长过程中需要自身合成一种维生素叶酸:

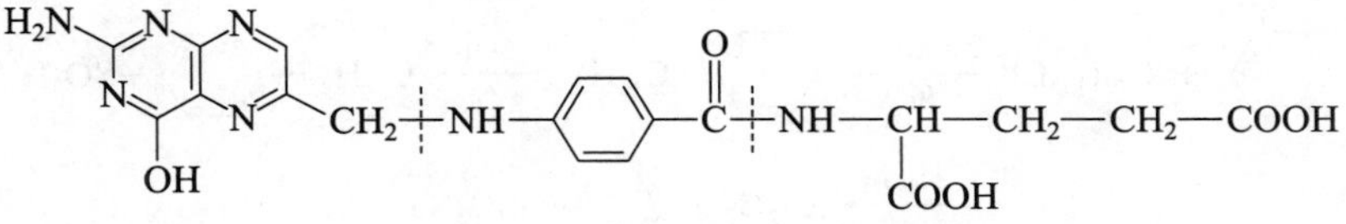

对氨基苯甲酸单元　　谷氨酸单元

对氨基苯磺酰胺的分子大小和形状与组成叶酸的对氨基苯甲酸相近,化学性质也类似。由于细菌对二者缺乏选择性,大量的对氨基苯磺酰胺替代了对氨基苯甲酸而被细菌吸收。由此使得叶酸的合成受阻,从而导致细菌死亡。

叶酸广泛存在于自然界中,因在绿叶中含量丰富而得名,又称维生素 B_{11}。它对于正常红细胞的形成有促进作用,缺乏时可引起疾病。叶酸主要用作饲料添加剂。

以苯胺为原料,经下列途径可以合成磺胺药物:

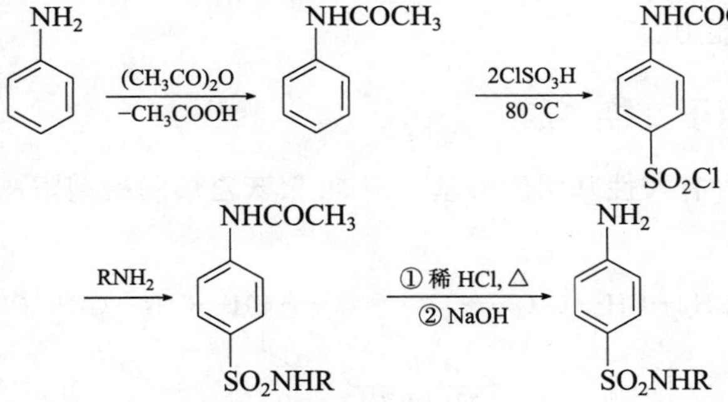

$$C_6H_5NH_2 \xrightarrow[-CH_3COOH]{(CH_3CO)_2O} C_6H_5NHCOCH_3 \xrightarrow[80\ ^\circ C]{2ClSO_3H} p\text{-}CH_3CONHC_6H_4SO_2Cl$$

$$\xrightarrow{RNH_2} p\text{-}CH_3CONHC_6H_4SO_2NHR \xrightarrow[②\ NaOH]{①\ 稀\ HCl,\ \triangle} p\text{-}H_2NC_6H_4SO_2NHR$$

练习 16.6 (1) 以苯胺和 2-氨基噻唑为原料,合成磺胺噻唑。(2) 怎样才能将磺胺噻唑转换成琥珀酰磺胺噻唑?

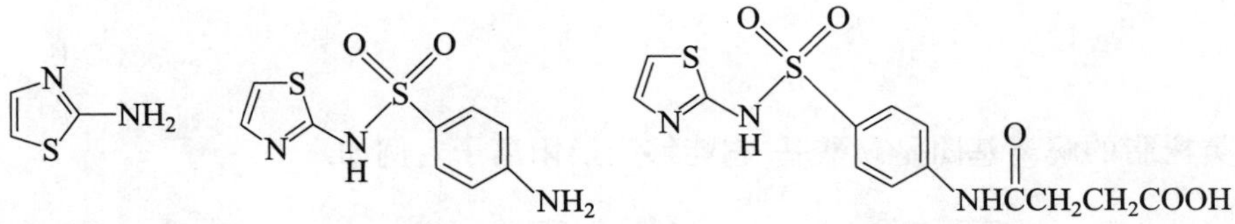

2-氨基噻唑　　磺胺噻唑　　琥珀酰磺胺噻唑

16.6　烷基苯磺酸钠和磺酸型阳离子交换树脂

16.6.1　烷基苯磺酸钠

最重要的烷基苯磺酸钠是十二烷基苯磺酸钠，它是市售合成洗涤剂的主要成分，可由含十二个碳原子为主的 α-烯烃或氯代十二烷为原料，与苯进行烷基化反应后再经磺化、中和而得。

$$C_6H_6 + C_{12}H_{25}Cl \xrightarrow[\approx 50\ ^\circ C]{AlCl_3} C_6H_5-C_{12}H_{25} \xrightarrow[\triangle]{SO_3} C_{12}H_{25}-C_6H_4-SO_3H$$

$$\xrightarrow{NaOH} C_{12}H_{25}-C_6H_4-SO_3Na$$

十二烷基苯磺酸钠与肥皂 ($RCOONa$, $R = C_{11} \sim C_{17}$ 烃基) 性质相似，均由两部分组成：亲油性 (疏水性) 的长链烃基 (如十二烷基苯基) 和亲水性 (疏油性) 的极性基团 (如—SO_3Na, —$COONa$)。当用它们洗涤油污时，亲油性基团吸附污物，亲水性基团溶于水。同时由于它们的存在，水的表面张力 (界面张力) 显著降低，增加了水和油的相溶性，使亲油性基团和污物随同亲水性基团一起形成微小粒子分散于水中，从而达到去污目的。但十二烷基苯磺酸钠与肥皂不同，在硬水中，肥皂与水中的钙、镁等离子作用，生成不溶于水的盐，而失去发泡能力，影响去污效果；但磺酸的钙盐和镁盐则均溶于水，故这种洗涤剂在软水和硬水中都有良好的去污能力。

16.6.2　磺酸型阳离子交换树脂

这类树脂分子中含有酸性基团磺酸基。例如，聚苯乙烯磺酸型阳离子交换树脂，可通过下列方法制备：

$$\text{交联聚苯乙烯} \xrightarrow[80 \sim 110\ ^\circ C]{H_2SO_4} \text{磺化交联聚苯乙烯（苯环对位带}-SO_3H\text{）}$$

这类树脂的解离基团是磺酸基，它能够交换阳离子。例如：

$$2\,\boxed{R}-SO_3H + Ca^{2+} \underset{\text{再生}}{\overset{\text{交换}}{\rightleftharpoons}} (\boxed{R}-SO_3^-)_2\,Ca^{2+} + 2H^+$$

$\boxed{R}$—代表阳离子交换树脂骨架

上述逆过程即离子交换树脂的再生过程，磺酸型阳离子交换树脂的再生可用 5%～10% 盐酸。

用这种磺酸型阳离子交换树脂代替硫酸或芳磺酸作催化剂，既可避免后者所产生的废酸对环境的污染，又便于催化剂与产物的分离，已在工业上得到应用。

16.7 有机磷化合物

常见的有机磷化合物有膦(读音 lìn)、膦酸和磷酸酯等。多数有机磷化合物中都含有 C—P 键。

有机磷化合物在生命科学和工农业生产中都具有广泛的用途。其中，磷酸酯衍生物是核酸和辅酶的组成部分，在生命过程中起着重要作用。一些有机磷化合物是很好的杀虫剂，已被用于农业生产及日常生活中。许多有机磷化合物可分别用作某些金属的萃取剂、塑料制品的增塑剂、材料的阻燃剂及润滑油的添加剂等，例如，磷酸三丁酯是一种提取铀的萃取剂，磷酸三苯酯是增塑剂，氯化四羟甲基鏻$[P(CH_2OH)_4]^+Cl^-$ 被用作纤维防火剂。一些有机磷化合物还是有机合成非常有用的试剂，如磷叶立德等。

磷和氮是同族元素，它们之间的关系如同硫和氧一样。磷能生成与含氮化合物结构相似的化合物。与氨相似，当 PH_3 (磷化氢) 分子中的氢原子分别被一个、两个、三个和四个烷基取代后，则形成不同取代的烷基膦和季鏻盐，犹如胺和季铵盐一样。例如：

RPH_2	R_2PH	R_3P	$R_4P^+X^-$
伯膦	仲膦	叔膦	季鏻盐

亚膦酸相当于磷酸分子中的羟基被氢原子取代后的化合物；膦酸是磷酸分子中的羟基被烃基取代后的产物，当三个羟基均被取代时，则称为三烃基氧化膦。例如：

$H-\overset{O}{\overset{\|\|}{P}}-OH$, 下接 OH	$R-\overset{O}{\overset{\|\|}{P}}-OH$, 下接 OH	$R-\overset{O}{\overset{\|\|}{P}}-OH$, 下接 R	$R-\overset{O}{\overset{\|\|}{P}}-R$, 下接 R
亚磷酸	烃基膦酸	二烃基膦酸	三烃基氧化膦

磷酸酯是磷酸分子中的氢原子被烃基取代后的产物。与膦和膦酸等有机磷化合物不同的是，磷酸酯分子中不含 C—P 键，只含 O—P 键。例如：

$RO-\overset{O}{\overset{\|\|}{P}}-OH$, 下接 OH	$RO-\overset{O}{\overset{\|\|}{P}}-OH$, 下接 OR	$RO-\overset{O}{\overset{\|\|}{P}}-OR$, 下接 OR
磷酸单烃基酯	磷酸二烃基酯	磷酸三烃基酯

16.7.1　膦的结构

膦的结构与胺相似,磷原子进行 sp^3 杂化,其中三个 sp^3 杂化轨道分别与碳原子或氢原子形成 σ 键,一对未成键电子占据剩余的 sp^3 杂化轨道,分子呈棱锥形。膦分子中的键角比胺的小。例如,三甲胺中 C—N—C 的键角为 108°,而三甲膦分子中的 C—P—C 的键角为 99°。键角减小的原因是磷原子的体积比氮原子的大,使取代基之间非键张力得到缓解,取代基的位阻效应对键角的影响减小。由于烷基膦分子中键角较小,磷原子上的孤对电子裸露程度增大,再加上磷原子的可极化性较强,因此烷基膦的亲核性比相应的胺要强,是很好的亲核试剂。

与叔胺不同,两个不同棱锥构型的叔膦分子通常情况下不能相互转化,因其转化能垒约为 150 kJ·mol^{-1},比叔胺的高出许多。

H_3C, H_3C, CH_3 连于 P(99°) ⇌ P 连于 CH_3, CH_3, CH_3(99°)

因此,当磷原子与三个不同的烃基相连时,分子具有手性,可以分离出具有光学活性的对映体。例如,*S* 型的甲基烯丙基苯基膦在甲苯中回流,才能引起部分外消旋化。

$$H_3C\text{—}\ddot{P}(Ph)\text{—}CH_2\text{—}CH{=}CH_2$$

$[\alpha]_D = +16.8° \cdot dm^2 \cdot kg^{-1}$

16.7.2　有机磷化合物作为亲核试剂的反应

三烃基膦易与卤代烃发生 S_N2 反应,生成季鏻盐。其中三苯基膦是很有用的亲核试剂。例如:

$$Ph_3P: + CH_3\text{—}Br \xrightarrow{\text{苯}} Ph_3\overset{+}{P}\text{—}CH_3Br^-$$

溴化甲基三苯基鏻, 99%

生成的季鏻盐在强碱的作用下脱去质子,生成内鎓盐,也称磷叶立德:

$$Ph_3\overset{+}{P}\text{—}CH_3Br^- \xrightarrow{n-C_4H_9Li} Ph_3\overset{+}{P}\text{—}\ddot{C}H_2^- \longleftrightarrow Ph_3P{=}CH_2$$

如前所述,磷叶立德是 Wittig 试剂,与醛或酮反应生成相应的烯烃或含有碳碳双键的其他化合物。例如:

$$C_6H_5CHO + Ph_3\overset{+}{P}\text{—}\overset{-}{C}HCOOCH_2CH_3 \xrightarrow{C_2H_5OH} C_6H_5CH{=}CHCOOCH_2CH_3$$

77%

此外,膦酸酯类化合物在强碱的作用下,脱去质子转变成膦酸酯的负离子,后者与醛或

酮发生 Horner–Wittig 反应。例如:

$$(C_2H_5O)_2\overset{O}{\overset{\|}{P}}CH_2C_6H_5 \xrightarrow{NaH} (C_2H_5O)_2\overset{O}{\overset{\|}{P}}\overset{-}{C}HC_6H_5 \xrightarrow[CH_3OCH_2CH_2OCH_3]{C_6H_5CHO} \underset{86\%}{H_5C_6(H)C{=}C(H)C_6H_5}$$

$$\text{环己酮} + (C_2H_5O)_2\overset{O}{\overset{\|}{P}}CH_2CO_2C_2H_5 \xrightarrow[\text{苯}]{NaH} \underset{67\%\sim77\%}{\text{环己叉}{=}CHCO_2C_2H_5} + (C_2H_5O)_2\overset{O}{\overset{\|}{P}}O^- \ Na^+$$

这是改良的 Wittig 反应。由于反应过程中生成稳定的活性中间体——膦酸酯的负离子,使反应条件较温和,并且产物以 E 型烯烃为主。副产物是磷酸酯的盐,易于分离。

膦酸酯是通过亚磷酸三烷基酯与卤代烃的亲核取代反应制备的,该反应通常称为 Arbuzov 反应。首先是亚磷酸酯与卤代烃发生 S_N2 反应生成烃基三烷氧基鏻盐,加热后生成膦酸酯。例如:

$$(C_2H_5O)_3P + RCH_2{-}X \longrightarrow [(C_2H_5O)_3\overset{+}{P}(CH_2R)\,X^-] \longrightarrow (C_2H_5O)_2\overset{O}{\overset{\|}{P}}CH_2R + C_2H_5X$$

三烃基膦作为强亲核试剂,还能与环氧化合物发生反应,生成三烃基氧化膦和烯烃。例如:

$$Ph_3P + \text{环氧乙烷} \longrightarrow Ph_3\overset{+}{P}CH_2CH_2\overset{-}{O} \longrightarrow Ph_3P{=}O + CH_2{=}CH_2$$

练习 16.7 合成下列化合物:

(1) $C_6H_5CH{=}CHCOOCH_3$

(2) $CH_3O{-}C_6H_4{-}CH{=}CHCN$

16.7.3 磷酸酯

众多生物体中都含有磷,生物体中的磷有一部分是以磷酸单酯、二磷酸单酯和三磷酸单酯的形式存在的。

$$RO{-}\overset{O}{\overset{\|}{P}}{-}OH \text{(P 上连 OH)}$$
磷酸单酯

$$RO{-}\overset{O}{\overset{\|}{P}}(OH){-}O{-}\overset{O}{\overset{\|}{P}}(OH){-}OH$$
二磷酸单酯(焦磷酸单酯)

$$RO{-}\overset{O}{\overset{\|}{P}}(OH){-}O{-}\overset{O}{\overset{\|}{P}}(OH){-}O{-}\overset{O}{\overset{\|}{P}}(OH){-}OH$$
三磷酸单酯

在二磷酸单酯和三磷酸单酯中都含有 $-\overset{O}{\overset{\|}{P}}-O-\overset{O}{\overset{\|}{P}}-$ 键,类似羧酸酐中的 $-\overset{O}{\overset{\|}{C}}-O-\overset{O}{\overset{\|}{C}}-$ 键。当它们水解时,会发生 P—O 键的断裂并放出较高的能量($\geqslant 20.9\ kJ\cdot mol^{-1}$)。这样的

键在生物化学中被称为“高能键”。例如，生物体中三磷酸腺苷（ATP）在酶的作用下水解生成二磷酸腺苷（ADP）并放出能量。

$$ATP + H_2O \longrightarrow ADP + HPO_4^{2-} + H^+ \qquad \Delta G^{\ominus} = -30.5\ kJ \cdot mol^{-1}$$

ATP 在体内常被作为一个“能源库”，为物质的代谢过程提供所需的能量。例如，葡萄糖-6-磷酸酯是葡萄糖在细胞内代谢的中间体，它的合成需有 ATP 参与。

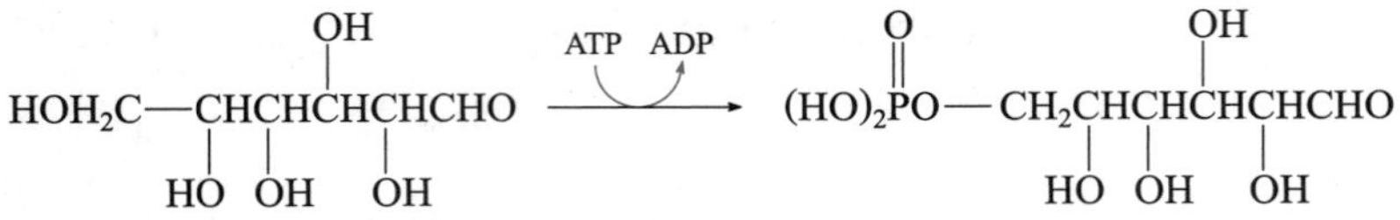

$$HOH_2C—\underset{HO}{CH}\underset{OH}{CH}\overset{OH}{CH}\underset{OH}{CH}CHO \xrightarrow{ATP \quad ADP} (HO)_2\overset{O}{\overset{\|}{P}}O—CH_2\underset{HO}{CH}\underset{OH}{CH}\overset{OH}{CH}\underset{OH}{CH}CHO$$

葡萄糖　　　　　　　　　　葡萄糖-6-磷酸酯

ATP 也参与脂肪代谢的中间体甘油磷酸酯的合成。

磷脂酸是由甘油、脂肪酸和磷酸构成的磷酸单酯，如果其中的磷酸一端与胆碱结合，形成的产物称为卵磷脂。卵磷脂是细胞膜的重要组分，通常 R 为饱和的烃基，R′ 为不饱和的烃基。很像肥皂分子，这类分子的两端分别是极性基团（磷酸酯基负离子和胆碱正离子）和非极性基团（烃基）。由此形成半透膜保护细胞（见第十八章 18.3 节）。

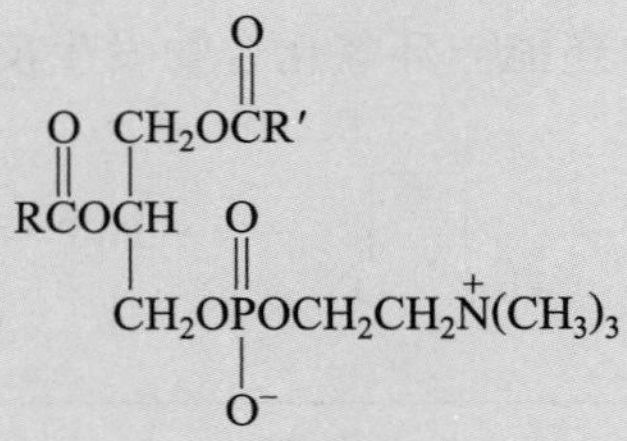

$$\begin{array}{l} \qquad\quad CH_2OCR' \ (C{=}O) \\ RCOCH \ (C{=}O) \\ \qquad\quad CH_2O\overset{O}{\overset{\|}{P}}OCH_2CH_2\overset{+}{N}(CH_3)_3 \\ \qquad\qquad\quad\ \ O^- \end{array}$$

卵磷脂

16.7.4 烷基膦的应用

由于毒性及残留等问题，原被广泛使用的有机磷农药的使用正日益减少。但由于烷基膦与胺相似，具有良好的配位能力，现已被广泛应用于科研和生产中，如在 Wilkinson 催化剂中使用的三苯基膦，Grubbs 二代催化剂中使用的三环己基膦。Wilkinson 催化剂是一种高活性的均相催化剂，其催化氢化能力与多相催化剂相当。而 Grubbs 二代催化剂主要用于烯烃复分解反应。例如：

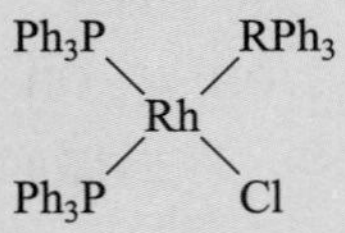

Ph_3P, RPh_3, Rh, Ph_3P, Cl

Wilkinson 催化剂

Cl, Ru, Ph, Cl, PCy_3, N, N

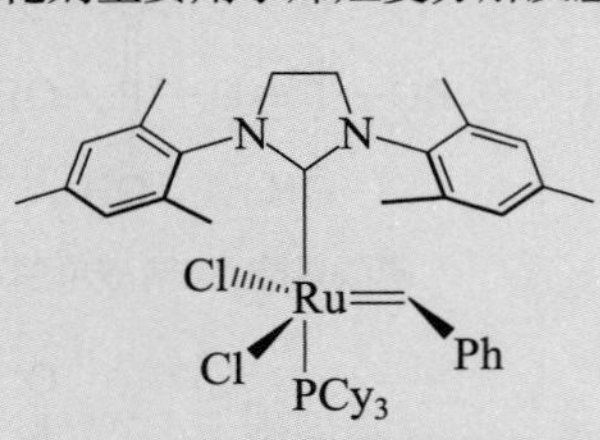

Cy = 环己基

Grubbs 二代催化剂

5% Grubbs 二代催化剂 45 °C + $CH_2{=}CH_2$ 100%

近年来，随着医药、农药和香料等行业的发展，对手性化合物产品的需求越来越多，这对科研及工业等领域的化学家提出了更多的挑战。20 世纪 50 年代，Akabori 对非均相的 Raney Ni 进行手性修饰并用于反应，但产物的不对称选择性很小，不具备制备应用的可能性。20 世纪 60 年代末期，Monsanto 公司的 Knowles W S 结合 Wilkinson 催化剂的特点，在催化剂中引入手性膦配体，并将其应用于催化氢化反应:

$H_2C{=}C$ ... C—OH $\xrightarrow[H_2]{RhClL_3}$ H_3C—CH ... C—OH ee=15% L=:P(Pr)(Ph)CH_3

这是第一次在烯烃的催化加氢反应中使用手性配体。虽然反应的 ee 值很小，但结果表明，在催化加氢反应中，手性的过渡金属催化剂可将手性转移至非手性的反应物中。

随后，Knowles 等人结合抗帕金森综合征药物 L-多巴的生产需求，深入研究手性烷基膦化合物应用的可能，相继开发出 CAMP 和 DiPAMP 等手性膦配体。

OCH_3 P—Me Cy CAMP　　H_3CO P P OCH_3 (*R*, *R*)-DiPAMP

在 Knowles 等人的工作基础上，Monsanto 公司于 1974 年开发了第一个工业实用的不对称合成工艺，用于生产 L-多巴。

H_3CO AcO COOH NHAc $\xrightarrow[H_2]{([Rh(R,R)\text{-DiPAMP]COD)}^+ BF_4^-}$ H_3CO AcO COOH H NHAc 100%, ee=95%

$\xrightarrow{H_3O^+}$ HO HO COOH H NH_2

L-多巴
(*S*)-DOPA

同时期，日本的野依良治 (Noyori R) 也在从事不对称催化合成，并成功开发出 BINAP [2, 2′-bis (diphenylph osphanyl)-1, 1′-binaphthyl]。该化合物被广泛用作不对称催化反应中的配体。例如，BINAP 与 Rh 的配合物可催化烯丙基胺的不对称异构化，该反应也被高砂公司用于薄荷醇中间体的制备。

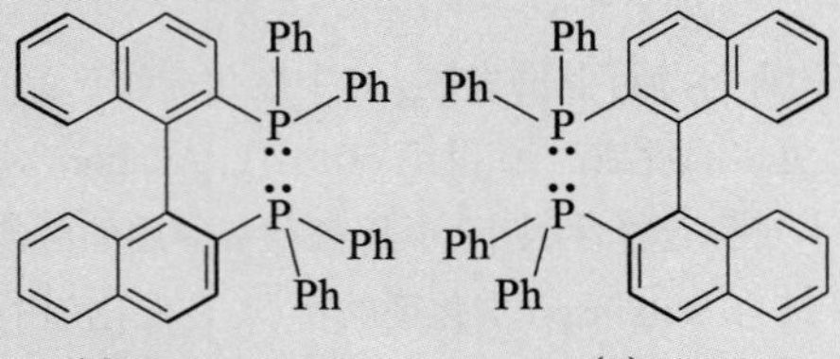

(*S*)-BINAP　　(*R*)-BINAP

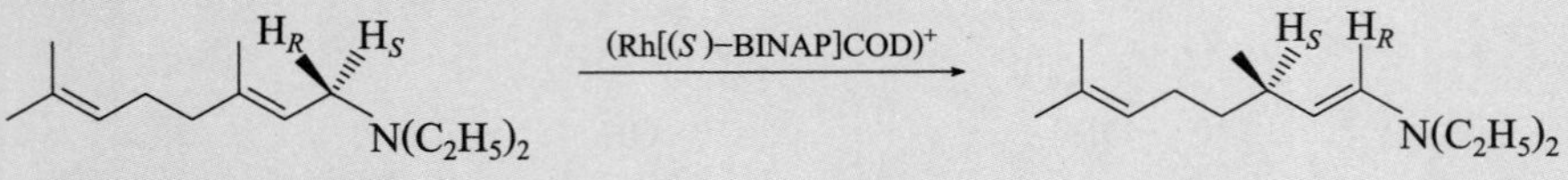

N,N-二乙基香叶基胺 $\xrightarrow{(Rh[(S)\text{-}BINAP]COD)^+}$ ee=95%~99%

16.8 有机硅化合物

16.8.1 有机硅化合物的结构

硅是元素周期表中第ⅣA 族的元素，位于碳之下。与碳相似，硅在大多数情况下进行 sp^3 杂化。当它以单键同其他基团相连时，形成四价硅的化合物，分子的几何构型为四面体。当硅原子所连接的四个原子或基团不同时，硅原子可以作为手性中心，有一对对映体。例如：

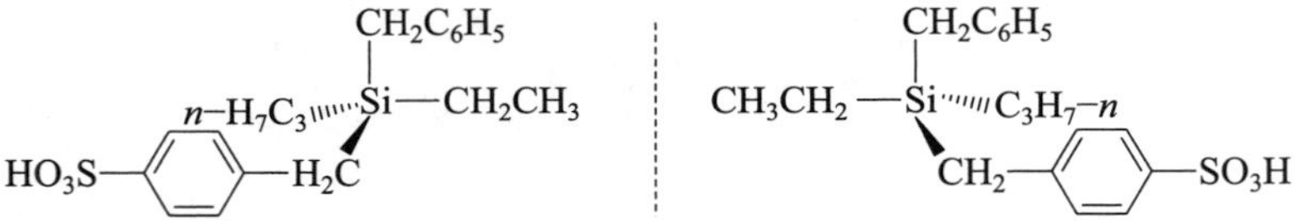

与碳原子不同的是，硅的原子半径较大 (硅原子半径 0.17 nm，碳原子半径 0.077 nm)，Si—Si 键的键能较 C—C 键的键能小，Si—Si 键容易断裂，因此硅原子不能形成由 Si—Si 键构成的长链化合物，己硅烷是已知的最高级有机硅烷。硅硅双键 (Si═Si)、硅碳双键 (Si═C) 也是不稳定的。由于硅原子的电负性较小 (Si 1.8, C 2.5)，当硅原子与电负性大的原子相连时，键合电子偏向电负性较大的原子。此外 Si—O 键、Si—Cl 键的键能较 C—O 键、C—Cl 键的大 (见表 16-1)。

表 16-1 不同键型的键能

键型	键能 /(kJ·mol⁻¹)	键型	键能 /(kJ·mol⁻¹)
$H_3Si—SiH_3$	321	$H_3C—CH_3$	377
$Me_3Si—OH$	555	$Me_3C—OH$	398
$Me_3Si—Cl$	472	$Me_3C—Cl$	352

常见的有机硅化合物有有机硅烷、卤硅烷、硅醇、硅氧烷和硅醚。有机硅烷可看成甲硅烷 (SiH_4) 中的氢原子被烃基取代后的化合物; 卤硅烷、硅醇和硅氧烷分别相当于硅烷 (SiH_4) 中的氢原子被卤素、羟基或烷氧基取代后的化合物; 硅醚是含有 $\gt Si—O—Si \lt$ 基团的化合物, 也称为硅氧烷。例如:

$PhSiH_3$	$(CH_3)_4Si$	$(CH_3)_2SiCl_2$	$(CH_3)_3SiCl$
苯基硅烷	四甲基硅烷	二氯二甲基硅烷	氯化三甲基硅烷
$(CH_3)_3SiOH$	$(CH_3)_2Si(OH)_2$	$C_2H_5Si(OC_2H_5)_3$	$(CH_3)_3SiOSi(CH_3)_3$
三甲基硅醇	二甲基硅二醇	三乙氧基乙基硅烷	六甲基二硅氧烷

16.8.2 卤硅烷的制备

(1) 直接法　工业上将卤代烃与硅粉在铜的催化下加热制备卤硅烷, 产物为混合物, 通过分馏将其分开。例如:

$$CH_3Cl + Si \xrightarrow[300\ °C]{Cu(10\%)} (CH_3)_2SiCl_2 + (CH_3)_3SiCl + (CH_3)_2SiHCl + SiCl_4$$

沸点　70.2 °C　66.1 °C　40.4 °C　57.6 °C

其中, $(CH_3)_2SiCl_2$ 是工业上需求量最大的, 作为重要的化工原料主要用于生产硅橡胶和硅油。

(2) 有机金属试剂与卤硅烷作用　实验室中通常用 Grignard 试剂与四氯化硅或氯硅烷反应制备卤代硅烷。例如:

$$CH_3MgCl + SiCl_4 \longrightarrow CH_3SiCl_3 + MgCl_2$$
$$CH_3MgCl + CH_3SiCl_3 \longrightarrow (CH_3)_2SiCl_2 + MgCl_2$$

用过量的 Grignard 试剂与四氯化硅作用, 可以制得四甲基硅烷:

$$4\,CH_3MgCl + SiCl_4 \longrightarrow (CH_3)_4Si + 4\,MgCl_2$$

也可以用有机锂试剂代替 Grignard 试剂, 同卤硅烷反应制备卤硅烷:

$$RLi + (CH_3)_2SiCl_2 \longrightarrow (CH_3)_2SiRCl + LiCl$$

(3) 有机硅烷的卤化　通过有机硅氢化合物和有机硅烷的卤化反应制备卤硅烷。例如:

$$PhSiH_3 + 3\,Br_2 \longrightarrow PhSiBr_3 + 3HBr$$
$$(CH_3)_2SiPh_2 + 2\,Br_2 \longrightarrow (CH_3)_2SiBr_2 + 2PhBr$$

16.8.3 卤硅烷的化学性质

(1) 水解　卤硅烷中的 Si—X 键具有较强的极性, 很活泼, 易水解生成硅醇。例如:

$$(CH_3)_3SiCl + H_2O \xrightarrow{CaCO_3} (CH_3)_3SiOH + HCl$$

硅醇在酸或碱的作用下, 易发生分子间的脱水反应生成硅醚:

$$2\,(CH_3)_3SiOH \xrightarrow{H^+ \text{ 或 } {}^-OH} (CH_3)_3Si—O—Si(CH_3)_3$$

(2) 醇解 卤硅烷与醇作用生成硅氧烷。例如:

$$(CH_3CH_2)_2SiCl_2 + 2CH_3CH_2OH \xrightarrow{C_6H_5N(CH_3)_2} \underset{92\%}{(CH_3CH_2)_2Si(OCH_2CH_3)_2} + 2HCl$$

反应中必须有效地除去产生的 HCl, 才能提高产率。当卤硅烷或醇中的烃基增大时,或者卤硅烷中的烃基数目增加时,均会降低醇解反应的活性。

(3) 与金属有机化合物的反应 在 Grignard 试剂的作用下,卤硅烷中的 Si—X 键断裂,生成新的 Si—C 键。例如:

$$(CH_3)_3SiCl + CH_3CH_2CH_2MgBr \longrightarrow (CH_3)_3SiCH_2CH_2CH_3$$

卤硅烷也可与有机锂试剂作用。例如:

$$(CH_3)_3SiCl + \text{3-甲基-2-萘基锂 (CH}_3\text{, Li)} \longrightarrow \text{3-甲基-2-萘基 } Si(CH_3)_3$$

常用以上方法制备烃基硅烷。

(4) 还原 在氢化铝锂等金属氢化物作用下,卤硅烷中的 Si—X 键被还原为 Si—H 键,生成硅氢烷。例如:

$$CH_3CH_2SiCl_3 + LiAlH_4 \longrightarrow CH_3CH_2SiH_3$$

练习 16.8 合成下列化合物:

(1) $(CH_3)_3SiCH(CH_3)_2$ (2) $CH_2═CHCH_2Si(OCH_2CH_3)_3$ (3) $(CH_3)_2Si(OH)_2$

16.8.4 有机硅化合物在合成中的应用

有机硅化合物在有机合成中具有许多用途,其中含 $(CH_3)_3Si$ 基团的化合物用途最广。

(1) $(CH_3)_3Si$ 基团作为辅助基团 当羰基化合物在碱的作用下形成烯醇负离子,进行烃基化等反应时,$(CH_3)_3Si$ 基团 (TMS) 介入后,反应具有高度区域选择性。例如,不对称的酮在二异丙基氨基锂 (LDA) 和 $(CH_3)_3SiCl$ 的作用下生成烯醇硅醚,后者可以发生定向的烃基化反应。这不仅是由 $(CH_3)_3Si$ 基团的给电子作用引起的,更重要的是由于二异丙基氨基锂是一种空间效应很大的强碱,在低温下将进攻空间位阻较小的羰基 α-碳原子,生成烯醇负离子。

$$\text{2-甲基环己酮} \xrightarrow[\substack{i\text{-}Pr_2NLi \\ -78\ ^\circ C}]{(CH_3)_3SiCl} \text{2-甲基-1-}OSi(CH_3)_3\text{环己烯} \xrightarrow[TiCl_4]{R—X} \xrightarrow{H_3O^+} \text{2-甲基-6-R-环己酮}$$

烯醇硅醚也可以定向地进行硼氢化反应:

$$\text{1-}OSi(CH_3)_3\text{-环己烯} \xrightarrow{B_2H_6} \text{(反式) 2-}OSi(CH_3)_3\text{-环己基}BH_2 \xrightarrow[NaOH]{H_2O_2} \text{反-2-}OSi(CH_3)_3\text{-环己醇} \xrightarrow{H_3O^+} \text{反-1,2-环己二醇}$$

(2) $(CH_3)_3Si$ 基团作为保护基团　$(CH_3)_3Si$ 基团作为羟基、炔基、氨基和羰基等基团的保护基,在有机合成上有着广泛的应用。

(a) 羟基的保护。在三乙胺的存在下,醇与氯化三甲基硅烷反应生成三甲基硅醚,后者在酸性条件下水解恢复成醇。

$$R—OH + (CH_3)_3SiCl \xrightarrow{(CH_3CH_2)_3N} R—OSi(CH_3)_3 + (CH_3CH_2)_3NH^+ Cl^-$$

$$\text{环己基}—OH + (CH_3)_3SiCl \xrightarrow{(CH_3CH_2)_3N} \text{环己基}—OSi(CH_3)_3 \quad 94\%$$

$$\text{环己基}—OSi(CH_3)_3 \xrightarrow{H_3O^+} \text{环己基}—OH + (CH_3)_3SiOH$$

由于三甲基硅基团不含活泼氢原子,因此它在氧化反应、还原反应和与金属试剂反应中可以作为羟基的保护基团。例如,在以卤代醇作为底物制备 Grignard 试剂过程中,引入三甲基硅基作为保护基团,反应得以顺利进行。

$$BrCH_2CH_2OH + (CH_3)_3SiCl \xrightarrow{(CH_3CH_2)_3N} BrCH_2CH_2OSi(CH_3)_3$$

$$BrCH_2CH_2OSi(CH_3)_3 + Mg \xrightarrow{\text{纯醚}} BrMgCH_2CH_2OSi(CH_3)_3$$

$$\xrightarrow{CH_3CHO} CH_3CH(OMgBr)CH_2CH_2OSi(CH_3)_3 \xrightarrow{H_3O^+} CH_3CH(OH)CH_2CH_2OH$$

(b) 炔基的保护:

$$CH_3C{\equiv}C—C{\equiv}CLi \xrightarrow{(CH_3)_3SiCl} CH_3C{\equiv}C—C{\equiv}CSi(CH_3)_3$$

$$\xrightarrow[\text{喹啉-硫}]{H_2,\ Pd/CaCO_3} CH_3CH{=}CH—C{\equiv}CSi(CH_3)_3 \xrightarrow{H_3O^+} CH_3CH{=}CH—C{\equiv}CH$$

习题

(一) 命名下列化合物:

(1) $CH_3C(CH_3)_2CH_2CH(SH)CH_2CH(CH_3)CH_3$

(2) 邻硝基苯硫酚结构式(苯环上 SH 与 NO_2 处于邻位)

(3) 环己基—S—CH(CH$_3$)$_2$　　(4) 1,2-二(甲硫基)苯（SCH_3，SCH_3）

(5) O_2N—C_6H_3(Cl)—SO_3H　　(6) O_2N—C_6H_4—SO_2Cl

(7) HO_3S—萘—CH_3　　(8) $H_3C—\overset{O}{\overset{\|}{C}}—NH—\overset{O}{\overset{\|}{\underset{\underset{O}{\|}}{S}}}—C_6H_4—NH_2$

(二) 选择正确的丁-2-醇的对映体，由它通过使用对甲苯磺酸酯的方法制备 (*R*)-丁-2-硫醇，写出反应式。

(三) 根据下列原料及条件，确定化合物 (A)～(E) 的结构。

$$\text{苄基溴} + \text{硫脲} \longrightarrow (A) \xrightarrow[\text{② } H^+]{\text{① } ^-OH,\ H_2O} (B) \xrightarrow{H_2O_2} (C)$$

$$(B) \xrightarrow{^-OH} (D) \xrightarrow{\text{苄基溴}} (E)$$

(四) "芥子气" 曾在第一次世界大战中被用作化学武器。它可由环氧乙烷经下列步骤合成:

$$2\ \text{环氧乙烷} + H_2S \longrightarrow C_4H_{10}O_2S \xrightarrow[ZnCl_2]{HCl} C_4H_8Cl_2S\ (\text{芥子气})$$

试写出各步反应式。

(五) 半胱氨酸是氨基酸的一种，其构造式如下所示:

$$HO_2C\underset{\underset{NH_2}{|}}{C}HCH_2SH$$

(1) 它在生物氧化中生成胱氨酸 ($C_6H_{12}N_2O_4S_2$)，试写出胱氨酸的构造式。

(2) 生物体中通过代谢作用，先将胱氨酸转化成半胱亚磺酸 ($C_3H_7NO_4S$)，然后再转化成磺酸基丙氨酸 ($C_3H_7NO_5S$)。写出这些化合物的构造式。

(六) 给出下列化合物 (A), (B), (C) 的构造式:

(1) $PhCO(CH_2)_4Br \xrightarrow[\text{② NaOEt}]{\text{① } PPh_3} (A)\ C_{11}H_{12}$

(2) $Br(CH_2)_3Br \xrightarrow[\text{② BuLi}]{\text{① } PPh_3} (B)\ C_{39}H_{34}P_2 \xrightarrow{\text{邻苯二甲醛 (CHO, CHO)}} (C)\ C_{11}H_{10}$

(七) 以 2-甲基环己酮为原料，选择适当的硅试剂和其他试剂制备下列化合物:

2-甲基-6-苯甲酰基环己酮（H_3C，O，COPh）

第十七章
杂环化合物

▼ 前导知识：学习本章之前需要复习以下知识点

分子间作用力及其对化合物物理性质的影响 (1.5 节)
Brönsted 酸碱性及强度的度量 (pK_a 和 pK_b) (1.6.1 节)
电子离域与共轭体系 (4.3 节)
应用共振论解释反应中间体的稳定性 (4.4.3 节)
芳香性 (5.7 节)
芳烃的亲电取代反应及机理 (5.4.1 节)

▼ 本章导读：学习本章内容需要掌握以下知识点

杂环化合物的分类
杂环化合物的命名
芳杂环化合物的结构
吡咯、呋喃、噻吩的化学性质: 亲电取代反应
吡咯、呋喃、噻吩的合成: Paal-Knorr 反应
吲哚的亲电取代反应
吲哚的合成: Fischer 合成法
吡啶的化学性质
喹啉和异喹啉的化学性质
喹啉的合成: Skraup 合成法

▼ 后续相关：与本章相关的后续知识点

核苷的结构 (20.4.2 节)

构成环的原子除碳原子外还有其他原子的环状化合物称为杂环化合物。这些其他原子称为杂原子，最常见的杂原子是 O, N, S。

杂环化合物有着极其重要的作用，自然界中随处可见它们的踪影。绝大多数药物和半数以上的其他有机化合物是杂环化合物。糖类（它为生命提供能量）、叶绿素（它为植物提供绿色，是绿色植物进行光合作用不可缺少的物质）、血红素（它赋予血液以鲜红的颜色，是高等动物体内输送氧的物质）都是杂环化合物；核酸中的杂环碱基（嘧啶衍生物和嘌呤衍生物）对 DNA 的复制起着至关重要的作用并使物种得以代代相传；杂环化合物通常是酶和辅酶中催化生化反应的活性位点。几种熟悉的杂环化合物的结构如下：

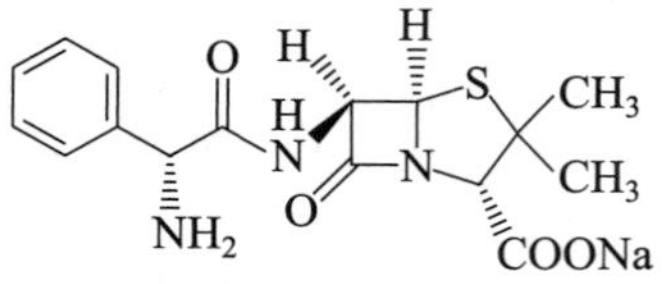

氨苄青霉素钠 (sodium ampicillin)

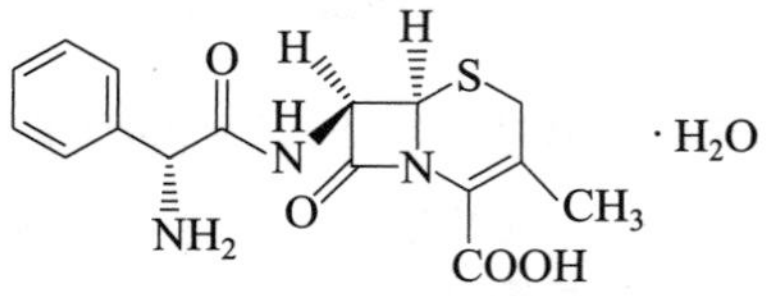

头孢氨苄 (先锋霉素Ⅳ, cafelexin)

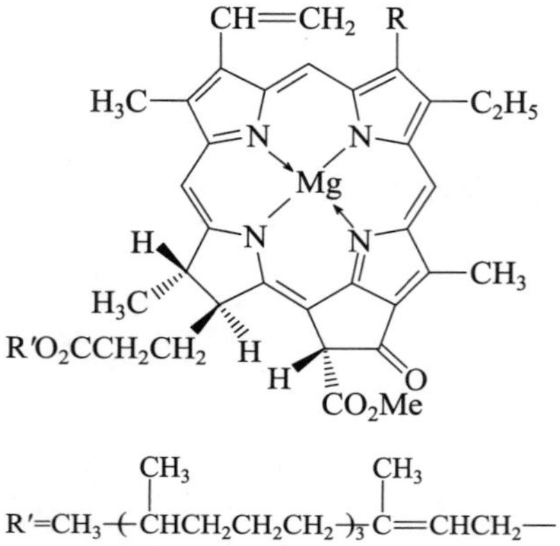

$R'=CH_3-(CHCH_2CH_2CH_2)_3-C=CHCH_2-$ （CH 和 C 上各带 CH_3）

叶绿素 a ($R=CH_3$), 叶绿素 b ($R=CHO$)
(chlorophyll a & b)

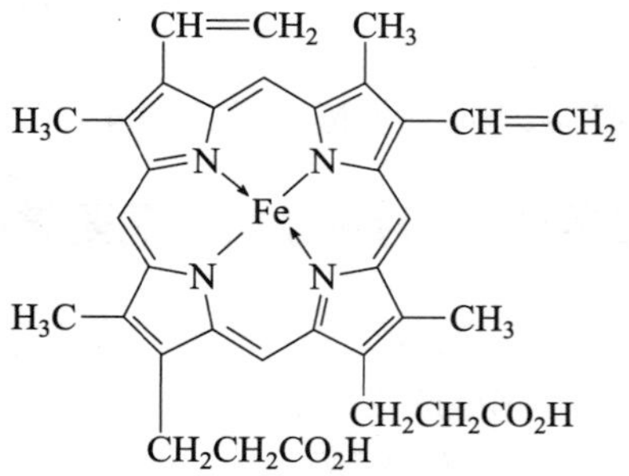

血红素
(protoporphyrin Ⅸ)

17.1　杂环化合物的分类、命名和结构

17.1.1　分类和命名

杂环化合物可简单地分为非芳香性杂环化合物和芳香性杂环化合物两大类。非芳香性杂环化合物具有与相应脂肪族化合物类似的性质。例如，四氢呋喃和 1,4-二氧六环都是比较稳定的醚。四氢吡咯和六氢吡啶是仲胺，桥环化合物奎宁环（1-氮杂二环[2.2.2]辛烷）是叔胺。

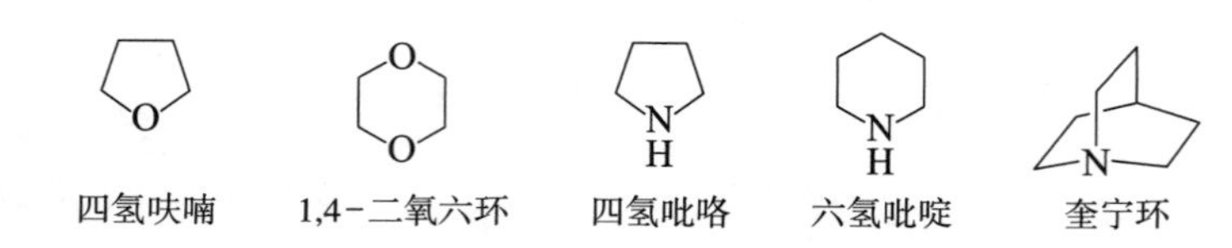

四氢呋喃　1,4-二氧六环　四氢吡咯　六氢吡啶　奎宁环

本章讨论的杂环化合物主要指环为平面形，π 电子数符合 $4n+2$ 规则，有一定程度芳香性的杂环化合物，即芳杂环化合物。最常见的杂环化合物可分为五元杂环和六元杂环化合物两大类，在每一类中又根据杂原子种类、数目、单环或稠环等再分类，见表 17-1 和表 17-2。

表 17-1 五元杂环化合物分类及名称

类别	含一个杂原子			含两个杂原子			
单环	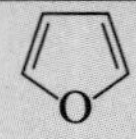 呋喃 furan	 噻吩 thiophene	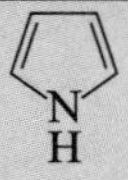 吡咯 pyrrole	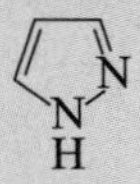 吡唑 pyrazole	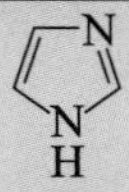 咪唑 imidazole	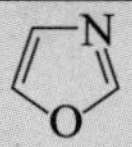 噁唑 oxazole	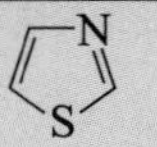 噻唑 thiazole
稠环	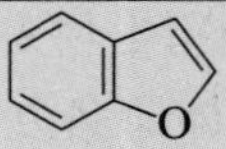 苯并呋喃 benzofuran	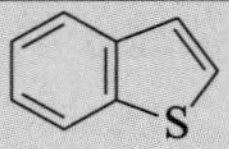 苯并噻吩 benzothiophene	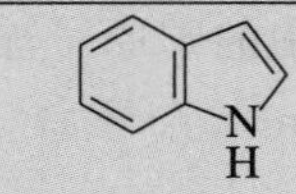 吲哚 (苯并吡咯) indole	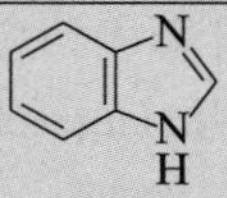 苯并咪唑 benzimidazole	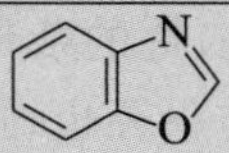 苯并噁唑 benzoxazole	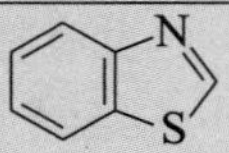 苯并噻唑 benzothiazole	

表 17-2 六元杂环化合物分类及名称

类别	含一个杂原子			含两个杂原子		
单环	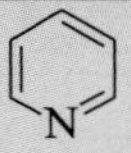 吡啶 pyridine			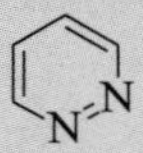 哒嗪 pyridazine	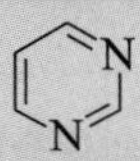 嘧啶 pyrimidine	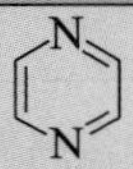 吡嗪 pyrazine
稠环	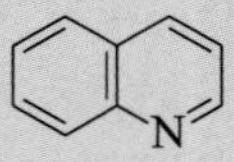 喹啉 quinoline	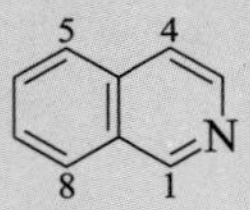 异喹啉 isoquinoline	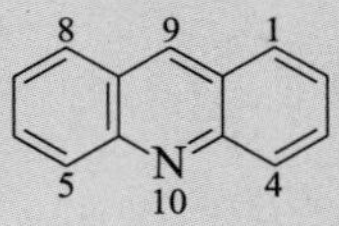 吖啶 acridine	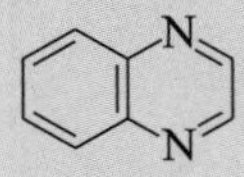 喹喔啉 quinoxaline	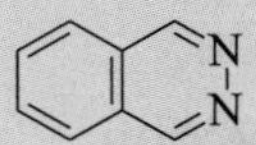 酞嗪 phthalazine	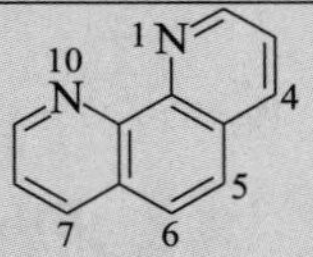 1,10-菲咯啉 1,10-phenanthroline

杂环化合物的命名采用英文俗名音译，一般在同音汉字的左边加"口"旁。对于有固定编号的环骨架，一般给杂原子尽可能小的编号。例如：

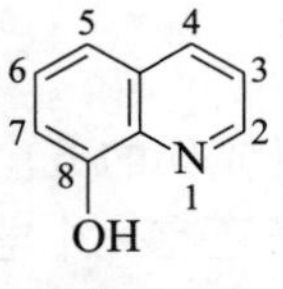

8-羟基喹啉
8-hydroxyquinoline

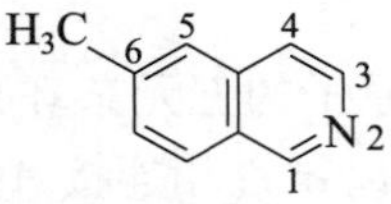

6-甲基异喹啉
6-methylisoquinoline

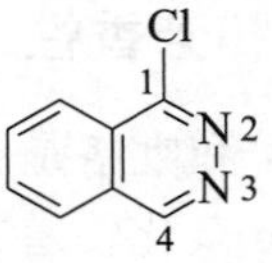

1-氯酞嗪
1-chlorophthalazine

其他杂环的编号一般从杂原子编起，含多个杂原子时按 O, S, N 的次序，尽量给氧原子最小的编号。例如：

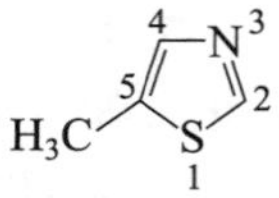

5-甲基噻唑(不叫 2-甲基噻唑)
5-methylthiazole

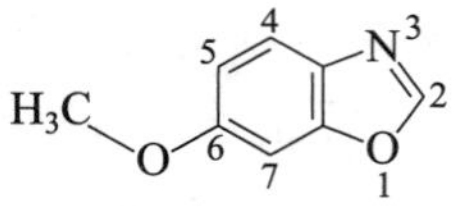

6-甲氧基苯并噁唑
6-methoxybenzoxazole

对于含一个杂原子的杂环化合物,也可把靠近杂原子的位置称为 α 位,其次为 β 位和 γ 位。

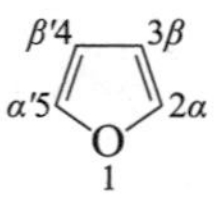

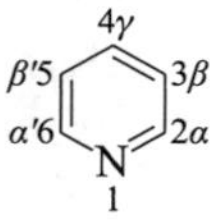

没有特定名称的杂环,可看成相应碳环中的碳原子被杂原子取代的衍生物来命名。此外,三至十元的单环也可使用 Hantzsch-Widman 杂环命名方法命名(具体命名方法见《有机化合物命名原则 2017》)。例如:

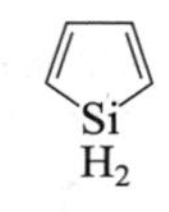

硅杂环戊-2,4-二烯
silacyclopenta-2,4-diene

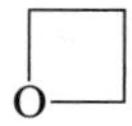

氧杂环丁烷
oxetane

练习 17.1　命名下列化合物:

(1) 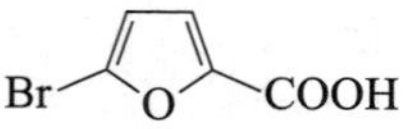　(2) 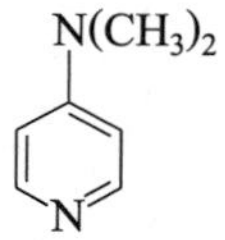　(3) 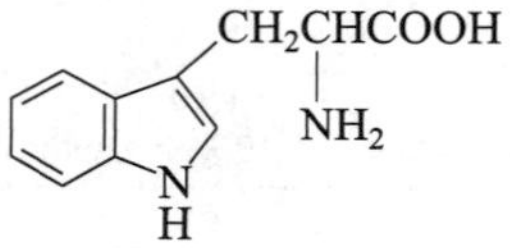　(4)

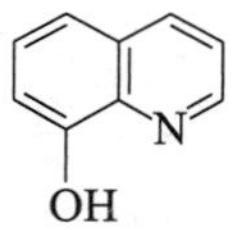

17.1.2　结构和芳香性

呋喃、噻吩和吡咯是含一个杂原子的五元杂环化合物,组成环的五个原子位于同一平面上,均以 sp^2 杂化轨道成键,彼此以 σ 键相连接,每个碳原子还有一个电子在 p 轨道上,杂原子的未共用电子对也在 p 轨道上,这五个 p 轨道都垂直于环所在的平面。这样五元杂环的六个 p 电子(四个电子来自碳原子,另有一对电子来自杂原子)组成了具有芳香性的 $4n+2(n=1)\pi$ 电子离域体系,吡咯和呋喃的轨道结构如图 17-1 和图 17-2 所示。噻吩与呋喃有相似的轨道结构。

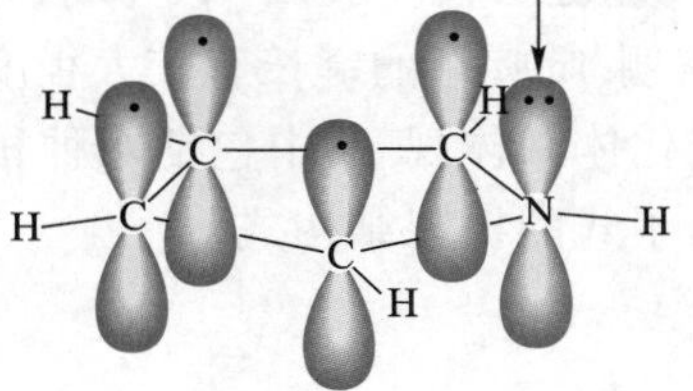

图 17-1 吡咯的轨道结构

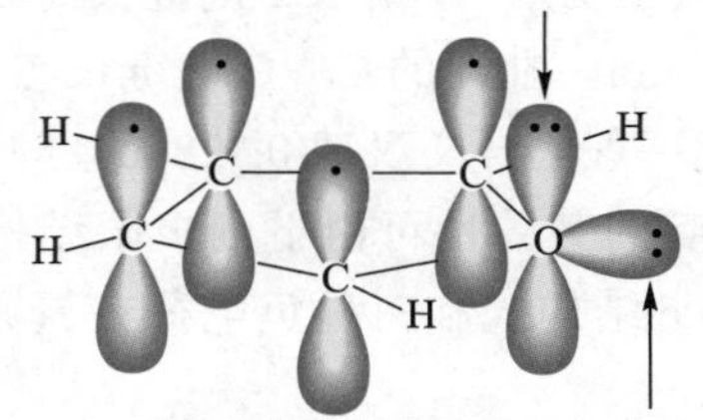

图 17-2 呋喃的轨道结构

呋喃、吡咯和噻吩的离域能分别为 67 kJ·mol^{-1}, 88 kJ·mol^{-1} 和 117 kJ·mol^{-1}, 比苯的离域能 (149.4 kJ·mol^{-1}) 低, 但比大多数共轭二烯烃的离域能 (12 ~ 28 kJ·mol^{-1}) 要大得多。它们各原子间的键长都有一定程度的平均化, 如表 17-3 所示。此外, 它们还容易发生亲电取代反应。这些证据均表明它们具有芳香性。许多实验结果表明, 其芳香性按苯、噻吩、吡咯、呋喃的次序递减。

表 17-3 呋喃、噻吩、吡咯及环戊二烯的键长 单位: nm

结构式	化合物	X—C2*	C2═C3**	C3—C4***
(五元环, 位次 4, 3, 2, X)	呋喃 (X=O)	0.136 (0.143)	0.136	0.143
	噻吩 (X=S)	0.171 (0.182)	0.137	0.142
	吡咯 (X=NH)	0.137 (0.147)	0.138	0.142
	环戊二烯 (X=CH_2)	0.150	0.134	0.146

* 括号内数据为通常该单键的键长; ** C═C 键键长 0.134 nm; *** C—C 键键长 0.154 nm。

环上的氢原子受离域电子环流的影响, 它们的核磁共振信号大都出现在较低场, 这也是其具有芳香性的标志之一。由于杂原子的吸电子诱导效应, α-H 的 δ 值较大 (环戊二烯则正相反)。

呋喃 (O): δ 6.24, δ 7.29　噻吩 (S): δ 6.99, δ 7.18　吡咯 (NH): δ 6.22, δ 6.68　环戊二烯 (CH_2): δ 6.43, δ 6.28

吡啶是含一个杂原子的六元杂环化合物, 环是平面形的, 五个碳原子和一个氮原子均以 sp^2 杂化轨道形成 σ 键构成环, 环上还有 $4n+2$ ($n=1$) 个 p 电子构成芳香 π 体系。在氮原子的 sp^2 杂化轨道中还有一对未共用电子, 它们不与 π 体系发生作用, 如图 17-3 所示。

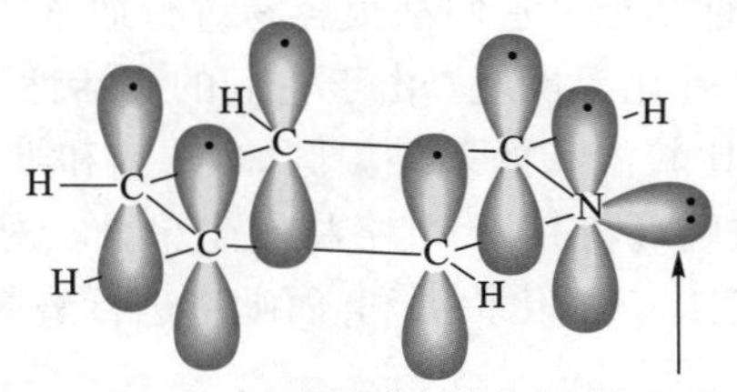

图 17-3 吡啶的轨道结构

在吡啶分子中 N—C2 键键长为 0.134 nm, C2—C3 键键长为 0.139 nm, C3—C4 键键长为 0.140 nm。吡啶的 C—C 键键长与苯的相似, C—N 键键长较一般 C—N 单键(0.147 nm)的短, 比一般 C═N 双键(0.128 nm) 的长。这些数据表明, 吡啶环的键长有较大程度的平均化。吡啶的芳香性可由下列极限结构构成的共振杂化体来体现, 其中包括两种相当于苯的 Kekulé 结构式和三种负电荷在氮原子上的偶极离子式的极限结构式:

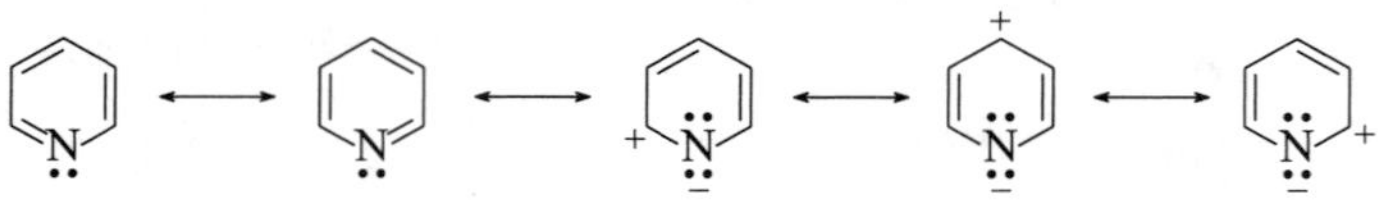

氮原子上较多的负电荷表现在吡啶的偶极矩上, 吡啶的偶极矩比六氢吡啶 (吡啶的非芳香类似物) 的大, 负端指向氮原子, 说明吡啶的电子云不是完全平均分布的, 吡啶环上的共轭效应同诱导效应的方向一致。从吡啶的核磁共振谱来看, 环上质子的核磁共振信号移向低场, 由于氮原子的诱导效应, α-H 的 δ 值最大。

δ 7.55
δ 7.16
δ 8.52

$\mu = 7.4 \times 10^{-30}$ C · m　　$\mu = 3.9 \times 10^{-30}$ C · m

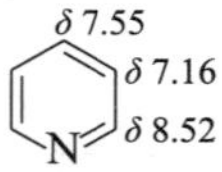

此外, 表 17-1 及表 17-2 中所列其他杂环化合物均符合 $4n+2$ 规则, 都有一定程度的芳香性。

练习 17.2　写出吡咯所有可能的极限结构, 并利用共振杂化体解释下列事实: 与苯的核磁共振氢谱相比, 吡咯 2 位和 3 位质子的化学位移均移向高场。

17.2　五元杂环化合物

17.2.1　五元杂环化合物的化学性质

吡咯、呋喃和噻吩是最常见的五元杂环化合物。由于这些化合物的杂原子都分别使环上碳原子的电子云密度升高, 因此, 它们在亲电取代反应中都比苯活泼 (吡咯 > 呋喃 > 噻吩 > 苯), 与苯酚、苯胺的活性相近。它们都很容易进行通常的亲电取代反应, 如硝化、磺化、卤化和 Friedel-Crafts 酰基化等反应。由于它们的高活性及呋喃和吡咯对于强酸的敏感性, 其亲电取代反应需要比较温和的条件。例如, 呋喃和吡咯进行磺化时要用吡啶-三氧化硫加合物; 如用硫酸, 呋喃环将打开, 吡咯将发生聚合。对于呋喃和噻吩, 进行酰基化时要用四氯化锡为催化剂, 它比三氯化铝温和; 而吡咯进行酰基化时甚至可以不用催化剂。

(1) 硝化

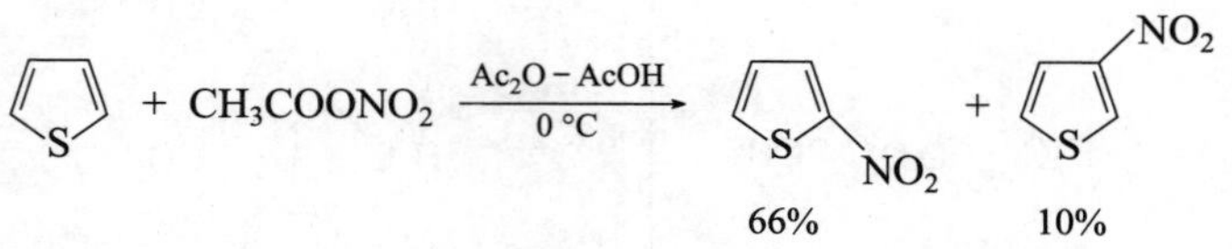

$$+ CH_3COONO_2 \xrightarrow[0\ ^\circ C]{Ac_2O-AcOH}$$

S; S, NO_2 66%; + S, NO_2 10%

(2) 磺化

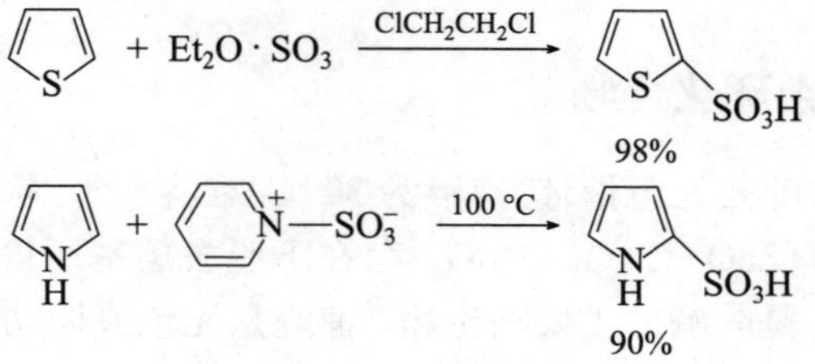

$$+ Et_2O \cdot SO_3 \xrightarrow{ClCH_2CH_2Cl}$$

S; S, SO_3H 98%

$$+ \overset{+}{N}-SO_3^- \xrightarrow{100\ ^\circ C}$$

N H; N H, SO_3H 90%

(3) 卤化

$$+ Br_2 \xrightarrow{0\ ^\circ C}$$

O; O, Br 90%

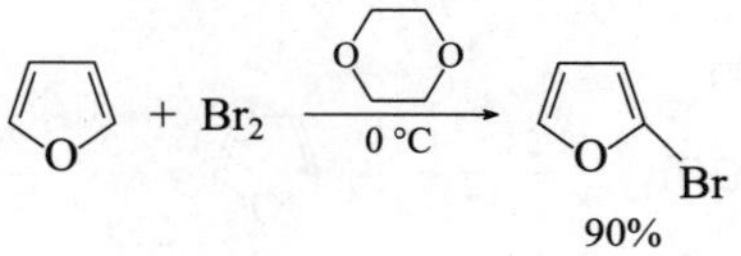

(4) Friedel-Crafts 酰基化

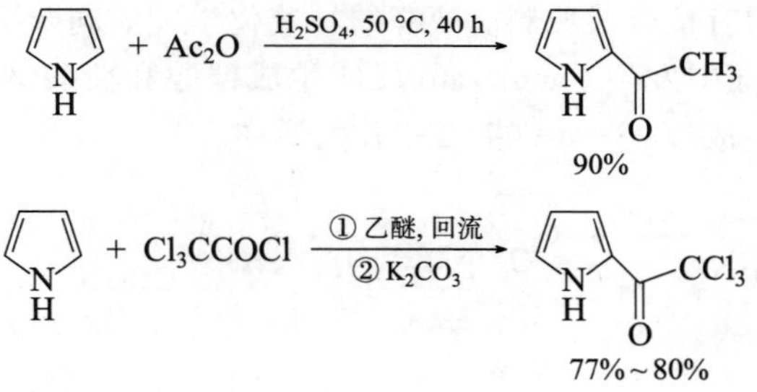

$$+ Ac_2O \xrightarrow{H_2SO_4,\ 50\ ^\circ C,\ 40\ h}$$

N H; N H, O, CH_3 90%

$$+ Cl_3CCOCl \xrightarrow[\text{② } K_2CO_3]{\text{① 乙醚, 回流}}$$

N H; N H, O, CCl_3 77%～80%

呋喃、吡咯和噻吩的亲电取代反应主要发生在 2 位上, 因为亲电试剂进攻 2 位所形成的共振杂化体比进攻 3 位的稳定: 进攻 2 位, 正电荷在三个原子上离域, 而进攻 3 位, 正电荷仅能在两个原子上离域。

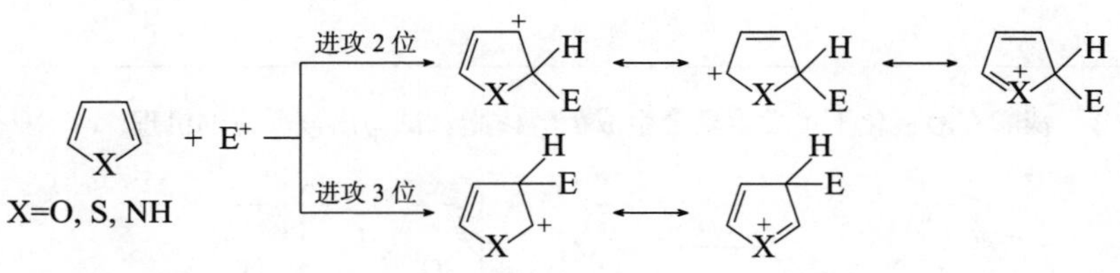

X + E^+ (X=O, S, NH)

进攻 2 位: X, H, E ⟷ X, H, E ⟷ X, H, E

进攻 3 位: X, H, E ⟷ X, H, E

呋喃、噻吩和吡咯环系皆可以通过 γ-二羰基化合物来构建。γ-二羰基化合物在酸催化下脱水可以直接得到呋喃或其衍生物, 与氨或硫化物作用, 则分别得到吡咯、噻吩或其衍生物, 这个方法称为 Paal-Knorr 合成法:

$$\mathrm{H_3C{-}CO{-}CH_2CH_2{-}CO{-}CH_3} \xrightarrow[\text{甲苯}, \triangle]{\mathrm{TsOH}} \text{2,5-二甲基呋喃}$$

$$\xrightarrow[\text{甲苯}, \triangle]{\mathrm{NH_3}} \text{2,5-二甲基吡咯}$$

$$\xrightarrow[170\ ^\circ\mathrm{C}]{\mathrm{P_2S_5}} \text{2,5-二甲基噻吩}$$

17.2.2 常见的五元杂环化合物

(1) 呋喃和糠醛 呋喃是无色液体，沸点为 32 ℃，难溶于水，易溶于有机溶剂。呋喃通常由呋喃甲醛在催化剂 ($ZnO-Cr_2O_3-MnO_2$) 存在下脱去羰基而得。

呋喃甲醛又称糠醛，是呋喃的重要衍生物。糠醛是无色液体，沸点为 162 ℃。糠醛可由农副产品如燕麦壳、玉米芯和棉籽壳等原料来制取。这些原料中含有戊醛糖的高聚物(戊聚糖)。戊聚糖用盐酸处理后，先解聚为戊醛糖，然后再失水而成糠醛。

$$(C_5H_8O_4)_n \xrightarrow[H_2O]{HCl} \mathrm{CHO{-}(CHOH)_3{-}CH_2OH} \xrightarrow[-3H_2O]{HCl,\ 100\ ^\circ C} \text{糠醛} \xrightarrow[400\ ^\circ C]{ZnO-Cr_2O_3-MnO_2} \text{呋喃}$$

戊聚糖　戊醛糖　糠醛　呋喃

糠醛是一种重要的有机合成原料。糠醛的一些化学性质同苯甲醛类似。例如，糠醛在约 50% 氢氧化钠水溶液中发生 Cannizzaro 反应生成糠醇和糠酸钠；在乙酸钠催化下与乙酸酐发生 Perkin 反应生成反-3-(呋喃-2-基)丙烯酸。

$$2\ \text{糠醛 (呋喃-2-CHO)} \xrightarrow{NaOH} \text{呋喃-2-}CH_2OH\ (60\%\sim63\%) + \text{呋喃-2-}COONa \xrightarrow{H_2SO_4} \text{呋喃-2-}COOH\ (61\%\sim63\%)$$

$$\text{呋喃-2-CHO} + Ac_2O \xrightarrow[150\ ^\circ C,\ 7\ h]{NaOAc} \text{呋喃-2-}CH{=}CH{-}COOH\ (\text{反式})\ 65\%$$

练习 17.3 糠醇在酸催化下可发生聚合生成糠醇树脂。试写出该反应的机理:

$$n\ \text{呋喃-2-}CH_2OH \xrightarrow{H_3O^+} \text{呋喃-2-}CH_2{-}[\text{呋喃-2,5-二基}{-}CH_2]_{n-2}{-}\text{呋喃-2-}CH_2OH$$

呋喃在镍催化下，加氢可得四氢呋喃。四氢呋喃的沸点为 65.5 ℃，是良好的溶剂，也是有机合成的原料。从四氢呋喃可得到己二酸和己二胺，它们是制造尼龙-66 的原料。

$$\text{呋喃} \xrightarrow{H_2,\ Ni} \text{四氢呋喃} \xrightarrow[140\ ^\circ C,\ 0.4\ MPa]{HCl} Cl(CH_2)_4Cl \xrightarrow{NaCN} NC(CH_2)_4CN$$

$$HOOC(CH_2)_4COOH \xleftarrow{H_2SO_4,\ H_2O} NC(CH_2)_4CN \xrightarrow{H_2,\ Ni} H_2N(CH_2)_6NH_2$$

尽管呋喃在温和条件下容易发生亲电取代反应，但由于它的芳香性较弱，呋喃及其衍生物还容易进行 Diels-Alder 反应和一般亲电加成反应。吡咯只能和极活泼的亲双烯体发生 Diels-Alder 反应，而噻吩则难以发生 Diels-Alder 反应和一般亲电加成反应。例如，呋喃作为双烯体可以很容易地同顺丁烯二酸酐反应。

$$\text{呋喃} + \text{顺丁烯二酸酐} \xrightarrow{\text{乙醚, 室温, 12 h}} \text{加成产物}\quad 96\%$$

呋喃与溴在甲醇中则发生 1,4-亲电加成，而后迅速与甲醇发生亲核取代反应生成相应的醚：

拓展：具有生物活性的呋喃衍生物

$$\text{呋喃} \xrightarrow[Na_2CO_3]{Br_2,\ CH_3OH} \left[\text{2-}H_3CO\text{-5-Br-2,5-二氢呋喃} + \text{2,5-二Br-2,5-二氢呋喃}\right] \xrightarrow[Na_2CO_3]{CH_3OH} \text{2,5-二}OCH_3\text{-2,5-二氢呋喃}\quad 79\%$$

(2) 噻吩　噻吩存在于煤焦油中，石油中也含有少量噻吩及其衍生物。它们的存在不但影响石油产品的质量，而且会使石油加工过程中的催化剂中毒。使用含有噻吩及其衍生物的汽油和柴油，机动车尾气中会排出二氧化硫，污染环境。噻吩是无色液体，沸点为 84 ℃，熔点为 −38.2 ℃，不溶于水，溶于有机溶剂。在浓硫酸存在下，噻吩与靛红一同加热即发生靛吩咛反应，显出蓝色，反应很灵敏，可用来检验噻吩的存在。

$$\text{靛红} + \text{噻吩} \xrightarrow[\triangle]{\text{浓 } H_2SO_4} \text{靛吩咛}$$

噻吩的亲电取代反应比苯的容易，一般不需要催化剂或只需要比较温和的催化剂。噻吩在室温同浓硫酸作用即可发生磺化反应，生成 α-噻吩磺酸，后者能溶于浓硫酸。利用这个反应，可将粗苯中的噻吩除去。控制适当的温度和溴的用量，可以得到溴代噻吩或多溴代噻吩：

$$\text{噻吩} \xrightarrow[48\%\ HBr]{Br_2/Et_2O} \text{2-溴噻吩} + \text{2,5-二溴噻吩} + \text{2,3,5-三溴噻吩}$$

温度	2-溴噻吩	2,5-二溴噻吩	2,3,5-三溴噻吩
−25 ~ −5 ℃	84%		
−10 ~ 10 ℃		90%	
25 ~ 75 ℃			70%

噻吩无须催化剂即可以发生氯甲基化反应:

噻吩 $\xrightarrow[CH_2Cl_2,\ 0\ ^\circ C]{CH_2O,\ 浓\ HCl}$ 2-氯甲基噻吩（CH_2Cl）

42%

在四氯化锡催化下,噻吩可以在苯中发生酰基化反应,而苯不会发生反应。

噻吩 $\xrightarrow[苯,\ 0\ ^\circ C]{CH_3COCl,\ SnCl_4}$ 2-乙酰基噻吩（$COCH_3$）

80%

噻吩可被催化加氢成四氢噻吩(沸点为 118 ~ 119 ℃)。如果用 Raney 镍作催化剂进行催化氢解,镍可以把硫从噻吩分子中除去,主要产物是正丁烷。

$CH_3CH_2CH_2CH_3 \xleftarrow{H_2,\ Raney\ Ni}$ 噻吩 $\xrightarrow[20\ ^\circ C,\ 0.3\ MPa]{H_2,\ Pd/C,\ CH_3OH}$ 四氢噻吩

噻吩分子中包含芳香共轭体系,硫原子的一对 3p 电子参与了共轭体系的形成。因此噻吩没有硫醚的性质,难以被氧化成亚砜或砜。而四氢噻吩不是共轭体系,具有硫醚的性质,可被过量的过氧化氢、高锰酸钾或硝酸氧化成环丁砜。

拓展:
具有生物活性的噻吩衍生物

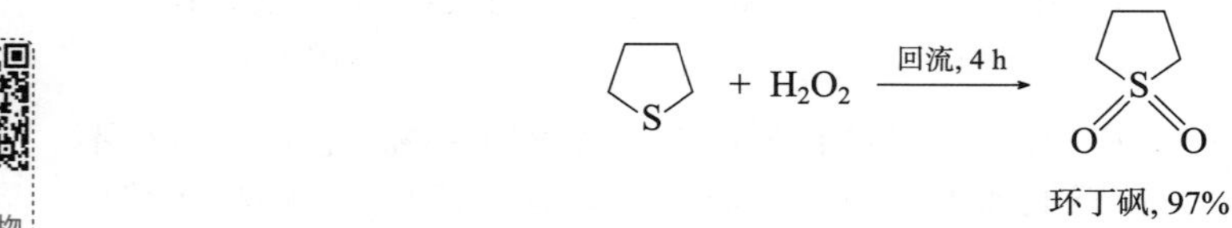

环丁砜, 97%

环丁砜沸点为 287 ℃,熔点为 28 ℃,是一种重要的溶剂。工业上用二氧化硫与丁-1,3-二烯进行环加成反应得到环丁烯砜,再加氢得环丁砜。

(3) 吡咯和吲哚　吡咯存在于煤焦油和石油(少量)中。它是无色油状液体,沸点为 131 ℃,微溶于水,易溶于有机溶剂。吡咯环不如苯环稳定,易被氧化,在空气中吡咯逐渐被氧化而呈褐色并发生树脂化。

吡咯碱性极弱($pK_b = 13.6$)。这是因为氮原子上的未共用电子对参与了共轭体系。相反,吡咯却表现出较弱的酸性,能与金属钠、钾、固体氢氧化钠、氢氧化钾作用,生成吡咯的盐;吡咯的钠盐或钾盐遇水又形成吡咯。

吡咯（N—H） + KOH $\rightleftharpoons$ 吡咯钾（N—K） + H_2O

吡咯可通过催化加氢被还原为四氢吡咯:

吡咯（N—H） $\xrightarrow[200\ ^\circ C]{H_2/Ni}$ 四氢吡咯（N—H）

四氢吡咯也叫吡咯烷,它的碱性($pK_b = 2.7$)比吡咯的碱性强得多,具有脂肪族仲胺的性质,可以和一般的酸形成稳定的铵盐。脯氨酸(见第二十章)和 N-甲基吡咯烷-2-酮都是四氢

吡咯的重要衍生物;后者是一种较好的芳烃萃取剂和理想的极性非质子溶剂,可由 γ-丁内酯通过下列反应制得:

$$\gamma\text{-丁内酯} + CH_3NH_2 \xrightarrow{290\ ^\circ C} \text{N-甲基吡咯烷酮 } (99\%)$$

吲哚存在于煤焦油和石油(少量)中,它是片状晶体,熔点为 52 ℃,沸点为 253 ℃。从结构上看,吲哚是由苯环和吡咯环稠合而成的,因此也叫苯并吡咯。吲哚环系的合成方法很多,其中,由芳基肼与醛或酮形成的腙经加热重排合成吲哚环系的方法最常用,该方法称为 Fischer 合成法。例如:

$$PhNHNH_2 + \text{3-戊酮} \xrightarrow{TsOH,\ 100\ ^\circ C} \text{2-乙基-3-甲基吲哚 } (82\%)$$

$$PhNH{-}N{=}C(CH_3)Ph \xrightarrow{ZnCl_2,\ 170\ ^\circ C} \text{2-苯基吲哚 } (76\%) + NH_3$$

用已经具有烯肼结构的原料,反应会更容易:

$$PhN(Me){-}N(Me)(\text{环己烯基}) \xrightarrow{CF_3CO_2H,\ 室温} \text{N-甲基四氢咔唑 } (74\%) + MeNH_2$$

在 Fischer 合成法中,腙通常被认为经历了酸催化下的异构化、协同重排、重新芳构化、亲核加成关环、消除等过程:

$$PhNH{-}N{=}C(CH_3)Ph \xrightarrow{H^+} PhNH{-}\overset{+}{N}H{=}C(CH_3)Ph \xrightleftharpoons{互变异构} PhNH{-}\overset{+}{N}H_2{-}C(=CH_2)Ph \xrightarrow{协同重排}$$

$$\xrightarrow{芳构化} \xrightarrow{亲核加成} \xrightleftharpoons{质子转移}$$

$$\xrightarrow[-NH_3]{消除} \xrightarrow{-H^+} \text{2-苯基吲哚}$$

吲哚的亲电取代如磺化、溴化、乙酰化和 Mannich 反应等须在温和条件下进行,且通常发生在 3 位:

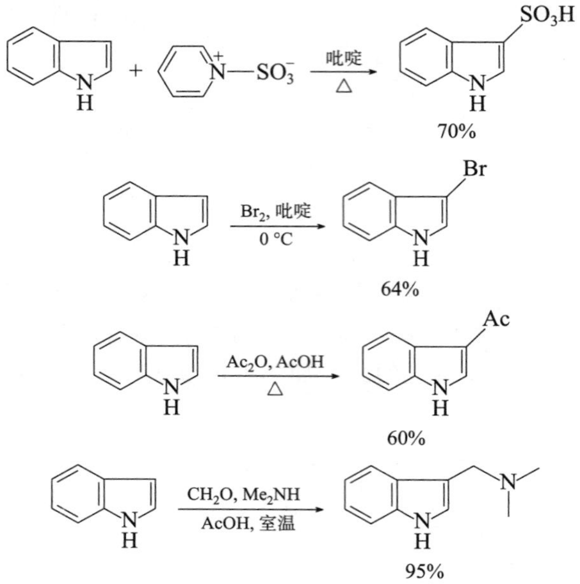

70%

64%

60%

95%

拓展:具有生物活性的吲哚衍生物

练习 17.4　写出下列反应的主要一元取代产物:

(1) 呋喃 + $(CH_3CO)_2O$　　(2) 噻吩 + H_2SO_4　　(3) 吡咯 + $C_6H_5N_2^+Cl^-$

练习 17.5　化合物 (1) 称为切叶蚁激素 (熔点为 73 ℃), 是蚂蚁世界的一种 "导航" 信息素。(2)、(3)、(4) 三种化合物具有特定的香气, 可作香料。用系统命名法命名之。

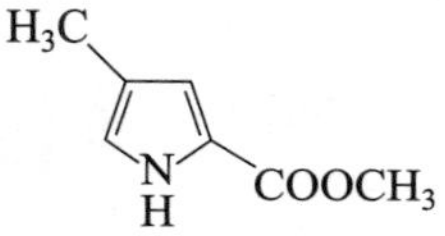

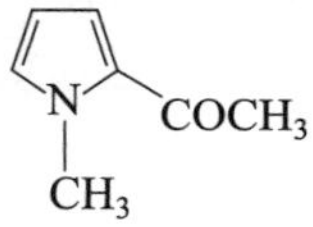

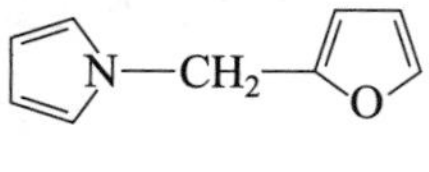

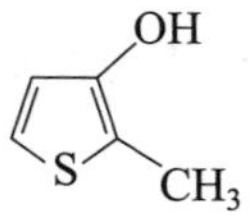

练习 17.6　吡咯的亲电取代通常发生在 2 位, 而吲哚的亲电取代通常发生在 3 位, 写出它们亲电取代反应中间体的共振杂化体并解释上述现象。

练习 17.7　(1) 已知噻吩-3-甲酸的亲电单溴化反应只得到一种产物, 写出该产物的结构, 并利用共振论对反应结果加以解释。

(2) 已知 3-甲基呋喃的亲电单溴化反应只得到一种产物, 写出该产物的结构, 并利用共振论对反应结果加以解释。

---

(4) 咪唑和噻唑　咪唑和噻唑是较常见的含有两个杂原子的五元杂环化合物。现以咪唑为例, 介绍其轨道结构 (见图 17-4)。在咪唑分子中, 三个碳原子和两个氮原子都是 sp^2 杂化。其中一个氮原子与吡咯中的氮原子相似, 除形成三个 σ 键外, 2p 轨道中的一对电子参与构建 π 共轭体系。另一个氮原子则与吡啶中的氮原子类似, 仅用 2p 轨道中的一个单电子参与构建大 π 键, 另一对电子则处于 sp^2 杂化轨道中。这样, 咪唑也是一种具有芳香

性的 6π 电子离域体系。

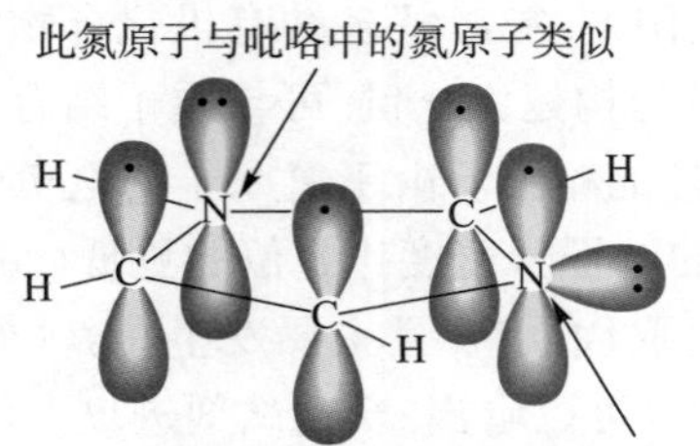

图 17-4 咪唑的轨道结构

咪唑　　噻唑

咪唑为棱柱状结晶，熔点为 90～91 ℃，沸点为 257 ℃，溶于水和有机溶剂。咪唑的 pK_b 为 6.8，其碱性比吡咯的强。噻唑为淡黄色具有腐败臭味的液体，沸点为 116.8 ℃，pK_b 为 11.5。

L-组氨酸和维生素 B_1 分别是咪唑和噻唑的重要衍生物。

N　N　H　COOH　H_2N　H　　H_3C　$\overset{+}{N}$　N　Cl^-　$HOCH_2CH_2$　S　H_2N　N　CH_3

L-组氨酸　　维生素B_1

练习 17.8　在酸性溶液中，咪唑的哪一个氮原子将被质子化？

练习 17.9　在呋喃、噻吩、吡咯、咪唑和噻唑中，咪唑的熔点和沸点最高，为什么？

17.3 六元杂环化合物

17.3.1 吡啶和嘧啶

吡啶及其衍生物广泛分布于自然界，很多生物碱分子中都含有吡啶环，如烟碱和罂粟碱等。

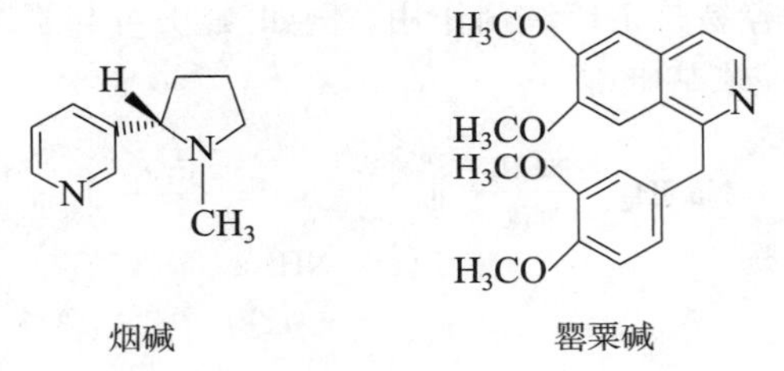

烟碱　　罂粟碱

吡啶存在于煤焦油中，是具有特殊臭味的无色液体，沸点为 115 ℃，可与水、乙醇和乙醚等互溶。吡啶是一种很好的溶剂，能溶解多种有机化合物和无机盐。与吡咯不同，吡啶氮原子上的未共用电子对不参与构建大 π 键，可与质子结合。因此吡啶的碱性 ($pK_b = 8.8$) 较吡咯的强，比苯胺 ($pK_b = 9.37$) 的略强。由于氮原子的电负性比碳原子的大，吡啶环上的电子云密度较低，且 α 和 γ 位的电子云密度比 β 位的更低。因此，吡啶与硝基苯类似，一般要在强烈条件下才能发生亲电取代反应，且主要发生在 β 位。

从亲电取代反应的中间体也可以看出，亲电试剂进攻 β 位形成的中间体比进攻 α 和 γ 位形成的中间体稳定，因为后两者构成共振杂化体的极限结构中出现了含六个价电子的氮正离子。由于氮原子的电负性较大，同具有六个价电子的碳正离子相比，含六个价电子的氮正离子的极限结构是极不稳定的。

进攻 α 位　进攻 β 位　进攻 γ 位

下面是吡啶亲电取代反应的几个例子：

H_2SO_4, KNO_3 / Fe, 330 ℃ → 3-硝基吡啶 (NO_2) 23%

H_2SO_4, $HgSO_4$ / 230 ℃ → (SO_3^-) 70%

Br_2, HCl / 160～170 ℃ → (Br) 37% + (Br, Br) 26%

相反，吡啶的 α 位却容易与亲核试剂作用。例如，吡啶可与氨基钠作用生成 α-氨基吡啶，与苯基锂作用生成 α-苯基吡啶。

+ $NaNH_2$ —$PhCH_3$ / 回流→ (NHNa) —H_2O→ (NH_2) 70%

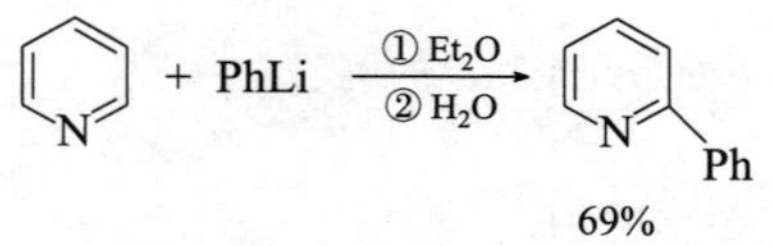

吡啶 + PhLi $\xrightarrow[\text{② } H_2O]{\text{① } Et_2O}$ 2-苯基吡啶 (Ph) 69%

吡啶与氨基钠反应的机理如下:

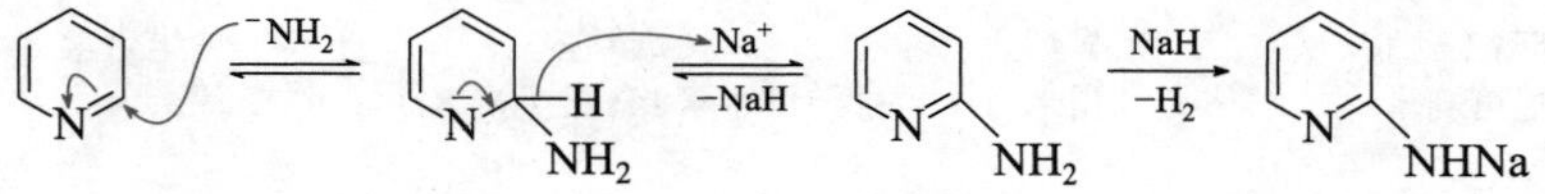

吡啶 $\overset{^-NH_2}{\rightleftharpoons}$ 中间体(H, NH_2) $\underset{-NaH}{\overset{Na^+}{\rightleftharpoons}}$ 2-氨基吡啶(NH_2) $\xrightarrow[-H_2]{NaH}$ 2-吡啶基氨基钠(NHNa)

吡啶氮原子具有亲核性,能与卤代烷作用生成相当于季铵盐的产物吡啶𬭩盐:

$$\text{吡啶} + RX \longrightarrow \text{吡啶}\overset{+}{N}—R\ X^-$$

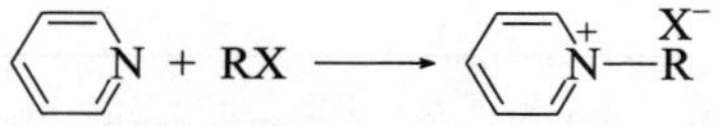

如果R是大于十二个碳原子的直链烷基,产物即是一类阳离子型表面活性剂。

吡啶可与三氧化硫作用生成吡啶三氧化硫加合物:

$$\text{吡啶} + SO_3 \longrightarrow \text{吡啶}\overset{+}{N}—SO_3^-$$

它是一种温和的磺化试剂,可用来磺化那些对强酸不稳定的化合物,如呋喃等。

2-甲基吡啶和4-甲基吡啶是吡啶的重要衍生物,由于氮原子的诱导效应,其甲基上的氢原子具有一定酸性,上述化合物可以和羰基化合物发生缩合反应,继而脱水生成烯的衍生物。2-甲基或4-甲基嘧啶,2-甲基或4-甲基喹啉,1-甲基异喹啉等都有类似性质。例如:

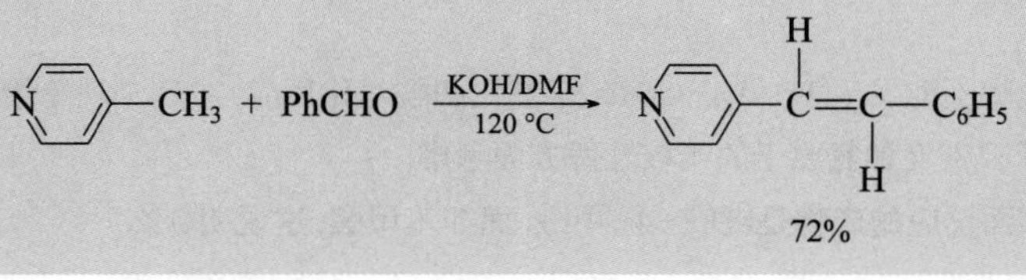

$$\text{4-吡啶基}—CH_3 + PhCHO \xrightarrow[120\ °C]{KOH/DMF} \text{4-吡啶基}—CH=CH—C_6H_5$$

72%

吡啶可被催化加氢为六氢吡啶:

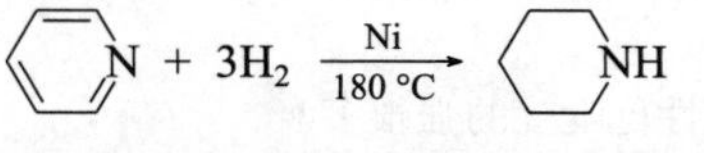

$$\text{吡啶} + 3H_2 \xrightarrow[180\ °C]{Ni} \text{六氢吡啶(NH)}$$

这个反应的条件比苯氢化的温和。六氢吡啶又称哌啶,沸点为106 ℃,能溶于水和有机溶剂。六氢吡啶的碱性($pK_b = 2.7$)与一般脂肪族仲胺的相近,比吡啶的碱性强很多。

吡啶可与过氧化氢作用生成*N*-氧化吡啶,后者与亲电试剂作用不仅条件相对温和,且亲电取代反应如溴化和硝化都发生在4位上,最后可用PCl_3将氧原子除去。该三步反应提供了一个较方便合成4-取代吡啶的方法。

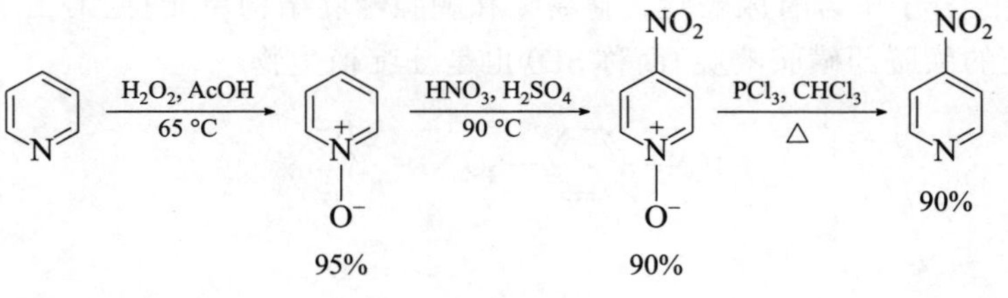

吡啶 $\xrightarrow[65\ °C]{H_2O_2,\ AcOH}$ *N*-氧化吡啶($\overset{+}{N}—O^-$) 95% $\xrightarrow[90\ °C]{HNO_3,\ H_2SO_4}$ 4-硝基-*N*-氧化吡啶(NO_2, $\overset{+}{N}—O^-$) 90% $\xrightarrow[\triangle]{PCl_3,\ CHCl_3}$ 4-硝基吡啶(NO_2) 90%

许多药物分子含有吡啶环，下面是几个简单的例子：

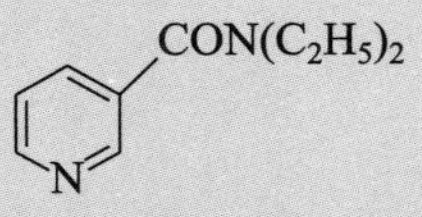

烟酰二乙胺（尼可刹米）：3-$CON(C_2H_5)_2$ 吡啶；异烟肼（雷米封）：4-$CONHNH_2$ 吡啶；烟酰胺（维生素 PP，维生素 B_3）：3-$CONH_2$ 吡啶；维生素 B_6：HO、CH_2OH、CH_2OH、H_3C 取代吡啶

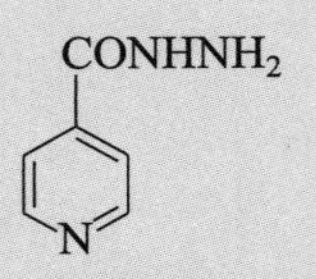

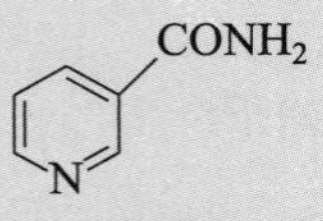

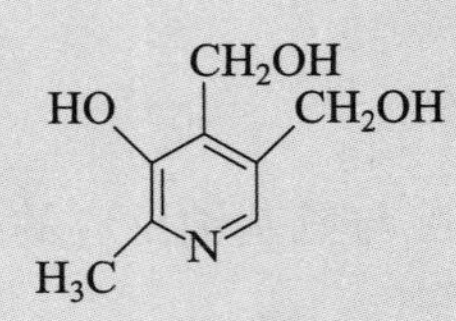

烟酰二乙胺是中枢神经兴奋药物，异烟肼是抗结核药物，烟酰胺是复合维生素 B 的组分，维生素 B_6 参与氨基酸和脂肪代谢。

练习 17.10 用系统命名法命名上面烟酰二乙胺等四个吡啶衍生物。

练习 17.11 写出吡啶与氢氧化钾作用生成吡啶-2-酮的反应机理。

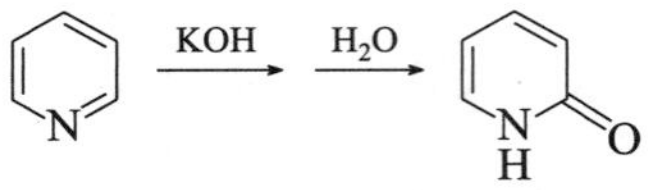

$$\text{吡啶} \xrightarrow{KOH} \xrightarrow{H_2O} \text{吡啶-2-酮（N—H）}$$

练习 17.12 2-氨基吡啶能在比吡啶温和的条件下进行硝化或磺化，取代主要发生在 5 位，说明其原因。

练习 17.13 4-甲基吡啶与 3-甲基吡啶相比，前者的甲基酸性较强，试解释之。

练习 17.14 4-氯吡啶与氨作用可以发生亲核取代反应生成 4-氨基吡啶，写出反应中间体的共振结构式。

练习 17.15 吡啶不能发生 Friedel-Crafts 烷基化和酰基化反应，对这一现象给出合理的解释。（提示：从吡啶的 π 电子云密度和氮原子的亲核性两方面考虑。）

练习 17.16 下面反应的产物是吡啶-4-甲酸，而非苯甲酸，这说明什么？

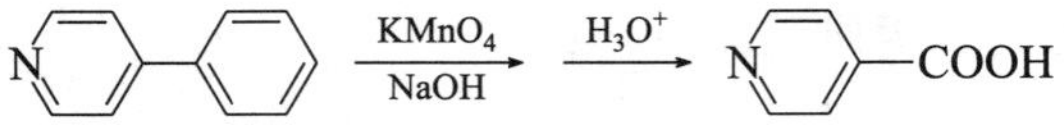

$$\text{4-苯基吡啶} \xrightarrow[NaOH]{KMnO_4} \xrightarrow{H_3O^+} \text{吡啶-4-COOH}$$

练习 17.17 为什么哌啶的碱性比吡啶的强很多？

嘧啶是含有两个氮原子的六元杂环化合物中最重要的一个，与吡啶类似，也具有芳香性，但是嘧啶的碱性 (pK_b = 12.9) 比吡啶的弱。嘧啶的熔点为 22 ℃，沸点为 124 ℃，易溶于水和醇。由于两个氮原子的吸电子诱导效应，其亲电取代反应比吡啶困难，亲核取代反应则比吡啶容易。嘧啶的衍生物广泛分布于自然界，维生素 B_1 [见本章 17.2.2节(4)]分子中即含嘧啶环。核酸分子中含有尿嘧啶、胞嘧啶和胸腺嘧啶结构单元（见第二十章 20.4.1 节）。一种用于消炎的磺胺药磺胺嘧啶（简称 SD）也是嘧啶衍生物：

$$H_2N-C_6H_4-SO_2NH-\text{(2-嘧啶基)}$$

练习 17.18 预测 4-氯嘧啶和 5-氯嘧啶哪一种与 CH_3ONa 的亲核取代反应更容易进行。

17.3.2 喹啉和异喹啉

喹啉是无色油状液体, 沸点为 238 ℃; 异喹啉的熔点为 26.5 ℃, 沸点为 243 ℃。喹啉和异喹啉都难溶于水, 易溶于有机溶剂。与吡啶相似, 喹啉和异喹啉都呈弱碱性 (喹啉 $pK_b = 9.15$; 异喹啉 $pK_b = 8.86$)。喹啉和异喹啉都存在于煤焦油中, 许多生物碱都含有喹啉和异喹啉结构, 喹啉的许多衍生物还是重要的临床药物, 特别是抗疟药。

喹啉及其衍生物常用 Skraup 合成法合成, 即由苯胺、甘油、浓硫酸和氧化剂 (硝基苯或五氧化二砷) 共同加热而得。

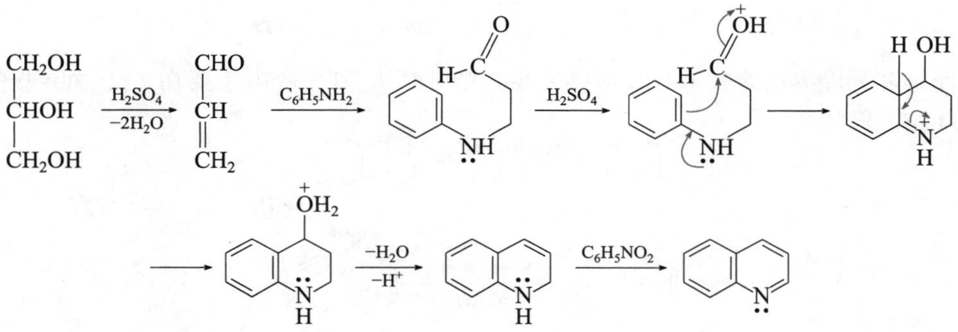

CH₂OH–CHOH–CH₂OH $\xrightarrow[-2H_2O]{H_2SO_4}$ CHO–CH=CH₂ $\xrightarrow{C_6H_5NH_2}$ $\xrightarrow{H_2SO_4}$ $\longrightarrow$ $\longrightarrow$ $\xrightarrow[-H^+]{-H_2O}$ $\xrightarrow{C_6H_5NO_2}$

在上述反应中, 如果以邻氨基苯酚代替苯胺, 并用邻硝基苯酚为氧化剂, 则可得到 8-羟基喹啉, 它是分析化学中常用的螯合剂, 可以测定多种金属。

练习 17.19 以下列化合物为主要原料, 用 Skraup 合成法将分别得到什么产物?

(1) 邻硝基苯胺 (2) 对氨基苯酚 (3) 对甲苯胺

由于吡啶环上电子云密度较低, 喹啉氧化时, 苯环易被氧化; 喹啉还原时, 则吡啶环优先被还原。

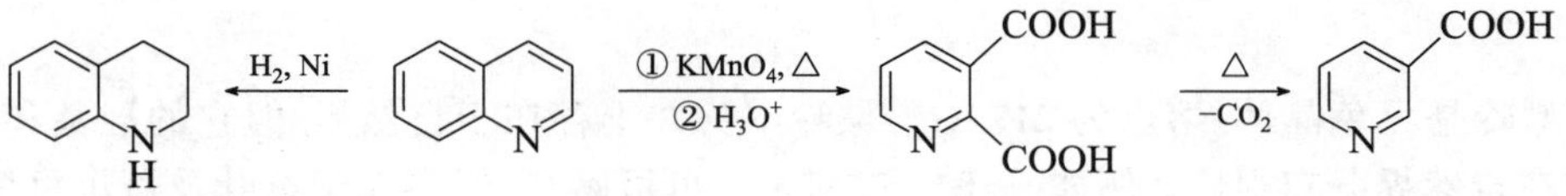

1, 2, 3, 4-四氢喹啉 $\xleftarrow{H_2, Ni}$ 喹啉 $\xrightarrow[② H_3O^+]{① KMnO_4, \triangle}$ 吡啶-2, 3-二甲酸, 70% $\xrightarrow[-CO_2]{\triangle}$ 烟酸

吡啶-2, 3-二甲酸脱羧则生成吡啶-3-甲酸。吡啶-3-甲酸最初由烟碱 (俗称尼古丁, 烟草的主要生物碱) 氧化而得, 俗称烟酸。

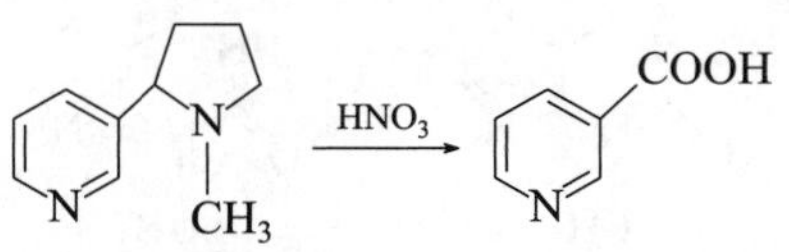

烟碱 $\xrightarrow{HNO_3}$ 烟酸

喹啉和异喹啉的亲电取代反应(如硝化、磺化和溴化等)均比吡啶的容易进行,亲电试剂主要进攻喹啉和异喹啉分子中的5位和8位。例如:

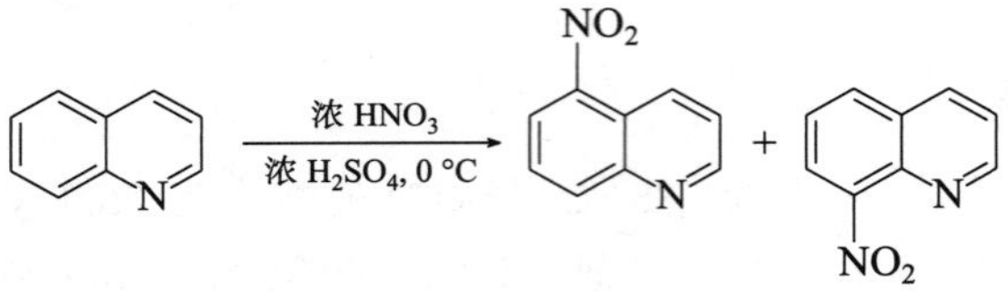

浓 HNO_3 / 浓 H_2SO_4, 0 °C

50%　48%

浓 HNO_3 / 浓 H_2SO_4, 0 °C

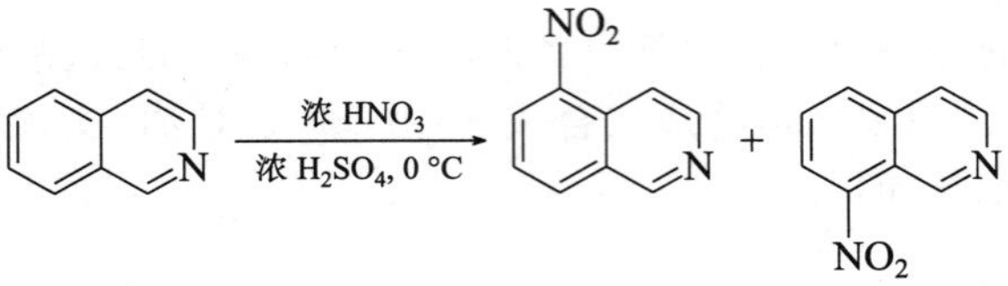

72%　8%

喹啉和异喹啉的亲核取代反应则发生在吡啶环上,其中喹啉主要在2位,而异喹啉主要在1位。例如:

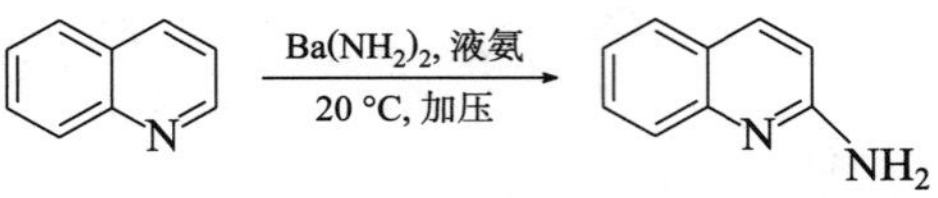

$Ba(NH_2)_2$, 液氨 / 20 °C, 加压

80%

KNH_2, 液氨 / 25 °C, 加压

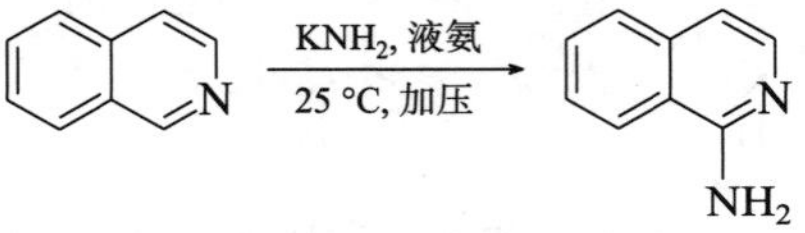

83%

17.3.3　嘌呤

嘌呤是由一个咪唑环和一个嘧啶环稠合而成的一类重要化合物,环中含有四个氮原子。

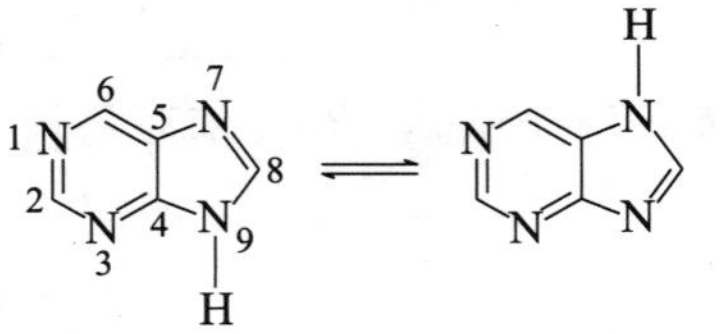

嘌呤是无色晶体,熔点为217 ℃。嘌呤本身并不存在于自然界,但它的羟基和氨基衍生物在自然界分布很广。例如,茶碱、咖啡碱、可可碱(它们存在于茶叶及可可豆里)及尿酸(鸟类及爬行类动物蛋白质代谢的主要产物)等分子中都有嘌呤环骨架。核酸中的腺嘌呤和鸟嘌呤都是嘌呤的衍生物(见第二十章20.4.1节)。

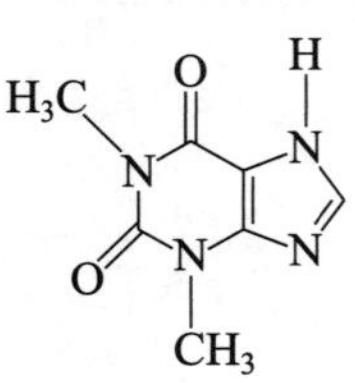

茶碱 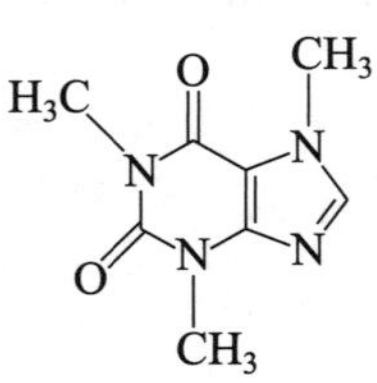　咖啡碱 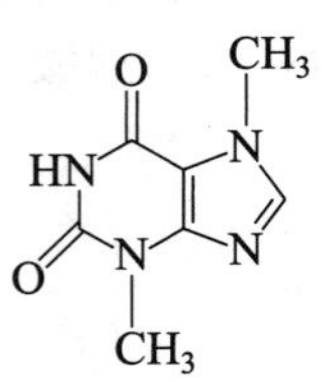　可可碱 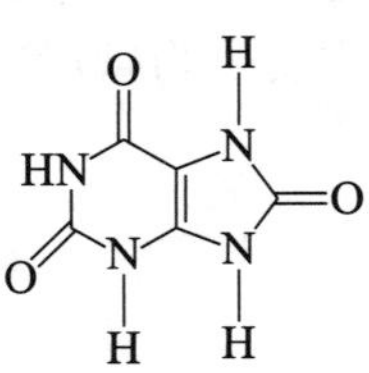　尿酸

习题

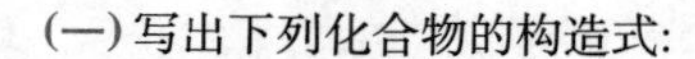

(一) 写出下列化合物的构造式:

(1) 呋喃-2-甲醇　　(2) α,β'-二甲基噻吩

(3) 溴化 N,N-二甲基四氢吡咯　　(4) 2,5-二氢噻吩

(5) 2-甲基-5-乙烯基吡啶　　(6) 2-乙基-1-甲基吡咯

(二) 回答下列问题:

(1) 区别萘、喹啉和8-羟基喹啉　　(2) 区别吡啶和喹啉

(3) 除去混在苯中的少量噻吩　　(4) 除去混在甲苯中的少量吡啶

(三) 下列各杂环化合物哪些具有芳香性? 在具有芳香性的杂环中, 指出杂原子中参与 π 体系的电子对。

(1) (2) H_3C—N: :N—CH_3 (3) H_3C— —CH_3 (4) (5)

(四) 将下列化合物按照碱性由强到弱的顺序排列:

(1) 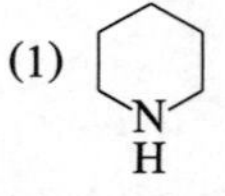 (2) 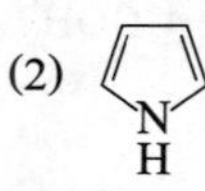 (3) 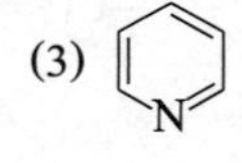 (4) 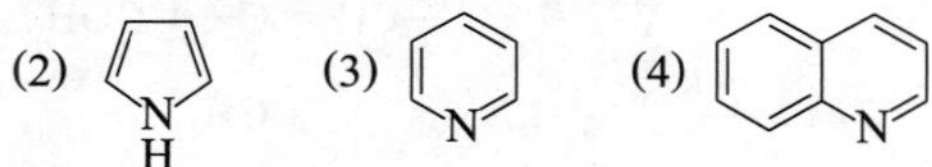

(五) 用盐酸处理吡咯, 得到吡咯正离子, 已知质子化的位点不在氮原子上, 而在 2 位的碳原子上, 利用共振论解释这一现象。这个吡咯正离子是否具有芳香性?

(六) 写出下列反应的主要产物:

(1) $\xrightarrow[H_2SO_4]{HNO_3}$　　(2) $\xrightarrow[H_2SO_4]{HNO_3}$

(3) $\xrightarrow[H_2SO_4]{HNO_3}$　　(4) $\xrightarrow[AcOH]{Br_2}$

(5) $\xrightarrow{CH_3I}$ $\xrightarrow[\text{NH}, C_2H_5OH, 80\ °C]{H-CO-C_6H_4-COOCH_3}$　　(6) $\xrightarrow[60\ °C]{CH_3I, K_2CO_3}$

(7) + CH_3OOC—CH=CH—$COOCH_3$ ⟶　　(8) $\xrightarrow[C_2H_5OC_2H_5]{PCl_5}$

(9) 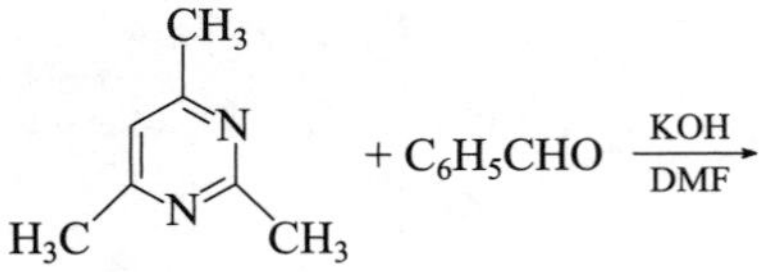 2,4,6-三甲基嘧啶（CH_3, N, N, H_3C, CH_3）$+ C_6H_5CHO \xrightarrow[DMF]{KOH}$

(10) 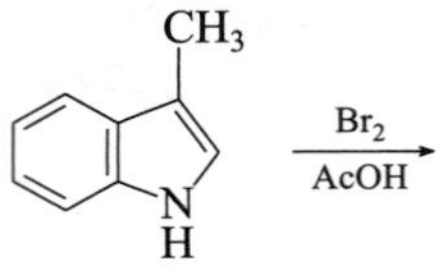 3-甲基吲哚（CH_3, N, H）$\xrightarrow[AcOH]{Br_2}$

(11) 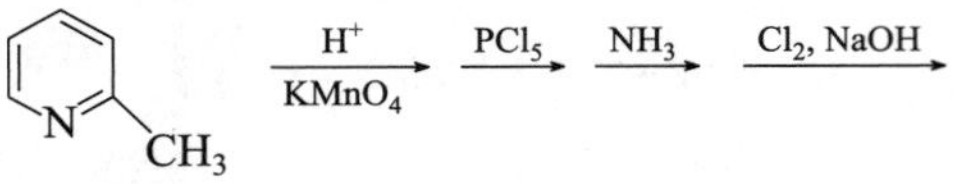 2-甲基吡啶（N, CH_3）$\xrightarrow[KMnO_4]{H^+} \xrightarrow{PCl_5} \xrightarrow{NH_3} \xrightarrow{Cl_2, NaOH}$

(12) 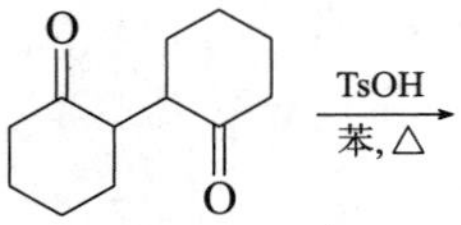 （O, O）$\xrightarrow[苯, \triangle]{TsOH}$

(13) 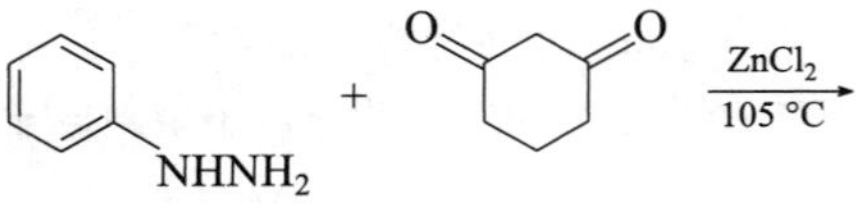 $C_6H_5NHNH_2$ + 1,3-环己二酮（O, O）$\xrightarrow[105\ °C]{ZnCl_2}$

(14) 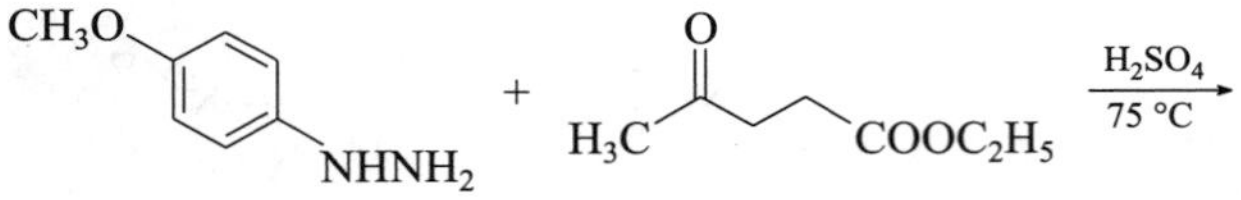 CH_3O—C_6H_4—$NHNH_2$ + H_3C—CO—CH_2CH_2—$COOC_2H_5$ $\xrightarrow[75\ °C]{H_2SO_4}$

(七) 怎样从糠醛制备下列化合物?

(1) 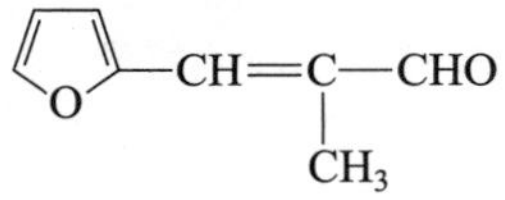 2-呋喃基—CH=C(CH_3)—CHO　　(2) 2-呋喃基—CH=C(CH_3)—COOH

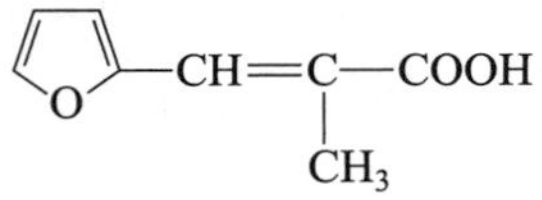

(八) 杂环化合物 $C_5H_4O_2$ 经氧化后生成羧酸 $C_5H_4O_3$。将此羧酸的钠盐与氢氧化钠和氧化钙的混合物作用,转变为 C_4H_4O,后者与金属钠不发生反应,也不具有醛和酮的性质。原来的 $C_5H_4O_2$ 是什么?

(九) 溴代丁二酸二乙酯与吡啶作用生成反丁烯二酸二乙酯。吡啶在这里起什么作用?它与通常使用的氢氧化钾乙醇溶液相比较有什么优点?

(十) 奎宁是一种生物碱,存在于原产南美洲的金鸡纳树皮中,因此也叫金鸡纳碱。奎宁是一种抗疟药,虽然多种抗疟药已人工合成,但奎宁仍被使用。奎宁的结构如下:

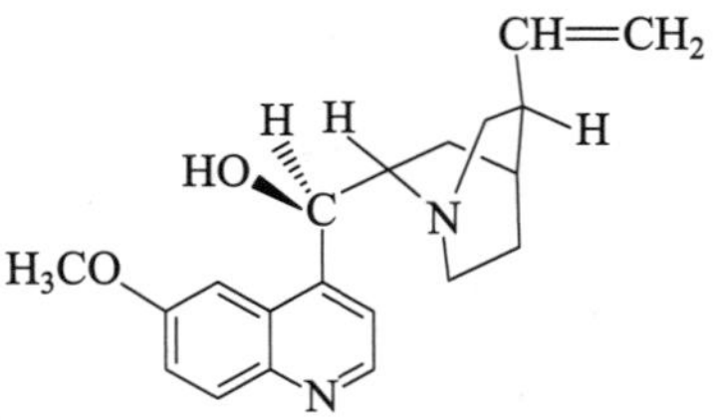

（奎宁结构式：$CH=CH_2$, H, H, H, HO, C, N, H_3CO, N）

奎宁分子中有两个氮原子,哪一个碱性更强?

(十一) 用浓硫酸在 220～230 ℃ 时使喹啉磺化,得到喹啉磺酸 (A)。将 (A) 与碱共熔,得到喹啉的羟基衍生物 (B)。(B) 与应用 Skraup 合成法从邻氨基苯酚制得的喹啉衍生物完全相同。(A) 和 (B) 各是什么? (A) 和 (B) 进行亲电取代反应时,苯环活泼还是吡啶环活泼?

(十二) 1-甲基异喹啉甲基质子的酸性比 3-甲基异喹啉甲基质子的酸性强,解释其原因。

(十三) 喹啉和异喹啉的亲核取代反应主要分别发生在 C2 和 C1 上,为什么不易分别发生在 C4 和 C3 上?

(十四) 吡啶-2,3-二甲酸脱羧生成β-吡啶甲酸，为什么脱羧反应发生在α位？

(十五) 古液碱 (A) ($C_8H_{15}NO$) 是一种生物碱，存在于古柯植物中。它不溶于氢氧化钠水溶液，但溶于盐酸。它不与苯磺酰氯作用，但与苯肼作用生成相应的苯腙。(A) 与 NaOI 作用生成黄色沉淀和一种羧酸(B)($C_7H_{13}NO_2$)。(A) 用 CrO_3 强烈氧化，转变成古液酸 ($C_6H_{11}NO_2$)，即 N-甲基吡咯烷-2-甲酸。写出 (A) 和 (B) 的构造式。

(十六) 褪黑素是脑垂体分泌的一种能够调节人类昼夜节奏生理功能的吲哚衍生物，对于保证人的足够睡眠起着关键作用，其结构如下。试由对硝基氯苯为主要原料合成之。

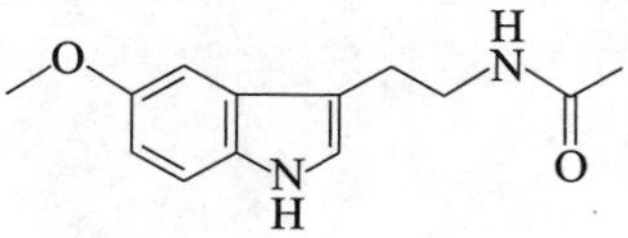

(十七) 某吡咯衍生物 (结构如下) 是合成叶绿素类似物的片段之一，由乙酰乙酸乙酯出发合成该化合物。

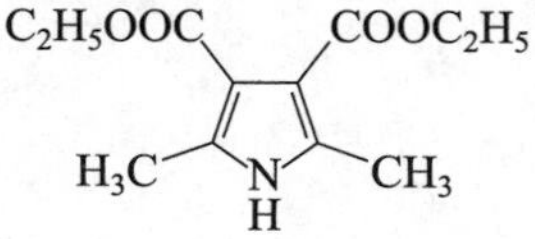

C_2H_5OOC $COOC_2H_5$ H_3C N H CH_3

(十八) 如下反应是合成卟啉的其中一步，为该反应提出合理的反应机理。

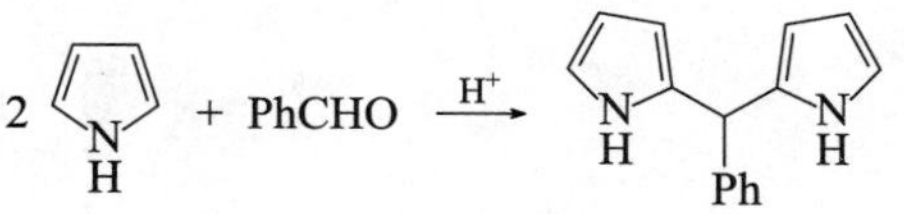

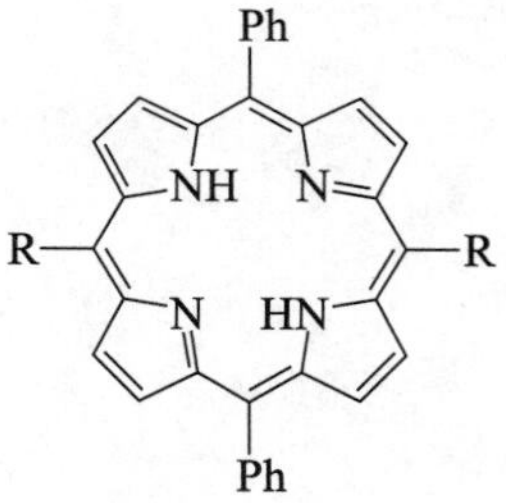

2 (吡咯) + PhCHO $\xrightarrow{H^+}$

卟啉

第十八章
类脂

▼ 前导知识: 学习本章之前需要复习以下知识点

烯烃的催化氢化反应 (3.5.1 节)
烯烃的离子型加成反应 (3.5.2 节)
羧酸衍生物酰基上的亲核取代反应 (13.3.1 节)

▼ 本章导读: 学习本章内容需要掌握以下知识点

类脂化合物的结构特点
类脂化合物的官能团及其化学性质
萜类化合物的分类和异戊二烯规则

从生物化学的角度来看,类脂(lipids)或称类脂化合物,是指存在于细胞及生物组织中,不溶于水而溶于弱极性或非极性有机溶剂(如氯仿、乙醚、己烷和苯等)的一些有机化合物,如油脂、蜡、磷脂、萜类化合物和甾族化合物等。生物体内含有的类脂化合物具有不同的生理功能。例如,脂肪是储存能量的主要形式,磷脂、甾醇等是构成生物膜的重要物质,某些萜类化合物和甾族化合物具有一定的生理功能。但这些化合物结构差别较大,性质也有很大不同。

这里需要指出的是,上述关于类脂的定义并非一致意见。另一种意见是水解能生成脂肪酸的天然产物(油脂和类似油脂)称为类脂。例如,油脂、蜡和磷脂,甚至包括脂肪酸和高级脂肪醇。本章按前一种定义所包括的内容介绍,主要介绍这些化合物的基本知识。

18.1　油脂

油脂是油和脂(肪)的总称,习惯上把常温下为液体的称为油,如花生油、豆油和桐油等;常温下为固体或半固体的视为脂(肪),如牛脂(牛油)、猪脂(猪油)等。油脂是动植物生命过程中不可缺少的物质,在工业上也有广泛的用途。

18.1.1　油脂的结构和组成

天然油脂因来源不同其组成不尽相同。油脂的主要成分是直链高级脂肪酸和甘油生成的酯。甘油是三元醇,可与三个相同的脂肪酸生成单甘油酯,也可以与不同的脂肪酸生成混合甘油酯。油脂中大多是混合甘油酯,其结构可表示如下:

$$\begin{array}{l} CH_2OCOR \\ | \\ CHOCOR' \\ | \\ CH_2OCOR'' \end{array}$$

一般油中含不饱和酸的甘油酯多,脂中含饱和酸的甘油酯多,油脂中常见的脂肪酸见表18-1。天然油脂是多种不同脂肪酸甘油酯的混合物,一些油脂的组成及皂化值、碘值见表18-2。

表18-1　油脂中常见的脂肪酸

	中文名称	英文名称	结构	熔点/℃
饱和脂肪酸	月桂酸	lauric acid	$CH_3(CH_2)_{10}COOH$	44～46
	豆蔻酸	myristic acid	$CH_3(CH_2)_{12}COOH$	54
	棕榈酸(软脂酸)	palmitic acid	$CH_3(CH_2)_{14}COOH$	63
	硬脂酸	stearic acid	$CH_3(CH_2)_{16}COOH$	70

续表

	中文名称	英文名称	结构	熔点/℃
不饱和脂肪酸	棕榈油酸	palmitoleic acid	16 9 1 COOH	32
	油酸	oleic acid	18 9 1 COOH	4
	亚油酸	linoleic acid	18 12 9 1 COOH	−58
	亚麻酸	linolenic acid	18 15 12 9 1 COOH	−11
	花生四烯酸	arachidonic acid	8 5 1 COOH 20 11 14	−44

脂肪族羧酸长链倒数第三个碳原子如果是双键碳原子，则称为 ω−3 脂肪酸。长链的 ω−3 脂肪酸被认为可降低心脏病发作的风险并缓解一些自身免疫性疾病，如类风湿性关节炎和银屑病等。金枪鱼和三文鱼等的鱼油是较好的 ω−3 脂肪酸来源。二十二碳六烯酸[DHA,(4Z,7Z,10Z,13Z,16Z,19Z)−二十二碳−4,7,10,13,16,19−六烯酸]也是一种 ω−3 脂肪酸。

10 7 4 1 COOH
13 16 19 22

表 18−2 一些油脂的组成及皂化值、碘值

分类	油脂名称	皂化值	碘值	脂肪酸的组成 /%						其他组分
				十四酸	十六酸	十八酸	棕榈油酸	油酸	亚油酸	
脂肪	椰子油	250～260	8～10	17～20	4～10	≈5		2～10	0～2	(a)
	棕榈油	196～210	48～58	1～3	34～43	3～6		38～40	5～11	
	奶油	216～235	26～45	7～9	23～26	10～13	5	30～40	4～5	(b)
	猪油	193～200	46～66	1～2	28～30	12～18	1～3	41～48	6～7	(c)
	牛油	190～200	31～47	2～3	24～32	14～32	1～3	35～48	2～4	
不干性油	蓖麻油	176～187	81～90		0～1			0～9	3～4	(d)
	橄榄油	185～200	74～94	0～1	5～15	1～4	0～1	69～84	4～12	
	花生油	185～195	83～93		6～9	2～6	0～1	50～70	13～26	(e)
半干性油	棉籽油	191～196	103～115	0～2	19～24	1～2	0～2	23～33	40～48	
	鲸脂油	188～194	110～150	4～6	11～18	2～4	13～18	33～38		(f)
干性油	大豆油	189～194	124～136		6～10	2～4		21～29	50～59	(g)
	亚麻油	189～196	170～204	0～1	4～7	2～5		9～38	3～43	(h)
	桐油	189～195	160～170					4～16	0～1	(i)

注：(a) 5%～10%辛酸，5%～11%癸酸，45%～51%十二酸；(b) 3%～4%丁酸，1%～2%己酸，1%辛酸，2%～3%癸酸，2%～3%十二酸；(c) 2% C_{20}～ C_{23} 不饱和脂肪酸；(d) 80%～90%蓖麻酸（顺−12−羟基−9−十八碳烯酸）；(e) 2%～5%二十酸（花生酸），1%～5%二十四酸；(f) 11%～20% C_{20} 及 5%～11% C_{22} 不饱和酸；(g) 4%～8%亚麻酸；(h) 25%～58%亚麻酸；(i) 4%～5%饱和酸，74%～91% α−桐油酸（顺，反，反十八碳−9, 11, 13−三烯酸）。

18.1.2 油脂的性质

油脂不溶于水,溶于弱极性或非极性的有机溶剂,其相对密度小于1。由于天然油脂都是混合物,故无恒定的沸点和熔点。

(1) 水解 将油脂与氢氧化钠水溶液反应,可水解生成甘油和高级脂肪酸的钠盐。例如:

$$\begin{array}{l} CH_2OC(=O)C_{17}H_{33} \\ | \\ CHOC(=O)C_{15}H_{31} \\ | \\ CH_2OC(=O)C_{17}H_{35} \end{array} + NaOH \longrightarrow \begin{array}{l} CH_2OH \\ | \\ CHOH \\ | \\ CH_2OH \end{array} + \begin{array}{l} C_{17}H_{33}COONa\ (\text{油酸钠}) \\ C_{15}H_{31}COONa\ (\text{软脂酸钠}) \\ C_{17}H_{35}COONa\ (\text{硬脂酸钠}) \end{array}$$

生成的高级脂肪酸钠经加工成型即成肥皂。因而,把油脂的碱性水解称为皂化,后来推广到将酯的碱性水解均称为皂化。工业上皂化的产物经酸化得到高级脂肪酸。目前工业上应用的具有偶数碳原子的羧酸,几乎都来自动植物油脂。用高压(5.5 MPa),于260 ℃连续逆流裂解法水解,可获得高级偶数碳原子的羧酸,油脂裂解率达98%~99%。此方法不使用酸或碱,绿色环保。

皂化值:工业上将1 g油脂完全皂化所需要的氢氧化钾的质量(单位:mg)称为皂化值。皂化值可反映油脂的平均相对分子质量,皂化值越大,油脂的平均相对分子质量越小。

(2) 加成反应 含有不饱和酸的油脂,分子中的碳碳双键可与氢或卤素进行加成。例如,在200 ℃以上、0.1~0.3 MPa、镍催化下,可将含有不饱和酸的油脂进行催化加氢,生成固体或半固体脂肪,称为油的氢化或油的硬化。由精炼过的液体油脂(如棉籽油)经催化加氢所形成的固体或半固体脂肪,称为氢化油或硬化油。工业上常通过油的硬化把液态植物油转变成为人造脂肪,可食用、制造肥皂或制造饱和脂肪酸。

含有不饱和酸的油脂可与卤素加成,可以通过“碘值”来衡量油脂的不饱和程度。碘值是指100 g油脂所能吸收碘的质量(单位:g)。碘值越大,油脂的不饱和程度越高。由于碘与碳碳双键加成困难,测定时用ICl或IBr作试剂。

氯化碘(溴化碘)的制法:在碘的醋酸溶液中通入新制备的干燥氯气(或加入溴),则生成氯化碘(或溴化碘)的醋酸溶液,这是测定碘值的试剂。

$$I_2 + Cl_2 \longrightarrow 2\,ICl$$

过量的氯化碘(或溴化碘)与油脂中的碳碳双键进行加成,生成饱和的油脂卤代物:

$$>C=C< + \underset{(IBr)}{ICl} \longrightarrow -\underset{I}{\overset{|}{C}}-\underset{Cl(Br)}{\overset{|}{C}}-$$

反应后剩余的氯化碘(溴化碘)用碘化钾与之反应,则生成游离碘。

$$ICl(IBr) + KI \longrightarrow I_2 + KCl(KBr)$$

然后用硫代硫酸钠溶液测定生成的碘。最后由氯化碘(或溴化碘)消耗量可计算油脂的碘值。

碘值是测定化合物碳碳双键不饱和度的方法之一,主要用于油脂、蜡、不饱和酸和不饱和醇等的测定,已被广泛采用。

(3) 氧化和聚合　某些油在空气中放置,可生成一层干燥而有弹性的膜,这种现象称为干化,具有这种性质的油称为干性油。油的干化过程与氧化和聚合有关,但是很复杂,至今尚未完全搞清楚。含有共轭双键的不饱和脂肪酸的油干性最好。例如,桐油酸中含有三个共轭的双键,所以桐油是油漆工业最理想的干性油。油脂的干化在油漆工业中具有重要意义。

油脂在空气中放置较长时间,会被氧气、水或微生物分解,生成相对分子质量较小的羧酸、醛和酮,而产生难闻的气味,称为油脂的酸败。加热和光照均对酸败有促进作用。含有不饱和酸的油脂更容易酸败,酸败的油脂不能食用。

18.2 蜡

蜡一般是指一类油腻的、不溶于水、具有可塑性和易熔化的物质,在哺乳动物的毛发、鸟的羽毛、昆虫的外壳、植物的叶和果实等处均有存在,石油和页岩油中含有石蜡,由地蜡矿经加工可获得地蜡。

蜡按来源可分为三类:植物蜡,如米糠蜡、巴西棕榈蜡等;动物蜡,如虫蜡、鲸蜡等;矿物蜡,如石蜡、地蜡等。其中,植物蜡和动物蜡的主要成分是含有16个以上偶数碳原子的高级脂肪酸和高级一元伯醇形成的酯,而矿物蜡则是含20~30个碳原子的高级烷烃的混合物。植物蜡和动物蜡与矿物蜡的性质虽然很相似,但化学结构完全不同。例如,我国的白蜡(又称虫蜡、川蜡)是寄生在女贞树或白蜡树上的白蜡虫的分泌物,产于我国四川等地,是我国的特产,故又称中国蜡。其主要成分是蜡酸蜡酯(蜡酸是正二十六烷酸,蜡醇是正二十六烷醇),其化学式为$C_{25}H_{51}COOC_{26}H_{53}$。从蜜蜂的蜂巢中得到的蜂蜡,主要含有软脂酸蜂花酯(约75%,其化学式为$C_{15}H_{31}COOC_{30}H_{61}$,蜂花醇是正三十烷醇),其次是石蜡(约15%)和正二十六酸蜂花酯(约10%)。从抹香鲸头部提取的鲸蜡,主要成分为软脂酸鲸蜡酯(化学式为$C_{15}H_{31}COOC_{16}H_{33}$,鲸蜡醇为正十六烷醇)。从米糠油中提取的米糠蜡,其主要成分是蜡酸蜂花酯($C_{25}H_{51}COOC_{30}H_{61}$)。从巴西棕榈树叶中得到的巴西棕榈蜡(亦称巴西蜡),其主要成分是蜡酸蜂花酯($C_{25}H_{51}COOC_{30}H_{61}$)。

蜡多为固体,少数是液体。其性质比较稳定,在空气中不易变质,且较难皂化。

蜡主要用于制造蜡烛、蜡纸、香脂、软膏、化妆品、上光剂和鞋油等。

18.3 磷脂

磷脂是含磷的类脂化合物,广泛存在于动植物体内,如动物的脑、肝和蛋黄,以及大豆等植物的种子中。

磷脂与油脂不同，它是二羧酸甘油磷酸酯，其中两个羧酸通常是不相同的。其组成除甘油外，脂肪酸主要是软脂酸、硬脂酸、亚油酸和油酸等，磷酸酯中的另一部分是由含有醇羟基的一些化合物（如胆碱、2-氨基乙醇和L-丝氨酸等）与磷酸脱水后的单元组成。例如，主要存在于蛋黄中的卵磷脂和主要存在于动物脑中的脑磷脂的构造式可表示如下：

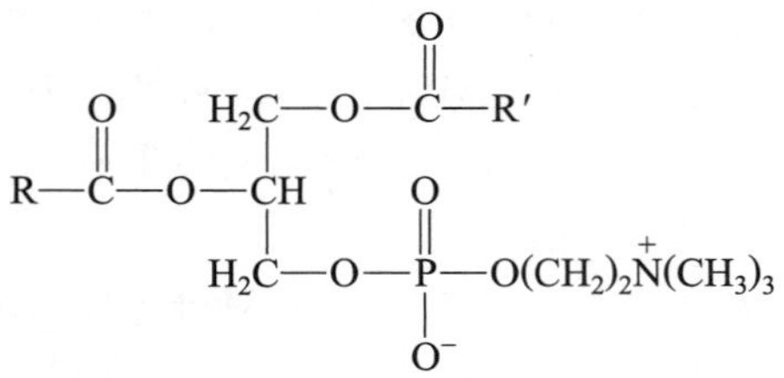

卵磷脂 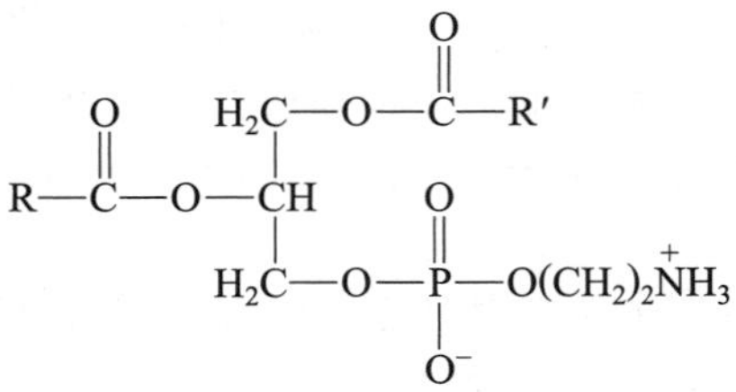　　　　脑磷脂

在磷脂分子中，既带有正电荷也带有负电荷，是以偶极离子形式存在的，这一部分是亲水部分，而羧酸的长链烃基是疏水部分。这种结构特点与脂肪不同，而与肥皂和清洗剂相似，因此在水中它们的极性基团指向水相，而非极性的长链烃基部分聚在一起形成双分子层的中心疏水区，这种脂的双分子层结构在水中是稳定的，构成了生物膜的结构基本特征之一。磷脂的这种结构特点和与之相关的物理性质，使之成为生物膜的主要成分。生物膜在细胞吸收外界物质和分泌代谢产物的过程中起着重要的作用。

18.4　前列腺素

前列腺素（prostaglandin，简称PG）是在精液中发现的类脂物质，通常羊的前列腺是这类物质较好的来源，故称前列腺素。前列腺素具有广泛的生理调节功能，已知它们可影响心跳速率、血压、血栓及应激响应等，也与自免疫疾病如哮喘、关节炎等有关。

所有的前列腺素都具有20个碳原子，且C8和C12相连构成一个五元环，在C11和C15上连有羟基。前列腺素根据其C9上的基团不同进行分类和命名，如C9上连有羟基，则属于前列腺素F系列；如C9是羰基碳原子，则属于前列腺素E系列。前列腺素名称中的下标表示双键的个数。例如：

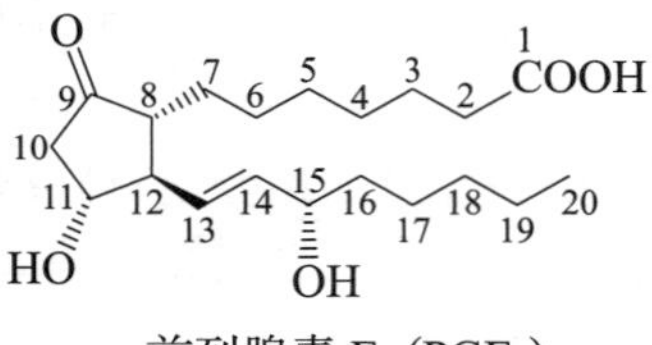

前列腺素 E_1 (PGE_1) 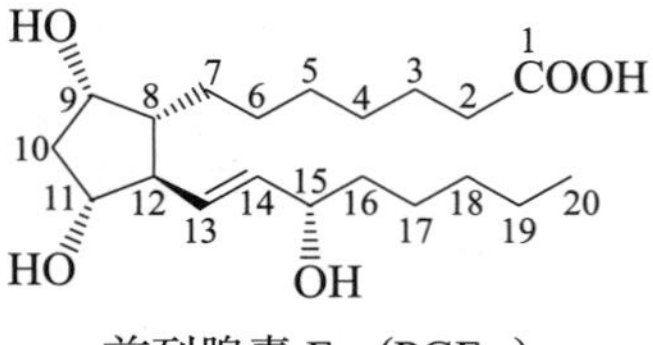　　　　前列腺素 $F_{1\alpha}$ ($PGF_{1\alpha}$)

化合物：花生四烯酸

前列腺素的生物合成是以含20个碳原子的不饱和羧酸（如花生四烯酸）等为原料的。哺乳动物不能直接合成花生四烯酸，需要从食物中摄取亚油酸进行碳链的扩增并构建两个双键，故亚油酸又称为必需脂肪酸。动物实验表明，亚油酸缺乏可引起生长不良和其他一些生理失调，但恢复提供亚油酸，这些症状会消失。

花生四烯酸除了与前列腺素的生物合成相关外，还与其他一些生物活性物质相关，如

白三烯 A_4 (LTA)$_4$ 及凝血噁烷 A_2 等。花生四烯酸在脂氧化酶作用下生成白三烯 A_4。

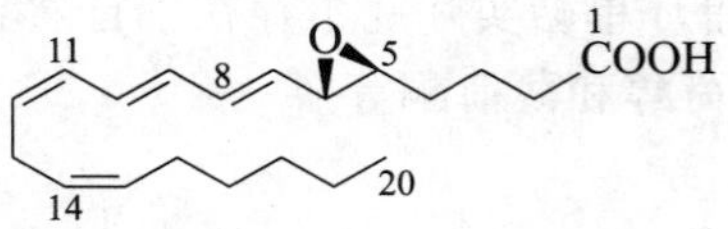

白三烯 A_4 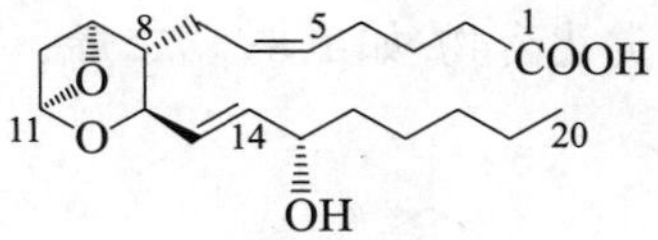　　凝血噁烷 A_2

18.5 萜类化合物

萜类化合物广泛存在于自然界，如从某些植物的叶、花和果实中获得的香精油，其主要成分是萜类化合物。

萜类一般指含有两个或多个异戊二烯碳骨架的不饱和烃及其氢化物和含氧化合物，其分子中的碳原子数是异戊二烯碳原子的倍数，即 $5n$。但也有例外。根据分子中所含异戊二烯碳骨架的多少，萜类可分为单萜和多萜（见表 18-3），通称异戊二烯规则。

表 18-3 萜类化合物的类别

类别	异戊二烯单元	碳原子数	类别	异戊二烯单元	碳原子数
单萜	2	10	三萜	6	30
倍半萜	3	15	四萜	8	40
二萜	4	20			

(1) 单萜　单萜又分为无环单萜、单环单萜和双环单萜。月桂烯 ($C_{10}H_{16}$) 是无环单萜的一个例子，它由两个异戊二烯单元"头部"和"尾部"相连而成，可视为异戊二烯的二聚体，是一种开链的三烯烃，其构造式为

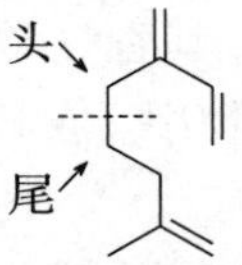

头　尾

α-月桂烯 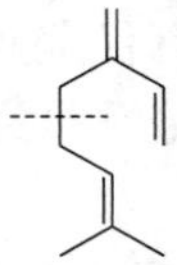　　β-月桂烯

月桂烯亦称香叶烯，有 α-和 β-两种异构体，其中 α-月桂烯在自然界中存在较少，β-月桂烯存在于许多精油中。从黄栌叶和柔布叶的蒸馏液中，可获得较多的 β-异构体，在肉桂油、柏木油、松节油和柠檬油等中亦有存在。月桂烯主要用作合成芳樟醇、橙花醇、香茅醛和紫罗兰酮等香料的原料，少数用于配制日用香精。单萜化合物常含有羟基和羰基等官能团。例如：

拓展：萜的生物合成

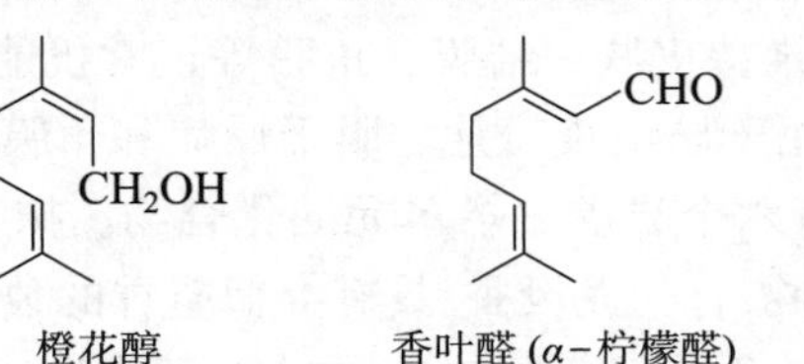

橙花醇　　香叶醛（α-柠檬醛）

单环单萜可以看成二聚异戊二烯的环状结构，也可视为1-异丙基-4-甲基环己烷的衍生物，这样的碳骨架一般称为萜。单纯的单环单萜实际并不存在于自然界，但其衍生物则是重要的萜类化合物，如1,8-萜二烯、薄荷醇和薄荷酮等。

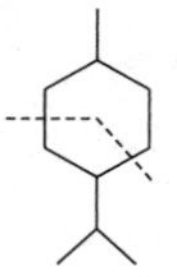

1-异丙基-4-甲基环己烷 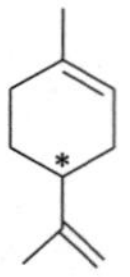　1,8-萜二烯 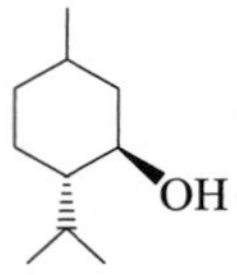　(−)-薄荷醇 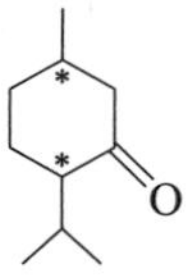　薄荷酮

薄荷醇（俗称薄荷脑）分子中含有三个手性碳原子，应具有八种立体异构体。其异构体之一的左旋体是薄荷油的主要成分，为结晶固体，熔点为42.5 ℃，沸点为216 ℃，有强烈的薄荷气味，常用于香料及医药工业。薄荷醇氧化可得薄荷酮。

双环单萜有

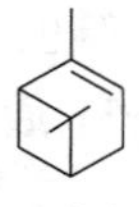

α-蒎烯 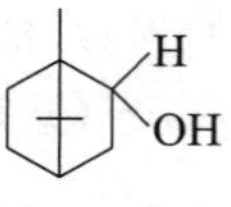　莰醇(冰片) 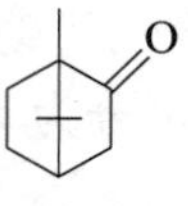　莰酮(樟脑)

它们都广泛分布于自然界的植物中。这些化合物的特点是大多有明显的生理活性，在医药、香料工业应用较广。

(2) 倍半萜　金合欢醇（亦称法呢醇）是倍半萜类化合物，分子中含有三个异戊二烯单元，其构造式为

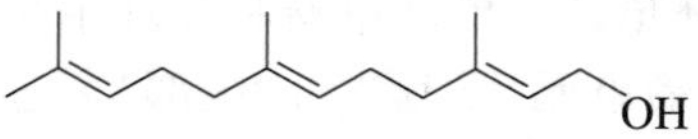

OH

金合欢醇是无色油状液体，具有优美且甜的花香，其香气类似百合花香气。存在于橙叶、金合欢、玫瑰草、香茅和巴西檀香等许多天然植物中。在日用香精中起协调剂作用，广泛用于配制多种香精。

(3) 二萜　二萜是含有四个异戊二烯单元的化合物，维生素A是其中的一个例子，其构造式为

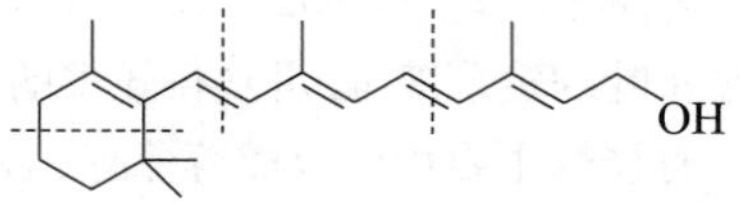

OH

维生素A具有促进生长，维持皮肤、结膜、角膜等正常机能，参与视紫红质（一种感光物质）的合成等作用。主要用于防治夜盲症、眼干燥症和角膜软化症等。

(4) 三萜　三萜是含有六个异戊二烯单元的化合物。抹香鲸肠胃的病状分泌物，是一种黄色、灰色或黑色蜡状物，称为龙涎香，具有类似麝香的独特香气，是一种名贵的动物性香料，其主要成分是一种复杂的三萜醇（龙涎香醇），其构造式为

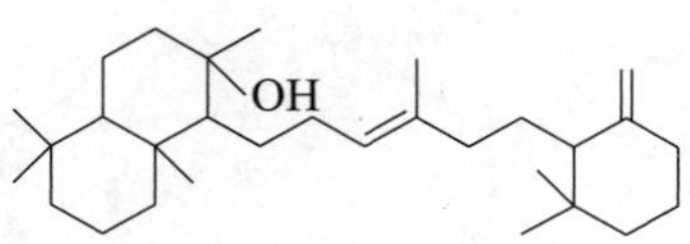

另外,角鲨烯(三十碳六烯)也是一种三萜烯,存在于角鲨的肝和人的皮脂等中,也存在于一些植物(如橄榄油、茶籽油等)中。可用于合成药物、表面活性剂和有机色素等,也用于生物化学合成。

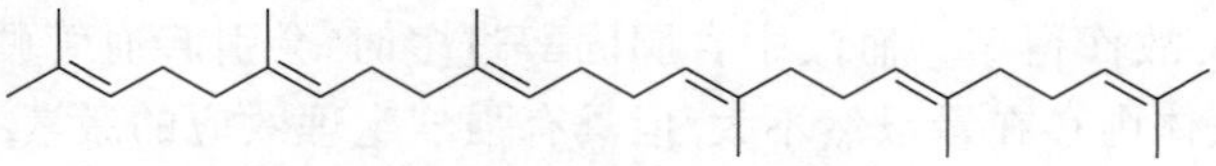

角鲨烯

(5) 四萜 四萜是分子中含有八个异戊二烯单元的化合物,在自然界分布很广,最早由胡萝卜中提取得到的胡萝卜素即是一种四萜。胡萝卜素有三种异构体:α-,β-和γ-胡萝卜素,其中以β-胡萝卜素最重要,其构造式为

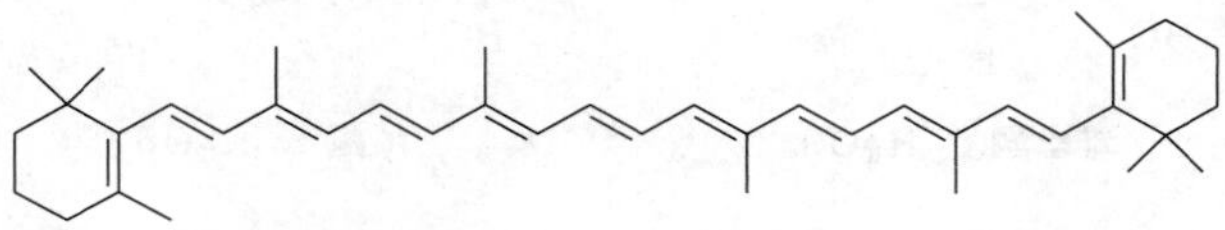

β-胡萝卜素在人体或其他动物体内酶的作用下,能被氧化成维生素A,因此它是一种维生素A的前体,称为维生素A原。

胡萝卜素不仅存在于胡萝卜中,也广泛存在于植物的叶、花和果实等中,在动物的乳汁和脂肪中亦有存在。因此可通过食用胡萝卜或某些植物的果实等获得β-胡萝卜素,进而达到获得维生素A的目的。

四萜分子中含有较多的共轭双键,因此这类化合物通常具有颜色,如β-胡萝卜素为黄色。

(6) 多萜 多萜是含有较多异戊二烯单元的化合物。天然橡胶是异戊二烯的高聚物,也可视为多萜类化合物。

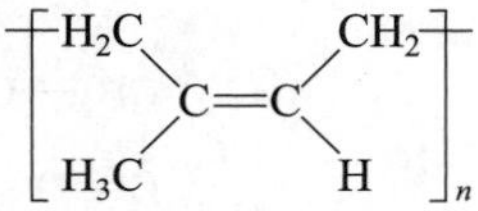

18.6 甾族化合物

甾族化合物(又称类固醇)也是广泛存在于自然界动植物体内的一类化合物。其共同的结构特征是包含一个四环(四个环分别用A, B, C, D代表)稠合碳环骨架,可以看成一个部分氢化或完全氢化的菲与一个环戊烷稠合的碳环,多数还有两到三个侧链,其中10位和13位侧链常为甲基,称角甲基。通常把具有这样基本结构的化合物及其衍生物称为甾族化合物。其中存在最广泛最常见的是胆甾醇(通称胆固醇),它是含有羟基的甾族化合物,分子式为$C_{27}H_{46}O$。

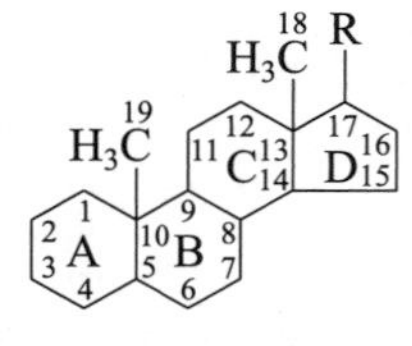

甾环结构 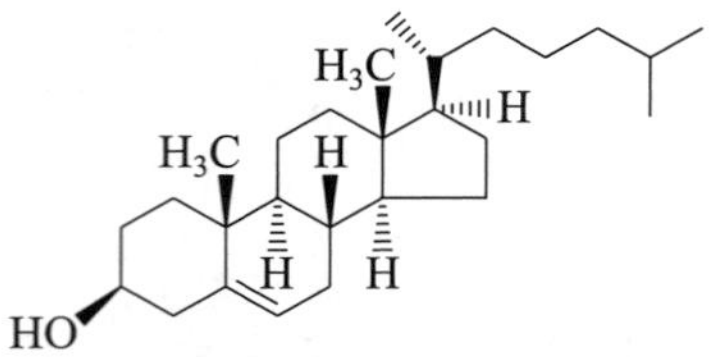　　　　胆固醇

胆固醇广泛分布于人体及动物体内，尤其集中存在于脑和脊髓中。胆囊结石病的胆石中 90% 为胆固醇，故而得名。血液中含胆固醇过多时，会引起血管硬化及高血压病。

此外，一些在人体内存在量虽然不大，但具有强烈生理效应的激素，如性激素也属于甾族化合物：

拓展：角鲨烯

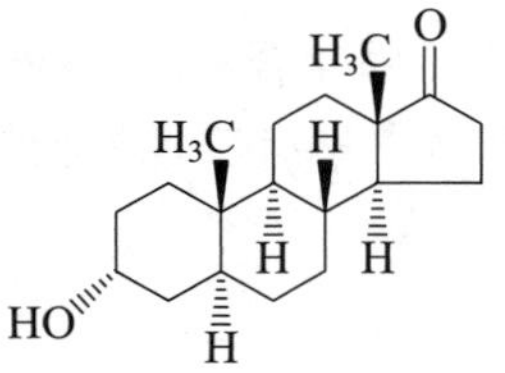

雄甾酮($C_{19}H_{30}O_2$) 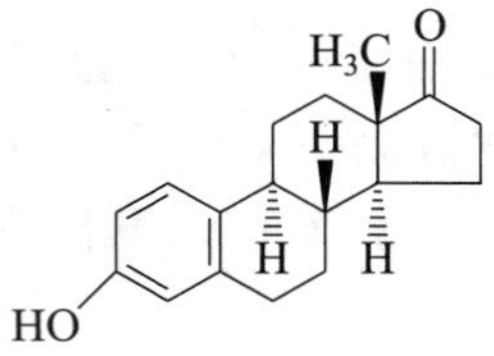　　　　雌酮($C_{18}H_{22}O_2$)

雄甾酮和雌酮是甾族激素，它们分别可促进动物雄性和雌性器官成熟，以及副性征发育，并维持其正常生理能力。两者在结构上的差别是，雄甾酮 A 环为脂环（环已烷环)，且在 10 位有一个角甲基，而雌酮 A 环为芳环（苯环)，同时 10 位无角甲基。这种差别决定了雄、雌两性第二性征的不同。激素是生物体内各种内分泌腺分泌的一类具有生理活性的有机化合物，它在生物体内被运送到特定部位，起着调节控制各种物质的代谢或生理功能的作用，性激素则与动物的性征有关。激素有多种，甾族激素只是其中一类。这些比较复杂的天然化合物，过去主要从动物体中提取，现在已逐渐可由人工方法合成。例如，常用来治疗风湿性和类风湿性关节炎，对糖类的代谢和 K^+，Na^+ 代谢都有显著影响的可的松（cortisone)，已由合成法制备，它也属于甾族化合物。

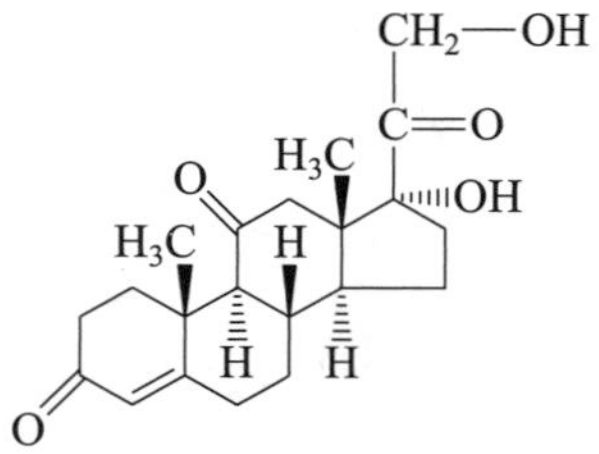

可的松

人们熟知的维生素 D，其主要生理功能是促进人体内 Ca^{2+} 的吸收，用以防止佝偻病和骨软化病等。维生素 D 已分离出四种，即维生素 D_2，D_3，D_4 和 D_5。（维生素 D_1 不存在。）其中，以维生素 D_2 和 D_3 的生理活性最强。

维生素 D 广泛存在于动物体内，如鱼肝、牛奶和蛋黄等中。维生素 D 亦可人工合成，如由麦角甾醇在紫外光照射下经一系列协同反应转变为维生素 D_2：

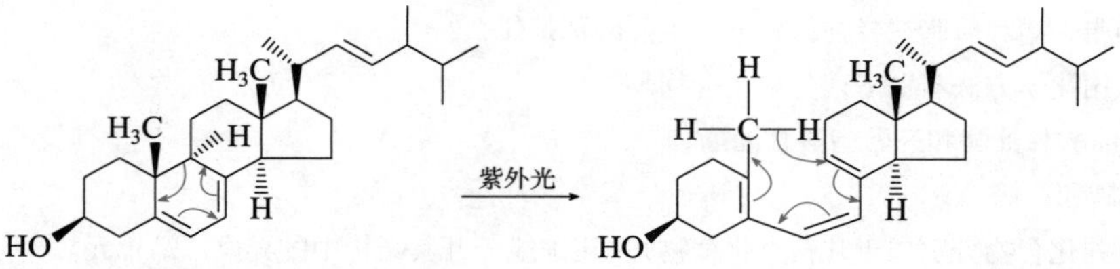

麦角甾醇 —紫外光→ 原维生素 D_2

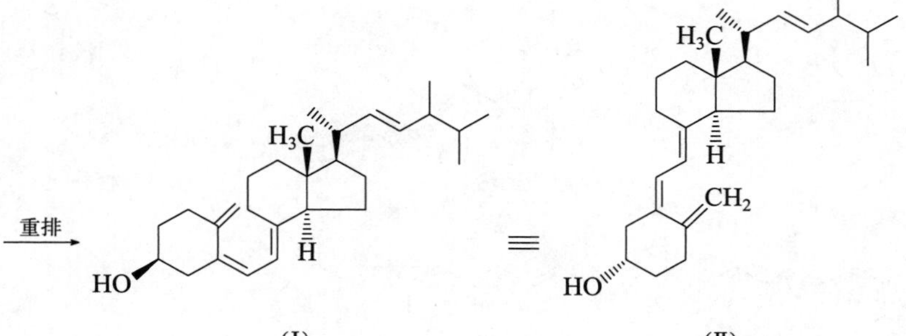

—重排→ (I) ≡ (II)

维生素 D_2

由上式可以看出，维生素 D_2（也包括其他维生素 D）实际上已不属于甾族化合物，因为母体甾环结构中的 B 环已被打开。但由于它可由甾族化合物生成，通常还是将其放在甾族化合物中讨论。

习题

（一）下列化合物均存在于天然植物中，可从天然精油中分离得到，很多亦可人工合成，是重要的萜类香料，用来配制香精。它们均有俗名。试用系统命名法命名之，并分别指出它们属于几萜（单萜、倍半萜和二萜等）类化合物。

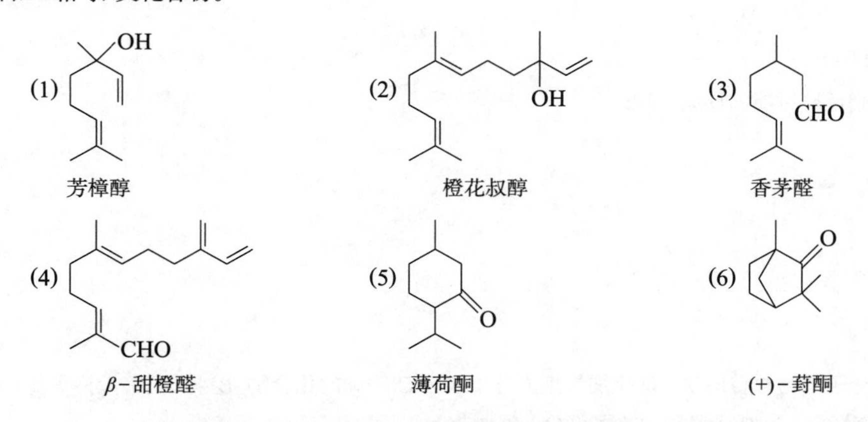

（二）1,3-二硬脂酰-2-油酰甘油水解后将得到什么脂肪酸？什么三酰甘油水解后，能得到与 1,3-二硬脂酰-2-油酰甘油水解后相同的脂肪酸？

(三) 油脂、蜡和磷脂三者在结构上的主要区别是什么?

(四) 试用化学方法鉴别下列各组化合物:

(1) 三油酸甘油酯和三硬脂酸甘油酯

(2) 鲸蜡和石蜡

(五) 下列化合物分别属于几萜类化合物?试用虚线分开其结构中的异戊二烯单元。

(1) 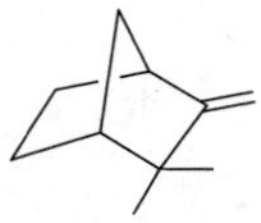 莰烯　(2) 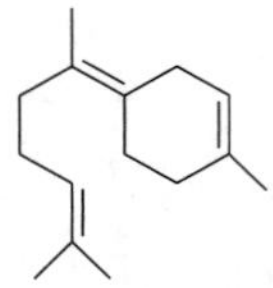 红没药烯　(3) 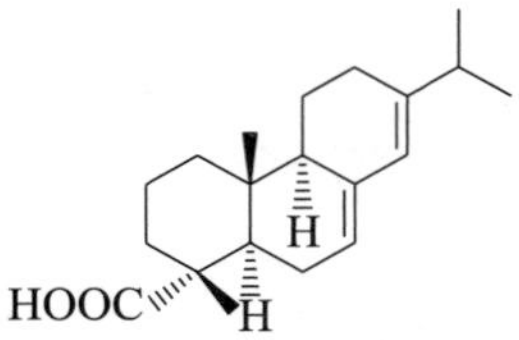 松香酸

(4) 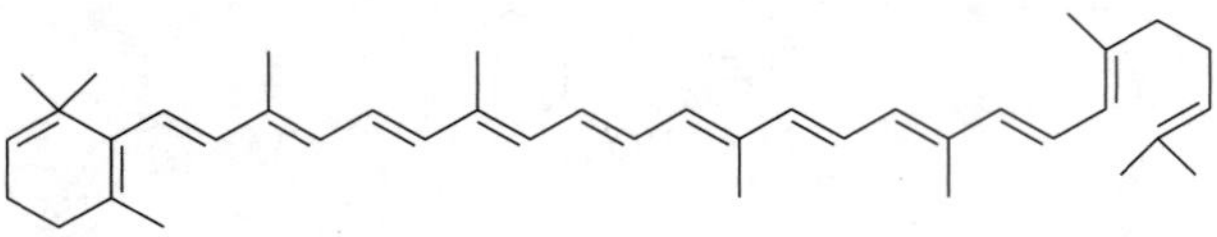 番茄红素

(六) 完成下列各反应式:

(1) 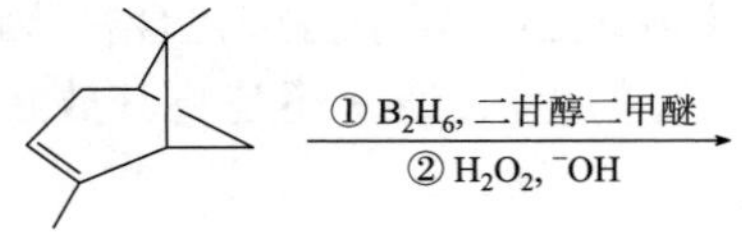 $\xrightarrow[\text{② } H_2O_2,\ ^{-}OH]{\text{① } B_2H_6\text{, 二甘醇二甲醚}}$

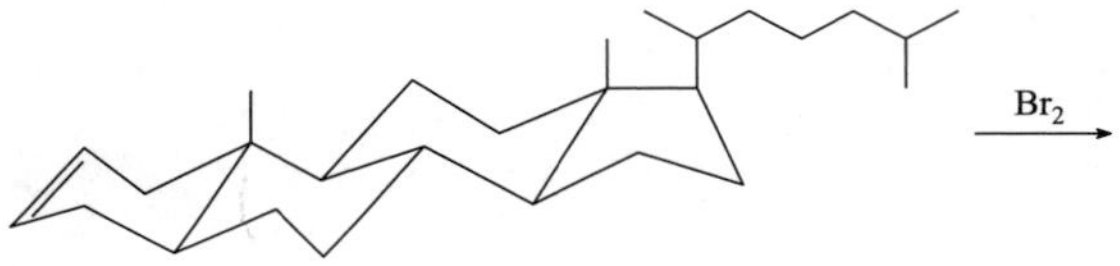

(2) $\xrightarrow{Br_2}$

(3) 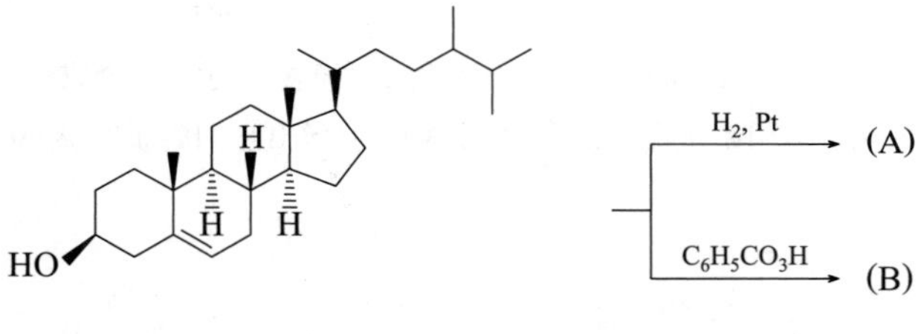 $\xrightarrow{H_2,\ Pt}$ (A)；$\xrightarrow{C_6H_5CO_3H}$ (B)

(七) 写出下列反应可能的反应机理:

(1) 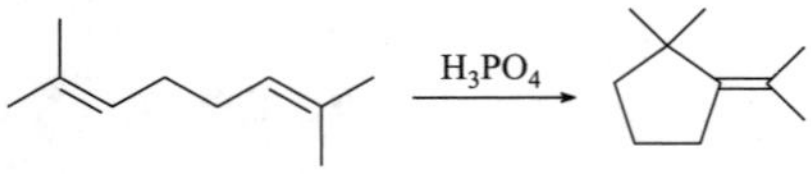 $\xrightarrow{H_3PO_4}$

(2) 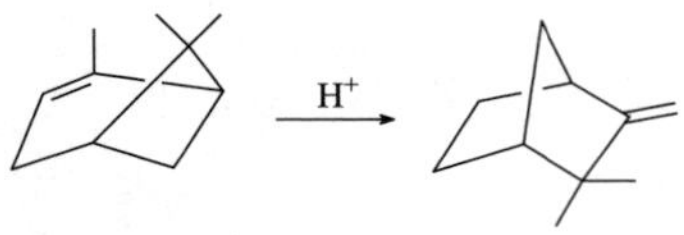 $\xrightarrow{H^+}$

(八) 某单萜分子式为 $C_{10}H_{18}$(A), 催化加氢生成分子式为 $C_{10}H_{22}$ 的化合物 (B)。用高锰酸钾氧化 (A), 则得到乙酸、丙酮和 4-氧亚基戊酸。试推测 (A) 和 (B) 的构造式。

(九) 十八碳-11-烯酸是油酸的构造异构体,它可以通过下列一系列反应合成。试写出十八碳-11-烯酸和各中间产物的结构式。

$$\text{辛-1-炔} \xrightarrow[\text{液 } NH_3]{NaNH_2} \text{(A) } C_8H_{13}Na \xrightarrow{ICH_2(CH_2)_7CH_2Cl} \text{(B) } C_{17}H_{31}Cl$$

$$\xrightarrow{NaCN} \text{(C) } C_{18}H_{31}N \xrightarrow[H_2O]{KOH} \text{(D) } C_{18}H_{31}KO_2 \xrightarrow[H_2O]{H^+}$$

$$\text{(E) } C_{18}H_{32}O_2 \xrightarrow[\text{Pd, BaSO}_4\text{, 喹啉-硫}]{H_2} \text{十八碳-11-烯酸}(C_{18}H_{34}O_2)$$

第十九章
糖类

▼ 前导知识：学习本章之前需要复习以下知识点

构型的表示法 (6.4.2 节)
构型的标记法 (6.4.3 节)
卤代烷的亲核取代反应 (7.5.1 节)
醇的氧化反应 (9.5.6 节)
羰基的亲核加成反应 (11.5.1 节)
醛的氧化和还原反应 (11.5.4 节)
羧酸衍生物酰基上的亲核取代反应 (13.3.1 节)

▼ 本章导读：学习本章内容需要掌握以下知识点

糖类化合物的基本概念和分类
葡萄糖的结构
单糖构型和标记法
单糖的构象
单糖的化学性质

糖类一般由碳、氢和氧三种元素组成。人们最初发现的一些该类化合物，除碳原子外，氢与氧原子数之比与水相同，可用通式 $C_m(H_2O)_n$ 表示，故曾称为碳水化合物。例如，葡萄糖的分子式为 $C_6H_{12}O_6$，可用 $C_6(H_2O)_6$ 表示。但后来发现，这类化合物并不是由碳和水结合而成的，且有一些化合物如鼠李糖 ($C_6H_{12}O_5$)，其结构和性质虽与这类化合物相似，但分子式不符合上述通式。另外，有一些化合物如乙酸 ($C_2H_4O_2$) 等，分子式虽然符合 $C_m(H_2O)_n$，但其结构和性质与糖类不同。因此，碳水化合物这一名词已失去原有含义，但因延用已久，现仍有使用。

19.1　糖类化合物的分类

从结构上看，糖类是多羟基醛或多羟基酮，以及能水解生成多羟基醛或多羟基酮的一类化合物。糖类可分为三大类：

(1) 单糖　不能水解成更小分子的多羟基醛或多羟基酮的糖类叫单糖，如葡萄糖和果糖等。

(2) 低聚糖　能水解成两个或几个分子单糖的糖类叫低聚糖，或称寡糖。其中最重要的是二糖，如蔗糖、麦芽糖和纤维二糖等。

(3) 多糖　水解后能产生多个分子单糖的糖类叫多糖，如淀粉和纤维素。

糖类广泛存在于自然界，它们是生命过程的主要能量来源和植物细胞壁的“建筑材料”，也是工业原料之一。糖类在生理过程中与蛋白质和核酸（见第二十章）一样，也起着重要作用。例如，细胞之间的通信、识别和相互作用，细胞的运动和黏附等。

19.2　单糖

按分子中所含碳原子的数目，单糖可分为丙糖、丁糖、戊糖和己糖等。分子中含有醛羰基的叫醛糖，含有酮羰基的叫酮糖。自然界所发现的单糖，主要是戊糖和己糖。最重要的戊糖是核糖，最重要的己糖是葡萄糖和果糖。

化合物：葡萄糖

最简单的单糖是丙醛糖（即甘油醛）和丙酮糖（即 1,3-二羟基丙酮）。除丙酮糖外，其他未脱氧的单糖分子中都含有一个或多个手性碳原子，因此都有立体异构体。例如，己醛糖分子中有四个不同的手性碳原子，故有 $2^4=16$ 种立体异构体，葡萄糖是其中之一；2-己酮糖分子中有三个不同的手性碳原子，故有 $2^3=8$ 种立体异构体，果糖是其中之一。碳原子数相同的醛糖和酮糖是同分异构体。

CHO
H—*—OH
HO—*—H
H—*—OH
H—*—OH
CH_2OH

D-葡萄糖

CH_2OH
C=O
HO—*—H
H—*—OH
H—*—OH
CH_2OH

D-果糖

19.2.1 单糖构型和标记法

单糖构型的确定是以甘油醛为标准的。凡由 D-(+)-甘油醛经过增碳反应转变成的醛糖称为 D 型；由 L-(−)-甘油醛经过增碳反应转变成的醛糖称为 L 型。自然界存在的单糖绝大部分是 D 型。图 19-1 列出了由 D-(+)-甘油醛导出的 D 型醛糖。

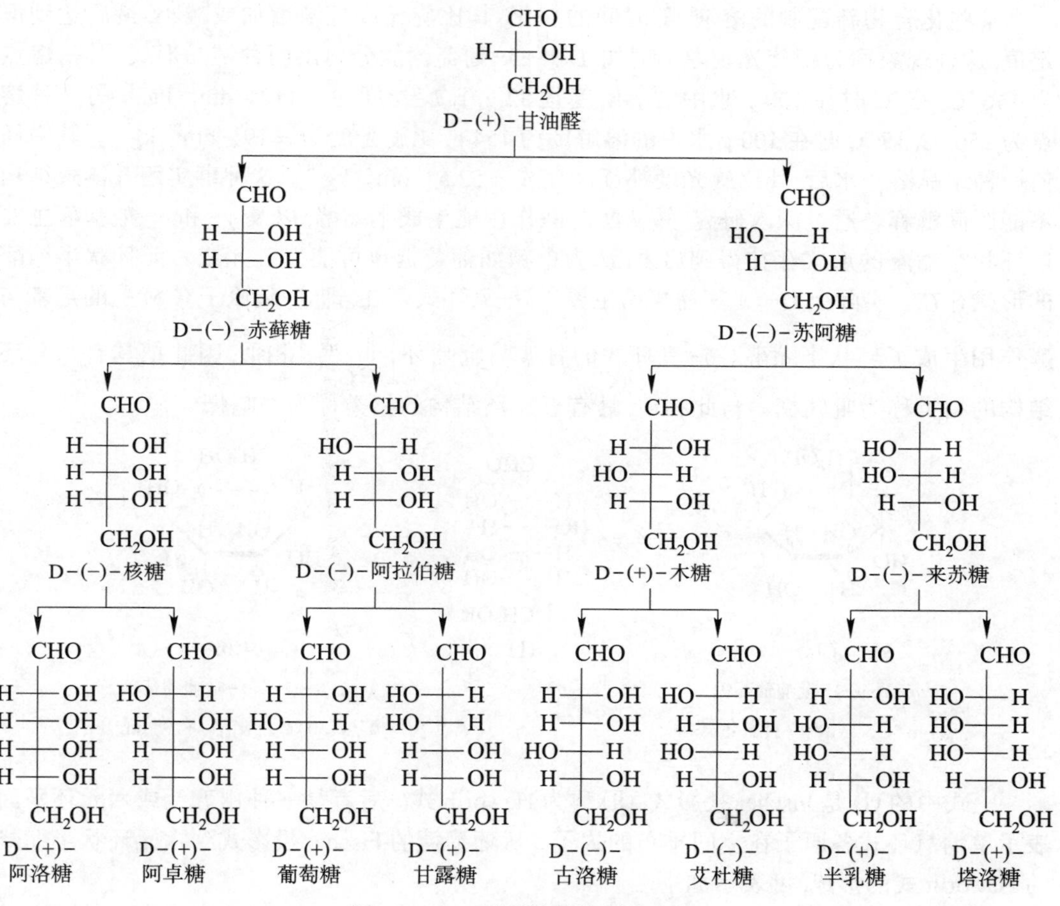

图 19-1 D 型醛糖的构型和名称

由于 D 型糖类与 L 型糖类是对映体，故可根据上述 D 型糖类推导出相应的 L 型糖类。另外，单糖的构型还可通过与甘油醛对比来确定。即单糖分子中距羰基最远的手性碳原子（如己糖是第五个碳原子）与 D-(+)-甘油醛的手性碳原子构型相同时，称为 D 型；与 L-(−)-甘油醛构型相同时，称为 L 型。例如：

D-(+)-甘油醛：CHO；H—OH；CH_2OH

D-(−)-核糖：CHO；H—OH；H—OH；H—OH；CH_2OH

D-(+)-葡萄糖：CHO；H—OH；HO—H；H—OH；H—OH；CH_2OH

在糖类化学中，目前通常仍采用 D, L 标记单糖的构型，但 D, L-标记法不能照顾到所有的手性碳原子。这些手性碳原子需用 *R*, *S*-标记法来标记。例如，D-(+)-葡萄糖是 (2*R*, 3*S*, 4*R*, 5*R*)-2, 3, 4, 5, 6-五羟基己醛。

19.2.2　单糖的氧环式结构

某些化合物新配制的溶液，随时间的变化，其比旋光度逐渐增加或减小，最后达到恒定值，这种现象称为变旋光现象。例如，D-(+)-葡萄糖能分离出两种结晶形式：其一熔点为 146 ℃，25 ℃时在 100 g 水中的溶解度是 82 g，比旋光度为 $+112°\cdot dm^2\cdot kg^{-1}$；另一种熔点为 150 ℃，15 ℃时在 100 g 水中的溶解度为 154 g，比旋光度为 $+19°\cdot dm^2\cdot kg^{-1}$。其中任何一种结晶溶于水后，其比旋光度都逐渐变成 $+52.5°\cdot dm^2\cdot kg^{-1}$。这种事实用开链式结构不能圆满解释。通过深入研究，并从醇与醛作用能生成半缩醛，以及 γ-和 δ-羟基醛主要以环状半缩醛的形式存在得到启发，认为单糖如葡萄糖也可能以五元或六元环状半缩醛的形式存在。实际上 D-(+)-葡萄糖主要以 δ-氧环式存在，即 δ-碳原子 (C5) 上的羟基与醛作用生成了环状半缩醛。δ-氧环式的骨架与吡喃环 [O] 相似，因此把具有六元环结构的糖类称为吡喃糖。与此相似，具有五元环结构的糖类称为呋喃糖。

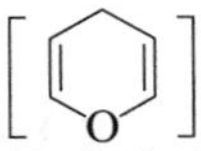

拓展：Haworth 式

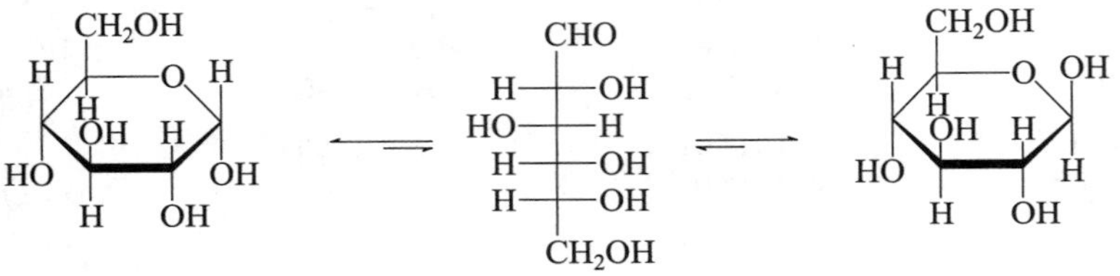

(Ⅱa)　α-D-(+)-吡喃葡萄糖　熔点146 ℃，$[\alpha]_D^{20}=+112°\cdot dm^2\cdot kg^{-1}$

(Ⅰ)

(Ⅱb)　β-D-(+)-吡喃葡萄糖　熔点150 ℃，$[\alpha]_D^{20}=+19°\cdot dm^2\cdot kg^{-1}$

上式中的 (Ⅰ) 是 Fischer 投影式，(Ⅱ) 称为 Haworth 式。后者是一种用五元或六元环平面表示单糖氧环式各原子在空间排布的式子。从葡萄糖的 Fischer 投影式到六元环状半缩醛的 Haworth 式的形成，可表示如下：

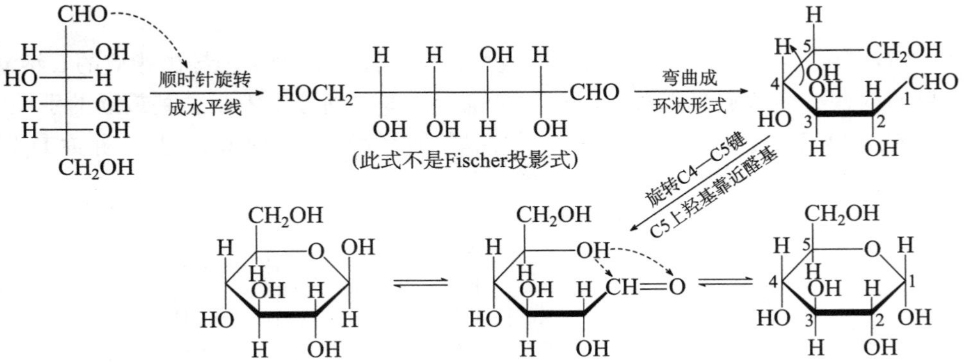

顺时针旋转成水平线

(此式不是Fischer投影式)

弯曲成环状形式

旋转C4—C5键 C5上羟基靠近醛基

β-D-(+)-葡萄糖

α-D-(+)-葡萄糖

对比开链式和氧环式可以看出,氧环式比开链式多一个手性碳原子,所以有两种异构体存在。这个手性碳原子(半缩醛的碳原子 C1)叫苷原子,它所连接的羟基(半缩醛的羟基)叫苷羟基。苷羟基与 C5 上的羟甲基处在环的异侧者叫 α-D-(+)-吡喃葡萄糖,处于同侧者叫 β-D-(+)-吡喃葡萄糖。它们之间的差别,仅在于第一个手性碳原子的构型不同,而其他手性碳原子的构型完全相同,故它们彼此互为差向异构体。在糖类中,这种差向异构体称为异头物(anomers),苷原子称为异头碳(anomeric carbon)。

D-(−)-果糖也具有开链式和氧环式结构,在水溶液中,开链式和氧环式处于动态平衡,故也有变旋光现象。D-(−)-果糖与构成蔗糖的果糖均是 γ-氧环式结构,称为 D-(−)-呋喃果糖。吡喃果糖和呋喃果糖的结构式可以表示如下:

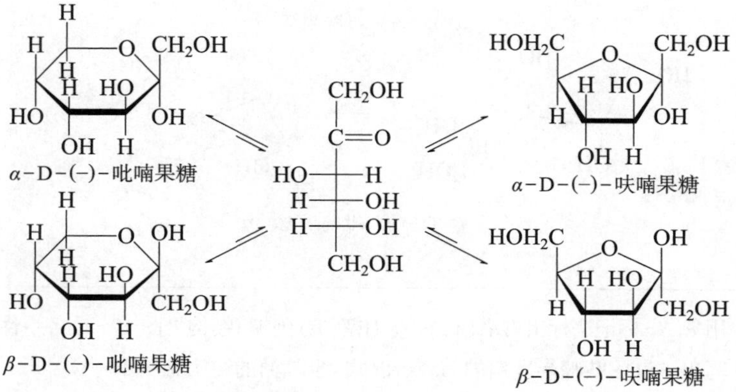

α-D-(−)-吡喃果糖

β-D-(−)-吡喃果糖

α-D-(−)-呋喃果糖

β-D-(−)-呋喃果糖

19.2.3 单糖的构象

由于六元环不是平面形的,上述吡喃糖的 Haworth 式并不能真实地反映环状半缩醛的立体结构。吡喃糖中的六元环与环己烷环相似,具有椅型构象,一般而言,环上有较多取代基处于 e 键时是稳定构象。例如,在 β-D-(+)-吡喃葡萄糖分子中,所有的大基团(—CH_2OH, —OH)都处在平伏键上;而在 α-D-(+)-吡喃葡萄糖分子中,其苷羟基处在直立键。由于羟基处在平伏键上要比处在直立键上的能量更低、更稳定,因此,β-D-(+)-吡喃葡萄糖要比 α-D-(+)-吡喃葡萄糖稳定。在葡萄糖水溶液中,α-和 β-异构体通过开链式结构逐渐达到动态平衡,发生变旋光现象。由于 β-异构体较稳定,在平衡时 β-异构体约占 64%, α-异构体约占 36%,开链式则极少(<0.01%)。

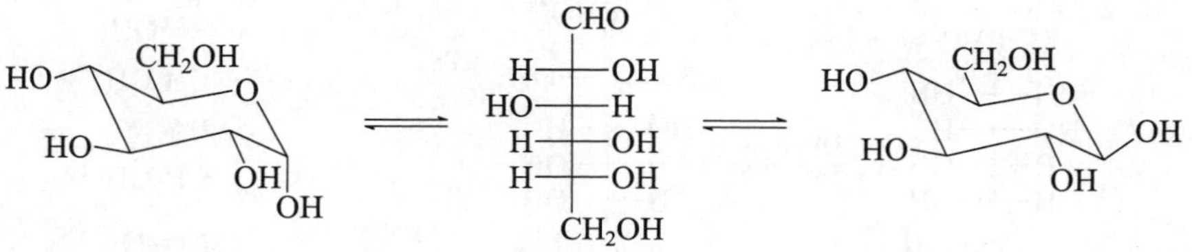

α-D-(+)-吡喃葡萄糖
$[\alpha]_D^{20}=+112°\cdot dm^2\cdot kg^{-1}$

D-(+)-葡萄糖开链式

β-D-(+)-吡喃葡萄糖
$[\alpha]_D^{20}=+19°\cdot dm^2\cdot kg^{-1}$

D-(+)-葡萄糖平衡混合物
$[\alpha]_D^{20}=+52.5°\cdot dm^2\cdot kg^{-1}$

其他D-己醛糖的构象与葡萄糖的相似。在多数D-己醛糖的稳定构象式中, CH_2OH 处于 *e* 键上, 但只有 β-D-(+)-吡喃葡萄糖的构象式中, 所有较大基团 (—CH_2OH, —OH) 均处于 *e* 键, 这可能是葡萄糖比其他单糖在自然界存在更广的原因之一, 如淀粉、纤维素等均是由葡萄糖单元组成的 (见本章 19.4 节)。

α-和 β-吡喃果糖也可用构象式表示如下:

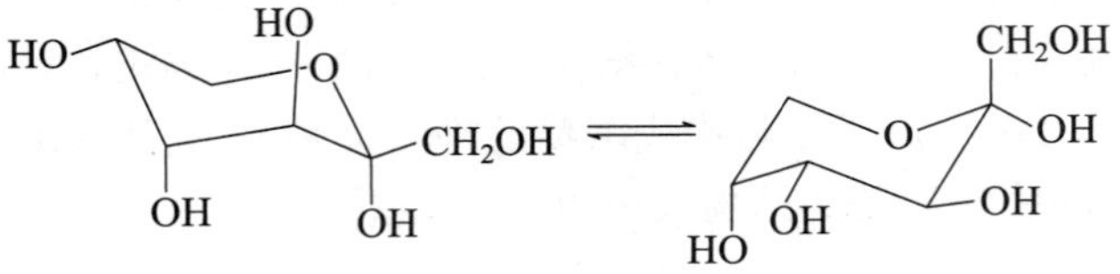

α-D-(−)-吡喃果糖

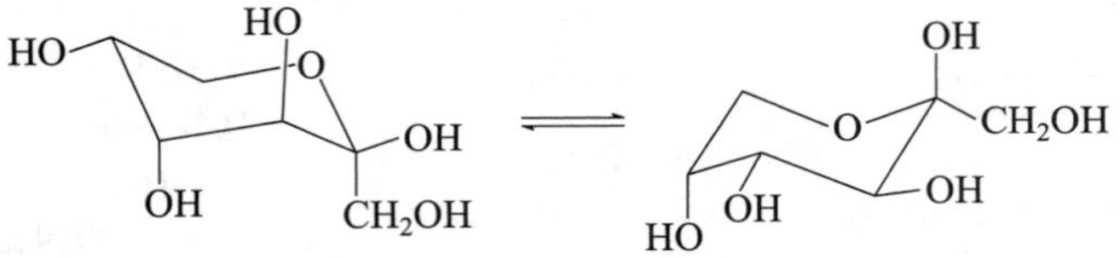

β-D-(−)-吡喃果糖

练习 19.1 用 *R*, *S*-标记法标出古洛糖、阿拉伯糖和苏阿糖 (结构见图 19-1) 各手性碳原子的构型。

练习 19.2 写出 β-D-呋喃半乳糖的 Haworth 式 (半乳糖的结构见图 19-1)。

练习 19.3 写出 β-D-吡喃甘露糖 (A)、α-D-吡喃半乳糖 (B) 和 α-L-吡喃葡萄糖 (C)(结构见图 19-1) 较稳定的构象式。

19.2.4 单糖的化学性质

(1) 异构化与差向异构 将单糖溶于水中, 加碱可引起羰基-烯醇互变异构化, 最终生成异构化产物。例如, D-葡萄糖水溶液在 $Ca(OH)_2$ 存在下, 放置数天, 可分离得到D-葡萄糖、D-甘露糖和D-果糖。这个反应可认为是葡萄糖烯醇化的结果:

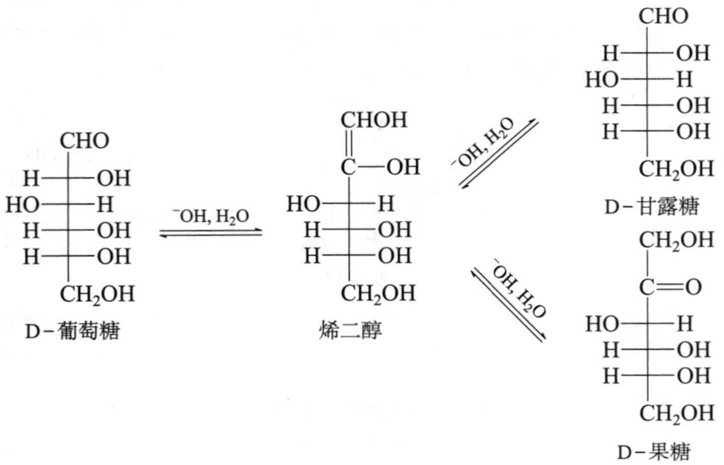

D-葡萄糖 $\xrightleftharpoons{^-OH,\ H_2O}$ 烯二醇 $\xrightleftharpoons{^-OH,\ H_2O}$ D-甘露糖 / D-果糖

葡萄糖和甘露糖是C2的差向异构体。由于C2处于羰基的α位,在这些条件下的差向异构化只发生在C2上。D-葡萄糖通过烯醇中间体异构化为D-果糖是糖酵解 (glycolysis) 中的重要过程。

糖酸在类似条件下也可发生差向异构化,如D-阿拉伯糖酸钙与$Ca(OH)_2$一起加热会发生差向异构化。由于分子的手性诱导作用,平衡会倾向于某一异构体,下列反应平衡体系中主要是D-核糖酸钙。

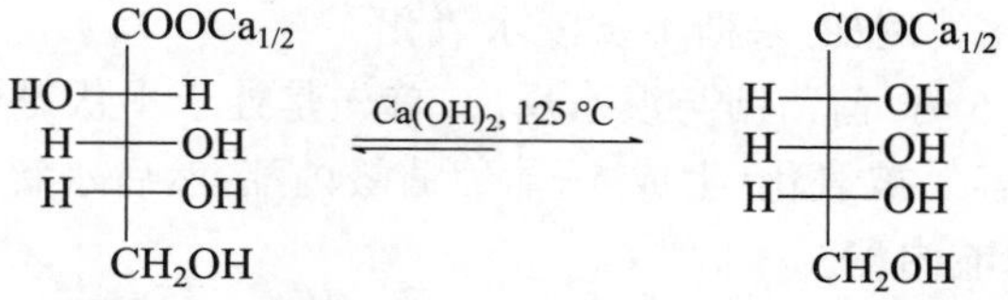

$$\begin{array}{c} COOCa_{1/2} \\ HO-\!\!\!+\!\!\!-H \\ H-\!\!\!+\!\!\!-OH \\ H-\!\!\!+\!\!\!-OH \\ CH_2OH \end{array} \xrightleftharpoons{Ca(OH)_2,\ 125\ ^\circ C} \begin{array}{c} COOCa_{1/2} \\ H-\!\!\!+\!\!\!-OH \\ H-\!\!\!+\!\!\!-OH \\ H-\!\!\!+\!\!\!-OH \\ CH_2OH \end{array}$$

D-阿拉伯糖酸钙　　D-核糖酸钙

在完成单糖的反应时,相当重要的事情是阻止这些异构化反应并保持所有手性中心的立体构型。如可先将单糖转变成甲基糖苷 [见本章 19.2.4 节 (5)],由于此时羰基已被转变为缩醛(酮),而该类化合物在碱性条件下是稳定的,不会发生异构化。

(2) 氧化　单糖可被多种氧化剂氧化,表现出还原性。所用氧化剂不同,其氧化产物不同。

醛糖和酮糖都可被 Tollens 试剂、Fehling 试剂氧化,分别有银镜和氧化亚铜的砖红色沉淀产生。例如:

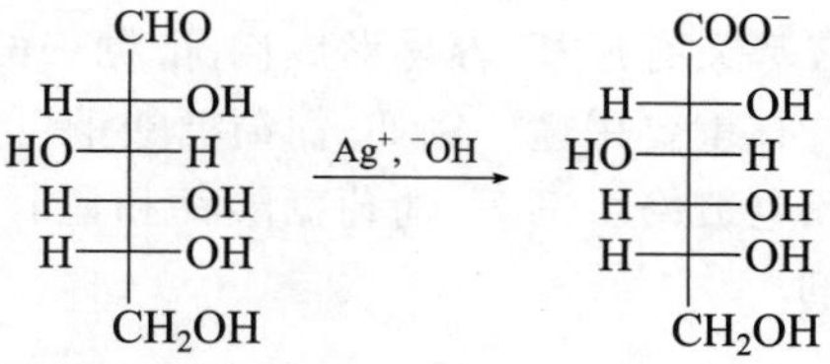

$$\begin{array}{c} CHO \\ H-\!\!\!+\!\!\!-OH \\ HO-\!\!\!+\!\!\!-H \\ H-\!\!\!+\!\!\!-OH \\ H-\!\!\!+\!\!\!-OH \\ CH_2OH \end{array} \xrightarrow{Ag^+,\ ^-OH} \begin{array}{c} COO^- \\ H-\!\!\!+\!\!\!-OH \\ HO-\!\!\!+\!\!\!-H \\ H-\!\!\!+\!\!\!-OH \\ H-\!\!\!+\!\!\!-OH \\ CH_2OH \end{array}$$

上述反应比较复杂,产物除糖酸外还有重排和降解等产物生成,故无制备价值,但可用来鉴别糖类。能够还原 Tollens 试剂、Fehling 试剂的糖类称为还原糖,反之则称为非还原糖。葡萄糖与 Tollens 试剂的反应,可被用于在玻璃制品上镀银。

与酮不同,α-酮糖能与 Tollens 试剂、Fehling 试剂反应,一种观点认为,原因是酮糖在稀碱的作用下,通过互变异构化首先转化成了醛糖:

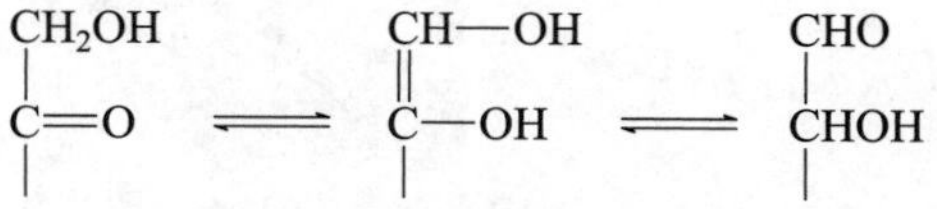

$$\begin{array}{c} CH_2OH \\ | \\ C{=}O \\ | \end{array} \rightleftharpoons \begin{array}{c} CH{-}OH \\ \| \\ C{-}OH \\ | \end{array} \rightleftharpoons \begin{array}{c} CHO \\ | \\ CHOH \\ | \end{array}$$

酮糖(部分结构)　　烯二醇　　醛糖(部分结构)

上述反应能产生醛羰基,因此,α-酮糖也具有还原性。

醛糖能被溴水氧化成糖酸,被硝酸氧化成糖二酸。例如:

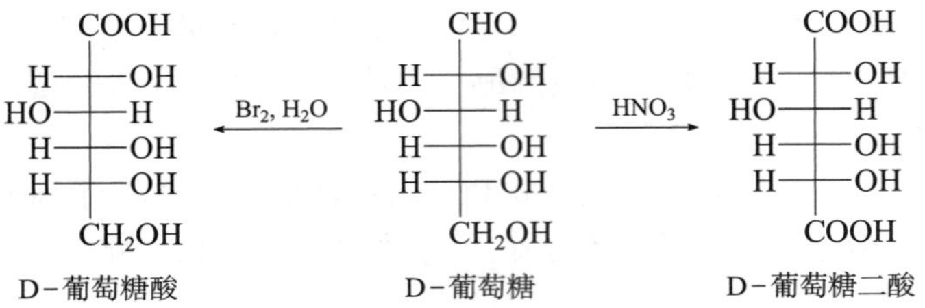

COOH		CHO		COOH
H—|—OH		H—|—OH		H—|—OH
HO—|—H	$\xleftarrow{Br_2, H_2O}$	HO—|—H	$\xrightarrow{HNO_3}$	HO—|—H
H—|—OH		H—|—OH		H—|—OH
H—|—OH		H—|—OH		H—|—OH
CH_2OH		CH_2OH		COOH
D-葡萄糖酸		D-葡萄糖		D-葡萄糖二酸

酮糖比醛糖难氧化。例如,果糖不被溴水氧化。

实验表明,在 pH=5 时,葡萄糖与溴水反应,首先是处于平伏键的苷羟基被氧化(它比处于直立键的苷羟基容易被氧化)生成 δ-葡萄糖酸内酯,然后水解成葡萄糖酸,最后转变成较稳定的 γ-葡萄糖酸内酯。

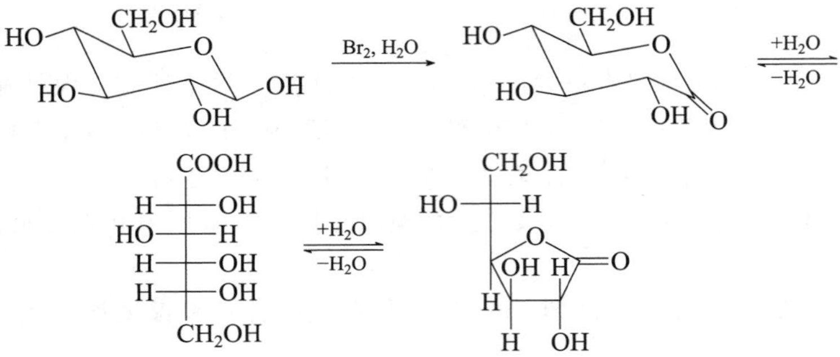

HO, CH_2OH, O, HO, OH, OH $\xrightarrow{Br_2, H_2O}$ HO, CH_2OH, O, HO, OH, O $\underset{-H_2O}{\overset{+H_2O}{\rightleftharpoons}}$

COOH; H—OH; HO—H; H—OH; H—OH; CH_2OH $\underset{-H_2O}{\overset{+H_2O}{\rightleftharpoons}}$ CH_2OH; HO—H; O; OH H; =O; H; H OH

糖酸由于分子内既有羧基又有羟基,容易形成内酯,糖二酸也容易生成内酯。

葡萄糖酸的某些盐类具有重要用途。例如,葡萄糖酸钠可用于制药工业,以及用作水处理剂、钢铁表面处理剂和电镀络合剂等;葡萄糖酸钙和鱼肝油合用,可补充钙质。葡萄糖酸内酯可用作食品添加剂。

维生素 C 从结构上看是一种不饱和糖酸内酯,是糖类的衍生物。维生素 C 是人体不可缺少的物质之一,若缺乏它可引起坏血病(维生素 C 缺乏病),故它又称为 L-抗坏血酸(因分子内含有烯二醇结构而显酸性)。许多动物的肝能够合成维生素 C,但人类和少数动物的肝已无这种功能,因此必须从外界摄取。维生素 C 存在于新鲜的水果和蔬菜中。维生素 C 可用于治疗坏血病等,还可用作食物或药物的抗氧剂。工业上以 L-山梨糖醇(由 D-葡萄糖制得)或 D-葡萄糖为原料生产维生素 C。

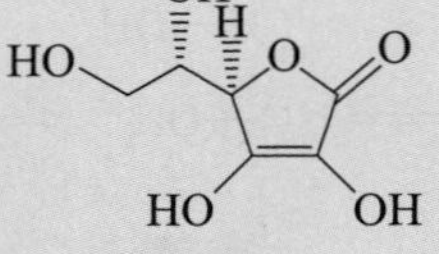

OH, H, HO, O, O, HO, OH

维生素C

与 α-二醇相似,单糖能被高碘酸氧化,发生碳碳键断裂,每一个碳碳键消耗 1 mol 高碘酸。例如,1 mol 葡萄糖消耗 5 mol 高碘酸,生成 5 mol 甲酸和 1 mol 甲醛:

$$
\begin{array}{c}
\mathrm{CHO} \\
\mathrm{H}\!-\!\!\!-\!\!\!+\!\!\!-\!\!\!-\mathrm{OH} \\
\mathrm{HO}\!-\!\!\!-\!\!\!+\!\!\!-\!\!\!-\mathrm{H} \\
\mathrm{H}\!-\!\!\!-\!\!\!+\!\!\!-\!\!\!-\mathrm{OH} \\
\mathrm{H}\!-\!\!\!-\!\!\!+\!\!\!-\!\!\!-\mathrm{OH} \\
\mathrm{CH_2OH}
\end{array}
\xrightarrow{5\ \mathrm{mol\ HIO_4}} 5\ \mathrm{HCOOH} + \mathrm{HCHO}
$$

这种反应是定量进行的,是研究单糖结构的最有用的方法之一。

练习 19.4 写出下列单糖用溴水氧化的产物。

(1) D-赤藓糖 (2) D-甘露糖 (3) D-来苏糖 (4) β-D-吡喃木糖

练习 19.5 下列糖类分别用稀硝酸氧化,其产物有无旋光性?

(1) D-赤藓糖 (2) D-葡萄糖 (3) D-半乳糖 (4) D-核糖

练习 19.6 下列化合物与过量高碘酸反应,将生成什么化合物?写出反应式。

(1) D-核糖 (2) D-半乳糖 (3) $\mathrm{HOCH_2CH(OH)CH(OCH_3)_2}$

(4) $\mathrm{CH_3COCH(OH)COCH_3}$

---

(3) 还原 与醛和酮的羰基相似,单糖分子中的羟基也可被还原成羟基。实验室中常用的还原剂有硼氢化钠等,工业上则采用催化加氢,催化剂有铂、Raney 镍等。例如,工业上用D-葡萄糖催化加氢生产山梨糖醇。

$$
\begin{array}{c}
\mathrm{CHO} \\
\mathrm{H}\!-\!\!\!-\!\!\!+\!\!\!-\!\!\!-\mathrm{OH} \\
\mathrm{HO}\!-\!\!\!-\!\!\!+\!\!\!-\!\!\!-\mathrm{H} \\
\mathrm{H}\!-\!\!\!-\!\!\!+\!\!\!-\!\!\!-\mathrm{OH} \\
\mathrm{H}\!-\!\!\!-\!\!\!+\!\!\!-\!\!\!-\mathrm{OH} \\
\mathrm{CH_2OH} \\
\text{D-葡萄糖}
\end{array}
\xrightarrow[\text{加压},\ \triangle]{\mathrm{H_2,\ Raney\ Ni}}
\begin{array}{c}
\mathrm{CH_2OH} \\
\mathrm{H}\!-\!\!\!-\!\!\!+\!\!\!-\!\!\!-\mathrm{OH} \\
\mathrm{HO}\!-\!\!\!-\!\!\!+\!\!\!-\!\!\!-\mathrm{H} \\
\mathrm{H}\!-\!\!\!-\!\!\!+\!\!\!-\!\!\!-\mathrm{OH} \\
\mathrm{H}\!-\!\!\!-\!\!\!+\!\!\!-\!\!\!-\mathrm{OH} \\
\mathrm{CH_2OH} \\
\text{山梨糖醇}
\end{array}
$$

山梨糖醇无毒,为无色无臭晶体,略有甜味和吸湿性,是合成维生素 C、某些表面活性剂和炸药等的原料。

练习 19.7 写出 D-果糖和 D-甘露糖分别与硼氢化钠作用的反应式。

---

(4) 脎的生成 醛糖和酮糖与苯肼作用,生成苯腙;当苯肼过量时,则生成一种不溶于水的黄色结晶,称为脎。例如:

$$
\begin{array}{c}
\mathrm{CHO} \\
\mathrm{H}\!-\!\!\!-\!\!\!+\!\!\!-\!\!\!-\mathrm{OH} \\
\mathrm{HO}\!-\!\!\!-\!\!\!+\!\!\!-\!\!\!-\mathrm{H} \\
\mathrm{H}\!-\!\!\!-\!\!\!+\!\!\!-\!\!\!-\mathrm{OH} \\
\mathrm{H}\!-\!\!\!-\!\!\!+\!\!\!-\!\!\!-\mathrm{OH} \\
\mathrm{CH_2OH} \\
\text{D-葡萄糖}
\end{array}
\xrightarrow{\mathrm{C_6H_5NHNH_2}}
\begin{array}{c}
\mathrm{CH{=}N{-}NHC_6H_5} \\
\mathrm{H}\!-\!\!\!-\!\!\!+\!\!\!-\!\!\!-\mathrm{OH} \\
\mathrm{HO}\!-\!\!\!-\!\!\!+\!\!\!-\!\!\!-\mathrm{H} \\
\mathrm{H}\!-\!\!\!-\!\!\!+\!\!\!-\!\!\!-\mathrm{OH} \\
\mathrm{H}\!-\!\!\!-\!\!\!+\!\!\!-\!\!\!-\mathrm{OH} \\
\mathrm{CH_2OH} \\
\text{D-葡萄糖苯腙}
\end{array}
$$

$$\xrightarrow[-C_6H_5NH_2,\ -NH_3,\ H_2O]{2\ C_6H_5NHNH_2}$$

$CH{=}N{-}NHC_6H_5$

$C{=}N{-}NHC_6H_5$

HO—H

H—OH

H—OH

CH_2OH

D-葡萄糖脎

脎的生成只发生在C1和C2上，因此，只是C1和C2不同的糖类，将生成相同的脎。换言之，凡能生成相同脎的己糖，C3，C4和C5的构型是相同的。不同的糖类一般生成不同的脎，即使能生成相同的脎，其反应速率和析出糖脎的时间也不相同，因此可利用脎的生成鉴别糖类。

拓展：葡萄糖构型的确定

练习19.8 三种单糖和过量苯肼作用生成相同的脎，其中一种单糖的Fischer投影式如下所示，写出另外两种异构体的Fischer投影式。

CHO

HO—H

H—OH

HO—H

H—OH

CH_2OH

(5) 苷的生成 在糖类分子中，苷羟基被其他基团取代后的化合物称为苷。例如，在氯化氢催化下，D-(+)-葡萄糖与甲醇作用，生成甲基-D-(+)-吡喃葡萄糖苷。

CHO / H—OH / HO—H / H—OH / H—OH / CH_2OH ⇌ （吡喃环：CH_2OH，O，HO，HO，OH，OH）

$$\xrightarrow[HCl]{CH_3OH}$$

（吡喃环：CH_2OH，O，HO，HO，OH，OCH_3） + （吡喃环：CH_2OH，O，HO，HO，OH，OCH_3）

甲基-α-D-(+)-吡喃葡萄糖苷　甲基-β-D-(+)-吡喃葡萄糖苷

α-D-(+)-吡喃葡萄糖和β-D-(+)-吡喃葡萄糖通过开链式可相互转变，但形成苷以后，因分子中已无苷羟基，不能再转变成开链式，故不能再相互转变。苷是一种缩醛(或缩酮)，所以比较稳定，不易被氧化，不与苯肼、Tollens试剂和Fehling试剂等作用，也无变旋光现象，对碱也稳定。但在稀酸或酶的作用下，苷易水解生成原来的糖类和醇等羟基化合物。

苷广泛分布于自然界中。低聚糖和多糖含苷结构，核酸分子中也有苷结构单元存在。

练习19.9 写出D-核糖(见图19-1)与下列试剂作用的反应式和产物的名称：

(1) 甲醇(干燥HCl)　(2) 苯肼(过量)　(3) 溴水

(4) 稀硝酸　(5) 苯甲酰氯　(6) HCN，水解

(6) 醚的生成 在氯化氢的催化下，糖类(如葡萄糖)的苷羟基能转变成醚(苷)，但其他醇羟基则不能。然而在Williamson合成醚的条件下，糖类中的醇羟基能生成醚。例如，在

氧化银存在下，葡萄糖或葡萄糖苷与过量的碘甲烷作用，糖类中的羟基被彻底甲基化。另外，在碱（如氢氧化钠）的存在下，葡萄糖或葡萄糖苷与过量的硫酸二甲酯作用，同样得到彻底甲基化的产物。

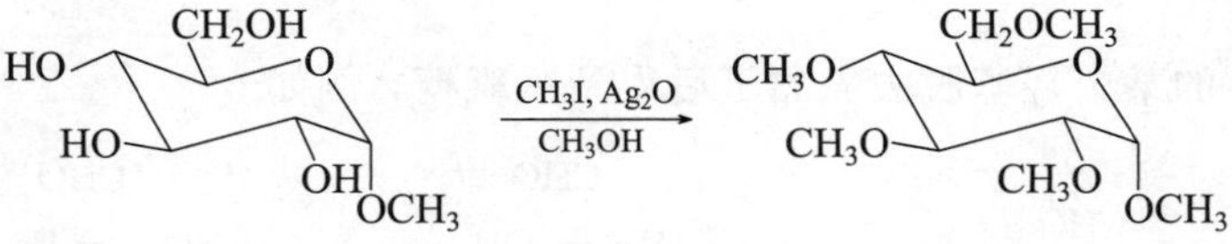

$\xrightarrow[CH_3OH]{CH_3I,\ Ag_2O}$

97%

苷羟基和醇羟基生成的两种醚，其性质是不同的。在酸催化下，苷羟基所生成的醚（苷）易被水解成半缩醛（酮），而醇羟基所生成的醚则难发生水解。

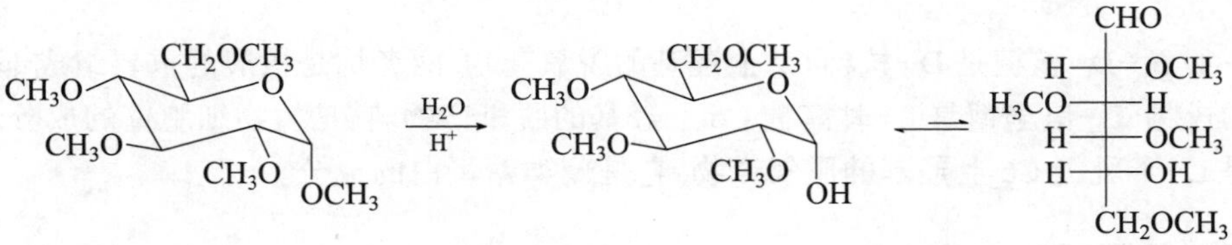

拓展：吡喃葡萄糖构型的确定

$\xrightarrow[H^+]{H_2O}$

利用糖类的彻底甲基化然后水解，可以证明葡萄糖是以六元环形式存在的。

练习 19.10 写出下列反应式中 A 的结构式。

$$\beta\text{-D-葡萄糖} \xrightarrow[NaOH]{\text{过量}\ (CH_3O)_2SO_2} A$$

---

(7) 酯的生成 糖类分子中的羟基也能发生酰基化反应生成酯。例如，在弱碱（如乙酸钠、吡啶等）的催化下，葡萄糖与乙酐（或乙酰氯等）反应生成葡萄糖五乙酸酯。

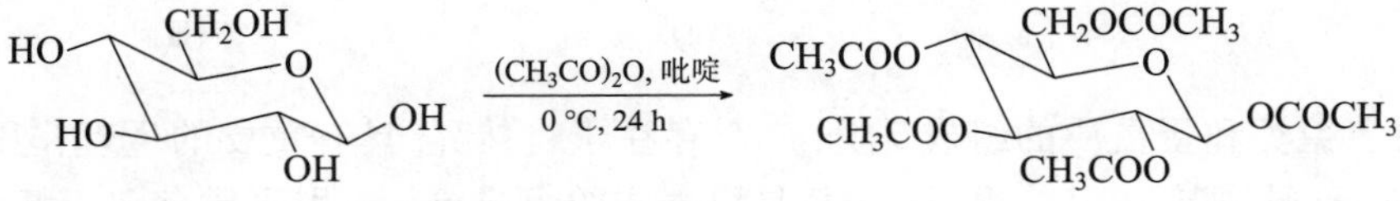

$\xrightarrow[0\ ^\circ C,\ 24\ h]{(CH_3CO)_2O,\ \text{吡啶}}$

91%

糖类能生成酯的反应，在工业上也已获得应用，如蔗糖酯（见本章 19.3.1 节）和纤维素酯 [见本章 19.4.2 节 (2)] 的生产。

糖类与磷酸作用生成磷酸酯。这类化合物通常是在适当的酶存在下，糖类和磷酰化试剂三磷酸腺苷（见第二十章 20.4 节）作用而成的，如 α-D-呋喃果糖-1, 6-二磷酸：

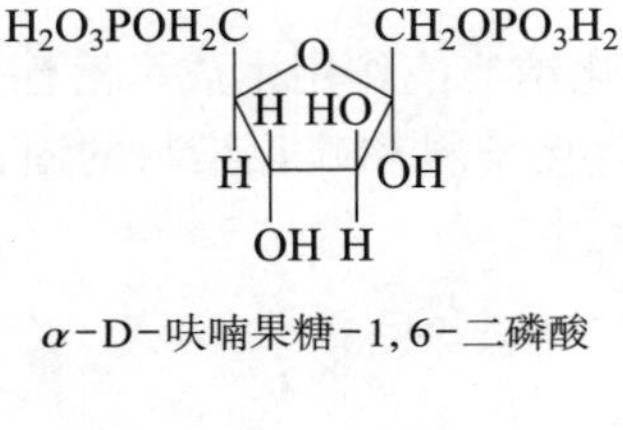

α-D-呋喃果糖-1, 6-二磷酸

这类化合物是生物体内糖类代谢过程中的重要中间体。又如,核糖和脱氧核糖与磷酸生成的磷酸酯,分别是核糖核酸和脱氧核糖核酸(见第二十章 20.4 节)的重要组成部分。

19.2.5　脱氧糖

单糖分子中的某个羟基脱去氧原子后得到脱氧糖。例如:

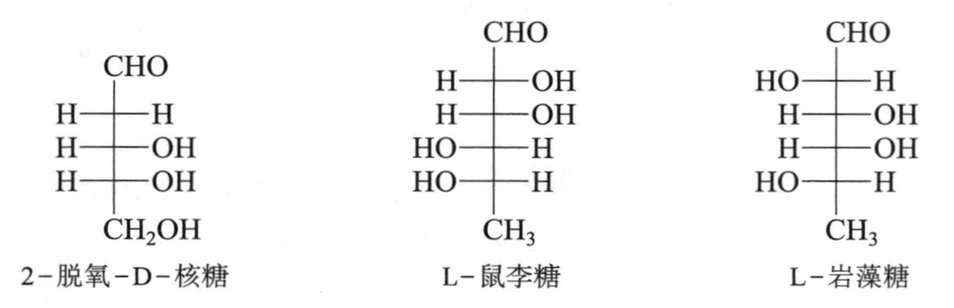

2-脱氧-D-核糖是 D-核糖 C2 上羟基的脱氧产物,两者均是核酸的重要组成部分,是重要的戊糖;L-鼠李糖是 L-甘露糖 C6 上羟基的脱氧产物,它是植物细胞壁的成分;L-岩藻糖是 L-半乳糖 C6 上羟基的脱氧产物,它是藻类糖蛋白的成分。

19.2.6　氨基糖

糖类分子中除苷羟基外其他羟基被氨基或取代氨基取代后的化合物,称为氨基糖。多数天然氨基糖是己糖分子中 C2 上的羟基被氨基或取代氨基取代的产物。例如,2-脱氧-2 -氨基-β-D-葡萄糖(Ⅰ)、2-脱氧-2 -氨基-β-D-半乳糖(Ⅱ)和 2-脱氧-2-乙酰氨基-β-D-葡萄糖(Ⅲ),其结构式如下:

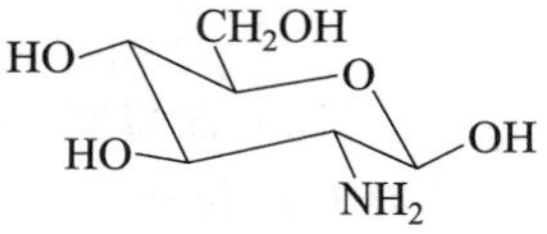

(Ⅰ) 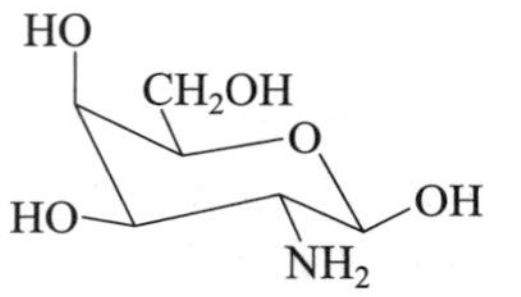　　(Ⅱ) 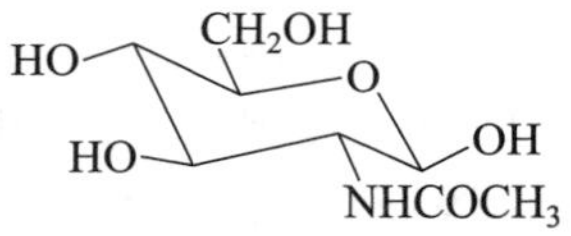　　(Ⅲ)

它们是很多糖类和蛋白质的组成部分,广泛存在于自然界,具有重要的生理作用。例如,2-脱氧-2-乙酰氨基-β-D-葡萄糖(Ⅲ)是甲壳质的组成单元。甲壳质存在于虾、蟹和某些昆虫的甲壳中,天然产量仅次于纤维素,结构类似纤维素,如下所示:

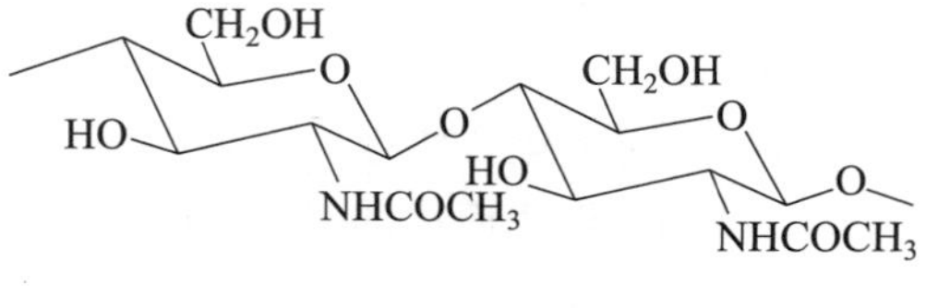

甲壳质又称甲壳素,与氢氧化钠溶液作用生成可溶性甲壳质,可用于纺织品的防缩和防皱处理、防雨篷布的上浆、直接染料和硫化染料的固色等,也可用作人造纤维和塑料的原料。甲壳质的用途仍在开发中。

一些被称为氨基苷类的抗生素药物,如链霉素、庆大霉素、卡那霉素和新霉素等,主要对革兰氏阴性菌有杀灭作用,并对一些阳性球菌感染也有疗效,其分子中含有氨基糖组分。例如,链霉素分子中含有 2-脱氧-2-甲氨基-α-L-葡萄糖(Ⅳ)结构。链霉素是最早的抗结核药,也是治疗鼠疫的首选药。

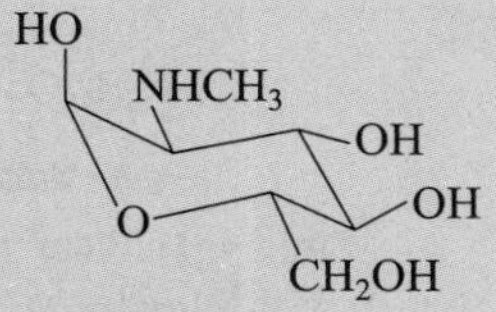

HO NHCH$_3$ OH OH O CH$_2$OH

(Ⅳ)

19.3 二糖

二糖可看成一个单糖分子中的苷羟基和另一个单糖分子中的苷羟基或醇羟基之间脱水后的缩合物。最常见的二糖有蔗糖、麦芽糖和纤维二糖等。

19.3.1 蔗糖

蔗糖是自然界分布最广的二糖,除甘蔗外,在甜菜中含量也很高,故又称甜菜糖。它是无色晶体,熔点为 180 ℃,易溶于水。蔗糖的甜味超过葡萄糖,但不如果糖,它们的相对甜度是葡萄糖∶蔗糖∶果糖=1∶1.45∶1.65。

蔗糖的分子式为 $C_{12}H_{22}O_{11}$,在酸或酶的催化下,水解生成 D-(+)-葡萄糖和 D-(−)-果糖等物质的量的混合物,说明蔗糖是一分子葡萄糖和一分子果糖的脱水产物。它不能还原 Fehling 试剂和 Tollens 试剂,说明不是还原糖。它不与苯肼作用生成腙或脎,也没有变旋光现象。这些都说明蔗糖分子中没有苷羟基,不能转变成开链式。也说明它是由葡萄糖和果糖的苷羟基之间脱水而成的二糖,它既是葡萄糖苷也是果糖苷。

蔗糖的构型可利用酶来确定,因为酶对糖类的水解是有选择性的。例如,麦芽糖酶只能使 α-葡萄糖苷水解,而对 β-葡萄糖苷无效;苦杏仁酶只能使 β-葡萄糖苷水解,而对 α-葡萄糖苷无效。由于蔗糖能用麦芽糖酶水解,说明它是一种 α-葡萄糖苷。另外,蔗糖也能用一种使 β-果糖苷水解的酶(转化糖酶)进行水解,说明它也是一种 β-果糖苷。上述事实说明蔗糖具有如下结构式:

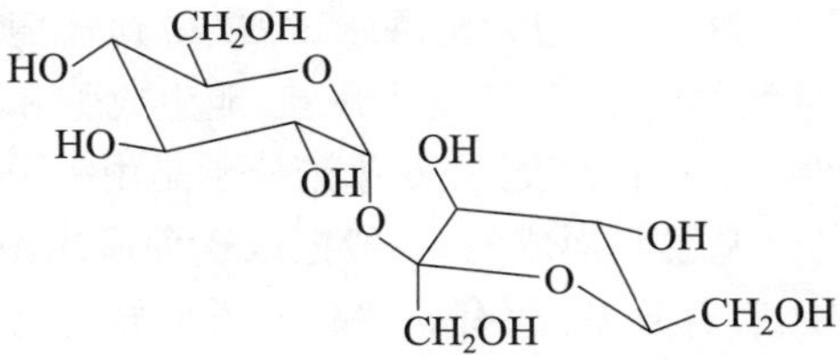

CH$_2$OH HO O HO OH O OH OH O CH$_2$OH CH$_2$OH

(+)-蔗糖

α-D-吡喃葡萄糖基-β-D-呋喃果糖苷

或 β-D-呋喃果糖基-α-D-吡喃葡萄糖苷

蔗糖水解后生成一分子葡萄糖和一分子果糖。果糖是左旋的,比旋光度为 $-92.4°\cdot dm^2\cdot kg^{-1}$;葡萄糖是右旋的,比旋光度为 $+52.5°\cdot dm^2\cdot kg^{-1}$。因为果糖的比旋光度(绝对值)比葡萄糖的大,所以蔗糖水解后的混合物是左旋的。在蔗糖水解过程中,比旋光度由右旋逐渐变到左旋,所以蔗糖的水解也称为转化反应,生成的葡萄糖和果糖的混合物称为转化糖。

$$C_{12}H_{22}O_{11} + H_2O \xrightarrow{H^+} C_6H_{12}O_6 + C_6H_{12}O_6$$

蔗糖	D-(+)-葡萄糖	D-(-)-果糖
$[\alpha]_D^{20}=+66°\cdot dm^2\cdot kg^{-1}$	$[\alpha]_D^{20}=+52.5°\cdot dm^2\cdot kg^{-1}$	$[\alpha]_D^{20}=-92.4°\cdot dm^2\cdot kg^{-1}$

转化糖 $[\alpha]_D^{20}=-20°\cdot dm^2\cdot kg^{-1}$

蔗糖分子中含有羟基,与醇相似,也能生成酯。如在碳酸钠存在下,蔗糖与硬脂酸甲酯作用,经酯交换生成蔗糖单硬脂酸酯,简称蔗糖酯。

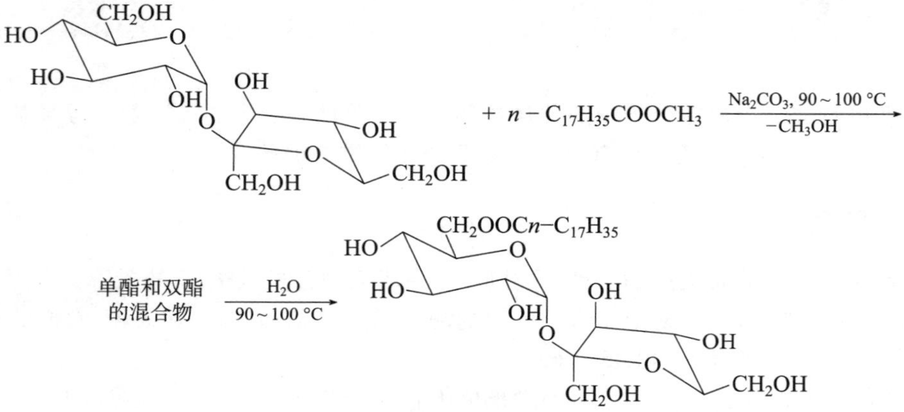

蔗糖单硬脂酸酯

蔗糖单硬脂酸酯是一种非离子表面活性剂。它是无毒、无臭、无味的物质,其最大的特点是对人体无害,进入人体后经消化转变成蔗糖和脂肪酸,成为营养物质,因此主要用于食品、医药和化妆品中。例如,可作为糖果等的改性剂,化妆品及冰激凌等的乳化剂,维生素 A, D 的增溶剂,维生素 K 的悬浮剂等。

19.3.2 麦芽糖

淀粉经麦芽中所含的淀粉糖化酶或唾液淀粉酶作用,可部分水解成麦芽糖。它是白色晶体,熔点为 160 ~ 165 ℃,甜味不如蔗糖。

麦芽糖的分子式也是 $C_{12}H_{22}O_{11}$,用无机酸水解,仅得到葡萄糖,说明它是由两分子葡萄糖脱水而得的。它具有单糖的性质,有变旋光现象,能生成脎和脎,能还原 Fehling 试剂和 Tollens 试剂,是一种还原糖。许多事实表明,麦芽糖分子是由一分子 α-葡萄糖的苷羟基与另外一分子葡萄糖 C4 上的羟基脱水而成的(一般把以这种形式相连的苷键称为 α-1,4-苷键);其中一分子葡萄糖中还有苷羟基,故有 α-和 β-两种异头物,且两种异头物处于动态平衡,其结构式如下:

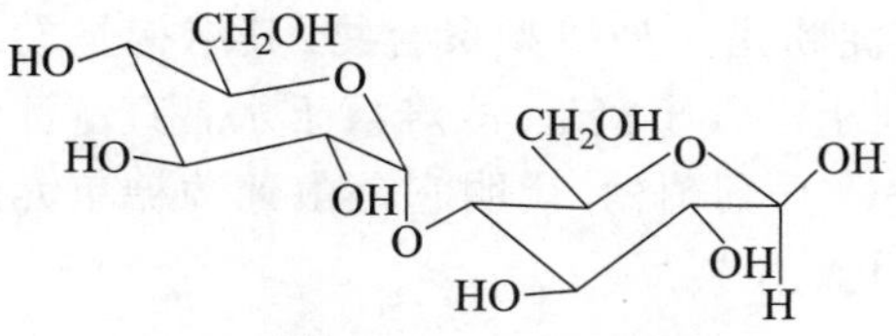

D-麦芽糖(β-异头物) 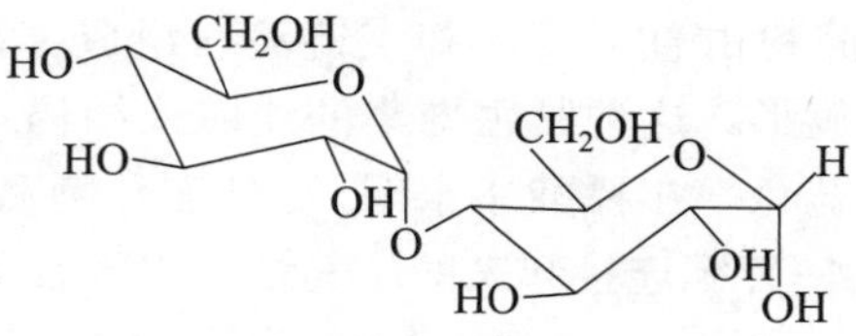　　D-麦芽糖(α-异头物)

麦芽糖的 α-异头物的比旋光度为 $+168° \cdot dm^2 \cdot kg^{-1}$，β-异头物的比旋光度为 $+112° \cdot dm^2 \cdot kg^{-1}$，经变旋光达到平衡后，其比旋光度为 $+136° \cdot dm^2 \cdot kg^{-1}$。

19.3.3 纤维二糖

纤维二糖是一种白色晶体，熔点为 225 ℃，可溶于水，是右旋的。

纤维二糖的分子式也是 $C_{12}H_{22}O_{11}$，可以通过纤维素部分水解得到(见本章 19.4.2 节)。其化学性质与麦芽糖的很相似，如它也是还原糖。但与麦芽糖不同，纤维二糖的水解可被 β-葡萄糖苷酶而不是 α-葡萄糖苷酶所催化，因此纤维二糖与麦芽糖是异构体，它是一种 β-葡萄糖苷，其结构式如下：

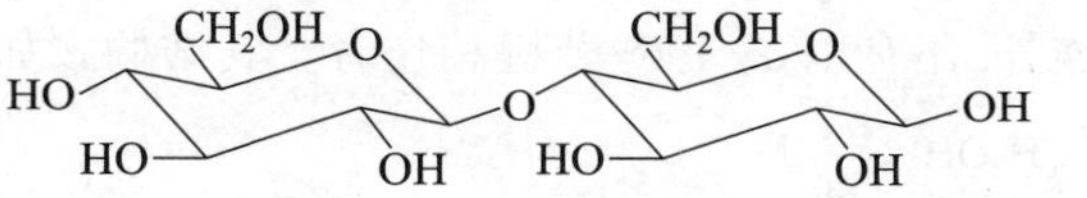

β-纤维二糖

4-*O*-(β-D-吡喃葡萄糖基)-β-D-吡喃葡萄糖

19.4 多糖

多糖在自然界中广泛存在，它是动植物骨干的组成部分或营养成分，如纤维素和淀粉。

多糖是高分子化合物，其水解的最终产物是单糖。当水解产物是一种单糖时，叫同(均)多糖，如淀粉和纤维素；当水解产物不止一种单糖(有些还含有其他物质)时，叫杂(异)多糖，如阿拉伯胶(水解的最后产物是 D-半乳糖、L-阿拉伯糖、L-鼠李糖和 D- 葡萄糖酸)。多糖是许多单糖分子彼此脱水而成的糖苷。与单糖和二糖不同，多糖没有甜味。某些多糖分子的末端虽含有苷羟基，但因相对分子质量很大，其还原性极不显著。

19.4.1 淀粉

淀粉存在于许多植物的种子、茎和块根中，它是无色无味的颗粒，没有还原性，不溶于一般有机溶剂。用酸处理淀粉使之水解，首先生成相对分子质量较小的糊精，继续水解得到麦芽糖和异麦芽糖，水解的最终产物是 D-(+)-葡萄糖。

$$(C_6H_{10}O_5)_n \xrightarrow[H^+]{H_2O} (C_6H_{10}O_5)_m \xrightarrow[H^+]{H_2O} C_{12}H_{22}O_{11} \xrightarrow[H^+]{H_2O} C_6H_{12}O_6$$

$(n>m)$

淀粉由直链淀粉和支链淀粉组成。直链淀粉是一种线型聚合物，其结构呈卷绕着的螺旋形。这种紧密堆集的线圈式结构，不利于水分子接近，故难溶于水。直链淀粉遇碘呈蓝色。在稀酸中水解，得到麦芽糖和 D-(+)-葡萄糖，说明它是由葡萄糖单元通过 α-1,4-苷键连接起来的。其结构式可表示如下：

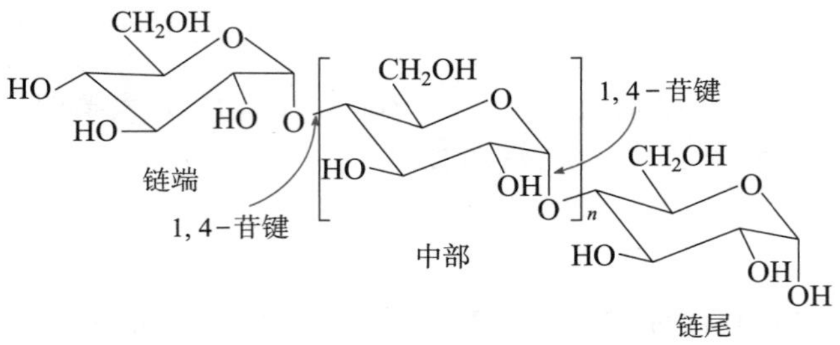

支链淀粉与直链淀粉相比，具有高度分支，容易与水分子接近，故溶于水。支链淀粉遇碘呈现红紫色。与直链淀粉一样，支链淀粉在稀酸中水解，最后生成 D-(+)-葡萄糖。但部分水解时，产物除 D-(+)-葡萄糖外，还有麦芽糖和异麦芽糖。异麦芽糖是两个 D-(+)-葡萄糖通过 α-1,6-苷键连接而成的。异麦芽糖的存在说明，支链淀粉分子中的葡萄糖，除了以 α-1,4-苷键相连外，还有以 α-1,6-苷键相连者。其结构式如下所示：

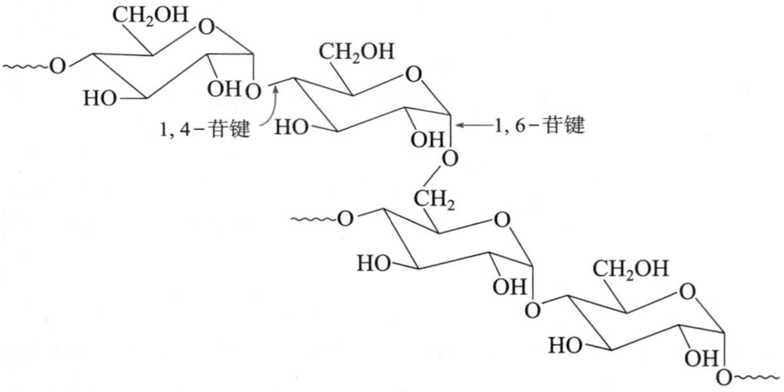

淀粉用热水处理后，得到约 20% 的直链淀粉和约 80% 的支链淀粉。支链淀粉不仅有支链，且所含葡萄糖单元比直链淀粉多很多，故二者在性质上不完全相同。直链淀粉能够结合等于它的质量 20%的碘。由于直链淀粉的作用，淀粉遇碘呈蓝色。

这两种淀粉可采用多种方法进行分离，从而得到单一纯品。

(1) 淀粉的改性　经水解、糊精化或化学试剂处理，改变淀粉分子中某些 D-吡喃葡萄糖基单元的化学结构，称为淀粉的改性。其中淀粉与化学试剂反应所得产物，亦称淀粉衍生物。有一些淀粉衍生物具有重要用途。例如，淀粉与丙烯腈的接枝共聚物（主链由一种结构单元构成，支链由另一种结构单元构成的共聚物）用碱处理，可得到分子内含有氨甲酰基和羧基的共聚物：

$$\text{淀粉}\cdots\text{OH} + m\,\underset{\displaystyle\text{CN}}{\text{CH}_2{=}\text{CH}} \longrightarrow \text{淀粉}\cdots\text{O}\!\left(\text{CH}_2{-}\underset{\displaystyle\text{CN}}{\text{CH}}\right)_x\!\left(\text{CH}_2{-}\underset{\displaystyle\text{CN}}{\text{CH}}\right)_y\text{H}$$

$$\xrightarrow{\text{H}_2\text{O, NaOH}} \text{淀粉}\cdots\text{O}\!\left(\text{CH}_2{-}\underset{\displaystyle\text{CONH}_2}{\text{CH}}\right)_x\!\left(\text{CH}_2{-}\underset{\displaystyle\text{COONa}}{\text{CH}}\right)_y\text{H}$$

这种共聚物具有很强的吸水能力(能够吸收本身质量 1 000 倍以上的水),在农业上可用来处理种子,使种子在较干旱的条件下发芽生长;也可用来作吸水纸、小儿尿布和外科用纸巾等。另外,淀粉的某些接枝共聚物与聚乙烯共混,还可制成薄膜,在农田中用作地膜。由于其组成的淀粉部分可被微生物降解,是一种可部分降解的地膜,它与合成的聚乙烯薄膜相比,可减少环境污染。淀粉经改性后得到的产物,在工业、农业、食品和卫生领域中均有一定用途。

(2) 环糊精　淀粉经某种特殊酶(如环糊精糖基转化酶)水解得到的环状低聚糖称为环糊精(cyclodextrin,缩写 CD)。环糊精一般由 6,7 或 8 个等单元 D-吡喃葡萄糖通过 α-1,4-苷键结合而成,根据所含葡萄糖单元的个数(6,7 或 8)分别称为 α-,β-或 γ-环糊精(α-,β-或 γ-CD)。

环糊精的结构形似圆筒,略呈“V”字形,分子中所有的葡萄糖单元均为椅型构象。α-环糊精的结构如图 19-2 所示。

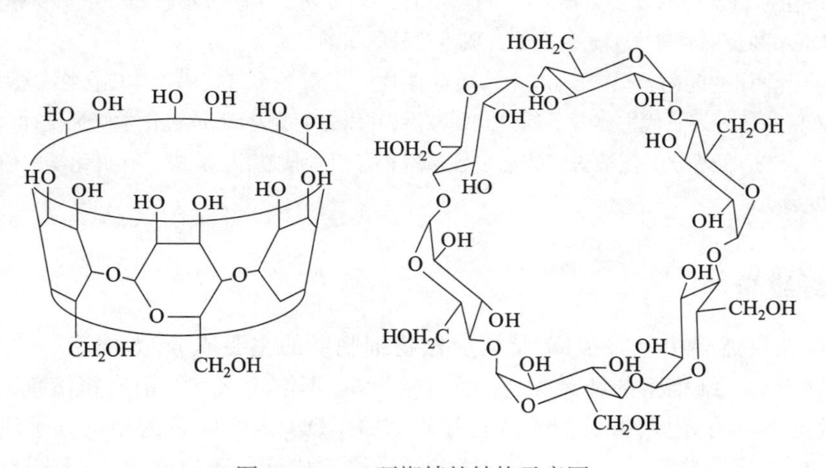

图 19-2　α-环糊精的结构示意图

由图 19-2 可以看出,C3, C5 上的氢原子和苷氧原子构成了 α-环糊精分子内的空腔内壁,故具有疏水(亲油)性;而羟基则分布在空腔的外边(上或下边),故具有亲水(疏油)性,从而构成比较固定的亲油空腔和亲水外壁。另外,由于组成环糊精的葡萄糖单元不同,其空腔大小各异(α-,β-和 γ-CD 的孔径分别为 0.60 nm、0.8 nm 和 1 nm)。与冠醚相似,不同的环糊精可以包合不同大小的分子。例如,α-环糊精能与苯形成包合物,而 γ-环糊精能包合蒽分子。

环糊精因空腔的大小和内壁与外壁的亲油性与亲水性的不同,在有机合成和医药等工业中具有重要应用价值。例如,苯甲醚在酸性溶液中用次氯酸(弱的氯化试剂)进行氯化反应,生成邻和对氯苯甲醚的混合物,若加入少量 α-环糊精,则主要生成对位异构体。

因为 α-环糊精与苯甲醚形成包合物后,甲氧基的邻位包合在环糊精空腔内,而其对位则暴露在空腔之外,有利于试剂的进攻,故对位产物增多。

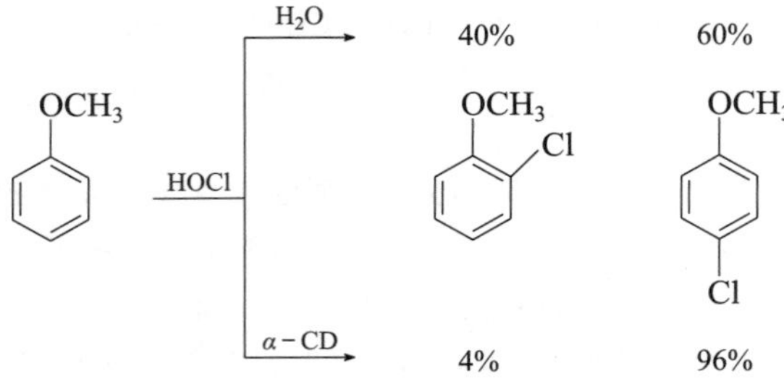

$$\text{C}_6\text{H}_5\text{OCH}_3 \xrightarrow{\text{HOCl}} \begin{cases} \xrightarrow{H_2O} & o\text{-ClC}_6\text{H}_4\text{OCH}_3\ (40\%) + p\text{-ClC}_6\text{H}_4\text{OCH}_3\ (60\%) \\ \xrightarrow{\alpha-CD} & o\text{-ClC}_6\text{H}_4\text{OCH}_3\ (4\%) + p\text{-ClC}_6\text{H}_4\text{OCH}_3\ (96\%) \end{cases}$$

环糊精能够包合中性的无机和有机分子,以及多肽和糖类等生物分子,形成稳定的配合物。环糊精能作为主体化合物的这一性质在超分子化学的研究中占有重要的位置,在模拟酶研究中也已被采用。

超分子化学(supramolecular chemistry)是化学与生物学、物理学、材料科学、信息科学和环境科学等多门学科结合构成的交叉科学,是 20 世纪 60 年代末逐渐发展起来的,亦称主客体化学(host-guest chemistry),主要研究分子间弱作用力(静电力、氢键、van der Waals 力和疏水相互作用等)。这些研究内容对理解生命科学中的许多重要问题有很大帮助,如有利于了解生物膜的分子识别和分子运输、酶催化、DNA 和蛋白质等大分子的生物合成等过程的实质。

超分子化学研究的内容很广泛,其中一项重要内容,是寻找最有效的主体化合物,这大大促进了冠醚、环糊精和杯芳烃三代主体分子的研究和发展;并以它们为基础,通过化学修饰设计具有不同性能的主体化合物,在超分子化学研究的诸多领域取得了巨大成功,也加快了有机化学的研究向复杂体系方向发展。

19.4.2　纤维素

纤维素在自然界中分布很广,是构成植物细胞壁的主要成分,如棉花中含 90% 以上,木材中约含 50%。纤维素的纯品无色、无味、无臭,不溶于水和一般有机溶剂。与淀粉一样,纤维素也不具有还原性,其分子式也接近 $(C_6H_{10}O_5)_n$。纤维素的相对分子质量比淀粉的大很多,其葡萄糖单元数目为 500 ~ 5 000。纤维素比淀粉难以水解,一般需要在浓酸中或用稀酸在加压下进行。在水解过程中可以得到纤维四糖、纤维三糖和纤维二糖等,但水解的最终产物也是 D-(+)-葡萄糖。

$$(C_6H_{10}O_5)_n \xrightarrow[H^+]{H_2O} (C_6H_{10}O_5)_4 \xrightarrow[H^+]{H_2O} (C_6H_{10}O_5)_3 \xrightarrow[H^+]{H_2O} C_{12}H_{22}O_{11} \xrightarrow[H^+]{H_2O} C_6H_{12}O_6$$

与淀粉水解所得二糖不同,纤维素水解所得二糖是纤维二糖。纤维二糖是 β-1,4-苷,说明纤维素是由许多葡萄糖单元通过 β-1,4-苷键连接起来的。其结构式可表示如下:

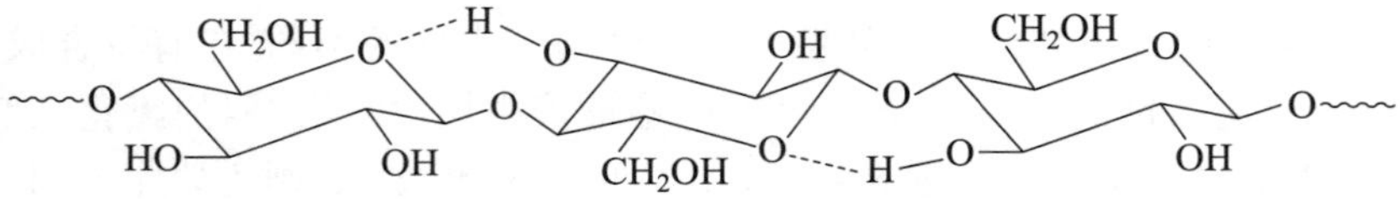

CH₂OH　O····H　O　OH　O　CH₂OH　O
~~~O　HO　OH　O　CH₂OH　O····H—O　OH　O~~~
~~~

值得注意的是,纤维素中的苷键都处于平伏键位置,这使得整个分子是直线形的,同时这也使 3 位的羟基可与环上氧原子之间形成氢键。纤维素难以水解,由于人体缺乏必需的酶,所以人不能消化纤维素。但食草动物的消化道内,存在能产生纤维素水解酶的微生物,因此可以消化纤维素。

(1) 黏胶纤维　木浆或棉籽绒等纤维素用氢氧化钠水溶液处理,纤维素中的部分羟基形成钠盐,后者再与二硫化碳反应,则生成纤维素黄原酸酯的钠盐,然后将其通过细孔挤压到稀硫酸的盐溶液中进行水解,则得到黏胶纤维,亦称再生纤维素。

$$\underset{\text{纤维素}}{-\overset{|}{\underset{|}{C}}-OH} \xrightarrow[-H_2O]{NaOH} -\overset{|}{\underset{|}{C}}-ONa \xrightarrow{S=C=S} \underset{\text{纤维素黄原酸钠}}{-\overset{|}{\underset{|}{C}}-O-\overset{S}{\overset{\|}{C}}-SNa}$$

$$\xrightarrow[-CS_2,\ -Na_2SO_4]{H_2SO_4} \underset{\text{再生纤维素}}{-\overset{|}{\underset{|}{C}}-OH}$$

纤维素经上述处理后的再生纤维素,其长纤维称为人造丝,供纺织和针织等用;其短纤维称为人造棉、人造毛,供纯纺或混纺等用。

(2) 纤维素酯　纤维素分子中含有羟基,与醇相似,能与酸生成酯。例如,在少量硫酸存在下,用乙酐和乙酸的混合物与纤维素作用,则生成纤维素醋酸酯(亦称醋酸纤维素)。

$$[\text{葡萄糖单元}(CH_2OH;\ HO;\ OH)-O-]_n \xrightarrow[H_2SO_4]{(CH_3CO)_2O,\ CH_3COOH} [\text{葡萄糖单元}(CH_2OOCCH_3;\ CH_3COO;\ CH_3COO)-O-]_n$$

三醋酸纤维素部分水解可得二醋酸纤维素,后者溶于乙醇和丙酮,不易燃,可用来制造人造丝、胶片和塑料等。

纤维素与浓硫酸和浓硝酸作用生成纤维素硝酸酯(亦称硝酸纤维素),随酸的浓度和反应条件不同,酯化程度不同,所得酯的含氮量不同。含氮量在 13% 左右的叫火棉,它易燃且有爆炸性,是制造无烟火药的原料。含氮量在 11% 左右的叫胶棉,它易燃而无爆炸性,是制作喷漆和赛璐珞等的原料。

(3) 纤维素醚　纤维素与碱作用生成纤维素钠盐,然后与卤代烷反应生成纤维素醚。最常见的有纤维素甲醚(甲基纤维素)和纤维素乙醚(乙基纤维素)。甲基纤维素可用作分散剂、乳化剂和上浆剂等,在医疗上用作灌肠剂。乙基纤维素用于制造塑料、涂料、橡胶的代用品等,也用作纺织品整理剂。

在上述反应中若用氯乙酸钠代替氯乙烷,则得到羧甲基纤维素钠:

$$[\text{葡萄糖单元}(CH_2OH;\ HO;\ OH)-O-]_n \xrightarrow[NaOH]{ClCH_2COONa} [\text{葡萄糖单元}(CH_2OCH_2COONa;\ HO;\ OH)-O-]_n$$

羧甲基纤维素钠大量用作油田钻井泥浆处理剂,还广泛用作纺织品浆料、造纸增强剂等。

习题

（一）写出 D-(+)-葡萄糖的对映体。α-和 β-的 δ-氧环式 D-(+)-葡萄糖是不是对映体？为什么？

（二）写出下列各化合物立体异构体开链式的 Fischer 投影式：

(1) 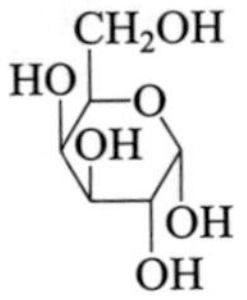　(2) 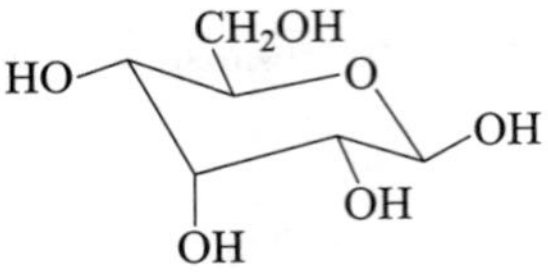　(3)

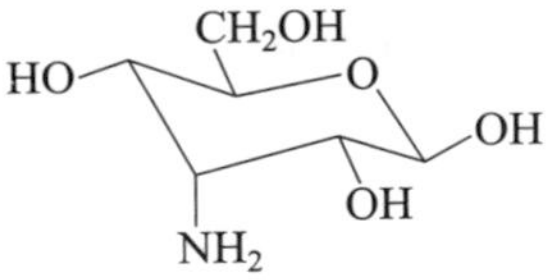

（三）完成下列反应式：

(1) 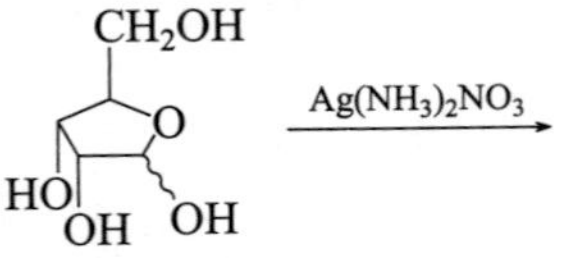 $\xrightarrow{Ag(NH_3)_2NO_3}$

(2) 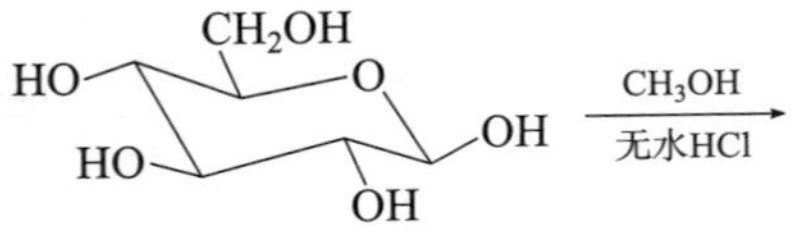 $\xrightarrow[无水HCl]{CH_3OH}$

(3) (A) $\xrightarrow{HNO_3}$ 内消旋酒石酸

(4) (B) $\xrightarrow{NaBH_4}$ 旋光性丁四醇

(5) 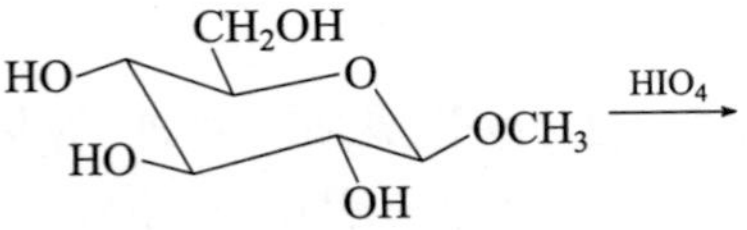 $\xrightarrow{HIO_4}$

(6) 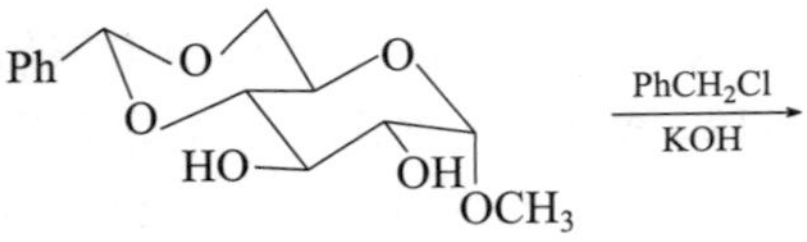 $\xrightarrow[KOH]{PhCH_2Cl}$

(7) 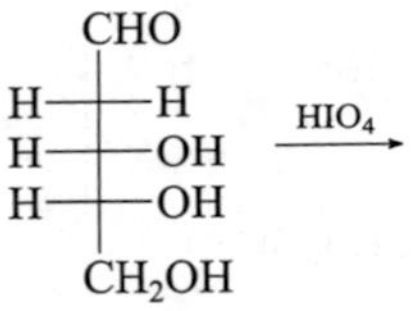 $\xrightarrow{HIO_4}$

(8) 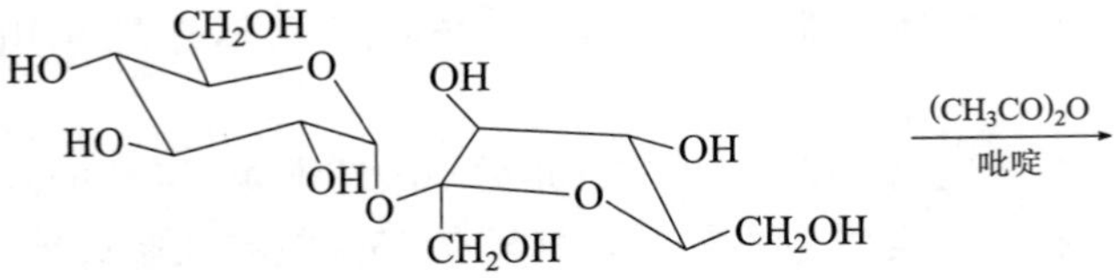 $\xrightarrow[吡啶]{(CH_3CO)_2O}$

（四）回答下列问题：

(1) 下列两种异构体分别与苯肼作用，产物是否相同？

(A) 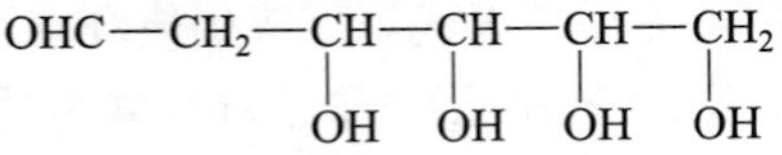 $OHC-CH_2-CH(OH)-CH(OH)-CH(OH)-CH_2OH$

(B) 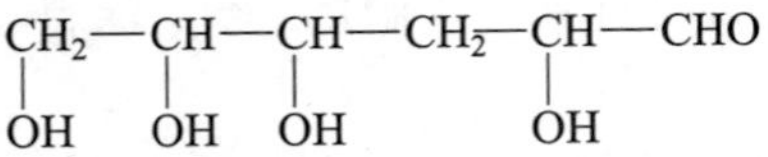 $CH_2(OH)-CH(OH)-CH(OH)-CH_2-CH(OH)-CHO$

(2) 糖苷既不与 Fehling 试剂作用，也不与 Tollens 试剂作用，且无变旋光现象，试解释之。

(3) 什么叫差向异构体？它与异头物有无区别？

(4) 酮糖和醛糖一样能与 Fehling 试剂或 Tollens 试剂反应，但酮糖不与溴水反应，为什么？

(5) 写出 D-吡喃甘露糖 (A) 和 D-吡喃半乳糖 (B) 最稳定的构象式 (α-或 β-吡喃糖)。

（五）有两个具有旋光性的丁醛糖 (A) 和 (B)，与苯肼作用生成相同的脎。用硝酸氧化 (A) 和 (B) 都生成含有四个碳原子的二元酸，但前者有旋光性，后者无旋光性。试推测 (A) 和 (B) 的结构。

(六) 一种核酸用酸或碱水解后，生成 D−戊醛糖 (A)、磷酸及若干嘌呤和嘧啶。用硝酸氧化 (A)，生成内消旋二元酸 (B)。(A) 用羟氨处理生成肟 (C)，(C) 用乙酐处理转变成氰醇的乙酸酯 (D)，(D) 用稀硫酸水解得到丁醛糖 (E)，(E) 用硝酸氧化得到内消旋二元酸 (F)。写出 (A)～(F) 的结构。

［提示：$\gt C(H){=}N{-}OH \xrightarrow[\text{(用乙酐作脱水剂)}]{-H_2O} {-}C{\equiv}N$ ］

第二十章
氨基酸、蛋白质和核酸

前导知识：学习本章之前需要复习以下知识点

构型的表示法 (6.4.2 节)
构型的标记法 (6.4.3 节)
卤代烷的亲核取代反应 (7.5.1 节)
胺的制法 (15.3 节)

本章导读：学习本章内容需要掌握以下知识点

氨基酸的结构和基本概念
氨基酸的制法
氨基酸的化学性质：两性和等电点、与水合茚三酮的显色反应参与构成生命的最基本物质有蛋白质、核酸、多糖和脂类，其中以蛋白质和核酸最重要。

20.1 氨基酸

氨基酸是构成蛋白质的基本单元，它是羧酸碳链上的氢原子被氨基取代后的化合物。氨基酸分子中含有氨基和羧基两种官能团。

已经发现自然界存在的氨基酸约有 1 000 种，其中主要是 α-氨基酸，以及少量的 β-和 γ-氨基酸。许多氨基酸具有药用价值，如精氨酸注射液可用于肝昏迷的急救。在一些分子中引入氨基酸侧链，可以提高药效，如阿莫西林和丁胺卡纳霉素等。α-氨基酸可通过深加工得到构型各异的化合物，后者在生理学和药理学中均有重要用途；手性的 α-氨基酸还可作为手性诱导试剂用于手性合成。某些氨基酸还可作为食品添加剂，如谷氨酸钠可作为食用味精。

20.1.1 氨基酸的命名和构型

与羟基酸类似，氨基酸可按照氨基连在碳链上的位次不同而分为 $\alpha,\beta,\gamma,\cdots,\omega$-氨基酸。但由蛋白质水解得到的氨基酸均为 α-氨基酸，且仅有二十几种，它们是组成蛋白质的基本单元。

氨基酸的系统命名法是将氨基作为羧酸的取代基来命名，但由蛋白质水解得到的氨基酸都有俗名 (见表 20-1)。例如：

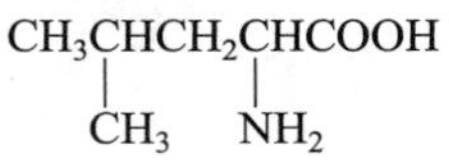

$CH_3CHCH_2CHCOOH$（4 位连 CH_3，2 位连 NH_2）
2-氨基-4-甲基戊酸
(亮氨酸)
leucine

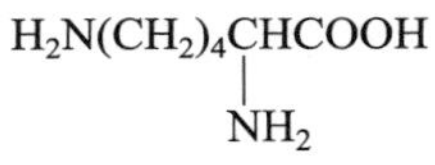

$H_2N(CH_2)_4CHCOOH$（2 位连 NH_2）
2,6-二氨基己酸
(赖氨酸)
lysine

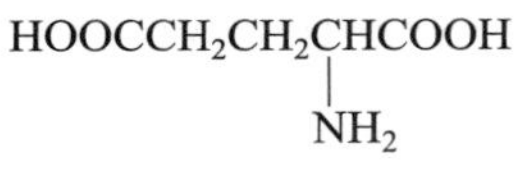

$HOOCCH_2CH_2CHCOOH$（2 位连 NH_2）
2-氨基戊二酸
(谷氨酸)
glutamic acid

在氨基酸分子中可以含有多个氨基或多个羧基，两种基团的数目不一定相等。碱性氨基或其他碱性基团和羧基数目相等的为中性氨基酸，如亮氨酸、谷酰胺、脯氨酸等；碱性氨基或其他碱性基团数目多于羧基的为碱性氨基酸，如赖氨酸、精氨酸等；而羧基数目多于氨基的是酸性氨基酸，如谷氨酸等。

由蛋白质获得的氨基酸，除氨基乙酸 (甘氨酸) 外，分子中的 α-碳原子都是手性碳原子，都具有旋光性，其构型均属于 L 型，它们与 L-甘油醛之间的关系如下：

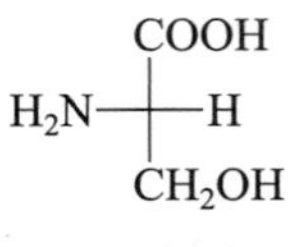

L-丝氨酸：上 COOH，左 H_2N，右 H，下 CH_2OH

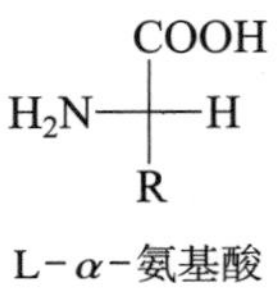

L-α-氨基酸：上 COOH，左 H_2N，右 H，下 R

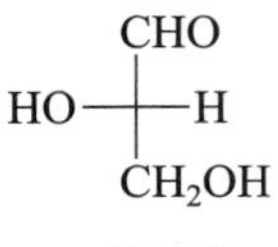

L-甘油醛：上 CHO，左 HO，右 H，下 CH_2OH

上面的 L-α-氨基酸是一个通式，其中 R 是分子中的可变部分，是蛋白质中各种 α-氨基酸的差别所在,如表 20-1 中的结构式所示。氨基酸构型的标记,通常采用 D,L-标记法;分子中的手性碳原子也可采用 R,S-标记法。例如:

$$\begin{array}{c} COOH \\ H_2N\!-\!\!\!\overset{S}{+}\!\!\!-\!H \\ CH_3 \end{array} \qquad\qquad \begin{array}{c} COOH \\ H_2N\!-\!\!\!\overset{2S}{+}\!\!\!-\!H \\ H\!-\!\!\!\overset{3R}{+}\!\!\!-\!OH \\ CH_3 \end{array}$$

L-丙氨酸　　　　L-苏氨酸

表 20-1　蛋白质中存在的氨基酸

名称	缩写	结构式	等电点	分解点/℃
甘氨酸 (glycine)	甘 Gly	$\underset{\overset{\vert}{NH_2}}{CH_2}COOH$	5.97	292
丙氨酸 (alanine)	丙 Ala	$CH_3\underset{\overset{\vert}{NH_2}}{CH}COOH$	6.02	297
* 缬氨酸 (valine)	缬 Val	$(CH_3)_2CH\underset{\overset{\vert}{NH_2}}{CH}COOH$	5.97	315
* 亮氨酸 (leucine)	亮 Leu	$(CH_3)_2CHCH_2\underset{\overset{\vert}{NH_2}}{CH}COOH$	5.98	337
* 异亮氨酸 (isoleucine)	异亮 Ile	$CH_3CH_2\underset{\overset{\vert}{CH_3}}{CH}-\underset{\overset{\vert}{NH_2}}{CH}COOH$	6.02	285
* 丝氨酸 (serine)	丝 Ser	$HOCH_2\underset{\overset{\vert}{NH_2}}{CH}COOH$	5.68	228
* 苏氨酸 (threonine)	苏 Thr	$CH_3\underset{\overset{\vert}{OH}}{CH}-\underset{\overset{\vert}{NH_2}}{CH}COOH$	5.60	253
半胱氨酸 (cysteine)	半胱 Cys	$HSCH_2\underset{\overset{\vert}{NH_2}}{CH}COOH$	5.02	
* 甲硫氨酸 (methionine)	甲硫 Met	$CH_3SCH_2CH_2\underset{\overset{\vert}{NH_2}}{CH}COOH$	5.06	283
天冬氨酸 (aspartic acid)	天冬 Asp	$HOOCCH_2\underset{\overset{\vert}{NH_2}}{CH}COOH$	2.98	259
谷氨酸 (glutamic acid)	谷 Glu	$HOOCCH_2CH_2\underset{\overset{\vert}{NH_2}}{CH}COOH$	3.22	247

续表

名称	缩写	结构式	等电点	分解点/℃
天冬酰胺 (asparagine)	天冬-NH_2 Asn	$H_2NCOCH_2CH(NH_2)COOH$	5.41	236
谷酰胺 (glutamine)	谷-NH_2 Gln	$H_2NCOCH_2CH_2CH(NH_2)COOH$	5.70	184
* 赖氨酸 (lysine)	赖 Lys	$H_2NCH_2CH_2CH_2CH_2CH(NH_2)COOH$	9.74	224
精氨酸 (arginine)	精 Arg	$H_2NC(=NH)NHCH_2CH_2CH_2CH(NH_2)COOH$	10.76	230～244 (分解)
组氨酸 (histidine)	组 His	(咪唑-4-基)$CH_2CH(NH_2)COOH$	7.59	287
* 苯丙氨酸 (phenylalanine)	苯丙 Phe	$C_6H_5CH_2CH(NH_2)COOH$	5.48	283
酪氨酸 (tyrosine)	酪 Tyr	$HO-C_6H_4-CH_2CH(NH_2)COOH$	5.67	342
* 色氨酸 (tryptophan)	色 Trp	(吲哚-3-基)$CH_2CH(NH_2)COOH$	5.88	283
脯氨酸 (proline)	脯 Pro	(吡咯烷-2-基)COOH	6.30	220

表 20-1 中带 * 号者为人体不能合成, 必须由食物供给的氨基酸, 通常称为必需氨基酸。

练习 20.1　用 R, S-标记法标记下列氨基酸中手性碳原子的构型。

(1) Fischer 投影式: 上 COOH, 左 H_2N, 右 H, 下 $CH_2CH_2SCH_3$
L-蛋氨酸

(2) Fischer 投影式: 上 COOH; 第一个手性碳 左 H_2N, 右 H; 第二个手性碳 左 H_3C, 右 H; 下 C_2H_5
L-异亮氨酸

20.1.2　氨基酸的制法

有些氨基酸可以由蛋白质水解或糖类发酵得到。例如, 用毛发水解可以制取胱氨酸, 用糖类发酵能得到谷氨酸等。但利用这些方法通常较难得到单一纯品, 而合成法则可得到单一氨基酸。

(1) α-卤代酸的氨解　α-卤代酸与氨反应可得到 α-氨基酸。例如:

$$CH_3\underset{\displaystyle Br}{\underset{|}{C}}HCOOH + 2NH_3 \longrightarrow CH_3\underset{\displaystyle NH_2}{\underset{|}{C}}HCOOH + NH_4Br$$

与卤代烃和氨的反应相似,此反应也生成具有仲胺和叔胺结构的副产物,且不容易纯化。

(2) Gabriel 法　与制备伯胺相似,利用 α-卤代酸酯代替卤代烃可以得到较纯的 α-氨基酸。例如:

$$\text{邻苯二甲酰亚胺钾(NK)} + \underset{\displaystyle Cl}{\underset{|}{C}}H_2CO_2C_2H_5 \xrightarrow{\triangle} \text{邻苯二甲酰亚胺基}N-CH_2CO_2C_2H_5 \quad 97\%$$

$$\xrightarrow[\text{② HCl}]{\text{① KOH, } H_2O} \text{邻苯二甲酸}(C_6H_4(COOH)_2) + \underset{\displaystyle NH_2}{\underset{|}{C}}H_2COOH\ (85\%) + C_2H_5OH$$

(3) Strecker 合成　利用醛与氨和氢氰酸反应,首先生成 α-氨基腈,后者水解则氰基转变成羧基,生成 α-氨基酸,这类反应称为 Strecker α-氨基酸合成法。它是制备 α-氨基酸的一个很有用的方法。例如:

$$C_6H_5-CH_2CHO \xrightarrow[HCN]{NH_3} C_6H_5-CH_2\underset{\displaystyle NH_2}{\underset{|}{C}}HCN \xrightarrow[\text{② } H^+]{\text{① NaOH, } H_2O} C_6H_5-CH_2\underset{\displaystyle NH_2}{\underset{|}{C}}HCOOH$$

苯丙氨酸, 74%

练习 20.2　写出下列反应式中 (A)~(H)的构造式:

(1) $(CH_3)_2CHCH_2COOH \xrightarrow[P]{Br_2} (A) \xrightarrow[\text{过量}]{NH_3} (B)$

(2) $\text{邻苯二甲酰亚胺}N^-K^+ \xrightarrow{BrCH(COOC_2H_5)_2} (C) \xrightarrow{C_2H_5ONa} (D) \xrightarrow{PhCH_2Cl} (E) \xrightarrow[\text{② } OH^-]{\text{① 浓盐酸}} (F) + \text{邻苯二甲酸}$

(3) $HO-C_6H_4-CH_2CHO \xrightarrow{NH_3,\ HCN} (G) \xrightarrow{H^+,\ H_2O} (H)$

20.1.3 氨基酸的性质

氨基酸是没有挥发性的黏稠液体或结晶固体。固体氨基酸的熔点很高。例如,氨基乙酸在 292 ℃ 熔化并分解,而乙酸的熔点是 16.6 ℃。一般的氨基酸能溶于水,不溶于乙醚、丙酮和氯仿等极性较弱的有机溶剂。

氨基酸具有氨基和羧酸的典型性质，也具有氨基和羧基相互影响而产生的一些特殊性质。

(1) 羧基的反应　α-氨基酸分子中的羧基能与碱、五氯化磷、氨、醇和氢化铝锂等反应。例如：

$$\underset{\displaystyle NH_2\cdot HCl}{RCHCOOH} \xrightarrow[-POCl_3,\ -HCl]{PCl_5} \underset{\displaystyle NH_2\cdot HCl}{RCHCOCl} \qquad ①$$

$$\underset{\displaystyle {}^+NH_3}{CH_3CHCOOH} \xrightarrow{CH_3CH_2OH,\ HCl} \underset{\displaystyle {}^+NH_3}{CH_3CHCO_2C_2H_5} \qquad ②$$

90%～95%

(2) 氨基的反应　α-氨基酸分子中的氨基能与酸、亚硝酸、烃基化试剂、酰基化试剂、甲醛和过氧化氢等反应。例如：

$$\underset{\displaystyle NH_2}{RCHCOOH} \xrightarrow[-N_2,\ -H_2O]{HNO_2} \underset{\displaystyle OH}{RCHCOOH} \qquad ③$$

$$\underset{\displaystyle NH_2}{RCHCOOH} \xrightarrow[-HF]{2,4\text{-}(O_2N)_2C_6H_3F} RCH(COOH)NH\text{-}C_6H_3\text{-}2,4\text{-}(NO_2)_2 \qquad ④$$

$$\underset{\displaystyle NH_2}{RCHCOOH} \xrightarrow[-HCl]{PhCH_2OC(=O)Cl} PhCH_2O\text{-}C(=O)\text{-}NHCH(R)COOH \qquad ⑤$$

反应③由于定量放出氮气可用于测定含有伯氨基的氨基酸；反应④可用于氨基酸的鉴定；反应⑤在肽的合成中可用来保护氨基。

(3) 两性和等电点　氨基酸因含有氨基和羧基，既能与酸反应又能与碱反应，是两性物质。分子内的氨基与羧基也能反应生成盐，这种盐称为内盐，亦称两性离子或偶极离子。α-氨基酸的物理性质也说明它是以内盐形式存在的，其与酸、碱的反应可表示如下：

$$\underset{\displaystyle NH_2}{RCHCOO^-} \underset{HO^-}{\overset{H^+}{\rightleftharpoons}} \underset{\displaystyle {}^+NH_3}{RCHCOO^-} \underset{HO^-}{\overset{H^+}{\rightleftharpoons}} \underset{\displaystyle {}^+NH_3}{RCHCOOH}$$

负离子 (Ⅱ)　在强碱性溶液中 (如 pH = 14) 的主要存在形式

偶极离子 (Ⅰ)

正离子 (Ⅲ)　在强酸性溶液中 (如 pH = 0) 的主要存在形式

氨基酸在强碱性溶液中主要以负离子 (Ⅱ) 的形式存在，此时在电场中氨基酸向正极移动；若将溶液调至强酸性，则主要以正离子 (Ⅲ) 的形式存在，在电场中氨基酸向负极移动。当溶液在某一 pH 时，负离子 (Ⅱ) 和正离子 (Ⅲ) 浓度相等，氨基酸的净电荷等于零，在电场中既不向正极移动也不向负极移动，这时溶液的pH称为该氨基酸的等电点(用pI表示)。不同的氨基酸具有不同的等电点(见表20-1)。在等电点时，偶极离子的浓度最大，氨基酸在水中的溶解度最小，因此利用调节等电点的方法，可以分离氨基酸。

(4) 与水合茚三酮反应　α-氨基酸与水合茚三酮反应，生成蓝紫色物质：

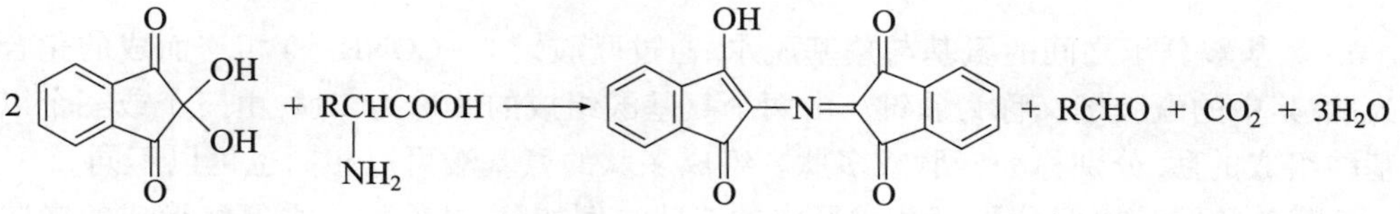

$$2\ \text{水合茚三酮} + \underset{\displaystyle NH_2}{RCHCOOH} \longrightarrow \text{(蓝紫色)} + RCHO + CO_2 + 3H_2O$$

水合茚三酮　　(蓝紫色)

由于反应很灵敏，水合茚三酮显色反应与离子交换色谱法结合，广泛用于定量测定氨基酸的浓度。这是因为与试剂作用生成颜色的深度直接和氨基酸的浓度有关。水合茚三酮也用于定性检出电泳、纸色谱及薄层色谱中氨基酸的位置。在这些分析中水合茚三酮是显色剂。

练习 20.3　表20-1中哪些氨基酸与亚硝酸的反应不能用来进行定量测定？

练习 20.4　下列氨基酸溶在水中时，溶液呈酸性、碱性还是中性？

(1) Glu　(2) Gln　(3) Leu　(4) Lys　(5) Ser

---

(5) 受热反应　当氨基酸分子中的氨基和羧基的相对位置不同时，在加热情况下，与羟基酸的受热反应相似，生成不同的产物。其中，α-氨基酸发生两分子之间的氨基与羧基的脱水反应生成哌嗪二酮或其衍生物；β-氨基酸发生分子内脱氨反应生成α,β-不饱和酸；γ-或δ-氨基酸则是分子内氨基与羧基之间脱水生成内酰胺；氨基与羧基相距更远时，发生多分子之间的氨基与羧基之间脱水生成聚酰胺。例如，α-氨基酸分子之间的氨基与羧基的脱水反应如下所示：

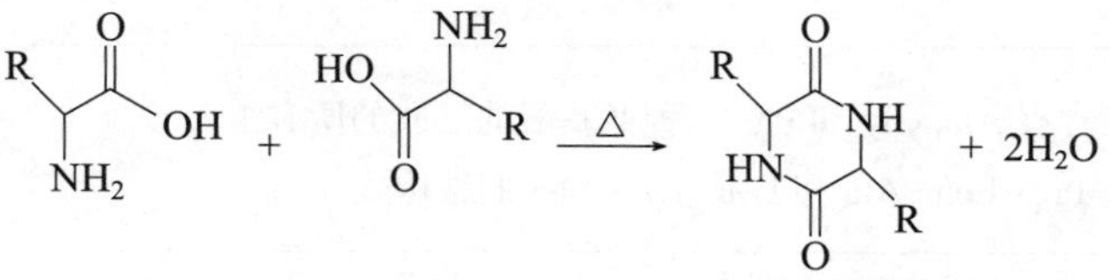

$$\text{R-CH(NH}_2\text{)-COOH} + \text{HOOC-CH(NH}_2\text{)-R} \xrightarrow{\triangle} \text{2,5-哌嗪二酮衍生物} + 2H_2O$$

2,5-哌嗪二酮衍生物
(交酰胺)

练习 20.5　完成下列反应式：

(1) $\underset{\displaystyle NH_2}{RCHCH_2COOH} \xrightarrow{\triangle}$

(2) $\underset{\displaystyle NH_2}{RCHCH_2CH_2COOH} \xrightarrow{\triangle}$

(3) $\underset{\displaystyle NH_2}{RCHCH_2CH_2CH_2COOH} \xrightarrow{\triangle}$

(4) $m\ \underset{\displaystyle NH_2}{CH_2}(CH_2)_nCOOH \xrightarrow{\triangle}$　$n>4$

20.2 多肽

20.2.1 多肽的分类和命名

α-氨基酸分子之间的氨基与羧基脱水,通过酰胺键(—CONH—)相连而成的化合物称为肽,其中的酰胺键又称为肽键。由两个氨基酸组成的肽称为二肽,由三个或三个以上氨基酸组成的肽,分别称为三肽或多肽。组成多肽的氨基酸可以相同也可以不同。

最简单的肽是由两分子氨基酸形成的二肽。例如,由甘氨酸与丙氨酸形成的二肽可有如下两种结构:

$$\underset{\text{(I) 甘氨酰丙氨酸}}{H_2NCH_2\overset{\overset{O}{\|}}{C}NH\overset{\overset{CH_3}{|}}{C}HCOOH} \qquad \underset{\text{(II) 丙氨酰甘氨酸}}{H_2N\overset{\overset{CH_3}{|}}{C}H—\overset{\overset{O}{\|}}{C}NHCH_2COOH}$$

两者的区别在于,(I)是由甘氨酸的羧基与丙氨酸的氨基形成的,而(II)是由丙氨酸的羧基与甘氨酸的氨基形成的。在肽链中,带有游离氨基的一端称为N端,带有游离羧基的一端称为C端。

多肽的命名是以C端氨基酸为母体,将肽链中其他氨基酸中的"酸"字改为"酰"字,从N端开始依次写在母体名称之前。如下面的三肽,可命名为

$$H_2N—CH_2\overset{\overset{O}{\|}}{C}—NH—\underset{\underset{CH_3}{|}}{C}H—\overset{\overset{O}{\|}}{C}—NH\underset{\underset{CH_2OH}{|}}{C}HCOOH$$

甘氨酰丙氨酰丝氨酸

该化合物可简称为甘丙丝肽或甘-丙-丝,亦可用Gly-Ala-Ser表示。

练习 20.6 写出含有Ala, Gly和Phe三种氨基酸的三肽的所有组合。

练习 20.7 写出Pro-Leu-Ala和Leu-Lys-Met的结构式。

20.2.2 多肽结构的测定

一些肽以游离状态存在于自然界,它们在生物体中起着各种不同的作用,有些作为生物化学反应的催化剂,有些具有抗生素的性质,有些则是激素,等等。它们的结构都具有各自的特征。结构上的差异,有时甚至是很微小的差别,都导致它们在生理功能方面的显著不同。例如,催产素和升压素都是脑垂体分泌的激素。它们所含氨基酸的顺序是类似的,只有第3个和第8个氨基酸单元不同,其余氨基酸和排列顺序都相同。

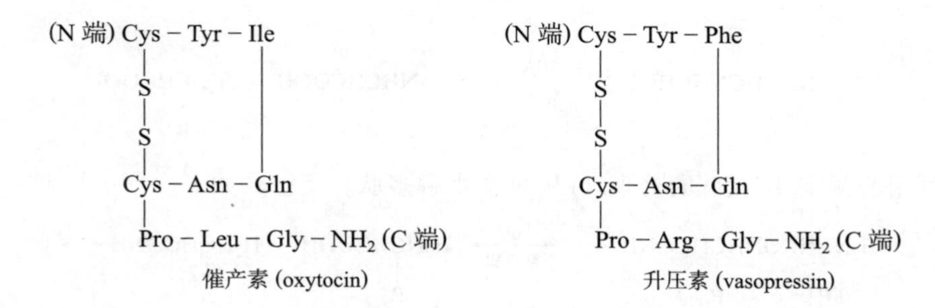

催产素 (oxytocin)　　升压素 (vasopressin)

两个物质结构差别虽小，但生理功能显著不同。催产素可引起子宫收缩，而升压素有抗利尿作用，并引起血管收缩，升高血压。

由于肽的结构与其生理功能之间有着密切的关系，所以需测定肽的结构，包括组成肽的氨基酸的种类、每一种氨基酸的数目、这些氨基酸在肽链中的排列顺序等。

(1) 肽的水解　在酸或碱的作用下，肽键断裂生成氨基酸的混合物。然后采取适当的方法，如电泳、离子交换色谱或氨基酸分析仪等，测定氨基酸的种类和数量。但氨基酸在肽链中的排列顺序还是未知的。

(2) 氨基酸顺序的测定　如前所述，两个不同的氨基酸组成二肽时，有两种连接方式；随着组成肽的氨基酸的数目增多，则理论上的连接方式也随之增加。由三种不同氨基酸形成的三肽可能有六种，由四种不同氨基酸形成的四肽可能有二十四种，五肽以上则更多。由此可以看出，要确定肽的结构是困难的。Sanger F 正是由于确定了胰岛素 (一种多肽) 的结构，而获得 1958 年诺贝尔化学奖；1980 年，他因发现 DNA 快速测序的方法再次获得诺贝尔化学奖。

人物: Sanger F

测定肽中氨基酸顺序通常有两种方法：一种是用某些酶将原来的肽链水解为较小的片段，再分析每一片段的氨基酸顺序；另一种是测定原肽中和通过酶水解所得片段中 C 端和 N 端氨基酸，然后将碎片拼起来得到完整的顺序。现分别简述如下。

(a) 用酶部分水解。通常用蛋白酶将肽部分水解，每种酶往往只能水解一定类型的肽键。例如，糜蛋白酶选择性水解含芳环的苯丙氨酸、酪氨酸及色氨酸的羧基形成的肽键；胃蛋白酶优先水解苯丙氨酸、酪氨酸和色氨酸氨基形成的肽键；胰蛋白酶优先水解碱性氨基酸如赖氨酸和精氨酸羧基形成的肽键。

知道了这些蛋白酶如何起作用，就能研究如何利用它们来测定肽中氨基酸的顺序。例如，将半胱氨酸、赖氨酸和色氨酸形成的一种三肽用胃蛋白酶处理，生成游离氨基酸——色氨酸及一个二肽。符合该结果的结构为

Cys−Lys−Trp 和 Lys−Cys−Trp

可见，用胃蛋白酶处理上述三肽，可将用化学水解所得的六种可能排列组合减少为两种。为了最后确定其结构，还要进行氨基酸顺序测定的端基分析。

(b) 端基分析就是用特殊试验鉴定肽链中 C 端或 N 端。端基分析是测定多肽氨基酸顺序的重要步骤。分析方法有酶解法和化学法。

酶解法：C 端用酶解法测定，用羧肽酶处理多肽，水解只发生在 C 端。反应式如下：

$$\sim\sim NH\underset{R'}{CH}\overset{O}{\overset{\|}{C}}NH\underset{R}{CH}COOH \xrightarrow[\text{羧肽酶}]{H_2O} \sim\sim NH\underset{R'}{CH}COOH + NH_2\underset{R}{CH}COOH$$

N 端也可用酶测定，用氨肽酶处理，可从 N 端水解多肽。反应式如下：

$$H_2N\underset{R'}{CH}CONH\underset{R}{CH}CONH\sim\sim \xrightarrow[\text{氨肽酶}]{H_2O} H_2N\underset{R'}{CH}COOH + H_2N\underset{R}{CH}CONH\sim\sim$$

追踪这些酶作用下定时水解得到的游离氨基酸，就可以测定多肽中氨基酸的排列顺序。如果用羧肽酶处理上述三肽，首先游离出色氨酸，说明它是 C 端氨基酸；而用氨肽酶处理同一三肽时，则首先得到半胱氨酸，说明半胱氨酸在 N 端。综合两个分析结果得出该三肽的结构是

Cys–Lys–Trp

化学法：利用某些有效的化学试剂，与多肽中的游离氨基或游离羧基发生反应，然后将反应产物水解，其中与试剂结合的氨基酸容易与其他部分分离和鉴定。例如，2,4–二硝基氟苯与多肽链中 N 端的游离氨基反应，在 N 端生成 DNP（二硝基苯基）衍生物，后者在酸中水解，肽键断裂，但 DNP 键保留，仍连在 N 端氨基酸上。因而水解液含有氨基酸混合物和 DNP–N 端氨基酸，后者为黄色，很容易分离和鉴定。

$$2,4\text{-}(O_2N)_2C_6H_3\text{—}F + H_2N\underset{R'}{CH}CONH\underset{R}{CH}CONH\sim\sim \longrightarrow$$

$$2,4\text{-}(O_2N)_2C_6H_3\text{—}NH\underset{R'}{CH}CONH\underset{R}{CH}CONH\sim\sim \xrightarrow[\triangle]{HCl,\ H_2O}$$

$$2,4\text{-}(O_2N)_2C_6H_3\text{—}NH\underset{R'}{CH}COOH + H_3\overset{+}{N}\underset{R}{CH}COOH + \cdots$$

DNP–N端氨基酸（黄色）

又如，异硫氰酸苯酯（PTC）与多肽 N 端的游离氨基反应，生成苯基硫脲衍生物（PTC 衍生物），后者在无水条件下用酸处理，则 N 端氨基酸以苯基乙内酰硫脲衍生物（PTH 衍生物）形式从肽链上解离下来：

$$C_6H_5\text{—}N\text{=}C\text{=}S + H_2N\underset{R'}{CH}CONH\underset{R}{CH}CO\sim\sim \longrightarrow C_6H_5NH\underset{S}{\underset{\|}{C}}NH\underset{R'}{CH}CONH\underset{R}{CH}CO\sim\sim$$

PTC 衍生物

$$\xrightarrow{\text{酸}} \text{PTH 衍生物（3-苯基-5-R'-2-硫代乙内酰脲：}C_6H_5N\text{—}C(=S)\text{—}NH\text{—}CHR'\text{—}C(=O)\text{，成环）} + H_2N\underset{R}{CH}CO\sim\sim$$

PTH 衍生物　　　肽链其余部分

经分离后，不断重复上述反应，则可测定多肽中氨基酸的排列顺序，此方法称为 Edman 降解法。此法原理已用于氨基酸自动分析。分析时，只需几毫克甚至几微克的试样，即能测定多肽中氨基酸的排列顺序。

练习 20.8 某五肽经部分水解生成三个三肽，试推测该五肽的结构。

Gly-Glu-Arg　　Glu-Arg-Gly　　Arg-Gly-Phe

20.2.3 多肽的合成

许多多肽和蛋白质具有十分重要的生理作用，是生命不可缺少的物质。有些多肽由于有特殊的生理活性，而在临床上极为重要。因此作为有机合成的一项重要内容，多肽合成近几十年来取得了很大进展。

(1) 传统合成　多肽合成是一个分步缩合反应。在这个过程中，一个氨基酸的氨基与另一个氨基酸的羧基进行缩合，这种操作重复多次，直至生成目标多肽。这个过程很复杂，因为每个氨基酸分子都包含氨基和羧基两种官能团。要使不同的氨基酸按照需要的顺序连接起来形成肽链，并达到较高相对分子质量，必须注意两点。一是用保护基将氨基酸中的一个官能团（如氨基）保护起来，只让留下的羧基与另一个氨基酸分子缩合。对于保护基团的要求是不仅容易反应，而且还要在肽键形成后容易脱去。通常用于保护氨基的试剂有氯甲酸苄酯、氯甲酸叔丁酯等。二是要活化羧基，这样才能使反应在温和的条件下进行。通常使羧基转变成酰氯或酯等衍生物来活化羧酸。

现以合成丙氨酰亮氨酸为例，用反应式表示如下。

(a) 保护 N 端氨基酸的氨基：

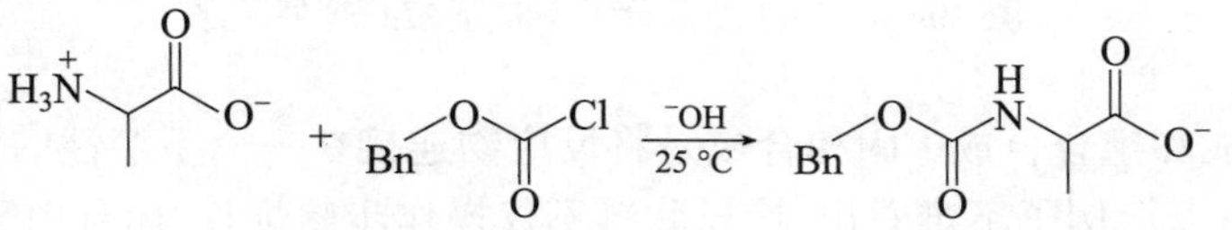

$H_3\overset{+}{N}$–CH(CH_3)–COO^- + BnO–C(=O)–Cl $\xrightarrow[25\ ^\circ C]{^-OH}$ BnO–C(=O)–NH–CH(CH_3)–COO^-

(b) 活化 N 端被保护的氨基酸中的羧基：

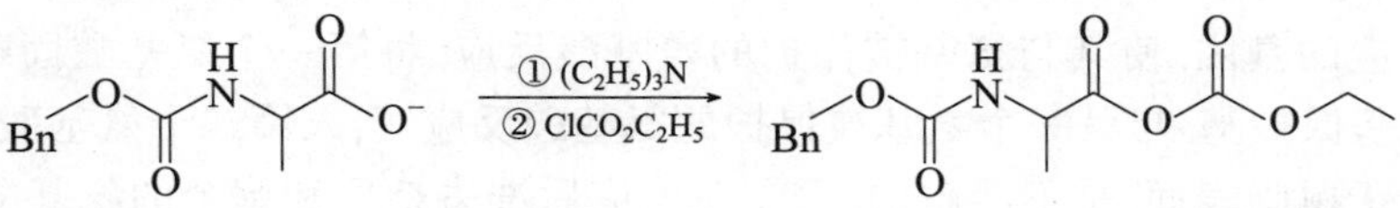

BnO–C(=O)–NH–CH(CH_3)–COO^- $\xrightarrow[②\ ClCO_2C_2H_5]{①\ (C_2H_5)_3N}$ BnO–C(=O)–NH–CH(CH_3)–C(=O)–O–C(=O)–O–C_2H_5

(c) 与第二个氨基酸相连：

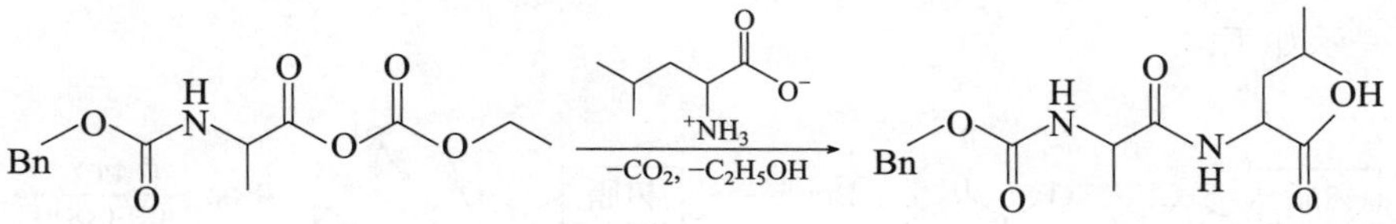

BnO–C(=O)–NH–CH(CH_3)–C(=O)–O–C(=O)–O–C_2H_5 $\xrightarrow[-CO_2,\ -C_2H_5OH]{(CH_3)_2CHCH_2CH(\overset{+}{N}H_3)COO^-}$ BnO–C(=O)–NH–CH(CH_3)–C(=O)–NH–CH($CH_2CH(CH_3)_2$)–COOH

(d) 脱去保护基团:

$$\text{Bn-O-C(=O)-NH-CH(CH}_3\text{)-C(=O)-NH-CH(CH}_2\text{CH(CH}_3)_2\text{)-COOH} \xrightarrow{H_2,\ Pd} \text{H}_3\overset{+}{\text{N}}\text{-CH(CH}_3\text{)-C(=O)-NH-CH(CH}_2\text{CH(CH}_3)_2\text{)-COO}^-$$

Bn = C_6H_5—CH_2—

可通过重复 (b) (c) 步骤增加氨基酸的个数。

我国科学工作者于 1965 年首先合成了生理活性与天然产品基本相同的结晶牛胰岛素。它由 51 个氨基酸组成的两个多肽链 (A 链和 B 链) 通过 —S—S— 桥连接而成 (见图 20-1)。胰岛素的合成标志着人类在探索生命奥秘的征途上向前迈进了一步。

A链：N端 Gly—Ile—Val—Glu—Gln—Cys—Cys—Ala—Ser—Val—Cys—Ser—Leu—Tyr—Gln—Leu—Glu—Asn—Tyr—Cys—Asn C端（第 6 位 Cys 与第 11 位 Cys 之间以 S—S 相连）

B链：N端 Phe—Val—Asn—Gln—His—Leu—Cys—Gly—Ser—His—Leu—Val—Glu—Ala—Leu—Tyr—Leu—Val—Cys—Gly—Glu—Arg—Gly—Phe—Phe—Tyr—Thr—Pro—Lys—Ala C端

（A 链第 7 位 Cys 与 B 链第 7 位 Cys、A 链第 20 位 Cys 与 B 链第 19 位 Cys 之间分别以 S—S 相连）

图 20-1　牛胰岛素分子中氨基酸的排列顺序

人物: Merrifield R B

(2) 固相合成和组合合成　固相合成是将反应物连接在一个不溶性的固相载体上的一种合成方法。由以上例子不难看出，接长肽链不仅操作步骤烦琐，而且由于多次分离提纯，最后产率不高。20 世纪 60 年代初提出的固相合成法，避免了上述的这些缺点。

进行固相合成时，首先在固相载体 (如聚苯乙烯树脂) 上引入氯甲基 (—CH_2Cl) 或其他能与羧基反应的基团，使其与氨基被保护的氨基酸反应，将第一个氨基酸固载至树脂上；然后脱去氨基保护基，与另一个氨基被保护的氨基酸反应，引入第二个氨基酸。由于生成的多肽结合于树脂表面，是不溶解的，只需在反应后洗去杂质和剩余的氨基酸，这样可省去分离提纯步骤。重复反应，就能依次将需要的氨基酸接到肽链上，直到按要求完成反应。最后再进行催化加氢或用酸处理，使多肽脱离树脂。这是固相合成多肽的一般方法，可用反应式表示如下:

$$\boxed{\text{树脂}}\text{-CH}_2\text{Cl} + {}^-\text{O-C(=O)-CH(R}^1\text{)-NH-Boc} \longrightarrow \boxed{\text{树脂}}\text{-CH}_2\text{-O-C(=O)-CH(R}^1\text{)-NH-Boc} \xrightarrow[CH_3COOH]{HCl}$$

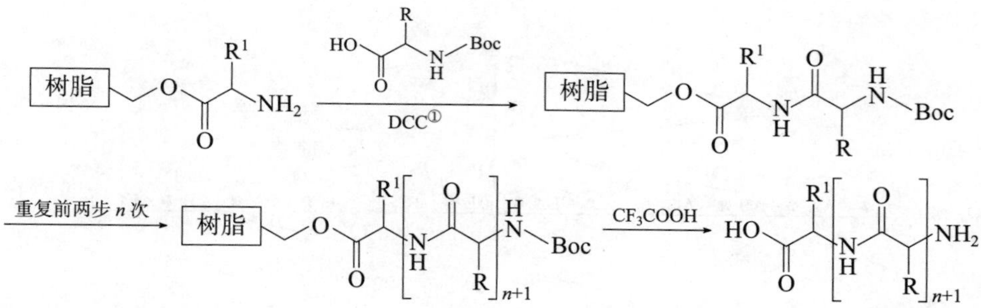

$Boc = — COOC(CH_3)_3$，分子式中方括号所含的 R 可以是不同的基团

固相合成中所用载体，除树脂外，还有硅胶、玻璃和纤维等，但使用最多的是树脂。作为固相载体通常具有如下特征：不与反应试剂作用，也无其他副反应；不溶于反应体系中的溶剂；有一定强度，使用时不发生机械破损等。

连接固相载体和反应物（底物）的那一部分称为连接基，它决定着产物连接和解离的反应条件和方法。它通常是双官能团化合物，利用一个官能团与固相载体作用而相连，利用另一个官能团与反应物作用而相连。连接基一般包括酸敏性、碱敏性和光敏性三大类，其中酸敏性连接基占绝大多数。例如，氨基和羟基等属于酸敏性连接基，因其与底物形成的键，在碱性条件下是稳定的，从而可以顺利进行固相合成，反应完毕后，利用强质子酸即可使之解离。

固相合成法 20 世纪 60 年代初由 Merrifield R B 首先提出，随后得到很大发展。利用这种方法不仅可以成功地合成多肽，而且在合成聚核苷酸、低聚糖等生物活性物质，以及在组合合成和药物筛选等方面得到广泛应用。固相合成是组合合成（组合化学）的重要工具，组合合成的发展得益于固相合成的进步。

组合合成（combinatorial synthesis）是在相同条件下同步合成一系列化合物（亦称化合物库）。与以单一化合物为目标分子进行合成的传统方法相比，组合合成不再以单个化合物为目标逐个进行合成，从而极大地提高了合成效率。

在组合合成中，组合技巧或者说组合方法不止一种，现仅利用混合匀分（mix and split）法介绍由三种不同氨基酸固相合成三肽的一般方法。其合成的一般程序是 ① 将三种氨基酸（分别用 A, B, C 代表）分别连接在树脂上；② 将由 ① 得到的分别与树脂相连的 “A” “B” “C” 混合后均分为三等份，再分别与 A, B, C 反应，形成与树脂相连的二肽；③ 将 ② 中得到的 “二肽” 混合后再次均分为三等份，并分别与 A, B, C 反应，得到与树脂相连的 “三肽”；④ 将树脂与 “三肽” 分开，则得到三肽的三个子库，每个子库有 9 种三肽，总共有 $3^3 = 27$ 种三肽。最后进行分离纯化，结构顺序测定等。值得注意的是，氨基酸与树脂连接及氨基酸与氨基酸连接时，其要求与固相合成相同（如保护氨基，去掉保护基等），故这种方法亦称固相组合合成。混合均分法组合合成三肽的程序示意图如图 20-2 所示。到目前为止，组合合成在多肽的合成中已经发挥了很大作用。

组合合成（组合化学）是基于药物开发研究的要求而发展起来的一种新的合成方法，它不仅给药物开发研究带来了 “工业革命”，而且在农药、催化材料、高分子材料和金属配体等的合成中已被采用，其思想已波及整个化学领域，将给化学学科各领域带来更大的变革。

---

① DCC 是指 N, N'-二环己基碳二亚胺（—N=C=N—），它是一种缩合剂，常用于多肽合成中。但它能引起人体局部或周身性疹块、瘙痒，使用时应注意防护。

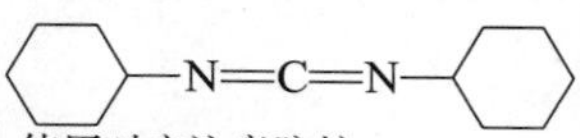

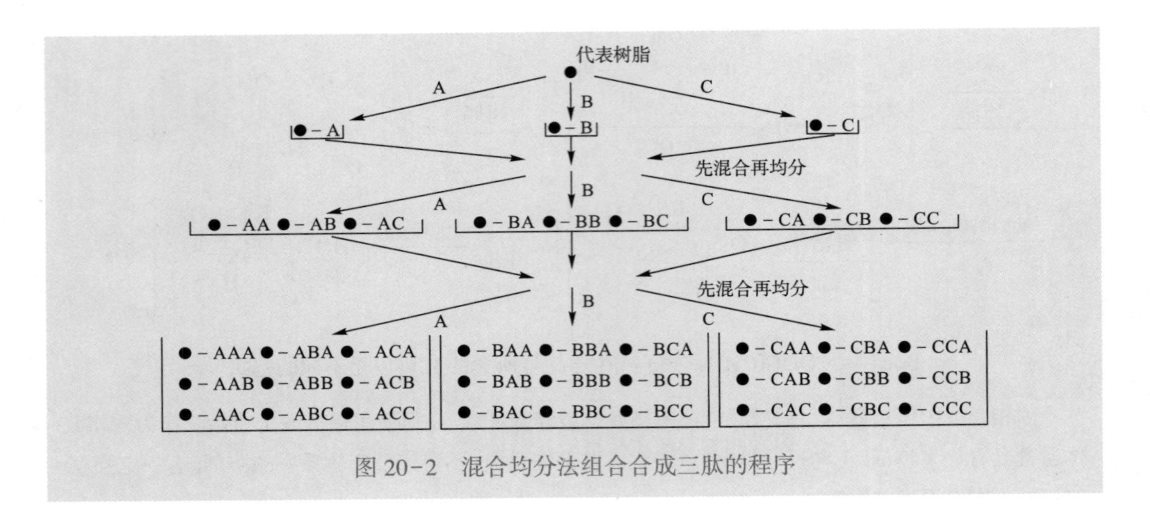

图 20-2 混合均分法组合合成三肽的程序

20.2.4 环肽

环肽 (cyclopeptide) 是由氨基酸单元构成的环状多肽, 是自然界存在的一种环状生物分子。环肽及其衍生物主要存在于海绵、海洋节肢动物、微生物、藻类和高等植物中。它们具有很多生物学功能, 可以作为激素、抗生素、毒素和抗病毒药物等。例如, 毒蘑菇中所含的一种毒素是由 L-异亮氨酸等组成的环八肽; 缬氨霉素是一种环状缩酯肽, 具有抗菌活性, 且可识别离子, 是离子的天然载体。

研究环肽具有重要意义。例如, 由于环肽比链状肽的构象相对固定和简单, 可作为蛋白质的模型化合物研究蛋白质的构象和模拟蛋白质的活性区域; 由于一些环肽是天然的离子载体, 具有一些特殊性质, 可作为主体分子。同时由于环肽更接近生命体系, 对于模拟生物体内的弱作用力可能更有效, 因此环肽可能成为新一代生物主体分子; 研究天然环肽的全合成对促进多肽合成具有重要意义。

20.3 蛋白质

蛋白质存在于细胞中, 它是由许多氨基酸通过酰胺键形成的生物高分子化合物, 在机体内承担着各种生理作用和机械功能。肌肉、毛发、指甲、角、蹄、蚕丝、蛋白激素、酶、血清和血红蛋白等都是由不同的蛋白质组成的。蛋白质在生命过程中起着决定性的作用。

根据蛋白质的形状、溶解度和化学组成可分为纤维蛋白、球蛋白和结合蛋白三类。纤维蛋白的分子为细长形, 不溶于水, 如蚕丝、毛发、指甲、角和蹄等; 球蛋白呈球形或椭球形, 一般能溶于水或含有盐类、酸、碱和乙醇的水溶液, 如酶、蛋白激素等; 结合蛋白由蛋白质与非氨基酸物质结合而成, 非蛋白质部分称为辅基。辅基可以是糖类、脂类、核酸或磷酸酯等。在结合蛋白的核蛋白中, 其辅基为核酸, 而在血红蛋白中的辅基则为血红素分子。

20.3.1 蛋白质的组成

蛋白质经元素分析,知其组成中含有碳、氢、氧、氮及少量硫,有的还含有微量磷、铁、锌和钼等元素。一般干燥蛋白质的元素含量(质量分数)为

碳	氧	氢	氮	硫
50%~55%	20%~23%	6%~7%	15%~17%	0.3%~2.5%

蛋白质的相对分子质量很大,通常在10 000以上,结构也非常复杂。它可水解成相对分子质量大小不等的多肽和氨基酸。肽链进一步水解也得到氨基酸。由于最终产物都是氨基酸,所以说氨基酸是组成蛋白质的基本单元。

20.3.2 蛋白质的性质

由于蛋白质分子结构复杂,相对分子质量很大,分子中带有很多极性基团并彼此间相互作用,某些基团还带有电荷,所以它们表现出一系列物理和化学特性。

(1) 溶液性质　蛋白质在溶液中,因相对分子质量大,不能透过半透膜。人们可利用这种性质,将蛋白质和低分子化合物或无机盐通过透析法分离,达到分离和纯化的目的。

蛋白质水溶液是一种稳定的亲水胶体,这是因为它含有的 $-\overset{+}{N}H_3$, $-COO^-$, —CONH—, —OH 和 —SH 等极性基团有高度亲水性。

(2) 盐析　蛋白质溶液加入无机盐(硫酸铵、硫酸镁、氯化钠等)溶液后,蛋白质便从溶液中析出,这种作用称为盐析。这是一个可逆过程,盐析出来的蛋白质还可再溶于水,并不影响其性质。水溶性蛋白质在浓的盐溶液中都可沉淀出来(称为盐析),但不同的蛋白质盐析出来时,盐的最低浓度是不同的。利用这个性质可以分离不同的蛋白质。

用乙醇等对水有很大亲和力的有机溶剂,处理蛋白质的水溶液,也可使蛋白质沉淀出来,在初期也是可逆的。而用重金属离子 Hg^{2+}, Pb^{2+} 等形成不溶性蛋白质,则是不可逆过程。

(3) 两性和等电点　和氨基酸相似,蛋白质也是两性物质。它与强酸或强碱都可成盐。在强酸性溶液中,蛋白质以正离子状态存在;在强碱性溶液中,则以负离子状态存在。因此,蛋白质也有等电点。不同的蛋白质具有不同的等电点。在等电点时,蛋白质分子在电场中也相对不迁移,这时的溶解度最小。通过调节蛋白质溶液的pH至等电点,可使蛋白质从溶液中析出来。表20-2列出一些蛋白质的等电点。

表 20-2　一些蛋白质的等电点

蛋白质	pI	蛋白质	pI
胃蛋白酶	1.1	胰岛素	5.3
酪蛋白	3.7	血红蛋白	5.8
卵白蛋白	4.7	核糖核酸酶	9.5
人血白蛋白	4.8	溶菌酶	11.0

(4) 变性　许多蛋白质在受热、紫外光照或化学试剂作用时,性质会发生改变,溶解度降低,甚至凝固,这种现象称为蛋白质的变性。变性作用主要是由于蛋白质分子内部结构发生变化。硝酸、三氯乙酸、单宁酸、苦味酸、重金属盐(如 Hg^{2+}, Ag^+, Pb^{2+} 等)、脲和丙

酮等都可使蛋白质变性。蛋白质变性后,不仅丧失原有的可溶性,也失去了原有的许多生理效能。例如,原来的蛋白质是酶,变性后就失去了酶的催化活性。

(5) 显色反应 蛋白质中含有不同的氨基酸,可以和不同的试剂发生特殊的颜色变化,利用这些反应可以鉴别蛋白质。

(a) 茚三酮反应。因为茚三酮可和一切具有 $-\underset{\displaystyle NH_2}{\underset{|}{C}}HCO-$ 结构的化合物生成蓝紫色物质,所以蛋白质都有此颜色反应。

(b) 缩二脲反应。蛋白质和缩二脲 ($H_2NCONHCONH_2$) 一样,在氢氧化钠溶液中加入硫酸铜稀溶液时出现紫色或粉红色,称为缩二脲反应,二肽以上的多肽和蛋白质都发生这个显色反应。

(c) 蛋白质黄色反应。有些蛋白质遇浓硝酸后,即变成黄色,可能是由于蛋白质中含苯环的氨基酸发生了硝化反应。例如,苯丙氨酸、酪氨酸和色氨酸都能发生这个颜色反应;皮肤、指甲遇浓硝酸变成黄色也是这个原因。

20.3.3 蛋白质的结构

蛋白质的结构很复杂,如前所述,它是由许多氨基酸通过肽键相连而成的。各种蛋白质分子中氨基酸的组成、排列顺序和肽链的立体结构都各不相同。蛋白质分子中氨基酸的种类、数目和排列顺序只是蛋白质的最基本结构,称为初级结构或一级结构;而其特殊的立体结构称为蛋白质的二级结构、三级结构或四级结构,统称为蛋白质的高级结构。蛋白质的生理作用、不稳定性及容易变性等特征,则主要与它们的高级结构有关。

蛋白质的高级结构与很多结构因素有关,蛋白质分子中的肽链结构是影响因素之一。X 射线衍射测定结果表明,肽链中与酰胺键有关的六个原子 (C—CO—NH—C) 处在同一平面上,如图 20-3 所示。羰基碳原子的三个键之间的夹角和氨基氮原子的三个键之间的夹角都接近 120°。在酰胺键中,由于共轭体系的存在,使得酰胺键中的碳氮键比一般单键短,而具有一定的双键特征,碳氮键的自由旋转受到限制,肽链有可能以顺、反两种构型存在,但在蛋白质中,实际上以反式构型存在。这与两个较大的 α-碳原子相距较远、能量较低而较稳定是一致的。

图 20-3 肽链的平面结构图及反式构型

蛋白质的二级结构是由肽链之间的氢键形成的。由于肽链不是直线形的,价键之间有一定夹角,而且分子中又含有许多酰胺键,因此一条肽链可以通过一个酰胺键中的氧原子与另一酰胺键中氨基的氢原子形成氢键,而绕成螺旋形,称为 α 螺旋,这是蛋白质的一种二级结构,如图 20-4 所示。

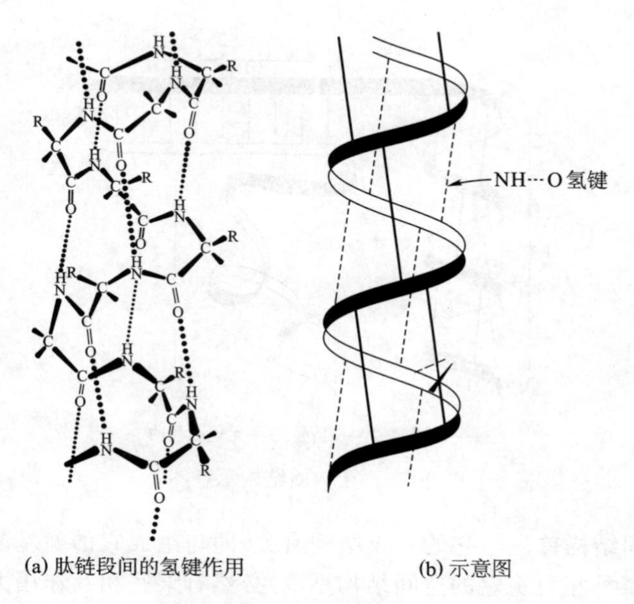

(a) 肽链段间的氢键作用　　(b) 示意图

图 20-4　α 螺旋

另一种二级结构也是靠氢键将肽链拉在一起，称为 β 折叠，如图 20-5 所示。α 螺旋及 β 折叠是构成蛋白质空间结构的重要方式。它们主要是由主链上 —NH— 和 —CO— 在肽链内或肽链间形成氢键而构成的。

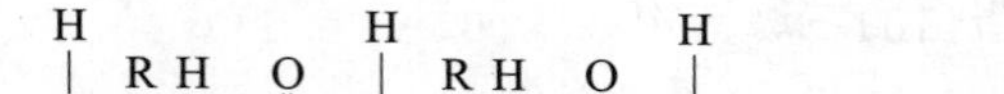

图 20-5　β 折叠

很多蛋白质常常是在分子链中既有螺旋，又有折叠链结构，并且多次重复这两种空间结构，见图 20-6。

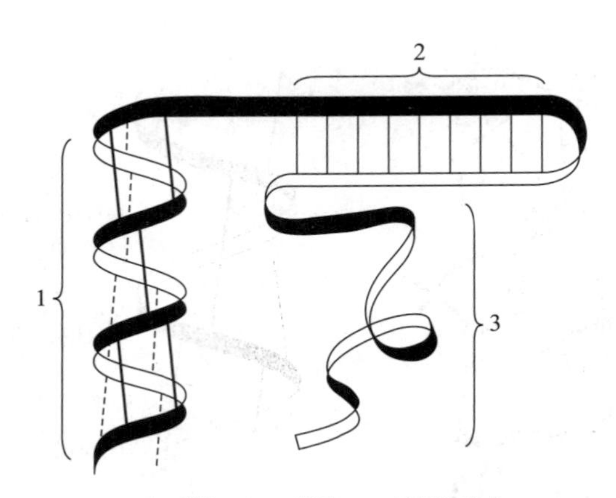

1—α 螺旋; 2—β 折叠; 3—无规则卷曲

图 20-6　蛋白质结构示意图

蛋白质的空间结构首先与它的一级结构有关，即与组成它的氨基酸序列有关。蛋白质分子能够维持某种相对稳定的空间结构不变，必然有某些相互作用力将肽链与肽链之间，或肽链中某些链段之间结合在一起。这些力是由组成肽链的氨基酸分子中的各种基团间相互作用形成的。由于肽链中除含有形成氢键的酰胺键外，有的氨基酸中还含有巯基、羟基、氨基、羧基与烃基等，这些基团可以借助二硫键(—S—S—)、氢键、静电引力及 van der Waals 力等将肽链或肽链中某些部分联系在一起。这些相互作用力，使得蛋白质在二级结构的基础上进一步卷曲折叠，以一定形态的紧密结构存在，这就是蛋白质的三级结构。图 20-7 是肌红蛋白的三级结构。

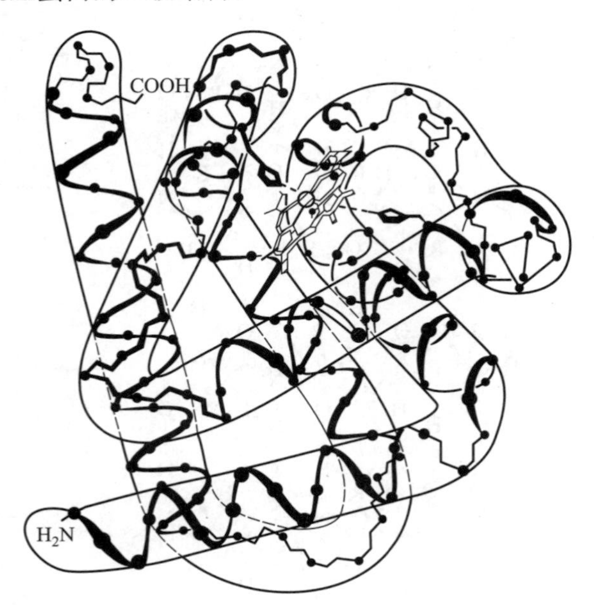

图中一级结构是代表氨基酸的点的序列，二级结构是沿着肽链的螺旋排列，三级结构是肽链卷曲和折叠成的实际构象

图 20-7　肌红蛋白的三级结构

在一些蛋白质中，整个分子不止含有一个多肽链。其中每个多肽链可认为是一个亚单元或叫亚基。蛋白质的四级结构涉及整个分子中亚基的聚集状态，以及保持亚基在一起的静电引力。例如，血红蛋白由 4 个亚基组成，其中有两对多肽链，共有 574 个氨基酸。每条肽链与一个血红素分子结合。整个分子中的 4 条肽链紧密连接在一起，形成紧密的结构。

20.3.4 酶

大多数酶是由活细胞合成的蛋白质，按其结构可分为单纯蛋白酶和结合蛋白酶两大类。其中，单纯蛋白酶不含非蛋白物质，如淀粉酶等；结合蛋白酶除含有蛋白质外，还含有非蛋白物质，如氧化酶等。酶能催化反应而参与生物体的代谢，它是一种催化剂。人体内几乎所有生物化学反应都是在酶的催化下进行的。酶催化反应与实验室进行的同类反应相比，不需要高温、高压、强酸和强碱等剧烈条件，而是在温和条件下 (体温，pH≈7)，在体内即能顺利而迅速地进行。酶是生物催化剂，具有一般催化剂的特征，如反应中本身不被消耗，有极少量即可加速反应，只能催化热力学上允许进行的反应。但它又与一般催化剂不同，其催化活性比一般催化剂高 $10^6 \sim 10^{13}$ 倍，同时具有很好的区域选择性和立体选择性。例如，*N*-乙酰-L-蛋氨酸 [$CH_3S(CH_2)_2CH(NHCOCH_3)COOH$] 在氨基酰化酶作用下的水解比其 D-对映体的快 1 000 倍。又如，羟基丙酮在酵母酶作用下还原，生成光学纯度为 80% 的 (−)-丙-1, 2-二醇。

$$CH_3-\underset{\underset{O}{\|}}{C}-CH_2OH \xrightarrow{\text{酵母酶}} CH_3-\underset{\underset{OH}{|}}{CH}-CH_2OH$$

利用酶作催化剂时应当注意，由于酶是蛋白质，对使用条件变化敏感，如温度和 pH 等改变后，可改变酶的活性，甚至使其失去活性。但也有例外，一种被称为 TBADH 的还原酶在 85 ℃ 仍很稳定，且能在有机溶剂中使用，在不对称合成中是一种很有用的还原酶。

20.4 核酸

核酸是 1869 年首次被分离得到的，由于它是在细胞核中被发现的，又具有酸性，故称为核酸。核酸不仅存在于细胞核中，还存在于细胞的其他部分，可以是游离状态，也可以与蛋白质结合成为核蛋白。与多糖和蛋白质相似，核酸也是一种重要的生物高分子化合物。核酸中的重复单元是核苷酸，因此核酸也称为多核苷酸。核苷酸由磷酸、戊糖和杂环碱组成。核酸参与生物体的新陈代谢，也参与生物体内蛋白质的合成，生物的遗传也与核酸有密切关系。

20.4.1 核酸的组成

核酸用酸完全水解，生成磷酸、戊糖 (核糖或脱氧核糖) 和含嘌呤环或嘧啶环的杂环碱的混合物。如果用稀酸、稀碱或某些酶控制部分水解，先生成核苷酸，核苷酸继续水解则生成磷酸和核苷。核苷再继续水解则生成糖类和杂环碱。

核酸分为核糖核酸 (ribonucleic acid, 简写为 RNA) 和脱氧核糖核酸 (deoxyribonucleic acid, 简写为 DNA) 两大类。RNA 主要存在于细胞质中, 水解生成 D-核糖。DNA 存在于细胞核中, 水解生成 D-2-脱氧核糖。

核苷酸水解得到的嘧啶衍生物通常有下列三种:

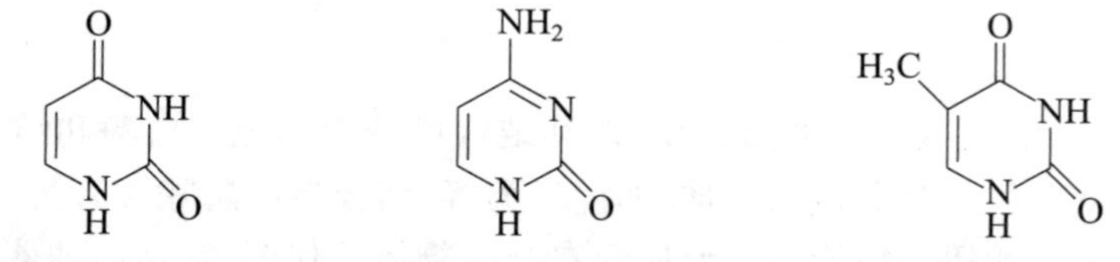

尿嘧啶 (uracil, U)　　胞嘧啶 (cytosine, C)　　胸腺嘧啶 (thymine, T)

嘌呤衍生物通常有下列两种:

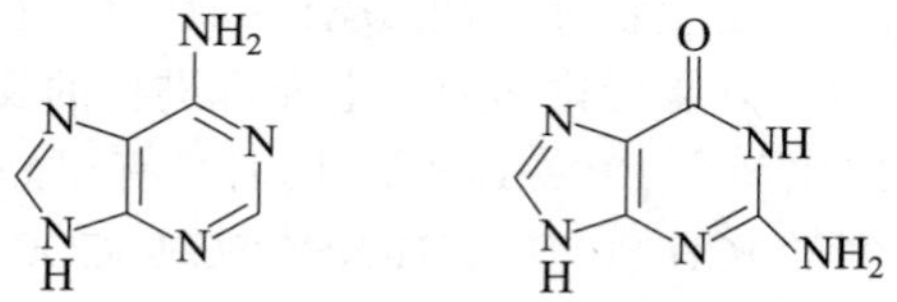

腺嘌呤 (adenine, A)　　鸟嘌呤 (guanine, G)

对于 RNA 来说, 戊糖是核糖, 嘧啶衍生物是尿嘧啶和胞嘧啶, 嘌呤衍生物是腺嘌呤和鸟嘌呤。DNA 的戊糖是 2-脱氧核糖, 杂环碱除由胸腺嘧啶代替尿嘧啶外, 其他与 RNA 相同。

20.4.2　核酸的结构和生物功能

如前所述, 核糖或脱氧核糖和杂环碱构成了核苷; 核苷和磷酸构成核苷酸; 由很多核苷酸形成的多核苷酸即是核酸。下面分别介绍它们的结构。

核苷是由杂环碱和戊糖组成的。RNA 的核苷是胞嘧啶核苷 (简称为胞苷)、尿嘧啶核苷 (简称尿苷)、腺嘌呤核苷 (简称腺苷) 和鸟嘌呤核苷 (简称鸟苷)。它们分别由核糖和胞嘧啶、尿嘧啶、腺嘌呤、鸟嘌呤构成, 由糖分子 1′ 位上的羟基 (糖类分子的碳原子用 1′, 2′, 3′, 4′, 5′ 等编号) 同嘧啶环上 1 位或嘌呤环 9 位氮原子上的氢原子脱水而成, 是 β-苷。

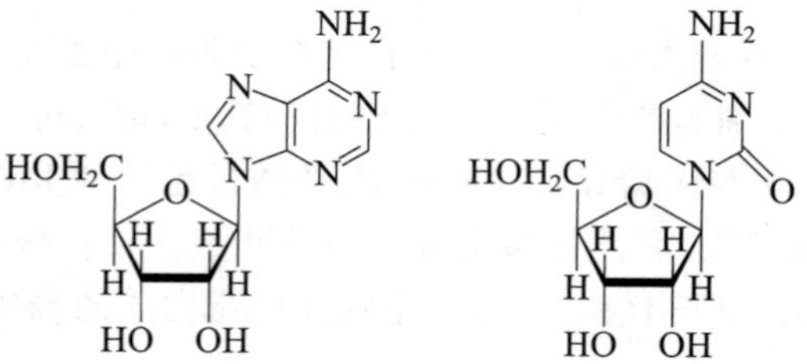

腺嘌呤核苷　　胞嘧啶核苷

DNA 的核苷是相应的 2-脱氧核糖的同类物, 只是没有尿嘧啶-2-脱氧核苷而有胸腺嘧啶-2-脱氧核苷。

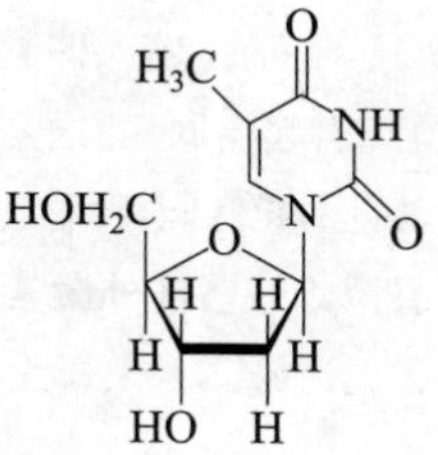

胸腺嘧啶-2-脱氧核苷

核苷酸由核苷与磷酸组成，即由核苷的3′位或5′位羟基与磷酸酯化而成。例如:

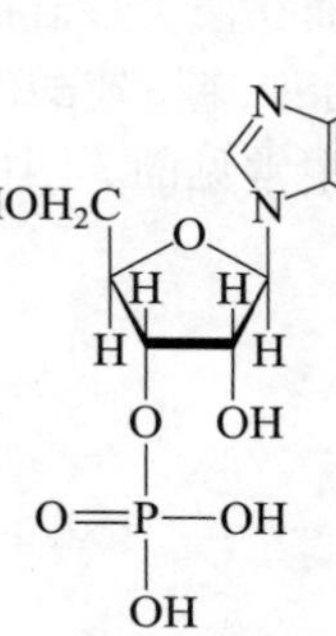

3′-腺苷酸 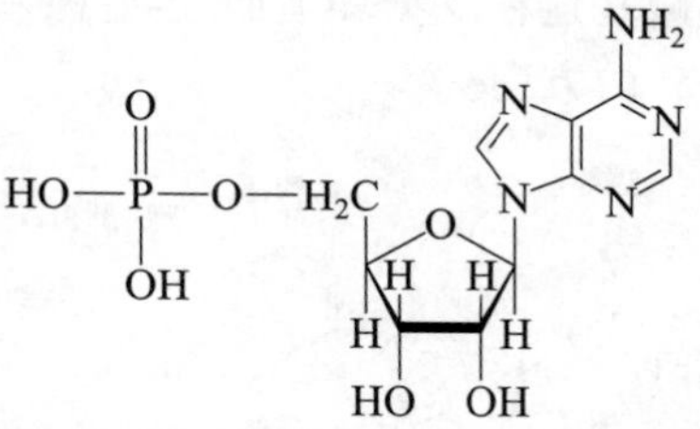　　5′-腺苷酸

上述两个例子如作为核苷磷酸酯则命名为核苷磷酸；如果命名为核苷酸则前者为3′-腺苷酸，后者为5′-腺苷酸。

某些核苷酸除作为核酸的组成单元外，本身还具有重要的生理作用。例如，腺苷三磷酸(adenosine triphosphate，简称为ATP，结构式如下)在生物机体中细胞代谢期间的能量释放、储存和利用过程中起着极其重要的作用，同时在进行生物化学反应时，能释放磷酰基($—PO_3H_2$)而使其他分子磷酰化，是一种很活泼的磷酰化试剂，如它能使一个D-葡萄糖分子转变成D-葡萄糖-6-磷酸等。又如，环腺苷-3′,5′-磷酸(环AMP或CAMP)是磷酸基连至核糖的C3′和C5′的单核苷酸，它是一种重要的激素。

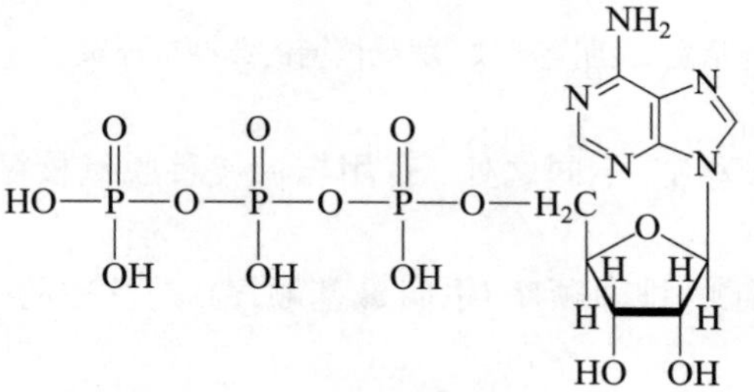

腺苷三磷酸(ATP) 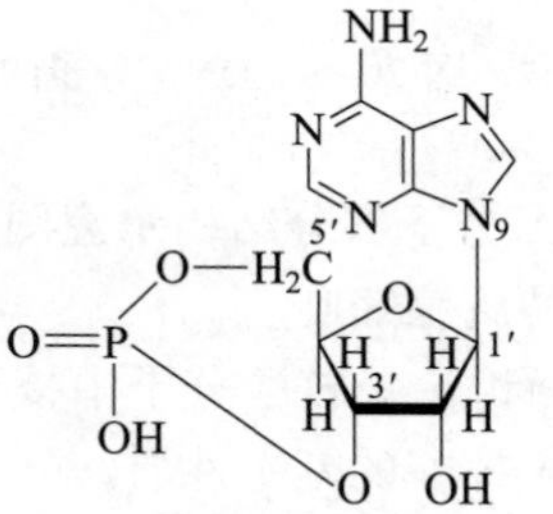　　环AMP(激素)

激素是由生物体合成的一种具有生物活性、能起调节作用的物质。它对生物的生长、发育和遗传起着重要作用。激素按组成分类，可分为含氮激素、甾醇类激素和脂肪酸类激素。按其产生和作用又可分为动物激素、昆虫激素和植物激素。例如，胰岛素属于动物激素，又是含氮激素(是一种多肽)。它是由动物胰腺分泌的一种微量物质，对动物体内的多糖、脂肪和氨基酸的代谢起控制作用。

如果人体缺乏胰岛素，将导致对葡萄糖利用的障碍，使人体需要的能量由脂肪和蛋白质补偿，造成尿氮排泄增多，人体组织大量消耗，体重减轻，引起糖尿病，这是一种常见而严重的疾病，应给予足够重视。又如，昆虫体内能分泌一种物质，用以引诱异性同类，称为性外激素。例如，一种食心虫雌蛾能释放出十二碳-7-烯-1-醇的乙酸酯用以引诱雄蛾。性外激素越来越被人们所重视，因为利用它可以捕杀害虫，与一般农药相比，它具有无毒、无污染、对人畜无害等优点。

在了解了核苷酸的结构之后，就可以考察这些核苷酸是如何结合成多核苷酸的。在脱氧核糖核酸和核糖核酸中，通过一个核苷酸的戊糖的 3′ 位羟基与另一个核苷酸戊糖的 5′ 位羟基之间形成的磷酸酯键，将核苷酸连接在一起，因而在两个核苷酸之间有一个磷酸二酯键。图 20-8 示出 DNA 的片段结构，它含有四个核苷酸，糖-磷酸酯序列组成每一条链的骨架。杂环碱基连在戊糖环上面，这些碱基为 DNA 中常见的。图中用箭头表明了磷酸二酯桥由 3′—5′ 的方向。

图 20-8　DNA 分子的片段结构示意，表明连至 2-脱氧核糖的典型杂环碱基

RNA 分子部分结构示意图与 DNA 相似，不同之处：① 用核糖代替脱氧核糖；② 用尿嘧啶代替胸腺嘧啶。

上面讨论了核酸分子中核苷酸单元的排列顺序 (也叫碱基顺序)，是核酸的一级结构，它决定了核酸的基本性质。

人物：Watson J D

关于核酸的二级结构，根据 X 射线衍射研究、分子模型的推论和各碱基的性质，Watson J D 和 Crick F H C 提出了双螺旋结构模型。按照这个结构，DNA 由两条平行的脱氧核糖核酸链彼此盘绕成右手螺旋，两条链通过嘧啶碱基和嘌呤碱基的氢键固定下来，如图 20-9 所示。链上的碱基裹在双螺旋的内部，每两个碱基以氢键相连形成一层“阶梯”。这两对碱基形成氢键时，只能是 A 和 T 形成两个氢键，C 和 G 形成三个氢键，这种碱基对称为互补碱基。可见两条链之间碱基的配对是不能随意的，必须由一个嘌呤环与一个嘧啶环配

对，遵循碱基互补的原则，这是因为如此配对成氢键后两组配对所占的空间大小一致。

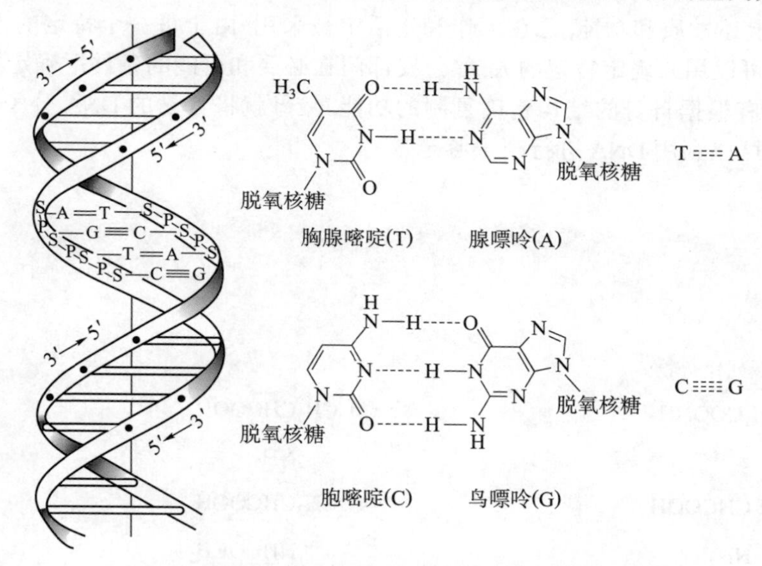

骨架含有脱氧核糖 (S) 和磷酸二酯键 (P)，两股的方向相反

图 20-9 DNA 双螺旋结构模型

由于核糖比脱氧核糖多一个羟基，因此在结构上 RNA 与 DNA 不相同。RNA 虽也能通过碱基互补形成双螺旋，但由于核酸 2 位上羟基伸入分子密集的部分，使得结构不像 DNA 双股螺旋那样，一层一层碱基形成的氢键是相互平行的。常见的 RNA 结构是在一条分子的一段或几段中两股互补的排列。而整个分子的双股部分被没有互补排列的单股隔开。所以 RNA 的二级结构一般不如 DNA 分子那样有规律。

实验和已知的事实都说明了核酸的生物功能，一是在控制生命现象中的各种遗传作用与 DNA 有关；另一是蛋白质的合成与 RNA 和 DNA 有关。现以 DNA 复制为例说明核酸的一种生物功能。DNA 在细胞内可以复制和原来相同的 DNA。一般认为双股的 DNA 分开成两个单股，每一个单股作为一个模板，按它的互补顺序将核苷酸聚合，再形成两个新股，这样就得到两个双股的 DNA 分子，在每个双股中，一股是新合成的，另一股是原来的，碱基的顺序和原来的完全相同。遗传信息就这样由母代传到了子代。如图 20-10 所示，图中白色的双股代表原来 DNA，后面分成两个单股，黑色的代表新合成的两个单股，这两股

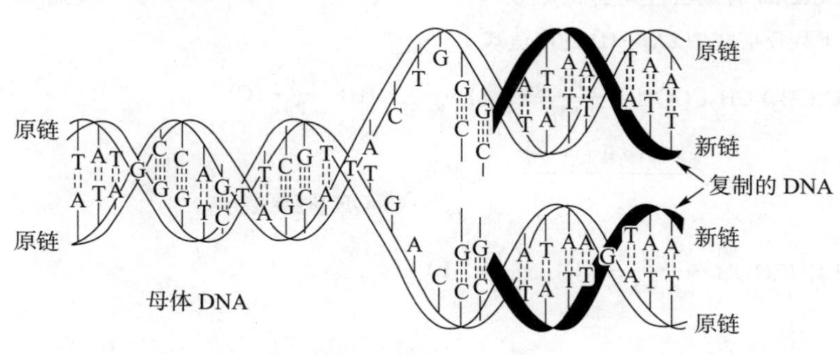

图 20-10 DNA 复制示意图

的碱基是互补的。

DNA 的上述性质和功能，已在工作和生活中被采用：由于每一个特定的人其 DNA 是特定的，因此可以用来确定特定的人，如公安部门在必要和可能的条件下确定犯罪嫌疑人；由于 DNA 具有根据自身的结构精确复制的功能，父母就将自己的 DNA 分子复制给了子女一代，从而可以利用 DNA 进行亲子鉴定。

拓展：人类基因组计划

习题

（一）命名下列化合物：

(1) $H_2NCH_2COONH_4$

(2) $CH_3CH(NH_2)COOH$

(3) $HOCH_2CH(NH_2)COOH$

(4) $CH_3CH(NHCOCH_3)COOH$

(5) 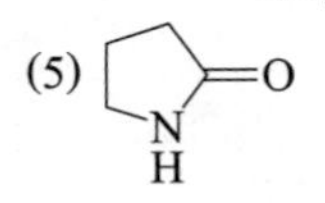

(6) $HSCH_2CH(NH_2)COOH$

（二）写出下列氨基酸的 Fischer 投影式，并用 R,S-标记法表示它们的构型。

(1) L-天冬氨酸　(2) L-半胱氨酸　(3) L-异亮氨酸

（三）用化学方法区别 $CH_3CH(NH_2)COO^-$ 和 $CH_3CH(NHCOCH_3)COO^-$ 。

（四）指出下列氨基酸与过量 HCl 或 NaOH 溶液反应的产物。

(1) Pro　(2) Tyr　(3) Ser　(4) Asp

（五）说明为什么 Lys 的等电点为 9.74，而 Trp 的是 5.88（提示：考虑为什么杂环 N 在 Trp 中不是碱性的。）

（六）按要求分别合成下列化合物（原料自选）：

(1) 应用溴代丙二酸酯法合成苯丙氨酸 [$PhCH_2CH(NH_2)COOH$]。

(2) 应用 Gabriel 合成法和丙二酸酯合成法相结合的方法合成蛋氨酸 [$CH_3SCH_2CH_2CH(NH_2)COOH$]。

(3) 应用 Strecker 合成法合成蛋氨酸。

（七）写出下列反应式中 (A)～(I) 的构造式。

(1) $HOOC(CH_2)_3CH_2COOH \xrightarrow[②\ NH_3]{①\ SOCl_2} (A) \xrightarrow[KOH]{Br_2} (B) \xrightarrow[P]{Br_2} (C)$

$\xrightarrow{\text{分子内亲核取代反应}}$ (脯氨酸, 2-吡咯烷甲酸) COOH（脯氨酸）

(2) $PhCH_2CH(NH_2)COOH \xrightarrow[H_2SO_4]{C_2H_5OH} (D) \xrightarrow[\text{吡啶}]{\text{乙酐}} (E)$

(3) $\boxed{R}—CH_2Cl$ (树脂) $\xrightarrow{(CH_3)_3CO\overset{O}{\overset{\|}{C}}NH\overset{R}{\overset{|}{C}}HCOO^-}$ (F) $\xrightarrow[CH_2Cl_2]{F_3CCOOH}$

(G) $\xrightarrow[DCC]{(CH_3)_3CO\overset{O}{\overset{\|}{C}}NH\overset{R'}{\overset{|}{C}}HCOOH}$ (H) $\xrightarrow[CH_2Cl_2]{F_3CCOOH}$ (I) $\xrightarrow{HF}$ $\boxed{R}—CH_2F$ + $NH_2—\underset{R'}{\underset{|}{C}}H\underset{O}{\underset{\|}{C}}NH\underset{R}{\underset{|}{C}}H\underset{O}{\underset{\|}{C}}OH$

(八) 一种氨基酸的衍生物 $C_5H_{10}N_2O_3$(A) 与 NaOH 水溶液共热放出氨, 并生成 $C_3H_5(NH_2)(COOH)_2$ 的钠盐, 若 (A) 进行 Hofmann 降解反应, 则生成 α,γ-二氨基丁酸, 推测 (A) 的构造式, 并写出反应式。

(九) DNA 和 RNA 在结构上有什么主要差别?

参考资料

[1] 高鸿宾. 有机化学[M]. 4 版. 北京: 高等教育出版社, 2005.

[2] Solmons T W G, Fryhle C B. Organic Chemistry[M]. 10th ed. Hoboken: John Wiley & Sons Inc, 2011.

[3] Carey F A, Giuliano R M. Organic Chemistry[M]. 8th ed. New York: McGraw-Hill, 2010.

[4] McMurry J. Organic Chemistry[M]. 7th ed. Belmont: Brooks/Cole Publishing Company, 2008.

[5] Carey F A, Sundberg R J. Advanced Organic Chemistry. Part A: Structure and Mechanisms[M]. 5th ed. New York: Springer Science, 2007.

[6] Eğe S N. Organic Chemistry: Structure and Reactivity[M]. 5th ed. Boston: Houghton Mifflin Company, 2004.

[7] Brown W H, Foote C S. Organic Chemistry[M]. 3rd ed. Orlando: Harcourt College Publishers, 2002.

[8] 彼得 K. 福尔哈特 C, 肖尔 N E. 有机化学: 结构与功能[M]. 戴立信, 席振峰, 王梅祥, 等, 译. 北京: 化学工业出版社, 2006.

[9] 邢其毅, 裴伟伟, 徐瑞秋, 等. 基础有机化学[M]. 3 版. 北京: 高等教育出版社, 2005.

[10] Silverstein R M, Webster F X, Kiemle D J. Spectrometric Identification of Organic Compounds[M]. 7th ed. New York: John Wiley & Sons Inc, 2005.

[11] 罗渝然. 化学键能数据手册[M]. 北京: 科学出版社, 2005.

[12] 迪安 J A. 兰氏化学手册[M]. 2 版. 魏俊发, 译. 北京: 科学出版社, 2003.

[13] 林国强, 陈耀全, 李月明, 等. 手性合成 —— 不对称反应及其应用[M]. 4 版. 北京: 科学出版社, 2010.

[14] 卿凤翎, 邱小龙. 有机氟化学[M]. 北京: 科学出版社, 2007: 1-16, 350-374.

[15] 尤田耙, 林国强. 不对称合成[M]. 北京: 科学出版社, 2006: 1-43, 144-153.

[16] Blaser H U, Schmidt E. 工业规模的不对称催化[M]. 施小新, 冀亚飞, 邓卫平, 译. 上海: 华东理工大学出版社, 2006: 189-203.

[17] 张华. 现代有机波谱分析[M]. 北京: 化学工业出版社, 2005: 275-302.

[18] 焦耳 J A, 米尔斯 K. 杂环化学[M]. 由业诚, 高大彬, 等, 译. 北京: 科学出版社, 2004: 65-146, 265-349, 367-403.

[19] Geim A K, Novoselov K S. The Rise of Graphene[J]. Nature Materials, 2007, 6(3): 183-191.

[20] 中国化学会有机化合物命名审定委员会. 有机化合物命名原则 2017[M]. 北京: 科学出版社, 2018.

读者意见反馈

为收集对教材的意见建议，进一步完善教材编写并做好服务工作，读者可将对本教材的意见建议通过如下渠道反馈至我社。

咨询电话 400-810-0598

反馈邮箱 hepsci@pub.hep.cn

通信地址 北京市朝阳区惠新东街4号富盛大厦1座 高等教育出版社理科事业部

邮政编码 100029